“十三五”国家重点出版物出版规划项目
中国制造2025前沿技术丛书
智能电网关键技术研究与应用丛书

柔性直流输电系统

第2版

徐 政
肖晃庆 张哲任 薛英林 刘高任 唐 庚
许 烽 王世佳 屠卿瑞 管敏渊 刘 昇
李宇骏 潘伟勇 于 洋 肖 亮 郝全睿
潘武略 张 静 陈海荣
著

机 械 工 业 出 版 社

本书系统讲述了柔性直流输电的理论和应用。内容包括柔性直流输电系统的特点和应用，模块化多电平换流器（MMC）的工作原理、主电路参数选择与损耗计算，两端柔性直流输电系统与多端柔性直流输电网的控制和故障保护策略，单向点对点柔性直流输电系统，交流线路改造成直流线路的拓扑结构及特性研究，柔性直流输电应用于海上风电场接入电网，柔性直流输电系统的电磁暂态仿真方法和机电暂态仿真方法，柔性直流输电换流站的绝缘配合设计，MMC 阀的设计等。

本书适合于从事柔性直流输电技术研究、开发、应用的技术人员和电力系统科研、规划、设计、运行的工程师，以及高等学校电力系统专业的教师和研究生阅读。

图书在版编目（CIP）数据

柔性直流输电系统/徐政等著. —2 版. —北京：机械工业出版社，2016. 11（2025. 5 重印）

（中国制造 2025 前沿技术丛书. 智能电网关键技术研究与应用丛书）

ISBN 978-7-111-55336-6

Ⅰ. ①柔…　Ⅱ. ①徐…　Ⅲ. ①直流输电-电力系统　Ⅳ. ①TM721. 1

中国版本图书馆 CIP 数据核字（2016）第 267482 号

机械工业出版社（北京市百万庄大街 22 号　邮政编码 100037）
策划编辑：付承桂　责任编辑：闾洪庆　朱　林
责任校对：杜雨霏　封面设计：路恩中
责任印制：张　博
北京建宏印刷有限公司印刷
2025 年 5 月第 2 版第 10 次印刷
184mm×260mm · 31. 25 印张 · 2 插页 · 749 千字
标准书号：ISBN 978-7-111-55336-6
定价：180. 00 元

电话服务　　网络服务
客服电话：010-88361066　机　工　官　网：www. cmpbook. com
010-88379833　机　工　官　博：weibo. com/cmp1952
010-68326294　金　书　网：www. golden-book. com
封底无防伪标均为盗版　机工教育服务网：www. cmpedu. com

第2版前言

自本书第1版出版以来，基于模块化多电平换流器（MMC）的柔性直流输电技术得到了更广泛的应用和发展，主要表现在两个方面：一是两端系统的电压等级和容量快速提升，二是多端系统和直流电网技术更趋于成熟。在此背景下，结合浙江大学交直流输配电研究团队近年来在此领域所取得的新进展，我们对本书第1版作了较大篇幅的扩充，以充分反映柔性直流输电技术的新发展。此外，与第1版相比，第2版在系统性和完整性方面得到了加强，符号和术语也得到了进一步的规范。第2版各章的主要作者如下：第1章由徐政、陈海荣、潘武略、张静撰写，第2章由徐政、肖晃庆、张哲任、潘伟勇撰写，第3章由徐政、肖晃庆、张哲任、屠卿瑞、潘武略、张静撰写，第4章由徐政、肖晃庆、屠卿瑞、管敏渊、刘高任、张哲任、刘昇、陈海荣撰写，第5章由徐政、肖晃庆、张哲任、薛英林撰写，第6章由徐政、薛英林、肖晃庆、管敏渊撰写，第7章由徐政、张哲任、刘高任、肖晃庆、唐庚、许烽撰写，第8章由徐政、王世佳、肖晃庆、刘高任、薛英林、唐庚、潘武略撰写，第9章由徐政、许烽撰写，第10章由徐政、肖晃庆、李宇骏、于洋撰写，第11章由徐政、唐庚、刘高任撰写，第12章由徐政、刘昇、肖亮撰写，第13章由徐政、张哲任撰写，第14章由徐政、张哲任、郝全睿撰写，附录由徐政撰写。全书由徐政统稿。

限于作者水平和时间仓促，书中难免存在错误和不妥之处，恳请广大读者批评指正。作者联系方式：电话：0571-87952074，电子信箱：hvdc@ zju. edu. cn。

徐　政

2016年10月

于浙江大学求是园

第1版前言

柔性直流输电指的是基于电压源换流器（Voltage Source Converter，VSC）的高压直流输电（HVDC），ABB公司称其为HVDC Light，西门子公司称其为HVDCPLUS，国际上的通用术语是VSC-HVDC。这种技术既适合于小容量（可以到数个MW）输电，也适合于大容量输电，更适合于电网之间的异步互连，是输配电技术领域的一项重大突破，将会对未来电力系统的发展方式产生深远影响。

1990年，加拿大McGill大学的Boon-Teck Ooi等人首先提出用脉冲宽度调制（PWM）控制的电压源换流器（VSC）进行直流输电。1997年3月，ABB公司进行了首次VSC-HVDC的工业试验，即瑞典中部的Hellsjon工程（10kV、150A、3MW、10km）。1999年，ABB公司在Gotland岛投入了世界上第一个商业化的柔性直流输电工程（80kV、350A、50MW、70km）。2001年，德国慕尼黑联邦国防军大学的Rainer Marquardt提出了模块化多电平电压源换流器（MMC）的概念。2010年11月，世界上第一个基于模块化多电平电压源换流器的柔性直流输电（MMC-HVDC）工程——Trans Bay Cable工程（±200kV、1000A、400MW、86km）在美国旧金山市投入运行，西门子公司是该工程的换流站设备供应商。

柔性直流输电技术相比于传统直流输电技术，其优势主要表现在：①没有无功补偿问题；②没有换相失败问题；③可以为无源系统供电；④可同时独立调节有功功率和无功功率；⑤谐波水平低；⑥适合构成多端直流系统；⑦占地面积小。柔性直流输电的主要应用领域包括：①远距离大容量输电；②异步联网；③海上风电场接入电网；④分布式电源接入电网；⑤向海上或偏远地区供电；⑥构筑城市直流配电网；⑦提高电能质量，向重要负荷供电。

由于柔性直流输电技术发展时间还不长，特别是基于模块化多电平换流器的柔性直流输电（MMC-HVDC）技术发展时间更短，第一个商业化工程仅仅投运两年多时间，因此这方面的专门著作还很少。而世界范围内柔性直流输电工程增长很快，我国在柔性直流输电工程方面进展也很快，国家电网公司和南方电网公司已有数个MMC-HVDC工程正在建设中，因此，迫切需要一本系统性地介绍柔性直流输电理论和应用的专著，本书正是在这样的背景下开始撰写的。本书总结了浙江大学交直流输配电研究团队在柔性直流输电领域的工作积累，是本研究团队共同努力的结晶。本书的第1章由徐政、陈海荣撰写，第2章由徐政、潘伟勇、屠卿瑞、管敏渊、潘武略撰写，第3章由屠卿瑞撰写，第 4 章由管敏渊撰写，第 5 章由屠卿瑞撰写，第 6 章由管敏渊撰写，第 7 章由唐庚撰写，第 8 章和第 9 章由张哲任撰写，第 10 章由薛英林撰写，第 11 章由唐庚撰写，第 12 章由徐政、李宇骏、张静撰写，第 13 章由唐庚撰写，第 14 章由刘昇撰写，全书由徐政统稿。

与本书相关的研究工作得到了国家 863 高技术基金项目（2012AA050205，2012AA051704）的资助，在此表示感谢。

限于作者水平和时间仓促，书中难免存在错误和不妥之处，恳请广大读者批评指正。作者联系方式：电话：0571-87952074，电子信箱：hvdc@ zju. edu. cn。

徐　政

2012 年 8 月

于浙江大学求是园

本书所用的机构缩略语

ABB	Asea Brown Boveri Ltd.	电力和自动化技术领域的厂商
BPA	Bonneville Power Administration	美国博纳维尔电管局
CENELEC	European Committee for Electrotechnical Standardization	欧洲电工标准化委员会
CEPEL	Name of research organization (of Brazil)	巴西的一个研究机构
CESI	Name of research organization (of Italy)	意大利的一个研究机构
CPRI	Central Power Research Institute (of India)	印度的中央电力研究院
CIGRÉ	Conseil International des Grands Réseaux Électriques, International Council on Large Electric Systems	国际大电网会议
DKE	Deutsche Kommission Elektrotechnik	德国电工委员会
IEEE	Institute of Electrical and Electronics Engineers	美国电气电子工程师协会
INELFE	Interconnecteur Electrique France-Espagne	法国-西班牙直流联网工程的业主公司
IREQ	Institute of research of Hydro-Québec, Varennes, Québec	魁北克水电局的研究所
REE	Red Eléctrica de España	西班牙电网公司
RTE	Réseau de Transport d'Electricité	法国电网公司
RTDS	Real Time Digital Simulator Technologies Inc.	实时数字仿真器技术公司
Siemens	Manufacturer of electrical equipment	西门子

本书所用的首字母缩略语

BCU	Basic Converter Unit	基本换流器单元
CCSC	Circulating Current Suppressing Controller	环流抑制控制器
CCSM	Cross Connected Sub-Module	交叉型子模块
CDSM	Clamping Double Sub-Module	钳位双子模块
CHB	Cascaded H Bridge	级联 H 桥
C-MMC	MMC using CDSM MMC using CCSM	采用钳位双子模块的模块化多电平换流器，或采用交叉型子模块的模块化多电平换流器
C-MMC-HVDC	MMC using CDSM based High Voltage Direct Current	采用钳位双子模块的模块化多电平换流器的高压直流系统
CM	Current Modulator	电流调制器
DDSRF	Decoupled Double Synchronous Reference Frame	正负序解耦双同步旋转坐标系
DDSRF-PLL	Decoupled Double Synchronous Reference Frame - Phase Locked Loop	基于双同步旋转坐标变换正负序解耦技术的锁相环
DFIG	Doubly Fed Induction Generator	双馈感应发电机
DS	Director Switch	导通开关
FBSM	Full Bridge Sub-Module	全桥子模块
F-MMC	MMC using FBSMs	采用全桥子模块的模块化多电平换流器
FRC	Fully Rated Converter	全功率换流器
FSIG	Fixed Speed Induction Generator	定速感应发电机
GSC	Grid Side Converter	网侧换流器
GTO	Gate Turn-Off thyristor	门极关断晶闸管
HBSM	Half Bridge Sub-Module	半桥子模块
HCMC	Hybrid Cascaded Multilevel Converter	混合级联多电平换流器
H-MMC	MMC using HBSM	采用半桥子模块的模块化多电平换流器
HVDC	High Voltage Direct Current	高压直流输电

IGBT	Insulated Gate Bipolar Transistor	绝缘栅双极型晶体管
KCL	Kirchhoff's Current Law	基尔霍夫电流定律
KVL	Kirchhoff's Voltage Law	基尔霍夫电压定律
LCC	Line Commutated Converter	电网换相换流器
LCC-C-MMC	Line Commutated Converter with MMC using CDSMs	采用 LCC 和钳位双子模块 MCC 构成的混合式直流输电系统
LCC-HVDC	Line Commutated Converter based High Voltage Direct Current	采用 LCC 的高压直流输电
LCS	Load Commutation Switch	负载转移开关
MB	Main breaker	主断路器
MCOV	Maximum value of Continuous Operating Voltage	最大持续运行电压
MMC	Modular Multilevel Converter	模块化多电平换流器
MMCB	Modular Multilevel Converter Bank	模块化多电平换流器组
MMPFC	Modular Multilevel Power Flow Controller	模块化多电平潮流控制器
MOA	Metal-Oxide Arrester	金属氧化物避雷器
MPPT	Maximum Power Point Tracking	最大功率点跟踪
NLC	Nearest Level Control	最近电平控制
NLM	Nearest Level Modulation	最近电平调制
pu	per unit	标幺值
PCC	Point of Common Coupling	公共连接点
PCOV	Peak value of Continuous Operating Voltage	持续运行电压峰值
PI	Proportional Integral Controller	比例积分控制器
PLL	Phase Locked Loop	锁相环
PRC	Proportional Resonant Controller	比例谐振控制器
PSC	Power Synchronization Control	功率同步控制
PWM	Pulse Width Modulation	脉冲宽度调制
RSC	Rotor Side Converter	转子侧换流器
RSIWV	Required Switching Impluse Withstand Voltage	要求的操作冲击耐受电压
SCR	Short Circuit Ratio	短路比
SHEPWM	Selective Harmonic Elimination Pulse Width Modulation	特定谐波消去脉宽调制
SHESM	Selective Harmonic Elimination Stair Modulation	特定谐波消去阶梯波调制

SIPL	Switching Impluse Protective Level	操作冲击保护水平
SM	Sub-Module	子模块
SPWM	Sinusoidal Pulse Width Modulation	正弦脉宽调制
SRF-PLL	Synchronous Reference Frame - Phase Locked Loop	基于同步旋转坐标变换的锁相环
SSIWV	Specified Switching Impluse Withstand Voltage	额定操作冲击耐受电压
STATCOM	Static Synchronous Compensator	静止同步补偿器
SVC	Space Vector Control	空间矢量控制
SVM	Space Vector Modulation	空间矢量调制
THD	Total Harmonic Distortion	总谐波畸变率
TPS-HVDC	Tripole Structure based HVDC	三极高压直流输电
TWBS-HVDC	Three-Wire Bipole Structure based HVDC	三线双极高压直流输电
UFD	Ultra-Fast Disconnector	超高速隔离开关
VBE	Valve Base Electronics	阀基电子设备
VDCOL	Voltage Dependent Current Order Limit	低压限流
VDPOL	Voltage Dependent Power Order Limit	低压限功率控制
VISMA	Virtual Synchronous Machine	虚拟同步机
VSC	Voltage Source Converter	电压源换流器
VSC-HVDC	Voltage Source Converter based High Voltage Direct Current	电压源换流器型高压直流输电
VSC-MTDC	Voltage Source Converter based Multi-Terminal Direct Current	电压源换流器型多端直流输电

本书所用的主要物理量符号

C_0	子模块电容
C_{arm}	桥臂等效电容
C_{ph}	相单元等效电容
C_{mmc}	MMC 集总等效电容
C_p	风力机的功率系数
C_{sm}	子模块等效电容
dq	以电网角频率 ω 正方向（逆时针）旋转的坐标系
d^2q^2	以 2 倍电网角频率 2ω 正方向（逆时针）旋转的坐标系
$d^{-1}q^{-1}$	以电网角频率 ω 反方向（顺时针）旋转的坐标系
$d^{-2}q^{-2}$	以 2 倍电网角频率 2ω 反方向（顺时针）旋转的坐标系
D	发电机运动方程中的阻尼系数
D_g	发电机的阻尼系数
D_t	风力机的阻尼系数
D_{tg}	风电机组轴系阻尼系数
D_{tot}	风电机组的集总阻尼系数
e_{pc}	外部电压加在 MMC c 相“上桥臂”上的电压
$E_{arm}(t-h)$	离散化处理后的整个桥臂的戴维南等效电势
E_{nj}	j 相下桥臂电抗器与子模块相接的点
E_{off}	IGBT 的关断损耗能量
E_{on}	IGBT 的开通损耗能量
E_{rec}	二极管的关断损耗能量
$E_{smeq}(t-h)$	离散化处理后的子模块戴维南等效电势
E_{sw1}	一个基波周期内必要开关损耗对应的能量
$E_{sw,add}$	附加开关损耗对应的能量
f	电网频率
f_0	电网额定频率
f_1	MMC 电平数与控制器控制频率完全呈线性关系的分界点
f_2	使 MMC 子模块电平利用率达到最大的控制器控制频率
f_{ctrl}	MMC 控制频率
f_{res}	MMC 在直流侧呈现的等效阻抗所对应的谐振频率

$f_{sw,ave}$	MMC 中 IGBT 的平均开关频率
h	（1）表示谐波次数；（2）表示时域仿真时的积分步长
H	（1）发电机惯性时间常数；（2）MMC 等容量放电时间常数
H_t	风力机的惯性常数
H_g	发电机的惯性常数
H_{tot}	风力机与发电机的集总惯性常数
i	（1）表示电流瞬时值的一般性符号；（2）表示逆变侧
i_{arm}	MMC 的桥臂电流
i_{cmmc}	MMC 直流侧等效电路中流过等效电容的电流
$i_{c,na}$，$i_{c,nb}$，$i_{c,nc}$	MMC 下桥臂三相子模块电容电流集合平均值
$i_{c,pa}$，$i_{c,pb}$，$i_{c,pc}$	MMC 上桥臂三相子模块电容电流集合平均值
$i_{c,rj}$	j 相 r 桥臂子模块电容电流集合平均值
i_{c,rj_i}	j 相 r 桥臂第 i 个子模块电容电流
i_{CE}	IGBT 导通时流过的电流
i_{cirj}	j 相环流，$i_{cirj}=\frac{1}{2}(i_{pj}+i_{nj})$
i_{cird}，i_{cirq}	MMC 三相环流的 d 轴分量和 q 轴分量
i_D	二极管导通时流过的电流
i_d^*	MMC 采用内外环控制器时由外环控制器产生的内环电流控制器 d 轴电流指令值
i_{dH}^*	直流电压裕额控制器中由高电压限值控制器决定的 d 轴电流指令值
i_{dL}^*	直流电压裕额控制器中由低电压限值控制器决定的 d 轴电流指令值
I_{dmax}^*	直流电压裕额控制器的 d 轴电流上限值
I_{dmin}^*	直流电压裕额控制器的 d 轴电流下限值
i_{dP}^*	直流电压裕额控制器中由定直流功率控制器决定的 d 轴电流指令值
i_{dc}	MMC 直流侧电流瞬时值
i_{dcf}	MMC 直流侧故障后的故障分量，其由 $-U_{dcf0}$ 单独作用产生
i_{na}，i_{nb}，i_{nc}	MMC 下桥臂各相电流
i_{pa}，i_{pb}，i_{pc}	MMC 上桥臂各相电流
$i_{pa\infty}$	MMC 在发生直流侧短路故障闭锁后的 a 相上桥臂稳态电流
i_{rd}，i_{rq}	DFIG 转子电流的 d 轴和 q 轴分量
i_{rj}	j 相 r 桥臂电流
i_{sd}，i_{sq}	风力发电机定子电流的 dq 轴分量
i_{sm}	流入子模块的电流
i_{VT1}，i_{VD1}，i_{VT2}，i_{VD2}	MMC 子模块中开关管 VT_1、VD_1、VT_2、VD_2 的电流
i_{V1}	子模块中流过上管 VT_1 或其反并联二极管 VD_1 的电流
i_{V2}	子模块中流过下管 VT_2 或其反并联二极管 VD_2 的电流
i_{va}，i_{vb}，i_{vc}	MMC 阀侧交流相电流
i_{va}^+，i_{vb}^+，i_{vc}^+	MMC 阀侧交流三相电流正序分量

i_{va}^{-}，i_{vb}^{-}，i_{vc}^{-}	MMC 阀侧交流三相电流负序分量
$i_{v\alpha}$，$i_{v\beta}$	MMC 阀侧三相电流的 α 轴和 β 轴分量
i_{vd}，i_{vq}	MMC 阀侧三相交流电流的 d 轴分量和 q 轴分量
i_{vd}^{*}，i_{vq}^{*}	MMC 阀侧三相交流电流的 d 轴分量和 q 轴分量的参考值（注：右上角带“ * ”的，在本书中表示参考值，后面不再一一列出）
i_{vd}^{+}，i_{vq}^{+}	$i_{v\alpha}$，$i_{v\beta}$通过正向旋转坐标变换得到的 dq 坐标系中的 d 轴和 q 轴分量
i_{vd}^{-}，i_{vq}^{-}	$i_{v\alpha}$，$i_{v\beta}$通过反向旋转坐标变换得到的 $d^{-1}q^{-1}$坐标系中的 d 轴和 q 轴分量
$\overline{i_{vdq}^{+}}$	i_{vd}^{+}，i_{vq}^{+}中的直流分量
$\overset{\frown}{i_{vdq}^{+}}$	i_{vd}^{+}，i_{vq}^{+}中的 2 次谐波分量，等于$\overline{i_{vdq}^{-}}$在 d^2q^2 坐标系中的投影
$\widetilde{i_{vdq}^{+}}$	i_{vd}^{+}，i_{vq}^{+}中的高次谐波分量
$\overline{i_{vdq}^{-}}$	i_{vd}^{-}，i_{vq}^{-}中的直流分量
$\overset{\frown}{i_{vdq}^{-}}$	i_{vd}^{-}，i_{vq}^{-}中的 2 次谐波分量，等于$\overline{i_{vdq}^{+}}$在 $d^{-2}q^{-2}$坐标系中的投影
$\widetilde{i_{vdq}^{-}}$	i_{vd}^{-}，i_{vq}^{-}中的高次谐波分量
$I_{c,peak}$	子模块电容电流的峰值
$I_{c,rms}$	子模块电容电流的有效值
$I_{VD1,peak}$	子模块 $IGBT_1$ 反并联二极管 VD_1 电流的峰值
$I_{VD1,rms}$	子模块 $IGBT_1$ 反并联二极管 VD_1 电流的有效值
$I_{VD2,peak}$	子模块 $IGBT_2$ 反并联二极管 VD_2 电流的峰值
$I_{VD2,rms}$	子模块 $IGBT_2$ 反并联二极管 VD_2 电流的有效值
I_{dc}	MMC 直流侧电流直流分量
I_{dc0}	MMC 直流侧故障前的电流初始值
I_{dcB}	MMC 在发生直流侧短路故障闭锁瞬间的直流侧电流值
I_{dci}	三线双极直流系统中逆变侧正极或负极换流器输出的电流
I_{dcm}	三极或三线双极直流系统中的调制极电流（稳态）
I_{dcn}	三极或三线双极直流系统中的负极电流（稳态）
I_{dcp}	三极或三线双极直流系统中的正极电流（稳态）
I_{dcN}	MMC 直流侧电流额定值
I_{dcr}	三线双极直流系统中整流侧正极或负极换流器输出的电流
I_{dcs}	MMC 直流侧等效电路中与网侧有功对应的直流电流
I_{dcT}	MMC 在发生直流侧短路故障闭锁后交流开关跳开瞬间的直流侧电流值
$I_{dc\infty}$	MMC 在发生直流侧短路故障闭锁后的直流侧稳态电流
I_{dcim}	三极或三线双极直流系统中的逆变侧调制极电流
I_{dcin}	三极或三线双极直流系统中的逆变侧负极电流
I_{dcip}	三极或三线双极直流系统中的逆变侧正极电流
I_{dcrm}	三极或三线双极直流系统中的整流侧调制极电流
I_{dcrn}	三极或三线双极直流系统中的整流侧负极电流

I_{dcrp} 三极或三线双极直流系统中的整流侧正极电流
I_{high} 三极或三线双极直流系统中的电流高值
I_{lim} 三极或三线双极直流系统中每极导线的电流热极限值
I_{low} 三极或三线双极直流系统中的电流低值
I_{mod} 三极或三线双极直流系统中的调制极电流幅值
I_{paB} MMC 在发生直流侧短路故障闭锁瞬间的 a 相上桥臂电流值
I_{ref} 避雷器参考电流，定义为大于此电流后避雷器上产生的热效应将非常明显
I_{rN} MMC 桥臂电流额定值
I_{r2m} r 桥臂二倍频环流的幅值
I_{s3m} 桥臂电抗器虚拟等电位点上发生三相短路时的阀侧线电流幅值
I_{st} 充电时联接变压器网侧相电流幅值
$I_{VT1,peak}$ 子模块 $IGBT_1$ 电流的峰值
$I_{VT1,rms}$ 子模块 $IGBT_1$ 电流的有效值
$I_{VT2,peak}$ 子模块 $IGBT_2$ 电流的峰值
$I_{VT2,rms}$ 子模块 $IGBT_2$ 电流的有效值
I_v MMC 交流侧输出相电流基波有效值
I_v^+ MMC 阀侧交流相电流正序基波幅值
I_v^{+h} MMC 阀侧交流相电流正序 h 次谐波幅值
I_v^- MMC 阀侧交流相电流负序基波幅值
I_v^{-h} MMC 阀侧交流相电流负序 h 次谐波幅值
I_{vm} MMC 交流侧输出相电流基波幅值
I_{vmmax} MMC 阀侧交流相电流幅值的最大值
I_{vN} MMC 交流侧基波电流额定值（标幺值）
j 表示 a、b、c 三相中的任意一相
k $k=1$，2，3…为正整数
k_{rank} 电容电压采用保持因子排序时的保持因子
K 电压下斜控制中电压下斜曲线的斜率
K_{mod} 三极或三线双极直流系统中的电流调制率，定义为正极线或负极线中流过的最大电流与最小电流的比值
K_{shift} 三极或三线双极直流系统中的电流转移率，定义为调制极的直流电流值与正极线或负极线中流过的最大直流电流的比值
K_{tg} 轴系的弹性系数
K_U 负荷电压控制器中的比例系数
L 表示电感或电抗的通用符号
L_0 MMC 桥臂电抗器的电感
L_μ 从直流侧看进去 LCC 的内电感
L_{ac} 换流器交流出口到交流系统等效电势之间的等效电感（包含系统等效电感和变压器漏电感）

L_d，L_q	同步发电机 dq 轴自感
L_{dc}	考虑平波电抗器和故障线路后的电感
L_{dcB}	MMC 闭锁前的最大直流短路电流等于闭锁后的直流短路电流所对应的平波电抗器电感值
L_{dm}	发电机 d 轴励磁电感
L_{line}	直流线路电感
L_{ls}，L_{lr}	DFIG 定子和转子的漏感
L_m	DFIG 励磁电感
m	MMC 的输出电压调制比，等于调制波相电压幅值除以 $U_{dc}/2$
m_{min}	MMC 的输出电压调制比的最小值
m_{max}	MMC 的输出电压调制比的最大值
n	（1）表示非特定的数量；（2）表示直流系统的负极；（3）表示 MMC 的下桥臂
n_{level}	MMC 输出的电压阶梯波中的电压阶梯数，即 MMC 输出的实际电平数
n_{nj}	某时刻 j 相下桥臂投入的子模块个数
$n_{on,k}$	第 k 个 IGBT 器件在一个工频周期内开通的次数
n_{pj}	某时刻 j 相上桥臂投入的子模块个数
N	一个桥臂上的子模块个数
N_{arm}	某桥臂可投入运行的所有子模块个数
ΔN_{de}	MMC 设计时考虑的冗余子模块数目
N_{on}	某桥臂当前控制时刻需投入的子模块个数
$N_{on,old}$	某桥臂前一控制时刻需投入的子模块个数
ΔN_{on}	某桥臂当前控制时刻相比前一控制时刻需投入的子模块数目的增量
N_{op}	MMC 运行时桥臂上需投入的最大子模块数目
ΔN_{op}	MMC 桥臂子模块数 N 与 N_{op} 之差
N_{pair}	同步发电机极对数
p	（1）表示瞬时有功功率的一般性符号；（2）表示直流系统的正极；（3）表示 MMC 的上桥臂
p_s	MMC 交流母线注入交流电网的瞬时有功功率
p_s^+	由正序电压和正序电流构成的 MMC 交流母线注入系统瞬时有功功率
p_v	MMC 交流出口注入交流电网的瞬时有功功率
P	表示基波有功功率或平均功率的一般性符号
P_D	二极管的总损耗功率
P_{Dcon}	二极管的通态损耗功率
P_{dc}	MMC 注入直流侧的功率
P_{dc}^*	调度中心下发给换流站的功率指令值
ΔP_{dc}^*	功率指令值的增量

P_{dcmark}	电压基准换流站的实发功率
P_{dcmark}^{*}	电压基准换流站的功率指令值
P_{diff}	从 MMC 桥臂电抗器虚拟等电位点 diff 注入交流电网的基波有功功率
P_{e}	发电机输出的电磁功率
P_{grid}	FRC 风电机组网侧换流器输出的有功功率
$\Delta P_{\mathrm{grid}}^{*}$	二次调压时计算出来的全网功率指令值增量
P_{m}	传递到发电机转子的机械功率
P_{off}	IGBT 的关断损耗功率
P_{on}	IGBT 的开通损耗功率
P_{r}	DFIG 转子输出的有功功率
P_{rec}	二极管的反向恢复损耗功率
P_{s}	（1）MMC 交流母线注入交流电网的基波有功功率；（2）发电机定子输出的有功功率
P_{swl}	必要开关损耗对应的功率
P_{T}	IGBT 的总损耗功率
P_{Tcon}	IGBT 的通态损耗功率
P_{v}	MMC 交流出口注入交流电网的基波有功功率
q	表示瞬时无功功率的一般性符号
q_{s}	MMC 交流母线注入交流电网的瞬时无功功率
q_{s}^{+}	由正序电压和正序电流构成的 MMC 交流母线注入系统瞬时无功功率
q_{v}	MMC 交流出口注入交流电网的瞬时无功功率
Q	表示基波无功功率的一般性符号
Q_{diff}	从 MMC 桥臂电抗器虚拟等电位点 diff 注入交流电网的基波无功功率
Q_{s}	MMC 交流母线注入交流电网的基波无功功率
Q_{v}	MMC 交流出口注入交流电网的基波无功功率
r	（1）表示电阻的一般性符号；（2）用来表示 MMC 的上桥臂 p 或下桥臂 n；（3）表示整流侧
r_{CE}	IGBT 的通态电阻
r_{D}	二极管的通态电阻
R	表示电阻的一般性符号
R_{0}	模拟 MMC 桥臂和换流变压器损耗的等效电阻
R_{arm}	离散化处理后整个桥臂的戴维南等效电阻
R_{dc}	考虑平波电抗器和故障线路后的电阻
R_{de}	MMC 桥臂子模块设计冗余度
R_{dis}	MMC 直流侧短路时闭锁前 MMC 放电的等效电阻
R_{dis}'	全桥子模块 MMC 直流侧短路时闭锁后 MMC 放电的等效电阻

R_{lim}	限流电阻
R_{line}	直流线路电阻
R_{op}	MMC 桥臂子模块运行冗余度
R_{r}	风力发电机转子绕组电阻
R_{s}	风力发电机定子绕组电阻
R_{smeq}	离散化处理后的子模块戴维南等效电阻
R_{sys}	交流系统等效电阻
s	异步电机中的转差率
S_{diffN}	MMC 在桥臂电抗器虚拟等电位点输出的额定容量
S_{na}，S_{nb}，S_{nc}	MMC 下桥臂三相平均开关函数
S_{pa}，S_{pb}，S_{pc}	MMC 上桥臂三相平均开关函数
S_{rj}	MMC 的 j 相 r 桥臂的平均开关函数
S_{rj_i}	j 相 r 桥臂第 i 个子模块的开关函数
S_{s}	换流站的视在容量，即从换流站注入交流系统的复功率模值
S_{v}	MMC 阀侧的视在容量
S_{vN}	MMC 阀侧的额定容量
t	时间
T	电网工频周期
$\boldsymbol{T}_{3\mathrm{s}-2\mathrm{s}}$	从 abc 三相静止坐标系变换到 $\alpha\beta$ 静止坐标系的变换矩阵
$\boldsymbol{T}_{2\mathrm{s}-\mathrm{dq}}(\theta)$	从 $\alpha\beta$ 二相静止坐标系变换到 dq 旋转坐标系的变换矩阵
$\boldsymbol{T}_{3\mathrm{s}-\mathrm{dq}}(\theta)$	从 abc 三相静止坐标系变换到 dq 旋转坐标系的变换矩阵
$\boldsymbol{T}_{3\mathrm{s}-\mathrm{dq}}(-\theta)$	从 abc 三相静止坐标系变换到 $d^{-1}q^{-1}$旋转坐标系的变换矩阵
$\boldsymbol{T}_{3\mathrm{s}-\mathrm{dq}}(-2\theta)$	从 abc 三相静止坐标系变换到 $d^{-2}q^{-2}$旋转坐标系的变换矩阵
T_{const}	三极或三线双极直流系统中的状态恒定周期
T_{ctrl}	MMC 控制周期
$\boldsymbol{T}_{\mathrm{dq}-3\mathrm{s}}(\theta)$	从 dq 旋转坐标系变换到 abc 三相静止坐标系的变换矩阵
$\boldsymbol{T}_{\mathrm{dq}-3\mathrm{s}}(-\theta)$	从 $d^{-1}q^{-1}$旋转坐标系变换到 abc 三相静止坐标系的变换矩阵
$\boldsymbol{T}_{\mathrm{dq}-3\mathrm{s}}(-2\theta)$	从 $d^{-2}q^{-2}$旋转坐标系变换到 abc 三相静止坐标系的变换矩阵
T_{e}	发电机电磁转矩
T_{full}	三极或三线双极直流系统中的全状态转换周期
T_{j}	功率器件的结温
T_{m}	传递到发电机转子的机械转矩
T_{mod}	三极或三线双极直流系统中状态转换过程持续的时间
T_{t}	作用在风力机上的机械转矩
T_{tozero}	全桥子模块 MMC 在发生直流侧短路故障时闭锁后直流电流下降到零所需要的时间
T_{zero}	三极或三线双极直流系统中状态转换时调制极电流保持为零的时间
u_{arm}	桥臂等效电势

u_{c}	子模块电容电压瞬时值
$u_{c,na}$，$u_{c,nb}$，$u_{c,nc}$	MMC 下桥臂各相所有子模块电容电压集合平均值
$u_{c,pa}$，$u_{c,pb}$，$u_{c,pc}$	MMC 上桥臂各相子模块电容电压集合平均值
$\Delta u_{c,pa}$	子模块平均电容电压的波动分量
$u_{c,rj}$	j 相 r 桥臂子模块电容电压集合平均值
u_{c,rj_i}	j 相 r 桥臂第 i 个子模块的电容电压
u_{comj}	第 j 相上下桥臂的共模电压 $u_{comj}=\frac{1}{2}(u_{pj}+u_{nj})$
u_{comd}，u_{comq}	MMC 三相共模电压的 d 轴分量和 q 轴分量
u_{dc}	MMC 直流侧输出电压瞬时值
u_{dcmark}	直流电网电压基准节点的直流电压实测值
u_{diff}^{*}	diff 点上的调制波
u_{diffj}	第 j 相上下桥臂的差模电压 $u_{diffj}=\frac{1}{2}(u_{nj}-u_{pj})$
u_{diffa}^{+}，u_{diffb}^{+}，u_{diffc}^{+}	MMC 三相桥臂差模电压的正序分量
u_{diffa}^{-}，u_{diffb}^{-}，u_{diffc}^{-}	MMC 三相桥臂差模电压的负序分量
u_{diffd}，u_{diffq}	MMC 三相差模电压的 d 轴分量和 q 轴分量
u_{Epn}	点 E_{pa}和点 E_{na}之间的电位差
$u_{L,na}$，$u_{L,nb}$，$u_{L,nc}$	MMC 下桥臂三相桥臂电抗电压
$u_{L,pa}$，$u_{L,pb}$，$u_{L,pc}$	MMC 上桥臂三相桥臂电抗电压
$u_{L,rj}$	j 相 r 桥臂电抗器上的电压
u_{na}，u_{nb}，u_{nc}	MMC 下桥臂各相电压（不包含桥臂电抗器 L_0和 R_0上的电压）
$u_{OO'}$	交流系统侧电压中性点与直流侧极间电压中性点之间的电位差
u_{pa}，u_{pb}，u_{pc}	MMC 上桥臂各相电压（不包含桥臂电抗器 L_0和 R_0上的电压）
u_{rd}，u_{rq}	DFIG 转子电压的 d 轴和 q 轴分量
u_{rj}	j 相 r 桥臂所有子模块构成的桥臂电压
$\boldsymbol{u}_{s}$	MMC 换流站交流母线三相电压的空间矢量
u_{sa}，u_{sb}，u_{sc}	MMC 换流站交流母线相电压
u_{sa}^{+}，u_{sb}^{+}，u_{sc}^{+}	MMC 换流站交流母线三相电压正序分量
u_{sa}^{-}，u_{sb}^{-}，u_{sc}^{-}	MMC 换流站交流母线三相电压负序分量
u_{sd}，u_{sq}	MMC 换流站交流母线三相电压的 d 轴和 q 轴分量
u_{sd}^{+}，u_{sq}^{+}	$u_{s\alpha}$，$u_{s\beta}$通过正向旋转坐标变换得到的 dq 坐标系中的 d 轴和 q 轴分量
u_{sd}^{-}，u_{sq}^{-}	$u_{s\alpha}$，$u_{s\beta}$通过反向旋转坐标变换得到的 $d^{-1}q^{-1}$ 坐标系中的 d 轴和 q 轴分量
u_{sm}	子模块两端电压
u_{sm,rj_i}	j 相 r 桥臂第 i 个子模块耦合到桥臂中的电压
$\overline{u_{sq}^{+}}$	u_{sq}^{+}中的直流分量

$\widetilde{u_{sq}^{+}}$	u_{sq}^{+}中的高次谐波分量
$u_{s\alpha}$，$u_{s\beta}$	MMC 换流站交流母线三相电压的 α 轴和 β 轴分量
$\overline{u_{sdq}^{+}}$	u_{sd}^{+}，u_{sq}^{+}中的直流分量
$\overset{\frown}{u_{sdq}^{+}}$	u_{sd}^{+}，u_{sq}^{+}中的 2 次谐波分量，等于$\overline{u_{sdq}^{-}}$在 $d^{2}q^{2}$坐标系中的投影
$\widetilde{u_{sdq}^{+}}$	u_{sd}^{+}，u_{sq}^{+}中的高次谐波分量
$\overline{u_{sdq}^{-}}$	u_{sd}^{-}，u_{sq}^{-}中的直流分量
$\overset{\frown}{u_{sdq}^{-}}$	u_{sd}^{-}，u_{sq}^{-}中的 2 次谐波分量，等于$\overline{u_{sdq}^{+}}$在 $d^{-2}q^{-2}$坐标系中的投影
$\widetilde{u_{sdq}^{-}}$	u_{sd}^{-}，u_{sq}^{-}中的高次谐波分量
u_{v}^{*}	MMC 阀侧不指定相交流电压调制波
u_{va}，u_{vb}，u_{vc}	MMC 阀侧交流相电压
u_{vj}^{*}	MMC 阀侧 j 相交流电压调制波
U_{c}	子模块电容电压的直流分量
U_{cD}	交流侧不控充电阶段子模块电容电压能够达到的最大值
U'_{cD}	直流侧不控充电阶段子模块电容电压能够达到的最大值
U_{cN}	子模块电容电压的额定值
U_{c}^{h}	子模块电容电压的 h 次谐波幅值
U_{cmax}	电容电压采用保持因子排序时设定的电容电压上边界
U_{cmin}	电容电压采用保持因子排序时设定的电容电压下边界
U_{cref}	采用 NLM 计算投入子模块数目时所取的子模块电容电压参考值
$U_{c,peak}$	子模块电容电压的峰值
$U_{c,rms}$	子模块电容电压的有效值
$U_{D,peak}$	子模块 IGBT 反并联二极管的电压峰值
$U_{D,rms}$	子模块 IGBT 反并联二极管的电压有效值
U_{dc}	MMC 直流侧输出电压的直流分量
U_{dc}^{*}	直流电压指令值
U_{dc}^{h}	直流侧 h 次谐波电压
U_{dcB}	MMC 在发生直流侧短路故障时闭锁瞬间的直流电压值
U_{dcf0}	直流电网故障点处正常运行时的直流电压
U_{dcH}^{*}	直流电压裕额控制中的高限直流电压指令值
U_{dcL}^{*}	直流电压裕额控制中的低限直流电压指令值
U_{dcm}	三极或三线双极直流系统中的调制极电压（不指定线路位置）
U_{dcmark}^{*}	直流电网电压基准节点的直流电压指令值
U_{dcmax}	考虑所有运行方式后直流电网节点电压的最大值
U_{dcmin}	考虑所有运行方式后直流电网节点电压的最小值
U_{dcn}	三极或三线双极直流系统中的负极电压（不指定线路位置）
U_{dcN}	MMC 直流侧输出电压的直流分量额定值

U_{dcp}	三极或三线双极直流系统中的正极电压（不指定线路位置）
U_{dcim}	三极或三线双极直流系统中的逆变侧调制极电压
U_{dcin}	三极或三线双极直流系统中的逆变侧负极电压
U_{dcip}	三极或三线双极直流系统中的逆变侧正极电压
U_{dcrm}	三极或三线双极直流系统中的整流侧调制极电压
U_{dcrn}	三极或三线双极直流系统中的整流侧负极电压
U_{dcrp}	三极或三线双极直流系统中的整流侧正极电压
$U_{dc,ctl}$	与子模块可控触发要求的最低电压值相对应的直流电压
$U_{dc,ef}$	MMC 正常停运能量反馈阶段直流电压能够达到的最低值
U_{diff}	桥臂差模电压 u_{diffj} 的基波有效值
U_{diffm}	桥臂差模电压 u_{diffj} 的基波幅值
U_{IL}	LCC-MMC 串联混合型直流系统逆变侧 LCC 直流电压
U_{IM}	LCC-MMC 串联混合型直流系统逆变侧 MMC 直流电压
U_{pcc}	换流站交流母线基波相电压有效值
U_{ref}	与避雷器参考电流 I_{ref} 相对应的避雷器电压
U_{RL}	LCC-MMC 串联混合型直流系统整流侧 LCC 直流电压
U_{RM}	LCC-MMC 串联混合型直流系统整流侧 MMC 直流电压
U_{s}	交流系统等效相电势基波有效值
U_{s}^{+}	交流系统等效相电势正序基波幅值
U_{s}^{+h}	交流系统等效相电势正序 h 次谐波幅值
U_{s}^{-}	交流系统等效相电势负序基波幅值
U_{s}^{-h}	交流系统等效相电势负序 h 次谐波幅值
U_{sm}	交流系统等效相电势基波幅值
U_{sm0}	MMC 输出无功功率为零时交流系统等效相电势基波幅值
U_{sys}	交流系统等效线电势基波有效值
$U_{T,peak}$	子模块 IGBT 电压的峰值
$U_{T,rms}$	子模块 IGBT 电压的有效值
U_{v}	MMC 阀侧基波相电压有效值
U_{vm}	MMC 阀侧基波相电压幅值
U_{vm}^{*}	MMC 阀侧交流相电压调制波幅值
U_{vTN}	联接变压器阀侧空载额定相电压有效值
U_{vsc}	电压源换流器交流侧等效线电势基波有效值
U_{x}	直流潮流控制器插入到直流线路中的电压
U_{x}^{*}	直流潮流控制器插入到直流线路中的电压指令值
V_{CE0}	IGBT 的通态电压偏置
V_{D0}	二极管的通态电压偏置
X	电抗的一般性符号
X_{ac}	换流器交流出口到交流系统等效电势之间的等效电抗（包含系统

	等效电抗和变压器漏电抗）
X_{link}	换流器与交流系统之间的基波连接电抗
X_{L0}	MMC 桥臂电抗器的基波电抗
X_{sys}	交流系统等效基波电抗
X_T	换流变压器基波漏抗
$Z_{ac}^{+}(f)$	频率为 f 时 MMC 在交流侧呈现的正序阻抗
$Z_{ac}^{-}(f)$	频率为 f 时 MMC 在交流侧呈现的负序阻抗
$Z_{dc}(f)$	频率为 f 时 MMC 在直流侧呈现的阻抗
Z_{sys}	交流系统等效基波阻抗
α	LCC 触发滞后角的一般性符号
β	（1）LCC 的触发越前角的一般性符号；（2）风力机的桨距角
γ	LCC 关断角的一般性符号
γ_{vj}	j 相正弦调制波 u_{vj}^{*} 的初相位
γ_{va}	a 相正弦调制波 u_{va}^{*} 的初相位
γ_h	a 相上桥臂电压 u_{pa} 的 h 次谐波初始相位（等于 $h\gamma_{va}$）
δ	相位角的一般性符号
δ_{diff}	MMC 基波等效电路中上下桥臂电抗器虚拟等电位点上的电压相位
δ_{pcc}	换流站交流母线基波相电压相位
δ_{vs}	换流器交流出口基波电压与交流系统侧基波电压之间的相位差
ε	MMC 中子模块电容电压波动率，定义为各子模块电容电压偏离其额定值的最大偏差与电容电压额定值之比
η	MMC 的子模块利用率
η_D	子模块电容电压不控充电率
η_{sa}，η_{sb}，η_{sc}	正弦形式的交流系统三相基波等效电势相位
θ	（1）余弦形式的交流系统 a 相基波等效电势 u_{sa} 的相位；（2）发电机转子电角度
θ_{dc}	MMC 直流侧短路故障闭锁前直流电流表达式中的初始相位
θ'_{dc}	全桥子模块 MMC 直流侧短路故障闭锁后直流电流表达式中的初始相位
θ_i	MMC 与实时触发相对应的理想阶梯波发生电压阶跃时的电角度
θ_r	风电机组中发电机转子相对于定子 a 相轴线的电角度
θ_s	同步旋转坐标系中 d 轴相对于定子 a 相轴线的电角度
θ_{sl}	同步旋转坐标系中的 d 轴相对于转子 a 相轴线的电角度
λ	风力机的叶尖速度比
λ_{opt}	风力机的最优叶尖速度比
λ_r	永磁同步发电机的转子磁链峰值
λ_{SCR}	交流系统短路比
μ	LCC 的换相角

ρ	a 相上桥臂投入的子模块个数 n_{pa} 随时间的变化率
σ	电容电压不平衡度，定义为所有时刻各子模块电容电压之间的最大偏差与子模块电容电压额定值之比率
σ_m	设定的电容电压不平衡度阈值
τ_{ac}	MMC 直流侧短路故障闭锁前桥臂电流表达式中的衰减时间常数
τ_{dc}	MMC 直流侧短路故障闭锁前直流电流表达式中的衰减时间常数
τ'_{dc}	全桥子模块 MMC 直流侧短路故障闭锁后直流电流表达式中的衰减时间常数
τ''_{dc}	MMC 直流侧短路故障闭锁后且交流侧开关跳开后直流电流表达式中的衰减时间常数
τ_{acB}	MMC 直流侧短路故障闭锁后桥臂电流表达式中的衰减时间常数
τ_{dcB}	MMC 直流侧短路故障闭锁后直流电流表达式中的衰减时间常数
φ_{sys}	交流系统等效阻抗的阻抗角，90°为纯电抗
ω	电网角频率
ω_0	电网额定角频率
ω_{circl}	MMC 二倍频环流谐振角频率
ω_{dc}	MMC 直流侧短路时闭锁前直流电流表达式中的角频率
ω'_{dc}	全桥子模块 MMC 直流侧短路时闭锁后直流电流表达式中的角频率
ω_f	采用 DDSRF 变换时低通滤波器 LPF 的截止频率
ω_m	风电机组中发电机转子机械角速度
ω_r	风电机组中发电机转子电角速度
ω_{res}	MMC 相单元串联谐振角频率
ω_s	风电机组中发电机定子电角速度
ω_t	风力机的机械角速度

本书所用的主要物理元件和物理位置名字

B_p	MMC 正极公共直流母线
B_n	MMC 负极公共直流母线
VD_1	构成半桥子模块上开关的反向并联二极管
VD_2	构成半桥子模块下开关的反向并联二极管
E_{pj}，E_{nj}	相单元 j 中两个桥臂电抗器各自的非公共连接端
O	MMC 或直流系统直流电压正负极之间的中性点
O′	MMC 交流侧三相电压的中性点
pcc	MMC 换流站交流母线所处的物理位置
VT_1	构成半桥子模块上开关的 IGBT
VT_2	构成半桥子模块下开关的 IGBT
V_1	子模块（SM）中将 VT_1 与 VD_1 集中起来作为开关 V_1 看待
V_2	子模块（SM）中将 VT_2 与 VD_2 集中起来作为开关 V_2 看待
va，vb，vc	MMC 相单元上下桥臂之间的连接点，也是 MMC 交流侧三相输出节点
vj	MMC 上下桥臂之间的连接点，也是 MMC 交流侧 j 相输出节点
Δ	MMC 上下桥臂电抗器的虚拟等电位点

目　录

第 1 章 柔性直流输电系统的特点和应用

1.1 柔性直流输电的定义

高压直流（HVDC）输电技术始于20世纪20年代，到目前为止，经历了3次技术上的革新，其主要推动力是组成换流器的基本元件发生了革命性的重大突破。1954年，世界上第一个直流输电工程（瑞典本土至Gotland岛的20MW、100kV海底直流电缆输电）投入商业化运行，标志着第一代直流输电技术的诞生。第一代直流输电技术采用的换流元件是汞弧阀，所用的换流器拓扑是6脉动Graetz桥，其主要应用年代是20世纪70年代以前。

20世纪70年代初，晶闸管阀开始应用于直流输电系统，标志着第二代直流输电技术的诞生。第二代直流输电技术采用的换流元件是晶闸管，所用的换流器拓扑仍然是6脉动Graetz桥，因而其换流理论与第一代直流输电技术相同，其应用年代是20世纪70年代初直到今后一段时间。

20世纪90年代初，基于可控关断器件和脉冲宽度调制（PWM）技术的电压源换流器（VSC）开始应用于直流输电，标志着第三代直流输电技术的诞生。

1990年，基于电压源换流器的直流输电概念首先由加拿大McGill大学的Boon-Teck Ooi等提出[1-3]。在此基础上，ABB公司将VSC和聚合物电缆相结合构成的直流输电系统称为轻型直流输电（HVDC Light）系统，并于1997年3月在瑞典中部的Hellsjon和Grangesberg之间进行了首次工业性试验[4]。该试验系统的功率为3MW，直流电压等级为±10kV，输电距离为10km，分别连接到既有的10kV交流电网中。

随着1997年第一个基于电压源换流器技术的直流输电工程的出现，这种以可关断器件和脉冲宽度调制（PWM）技术为基础的第三代直流输电技术，国际权威学术组织国际大电网会议（CIGRE）和美国电气与电子工程师协会（IEEE），将其正式命名为“VSC-HVDC”，即“电压源换流器型直流输电”。而ABB公司则称之为轻型直流输电（HVDC Light），并作为商标注册。西门子公司则称之为HVDC Plus。2006年5月，由中国电力科学研究院组织国内权威专家在北京召开“轻型直流输电系统关键技术研究框架研讨会”，会上，与会专家一致建议国内将基于电压源换流器技术的直流输电（第三代直流输电技术）统一命名为“柔性直流输电”[5]。

柔性直流输电技术采用的换流元件是既可以控制导通又可以控制关断的双向可控电力电

子器件，其典型代表是绝缘栅双极型晶体管（IGBT）。柔性直流输电的换流理论完全不同于基于 Graetz 桥式换流器的第一代和第二代直流输电（通常称为传统直流输电）换流理论，实际上柔性直流输电技术本身到目前为止也可以划分成两个发展阶段。第一个发展阶段是 20 世纪 90 年代初到 2010 年，这一阶段柔性直流输电技术基本上由 ABB 公司垄断，采用的换流器是二电平或三电平电压源换流器（VSC），其基本理论是脉冲宽度调制（PWM）理论。第二个发展阶段是 2010 年到今后一段时间，其基本标志是 2010 年 11 月在美国旧金山投运的 Trans Bay Cable 柔性直流输电工程[6]，该工程由西门子公司承建，采用的换流器是模块化多电平换流器（MMC）[7,8]。MMC 的换流理论不是 PWM，而是阶梯波逼近。

1.2 电压源换流器的基本特性

1.2.1 3 种常用电压源换流器的结构

已有柔性直流输电工程采用的电压源换流器主要有 3 种，即两电平换流器、二极管钳位型三电平换流器和模块化多电平换流器（MMC）。

两电平换流器的拓扑结构最简单，如图 1-1 所示。它有 6 个桥臂，每个桥臂由 IGBT 和与之反并联的二极管组成。在高压大功率情况下，为提高换流器容量和系统的电压等级，每个桥臂由多个 IGBT 及其相并联的二极管相互串联来获得，其串联的个数由换流器的额定功率、电压等级和电力电子开关器件的通流能力与耐压强度决定。相对于接地点，两电平换流器每相可输出两个电平，即 $+\frac{U_{dc}}{2}$ 和 $-\frac{U_{dc}}{2}$，如图 1-2 所示。显然，两电平换流器通过脉冲宽度调制来逼近正弦波。

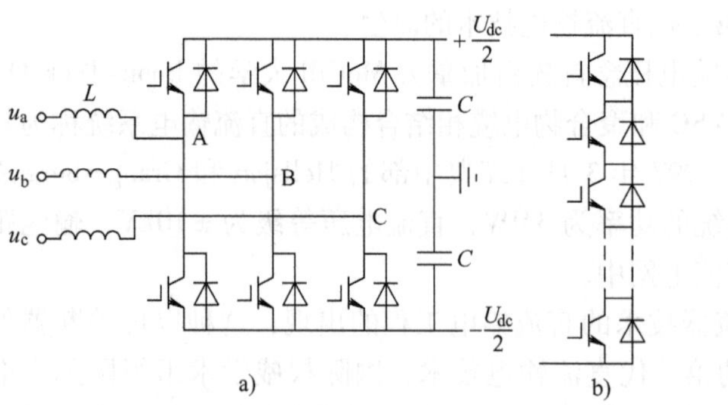

图 1-1 两电平换流器基本结构

a）两电平拓扑 b）单个桥臂结构

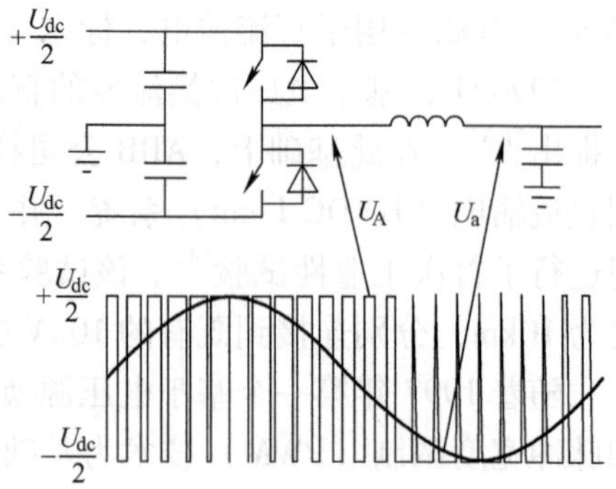

图 1-2 两电平换流器的单相输出

二极管钳位型三电平换流器如图 1-3 所示。三相换流器通常共用直流电容器。三电平换流器每相可以输出 3 个电平，即 $+\frac{U_{dc}}{2}$、0、$-\frac{U_{dc}}{2}$，如图 1-4 所示。显然，三电平换流器也是通过脉冲宽度调制来逼近正弦波。

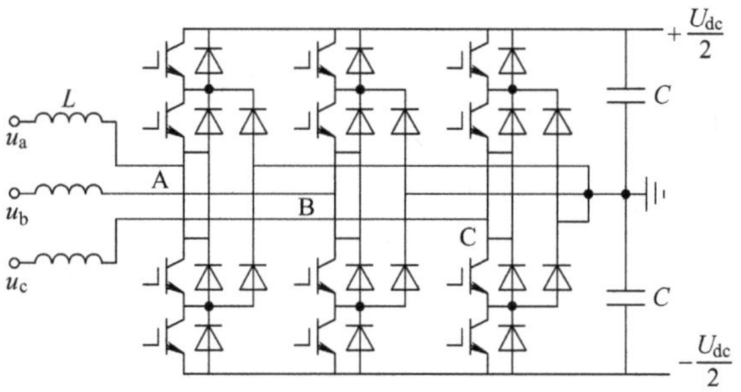

图 1-3　二极管钳位型三电平换流器基本结构

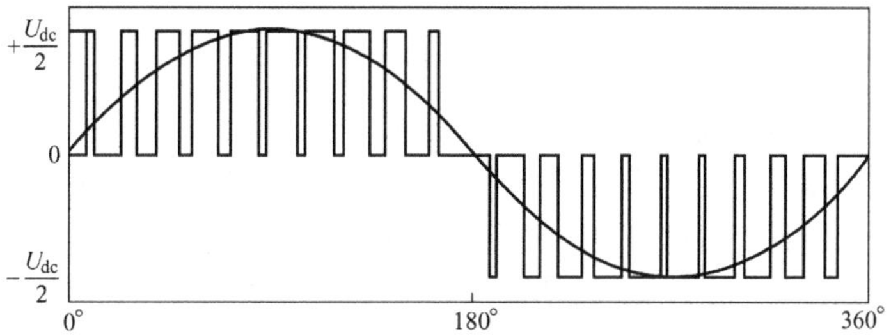

图 1-4　三电平换流器单相输出

模块化多电平换流器（MMC）的桥臂不是由多个开关器件直接串联构成的，而是采用了子模块级联的方式[7,8]。MMC 的每个桥臂由 N 个子模块（Sub-Module，SM）和一个串联电抗器 L_0 组成，同相的上下两个桥臂构成一个相单元，如图 1-5 所示。MMC 的子模块一般采用半个 H 桥结构，如图 1-6 所示。其中，u_C为子模块电容电压，u_{sm}和 i_{sm}分别为单个子模块的输出电压和电流。MMC 的单相输出电压如图 1-7 所示，可见，MMC 的工作原理与两电平和三电平换流器不同，它不是采用脉冲宽度调制来逼近正弦波，而是采用阶梯波的方式来逼近正弦波。

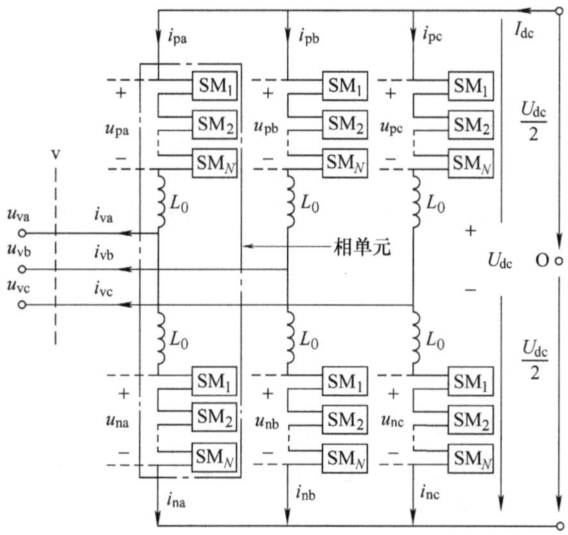

图 1-5　模块化多电平换流器 MMC 的基本结构

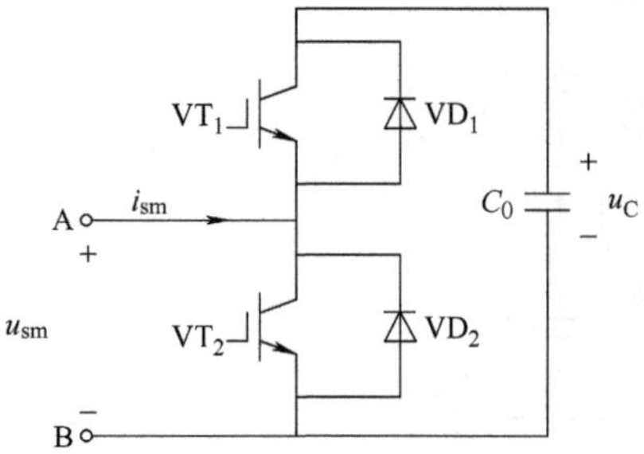

图1-6 MMC单个子模块的结构

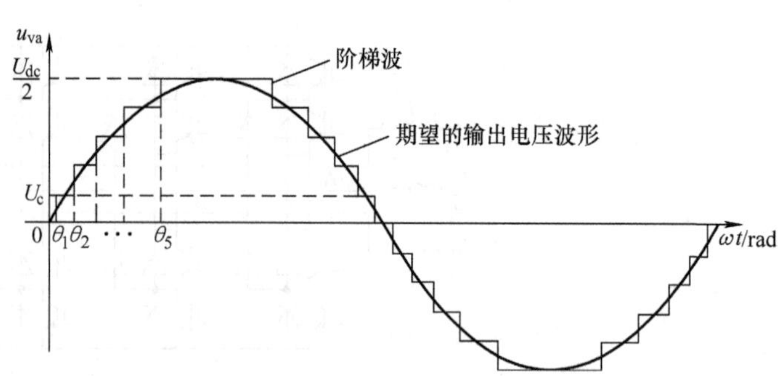

图1-7 MMC的单相输出电压波形

1.2.2 3种常用电压源换流器的特点[9-11]

两电平换流器的阀有相同的容量，因而便于模块化设计、制造和维护。同时两电平换流器的电压使用范围也很广，在不改变拓扑结构、调制方式和控制环节的前提下，通过增加或减少阀上串联的开关器件个数就可以改变换流器的额定电压。但是，在高压直流输电应用场合，两电平换流器阀承受的电压很高，所以单个阀需要串联大量开关器件，由此带来串联器件的静态、动态均压问题。两电平换流器还会产生很高的阶跃电压（dv/dt），这对交流设备极为有害，比如联接变压器，因此所有元件的设计都需要考虑承受非常大的阶跃电压。如果不能有效地处理，会带来电磁兼容问题。为了得到比较好的动态性能和谐波特性，两电平换流器阀需高频投切，通常要在1kHz以上。较大的开关电压和开关频率导致两电平换流器的开关损耗相对较高。两电平拓扑主要优点有：①电路结构简单；②电容器数量少；③占地面积小；④所有阀容量相同，易于实现模块化构造。两电平拓扑的主要缺点有：①高投切频率产生很大的损耗；②交流侧波形差；③阀承受电压高。

二极管钳位型三电平换流器在阀的构成和开关频率方面与两电平换流器类似。但在相同的开关频率下，三电平换流器输出电压的谐波水平低于两电平换流器。在相同的直流系统电压下，三电平换流器产生的阶跃电压（dv/dt）仅为两电平换流器的一半，三电平换流器的开关损耗也低于两电平换流器。二极管钳位型三电平拓扑的主要优点有：①开关损耗相对较低；②电容器取值小；③阀承受电压相对较低；④占地面积小；⑤交流电压波形质量较高；⑥换流器产生的阶跃电压（dv/dt）较小。二极管钳位型三电平拓扑的主要缺点有：①需要大量的钳位二极管；②存在电容电压不平衡问题；③阀组承受的电压不相同，不利于模块化实现。

两电平和三电平换流器由于电平数很少，输出电压波形较差，必须采用高频脉冲宽度调制来改善输出电压波形的质量。由于开关频率很高，要求所有的串联开关器件必须在极短的时间内同时开通或关断，因而对开关器件的开关一致性和均压性能提出了很高的要求。随着串联器件个数的增加，上述问题更加严重，因而阻碍了其在高压直流输电领域的推广应用。事实上，到目前为止，采用两电平或三电平拓扑的柔性直流输电工程，世界上仅仅由ABB公司一家承建。另一方面，高频PWM方式导致了较高的开关损耗，使得采用两电平或三电平拓扑的VSC-HVDC的输电损耗居高不下。

相对于两电平和三电平拓扑，MMC拓扑具有以下几个明显优势[12-14]：

1）**制造难度下降**：不需要采用基于 IGBT 器件直接串联而构成的阀，这种阀在制造上有相当的难度，只有离散性非常小的 IGBT 器件才能满足静态和动态均压的要求，一般市售的 IGBT 器件是难以满足要求的。因而 MMC 拓扑大大降低了制造商进入柔性直流输电领域的技术门槛。

2）**损耗成倍下降**：MMC 采用阶梯波逼近技术，理想情况下一个工频周期内开关器件只要开关两次，考虑了电容电压平衡控制和其他控制因素后，开关器件的开关频率通常不超过 300Hz，这与两电平和三电平拓扑开关器件的开关频率在 1kHz 以上形成了鲜明的对比。因而换流器的损耗大大下降，从两电平或三电平 VSC 的 2% 左右下降到 MMC 的 1% 左右，已接近传统直流输电换流器的损耗水平。

3）**阶跃电压降低**：由于 MMC 所产生的电压阶梯波的每个阶梯都不大，MMC 桥臂上的阶跃电压（dv/dt）和阶跃电流（di/dt）都比较小，从而使得开关器件承受的应力大为降低，同时也使产生的高频辐射大为降低，容易满足电磁兼容指标的要求。

4）**波形质量高**：对于高电压大容量的 MMC，由于采用的级联子模块数目很多，所输出的电压阶梯波已非常接近于正弦波，波形质量高，各次谐波含有率和总谐波畸变率通常已能满足相关标准的要求，不需要安装交直流滤波器。例如美国旧金山的 Trans Bay Cable 柔性直流输电工程，每个桥臂采用了 200 个子模块，输出电压的电平数很多，波形质量已能满足要求，不需要安装交流滤波器。

5）**故障处理能力强**：由于 MMC 的子模块冗余特性，使得故障的子模块可由冗余的子模块替换，并且替换过程不需要停电，提高了换流器的可靠性；另外，MMC 的直流侧没有高压电容器组，并且桥臂上的 L_0 与分布式的储能电容器相串联，从而可以直接限制内部故障或外部故障下的故障电流上升率，使故障的清除更加容易。

当然，MMC 拓扑与两电平或三电平拓扑相比，也有不足的地方：

1）**所用器件数量多**：对于同样的直流电压，MMC 采用的开关器件数量较多，约为两电平拓扑的 2 倍。

2）MMC 虽然避免了两电平和三电平拓扑必须采用 IGBT 直接串联以构成阀的困难，但却将技术难度转移到了控制方面，多出来的问题包括**子模块电容电压的均衡问题以及各桥臂之间的环流问题**。关于 MMC 的控制问题，本书第 4 章将专门论述。

1.2.3　电压源换流器的基本特性[15,16]

不管是两电平、三电平或 MMC 换流器，由于都属于电压源换流器，其基波频率下的外特性是完全一致的。电压源换流器基波下的稳态特性可以用图 1-8 来进行分析。

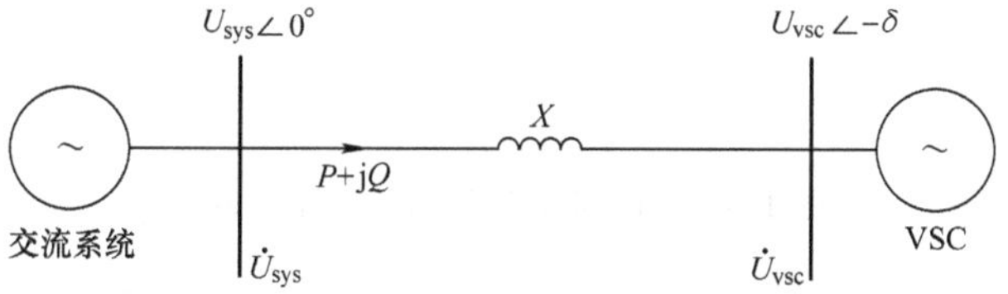

图 1-8　电压源换流器的基波等效电路

设交流系统等效电势相量为 $\dot{U}_{sys}$，换流器输出电压基波相量为 $\dot{U}_{vsc}$，且 $\dot{U}_{vsc}$ 滞后于 $\dot{U}_{sys}$ 的角度为 δ；换流器与交流等效系统之间的电抗为 X（包括联接电抗器和联接变压器的电抗），则从交流系统输入到换流器的有功功率和无功功率分别为

$$P = \frac{U_{sys}U_{vsc}}{X}\sin\delta \tag{1-1}$$

$$Q = \frac{U_{sys}(U_{sys} - U_{vsc}\cos\delta)}{X} \tag{1-2}$$

由式（1-1）可见，有功功率的传输主要取决于 δ，当 $\delta > 0$ 时，VSC 吸收有功功率，相当于传统 HVDC 中的整流器运行；当 $\delta < 0$ 时，VSC 发出有功功率，相当于传统 HVDC 中的逆变器运行。因此通过对 δ 角的控制就可以控制输送功率的大小和方向。由式（1-2）可见，无功功率的传输主要取决于 $U_{sys} - U_{vsc}\cos\delta$。当 $U_{sys} - U_{vsc}\cos\delta > 0$ 时，VSC 吸收无功功率；当 $U_{sys} - U_{vsc}\cos\delta < 0$ 时，VSC 发出无功功率。所以，通过控制 U_{vsc} 的大小就可以控制 VSC 发出或吸收的无功功率及其大小。

电压源换流器（VSC）与用于传统 HVDC 的基于晶闸管的电网换相换流器（LCC）相比，具有的根本性优势是多了一个控制自由度。LCC 因为所用的器件是晶闸管，晶闸管只能控制导通而不能控制关断，因此 LCC 的控制自由度只有一个，就是触发角 α，这样 LCC 实际上只能控制直流电压的大小。而 VSC 因为所用的器件是双向可控的，既可以控制导通，也可以控制关断，因而 VSC 有两个控制自由度，反映在输出电压的基波相量 $\dot{U}_{vsc}$ 上，就表现为 $\dot{U}_{vsc}$ 的幅值 U_{vsc} 和相位 δ 都是可控的。

图 1-9 在 PQ 平面上画出了 VSC 的稳态运行基波相量图。取 $\dot{U}_{sys}$ 为基准相量，即与 P 轴重合，则因为 U_{vsc} 和 δ 可控，$\dot{U}_{vsc}$ 相量的终点可以落在 4 个象限的任意一个象限中。当 $\delta < 0$（$\dot{U}_{vsc}$ 超前 $\dot{U}_{sys}$）时，根据式（1-1），有功功率 $P < 0$，所以在第 1 和第 2 象限有功功率 $P < 0$；当 $\dot{U}_{vsc}$ 的终点落在第 2 和第 3 象限时，$U_{vsc}\cos\delta \leqslant U_{sys}$，根据式（1-2），无功功率 $Q > 0$。

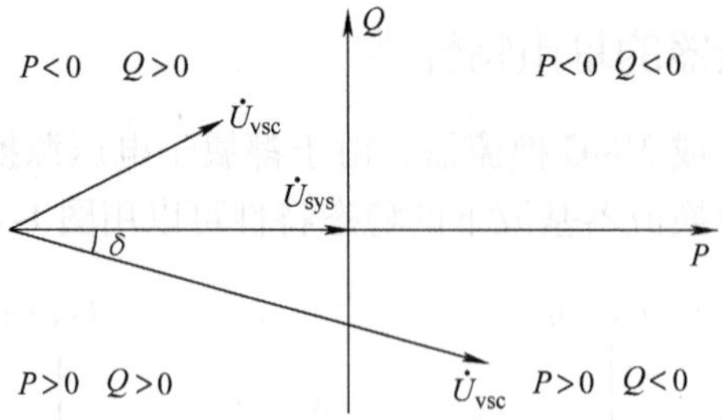

图 1-9 VSC 稳态运行时的基波相量图

因此从交流系统的角度来看，VSC 可以等效成一个无转动惯量的电动机或发电机，几乎可以瞬时地在 PQ 平面的 4 个象限内实现有功功率和无功功率的独立控制，这就是 VSC 的基本特性。而柔性直流输电系统的卓越性能在很大程度上就依赖于 VSC 的基本特性。

1.3 柔性直流输电系统的基本特点

下面以 MMC 构成的柔性直流输电系统为例说明柔性直流输电系统的基本特点。两端 MMC-HVDC 单极系统结构如图 1-10 所示，换流站内包括联接变压器和换流器等设备。

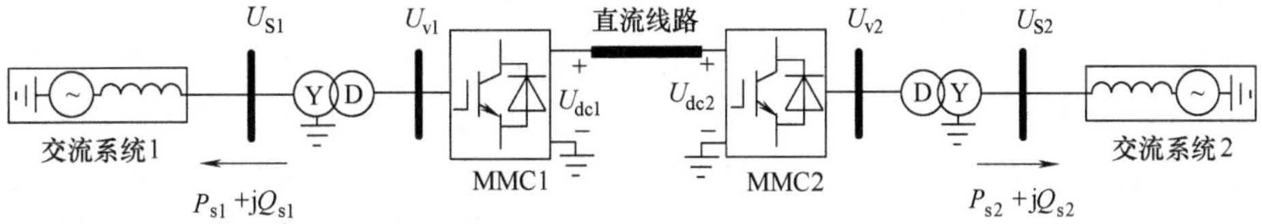

图 1-10 两端 MMC-HVDC 单极系统结构图

由于柔性直流输电系统的两端 MMC 各能控制两个物理量，目前两端 MMC 的常用控制方式是直接电流控制，也称矢量控制[17,18]。这种控制方式如图 1-11 所示，控制系统主要由内环电流控制器和外环功率控制器构成。其中柔性直流输电系统的基本控制方式由外环功率控制器决定。外环功率控制器控制的主要物理量有：交流侧有功功率、直流侧电压、交流系统频率、交流侧无功功率、交流侧电压等。其中，交流侧有功功率、直流侧电压、交流系统频率等为有功功率类物理量；而交流侧无功功率、交流侧电压等为无功功率类物理量。柔性直流输电系统的每一端必须在有功功率类物理量和无功功率类物理量中各挑选一个物理量进行控制，同时，柔性直流输电系统中必须有一端控制直流侧电压。这样，柔性直流输电系统就存在多种控制变量的组合。

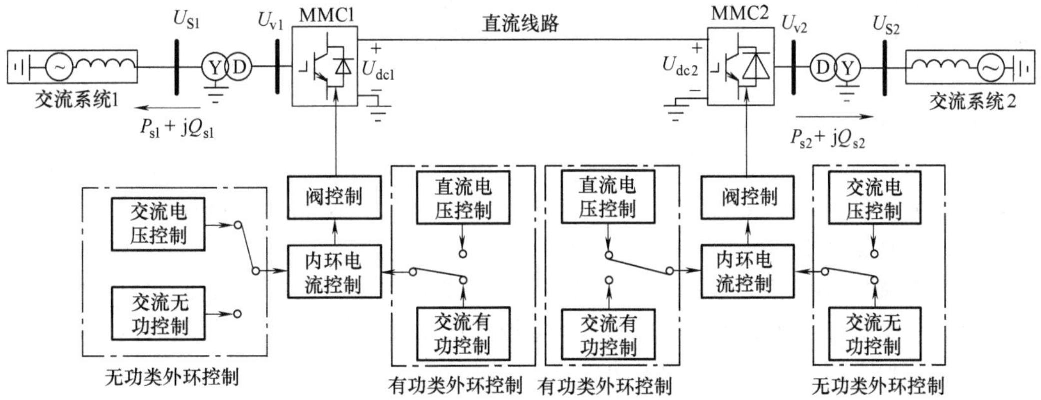

图 1-11 柔性直流输电系统的基本控制结构

对于两端交流系统为有源系统的情况，合理的控制变量组合可以是整流端控制交流侧有功功率和交流侧无功功率，逆变端控制直流电压和交流侧无功功率。合理的控制变量组合随两端交流系统情况的不同而改变。但两端的无功功率控制是完全独立的，所需无功功率可以由交流电压控制或直接无功功率控制来实现。由于换流器容量的限制，在同一端实现有功功率和无功功率的独立控制时，有功功率和无功功率必须限制在 PQ 平面的一个特定范围内。当使用柔性直流输电连接风电场时，通常连接风电场的 MMC 站采用控制交流侧频率和交流侧电压的控制变量组合，而连接电网的 MMC 站采用控制直流侧电压和交流侧无功功率的控制变量组合。另外，当使用柔性直流输电向无源交流网络供电时，通常连接无源交流网络的那个 MMC 站控制交流系统频率和交流系统电压，而连接有源电网的那个 MMC 站控制直流侧电压和交流侧无功功率。

根据前面的讨论，基于 MMC 的柔性直流输电技术和基于两电平或三电平 VSC 的柔性直流输电技术相比于传统直流输电技术，其共同的优点是采用电压源换流器，因而在运行性能上大大超越了传统直流输电技术。主要表现在如下方面：

1）**没有无功补偿问题**：传统直流输电由于存在换流器的触发角 α（一般为 10° ~15°）和关断角 γ（一般为 15°或更大一些）以及波形的非正弦，需要吸收大量无功功率，其数值约为换流站所通过的直流功率的 40% ~60%。因而需要大量的无功补偿及滤波设备，而且在甩负荷时会出现无功过剩，容易导致过电压。而柔性直流输电的换流器不仅不需要交流侧提供无功功率，而且本身能够起到静止同步补偿器（STATCOM）的作用，动态补偿交流系统无功功率，稳定交流母线电压。这意味着交流系统故障时如果 VSC 容量允许，那么柔性直流输电系统既可向交流系统提供有功功率的紧急支援，还可向交流系统提供无功功率的紧急支援，从而既能提高所连接系统的功角稳定性，还能提高所连接系统的电压稳定性。

2）**没有换相失败问题**：传统直流输电受端换流器（逆变器）在受端交流系统发生故障时很容易发生换相失败，导致输送功率中断。通常只要逆变站交流母线电压因交流系统故障导致瞬间跌落 10% 以上幅度，就会引起逆变器换相失败，而在换相失败恢复前传统直流系统无法输送功率。而柔性直流输电的 VSC 采用的是可关断器件，不存在换相失败问题，即使受端交流系统发生严重故障，只要换流站交流母线仍然有电压，就能输送一定的功率，其大小取决于 VSC 的电流容量。由于柔性直流输电不存在换相失败问题，因而在受端电网中的直流落点个数不受限制，任意多的柔性直流输电线路可以直达负荷中心。

3）**可以为无源系统供电**：传统直流输电需要交流电网提供换相电流，这个电流实际上是相间短路电流，因此要保证换相的可靠，受端交流系统必须具有足够的容量，即必须有足够的短路比（SCR），当受端交流电网比较弱时便容易发生换相失败。而柔性直流输电的 VSC 能够自换相，可以工作在无源逆变方式，不需要外加的换相电压，受端系统可以是无源网络，克服了传统 HVDC 受端必须是有源网络的根本缺陷，使利用 HVDC 为孤立负荷送电成为可能，同时能够用于海上风电场的送出。

4）**可同时独立调节有功功率和无功功率**：传统直流输电的换流器只有一个控制自由度，不能同时独立调节有功功率和无功功率。而柔性直流输电的电压源换流器具有两个控制自由度，可以同时独立调节有功功率和无功功率。

5）**谐波水平低**：传统直流输电换流器会产生特征谐波和非特征谐波，必须配置相当容量的交流侧滤波器和直流侧滤波器，才能满足将谐波限定在换流站内的要求。柔性直流输电的两电平或三电平 VSC，采用 PWM 技术，开关频率相对较高，谐波落在较高的频段，可以采用较小容量的滤波器解决谐波问题；对于采用 MMC 的柔性直流输电系统，通常电平数较高，不需要采用滤波器已能满足谐波要求。

6）**适合构成多端直流系统**：传统直流输电电流只能单向流动，潮流反转时电压极性反转而电流方向不动；因此在构成并联型多端直流系统时，单端潮流难以反转，控制很不灵活。而柔性直流输电的 VSC 电流可以双向流动，直流电压极性不能改变；因此构成并联型多端直流系统时，在保持多端直流系统电压恒定的前提下，通过改变单端电流的方向，单端潮流可以在正、反两个方向调节，更能体现出多端直流系统的优势。

7）**占地面积小**：柔性直流输电换流站没有大量的无功补偿和滤波装置，交流场设备很少，因此，比传统直流输电占地少得多，典型值为传统直流输电的 20%。

当然，柔性直流输电相对于传统直流输电也存在不足，主要表现在如下方面[19]：

1）**损耗较大**：传统直流输电的单站损耗已低于 0.8%，两电平和三电平 VSC 的单站损耗在 2% 左右，MMC 的单站损耗可以低于 1.5%。柔性直流输电损耗下降的前景包括两个方面：①现有技术的进一步提高；②采用新的可关断器件。柔性直流输电单站损耗降低到与传统直流输电相当是可以预期的。

2）**设备成本较高**：就目前的技术水平，柔性直流输电单位容量的设备投资成本高于传统直流输电。同样，柔性直流输电的设备投资成本降低到与传统直流输电相当也是可以预期的。

3）**容量相对较小**：由于目前可关断器件的电压、电流额定值都比晶闸管低，如不采用多个可关断器件并联，MMC 的电流额定值就比 LCC 低，因此相同直流电压下 MMC 基本单元的容量比 LCC 基本单元（单个 6 脉动换流器）低。但是，如采用 MMC 基本单元的串、并联组合技术，柔性直流输电达到传统直流输电的容量水平是没有问题的，技术上并不存在根本性的困难。本书后面有专门章节讨论将 MMC 基本单元进行串、并联组合构成大容量换流器的技术。可以预期，在不远的将来，柔性直流输电也会采用特高压电压等级，其输送容量会与传统特高压直流输电相当。

4）**不太适合长距离架空线路输电**：目前柔性直流输电采用的两电平和三电平 VSC 或多电平 MMC，在直流侧发生短路时，即使 IGBT 全部闭锁，换流站通过与 IGBT 反并联的二极管，仍然会向故障点馈入电流，从而无法像传统直流输电那样通过换流器自身的控制来清除直流侧的故障。所以，目前的柔性直流输电技术在直流侧发生故障时，清除故障的手段是跳换流站交流侧开关。这样，故障清除和直流系统再恢复的时间就比较长[20]。当直流线路采用电缆时，由于电缆故障率低，且如果发生故障，通常是永久性故障，本来就应该停电检修，因此跳交流侧开关并不影响整个系统的可用率。而当直流线路采用长距离架空线时，因架空线路发生暂时性短路故障的概率很高，如果每次暂时性故障都跳交流侧开关，停电时间就会太长，影响了柔性直流输电的可用率。因此，目前的柔性直流输电技术并不完全适合用于长距离架空线路输电。针对上述缺陷，目前柔性直流输电技术的一个重要研究方向就是开发具有直流侧故障自清除能力的电压源换流器[21,22]，本书后面多章内容就是针对此问题而展开的。可以预期，在很短的时间内，这个问题就能被克服。

1.4　柔性直流输电应用于点对点输电

由于交流输电线路很难胜任真正意义上的远距离大容量输电任务，任何电压等级的交流输电的经济合理输送距离都在 1000km 以内[23]。而采用传统直流输电技术实现远距离大容量输电的根本性制约因素是受端电网的多直流馈入问题。所谓多直流馈入就是在受端电网的一个区域中集中落点多回直流线路，这是采用直流输电向负荷中心区送电的必然结果，在我国具有一定的普遍性。例如，到2030年在广东电网的珠江三角洲200km×200km的面积内，按照需求可能要落点13回直流线路，这种情况构成了世界上最典型的多直流馈入问题。理论分析和工程经验都表明，多直流馈入问题主要反映在两个方面，并且对于交直流并列输电系统问题尤其突出[24,25]。

1）换相失败引起输送功率中断威胁系统的安全稳定性。当交流系统发生短路故障时，瞬间电压跌落可能会引起多个换流站同时发生换相失败，导致多回直流线路输送功率中断，引起整个系统的潮流大范围转移和重新分布，影响故障切除后受端系统的电压恢复，从而影响故障切除后直流功率的快速恢复，由此造成的冲击可能会威胁到交流系统的暂态稳定性。

2）当任何一回大容量直流输电线路发生双极闭锁等严重故障时，直流功率会转移到与其并列的交流输电线路上，造成并列交流线路的严重过负荷和低电压，极有可能引起交流系统暂态失稳。

为了解决传统直流输电所引起的多直流馈入问题，采用柔性直流输电技术是一个很好的方案。因为在交流系统故障时，只要换流站交流母线电压不为零，柔性直流输电系统的输送功率就不会中断。因而在多直流馈入情况下，即使交流系统发生故障，多回柔性直流输电线路也不会中断输送功率，一定程度上避免了潮流的大范围转移，因此对交流系统的冲击比传统直流输电线路要小得多。

下面以一个算例来说明交流系统故障时柔性直流输电系统的响应特性[9]。设柔性直流输电系统结构如图1-10所示。当逆变侧交流系统发生三相故障，导致逆变站交流母线电压瞬间跌落30%时，仿真结果如图1-12所示。可见，直流输送功率有所下降，但并没有中断。而这种情况若发生在传统直流输电系统上，则逆变器必然发生换相失败，造成输电中断。

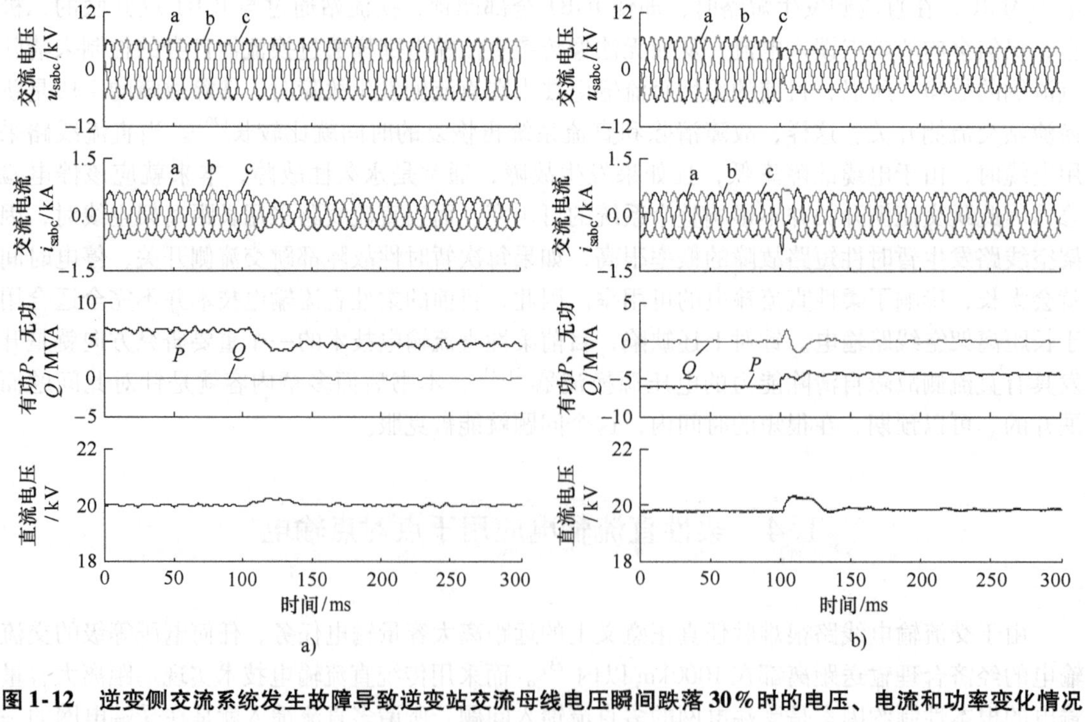

图1-12 逆变侧交流系统发生故障导致逆变站交流母线电压瞬间跌落30%时的电压、电流和功率变化情况

a）整流站侧 b）逆变站侧

因此，当采用柔性直流输电技术时，多直流馈入问题实际上已不复存在，因为没有换相失败问题，当然更不存在多个换流站同时发生换相失败的问题。柔性直流输电线路在交流故障下的响应特性与交流线路类似，甚至更好，即在故障时只要还存在电压，就能输送功率，而在故障切除电压得到恢复的情况下输送功率就立即恢复到正常水平，且柔性直流输电系统可以帮助交流系统恢复电压，这是交流线路所做不到的。因此，采用柔性直流输电技术，其突出优点是：①馈入受端交流电网的直流输电落点个数和容量已不受限制，受电容量与受端交流电网的结构和规模没有关系，即不存在所谓的“强交”才能接受“强直”的问题；②不增加受端电网的短路电流水平，破解了因交流线路密集落点而造成的短路电流超限问题。

将 MMC-HVDC 技术应用于远距离大容量点对点架空线输电，其遇到的主要技术障碍是如何快速清除直流侧故障并快速恢复输电能力，因为常规的通过跳交流系统侧断路器以清除直流侧故障的方法难以满足大规模电力系统稳定性对远距离大容量输电的要求。而实现直流侧故障快速清除的技术途径主要是两条：其一是采用高速直流断路器；其二是采用具有直流侧故障自清除能力的新颖换流器，包括 MMC 型及混合型换流器等。本书后面有专门章节讨论直流侧故障快速清除技术。

1.5　柔性直流输电应用于背靠背联网

采用直流异步互联的电网结构已越来越受到国际电力工程界的推崇[26,27]。例如，美国东北电力协调委员会（NPCC）前执行总裁 George C. Loehr 在“8·14”美加大停电后的访谈中，倡导将横跨北美洲的两大巨型同步电网拆分成若干个小型同步电网，而这些小型同步电网之间采用直流输电进行互联[28,29]。ABB 公司将这种用于交流电网异步互联的直流输电系统形象地称为防火墙（firewall）[30]，用于隔离交流系统之间故障的传递。美国电力研究院（EPRI）在其主导的研究中，将柔性直流输电系统称作电网冲击吸收器（grid shock absorber）[31,32]，并倡导将其嵌入到北美东部大电网中，从而将北美东部大电网分割成若干个相互之间异步互联的小型同步电网，仿真结果表明采用这种小型同步电网异步互联结构，可以有效预防大面积停电事故的发生。

直流异步联网的优点主要表现在[24]：

1）**避免连锁故障导致大面积停电**：近年来世界上的几次大停电事故都表明，对于大规模的同步电网，相对较小的故障可以引发大面积停电事故。例如，当一条交流线路由于过载而被切除后，转移的潮流可能导致邻近线路发生过载并相继切除，由于潮流转移很难控制，故障可以从一个区域迅速传递到另一个区域，最终导致系统瓦解。而采用直流异步联网结构，就在网络结构上将送端电网的故障限制在送端电网内，受端电网的故障限制在受端电网内，从而消除了潮流的大范围转移，避免了交流线路因过载而相继跳闸，因而是预防大面积停电事故发生的最有效措施。

2）**根除低频振荡**：对于大规模的同步电网，极有可能发生联络线功率低频振荡问题，根据国内外大电网运行的经验，当两个大容量电网同步互联后，发生低频振荡的可能性很大，而且在这种情况下，一旦发生低频振荡，解决起来就比较困难，并不是所有机组配置电力系统稳定器（PSS）就能解决问题。而采用直流异步联网结构，就从网络结构上彻底根除了产生低频振荡的可能性。

3）**不会对被连交流系统的短路电流水平产生影响**：因为直流换流站不会像发电机那样为短路点提供故障电流。

1.6 柔性直流输电应用于构建直流电网

传统直流输电技术电流不能反向，而并联型直流电网电压极性又不能改变，使得直流电网潮流方向单一，难以发挥直流电网的优势。因而在直流输电技术发展的前50年中直流电网并没有得到大的发展。而柔性直流输电技术出现以后，由于直流电流可以反向，直流电网的优势可以充分发挥，因而发展直流电网技术已成为电力工业界的一个新的期望。但发展直流电网的主要技术瓶颈有3个：一个是直流侧故障的快速检测和隔离技术；另一个是直流电压的变压技术；第3个是直流线路的潮流控制技术。与这3个技术瓶颈相对应的核心装置是大容量高电压高速直流断路器、大容量直流变压器和直流线路潮流控制器。目前在大容量高电压高速直流断路器、大容量直流变压器和直流线路潮流控制器的研究方面已有所进展，但离投入实际工程应用都还有距离，本书后面将有专门章节讨论这些问题。

参考文献

[1] Ooi B T, Wang X. Boost type PWM HVDC transmission system [J]. IEEE Transactions on Power Delivery, 1991, 6 (1): 1557-1563.

[2] Ooi B T, Wang X. Voltage angle lock loop control of the boost type PWM converter for HVDC application [J]. IEEE Transactions on Power Delivery, 1990, 5 (2): 229-235.

[3] Lu W, Ooi B T. Multiterminal LVDC system for optimal acquisition of power in wind-farm using induction generators [J]. IEEE transactions on power electronics, 2002, 17 (4): 558-563.

[4] Asplund G, Eriksson K, Svensson K. DC transmission based on voltage source converter [C]. CIGRE SC14 Colloquium, South Africa, 1997.

[5] 徐政，陈海荣. 电压源换流器型直流输电技术综述 [J]. 高电压技术，2007, 33 (1): 1-10.

[6] Westerweller T, Friedrich K, Armonies U, et al. Trans bay cable world's first HVDC system using multilevel voltage sourced converter [C]. Proceedings of CIGRE, Paris, France, 2010: B4_101_2010.

[7] Marquardt R. Stromrichterschaltungen mit verteilten energiespeichern [P]. German Patent DE10103031A1, January 24, 2001.

[8] Marquardt R, Lesnicar A. New concept for high voltage-modular multilevel converter [C]. Proceedings of the 34th IEEE Annual Power Electronics Specialists Conference, Aachen, Germany, 2003: 20-25.

[9] 陈海荣. 交流系统故障时VSC-HVDC系统的控制与保护策略研究 [D]. 杭州：浙江大学，2007.

[10] 潘武略. 新型直流输电系统损耗特性及降损措施研究 [D]. 杭州：浙江大学，2008.

[11] 张静. VSC-HVDC控制策略研究 [D]. 杭州：浙江大学，2009.

[12] Marquardt R, Lesnicar A, Hildinger J. Modulares Stromrichterkonzept für Netzkupplungsanwendung bei hohen Spannun gen [C]. ETG-Fachtagung, BadNauhe, 2002 (in German).

[13] Glinka M, Marquardt R. A new AC/AC-multilevel converter family applied to a single-phase converter [C]. Fifth International Conference on Power Electronics and Drive Systems, 2003.

[14] 潘伟勇. 模块化多电平直流输电系统控制和保护策略研究 [D]. 杭州：浙江大学，2012.

[15] 张桂斌. 新型直流输电及其相关技术研究 [D]. 杭州：浙江大学，2001.

[16] 刘洪涛. 新型直流输电的控制和保护策略研究 [D]. 杭州：浙江大学，2003.

[17] Lingberg A, Larsson T. PWM and control of three level voltage source converters in an HVDC back-to-back station [C]. Sixth International Conference on AC and DC Power Transmission, 1996: 297-302.

[18] 陈海荣，徐政. 基于同步坐标变换的 VSC-HVDC 暂态模型及其控制器设计 [J]. 电工技术学报，2007，22 (2)：121-126.

[19] 徐政，屠卿瑞，裘鹏. 从 2010 国际大电网会议看直流输电技术的发展方向 [J]. 高电压技术，2010，36 (12)：3070-3077.

[20] Magg T G, Mutschler H D, Nyberg S, et al. Caprivi Link HVDC Interconnector: Site selection, geophysical investigations, interference impacts and design of the earth electrodes [C]. Proceedings of CIGRE. Paris, France, 2010: B4_302_2010.

[21] Marquardt R. Modular Multilevel Converter: An universal concept for HVDC-Networks and extended DC-Bus-applications [C]. International Power Electronics Conference (IPEC), 2010: 502-507.

[22] Marquardt R. Modular Multilevel Converter topologies with DC-Short circuit current limitation [C]. IEEE 8th International Conference on Power Electronics, Jeju, Korea, 2011: 1425-1431.

[23] 徐政. 超、特高压交流输电系统的输送能力分析 [J]. 电网技术，1995，19 (8)：7-12.

[24] 徐政. 交直流电力系统动态行为分析 [M]. 北京：机械工业出版社，2004.

[25] 徐政，王洪梅. 西电东送与全国联网中的多直流落点问题 [J]. 水力发电，2004，30 (3)：46-49.

[26] Clark H, Woodford D. Segmentation of the power system with DC links [C]. IEEE HVDC-FACTS Subcommittee Meeting, 2006.

[27] Mousavi O A, Sanjari M J, Cherkaoui, et al. Power system segmentation using DC links to decrease the risk of cascading blackouts [C]. IEEE Trondheim PowerTech, Trondheim, Norway, 2011.

[28] Loelr G C. Is it time to cut the ties that bind? [J]. Transmission & Distribution World [J/OL], 2004. (http://www.tdworld.com/mag/ power_time_cut_ties/index.html).

[29] Loelr G C. Enhancing the grid, smaller can be better [J]. Energybiz Magazine, 2007 (1): 35-36.

[30] Carlsson L. HVDC-A "Firewall" against disturbances in high-voltage grids [J]. ABB Review, 2005 (3): 42-46.

[31] Clark H, Edris A A, Ei-Gasseir M, et al. Softening the blow of disturbances-segmentation with grid shock absorbers for reliability of large transmission interconnections [J]. IEEE Power Energy Magazine, 2008, 6 (1): 30-41.

[32] Clark H, Edris A A, Ei-Gasseir M, et al. The application of segmentation and grid shock absorber concept for reliable power grids [C]. 12th International Middle-East Power System Conference, 2008.

第 2 章 MMC基本单元的工作原理

2.1 MMC 基本单元的拓扑结构

三相模块化多电平换流器的拓扑结构如图 2-1 所示，O 点表示零电位参考点。一个换流器有 6 个桥臂（Arm），每个桥臂由一个电抗器 L_0 和 N 个子模块（SM）串联而成，每一相的上下两个桥臂合在一起称为一个相单元（Phase Unit）。

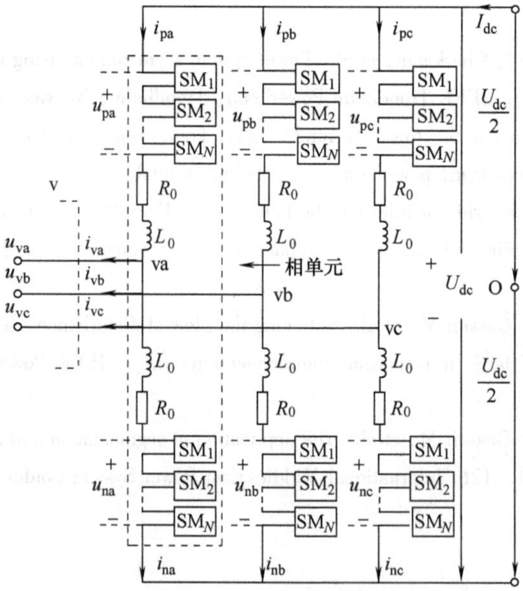

图 2-1　三相模块化多电平换流器的拓扑结构图

MMC 电路高度模块化，能够通过增减接入换流器的子模块的数量来满足不同的功率和电压等级的要求，便于实现集成化设计，缩短项目周期，节约成本。

与传统的 VSC 拓扑不同，尽管 MMC 的三相桥臂也是并联的，但交流电抗器是直接串联在桥臂中的，而不像传统 VSC 那样是接在换流器与交流系统之间的。MMC 中的交流电抗器（桥臂电抗器）的作用是抑制因各相桥臂直流电压瞬时值不完全相等而造成的相间环流，同时还可有效地抑制直流母线发生故障时的冲击电流，提高系统的可靠性。

2.2　MMC 的工作原理[1-6]

2.2.1　子模块工作原理

图 2-2 所示为一个子模块（SM）的拓扑结构，VT_1 和 VT_2 代表 IGBT，VD_1 和 VD_2 代表反并联二极管，C_0 代表子模块的直流侧电容器；u_C 为电容器的电压，u_{sm} 为子模块两端的电压，i_{sm} 为流入子模块的电流，各物理量的参考方向如图中所示。由图可知，每个子模块有一个连接端口用于串联接入主电路拓扑，而 MMC 通过各个子模块的直流侧电容电压来支撑直流母线的电压。

分析可知，子模块共有 3 种工作状态，见表 2-1。根据子模块上下桥臂 IGBT 的开关状态和电流方向，可以分为 6 个工作模式。

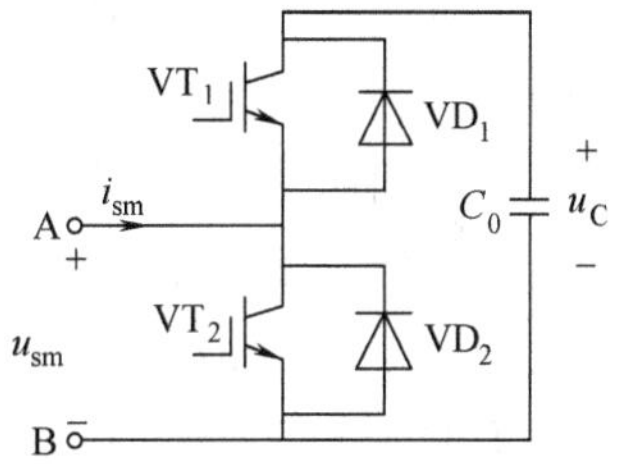

图 2-2　一个 MMC 子模块的拓扑结构

当 $IGBT_1$ 和 $IGBT_2$ 都加关断信号时，称为工作状态 1，此时 $IGBT_1$ 和 $IGBT_2$ 都处于关断状态。工作状态 1 存在两种工作模式，分别为模式 1 和模式 4，取决于反并联二极管 VD_1 和 VD_2 中哪一个导通。对应于模式 1，VD_1 导通，电流经过 VD_1 向电容器充电；对应于模式 4，VD_2 导通，电流经过 VD_2 将电容器旁路。此种工作状态为非正常工作状态，用于 MMC 启动时向子模块电容器充电，或者在故障时将子模块电容器旁路。本书后面所用术语 SM 为“闭锁状态”即代表此工作状态。正常运行时，不允许出现此种工作状态。

表 2-1　子模块的 3 种工作状态

闭锁状态	投入状态	切除状态
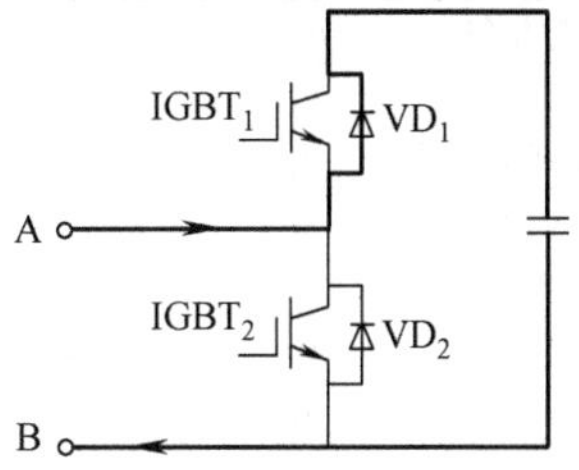 模式 1	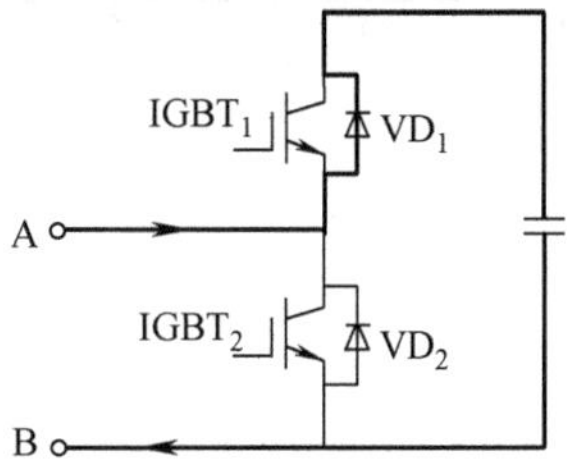 模式 2	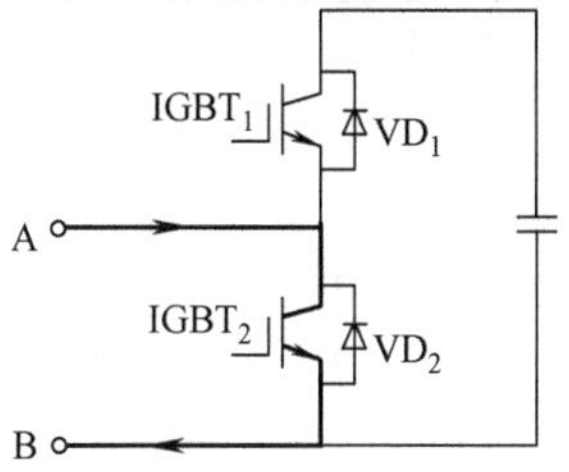 模式 3
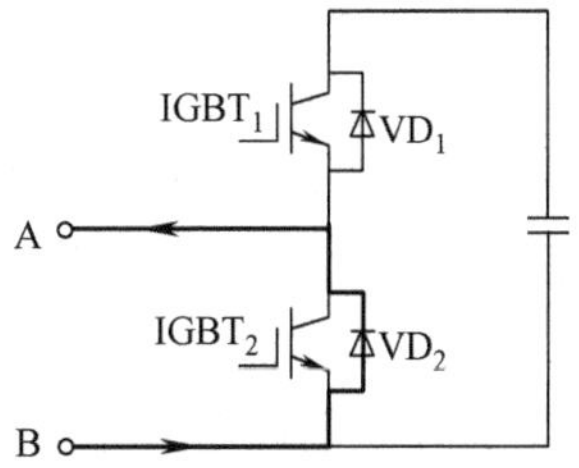 模式 4	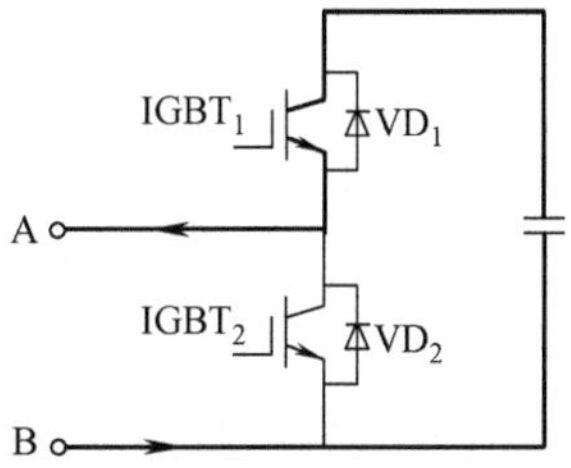 模式 5	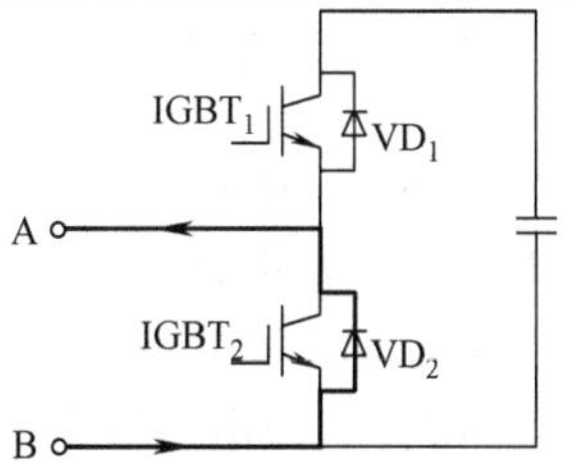 模式 6

当 $IGBT_1$ 加开通信号而 $IGBT_2$ 加关断信号时，称为工作状态 2，此时 $IGBT_2$ 因加关断信号而处于关断状态，VD_2 因承受反向电压也处于关断状态。工作状态 2 同样存在两种工作模式，分别为模式 2 和模式 5，取决于子模块电流的流动方向。对应于模式 2，此时 VD_1 处于导通状态，而 $IGBT_1$ 承受反向电压，尽管施加了开通信号，仍然处于关断状态，电流经过 VD_1 向电容器充电。对应于模式 5，此时 $IGBT_1$ 处于导通状态，而 VD_1 承受反向电压而处于关断状态，电流经过 $IGBT_1$ 使电容器放电。当子模块处于工作状态 2 时，直流侧电容器总被接入主电路中（充电或放电），子模块输出电压为电容器电压 u_C，本书后面所用术语 SM 为"投入状态"即代表此工作状态。

当 $IGBT_1$ 加关断信号而 $IGBT_2$ 加开通信号时，称为工作状态 3，此时 $IGBT_1$ 因加关断信号而处于关断状态，VD_1 因承受反向电压也处于关断状态。工作状态 3 仍然存在两种工作模式，分别为模式 3 和模式 6，取决于子模块电流的流动方向。对应于模式 3，此时 $IGBT_2$ 处于导通状态，而 VD_2 承受反向电压，电流经过 $IGBT_2$ 将电容器旁路。对应于模式 6，此时 VD_2 处于导通状态，而 $IGBT_2$ 尽管施加了开通信号，仍然处于关断状态，电流经过 VD_2 将电容器旁路。当子模块处于工作状态 3 时，子模块输出电压为零，即子模块被旁路出主电路，故本书后面所用术语 SM 为"切除状态"即代表此工作状态。

对上述分析进行总结可得表 2-2，表中对于 $IGBT_1$、$IGBT_2$、VD_1 和 VD_2，开关状态 1 对应导通状态，0 对应关断状态。从表 2-2 可以看出，对应每一个模式，$IGBT_1$、$IGBT_2$、VD_1 和 VD_2 中有且仅有 1 个管子处于导通状态。因此可以认为，SM 进入稳态模式后，有且仅有 1 个管子处于导通状态，其余 3 个管子都处于关断状态。另一方面，若将 $IGBT_1$ 与 VD_1、$IGBT_2$与 VD_2 分别集中起来作为开关 V_1 和 V_2 看待，那么对应投入状态，V_1 是导通的，电流可以双向流动，而 V_2 是断开的；对应切除状态，V_2 是导通的，电流可以双向流动，而 V_1 是断开的；而对应闭锁状态，V_1 和 V_2 中哪个导通、哪个断开是不确定的。

根据上述分析可以得出结论，只要对每个 SM 上下两个 IGBT 的开关状态进行控制，就可以投入或者切除该 SM。

表 2-2 SM 的 3 个工作状态和 6 个工作模式

状态	模式	$IGBT_1$	$IGBT_2$	VD_1	VD_2	电流方向	u_{sm}	说明
闭锁	1	0	0	1	0	A 到 B	u_C	电容充电
投入	2	0	0	1	0	A 到 B	u_C	电容充电
切除	3	0	1	0	0	A 到 B	0	旁路
闭锁	4	0	0	0	1	B 到 A	0	旁路
投入	5	1	0	0	0	B 到 A	u_C	电容放电
切除	6	0	0	0	1	B 到 A	0	旁路

2.2.2 三相 MMC 工作原理

三相 MMC 的拓扑结构如图 2-1 所示。为了说明 MMC 的基本工作原理，先不考虑桥臂电抗器的作用，即将桥臂电抗器短接掉。后面关于桥臂电抗器的作用会有更深入的分析。正常稳态运行时，MMC 具有以下几个特征：

1）维持直流电压恒定。从图 2-1 可以看出，直流电压由 3 个相互并联的相单元来维持。要使直流电压恒定，要求 3 个相单元中处于投入状态的子模块数相等且不变，从而使

$$u_{pa} + u_{na} = u_{pb} + u_{nb} = u_{pc} + u_{nc} = U_{dc} \tag{2-1}$$

当 a 相上桥臂所有子模块都切除时，$u_{pa}=0$，va 点电压为直流正极电压，这时 a 相下桥臂所有的 N 个子模块都要投入，才能获得最大的直流电压。又因为相单元中处于投入状态的子模块数是一个不变的量，所以一般情况下，每个相单元中处于投入状态的子模块数为 N 个，是该相单元全部子模块数（$2N$）的一半。

2）输出交流电压。由于各个相单元中处于投入状态的子模块数是一个定值 N，所以可以通过将各相单元中处于投入状态的子模块在该相单元上、下桥臂之间进行分配而实现对 u_{va}、u_{vb}、u_{vc} 3 个输出交流电压的调节。

3）输出电平数。单个桥臂中处于投入状态的子模块数可以是 0、1、2、3 到 N，也就是说 MMC 最多能输出的电平数为（$N+1$）。通常一个桥臂含有的子模块数 N 是偶数，这样当 N 个处于投入状态的子模块在该相单元的上、下桥臂间平均分配时，则上、下桥臂中处于投入状态的子模块数相等，且都为 $N/2$，该相单元的输出电压为零电平。

4）电流的分布。参照图 2-1，由于 3 个相单元的对称性，总直流电流 I_{dc} 在 3 个相单元之间平均分配，每个相单元中的直流电流为 $I_{dc}/3$。由于上、下桥臂电抗器 L_0 相等，以 a 相为例，交流电流 i_{va} 在 a 相上下桥臂间均分，这样 a 相上、下桥臂电流为

$$i_{pa} = \frac{I_{dc}}{3} + \frac{i_{va}}{2} \tag{2-2}$$

$$i_{na} = \frac{I_{dc}}{3} - \frac{i_{va}}{2} \tag{2-3}$$

为了对 MMC 的工作原理有一个更直观的理解，考察一个简单的五电平拓扑 MMC[6]。对于五电平拓扑，每个相单元由 8 个子模块构成，上下桥臂分别有 4 个子模块，如图 2-3 所示。图中，实线表示上桥臂电压，虚线表示下桥臂电压，粗实线表示总的直流侧电压。MMC 在运行时，首先需要满足如下两个条件：

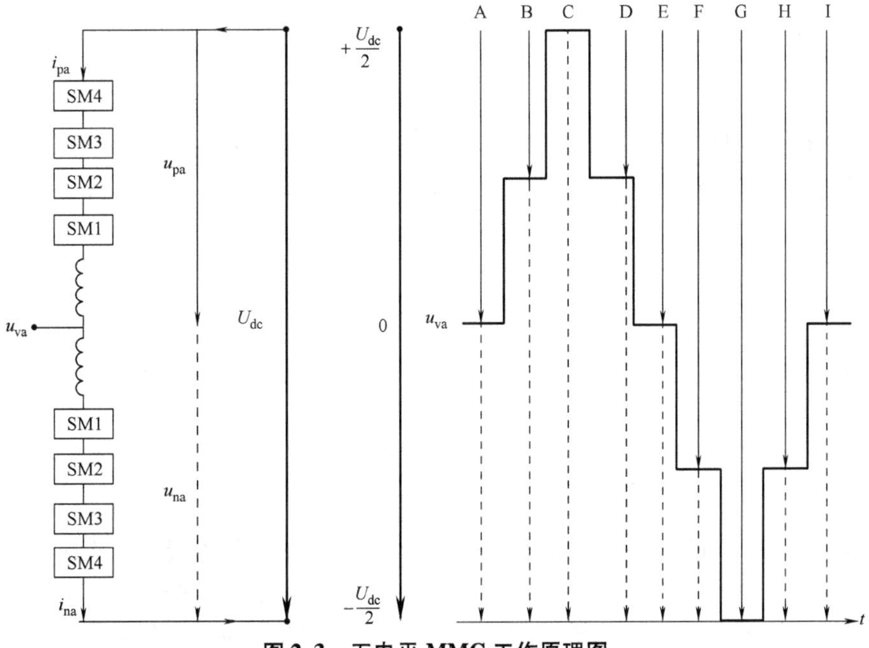

图 2-3　五电平 MMC 工作原理图

1）在直流侧维持直流电压恒定。根据图2-3，要使直流电压恒定，要求3个相单元中处于投入状态的子模块数目相等且不变，即满足图2-3中粗实线的要求：

$$u_{pa}+u_{na}=U_{dc} \tag{2-4}$$

2）在交流侧输出三相交流电压。通过对3个相单元上、下桥臂中处于投入状态的子模块数进行分配而实现对换流器输出三相交流电压的调节，即通过调节图2-3中实线u_{pa}和虚线u_{na}的长度，达到交流侧输出电压u_{va}为正弦波的目的。

为了满足上述两个条件，对于图2-3所示的五电平拓扑MMC，一个工频周期内u_{va}需要经历A、B、C、D、E、F、G、H 8个不同的时间段。设直流侧两极之间的中点电位为电压参考点，则对应u_{va}的8个不同的时间段，上下桥臂投入的子模块数目变化情况见表2-3。

表2-3 u_{va} 8个不同的时间段所对应的子模块投入模式

时间段	A	B	C	D	E	F	G	H
u_{va}电压值	0	$U_{dc}/4$	$U_{dc}/2$	$U_{dc}/4$	0	$-U_{dc}/4$	$-U_{dc}/2$	$-U_{dc}/4$
上桥臂投入的SM数	2	1	0	1	2	3	4	3
下桥臂投入的SM数	2	3	4	3	2	1	0	1
相单元投入的SM数	4	4	4	4	4	4	4	4
直流侧电压大小	U_{dc}	U_{dc}	U_{dc}	U_{dc}	U_{dc}	U_{dc}	U_{dc}	U_{dc}

由图2-3和表2-3可以清楚地看到，输出电压u_{va}总共有5个不同的电压值，分别为$-U_{dc}/2$、$-U_{dc}/4$、0、$U_{dc}/4$和$U_{dc}/2$，即有5个不同的电平。一般地，在不考虑冗余的情况下，若MMC每个相单元由$2N$个子模块串联而成，则上下桥臂分别有N个子模块，可以构成$N+1$个电平，任一瞬时每个相单元投入的子模块数目为N，即投入的子模块数目必须满足下式：

$$n_{pj}+n_{nj}=N \tag{2-5}$$

式中，n_{pj}为j相上桥臂投入的子模块个数，n_{nj}为j相下桥臂投入的子模块个数。假设子模块电容电压维持均衡，其集合平均值为U_C，则MMC的直流侧电压与每个子模块的电容电压之间的关系为

$$U_C=\frac{U_{dc}}{n_{pj}+n_{nj}}=\frac{U_{dc}}{N} \tag{2-6}$$

而该MMC的$N+1$个电平分别为$\frac{N}{2}U_C$、$\left(\frac{N}{2}-1\right)U_C$、$\left(\frac{N}{2}-2\right)U_C$、…、0、…、$-\left(\frac{N}{2}-2\right)U_C$、$-\left(\frac{N}{2}-1\right)U_C$、$-\frac{N}{2}U_C$。随着子模块数目的增多，其电平数就越多，交流侧输出电压越接近于正弦波。

进一步分析图2-1的拓扑结构可知，各子模块按正弦规律依次投入，构成的上下桥臂电压可以分别用一个受控电压源u_{pj}和u_{nj}（j=a，b，c）来等效。为了满足式（2-4）的要求，在不考虑冗余的情况下，一般要求上下桥臂的子模块对称互补投入。如果定义某一时刻a相

上桥臂投入的子模块个数为 n_{pa}，下桥臂投入的子模块个数为 n_{na}，则在任意时刻 n_{pa} 和 n_{na} 应满足：

$$n_{pa}+n_{na}=N \tag{2-7}$$

式（2-7）说明，任意时刻都应保证一个相单元中总有一半的子模块投入。直流侧电压在任何时刻都需要由 N 个子模块的电容电压来平衡：

$$U_{dc}=\sum_{i=1}^{n_{pa}}u_{C,i}+\sum_{l=1}^{n_{na}}u_{C,l} \tag{2-8}$$

式中，$u_{C,i}$ 和 $u_{C,l}$ 分别表示上桥臂和下桥臂投入的子模块电容电压。

2.3 MMC的调制方式

2.3.1 调制问题的产生

传统直流输电采用的晶闸管是半控器件，可控制导通但不能控制关断。其关断需要借助外部电网电压，属于电网换相换流器（LCC）。LCC通过调节触发角来调节整流侧和逆变侧的直流电压，进而实现对直流电流的控制。通过这种方法，传统直流输电技术可以达到比交流输电更快、更精确的有功功率控制。但是，由于一个工频周期中晶闸管只能开关一次，传统直流输电的响应时间与工频周期在同一数量级。由于不能主动控制关断，传统直流输电需要吸收大量无功功率，低次谐波含量较大，需要装设大量的无功补偿和滤波装置；另外，还存在换相失败问题。这些问题制约了传统直流输电技术的应用范围，而导致这些问题的核心原因是晶闸管不能控制关断。

为此，工业界尝试将GTO、IGBT等可关断器件引入直流输电领域，在工业驱动领域，电压源换流器凭借其优异的性能已经取代了电网换相换流器[7]。基于全控器件的柔性直流输电调节速度更快，没有换相失败问题，输出波形好，不仅能控制有功功率，还可以控制发出和吸收的无功功率，无需无功补偿，滤波要求也小。电压源换流器基于高频全控器件，这样我们可以在一个工频周期中多次对开关器件施加开通和关断信号，从而在交流侧产生恰当的交流电压波形。电压源换流器的开通和关断的控制方法就是调制方式，它远比传统直流输电的触发控制复杂。调制方式对电压源换流器的性能有着关键性的影响，因此针对特定的电压源换流器，需要选择一种简单、高效、合适的调制方式。

2.3.2 调制方式的比较和选择

首先，控制器根据设定的有功功率、无功功率或直流电压等指令计算出需要电压源换流器输出的交流电压波，我们将其称为调制波（Modulation Waveform），它是一个工频正弦波。然后，调制方式确定怎样向开关器件施加开通和关断的控制信号，以利用直流电压在交流侧产生恰当的电压波形来逼近调制波。

一个好的调制方式应满足以下要求：

1）较好的调制波逼近能力，其输出的电压波中的基波分量尽可能地逼近调制波。

2）较小的谐波含量，其输出的电压波中的谐波含量尽可能地少。

3）较少的开关次数，由于开关损耗在换流器损耗中是占主导性的，因此好的调制方式在实现波形输出的同时，只使用最少的开关次数。该问题在大功率的直流输电应用中更加突出。

4）较快的响应能力，调制方式应能满足快速跟踪调制波变化的要求，这对系统的响应速度有着重要影响。

5）较少的计算量，好的调制方式计算负担不能太大，实现起来尽可能简单。

任何一种调制方式要完全满足上面的要求是非常困难的，其中有些要求之间有一定的冲突，为此必须根据具体的换流器及其应用领域，选择一种能够兼顾以上几个方面的调制方式。

当 MMC 被用于直流输电时，为了满足高压大功率的要求，需要的串联子模块数很多，往往是几十或数百，其输出电平数可以达到几十个或数百个。阶梯波调制方式（Staircase Modulation）是一种专门用于高电平数换流器的调制策略[8]。阶梯波调制策略不仅可以降低电力电子器件的开关频率和开关损耗，而且实现简便、动态响应较快。图 2-4 所示为阶梯波调制的输出波形，通过多个直流电平的投入和切除使输出波形跟踪调制波。

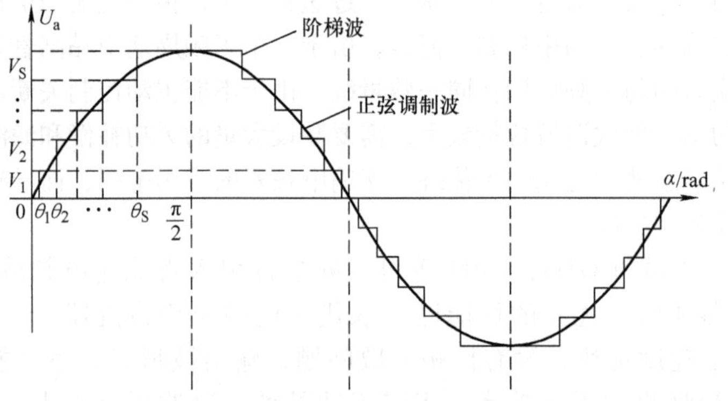

图 2-4 阶梯波调制

显然，对于应用在高压直流输电中的 MMC 而言，其输出电平数可以达到几十到上百个，阶梯波调制具有明显的优势[8]：器件开关频率低，开关损耗小；不需控制脉冲宽度，实现简单；波形质量很高，谐波已经不是主要问题。

阶梯波调制的具体实现方式有：特定谐波消去阶梯波调制（SHESM）和电压逼近调制。SHESM 的原理是事先对应各种调制波幅值，利用基波和谐波解析表达式设定相应的一组开关角，这组开关角能够使得基波跟随调制波并且使指定的低次谐波幅值为零，工作时根据系统运行条件查表确定输出哪组开关角。SHESM 的优点是能够很好地控制谐波。由于调制波幅值是时刻变化的，该方法只能用于稳态情况下，动态性能较差；实现起来计算量较大，且随着电平数的增加，复杂程度急剧增大。所以 SHESM 适用于电平数不太多的场合。

电压逼近调制策略又可以分为最近电平逼近调制（NLM），也称为最近电平逼近控制（NLC），以及空间矢量控制（SVC）；其基本原理就是使用最接近的电平或最接近的电压矢量瞬时逼近正弦调制波[9]。该方法的特点是动态性能好，实现简便。当电平数很多时，电压矢量数会很多，空间矢量控制（SVC）实现起来就较复杂。因此对于 MMC-HVDC 系统，MMC 的电平数极多，最近电平逼近调制（NLM）具有优势。

2.3.3 MMC 中的最近电平逼近调制

为了说明 MMC 中最近电平逼近调制的原理，暂时不考虑桥臂电抗器的作用，即将桥臂电抗器短接掉。参照图 2-1，我们用 $u_{vj}^{*}(t)$ 表示 vj（j = a、b、c）点调制波的瞬时值，U_c表示子模块的直流电压时间平均值。N（通常是偶数）为上桥臂含有的子模块数，也等于下桥臂含有的子模块数。这样每个相单元任一瞬时总是投入 N 个子模块。如果这 N 个子模块由上、下桥臂平均分摊，则该相单元输出电压 u_{vj} 为 0。参照图 2-5，随着调制波瞬时值从 0 开始升高，该相单元下桥臂处于投入状态的子模块需要逐渐增加，而上桥臂处于投入状态的子模块需要相应地减少，使该相单元输出的电压跟随调制波升高。理论上，NLM 将 MMC 输出的电压与调制波电压之差控制在（$\pm U_c/2$）以内[8,9]。

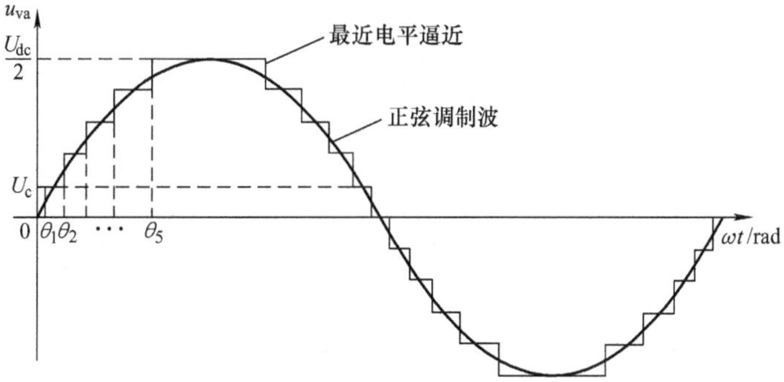

图 2-5　MMC 的 NLC 调制

这样在 t 时刻，下桥臂需要投入的子模块数的实时表达式可以表示为

$$n_{nj}(t) = \frac{N}{2} + \mathrm{round}\left(\frac{u_{vj}^{*}(t)}{U_c}\right) \tag{2-9}$$

上桥臂需要投入的子模块数的实时表达式为

$$n_{pj}(t) = N - n_{nj}(t) = \frac{N}{2} - \mathrm{round}\left(\frac{u_{vj}^{*}(t)}{U_c}\right) \tag{2-10}$$

式中，round(x) 表示取与 x 最接近的整数。

受子模块数目的限制，有 $0 \leqslant n_{pj}$，$n_{nj} \leqslant N$。如果根据式（2-9）、式（2-10）算得的 n_{pj}和n_{nj}总在边界值以内，我们称 NLM 工作在正常工作区。一旦算得的某个 n_{pj}或 n_{nj}超出了边界值，则这时只能取相应的边界值。这意味着当调制波升高到一定程度后，由于电平数有限，NLM 已经无法将 MMC 输出的电压与调制波电压之差控制在（$\pm U_c/2$）以内。只要出现这种情况，我们就称 NLM 工作在过调制区[8,9]。

对于实际使用的离散控制系统而言，控制器一般经过一定的控制周期 T_{ctrl} 更新触发信号。那么在下一触发控制时刻，j 相上桥臂和下桥臂投入的子模块数更新为

$$n_{pj}(t+T_{ctrl}) = \frac{N}{2} - \text{round}\left(\frac{u_{vj}^{*}(t+T_{ctrl})}{U_{c}}\right) \tag{2-11}$$

$$n_{nj}(t+T_{ctrl}) = \frac{N}{2} + \text{round}\left(\frac{u_{vj}^{*}(t+T_{ctrl})}{U_{c}}\right) \tag{2-12}$$

如此不断更新，MMC 最终输出跟随调制波变化的阶梯电压波形。

2.3.4 MMC 中的输出波形

根据调制波的波形和 NLM 算法，就可以得到不同子模块数的 MMC 的输出电平的跃变时刻。注意并不是每隔一个控制周期 T_{ctrl} 阶梯波就会发生一次跃变；同样，对于一次跃变，阶梯波也不见得刚好变化一个 U_c，可以变化几个 U_c。记调制比 m 等于调制波相电压幅值除以 $U_{dc}/2$。以 21 电平 MMC 为例，取调制比 m 为 0.9，可以得到控制频率 f_{ctrl}（$1/T_{ctrl}$）为 4000Hz 和 8000Hz 的 MMC 输出交流电压波形，分别如图 2-6 和图 2-7 所示，其中虚线表示调制波，实线表示 MMC 输出的阶梯波。

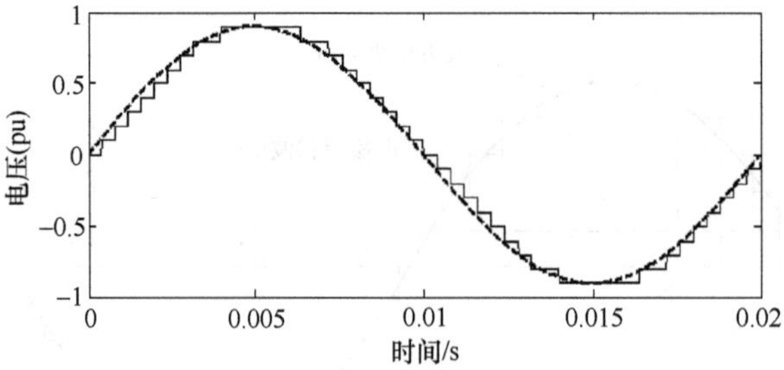

图 2-6 控制频率 f_{ctrl} 为 4000Hz 时的阶梯波波形

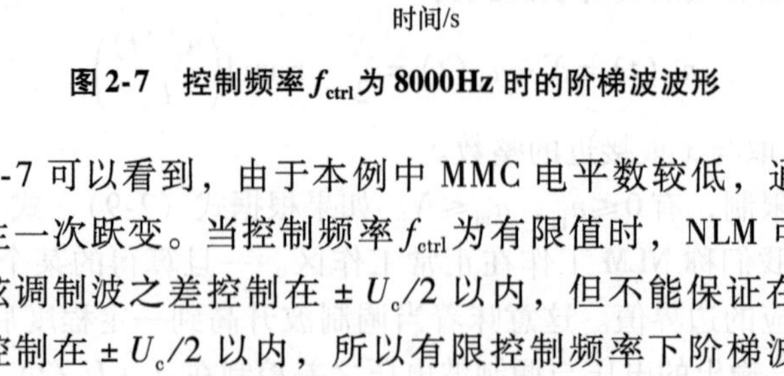

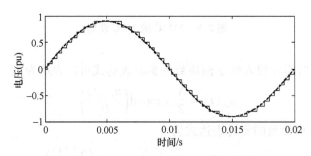

图 2-7 控制频率 f_{ctrl} 为 8000Hz 时的阶梯波波形

从图 2-6 和图 2-7 可以看到，由于本例中 MMC 电平数较低，通常需要经过多个控制周期阶梯波才发生一次跃变。当控制频率 f_{ctrl} 为有限值时，NLM 可以保证在控制周期点上将阶梯波和正弦调制波之差控制在 $\pm U_c/2$ 以内，但不能保证在所有时间点上将阶梯波和调制波之差控制在 $\pm U_c/2$ 以内，所以有限控制频率下阶梯波对调制波的逼近存在一定的延迟。在控制频率 f_{ctrl} 较低的图 2-6 中，阶梯波对调制波的逼近存在明显的延迟。随着控制频率的升高，控制周期 T_{ctrl} 缩小，延迟减小，但对控制系统的要求也

更高。

当控制频率 f_{ctrl} 取无穷大时，只要调制波与阶梯波之差达到 $\pm U_c/2$，阶梯波就跃变一次，这种情况下对应每次跃变，阶梯波只变化一个 U_c，且阶梯波和正弦调制波之差在任何时间点上都被控制在 $\pm U_c/2$ 以内。对于上述 21 电平的示例，MMC 的输出波形如图 2-8 所示。本书中，我们将控制频率 f_{ctrl} 为无穷大时基于 NLM 算法的触发模式称为实时触发模式，这种情况下其阶梯波对调制波的逼近效果最好，达到一种理想的状态。

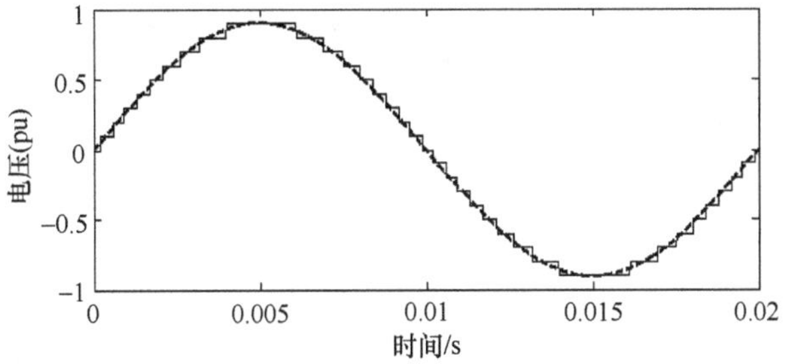

图 2-8　实时触发模式下的阶梯波波形

2.4　MMC 的完整解析数学模型及其稳态特性

换流器的数学模型是柔性直流输电系统的关键性问题之一，因为这是所有相关研究工作的基础，也是进行建模、分析和控制的第一步。MMC 的完整解析数学模型能够给出各电气量任意次谐波解析表达式，对深入理解其运行原理、研究系统运行特性、主回路参数设计以及控制器设计都具有非常重要的指导意义。

2.4.1　MMC 数学模型的输入输出结构

考虑交流侧中性点和直流侧中性点的 MMC 拓扑结构如图 2-9 所示。直流侧中性点用 O 表示，交流侧中性点用 O′表示。电阻 R_0 用来等效整个桥臂的损耗，L_0 为桥臂电抗器，C_0 为子模块电容。同一桥臂所有子模块构成的桥臂电压为 u_{rj}（r = p、n，分别表示上下桥臂；j = a、b、c，表示 abc 三相。下同），流过桥臂的电流为 i_{rj}。U_{dc} 为直流电压，I_{dc} 为直流线路电流。u_{sj} 为交流系统 j 相等效电势，L_{ac} 为换流器交流出口 va、vb、vc 到交流系统等效电势之间的等效电感（包含系统等效电感和变压器漏电感）。MMC 交流出口处输出电压和输出电流分别为 u_{vj} 和 i_{vj}。u_{Epn} 为点 E_{pa} 和点 E_{na} 之间的电位差。

MMC 基本控制方式主要有以下几种：直流侧定直流电压控制、交流侧定交流电压控制、交流侧定有功功率控制、交流侧定无功功率控制。MMC-HVDC 的一大优势是能够对有功功率和无功功率进行独立控制，所以交流侧定有功功率控制和交流侧定无功功率控制是最常用的控制方式。图 2-9 也可以用来分析 MMC 基波下的稳态特性，从 MMC 交流出口（v 点）注入交流系统的有功功率和无功功率分别为

$$P_v = 3\frac{U_v U_s}{X_{ac}}\sin\delta_{vs} \tag{2-13}$$

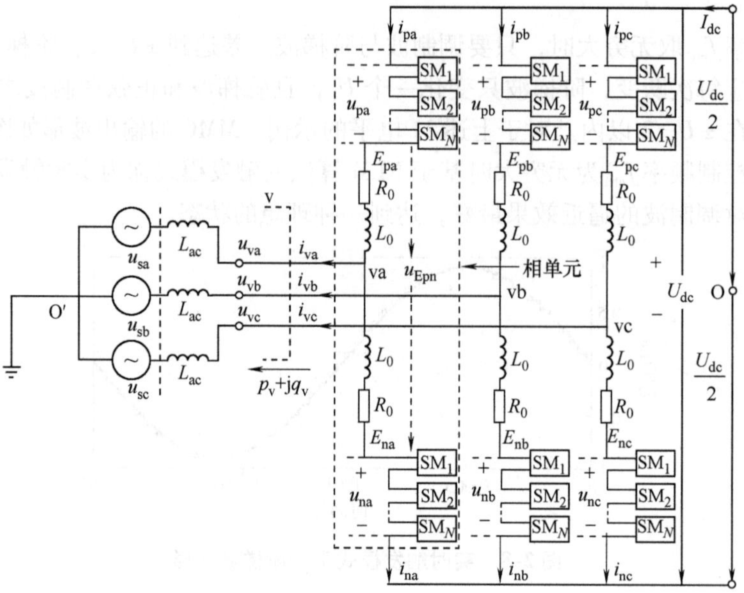

图 2-9 MMC 拓扑结构

$$Q_v = 3\frac{U_v(U_v - U_s\cos\delta_{vs})}{X_{ac}} \tag{2-14}$$

式中，U_v为 MMC 交流出口的基波相电压有效值，U_s为交流系统等效相电势有效值，δ_{vs}为 MMC 交流出口基波电压与交流系统等效电势之间的相位差，X_{ac}（$X_{ac}=\mathrm{j}\omega L_{ac}$）为 MMC 交流出口到交流系统等效电势之间的基波阻抗。从式（2-13）和式（2-14）可以看出，通过控制 MMC 交流出口电压的相位和幅值，就可以改变 MMC 注入交流系统的有功功率 P_v和无功功率 Q_v的大小和方向。

从上面的分析可以看出，只需给定交流系统电压 u_{sj}、vj（j = a、b、c）点的电压调制波 u_{vj}^*和直流电压 U_{dc}，就可以确定 MMC 的运行工况。MMC 数学模型的输入输出结构如图 2-10 所示。模型的输入量为交流系统电压 u_{sj}、vj（j = a、b、c）点的电压调制波 u_{vj}^*和直流电压 U_{dc}。模型的输出量可以分成 3 类，分别是交流侧输出量、直流侧输出量和换流器内部状态量。其中，交流侧输出量包括：输出电压 u_{vj}、输出电流 i_{vj}、瞬时有功功率 p_v和瞬时无功功率 q_v；直流侧输出量包括：直流电流 I_{dc}和交直流中性点电位差 $u_{oo'}$；换流器内部状态量包括：桥臂电压 u_{rj}、桥臂电流 i_{rj}、相环流 i_{cirj}、桥臂子模块电容电压集合平均值 $u_{C,rj}$（注意区分时间平均值与集合平均值的差别，通常，时间平均值用大写字母表示，集合平均值一般仍然是时间的函数，用小写字母表示）、桥臂子模块电容电流集合平均值 $i_{C,rj}$、桥臂电抗电压 $u_{L,rj}$、子模块开关管 VT_1、VD_1、VT_2、VD_2 的电流 i_{VT1}、i_{VD1}、i_{VT2}、i_{VD2}。

2.4.2 MMC 数学模型的基本假设

本节考虑稳态运行条件，且所有的理论推导都基于如下假设：

1）所有电气量均以工频周期 T 为周期。

2）a、b、c 三相的同一电气量在时域上依次滞后 $T/3$。

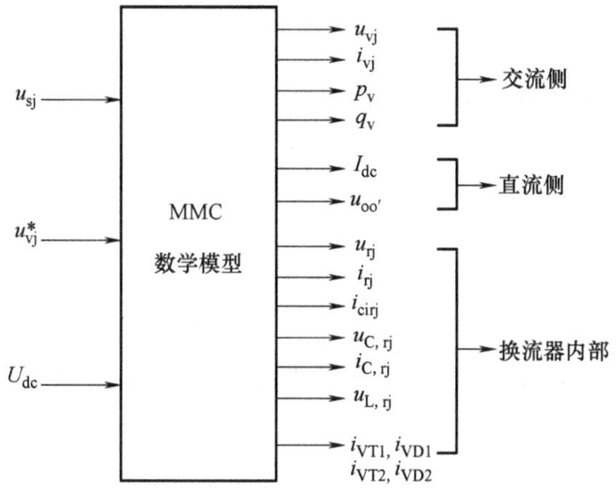

图 2-10　MMC 数学模型的输入输出结构

3）同相上、下桥臂的同一电气量在时域上彼此相差 $T/2$。

4）MMC 采用实时触发。

前 3 个假设是 MMC 稳态运行最基本的条件。第 4 个假设是 MMC 采用实时触发，理论分析中，实时触发表示 MMC 的控制频率为无穷大，即 MMC 可以看成是时域上的连续控制。在数字仿真中，实时触发要求仿真步长足够小，并且控制频率所对应的控制周期要等于仿真步长。

2.4.3　基于开关函数的平均值模型

下面用开关函数法建立子模块电容电流集合平均值与桥臂电流以及子模块电容电压集合平均值与桥臂电压之间的关系。

定义 S_{rj_i} 为 j 相 r 桥臂第 i 个子模块的开关函数。它的值取 1 表示该子模块投入，取 0 表示将该子模块切除。同时定义 j 相 r 桥臂平均开关函数为

$$S_{rj} = \frac{1}{N}\sum_{i=1}^{N} S_{rj\_i} \tag{2-15}$$

平均开关函数表示桥臂中子模块的平均投入比。为了保持直流侧输出电压恒定，每个相单元上下桥臂的平均开关函数之和应该等于 1。

首先推导子模块电容电流集合平均值与桥臂电流之间的关系。桥臂电流通过子模块的开关动作耦合到子模块的直流侧，这部分电流流过子模块电容，称为电容电流。对于 j 相 r 桥臂第 i 个子模块，流过其电容器的电流为

$$i_{c,rj\_i} = S_{rj\_i} \cdot i_{rj} \tag{2-16}$$

对该桥臂所有子模块求和

$$\sum_{i=1}^{N} i_{c,rj\_i} = \sum_{i=1}^{N} S_{rj\_i} \cdot i_{rj} = i_{rj}\sum_{i=1}^{N} S_{rj\_i} \tag{2-17}$$

上式左右两边同时除以子模块个数 N 得

$$\frac{1}{N}\sum_{i=1}^{N} i_{c,rj\_i} = i_{rj}\frac{1}{N}\sum_{i=1}^{N} S_{rj\_i} \tag{2-18}$$

将式（2-15）代入式（2-18）得

$$\frac{1}{N}\sum_{i=1}^{N} i_{c,rj\_i} = S_{rj} i_{rj} \tag{2-19}$$

定义 j 相 r 桥臂子模块电容电流集合平均值为

$$i_{c,rj} = \frac{1}{N}\sum_{i=1}^{N} i_{c,rj\_i} \tag{2-20}$$

则有

$$i_{c,rj} = S_{rj} i_{rj} \tag{2-21}$$

下面推导子模块电容电压集合平均值与桥臂电压之间的关系。电容电压通过子模块的开关动作耦合到桥臂中。j 相 r 桥臂第 i 个子模块耦合到桥臂中的电压 u_{sm,rj_i} 可以用开关函数表示为

$$u_{sm,rj\_i} = S_{rj\_i} \cdot u_{c,rj\_i} \tag{2-22}$$

式中，u_{c,rj_i} 为 j 相 r 桥臂第 i 个子模块的电容电压。对该桥臂所有子模块求和有

$$\sum_{i=1}^{N} u_{sm,rj\_i} = \sum_{i=1}^{N} S_{rj\_i} \cdot u_{c,rj\_i} \tag{2-23}$$

由于我们关注的是子模块电容电压集合平均值与桥臂电压之间的关系，因此这里假设所有子模块完全相同，单个子模块的电容电压 u_{c,rj_i} 等于所有子模块电容电压的集合平均值 $u_{c,rj}$，因此有

$$\sum_{i=1}^{N} u_{sm,rj\_i} = \sum_{i=1}^{N} S_{rj\_i} \cdot u_{c,rj\_i} = \sum_{i=1}^{N} S_{rj\_i} \cdot u_{c,rj} = u_{c,rj}\sum_{i=1}^{N} S_{rj\_i} \tag{2-24}$$

故

$$\sum_{i=1}^{N} u_{sm,rj\_i} = N u_{c,rj}\left(\frac{1}{N}\sum_{i=1}^{N} S_{rj\_i}\right) \tag{2-25}$$

将式（2-15）代入式（2-25）可得

$$\sum_{i=1}^{N} u_{sm,rj\_i} = S_{rj}(N u_{c,rj}) \tag{2-26}$$

式（2-26）左边即为 j 相 r 桥臂的电压 u_{rj}。这样，式（2-26）可以重新写为

$$u_{rj} = S_{rj}(N u_{c,rj}) \tag{2-27}$$

2.4.4 MMC 的微分方程模型

从上面的分析可知，MMC 数学模型的推导首先应该给定模型的 3 个输入量。假设直流电压为 U_{dc}，交流系统相电压为

$$u_{sj} = U_{sm}\sin(\omega t + \eta_{sj}) \tag{2-28}$$

式中，a、b、c 三相的参考相位为 $\eta_{sa}=0$，$\eta_{sb}=-\frac{2\pi}{3}$，$\eta_{sc}=\frac{2\pi}{3}$；vj 点的电压调制波 u_{vj}^* 为

$$u_{vj}^* = U_{vm}^*\sin(\omega t + \gamma_{vj}) \tag{2-29}$$

式中，γ_{vj} 表示 j 相正弦调制波的初相位。

j 相交流出口处电流 i_{vj} 及 j 相上、下桥臂电流 i_{pj}、i_{nj} 满足 KCL 方程：

$$i_{vj} = i_{pj} - i_{nj} \tag{2-30}$$

对 j 相，分别从上、下桥臂列写 KVL 方程有

$$u_{sj}+L_{ac}\frac{di_{vj}}{dt}+u_{pj}+R_0i_{pj}+L_0\frac{di_{pj}}{dt}=u_{oo'}+\frac{U_{dc}}{2} \tag{2-31}$$

$$u_{sj}+L_{ac}\frac{di_{vj}}{dt}-u_{nj}-R_0i_{nj}-L_0\frac{di_{nj}}{dt}=u_{oo'}-\frac{U_{dc}}{2} \tag{2-32}$$

这里，定义上下桥臂的差模电压为 u_{diffj}，上下桥臂的共模电压为 u_{comj}。它们的表达式为

$$u_{diffj}=-\frac{1}{2}(u_{pj}-u_{nj})=\frac{1}{2}(u_{nj}-u_{pj}) \tag{2-33}$$

$$u_{comj}=\frac{1}{2}(u_{pj}+u_{nj}) \tag{2-34}$$

将式（2-31）和式（2-32）分别作和、作差并化简后，可得表征 MMC 交直流侧动态特性的数学表达式：

$$\left(L_{ac}+\frac{L_0}{2}\right)\frac{di_{vj}}{dt}+\frac{R_0}{2}i_{vj}=u_{oo'}-u_{sj}+u_{diffj} \tag{2-35}$$

$$L_0\frac{di_{cirj}}{dt}+R_0i_{cirj}=\frac{U_{dc}}{2}-u_{comj} \tag{2-36}$$

式中，

$$i_{cirj}=\frac{1}{2}(i_{pj}+i_{nj}) \tag{2-37}$$

表示 j 相的环流。

将 a、b、c 三相的式（2-35）相加，有

$$\left(L_{ac}+\frac{L_0}{2}\right)\frac{d(i_{va}+i_{vb}+i_{vc})}{dt}+\frac{R_0}{2}(i_{va}+i_{vb}+i_{vc})=3u_{oo'}-(u_{sa}+u_{sb}+u_{sc})+(u_{diffa}+u_{diffb}+u_{diffc}) \tag{2-38}$$

根据 2.4.2 节的假设 2)，在稳态运行时，交流出口处三相电流幅值相等，相位互差 120°，它们之和为零。同理，交流系统等效三相电势之和也为零。这样式（2-38）可以简化为

$$u_{oo'}=-\frac{1}{3}(u_{diffa}+u_{diffb}+u_{diffc}) \tag{2-39}$$

j 相输出电压可以表示为

$$u_{vj}=u_{sj}+L_{ac}\frac{di_{vj}}{dt} \tag{2-40}$$

根据瞬时功率理论，瞬时有功功率和瞬时无功功率分别为

$$p_v=u_{va}i_{va}+u_{vb}i_{vb}+u_{vc}i_{vc} \tag{2-41}$$

$$q_v=\frac{1}{\sqrt{3}}((u_{va}-u_{vb})i_{vc}+(u_{vb}-u_{vc})i_{va}+(u_{vc}-u_{va})i_{vb}) \tag{2-42}$$

假设瞬时有功功率的直流分量，即基波有功功率为 P_v。由于 MMC 的损耗非常小，可以忽略不计，则有

$$P_v=P_{dc}=U_{dc}I_{dc} \tag{2-43}$$

根据上式可以求出直流电流为

$$I_{dc}=\frac{P_v}{U_{dc}} \tag{2-44}$$

j 相 r 桥臂的桥臂电抗电压为

$$u_{\mathrm{L,rj}}=L_0\frac{\mathrm{d}i_{\mathrm{rj}}}{\mathrm{d}t} \tag{2-45}$$

根据子模块电容电压与电容电流的关系，可得 j 相 r 桥臂的子模块电容电压集合平均值为

$$u_{\mathrm{c,rj}}=\frac{1}{C_0}\int i_{\mathrm{c,rj}}\mathrm{d}t \tag{2-46}$$

图 2-11 为子模块电路拓扑图，i_{V1}为子模块投入时，流过上管 $\mathrm{VT_1}$ 或其反并联二极管 $\mathrm{VD_1}$ 的电流；i_{V2}为子模块切除时，流过下管 $\mathrm{VT_2}$ 或其反并联二极管 $\mathrm{VD_2}$ 的电流。显然，i_{V1}即为子模块电容电流

$$i_{\mathrm{V1}}=i_{\mathrm{c,rj}} \tag{2-47}$$

根据 KCL 定律，i_{V2}可表示为

$$i_{\mathrm{V2}}=i_{\mathrm{rj}}-i_{\mathrm{V1}} \tag{2-48}$$

当 $i_{\mathrm{V1}}>0$ 时，流过 $\mathrm{VT_1}$ 的电流 $i_{\mathrm{VT1}}=0$，流过 $\mathrm{VD_1}$ 的电流 $i_{\mathrm{VD1}}=i_{\mathrm{V1}}$；当 $i_{\mathrm{V1}}<0$ 时，流过 $\mathrm{VT_1}$ 的电流 $i_{\mathrm{VT1}}=i_{\mathrm{V1}}$，流过 $\mathrm{VD_1}$ 的电流 $i_{\mathrm{VD1}}=0$。这样，流过子模块上管 $\mathrm{VT_1}$ 和其反并联二极管 $\mathrm{VD_1}$ 的电流可分别表示为

$$i_{\mathrm{VT1}}=\begin{cases}0, & i_{\mathrm{V1}}\geqslant 0\\ i_{\mathrm{V1}}, & i_{\mathrm{V1}}<0\end{cases} \tag{2-49}$$

$$i_{\mathrm{VD1}}=\begin{cases}i_{\mathrm{V1}}, & i_{\mathrm{V1}}\geqslant 0\\ 0, & i_{\mathrm{V1}}<0\end{cases} \tag{2-50}$$

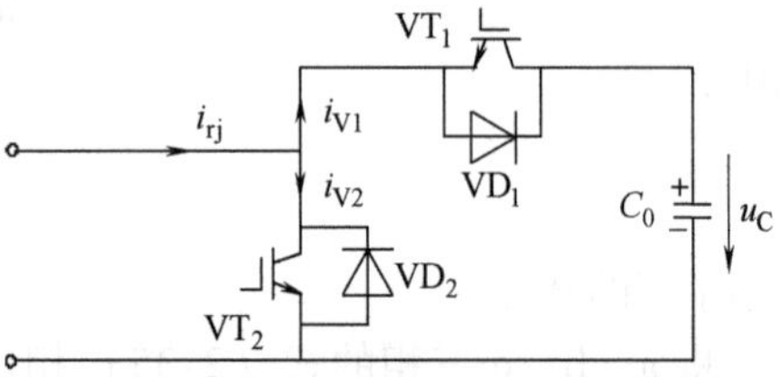

图 2-11 子模块电路拓扑图

同理，当 $i_{\mathrm{V2}}>0$ 时，流过 $\mathrm{VT_2}$ 的电流 $i_{\mathrm{VT2}}=i_{\mathrm{V2}}$，流过 $\mathrm{VD_2}$ 的电流 $i_{\mathrm{VD2}}=0$；当 $i_{\mathrm{V2}}<0$ 时，流过 $\mathrm{VT_2}$ 的电流 $i_{\mathrm{VT2}}=0$，流过 $\mathrm{VD_2}$ 的电流 $i_{\mathrm{VD2}}=i_{\mathrm{V2}}$。这样，流过子模块下管 $\mathrm{VT_2}$ 和其反并联二极管 $\mathrm{VD_2}$ 的电流可分别表示为

$$i_{\mathrm{VT2}}=\begin{cases}i_{\mathrm{V2}}, & i_{\mathrm{V2}}\geqslant 0\\ 0, & i_{\mathrm{V2}}<0\end{cases} \tag{2-51}$$

$$i_{\mathrm{VD2}}=\begin{cases}0, & i_{\mathrm{V2}}\geqslant 0\\ i_{\mathrm{V2}}, & i_{\mathrm{V2}}<0\end{cases} \tag{2-52}$$

2.4.5 MMC 完整数学模型的解析推导[10,11]

1. 逐次逼近法推导流程

本节的主旨是推导 MMC 的完整解析模型，该模型基于 2.4.2 节已给出的 4 个假设条件，推导过程采用数学上常用的逐次逼近原理，可以分为三步。第一步，设定 a 相上桥臂电压为理想阶梯波，根据上节已给出的 MMC 微分方程模型，推导出 MMC 各电气量的初始解。第二步，根据桥臂电压与子模块电容电压的关系，推导出考虑子模块电容电压波动时的 a 相上桥臂电压新的表达式，再根据 MMC 微分方程模型求解桥臂电流解析表达式。第三步，为了加快迭代过程的收敛速度，桥臂电流的基波及二次谐波采用参考文献［10-11］所导出的表达式，高次谐波仍然采用已得到的结果，根据 MMC 微分方程模型继续推导其他电气量的解

析表达式。逐次逼近法的推导流程如图 2-12 所示。

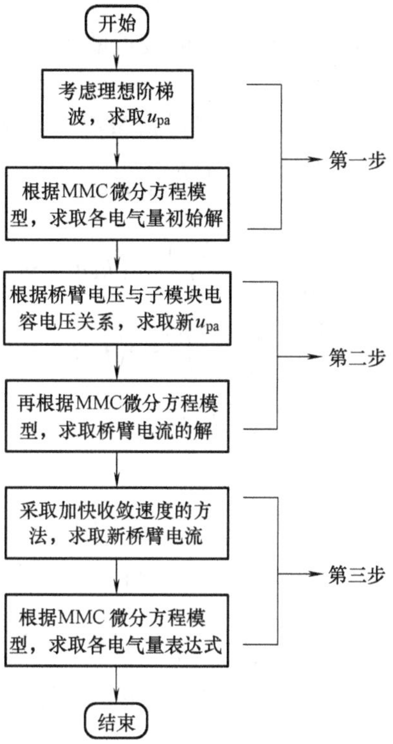
开始
考虑理想阶梯波，求取u_{pa}
根据MMC微分方程模型，求取各电气量初始解
第一步
根据桥臂电压与子模块电容电压关系，求取新u_{pa}
再根据MMC微分方程模型，求取桥臂电流的解
第二步
采取加快收敛速度的方法，求取新桥臂电流
根据MMC 微分方程模型，求取各电气量表达式
第三步
结束

图 2-12　基于逐次逼近法的 MMC 解析模型推导流程图

2. 逐次逼近法第一步

根据 2.4.2 节的假设 4)，MMC 采用实时触发。若子模块电容电压为恒定值 U_c，则 MMC 桥臂电压为理想阶梯波，并且阶梯波的每次电压跃变值都等于一个电平的电压值 U_c，如图 2-13 所示。根据参考文献［8］，可得 a 相上桥臂电压的傅里叶级数形式为

$$u_{pa} = \frac{U_{dc}}{2} - \frac{4U_{dc}}{\pi N}\sum_{h=2k-1}^{\infty}\frac{f(h)}{h}\sin(h\omega t + \gamma_h) \tag{2-53}$$

式中，

$k=1, 2, 3\cdots$为正整数（本节公式推导中用到的 k 都取正整数）；$\gamma_h = h\gamma_{va}$，h 为谐波次

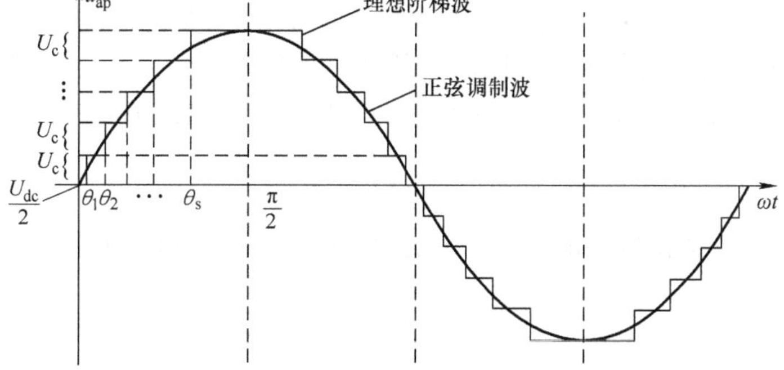
u_{ap}
理想阶梯波
正弦调制波
U_c
U_c
U_c
$\frac{U_{dc}}{2}$
$\theta_1\theta_2$ … θ_s
$\frac{\pi}{2}$
ωt

图 2-13　MMC 上桥臂电压的理想阶梯波

数；$f(h)=\sum_{i=1}^{s}\cos(h\theta_i)$，式中，$s=\min(\mathrm{round}(U_{vref}/U_c),\ N/2)$ 表示第一个1/4周期内电平跃变的总次数，运算符 round(x) 表示取与 x 最接近的整数；$\theta_i=\arcsin((i-0.5)U_c/U_{vref})$ 表示第 i 次电平跃变所对应的电角度。

根据2.4.2节的假设条件2）和3），可以得到MMC其他桥臂的桥臂电压表达式为

$$u_{na}=\frac{U_{dc}}{2}-\frac{4U_{dc}}{\pi N}\sum_{h=2k-1}^{\infty}\frac{f(h)}{h}\sin(h\omega t+\gamma_h-\pi h) \tag{2-54}$$

$$u_{pb}=\frac{U_{dc}}{2}-\frac{4U_{dc}}{\pi N}\sum_{h=2k-1}^{\infty}\frac{f(h)}{h}\sin\left(h\omega t+\gamma_h-\frac{2\pi}{3}h\right) \tag{2-55}$$

$$u_{nb}=\frac{U_{dc}}{2}-\frac{4U_{dc}}{\pi N}\sum_{h=2k-1}^{\infty}\frac{f(h)}{h}\sin\left(h\omega t+\gamma_h+\frac{\pi}{3}h\right) \tag{2-56}$$

$$u_{pc}=\frac{U_{dc}}{2}-\frac{4U_{dc}}{\pi N}\sum_{h=2k-1}^{\infty}\frac{f(h)}{h}\sin\left(h\omega t+\gamma_h+\frac{2\pi}{3}h\right) \tag{2-57}$$

$$u_{nc}=\frac{U_{dc}}{2}-\frac{4U_{dc}}{\pi N}\sum_{h=2k-1}^{\infty}\frac{f(h)}{h}\sin\left(h\omega t+\gamma_h-\frac{\pi}{3}h\right) \tag{2-58}$$

将式（2-54）~式（2-58）代入式（2-33），可得上下桥臂的差模电压为

$$u_{diffj}=\frac{4U_{dc}}{\pi N}\sum_{h=2k-1}^{\infty}\frac{f(h)}{h}\sin(h\omega t+\gamma_h) \tag{2-59}$$

根据式（2-39）和式（2-59），交直流中性点电位差为

$$u_{oo'}=-\frac{4U_{dc}}{\pi N}\sum_{h=6k-3}^{\infty}\frac{f(h)}{h}\sin(h\omega t+\gamma_h) \tag{2-60}$$

将式（2-28）、式（2-59）和式（2-60）代入式（2-35），并考虑等效电阻 R_0 非常小，忽略不计，可得a相交流出口处电流表达式为

$$i_{va}=\frac{2E}{\omega(2L_{ac}+L_0)}\cos(\omega t+\varphi)-\frac{8U_{dc}}{\pi N(2L_{ac}+L_0)}\sum_{h=6k\pm1}^{\infty}\frac{f(h)}{h^2\omega}\cos(h\omega t+\gamma_h) \tag{2-61}$$

式中，

$$E=\sqrt{\left(\frac{4f(1)U_{dc}}{\pi N}\cos(\gamma_1)-U_{sm}\right)^2+\left(\frac{4f(1)U_{dc}}{\pi N}\sin(\gamma_1)\right)^2}$$

$$\varphi=\arctan\left(\frac{4f(1)U_{dc}}{\pi N}\sin(\gamma_1),\frac{4f(1)U_{dc}}{\pi N}\cos(\gamma_1)-U_{sm}\right)$$

根据式（2-36），并忽略等效电阻 R_0，可得相环流为一直流量，这表明在不考虑电容电压波动的情况下，三相桥臂之间的电压相互平衡，相环流除直流分量外，不存在其他次谐波分量。在稳态运行条件下，a、b、c三相的直流电流相等，其值各为直流线路电流的1/3，即

$$i_{cira}=\frac{I_{dc}}{3} \tag{2-62}$$

根据桥臂电流与交流出口处电流和相环流之间的关系，可得a相上桥臂电流的表达式为

$$\begin{aligned}i_{pa}&=i_{cira}+\frac{i_{va}}{2}\\&=\frac{I_{dc}}{3}+\frac{E}{\omega(2L_{ac}+L_0)}\cos(\omega t+\varphi)-\frac{4U_{dc}}{\pi N(2L_{ac}+L_0)}\sum_{h=6k\pm1}^{\infty}\frac{f(h)}{h^2\omega}\cos(h\omega t+\gamma_h)\end{aligned} \tag{2-63}$$

根据式（2-27）有

$$u_{pa} = S_{pa}(Nu_{c,pa}) = S_{pa}(NU_c) = S_{pa}U_{dc} \tag{2-64}$$

对照式（2-53），容易推得，在最近电平逼近调制下，a 相上桥臂的平均开关函数可以表示为

$$S_{pa} = \frac{1}{2} - \frac{4}{\pi N}\sum_{h=2k-1}^{\infty}\frac{f(h)}{h}\sin(h\omega t + \gamma_h) \tag{2-65}$$

将式（2-65）代入式（2-21）可得

$$\begin{aligned} i_{c,pa} &= S_{pa}i_{pa} \\ &= \frac{I_{dc}}{6} + \frac{E}{2\omega(2L_{ac}+L_0)}\cos(\omega t+\varphi) - \frac{2U_{dc}}{\pi N(2L_{ac}+L_0)}\sum_{h=6k\pm1}^{\infty}\frac{f(h)}{h^2\omega}\cos(h\omega t+\gamma_h) \\ &\quad - \frac{4I_{dc}}{3\pi N}\sum_{h=2k-1}^{\infty}\frac{f(h)}{h}\sin(h\omega t+\gamma_h) - \frac{2E}{\pi N(2L_{ac}+L_0)}\sum_{h=2k-1}^{\infty}\frac{f(h)}{h\omega}\sin((h-1)\omega t+\gamma_h-\varphi) \\ &\quad - \frac{2E}{\pi N(2L_{ac}+L_0)}\sum_{h=2k-1}^{\infty}\frac{f(h)}{h\omega}\sin((h+1)\omega t+\gamma_h+\varphi) \\ &\quad + \frac{8U_{dc}}{\pi^2N^2(2L_{ac}+L_0)}\sum_{h_1=2k-1}^{\infty}\sum_{h_2=6k\pm1}^{\infty}\frac{f(h_1)f(h_2)}{h_1h_2^{\,2}\omega}\sin((h_1+h_2)\omega t+\gamma_{h_1}+\gamma_{h_2}) \\ &\quad + \frac{8U_{dc}}{\pi^2N^2(2L_{ac}+L_0)}\sum_{h_1=2k-1}^{\infty}\sum_{h_2=6k\pm1}^{\infty}\frac{f(h_1)f(h_2)}{h_1h_2^2\omega}\sin((h_1-h_2)\omega t+\gamma_{h_1}-\gamma_{h_2}) \end{aligned} \tag{2-66}$$

子模块电容电流集合平均值表达式中的第 1 项、第 5 项和最后一项含有直流分量，在稳态运行情况下，子模块电容电流的直流分量应该为零，否则将产生无穷大的电容电压。这样，子模块电容电流集合平均值的表达式可重写为

$$\begin{aligned} i_{c,pa} &= \frac{E}{2\omega(2L_{ac}+L_0)}\cos(\omega t+\varphi) - \frac{2U_{dc}}{\pi N(2L_{ac}+L_0)}\sum_{h=6k\pm1}^{\infty}\frac{f(h)}{h^2\omega}\cos(h\omega t+\gamma_h) \\ &\quad - \frac{4I_{dc}}{3\pi N}\sum_{h=2k-1}^{\infty}\frac{f(h)}{h}\sin(h\omega t+\gamma_h) - \frac{2E}{\pi N(2L_{ac}+L_0)}\sum_{h=2k+1}^{\infty}\frac{f(h)}{h\omega}\sin((h-1)\omega t+\gamma_h-\varphi) \\ &\quad - \frac{2E}{\pi N(2L_{ac}+L_0)}\sum_{h=2k-1}^{\infty}\frac{f(h)}{h\omega}\sin((h+1)\omega t+\gamma_h+\varphi) \\ &\quad + \frac{8U_{dc}}{\pi^2N^2(2L_{ac}+L_0)}\sum_{h_1=2k-1}^{\infty}\sum_{h_2=6k\pm1}^{\infty}\frac{f(h_1)f(h_2)}{h_1h_2^2\omega}\sin((h_1+h_2)\omega t+\gamma_{h_1}+\gamma_{h_2}) \\ &\quad + \frac{8U_{dc}}{\pi^2N^2(2L_{ac}+L_0)}\sum_{h_1=2k-1,h_1\neq h_2}^{\infty}\sum_{h_2=6k\pm1}^{\infty}\frac{f(h_1)f(h_2)}{h_1h_2^2\omega}\sin((h_1-h_2)\omega t+\gamma_{h_1}-\gamma_{h_2}) \end{aligned} \tag{2-67}$$

根据式（2-46）和式（2-67），可得子模块电容电压集合平均值为

$$\begin{aligned} u_{c,pa} &= \frac{1}{C_0}\int i_{c,pa}\mathrm{d}t \\ &= \frac{U_{dc}}{N} + \frac{E}{2\omega^2(2L_{ac}+L_0)C_0}\sin(\omega t+\varphi) - \frac{2U_{dc}}{\pi N(2L_{ac}+L_0)C_0} \\ &\quad \sum_{h=6k\pm1}^{\infty}\frac{f(h)}{h^3\omega^2}\sin(h\omega t+\gamma_h) + \frac{4I_{dc}}{3\pi NC_0}\sum_{h=2k-1}^{\infty}\frac{f(h)}{h^2\omega}\cos(h\omega t+\gamma_h) \end{aligned}$$

$$+\frac{2E}{\pi N(2L_{ac}+L_0)C_0}\sum_{h=2k+1}^{\infty}\frac{f(h)}{(h-1)h\omega^2}\cos((h-1)\omega t+\gamma_h-\varphi)+$$

$$\frac{2E}{\pi N(2L_{ac}+L_0)C_0}\sum_{h=2k-1}^{\infty}\frac{f(h)}{h(h+1)\omega^2}\cos((h+1)\omega t+\gamma_h+\varphi)$$

$$-\frac{8U_{dc}}{\pi^2N^2(2L_{ac}+L_0)C_0}\sum_{h_1=2k-1}^{\infty}\sum_{h_2=6k\pm1}^{\infty}\frac{f(h_1)f(h_2)}{(h_1+h_2)h_1h_2^2\omega^2}\cos((h_1+h_2)\omega t+\gamma_{h_1}+\gamma_{h_2})$$

$$-\frac{8U_{dc}}{\pi^2N^2(2L_{ac}+L_0)C_0}\sum_{h_1=2k-1,\neq h_2}^{\infty}\sum_{h_2=6k\pm1}^{\infty}\frac{f(h_1)f(h_2)}{(h_1-h_2)h_1h_2^2\omega^2}\cos((h_1-h_2)\omega t+\gamma_{h_1}-\gamma_{h_2})$$

(2-68)

3. 逐次逼近法第二步

为了方便起见，式（2-68）可以写成如下形式：

$$u_{c,pa}=\frac{U_{dc}}{N}+U_1\sin(\omega t+\varphi_1)+U_2\sin(2\omega t+\varphi_2)+Q_1 \tag{2-69}$$

式中，

$$A_1=\frac{E}{2\omega^2(2L_{ac}+L_0)C_0},\ A_2=\frac{4I_{dc}f(1)}{3\pi N\omega C_0},A_3=\frac{Ef(3)}{3\pi N\omega^2(2L_{ac}+L_0)C_0},A_4=\frac{Ef(1)}{\pi N\omega^2(2L_{ac}+L_0)C_0},$$

$$A_5=\frac{4U_{dc}}{\pi^2N^2\omega^2(2L_{ac}+L_0)C_0}\sum_{h=6k\pm1}^{\infty}\frac{f(h)}{h^2}\left(\frac{f(h-2)}{h-2}-\frac{f(h+2)}{h+2}\right),$$

$$U_1=\sqrt{(A_1\cos(\varphi)-A_2\sin(\gamma_1))^2+(A_1\sin(\varphi)+A_2\cos(\gamma_1))^2},$$

$$\varphi_1=\arctan(A_1\sin(\varphi)+A_2\cos(\gamma_1),A_1\cos(\varphi)-A_2\sin(\gamma_1)),$$

$$U_2=\sqrt{(A_3\sin(\gamma_3-\varphi)+A_4\sin(\gamma_1+\varphi)-A_5\sin(2\gamma_1))^2+(A_3\cos(\gamma_3-\varphi)+A_4\cos(\gamma_1+\varphi)-A_5\cos(2\gamma_1))^2},$$

$$\varphi_2=\arctan(A_3\cos(\gamma_3-\varphi)+A_4\cos(\gamma_1+\varphi)-A_5\cos(2\gamma_1),-(A_3\sin(\gamma_3-\varphi)+A_4\sin(\gamma_1+\varphi)-A_5\sin(2\gamma_1))),$$

Q_1为包含3次及以上次谐波的高次项（higher-order terms）。Q_1的值小于U_1值的2%，这表明它对MMC其他相关电气量的影响非常小。因此，与Q_1相关的项在本节中都不予以展开。本节将这些项用Q_x（$x=1$，2，3…）来表示。

电容电压通过子模块的开关动作，将耦合到桥臂上。根据子模块电容电压与桥臂电压的关系式（2-27），可得a相上桥臂电压为

$$\begin{aligned}u'_{pa}&=S_{pa}(Nu_{c,pa})\\&=\frac{U_{dc}}{2}-\frac{2U_1f(1)}{\pi}\cos(\varphi_1-\gamma_1)+U'_1\sin(\omega t+\alpha_1)+U'_2\sin(2\omega t+\alpha_2)\\&\quad-\frac{4U_{dc}}{\pi N}\sum_{h=2k+1}^{\infty}\frac{f(h)}{h}\sin(h\omega t+\gamma_h)+Q_2\end{aligned} \tag{2-70}$$

式中，

$$U'_1=\sqrt{\left(\frac{NU_1}{2}\cos(\varphi_1)-\frac{4U_{dc}f(1)}{\pi N}\cos(\gamma_1)+\frac{2U_2f(1)}{\pi}\sin(\varphi_2-\gamma_1)\right)^2+\left(\frac{NU_1}{2}\sin(\varphi_1)-\frac{4U_{dc}f(1)}{\pi N}\sin(\gamma_1)-\frac{2U_2f(1)}{\pi}\cos(\varphi_2-\gamma_1)\right)^2},$$

$$\alpha_1=\arctan\left(\frac{NU_1}{2}\sin(\varphi_1)-\frac{4U_{dc}f(1)}{\pi N}\sin(\gamma_1)-\frac{2U_2f(1)}{\pi}\cos(\varphi_2-\gamma_1),\right.$$

$$\frac{NU_1}{2}\cos(\varphi_1)-\frac{4U_{dc}f(1)}{\pi N}\cos(\gamma_1)+\frac{2U_2f(1)}{\pi}\sin(\varphi_2-\gamma_1)\Big),$$

$$U_2'=\sqrt{\left(\frac{NU_2}{2}\cos(\varphi_2)-\frac{2U_1f(1)}{\pi}\sin(\varphi_1+\gamma_1)\right)^2+\left(\frac{NU_2}{2}\sin(\varphi_2)+\frac{2U_1f(1)}{\pi}\cos(\varphi_1+\gamma_1)\right)^2},$$

$$\alpha_2=\arctan\left(\frac{NU_2}{2}\sin(\varphi_2)+\frac{2U_1f(1)}{\pi}\cos(\varphi_1+\gamma_1),\frac{NU_2}{2}\cos(\varphi_2)-\frac{2U_1f(1)}{\pi}\sin(\varphi_1+\gamma_1)\right)。$$

根据式（2-39），可得直流侧中性点与交流侧中性点间的电位差为

$$u'_{oo'}=-\frac{4U_{dc}}{\pi N}\sum_{h=6k-3}^{\infty}\frac{f(h)}{h}\sin(h\omega t+\gamma_h)+Q_3 \tag{2-71}$$

可见，两中性点间电位差包含 $6k-3$ 次谐波。

根据式（2-35），可得 a 相输出电流为

$$i'_{va}=B_1\cos(\omega t+\beta_1)-B_2\sum_{h=6k\pm1}^{\infty}\frac{f(h)}{h^2\omega}\cos(h\omega t+\gamma_h)+Q_4 \tag{2-72}$$

式中，

$$B_1=\frac{2}{\omega(2L_{ac}+L_0)}\sqrt{(U_1'\cos(\alpha_1)-U_{sm})^2+(U_1'\sin(\alpha_1))^2},$$

$$\beta_1=\arctan(U_1'\sin(\alpha_1),U_1'\cos(\alpha_1)-U_{sm}),$$

$$B_2=\frac{8U_{dc}}{\pi N(2L_{ac}+L_0)}。$$

可见，交流出口处输出电流含有基波和 $6k\pm1$ 次谐波。

根据式（2-36），可得相环流为

$$i'_{cira}=\frac{I_{dc}}{3}+B_3\cos(2\omega t+\beta_2)+Q_5 \tag{2-73}$$

式中，$B_3=\frac{U_2'}{2\omega L_0}$，$\beta_2=\alpha_2$。从式（2-73）可以看出，除了直流分量外，相环流还含有 2 次谐波分量和其他高次谐波分量。

根据桥臂电流与相环流、交流出口处电流的关系，可得 a 相上桥臂电流为

$$\begin{aligned}i'_{pa}&=i'_{cira}+\frac{i'_{va}}{2}\\&=\frac{I_{dc}}{3}+\frac{B_1}{2}\cos(\omega t+\beta_1)+B_3\cos(2\omega t+\beta_2)-\frac{B_2}{2}\sum_{h=6k\pm1}^{\infty}\frac{f(h)}{h^2\omega}\cos(h\omega t+\gamma_h)+Q_6\end{aligned} \tag{2-74}$$

4. 逐次逼近法第三步

为了加快收敛速度，从而求取精确的解析表达式，我们采用参考文献［10-11］得到的桥臂电流基波及 2 次谐波的结果，而高次谐波分量仍然采用式（2-74）得到的表达式。这样，a 相上下桥臂电流的表达式为

$$i''_{pa}=\frac{I_{dc}}{3}+\frac{I_{vm}}{2}\sin(\omega t+\gamma_{va}-\varphi_{ac})+I_{r2m}\sin(2\omega t-\theta_t)-\frac{4U_{dc}}{\pi N(2L_{ac}+L_0)}\sum_{h=6k\pm1}^{\infty}\frac{f(h)}{h^2\omega}\cos(h\omega t+\gamma_h)+Q_7 \tag{2-75}$$

$$i''_{na}=\frac{I_{dc}}{3}-\frac{I_{vm}}{2}\sin(\omega t+\gamma_{va}-\varphi_{ac})+I_{r2m}\sin(2\omega t-\theta_t)+\frac{4U_{dc}}{\pi N(2L_{ac}+L_0)}\sum_{h=6k\pm1}^{\infty}\frac{f(h)}{h^2\omega}\cos(h\omega t+\gamma_h)+Q_8 \tag{2-76}$$

式中，I_{vm}、I_{r2m}分别为 MMC 交流侧电流基波幅值和桥臂二倍频环流幅值。为方便起见，它们的表达式不在这里详细列出，见表2-4。

这样，交流出口处的输出电流为

$$\begin{aligned} i''_{va} &= i''_{pa} - i''_{na} \\ &= I_{vm}\sin(\omega t + \gamma_{va} - \varphi_{ac}) - \frac{8U_{dc}}{\pi N(2L_{ac} + L_0)}\sum_{h=6k\pm1}^{\infty}\frac{f(h)}{h^2\omega}\cos(h\omega t + \gamma_h) + Q_9 \end{aligned} \tag{2-77}$$

a 相环流表达式为

$$i''_{cira} = \frac{I_{dc}}{3} + I_{r2m}\sin(2\omega t - \theta_t) + Q_{10} \tag{2-78}$$

将式（2-75）代入式（2-21）可得子模块电容电流集合平均值为

$$\begin{aligned} i''_{c,pa} &= S_{pa}i''_{pa} \\ &= \frac{I_{vm}}{4}\sin(\omega t + \gamma_{va} - \varphi_{ac}) + \frac{I_{r2m}}{2}\sin(2\omega t - \theta_t) \\ &\quad - \frac{2U_{dc}}{\pi N(2L_{ac} + L_0)}\sum_{h=6k\pm1}^{\infty}\frac{f(h)}{h^2\omega}\cos(h\omega t + \gamma_h) - \frac{4I_{dc}}{3\pi N}\sum_{h=2k-1}^{\infty}\frac{f(h)}{h}\sin(h\omega t + \gamma_h) \\ &\quad - \frac{I_{vm}}{\pi N}\sum_{h=2k+1}^{\infty}\frac{f(h)}{h}\cos((h-1)\omega t + \gamma_h + \varphi_{ac}) + \frac{I_{vm}}{\pi N}\sum_{h=2k-1}^{\infty}\frac{f(h)}{h}\cos((h+1)\omega t + \gamma_h - \varphi_{ac}) \\ &\quad - \frac{2I_{r2m}}{\pi N}\sum_{h=2k-1}^{\infty}\frac{f(h)}{h}\cos((h-2)\omega t + \gamma_h + \theta_t) + \frac{2I_{r2m}}{\pi N}\sum_{h=2k-1}^{\infty}\frac{f(h)}{h}\cos((h+2)\omega t + \gamma_h - \theta_t) + Q_{11} \end{aligned} \tag{2-79}$$

将式（2-79）代入式（2-46）可得子模块电容电压集合平均值为

$$\begin{aligned} u''_{c,pa} &= \frac{1}{C_0}\int i''_{c,pa}\mathrm{d}t \\ &= \frac{U_{dc}}{N} - \frac{I_{vm}}{4\omega C_0}\cos(\omega t + \gamma_{va} - \varphi_{ac}) - \frac{I_{r2m}}{4\omega C_0}\cos(2\omega t - \theta_t) \\ &\quad - \frac{2U_{dc}}{\pi N(2L_{ac} + L_0)C_0}\sum_{h=6k\pm1}^{\infty}\frac{f(h)}{h^3\omega^2}\sin(h\omega t + \gamma_h) \\ &\quad + \frac{4I_{dc}}{3\pi NC_0}\sum_{h=2k-1}^{\infty}\frac{f(h)}{h^2\omega}\cos(h\omega t + \gamma_h) \\ &\quad - \frac{I_{vm}}{\pi NC_0}\sum_{h=2k+1}^{\infty}\frac{f(h)}{(h-1)h\omega}\sin((h-1)\omega t + \gamma_h + \varphi_{ac}) \\ &\quad + \frac{I_{vm}}{\pi NC_0}\sum_{h=2k-1}^{\infty}\frac{f(h)}{h(h+1)\omega}\sin((h+1)\omega t + \gamma_h - \varphi_{ac}) \\ &\quad - \frac{2I_{r2m}}{\pi NC_0}\sum_{h=2k-1}^{\infty}\frac{f(h)}{(h-2)h\omega}\sin((h-2)\omega t + \gamma_h + \theta_t) \\ &\quad + \frac{2I_{r2m}}{\pi NC_0}\sum_{h=2k-1}^{\infty}\frac{f(h)}{h(h+2)\omega}\sin((h+2)\omega t + \gamma_h - \theta_t) + Q_{12} \end{aligned} \tag{2-80}$$

电容电压通过子模块的开关动作，将耦合到桥臂上。根据子模块电容电压与桥臂电压的关系式（2-27），可得 a 相上桥臂电压为

$$\begin{aligned} u''_{pa} &= S_{pa}(Nu''_{c,pa}) \\ &= \left(\frac{1}{2} - \frac{4}{\pi N}\sum_{h=2k-1}^{\infty}\frac{f(h)}{h}\sin(h\omega t + \gamma_h)\right)(Nu''_{c,pa}) \end{aligned} \tag{2-81}$$

根据式（2-40），可得输出电压表达式为

$$u''_{va} = U_{sm}\sin(\omega t) + \omega L_{ac}I_{vm}\cos(\omega t + \gamma_{va} - \varphi_{ac}) + \frac{8L_{ac}U_{dc}}{\pi N(2L_{ac} + L_0)}\sum_{h=6k\pm1}^{\infty}\frac{f(h)}{h}\sin(h\omega t + \gamma_h) + Q_{13} \tag{2-82}$$

根据瞬时功率理论，MMC 的瞬时有功功率和瞬时无功功率可分别表示为

$$\begin{aligned} p''_v &= u_{va}i_{va} + u_{vb}i_{vb} + u_{vc}i_{vc} \\ &= \frac{3U_{sm}I_{vm}}{2}\cos(\varphi_{ac}) + \frac{4L_{ac}U_{dc}I_{vm}}{\pi N(2L_{ac} + L_0)}\sum_{h=6k}^{\infty}\frac{hf(h+1)}{(h+1)^2}\cos(h\omega t + \gamma_{h+1} + \varphi_{ac}) \\ &\quad - \frac{4L_{ac}U_{dc}I_{vm}}{\pi N(2L_{ac} + L_0)}\sum_{h=6k}^{\infty}\frac{hf(h-1)}{(h-1)^2}\cos(h\omega t + \gamma_{h-1} - \varphi_{ac}) \\ &\quad - \frac{4U_{dc}U_{sm}}{\pi N(2L_{ac} + L_0)}\sum_{h=6k}^{\infty}\frac{f(h-1)}{(h-1)^2\omega}\sin(h\omega t + \gamma_{h-1}) \\ &\quad + \frac{4U_{dc}U_{sm}}{\pi N(2L_{ac} + L_0)}\sum_{h=6k}^{\infty}\frac{f(h+1)}{(h+1)^2\omega}\sin(h\omega t + \gamma_{h+1}) + Q_{14} \end{aligned} \tag{2-83}$$

$$\begin{aligned} q''_v &= \frac{1}{\sqrt{3}}((u_{va} - u_{vb})i_{vc} + (u_{vb} - u_{vc})i_{va} + (u_{vc} - u_{va})i_{vb}) \\ &= \frac{3U_{sm}I_{vm}}{2}\sin(\varphi_{ac}) + \frac{\omega L_{ac}I_{vm}^{\ 2}}{2} + \frac{4L_{ac}U_{dc}I_{vm}}{\pi N(2L_{ac} + L_0)}\sum_{h=6k}^{\infty}\frac{f(h-1)}{h-1}\sin(h\omega t + \gamma_{h-1} - \varphi_{ac}) \\ &\quad + \frac{4L_{ac}U_{dc}I_{vm}}{\pi N(2L_{ac} + L_0)}\sum_{h=6k}^{\infty}\frac{f(h+1)}{h+1}\sin(h\omega t + \gamma_{h+1} + \varphi_{ac}) \\ &\quad - \frac{4U_{dc}U_{sm}}{\pi N(2L_{ac} + L_0)}\sum_{h=6k}^{\infty}\frac{f(h-1)}{(h-1)^2\omega}\sin\left(h\omega t + \gamma_{h-1} + \frac{2\pi}{3}(h-1) + \frac{\pi}{6}\right) \\ &\quad + \frac{4U_{dc}U_{sm}}{\pi N(2L_{ac} + L_0)}\sum_{h=6k}^{\infty}\frac{f(h+1)}{(h+1)^2\omega}\sin\left(h\omega t + \gamma_{h+1} + \frac{2\pi}{3}(h+1) - \frac{\pi}{6}\right) \\ &\quad - \frac{4L_{ac}U_{dc}I_{vm}}{\pi N(2L_{ac} + L_0)}\sum_{h=6k}^{\infty}\frac{f(h-1)}{(h-1)^2}\cos\left(h\omega t + \gamma_{h-1} - \varphi_{ac} + \frac{2\pi}{3}(h-1) + \frac{\pi}{6}\right) \\ &\quad - \frac{4L_{ac}U_{dc}I_{vm}}{\pi N(2L_{ac} + L_0)}\sum_{h=6k}^{\infty}\frac{f(h+1)}{(h+1)^2}\cos\left(h\omega t + \gamma_{h+1} + \varphi_{ac} + \frac{2\pi}{3}(h+1) - \frac{\pi}{6}\right) + Q_{15} \end{aligned} \tag{2-84}$$

从式（2-83）和式（2-84）可以看出，除了直流分量外，瞬时有功功率和瞬时无功功率还包含 $6k$ 次谐波分量。

根据式（2-45），可得 a 相上桥臂的桥臂电抗电压为

$$\begin{aligned} u''_{L,pa} &= L_0\frac{di''_{pa}}{dt} \\ &= \frac{\omega L_0 I_{vm}}{2}\cos(\omega t + \gamma_{va} - \varphi_{ac}) + 2\omega L_0 I_{r2m}\cos(2\omega t - \theta_t) \end{aligned}$$

$$+\frac{4L_0U_{\mathrm{dc}}}{\pi N(2L_{\mathrm{ac}}+L_0)}\sum_{h=6k\pm1}^{\infty}\frac{f(h)}{h}\sin(h\omega t+\gamma_h)+Q_{16} \tag{2-85}$$

同理，可以求出 a 相下桥臂的桥臂电抗电压为

$$\begin{aligned}u''_{\mathrm{L,na}}&=L_0\frac{\mathrm{d}i''_{\mathrm{na}}}{\mathrm{d}t}\\&=-\frac{\omega L_0I_{\mathrm{vm}}}{2}\cos(\omega t+\gamma_{\mathrm{va}}-\varphi_{\mathrm{ac}})+2\omega L_0I_{\mathrm{r2m}}\cos(2\omega t-\theta_{\mathrm{t}})\\&\quad-\frac{4L_0U_{\mathrm{dc}}}{\pi N(2L_{\mathrm{ac}}+L_0)}\sum_{h=6k\pm1}^{\infty}\frac{f(h)}{h}\sin(h\omega t+\gamma_h)+Q_{17}\end{aligned} \tag{2-86}$$

在忽略 R_0 的情况下，点 E_{pa} 和点 E_{na} 之间的电位差为

$$\begin{aligned}u''_{\mathrm{Epn}}&=u''_{\mathrm{L,pa}}+u''_{\mathrm{L,na}}\\&=4\omega L_0I_{\mathrm{r2m}}\cos(2\omega t-\theta_{\mathrm{t}})+Q_{18}\end{aligned} \tag{2-87}$$

从上面的推导结果可以发现 u''_{Epn} 不含基波分量，这说明在基波电路中，点 E_{pa} 和点 E_{na} 为等电势点。

根据式（2-47）和式（2-48），可得 i_{V1} 和 i_{V2} 的表达式为

$$\begin{aligned}i''_{\mathrm{V1}}&=i''_{\mathrm{c,pa}}\\&=\frac{I_{\mathrm{vm}}}{4}\sin(\omega t+\gamma_{\mathrm{va}}-\varphi_{\mathrm{ac}})+\frac{I_{\mathrm{r2m}}}{2}\sin(\omega t-\theta_{\mathrm{t}})\\&\quad-\frac{2U_{\mathrm{dc}}}{\pi N(2L_{\mathrm{ac}}+L_0)}\sum_{h=6k\pm1}^{\infty}\frac{f(h)}{h^2\omega}\cos(h\omega t+\gamma_h)-\frac{4I_{\mathrm{dc}}}{3\pi N}\sum_{h=2k-1}^{\infty}\frac{f(h)}{h}\sin(h\omega t+\gamma_h)\\&\quad-\frac{I_{\mathrm{vm}}}{\pi N}\sum_{h=2k+1}^{\infty}\frac{f(h)}{h}\cos((h-1)\omega t+\gamma_h+\varphi_{\mathrm{ac}})+\frac{I_{\mathrm{vm}}}{\pi N}\sum_{h=2k-1}^{\infty}\frac{f(h)}{h}\cos((h+1)\omega t+\gamma_h-\varphi_{\mathrm{ac}})\\&\quad-\frac{2I_{\mathrm{r2m}}}{\pi N}\sum_{h=2k-1}^{\infty}\frac{f(h)}{h}\cos((h-2)\omega t+\gamma_h+\theta_{\mathrm{t}})+\frac{2I_{\mathrm{r2m}}}{\pi N}\sum_{h=2k-1}^{\infty}\frac{f(h)}{h}\cos((h+2)\omega t+\gamma_h-\theta_{\mathrm{t}})+Q_{19}\end{aligned} \tag{2-88}$$

$$\begin{aligned}i''_{\mathrm{V2}}&=i''_{\mathrm{pa}}-i''_{\mathrm{V1}}\\&=\frac{I_{\mathrm{dc}}}{3}+\frac{I_{\mathrm{vm}}}{4}\sin(\omega t+\gamma_{\mathrm{va}}-\varphi_{\mathrm{ac}})+\frac{I_{\mathrm{r2m}}}{2}\sin(2\omega t-\theta_{\mathrm{t}})\\&\quad-\frac{2U_{\mathrm{dc}}}{\pi N(2L_{\mathrm{ac}}+L_0)}\sum_{h=6k\pm1}^{\infty}\frac{f(h)}{h^2\omega}\cos(h\omega t+\gamma_h)+\frac{4I_{\mathrm{dc}}}{3\pi N}\sum_{h=2k-1}^{\infty}\frac{f(h)}{h}\sin(h\omega t+\gamma_h)\\&\quad+\frac{I_{\mathrm{vm}}}{\pi N}\sum_{h=2k+1}^{\infty}\frac{f(h)}{h}\cos((h-1)\omega t+\gamma_h+\varphi_{\mathrm{ac}})-\frac{I_{\mathrm{vm}}}{\pi N}\sum_{h=2k-1}^{\infty}\frac{f(h)}{h}\cos((h+1)\omega t+\gamma_h-\varphi_{\mathrm{ac}})\\&\quad+\frac{2I_{\mathrm{r2m}}}{\pi N}\sum_{h=2k-1}^{\infty}\frac{f(h)}{h}\cos((h-2)\omega t+\gamma_h+\theta_{\mathrm{t}})-\frac{2I_{\mathrm{r2m}}}{\pi N}\sum_{h=2k-1}^{\infty}\frac{f(h)}{h}\cos((h+2)\omega t+\gamma_h-\theta_{\mathrm{t}})+Q_{20}\end{aligned} \tag{2-89}$$

根据式（2-49）~式（2-52）和式（2-88）、式（2-89），可以进一步求取流过管子 VT_1、VD_1、VT_2、VD_2 的电流。其中，流过 VT_1 的电流为 $i_{\mathrm{V1}}\leqslant 0$ 的部分，流过 VD_1 的电流为 $i_{\mathrm{V1}}>0$ 的部分；流过 VT_2 的电流为 $i_{\mathrm{V2}}>0$ 的部分，流过 VD_2 的电流为 $i_{\mathrm{V2}}\leqslant 0$ 的部分。

这样，MMC 的完整解析数学模型可以总结为表 2-4。

表 2-4　MMC 完整解析数学模型公式汇总表

电气量	解析表达式
桥臂电压	$u_{pa}=\left(\frac{1}{2}-\frac{4}{\pi N}\sum_{h=2k-1}^{\infty}\frac{f(h)}{h}\sin(h\omega t+\gamma_h)\right)(Nu_{c,pa})$
桥臂电流	$i_{pa}=\frac{I_{dc}}{3}+\frac{I_{vm}}{2}\sin(\omega t+\gamma_{va}-\varphi_{ac})+I_{r2m}\sin(2\omega t-\theta_t)-\frac{4U_{dc}}{\pi N(2L_{ac}+L_0)}\sum_{h=6k\pm1}^{\infty}\frac{f(h)}{h^2\omega}\cos(h\omega t+\gamma_h)+Q_7$
相环流	$i_{cira}=\frac{I_{dc}}{3}+I_{r2m}\sin(2\omega t-\theta_t)+Q_{10}$
输出电压	$u_{va}=U_{sm}\sin(\omega t)+\omega L_{ac}I_{vm}\cos(\omega t+\gamma_{va}-\varphi_{ac})+\frac{8L_{ac}U_{dc}}{\pi N(2L_{ac}+L_0)}\sum_{h=6k\pm1}^{\infty}\frac{f(h)}{h}\sin(h\omega t+\gamma_h)+Q_{13}$
输出电流	$i_{va}=I_{vm}\sin(\omega t+\gamma_{va}-\varphi_{ac})-\frac{8U_{dc}}{\pi N(2L_{ac}+L_0)}\sum_{h=6k\pm1}^{\infty}\frac{f(h)}{h^2\omega}\cos(h\omega t+\gamma_h)+Q_9$
子模块电容电压集合平均值	$u_{c,pa}=\frac{U_{dc}}{N}-\frac{I_{vm}}{4\omega C_0}\cos(\omega t+\gamma_{va}-\varphi_{ac})-\frac{I_{r2m}}{4\omega C_0}\cos(2\omega t-\theta_t)-\frac{2U_{dc}}{\pi N(2L_{ac}+L_0)C_0}\sum_{h=6k\pm1}^{\infty}\frac{f(h)}{h^3\omega^2}\sin(h\omega t+\gamma_h)$ $+\frac{4I_{dc}}{3\pi NC_0}\sum_{h=2k-1}^{\infty}\frac{f(h)}{h^2\omega}\cos(h\omega t+\gamma_h)-\frac{I_{vm}}{\pi NC_0}\sum_{h=2k+1}^{\infty}\frac{f(h)}{(h-1)h\omega}\sin((h-1)\omega t+\gamma_h+\varphi_{ac})$ $+\frac{I_{vm}}{\pi NC_0}\sum_{h=2k-1}^{\infty}\frac{f(h)}{h(h+1)\omega}\sin((h+1)\omega t+\gamma_h-\varphi_{ac})-\frac{2I_{r2m}}{\pi NC_0}\sum_{h=2k-1}^{\infty}\frac{f(h)}{(h-2)h\omega}\sin((h-2)\omega t+\gamma_h+\theta_t)+$ $\frac{2I_{r2m}}{\pi NC_0}\sum_{h=2k-1}^{\infty}\frac{f(h)}{h(h+2)\omega}\sin((h+2)\omega t+\gamma_h-\theta_t)+Q_{12}$
子模块电容电流集合平均值	$i_{c,pa}=\frac{I_{vm}}{4}\sin(\omega t+\gamma_{va}-\varphi_{ac})+\frac{I_{r2m}}{2}\sin(2\omega t-\theta_t)-\frac{2U_{dc}}{\pi N(2L_{ac}+L_0)}\sum_{h=6k\pm1}^{\infty}\frac{f(h)}{h^2\omega}\cos(h\omega t+\gamma_h)-$ $\frac{4I_{dc}}{3\pi N}\sum_{h=2k-1}^{\infty}\frac{f(h)}{h}\sin(h\omega t+\gamma_h)-\frac{I_{vm}}{\pi N}\sum_{h=2k+1}^{\infty}\frac{f(h)}{h}\cos((h-1)\omega t+\gamma_h+\varphi_{ac})+\frac{I_{vm}}{\pi N}\sum_{h=2k-1}^{\infty}\frac{f(h)}{h}\cos((h+1)$ $\omega t+\gamma_h-\varphi_{ac})-\frac{2I_{r2m}}{\pi N}\sum_{h=2k-1}^{\infty}\frac{f(h)}{h}\cos((h-2)\omega t+\gamma_h+\theta_t)+\frac{2I_{r2m}}{\pi N}\sum_{h=2k-1}^{\infty}\frac{f(h)}{h}\cos((h+2)\omega t+\gamma_h-\theta_t)+Q_{11}$
交直流中性点电位差	$u_{oo'}=-\frac{4U_{dc}}{\pi N}\sum_{h=6k-3}^{\infty}\frac{f(h)}{h}\sin(h\omega t+\gamma_h)+Q_3$
直流电流	$I_{dc}=\frac{3U_{sm}I_{vm}}{2U_{dc}}\cos(\varphi_{ac})$
桥臂电抗电压	$u_{L,pa}=\frac{\omega L_0I_{vm}}{2}\cos(\omega t+\gamma_{va}-\varphi_{ac})+2\omega L_0I_{r2m}\cos(2\omega t-\theta_t)+\frac{4L_0U_{dc}}{\pi N(2L_{ac}+L_0)}\sum_{h=6k\pm1}^{\infty}\frac{f(h)}{h}\sin(h\omega t+\gamma_h)+Q_{16}$
E_{pa} 和 E_{na} 电位差	$u_{Epn}=4\omega L_0I_{r2m}\cos(2\omega t-\theta_t)+Q_{18}$
瞬时有功功率	$p_v=\frac{3U_{sm}I_{vm}}{2}\cos(\varphi_{ac})+\frac{4L_{ac}U_{dc}I_{vm}}{\pi N(2L_{ac}+L_0)}\sum_{h=6k}^{\infty}\frac{hf(h+1)}{(h+1)^2}\cos(h\omega t+\gamma_{h+1}+\varphi_{ac})-$ $\frac{4L_{ac}U_{dc}I_{vm}}{\pi N(2L_{ac}+L_0)}\sum_{h=6k}^{\infty}\frac{hf(h-1)}{(h-1)^2}\cos(h\omega t+\gamma_{h-1}-\varphi_{ac})-\frac{4U_{dc}U_{sm}}{\pi N(2L_{ac}+L_0)}\sum_{h=6k}^{\infty}\frac{f(h-1)}{(h-1)^2\omega}\sin(h\omega t+\gamma_{h-1})$ $+\frac{4U_{dc}U_{sm}}{\pi N(2L_{ac}+L_0)}\sum_{h=6k}^{\infty}\frac{f(h+1)}{(h+1)^2\omega}\sin(h\omega t+\gamma_{h+1})+Q_{14}$

（续）

电气量	解析表达式
瞬时无功功率	$q_v = \frac{3U_{sm}I_{vm}}{2}\sin(\varphi_{ac}) + \frac{\omega L_{ac}I_{vm}^2}{2} + \frac{4L_{ac}U_{dc}I_{vm}}{\pi N(2L_{ac}+L_0)}\sum_{h=6k}^{\infty}\frac{f(h-1)}{h-1}\sin(h\omega t+\gamma_{h-1}-\varphi_{ac}) + \frac{4L_{ac}U_{dc}I_{vm}}{\pi N(2L_{ac}+L_0)}\sum_{h=6k}^{\infty}\frac{f(h+1)}{h+1}\sin(h\omega t+\gamma_{h+1}+\varphi_{ac}) - \frac{4U_{dc}U_{sm}}{\pi N(2L_{ac}+L_0)}\sum_{h=6k}^{\infty}\frac{f(h-1)}{(h-1)^2\omega}\sin\left(h\omega t+\gamma_{h-1}+\frac{2\pi}{3}(h-1)+\frac{\pi}{6}\right) + \frac{4U_{dc}U_{sm}}{\pi N(2L_{ac}+L_0)}\sum_{h=6k}^{\infty}\frac{f(h+1)}{(h+1)^2\omega}\sin\left(h\omega t+\gamma_{h+1}+\frac{2\pi}{3}(h+1)-\frac{\pi}{6}\right) - \frac{4L_{ac}U_{dc}I_{vm}}{\pi N(2L_{ac}+L_0)}\sum_{h=6k}^{\infty}\frac{f(h-1)}{(h-1)^2}\cos\left(h\omega t+\gamma_{h-1}-\varphi_{ac}+\frac{2\pi}{3}(h-1)+\frac{\pi}{6}\right) - \frac{4L_{ac}U_{dc}I_{vm}}{\pi N(2L_{ac}+L_0)}\sum_{h=6k}^{\infty}\frac{f(h+1)}{(h+1)^2}\cos\left(h\omega t+\gamma_{h+1}+\varphi_{ac}+\frac{2\pi}{3}(h+1)-\frac{\pi}{6}\right) + Q_{15}$
子模块开关管 VT_1、VD_1、VT_2、VD_2 电流	$i_{VT1} = \begin{cases}0, & i_{V1}\geqslant 0\\ i_{V1}, & i_{V1}<0\end{cases}$；$i_{VD1} = \begin{cases}i_{V1}, & i_{V1}\geqslant 0\\ 0, & i_{V1}<0\end{cases}$；$i_{VT2} = \begin{cases}i_{V2}, & i_{V2}\geqslant 0\\ 0, & i_{V2}<0\end{cases}$；$i_{VD2} = \begin{cases}0, & i_{V2}\geqslant 0\\ i_{V2}, & i_{V2}<0\end{cases}$

注：

$k=1, 2, 3\cdots$为正整数（本节公式推导中用到的k都取正整数）；

Q_x（$x=1, 2, 3\cdots$）为高次项或者与高次项有关的项，为方便起见这里不展开；

$\gamma_h = h\gamma_{va}$；$f(h) = \sum_{i=1}^{s}\cos(h\theta_i)$；$s = \min(\mathrm{round}(U_{vref}/U_c), N/2)$；$\theta_i = \arcsin((i-0.5)U_c/U_{vref})$；

$I_{vm} = \frac{2\sqrt{P_v^2+Q_v^2}}{3U_{vm}}$；$\varphi_{ac} = \arctan\left(\frac{Q_v}{P_v}\right)$；

$F_1 = \frac{3f(1)I_{vm}}{8\pi\omega^2L_0C_0}$；$F_2 = -\frac{4f^2(1)I_{dc}}{3\pi^2N\omega^2L_0C_0}$；$F_3 = 1-\frac{N}{16\omega^2L_0C_0}-\frac{8f^2(1)}{3\pi^2N\omega^2L_0C_0}$；

$I_{r2m} = \frac{\sqrt{(F_1\cos(\varphi_{ac})+F_2)^2+(F_1\sin(\varphi_{ac}))^2}}{F_3}$；$\theta_t = \arctan\left(\frac{F_1\sin(\varphi_{ac})}{F_1\cos(\varphi_{ac})+F_2}\right)$；

$$i_{V1} = \frac{I_{vm}}{4}\sin(\omega t-\varphi_{ac}) + \frac{I_{r2m}}{2}\sin(\omega t-\theta_t) - \frac{2U_{dc}}{\pi N(2L_{ac}+L_0)}\sum_{h=6k\pm1}^{\infty}\frac{f(h)}{h^2\omega}\cos(h\omega t+\gamma_h) - \frac{4I_{dc}}{3\pi N}\sum_{h=2k-1}^{\infty}\frac{f(h)}{h}\sin(h\omega t+\gamma_h) - \frac{I_{vm}}{\pi N}\sum_{h=2k+1}^{\infty}\frac{f(h)}{h}\cos((h-1)\omega t+\gamma_h+\varphi_{ac}) + \frac{I_{vm}}{\pi N}\sum_{h=2k-1}^{\infty}\frac{f(h)}{h}\cos((h+1)\omega t+\gamma_h-\varphi_{ac}) - \frac{2I_{r2m}}{\pi N}\sum_{h=2k-1}^{\infty}\frac{f(h)}{h}\cos((h-2)\omega t+\gamma_h+\theta_t) + \frac{2I_{r2m}}{\pi N}\sum_{h=2k-1}^{\infty}\frac{f(h)}{h}\cos((h+2)\omega t+\gamma_h-\theta_t) + Q_{19};$$

$$i_{V2} = \frac{I_{dc}}{3} + \frac{I_{vm}}{4}\sin(\omega t-\varphi_{ac}) + \frac{I_{r2m}}{2}\sin(2\omega t-\theta_t) - \frac{2U_{dc}}{\pi N(2L_{ac}+L_0)}\sum_{h=6k\pm1}^{\infty}\frac{f(h)}{h^2\omega}\cos(h\omega t+\gamma_h) + \frac{4I_{dc}}{3\pi N}\sum_{h=2k-1}^{\infty}\frac{f(h)}{h}\sin(h\omega t+\gamma_h) + \frac{I_{vm}}{\pi N}\sum_{h=2k+1}^{\infty}\frac{f(h)}{h}\cos((h-1)\omega t+\gamma_h+\varphi_{ac}) - \frac{I_{vm}}{\pi N}\sum_{h=2k-1}^{\infty}\frac{f(h)}{h}\cos((h+1)\omega t+\gamma_h-\varphi_{ac}) + \frac{2I_{r2m}}{\pi N}\sum_{h=2k-1}^{\infty}\frac{f(h)}{h}\cos((h-2)\omega t+\gamma_h+\theta_t) - \frac{2I_{r2m}}{\pi N}\sum_{h=2k-1}^{\infty}\frac{f(h)}{h}\cos((h+2)\omega t+\gamma_h-\theta_t) + Q_{20}$$

2.4.6 解析数学模型验证及 MMC 稳态特性展示

为了验证上面所推导的 MMC 完整解析数学模型的正确性，本节在电磁暂态仿真软件 PSCAD/EMTDC 上搭建了如图 2-9 所示的单端 400kV、400MW MMC 测试系统模型。系统参数见表 2-5，控制器控制频率 $f_{ctrl}=50\text{kHz}$，仿真步长 $h=20\mu\text{s}$。仿真中子模块电容电压平衡采用基于完全排序与整体投入的电容电压平衡策略[5]。根据图 2-10 所示 MMC 数学模型的输入输出结构，需要首先设定进行计算的 3 个边界条件：交流系统电压 u_{sj}、v 点的电压调制波 u_{vj}^* 和直流电压 U_{dc}。为此，设定测试系统的运行工况如下：交流等效系统线电势有效值为 210kV，即相电势幅值 $U_{sm}=171.5\text{kV}$，相位为零；直流电压 $U_{dc}=400\text{kV}$；有功功率 $P_v=350\text{MW}$，无功功率 $Q_v=100\text{Mvar}$。根据已知的有功功率和无功功率可以推出阀侧交流相电压调制波的幅值 $U_{vm}^*=182.1\text{kV}$，相位超前交流等效系统相电势 4.1°。

表 2-5　单端 400kV、400MW MMC 测试系统具体参数

参　数	数　值
MMC 额定容量 S_{vN}/MVA	400
直流电压 U_{dc}/kV	400
交流系统额定频率 f_0/Hz	50
交流系统等效电抗 L_{ac}/mH	24
每个桥臂子模块数目 N	20
子模块电容 C_0/μF	666
桥臂电感 L_0/mH	76

1. 桥臂电压和桥臂电流

图 2-14a 为 a 相上桥臂电压仿真波形与解析计算波形对比图，图 2-15a 为桥臂电流仿真波形与解析波形对比图。两个电气量的解析计算波形都能很好地吻合仿真波形。图 2-14b 和图 2-15b 分别为这两个电气量谐波幅值分布图。桥臂电压主要包含直流分量和奇数次谐波；除 2 次谐波外，其他偶次谐波分量几乎为零。桥臂电流包含直流、基波、2 次谐波以及 $6k\pm1$次谐波。从图中可以看出，解析计算值与仿真值非常接近，误差非常小。

2. MMC 交流出口处电压和电流

图 2-16a 和图 2-16b 分别为 MMC 交流出口处的电压波形图和谐波幅值分布图。图 2-17a 和图 2-17b 分别为 MMC 交流出口处的电流波形图和谐波幅值分布图。从图中可以看出，MMC 输出的电压和电流除基波外，主要含有 $6k\pm1$ 次谐波。无论是波形图，还是谐波幅值分布图，解析计算结果与仿真结果都基本一致。

3. 子模块电容电压和电容电流

图 2-18a 为子模块电容电压集合平均值解析计算波形与仿真波形对比图，从图中可以看出，解析计算波形与仿真波形基本吻合。图 2-19a 为子模块电容电流集合平均值解析计算波形与仿真波形对比图，从图中可以看出，解析计算模型能准确地反映电容电流的变化。

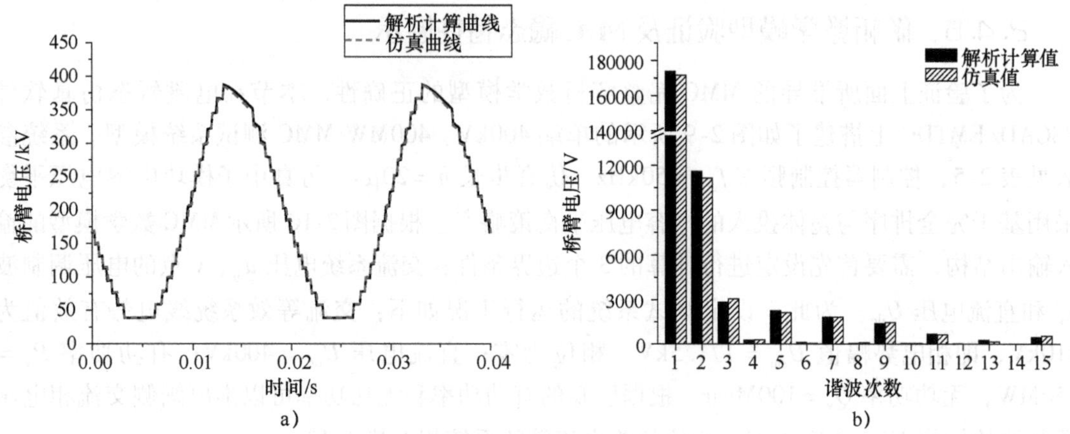

图 2-14 桥臂电压

a）波形图 b）谐波幅值分布图

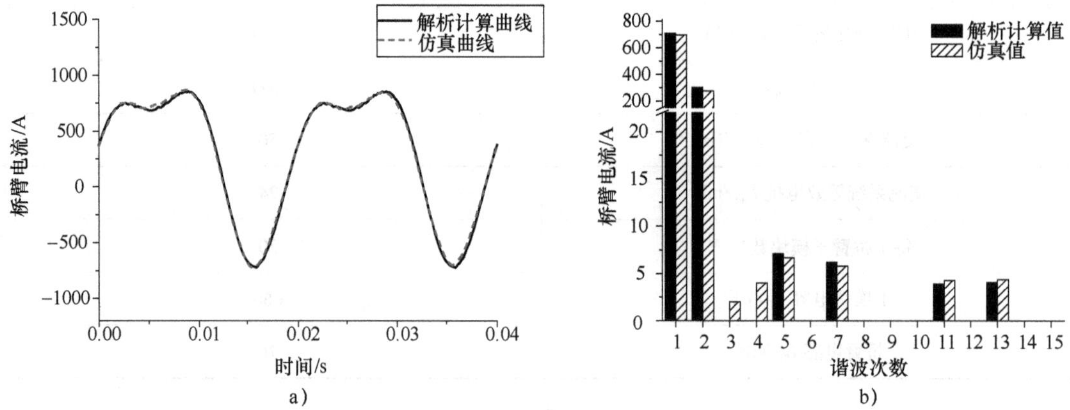

图 2-15 桥臂电流

a）波形图 b）谐波幅值分布图

图 2-18b和图 2-19b 分别为这两个电气量的谐波幅值分布图，可以发现，子模块电容电压的主要成分为直流、基波和 2 次谐波；子模块电容电流的主要成分为基波和 2 次谐波；两者 3 次及以上次谐波含量都非常小。

4. 相环流

相环流的波形如图 2-20a 所示，从图中可以看出，解析计算波形与仿真波形吻合。相环流的谐波幅值分布如图 2-20b 所示，可以看出，相环流主要为偶数次谐波（直流分量在这里没有画出），除直流分量外，2 次谐波分量最大，其他次谐波分量非常小。

5. 两中性点电位差

直流侧中性点与交流侧中性点电位差波形如图 2-21a 所示，从图中可以看出，解析计算波形与仿真波形基本一致。图 2-21b 为两中性点电位差的谐波幅值分布图，可以看出它仅包含 $6k-3$ 次谐波，解析计算值与仿真值非常接近，误差非常小。

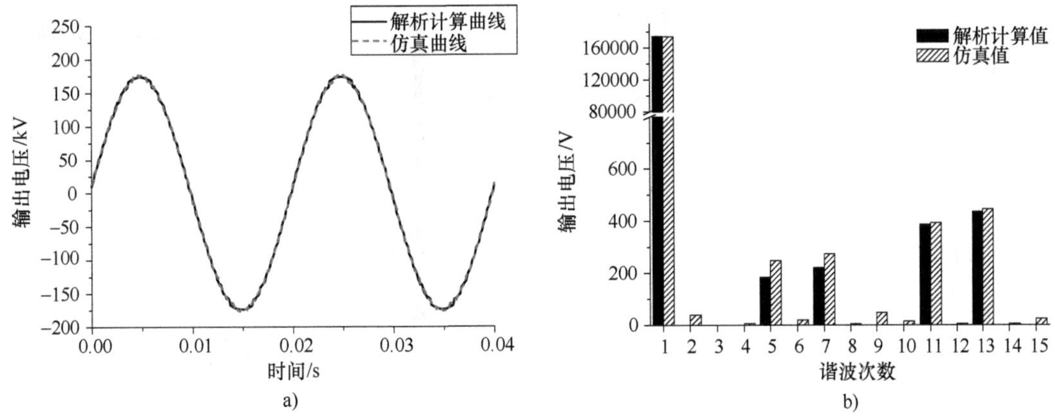

a)　　b)

图 2-16　MMC 交流出口处的电压

a）波形图　b）谐波幅值分布图

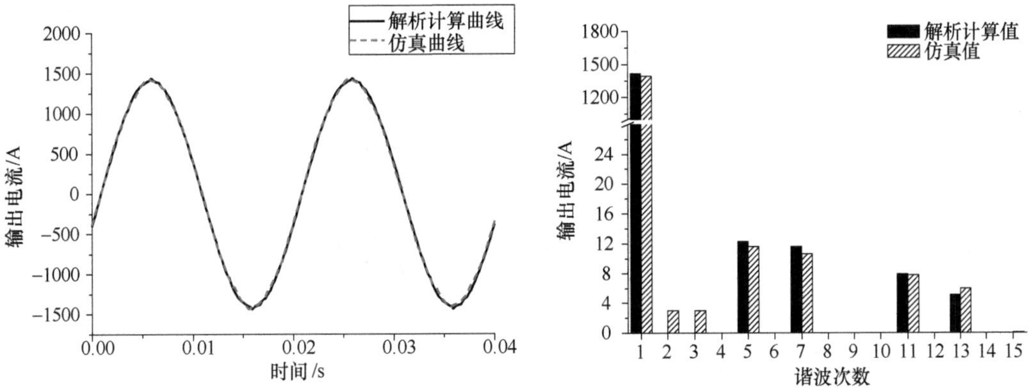

a)　　b)

图 2-17　MMC 交流出口处的电流

a）波形图　b）谐波幅值分布图

6. 瞬时有功功率和无功功率

图 2-22a 和图 2-22b 分别为瞬时有功功率的波形图和谐波幅值分布图。图 2-23a 和图 2-23b分别为瞬时无功功率的波形图和谐波幅值分布图。从图中可以看出，瞬时有功功率和瞬时无功功率除了直流分量外，主要包含 $6k$ 次谐波分量。对于瞬时有功功率的直流分量，解析值为 350MW，仿真值为 351MW，两者之间的误差为 0.3%。对于瞬时无功功率的直流分量，解析值为 100Mvar，仿真值为 100.7Mvar，两者之间的误差为 0.7%。

7. 桥臂电抗电压

图 2-24a 为桥臂电抗电压波形图，图 2-24b 为桥臂电抗电压谐波幅值分布图。桥臂电抗电压的主要成分是基波、2 次谐波和 $6k\pm1$ 次谐波。桥臂电抗电压的波形含有很多毛刺，主要是因为桥臂电流中的 $6k\pm1$ 次谐波电流在电抗中产生的 $6k\pm1$ 次谐波电压。从图中可以看出，仿真结果与解析结果基本一致。

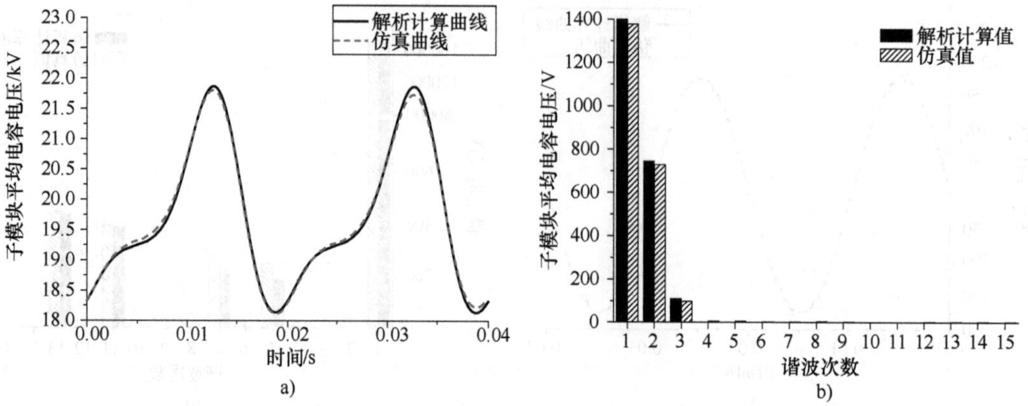

图 2-18 子模块电容电压集合平均值波形

a）波形图 b）谐波幅值分布图

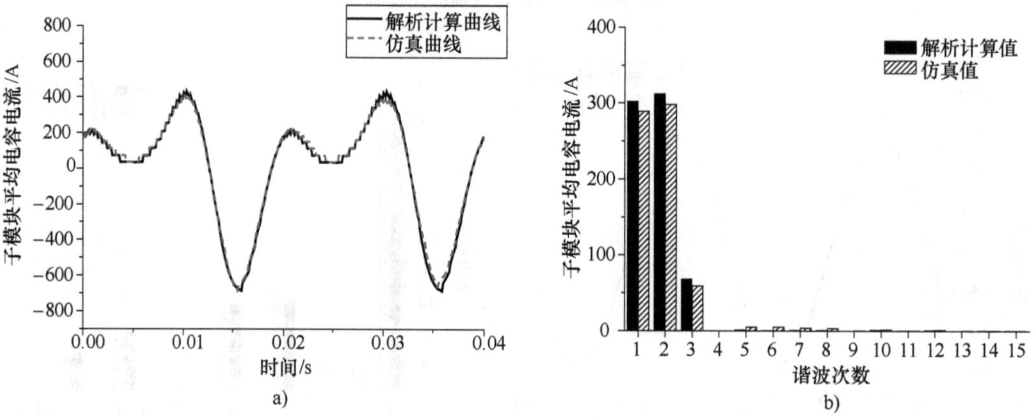

图 2-19 子模块电容电流集合平均值波形

a）波形图 b）谐波幅值分布图

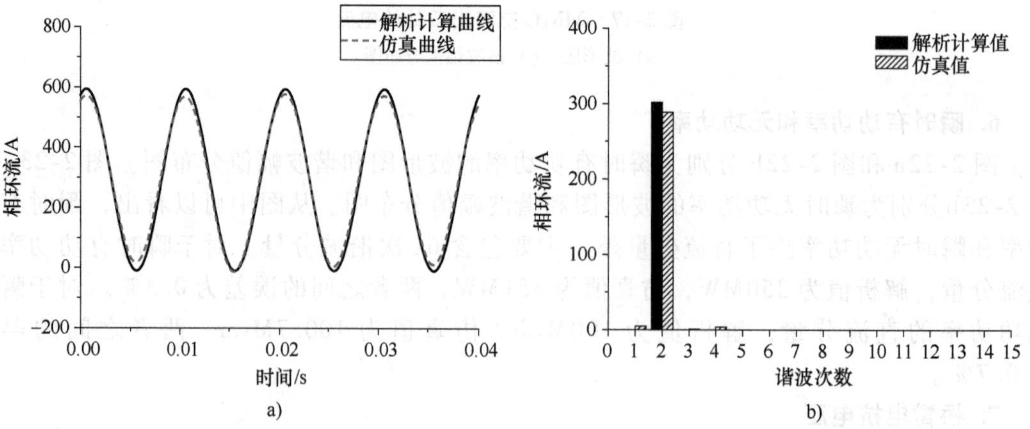

图 2-20 相环流

a）波形图 b）谐波幅值分布图

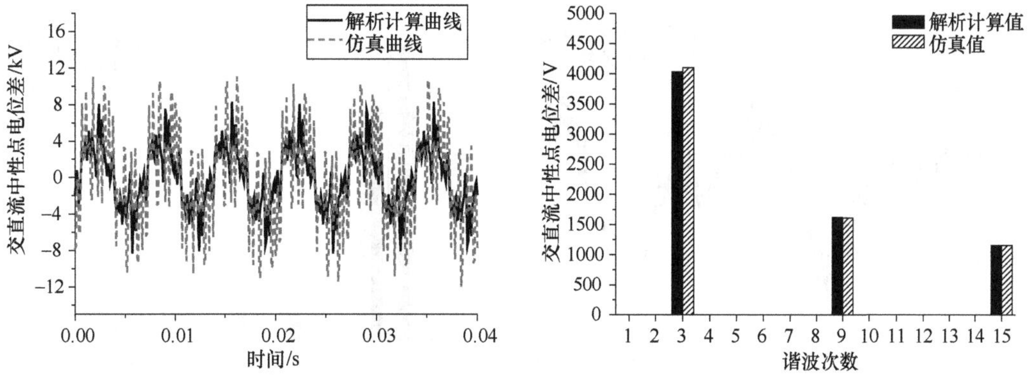

a)　　b)

图 2-21　两中性点电位差

a）波形图　b）谐波幅值分布图

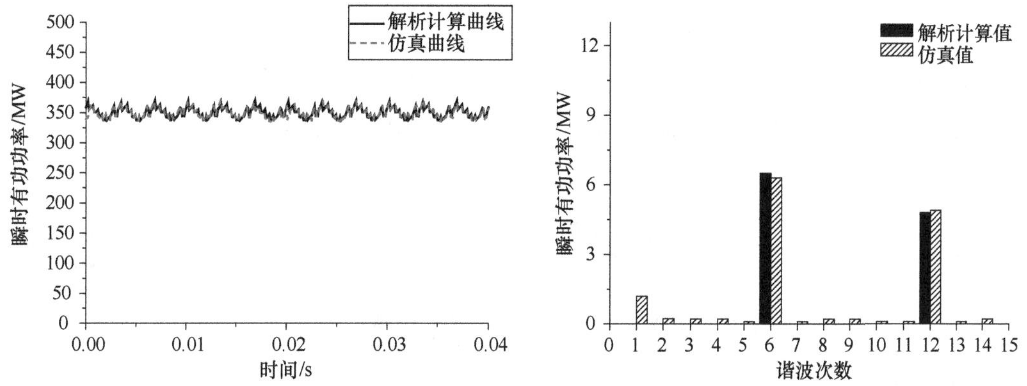

a)　　b)

图 2-22　瞬时有功功率

a）波形图　b）谐波幅值分布图

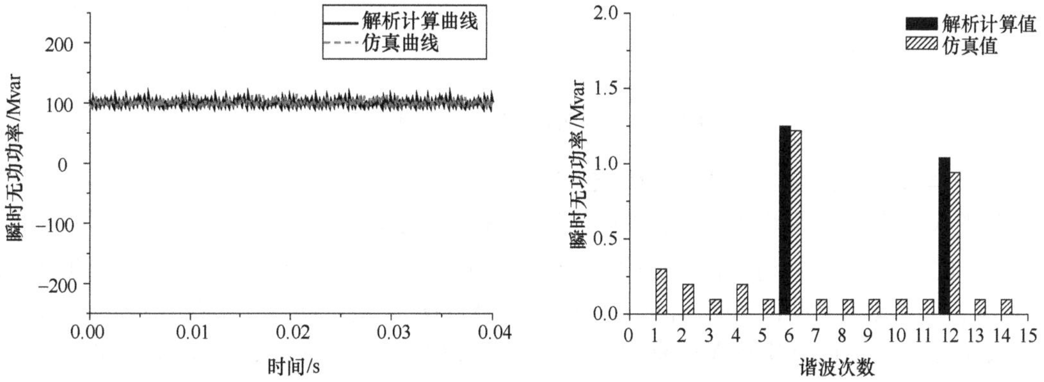

a)　　b)

图 2-23　瞬时无功功率

a）波形图　b）谐波幅值分布图

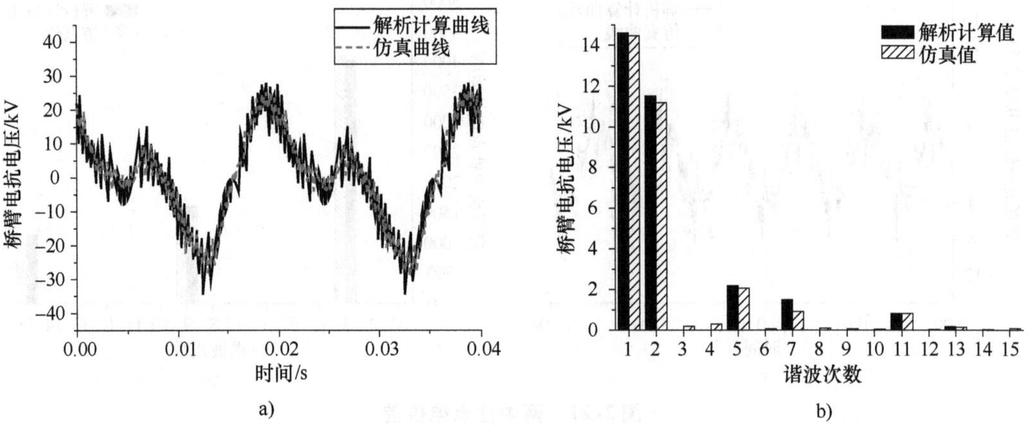

a) b)

图 2-24 桥臂电抗电压

a）波形图 b）谐波幅值分布图

8. 点 E_{pa} 和点 E_{na} 之间电位差

图 2-25 为点 E_{pa} 和点 E_{na} 之间电位差的波形图，从图中可以看出，无论是解析计算曲线还是仿真曲线，u_{Epn} 都不含基波分量，这进一步说明在基波电路中，这两个点为等电势点。

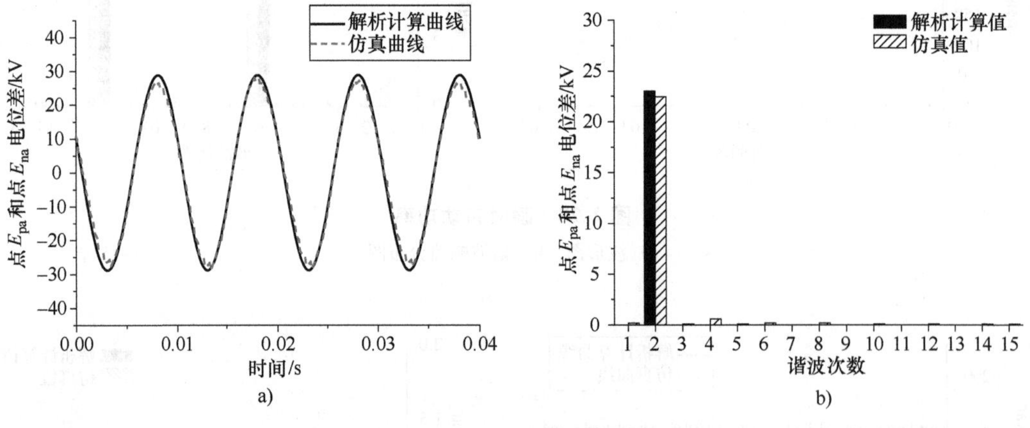

a) b)

图 2-25 点 E_{pa} 和点 E_{na} 之间电位差

9. 子模块 VT_1、VD_1、VT_2、VD_2 电流

图 2-26 为流过子模块各开关管的电流波形图，其电流参考方向采用图 2-11 中 i_{V1} 和 i_{V2} 的参考方向。从图中可以看出，流过 VT_1 的电流小于零，表明 i_{V1} 反方向的电流从 VT_1 流过；流过 VD_1 的电流大于零，表明 i_{V1} 正方向的电流从 VD_1 流过。同理，流过 VT_2 的电流大于零，表明 i_{V2} 正方向的电流从 VT_2 流过；流过 VD_2 的电流小于零，表明 i_{V2} 反方向的电流从 VD_2 流过。从图中还可以看出，各开关管电流的解析波形与仿真波形吻合，两者误差非常小。

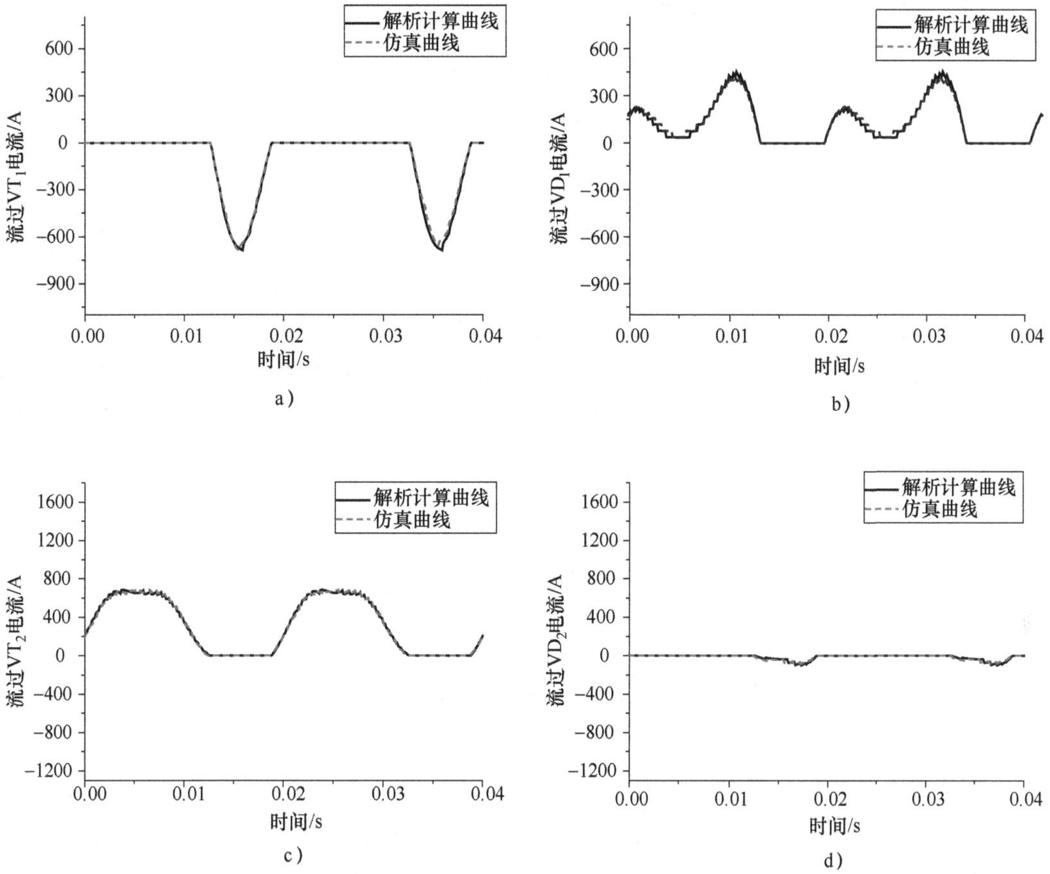

图 2-26　流过子模块各开关管电流波形图

a）流过 VT_1 电流　b）流过 VD_1 电流　c）流过 VT_2 电流　d）流过 VD_2 电流

2.5　MMC 的基波等效电路与电压调制比的定义

在 2.4 节推导 MMC 的解析数学模型时，MMC 交流出口 v 点被选作 MMC 与交流系统之间的交接点，因而电压调制波 u_{vj}^* 是根据 v 点的电压要求来确定的。但由于桥臂电抗器的作用，u_{vj}不能由子模块直接合成的电压 u_{rj}（r = p，n；j = a，b，c）来进行直接控制，因而将 v 点选作电压调制波的定义节点对控制器设计来说并不方便。而根据 2.4 节 MMC 解析模型的推导结果，对于基波等效电路，相单元中两个桥臂电抗器各自的非公共连接端（即图 2-9 中的 E_{pj}和 E_{nj}）是等电位的，因此可以将 E_{pj}和 E_{nj}这两个点连接起来，我们用 Δ 来表示该点，称为上下桥臂电抗器的虚拟等电位点，并将该点的电压用 u_{diff}来表示。这样，就可以得到 MMC 的单相基波等效电路如图 2-27 所示。

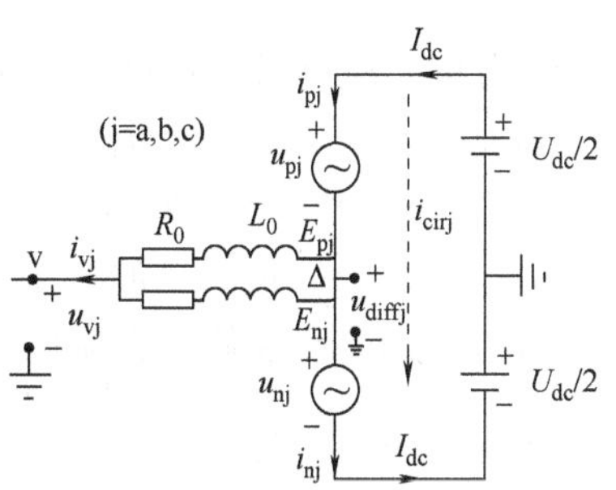

图 2-27　MMC 单相基波等效电路

根据图2-27，可以直接推导出

$$u_{\mathrm{diffj}}=\frac{1}{2}(u_{\mathrm{nj}}-u_{\mathrm{pj}}) \tag{2-90}$$

$$\left(L_{\mathrm{ac}}+\frac{L_0}{2}\right)\frac{\mathrm{d}i_{\mathrm{vj}}}{\mathrm{d}t}+\frac{R_0}{2}i_{\mathrm{vj}}=u_{\mathrm{diffj}}-u_{\mathrm{sj}} \tag{2-91}$$

$$L_0\frac{\mathrm{d}i_{\mathrm{cirj}}}{\mathrm{d}t}+R_0 i_{\mathrm{cirj}}=\frac{U_{\mathrm{dc}}}{2}-u_{\mathrm{comj}} \tag{2-92}$$

这与式（2-33）、式（2-35）和式（2-36）相一致。这样，u_{diffj}不但可以理解为上下桥臂的差模电压，同时也可以理解为上下桥臂电抗器虚拟等电位点Δ上的电压。

由于u_{diffj}可以直接由u_{pj}和u_{nj}控制，因而将图2-27中的Δ选作电压调制波的定义节点对控制器设计来说是方便的。这样，定义MMC的输出电压调制比m等于Δ上的基波相电压幅值U_{diffm}除以$U_{\mathrm{dc}}/2$：

$$m=\frac{U_{\mathrm{diffm}}}{U_{\mathrm{dc}}/2} \tag{2-93}$$

当然，MMC的输出电压调制比m也可以理解为桥臂差模电压的基波幅值除以$U_{\mathrm{dc}}/2$。

2.6 MMC输出交流电压的谐波特性及其影响因素

在实时触发的假设条件下，当MMC的每个桥臂具有N个子模块时，其输出交流电压的电平数就有$N+1$个；显然，N越大，波形质量越好；因此，子模块数目N是影响输出交流电压谐波性能的一个重要因素。另外，MMC的输出交流电压谐波应该是与其工作点相关的，当工作点变化时，谐波特性如何变化，也是一个需要研究的问题。而实际工程中，控制器的控制频率f_{ctrl}不可能为无穷大，即在去掉实时触发的假设条件下，需要研究控制频率对输出交流电压谐波特性的影响。为此，本节将研究子模块数目N、MMC运行工作点以及控制频率f_{ctrl}对MMC谐波特性的影响。

2.6.1 MMC电平数与输出交流电压谐波特性的关系

在实时触发的假设条件下，通过前面已推导出的MMC解析模型，对于确定的MMC运行工况，很容易算出MMC输出交流电压$u_{\mathrm{vj}}(t)$的稳态波形，再运用傅里叶级数理论对其进行谐波分解，就可以得到对应不同电平数时$u_{\mathrm{vj}}(t)$的谐波特性。

为此，采用与2.4.6节同样的单端400kV、400MW测试系统和同样的工作点（有功功率350MW和无功功率100Mvar），考察桥臂子模块数目N从10逐步增大到300时，MMC输出交流电压$u_{\mathrm{vj}}(t)$的总谐波畸变率（THD）随N变化的特性。为了保持测试系统在子模块数目N变化时其交流侧和直流侧基本特性不变，需要相应地改变子模块的参数。子模块参数的改变遵守如下两个约束条件：①$\frac{C_0}{N}$保持恒定不变；②$NU_{\mathrm{c}}=U_{\mathrm{dc}}$。计算结果如图2-28所示。从图2-28可以看出，当N小于50时，THD快速下降，从11电平时的3.17%迅速下降到51电平时的0.57%；当N大于60时，THD已小于0.5%，并且N继续增大时，THD下降速度缓慢。

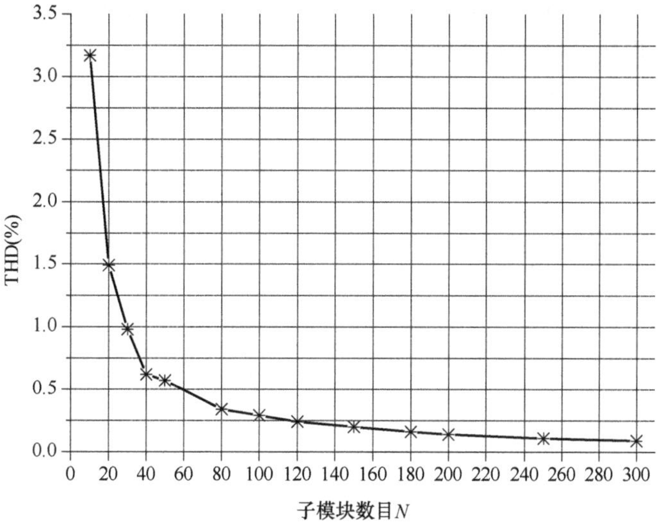

图 2-28　MMC 电平数与输出交流电压谐波特性的关系

2.6.2　电压调制比与输出交流电压谐波特性的关系

从式（2-93）可以看出，若直流电压 U_{dc}保持不变，则输出电压调制比 m 与 Δ 上的基波电压幅值 U_{diffm}成正比。另外，从式（2-13）和式（2-14）可以发现，在相位差 δ_{vs}比较小的情况下，MMC 注入交流系统的有功功率 P_v主要取决于 δ_{vs}，无功功率 Q_v主要取决于 U_v。当将 MMC 与交流系统之间的交接点从 v 推进到 Δ 时，注入交流系统的功率与交接点电压之间仍然保持着类似的关系，即无功功率 Q_v与电压调制比 m 紧密相关。

仍然采用 2.4.6 节的单端 400kV、400MW 测试系统，保持交流等效系统相电势幅值 $U_{sm}=171.5$kV以及直流电压 $U_{dc}=400$kV 不变，桥臂子模块数目取 $N=100$，考察在 $P_v=0$pu 而 Q_v从 -1pu 变化到 $+1$pu 时 MMC 交流出口电压 u_{vj}总谐波畸变率的变化特性。

仍然在实时触发的假设条件下，基于前面已导出的 MMC 解析模型，对此问题进行研究。对于所讨论的 MMC 运行范围，由于已设定 $P_v=0$pu，即意味着 $\delta_{vs}=0$；而 Q_v从 -1pu 变化到 $+1$pu 时，对应于 MMC 满容量吸收无功功率到满容量发出无功功率；即 MMC 输出电压 U_{diffm}从最小值变化到最大值，也就是电压调制比 m 从最小值变化到最大值。在所考察的运行范围内 MMC 交流出口电压 u_{vj}的谐波特性如图 2-29 所示。其中图 2-29a 是 u_{vj}的总谐波畸变率随 Q_v变化的特性；图 2-29b 则将图 2-29a 中的横坐标 Q_v用所对应的电压调制比 m 替代。

从图 2-29b 可以看出，当电压调制比 m 从其最小值逐渐上升到 1 时，MMC 交流出口电压 u_{vj}的总谐波畸变率 THD 从趋势上看是快速下降的；而当电压调制比 m 大于 1 后（已超出 $Q_v=1$pu 范围，图中没有画出），MMC 交流出口电压 u_{vj}的总谐波畸变率会急剧上升，这种情况下 MMC 输出交流电压 u_{diffj}的阶梯波形状如图 2-30 所示，此时输出交流电压被“削顶”，与正弦波形相差很大。因此，为了使 MMC 输出交流电压的谐波畸变率在合理的范围内，实际运行时输出电压调制比 m 不宜大于 1。

根据上面的讨论，实际上我们还可以给出输出电压调制比 m 的运行范围，电压调制比

m 的最小值 m_{min} 实际上是由工作点 $P_v=0$pu 和 $Q_v=-1$pu 确定的。因为在这点上 U_{vm} 取到最小值，因而 U_{diffm} 也取到最小值，从而 m 取到最小值。而电压调制比 m 的最大值 m_{max} 实际上就等于1。即MMC电压调制比的合理运行范围为 $m_{min}\leqslant m\leqslant 1$。

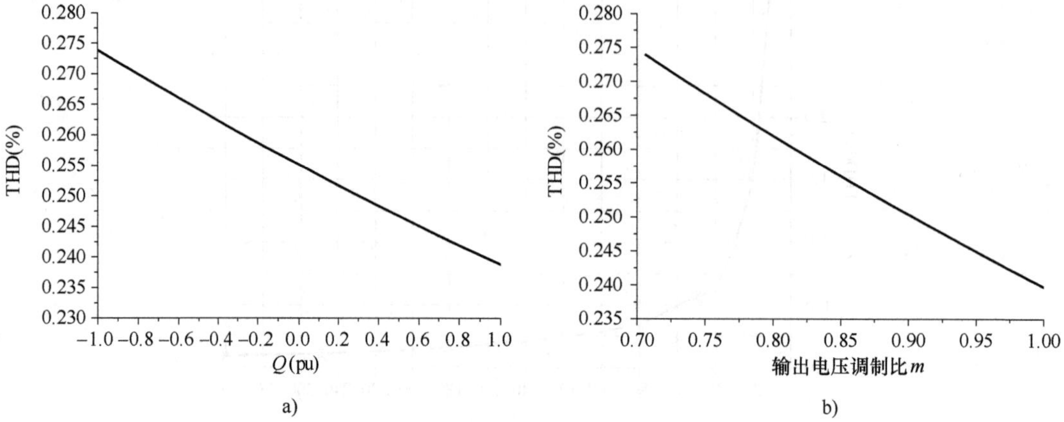

图2-29 电压调制比 m 与交流出口电压谐波特性的关系

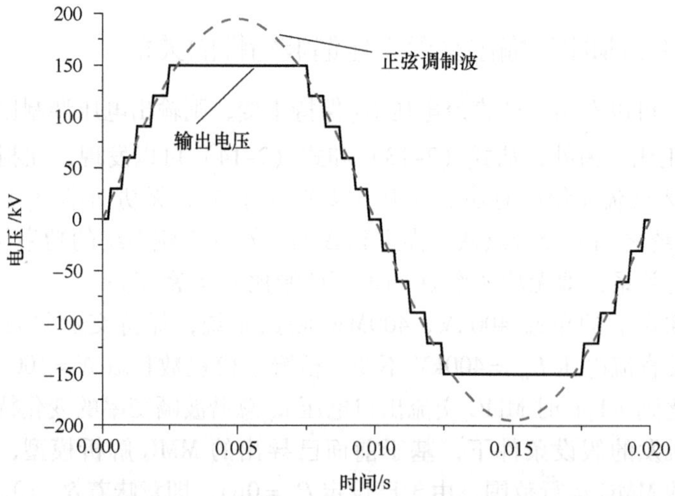

图2-30 输出电压调制比 m 大于1时的输出交流电压波形

2.6.3 MMC运行工况与输出交流电压谐波特性的关系

仍然在实时触发的假设条件下，基于前面已导出的MMC解析模型，对此问题进行研究。还是采用2.4.6节的单端400kV、400MW测试系统，保持交流等效系统相电势幅值 $U_{sm}=171.5$kV 以及直流电压 $U_{dc}=400$kV 不变，桥臂子模块数目取 $N=100$，考察在合理运行工况里（满足 $\sqrt{P_v^2+Q_v^2}\leqslant S_{vN}$，且 $m_{min}\leqslant m\leqslant 1$）MMC交流出口电压 u_{vj} 的谐波特性。结果如图2-31所示。其中图2-31a表示在不同 P_v 和 Q_v 下的交流出口电压 u_{vj} 的总谐波畸变率；图2-31b是2-31a的俯视图，颜色深浅表示交流出口电压 u_{vj} 总谐波畸变率的大小。

从图2-31可以看出，交流出口电压总谐波畸变率与有功功率的关系不是非常明显，但

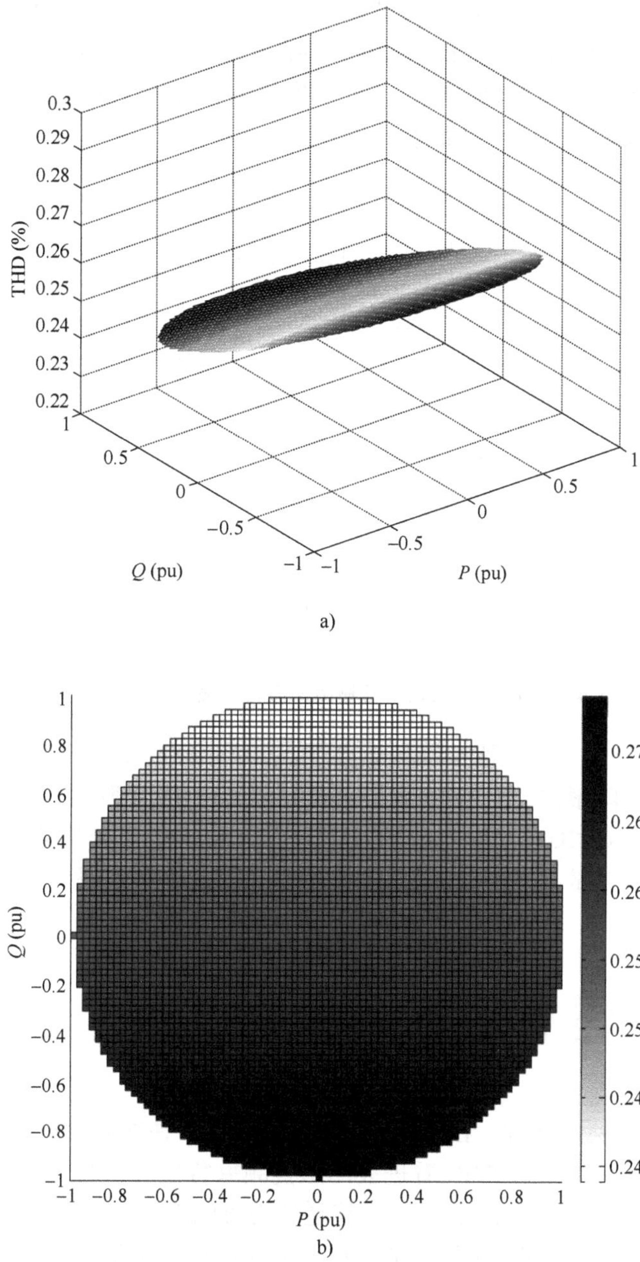

图 2-31　MMC 运行工况与交流出口电压谐波特性的关系

会随着无功功率的变大呈现下降的趋势。并且，MMC 吸收的无功功率越大，交流出口电压总谐波畸变率也越大；MMC 发出的无功功率越大（电压调制比 m 在小于 1 的范围内），交流出口电压总谐波畸变率反而越小。

2.6.4 MMC 控制器控制频率与输出交流电压谐波特性的关系

仍然采用与 2.4.6 节同样的单端 400kV、400MW 测试系统和同样的工作点（有功功率

$P_v=350\text{MW}$、无功功率 $Q_v=100\text{Mvar}$)，并假定桥臂子模块数目 N 为 200，通过基于 PSCAD 的柔性直流输电系统电磁暂态仿真平台，考察控制器控制频率 f_{ctrl} 从 1kHz 变化到 10kHz 时交流出口电压 u_{vj} 总谐波畸变率的变化特性，并设子模块电容电压平衡采用基于完全排序与整体投入的电容电压平衡策略[5]。结果如图 2-32 所示。

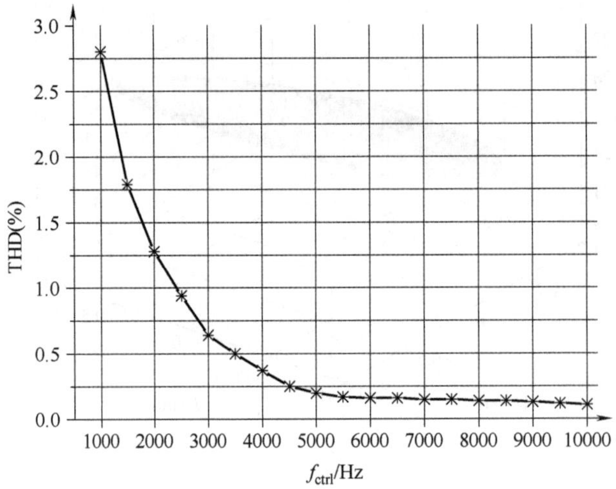

图 2-32 控制器控制频率与输出交流电压谐波特性的关系

从图 2-32 可以看出，当控制器控制频率 f_{ctrl} 在 1000 ~ 3000Hz 范围时，交流出口电压总谐波畸变率（THD）下降很快，但当 f_{ctrl} 大于 3000Hz 后，THD 下降缓慢。根据图 2-32 可以推断，对于像西门子 Trans Bay Cable 这样的 MMC-HVDC 工程，子模块数 $N=200$，要使得线电压 THD 满足小于 0.2% 的要求，选择的控制器的控制频率 f_{ctrl} 应大于 5kHz，即控制周期 T_{ctrl} 应小于 200μs。

2.7 MMC 的阻抗频率特性[12]

MMC 作为大电网的一个元件，在分析某些电网现象时，往往需要知道 MMC 的阻抗频率特性。通常需要了解从交流侧向 MMC 看进去的阻抗频率特性和从直流侧向 MMC 看进去的阻抗频率特性。由于 MMC 是非线性元件，不管是从交流侧看进去的阻抗还是从直流侧看进去的阻抗，其定义都是基于 MMC 在某个工作点上的线性化系统给出的，即 MMC 的阻抗描述了增量电压与增量电流之间的关系，一般情况下它是随工作点的变化而变化的。

由于交流侧为三相系统，因此通常采用序阻抗来定义 MMC 在交流侧所呈现出的阻抗特性。MMC 联接变压器的接法要求阻断零序电流在电网与换流器之间的流通路径，因此，MMC 在交流侧所呈现出的零序阻抗可以认为是无穷大。MMC 的正序阻抗和负序阻抗分别定义为在换流站交流母线加入一组特定频率的正序增量电压和负序增量电压所对应的阻抗。

MMC 的直流侧阻抗定义为在 MMC 的直流侧加入一组特定频率的增量电压与此频率的增量电流所对应的阻抗。

2.7.1　MMC 的直流侧阻抗频率特性

为了推导从直流侧向 MMC 看进去的阻抗频率特性，画出 MMC 直流侧的阻抗定义图如图 2-33 所示。MMC 的直流侧阻抗定义为

$$Z_{dc}(f)=\frac{\Delta\dot{U}_{dc}(f)}{\Delta\dot{I}_{dc}(f)} \tag{2-94}$$

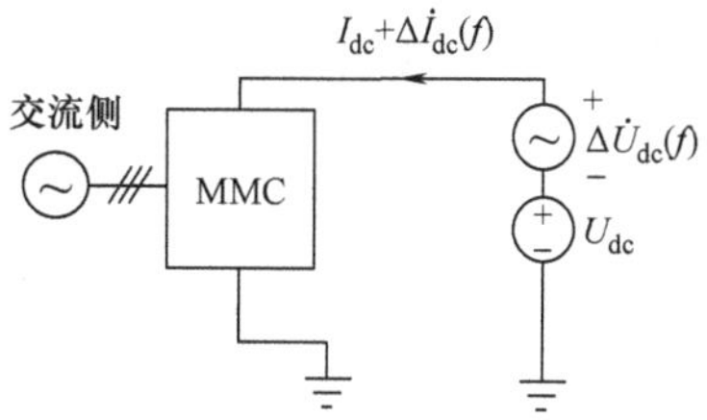

图 2-33　MMC 直流侧阻抗定义图

式中，f 为频率。

从 MMC 的阻抗定义图可以看出，为了求出 MMC 的直流侧阻抗，我们需要推导在工作点（U_{dc}，I_{dc}）下，ΔU_{dc}与 ΔI_{dc}之间的关系。将 a、b、c 三相的式（2-36）相加，得

$$L_0\frac{\mathrm{d}\sum\limits_{j} i_{cirj}}{\mathrm{d}t}+R_0\sum_{j} i_{cirj}=\sum_{j}\frac{U_{dc}}{2}-\sum_{j} u_{comj} \tag{2-95}$$

因为

$$\sum_{j} i_{cirj}=\sum_{j}\frac{1}{2}(i_{pj}+i_{nj})=\frac{1}{2}\sum_{j} i_{pj}+\frac{1}{2}\sum_{j} i_{nj}=\frac{1}{2}i_{dc}+\frac{1}{2}i_{dc}=i_{dc} \tag{2-96}$$

$$\sum_{j} u_{comj}=\sum_{j}\frac{1}{2}(u_{pj}+u_{nj})=\frac{1}{2}\sum_{r}\sum_{j} u_{rj} \tag{2-97}$$

故

$$\frac{\mathrm{d}}{\mathrm{d}t}\sum_{j} u_{comj}=\frac{1}{2}\sum_{r}\sum_{j}\frac{\mathrm{d}}{\mathrm{d}t}(u_{rj}) \tag{2-98}$$

根据式（2-27）有

$$\frac{\mathrm{d}}{\mathrm{d}t}(u_{rj})=N\frac{\mathrm{d}}{\mathrm{d}t}(S_{rj}\cdot u_{c,rj})=N\left[u_{c,rj}\cdot\frac{\mathrm{d}}{\mathrm{d}t}(S_{rj})+S_{rj}\cdot\frac{\mathrm{d}}{\mathrm{d}t}(u_{c,rj})\right] \tag{2-99}$$

下面我们来导出 S_{rj}的表达式，根据式（2-65），得

$$S_{pa}=\frac{1}{2}-\frac{4f(1)}{\pi N}\sin(\omega t+\gamma_{va})+H_{order} \tag{2-100}$$

式中，H_{order}为 2 次及以上谐波项或为两个正弦函数的乘积项，其值相对于直流分量和基波分量很小，实际计算时可以忽略。对照式（2-54），可以得到

$$S_{na}=\frac{1}{2}+\frac{4f(1)}{\pi N}\sin(\omega t+\gamma_{va})+H_{order} \tag{2-101}$$

下面来我们推导 $f(1)$ 的表达式，根据 MMC 输出电压调制比 m 的定义式（2-93）有

$$U_{diffm}=m\frac{U_{dc}}{2} \tag{2-102}$$

式中，U_{diffm}是 u_{diffj}的基波电压幅值，而根据 u_{diffj}的计算式（2-59）可知

$$U_{diffm}=\frac{4U_{dc}f(1)}{\pi N} \tag{2-103}$$

因此有

$$f(1)=\frac{\pi N}{8}m \tag{2-104}$$

因此根据式（2-100）和式（2-101）可以得到 S_{rj} 的一般性表达式为

$$S_{pj}=\frac{1}{2}-\frac{m}{2}\sin(\omega t+\gamma_{vj})+H_{order} \tag{2-105}$$

$$S_{nj}=\frac{1}{2}+\frac{m}{2}\sin(\omega t+\gamma_{vj})+H_{order} \tag{2-106}$$

再根据式（2-80）可以得到 $u_{c,rj}$ 的一般性表达式，这样

$$\begin{aligned}u_{c,rj}\cdot\frac{d}{dt}(S_{rj})&=[U_c^{(0)}+U_c^{(1)}\sin(\omega t+\varphi_c^{(1)})+H_{order}]\cdot\left[\pm\frac{m}{2}\omega\cos(\omega t+\gamma_{vj})+H_{order}\right]\\&=\pm U_c^{(0)}\cdot\frac{m}{2}\omega\cos(\omega t+\gamma_{vj})+H_{order}\end{aligned} \tag{2-107}$$

故

$$\sum_r\sum_j u_{c,rj}\frac{d}{dt}(S_{rj})=\sum_r\sum_j\left[\pm U_c^{(0)}\cdot\frac{m}{2}\omega\cos(\omega t+\gamma_{vj})+H_{order}\right]=0 \tag{2-108}$$

即式（2-99）的第1项为零。而

$$i_{c,rj}=C_0\frac{d}{dt}(u_{c,rj}) \tag{2-109}$$

因此，根据式（2-21）有

$$S_{rj}\cdot\frac{d}{dt}(u_{c,rj})=\frac{1}{C_0}S_{rj}\cdot i_{c,rj}=\frac{1}{C_0}S_{rj}\cdot S_{rj}i_{rj}=\frac{1}{C_0}S_{rj}^2 i_{rj} \tag{2-110}$$

故

$$\begin{aligned}\sum_r\sum_j S_{rj}\frac{d}{dt}(u_{c,rj})&=\sum_r\sum_j\frac{1}{C_0}S_{rj}^2 i_{rj}=\sum_r\sum_j\frac{1}{C_0}\left[\frac{1}{2}\pm\frac{m}{2}\sin(\omega t+\gamma_{vj})+H_{order}\right]^2 i_{rj}\\&=\sum_r\sum_j\frac{1}{C_0}\left[\frac{1}{4}\pm\frac{m}{2}\sin(\omega t+\gamma_{vj})+H_{order}\right]i_{rj}=\frac{i_{dc}}{2C_0}\end{aligned} \tag{2-111}$$

因此，式（2-98）变为

$$\frac{d}{dt}\sum_j u_{comj}=\frac{1}{2}\sum_r\sum_j\frac{d}{dt}(u_{rj})=\frac{N}{2}\sum_r\sum_j\frac{d}{dt}(u_{c,rj})=\frac{N}{2C_0}\sum_r\sum_j S_{rj}^2 i_{rj}=\frac{N}{4C_0}i_{dc} \tag{2-112}$$

因此，式（2-95）变为

$$L_0\frac{di_{dc}}{dt}+R_0 i_{dc}+\frac{N}{4C_0}\int i_{dc}dt=\frac{3}{2}U_{dc} \tag{2-113}$$

对式（2-113）进行增量分析有

$$L_0\frac{d\Delta i_{dc}}{dt}+R_0\Delta i_{dc}+\frac{N}{4C_0}\int\Delta i_{dc}dt=\frac{3}{2}\Delta U_{dc} \tag{2-114}$$

对式（2-114）进行正弦稳态分析，设增量的频率为 f，有

$$j2\pi fL_0\Delta\dot{I}_{dc}(f)+R_0\Delta\dot{I}_{dc}(f)+\frac{N}{4C_0}\cdot\frac{1}{j2\pi f}\Delta\dot{I}_{dc}(f)=\frac{3}{2}\Delta\dot{U}_{dc}(f) \tag{2-115}$$

因此，从直流侧向MMC看进去的阻抗频率特性为

$$Z_{dc}(f)=\frac{\Delta\dot{U}_{dc}(f)}{\Delta\dot{I}_{dc}(f)}=(j2\pi f)\frac{2}{3}L_0+\frac{2}{3}R_0+\frac{1}{(j2\pi f)\frac{6C_0}{N}} \tag{2-116}$$

其等效电路如图2-34所示。

可见，MMC在直流侧呈现出来的等效阻抗与一个RLC串联电路一致。等效电阻R和等效电感L就是MMC实际电路中R_0与L_0的集总化，即在相单元中是串联关系，3个相单元之间是并联关系；而等效电容C可以理解为在桥臂中是串联关系，6个桥臂之间是并联关系。该电路的谐振频率为

$$f_{res}=\frac{1}{4\pi}\sqrt{\frac{N}{L_0C_0}} \tag{2-117}$$

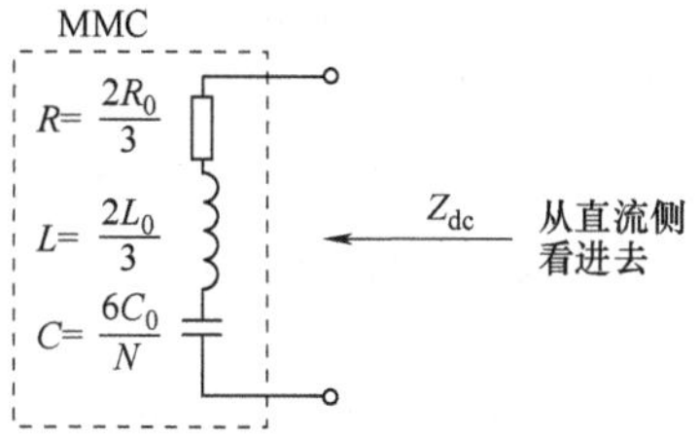

图2-34　MMC直流侧阻抗等效电路

当频率$f<f_{res}$，等效阻抗呈现为容性；当$f>f_{res}$，等效阻抗呈现为感性。

2.7.2　MMC的交流侧阻抗频率特性

对于三相交流系统，三相元件之间是相互耦合的，其阻抗特性需要用矩阵来描述。但是，如果三相系统完全对称，那么其阻抗矩阵是平衡矩阵，在对称分量变换下3个序阻抗是完全解耦的。MMC在工作点上的线性化系统可以理解为是三相完全对称的系统，因此其阻抗特性可以用3个序阻抗来描述。因为MMC所采用的联接变压器阻断了零序电流在网侧与阀侧之间的流通路径，即零序阻抗为无穷大。故我们只考虑正序阻抗和负序阻抗的频率特性。MMC在某个工作点下的正序阻抗和负序阻抗的定义如图2-35所示。其中，$\dot{U}_{sa}(50)$、$\dot{U}_{sb}(50)$、$\dot{U}_{sc}(50)$为50Hz正序基波电压，是确定MMC工作点的系统电压；$\dot{I}_{sa}(50)$、$\dot{I}_{sb}(50)$、$\dot{I}_{sc}(50)$为50Hz正序基波电流，是MMC在正序基波电压作用下的响应；$\Delta\dot{U}^{+}_{sa}(f)$、$\Delta\dot{U}^{+}_{sb}(f)$、$\Delta\dot{U}^{+}_{sc}(f)$和$\Delta\dot{I}^{+}_{sa}(f)$、$\Delta\dot{I}^{+}_{sb}(f)$、$\Delta\dot{I}^{+}_{sc}(f)$分别是频率为$f$的正序增量电压和正序增量电流；$\Delta\dot{U}^{-}_{sa}(f)$、$\Delta\dot{U}^{-}_{sb}(f)$、$\Delta\dot{U}^{-}_{sc}(f)$和$\Delta\dot{I}^{-}_{sa}(f)$、$\Delta\dot{I}^{-}_{sb}(f)$、$\Delta\dot{I}^{-}_{sc}(f)$分别是频率为$f$的负序增量电压和负序增量电流。MMC的交流侧的正序阻抗和负序阻抗分别定义为

$$Z^{+}_{ac}(f)=\frac{\Delta\dot{U}^{+}_{sa}(f)}{\Delta\dot{I}^{+}_{sa}(f)}=\frac{\Delta\dot{U}^{+}_{sb}(f)}{\Delta\dot{I}^{+}_{sb}(f)}=\frac{\Delta\dot{U}^{+}_{sc}(f)}{\Delta\dot{I}^{+}_{sc}(f)} \tag{2-118}$$

$$Z^{-}_{ac}(f)=\frac{\Delta\dot{U}^{-}_{sa}(f)}{\Delta\dot{I}^{-}_{sa}(f)}=\frac{\Delta\dot{U}^{-}_{sb}(f)}{\Delta\dot{I}^{-}_{sb}(f)}=\frac{\Delta\dot{U}^{-}_{sc}(f)}{\Delta\dot{I}^{-}_{sc}(f)} \tag{2-119}$$

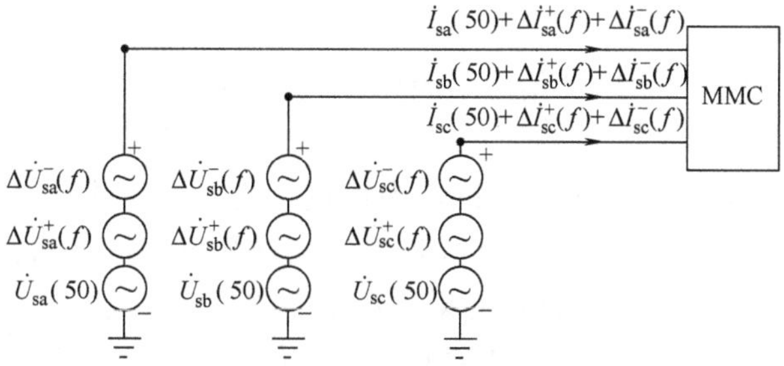

图2-35　MMC交流侧阻抗定义图

用解析方法推导MMC交流侧的序阻抗计算公式相当困难，因此我们用数值计算的方法来计算MMC交流侧序阻抗的频率特性。所采用的方法是测试信号法[13-14]，测试信号法的基本思路是针对非线性系统而提出的，其实质是采用时域仿真方法来研究非线性系统在特定工作点上线性化后的特性。MMC的直流侧阻抗和交流侧阻抗都可以用测试信号法进行数值计算。对于交流侧正序阻抗计算，其具体实现步骤如下（对于负序阻抗计算，其实现步骤类似）：

1）在时域仿真软件，例如PSCAD/EMTDC中建立需要研究的MMC模型。

2）在图2-35所示系统中插入小值正序电压源：

$$\begin{cases} \Delta u_{sa}^{+} = \sum_{f} A_f \cos(2\pi f t + \varphi_f) \\ \Delta u_{sb}^{+} = \sum_{f} A_f \cos\left(2\pi f t + \varphi_f - \dfrac{2\pi}{3}\right) \\ \Delta u_{sc}^{+} = \sum_{f} A_f \cos\left(2\pi f t + \varphi_f + \dfrac{2\pi}{3}\right) \end{cases} \tag{2-120}$$

式中，f为需要研究的频率范围；A_f和φ_f为相应的电压幅值和相位，对所加A_f的要求是不能破坏系统的可线性化条件，A_f取交流侧额定电压的0.1%左右是恰当的；由于MMC在运行点附近基本上是线性的，不同频率的量不会相互干扰；因此，可以一次施加多个不同频率的电压源，例如以1Hz为间隔；事实上，一次施加多个不同频率的电压源与一次只施加一个频率的电压源所得结果几乎没有差别。

3）对MMC进行电磁暂态仿真直到进入稳态为止，同时监测流过MMC的电流Δi_{sa}^{+}，对于一般系统，通常仿真20s已足够。

4）在进入稳态的时间段内提取Δu_{sa}^{+}一个公共周期内的数据量Δu_{sa}^{+}和Δi_{sa}^{+}。

5）对Δu_{sa}^{+}和Δi_{sa}^{+}作傅里叶分解，得到不同频率下的$\Delta \dot{U}_{sa}^{+}(f)$和$\Delta \dot{I}_{sa}^{+}(f)$。

6）根据式（2-118），计算不同频率下的正序阻抗（对于所有的f）。

7）画出正序阻抗随频率变化的曲线。

2.7.3 MMC的阻抗频率特性实例

仍然采用与2.4.6节同样的单端400kV、400MW测试系统和同样的工作点（有功功率P_v=350MW、无功功率Q_v=100Mvar），设桥臂电阻R_0为0.2Ω。

首先考察MMC直流侧阻抗的频率特性，分别用等效电路法和测试信号法进行计算，计算结果如图2-36所示。从图2-36可以看出，低频范围内两种方法的结果存在一定误差，高频范围内结果较为吻合。

基于测试信号法计算，图2-37给出了MMC的交流侧正序阻抗的频率特性，图2-38给出了MMC交流侧负序阻抗的频率特性。从图2-37和图2-38可以看出，低频段正序和负序阻抗有一定差别，高频段正序和负序阻抗较为接近。值得注意的是，由于高频段相角接近90°，此时正序和负序阻抗在一定程度上可利用变压器等效电抗（$2\pi f L_T$）和桥臂等效电抗（$2\pi f L_0$）进行模拟，测试信号法的计算结果显示正序和负序等效阻抗介于$2\pi f L_T$和$2\pi f(L_T + L_0/2)$之间，接近$2\pi f(L_T + L_0/4)$；改变系统参数后仍然在很大程度上满足上述规律。

另外，从图2-37还可以看出，MMC交流侧正序阻抗不管在低频段还是在高频段，都存

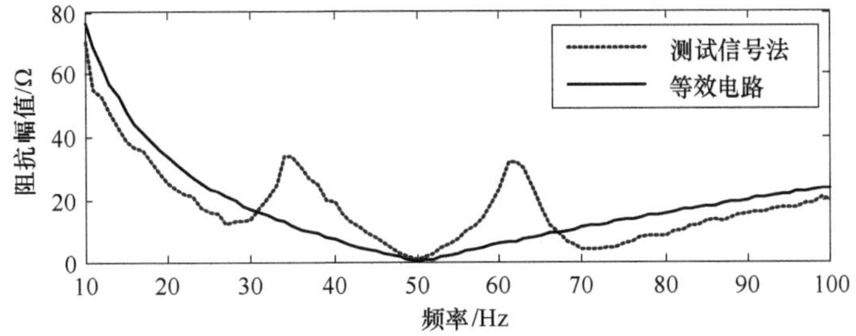

a)

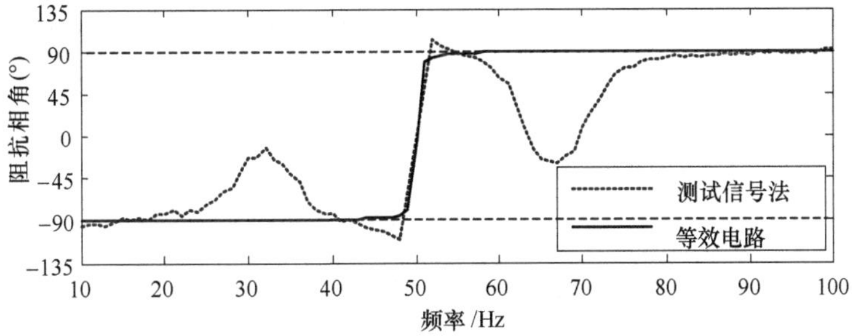

b)

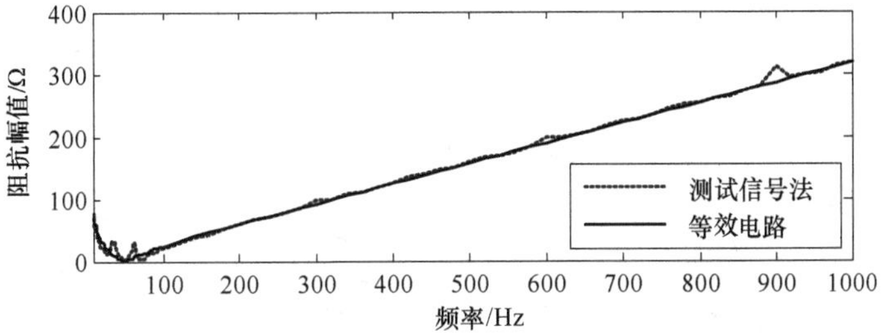

c)

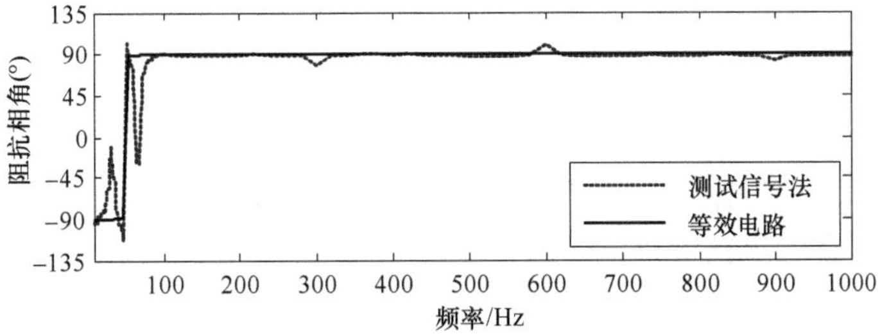

d)

图 2-36 MMC 直流侧阻抗的频率特性

a) 10～100Hz 幅频特性 b) 10～100Hz 相频特性 c) 10～1000Hz 幅频特性 d) 10～1000Hz 相频特性

在一定的频率范围其阻抗角越出 −90°～90°的范围，即存在电阻为负的频率范围。对于电阻为负的频率点，如果在此频率点上发生电网振荡时，MMC 将会起到负阻尼的作用，这是特别需要关注的。

考察 100Hz 以下的频率范围，发现 MMC 交流侧负序阻抗也存在电阻为负的频率范围。

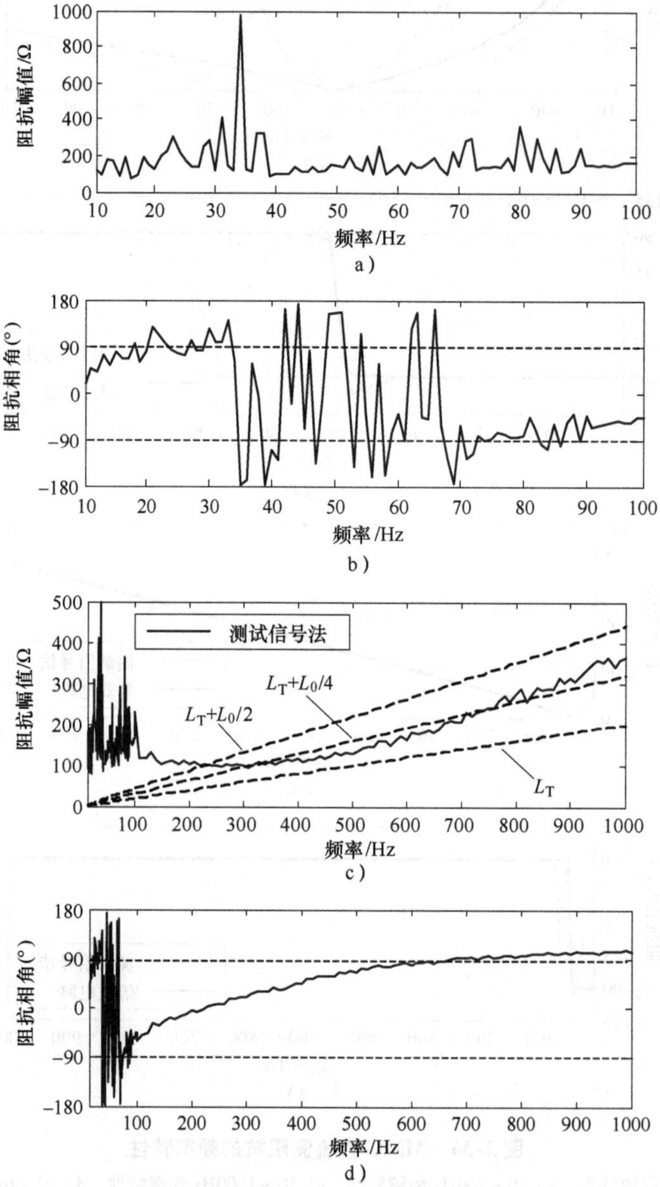

图 2-37 MMC 交流侧正序阻抗频率特性

a）10～100Hz 幅频特性 b）10～100Hz 相频特性

c）10～1000Hz 幅频特性 d）10～1000Hz 相频特性

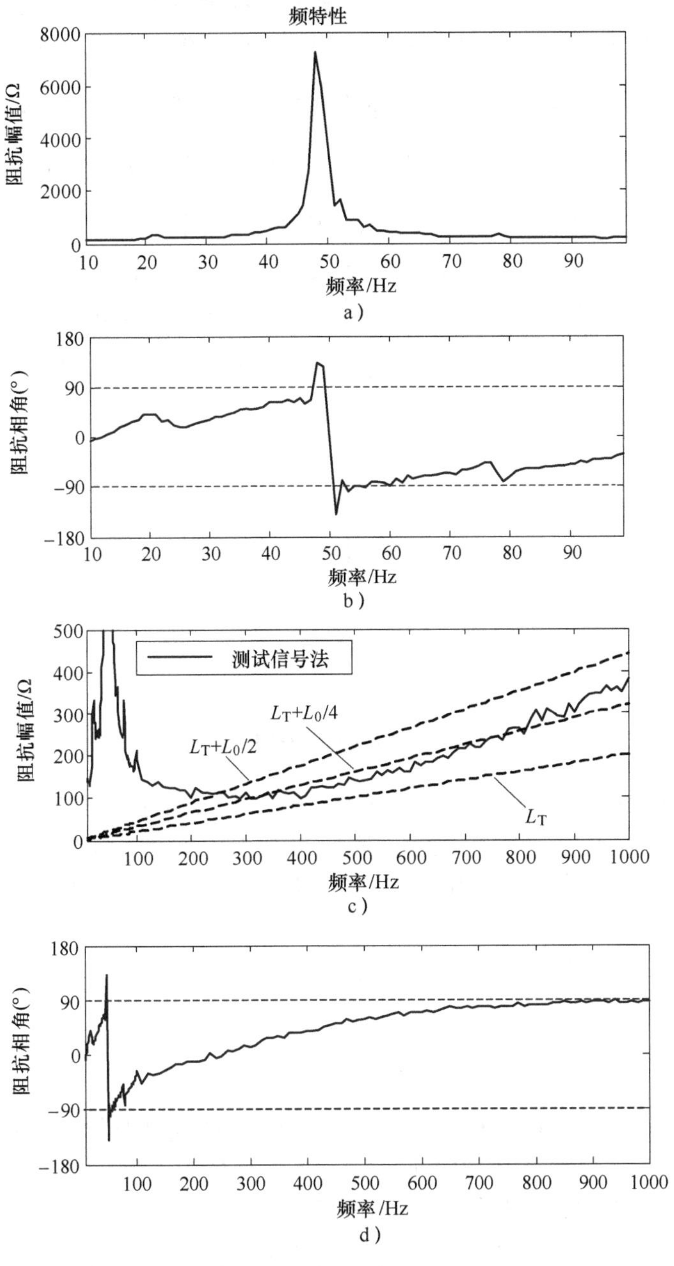

图 2-38　MMC 交流侧负序阻抗频率特性

a）10～100Hz 幅频特性　b）10～100Hz 相频特性　c）10～1000Hz 幅频特性　d）10～1000Hz 相频特性

2.8　MMC 换流站稳态运行范围研究[15]

MMC 换流站的稳态运行范围指的是从换流站交流母线注入交流系统的有功功率和无功功率的变化范围。为了对此进行分析，采用图 2-39 所示的单端 MMC-HVDC 模型比较方便。

该模型考虑了两种方式，第1种方式是MMC接入到有源交流系统，第2种方式是MMC向无源负荷供电。对于第1种方式，$Z_{sys}=R_{sys}+jX_{sys}$可以理解为交流系统的戴维南等效阻抗，$\dot{U}_s=U_s\angle 0$可以理解为交流系统的戴维南等效电势。对于第2种方式，$Z_{sys}=R_{sys}+jX_{sys}$可以理解为从换流站到无源负荷的输电通道阻抗，$\dot{U}_s=U_s\angle 0$可以理解为无源负荷上的电压。换流站交流母线用PCC（公共连接点）来表示，其基波电压相量为$\dot{U}_{pcc}$，从PCC注入交流系统的功率为P_s+jQ_s，本节的目标就是研究P_s与Q_s在PQ复功率平面上的运行范围；联接变压器用其基波漏抗X_T来表示。MMC采用图2-27所示的单相基波等效电路来表示，并设其输出电压基波相量为$\dot{U}_{diff}=U_{diff}\angle\delta_{diff}$。$X_{link}$是换流站交流母线PCC与Δ之间的连接电抗，$X_{link}=X_T+0.5X_{L0}$，其中$X_{L0}$为基频下的桥臂电抗。

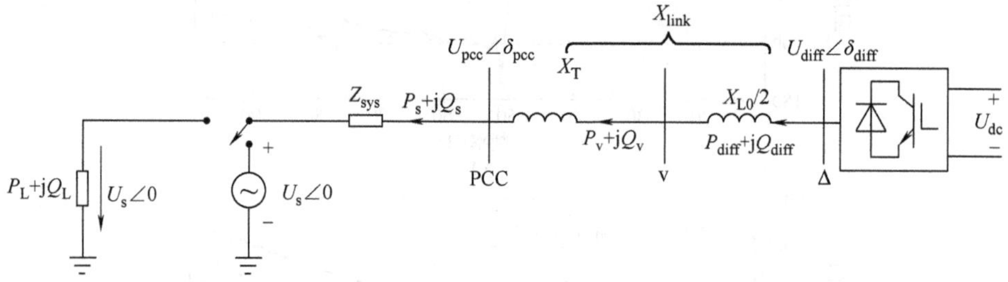

图2-39 单端MMC-HVDC示意图

对图2-39所示的模型系统采用标幺值进行分析。设电压基准值为联接变压器网侧和阀侧的额定电压，功率基准值取MMC的额定容量，约定MMC的额定容量以v点作为参考点，也就是从v点输出的额定容量就是MMC的额定容量。图2-39中MMC从Δ点输出的有功功率和无功功率可以分别表示为

$$P_{diff}=\frac{U_{diff}U_{pcc}}{X_{link}}\sin(\delta_{diff}-\delta_{pcc}) \tag{2-121}$$

$$Q_{diff}=\frac{U_{diff}^2}{X_{link}}-\frac{U_{diff}U_{pcc}}{X_{link}}\cos(\delta_{diff}-\delta_{pcc}) \tag{2-122}$$

为了研究PCC注入交流系统的有功功率P_s和无功功率Q_s的运行范围，这里以从v点输出的有功功率P_v和无功功率Q_v作为中间变量，对P_s与Q_s的运行范围进行分析。

根据基尔霍夫定律，可以得到v点电压所满足的方程为

$$U_v\angle\delta_v-\frac{P_v-jQ_v}{U_v\angle-\delta_v}(jX_T+R_{sys}+jX_{sys})=U_S\angle 0 \tag{2-123}$$

令$U_v\angle\delta_v=U_{vd}+jU_{vq}$，式（2-123）可以化简为

$$U_{vd}^2+U_{vq}^2-P_vR_{sys}-Q_v(X_{sys}+X_T)-U_{vd}U_S+j[-P_v(X_{sys}+X_T)+Q_vR_{sys}+U_{vq}U_S]=0 \tag{2-124}$$

令式（2-124）中实部、虚部分别相等，可以得到用于计算v点电压的方程组如下：

$$\begin{cases}U_{vd}^2+U_{vq}^2-P_vR_{sys}-Q_v(X_{sys}+X_T)-U_{vd}U_S=0\\ U_{vq}=\dfrac{P_v(X_{sys}+X_T)-Q_vR_{sys}}{U_S}\end{cases} \tag{2-125}$$

若式（2-125）存在实数解，就表明在某一工况下（对应已知的 $\dot{U}_s$ 和 Z_{sys}），换流器能够在 v 点输出 $P_v + jQ_v$ 的功率。v 点处交流电压计算出之后，可以计算出 PCC 和 Δ 点的注入功率：

$$P_s + jQ_s = P_v + j\left[Q_v - \frac{(P_v^2 + Q_v^2)}{U_v^2}X_T\right] \tag{2-126}$$

$$P_{diff} + jQ_{diff} = P_v + j\left[Q_v + \frac{(P_v^2 + Q_v^2)}{U_v^2}\frac{X_{L0}}{2}\right] \tag{2-127}$$

另外，考虑实际运行时换流器的约束条件，需要校验输出电压调制比以及换流器输出电流是否满足约束条件：

$$m \leqslant 1 \tag{2-128}$$

$$\text{abs}\left(\frac{P_v + jQ_v}{U_{vd} + jU_{vq}}\right) \leqslant I_{vN} \tag{2-129}$$

式中，I_{vN} 为 MMC 交流侧基波电流额定值（标幺值）。

综上所述，确定 MMC 运行范围的步骤可以划分为

1）设已知 MMC 在 v 点的额定视在功率 S_{vN}，即当 $P_v^2 + Q_v^2 \leqslant S_{vN}^2$ 时，MMC 本身是允许运行的。将区域 $P_v^2 + Q_v^2 \leqslant S_{vN}^2$ 划分为若干细小区块，每个小区块用相应的功率点（$P_v + jQ_v$）表示，对于所有功率点，重复以下步骤。

2）基于方程组（2-125）求解 v 点电压。如果方程组无实数解，说明 MMC 不能运行在所考虑的功率点下，于是排除该点；如果方程组有实数解，说明 MMC 可能运行到所考虑的功率点下。该点的合理性需要通过下面的步骤进一步校验。

3）根据判据式（2-128）和式（2-129）从输出电压调制比和换流器输出电流两个方面校核所求出的电压、电流是否满足要求。如果满足要求，表明该功率点是一个合理的功率点，然后通过式（2-126）和式（2-127）计算 PCC 和 Δ 点的注入功率。

4）遍历区域 $P_v^2 + Q_v^2 \leqslant S_{vN}^2$ 内所有功率点，其中合理的功率点必定对应着 PCC 处相应的功率点（P_s 和 Q_s），这些功率点所覆盖的范围就是 MMC 的功率运行范围。

2.8.1　MMC 接入有源交流系统时的稳态运行范围算例

在图 2-39 所示的模型系统中，假定 MMC 接入有源交流电网。假设换流器 v 点的额定视在功率 $S_{vN} = 1.0$pu；交流系统等效阻抗 Z_{sys} 无电阻分量，$U_s = 1.1$pu；并设当交流系统阻抗为零且 v 点注入交流系统的无功功率为 $Q_v = 1$pu 时，换流器的调制比 m 为 1；换流器交流输出电流的上限值为 1.0pu；$X_{link} = 0.2$pu 且 $X_T = 0.1$pu。

图 2-40 给出了交流系统短路比[13] λ_{SCR} 为 5 时 P_s 与 Q_s、P_v 与 Q_v、P_{diff} 与 Q_{diff} 的运行范围（灰色区域）。图中虚线包围的区域表示半径 1.0pu 的功率圆范围。

从图 2-40 的计算结果可以发现，对于 $\lambda_{SCR} = 5$ 的情况，换流站运行范围的上边界主要受到电压调制比不能大于 1 的约束；下边界主要受到输出电流额定值即式（2-129）的约束。

以下针对 $\lambda_{SCR} = 5$ 的情况，分析 P_{diff}-Q_{diff} 运行区域的上边界为什么是凹的而不是凸的原因，因为一般认为换流器输出有功较小时，发出的无功应该较大，即 $P_{diff} - Q_{diff}$ 运行区域的上边界应该是凸的。为此，将图 2-40c 重画于图 2-41，观察上边界上的 A 点和 B 点。

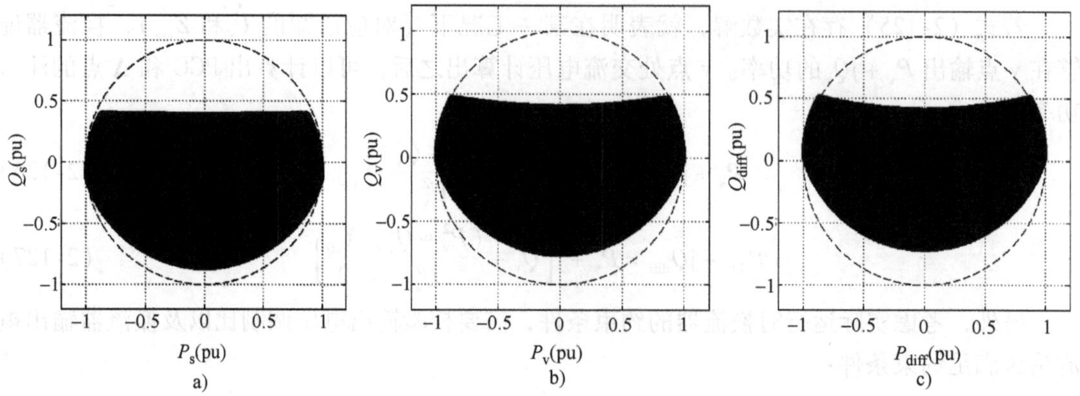

图 2-40 $\lambda_{SCR}=5$ 时 P_s 与 Q_s、P_v 与 Q_v、P_{diff} 与 Q_{diff} 的运行范围

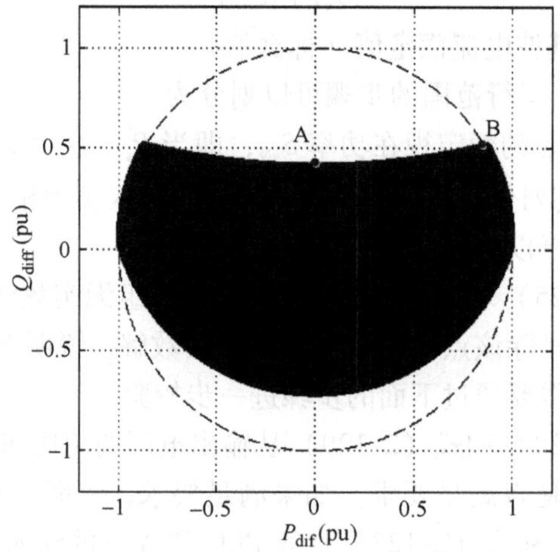

图 2-41 $\lambda_{SCR}=5$ 时 P_{diff}-Q_{diff} 运行区域

为了方便分析，这里将 $\dot{U}_{diff}$ 相量的相位设为零，参照图 2-39，显然有

$$\dot{U}_s = U_{diff} - \frac{Q_{diff}X_\Sigma}{U_{diff}} - j\frac{P_{diff}X_\Sigma}{U_{diff}} = U_{diff} - \Delta U - j\delta U \qquad (2\text{-}130)$$

由于 A、B 两点受限于调制比 m，也就是说 $\dot{U}_{diff}$ 的幅值均达到最大，因此可以画出 A、B 两点对应的相量图如图 2-42 所示。对应于 A 点，由于 $P_{diff}=0$，故 $\delta U=0$，$\dot{U}_s$ 与 $\dot{U}_{diff}$ 同相位。对应于 B 点，由于 $P_{diff}>0$，故 $\delta U>0$，$\dot{U}_s$ 会滞后于 $\dot{U}_{diff}$ 一个角度。由图 2-42 可以看出，$\Delta U_{(B)}>\Delta U_{(A)}$，根据式（2-130），显然有 B 点的 Q_{diff} 大于 A 点的 Q_{diff}，从而说明了图 2-41 的上边界是凹的。

2.8.2 MMC 向无源负荷供电时的稳态运行范围算例

设 MMC 的参数见表 2-6，输电线路电压等级为 230kV，线路单位长度阻抗参数为 (0.02976 + j0.2782)Ω/km，忽略线路的电容效应。考察输电线路长度分别为 30km、60km

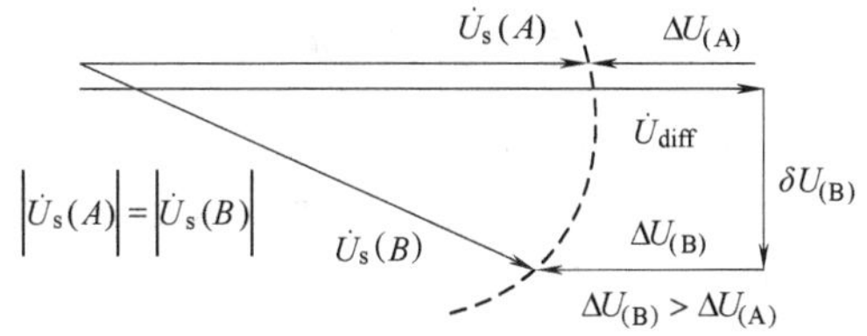

图2-42 A点和B点的相量图

和90km 3种情况下MMC向无源负荷供电时的运行范围。设3种情况下负荷端的电压 $U_s=0.95$pu 保持不变。采用上节的算法可以得到3种情况下MMC的运行范围如图2-43所示。由于是向无源负荷供电，图2-43中 $P_s<0$ 的一半不用考虑。从图2-43可以看出，3种情况下有功功率都能够全额送出，但无功功率的运行范围受到输电线路长度的限制，线路越长，无功功率的运行范围越小。

表2-6 MMC参数

参　　数	数　　值
MMC额定容量 S_{vN}/MVA	400
网侧交流母线电压/kV	230
交流系统额定频率 f_0/Hz	50
联接变压器额定容量/MVA	480
联接变压器变比	230/210
联接变压器短路阻抗 uk(%)	15
直流电压 U_{dc}/kV	400
每个桥臂子模块数目 N	20
子模块电容 C_0/μF	666
桥臂电感 L_0/mH	76

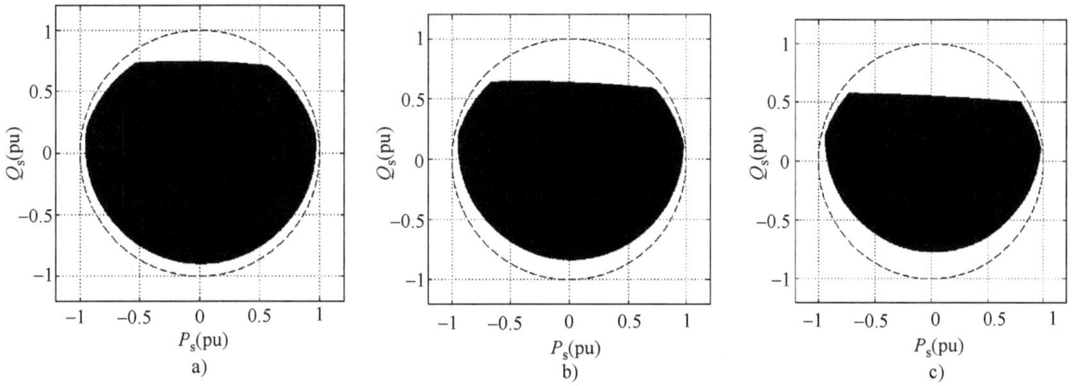

图2-43 向无源负荷供电时MMC的运行范围

a）输电距离30km　b）输电距离60km　c）输电距离90km

参考文献

[1] Glinka M, Marquardt R. A new AC/AC-multilevel converter family applied to a single-phase converter [C]. The Fifth International Conference on Power Electronics and Drive Systems, 2003.

[2] Marquardt R, Lesnicar A. New concept for high voltage-modular multilevel converter [C]. Proceedings of the 34th IEEE Annual Power Electronics Specialists Conference. Aachen, Germany: IEEE, 2003: 20-25.

[3] Dorn J, Ettrich D, Lang J, et al. Benefits of multilevel VSC technologies for power transmission and system enhancement [C]. All Russian Exhibition and Seminar, Moscow, Russia, December, 2007.

[4] Dorn J, Huang H, et al. A new Multilevel Voltage-Sourced Converter Topology for HVDC Applications [C]. Proceedings of CIGRE Conference. Paris, France, 2008.

[5] Gemmell B, Dorn J, Retzmann D, et al. Prospects of Multilevel VSC Technologies for Power Transmission [C]. IEEE T&D Conference and Exposition, Chicago, USA, 2008.

[6] 潘伟勇. 模块化多电平直流输电系统控制和保护策略研究 [D]. 杭州: 浙江大学, 2012.

[7] 张崇巍, 张兴. PWM整流器及其控制 [M]. 北京: 机械工业出版社, 2003.

[8] 管敏渊, 徐政, 屠卿瑞, 潘伟勇. 模块化多电平换流器型直流输电的调制策略 [J]. 电力系统自动化, 2010, 34 (2): 48-52.

[9] Perez M, Rodriguez J, Pont J, et al. Power distribution in hybrid multi-cell converter with nearest level modulation [C]. Proc. IEEE ISIE, 2007: 736-741.

[10] Xiao H, Xu Z, Xue Y, et al. Theoretical analysis of the harmonic characteristics of modular multilevel converters. Sci China Tech Sci, 2013, 56: 2762-2770.

[11] 肖晃庆, 徐政, 薛英林, 唐庚. 模块化多电平换流器谐波特性解析分析 [J]. 中国科学: 技术科学, 2013, 43 (11): 1272-1280.

[12] 薛英林, 徐政, 张哲任, 唐庚, 许烽. MMC-HVDC换流器阻抗频率特性分析. 中国电机工程学报, 2014, 34 (24): 4041-4048.

[13] 徐政. 交直流电力系统动态行为分析 [M]. 北京: 机械工业出版社, 2004.

[14] 徐政, 裘鹏, 黄莹, 等. 采用时域仿真的高压直流输电直流回路谐振特性分析 [J]. 高电压技术, 2010, 36 (1): 44-54.

[15] Zhang Zheren, Xu Zheng, Jiang Wei and Bie Xiaoyu. Study on operating area for modular multilevel converter based HVDC systems. IET Renewable Power Generation, 2016, 10 (6): 776-787.

第 3 章

MMC基本单元的主电路参数选择与损耗计算

3.1 引　言

MMC-HVDC 换流站的主电路包括联接变压器、桥臂电抗器、子模块电容器、IGBT 模块及平波电抗器等一次设备。主电路参数选择是 MMC-HVDC 换流站设计的重要组成部分，合理的主电路参数可以有效改善系统的动态和稳态性能，降低系统的初始投资及运行成本，提高系统的经济性能指标。

子模块是构成正弦交流电压的最小单元，MMC 的电平数直接影响到其输出交流电压的波形质量，当子模块数量较多时，其电平数与控制器的控制周期 T_{ctrl} 有关，因此有必要研究 MMC 控制频率 f_{ctrl} 的选取原则。

对于 MMC-HVDC 工程，子模块数量相当庞大，子模块电容器是子模块中体积最大的元件，电容值的大小直接决定了电容电压的波动范围，同时也会影响到子模块功率器件的承压水平，子模块电容器的成本与所采用的功率器件成本大致相当，因此子模块电容值的减小一方面具有巨大的经济效益，另一方面可以大大减小换流站的占地面积。

子模块中的半导体器件一般为 IGBT 模块，由于其承受过电压和过电流的能力较小且价格昂贵，其参数的确定对换流站的建造成本影响较大，也需要仔细考量。

桥臂电抗器是 MMC 拓扑必不可少的主回路元件，主要实现以下三方面功能：

1）对于交流系统而言，上下两个桥臂电抗器相当于并联关系，它是构成换流器出口电抗的一部分，对换流器的额定容量以及运行范围有一定的影响。

2）由于 3 个相单元相当于并联在直流侧，而它们各自产生的直流电压不可能完全相等，因此就会有环流在 3 个相单元之间流动。桥臂电抗可以提供环流阻抗以限制环流的大小。

3）桥臂电抗有效地减小了换流器内部或外部故障时的电流上升率。特别是当换流器直流侧出口短路时，可以将电流上升率限制到较小的值，从而使 IGBT 在较低的过电流水平下关断，为系统提供更为有效和可靠的保护。

与传统直流输电系统（LCC-HVDC）不同，由于 MMC 的谐波分量非常小，MMC-HVDC 中平波电抗器并不考虑用来减小直流线路中的谐波电压和谐波电流。MMC-HVDC 中平波电抗器主要起两个作用：首先是抑制直流线路发生短路故障时的故障电流上升率；其次是与桥臂电抗器一起，调整柔性直流系统直流回路的谐振点，避免交流故障下直流回路发生谐振。

本章将探讨桥臂子模块数目、控制频率、联接变压器参数、子模块电容值、桥臂电抗值及平波电抗值的制约因素和选择方法。

3.2 桥臂子模块数的确定原则

电力电子开关所能承受的电压等级是确定 MMC 单元桥臂子模块数目的决定性因素。MMC 每个桥臂应能够承担所分摊到的全部的直流电压 U_{dc}，并留有一定的裕度。为简化起见，将每个子模块的电容电压平均值记为 U_c，一个桥臂的级联子模块总数记为 N，则应满足

$$U_c N \geqslant U_{dc} \tag{3-1}$$

即

$$N \geqslant \frac{U_{dc}}{U_c} \tag{3-2}$$

因此桥臂的子模块数 N 直接决定于直流电压 U_{dc} 和子模块电容电压的平均值 U_c，再考虑一定的裕度。在后面的分析中，为简化起见暂时不考虑冗余度，均认为式（3-2）取等号，$N=U_{dc}/U_c$。

3.3 MMC 控制频率的选择原则

首先要澄清电平数 n_{level} 和子模块数 N 这两个概念的区别。电平数 n_{level} 指的是换流器输出的电压阶梯波中的电压阶梯数。子模块数 N 指的是 MMC 单元一个桥臂上串联的子模块总数。

对于一般的级联型多电平换流器，电平数往往较少，如 5 电平、7 电平等。这种情况下，电平数与级联子模块的数目直接相关，且一般满足

$$n_{level} = N+1 \tag{3-3}$$

式中，n_{level} 代表电平数，N 代表每个桥臂的子模块数。为了方便构成零电平，一般 N 取偶数。

对于 MMC 拓扑，尤其是应用于高电压场合时，一个桥臂上串联的子模块数目往往高达数百。此时换流器输出波形的电平数 n_{level} 不仅与子模块数目 N 有关，而且与控制器的控制频率 f_{ctrl}、输出电压调制比 m 密切相关，因此这种情况下，式（3-3）不再适用。而 n_{level} 直接影响到输出波形的谐波特性，f_{ctrl} 又与整个换流器的损耗有关，因此，有必要研究电平数与控制器控制频率、电压调制比以及输出电压总谐波畸变率（THD）之间的关系。

当采用第 2 章所述的最近电平逼近调制（NLM）方式时，如果子模块数目 N 相当大，则在一个控制周期 T_{ctrl} 中，正弦调制波的变化量有可能已经超过了 1 个子模块的电容电压值 U_C，由此可能导致一个控制周期中投入或切除多个子模块，从而使输出电压的电平数必然小于 $N+1$。这时，控制器控制频率对电平数的影响就凸显出来。为此，需要详细研究控制器控制频率与电平数的关系。

3.3.1　电平数与控制频率的基本关系

对应确定的桥臂子模块数 N，利用 MATLAB 对 MMC 输出电压的电平数与控制器控制频率的关系进行仿真研究，可以得到电平数随控制器控制频率变化的趋势曲线如图 3-1 所示。该结果对不同的子模块数 N 具有通用性。

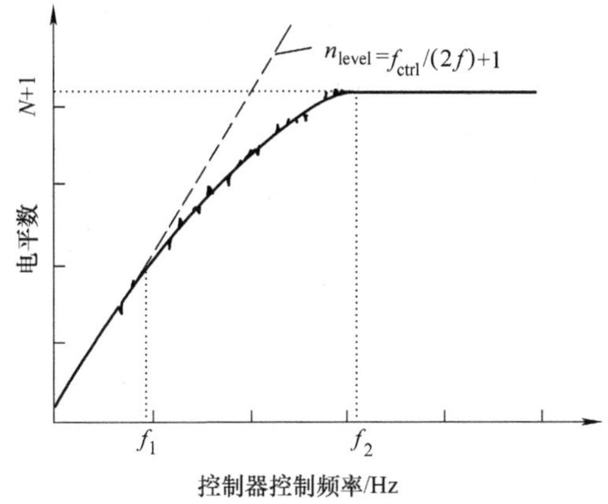

图 3-1　电平数与控制器控制频率的关系

由图 3-1 可以看出，在 N 一定的情况下，电平数 n_{level} 与控制器控制频率 f_{ctrl} 之间存在着类似饱和特性的关系。其中存在两个临界频率 f_1 和 f_2，它们的意义如下：只有当 $f_{ctrl}>f_2$ 时，子模块才可能被充分利用，此时的电平数达到最大，即 $n_{level}=N+1$。

而当 $f_{ctrl}<f_1$ 时，电平数和控制器的控制频率 f_{ctrl} 之间便存在严格的线性关系，此时控制周期 $T_{ctrl}=1/f_{ctrl}$ 相对较大，使得电平数完全由半个基波周期 $T/2$ 与 T_{ctrl} 的比值决定，即电平数与控制器控制频率严格满足

$$n_{level}=\begin{cases}\dfrac{T}{2T_{ctrl}}+1=\dfrac{f_{ctrl}}{2f}+1 & 当\dfrac{f_{ctrl}}{2f}为偶数时\\[2ex] \dfrac{f_{ctrl}}{2f} & 当\dfrac{f_{ctrl}}{2f}为奇数时\end{cases}\tag{3-4}$$

式中，f 为电网基波频率。根据式（3-4），在极端情况下，当 $f_{ctrl}=2f=100\text{Hz}$ 时，即一个周波控制器只动作两次，则 MMC 的输出波形退化为正负极性的矩形波，对应于 $n_{level}=3$ 的情况。因此，当 $f_{ctrl}<f_1$ 后，电平数会随着 f_{ctrl} 的下降而显著下降，造成输出电压的谐波含量显著上升。

3.3.2　两个临界控制频率的计算[1]

将图 2-27 重画于图 3-2，并根据 2.5 节关于 MMC 输出电压调制比 m 的定义有

$$m=\frac{U_{diffm}}{U_{dc}/2}\tag{3-5}$$

实际工程中，$0\leqslant m\leqslant 1$。MMC 控制器工作时通常使 Δ

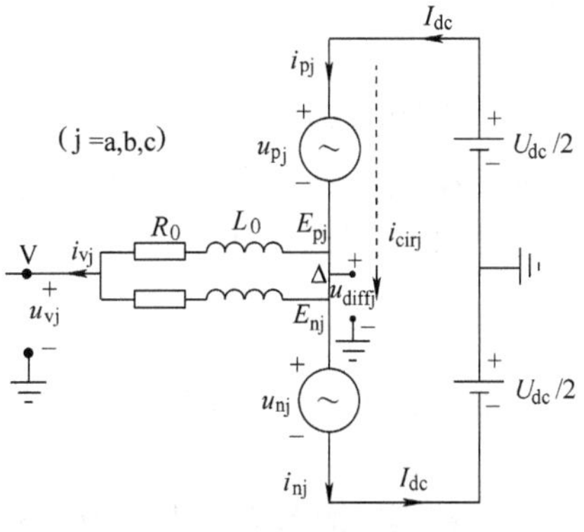

图 3-2　MMC 单相基波等效电路

点的电压跟踪电压调制波。

根据图3-2，以a相为例有

$$u_{pa}(t)=\frac{1}{2}U_{dc}-u_{diffa}(t)=\frac{1}{2}U_{dc}-U_{diffm}\sin(\omega t)=\frac{1}{2}U_{dc}[1-m\sin(\omega t)] \tag{3-6}$$

根据互补对称性，有

$$u_{na}(t)=\frac{1}{2}U_{dc}[1+m\sin(\omega t)] \tag{3-7}$$

式中，ω为电网基波角频率。因此，可以通过适当的调制方式控制各桥臂投入的子模块数目以构成含有直流分量的正弦桥臂电压u_{pj}、u_{nj}（j = a，b，c）。

下面通过理论计算推导临界频率f_1和f_2的表达式。由于桥臂电压u_{pj}、u_{nj}中的直流分量并不会对电平数产生影响，因此可以假设控制器得到的电压调制波u_{diff}^*为一个标准的正弦波

$$u_{diff}^*(t)=\frac{m}{2}U_{dc}\sin(\omega t) \tag{3-8}$$

式中，m为式（3-5）定义的电压调制比。在一个控制周期T_{ctrl}内，电压调制波的变化可以近似地用其微分du_{diff}^*来表示。

$$du_{diff}^*=\frac{m}{2}U_{dc}\omega\cos(\omega t)dt=\frac{m}{2}U_{dc}\omega\cos(\omega t)T_{ctrl}=mU_{dc}\pi\frac{f}{f_{ctrl}}\cos(\omega t) \tag{3-9}$$

式中，f为电网基波频率，f_{ctrl}为控制器控制频率。

f_1表示在电压调制波u_{diff}^*最平坦处（峰值），一个控制周期T_{ctrl}内开通的子模块数目恰恰变化1（电压调制波恰恰变化U_c）所对应的频率，它是电平数n_{level}与控制器控制频率f_{ctrl}完全呈线性关系的分界点，根据式（3-9）有

$$du_{diff}^*\big|_{min}=mU_{dc}\pi\frac{f}{f_{ctrl}}\cos(\omega t)\big|_{\omega t=\frac{\pi}{2}-\omega T_{ctrl}}=U_c \tag{3-10}$$

由式（3-10）得

$$mN\pi\frac{f}{f_{ctrl}}\sin\frac{2\pi f}{f_{ctrl}}=1 \tag{3-11}$$

不妨假设$f_{ctrl}\gg 2\pi f$，则式（3-5）可改写为

$$2mN\frac{\pi^2 f^2}{f_{ctrl}^2}=1 \tag{3-12}$$

因此有

$$f_1=\pi f\sqrt{2mN} \tag{3-13}$$

f_2与最大电压阶梯数相关，表示使子模块利用率达到最大的控制器控制频率，即每个子模块都将构成一个电平。它对应于电压调制波u_{diff}^*过零时刻（$\omega t=0$），其变化量恰巧等于一个U_c的情况。根据式（3-9）有

$$du_{diff}^*\big|_{max}=mU_{dc}\pi\frac{f}{f_{ctrl}}\cos(\omega t)\big|_{\omega t=0}=U_c \tag{3-14}$$

由此可以求出临界频率f_2：

$$f_2=\pi fmN \tag{3-15}$$

从工程实际的角度考虑，为了充分利用子模块以实现更多的电平，f_{ctrl}应尽量靠近f_2，但也没有必要大于f_2；但从降低换流器损耗的角度考虑，f_{ctrl}又应尽可能地小，但应尽量避

免小于f_1，因为此时控制频率的下降会导致电平数的急剧减小，严重影响波形质量和总谐波含量。对于像 Trans Bay Cable 这样的 MMC-HVDC 工程，子模块数$N=200$，当电压调制比m取 1 时，$f_1=3.14\text{kHz}$，$f_2=31.4\text{kHz}$，通常 MMC 控制周期T_{ctrl}在 100 ~ 200μs，f_{ctrl}在 5 ~ 10kHz 范围，即$f_1<f_{ctrl}<f_2$。

3.4　联接变压器参数的确定方法

联接变压器的作用主要是 3 个方面，第一方面是实现电网电压与 MMC 直流电压之间的匹配；第二方面是实现电网与 MMC 之间的电气隔离，特别是隔离零序电流的流通；第三方面是起到连接电抗器的作用，用以平滑波形和抑制故障电流。联接变压器的参数选择包括确定联接变压器的容量、绕组联结组标号、网侧额定电压和阀侧空载额定电压、分接头档距和档数、短路阻抗等。

联接变压器的容量通常按 MMC 与电网之间交换功率的大小确定，考虑变压器自身消耗的无功后，联接变压器的容量通常为 MMC 容量的 1.1 ~ 1.2 倍。联接变压器的绕组联结方式一般是网侧星形接地、阀侧星形不接地或三角形联结；对于网侧不直接接地的电力系统，也有采用网侧三角形联结、阀侧星形接地的联结方式。联接变压器的分接头档距和档数主要决定于网侧电压在实际运行过程中的变化幅度，确定档距和档数的基本准则是保持联接变压器阀侧空载电压在网侧电压变化时基本维持恒定。联接变压器的短路阻抗根据变压器制造时的经济合理条件取较小的值。下面重点分析联接变压器阀侧空载额定相电压有效值U_{vTN}的取值方法。

根据式（3-5）调制比m的定义和图 3-2 所示的 MMC 单相基波等效电路，当 MMC-HVDC 系统直流侧电压U_{dc}确定后，U_{diff}的变化范围就已经确定。在 MMC 容量和直流侧电压U_{dc}给定的条件下，U_{diff}和U_v取值越高，阀侧交流电流I_v取值就越低，从而桥臂电流的取值也就越低，这样就可以降低对子模块开关器件和电容器电流额定值的要求，同时也可以降低子模块电容电压波动的幅度，有利于降低换流器的投资成本并提高其运行性能。因此，阀侧空载电压U_{vTN}的确定原则就是使U_{diff}和U_v尽量取高值。

而确定阀侧空载电压U_{vTN}的一个基本约束条件是，在给定U_{vTN}的条件下，U_{diff}要有足够的调节裕度使得P_{diff}、Q_{diff}运行范围覆盖如图 2-40 虚线所示的整个功率圆。根据式（2-122）和图 2-39 容易推得，如果联接变压器阀侧空载电压U_{vTN}给定，那么在P_{diff}、Q_{diff}运行的整个功率圆内，满容量发无功的工况对U_{diff}的要求是最高的。只要在此工况下U_{diff}满足要求，那么其他任何工况下U_{diff}都能满足要求。换句话说，确定阀侧空载电压U_{vTN}的运行工况是 MMC 满容量发无功的工况，此时，U_{diff}取到最大值（调制比m取 1），且不用再考虑其他裕度。因为实际上满容量发无功时，网侧交流电压往往是低于其额定电压的，在变压器分接头保持额定位置的情况下，阀侧空载电压也是低于其额定电压的，因而调制比m在这种工况下实际上也不会达到 1，MMC 仍然具有一定的输出电压调节裕度。下面具体推导U_{vTN}的取值公式。

采用有名值进行推导，根据式（2-14），得到有名值无功功率表达式为

$$Q_{\text{diff}}=3\frac{U_{\text{diff}}(U_{\text{diff}}-U_{\text{vTN}}\cos\delta_{\text{diff,vTN}})}{X_{\text{link}}}=\frac{3}{2}\frac{U_{\text{diffm}}(U_{\text{diffm}}-\sqrt{2}U_{\text{vTN}}\cos\delta_{\text{diff,vTN}})}{X_{\text{link}}} \tag{3-16}$$

当 MMC 满容量发无功时，U_{diffm}取最大值，$m=1$，因而下式成立：

$$S_{\text{diffN}}=\frac{3}{2}\frac{\frac{U_{\text{dc}}}{2}\left(\frac{U_{\text{dc}}}{2}-\sqrt{2}U_{\text{vTN}}\right)}{X_{\text{link}}} \tag{3-17}$$

令

$$\lambda=\frac{\sqrt{3}U_{\text{vTN}}}{\frac{U_{\text{dc}}}{2}} \tag{3-18}$$

$$S_{\text{diffN}}=1.1S_{\text{vN}} \tag{3-19}$$

$$X_{\text{link}}=X_{\text{link,pu}}\frac{(\sqrt{3}U_{\text{vTN}})^2}{1.2S_{\text{vN}}} \tag{3-20}$$

式中，λ 表示变压器阀侧空载线电压额定值与$\frac{U_{\text{dc}}}{2}$的比值，而 $X_{\text{link,pu}}$表示 X_{link} 折算到联接变压器基准值下的标幺值，这里假定了联接变压器的额定容量为 1.2 倍的 S_{vN}。这样，λ 和 $X_{\text{link,pu}}$就满足如下方程：

$$\frac{11}{18}X_{\text{link,pu}}\lambda^2+\sqrt{\frac{2}{3}}\lambda-1=0 \tag{3-21}$$

可以解出 λ 和 $X_{\text{link,pu}}$的关系为

$$\lambda=\frac{-\sqrt{216}+\sqrt{216+792X_{\text{link,pu}}}}{22X_{\text{link,pu}}} \tag{3-22}$$

这样，当 $X_{\text{link,pu}}=0.2\text{pu}$ 时，$\lambda=1.057$；当 $X_{\text{link,pu}}=0.25\text{pu}$ 时，$\lambda=1.027$；当 $X_{\text{link,pu}}=0.3\text{pu}$ 时，$\lambda=1.000$。因此，变压器阀侧空载线电压的额定值是与联接变压器的漏抗和桥臂电抗的取值相关的，一般情况下大致可以取$\frac{U_{\text{dc}}}{2}$的 1.00~1.05 倍。

对于第 2 章 2.4.6 节给出的单端 400kV、400MW 测试系统，可以大致估算出 $X_{\text{link,pu}}$为 0.21pu，因此取 $\lambda=1.05$，从而得到交流等效系统线电势有效值为 210kV，即相电势幅值 $U_{\text{sm}}=171.5\text{kV}$。

3.5 子模块电容参数的确定方法

3.5.1 MMC 不同运行工况下电容电压的变化程度分析

不同运行工况下，MMC 的电容电压波动情况也不同。在选取子模块直流电容参数时，必须考虑最严重的工况，即电容电压波动幅度最大的工况。为此，我们需要对 MMC 不同运行工况下电容电压的波动幅度进行分析。仍然采用第 2 章 2.4.6 节的单端 400kV、400MW 测试系统，保持交流等效系统线电压有效值为 210kV 以及直流电压为 ±200kV 不变，并以交

流等效系统 a 相电压 $u_{sa}(t) = U_{sm}\sin(\omega t)$ 作为电压相位基准，MMC 中各量的参考方向如图 2-9 所示，其他参数见表 2-6。采用第 2 章导出的电容电压解析式进行计算，图 3-3 给出了该 MMC 在 4 种极限运行工况下的子模块电容电压波形图。从图 3-3 中可以看出，MMC 在图 3-3c 所示的运行工况下的电容电压波动幅度最大。在子模块直流电容参数选取时，我们将考虑这一种最严重的工况。

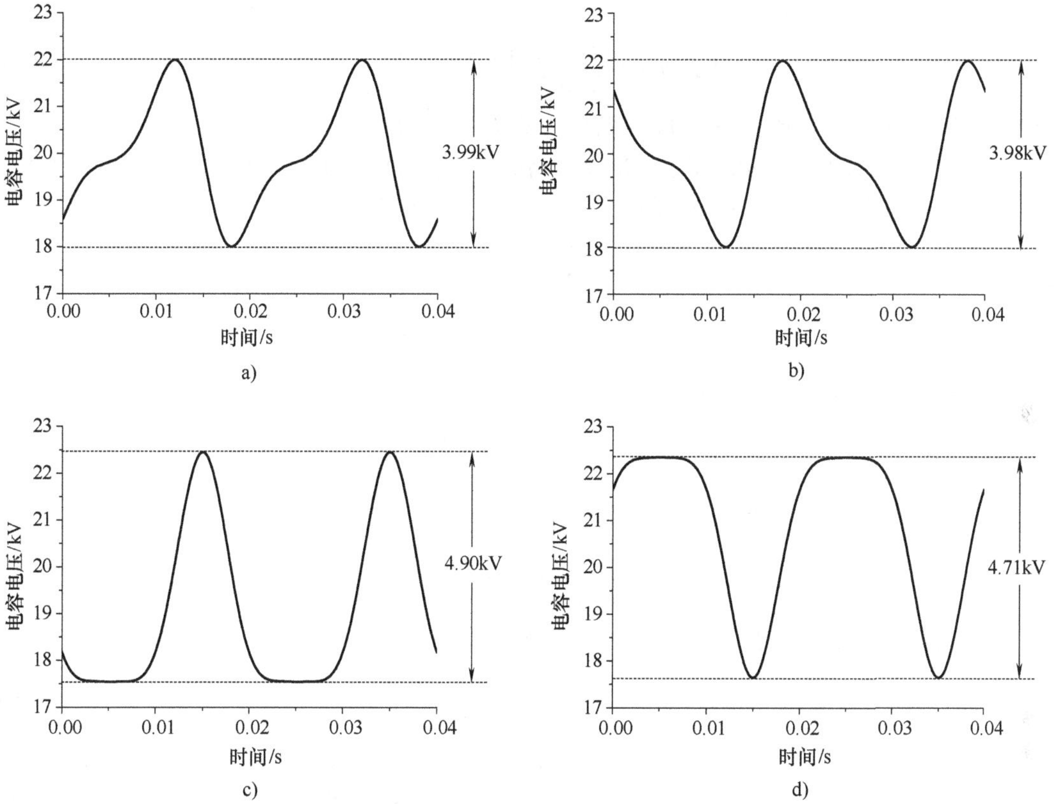

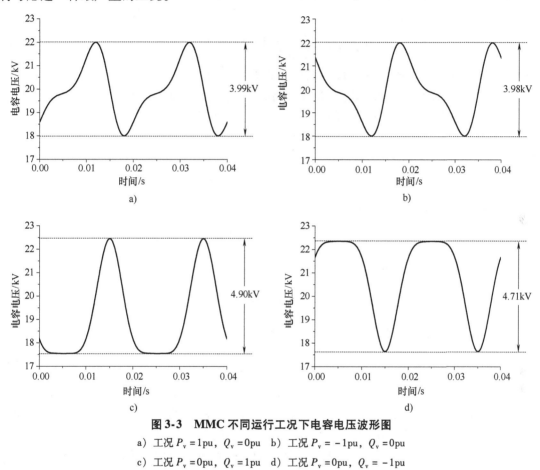

图 3-3　MMC 不同运行工况下电容电压波形图

a）工况 $P_v = 1$pu，$Q_v = 0$pu　b）工况 $P_v = -1$pu，$Q_v = 0$pu

c）工况 $P_v = 0$pu，$Q_v = 1$pu　d）工况 $P_v = 0$pu，$Q_v = -1$pu

3.5.2　电容电压波动率的解析表达式

根据第 2 章的式（2-80），我们已得到描述所有子模块平均电容电压随时间变化的表达式为 $u_{c,pa}(t)$，其可以表达为直流分量与波动分量之和，将其重写如下：

$$u_c(t) = u_{c,pa}(t) = \frac{U_{dc}}{N} + \Delta u_{c,pa}(t) \tag{3-23}$$

式（3-23）第一项为电容电压的直流分量，第二项为电容电压的波动分量。

为了计算电容电压偏离其直流分量 $U_c = U_{dc}/N$ 的波动范围，用 ε 表示波动分量幅值与 U_c之比，称为电容电压波动率，即

$$\varepsilon = \frac{\max|\Delta u_{c,pa}(t)|}{U_c} \tag{3-24}$$

而根据式（2-80），$|\Delta u_{c,pa}(t)|$显然与系统参数和运行工况有关。已经证明，在 MMC 满容量发无功功率时 $\max|\Delta u_{c,pa}(t)|$取到最大值，因此计算 ε 时运行工况应取满容量发无功工况，即 $P_v=0\text{pu}$、$Q_v=1\text{pu}$ 工况。

参考文献［2］从子模块电容 C_0储能与电压的对应关系，根据 C_0储能的最大变化量反推出了 C_0电压的波动率。推导过程采用了桥臂电压和桥臂电流分别为直流分量加基波分量的简化条件，在此简化条件下可以推出 C_0储能的最大变化量表达式为

$$\Delta W_{c0}(m)=\frac{2}{3}\,\frac{S_v}{mN\omega}\left[1-\left(\frac{m\cos\varphi}{2}\right)^2\right]^{3/2} \tag{3-25}$$

式中，S_v和 φ 分别为由 P_v和 Q_v构成的视在功率及其功率因数角。

而子模块电容的最大储能 $W_{c0,\max}$和最小储能 $W_{c0,\min}$可以用电容电压的最大值和最小值表示，在假定电容电压偏离其平均值的上下波动幅值相等的条件下有

$$W_{c0,\max}=\frac{1}{2}C_0[U_c(1+\varepsilon)]^2 \tag{3-26}$$

$$W_{c0,\min}=\frac{1}{2}C_0[U_c(1-\varepsilon)]^2 \tag{3-27}$$

这样，子模块电容储能最大变化量的另一个表达式为

$$\Delta W_{c0}=W_{c0,\max}-W_{c0,\min}=\frac{1}{2}C_0U_c^2(4\varepsilon) \tag{3-28}$$

根据式（3-25）和式（3-28），可以得到

$$\varepsilon=\frac{1}{3}\,\frac{S_v}{mN\omega C_0U_c^2}\left[1-\left(\frac{m\cos\varphi}{2}\right)^2\right]^{3/2} \tag{3-29}$$

而在 MMC 满容量发无功的工况下，$S_v=S_{vN}$，$m\approx1$，$\cos\varphi=0$。因此

$$\varepsilon=\frac{1}{3}\,\frac{S_{vN}}{N\omega C_0U_c^2} \tag{3-30}$$

式（3-24）和式（3-30）都是电容电压波动率计算的解析表达式，两者的差别是式（3-24）不设置简化条件，需要在系统参数 L_{ac}、L_0、R_0和 C_0给定的条件下进行计算；而式（3-30）是在简化条件下导出的，只需要知道 C_0就能计算出电容电压波动率 ε，即 ε 只与 C_0有关。以下，我们称按式（3-24）进行的计算为精确解析模型计算法，按式（3-30）进行的计算为简化解析模型计算法。

3.5.3 子模块电容值的确定原则

选择子模块电容值的基本考虑是抑制电容电压波动，理想状态是电容电压恒定不变。在电容取有限值的情况下，电容电压必然存在波动，因此我们的目标是选择尽量小的电容值以满足电容电压波动率 ε 的限值要求。

那么，电容电压波动率 ε 的大小对 MMC 的运行又有什么实际的影响呢？首先，考察 ε 大小对 MMC 运行性能的影响。表征 MMC 运行性能的两个基本参数是 MMC 输出交流电压的总谐波畸变率和 MMC 输出直流电压的谐波含量。采用第 2 章 2.4 节导出的 MMC 完整解析模型，针对第 2 章 2.4.6 节设定的单端 400kV、400MW 测试系统，取桥臂子模块数目 $N=200$，改变子模块电容 C_0的大小使得 ε 变化，计算输出电压的总谐波畸变率与电容电压波动率 ε 之间的关系，发现输出电压总谐波畸变率对 ε 的变化并不敏感。其次，考察 ε 大小对

MMC运行稳定性的影响。大量仿真表明，当电容电压波动率 ε 达到0.75pu时，MMC仍能稳定运行，说明 ε 大小对MMC的运行稳定性影响不大。最后，考察 ε 大小对MMC子模块功率器件承压的影响。由于子模块功率器件承受的电压就是电容电压，ε 大意味着功率器件承压的裕度减小，因此，从减轻功率器件电压应力考虑，要求 ε 取较小的值。

3.5.4　描述子模块电容大小的通用指标——等容量放电时间常数

为了对不同换流器之间的子模块电容取值进行比较，引入一个通用的刻画子模块电容取值大小的指标，这个指标在参考文献［3］中被称为单位电容常数（Unit Capacitance Constant，UCC），我们这里将其称为“等容量放电时间常数”（Equivalent Capacity Discharging Time Constant），用符号 H 表示。其定义是，MMC所有子模块电容器的额定储能之和，如果以等于MMC容量的功率放电，所能持续的时间长度，即

$$H=\frac{3\times 2N\times \frac{1}{2}C_0U_c^2}{S_{vN}}=\frac{3}{S_{vN}}\frac{C_0}{N}U_{dc}^2 \tag{3-31}$$

从式（3-31）可以看出，对于确定的MMC，H 与 C_0 成正比，C_0 越大，H 也越大。但引入等容量放电时间常数 H 以后，我们就可以对不同换流器之间子模块电容的取值大小进行横向比较。因此，后面的分析中，我们将用 H 来表示 C_0 的大小。

当用 H 来表示 C_0 时，式（3-30）可以简化为如下表达式：

$$\varepsilon=\frac{1}{H\omega} \tag{3-32}$$

式（3-32）表明，电容电压波动率 ε 与 H 成反比，同时也与系统频率 ω 成反比。这是一个很重要的结果，表明对于MMC，当电网频率为60Hz时，对于同样的电容电压波动率 ε，H 的取值可以比电网频率为50Hz时小17%。类似地，对于连接直驱型风电机组的MMC，若直驱型风电机组的输出电压频率为20Hz，则对于同样的电容电压波动率 ε，H 的取值是频率为50Hz时的2.5倍。

3.5.5　子模块电容值的设计实例

1. 单端400kV、400MW测试系统的电容值设计示例

对于2.4.6节的单端400kV、400MW测试系统，在 $P_v=0\text{pu}$、$Q_v=1\text{pu}$ 工况下，分别采用精确解析模型和简化解析模型，计算出 H 与 ε 之间的关系曲线如图3-4所示。根据图3-4的精确解析模型曲线，若 ε 取12%，则 H 为40ms，从而可以反推出：

$$C_0=H\frac{N}{3}\frac{S_{vN}}{U_{dc}^2}=40\times 10^{-3}\times\frac{20}{3}\times\frac{400}{400^2}\text{F}\approx 666\mu\text{F} \tag{3-33}$$

但需要指出的是，上述子模块电容值的选择方法已假定了MMC的子模块是实时触发的，并且所考虑的电容电压波动率 ε 是所有子模块的平均值；而实际上子模块的投入与切除状态转换不是实时的，并且子模块的电容电压是通过排序算法进行平衡的，各子模块电容电压之间存在差异。因而自然就有如下的问题，采用上述方法确定的 C_0 在什么程度上能够保证 ε 在要求的范围之内。下面我们针对上述单端400kV、400MW测试系统，采用仿真方法进行验证。

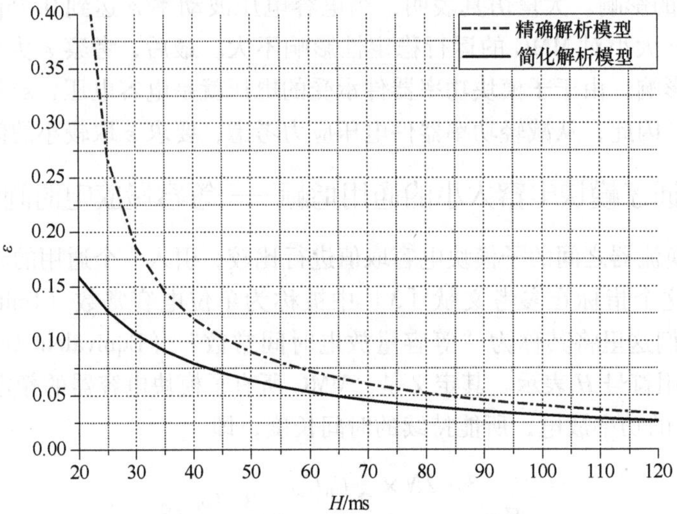

图 3-4 单端 400kV、400MW 测试系统 H 与 ε 之间的关系

设控制周期 $T_{ctrl}=100\mu s$，子模块电容 $C_0=666\mu F$，子模块电容电压平衡采用基于完全排序与整体投入的电容电压平衡策略[4]，则在所讨论的运行工况下，该 MMC 中 6 个桥臂所有子模块电容电压随时间变化的曲线如图 3-5 所示。取子模块电容电压直流分量 $U_c=400kV/20=20kV$，则最大的电容电压波动率为 12.8%，与图 3-4 给出的结果 12% 基本一致。因此，子模块电容值的选取可以采用基于精确解析模型的曲线。基于简化解析模型的曲线有一定的误差，比如，当 H 取 40ms 时，根据简化解析模型得到 ε 为 7.96%，比仿真结果乐观较多。

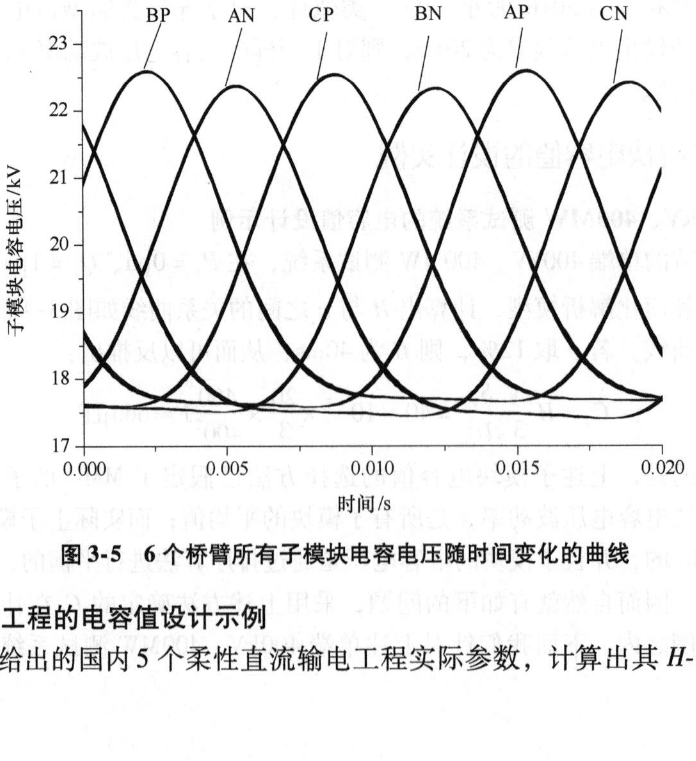

图 3-5 6 个桥臂所有子模块电容电压随时间变化的曲线

2. 几个实际工程的电容值设计示例

根据附录 B 给出的国内 5 个柔性直流输电工程实际参数，计算出其 H-ε 曲线，根据已知的电容值，算出对应的 H 值进行比较。

对于上海南汇和厦门柔性直流输电工程，其 H-ε 曲线如图 3-6 所示。其中，$H_{大治}=H_{书柔}=75\text{ms}$，可见该工程的子模块电容电压波动率设计在 5% 左右；而 $H_{彭厝}=H_{湖边}=30.7\text{ms}$，可见该工程的子模块电容电压波动率设计在 12% 左右。

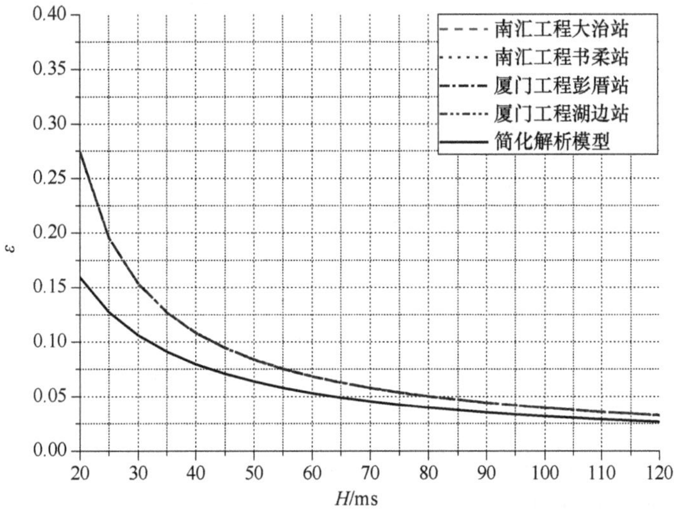

图 3-6　上海南汇和厦门柔性直流工程 H 与 ε 之间的关系

对于南澳三端柔性直流输电工程，塑城、金牛和青澳 3 个换流器的 H-ε 曲线如图 3-7 所示，其中 $H_{塑城}=57.3\text{ms}$，$H_{金牛}=38.4\text{ms}$，$H_{青澳}=43.0\text{ms}$，3 个换流器的电容电压波动率设计准则有较大差别。

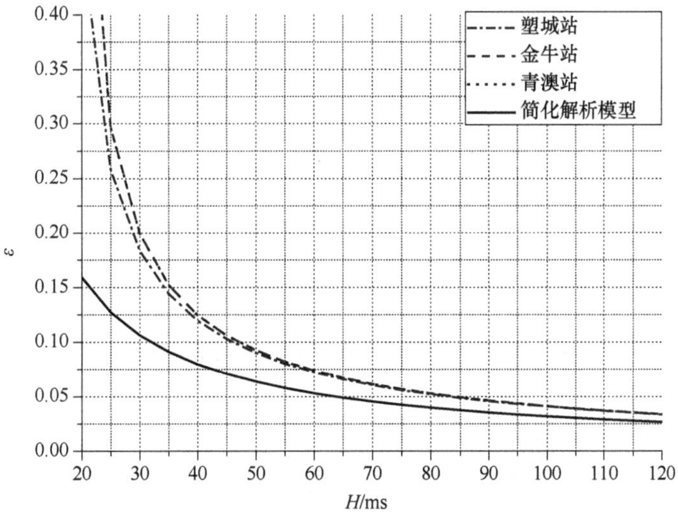

图 3-7　南澳三端柔性直流工程 H 与 ε 之间的关系

对于舟山五端柔性直流输电工程，定海、岱山、衢山、泗礁和洋山 5 个换流器的 H-ε 曲线如图 3-8 所示，而 5 个换流器的常数 H 是统一的，都是 $H=57.6\text{ms}$，5 个换流器的电容电压波动率具有相同的设计准则。

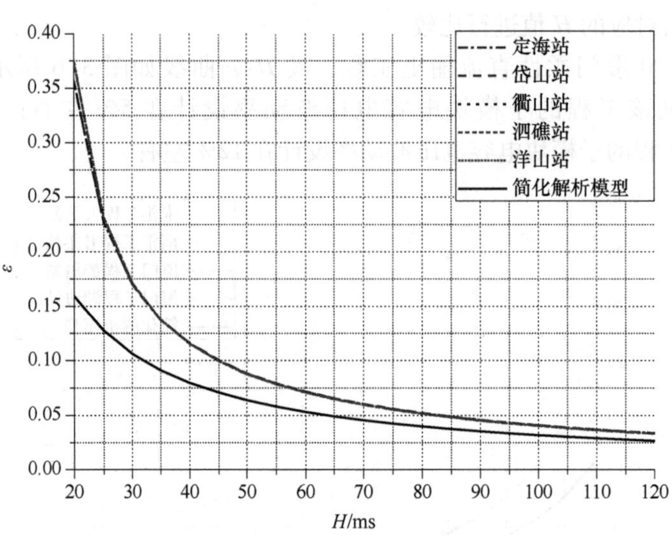

图 3-8 舟山五端柔性直流工程 H 与 ε 之间的关系

对于鲁西背靠背柔性直流输电工程，换流器 1 和换流器 2 的 H-ε 曲线如图 3-9 所示，其中，换流器 1 的常数 H 是 $H_1=37.9\text{ms}$，换流器 2 的常数 H 是 $H_2=40.3\text{ms}$，两个换流器的电容电压波动率设计准则大致相当。

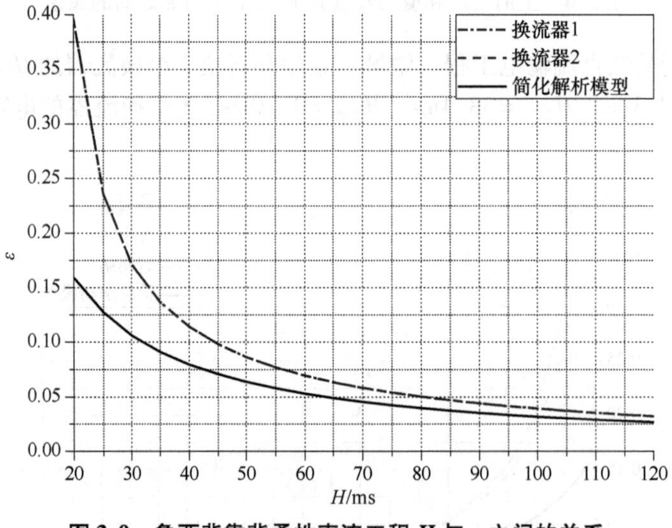

图 3-9 鲁西背靠背柔性直流工程 H 与 ε 之间的关系

3.5.6 子模块电容值设计的一般性准则

前面 3.5.5 节给出了多个子模块电容值设计的工程实例。可以看出，如果用等容量放电时间常数 H 来表征子模块电容值的大小，那么 H 与子模块电容电压波动率之间的关系基本上是不随具体工程而变的。这可以从 3.5.5 节用精确解析模型画出的多个实际工程的 H-ε 曲线得到证明，不同工程之间 H-ε 曲线差别很小；另外，如果用简化解析模型式（3-32）来进行计算，则当所讨论工程的电网频率一致时，H 与子模块电容电压波动率之间的关系完全不随具体工程而变。既然 H-ε 曲线具有跨工程的普遍适用性，因此子模块电容值的设计就

是确定具体 ε 值的问题。而选择最优 ε 限值的问题实际上是在减少电容器投资成本与减少功率器件投资成本之间寻找一个最优值。我们认为，当 ε 是在 MMC 满容量发无功功率工况下进行计算时，其经济合理的取值在 10% ~15% 之间，因而对应的 H 取值在 35 ~45ms 之间。本书采用的单端 400kV、400MW 测试系统的 H 取值是 40ms。

3.5.7　子模块电容稳态电压参数计算

根据式（3-23），已经知道子模块电容电压随时间变化的解析表达式，因此确定子模块电容稳态电压参数可以采用如下两个步骤：

1）选择最严峻的工况。原理上，我们需要对 PQ 平面上 MMC 可运行区域内的所有功率点进行扫描计算，找出子模块电容电压最大的点，但这样做，计算工作量极大。当 MMC 的可运行功率点在 PQ 平面上为一个圆时，根据 3.5.1 节关于 MMC 在不同运行工况下电容电压的变化程度分析，已经明确当 $P_v=0\text{pu}$、$Q_v=1\text{pu}$ 时，即当 MMC 全容量发出无功时，电容电压变化程度最大，即其峰值最大。当 MMC 的可运行功率点在 PQ 平面上不是一个圆时，需要对运行区域边界上的多个点进行计算，找出其中的最大值。

2）计算子模块电容稳态电压参数。有用的子模块电容稳态电压参数主要是两个，一个是有效值，另一个是峰值。对于给定的运行功率点，根据式（3-23），可以将电容电压 $u_c(t)$ 写成傅里叶级数形式。根据有效值的定义，我们可以得到电容电压的有效值为

$$U_{c,\text{rms}} = \sqrt{(U_c)^2 + \sum_{h=1}^{\infty}(U_c^h)^2/2} \tag{3-34}$$

式中，U_c^h 表示电容电压 h 次谐波的幅值。而电容电压的峰值可以用下式表示：

$$U_{c,\text{peak}} = U_c + \max|\Delta u_{c,\text{pa}}(t)| \tag{3-35}$$

3.5.8　子模块电容稳态电流参数的确定

确定子模块电容稳态电流参数的步骤与确定子模块电容稳态电压参数的步骤类似。第一步，确定能包含最严峻工况的一个或多个计算工况；第二步，对于给定的工况，计算子模块电容电流的峰值和有效值。根据第 2 章的式（2-79），我们已得到描述子模块平均电容电流随时间变化的表达式 $i_{c,\text{pa}}(t)$，因此可以直接求出电容电流的峰值 $I_{c,\text{peak}}$ 和有效值 $I_{c,\text{rms}}$。

3.5.9　子模块电容稳态电压和电流参数计算的一个实例

采用 2.4.6 节的单端 400kV、400MW 测试系统和参数，C_0 取 666μF，对前述的 4 种极端工况进行计算。可以得到 $u_c(t)$ 和 $i_c(t)$ 的变化曲线及其傅里叶分解分别如图 3-10 和图 3-11 所示。根据图 3-10 和图 3-11，可以得到 4 种极端工况下的电容电压有效值和峰值以及电容电流有效值和峰值见表 3-1。表 3-1 中，为了便于对比，同时列出了电容电压的额定值 U_{cN}、直流电流的额定值 I_{dcN} 和桥臂电流的额定值 $I_{rN}=\sqrt{\left(\frac{I_{dcN}}{3}\right)^2+\left(\frac{I_{vN}}{2}\right)^2}$。从表 3-1 可以看出，不管是电容电压还是电容电流，都是在满容量发无功工况下达到其最大值。在此工况下，电容电压有效值略大于其额定值，而峰值为其额定值的 1.12 倍；电容电流有效值则不到额定直流电流的一半，大约为桥臂电流额定值的 2/3。

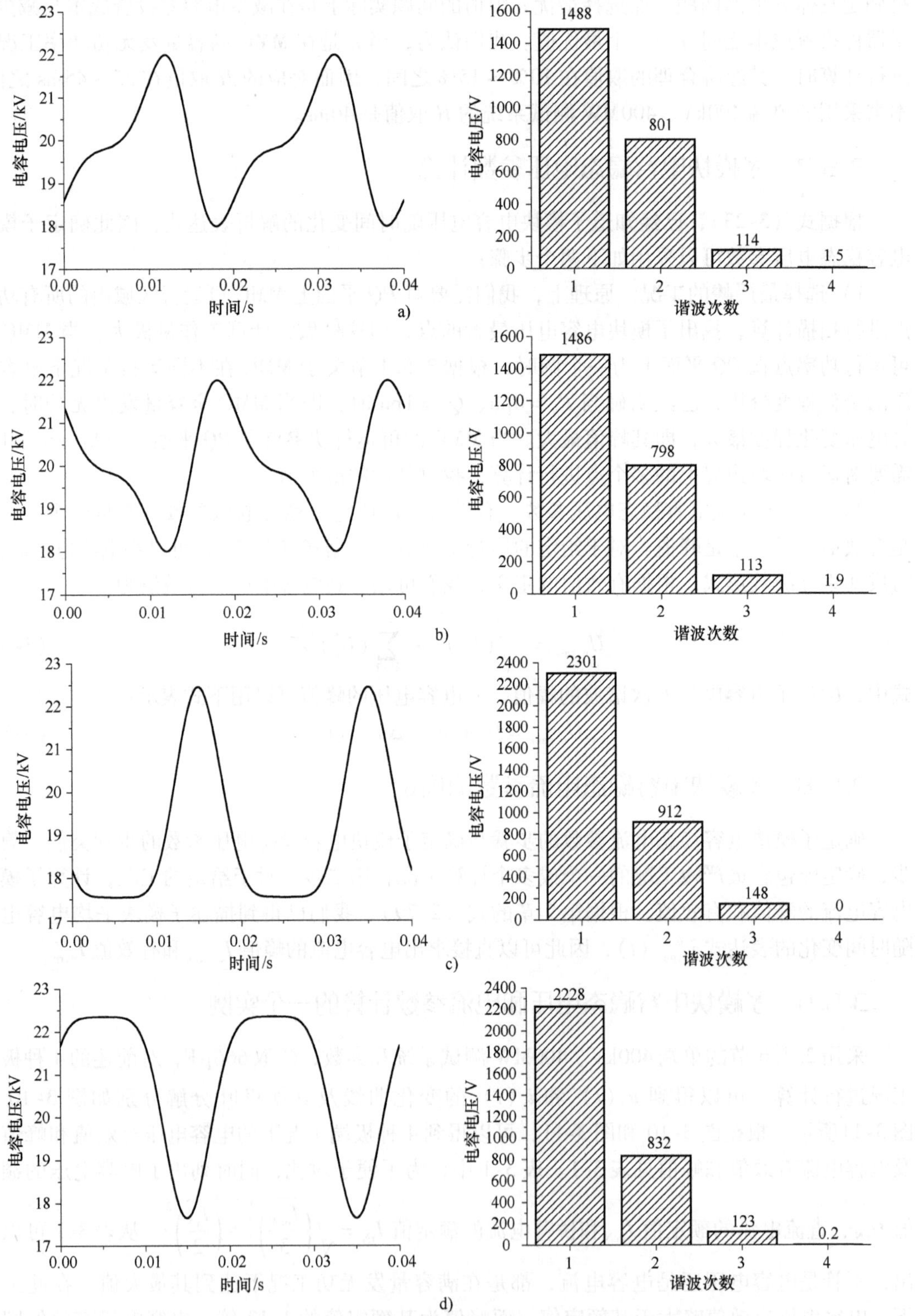

图 3-10 子模块电容电压随时间的变化曲线及其各次谐波分量

a）工况 $P_v=1\text{pu}$，$Q_v=0\text{pu}$ b）工况 $P_v=-1\text{pu}$，$Q_v=0\text{pu}$ c）工况 $P_v=0\text{pu}$，$Q_v=1\text{pu}$ d）工况 $P_v=0\text{pu}$，$Q_v=-1\text{pu}$

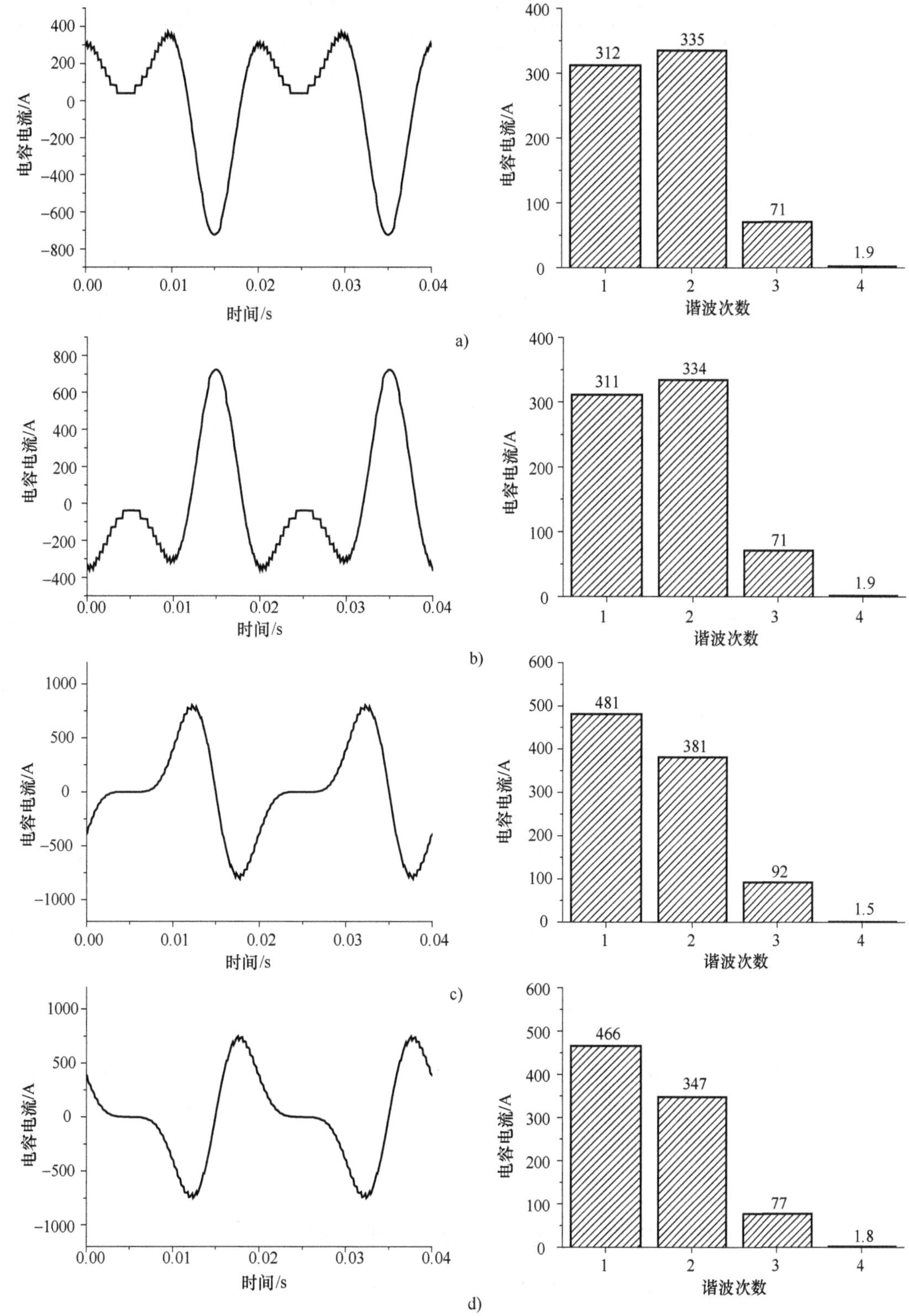

图 3-11　子模块电容电流随时间的变化曲线及其各次谐波分量

a）工况 $P_v=1pu$，$Q_v=0pu$　b）工况 $P_v=-1pu$，$Q_v=0pu$　c）工况 $P_v=0pu$，$Q_v=1pu$　d）工况 $P_v=0pu$，$Q_v=-1pu$

表 3-1 4 种极端工况下的电容电压和电容电流的有效值和峰值

工况	$P_v=1pu$，$Q_v=0pu$	$P_v=-1pu$，$Q_v=0pu$	$P_v=0pu$，$Q_v=1pu$	$P_v=0pu$，$Q_v=-1pu$
$U_{c,rms}$/kV	20.036	20.036	20.077	20.071
$U_{c,peak}$/kV	21.997	21.993	22.453	22.355
U_{cN}/kV	20	20	20	20
$I_{c,rms}$/A	327.6	326.6	438.7	414.4
$I_{c,peak}$/A	723.9	723.1	806.2	748.2
I_{rN}/A	650	650	650	650
I_{dcN}/A	1000	1000	1000	1000

3.6 子模块功率器件稳态参数的确定方法

3.6.1 IGBT及其反并联二极管稳态参数的确定

确定 IGBT 及其反并联二极管稳态参数的步骤与确定子模块电容稳态电压参数的步骤类似。第一步，确定能包含最严峻工况的一个或多个计算工况；第二步，对于给定的工况，计算 IGBT 及其反并联二极管所承受的电压和电流值。

从 MMC 子模块工作原理可知，VT_1 和 VT_2 集电极-发射极之间所承受的电压就是子模块电容电压（当 VT_1 导通 VT_2 关断时，VT_2 集电极-发射极电压为电容电压；当 VT_1 关断 VT_2 导通时，VT_1 集电极-发射极电压为电容电压），所以 VT_1 和 VT_2 集电极与发射极之间的电压有效值 $U_{VT,rms}$和最大值 $U_{VT,peak}$分别与子模块电容电压的有效值和最大值相等。而二极管 VD_1 和 VD_2 分别反并联在 VT_1 和 VT_2 上，其电压参数分别与 VT_1 和 VT_2 一致，因此，反并联二极管 VD_1 和 VD_2 的电压有效值 $U_{VD,rms}$和最大值 $U_{VD,peak}$也与子模块电容电压的有效值和最大值相等。即

$$U_{VT,rms}=U_{VD,rms}=U_{c,rms} \tag{3-36}$$

$$U_{VT,peak}=U_{VD,peak}=U_{c,peak} \tag{3-37}$$

因此 VT_1、VT_2 和 VD_1、VD_2 的稳态电压参数计算是比较简单的，直接取电容的稳态电压参数就可以了。

根据第 2 章的式（2-49）~式（2-52），流过 VT_1、VT_2、VD_1、VD_2 的电流可以通过 i_{V1} 和 i_{V2}直接计算，而我们已得到描述 $i_{V1}(t)$ 和 $i_{V2}(t)$ 的解析表达式如式（2-88）和式（2-89）所示，因此可以很容易求出 VT_1、VT_2、VD_1、VD_2 的电流峰值 $I_{VT1,peak}$、$I_{VT2,peak}$、$I_{VD1,peak}$、$I_{VD2,peak}$和有效值 $I_{VT1,rms}$、$I_{VT2,rms}$、$I_{VD1,rms}$、$I_{VD2,rms}$。

3.6.2 子模块功率器件稳态参数计算的一个实例

采用 2.4.6 节的单端 400kV、400MW 测试系统和参数，C_0取 666μF，对前述的 4 种极端工况进行计算。可以得到 i_{VT1}、i_{VD1}、i_{VT2}、i_{VD2}的波形如图 3-12 所示。根据图 3-12，可以得到 4 种极端工况下 i_{VT1}、i_{VD1}、i_{VT2}、i_{VD2}的有效值和峰值见表 3-2。

由表 3-2 可以看出，i_{VT1}、i_{VD1}、i_{VT2}、i_{VD2}的稳态参数随工况不同有很大的变化，选择子模块功率器件电流参数时需要对运行工况进行全面的考察。从这 4 种极端工况的计算结果来看，VT_1 和 VD_1 的电流在满容量发无功的工况下达到其最大值，与电容电流达到其最大值的工况一致。这是容易理解的，因为 VT_1 和 VD_1 是与子模块电容相串联的。VT_2 的电流在满容量输出有功的工况下达到其最大值，VD_2 的电流在满容量吸收有功的工况下达到其最大值。VT_2、VD_2 电流的有效值大于 VT_1、VD_1 电流的有效值，而 VT_2、VD_2 电流的峰值大致与 VT_1、VD_1 电流的峰值相当，说明在本单端 400kV、400MW 测试系统设定的直流电容电压波动量限值下，这 4 个管子的负载大致上是均衡的。由表 3-2 还可以看出，这 4 个管子的电流有效值都小于额定直流电流的一半，与桥臂电流额定值还有较大距离。

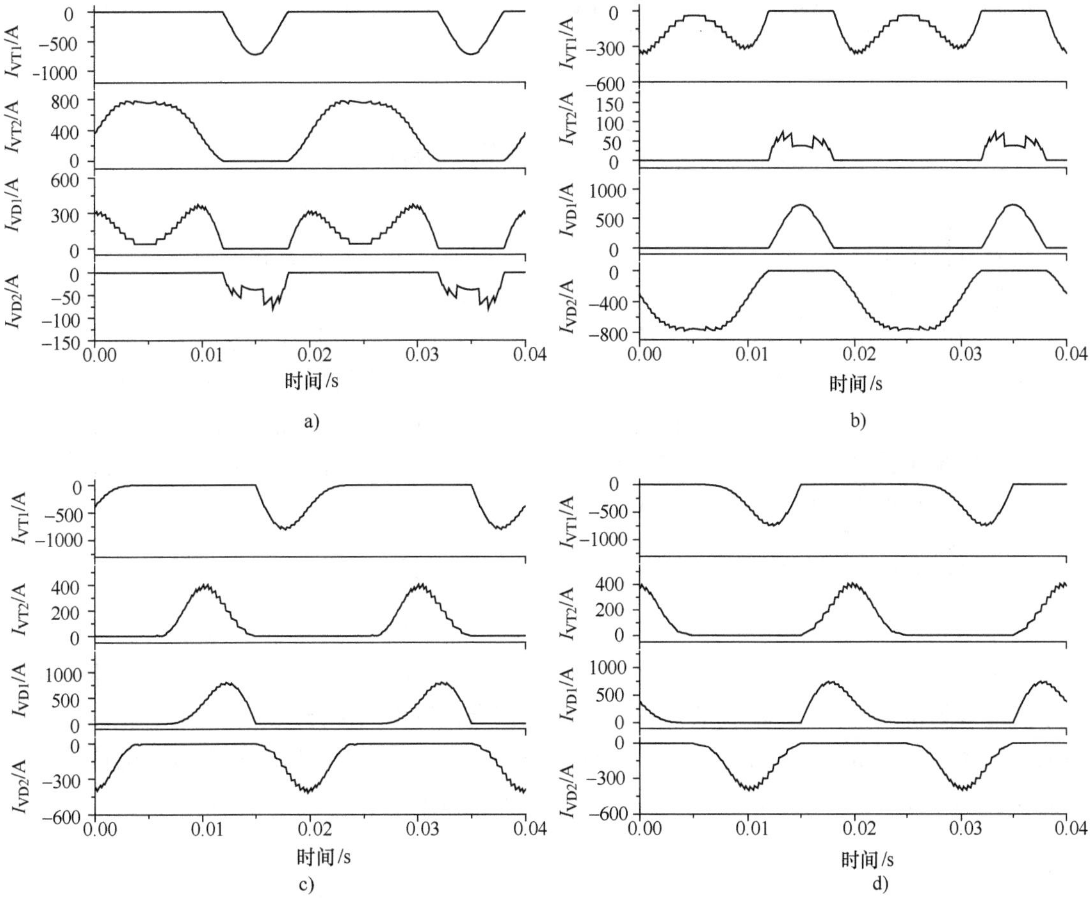

图 3-12　子模块各开关管电流随时间变化的曲线

a) 工况 $P_v=1pu$，$Q_v=0pu$　b) 工况 $P_v=-1pu$，$Q_v=0pu$　c) 工况 $P_v=0pu$，$Q_v=1pu$　d) 工况 $P_v=0pu$，$Q_v=-1pu$

表 3-2　4 种极端工况下 4 个开关管的电流值

工　况	$P_v=1pu$，$Q_v=0pu$	$P_v=-1pu$，$Q_v=0pu$	$P_v=0pu$，$Q_v=1pu$	$P_v=0pu$，$Q_v=-1pu$
$I_{VT1,rms}$/A	275.8	175.9	309.2	294.5
$I_{VT1,peak}$/A	723.9	360.0	806.2	748.2

（续）

工 况	$P_v=1pu$，$Q_v=0pu$	$P_v=-1pu$，$Q_v=0pu$	$P_v=0pu$，$Q_v=1pu$	$P_v=0pu$，$Q_v=-1pu$
$I_{VT2,rms}$/A	477.0	25.1	155.0	162.7
$I_{VT2,peak}$/A	777.2	74.0	405.7	410.1
$I_{VD1,rms}$/A	177.0	275.2	311.7	291.9
$I_{VD1,peak}$/A	370.8	723.1	803.9	746.2
$I_{VD2,rms}$/A	25.3	477.4	158.1	160.0
$I_{VD2,peak}$/A	80.7	781.0	416.1	401.8
I_{rN}/A	650	650	650	650
I_{dcN}/A	1000	1000	1000	1000

3.7 桥臂电抗器参数的确定方法

桥臂电抗值主要决定于3个因素。第一个因素是桥臂电抗器具有联接电抗器的作用。联接电抗器是二电平和三电平VSC中的核心部件，是换流器与交流系统交换功率的媒介，它对注入交流系统的电流有平滑作用，能抑制由电网电压不平衡引起的负序电流，同时对换流器快速跟踪交流系统电流指令值有影响。第二个因素是桥臂电抗器可以用来抑制环流，桥臂电抗器与环流的关系比较复杂，选择桥臂电抗器参数首先要考虑避免环流谐振现象的发生。第三个因素是桥臂电抗器可以用来抑制换流器内部故障和直流侧故障时流过桥臂的故障电流上升率。下面根据决定桥臂电抗值的3个因素，分别进行讨论。

3.7.1 桥臂电抗器作为联接电抗器的一个部分

对于MMC，关于联接电抗器的正序基波等效电路如图2-39所示，为了阅读方便，将图2-39重画于图3-13。同时，为了使分析简单，这里设交流系统为无穷大系统，即认为交流系统等效阻抗Z_{sys}为零。对于MMC，等效的联接电抗器由两部分组成，一部分是联接变压器的电抗X_T，另一部分是桥臂电抗器的等效电抗$X_{L0}/2$。桥臂电抗器等效为联接电抗器时需要除2的原因是，对于交流系统侧而言，相单元中的两个桥臂电抗器是并联关系。

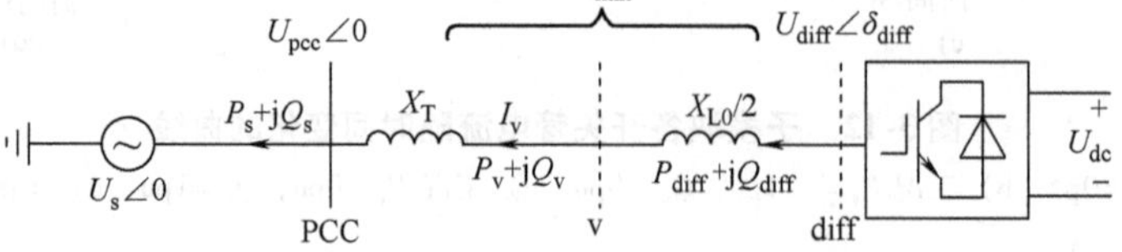

图3-13 单端MMC-HVDC示意图

就X_{link}的取值，可以从多个角度进行考虑。首先，从MMC输出交流电流跟踪交流电流指令值来看，X_{link}越小越好，因为X_{link}越小，跟踪速度越快。其次，从X_{link}对换流器容量的影响来看，也是X_{link}越小越好，因为X_{link}越小，无功损耗越小，换流器的容量就可以得到更充分的利用。但从输出交流电流谐波性能以及换流器抵御交流系统负序电压的能力考虑，又希望 X_{link}越大越好。由于用于柔性直流输电的 MMC 的桥臂子模块数目很大，MMC 输出交流电压的谐波已很小；另外，电网侧的背景谐波水平通常小于负序电压水平，且联接电抗器抑制谐波电流的能力大于抑制基波负序电流的能力（因电抗与谐波次数成正比），因此下面主要从 MMC 抑制基波负序电流的能力出发，探讨 X_{link}的最小取值限制。

首先，根据图 3-13 的 MMC 等效电路，容易得到

$$P_{diff}=\frac{U_{diff}U_{pcc}}{X_{link}}\sin(\delta_{diff}) \tag{3-38}$$

$$Q_{diff}=\frac{U_{diff}}{X_{link}}[U_{diff}-U_{pcc}\cos(\delta_{diff})] \tag{3-39}$$

设换流站交流母线电压运行在额定值 $U_{pccN}=1$，求 MMC 在额定工作点 N 运行时的输出电流 I_{vN}，额定工作点 N 定义为 $P_{diffN}=1$ 和 $Q_{diffN}=0$ 的点。在此工作点上有

$$P_{diffN}=\frac{U_{diffN}U_{pccN}}{X_{link}}\sin(\delta_{diffN})=\frac{U_{diffN}}{X_{link}}\sin(\delta_N)=1 \tag{3-40}$$

$$Q_{diffN}=\frac{U_{diffN}}{X_{link}}[U_{diffN}-U_{pccN}\cos(\delta_{diffN})]=\frac{U_{diffN}}{X_{link}}[U_{diffN}-\cos(\delta_N)]=0 \tag{3-41}$$

由式（3-40）和式（3-41）可以得到

$$U_{diffN}=\cos(\delta_N) \tag{3-42}$$

$$X_{link}=\cos(\delta_N)\sin(\delta_N)=\frac{1}{2}\sin(2\delta_N) \tag{3-43}$$

而

$$\dot{I}_{vN}=\frac{\dot{U}_{diffN}-\dot{U}_{pccN}}{jX_{link}}=\frac{\cos(\delta_N)\angle\delta_N-1}{jX_{link}}=\frac{\cos^2(\delta_N)-1+j\sin(\delta_N)\cos(\delta_N)}{jX_{link}} \tag{3-44}$$

$$I_{vN}=\frac{\sin(\delta_N)}{X_{link}}=\frac{\sin(\delta_N)}{\frac{1}{2}\sin(2\delta_N)}=\frac{1}{\cos(\delta_N)} \tag{3-45}$$

下面计算电网侧存在背景基波负序电压时流过联接电抗器的基波负序电流 I_v^-。设电网侧的背景基波负序电压为 U_s^-，当 MMC 没有配置负序电流抑制控制器时，MMC 对负序电流相当于短路。因此，流过联接电抗器的基波负序电流 I_v^- 可以用下式表达：

$$I_v^-=\frac{U_s^-}{X_{link}}=\frac{U_s^-}{\frac{1}{2}\sin(2\delta_N)} \tag{3-46}$$

因此

$$\frac{I_v^-}{I_{vN}}=\frac{U_s^-}{\frac{1}{2}\sin(2\delta_N)}\cos(\delta_N)=\frac{U_s^-}{\sin(\delta_N)} \tag{3-47}$$

考虑电网背景基波负序电压限值为额定电压的 1.5%，在此背景基波负序电压下，为了使没有配置负序电流抑制控制器的 MMC 能够长期运行，要求流过联接电抗器的负序电流不大于 MMC 额定电流的 5% ~10%，即

$$\frac{U_s^-}{\sin(\delta_N)}=\frac{0.015}{\sin(\delta_N)}\leqslant 5\%\sim 10\% \tag{3-48}$$

因此有

$$\sin(\delta_N)\geqslant 0.15\sim 0.3 \tag{3-49}$$

$$\delta_N\geqslant 8.6°\sim 17.5° \tag{3-50}$$

即

$$X_{link}=\frac{1}{2}\sin(2\delta_N)\geqslant 0.15\sim 0.29\text{pu} \tag{3-51}$$

一旦确定了 X_{link}，那么在已知联接变压器漏抗 X_T 的条件下，就很容易确定桥臂电抗器的电抗 X_{L0}。例如，当要求流过联接电抗器的负序电流不大于 MMC 额定电流的 10% 时，X_{link} 可以取 0.15pu，假定联接变压器漏抗 X_T 等于 0.1pu，那么容易得到桥臂电抗器电抗 X_{L0} 也为 0.1pu。

3.7.2 桥臂电抗值与环流谐振的关系

首先来了解一下环流谐振是一种什么现象。在 $P_v=0$pu、$Q_v=1$pu 工况下，基于 2.4.6 节的单端 400kV、400MW 测试系统，保持交流系统等效电感 L_{ac} 为 24mH 和子模块电容 C_0 为 666μF 不变，改变桥臂电感 L_0，利用式（2-78）计算 a 相环流 i_{cira}。由于此种工况下 $I_{dc}=0$，a 相环流的主要成分是二倍频分量。图 3-14 给出了 L_0 与 a 相环流二倍频分量幅值 I_{r2m} 之间的关系曲线。由图 3-14 可以看出，当 $L_0=29$mH 时，I_{r2m} 将趋于无穷大。我们称这种情况为发生了（二倍频）环流谐振现象。

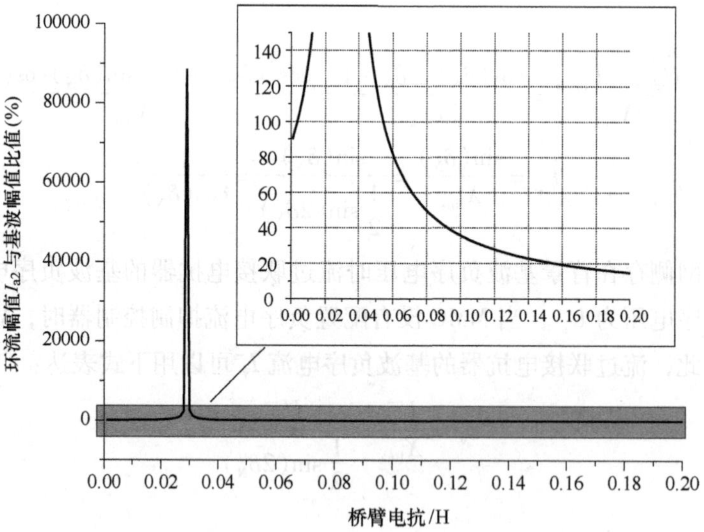

图 3-14 相环流二倍频分量幅值随桥臂电感变化的曲线

事实上，根据表 2-5 中 I_{r2m} 的表达式，（二倍频）环流谐振现象是容易解释的。为了讨论方便，将 I_{r2m} 的表达式重新写出：

$$I_{r2m}=\frac{\sqrt{(F_1\cos(\varphi_{ac})+F_2)^2+(F_1\sin(\varphi_{ac}))^2}}{F_3} \tag{3-52}$$

$$F_1 = \frac{3f(1)I_v}{8\pi\omega^2 L_0 C_0} \tag{3-53}$$

$$F_2 = -\frac{4f^2(1)I_{dc}}{3\pi^2 N\omega^2 L_0 C_0} \tag{3-54}$$

$$F_3 = 1 - \frac{N}{16\omega^2 L_0 C_0} - \frac{8f^2(1)}{3\pi^2 N\omega^2 L_0 C_0} \tag{3-55}$$

由式（3-53）和式（3-54）可知，F_1和 F_2不等于 0，因此当 $F_3 = 0$ 时，$I_{r2m} = \infty$，表示发生了（二倍频）环流谐振现象。

为了描述（二倍频）环流谐振发生的条件，即 $F_3 = 0$ 的条件，我们引入几个新的概念。

首先引入相单元等效电路的概念。我们知道，MMC 的相单元是由 2N 个子模块和两个桥臂电感串联而成的，其中有 N 个子模块电容是投入的，另外 N 个子模块是被旁路掉的，但投入的子模块与被旁路的子模块一直是动态变化的。因此平均来看，可以认为相单元中的 2N 个子模块具有相同的电容电压，且都等于 U_c。因此，如果基于电容器储能不变和承受总电压不变的原则将这 2N 个子模块用 1 个电容器来等效的话，有如下的关系式：

$$\frac{1}{2}C_{ph}U_{dc}^2 = 2N\frac{1}{2}C_0 U_c^2 \tag{3-56}$$

再根据 $U_{dc} = NU_c$的关系，可以得到

$$C_{ph} = \frac{2}{N}C_0 \tag{3-57}$$

因此可以得到相单元等效电路如图 3-15 所示。

下面再引入相单元串联谐振角频率 ω_{res}的概念。由电路理论知，对于电感和电容串联电路，在串联谐振角频率下，电感的电抗等于电容的容抗。因此可以得到相单元串联谐振角频率 ω_{res}的表达式为

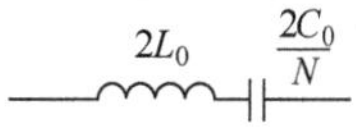

图 3-15　相单元等效电路

$$\omega_{res} = \frac{1}{2}\sqrt{\frac{N}{L_0 C_0}} \tag{3-58}$$

下面再引入（二倍频）环流谐振角频率 ω_{circl}的定义。定义（二倍频）环流谐振角频率 ω_{circl}为

$$\omega_{circl} = \frac{2\omega}{\sqrt{1 + \frac{128}{3}\frac{f^2(1)}{\pi^2 N^2}}} \tag{3-59}$$

式中，ω 是电网的运行角频率，$f(1)$ 的表达式见式（2-104）。

容易证明，当相单元串联谐振角频率 ω_{res}等于（二倍频）环流谐振角频率 ω_{circl}时，$F_3 = 0$，（二倍频）环流谐振发生，（二倍频）环流 I_{r2m}达到最大值。因此，我们选择桥臂电感 L_0的一个基本约束条件就是使相单元串联谐振角频率 ω_{res}尽量远离（二倍频）环流谐振角频率 ω_{circl}。

由环流谐振角频率 ω_{circl}的表达式（3-59）可见，ω_{circl}是随 $f(1)$ 和电网运行角频率 ω 而变化的，而 $f(1)$ 是随 MMC 的运行工况而变的。

下面来估计 $f(1)$ 的变化范围，根据式（2-104）：

$$f(1)=\frac{\pi N}{8}m \tag{3-60}$$

由于调制比 m 的变化范围是 0～1，因此 $f(1)$ 的变化范围是 $0\sim\frac{\pi N}{8}$。

由此可以推得 ω_{circl} 的变化范围为

$$\omega_{circl}=\sqrt{\frac{12}{5}}\omega\sim 2\omega\approx 1.55\omega\sim 2\omega \tag{3-61}$$

由式（3-61）可知，要使相单元串联谐振角频率 ω_{res} 尽量远离（二倍频）环流谐振角频率 ω_{circl}，一种做法是使 ω_{res} 大于 2ω，另一种做法是使 ω_{res} 小于 1.55ω。由于 ω_{res} 向大于 2ω 的方向取值时，有可能会与环流中的四倍频和六倍频等偶数倍频分量的谐振角频率[5,6]重合，导致其他偶数倍频环流分量的谐振，这显然是不合适的。因此，ω_{res} 只能向小于 1.55ω 的方向取值。我们认为，从安全性和经济性考虑，选择 ω_{res} 在 1.0ω 附近是合理的。

例如，第 2 章 2.4.6 节所采用的单端 400kV、400MW 测试系统，其相单元串联谐振角频率为

$$\omega_{res}=\frac{1}{2}\sqrt{\frac{N}{L_0C_0}}=\frac{1}{2}\sqrt{\frac{20}{76\times10^{-3}\times666\times10^{-6}}}=1.0\omega_0(\text{rad/s}) \tag{3-62}$$

式中，ω_0 是电网额定角频率。

表 3-3 列出了国内 5 个柔性直流输电工程所采用的相单元串联谐振角频率数据，原始参数见附录 B。

表 3-3 国内 5 个柔性直流输电工程所采用的相单元串联谐振角频率

工程名	上海南汇柔性直流输电工程				
换流站名	大治	书柔			
ω_{res}/(rad/s)	$0.618\omega_0$	$0.618\omega_0$			
工程名	南澳三端柔性直流输电工程				
换流站名	塑城	金牛	青澳		
ω_{res}/(rad/s)	$0.824\omega_0$	$1.061\omega_0$	$1.003\omega_0$		
工程名	舟山五端柔性直流输电工程				
换流站名	定海	岱山	衢山	泗礁	洋山
ω_{res}/(rad/s)	$0.766\omega_0$	$0.766\omega_0$	$0.777\omega_0$	$0.777\omega_0$	$0.777\omega_0$
工程名	鲁西背靠背柔性直流输电工程				
换流站名	换流站 1	换流站 2			
ω_{res}/(rad/s)	$0.967\omega_0$	$0.939\omega_0$			
工程名	厦门柔性直流输电工程				
换流站名	彭厝站	湖边站			
ω_{res}/(rad/s)	$0.919\omega_0$	$0.919\omega_0$			

3.7.3 桥臂电抗器用于抑制直流侧故障电流上升率

MMC-HVDC 拓扑的一个重要优势在于直流侧故障时具有良好的响应特性。与两电平拓

扑相比，MMC 不需要在直流侧集中安装大容量的高压电容器组，而是将储能电容分散安装在各个子模块中。由于桥臂电抗和各个子模块相串联，因此可以限制直流侧故障时电容的放电电流，使得直流侧故障特性得到显著改善。

选择 MMC 桥臂电抗器时必须要与换流器开关器件的电压和电流额定值相配合，当直流侧发生短路故障时，开关器件必须能够承受可能出现的过电流。如图 3-16 所示，在 t_0 时刻直流侧发生短路故障，各子模块电容器迅速放电，但是由于桥臂串联电抗器的作用，浪涌电流的上升率得到了抑制。与二电平拓扑相比，MMC 电容器放电提供的短路电流会流过开关器件，因此必须考虑浪涌电流对开关器件和续流二极管的影响。此时交流侧电流也会迅速增大，由于控制器具有时延，处于导通状态的 IGBT 器件并不能立刻关断，故障电流流过联接变压器、桥臂电抗器、VT_1（故障前已投入运行的子模块）或 VD_2（故障前被旁路掉的子模块），流向故障点。

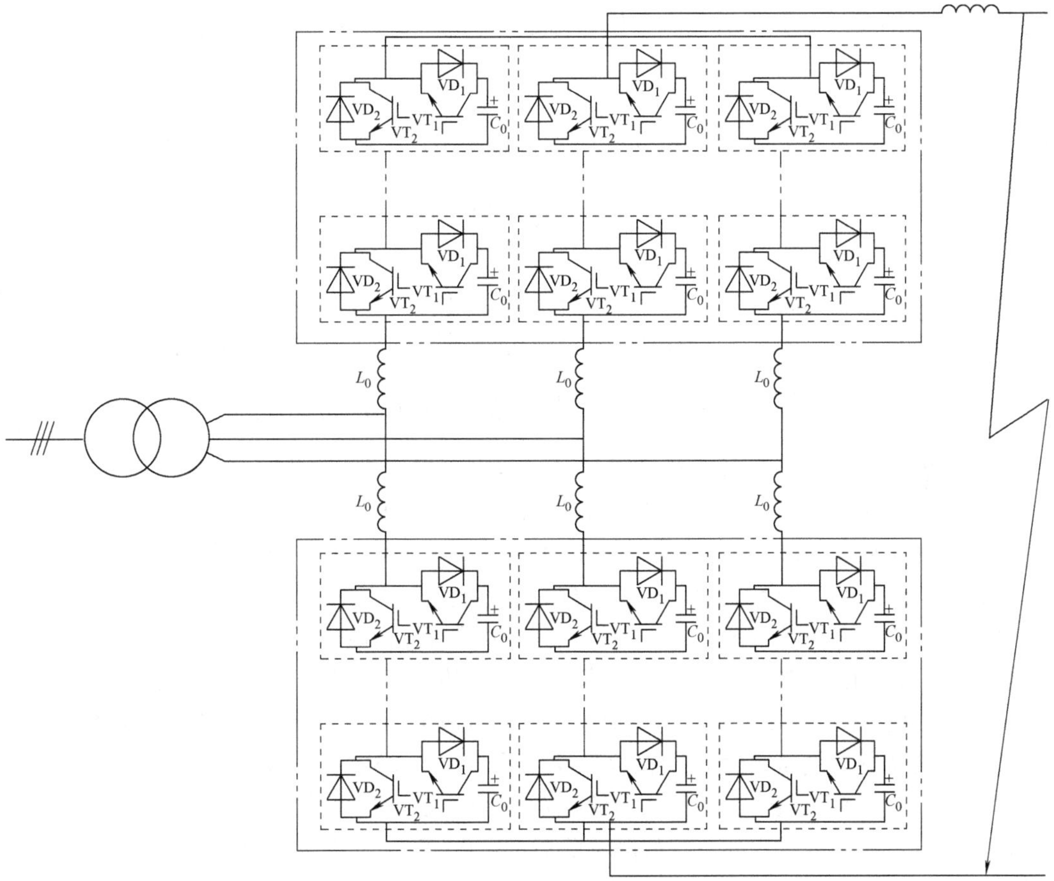

图 3-16　直流侧故障示意图

控制器时延 Δt_d 是一个随机的量，与系统运行状态、控制系统的响应时间有关，设其最大控制延迟时间为 Δt_{dmax}，一般情况下认为 $\Delta t_{dmax} \leqslant 5ms$。

在 $[t_0,\ t_0+\Delta t_d]$ 时间段内，abc 三相桥臂电流能达到的最大值为 I_{max}，VT_1 的允许电流必须大于此值。当 $t>t_0+\Delta t_d$ 时，IGBT 闭锁，此时交流系统提供的故障电流全部流过续流二

极管 VD_2，在交流断路器断开交流系统前，续流二极管 VD_2 必须能够承受此故障电流。根据实际仿真计算经验，可以发现故障后桥臂电流的最大值出现在 VT_1 闭锁瞬间，因此只校核故障后［t_0，$t_0+\Delta t_d$］时间段内 VT_1/VD_2 通流能力即可。

当 $t>t_0+\Delta t_d$ 时，VT_1 已闭锁，此时交流系统提供的故障电流全部流过续流二极管 VD_2，在交流断路器断开交流系统前，续流二极管必须能够承受此故障电流。

考虑实际工程中可能发生的最严重故障，当平波电抗器线路侧正负直流母线间短路，短路电流可以通过平波电抗器和相单元构成回路，此时假设各个子模块电容电压没有突变，则一个相单元内的换流器模块的等效电压为 U_{dc}。仍然设桥臂电流的参考方向为从上到下，则在短路瞬间，由 KVL 可以简单地得出

$$L_0\frac{di_{pa}}{dt}+L_0\frac{di_{na}}{dt}=-\frac{U_{dc}}{2}+L_{dc}\frac{di_k}{dt}+L_{dc}\frac{di_k}{dt}-\frac{U_{dc}}{2} \tag{3-63}$$

又由于短路后的极短时间内，电流的暂态分量占主导，因此可以假设同相的上下两个桥臂电流相等（即 $i_{pa}=i_{na}$）且 i_k 在 3 个相单元之间平均分配，从而得到桥臂电流的上升率为

$$\frac{di_{pa}}{dt}=\frac{di_{na}}{dt}=-\frac{U_{dc}}{2L_0+6L_{dc}} \tag{3-64}$$

因此，在给定桥臂暂态电流上升率 α(kA/s) 的情况下，串联电抗器的选取公式为

$$L_0=\frac{\dfrac{U_{dc}}{\alpha}-6L_{dc}}{2} \tag{3-65}$$

以 ±200kV 的换流器为例，如果要求桥臂暂态电流上升率 α 不大于 0.1kA/μs，在不考虑安装平波电抗器时，根据上面的原则，可以得到满足要求的最小桥臂电抗值为 2.0mH。

3.7.4 桥臂电抗器用于限制交流母线短路故障时桥臂电流上升率

根据图 3-13 的 MMC 等效电路可以知道，若交流母线发生短路，会造成 PCC 交流电压跌落。那么在控制器起作用之前，换流器的交流电流会呈现其自然响应特性，进而导致桥臂电流增大。为了确保 MMC 能穿越交流母线短路故障（MMC 不会因为桥臂电流过电流而闭锁），需要考虑通过选取合适的桥臂电抗来限制交流侧故障电流的上升率。

考虑交流母线金属性接地故障。假设控制周期为 T_{ctrl}，故障后的过程如下：故障发生后的［0，T_{ctrl}］时间内，控制器来不及响应，换流器的交流电流呈自然响应特性；故障发生后的 $2T_{ctrl}$ 时刻，控制器开始动作，换流器交流调制波电压 u_{diff} 降低为零。为了简化分析，假设换流器交流调制波电压幅值 U_{diffm} 在故障发生后［T_{ctrl}，$2T_{ctrl}$］时间内按照线性规律降低为零。考虑到控制器响应很快，可以认为故障发生 $2T_{ctrl}$ 之后 U_{diffm} 稳定为零。

同理，故障清除的过程如下：故障清除后的［0，T_{ctrl}］时间内，控制器来不及响应，换流器交流调制波电压 U_{diffm} 保持为零；在故障清除后的 $2T_{ctrl}$ 时刻，控制器开始动作，换流器交流调制波电压 U_{diffm} 恢复到正常水平。为了简化分析，假设换流器交流调制波电压 U_{diffm} 在故障后［T_{ctrl}，$2T_{ctrl}$］时间内按照线性规律变化。考虑到控制器响应很快，可以认为故障清除 $2T_{ctrl}$ 之后 U_{diffm} 能恢复到正常水平。

假设故障前换流器交流调制波电压 u_{diff} 按照正弦规律变化；R 为桥臂等效电阻（折算到换流器阀侧）。可以推出故障后［0，T_{ctrl}］时间内换流器交流电流变化如下：

$$i_{v1}=\left[i'_{v}+\frac{U_{\text{diffm}}}{\sqrt{R^{2}+(\omega L_{\text{link}})^{2}}}\cos(\theta+\varphi)\right]\cdot e^{-t/\tau}-\frac{U_{\text{diffm}}}{\sqrt{R^{2}+(\omega L_{\text{link}})^{2}}}\cos(\omega t+\theta+\varphi) \tag{3-66}$$

式中，i'_{v}表示故障瞬间换流器交流电流，φ 表示故障瞬间电压相位，L_{link}表示联接电感，其他变量定义如下：

$$\theta=\arccos\frac{\omega L_{\text{link}}}{\sqrt{R^{2}+(\omega L_{\text{link}})^{2}}} \tag{3-67}$$

$$\tau=\frac{L_{\text{link}}}{R} \tag{3-68}$$

注意到 T_{ctrl}远小于 τ，因此式（3-66）的衰减项可以近似为常数，式（3-66）的变化主要取决于最后一项。又因为 T_{ctrl}远小于基波周期，因此可以认为故障后［0，T_{ctrl}］时间内电流上升率保持不变。因此故障后 T_{ctrl}时刻桥臂电流的最大增量可以用式（3-69）进行估算：

$$\Delta i_{v1}=\frac{\omega U_{\text{diffm}}}{\sqrt{R^{2}+(\omega L_{\text{link}})^{2}}}T_{\text{ctrl}} \tag{3-69}$$

对于故障后［T_{ctrl}，$2T_{\text{ctrl}}$］的时间范围，根据推导可以得到交流电流表达式如下所示：

$$i_{v2}=\left[i'_{v}+\Delta i_{v1}-\frac{L_{\text{link}}+RT_{\text{ctrl}}}{R^{2}T_{\text{ctrl}}}\right]\cdot e^{-(t-T_{\text{ctrl}})/\tau}+\frac{L_{\text{link}}+RT_{\text{ctrl}}-R(t-T_{\text{ctrl}})}{R^{2}T_{\text{ctrl}}} \tag{3-70}$$

注意到 T_{ctrl}远小于 τ，因此式（3-70）的衰减项可以近似为常数，式（3-70）的变化主要取决于最后一项，显然式（3-70）随时间递减。

综上所述，交流母线金属性接地故障发生后交流电流的最大增量如式（3-69）所示。在前文的假设条件下，换流器的交流电流在故障恢复后的变化规律与故障后的变化规律相同，因此也可以使用式（3-69）估算电流的最大增量。

假设控制周期 $T_{\text{ctrl}}=200\mu s$，控制器电流限幅环节的上限为 1.2pu，等效电阻 R 等于 0.001pu，稳态运行时换流器交流电流幅值为 1pu。若要求故障前后换流器阀侧交流电流不超过 2pu，通过式（3-69）可以计算得到，X_{link}必须大于 0.0795pu。

3.7.5 桥臂电抗器参数确定方法小结

从桥臂电抗器作为联接电抗器的一个部分、桥臂电抗值与环流谐振的关系和桥臂电抗器用于抑制直流侧故障电流上升率三方面因素的分析可以得出结论：

1）桥臂电抗器用于抑制直流侧故障电流上升率因素对桥臂电抗器的取值要求很低，桥臂电抗器只要取很小的值就能满足这方面的要求。

2）桥臂电抗器作为联接电抗器一个部分的功能对桥臂电抗器的取值约束较宽，桥臂电抗器在较宽范围内取值都能满足要求。

3）真正对桥臂电抗器取值起决定性作用的是桥臂电抗值必须避开二倍频环流谐振角频率，桥臂电抗器的取值原则是使相单元串联谐振角频率 ω_{res}尽量远离二倍频环流谐振角频率，通常 ω_{res}的经济合理取值在 $1.0\omega_0$附近。

3.7.6 桥臂电抗器稳态电流参数的确定

确定桥臂电抗器电流稳态额定值的步骤如下：第一步，确定能包容最严峻工况的一个或多个计算工况；第二步，对于给定的工况，计算桥臂电抗器电流的有效值。根据第2章的式

(2-75)，我们已得到描述桥臂电流随时间变化的表达式为 $i_{pa}(t)$，因此可以很容易求出桥臂电抗器电流的有效值 $I_{L,rms}$。

3.7.7 桥臂电抗器稳态电压参数的确定

根据式（2-85），已经知道桥臂电抗器电压随时间变化的解析表达式，因此可以仿照确定桥臂电抗器电流稳态额定值的做法确定桥臂电抗器电压有效值 $U_{L,rms}$。

3.7.8 桥臂电抗器稳态参数计算的一个实例

采用2.4.6节的单端400kV、400MW测试系统和参数，计算MMC在4种极限运行工况下桥臂电抗器的电流和电压有效值：①$P_v=1pu$，$Q_v=0pu$；②$P_v=-1pu$，$Q_v=0pu$；③$P_v=0pu$，$Q_v=1pu$；④$P_v=0pu$，$Q_v=-1pu$。结果见表3-4。从表3-4中可以看出，MMC在运行工况③下的桥臂电抗器电压有效值最大。

表3-4 4种极端工况下的桥臂电抗器的电压和电流有效值

工　况	$P_v=1pu$，$Q_v=0pu$	$P_v=-1pu$，$Q_v=0pu$	$P_v=0pu$，$Q_v=1pu$	$P_v=0pu$，$Q_v=-1pu$
$U_{L,rms}$/kV	17.590	17.677	19.816	19.012
$I_{L,rms}$/A	681.3	681.0	624.8	610.7

3.8 平波电抗值的选择原则

平波电抗器串联在换流站直流母线和直流线路之间，对于两端都是MMC的柔性直流输电系统，平波电抗器的作用有3个：一是抑制直流线路故障时的故障电流上升率；二是在直流线路故障时，使MMC闭锁前的直流侧故障电流小于MMC闭锁后的直流侧故障电流；三是阻挡雷电波直接侵入换流站；其中第一个作用可以由桥臂电抗器分担，第三个作用只对直流架空线路有意义。对于一端由LCC、另一端由MMC构成的混合型柔性直流输电系统，平波电抗器还有第四个作用，即阻塞谐波电流流通并改变直流回路的谐振频率，这种情况下要求直流回路的谐振频率离基波频率和二次谐波频率有一定的距离。

根据第7章的研究结论，当直流侧故障导致MMC的直流侧正负极通过平波电抗器短路后，MMC闭锁前直流短路电流的表达式为式（7-5），略去式（7-5）中的非主导因素，可以得到直流短路电流的最大值近似为 U_{dc}/R_{dis}，其中 R_{dis} 的表达式见式（7-9），这里先引用一下。

$$R_{dis}=\sqrt{\frac{2N(2L_0+3L_{dc})-C_0(2R_0+3R_{dc})^2}{36C_0}} \tag{3-71}$$

R_{dis} 与平波电抗器 L_{dc} 的取值密切相关，如果 L_{dc} 取零的话，直流短路电流的最大值可以达到直流额定电流的50倍以上。

闭锁后直流短路电流的表达式见式（7-30），直流短路电流的最大值等于1.5倍的桥臂等电位点三相短路电流 I_{s3m}，即

$$I_{dc\infty}=\frac{3}{2}I_{s3m}=\frac{3U_{sm}}{2\omega L_{ac}+\omega L_0} \tag{3-72}$$

此值通常是小于 50 倍的直流额定电流的。因此，直流侧短路电流在闭锁前后的大小关系主要取决于平波电抗器的大小，若平波电抗器太小的话，闭锁前的直流短路电流大于闭锁后的直流短路电流。

例如，针对 2.4.6 节的单端 400kV、400MW 测试系统，可以得到闭锁前直流短路电流最大值 U_{dc}/R_{dis}随平波电抗器 L_{dc}的变化曲线如图 3-17 所示。

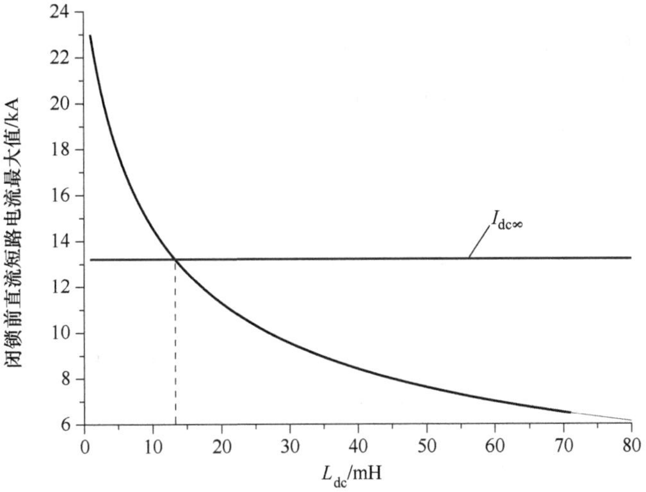

图 3-17 闭锁前直流短路电流最大值随 L_{dc}的变化曲线

从图 3-17 可以看出，当 L_{dc}小于 13mH 时，闭锁前的直流短路电流大于闭锁后的直流短路电流。

我们将图 3-17 中 U_{dc}/R_{dis}与 $I_{dc\infty}$ 相等所对应的平波电抗器电感值定义为平波电抗器临界电感值 L_{dcB}。其意义是当 $L_{dc}<L_{dcB}$时，闭锁前直流短路电流大于闭锁后的直流短路电流；而当 $L_{dc}>L_{dcB}$时，闭锁前直流短路电流小于闭锁后的直流短路电流。

因此，平波电抗器取值的一个重要原则是要求 $L_{dc}>L_{dcB}$。

3.9 MMC 阀损耗的组成及评估方法概述

阀损耗是直流输电系统稳态运行损耗的主要组成部分，其大小是评估其性能优劣的重要指标。损耗计算一方面能为开关器件选型、散热系统设计和经济效益评估提供理论依据，另一方面也能为后续拓扑结构优化和降损措施研究奠定基础。由于 MMC 的电气运行工况复杂，且受限于测量设备的精度，很难直接采用电气测量的方法进行损耗测量，因此普遍采用基于计算的损耗评估方法。

3.9.1 MMC 阀损耗的组成

MMC 运行状态下的阀损耗主要有以下 3 个部分：

1）静态损耗，包括 IGBT 和反向并联二极管的通态损耗，以及它们的正向截止损耗。正向截止损耗在总损耗中所占的比例很小，可以忽略不计。IGBT/二极管通态压降和电流的典型曲线如图 3-18 所示（图中以 IGBT 为例）。在精度要求不高的情况下，IGBT 和二极管可以用串联的通态电压偏置、通态电阻以及理想开关来代替[7]。

因此，开关器件的通态损耗可以表示为

$$P_{\mathrm{Tcon}}(i_{\mathrm{CE}})=i_{\mathrm{CE}}V_{\mathrm{CE0}}+i_{\mathrm{CE}}^2r_{\mathrm{CE}} \tag{3-73}$$

$$P_{\mathrm{Dcon}}(i_{\mathrm{D}})=i_{\mathrm{D}}V_{\mathrm{D0}}+i_{\mathrm{D}}^2r_{\mathrm{D}} \tag{3-74}$$

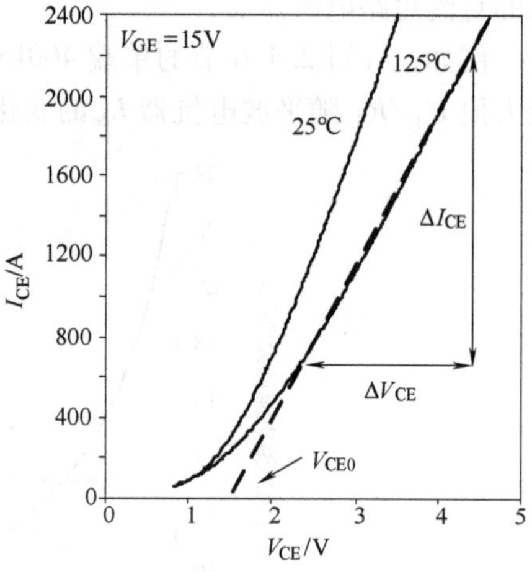

图 3-18 IGBT 正向导通压降

式中，V_{CE0}、V_{D0}分别为 IGBT 和二极管的通态电压偏置，r_{CE}、r_{D} 分别为 IGBT 和二极管的通态电阻，i_{CE}、i_{D} 分别为 IGBT 和二极管导通期间流过器件的电流。从图 3-18 中可以发现，开关器件的通态电压偏置和通态电阻随着结温的变化而变化。可以采用线性插值模拟出其他结温下的通态特性参数：

$$V_{\mathrm{CE0\_T_j}}=\frac{[V_{\mathrm{CE0\_125}}-V_{\mathrm{CE0\_25}}](T_{\mathrm{j}}-25)}{125-25}+V_{\mathrm{CE0\_25}} \tag{3-75}$$

$$r_{\mathrm{CE\_T_j}}=\frac{[r_{\mathrm{CE\_125}}-r_{\mathrm{CE\_25}}](T_{\mathrm{j}}-25)}{125-25}+r_{\mathrm{CE\_25}} \tag{3-76}$$

$$V_{\mathrm{D0\_T_j}}=\frac{[V_{\mathrm{D0\_125}}-V_{\mathrm{D0\_25}}](T_{\mathrm{j}}-25)}{125-25}+V_{\mathrm{D0\_25}} \tag{3-77}$$

$$r_{\mathrm{D\_T_j}}=\frac{[r_{\mathrm{D\_125}}-r_{\mathrm{D\_25}}](T_{\mathrm{j}}-25)}{125-25}+r_{\mathrm{D\_25}} \tag{3-78}$$

式中，T_{j} 为结温；$V_{\mathrm{CE0\_25}}$（$V_{\mathrm{D0\_25}}$）和 $V_{\mathrm{CE0\_125}}$（$V_{\mathrm{D0\_125}}$）分别表示结温为 25℃和 125℃下的通态电压偏置；$r_{\mathrm{CE\_25}}$（$r_{\mathrm{D\_25}}$）和 $r_{\mathrm{CE\_125}}$（$r_{\mathrm{D\_125}}$）分别表示结温为 25℃和 125℃下的通态电阻；这些参数可以根据 IGBT 模块的参数表（datasheet）计算得到。$V_{\mathrm{CE0\_Tj}}$（$V_{\mathrm{D0\_Tj}}$）和 $r_{\mathrm{CE0\_Tj}}$（$r_{\mathrm{D\_Tj}}$）分别表示计算所得结温为 T_{j} 情况下的通态电压偏置和通态电阻。

2）对于 IGBT，开关损耗包括开通损耗和关断损耗。对于反并联二极管，其开通损耗远小于其反向恢复损耗，因此只考虑其反向恢复损耗即可。以 IGBT 为例，某特定条件下器件的开关特性曲线如图 3-19 所示，实际计算经验表明，使用二次多项式拟合并提取开关特性参数已足够准确[8]。实际情况下，开关损耗还与结温、截止电压甚至驱动电路有关，本节将这些因素归纳为一个修正系数 k。

$$E_{\mathrm{off}}(i_{\mathrm{CE}})=(a_1+b_1i_{\mathrm{CE}}+c_1i_{\mathrm{CE}}^2)k_1 \tag{3-79}$$

$$E_{\mathrm{on}}(i_{\mathrm{CE}})=(a_2+b_2i_{\mathrm{CE}}+c_2i_{\mathrm{CE}}^2)k_2 \tag{3-80}$$

$$E_{\mathrm{rec}}(i_{\mathrm{D}})=(a_3+b_3i_{\mathrm{D}}+c_3i_{\mathrm{D}}^2)k_3 \tag{3-81}$$

$$P_{\mathrm{off}}=\frac{1}{T}\sum_{t_0}^{t_0+T}E_{\mathrm{off}},P_{\mathrm{on}}=\frac{1}{T}\sum_{t_0}^{t_0+T}E_{\mathrm{on}},P_{\mathrm{rec}}=\frac{1}{T}\sum_{t_0}^{t_0+T}E_{\mathrm{rec}} \tag{3-82}$$

式中，a_i、b_i、c_i 为开关能量损耗的拟合系数，k_i（$i=1,2,3$）为开关能量损耗函数的修正系数，P_{on}、P_{off}、P_{rec} 为基波周期内的平均开关损耗。简化起见，不考虑门极驱动电路的影

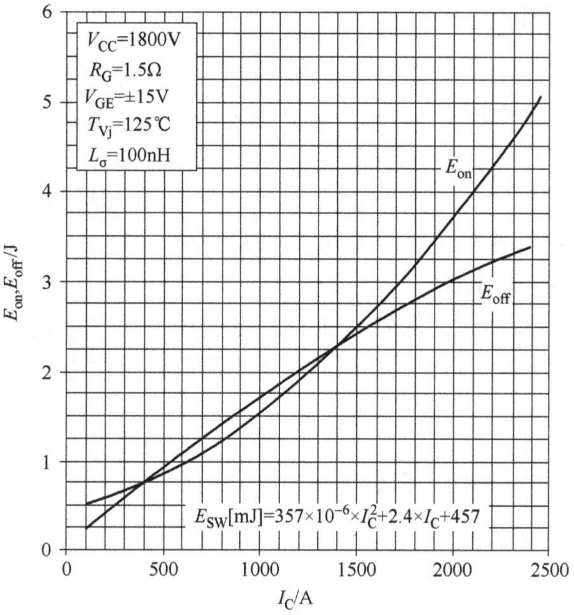

图 3-19　IGBT 开关特性曲线

响，同样使用线性插值方法，可以求得能表征对应于其他截止电压以及其他结温情况下的修正系数 k[9]。

$$k_1(T_j, V_{CE}) = \frac{1}{E_{off}(125)}\left[\frac{[E_{off}(125)-E_{off}(25)](T_j-25)}{100}+E_{off}(25)\right]\frac{V_{CE}}{V_{CE\_ref}} \tag{3-83}$$

$$k_2(T_j, V_{CE}) = \frac{1}{E_{on}(125)}\left[\frac{[E_{on}(125)-E_{on}(25)](T_j-25)}{100}+E_{on}(25)\right]\frac{V_{CE}}{V_{CE\_ref}} \tag{3-84}$$

$$k_3(T_j, V_{CE}) = \frac{1}{E_{rec}(125)}\left[\frac{[E_{rec}(125)-E_{rec}(25)](T_j-25)}{100}+E_{rec}(25)\right]\frac{V_{CE}}{V_{CE\_ref}} \tag{3-85}$$

式中，V_{CE_ref}和 V_{CE} 分别表示参数表上的参考截止电压以及实际运行中的真实截止电压，$E(125)$ 和 $E(25)$ 分别表示参数表中直接给出的结温为 125℃和 25℃下、截止电压为 V_{CE_ref} 且开关电流为某一参考值时元器件的开关能量损耗。

3）驱动损耗指的是 IGBT 驱动电路所消耗的功率。根据实际经验，该部分功率在 MMC 阀损耗中所占的比例不大，因此可以忽略不计。

MMC 阀损耗计算最终分解为各个开关器件即 IGBT 及其反并联二极管的损耗计算。稳态运行下 IGBT 器件和反向并联二极管的功率损耗可以按照如下公式进行计算：

$$P_{VT} = P_{Tcon} + P_{on} + P_{off} \tag{3-86}$$

$$P_{VD} = P_{Dcon} + P_{rec} \tag{3-87}$$

因此将 MMC 所有开关器件损耗进行叠加即可求得阀损耗：

$$P_{tot} = \sum P_{VT} + \sum P_{VD} \tag{3-88}$$

式中，下标 VT 表示 IGBT 部分，下标 VD 表示反并联二极管部分。

3.9.2 MMC阀损耗的评估方法

一般地，对阀损耗评估方法有以下基本要求：①计及控制调制策略，真实反映系统运行特性；②有效提取IGBT器件参数，合理拟合其损耗曲线；③计算快速，结果准确。目前主要有2种方法对MMC-HVDC系统的阀损耗进行计算：

1）利用时域仿真软件计算所搭建模型的实时功率损耗。从理论上说，搭建的模型越精确，其仿真结果就越会接近真实结果。该方法可以提供较为精确的计算结果，但是需要耗费大量的计算时间和计算机硬件资源。

2）使用解析公式/经验公式对阀损耗进行估计。该方法基于数学推导，得到子模块各器件平均电流/平均损耗的解析公式，在所有方法中最具效率优势，适用于损耗初步评估。

3.10 基于分段解析公式的MMC阀损耗计算方法

根据产生机理的不同，MMC阀损耗可以拆分为3个部分：①通态损耗；②因参考电压随时间变化导致子模块投入数改变而产生的“必要开关损耗”；③因子模块电容电压平衡需要而导致的额外开关动作所产生的“附加开关损耗”。

必要开关动作与额外开关动作的结构如图3-20所示。图中，共有两种类型的开关动作，分别用不同种类的箭头来标识：一部分箭头出现在输出电平改变的时刻，表示因参考电压变化导致投入的子模块数量发生变化，而引起的必要开关动作；另一部分箭头出现在输出电平未改变的时刻，表示因子模块电容电压平衡控制而引起的额外开关动作。箭头朝上表示投入的子模块数增加，朝下表示投入的子模块数减小。对应地，必要开关损耗由必要开关动作产生，附加开关损耗由附加开关动作产生。

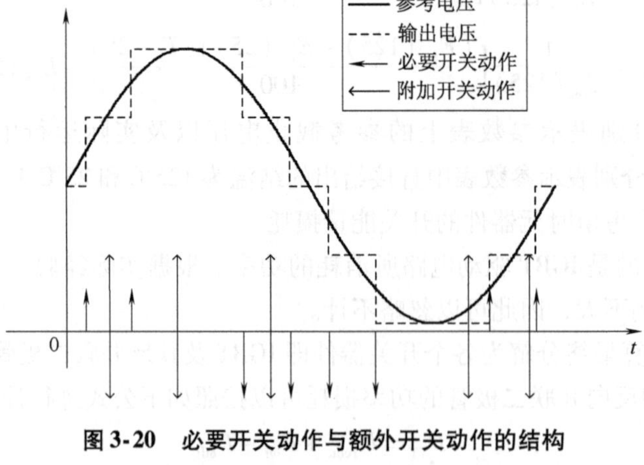

图3-20 必要开关动作与额外开关动作的结构

下面分别对MMC阀损耗的上述3个部分进行详细的分析。使用分段解析方法之后，通态损耗以及必要开关损耗可以通过解析式来精确刻画；附加开关损耗由于其特殊性和复杂性，不能精确地使用解析式表示，但是可以在预先假定子模块平均开关频率的基础之上，估算其大小。考虑到3个相单元的对称性，以及上下桥臂之间的反相对称性，整个换流器的阀损耗在理论上等于 a 相上桥臂阀损耗的 6 倍。

在使用分段解析公式计算 MMC 阀损耗时，采用了以下几点假设：①引入了环流抑制器，用来减小桥臂电流的有效值以及换流阀的总损耗；②鉴于实际 MMC-HVDC 的高电平数，采用实时触发的最近电平逼近作为调制手段。

3.10.1　通态损耗的计算方法

对于实际的 MMC-HVDC 系统，每个桥臂中包含有大量子模块，使得桥臂的输出电压几乎为理想正弦波。作为简化处理，在计算通态损耗时，本节用桥臂电压调制波近似代替实际桥臂电压，将桥臂输出的阶梯波电压转化为光滑波形处理。

考虑 a 相上桥臂中的某一个子模块，处于导通状态的器件由子模块的触发信号以及子模块电流极性决定。在图 2-1 所示的电流参考方向下，当桥臂电流大于零时，如果子模块处于投入状态，则仅仅有二极管 VD_1 导通；如果子模块处于旁路状态，则仅仅有 VT_2 导通。当电流小于零时也有类似结论。上述关系如图 3-21 所示。

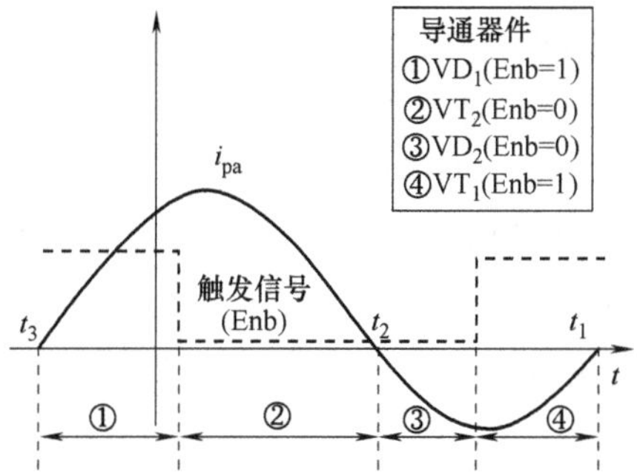

图 3-21　导通器件与桥臂电流以及触发信号的关系

在图 3-21 中

$$u_{pa}=\frac{U_{dc}}{2}[1-m\sin(\omega t)] \tag{3-89}$$

$$i_{pa}=1/3I_{dc}+1/2i_{va}\approx 1/3I_{dc}+1/2I_{vm}\sin(\omega t-\varphi) \tag{3-90}$$

$$N=\frac{U_{dc}}{U_{cN}},n_{pa}=\frac{u_{pa}}{U_{cN}} \tag{3-91}$$

式中，ω 表示换流器交流侧电压的基频角频率；m 是电压调制比；U_{cN}为子模块电容电压额定值；n_{pa}为 a 相上桥臂投入的子模块个数；φ 为桥臂电流基波分量落后于桥臂电压基波分量的相位；I_{vm}表示 MMC 阀侧交流线电流基波分量的幅值。a 相上桥臂的通态损耗可以按照以下公式进行解析计算：

$$\begin{aligned}P_{cond} &= \frac{1}{T}\Big\{\int_{t_2}^{t_1}[n_{pa}(t)P_{Tcond}(t)+(N-n_{pa}(t))P_{Dcond}(t)]dt \\ &\quad +\int_{t_3}^{t_2}[n_{pa}(t)P_{Dcond}(t)+(N-n_{pa}(t))P_{Tcond}(t)]dt\Big\}\end{aligned} \tag{3-92}$$

根据第 2 章的结论，不考虑环流后，桥臂电流中的谐波分量很小，因此式（3-92）中的 $t_1\sim t_3$ 可以通过式（3-93）来估算：

$$t_3 = \frac{\varphi - \arcsin\left(\dfrac{2I_{dc}}{3I_{vm}}\right)}{\omega} \quad t_2 = \frac{\pi + \varphi + \arcsin\left(\dfrac{2I_{dc}}{3I_{vm}}\right)}{\omega} \quad t_1 = \frac{2\pi + \varphi - \arcsin\left(\dfrac{2I_{dc}}{3I_{vm}}\right)}{\omega} \tag{3-93}$$

3.10.2 必要开关损耗的计算方法

为了精确描述必要开关损耗，首先定义开关能量函数 E 如下：

$$E(t) = \begin{cases} E_{off}(t), \dfrac{dn_{pa}(t)}{dt} \geqslant 0 \text{ 且 } i_{pa} \geqslant 0 \\ E_{rec}(t) + E_{on}(t), \dfrac{dn_{pa}(t)}{dt} < 0 \text{ 且 } i_{pa} \geqslant 0 \\ E_{rec}(t) + E_{on}(t), \dfrac{dn_{pa}(t)}{dt} \geqslant 0 \text{ 且 } i_{pa} < 0 \\ E_{off}(t), \dfrac{dn_{pa}(t)}{dt} < 0 \text{ 且 } i_{pa} < 0 \end{cases} \tag{3-94}$$

式中，E_{on}、E_{off}、E_{rec}的大小与桥臂电流 i_{pa}有关，因此它们都是时间的函数；n_{pa}的定义如式（3-91）所示。式（3-94）表达的物理意义为：当桥臂电流大于零且投入子模块时，必要开关动作会带来 E_{off}的能量消耗（VT_2 关断和 VD_1 开通）；当桥臂电流大于零且切除子模块时，必要开关动作会带来（$E_{on}+E_{rec}$）的能量消耗（VT_2 开通和 VD_1 关断）；当桥臂电流小于零且投入子模块时，必要开关动作会带来（$E_{on}+E_{rec}$）的能量消耗（VT_1 开通和 VD_2 关断）；当桥臂电流小于零且切除子模块时，必要开关动作会带来 E_{off}的能量消耗（VT_1 关断和 VD_2 开通）。

在一个基波周期 T 内，必要开关动作引发的能量消耗可以表达为

$$E_{sw1} = \sum_{i=1}^{M} E(T_i) \tag{3-95}$$

式中，T_i 为必要开关动作发生的时刻，M 是基波周期内必要开关动作的总次数。从式（3-95）中可以发现，为了精确计算 E_{sw1}，必须计算一个基波周期内所有必要开关动作发生的时刻 T_i。

针对第 i 个必要开关动作引发的能量消耗，考虑把它转化为积分的形式：

$$E(T_i) = E(T_i) \cdot \frac{\Delta n_{pa}}{\Delta t} \cdot \Delta t = E(T_i) \cdot \rho \cdot \Delta t = E(T_i) \cdot \int_{T_i}^{T_{i+1}} \rho dt \approx \int_{T_i}^{T_{i+1}} E(t)\rho dt \tag{3-96}$$

$$\Delta n_{pa} = \int_{T_i}^{T_{i+1}} \rho dt = 1 \tag{3-97}$$

式中，T_i 和 T_{i+1}表示相邻两个必要开关动作发生的时刻；ρ 表示 a 相上桥臂投入的子模块个数 n_{pa}随时间的变化率；Δn_{pa}是这两个时刻之间 a 相上桥臂投入子模块的变化数量，若采用实时触发的最近电平逼近，Δn_{pa}一定等于 1；$\Delta t = T_{i+1} - T_i$。图 3-22 是这些变量之间关系的示意图。

把式（3-96）代入式（3-95），一个基波周期内必要开关动作引发的总能量消耗可以简化为

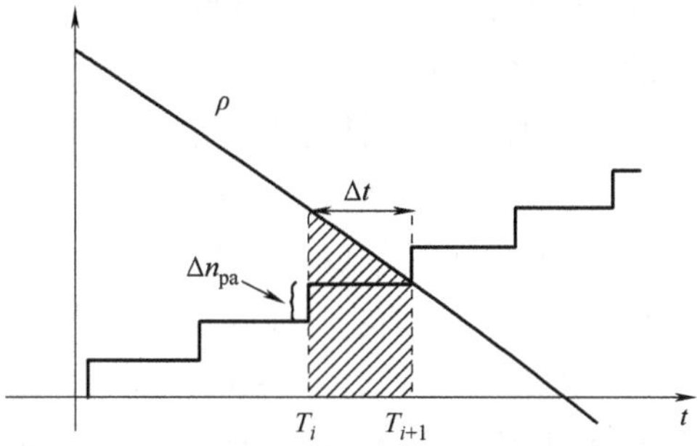

图 3-22　投入子模块个数与变化率函数的示意图

$$E_{sw1} \approx \int_{t_0}^{t_0+T} E(t)\rho \mathrm{d}t \tag{3-98}$$

为了确保式（3-97）在所有的（T_i，T_{i+1}）区间内能成立，ρ 可以取为式（3-91）中 n_{pa} 关于时间导数的绝对值：

$$\rho = \mathrm{abs}\left(\frac{\mathrm{d}n_{pa}}{\mathrm{d}t}\right) = \mathrm{abs}\left[\frac{\mathrm{d}\left(\frac{u_{pa}}{U_{cN}}\right)}{\mathrm{d}t}\right] = \mathrm{abs}\left[\frac{U_{dc}}{2U_{cN}} m\omega\cos(\omega t)\right] \tag{3-99}$$

这样选取的 ρ 具有以下 3 点优势：①a 相上桥臂投入状态子模块的个数在持续上升（下降）期间的变化量与变化率函数 ρ 在此段时间内的积分几乎一致。②ρ 的大小与桥臂中投入子模块个数的变化相对应，即桥臂中投入子模块个数变化得越频繁，ρ 也就会越大；反之亦然。③可以避免必要开关动作发生时刻 T_i 的计算，简化计算过程。

通过把式（3-99）代入式（3-98），可以避开必要开关动作发生时刻 T_i 的求解，从而可以较为高效地计算得到一个基波周期内必要开关动作引发的总能量消耗[10]。

图 3-23 给出了直流电流大于零时，开关损耗的组成成分与桥臂电流、投入子模块个数变化率函数之间的示意关系图。

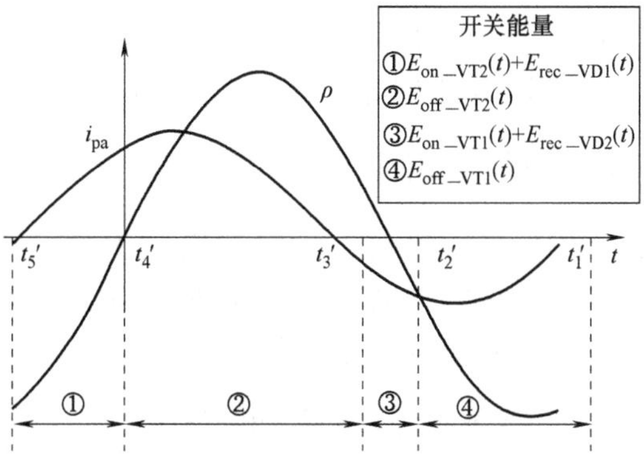

图 3-23　开关能量与桥臂电流以及变化率函数的关系示意图

因此，MMC 必要开关损耗的平均功率可以表达为

$$P_{sw1} = E_{sw1}/T \tag{3-100}$$

3.10.3　附加开关损耗的估计方法

如上文所述，因子模块之间电容平衡控制引起的 MMC 附加开关损耗很难用精确的解析

式表达。本节接下来介绍一种估算附加开关损耗上限的方法。

假设$f_{sw\text{-}dev}$是某一个子模块的平均开关频率，m 是换流器的调制比，f_0 是基波频率。其他的变量在上文已定义。MMC 的附加开关损耗可以使用以下式子进行估算：

$$f_{sw-add}=f_{sw-dev}-mf_0 \tag{3-101}$$

$$i_{pa}(t_{max})=\max[\mathrm{abs}[i_{pa}(t)]](t\in[t_0,t_0+T]) \tag{3-102}$$

$$E_{sw-add}=Nf_{sw-add}[E_{on}(t_{max})k_2+E_{off}(t_{max})k_1+E_{rec}(t_{max})k_3] \tag{3-103}$$

$$P_{sw-add}=E_{sw-add}/1=E_{sw-add} \tag{3-104}$$

参照实际工程，在 MMC-HVDC 附加开关损耗的计算中，可以把式（3-101）中的f_{sw_dev}设为 150Hz。

3.10.4 阀损耗评估方法小结

综上所述，在使用分段解析公式计算 MMC-HVDC 换流站阀损耗时，计算流程如下：

1）根据系统运行条件，计算理想状态下换流器 a 相上桥臂的桥臂电流 i_{pa}和桥臂电压 u_{pa}，以及 i_{pa}基波分量落后于 u_{pa}的相位 φ。根据前文分析，后续的阀损耗计算必须在桥臂电流和桥臂电压均知道的情况下才能进行。

2）在器件制造商提供的数据表上，查找并计算相关参数。这些参数是，二次多项式类型开关能量函数的系数、IGBT 和二极管的通态压降以及通态电阻。在多数情况下，数据表中会给出多种温度下开关器件的典型参数值或者典型曲线。为了扩大解析公式的适用范围，推荐采用数据表中所有给出最高结温下的上述参数进行阀损耗计算。

3）基于步骤 2 中计算所得参数，利用线性插值计算修正系数。为了提高计算效率，在解析计算阀损耗时，可以默认 IGBT 和二极管的结温为 125℃，同时将开关器件的截止电压设置为子模块电容的额定电压。这些假设可能会使得计算的损耗结果偏于保守，然而能够显著地减少计算量并提供一定的安全裕量。

4）在已完成上述 3 步准备工作之后，按照式（3-89）~式（3-104），计算 a 相上桥臂的通态损耗、必要开关损耗以及附加开关损耗、然后将 3 个结果加在一起，记为 $P_{pa\text{-}loss}$。

5）将 $P_{pa\text{-}loss}$乘以 6，所得到的结果就等于 MMC 的阀损耗。

3.10.5 MMC 阀损耗评估的实例

下面基于一个 MMC-HVDC 测试系统，分别利用基于 PSCAD/EMTDC 搭建的 MMC-HVDC 时域仿真模型和分段解析公式，计算得到的 MMC 阀损耗。测试系统主电路参数基于 2.4.6 节的测试系统进行修改，修改后的参数见表 3-5。

表 3-5 测试系统 1 主电路参数

参数	数值
子模块电容 C_0/μF	6660
每个桥臂子模块个数 N	200
子模块电容额定电压/kV	2
IGBT 模块	ABB 5SNA 1200E330100

提取的 IGBT 特征参数见表 3-6 和表 3-7。

表 3-6　IGBT 模块通态压降与通态电阻

	V_0/V	r/Ω	结温/℃
IGBT	1.4807	1.2932×10^{-3}	25
	1.5410	1.8463×10^{-3}	125
反向并联二极管	1.3173	7.5875×10^{-3}	25
	1.0144	1.0178×10^{-3}	125

表 3-7　IGBT 模块开关损耗特征参数

开关能量	a	b	c
E_{off}/mJ	28.562	1.8714	-1.9724×10^{-4}
E_{on}/mJ	422.965	0.5392	5.4953×10^{-4}
E_{rec}/mJ	457.000	2.4000	-3.5700×10^{-4}

注：结温为 125℃，参考电压为 1.8kV。

需要校核的工况见表 3-8。

表 3-8　需要校核的工况

工　况	有功功率 P_v/MW	无功功率 Q_v/Mvar
1	386	41
2	271	322
3	-2.8	444
4	-288	324
5	-415	47
6	-289	-235
7	-5.4	-357
8	270	-238

基于时域仿真模型和分段解析公式的计算结果如图 3-24～图 3-26 所示。

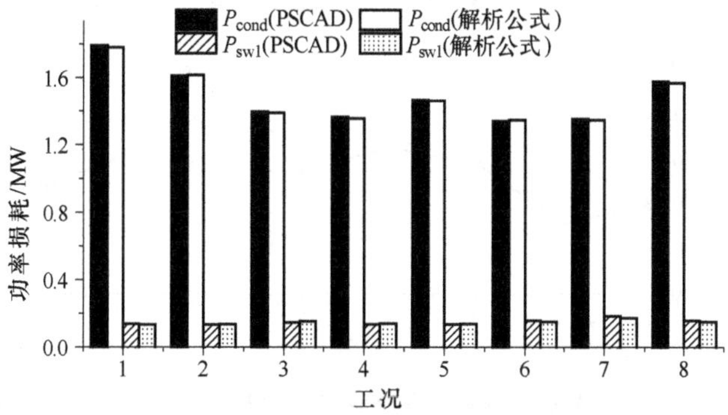

图 3-24　换流站内总的通态损耗以及必要开关损耗

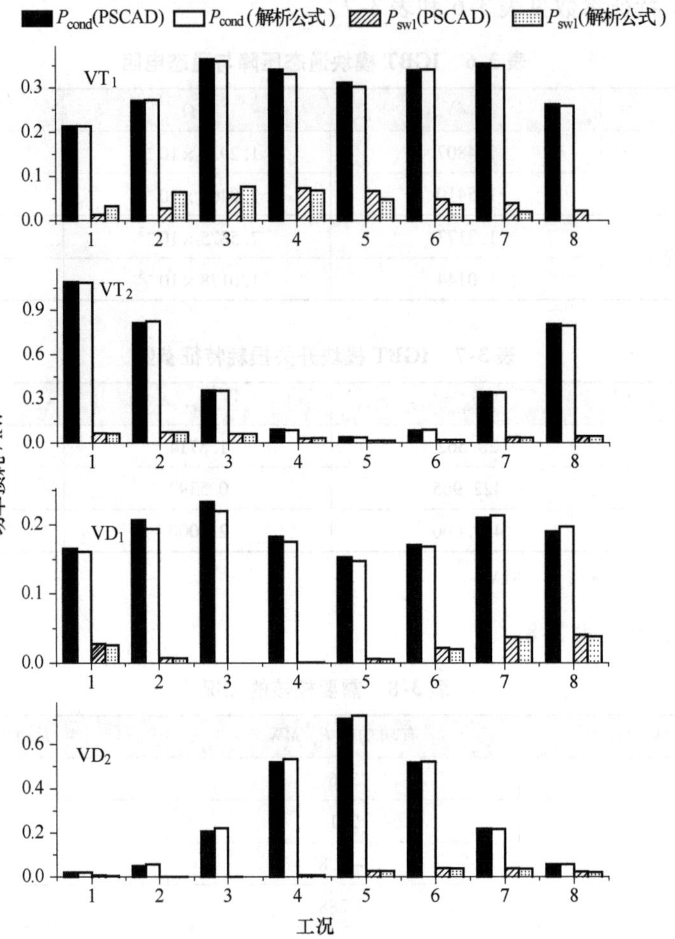

图 3-25 通态损耗以及必要开关损耗在子模块各器件之间的分布

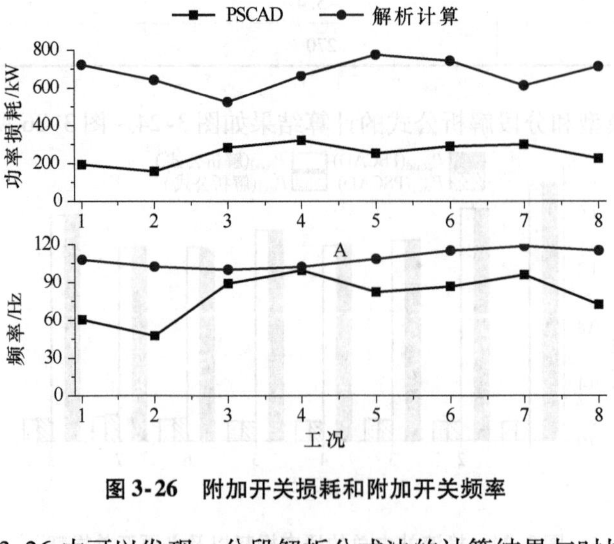

图 3-26 附加开关损耗和附加开关频率

从图 3-24 和图 3-26 中可以发现，分段解析公式法的计算结果与时域仿真法的计算结果较为吻合。在所考虑的所有工况下，通态损耗以及必要开关损耗在子模块的4个开关器件（VT_1，VT_2，VD_1，VD_2）中分布不均匀。而且，通态损耗以及必要开关损耗的分布情况随着工况的改变而变化。从图3-25可以发现，当MMC吸收有功功率时，VD_2上的功率损耗要比其他器件都高；当MMC送出有功功率时，VT_2上的功率损耗要比其他器件都高。

从图3-26可以发现，对于表3-8中所罗列的运行工况，仿真所得的附加开关损耗和附加开关频率要低于解析上限。事实上，附加开关损耗随着子模块电压平衡策略的改变而改变；在同一种策略中，若控制参数不同，也会导致附加开关损耗的变化。

若定义相对误差 = $(P_{仿真}/P_{解析}-1)\times 100\%$，对于通态损耗和必要开关损耗，解析结果和仿真结果之间的相对误差如图3-27所示。可以发现通态损耗的相对误差在±1%之间，必要开关损耗的误差在±8%之间。

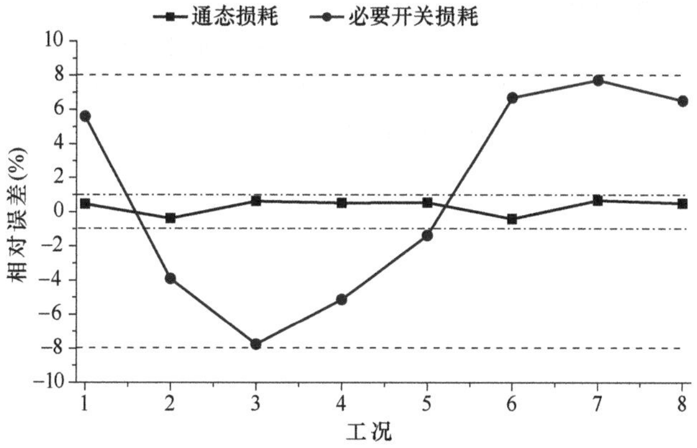

图3-27 仿真结果和解析结果之间的相对误差

从理论上来说，主要有两个因素导致了仿真结果和解析结果之间的误差。第一，桥臂电压和桥臂电流中的谐波分量在一定程度上导致了误差的产生。第二，变化率函数的引入，也在一定程度上影响了解析结果的精确性。

按照定义，通态损耗的大小取决于桥臂电流和桥臂中投入子模块的个数。为了简化计算，解析方法忽略了其中的谐波分量，因此导致了解析结果的误差。对于必要开关损耗而言，其大小由桥臂电压、桥臂电流两者共同决定，并且只出现在离散的时刻。在使用解析公式计算必要开关损耗时，忽略了桥臂电流中的谐波分量，并且认为必要开关动作连续不断地发生。因此，采用解析方法求得的必要开关损耗的相对误差必然会大于通态损耗的相对误差。

参考文献

[1] Tu Q, Xu Z. Impact of sampling frequency on harmonic distortion for modular multilevel converter [J]. IEEE Transactions on Power Delivery, 2011, 26 (1): 298-306.

[2] Lesnicar A. neuartiger modularer mehrpunktumrichter M2C für netzkupplungsanwendungen [D]. München, Germany: Shaker Verlag, 2008.

[3] Fujita H, Tominaga S, Akagi H. Analysis and design of a DC voltage-controlled static varcompensator using quad-series voltage-source inverters [J]. IEEE Transactions on Industry Applications, 1996, 32 (4): 970-977.

[4] Gemmell B, Dorn J, Retzmann D, et al. Prospects of multilevel VSC technologies for power transmission [C]. IEEE/PES Transmission and Distribution Conference and Exposition, 2008.

[5] Ilves K, Antonopoulos A, Norrga S, Nee H P. Steady- state analysis of interaction between harmonic components of arm and line quantities of modular multilevel converters [J]. IEEE Transactions on Power Electronics, 2012, 27 (1): 57-68.

[6] 刘普，王跃，雷万钧. 抑制模块化多电平变流器谐振的子模块电容参数设计方法 [J]. 中国电机工程学报，2015，35 (7)：1713-1722.

[7] Drofenik U, Kolar J W. A general scheme for calculating switching and conduction-losses of power semiconductors in numerical circuit simulations of power electronic systems [C]. Proceedings of the 5th International Power Electronic Conference, 2005.

[8] 屠卿瑞，徐政. 基于结温反馈方法的模块化多电平换流器型高压直流输电阀损耗评估 [J]. 高电压技术，2012，38 (6)：1506-1512.

[9] 潘武略. 新型直流输电系统损耗特性及降损措施研究 [D]. 杭州：浙江大学，2008.

[10] Zhang Z, Xu Z, and Xue Y. Valve Losses Evaluation Based on Piecewise Analytical Method for MMC-HVDC Links [J]. IEEE Transactions on Power Delivery, 2014, 29 (3): 1354-1362.

第 4 章 MMC柔性直流输电系统的控制和保护策略

4.1 柔性直流输电系统控制策略简介

控制系统对柔性直流输电系统功能的实现至关重要。早期的电压源换流器（VSC）采用间接电流控制策略，即根据 abc 坐标系下 VSC 的数学模型和当前的有功、无功功率指令值，计算需要 VSC 输出的交流电压的幅值和相位[1-3]。间接电流控制策略通过控制 VSC 输出交流电压的幅值和相位，间接控制交流电流。其优点在于控制简单，无需电流反馈控制[4]。但是，其缺点是电流动态响应慢，受系统参数影响大，容易造成 VSC 阀的过电流[1,4]。

针对间接电流控制存在的问题，现代电力电子技术采用以快速电流反馈为特征的直接电流控制策略（在电机控制领域称为矢量控制），能够获得高品质的电流响应，目前来看这种控制策略已成为主流[1,4]。直接电流控制可以在 3 种不同的坐标系及相应的控制算法下实现[5]，分别为同步旋转坐标系（dq 坐标系）与比例-积分（PI）控制算法，$\alpha\beta$ 坐标系与比例谐振（PR）控制算法，abc 坐标系与无差拍（Dead Beat）控制算法或滞环（Hysteresis）控制算法。本书关于 VSC 的控制方法，将主要基于同步旋转坐标系（dq 坐标系）及相应的比例-积分（PI）控制算法。该方法在同步旋转坐标系下建立 VSC 的数学模型，将 abc 坐标系下的三相交流量变换为 dq 坐标系下的两轴直流量，简化了换流器的数学模型，使控制器的设计变得简单，且控制效果良好，因而在柔性直流输电系统控制中得到了广泛的应用。

当 VSC 所连接的交流系统短路比较小时（如小于 1.3），采用常规的直接电流控制将很难使系统在额定功率下稳定运行[6,7]。主要原因有两个，一是在弱交流系统条件下，直接电流控制的 d 轴和 q 轴解耦特性被破坏，使 VSC 的稳态特性和暂态特性恶化；二是在弱交流系统条件下，常规锁相环（PLL）的性能也严重恶化，不能满足与电网电压保持同步的要求。为了解决直接电流控制在弱交流系统下所遇到的困难，提出了“功率同步控制（Power Synchronization Control，PSC）”方法[8]。功率同步控制方法的核心思想是，使 VSC 模拟同步发电机的外特性，即 VSC 自主控制三相调制电压的频率和相位，不再依赖锁相环去被动跟踪外部交流电网的频率和相位。采用功率同步控制方法的 VSC 具有类似于同步电机转子运动方程的惯量特性，对所连接的交流系统的短路容量没有要求，因此非常适合用于连接弱交流系统和无源系统。功率同步控制方法可以看作是间接电流控制方法和直接电流控制方法的结合，且具有故障电流限制能力。但当 VSC 连于强交流系统时，采用功率同步控制可能出现调节响应速度较慢、阻尼偏弱、交流侧故障穿越能力较差等问题[9]。

因此针对 VSC 所连接的交流系统的具体情况，可以在直接电流控制和功率同步控制两种方案中选择合适的控制方案。

4.2 同步旋转坐标系下 MMC 的数学模型

将第2章图2-9的 MMC 拓扑图重新画出，如图4-1所示。在 MMC 控制器设计时，假定从换流站交流母线看出去的交流等效系统为无穷大系统，即认为图2-39中的 $Z_{sys}=0$，因而图4-1中的 L_{ac} 可以认为是联接变压器的漏电感。

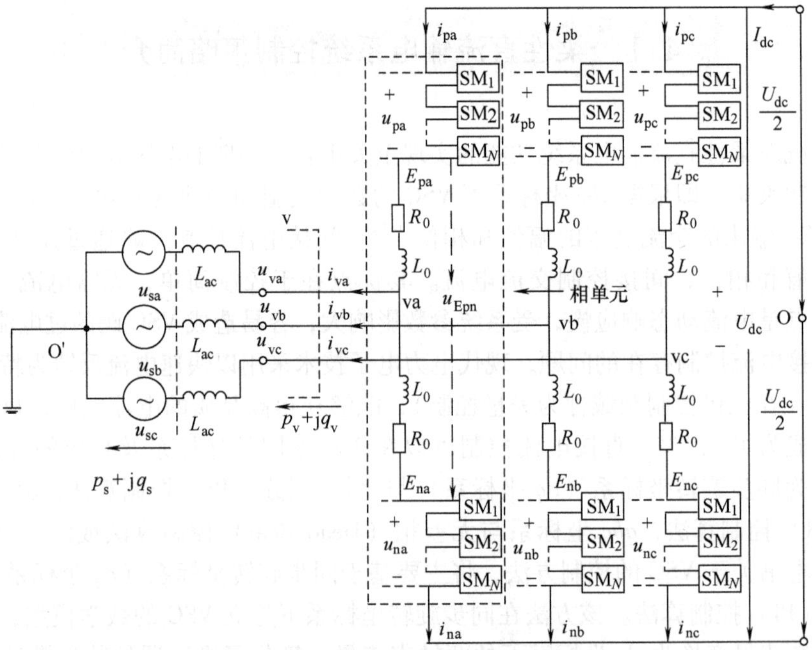

图4-1 模块化多电平换流器模型图

根据第2章导出的 MMC 微分方程数学模型：

$$u_{sj}+L_{ac}\frac{di_{vj}}{dt}+u_{pj}+R_0i_{pj}+L_0\frac{di_{pj}}{dt}=u_{oo'}+\frac{U_{dc}}{2} \tag{4-1}$$

$$u_{sj}+L_{ac}\frac{di_{vj}}{dt}-u_{nj}-R_0i_{nj}-L_0\frac{di_{nj}}{dt}=u_{oo'}-\frac{U_{dc}}{2} \tag{4-2}$$

定义上下桥臂的差模电压为 u_{diffj}，上下桥臂的共模电压为 u_{comj}，即

$$u_{diffj}=-\frac{1}{2}(u_{pj}-u_{nj})=\frac{1}{2}(u_{nj}-u_{pj}) \tag{4-3}$$

$$u_{comj}=\frac{1}{2}(u_{nj}+u_{pj}) \tag{4-4}$$

将式（4-1）和式（4-2）分别作和、作差并化简后，可得表征 MMC 交直流侧动态特性

的数学表达式：

$$\left(L_{ac}+\frac{L_0}{2}\right)\frac{\mathrm{d}i_{vj}}{\mathrm{d}t}+\frac{R_0}{2}i_{vj}=u_{oo'}-u_{sj}+u_{diffj} \tag{4-5}$$

$$L_0\frac{\mathrm{d}i_{cirj}}{\mathrm{d}t}+R_0 i_{cirj}=\frac{U_{dc}}{2}-u_{comj} \tag{4-6}$$

式中

$$i_{cirj}=\frac{1}{2}(i_{pj}+i_{nj}) \tag{4-7}$$

表示 j 相的环流。

4.2.1　差模电压与输出电流的关系

对于 MMC 的控制器设计，交流侧我们只关注基波分量；而根据第 2 章的分析，在交流系统对称条件下，式（4-5）中 $u_{oo'}$的基波分量为零。因此，式（4-5）可以简化为

$$\left(L_{ac}+\frac{L_0}{2}\right)\frac{\mathrm{d}i_{vj}}{\mathrm{d}t}+\frac{R_0}{2}i_{vj}=-u_{sj}+u_{diffj} \tag{4-8}$$

令

$$L=L_{ac}+\frac{L_0}{2} \tag{4-9}$$

$$R=\frac{R_0}{2} \tag{4-10}$$

将式（4-8）表示为三相形式，可以得到 abc 坐标系下 MMC 交流侧的基频动态方程为

$$L\frac{\mathrm{d}}{\mathrm{d}t}\begin{bmatrix} i_{va}(t)\\ i_{vb}(t)\\ i_{vc}(t)\end{bmatrix}+R\begin{bmatrix} i_{va}(t)\\ i_{vb}(t)\\ i_{vc}(t)\end{bmatrix}=-\begin{bmatrix} u_{sa}(t)\\ u_{sb}(t)\\ u_{sc}(t)\end{bmatrix}+\begin{bmatrix} u_{diffa}(t)\\ u_{diffb}(t)\\ u_{diffc}(t)\end{bmatrix} \tag{4-11}$$

式（4-11）是三相静止坐标系下 MMC 交流侧的基频动态数学模型，稳态运行时其电压和电流都是正弦形式的交流量，不利于控制器设计。为了得到易于控制的直流量，常用方法是对式（4-11）进行坐标变换，将三相静止坐标系下的正弦交流量变换到两轴同步旋转坐标系 dq 下的直流量[10-12]。这里的坐标变换采用经典的派克变换。

$$\boldsymbol{f}_{dq}(t)=\boldsymbol{T}_{3s-dq}(\theta)\boldsymbol{f}_{abc}(t) \tag{4-12}$$

$$\boldsymbol{f}_{abc}(t)=\boldsymbol{T}_{dq-3s}(\theta)\boldsymbol{f}_{dq}(t) \tag{4-13}$$

$$\boldsymbol{T}_{3s-dq}(\theta)\frac{\mathrm{d}}{\mathrm{d}t}[\boldsymbol{f}_{abc}(t)]=\frac{\mathrm{d}}{\mathrm{d}t}[\boldsymbol{f}_{dq}(t)]-\left[\frac{\mathrm{d}}{\mathrm{d}t}\boldsymbol{T}_{3s-dq}(\theta)\right]\cdot\boldsymbol{T}_{dq-3s}(\theta)\cdot\boldsymbol{f}_{dq}(t) \tag{4-14}$$

式中，θ 一般取 u_{sa}的相位（余弦形式），工程实现时，u_{sa}的相位通常采用锁相环（PLL）来获得，当 PLL 实现锁相同步时，θ 就等于 u_{sa}的相位；$\boldsymbol{T}_{3s-dq}(\theta)$ 为从 abc 三相静止坐标系到 dq 旋转坐标系的变换矩阵（这里的 3s 指的是三相静止坐标系）；$\boldsymbol{T}_{dq-3s}(\theta)$ 为从 dq 旋转坐标系到 abc 三相静止坐标系的变换矩阵。

$$\boldsymbol{T}_{3s-dq}(\theta)=\frac{2}{3}\begin{bmatrix}\cos\theta & \cos\left(\theta-\frac{2\pi}{3}\right) & \cos\left(\theta+\frac{2\pi}{3}\right)\\ -\sin\theta & -\sin\left(\theta-\frac{2\pi}{3}\right) & -\sin\left(\theta+\frac{2\pi}{3}\right)\end{bmatrix} \tag{4-15}$$

$$\boldsymbol{T}_{\mathrm{dq-3s}}(\theta)=\begin{bmatrix}\cos\theta & -\sin\theta\\ \cos\left(\theta-\frac{2\pi}{3}\right) & -\sin\left(\theta-\frac{2\pi}{3}\right)\\ \cos\left(\theta+\frac{2\pi}{3}\right) & -\sin\left(\theta+\frac{2\pi}{3}\right)\end{bmatrix} \tag{4-16}$$

设网侧三相交流相电压为

$$\begin{bmatrix}u_{\mathrm{sa}}\\ u_{\mathrm{sb}}\\ u_{\mathrm{sc}}\end{bmatrix}=U_{\mathrm{sm}}\begin{bmatrix}\cos\omega t\\ \cos(\omega t-2\pi/3)\\ \cos(\omega t+2\pi/3)\end{bmatrix} \tag{4-17}$$

式中，ω 为交流系统角频率。通过式（4-15）对式（4-17）进行 dq 坐标变换，取 θ 等于 u_{sa} 的相位 ωt，得到

$$\begin{bmatrix}u_{\mathrm{sd}}\\ u_{\mathrm{sq}}\end{bmatrix}=\boldsymbol{T}_{\mathrm{3s-dq}}(\theta)\begin{bmatrix}u_{\mathrm{sa}}\\ u_{\mathrm{sb}}\\ u_{\mathrm{sc}}\end{bmatrix}=\begin{bmatrix}U_{\mathrm{sm}}\\ 0\end{bmatrix} \tag{4-18}$$

式（4-18）表明，当 θ 取余弦形式下网侧 a 相电压 u_{sa} 的相位时，d 坐标轴与网侧电压空间矢量重合，所以在稳态下网侧电压的 d 轴分量 u_{sd} 等于相电压幅值 U_{sm}，而网侧电压的 q 轴分量 u_{sq} 等于零。

对式（4-11）施加式（4-15）所示的坐标变换可得

$$L\frac{\mathrm{d}}{\mathrm{d}t}\begin{bmatrix}i_{\mathrm{vd}}(t)\\ i_{\mathrm{vq}}(t)\end{bmatrix}+R\begin{bmatrix}i_{\mathrm{vd}}(t)\\ i_{\mathrm{vq}}(t)\end{bmatrix}=-\begin{bmatrix}u_{\mathrm{sd}}(t)\\ u_{\mathrm{sq}}(t)\end{bmatrix}+\begin{bmatrix}u_{\mathrm{diffd}}(t)\\ u_{\mathrm{diffq}}(t)\end{bmatrix}+\begin{bmatrix} & \omega L\\ -\omega L & \end{bmatrix}\begin{bmatrix}i_{\mathrm{vd}}(t)\\ i_{\mathrm{vq}}(t)\end{bmatrix} \tag{4-19}$$

根据瞬时功率理论，注入交流系统的瞬时有功功率和瞬时无功功率可以表示为[10,13]

$$\begin{bmatrix}p_{\mathrm{s}}\\ q_{\mathrm{s}}\end{bmatrix}=\frac{3}{2}\begin{bmatrix}u_{\mathrm{sd}} & u_{\mathrm{sq}}\\ u_{\mathrm{sq}} & -u_{\mathrm{sd}}\end{bmatrix}\begin{bmatrix}i_{\mathrm{vd}}\\ i_{\mathrm{vq}}\end{bmatrix} \tag{4-20}$$

稳态下，网侧电压的 q 轴分量 u_{sq} 等于零，将式（4-18）代入式（4-20）可得

$$p_{\mathrm{s}}=\frac{3}{2}u_{\mathrm{sd}}i_{\mathrm{vd}}=\frac{3}{2}U_{\mathrm{sm}}i_{\mathrm{vd}} \tag{4-21}$$

$$q_{\mathrm{s}}=-\frac{3}{2}u_{\mathrm{sd}}i_{\mathrm{vq}}=-\frac{3}{2}U_{\mathrm{sm}}i_{\mathrm{vq}} \tag{4-22}$$

可见，注入交流系统的有功功率 p_{s} 与 d 轴电流分量 i_{vd} 成正比，注入交流系统的无功功率 q_{s} 与 q 轴电流分量 i_{vq} 的负值成正比。

对式（4-19）进行拉普拉斯变换，可得到 MMC 在 dq 坐标系下基频动态方程的频域形式为

$$\begin{cases}(R+Ls)i_{\mathrm{vd}}(s)=-u_{\mathrm{sd}}(s)+u_{\mathrm{diffd}}(s)+\omega Li_{\mathrm{vq}}(s)\\ (R+Ls)i_{\mathrm{vq}}(s)=-u_{\mathrm{sq}}(s)+u_{\mathrm{diffq}}(s)-\omega Li_{\mathrm{vd}}(s)\end{cases} \tag{4-23}$$

从式（4-23）可以看出，MMC 的输出电流取决于系统电压和桥臂差模电压。根据式（4-23），可以得到从差模电压到输出电流之间的传递函数关系，如图 4-2 所示，该图描述了 MMC 控制变量与受控变量之间的关系，是下节控制器设计的基础。

4.2.2　共模电压与内部环流的关系

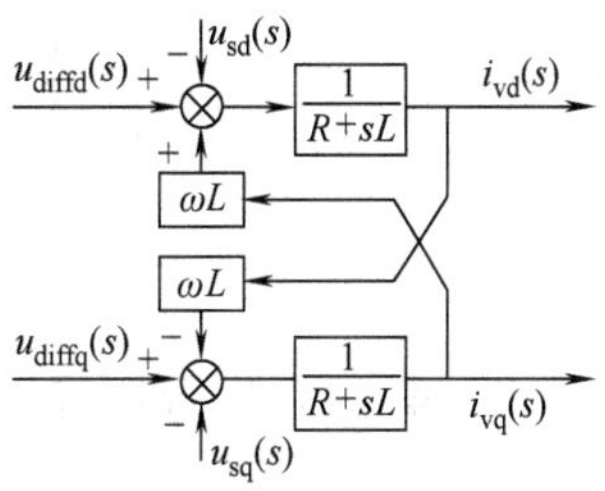

图 4-2　MMC 在 dq 坐标系下的输入输出传递函数关系

根据第 2 章的解析分析，MMC 内部环流的解析表达式为

$$i_{\mathrm{cirj}}=\frac{I_{\mathrm{dc}}}{3}+I_{\mathrm{r2m}}\cos(2\omega t-\theta_{\mathrm{t}})+Q_{10} \tag{4-24}$$

式中，Q_{10}表示 3 次及以上的谐波分量，已非常小，可以忽略不计。这样，三相内部环流 i_{cirj}可以表达为

$$i_{\mathrm{cira}}=\frac{I_{\mathrm{dc}}}{3}+I_{\mathrm{r2m}}\cos(2\omega t-\theta_{\mathrm{t}}) \tag{4-25}$$

$$\begin{aligned}i_{\mathrm{cirb}}&=\frac{I_{\mathrm{dc}}}{3}+I_{\mathrm{r2m}}\cos\left[2\left(\omega t-\frac{2\pi}{3}\right)-\theta_{\mathrm{t}}\right]\\&=\frac{I_{\mathrm{dc}}}{3}+I_{\mathrm{r2m}}\cos\left(2\omega t-\theta_{\mathrm{t}}+\frac{2\pi}{3}\right)\end{aligned} \tag{4-26}$$

$$\begin{aligned}i_{\mathrm{circ}}&=\frac{I_{\mathrm{dc}}}{3}+I_{\mathrm{r2m}}\cos\left[2\left(\omega t+\frac{2\pi}{3}\right)-\theta_{\mathrm{t}}\right]\\&=\frac{I_{\mathrm{dc}}}{3}+I_{\mathrm{r2m}}\cos\left(2\omega t-\theta_{\mathrm{t}}-\frac{2\pi}{3}\right)\end{aligned} \tag{4-27}$$

由式（4-25）~式（4-27）可以看出，MMC 内部环流的 2 次谐波相序是负序的。因此，为了得到易于控制的直流量，需要采用与负序 2 次谐波分量相对应的坐标变换。采用从 abc 三相静止坐标系变换到 $d^{-2}q^{-2}$旋转坐标系（以 2ω 速度反 θ 方向旋转）的变换矩阵可以将负序 2 次谐波分量变换为直流分量。参照变换矩阵式（4-15），容易推得从 abc 三相静止坐标系变换到 $d^{-2}q^{-2}$旋转坐标系的变换矩阵为 $\boldsymbol{T}_{3\mathrm{s-dq}}(-2\theta)$；而参照变换矩阵式（4-16），从 $d^{-2}q^{-2}$旋转坐标系变回到 abc 三相静止坐标系的变换矩阵为 $\boldsymbol{T}_{\mathrm{dq-3s}}(-2\theta)$。这里 θ 取 u_{sa}的相位（余弦形式），即 θ 的意义与式（4-12）~式（4-16）中的完全一致。

将式（4-6）表示为三相形式，可以得到 abc 坐标系下三相内部环流的动态方程为

$$L_0\frac{\mathrm{d}}{\mathrm{d}t}\begin{bmatrix}i_{\mathrm{cira}}(t)\\i_{\mathrm{cirb}}(t)\\i_{\mathrm{circ}}(t)\end{bmatrix}+R_0\begin{bmatrix}i_{\mathrm{cira}}(t)\\i_{\mathrm{cirb}}(t)\\i_{\mathrm{circ}}(t)\end{bmatrix}=\begin{bmatrix}\frac{U_{\mathrm{dc}}}{2}\\\frac{U_{\mathrm{dc}}}{2}\\\frac{U_{\mathrm{dc}}}{2}\end{bmatrix}-\begin{bmatrix}u_{\mathrm{coma}}(t)\\u_{\mathrm{comb}}(t)\\u_{\mathrm{comc}}(t)\end{bmatrix} \tag{4-28}$$

对式（4-28）进行 $d^{-2}q^{-2}$坐标变换可得

$$L_0\frac{\mathrm{d}}{\mathrm{d}t}\begin{bmatrix}i_{\mathrm{cird}}(t)\\i_{\mathrm{cirq}}(t)\end{bmatrix}+R_0\begin{bmatrix}i_{\mathrm{cird}}(t)\\i_{\mathrm{cirq}}(t)\end{bmatrix}=\begin{bmatrix} & -2\omega L_0\\2\omega L_0 & \end{bmatrix}\begin{bmatrix}i_{\mathrm{cird}}(t)\\i_{\mathrm{cirq}}(t)\end{bmatrix}-\begin{bmatrix}u_{\mathrm{comd}}(t)\\u_{\mathrm{comq}}(t)\end{bmatrix} \tag{4-29}$$

式中

$$\begin{bmatrix}i_{\mathrm{cird}}(t)\\i_{\mathrm{cirq}}(t)\end{bmatrix}=\boldsymbol{T}_{3\mathrm{s-dq}}(-2\theta)\begin{bmatrix}i_{\mathrm{cira}}(t)\\i_{\mathrm{cirb}}(t)\\i_{\mathrm{circ}}(t)\end{bmatrix}=\frac{2}{3}\begin{bmatrix}\cos2\theta & \cos\left(2\theta+\frac{2\pi}{3}\right) & \cos\left(2\theta-\frac{2\pi}{3}\right)\\\sin2\theta & \sin\left(2\theta+\frac{2\pi}{3}\right) & \sin\left(2\theta-\frac{2\pi}{3}\right)\end{bmatrix}\begin{bmatrix}i_{\mathrm{cira}}(t)\\i_{\mathrm{cirb}}(t)\\i_{\mathrm{circ}}(t)\end{bmatrix} \tag{4-30}$$

$$\begin{bmatrix} u_{\text{comd}}(t) \\ u_{\text{comq}}(t) \end{bmatrix} = \boldsymbol{T}_{3s-dq}(-2\theta)\begin{bmatrix} u_{\text{coma}}(t) \\ u_{\text{comb}}(t) \\ u_{\text{comc}}(t) \end{bmatrix} = \frac{2}{3}\begin{bmatrix} \cos 2\theta & \cos\left(2\theta+\dfrac{2\pi}{3}\right) & \cos\left(2\theta-\dfrac{2\pi}{3}\right) \\ \sin 2\theta & \sin\left(2\theta+\dfrac{2\pi}{3}\right) & \sin\left(2\theta-\dfrac{2\pi}{3}\right) \end{bmatrix}\begin{bmatrix} u_{\text{coma}}(t) \\ u_{\text{comb}}(t) \\ u_{\text{comc}}(t) \end{bmatrix} \tag{4-31}$$

对式（4-29）进行拉普拉斯变换，可得 $d^{-2}q^{-2}$ 坐标系下 MMC 内部环流动态方程的频域形式为

$$\begin{cases} (R_0+L_0 s)i_{\text{cird}}(s) = -u_{\text{comd}}(s) - 2\omega L_0 i_{\text{cirq}}(s) \\ (R_0+L_0 s)i_{\text{cirq}}(s) = -u_{\text{comq}}(s) + 2\omega L_0 i_{\text{cird}}(s) \end{cases} \tag{4-32}$$

从式（4-32）可以看出，MMC 的内部环流只取决于桥臂共模电压。根据式（4-32），可以得到从共模电压到内部环流之间的传递函数关系，如图 4-3 所示。图 4-3 同样描述了 MMC 控制变量与受控变量之间的关系，是下节控制器设计的基础。

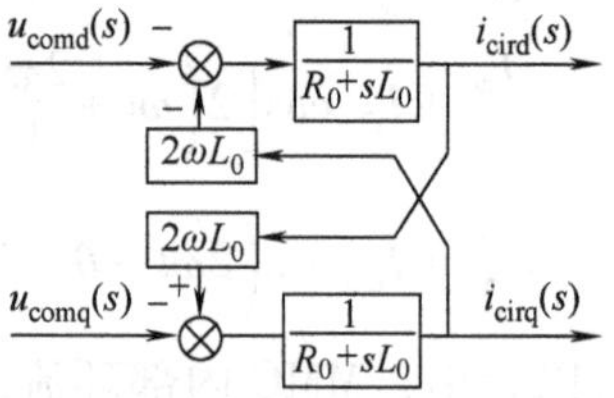

图 4-3 MMC 内部环流的传递函数关系

4.3 交流电网平衡时的 MMC 控制器设计

在 dq 坐标系下，MMC 的控制策略可以分解为内环电流控制器和外环功率控制器。其中内环电流控制器实现两个功能：其一，是通过调节 MMC 上下桥臂的差模电压 u_{diffd} 和 u_{diffq}，使 dq 轴电流快速跟踪其参考值 i_{vd}^* 和 i_{vq}^*；其二，是通过调节 MMC 上下桥臂的共模电压 u_{comd} 和 u_{comq}，将内部环流抑制到零。外环功率控制器根据有功和无功功率或者直流电压等参考值，计算内环电流控制器输出电流的 dq 轴参考值 i_{vd}^* 和 i_{vq}^*。MMC 内外环控制器的结构如图 4-4所示，下面简单介绍控制器中主要环节的设计方法。

4.3.1 内环电流控制器的输出电流跟踪控制

式（4-23）中，i_{vd}、i_{vq} 为输出变量，u_{diffd}、u_{diffq} 为控制变量，u_{sd}、u_{sq} 则是扰动变量，并且 d、q 轴电流之间存在耦合。内环电流控制器设计的目标之一是确定控制变量指令值 u_{diffd}^*、u_{diffq}^*，使输出变量 i_{vd}、i_{vq} 跟踪其指令值 i_{vd}^*、i_{vq}^*。

为了简化控制器的设计，作如下的变量替换。令

$$\begin{cases} V_{\text{d}}(s) = -u_{\text{sd}}(s) + u_{\text{diffd}}(s) + \omega L i_{\text{vq}}(s) \\ V_{\text{q}}(s) = -u_{\text{sq}}(s) + u_{\text{diffq}}(s) - \omega L i_{\text{vd}}(s) \end{cases} \tag{4-33}$$

则式（4-23）变为

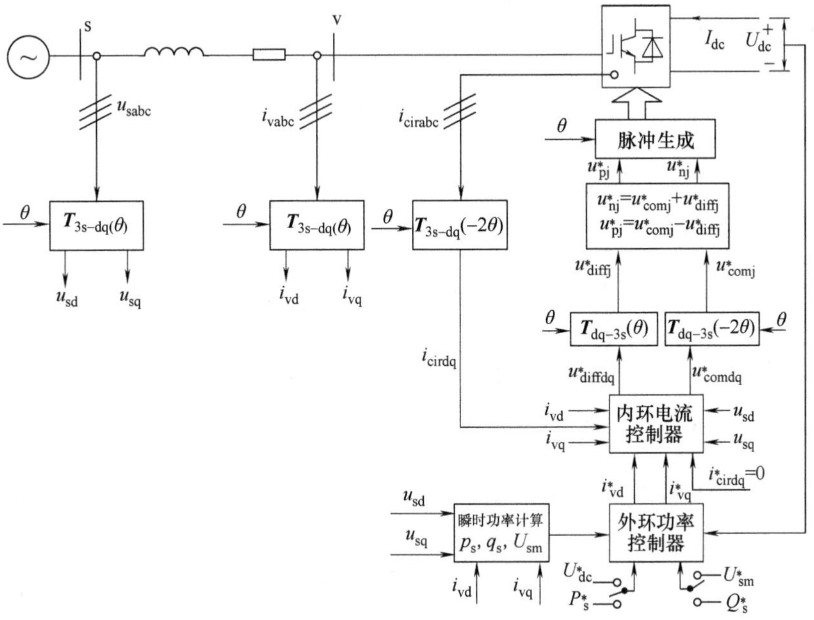

图 4-4　MMC 内外环控制器结构框图

$$\begin{cases}(R+Ls)i_{vd}(s)=V_d(s)\\(R+Ls)i_{vq}(s)=V_q(s)\end{cases}\tag{4-34}$$

根据式（4-34），可以分别建立输出变量 i_{vd}、i_{vq} 与新的控制变量 V_d、V_q 之间的传递函数，如式（4-35）所示，其框图如图 4-5 所示。

$$\begin{cases}\dfrac{i_{vd}(s)}{V_d(s)}=\dfrac{1}{R+Ls}=G(s)\\[2ex]\dfrac{i_{vq}(s)}{V_q(s)}=\dfrac{1}{R+Ls}=G(s)\end{cases}\tag{4-35}$$

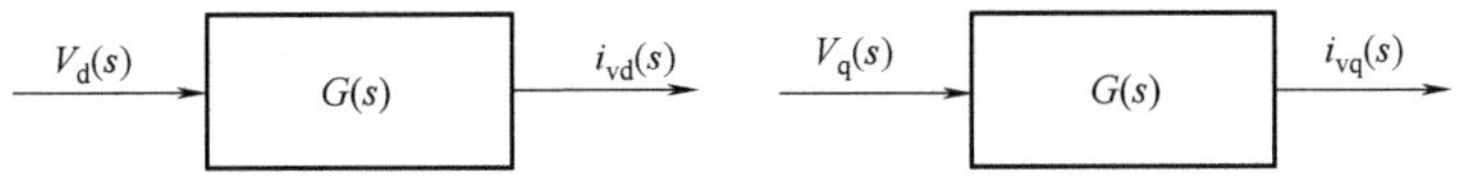

图 4-5　输出电流 *d* 轴和 *q* 轴的输入输出关系

根据经典的负反馈控制理论，要使输出变量 i_{vd}、i_{vq} 跟踪其指令值 i^*_{vd}、i^*_{vq}，需要构造一个负反馈的控制系统。这里采用最简单的单位负反馈控制系统，如图 4-6 所示。

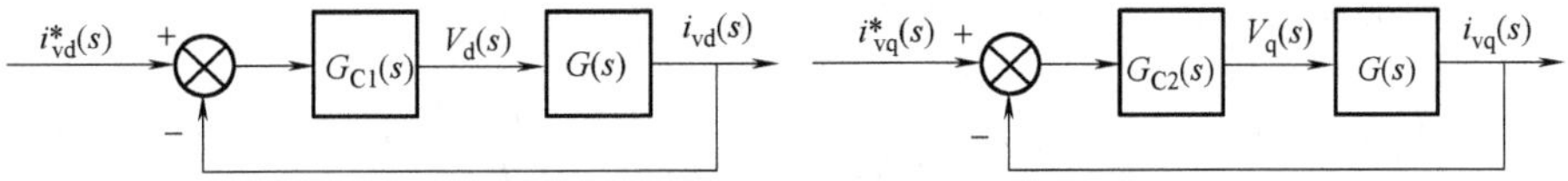

图 4-6　输出电流的 *d* 轴和 *q* 轴闭环控制系统

图 4-6 中，$G_{C1}(s)$ 和 $G_{C2}(s)$ 分别为 *d* 轴和 *q* 轴控制器的传递函数，i^*_{vd}、i^*_{vq} 基本上是直

流量。由于PI控制器对跟踪直流量有很好的性能，因此实际工程中广泛采用的控制方法是PI控制，即 $G_{C1}(s)$ 和 $G_{C2}(s)$ 具有如下形式：

$$\begin{cases} G_{C1}(s)=k_{p1}+\dfrac{k_{i1}}{s} \\ G_{C2}(s)=k_{p2}+\dfrac{k_{i2}}{s} \end{cases} \tag{4-36}$$

因此，新的控制变量 $V_d(s)$、$V_q(s)$ 的表达式为

$$\begin{cases} V_d(s)=[i_{vd}^*(s)-i_{vd}(s)]\left(k_{p1}+\dfrac{k_{i1}}{s}\right) \\ V_q(s)=[i_{vq}^*(s)-i_{vq}(s)]\left(k_{p2}+\dfrac{k_{i2}}{s}\right) \end{cases} \tag{4-37}$$

这样，根据式（4-33），就可以得到实际控制变量 $u_{diffd}(s)$ 和 $u_{diffq}(s)$ 的表达式为

$$\begin{cases} u_{diffd}(s)=u_{sd}(s)-\omega Li_{vq}(s)+V_d(s)=u_{sd}(s)-\omega Li_{vq}(s)+[i_{vd}^*(s)-i_{vd}(s)]\left(k_{p1}+\dfrac{k_{i1}}{s}\right) \\ u_{diffq}(s)=u_{sq}(s)+\omega Li_{vd}(s)+V_q(s)=u_{sq}(s)+\omega Li_{vd}(s)+[i_{vq}^*(s)-i_{vq}(s)]\left(k_{p2}+\dfrac{k_{i2}}{s}\right) \end{cases} \tag{4-38}$$

至此，我们可以得到计算控制变量指令值 u_{diffd}^*、u_{diffq}^* 的控制框图如图4-7a所示。

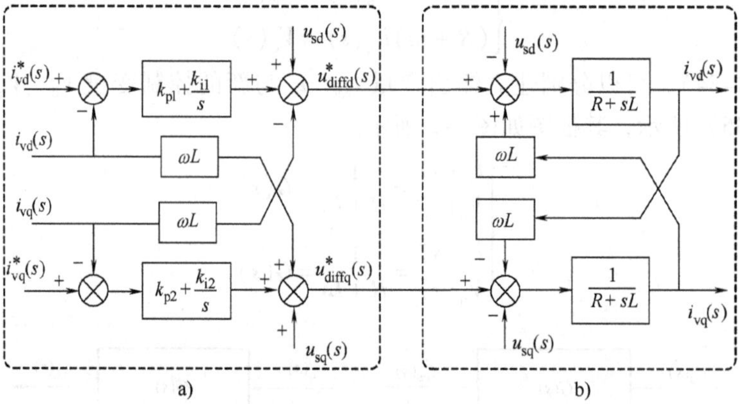

图4-7 内环电流控制器的输出电流跟踪控制框图

a）控制器框图 b）输出电流响应框图

4.3.2 内环电流控制器的内部环流抑制控制

根据第2章的解析分析，MMC交流输出电流的解析表达式为

$$i_{va}=I_{vm}\sin(\omega t+\gamma_{va}-\varphi_{ac})-\frac{8U_{dc}}{\pi N(2L_{ac}+L_0)}\sum_{h=6k\pm1}^{\infty}\frac{f(h)}{h^2\omega}\cos(h\omega t+\gamma_h)+Q_9 \tag{4-39}$$

从式（4-24）可以看出，内部环流的主要成分是直流分量和2次谐波分量，而从式（4-39）可以看出交流输出电流的主要成分是基波分量和5次、7次及以上谐波分量。容易理解，内部环流中的直流分量通过直流线路构成回路，是直流输电的工作电流；而内部环流中的2次

谐波分量既不流入交流电网，也不流入直流线路，完全在三相桥臂间流动。因此可以认为，内部环流中的 2 次谐波分量不是工作电流，它对 MMC 的正常工作不起作用；但它会占用桥臂元件的容量，同时造成损耗。因此，从保证 MMC 可靠和高效工作的角度来看，将内部环流中的 2 次谐波分量抑制到零是所期望的。

仿照输出电流跟踪控制中的设计方法，作如下的变量替换。令

$$\begin{cases} V_{\rm d}'(s) = -u_{\rm comd}(s) - 2\omega L_0 i_{\rm cirq}(s) \\ V_{\rm q}'(s) = -u_{\rm comq}(s) + 2\omega L_0 i_{\rm cird}(s) \end{cases} \tag{4-40}$$

则式（4-32）变为

$$\begin{cases} (R_0 + L_0 s) i_{\rm cird}(s) = V_{\rm d}'(s) \\ (R_0 + L_0 s) i_{\rm cirq}(s) = V_{\rm q}'(s) \end{cases} \tag{4-41}$$

根据式（4-41），可以分别建立输出变量 $i_{\rm cird}$、$i_{\rm cirq}$ 与新的控制变量 $V_{\rm d}'$、$V_{\rm q}'$ 之间的传递函数，如式（4-42）所示，其框图如图 4-8 所示。

$$\begin{cases} \dfrac{i_{\rm cird}(s)}{V_{\rm d}'(s)} = \dfrac{1}{R_0 + L_0 s} = G'(s) \\ \dfrac{i_{\rm cirq}(s)}{V_{\rm q}'(s)} = \dfrac{1}{R_0 + L_0 s} = G'(s) \end{cases} \tag{4-42}$$

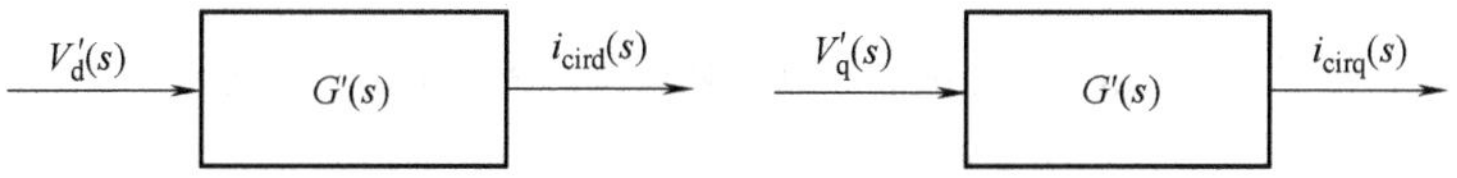

图 4-8　内部环流 *d* 轴和 *q* 轴的输入输出关系

根据经典的负反馈控制理论，要使输出变量 $i_{\rm cird}$、$i_{\rm cirq}$ 跟踪其指令值 $i_{\rm cird}^* = 0$、$i_{\rm cirq}^* = 0$，需要构造一个负反馈的控制系统。若采用最简单的单位负反馈控制系统，则如图 4-9 所示。

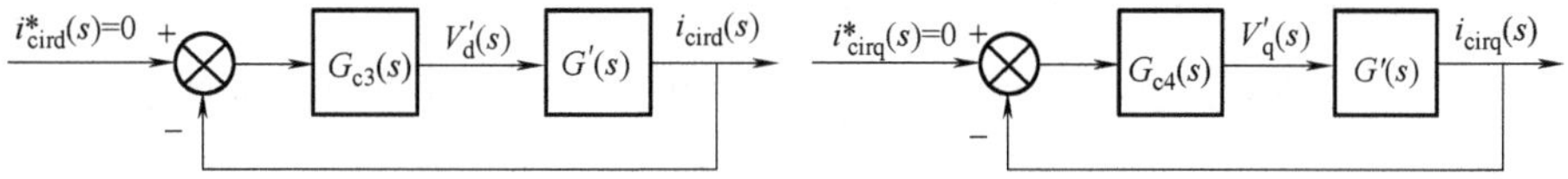

图 4-9　内部环流的 *d* 轴和 *q* 轴闭环控制系统

图 4-9 中，$G_{\rm C3}(s)$ 和 $G_{\rm C4}(s)$ 分别为 d 轴和 q 轴控制器的传递函数。对于如图 4-9 所示的单环控制系统，采用 PI 控制是合适的，即 $G_{\rm C3}(s)$ 和 $G_{\rm C4}(s)$ 具有如下形式：

$$\begin{cases} G_{\rm C3}(s) = k_{\rm p3} + \dfrac{k_{\rm i3}}{s} \\ G_{\rm C4}(s) = k_{\rm p4} + \dfrac{k_{\rm i4}}{s} \end{cases} \tag{4-43}$$

因此，新的控制变量 $V_{\rm d}'(s)$、$V_{\rm q}'(s)$ 的表达式为

$$\begin{cases} V_{\rm d}'(s) = [i_{\rm cird}^*(s) - i_{\rm cird}(s)]\left(k_{\rm p3} + \dfrac{k_{\rm i3}}{s}\right) \\ V_{\rm q}'(s) = [i_{\rm cirq}^*(s) - i_{\rm cirq}(s)]\left(k_{\rm p4} + \dfrac{k_{\rm i4}}{s}\right) \end{cases} \tag{4-44}$$

这样，根据式（4-40），就可以得到实际控制变量 $u_{\mathrm{comd}}(s)$ 和 $u_{\mathrm{comq}}(s)$ 的表达式为

$$\begin{cases} u_{\mathrm{comd}}(s) = -V'_{\mathrm{d}}(s) - 2\omega L_0 i_{\mathrm{cirq}}(s) = -2\omega L_0 i_{\mathrm{cirq}}(s) - [i^*_{\mathrm{cird}}(s) - i_{\mathrm{cird}}(s)]\left(k_{\mathrm{p3}} + \dfrac{k_{\mathrm{i4}}}{s}\right) \\ u_{\mathrm{comq}}(s) = -V'_{\mathrm{q}}(s) + 2\omega L_0 i_{\mathrm{cird}}(s) = 2\omega L_0 i_{\mathrm{cird}}(s) - [i^*_{\mathrm{cirq}}(s) - i_{\mathrm{cirq}}(s)]\left(k_{\mathrm{p4}} + \dfrac{k_{\mathrm{i4}}}{s}\right) \end{cases} \tag{4-45}$$

至此，我们可以得到计算控制变量指令值 u^*_{comd}、u^*_{comq} 的控制框图如图 4-10a 所示。

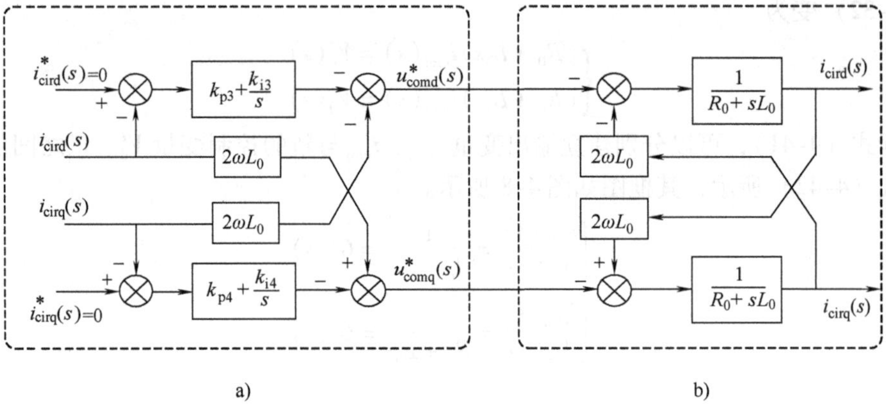

图 4-10 内环电流控制器的内部环流抑制控制框图

a）控制器框图 b）内部环流响应框图

4.3.3 内环电流控制器的最终控制量计算

根据式（4-16）对 u^*_{diffd}、u^*_{diffq} 进行 dq 反变换，就能得到 abc 相坐标系下的桥臂差模电压指令值 u^*_{diffj}。根据式（4-16）并将 θ 用 -2θ 替代，对 u^*_{comd}、u^*_{comq} 进行 $d^{-2}q^{-2}$ 反变换，就能得到 abc 相坐标系下的桥臂共模电压指令值 u^*_{comj}。至此可以得到计算三相桥臂电压指令值 u^*_{pj}、u^*_{nj} 的公式为

$$u^*_{\mathrm{pj}} = u^*_{\mathrm{comj}} - u^*_{\mathrm{diffj}} \tag{4-46}$$

$$u^*_{\mathrm{nj}} = u^*_{\mathrm{comj}} + u^*_{\mathrm{diffj}} \tag{4-47}$$

4.3.4 外环功率控制器设计[10,12]

如图 4-4 所示，外环功率控制器的控制目标分为两类，第一类为有功类控制目标，第二类为无功类控制目标。有功类控制目标的指令值是交流侧有功功率 P^*_{s} 或直流侧直流电压 U^*_{dc}，注意任何时刻只可选择一种指令值进行控制。无功类控制目标的指令值是交流侧无功功率 Q^*_{s} 或交流侧电压 U^*_{sm}，同样任何时刻只可选择一种指令值进行控制。外环功率控制器的输出是内环电流控制器的 d 轴电流分量指令值 i^*_{vd} 和 q 轴电流分量指令值 i^*_{vq}。当采用矢量控制时，有功类控制目标与无功类控制目标可以相互解耦，即有功类控制目标与内环电流控制器的 d 轴电流分量指令值 i^*_{vd} 构成一个独立的控制回路；无功类控制目标与内环电流控制

器的 q 轴电流分量指令值 i_{vq}^{*} 构成一个独立的控制回路。下面分别介绍外环控制器的这两个独立控制回路。

1. 有功类控制回路

根据式（4-21），P_{s}^{*} 给定时，可以直接计算 i_{vd}^{*}，但为了消除稳态误差，需要加上有功功率的负反馈 PI 调节项。这样，就可以得到 P_{s}^{*} 给定时的有功类控制回路如图 4-11 所示。如果给定的是 U_{dc}^{*}，则对应的有功类控制回路如图 4-12 所示。其中，i_{vd}^{*} 指令值加了限幅环节，限幅值 i_{vdmax} 是随运行工况而变化的，并与 q 轴电流 i_{vq} 有关。简化的 i_{vdmax} 计算式可以采用下式：

$$i_{vdmax} = \sqrt{I_{vmmax}^{2} - i_{vq}^{2}(t - T_{ctrl})} \tag{4-48}$$

式中，I_{vmmax} 是阀侧交流相电流幅值的最大值，可以根据额定容量和额定交流电压推算出来；$i_{vq}(t - T_{ctrl})$ 是上一个控制周期已经测量到的 q 轴电流。

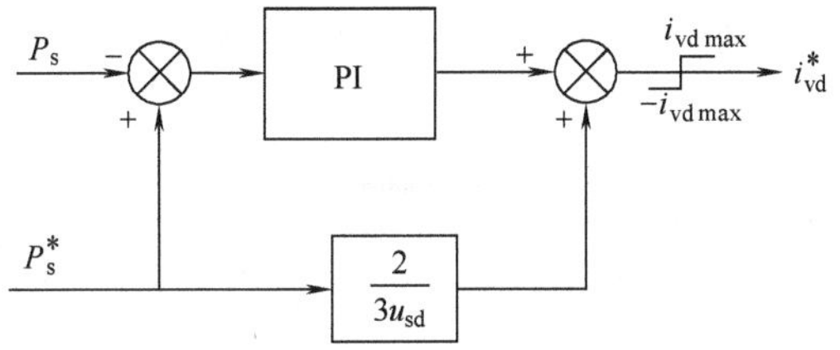

图 4-11　外环功率控制器 P_{s}^{*} 给定时的有功类控制回路

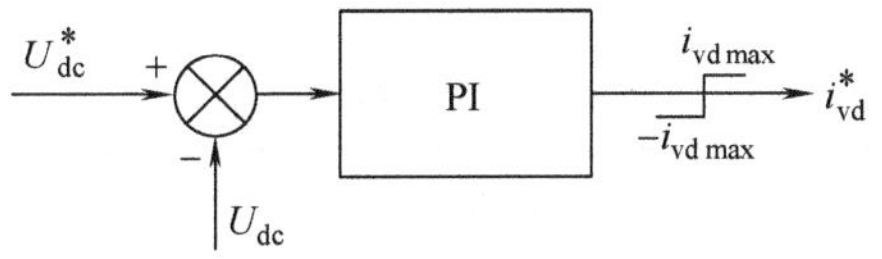

图 4-12　外环功率控制器 U_{dc}^{*} 给定时的有功类控制回路

2. 无功类控制回路

根据式（4-22），Q_{s}^{*} 给定时，可以直接计算 i_{vq}^{*}，但为了消除稳态误差，需要加上无功功率的负反馈 PI 调节项。这样，就可以得到 Q_{s}^{*} 给定时的无功类控制回路如图 4-13 所示。如果给定的是 U_{sm}^{*}，则对应的无功类控制回路如图 4-14 所示。限幅值 i_{vqmax} 是随运行工况而变化的，并与 d 轴电流 i_{vd} 有关。简化的 i_{vqmax} 计算式可以采用下式：

$$i_{vqmax} = \sqrt{I_{vmmax}^{2} - i_{vd}^{2}(t - T_{ctrl})} \tag{4-49}$$

式中，$i_{vd}(t - T_{ctrl})$ 是上一个控制周期已经测量到的 d 轴电流。

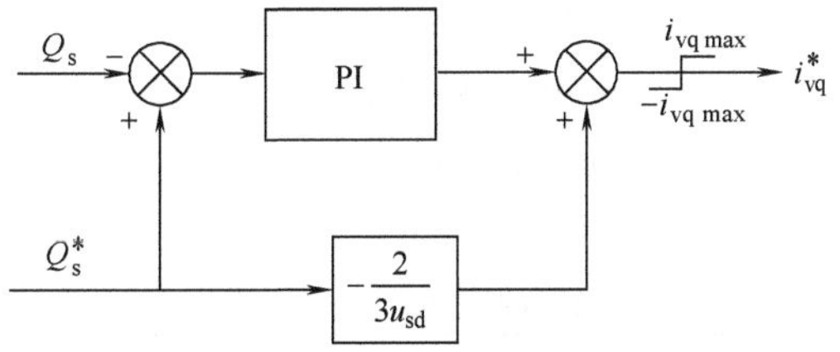

图 4-13　外环功率控制器 Q_{s}^{*} 给定时的无功类控制回路

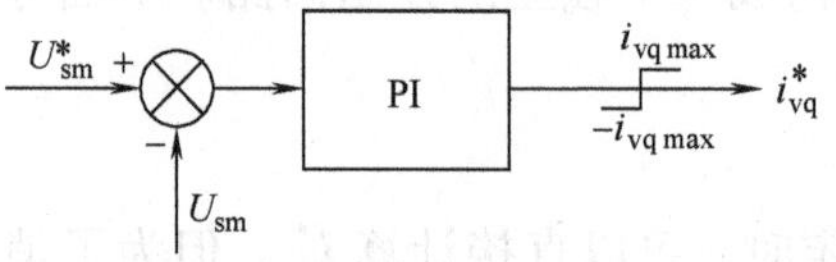

图 4-14 外环功率控制器 U_{sm}^* 给定时的无功类控制回路

4.3.5 仿真验证

在 PSCAD/EMTDC 仿真软件中搭建双端 MMC-HVDC 仿真系统，仿真系统结构图如图 4-15所示。直流主回路结构为单极大地回线，仿真系统参数见表 4-1。仿真系统采用前面所述的基于 dq 坐标系的控制策略，调制方式为最近电平逼近调制。整流侧为直流电压和无功功率控制，直流电压指令值设为 400kV，无功功率指令值设为 0。逆变侧为有功功率和无功功率控制，初始有功功率为 200MW，初始无功功率为 100Mvar；1.0s 时有功功率指令值由 200MW 更改为 300MW，1.2s 时无功功率指令值由 100Mvar 更改为 0Mvar。

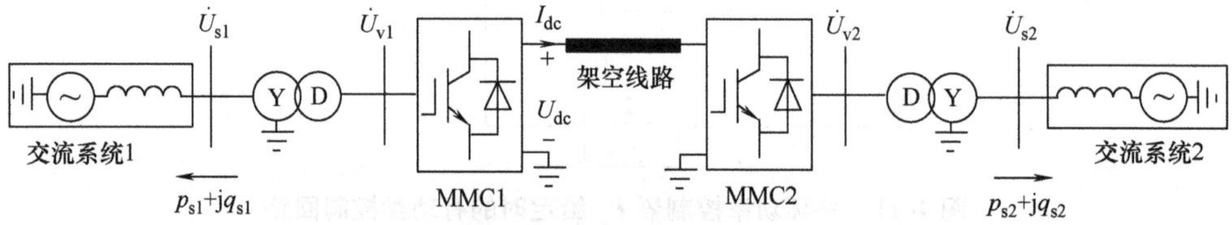

图 4-15 双端 MMC-HVDC 单极系统结构图

表 4-1 仿真系统参数

	参 数	数 值
交流侧	交流系统额定电压	220kV
	联接变压器容量	480MVA
	联接变压器电压比	220kV/210kV
	联接变压器接线方式	Yg/D
	联接变压器漏抗	0.1pu
直流侧	额定直流电压	400kV
	架空线路长度	100km
	架空线路单位长度电阻	$9.32\times10^{-3}\Omega$/km
	架空线路单位长度电感	8.499×10^{-1}mH/km
	架空线路单位长度电容	$1.313\times10^{-2}\mu$F/km
换流器内部	MMC 容量	400MVA
	单个桥臂子模块数目	20
	额定电容电压	20kV
	子模块电容值	666μF
	桥臂电感值	76mH

图 4-16 给出了逆变侧主回路主要电气量的变化波形，其中图 a 是交流有功功率指令值 P_s^* 与实际值 p_s 的波形图，图 b 是交流无功功率指令值 Q_s^* 与实际值 q_s 的波形图，图 c 是阀侧三相交流电压 u_{vj} 的波形图，图 d 是阀侧三相交流电流 i_{vj} 的波形图，图 e 是三相内部环流 i_{cirj} 的波形图。图 4-17 给出了逆变侧内外环控制器中主要变量的变化波形，其中图 a 是输出电流 d 轴指令值 i_{vd}^* 与实际值 i_{vd} 的波形图，图 b 是输出电流 q 轴指令值 i_{vq}^* 与实际值 i_{vq} 的波形图，图 c 是内部环流 d 轴和 q 轴电流实际值 i_{cird} 和 i_{cirq} 的波形图，图 d 是桥臂差模电压 d、q 轴分量指令值 u_{diffd}^*、u_{diffq}^* 的波形图，图 e 是桥臂共模电压 d、q 轴分量指令值 u_{comd}^*、u_{comq}^* 的波形图。

从图 4-16 和图 4-17 可以看出，内环电流控制器能够实现对输出电流 d 轴和 q 轴电流分量的快速解耦控制，使它们迅速跟踪各自指令值的变化；内环电流控制器能够抑制内部环流到接近于零；有功功率的变化主要通过对输出电流的 d 轴分量的调节来实现，而无功功率的变化主要通过对输出电流的 q 轴分量的调节来实现，有功功率和无功功率控制之间的相互影响小，解耦性能好；内环电流控制的响应速度明显快于外环控制。

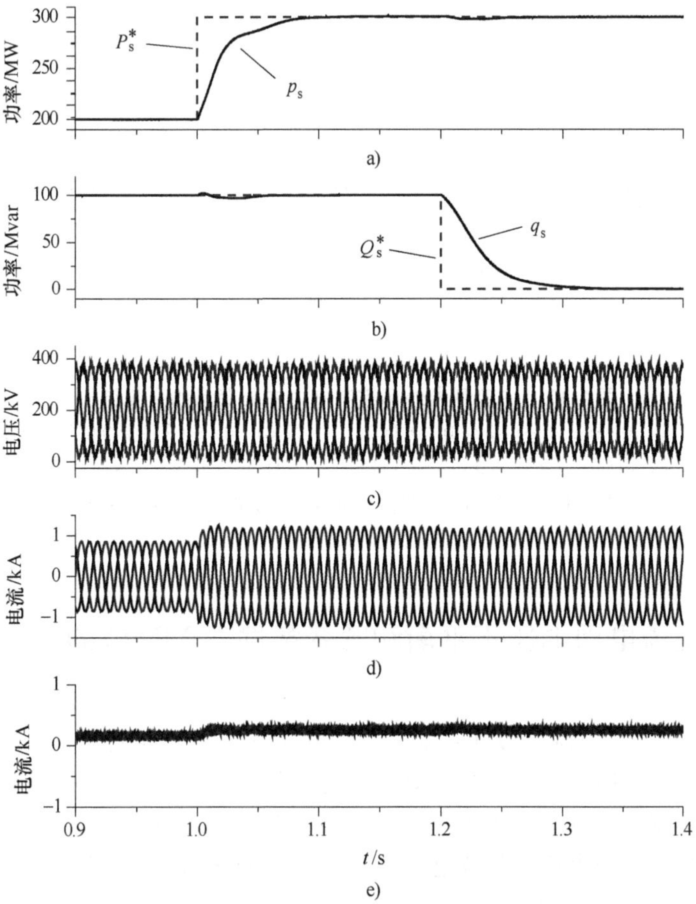

图 4-16　逆变侧主回路主要电气量

a）交流有功功率　b）交流无功功率　c）阀侧交流电压　d）阀侧交流电流　e）三相内部环流

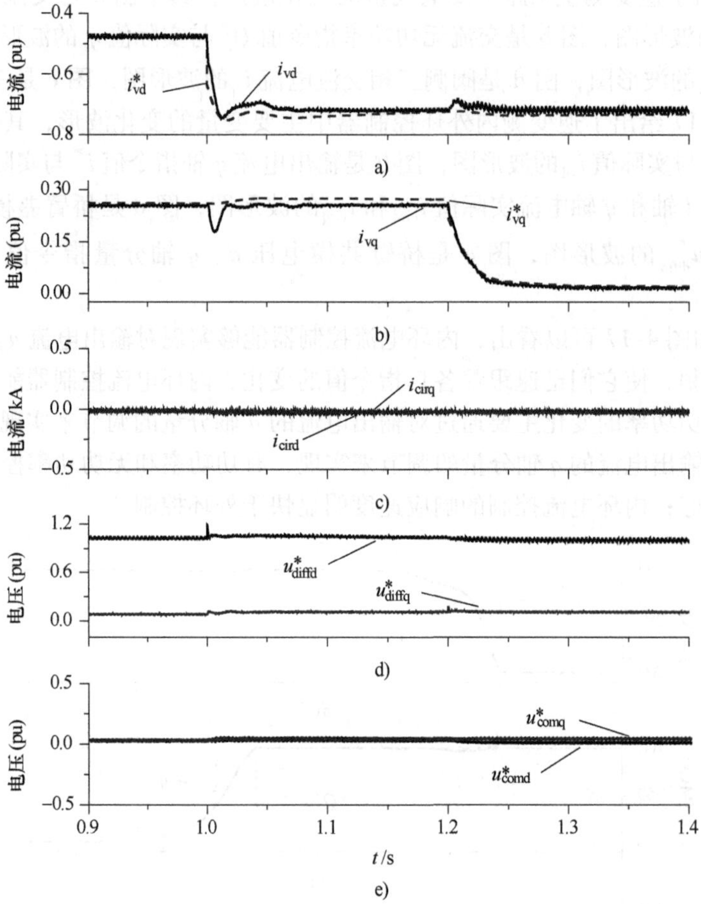

图 4-17 逆变侧内外环控制器中主要变量的变化波形

a）输出电流 d 轴分量指令值与实际值 b）输出电流 q 轴分量指令值与实际值 c）内部环流 d 轴分量和 q 轴分量实际值 d）桥臂差模电压 d 轴分量和 q 轴分量指令值 e）桥臂共模电压 d 轴分量和 q 轴分量指令值

4.4 交流电网电压不平衡和畸变条件下 MMC 的控制器设计

前面所介绍的 MMC 控制器设计是基于交流电网电压平衡且无畸变的理想情况，实际交流电网电压可能是不平衡的，特别是当交流电网发生不对称故障时。当交流电网发生不对称故障时，换流站交流母线电压不再平衡，存在负序分量和零序分量。MMC 作为一种电压源换流器，正常运行时只输出正序基波电压（忽略谐波分量），当换流站交流母线存在负序电压分量和零序电压分量时，MMC 并不提供与之相对的反电势，这样在 MMC 的阀侧就会产生很大的负序电流分量（由于联接变压器的特定接法，阀侧不存在零序电流通路，因此阀侧没有零序电流），与正序电流分量和直流电流分量叠加后可能会大大超出功率器件的电流容量，因此会严重威胁 MMC 的安全运行。交流电网不对称故障时 MMC 控制器的控制目标是抑制阀侧负序电流，避免功率器件电流超限，使MMC能够安全度过交流电网故障时段，实现不脱网运行。

交流电网电压不平衡时MMC控制器设计的基本思路是将电网电压进行瞬时三相对称分量分解，将阀侧电流进行瞬时正序分量和负序分量分解。对于电网电压正序分量和阀侧电流正序分量，其控制关系已在前面几节中介绍；对于电网电压负序分量和阀侧电流负序分量，其控制关系正是本节需要研究的。

4.4.1 瞬时对称分量的定义

瞬时对称分量的概念是1954年由Lyon W V提出的[14]，他直接将传统对称分量法推广到abc三相瞬时量。传统对称分量分解针对的是abc三相量的相量，本来就是复数量，分解后的三序量仍然是复数量，因而容易理解。而瞬时对称分量分解针对的是abc三相量的瞬时值，是实数量，而分解后的三序量却变成了复数量，因而不容易理解，其物理意义也不明确。为此，本书采用参考文献［15］的做法，将瞬时对称分量分解放在实数域内讨论。

在电力系统进入稳态后，根据周期函数的傅里叶级数展开理论和传统对称分量法原理，abc三相量必然能够进行如式（4-50）所示的瞬时对称分量分解。当电力系统处于暂态过程中时，严格来说，abc三相量为非周期函数，并不能进行傅里叶级数展开，因而进行如式（4-50）所示的瞬时对称分量分解也是不严格的。但是，工程上为了使复杂问题的处理简单化，通常采用了如下的近似假设，即abc三相量在任何时刻都可以进行如式（4-50）所示的瞬时对称分量分解。这个假设的合理性已在实际工程应用中得到证明。因此，在以下的讨论中，我们都假定abc三相量可以进行如式（4-50）所示的瞬时对称分量分解。

$$\begin{cases} f_a = f_a^+ + f_a^- + f^0 + \sum\limits_{h=2}^{\infty}(f_a^{+h} + f_a^{-h}) \\ f_b = f_b^+ + f_b^- + f^0 + \sum\limits_{h=2}^{\infty}(f_b^{+h} + f_b^{-h}) \\ f_c = f_c^+ + f_c^- + f^0 + \sum\limits_{h=2}^{\infty}(f_c^{+h} + f_c^{-h}) \end{cases} \tag{4-50}$$

式中，f_a、f_b、f_c可以是三相电压或三相电流，f_a^+、f_b^+、f_c^+表示正序基波分量，如式（4-51）所示；f_a^-、f_b^-、f_c^-表示负序基波分量，如式（4-52）所示；f_a^{+h}、f_b^{+h}、f_c^{+h}表示正序h次谐波分量，如式（4-53）所示；f_a^{-h}、f_b^{-h}、f_c^{-h}表示负序h次谐波分量，如式（4-54）所示；f^0表示零序分量，如式（4-55）所示。另外，在以下的讨论中，会用到同步相位的概念，这里给出其定义：所谓的同步相位，指的是正序基波分量中a相的相位，即式（4-51）中f_a^+的相位ωt。

$$\begin{cases} f_a^+ = A^+\cos(\omega t) \\ f_b^+ = A^+\cos(\omega t - 2\pi/3) \\ f_c^+ = A^+\cos(\omega t + 2\pi/3) \end{cases} \tag{4-51}$$

$$\begin{cases} f_a^- = A^- \cos(-\omega t + \varphi^-) \\ f_b^- = A^- \cos(-\omega t + \varphi^- - 2\pi/3) \\ f_c^- = A^- \cos(-\omega t + \varphi^- + 2\pi/3) \end{cases} \tag{4-52}$$

$$\begin{cases} f_a^{+h} = A^{+h} \cos(h\omega t + \varphi^{+h}) \\ f_b^{+h} = A^{+h} \cos(h\omega t + \varphi^{+h} - 2\pi/3) \quad h \geqslant 2 \\ f_c^{+h} = A^{+h} \cos(h\omega t + \varphi^{+h} + 2\pi/3) \end{cases} \tag{4-53}$$

$$\begin{cases} f_a^{-h} = A^{-h} \cos(-h\omega t + \varphi^{-h}) \\ f_b^{-h} = A^{-h} \cos(-h\omega t + \varphi^{-h} - 2\pi/3) \quad h \geqslant 2 \\ f_c^{-h} = A^{-h} \cos(-h\omega t + \varphi^{-h} + 2\pi/3) \end{cases} \tag{4-54}$$

$$f^0 = (f_a + f_b + f_c)/3 \tag{4-55}$$

4.4.2 瞬时对称分量的分解技术

目前存在很多种方法可以对abc三相量f_a、f_b、f_c进行瞬时对称分量分解，但接受程度最高且应用最广泛的方法是基于锁相环（PLL）同步技术的分解方法。由于锁相环同步技术本身存在非常多的类型[16]，因此本书只介绍一种已被业界广泛使用且证明性能优越的锁相环同步技术，该锁相环同步技术采用基于解耦双同步参考坐标系的锁相环（DDSRF-PLL）技术来消除负序基波分量的影响[17]。

在介绍DDSRF-PLL之前，需要了解基于单同步参考坐标系的锁相环（SRF-PLL）技术[18]。SRF-PLL基于数值计算实现，在电网电压三相平衡时具有十分优越的性能。

1. SRF-PLL的基本原理

设电网电压三相平衡，可以表示为

$$\begin{bmatrix} u_{sa} \\ u_{sb} \\ u_{sc} \end{bmatrix} = U_{sm} \begin{bmatrix} \cos(\omega t) \\ \cos(\omega t - 2\pi/3) \\ \cos(\omega t + 2\pi/3) \end{bmatrix} \tag{4-56}$$

为了简化数值计算及后面讨论的方便，我们将4.2节已讨论过的从abc三相静止坐标系变换到两轴dq旋转坐标系的变换过程分两步来实现。第1步采用克拉克变换，从三相abc静止坐标系变换到两相$\alpha\beta$静止坐标系；第2步采用派克变换，从两相$\alpha\beta$静止坐标系变换到两轴dq旋转坐标系。3种坐标系之间的转换关系可以用空间矢量$\boldsymbol{u}_s$在相应坐标系中的投影来表示，即空间矢量$\boldsymbol{u}_s$以系统基波角频率ω逆时针旋转，其在静止坐标轴a、b、c上的投影就是a相、b相、c相的瞬时电压$u_{sa}(t)$、$u_{sb}(t)$、$u_{sc}(t)$，其在静止坐标轴α、β上的投影就是$u_{s\alpha}(t)$、$u_{s\beta}(t)$，其在旋转坐标轴d、q上的投影就是$u_{sd}(t)$、$u_{sq}(t)$，如图4-18所示。

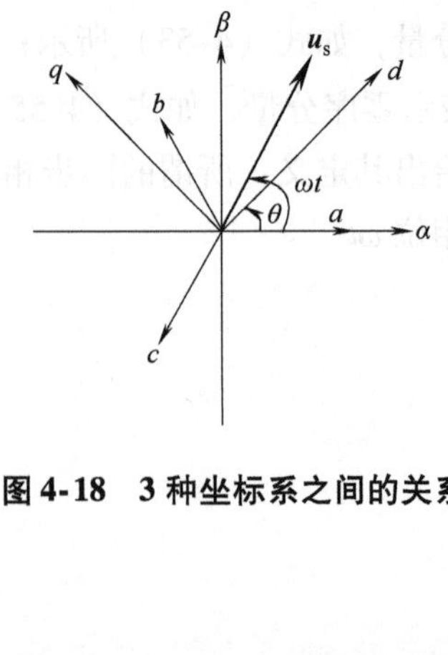

图4-18 3种坐标系之间的关系

根据图4-18所示3种坐标系之间的关系，容易得到从abc静止坐标系到$\alpha\beta$静止坐标系和从$\alpha\beta$静止坐标系

到 dq 旋转坐标系的变换关系式，如式（4-57）和式（4-58）所示。

$$\begin{bmatrix} u_{s\alpha} \\ u_{s\beta} \end{bmatrix} = \boldsymbol{T}_{3s-2s}\begin{bmatrix} u_{sa} \\ u_{sb} \\ u_{sc} \end{bmatrix} = \frac{2}{3}\begin{bmatrix} 1 & -1/2 & -1/2 \\ 0 & \sqrt{3}/2 & -\sqrt{3}/2 \end{bmatrix}\begin{bmatrix} u_{sa} \\ u_{sb} \\ u_{sc} \end{bmatrix} = \begin{bmatrix} U_{sm}\cos(\omega t) \\ U_{sm}\sin(\omega t) \end{bmatrix} \tag{4-57}$$

$$\begin{bmatrix} u_{sd} \\ u_{sq} \end{bmatrix} = \boldsymbol{T}_{2s-dq}(\theta)\begin{bmatrix} u_{s\alpha} \\ u_{s\beta} \end{bmatrix} = \begin{bmatrix} \cos(\theta) & \sin(\theta) \\ -\sin(\theta) & \cos(\theta) \end{bmatrix}\begin{bmatrix} u_{s\alpha} \\ u_{s\beta} \end{bmatrix} = \begin{bmatrix} U_{sm}\cos(\omega t-\theta) \\ U_{sm}\sin(\omega t-\theta) \end{bmatrix} \tag{4-58}$$

而锁相环同步技术的目标就是使锁相环（PLL）的输出跟踪空间矢量 $\boldsymbol{u}_s$ 的相位 ωt。如果将派克变换式（4-58）中的 θ 角用 PLL 的输出来代替，则当 PLL 锁住 $\boldsymbol{u}_s$ 的相位 ωt 时，即 $\theta=\omega t$ 时，有 $u_{sq}=0$。因此可以得到基于 SRF-PLL 的原理如图 4-19 所示。该原理将锁相环同步问题处理为一个自动控制问题，即控制 SRF-PLL 的输出 θ 使 u_{sq} 跟踪其指令值 $u_{sq}^*=0$。前面已指出过，PI 控制器对跟踪直流量有很好的性能，因此 SRF-PLL 控制回路采用的控制方法是 PI 控制。图 4-19 中，在 PI 控制器的输出中加上额定工频角频率 ω_0，其目的是为加快锁相环速度。

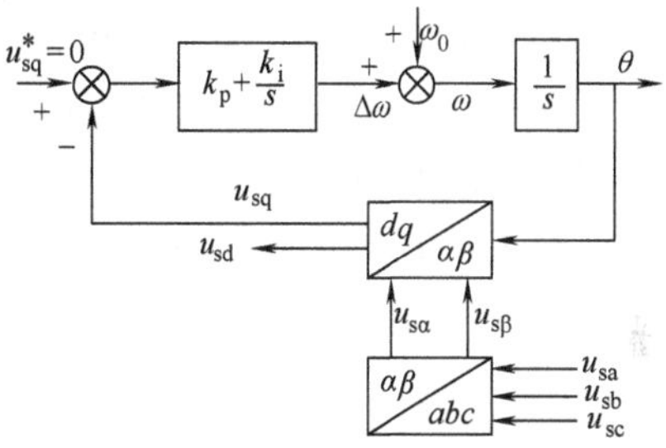

图 4-19　基于控制理论的 SRF-PLL 原理框图

当 PLL 输出 θ 与 ωt 比较接近时，有

$$u_{sq}=U_{sm}\sin(\omega t-\theta)\approx U_{sm}(\omega t-\theta) \tag{4-59}$$

因此，我们就能够得到将 $\theta^*=\omega t$ 作为控制输入、θ 作为控制输出的 PLL 小信号控制系统框图如图 4-20 所示。

控制器参数设计时，需要将相电压幅值 U_{sm} 标幺化，因此下面分析时设 $U_{sm}=1$。这样，系统的开环传递函数为

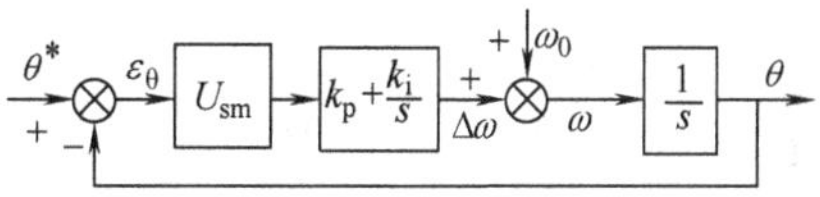

图 4-20　SRF-PLL 的小信号分析模型

$$G_o(s)=\frac{k_p s+k_i}{s^2} \tag{4-60}$$

闭环传递函数为

$$G(s)=\frac{G_o(s)}{1+G_o(s)}=\frac{k_p s+k_i}{s^2+k_p s+k_i} \tag{4-61}$$

闭环误差传递函数为

$$E_\theta(s)=\frac{\varepsilon_\theta(s)}{\theta^*(s)}=1-G(s)=\frac{s^2}{s^2+k_p s+k_i} \tag{4-62}$$

在系统频率不变时，$\theta^*=\omega t$ 是一个斜坡输入，其拉普拉斯变换式为

$$\theta^*(s)=\omega\frac{1}{s^2} \tag{4-63}$$

根据拉普拉斯变换的终值定理：

$$\varepsilon_\theta(\infty)=\lim_{s\to 0}s\varepsilon_\theta(s)=\lim_{s\to 0}sE_\theta(s)\omega\frac{1}{s^2}=\lim_{s\to 0}s\frac{s^2}{s^2+k_p s+k_i}\omega\frac{1}{s^2}=0 \tag{4-64}$$

可见，PLL 能够跟踪 $\theta^*=\omega t$，且稳态误差为零。

将闭环传递函数写成2阶系统标准形式：

$$G(s)=\frac{2\zeta\omega_{\mathrm{n}}s+\omega_{\mathrm{n}}^{2}}{s^{2}+2\zeta\omega_{\mathrm{n}}s+\omega_{\mathrm{n}}^{2}} \tag{4-65}$$

式中，$\omega_{\mathrm{n}}=\sqrt{k_{\mathrm{i}}}$，$\zeta=\frac{k_{\mathrm{p}}}{2\sqrt{k_{\mathrm{i}}}}$。相关参数的选取原则如下[19,20]：通常阻尼系数ζ选在0.6～1之间，一般选取$\zeta=0.707$；ω_{n}决定了系统的稳定时间t_{s}，一旦t_{s}确定，就能确定ω_{n}。基于PLL稳定时间t_{s}的PI参数确定原则为[19,20]

$$k_{\mathrm{p}}=2\zeta\omega_{\mathrm{n}}=\frac{9.2}{t_{\mathrm{s}}},\quad k_{\mathrm{i}}=\omega_{\mathrm{n}}^{2}=\left(\frac{4.6}{\zeta t_{\mathrm{s}}}\right)^{2} \tag{4-66}$$

2. SRF-PLL存在的主要问题

SRF-PLL在电网电压平衡和无谐波的条件下，具有很好的动态响应速度，但在电网电压不平衡和存在畸变时，其锁相环性能受到影响。下面考察电网电压不平衡和存在畸变时，其性能受到影响的原因。

根据4.4.1节的基本假设，系统侧三相电压可以表示为如下公式，其中u_{s}^{0}表示零序电压。

$$\begin{cases}u_{\mathrm{sa}}=U_{\mathrm{s}}^{+}\cos\omega t+U_{\mathrm{s}}^{-}\cos(-\omega t+\varphi^{-})+u_{\mathrm{s}}^{0}+\\ \quad\sum\limits_{h=2}^{\infty}U_{\mathrm{s}}^{+h}\cos(h\omega t+\varphi^{+h})+\sum\limits_{h=2}^{\infty}U_{\mathrm{s}}^{-h}\cos(-h\omega t+\varphi^{-h})\\ u_{\mathrm{sb}}=U_{\mathrm{s}}^{+}\cos(\omega t-2\pi/3)+U_{\mathrm{s}}^{-}\cos(-\omega t+\varphi^{-}-2\pi/3)+u_{\mathrm{s}}^{0}+\\ \quad\sum\limits_{h=2}^{\infty}U_{\mathrm{s}}^{+h}\cos(h\omega t+\varphi^{+h}-2\pi/3)+\sum\limits_{h=2}^{\infty}U_{\mathrm{s}}^{-h}\cos(-h\omega t+\varphi^{-h}-2\pi/3)\\ u_{\mathrm{sc}}=U_{\mathrm{s}}^{+}\cos(\omega t+2\pi/3)+U_{\mathrm{s}}^{-}\cos(-\omega t+\varphi^{-}+2\pi/3)+u_{\mathrm{s}}^{0}+\\ \quad\sum\limits_{h=2}^{\infty}U_{\mathrm{s}}^{+h}\cos(h\omega t+\varphi^{+h}+2\pi/3)+\sum\limits_{h=2}^{\infty}U_{\mathrm{s}}^{-h}\cos(-h\omega t+\varphi^{-h}+2\pi/3)\end{cases} \tag{4-67}$$

将三相电压从abc坐标系变换到$\alpha\beta$坐标系

$$\begin{aligned}\begin{bmatrix}u_{\mathrm{s}\alpha}\\u_{\mathrm{s}\beta}\end{bmatrix}&=\boldsymbol{T}_{3\mathrm{s}-2\mathrm{s}}\begin{bmatrix}u_{\mathrm{sa}}\\u_{\mathrm{sb}}\\u_{\mathrm{sc}}\end{bmatrix}=\frac{2}{3}\begin{bmatrix}1&-1/2&-1/2\\0&\sqrt{3}/2&-\sqrt{3}/2\end{bmatrix}\begin{bmatrix}u_{\mathrm{sa}}\\u_{\mathrm{sb}}\\u_{\mathrm{sc}}\end{bmatrix}\\&=U_{\mathrm{s}}^{+}\begin{bmatrix}\cos(\omega t)\\\sin(\omega t)\end{bmatrix}+U_{\mathrm{s}}^{-}\begin{bmatrix}\cos(-\omega t+\varphi^{-})\\\sin(-\omega t+\varphi^{-})\end{bmatrix}+\\&\quad\sum_{h=2}^{\infty}U_{\mathrm{s}}^{+h}\begin{bmatrix}\cos(h\omega t+\varphi^{+h})\\\sin(h\omega t+\varphi^{+h})\end{bmatrix}+\sum_{h=2}^{\infty}U_{\mathrm{s}}^{-h}\begin{bmatrix}\cos(-h\omega t+\varphi^{-h})\\\sin(-h\omega t+\varphi^{-h})\end{bmatrix}\end{aligned} \tag{4-68}$$

可见，零序分量在$\alpha\beta$坐标系中表现为零。因此，基于dq坐标系的MMC控制器设计可以不考虑零序分量的作用。将三相电压从$\alpha\beta$坐标系变换到同步旋转的dq坐标系，有

$$\begin{aligned}\begin{bmatrix}u_{sd}\\u_{sq}\end{bmatrix} &= \boldsymbol{T}_{2s-dq}(\theta)\begin{bmatrix}u_{s\alpha}\\u_{s\beta}\end{bmatrix} = \begin{bmatrix}\cos(\theta) & \sin(\theta)\\-\sin(\theta) & \cos(\theta)\end{bmatrix}\begin{bmatrix}u_{s\alpha}\\u_{s\beta}\end{bmatrix}\\&= U_s^+\begin{bmatrix}\cos(\omega t-\theta)\\\sin(\omega t-\theta)\end{bmatrix} + U_s^-\begin{bmatrix}\cos(-\omega t-\theta+\varphi^-)\\\sin(-\omega t-\theta+\varphi^-)\end{bmatrix} +\\&\quad \sum_{h=2}^{\infty}U_s^{+h}\begin{bmatrix}\cos(h\omega t-\theta+\varphi^{+h})\\\sin(h\omega t-\theta+\varphi^{+h})\end{bmatrix} + \sum_{h=2}^{\infty}U_s^{-h}\begin{bmatrix}\cos(-h\omega t-\theta+\varphi^{-h})\\\sin(-h\omega t-\theta+\varphi^{-h})\end{bmatrix}\end{aligned} \tag{4-69}$$

如果锁相环能够锁住同步相位，即 $\theta=\omega t$，则式（4-69）简化为

$$\begin{aligned}\begin{bmatrix}u_{sd}\\u_{sq}\end{bmatrix} &= U_s^+\begin{bmatrix}1\\0\end{bmatrix} + U_s^-\begin{bmatrix}\cos(-2\omega t+\varphi^-)\\\sin(-2\omega t+\varphi^-)\end{bmatrix} +\\&\quad \sum_{h=2}^{\infty}U_s^{+h}\begin{bmatrix}\cos[(h-1)\omega t+\varphi^{+h}]\\\sin[(h-1)\omega t+\varphi^{+h}]\end{bmatrix} + \sum_{h=2}^{\infty}U_s^{-h}\begin{bmatrix}\cos[-(h+1)\omega t+\varphi^{-h}]\\\sin[-(h+1)\omega t+\varphi^{-h}]\end{bmatrix}\end{aligned} \tag{4-70}$$

从式（4-70）可以看出，负序基波分量经同步旋转坐标变换后在 d 轴和 q 轴上表现为 2 次谐波量，正序 h 次谐波经同步旋转坐标变换后在 d 轴和 q 轴上表现为（$h-1$）次谐波量，负序 h 次谐波经同步旋转坐标变换后在 d 轴和 q 轴上表现为（$h+1$）次谐波量。可见，当电网三相电压不平衡和存在畸变时，u_{sq}将包含正弦交变分量。因此，上述的基于控制理论的 SRF-PLL 原理已不再成立。

为了使 SRF-PLL 在电网电压不平衡和存在畸变时仍然能够使用，最直接的方法就是使 SRF-PLL 的输入电压信号只包含正序基波分量。这就是下面要讲述的采用解耦双同步参考坐标系的锁相环（DDSRF-PLL）同步技术[17]的基本思路。

3. DDSRF-PLL 的基本原理

DDSRF-PLL 的基本原理是用双同步旋转坐标变换消去负序基波分量，而用低通滤波的方法去除谐波分量，从而实现输入 SRF-PLL 的信号不包含负序基波分量的目的。

为了能够抵消负序基波分量，需要对 $u_{s\alpha}$、$u_{s\beta}$分别进行正向同步旋转坐标变换和反向同步旋转坐标变换。因此，特意将 $u_{s\alpha}$、$u_{s\beta}$通过正向同步旋转坐标变换得到的 dq 轴分量标记为 u_{sd}^+、u_{sq}^+，将 $u_{s\alpha}$、$u_{s\beta}$通过反向同步旋转坐标变换得到的 $d^{-1}q^{-1}$轴分量标记为 u_{sd}^-、u_{sq}^-。采用上述符号系统后，式（4-70）可重新改写为

$$\begin{aligned}\begin{bmatrix}u_{sd}^+\\u_{sq}^+\end{bmatrix} &= U_s^+\begin{bmatrix}1\\0\end{bmatrix} + U_s^-\begin{bmatrix}\cos(-2\omega t+\varphi^-)\\\sin(-2\omega t+\varphi^-)\end{bmatrix} +\\&\quad \sum_{h=2}^{\infty}U_s^{+h}\begin{bmatrix}\cos[(h-1)\omega t+\varphi^{+h}]\\\sin[(h-1)\omega t+\varphi^{+h}]\end{bmatrix} + \sum_{h=2}^{\infty}U_s^{-h}\begin{bmatrix}\cos[-(h+1)\omega t+\varphi^{-h}]\\\sin[-(h+1)\omega t+\varphi^{-h}]\end{bmatrix}\\&= \overline{u_{sdq}^+} + \widehat{u_{sdq}^+} + \widetilde{u_{sdq}^+}\end{aligned} \tag{4-71}$$

式中

$$\overline{u_{sdq}^+} = U_s^+\begin{bmatrix}1\\0\end{bmatrix} \tag{4-72}$$

$$\widehat{u_{\mathrm{sdq}}^{+}} = U_{\mathrm{s}}^{-}\begin{bmatrix}\cos(-2\omega t+\varphi^{-})\\ \sin(-2\omega t+\varphi^{-})\end{bmatrix} = \begin{bmatrix}\cos(2\omega t) & \sin(2\omega t)\\ -\sin(2\omega t) & \cos(2\omega t)\end{bmatrix}U_{\mathrm{s}}^{-}\begin{bmatrix}\cos(\varphi^{-})\\ \sin(\varphi^{-})\end{bmatrix} = T_{2\mathrm{s-dq}}(2\theta)U_{\mathrm{s}}^{-}\begin{bmatrix}\cos(\varphi^{-})\\ \sin(\varphi^{-})\end{bmatrix} \tag{4-73}$$

$$\widetilde{u_{\mathrm{sdq}}^{+}} = \sum_{h=2}^{\infty}U_{\mathrm{s}}^{+h}\begin{bmatrix}\cos[(h-1)\omega t+\varphi^{+h}]\\ \sin[(h-1)\omega t+\varphi^{+h}]\end{bmatrix} + \sum_{h=2}^{\infty}U_{\mathrm{s}}^{-h}\begin{bmatrix}\cos[-(h+1)\omega t+\varphi^{-h}]\\ \sin[-(h+1)\omega t+\varphi^{-h}]\end{bmatrix} \tag{4-74}$$

将三相电压从 $\alpha\beta$ 坐标系通过反向同步旋转坐标变换映射到 $d^{-1}q^{-1}$ 坐标系，即

$$\begin{aligned}\begin{bmatrix}u_{\mathrm{sd}}^{-}\\ u_{\mathrm{sq}}^{-}\end{bmatrix} &= \boldsymbol{T}_{2\mathrm{s-dq}}(-\theta)\begin{bmatrix}u_{\mathrm{s\alpha}}\\ u_{\mathrm{s\beta}}\end{bmatrix} = \begin{bmatrix}\cos(-\theta) & \sin(-\theta)\\ -\sin(-\theta) & \cos(-\theta)\end{bmatrix}\begin{bmatrix}u_{\mathrm{s\alpha}}\\ u_{\mathrm{s\beta}}\end{bmatrix}\\ &= U_{\mathrm{s}}^{+}\begin{bmatrix}\cos(\omega t+\theta)\\ \sin(\omega t+\theta)\end{bmatrix} + U_{\mathrm{s}}^{-}\begin{bmatrix}\cos(-\omega t+\theta+\varphi^{-})\\ \sin(-\omega t+\theta+\varphi^{-})\end{bmatrix} +\\ &\quad \sum_{h=2}^{\infty}U_{\mathrm{s}}^{+h}\begin{bmatrix}\cos(h\omega t+\theta+\varphi^{+h})\\ \sin(h\omega t+\theta+\varphi^{+h})\end{bmatrix} + \sum_{h=2}^{\infty}U_{\mathrm{s}}^{-h}\begin{bmatrix}\cos(-h\omega t+\theta+\varphi^{-h})\\ \sin(-h\omega t+\theta+\varphi^{-h})\end{bmatrix}\end{aligned} \tag{4-75}$$

如果锁相环能够锁住同步相位，即 $\theta=\omega t$，则式（4-75）简化为

$$\begin{aligned}\begin{bmatrix}u_{\mathrm{sd}}^{-}\\ u_{\mathrm{sq}}^{-}\end{bmatrix} &= U_{\mathrm{s}}^{+}\begin{bmatrix}\cos(2\omega t)\\ \sin(2\omega t)\end{bmatrix} + U_{s}^{-}\begin{bmatrix}\cos(\varphi^{-})\\ \sin(\varphi^{-})\end{bmatrix} + \sum_{h=2}^{\infty}U_{\mathrm{s}}^{+h}\begin{bmatrix}\cos[(h+1)\omega t+\varphi^{+h})\\ \sin[(h+1)\omega t+\varphi^{+h})\end{bmatrix} +\\ &\quad \sum_{h=2}^{\infty}U_{\mathrm{s}}^{-h}\begin{bmatrix}\cos[-(h-1)\omega t+\varphi^{-h})\\ \sin[-(h-1)\omega t+\varphi^{-h})\end{bmatrix} = \overline{u_{\mathrm{sdq}}^{-}} + \widehat{u_{\mathrm{sdq}}^{-}} + \widetilde{u_{\mathrm{sdq}}^{-}}\end{aligned} \tag{4-76}$$

$$\overline{u_{\mathrm{sdq}}^{-}} = U_{\mathrm{s}}^{-}\begin{bmatrix}\cos(\varphi^{-})\\ \sin(\varphi^{-})\end{bmatrix} \tag{4-77}$$

$$\widehat{u_{\mathrm{sdq}}^{-}} = U_{\mathrm{s}}^{+}\begin{bmatrix}\cos(2\omega t)\\ \sin(2\omega t)\end{bmatrix} = \begin{bmatrix}\cos(-2\omega t) & \sin(-2\omega t)\\ -\sin(-2\omega t) & \cos(-2\omega t)\end{bmatrix}U_{\mathrm{s}}^{+}\begin{bmatrix}1\\ 0\end{bmatrix} = \boldsymbol{T}_{2\mathrm{s-dq}}(-2\theta)U_{\mathrm{s}}^{+}\begin{bmatrix}1\\ 0\end{bmatrix} \tag{4-78}$$

$$\widetilde{u_{\mathrm{sdq}}^{-}} = \sum_{h=2}^{\infty}U_{\mathrm{s}}^{+h}\begin{bmatrix}\cos[(h+1)\omega t+\varphi^{+h})\\ \sin[(h+1)\omega t+\varphi^{+h})\end{bmatrix} + \sum_{h=2}^{\infty}U_{\mathrm{s}}^{-h}\begin{bmatrix}\cos[-(h-1)\omega t+\varphi^{-h})\\ \sin[-(h-1)\omega t+\varphi^{-h})\end{bmatrix} \tag{4-79}$$

根据式（4-72）和式（4-78）以及式（4-73）和式（4-77），可得到如下有趣的关系式：

$$\widehat{u_{\mathrm{sdq}}^{-}} = \boldsymbol{T}_{2\mathrm{s-dq}}(-2\theta)\times\overline{u_{\mathrm{sdq}}^{+}} \tag{4-80}$$

$$\widehat{u_{\mathrm{sdq}}^{+}} = \boldsymbol{T}_{2\mathrm{s-dq}}(2\theta)\times\overline{u_{\mathrm{sdq}}^{-}} \tag{4-81}$$

至此，我们就可以得到 DDSRF-PLL 的原理框图，如图 4-21 所示。

注意，图 4-21 中输入到锁相环的信号是$\overline{u_{\mathrm{sq}}^{+}}+\widetilde{u_{\mathrm{sq}}^{+}}$，包含有与正序基波电压相对应的直流分量和与谐波电压相对应的交流分量。为什么不直接取低通滤波器（LPF）后与正序基波电压相对应的直流分量$\overline{u_{\mathrm{sq}}^{+}}$作为锁相环的输入，主要是考虑到经过 LPF 后会影响锁相环的响应

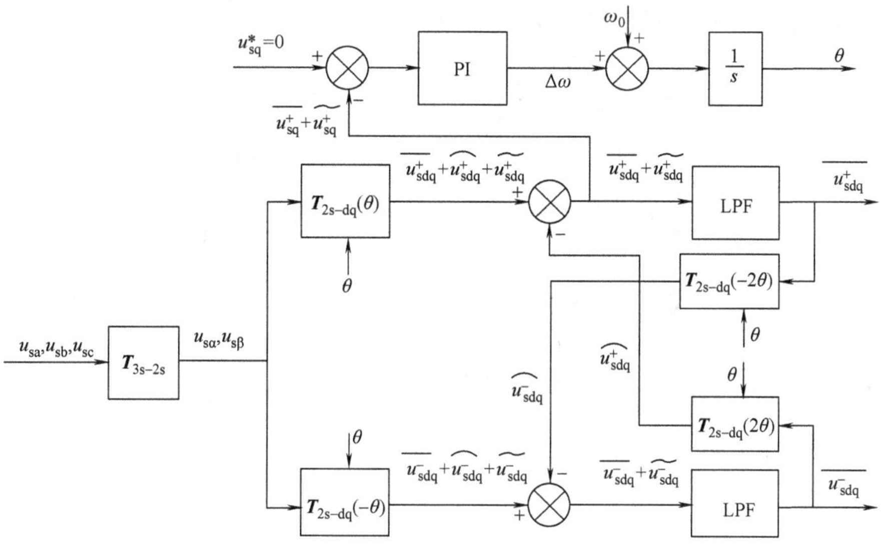

图 4-21　DDSRF-PLL 原理框图

速度。因为锁相环本身包含有纯积分环节，对谐波有一定的抑制作用，所以输入信号中包含有较小的谐波分量时，对锁相环的性能影响不大。

图 4-21 中低通滤波器 LPF 的传递函数可以取最简单的一阶惯性环节：

$$LPF(s)=\frac{\omega_f}{s+\omega_f} \tag{4-82}$$

低通滤波器的截止频率 ω_f 在折中考虑系统时间响应和振荡阻尼后可以这样选取[17]：

$$\frac{\omega_f}{\omega_0}=\frac{1}{\sqrt{2}} \tag{4-83}$$

式中，ω_0 为额定工频角频率。

4. 基于 DDSRF 的瞬时对称分量分解方法

DDSRF-PLL 解决了电网电压不平衡和包含谐波时的锁相环同步问题，在此基础上再进行任意三相电压或三相电流的瞬时对称分量分解就是轻而易举的事情。采用的方法仍然是前面已讲述过的基于解耦双同步参考坐标系（DDSRF）的正负序解耦技术，下面以阀侧三相电流 i_{va}、i_{vb}、i_{vc} 为例，阐述基于 DDSRF 进行瞬时对称分量分解的步骤。

在电网不平衡和包含谐波的条件下，阀侧三相电流 i_{va}、i_{vb}、i_{vc} 可以表述为

$$\begin{cases} i_{va}=I_v^+\cos(\omega t+\varphi^+)+I_v^-\cos(-\omega t+\varphi^-)+ \\ \qquad \sum\limits_{h=2}^{\infty}I_v^{+h}\cos(h\omega t+\varphi^{+h})+\sum\limits_{h=2}^{\infty}I_v^{-h}\cos(-h\omega t+\varphi^{-h}) \\ i_{vb}=I_v^+\cos(\omega t+\varphi^+-2\pi/3)+I_v^-\cos(-\omega t+\varphi^--2\pi/3)+ \\ \qquad \sum\limits_{h=2}^{\infty}I_v^{+h}\cos(h\omega t+\varphi^{+h}-2\pi/3)+\sum\limits_{h=2}^{\infty}I_v^{-h}\cos(-h\omega t+\varphi^{-h}-2\pi/3) \\ i_{vc}=I_v^+\cos(\omega t+\varphi^++2\pi/3)+I_v^-\cos(-\omega t+\varphi^-+2\pi/3)+ \\ \qquad \sum\limits_{h=2}^{\infty}I_v^{+h}\cos(h\omega t+\varphi^{+h}+2\pi/3)+\sum\limits_{h=2}^{\infty}I_v^{-h}\cos(-h\omega t+\varphi^{-h}+2\pi/3) \end{cases} \tag{4-84}$$

将阀侧三相电流从 abc 坐标系变换到 $\alpha\beta$ 坐标系

$$\begin{aligned}\begin{bmatrix} i_{v\alpha} \\ i_{v\beta} \end{bmatrix} &= \boldsymbol{T}_{3s-2s}\begin{bmatrix} i_{va} \\ i_{vb} \\ i_{vc} \end{bmatrix} = \frac{2}{3}\begin{bmatrix} 1 & -1/2 & -1/2 \\ 0 & \sqrt{3}/2 & -\sqrt{3}/2 \end{bmatrix}\begin{bmatrix} i_{va} \\ i_{vb} \\ i_{vc} \end{bmatrix} \\ &= I_v^+\begin{bmatrix} \cos(\omega t+\varphi^+) \\ \sin(\omega t+\varphi^+) \end{bmatrix} + I_v^-\begin{bmatrix} \cos(-\omega t+\varphi^-) \\ \sin(-\omega t+\varphi^-) \end{bmatrix} + \\ &\quad \sum_{h=2}^{\infty} I_v^{+h}\begin{bmatrix} \cos(h\omega t+\varphi^{+h}) \\ \sin(h\omega t+\varphi^{+h}) \end{bmatrix} + \sum_{h=2}^{\infty} I_v^{-h}\begin{bmatrix} \cos(-h\omega t+\varphi^{-h}) \\ \sin(-h\omega t+\varphi^{-h}) \end{bmatrix}\end{aligned} \tag{4-85}$$

将阀侧三相电流从 $\alpha\beta$ 坐标系通过正向同步旋转坐标变换映射到 dq 坐标系：

$$\begin{aligned}\begin{bmatrix} i_{vd}^+ \\ i_{vq}^+ \end{bmatrix} &= \boldsymbol{T}_{2s-dq}(\theta)\begin{bmatrix} i_{v\alpha} \\ i_{v\beta} \end{bmatrix} = \begin{bmatrix} \cos(\theta) & \sin(\theta) \\ -\sin(\theta) & \cos(\theta) \end{bmatrix}\begin{bmatrix} i_{v\alpha} \\ i_{v\beta} \end{bmatrix} \\ &= I_v^+\begin{bmatrix} \cos(\omega t+\varphi^+-\theta) \\ \sin(\omega t+\varphi^+-\theta) \end{bmatrix} + I_v^-\begin{bmatrix} \cos(-\omega t-\theta+\varphi^-) \\ \sin(-\omega t-\theta+\varphi^-) \end{bmatrix} + \\ &\quad \sum_{h=2}^{\infty} I_v^{+h}\begin{bmatrix} \cos(h\omega t-\theta+\varphi^{+h}) \\ \sin(h\omega t-\theta+\varphi^{+h}) \end{bmatrix} + \sum_{h=2}^{\infty} I_v^{-h}\begin{bmatrix} \cos(-h\omega t-\theta+\varphi^{-h}) \\ \sin(-h\omega t-\theta+\varphi^{-h}) \end{bmatrix}\end{aligned} \tag{4-86}$$

假设锁相环已锁住同步相位，即 $\theta=\omega t$，则式（4-86）简化为

$$\begin{aligned}\begin{bmatrix} i_{vd}^+ \\ i_{vq}^+ \end{bmatrix} &= I_v^+\begin{bmatrix} \cos(\varphi^+) \\ \sin(\varphi^+) \end{bmatrix} + I_v^-\begin{bmatrix} \cos(-2\omega t+\varphi^-) \\ \sin(-2\omega t+\varphi^-) \end{bmatrix} + \\ &\quad \sum_{h=2}^{\infty} I_v^{+h}\begin{bmatrix} \cos[(h-1)\omega t+\varphi^{+h}] \\ \sin[(h-1)\omega t+\varphi^{+h}] \end{bmatrix} + \sum_{h=2}^{\infty} I_v^{-h}\begin{bmatrix} \cos[-(h+1)\omega t+\varphi^{-h}] \\ \sin[-(h+1)\omega t+\varphi^{-h}] \end{bmatrix} \\ &= \overline{i_{vdq}^+} + \widehat{i_{vdq}^+} + \widetilde{i_{vdq}^+}\end{aligned} \tag{4-87}$$

式中

$$\overline{i_{vdq}^+} = I_v^+\begin{bmatrix} \cos(\varphi^+) \\ \sin(\varphi^+) \end{bmatrix} \tag{4-88}$$

$$\begin{aligned}\widehat{i_{vdq}^+} &= I_v^-\begin{bmatrix} \cos(-2\omega t+\varphi^-) \\ \sin(-2\omega t+\varphi^-) \end{bmatrix} = \begin{bmatrix} \cos(2\omega t) & \sin(2\omega t) \\ -\sin(2\omega t) & \cos(2\omega t) \end{bmatrix} I_v^-\begin{bmatrix} \cos(\varphi^-) \\ \sin(\varphi^-) \end{bmatrix} \\ &= \boldsymbol{T}_{2s-dq}(2\theta) I_v^-\begin{bmatrix} \cos(\varphi^-) \\ \sin(\varphi^-) \end{bmatrix}\end{aligned} \tag{4-89}$$

$$\widetilde{i_{vdq}^+} = \sum_{h=2}^{\infty} I_v^{+h}\begin{bmatrix} \cos[(h-1)\omega t+\varphi^{+h}] \\ \sin[(h-1)\omega t+\varphi^{+h}] \end{bmatrix} + \sum_{h=2}^{\infty} I_v^{-h}\begin{bmatrix} \cos[-(h+1)\omega t+\varphi^{-h}] \\ \sin[-(h+1)\omega t+\varphi^{-h}] \end{bmatrix} \tag{4-90}$$

可以看出，abc 坐标系中的正序基波电流分量通过正向旋转坐标变换后变成了 dq 坐标系中的直流分量 $\overline{i_{vdq}^+}$；而 abc 坐标系中的负序基波电流分量通过正向旋转坐标变换后变成了 dq 坐标系中的 2 次谐波分量 $\widehat{i_{vdq}^+}$；此外，abc 坐标系中的谐波电流分量通过正向旋转坐标变换后在 dq 坐标系中仍然表现为谐波分量。

将阀侧三相电流从 $\alpha\beta$ 坐标系通过反向同步旋转变换映射到 $d^{-1}q^{-1}$ 坐标系，即

$$\begin{aligned}\begin{bmatrix} i_{vd}^{-} \\ i_{vq}^{-} \end{bmatrix} &= \boldsymbol{T}_{2s-dq}(-\theta)\begin{bmatrix} i_{v\alpha} \\ i_{v\beta} \end{bmatrix} = \begin{bmatrix} \cos(-\theta) & \sin(-\theta) \\ -\sin(-\theta) & \cos(-\theta) \end{bmatrix}\begin{bmatrix} i_{v\alpha} \\ i_{v\beta} \end{bmatrix} \\ &= I_v^{+}\begin{bmatrix} \cos(\omega t+\varphi^{+}+\theta) \\ \sin(\omega t+\varphi^{+}+\theta) \end{bmatrix} + I_v^{-}\begin{bmatrix} \cos(-\omega t+\theta+\varphi^{-}) \\ \sin(-\omega t+\theta+\varphi^{-}) \end{bmatrix} + \\ &\quad \sum_{h=2}^{\infty} I_v^{+h}\begin{bmatrix} \cos(h\omega t+\theta+\varphi^{+h}) \\ \sin(h\omega t+\theta+\varphi^{+h}) \end{bmatrix} + \sum_{h=2}^{\infty} I_v^{-h}\begin{bmatrix} \cos(-h\omega t+\theta+\varphi^{-h}) \\ \sin(-h\omega t+\theta+\varphi^{-h}) \end{bmatrix}\end{aligned} \tag{4-91}$$

假设锁相环已锁住同步相位，即 $\theta=\omega t$，则式（4-91）简化为

$$\begin{aligned}\begin{bmatrix} i_{vd}^{-} \\ i_{vq}^{-} \end{bmatrix} &= I_v^{+}\begin{bmatrix} \cos(2\omega t+\varphi^{+}) \\ \sin(2\omega t+\varphi^{+}) \end{bmatrix} + I_v^{-}\begin{bmatrix} \cos(\varphi^{-}) \\ \sin(\varphi^{-}) \end{bmatrix} + \\ &\quad \sum_{h=2}^{\infty} I_v^{+h}\begin{bmatrix} \cos[(h+1)\omega t+\varphi^{+h}) \\ \sin[(h+1)\omega t+\varphi^{+h}) \end{bmatrix} + \sum_{h=2}^{\infty} I_v^{-h}\begin{bmatrix} \cos[-(h-1)\omega t+\varphi^{-h}) \\ \sin[-(h-1)\omega t+\varphi^{-h}) \end{bmatrix} \\ &= \overline{i_{vdq}^{-}} + \widehat{i_{vdq}^{-}} + \widetilde{i_{vdq}^{-}}\end{aligned} \tag{4-92}$$

$$\overline{i_{vdq}^{-}} = I_v^{-}\begin{bmatrix} \cos(\varphi^{-}) \\ \sin(\varphi^{-}) \end{bmatrix} \tag{4-93}$$

$$\begin{aligned}\widehat{i_{vdq}^{-}} &= I_v^{+}\begin{bmatrix} \cos(2\omega t+\varphi^{+}) \\ \sin(2\omega t+\varphi^{+}) \end{bmatrix} = \begin{bmatrix} \cos(-2\omega t) & \sin(-2\omega t) \\ -\sin(-2\omega t) & \cos(-2\omega t) \end{bmatrix} I_v^{+}\begin{bmatrix} \cos(\varphi^{+}) \\ \sin(\varphi^{+}) \end{bmatrix} \\ &= T_{2s-dq}(-2\theta) I_v^{+}\begin{bmatrix} \cos(\varphi^{+}) \\ \sin(\varphi^{+}) \end{bmatrix}\end{aligned} \tag{4-94}$$

$$\widetilde{i_{vdq}^{-}} = \sum_{h=2}^{\infty} I_v^{+h}\begin{bmatrix} \cos[(h+1)\omega t+\varphi^{+h}) \\ \sin[(h+1)\omega t+\varphi^{+h}) \end{bmatrix} + \sum_{h=2}^{\infty} I_v^{-h}\begin{bmatrix} \cos[-(h-1)\omega t+\varphi^{-h}) \\ \sin[-(h-1)\omega t+\varphi^{-h}) \end{bmatrix} \tag{4-95}$$

可见，*abc* 坐标系中的负序基波电流分量通过反向旋转坐标变换后变成了 $d^{-1}q^{-1}$ 坐标系中的直流分量 $\overline{i_{vdq}^{-}}$；而 *abc* 坐标系中的正序基波电流分量通过反向旋转坐标变换后变成了 $d^{-1}q^{-1}$ 坐标系中的 2 次谐波分量 $\widehat{i_{vdq}^{-}}$；此外，*abc* 坐标系中的谐波电流分量通过反向旋转坐标变换后在 $d^{-1}q^{-1}$ 坐标系中仍然表现为谐波分量。

根据式（4-88）和式（4-94）以及式（4-89）和式（4-93），可得到如下关系式：

$$\widehat{i_{vdq}^{-}} = \boldsymbol{T}_{2s-dq}(-2\theta)\overline{i_{vdq}^{+}} \tag{4-96}$$

$$\widehat{i_{vdq}^{+}} = \boldsymbol{T}_{2s-dq}(2\theta)\overline{i_{vdq}^{-}} \tag{4-97}$$

至此，我们就可以得到基于 DDSRF 技术的阀侧电流瞬时对称分量分解原理框图，如图 4-22所示。

4.4.3 电网电压不平衡和畸变情况下 MMC 的控制方法

由于联接变压器的特定接法[21]，使得 MMC 的阀侧交流端没有零序电流通过，因此根据 *abc* 坐标系下描述 MMC 交流侧基频动态特性的式（4-11），可以得到描述正负序电压与电流关系的方程式如下：

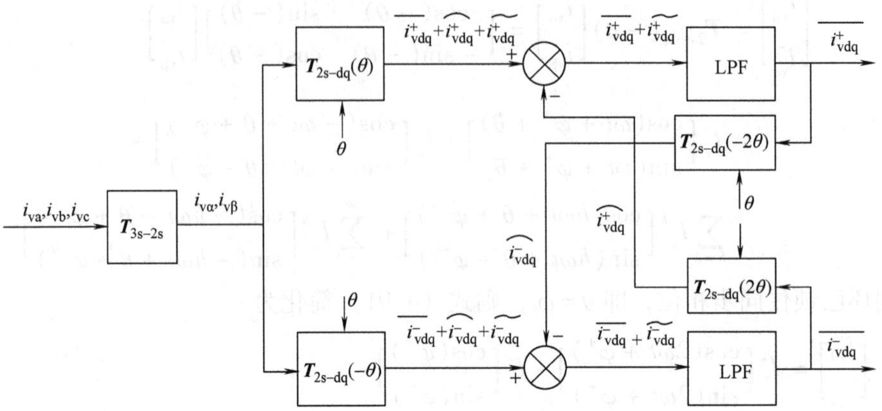

图4-22 基于DDSRF技术的阀侧电流瞬时对称分量分解原理框图

$$L\frac{\mathrm{d}}{\mathrm{d}t}\begin{bmatrix} i^+_{va}(t)+i^-_{va}(t) \\ i^+_{vb}(t)+i^-_{vb}(t) \\ i^+_{vc}(t)+i^-_{vc}(t) \end{bmatrix}+R\begin{bmatrix} i^+_{va}(t)+i^-_{va}(t) \\ i^+_{vb}(t)+i^-_{vb}(t) \\ i^+_{vc}(t)+i^-_{vc}(t) \end{bmatrix}=-\begin{bmatrix} u^+_{sa}(t)+u^-_{sa}(t) \\ u^+_{sb}(t)+u^-_{sb}(t) \\ u^+_{sc}(t)+u^-_{sc}(t) \end{bmatrix}+\begin{bmatrix} u^+_{diffa}(t)+u^-_{diffa}(t) \\ u^+_{diffb}(t)+u^-_{diffb}(t) \\ u^+_{diffc}(t)+u^-_{diffc}(t) \end{bmatrix} \tag{4-98}$$

由于MMC交流侧abc三相电路的结构和参数具有对称性，因此可以断定正序和负序分量是完全解耦的，即正序分量和负序分量分别满足如下方程式：

$$L\frac{\mathrm{d}}{\mathrm{d}t}\begin{bmatrix} i^+_{va}(t) \\ i^+_{vb}(t) \\ i^+_{vc}(t) \end{bmatrix}+R\begin{bmatrix} i^+_{va}(t) \\ i^+_{vb}(t) \\ i^+_{vc}(t) \end{bmatrix}=-\begin{bmatrix} u^+_{sa}(t) \\ u^+_{sb}(t) \\ u^+_{sc}(t) \end{bmatrix}+\begin{bmatrix} u^+_{diffa}(t) \\ u^+_{diffb}(t) \\ u^+_{diffc}(t) \end{bmatrix} \tag{4-99}$$

$$L\frac{\mathrm{d}}{\mathrm{d}t}\begin{bmatrix} i^-_{va}(t) \\ i^-_{vb}(t) \\ i^-_{vc}(t) \end{bmatrix}+R\begin{bmatrix} i^-_{va}(t) \\ i^-_{vb}(t) \\ i^-_{vc}(t) \end{bmatrix}=-\begin{bmatrix} u^-_{sa}(t) \\ u^-_{sb}(t) \\ u^-_{sc}(t) \end{bmatrix}+\begin{bmatrix} u^-_{diffa}(t) \\ u^-_{diffb}(t) \\ u^-_{diffc}(t) \end{bmatrix} \tag{4-100}$$

控制器设计时我们只考虑基波分量，将正序基波分量通过正向旋转坐标变换映射到 dq 坐标系，将负序基波分量通过反向旋转坐标变换映射到 $d^{-1}q^{-1}$ 坐标系。对式（4-99）和式（4-100）分别进行正向旋转坐标变换和反向旋转坐标变换，容易得到变换后的方程式为

$$L\frac{\mathrm{d}}{\mathrm{d}t}\overline{\begin{bmatrix} i^+_{vd}(t) \\ i^+_{vq}(t) \end{bmatrix}}+R\overline{\begin{bmatrix} i^+_{vd}(t) \\ i^+_{vq}(t) \end{bmatrix}}=-\overline{\begin{bmatrix} u^+_{sd}(t) \\ u^+_{sq}(t) \end{bmatrix}}+\begin{bmatrix} u^+_{diffd}(t) \\ u^+_{diffq}(t) \end{bmatrix}+\begin{bmatrix} & \omega L \\ -\omega L & \end{bmatrix}\overline{\begin{bmatrix} i^+_{vd}(t) \\ i^+_{vq}(t) \end{bmatrix}} \tag{4-101}$$

$$L\frac{\mathrm{d}}{\mathrm{d}t}\overline{\begin{bmatrix} i^-_{vd}(t) \\ i^-_{vq}(t) \end{bmatrix}}+R\overline{\begin{bmatrix} i^-_{vd}(t) \\ i^-_{vq}(t) \end{bmatrix}}=-\overline{\begin{bmatrix} u^-_{sd}(t) \\ u^-_{sq}(t) \end{bmatrix}}+\begin{bmatrix} u^-_{diffd}(t) \\ u^-_{diffq}(t) \end{bmatrix}+\begin{bmatrix} & -\omega L \\ \omega L & \end{bmatrix}\overline{\begin{bmatrix} i^-_{vd}(t) \\ i^-_{vq}(t) \end{bmatrix}} \tag{4-102}$$

对式（4-101）和式（4-102）分别进行拉普拉斯变换，可得到正序基波分量和负序基波分量在 dq 和 $d^{-1}q^{-1}$ 坐标系下的动态方程频域形式为

$$\begin{cases}(R+Ls)i_{vd}^{+}(s) = -u_{sd}^{+}(s)+u_{diffd}^{+}(s)+\omega Li_{vq}^{+}(s)\\(R+Ls)i_{vq}^{+}(s) = -u_{sq}^{+}(s)+u_{diffq}^{+}(s)-\omega Li_{vd}^{+}(s)\end{cases} \tag{4-103}$$

$$\begin{cases}(R+Ls)i_{vd}^{-}(s) = -u_{sd}^{-}(s)+u_{diffd}^{-}(s)-\omega Li_{vq}^{-}(s)\\(R+Ls)i_{vq}^{-}(s) = -u_{sq}^{-}(s)+u_{diffq}^{-}(s)+\omega Li_{vd}^{-}(s)\end{cases} \tag{4-104}$$

仿照 4.3.1 节的推导，可以得到实际控制变量指令值 $u_{diffd}^{+*}(s)$、$u_{diffq}^{+*}(s)$ 和 $u_{diffd}^{-*}(s)$、$u_{diffq}^{-*}(s)$ 的表达式为

$$\begin{cases}u_{diffd}^{+*}(s)=u_{sd}^{+}(s)-\omega Li_{vq}^{+}(s)+[i_{vd}^{+*}(s)-i_{vd}^{+}(s)]\left(k'_{p1}+\dfrac{k'_{i1}}{s}\right)\\u_{diffq}^{+*}(s)=u_{sq}^{+}(s)+\omega Li_{vd}^{+}(s)+[i_{vq}^{+*}(s)-i_{vq}^{+}(s)]\left(k'_{p2}+\dfrac{k'_{i2}}{s}\right)\end{cases} \tag{4-105}$$

$$\begin{cases}u_{diffd}^{-*}(s)=u_{sd}^{-}(s)+\omega Li_{vq}^{-}(s)+[i_{vd}^{-*}(s)-i_{vd}^{-}(s)]\left(k''_{p1}+\dfrac{k''_{i1}}{s}\right)\\u_{diffq}^{-*}(s)=u_{sq}^{-}(s)-\omega Li_{vd}^{-}(s)+[i_{vq}^{-*}(s)-i_{vq}^{-}(s)]\left(k''_{p2}+\dfrac{k''_{i2}}{s}\right)\end{cases} \tag{4-106}$$

至此，我们可以得到正序系统和负序系统的内环电流控制器框图，分别如图 4-23 和图 4-24所示。

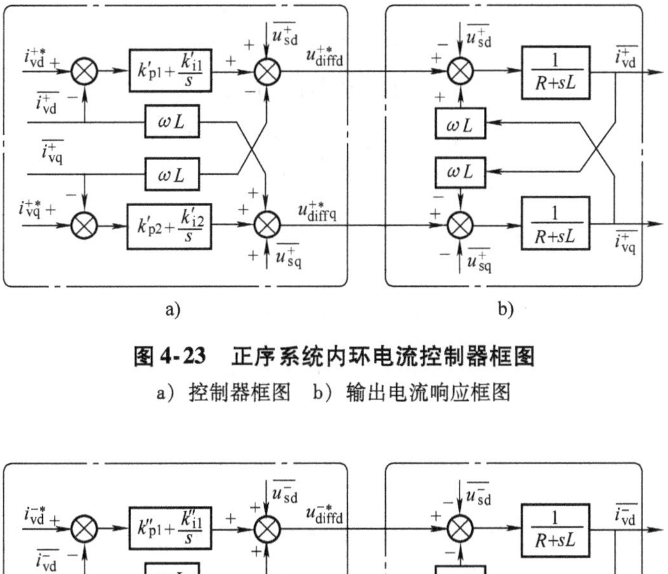

图 4-23　正序系统内环电流控制器框图

a）控制器框图　b）输出电流响应框图

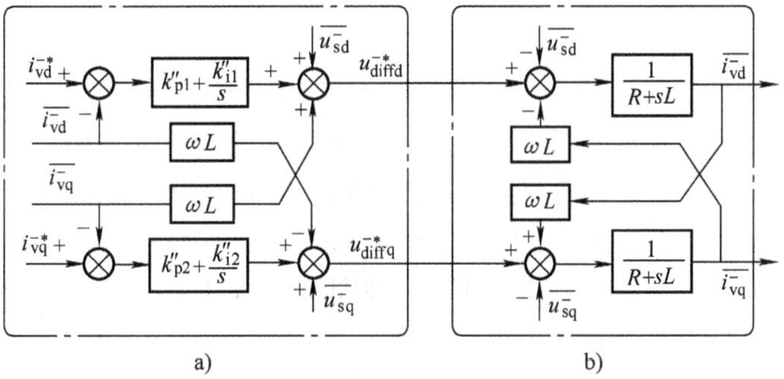

图 4-24　负序系统内环电流控制器框图

a）控制器框图　b）输出电流响应框图

仿照4.3.3节的推导，在求得实际控制变量$u_{\text{diffd}}^{+*}(t)$、$u_{\text{diffq}}^{+*}(t)$和$u_{\text{diffd}}^{-*}(t)$、$u_{\text{diffq}}^{-*}(t)$后，首先进行坐标反变换，分别将dq坐标系中的$u_{\text{diffd}}^{+*}(t)$、$u_{\text{diffq}}^{+*}(t)$和$d^{-1}q^{-1}$坐标系中的$u_{\text{diffd}}^{-*}(t)$、$u_{\text{diffq}}^{-*}(t)$变换回abc坐标系中，其反变换方程分别为

$$\begin{bmatrix} u_{\text{diffa}}^{+*}(t) \\ u_{\text{diffb}}^{+*}(t) \\ u_{\text{diffc}}^{+*}(t) \end{bmatrix} = \boldsymbol{T}_{\text{dq-3s}}(\theta)\begin{bmatrix} u_{\text{diffd}}^{+*}(t) \\ u_{\text{diffq}}^{+*}(t) \end{bmatrix} = \begin{bmatrix} \cos\theta & -\sin\theta \\ \cos\left(\theta-\frac{2\pi}{3}\right) & -\sin\left(\theta-\frac{2\pi}{3}\right) \\ \cos\left(\theta+\frac{2\pi}{3}\right) & -\sin\left(\theta+\frac{2\pi}{3}\right) \end{bmatrix}\begin{bmatrix} u_{\text{diffd}}^{+*}(t) \\ u_{\text{diffq}}^{+*}(t) \end{bmatrix} \tag{4-107}$$

$$\begin{bmatrix} u_{\text{diffa}}^{-*}(t) \\ u_{\text{diffb}}^{-*}(t) \\ u_{\text{diffc}}^{-*}(t) \end{bmatrix} = \boldsymbol{T}_{\text{dq-3s}}(-\theta)\begin{bmatrix} u_{\text{diffd}}^{-*}(t) \\ u_{\text{diffq}}^{-*}(t) \end{bmatrix} = \begin{bmatrix} \cos\theta & \sin\theta \\ \cos\left(\theta+\frac{2\pi}{3}\right) & \sin\left(\theta+\frac{2\pi}{3}\right) \\ \cos\left(\theta-\frac{2\pi}{3}\right) & \sin\left(\theta-\frac{2\pi}{3}\right) \end{bmatrix}\begin{bmatrix} u_{\text{diffd}}^{-*}(t) \\ u_{\text{diffq}}^{-*}(t) \end{bmatrix} \tag{4-108}$$

从而求出abc坐标系下的桥臂差模电压指令值u_{diffj}^{*}为

$$\begin{bmatrix} u_{\text{diffa}}^{*}(t) \\ u_{\text{diffb}}^{*}(t) \\ u_{\text{diffc}}^{*}(t) \end{bmatrix} = \begin{bmatrix} u_{\text{diffa}}^{+*}(t) \\ u_{\text{diffb}}^{+*}(t) \\ u_{\text{diffc}}^{+*}(t) \end{bmatrix} + \begin{bmatrix} u_{\text{diffa}}^{-*}(t) \\ u_{\text{diffb}}^{-*}(t) \\ u_{\text{diffc}}^{-*}(t) \end{bmatrix} \tag{4-109}$$

后面计算三相桥臂电压指令值u_{pj}^{*}、u_{nj}^{*}的过程已在4.3.3节讲述过，不再重复。

前面已讲述过，交流电网不对称故障时MMC控制器的控制目标是抑制阀侧负序电流，避免功率器件电流超限。因此，内环电流控制器的输入指令中，负序电流指令值i_{vd}^{-*}和i_{vq}^{-*}直接取零，以消除阀侧负序电流。而正序电流指令值i_{vd}^{+*}和i_{vq}^{+*}则按照4.3.4节的方法确定，其中有功功率和无功功率只根据正序分量计算，即

$$p_{\text{s}}^{+} = \frac{3}{2}\overline{u_{\text{sd}}^{+}}\ \overline{i_{\text{vd}}^{+}} \tag{4-110}$$

$$q_{\text{s}}^{+} = -\frac{3}{2}\overline{u_{\text{sd}}^{+}}\ \overline{i_{\text{vq}}^{+}} \tag{4-111}$$

至此，我们可以得到MMC在交流电网电压不平衡和畸变条件下的通用控制器模型框图，如图4-25所示。

4.4.4 仿真验证

在PSCAD/EMTDC仿真软件中搭建双端MMC-HVDC仿真系统，仿真系统结构图如图4-15所示。直流主回路结构为单极大地回线，仿真系统参数见表4-1。仿真系统采用上一节所述的控制策略，调制方式为最近电平逼近调制。整流侧为直流电压和无功功率控制，直流电压指令值设为400kV，无功功率指令值设为0。逆变侧为有功功率和无功功率控制，有功功率指令值为200MW，无功功率指令值为100Mvar。设1.0s逆变侧交流电网发生a相接地短路故障，持续0.1s后将故障清除。

图4-26给出了逆变侧电压量的变化波形，其中图a是网侧交流电压u_{sa}、u_{sb}、u_{sc}的波形图，图b是锁相环输出的同步相位θ的波形图，图c是网侧正序电压u_{sd}^{+}和$\overline{u_{\text{sd}}^{+}}$的波形图，

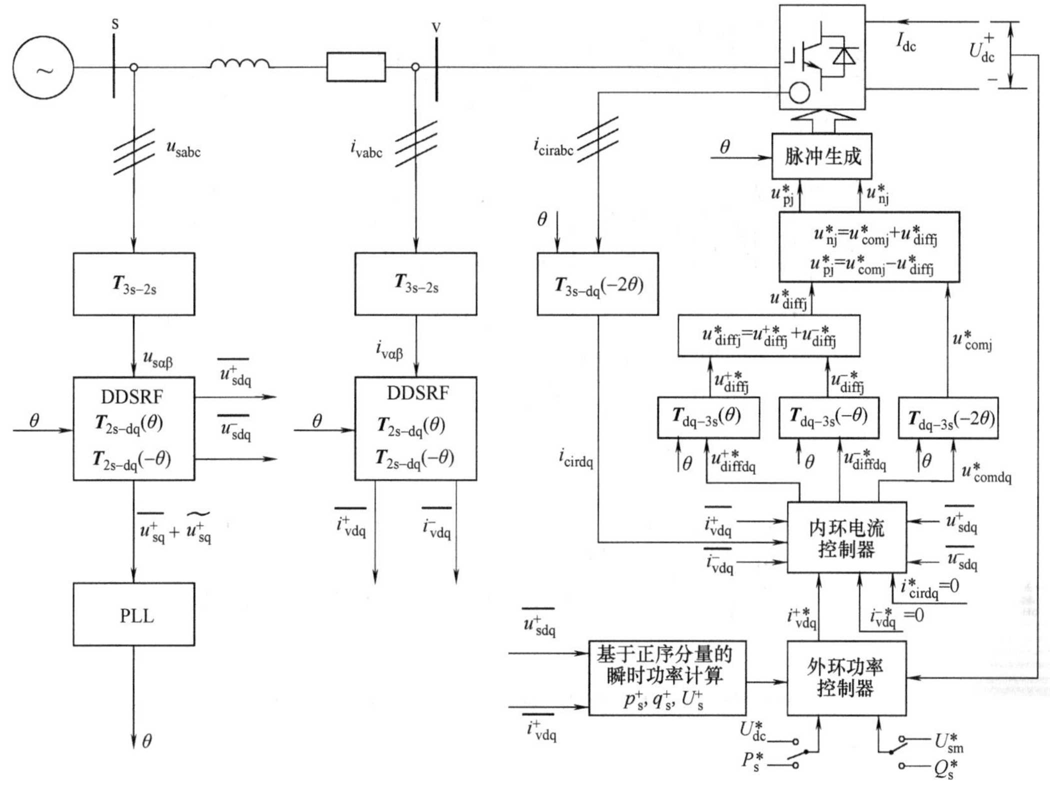

图 4-25　交流电网电压不平衡和畸变条件下 MMC 的控制器模型框图

图 d是网侧负序电压 u_{sd}^- 和$\overline{u_{sd}^-}$的波形图，图 e 是直流侧电压 U_{dc} 的波形图。图 4-27 给出了逆变侧电流量的变化波形，其中图 a 是阀侧交流电流 i_{va}、i_{vb}、i_{vc} 的波形图，图 b 是 i_{vd}^{+*}、i_{vd}^+、$\overline{i_{vd}^+}$的波形图，图 c 是 i_{vq}^{+*}、i_{vq}^+、$\overline{i_{vq}^+}$的波形图，图 d 是 i_{vd}^-、$\overline{i_{vd}^-}$的波形图，图 e 是 i_{vq}^-、$\overline{i_{vq}^-}$的波形图，图 f 是 i_{cird}、i_{cirq}的波形图。图 4-28 给出了逆变侧功率和桥臂差模电压与共模电压的变化波形，其中图 a 是网侧功率 p_s^+、q_s^+ 的波形图，图 b 是桥臂差模电压 u_{diffd}^{+*}、u_{diffq}^{+*} 的波形图，图 c 是桥臂差模电压 u_{diffd}^{-*}、u_{diffq}^{-*} 的波形图，图 d 是桥臂共模电压 u_{comd}^*、u_{comq}^* 的波形图。

从图 4-26a 可以看出，$t=1$s 时，单相故障发生，a 相电压跌落到零；$t=1.1$s 时，故障清除，a 相电压恢复。从图 4-26b 可以看出，基于 DDSRF 原理的锁相环具有优越的性能，交流系统发生故障后，其跟踪同步相位的能力几乎不受影响，故障期间 θ 的波形图与故障前几乎没有差别。从图 4-26c 可以看出，发生单相故障后，因 u_{sa}、u_{sb}、u_{sc} 中存在较大负序分量，而对应的正序分量幅值下降；因此，u_{sd}^+ 中就包含与负序分量对应的二倍频分量，而与正序分量对应的$\overline{u_{sd}^+}$的值则下降；故障清除后，u_{sa}、u_{sb}、u_{sc} 中的负序分量消失，因此 u_{sd}^+ 和$\overline{u_{sd}^+}$的波形保持一致。从图 4-26d 可以看出，故障前，因 u_{sa}、u_{sb}、u_{sc} 中没有负序分量，因此，与负序分量对应的$\overline{u_{sd}^-}$为零，而 u_{sd}^- 中只存在与正序分量对应的二倍频分量。故障期间，出现负序分量，同时正序分量下降，因此，$\overline{u_{sd}^-}$不再为零，而 u_{sd}^- 中与正序分量对应的二倍频

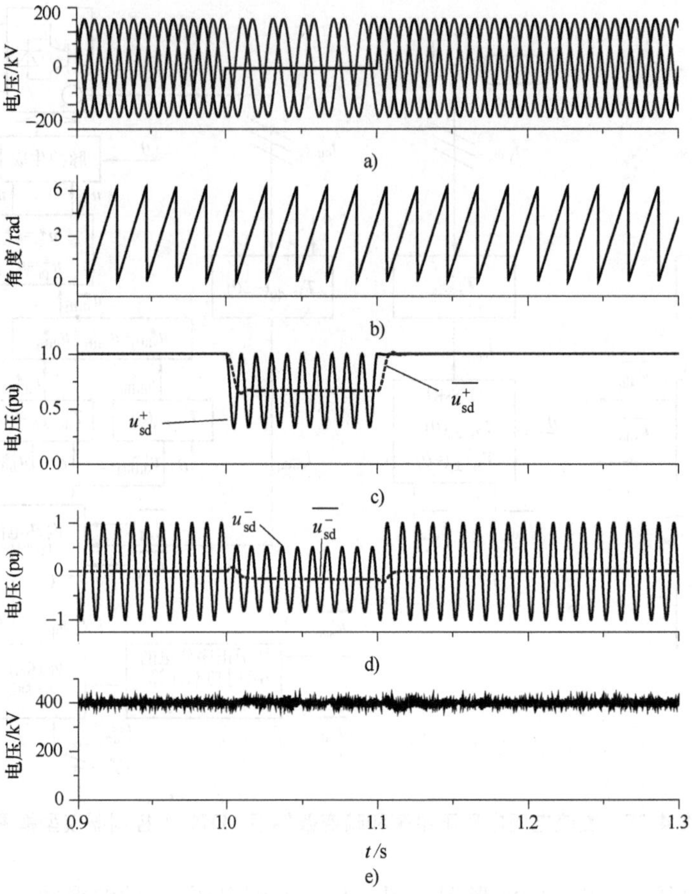

图 4-26 逆变侧电压量

a) 网侧交流电压 u_{sa}、u_{sb}、u_{sc} b) 锁相环输出的同步相位 θ

c) 网侧正序电压 u_{sd}^{+}和$\overline{u_{sd}^{+}}$ d) 网侧负序电压 u_{sd}^{-}和$\overline{u_{sd}^{-}}$ e) 直流侧电压 U_{dc}

分量幅值下降。故障清除后，u_{sa}、u_{sb}、u_{sc}中的负序分量消失，因此$\overline{u_{sd}^{-}}$保持为零，u_{sd}^{-}只包含二倍频分量。从图 4-26e 可以看出，故障期间直流电压 U_{dc}的波动情况与非故障期间类似，说明交流系统故障对直流侧电压的影响不明显。

从图 4-27a 可以看出，交流侧故障会导致阀侧交流电流 i_{va}、i_{vb}、i_{vc}上升，但上升幅度不大，在 1.5 倍之内。从图 4-27b、c 可以看出，故障前，与 200MW 有功相对应的 i_{vd}^{+}为 0.5pu，与 100Mvar 无功相对应的 i_{vq}^{+}为 0.25pu。故障期间，i_{vd}^{+}的参考值 i_{vd}^{+*}是下降的，而$\overline{i_{vd}^{+}}$基本上能够跟踪 i_{vd}^{+*}，在其上下小幅波动；i_{vq}^{+}的参考值 i_{vq}^{+*}基本保持不变，而$\overline{i_{vq}^{+}}$也基本上能够跟踪 i_{vq}^{+*}，在其上下小幅波动。故障清除后大约 100ms，i_{vd}^{+}、i_{vq}^{+}恢复到故障前的值。从图 4-27d、e 可以看出，故障前，i_{va}、i_{vb}、i_{vc}中无负序分量，因此 i_{vd}^{-}和 i_{vq}^{-}只包含与正序分量对应的二倍频分量，$\overline{i_{vd}^{-}}$和$\overline{i_{vq}^{-}}$为零。故障期间，由于 i_{va}、i_{vb}、i_{vc}中的正序分量有所上升，因此，i_{vd}^{-}和 i_{vq}^{-}中与正序分量对应的二倍频分量幅值有所上升；但由于控制器的控制目标是抑

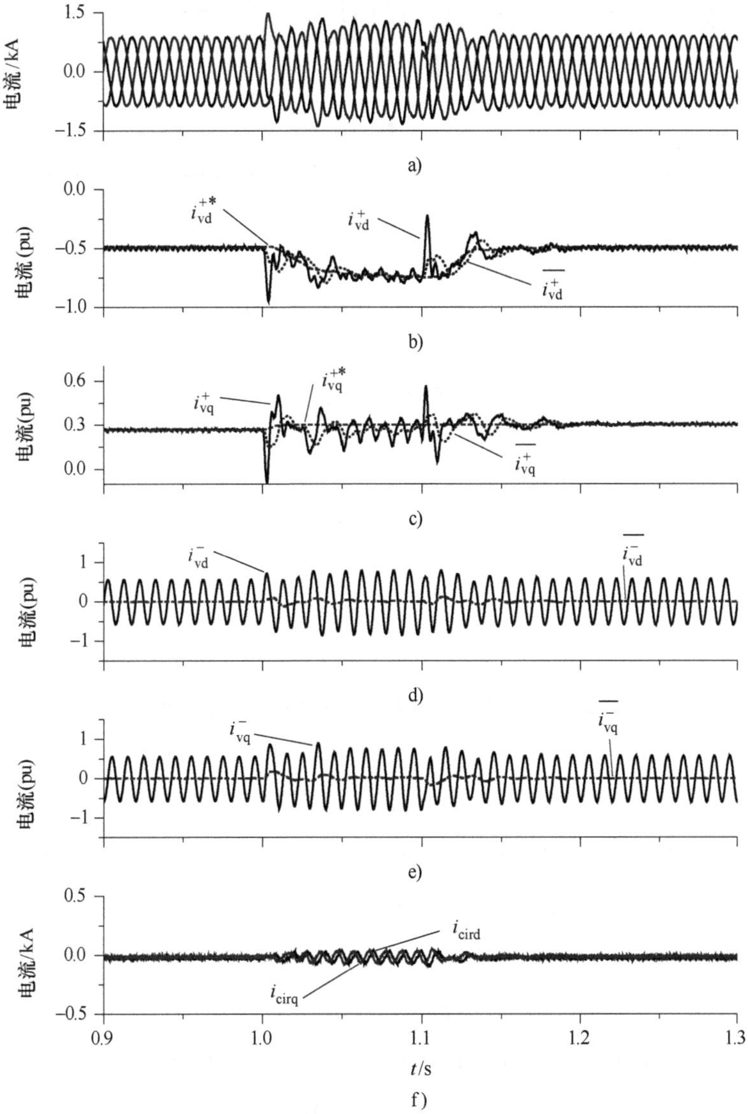

图 4-27　逆变侧电流量

a）阀侧交流电流 i_{va}、i_{vb}、i_{vc}　b）i_{vd}^{+*}、i_{vd}^{+}、$\overline{i_{vd}^{+}}$　c）i_{vq}^{+*}、i_{vq}^{+}、$\overline{i_{vq}^{+}}$

d）i_{vd}^{-}、$\overline{i_{vd}^{-}}$　e）i_{vq}^{-}、$\overline{i_{vq}^{-}}$　f）i_{cird}、i_{cirq}

制负序电流，因此，i_{va}、i_{vb}、i_{vc} 中的负序电流基本上被抑制住，$\overline{i_{vd}^{-}}$ 和 $\overline{i_{vq}^{-}}$ 在故障期间大致为零。故障后 50ms，i_{vd}^{-} 和 i_{vq}^{-} 恢复到故障前的状态。从图 4-27f 可以看出，由于控制器采用了抑制环流为零的控制目标，因此正常运行时，i_{cird} 和 i_{cirq} 近似为零。故障期间，环流不能被完全抑制，i_{cird} 和 i_{cirq} 中出现工频分量，但幅值不大。故障后 50ms 内，i_{cird} 和 i_{cirq} 恢复到故障前的状态。

从图 4-28a 可以看出，故障前，$p_s^+=200$MW，$q_s^+=100$Mvar。故障期间，p_s^+ 波动比较剧烈，q_s^+ 波动较小。故障后 100ms，p_s^+、q_s^+ 恢复到故障前水平。从图 4-28b 可以看出，故障

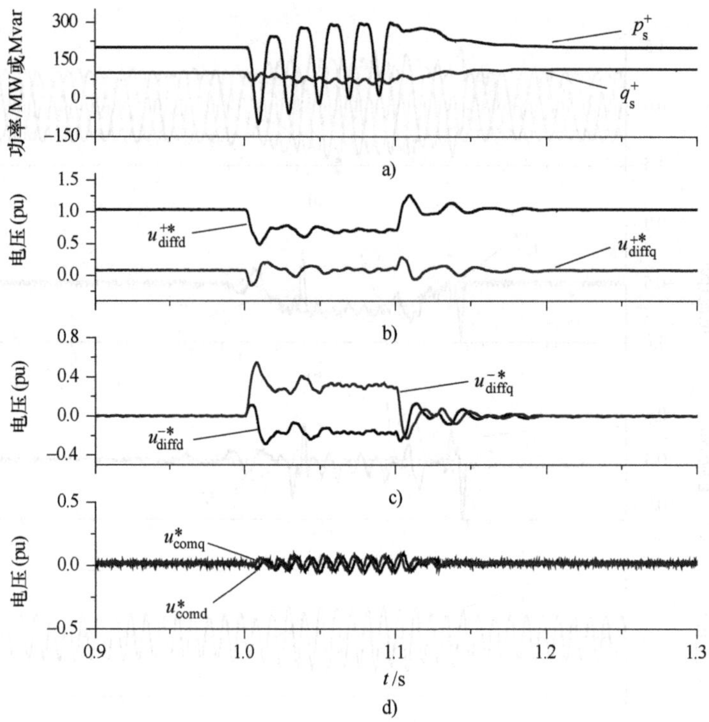

图 4-28 逆变侧功率和桥臂差模电压与共模电压

a）网侧功率 p_s^+、q_s^+ b）桥臂差模电压 u_{diffd}^{+*}、u_{diffq}^{+*}

c）桥臂差模电压 u_{diffd}^{-*}、u_{diffq}^{-*} d）桥臂共模电压 u_{comd}^{*}、u_{comq}^{*}

前，u_{diffd}^{+*}在1.0pu左右，u_{diffq}^{+*}近似为零。故障期间，u_{diffd}^{+*}有所下降，u_{diffq}^{+*}在零上下波动。故障后100ms，u_{diffd}^{+*}、u_{diffq}^{+*}恢复到故障前水平。从图4-28c可以看出，故障前，由于阀侧交流电流中无负序分量需要抑制，因此u_{diffd}^{-*}、u_{diffq}^{-*}为零。故障期间，为了抑制阀侧交流电流中的负序分量，MMC产生出负序反电势，因此u_{diffd}^{-*}、u_{diffq}^{-*}有一定的数值。故障后100ms，u_{diffd}^{-*}、u_{diffq}^{-*}恢复到零。从图4-28d可以看出，故障前，环流控制器的输出u_{comd}^{*}、u_{comq}^{*}很小，接近于零。故障期间，u_{comd}^{*}、u_{comq}^{*}有工频分量输出，但幅值较小。故障后50ms，u_{comd}^{*}、u_{comq}^{*}恢复到故障前水平。

4.5 向无源网络供电时的MMC控制器设计

柔性直流输电的一个突出优势就是可以无源逆变，因而可以向无源网络供电。实际上，MMC向无源网络供电的控制策略至少包含有两个重要方面的应用。第一个方面是纯粹的向无源网络供电，比如通过柔性直流输电向城市中心区供电，或者通过柔性直流输电向无源海岛供电等；第二个方面是风电场通过柔性直流输电接入电网，这种情况下风电场侧等同于无源网络，需要MMC为风电场建立同步电源，否则风电场本身就无法运行。本章将重点阐述受电端为无源网络时MMC的控制器设计问题，送电端为风电场时的MMC控制器设计问题将在第 12 章介绍。

4.5.1　向无源网络供电时的 MMC 控制器设计的根本特点

设通过柔性直流输电向无源网络供电的系统结构如图 4-29 所示，送端换流器为 MMC1，受端换流器为 MMC2。根据柔性直流输电系统的控制原理，受端换流器 MMC2 需要控制受端电网的电压幅值和频率，两个控制自由度已用完，因此直流侧电压控制的任务必须由送端换流器 MMC1 来完成，MMC1 的另外一个控制自由度可以用来控制与送端交流电网之间的无功交换量。因此，MMC1 的控制策略是定直流电压控制和定送入交流侧的无功功率控制，这在 4.3 节关于交流电网平衡时的 MMC 控制器设计原理中已有详细讲述，这里不再重复。下面重点讲述 MMC2 的控制器设计原理。

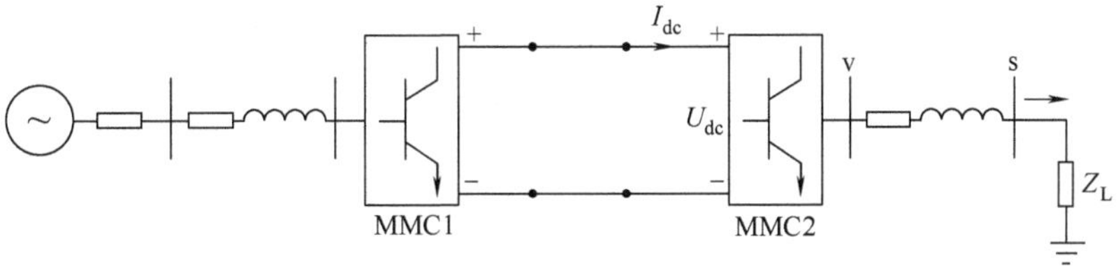

图 4-29　向无源网络供电的系统结构图

对于 MMC2，控制目标是两个，一个是控制受端电网的频率为额定频率，另一个是控制受端电网母线 s 的电压幅值为恒定值。当在 dq 坐标系下设计 MMC2 的控制器时，我们仍然沿用 4.3 节已讲述过的内外环控制器结构。与受端电网为有源系统时的控制策略相比，MMC2 的控制策略有两个显著特点。第一个特点是不再需要锁相环（PLL），因为受端电网的频率是给定值，即电角度 $\theta=\omega_0 t$ 是完全确定的。第二个特点是采用的外环控制器不同，由于 $\theta=\omega_0 t$ 给定，dq 坐标系的旋转速度已固定不变，但 d 轴与母线 s 电压空间矢量 $\boldsymbol{u}_s$ 之间的夹角并不是固定的，特别是在负荷 Z_L 发生变化时，$\boldsymbol{u}_s$ 的幅值和与 d 轴的夹角都会发生变化。因此，需要通过外环控制器来施加控制以使得 $\boldsymbol{u}_s$ 的幅值保持不变和与 d 轴的夹角保持不变；$\boldsymbol{u}_s$ 幅值保持不变意味着母线 s 的电压幅值恒定，$\boldsymbol{u}_s$ 与 d 轴的夹角保持不变意味着母线 s 上电压的频率为额定频率。为了达到上述两点，可以采用如下的方式来实现，即控制 $u_{sd}=U_{sm}$ 和 $u_{sq}=0$。外环控制器的设计就是按照这种方式来实现的[22]，通过控制阀侧电流指令值 i_{vd}^* 使 $u_{sd}=U_{sm}$，而通过控制阀侧电流指令值 i_{vq}^* 使 $u_{sq}=0$。另外，在外环控制器的设计时还要考虑不能让 MMC2 过载，即需要对 i_{vd}^* 和 i_{vq}^* 进行限幅。

综合考虑上述因素后，可以得到 MMC2 的外环控制器结构如图 4-30 和图 4-31 所示。其中 i_{vdmax} 和 i_{vqmax} 的计算式与前面的式（4-48）和式（4-49）相同。至此，我们可以得到 MMC2 的完整控制器框图，如图 4-32 所示。

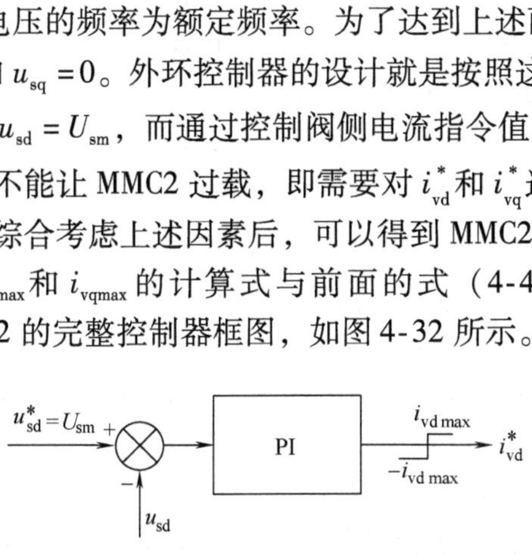

图 4-30　MMC2 确定 i_{vd}^* 的外环控制器

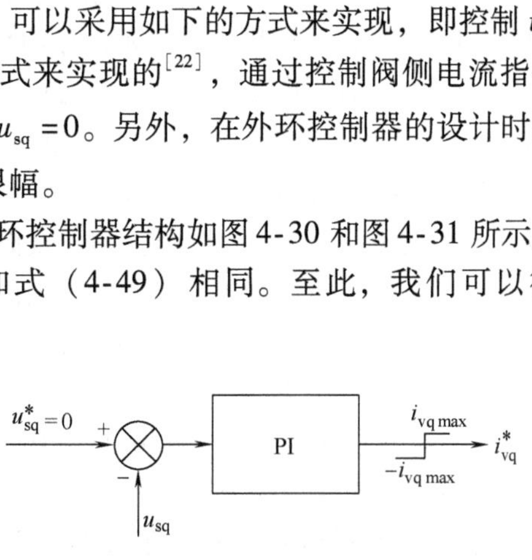

图 4-31　MMC2 确定 i_{vq}^* 的外环控制器

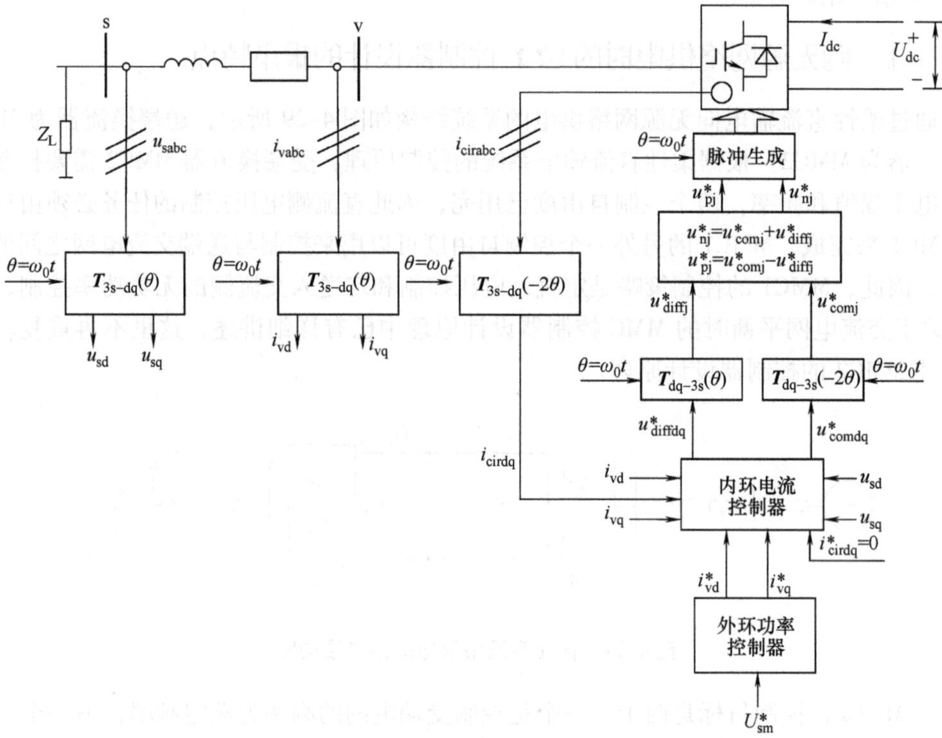

图 4-32 向无源网络供电时 MMC 的完整控制器框图

4.5.2 仿真验证

在 PSCAD/EMTDC 仿真软件中搭建了 21 电平双端 MMC-HVDC 仿真系统，系统参数见表 4-1。仿真系统采用上一节所述的控制策略，调制方式为最近电平逼近调制。整流侧为直流电压和无功功率控制，直流电压指令值设为 400kV，无功功率指令值设为 0。逆变侧向无源网络供电，控制无源网络母线 s 的电压幅值为 220kV，频率为 50Hz。无源网络原始负荷为 200MW，1.0s 时另外再投入 200MW 有功负荷和 100Mvar 无功负荷（此设计是让负荷超出 MMC2 的容量，看电压和电流过载情况）；1.5s 时切除 100Mvar 无功负荷。

图 4-33 给出了逆变侧主回路主要电气量的变化波形，其中图 a 是交流侧有功功率 p_s 和 q_s 的波形图，图 b 是无源网络母线 s 三相电压 u_{sj} 的波形图，图 c 是无源网络母线 s 三相电压的 dq 坐标系分量 u_{sd}、u_{sq} 波形图，图 d 是阀侧电流 d 轴分量 i_{vd}、i^*_{vd} 的波形图，图 e 是阀侧电流 q 轴分量 i_{vq}、i^*_{vq} 的波形图，图 f 是三相内部环流 i_{cird}、i_{cirq} 的波形图。

从图 4-33a 可以看出，$t=1$s 前，$p_s=200$MW，$q_s=0$Mvar。$t=1$s 时，p_s 增大到 400MW，q_s 增大到 100Mvar，功率响应在 150ms 内完成。$t=1.5$s 时，q_s 再降为零，响应时间在 100ms 内；另外，对有功功率 p_s 的影响很小。从图 4-33b 可以看出，在负荷突增后的 100ms 内，电压幅值减小，不能保持恒定；但在负荷突增的 100ms 后，电压幅值已保持恒定。从图 4-33c 可以看出，负荷突增后 u_{sd} 不能保持等于 U_{sm}，u_{sq} 也不能保持等于零，但暂态过程较短，在 100ms 内。从图 4-33d、e 可以看出，功率突增后 i^*_{vd} 和 i^*_{vq} 都会波动，但 i_{vd} 和 i_{vq} 能够很好地跟

踪 i_{vd}^* 和 i_{vq}^*，响应时间在 150ms 内。从图 4-33f 可以看出，负荷突增对环流抑制控制影响很小，i_{cird} 和 i_{cirq} 在整个过程中都被控制为接近于零。

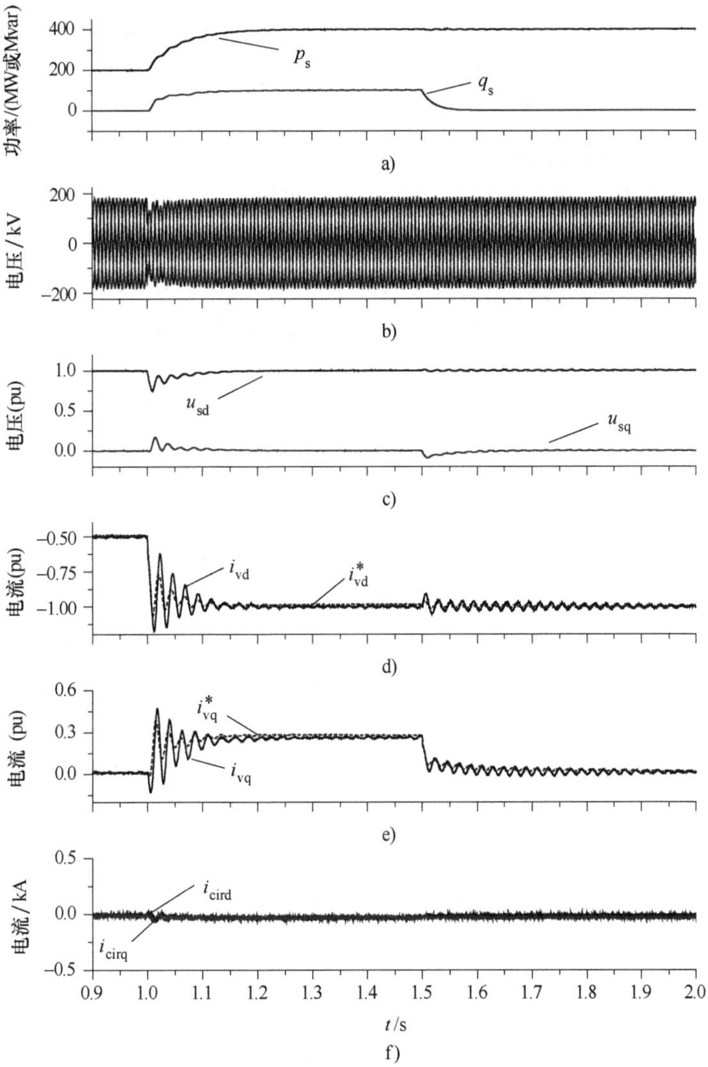

图 4-33　逆变侧主回路主要电气量

a）负荷消耗的 p_s 和 q_s　b）母线 s 三相电压 u_{sj}　c）母线 s 三相电压的 dq 分量 u_{sd}、u_{sq}
d）阀侧电流 d 轴分量 i_{vd}、i_{vd}^*　e）阀侧电流 q 轴分量 i_{vq}、i_{vq}^*　f）三相内部环流 i_{cird}、i_{cirq}

4.6　功率同步控制原理

针对直接电流控制在弱交流系统情况下存在的问题，参考文献［8］提出了功率同步控制（PSC）的思路，正常运行时采用功率同步取代锁相环同步，并取消了内环控制器，但在故障情况下仍然需要使用锁相环来限制故障电流。参考文献［23］基于虚拟同步机（Virtual

Synchronous Machine，VISMA）的概念[24]，在参考文献［8］的基础上，加入了内环电流控制器，可有效限制故障电流。本节介绍的功率同步控制方法结合了参考文献［8，23］的优势，采用功率同步环（Power Synchronization Loop，PSL）取代锁相环（PLL），且包含有内环电流控制器，可以对故障电流进行控制，其结构与直接电流控制器非常类似。

与图4-4所示的基于直接电流控制的MMC双环控制器结构相比，功率同步控制方法仅仅在外环控制器上与直接电流控制方法不同，表现在：

1）直接电流控制中同步信号是由锁相环（PLL）提供的；功率同步控制中锁相环被功率同步环（PSL）所取代，同步信号由功率同步环提供。

2）直接电流控制中内环电流控制器的 d 轴电流指令值 i_{vd}^* 和 q 轴电流指令值 i_{vq}^* 分别由外环功率控制器中的有功类控制器和无功类控制器给出；而功率同步控制中内环电流控制器的 d 轴电流指令值 i_{vd}^* 和 q 轴电流指令值 i_{vq}^* 均由无功-电压控制器给出。

功率同步环的原理是将MMC模拟成一个同步发电机，并将所模拟的同步发电机的转子角度作为功率同步环的输出，为MMC的控制提供相位基准。同步发电机的运动方程为

$$2H\frac{\mathrm{d}\Delta\omega}{\mathrm{d}t}=P_\mathrm{m}-P_\mathrm{e}-D\Delta\omega \tag{4-112}$$

$$\frac{\mathrm{d}\theta}{\mathrm{d}t}=\omega\omega_0 \tag{4-113}$$

式中，H 为发电机惯性时间常数（s）；$\Delta\omega=\omega-\omega_0$ 为发电机转速偏差，ω 为实际转速（pu），ω_0 为额定转速（pu）；t 为时间（s）；P_m 为机械功率（pu）；P_e 为电磁功率（pu）；D 为阻尼系数（pu）；θ 为发电机转子电角度（rad）；ω_0 为电网额定角频率（rad/s）。将MMC的功率指令值 P_s^* 替代发电机的机械功率 P_m，实际功率 P_s 替代发电机的电磁功率 P_e，H 和 D 根据要求设定，就得到了功率同步环的控制框图，如图4-34所示。当MMC有功类控制目标是定有功功率 P_s^* 时，功率同步环的控制器框图如图4-34a所示；当MMC有功类控制目标是定直流侧电压 U_dc^* 时，功率同步环的控制器框图如图4-34b所示。

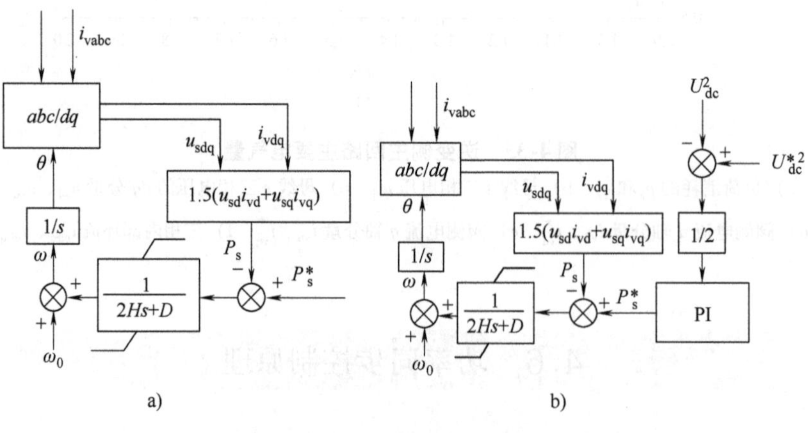

图4-34 功率同步环PSL框图

a）MMC采用定有功功率控制 b）MMC采用定直流电压控制

与图 4-4 所示的基于直接电流控制的 MMC 双环控制器中的各环节相对照，功率同步环实现了两个功能。第一个功能是实现了定有功类控制，包括定有功功率控制和定直流侧电压控制；第二个功能是实现了 PLL 的功能。

无功-电压控制环包括无功功率控制模块和输出电压控制模块。其输出电压的指令值 U_{sm}^* 包括两部分，一部分是输出无功功率为零时的空载电压 U_{sm0}^*，另一部分是用于调节无功功率而带来的电压偏移量 ΔU_{sm}。为了消除无功功率的静态偏差以及更好地适用于弱交流系统，无功-电压控制器的控制方程可以写成

$$U_{sm}^* = U_{sm0}^* + \left(k_p + \frac{k_i}{s}\right)(Q_s^* - Q_s) \tag{4-114}$$

式中，Q_s^* 为无功功率指令值，Q_s 为 MMC 实际输出的无功功率。

如果上式的积分常数 $k_i = 0$，式（4-114）转化为常规传统无功下斜控制方程：

$$U_{sm}^* = U_{sm0}^* + k_p(Q_s^* - Q_s) \tag{4-115}$$

在获得输出电压的指令值之后，通过 PI 控制器，就可以得到电流内环所需要的输出电流指令值 i_{vd}^* 和 i_{vq}^*：

$$i_{vd}^* = \left(k_{pd} + \frac{k_{id}}{s}\right)(u_{sd}^* - u_{sd}) \tag{4-116}$$

$$i_{vq}^* = \left(k_{pq} + \frac{k_{iq}}{s}\right)(u_{sq}^* - u_{sq}) \tag{4-117}$$

式中，dq 轴电压指令值为

$$u_{sd}^* = U_{sm}^* \tag{4-118}$$

$$u_{sq}^* = 0 \tag{4-119}$$

这样，考虑了交流电压与交流无功功率的下斜控制特性后，定交流电压和定无功功率控制可由图 4-35 所示的两个控制器合起来完成。同时，内环电流控制器的 d 轴电流指令值 i_{vd}^* 和 q 轴电流指令值 i_{vq}^* 也由这两个控制器给出。

实际上，无功-电压控制环的功能与基于直接电流控制原理设计的 MMC 向无源网络供电的控制器完全一致，图 4-35 的控制器与图 4-32 的外环控制器在功能上是完全一致的。

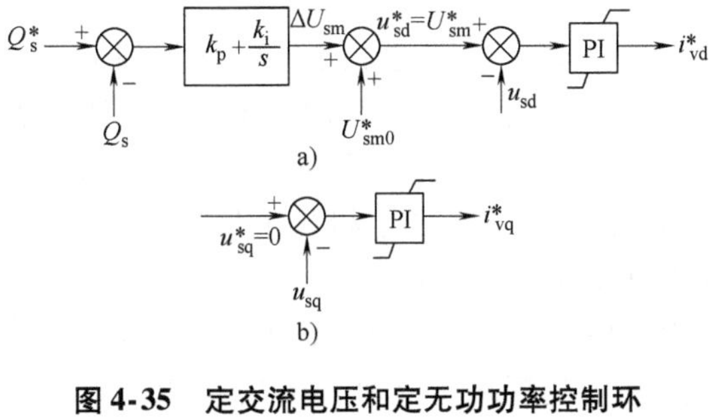

图 4-35　定交流电压和定无功功率控制环

至此，我们可以得到功率同步控制的完整框图如图 4-36 所示。

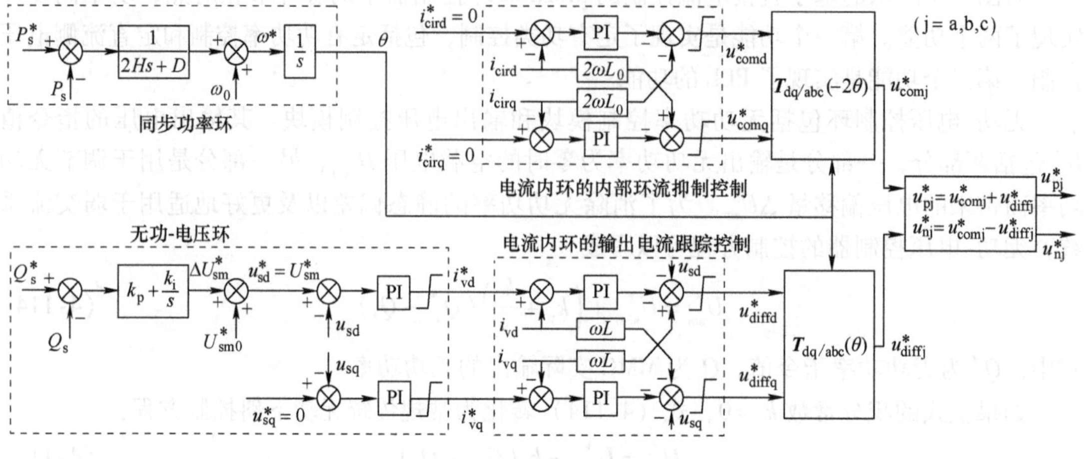

图 4-36 功率同步控制完整框图

4.7 直接电流控制与功率同步控制的比较[25]

本节基于交流故障后受端系统的响应特性，对直接电流控制和同步功率控制的性能进行比较。在本节的分析中，受端系统等效为发电机与换流站同时向集总负荷供电，分析的模型如图4-37所示。其中，jX_t表示发电机升压变压器的等效阻抗，(r_r+jx_r) 表示逆变站公共连接点（PCC）到负载的线路阻抗；$\dot{I}_s$和$\dot{U}_s$分别为PCC的电流相量和电压相量。

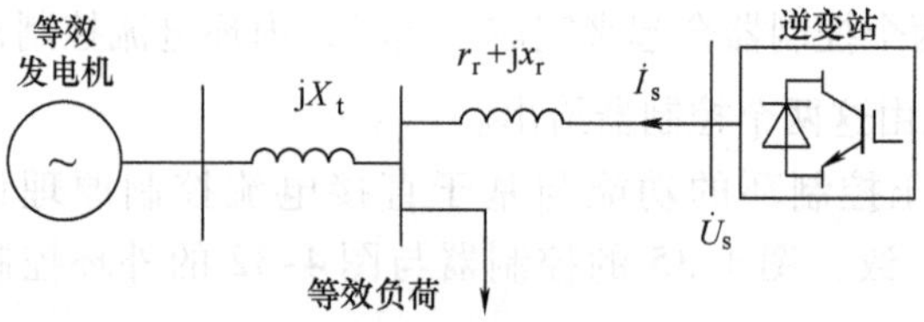

图 4-37 测试系统模型

在时域仿真软件PSCAD/EMTDC中搭建如图4-37所示的交直流系统时域仿真模型，测试系统主回路参数见表4-2～表4-4。直流侧采用恒定直流电压源表示。直接电流控制时换流站采用定交流有功功率和定交流无功功率控制；功率同步控制时采用定交流有功功率和定交流电压控制。发电机采用定有功功率和定机端电压控制。考虑换流站供电比例分别为0.9、0.4、0.3和0.1等4种情况，对应的发电机容量分别为45MVA、270MVA、310MVA和400MVA。负荷采用恒阻抗模型，功率因数为0.95，额定电压下负荷有功功率为400MW。可以计算出4种情况下交流系统的短路比分别为0.3、1.25、1.4和1.65。考察系统在负荷母线（升压变压器高压侧）发生的三相短路故障。假设故障发生在0.1s，故障持续时间为0.1s。4种情况下测试系统主要物理量的变化特性如图4-38～图4-44所示。

表 4-2 MMC 换流站的主回路参数

参 数	大 小
联接变压器漏抗 X_T	0.1pu
桥臂电抗 X_{L0}	0.2pu
直流侧极对地电压 $U_{dc}/2$	200kV
v 点额定视在功率 S_{vN}	400MVA
联接变压器额定电压比	220kV/194kV
子模块数 N	100
子模块电容额定电压 U_{CN}	4kV

注：功率基准值采用 400MW。

表 4-3 发电机和升压变压器的主回路参数

参 数	大 小
发电机	
d 轴暂态时间常数 T'_{d0}	8s
d 轴次暂态时间常数 T''_{d0}	0.039s
q 轴次暂态时间常数 T''_{q0}	0.071s
d 轴电抗 x_d	1.6pu
q 轴电抗 x_q	1.6pu
d 轴暂态电抗 x'_d	0.314pu
d 轴次暂态电抗 x''_d	0.28pu
q 轴次暂态电抗 x''_q	0.314pu
升压变压器	
额定电压比	13.8kV/220kV
漏抗	0.14pu
励磁模型 ST1A	
励磁系统放大系数 K_A	200pu
励磁系统时间常数 T_A	0s
励磁电压上限 V_{Rmax}	6pu
励磁电压下限 V_{Rmax}	-6pu
K_C	0.038pu
K_{LR}	4.54
I_{LR}	4.4

注：功率基准值采用升压变压器容量。

表 4-4 测试系统其他参数

参 数	大 小
负载阻抗 r_L+jx_L	(0.903+j0.297)pu
交流线路阻抗 r_r+jx_r	0.25pu
线路电阻电抗比 r_r/x_r	0.125

注：功率基准值采用 400MW。

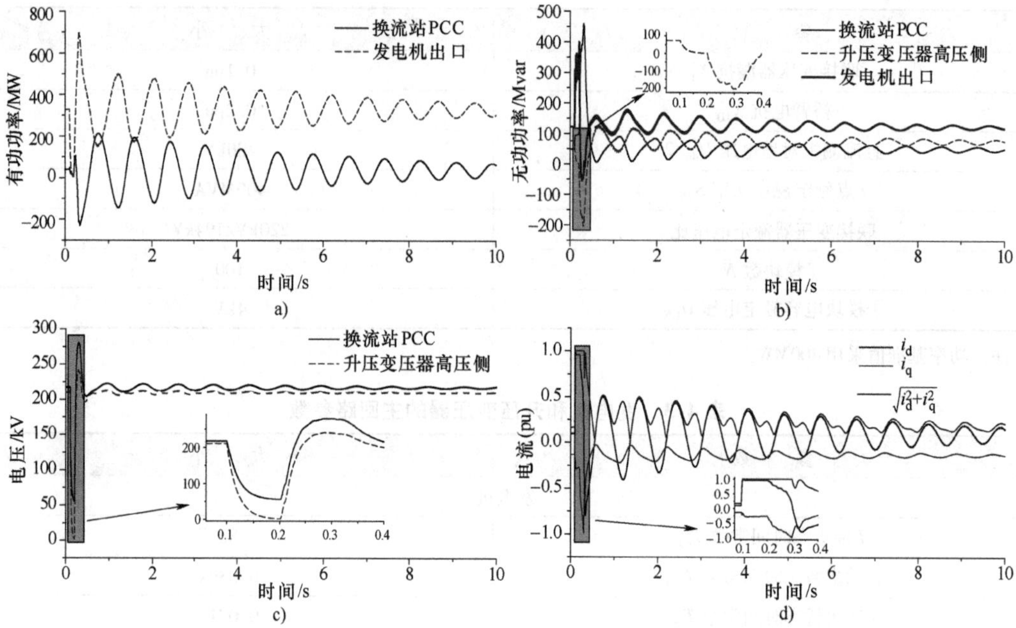

图4-38 换流站供电比例为0.1（短路比为1.65）**时的功率同步控制特性**

a）换流站和发电机的有功功率 b）换流站和发电机的无功功率

c）换流站和负载的电压 d）换流站交流电流

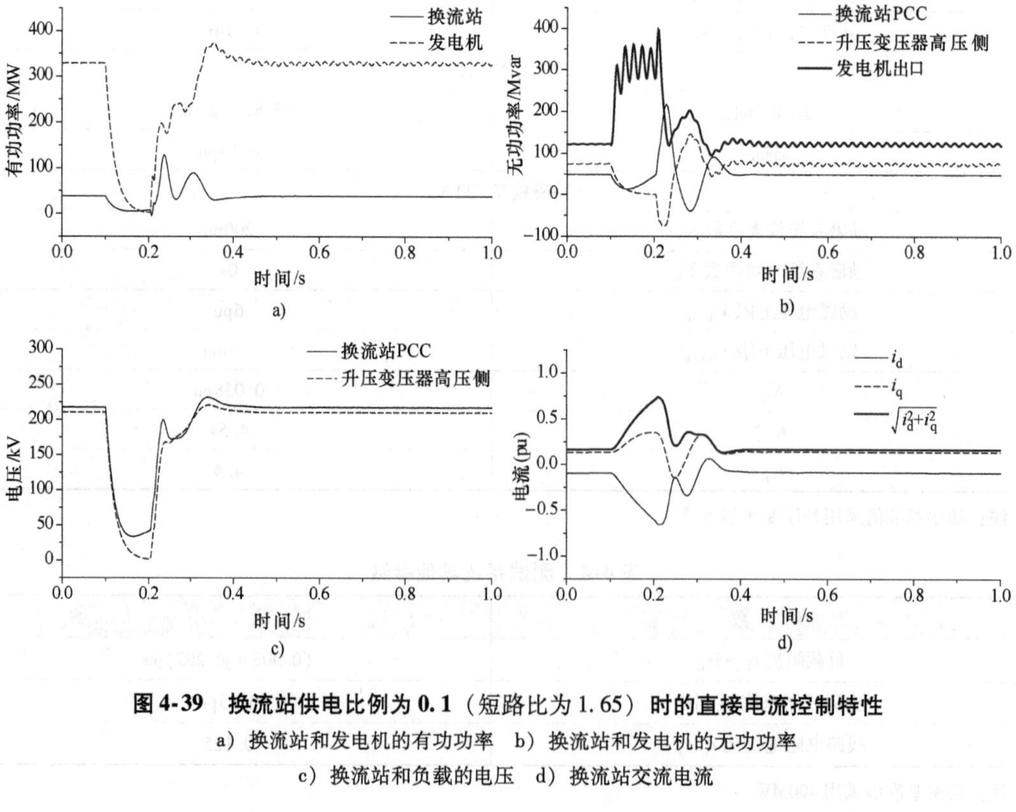

图4-39 换流站供电比例为0.1（短路比为1.65）**时的直接电流控制特性**

a）换流站和发电机的有功功率 b）换流站和发电机的无功功率

c）换流站和负载的电压 d）换流站交流电流

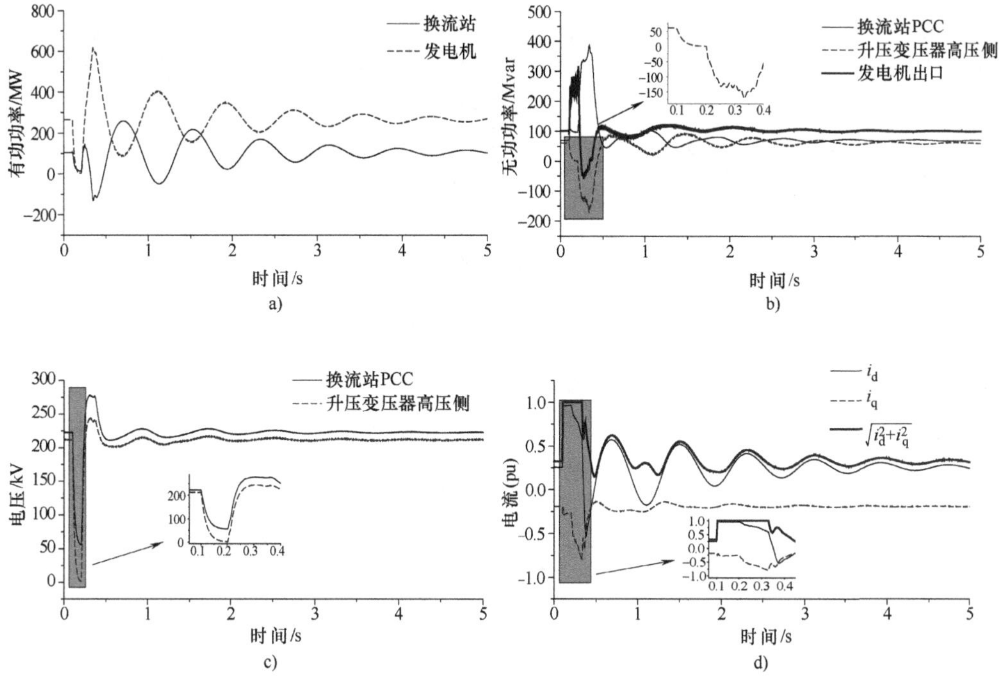

图 4-40　换流站供电比例为 0.3（短路比为 1.4）**时的功率同步控制特性**

a）换流站和发电机的有功功率　b）换流站和发电机的无功功率

c）换流站和负载的电压　d）换流站交流电流

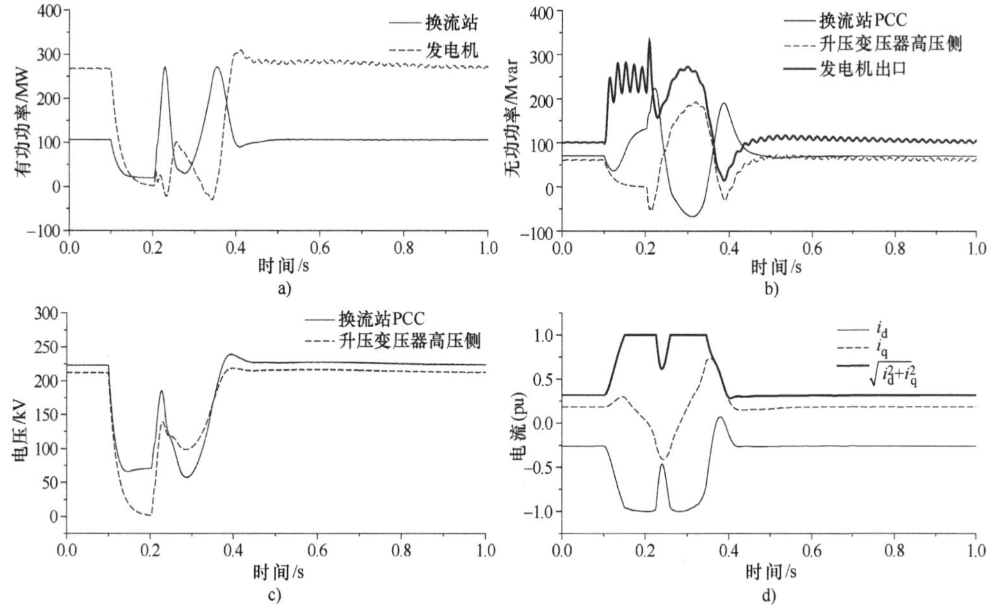

图 4-41　换流站供电比例为 0.3（短路比为 1.4）**时的直接电流控制特性**

a）换流站和发电机的有功功率　b）换流站和发电机的无功功率

c）换流站和负载的电压　d）换流站交流电流

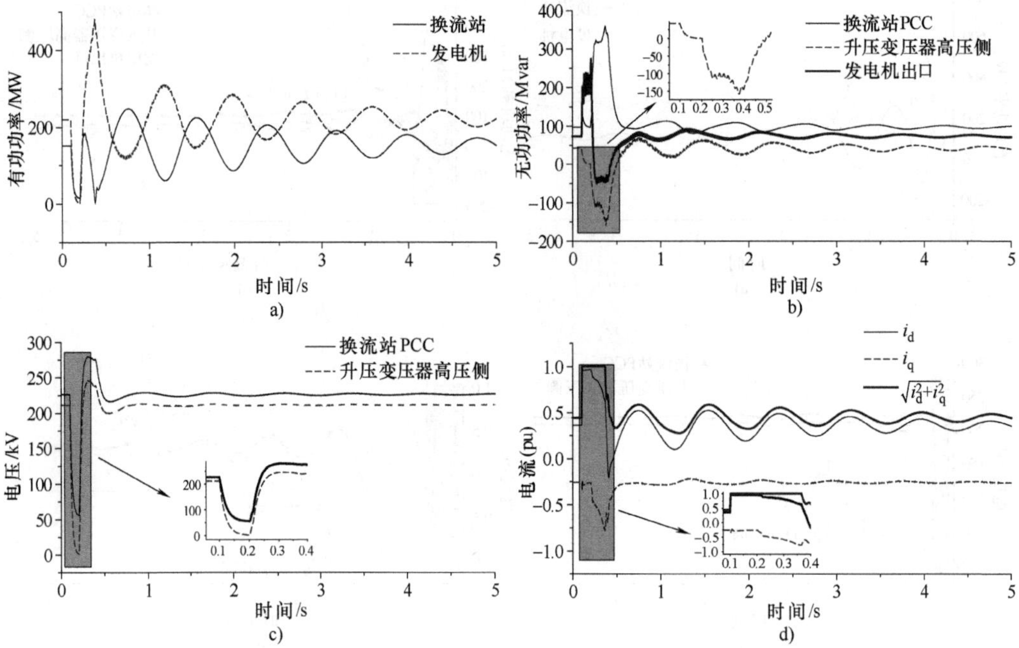

图4-42 换流站供电比例为0.4（短路比为1.25）**时的功率同步控制特性**

a）换流站和发电机的有功功率 b）换流站和发电机的无功功率

c）换流站和负载的电压 d）换流站交流电流

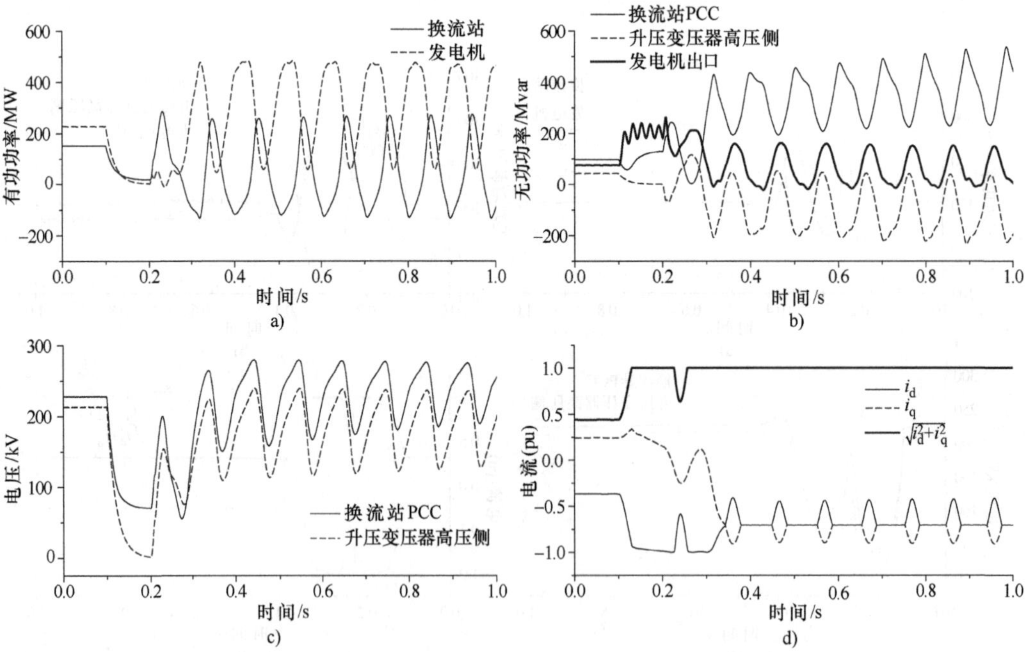

图4-43 换流站供电比例为0.4（短路比为1.25）**时的直接电流控制特性**

a）换流站和发电机的有功功率 b）换流站和发电机的无功功率

c）换流站和负载的电压 d）换流站交流电流

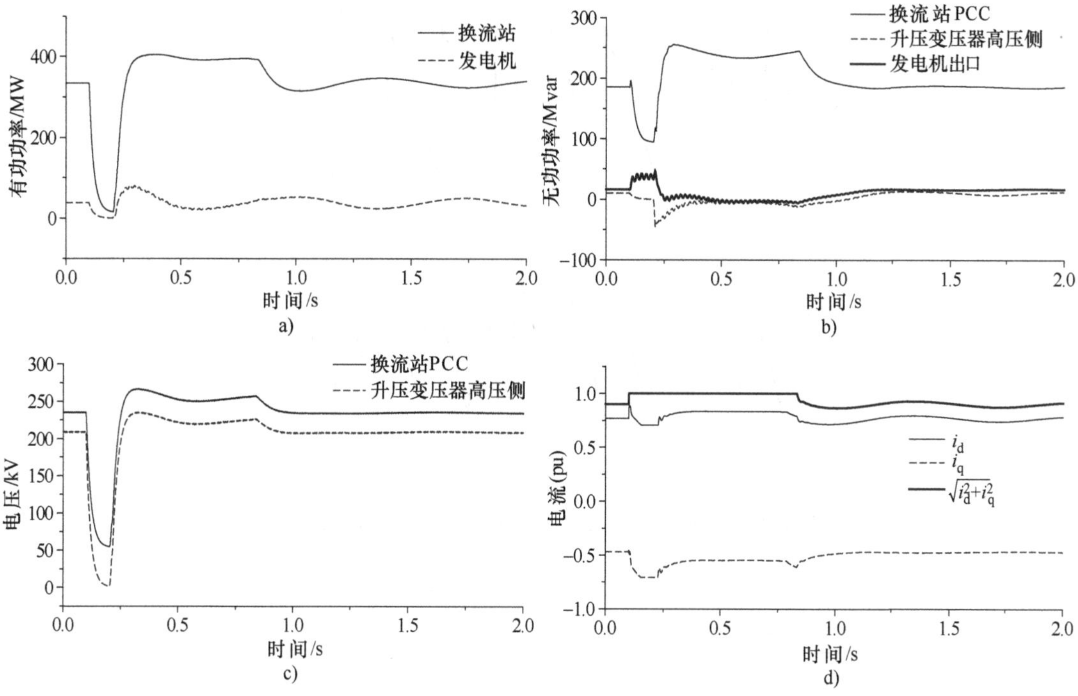

图 4-44 换流站供电比例为 0.9（短路比为 0.3）**时的功率同步控制特性**

a）换流站和发电机的有功功率 b）换流站和发电机的无功功率

c）换流站和负载的电压 d）换流站交流电流

观察图 4-38 ~ 图 4-44 的仿真结果可以发现，当换流站供电比例小于或等于 0.3（短路比为 1.4）时，采用直接电流控制的换流站可以穿越交流侧的三相短路故障。当换流站供电比例大于或等于 0.4（短路比为 1.25）时，采用直接电流控制的换流站已经不能穿越交流侧的三相短路故障。换言之，在短路比小于或等于 1.25 的情况下，采用直接电流控制的换流站在三相短路故障下会发生失稳现象。

如前文所述，锁相环的动态响应特性可能会对连接到弱交流系统的换流器产生负面影响。考虑换流站供电比例为 0.4 的情况，图 4-45 给出了功率同步环和锁相环在故障清除后 1.1 ~ 1.3s 期间输出电角度的仿真波形。

由于功率同步环/锁相环输出的基准电角度是后续 dq 变换的基础，因此功率同步环/锁相环的正常运行是保证换流站稳定运行的关键因素。从图 4-45 的仿真结果中可以发现，锁相环在故障清除后输出参考电角度的频率已经接近 60Hz，不能跟踪电网的实际频率，因此采用直接电流控制的换流站不能稳定运行。而功率同步环在故障清除后输出的基准电角度对应的频率能保持在 50Hz 附近，是保证故障清除后换流站稳定运行的重要因素。

另外一方面，如果换流站采用同步功率控制，当交流系统短路比相对较大时，系统阻尼非常小，故障之后交直流系统需要经过很长时间才能过渡到稳定运行状态；当交流系统短路比相对较小时，系统阻尼才会较大。如果换流站采用直接电流控制，系统阻尼一直都比较大，故障之后交直流系统能够很快地恢复到稳定运行状态；此外，故障恢复过程中电压和功率的波动幅度也比较小。

通过对直接电流控制与功率同步控制进行比较，可以得出如下结论：在交流系统短路比

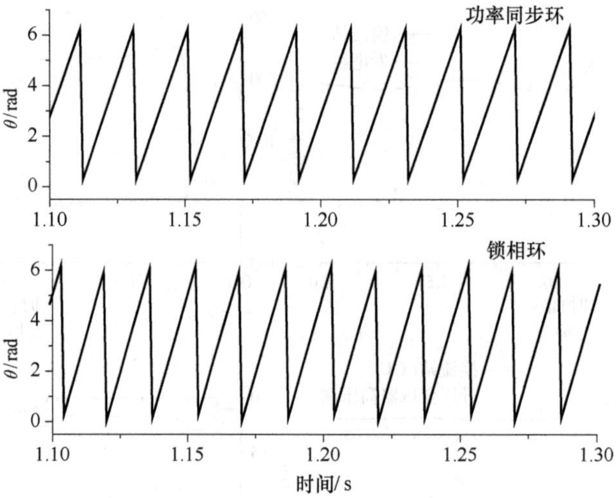

图 4-45 故障后功率同步环和锁相环输出的基准电角度

大于 1.4 时，一般建议采用直接电流控制；在交流系统短路比小于或等于 1.25 时，直接电流控制不再适用，可以考虑使用功率同步控制。

4.8 子模块电容电压平衡控制

由 2.4.6 节的 MMC 稳态特性展示可知，子模块电容电压是一个波动量，其除了直流分量外，还包含相当数量的基波、2 次谐波和 3 次谐波分量。当采用最近电平逼近调制策略时，任何控制时刻计算桥臂需投入的子模块数目时，都需要给出子模块电容电压的数值。这里就存在两个问题。第 1 个问题是子模块电容电压是随时间变化的，不同控制时刻子模块的电容电压是不同的，应该取子模块电容电压的瞬时值还是取其他什么值？第 2 个问题是由于各子模块电容在充放电时间、损耗和电容值等方面必然存在差异，因而实际上各子模块的电容电压存在一定的离散性，那么子模块电容电压值该如何取才合适呢？

对这两个问题，目前实际工程中是这么处理的，用于最近电平逼近调制计算的电容电压采用固定值，一般就采用电容电压的额定值，即采用 $U_{cN}=U_{dcN}/N$。直观地看，为了使 MMC 能够稳定运行，需要控制电容电压的波形尽量靠近所取的固定值 U_{cN}。这一方面要求控制电容电压的波动率尽量小，另一方面要求控制各子模块电容电压的离散度即不平衡度尽量小。关于电容电压波动率的控制，第 3 章已进行过讨论，一般只能通过增大子模块电容值的方法来实现，目前实际工程中电容电压波动率一般控制在 10% 左右。而对于各子模块电容电压不平衡度的控制，目前主要采用各种排序方法来实现，但关于电容电压不平衡度应该控制到什么水平才合适，并没有定论。直观地看，既然电容电压波动率在 10% 左右，意味着电容电压偏离其额定值在 10% 左右，那么电容电压不平衡度的限制值应该以电容电压实际值偏离其额定值不超过 10% 左右为准则。

最近电平逼近调制策略给出了每个控制时刻 MMC 各桥臂需要投入的子模块数目 N_{on}，但在大多数控制时刻 N_{on} 小于桥臂总的子模块数 N，因此在 N 个子模块中选择 N_{on} 个子模块存在一定的自由度。子模块电容电压平衡控制就是利用这些自由度，调节子模块电容器的充放电时间，达到子模块电容电压的动态平衡。

电容电压平衡控制从原理上讲采用的是反馈控制，实际操作上一般基于电容电压值的某种排序方法来实现。电容电压平衡控制在 MMC 的整个控制体系中属于阀控层级。关于子模块电容电压平衡控制已有很多研究，提出了多种平衡控制策略。本节将介绍比较典型的 3 种控制策略，分别是“完全排序与整体投入”的电容电压平衡策略[26]、“按状态排序与增量投切”的电容电压平衡策略[27]和“采用保持因子排序与整体投入”的电容电压平衡策略[28]。

4.8.1 基于完全排序与整体投入的电容电压平衡策略

参考文献［26］提出了一种基于完全排序与整体投入的电容电压平衡策略，该策略以桥臂为单位对子模块的投切状态进行控制，具体实现方法如下：

1）监测桥臂中所有子模块的电容电压值，并对所有子模块电容电压值进行排序。

2）监测桥臂电流 i_{arm} 的方向，判定桥臂电流对桥臂中处于投入状态的子模块的充放电情况。

3）在实施触发控制时，如果该时刻桥臂电流 i_{arm} 对投入的子模块充电，则按照电容电压由低到高的顺序将 N_{on} 个子模块投入（这 N_{on} 个子模块电容被充电，电压升高），并将其余的 $N-N_{on}$ 个子模块切除（这些子模块的电容电压将不变）。如果该时刻桥臂电流 i_{arm} 使投入的子模块放电，则按照由高到低的顺序将 N_{on} 个子模块投入（这些子模块电容被放电，电压将降低），并将其余的 $N-N_{on}$ 个子模块切除（这些子模块的电容电压将不变）。

上述电容电压平衡策略的实施过程如图 4-46 所示。其中 i_{arm} 为桥臂电流，$i_{arm}>0$ 为对子模块充电方向，$i_{arm}<0$ 为对子模块放电方向。

仿真算例与特性分析

采用与 2.4.6 节同样的单端 400kV、400MW 测试系统和同样的工作点（有功功率 350MW 和无功功率 100Mvar），桥臂子模块数目 N 为 20，考察基于完全排序与整体投入的平衡策略的特性。设 MMC 控制器的控制周期 $T_{ctrl}=100\mu s$。图 4-47 给出了 a 相上桥臂第 1 个子模块 SM_1 上 VT_1 的触发信号图，其中高电平表示 VT_1 开通，低电平表示 VT_1 关断。图 4-48 给出了 a 相上桥臂 20 个子模块电容电压的波形。从图 4-47 可以看出，VT_1 的触发脉冲比较密集，说明 VT_1 的开关频率是比较高的。从图 4-48 可以看出，a 相上桥臂 20 个子模块的电容电压基本上是一致的，其离散度很小，且各子模块电容电压出现较大偏差的时刻都不在电容电压峰值附近，即电容电压之间的偏差几乎不对电容电压波动率构成影响；这是一个令人欣慰的结果，意味着对电容电压之间的偏差要求可以不那么严格。对于图 4-48，任何时刻子模块之间的最大电压偏差小于 0.16kV，如果用子模块电容电压额定值为基准来定义离散度或称电容电压不平衡度，那么基于完全排序与整体投入的平衡策略的电容电压不平衡度小于 0.16/20 = 0.80%。

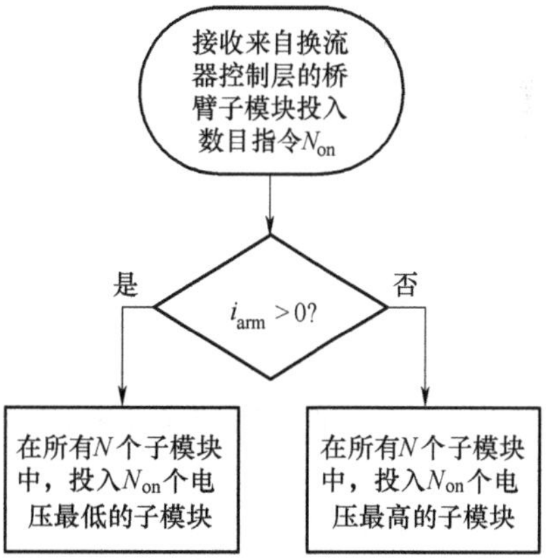

图 4-46 基于完全排序与整体投入的电容电压平衡策略

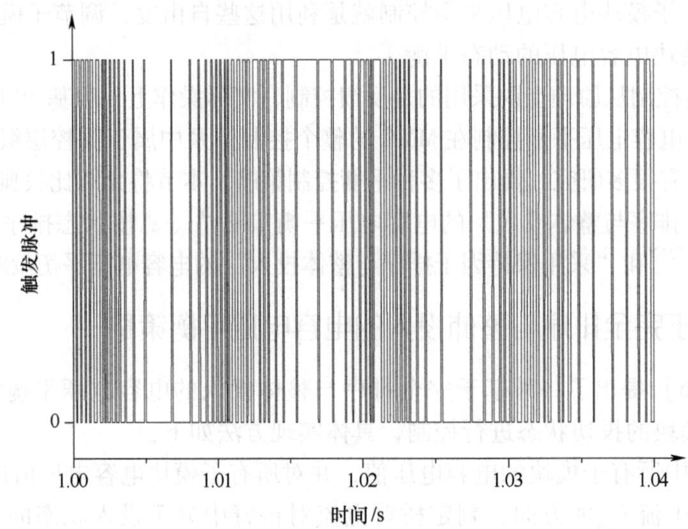

图 4-47 采用完全排序与整体投入平衡策略时 VT_1 上的触发脉冲

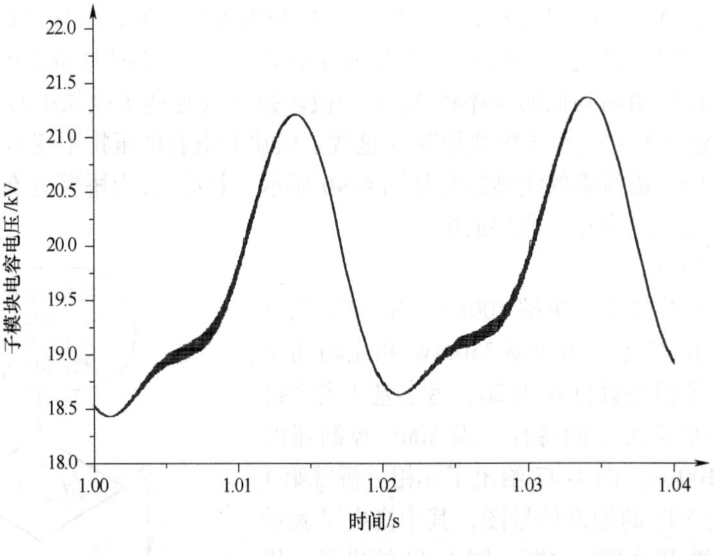

图 4-48 采用完全排序与整体投入平衡策略时 a 相上桥臂 20 个子模块的电容电压

下面我们来计算采用完全排序与整体投入的平衡策略时 MMC 中 IGBT 的平均开关频率。定义单个 IGBT 的开关频率为其在 1 个工频周期内开通的次数乘以 50（对于工频为 50Hz 的系统）。因此，对于 MMC 中 IGBT 的平均开关频率，可以只取其中的一个桥臂进行计算。对于本仿真系统，我们取 a 相上桥臂 20 个子模块中的 40 个 IGBT 进行计算。计算公式如下：

$$f_{\mathrm{sw,ave}} = \frac{\sum_{k=1}^{2N} n_{\mathrm{on},k}}{2N} \times 50 \tag{4-120}$$

式中，$f_{\mathrm{sw,ave}}$为 MMC 中 IGBT 的平均开关频率（Hz）；$n_{\mathrm{on},k}$为第 k 个 IGBT 在一个工频周期内开通的次数。对于本算例，当采用完全排序与整体投入的电容电压平衡策略时，MMC 中

IGBT的平均开关频率$f_{sw,ave}$为 1843Hz。

基于完全排序与整体投入的电容电压平衡策略虽然可以快速地将桥臂电流所承载的电荷最均匀地分配到桥臂上的所有子模块电容上，保持各个子模块间的电容电压基本一致。但由于没有设定一个前提条件，使得排序算法无条件地应用于桥臂的每个控制周期，即使桥臂上各子模块间的电压偏差并不大，或者桥臂上需要投入的子模块数目并没有变化，但由于排序结果的微小变化，各子模块的触发脉冲也必须要重新调整，这会导致同一 IGBT 不必要地反复投切，增大了器件的开关频率，从而增加了换流阀的开关损耗。

从上述算例可以总结出衡量电容电压平衡控制策略性能的 3 个重要指标，分别为电容电压波动率 ε，定义为各子模块电容电压偏离其额定值的最大偏差与电容电压额定值之比；电容电压不平衡度 σ，定义为所有时刻各子模块电容电压之间的最大偏差与子模块电容电压额定值之比；MMC 中 IGBT 的平均开关频率$f_{sw,ave}$，定义式见式（4-120）。对于本单端 400kV、400MW 测试系统的运行工况，采用基于完全排序与整体投入的电容电压平衡策略时，这 3 个性能指标分别为 $\varepsilon=6.8\%$、$\sigma=0.80\%$、$f_{sw,ave}=1843\text{Hz}$。

4.8.2　基于按状态排序与增量投切的电容电压平衡策略

为了减小 IGBT 的开关次数，降低开关损耗，可以只对需要投入或切除的增量子模块进行电容电压大小的排序[27]。这种方法的原则是，尽量避免不必要的开关动作。当需要投入的子模块数目增加时，保持已投入的子模块不再进行切除操作；当需要投入的子模块数目减少时，保持已切除的子模块不再投入。基于按状态排序与增量投切的电容电压平衡策略的具体实现流程如图 4-49 所示，具体做法如下：

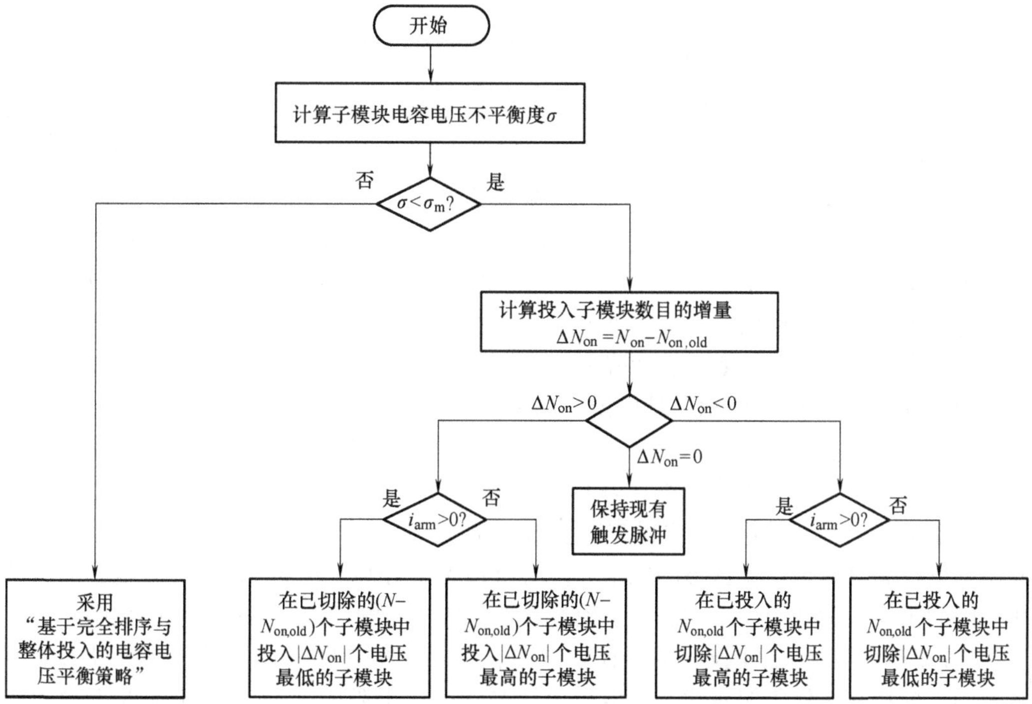

图 4-49　基于按状态排序与增量投切的电容电压平衡策略流程图

1）首先计算当前时刻的子模块电容电压不平衡度 σ，如果 σ 超过预先设定的不平衡度阈值 σ_m，表示此时的子模块电容电压差异过大，这时采用4.8.1节所述的“基于完全排序与整体投入的电容电压平衡策略”；如果 $\sigma<\sigma_m$，则按下面步骤进行子模块的投切操作。

2）计算当前控制时刻相比前一控制时刻需投入的子模块数目的增量，即将当前控制时刻的子模块投入数目指令 N_{on} 与上一控制时刻的子模块投入数目指令 $N_{on,old}$ 作差，得到子模块投入数目的增量 ΔN_{on}。如果 $\Delta N_{on}=0$，即总的子模块投入数目不变，则不管这时的电压排序结果如何，都保持现有的触发脉冲不变，不进行任何投切操作；如果 $\Delta N_{on}>0$，表示本次应再多投入 ΔN_{on} 个子模块，这时已经投入的子模块将不再进行操作，而在剩余的 $N-N_{on,old}$ 个已切除的子模块中，按照完全排序规则，投入 ΔN_{on} 个子模块；反之，如果 $\Delta N_{on}<0$，表示本次应再多切除 $|\Delta N_{on}|$ 个子模块，这时已经切除的子模块将不再进行操作，而在已投入的 $N_{on,old}$ 个子模块中，按照完全排序规则，切除 $|\Delta N_{on}|$ 个子模块。

仿真算例与特性分析

采用与2.4.6节同样的单端400kV、400MW测试系统和同样的工作点（有功功率350MW和无功功率100Mvar），桥臂子模块数目 N 为20，考察基于按状态排序与增量投切的电容电压平衡策略的特性。设MMC控制器的控制周期 $T_{ctrl}=100\mu s$。图4-50给出了 σ_m 取2%和5%时a相上桥臂第1个子模块 SM_1 上 VT_1 的触发信号图，其中高电平表示 VT_1 开通，低电平表示 VT_1 关断。图4-51给出了 σ_m 取2%和5%时a相上桥臂20个子模块电容电压的波形。

对于本单端400kV、400MW测试系统的运行工况，采用按状态排序与增量投切的平衡策略时，若不平衡度阈值 $\sigma_m=2\%$，其3个性能指标分别为 $\varepsilon=7.5\%$、$\sigma=2.88\%$、$f_{sw,ave}=440Hz$；若不平衡度阈值 $\sigma_m=5\%$，其3个性能指标分别为 $\varepsilon=7.9\%$、$\sigma=5.83\%$、$f_{sw,ave}=205Hz$。

4.8.3 采用保持因子排序与整体投入的电容电压平衡策略

为了降低IGBT的开关频率从而减少开关损耗，参考文献［28］在基于完全排序与整体投入的电容电压平衡策略的基础上，提出了采用保持因子排序与整体投入的电容电压平衡策略。其基本原理是，在电容电压额定值 U_{cN} 附近设定一组电压的上、下限，分别为 $U_{cmax}=1.1U_{cN}$ 和 $U_{cmin}=0.9U_{cN}$，将平衡控制的重点放在电容电压越限的子模块上。通过对部分电容电压值进行基于保持因子 k_{rank} 的放大处理，然后再采用4.8.1节的基于完全排序与整体投入的电容电压平衡策略，可以在一定程度上增大电容电压未越限的子模块在下一次实施触发控制时保持原来投切状态的概率，从而降低了IGBT的开关频率。基于保持因子的电容电压平衡策略的流程图如图4-52所示，具体做法如下。

1）如果桥臂电流 i_{arm} 使投入的子模块充电，下一次实施触发控制时倾向于投入电容电压较低的子模块。将处于切除状态且电容电压高于电压下限 U_{cmin} 的子模块的电容电压乘以一个略大于1的保持因子 k_{rank} 后再做排序，这样通过抬高排序电压增大了这些子模块在下一次实施触发控制时保持切除状态的概率。同时也相应地增大了处于切除状态且电容电压低于电压下限的子模块和处于投入状态的子模块在下一次实施触发控制时被投入的概率。

2）如果桥臂电流 i_{arm} 使投入的子模块放电，下一次实施触发控制时倾向于投入电容电压较高的子模块。将处于切除状态且电容电压高于电压上限 U_{cmax} 的子模块和处于投入状态的子模块的电容电压乘以一个略大于1的保持因子 k_{rank} 后再做排序，这样通过抬高排序电压

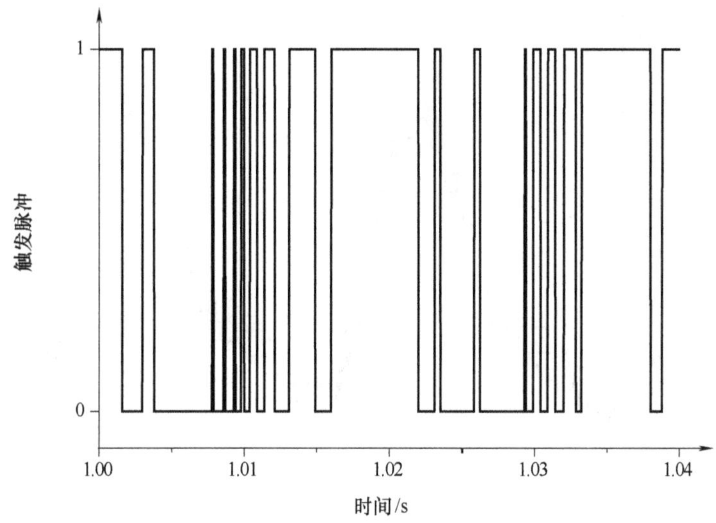

a)

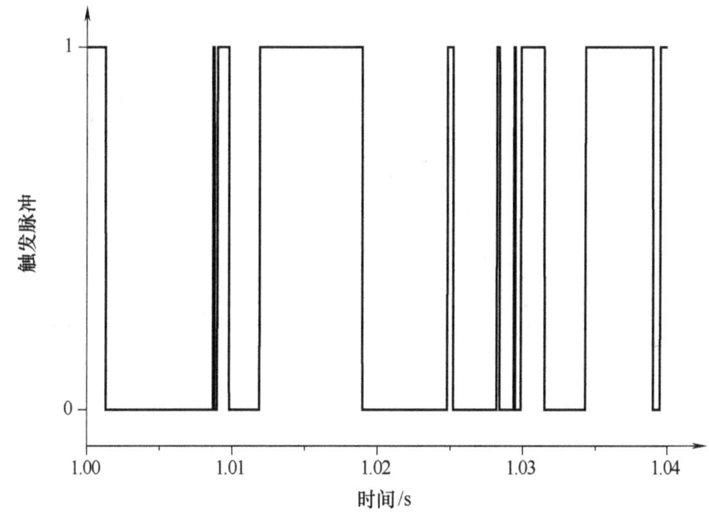

b)

图 4-50　采用按状态排序与增量投切的平衡策略时 VT_1 上的触发脉冲

a) $\sigma_m=2\%$　b) $\sigma_m=5\%$

增大了这些子模块在下一次实施触发控制时被投入的概率。同时也相应地增大了处于切除状态且电容电压低于电压上限的子模块在下一次实施触发控制时保持切除状态的概率。

仿真算例与特性分析

采用与 2.4.6 节同样的单端 400kV、400MW 测试系统和同样的工作点（有功功率 350MW 和无功功率 100Mvar），桥臂子模块数目 N 为 20，考察采用保持因子排序与整体投入的电容电压平衡策略的特性。设 MMC 控制器的控制周期 $T_{ctrl}=100\mu s$。图 4-53 给出了 k_{rank}分别取 1.01 和 1.04 时 a 相上桥臂第 1 个子模块 SM_1 上 VT_1 的触发信号图，其中高电平表示 VT_1 开通，低电平表示 VT_1 关断。图 4-54 给出了 k_{rank}分别取 1.01 和 1.04 时 a 相上桥臂 20 个子模块电容电压的波形。

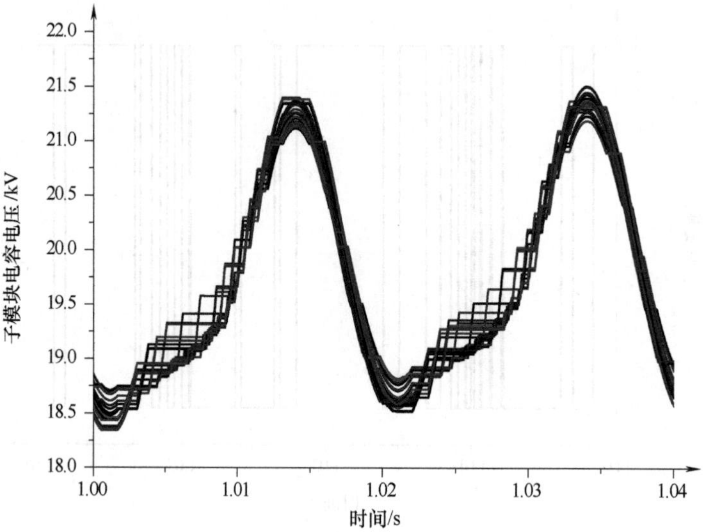

a）

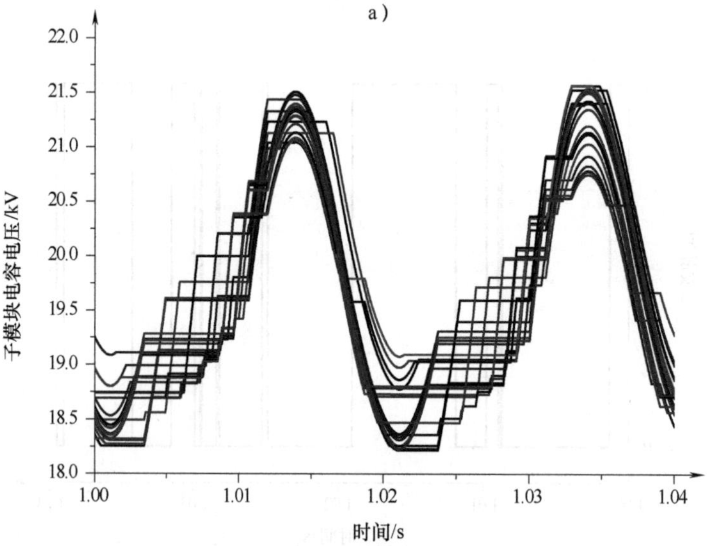

b）

图 4-51 采用按状态排序与增量投切的平衡策略时 a 相上桥臂 20 个子模块的电容电压

a）$\sigma_m = 2\%$ b）$\sigma_m = 5\%$

对于本单端 400kV、400MW 测试系统的运行工况，采用基于保持因子排序与整体投入平衡策略时，若保持因子 $k_{rank} = 1.01$，则其 3 个性能指标分别为 $\varepsilon = 7.1\%$、$\sigma = 1.88\%$、$f_{sw,ave} = 371\text{Hz}$；若保持因子 $k_{rank} = 1.04$，则其 3 个性能指标分别为 $\varepsilon = 9.3\%$、$\sigma = 4.77\%$、$f_{sw,ave} = 125\text{Hz}$。

4.8.4 电容电压平衡策略小结

本节的算例都采用了与 2.4.6 节同样的单端 400kV、400MW 测试系统和同样的工作点，没有分析子模块电容值不同时电容电压平衡策略对电容电压波动率 ε 和平均开关频率 $f_{sw,ave}$ 的影响。为此，改变 2.4.6 节单端 400kV、400MW 测试系统中 MMC 子模块的电容值，考察电容值不同时上述 3 种电容电压平衡策略的性能。结果见表 4-5。

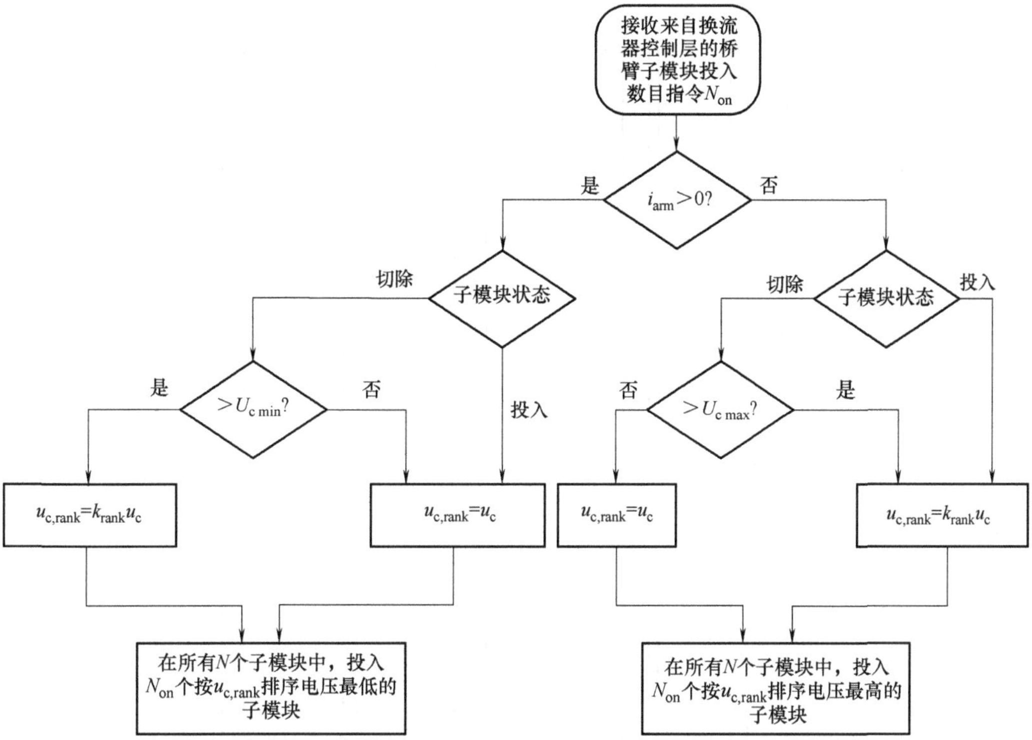

图 4-52　采用保持因子排序与整体投入的电容电压平衡策略

表 4-5　子模块电容值不同时 3 种电容电压平衡策略的性能

排序方法	电容值/μF	电容电压波动率 ε（%）	电容电压不平衡度 σ（%）	开关频率 $f_{sw,ave}$/Hz
完全排序与整体投入	666	6.8	0.80	1843
	1332	3.1	0.37	1803
	1998	1.9	0.25	1780
按状态排序与增量投切（$\sigma_m=2\%$）	666	7.5	2.88	440
	1332	4.0	2.35	233
	1998	2.5	2.30	133
采用保持因子排序与整体投入（$k_{rank}=1.01$）	666	7.1	1.88	371
	1332	3.5	1.41	218
	1998	2.5	1.27	158

从表 4-5 可以看出，对于完全排序与整体投入的电容电压平衡策略，子模块电容值的增大对平均开关频率没有影响，而电容电压波动率和电容电压不平衡度的减小主要是由电容值增大所致。对于后两种电容电压平衡策略，子模块电容值的增大都会使平均开关频率大幅度下降，特别是当电容值从 666μF 增大到 1332μF 时，平均开关频率$f_{sw,ave}$下降接近 1 倍。当然，电容值的增大意味着 MMC 成本的上升，而平均开关频率$f_{sw,ave}$的下降意味着开关损耗的

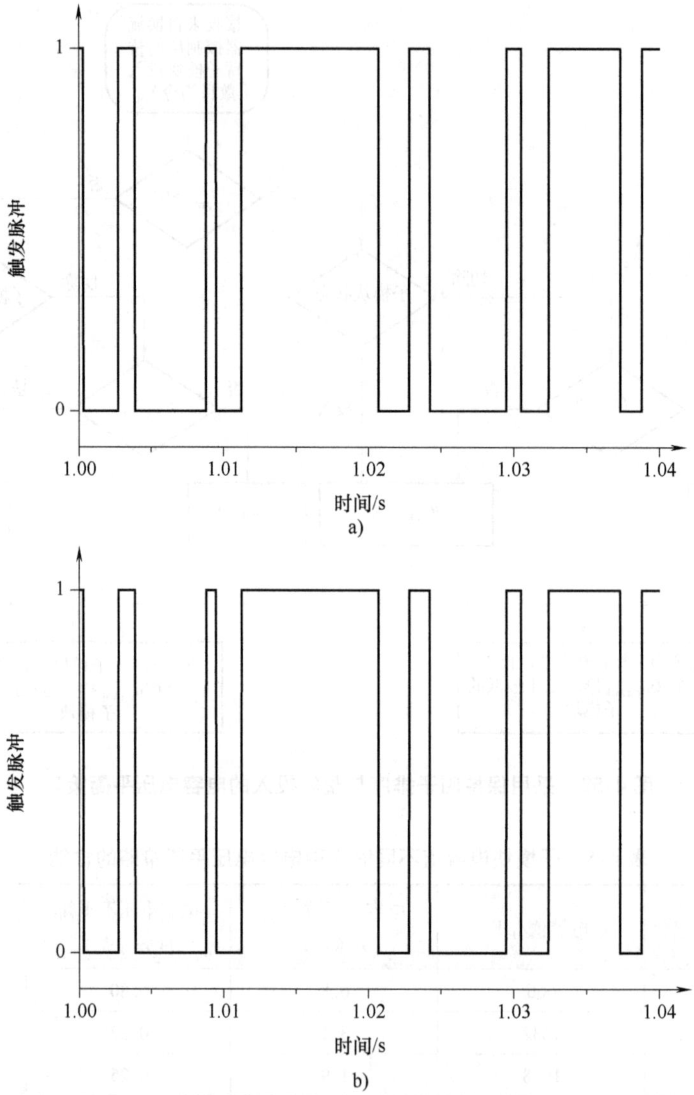

图 4-53 采用保持因子排序与整体投入平衡策略时 VT_1 上的触发脉冲

a) $k_{rank}=1.01$ b) $k_{rank}=1.04$

下降，因此如何取到一个最优的电容值，需要综合考虑 MMC 的投资成本与运行成本进行经济性分析。本节后面关于 3 种电容电压平衡策略的比较则在子模块电容值已给定的条件下进行。

为了比较基于完全排序与整体投入的电容电压平衡策略（简称完全排序法）、基于按状态排序与增量投切的电容电压平衡策略（简称按状态排序法）和采用保持因子排序与整体投入的电容电压平衡策略（简称保持因子法）的优缺点，仍采用与 2.4.6 节同样的单端 400kV、400MW 测试系统和同样的工作点（有功功率 350MW 和无功功率 100Mvar），桥臂子模块数目 N 为 20，控制周期 $T_{ctrl}=100\mu s$，子模块电容 $C_0=666\mu F$，比较这 3 种策略的性能，结果见表 4-6。

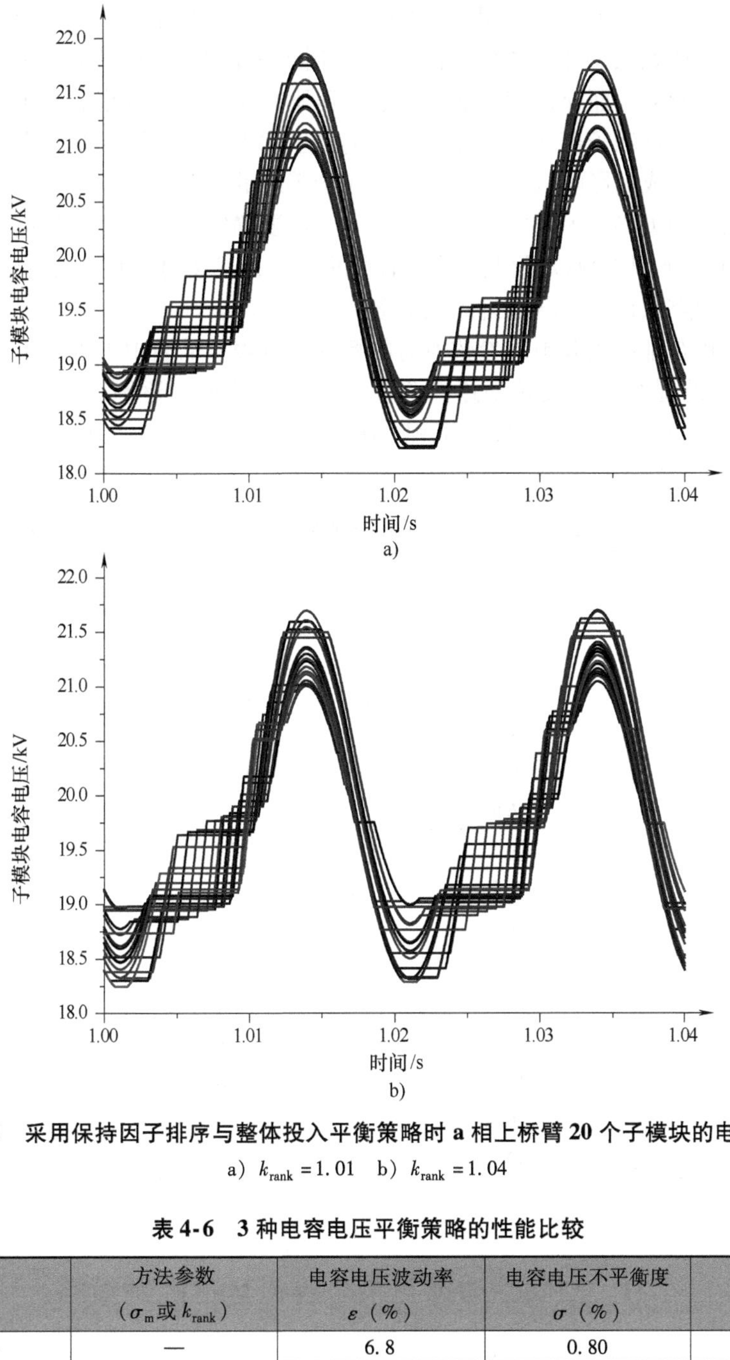

图 4-54　采用保持因子排序与整体投入平衡策略时 a 相上桥臂 20 个子模块的电容电压

a) $k_{rank}=1.01$　b) $k_{rank}=1.04$

表 4-6　3 种电容电压平衡策略的性能比较

平衡策略	方法参数（σ_m或 k_{rank}）	电容电压波动率 ε（%）	电容电压不平衡度 σ（%）	开关频率 $f_{sw,ave}$/Hz
完全排序法	—	6.8	0.80	1843
按状态排序法	$\sigma_m=2\%$	7.5	2.88	440
	$\sigma_m=4\%$	8.1	4.71	223
	$\sigma_m=6\%$	8.5	6.78	145
	$\sigma_m=8\%$	9.3	8.73	98
保持因子法	$k_{rank}=1.01$	7.1	1.88	371
	$k_{rank}=1.03$	8.7	3.78	160
	$k_{rank}=1.05$	10.0	5.62	118
	$k_{rank}=1.07$	11.3	7.53	85

从表4-6可以得出如下结论：相比完全排序法，按状态排序法和保持因子法都能够大幅度降低开关频率，达到减少开关损耗的目的；在相同等级的开关频率下，按状态排序法的电容电压波动率相对较低，而保持因子法的电容电压不平衡度相对较小。由于电容电压波动率直接影响子模块电容器和子模块功率器件承受的电压水平，对投资成本具有直接的影响；而电容电压不平衡度造成的影响较小。因此，在相同等级的开关频率下，优先考虑具有较低电容电压波动率的控制策略。另外，保持因子法本身需要确定3个参数，包括电容电压额定值U_{cN}附近电压的上、下限参数以及保持因子本身的参数，优化过程比较复杂，相对来说不够方便。因此，下面重点讨论按状态排序法的参数选择问题。

表4-7为按状态排序法取不同参数值时的特性分析表。从表中可以看出，随着电容电压不平衡度阈值σ_m的提高，开关频率逐渐降低，但下降的速度逐渐变小。对于本例，σ_m取8%是一个比较合理的选择。对于实际工程，σ_m可以在5%～10%之间先进行仿真试验，找到合适的值之后再将状态排序法的具体算法固定下来。

表4-7 基于按状态排序与增量投切的电容电压平衡策略特性分析表

电容电压不平衡度阈值σ_m（%）	电容电压波动率ε（%）	电容电压不平衡度σ（%）	开关频率$f_{sw,ave}$/Hz
1	6.9	1.87	676
2	7.5	2.88	440
3	8.0	3.82	320
4	8.1	4.71	223
5	7.9	5.83	205
6	8.5	6.78	145
7	8.9	7.87	106
8	9.3	8.73	98
9	9.5	9.85	90
10	10.3	10.77	85
11	10.5	11.78	84
12	10.8	12.74	84
13	10.9	13.73	83
14	10.7	14.74	80

4.9 MMC动态冗余与容错运行控制策略

4.9.1 设计冗余与运行冗余的基本概念

前面的相关分析中，我们没有考虑存在的冗余子模块，桥臂子模块数目N是不考虑冗余情况下的桥臂子模块串联数，等于直流电压U_{dc}与额定电容电压U_{cN}的比值$N=U_{dc}/U_{cN}$。

参照第2章MMC的原理分析和电压调制比的定义，MMC上、下桥臂输出电压u_{pj}和u_{nj}满足如下约束条件：

$$U_{dc} = u_{nj} + u_{pj} \tag{4-121}$$

$$u_{diffj} = \frac{1}{2}(u_{nj} - u_{pj}) \tag{4-122}$$

$$U_{diffm} = m\frac{U_{dc}}{2} \tag{4-123}$$

MMC 设计时，需要考虑调制比 $m=1$ 的运行工况，此时上下桥臂输出电压 u_{pj} 和 u_{nj} 的变化范围为 $0\sim U_{dc}$，相应地每个桥臂投入的子模块数目为 $0\sim N$。此时在 N 个子模块之外额外串联的子模块即为设计时考虑的冗余子模块，其数目记为 ΔN_{de}。定义设计冗余度为[29]

$$R_{de} = \frac{\Delta N_{de}}{N} \tag{4-124}$$

MMC 实际运行时，大多数情况调制比 $m<1$。我们来计算一下此时每个桥臂需要投入的子模块数目最大值。以 j 相下桥臂为例进行计算。由式（4-122）可知，当 u_{diffj} 取到其幅值 $U_{diffm}=m\frac{U_{dc}}{2}$ 时，u_{nj} 取到最大值 $U_{nj,max}$，我们定义与 $U_{nj,max}$ 相对应的子模块数目为 N_{op}。根据式（4-121）~式（4-123），显然 $U_{nj,max}$ 满足如下两个方程：

$$U_{dc} = U_{nj,max} + U_{pj} \tag{4-125}$$

$$m\frac{U_{dc}}{2} = \frac{1}{2}(U_{nj,max} - U_{pj}) \tag{4-126}$$

式中，U_{pj} 表示当 u_{djffj} 取到其幅值时 u_{pj} 的取值。由上两式可以解得

$$U_{nj,max} = \frac{1+m}{2}U_{dc} \tag{4-127}$$

从而可以得到

$$N_{op} = \frac{1+m}{2}N \tag{4-128}$$

即在 $m<1$ 的运行方式下，每个桥臂需要投入的最大子模块数目已不到 N，而变为了 N_{op}。这意味着桥臂的 N 个子模块将不会被完全利用，任一时刻将至少有 $N-N_{op}=\frac{1-m}{2}N$ 个子模块处于闲置状态。我们将在运行中由于调制比 $m<1$ 而产生的冗余子模块称为运行冗余子模块，其数目记为 ΔN_{op}。定义运行冗余度为[29]

$$R_{op} = \frac{N-N_{op}}{N} = \frac{\Delta N_{op}}{N} = \frac{1}{2}(1-m) \tag{4-129}$$

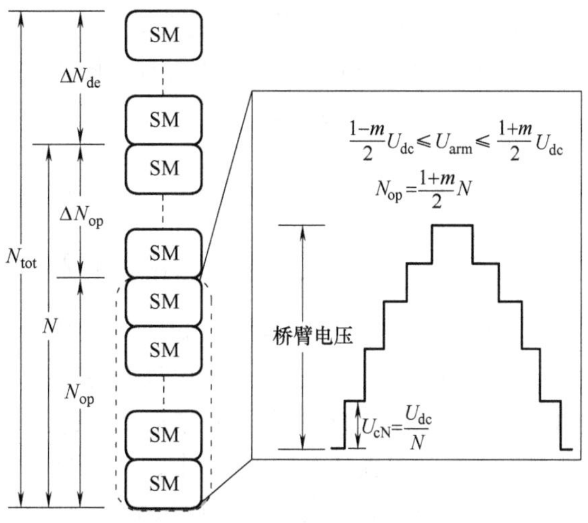

图 4-55　子模块投入情况示意图

图 4-55 给出了桥臂总子模块数 N_{tot}、设计冗余子模块数 ΔN_{de}、运行冗余子模块数 ΔN_{op} 以及满足当前运行方式的实际运行模块数 N_{op} 之间的关系。其中，N_{tot}、ΔN_{de} 以及 N 均为固定值，其大小在工程设计时已确定；N_{op} 以及 ΔN_{op} 为变化值，

其大小由当前的运行调制比决定。定义 MMC 的子模块利用率 η 为

$$\eta = \frac{\text{每桥臂投入子模块数目最大值}}{\text{每桥臂子模块总数}} \tag{4-130}$$

它表征了子模块被利用的程度。

在调制比 $m<1$ 的情况下，每相最多只需 N_{op} 个子模块即可正常运行，其余均可视为冗余子模块。若额定运行工况下调制比 $m=0.85$，则运行冗余度 $R_{op}=(1-0.85)/2=7.5\%$，假定工程设计冗余度 R_{de} 为10%，则综合冗余度（设计冗余度与运行冗余度之和）将达到17.5%，此时子模块的实际利用率仅为84.1%。

4.9.2 MMC 动态冗余与容错运行控制策略的基本思想

在4.8节讨论子模块电容电压平衡控制时曾经指出，当采用最近电平逼近调制策略时，任何控制时刻计算桥臂需投入的子模块数目时，都需要给出子模块电容电压的数值；而电容电压本身是波动性的，并不是一个固定值，且各子模块电容电压之间还存在较大的离散性。4.8节将电容电压额定值 $U_{cN}=U_{dcN}/N$ 作为最近电平调制计算时的电容电压数值，表明系统完全可以稳定运行。如果将最近电平调制计算时所需要的电容电压数值定义为电容电压参考值 U_{cref}，那么从4.8节的分析和仿真结果可以看出，如果 U_{cref} 不取 U_{cN}，而取比 U_{cN} 大一点的数值，系统也完全可以运行，只是子模块的电容电压直流分量会大一些。

因此，我们可以仿照传统直流输电换流器的动态冗余与容错运行策略，提出一种思路类似的适用于 MMC 的动态冗余与容错运行策略。其要点是：①不区分是冗余子模块还是一般子模块；②将所有冗余子模块都投入运行；③一旦有子模块故障，就旁路该子模块；④当故障子模块数目超过最大容许值时，系统停运大修，并补充要求数目的冗余子模块。

4.9.3 MMC 动态冗余与容错运行控制策略的实现方法

按照上述 MMC 的动态冗余与容错运行控制策略，MMC 的6个桥臂可投入运行的子模块数目将有可能是不同的，因为每个桥臂处于故障态的子模块数目可能是不同的。但根据本章前面推导的 MMC 控制策略，最终的控制落实到阀控层面，就是要实现 u_{pj}^* 和 u_{nj}^*。显然，实现 u_{pj}^* 和 u_{nj}^* 并不要求6个桥臂可投入运行的子模块数目一致，实际上各桥臂完全可以独立控制。设 MMC 某桥臂可投入运行的所有子模块数目为 N_{arm}，则对应该桥臂的子模块电容电压参考值 U_{cref} 可以按下式取值：

$$U_{cref} = \frac{U_{dc}}{N_{arm}} \tag{4-131}$$

4.9.4 MMC 动态冗余与容错运行稳态特性仿真实例

仍然采用4.3.5节的单端400kV、400MW 测试系统，其他条件不变，仅对 MMC 的构成做一点小的调整。原系统中，MMC 每个桥臂有20个子模块，每个子模块电容电压的额定值为20kV。为了反映动态冗余与容错运行的特点，设该 MMC 的设计冗余度为8%，即每个桥臂可投入运行的子模块总数为22个；并设当每个桥臂可投入运行的子模块总数小于18时系统停运。整流侧为直流电压和无功功率控制，直流电压指令值设为400kV，无功功率指令值设为0。逆变侧为有功功率和无功功率控制，有功功率指令值为200MW，无功功率指令值为

100Mvar。本算例设定的仿真过程为，初始状态逆变站MMC的6个桥臂的子模块数目都为22个，1.0s时a相上桥臂有一个子模块故障被旁路掉，该相剩下的21个子模块继续运行；1.2s时c相下桥臂有一个子模块故障被旁路掉，该相剩下的21个子模块继续运行；MMC其余未故障桥臂的子模块总数仍然为22个不变。另外，本次仿真中，子模块电容电压平衡控制采用基于按状态排序与增量投切的电容电压平衡策略，不平衡度阈值取 $\sigma_m=8\%$。

图4-56给出了逆变站MMC部分物理量的变化波形，其中图a是交流有功功率 p_s 和无功功率 q_s 的波形图，图b是阀侧交流电压 u_{vd} 和 u_{vq} 波形图，图c是阀侧交流电流 i_{vd} 和 i_{vq} 的波形图，图d是内部环流 d 轴和 q 轴电流 i_{cird} 和 i_{cirq} 的波形图，图e是a相上桥臂所有子模块电容电压的波形图。

从图4-56可以看出，桥臂中约5%的子模块故障并被旁路对MMC的稳定运行影响很小，输出功率和输出电压几乎没有变化，输出电流 i_{vd} 和 i_{vq} 有微小变化，内部环流仍然保持在零值附近，故障桥臂健全子模块的电容电压有所上升。

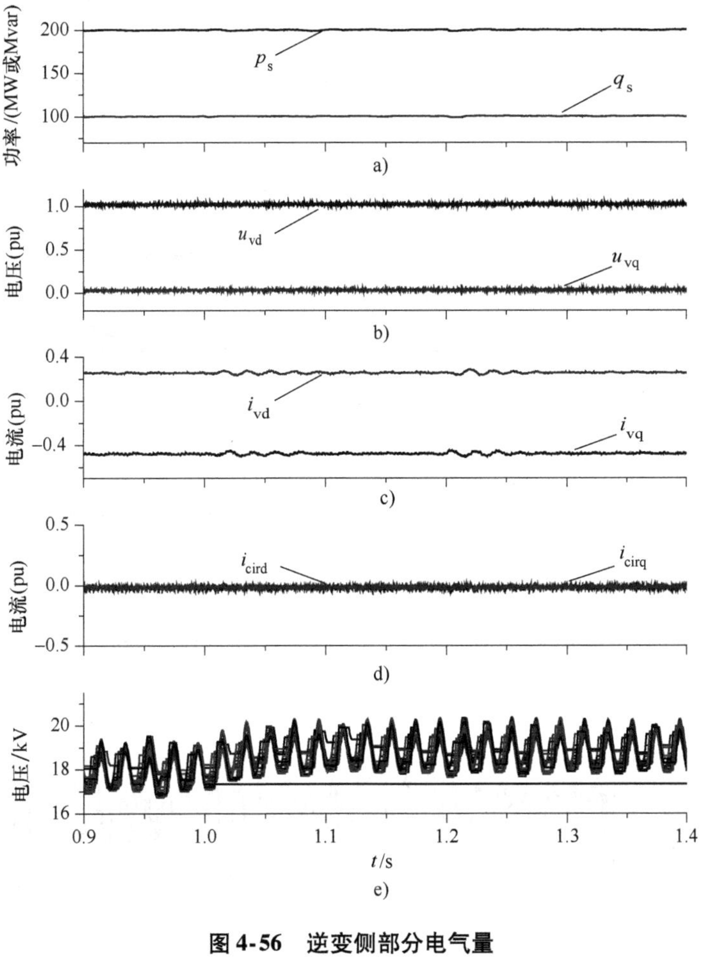

图4-56 逆变侧部分电气量

a）交流有功功率 p_s 和无功功率 q_s　b）阀侧交流电压 u'_{vd} 和 u_{vq}

c）阀侧交流电流 i_{vd} 和 i_{vq}　d）i_{cird} 和 i_{cirq}　e）a相上桥臂所有子模块电容电压

4.9.5 MMC动态冗余与容错运行动态特性仿真实例

仍然采用4.3.5节的单端400kV、400MW测试系统，本算例测试桥臂子模块数目不同时MMC的动态响应特性。设MMC a相上桥臂子模块数目为21，a相下桥臂子模块数目为22；b相上桥臂子模块数目为22，b相下桥臂子模块数目为20；c相上桥臂子模块数目为21，c相下桥臂子模块数目为20。整流侧为直流电压和无功功率控制，直流电压指令值设为400kV，无功功率指令值设为0。逆变侧为有功功率和无功功率控制，初始有功功率为200MW，初始无功功率为100Mvar。本算例设定的仿真过程为，1.0s时逆变侧无功功率指令值从100Mvar变为0Mvar；1.2s时有功功率指令值从200MW变为300MW。且本次仿真中子模块电容电压平衡控制采用基于按状态排序与增量投切的电容电压平衡策略，不平衡度阈值取$\sigma_m=8\%$。

图4-57给出了逆变站MMC部分物理量的变化波形，其中图a是交流有功功率P_s和无功功率q_s的波形图，图b是阀侧交流电压u_{vd}和u_{vq}波形图，图c是阀侧交流电流i_{vd}和i_{vq}的波形图，图d是内部环流d轴和q轴电流i_{cird}和i_{cirq}的波形图，图e是a相上桥臂所有子模块

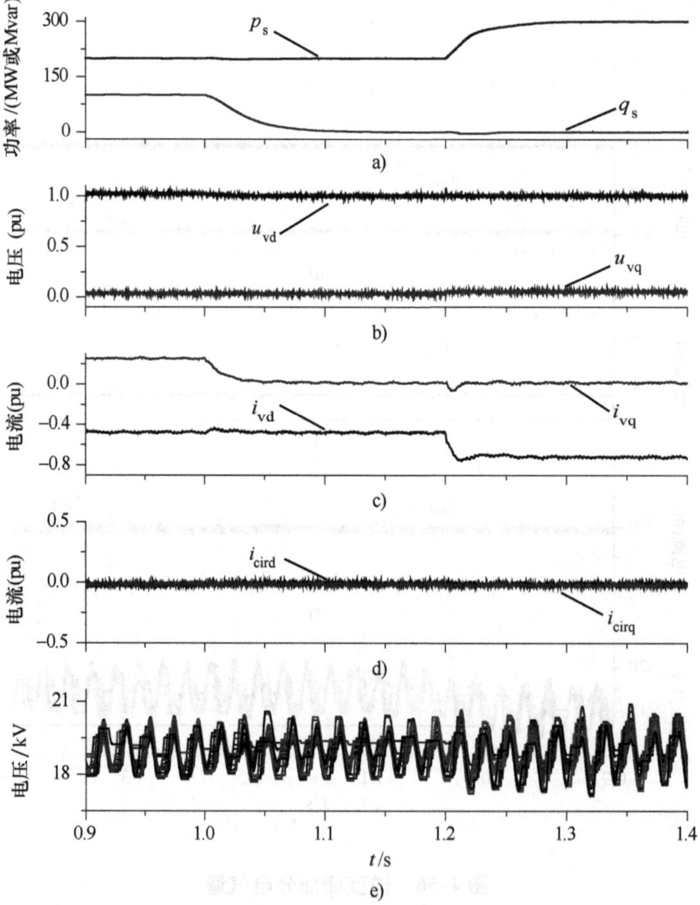

图4-57 逆变侧部分电气量

a）交流有功功率p_s和无功功率q_s b）阀侧交流电压u_{vd}和u_{vq}

c）阀侧交流电流i_{vd}和i_{vq} d）i_{cird}和i_{cirq} e）a相上桥臂所有子模块电容电压

电容电压的波形图。

从图4-57可以看出，MMC各桥臂子模块数目存在5%～10%的差别时，MMC完全可以稳定运行，控制性能也没有退化。

4.9.6 小结

从MMC动态冗余与容错运行稳态特性与动态特性的仿真结果可以得出结论，运行过程中某个桥臂突然有达到5%的子模块故障并被旁路掉并不会影响MMC的正常运行；MMC各桥臂之间存在5%～10%的子模块数目差别并不会影响MMC的控制性能。因此，本节提出的MMC动态冗余与容错运行控制策略是可行的。

4.10 MMC-HVDC系统的保护

MMC-HVDC是高度可控的系统，其动态性能在很大程度上取决于控制保护系统。保护系统的主要功能是保护输电系统中所有设备的安全正常运行，在故障或者异常工况下迅速切除系统中故障或不正常的运行设备，防止对系统造成损害或者干扰系统其他部分的正常工作，保证直流系统的安全运行。

MMC-HVDC运行在高电压、大电流、强干扰环境下，由于交直流系统故障等原因，许多部件随时都可能因遭受过电压或过电流的冲击而损坏。对于一些小的瞬时性故障，MMC-HVDC能够很好地抵御，而某些大的瞬时性故障或永久性故障，可能会迫使系统退出运行，甚至会损坏MMC-HVDC中价格昂贵的功率器件或其他重要部件，使得MMC-HVDC不能很快地恢复运行，给用户造成损失。另外，当MMC-HVDC所连接交流系统发生故障时，也希望MMC-HVDC能够提供快速的支持，而不希望MMC-HVDC系统退出运行。总之，MMC-HVDC作为电力系统中的重要装置，要求它能够长期可靠地运行，在交流系统发生各类故障时，不仅要确保其装置自身不受损害，必要时还要为故障的交流系统提供及时的支援。因此，对MMC-HVDC系统故障时的保护策略研究显得尤为重要。

MMC-HVDC的保护策略、保护效果与主电路参数和控制策略密切相关，应综合考虑。在设计柔性直流输电的控制系统时，可以把一部分保护功能通过合理利用控制策略来实现，提高系统在故障情况下的不间断运行能力。直流保护动作的执行与直流控制系统有着密切的关联，在很多异常、故障情况下首先启动控制功能，来限制和消除故障，保护设备和保证系统安全稳定运行。

MMC-HVDC作为一种大功率装置，换流器是换流站的心脏，它与两电平或三电平的VSC-HVDC系统在结构上有较大差别。MMC的各相桥臂都由一定数量的子模块构成。设计时要对它们采取严格的多级保护措施，以确保它们无论是在系统正常运行还是发生故障的情况下都能免遭过电压或过电流等的损害，并且在系统发生故障时尽可能地不退出运行而仍发挥它的一些功能。

高压直流输电系统的保护配置需要满足可靠性、灵敏性、选择性、快速性、可控性、安全性和可修性的原则。保护控制装置主要由控制保护装置核心处理器、测量装置、数据传送装置、通信装置和电源系统构成，并且随着电子信息技术包括实时多处理器技术、光通信技术和网络技术等的发展而不断地更新换代。

4.10.1 保护区域的划分

针对 MMC-HVDC 系统中的各个主要设备和不同的故障类型都有相应的保护策略。根据保护对象的不同可以把 MMC-HVDC 系统划分成不同的保护区，如图 4-58 所示[30]。

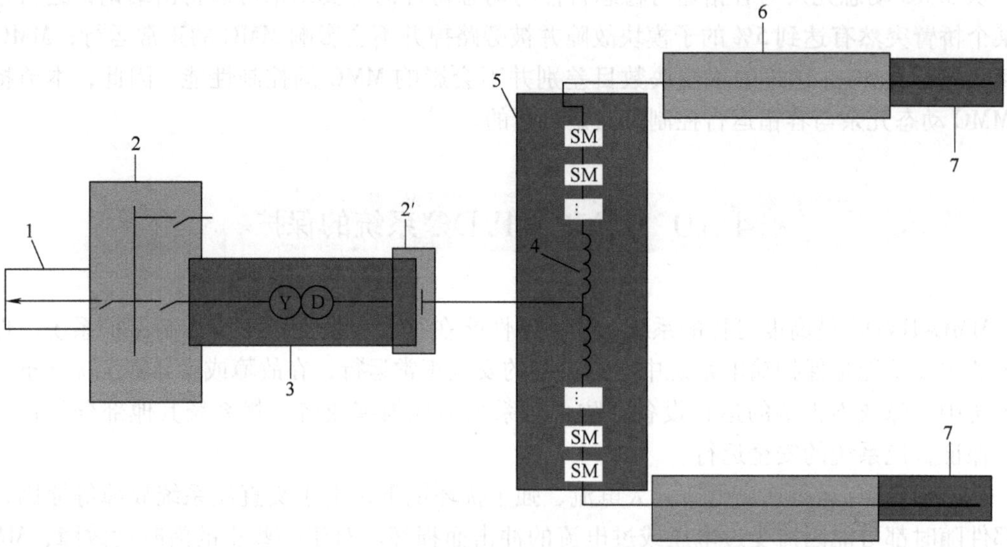

图 4-58 柔性直流输电系统的保护策略示意图

1—交流线路保护 2—交流母线保护 2′—阀侧母线保护 3—连接变压器保护 4—桥臂电抗器保护 5—换流站保护 6—直流母线保护 7—直流线路保护

由图 4-58 可知，MMC-HVDC 系统与 VSC-HVDC 系统的保护总体配置相差不大，主要的区别在于：①阀结构的不同，MMC-HVDC 需要更加复杂的阀保护系统；②由于采用多电平调制，输出电压谐波含量非常小，MMC 系统可以不装设交流滤波器和直流滤波器。MMC-HVDC 系统与 VSC-HVDC 系统类似，其保护分区有不同的划分方法，本节大致分为交流侧保护、换流器保护和直流侧保护。

1. 交流侧保护

MMC-HVDC 交流侧保护的原则和配置方式与传统直流输电大体一样，两者并没有本质的不同，鉴于传统直流输电保护技术的成熟，下面只给出简要说明。

交流侧保护主要包括下面几种：

1）交流线路保护。

2）交流母线保护，包括交流母线差动保护和母线电压异常保护。

3）联接变压器保护，包括如下几种保护：

变压器差动保护：联接变压器差动保护通过比较联接变压器一次侧和二次侧的基波电流差值，检测联接变压器从一次侧套管上的电流互感器到二次侧套管上的电流互感器之间的故障；联接变压器绕组差动保护通过比较变压器绕组两端电流互感器测量的绕组差动电流，保护联接变压器绕组免受内部接地故障的损害。

变压器过电流保护：联接变压器过电流保护通过测量联接变压器一次侧电流，检测联接变压器内部故障。

变压器中性点偏移保护：通过测量联接变压器阀侧三相对地电压的相量和，并检测零序分量等。

联接变压器本体保护：主要有油位检测、气体检测、油温检测、绕组稳定检测、油泵和风扇电动机保护等。

4）桥臂电抗器保护，与普通电抗器保护类似。

2. 换流器保护

换流器保护是 MMC-HVDC 系统保护的核心。由于 MMC-HVDC 换流器结构的特殊性，设计换流器保护时，应该充分利用换流器的快速可控能力，与换流器的控制系统结合起来。在很多异常故障情况下首先通过换流器的控制功能，来限制和消除故障，保护设备和保证系统安全稳定运行；在严重故障条件下，还需要通过跳开交流侧断路器来保证换流器的安全。换流器的保护很复杂，主要有：

1）换流器过电流保护。

2）换流器过电压保护。

3）阀短路保护。

4）阀电流微分保护。

5）各子模块状态监视。

6）阀冷却系统保护等。

保护的配置过程中应该充分利用控制器的特性，通过设计合理的控制器来达到保护系统设备的功能，这种方法具有良好的灵活性和经济性。当我们采用矢量控制方式时，MMC-HVDC 获得了良好的稳态运行性能。而矢量控制方式的最大优点就在于换流器跟踪外环功率指令和内环电流指令，通过设定合理的内环和外环指令的限值，利用换流器的快速响应能力，可以减轻故障过程中的过电流对换流器的影响，从而达到一定的过电流保护功能。减少由于控制延时的不利影响，可以有效地抑制某些故障情况下的过电流和过电压，从而达到保护设备的目的。特别是减少或者补偿控制器的延时，对抑制过电压和过电流有显著效果。

3. 直流侧保护

MMC-HVDC 系统的直流侧保护主要可以分为以下几种：

1）直流母线保护：直流电压异常保护；过电压保护；欠电压保护。

2）直流架空线/电缆故障保护和定位：目前 MMC-HVDC 系统通常采用电缆线路，因为电缆线路一旦损坏通常需要较长的维修时间，所以电缆线路故障一般属于长期故障，需要通过跳开交流侧断路器来清除故障。直流线路采用架空线具有经济性和环境方面的优势，特别是当转换已有交流线路为直流时。当采用架空线路时，故障概率较高，由于目前直流断路器并不成熟，直流侧故障不能由直流断路器断开，短路电流对于换流阀的安全运行相当不利。

4.10.2 MMC-HVDC 保护策略

保护系统具有广泛的自我监视功能。不同的故障类型和严重程度，保护装置应该有不同的动作。常见的保护动作有下面几种[31]。

1. 告警和启动录波

使用灯光、音响等方式，提醒运行人员，注意相关设备的运行状况，采取相应的措施，自动启动故障录波和事件记录，便于识别故障设备和设备故障原因。

2. 控制系统切换

利用冗余的控制系统，通过系统切换排除控制保护系统设备故障的影响。

3. 闭锁触发脉冲

闭锁换流器的触发脉冲，可以分为暂时闭锁和永久闭锁。当某一相暂态电流超过限值的时候，暂时停止向相对应的子模块发送触发脉冲，当电流恢复到安全范围时重新向子模块发送触发脉冲。永久闭锁意味着严重故障时，向所有的子模块发送关断控制脉冲，所有的子模块停止运行。如当直流电缆故障和阀冷却系统故障时应该永久闭锁触发脉冲。闭锁也是直流输电保护系统中最常采用的保护动作。

4. 极隔离

断开换流器直流侧（包括正极和负极）与传输线的连接，可以通过手动或者保护装置自动动作实现。

5. 跳开交流侧断路器

保护系统的功能常由交流断路器来辅助完成，它可以断开交流网络与联接变压器和换流器的连接，从而可以消去直流电压和直流电流，可以避免在阀遭受严重电流应力的同时遭受不必要的电压应力。

参 考 文 献

[1] 林渭勋. 现代电力电子技术 [M]. 北京：机械工业出版社，2005.

[2] Ooi B T，Wang X. Voltage angle lock loop control of the boost type PWM converter for HVDC application [J]. IEEE Transactions on Power Delivery，1990，5 (2)：229-235.

[3] Ooi B T，Wang X. Boost type PWM HVDC transmission system [J]. IEEE Transactions on Power Delivery，1991，6 (4)：1557-1563.

[4] 张崇巍，张兴. PWM 整流器及其控制 [M]. 北京：机械工业出版社，2003.

[5] Blaabjerg F，Teodorescu R，Liserre M，et al. Overview of control and grid synchronization for distributed power generation systems [J]. IEEE Transactions on Industrial Electronics，2006，53 (5)：1398-1409.

[6] Konishi H，Takahashi C，Kishibe H，et al. A consideration of stable operating power limits in VSC-HVDC systems [C]. Seventh International Conference on AC-DC Power Transmission，2001：102-106.

[7] Zhou JZ，Ding H，Fan S，et al. Impact of short-circuit ratio and phase-locked-loop parameters on the small-signal behavior [J]. IEEE Transactions on Power Delivery，2014，29 (5)：2287-2296.

[8] Zhang L，Harnefors L，Nee H P. Power-synchronization control of grid-connected voltage-source converters [J]. IEEE Transactions on Power Systems，2010，25 (2)：809-820.

[9] Zhang L. Modeling and control of VSC-HVDC links connected to weak AC systems [D]. Stockholm：KTH Royal Institute of Technology，2010.

[10] 陈海荣. 交流系统故障时 VSC-HVDC 系统的控制与保护策略研究 [D]. 浙江大学博士学位论文，杭州，2007.

[11] 管敏渊，徐政. 模块化多电平换流器型直流输电的建模与控制 [J]. 电力系统自动化，2010，34 (19)：64-68.

[12] 管敏渊. 基于模块化多电平换流器的直流输电系统控制策略研究 [D]. 杭州：浙江大学，2013.

[13] Akagi H, Watanabe E H, Aredes M. 瞬时功率理论及其在电力调节中的应用 [M]. 徐政, 译. 北京: 机械工业出版社, 2009.
[14] Lyon W V. Transient analysis of alternating-current machinery [M]. New York, USA: Technology Press of MIT and John Wiley & Sons Inc., 1954.
[15] 张桂斌, 徐政, 王广柱. 基于空间矢量的基波正序、负序分量及谐波分量的实时检测方法 [J]. 中国电机工程学报, 2001, 21 (10): 1-5.
[16] Timbus A, Teodorescu R, Blaabjerg F, Liserre M. Synchronization methods for three phase distributed power generation systems - an overview and evaluation [C]. Proceedings of IEEE 36th Power Electronics Specialists Conference, 2005: 2474-2481.
[17] Rodríguez P, Pou J, Bergas J, et al. Decoupled double synchronous reference frame PLL for power converters control [J]. IEEE Transactions on Power Electronics, 2007, 22 (2): 584-592.
[18] Kaura V, Blasco V. Operation of a phase locked loop system under distorted utility conditions [J]. IEEE Transactions on Industry Applications, 1997, 33 (1): 58-63.
[19] Chung SK. A phase tracking system for three phase utility interface inverters [J]. IEEE Transactions Power Electronics, 2000, 15 (3): 431-438.
[20] 刘锋. 电网不平衡下三相锁相环研究 [D]. 成都: 电子科技大学, 2013.
[21] GUAN M Y, XU Z. Modeling and control of modular multilevel converter-based HVDC systems under unbalanced grid conditions [J]. IEEE Transactions Power Electronics, 2012, 27 (12): 4858-4867.
[22] 陈海荣, 徐政. 向无源网络供电的 VSC-HVDC 系统的控制器设计 [J]. 中国电机工程学报, 2006, 26 (23): 42-48.
[23] Guan M, Pan W, Zhang J, et al. Synchronous Generator Emulation Control Strategy for Voltage Source Converter (VSC) Stations [J]. IEEE Transactions on Power Systems, 2015, 30 (6): 3093-3101.
[24] Beck H P, Hesse R. Virtual Synchronous Machine [C]. 9th International Conference on Electrical Power Quality and Utilization, Barcelona, 2007.
[25] 张哲任. 适用于架空线的 MMC 型直流输电若干问题研究 [D]. 杭州: 浙江大学, 2016.
[26] Gemmell B, Dorn J, Retzmann D, et al. Prospects of multilevel VSC technologies for power transmission [C]. IEEE/PES Transmission and Distribution Conference and Exposition, 2008.
[27] 屠卿瑞, 徐政, 郑翔, 张静. 一种优化的模块化多电平换流器电压均衡控制方法 [J]. 电工技术学报, 2011, 26 (05): 15-20.
[28] 管敏渊, 徐政. MMC 型 VSC-HVDC 系统电容电压的优化平衡控制 [J]. 中国电机工程学报, 2011, 31 (12): 9-14.
[29] Liu G, Xu Z, Xue Y, Tang G. Optimized Control Strategy Based on Dynamic Redundancy for Modular Multilevel Converter [J]. IEEE Transactions on Power Electronics, 2015, 30 (1): 339-348.
[30] 潘伟勇. 模块化多电平直流输电系统控制和保护策略研究 [D]. 杭州: 浙江大学, 2012.
[31] Anderson P M. Power System Protection [M]. IEEE Press, 1998.

第 5 章 MMC-HVDC系统的启停控制

5.1 MMC 的预充电控制策略概述

由于 MMC 各相桥臂的子模块中包含大量的储能电容，换流器在进入稳态工作方式前，必须采用合适的启动控制来对这些子模块储能电容进行预充电。因此，在 MMC-HVDC 系统的启动过程中，必须采取适当的启动控制和限流措施。另外，在向无源网络供电的 MMC-HVDC 系统中，逆变站侧的交流系统是一个无源网络，它不能直接进入定交流电压控制方式。因此，向无源网络供电的 MMC-HVDC 系统也必须要有单独的启动控制策略。

事实上，启动控制的目标是通过控制方式和辅助措施使 MMC-HVDC 系统的直流电压快速上升到接近正常工作时的电压，但又不产生过大的充电电流。通常，在中低压应用领域中，电压源型换流装置可以考虑采用辅助充电电源的他励启动方式来实现。显然，这种方式在 MMC-HVDC 系统中既不现实也不经济。因此在实际的 MMC-HVDC 工程中，一般多采用自励启动方式。其中一种可行方案是启动时在充电回路中串接限流电阻，如图 5-1 所示。启动结束时退出限流电阻以减少损耗。

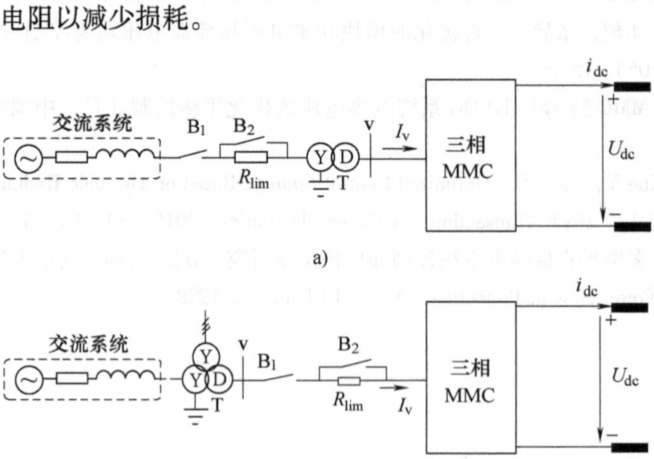

图 5-1　MMC 换流站启动限流电阻配置方案

a）限流电阻接在网侧　b）限流电阻接在阀侧

对于 MMC 换流器，为了限制子模块电容器的充电电流，限流电阻的安装位置一般有以下两种选择：①安装在联接变压器网侧；②安装在联接变压器阀侧。如果没有特殊要求，一般情况下限流电阻安装在联接变压器网侧，这样可以借用交流侧断路器中的合闸电阻作为限流电阻。

从时间尺度看，MMC 自励预充电过程分为两个阶段：不控充电阶段（此时换流器闭锁）和可控充电阶段（此时换流器已解锁）。在不控充电阶段，换流器启动之前各子模块电压为零，由于子模块触发电路通常是通过电容分压取能的，故此阶段 IGBT 因缺乏足够的触发能量而闭锁，此时交流系统只能通过子模块内与 IGBT 反并联的二极管对电容进行充电。在可控充电阶段，子模块电容电压已达到一定的值，子模块 IGBT 已具有可控性，换流器基于特定的控制策略继续充电，直到电容电压达到预设水平。

从空间维度看，MMC 自励预充电启动策略可以分为两种：交流侧预充电启动和直流侧预充电启动。第一种是柔性直流系统各换流站分别通过交流侧完成对本地 MMC 三相桥臂子模块电容的充电，之后切换到正常运行模式；第二种是只通过一端换流站（为主导站）同时向本地和远方的 MMC 子模块电容充电，当所有子模块电容电压达到设定值后切换到正常运行模式。前者对各站通信要求较低，独立性较强；而后者在无源网络供电、黑启动等场合中是必需的，因为此时无源侧和待恢复交流系统可能没有电源向电容器提供充电电源。根据以上特点，这两种启动方式也可称为本地预充电启动和远方预充电启动。

5.2　MMC 不控充电特性分析

5.2.1　子模块闭锁运行模式

MMC 子模块闭锁模式一般出现在以下 3 种场景下：①当直流侧发生故障后，需要立即封锁所有 IGBT 的触发信号以帮助实现直流侧故障隔离，防止故障进一步发展和浪涌电流损坏器件。②虽未发生直流侧故障，但由于调度运行、检修计划或其他原因，需要换流器闭锁以实现正常退出。③启动初期因 IGBT 缺乏必需的能量而无法触发，处于闭锁状态。

处于闭锁状态的 MMC，其一个桥臂的电气特性与该桥臂中任意一个子模块的电气特性一致，因此，闭锁状态下 MMC 的简化等效电路可以用图 5-2 来表示。对于闭锁状态下的任意一个子模块，定义其电压 u_{sm} 和电流 i_{sm} 的正方向为 A 到 B，如图 5-3 所示。闭锁状态下子模块的等效电路与其电流方向密切相关，当电流为正时，子模块处于充电模式，对外等效为带电的电容 C_0；当电流为负时，子模块处于旁路模式，对外等效为短路。

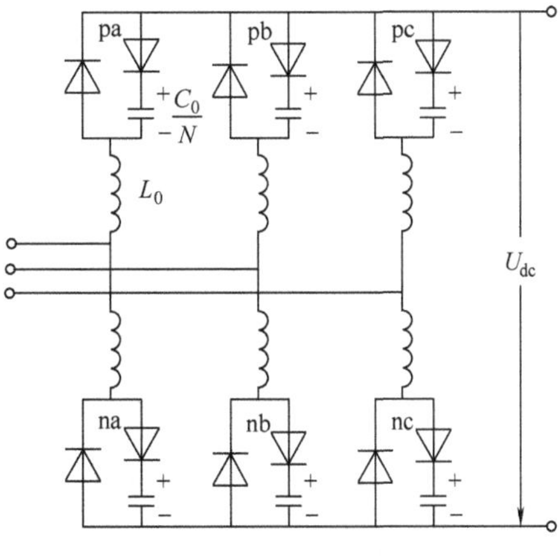

图 5-2　处于闭锁状态的 MMC 简化等效电路

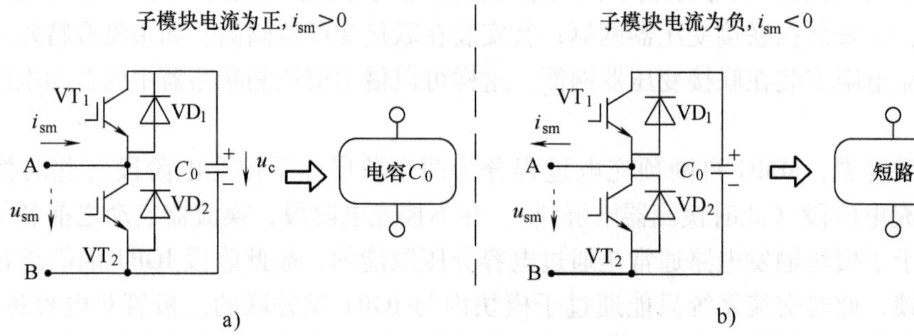

图 5-3 半桥子模块闭锁模式下的等效电路

a）充电模式 b）短路模式

5.2.2 直流侧开路的MMC不控充电特性分析

直流侧开路的 MMC 的示意图如图 5-4 所示，其中桥臂编号规则采用与传统直流输电 LCC 换流器完全一致的规则[1]，即三相上桥臂依次编号为 1、3、5，三相下桥臂依次编号为 4、6、2，且定义桥臂电流正方向为从上往下。

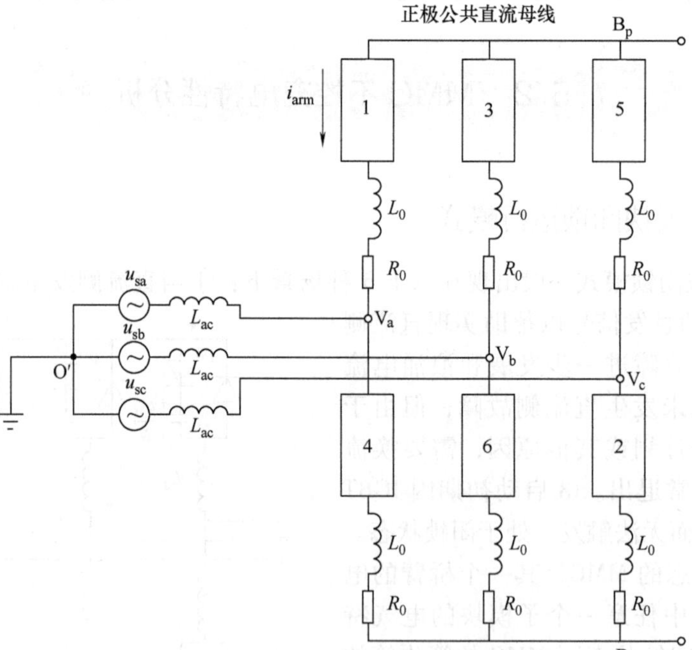

图 5-4 直流侧开路的 MMC 示意图

仍然采用传统直流输电换流理论对线电压过零点的定义[1]，即 u_{sa} 超过 u_{sc} 的相交点为 C_1，u_{sb}超过 u_{sc}的相交点为 C_2，其余依次类推，如图 5-5 所示。

下面以 C_1 到 C_2 时间段为例，对图 5-4 所示的 MMC 的不控充电特性进行分析。在 C_1 到 C_2 时间段，u_{sa}电压最高，u_{sb}电压最低。在不控充电阶段，起主要作用的是二极管和电容，主回路中的电感可以暂时忽略不计。这样，因为 u_{sa} 电压最高，对于阻容电路，a 相上的电流方向必然是从 V_a 流向 B_p 和从 V_a 流向 B_n 的，即桥臂 1 电流为负，桥臂 4 电流为正；而 u_{sb} 电压最低，b 相上的电流方向必然是从 B_p 流向 V_b 和从 B_n 流向 V_b 的，即桥臂 3 电流为正，桥臂 6 电流为负。

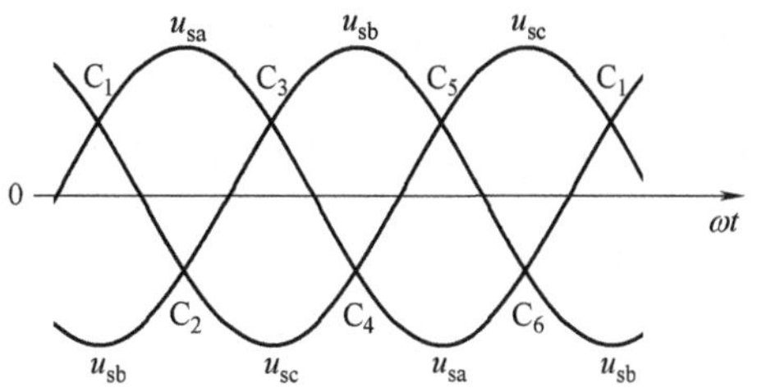

图 5-5　交流系统线电势过零点的定义

对于三个上桥臂，由于桥臂 1 电流为负，因此桥臂 1 的子模块必处于短路模式。这样，B_p 的电位就与 V_a 的电位相同，从而桥臂 3 和桥臂 5 承受正向电压，对于阻容电路，电流方向与电压方向一致，桥臂 3 和桥臂 5 电流为正，处于充电模式。

对于 3 个下桥臂，由于桥臂 6 电流为负，因此桥臂 6 的子模块必处于短路模式，B_n 的电位就与 V_b 的电位相同，从而桥臂 4 和桥臂 2 承受正向电压，对于阻容电路，电流方向与电压方向一致，桥臂 4 和桥臂 2 电流为正，处于充电模式。

因此在 MMC 闭锁的不控充电阶段，MMC 总有 2 个桥臂处于短路模式，而有 4 个桥臂处于充电模式。

对于处于充电模式的桥臂，以桥臂 5 为例进行分析。若桥臂 5 上的正向电压 $e_{pc}=u_{sa}-u_{sc}$ 大于桥臂 5 所有子模块电容电压合成的内电势 u_{pc}，那么桥臂 5 的充电电流为正，可以继续充电。如果桥臂 5 上的正向电压 $e_{pc}=u_{sa}-u_{sc}$ 小于桥臂 5 所有子模块电容电压合成的内电势 u_{pc}，那么桥臂 5 的充电电流就会反向，但由于子模块中的二极管 VD_1 承受反向电压截止，桥臂 5 的充电电流就只能等于零，即桥臂 5 中的子模块也不可能放电。

实际上，可以对桥臂 5 充电的时间段是 C_1 到 C_5 时间段，其中 C_1 到 C_3 时间段 $e_{pc}=u_{sa}-u_{sc}$，C_3 到 C_5 时间段 $e_{pc}=u_{sb}-u_{sc}$。这样，只要 e_{pc} 有任何时刻大于 u_{pc}，桥臂 5 就会充电，其电容电压就会上升。可以想象，随着充电过程的继续，桥臂 5 上的内电势 u_{pc} 会越来越高，直到最终 e_{pc} 在任何时刻都不高于桥臂 5 上的内电势 u_{pc}。此时，充电过程结束，桥臂 5 上的内电势 u_{pc} 必等于 e_{pc} 的最大值，即交流线电势的幅值。设充电结束时子模块电容电压为 U_{cD}，则有如下关系：

$$NU_{cD}=\sqrt{3}U_{sm} \tag{5-1}$$

$$U_{cD}=\frac{\sqrt{3}U_{sm}}{N} \tag{5-2}$$

式中，U_{sm} 为交流系统等效相电势幅值。

不考虑冗余，子模块电容电压额定值 U_{cN} 由下式确定：

$$U_{cN}=\frac{U_{dc}}{N} \tag{5-3}$$

定义子模块电容电压不控充电率 η_D 如下：

$$\eta_D=\frac{U_{cD}}{U_{cN}} \tag{5-4}$$

第 3 章在推导联接变压器阀侧空载额定电压时已有如下结论：变压器阀侧空载线电压的

额定值与联接变压器的漏抗和桥臂电抗的取值相关，一般情况下大致可以取$\frac{U_{dc}}{2}$的 1.00 ~ 1.05 倍，即交流系统等效线电势有效值为$\frac{U_{dc}}{2}$的 1.00 ~ 1.05 倍，因而交流系统等效相电势幅值 U_{sm}可用下式表达：

$$U_{sm}=\frac{\sqrt{2}}{\sqrt{3}}(1.00\sim1.05)\frac{U_{dc}}{2} \tag{5-5}$$

因此可以对 η_D作如下估算：

$$\eta_D=\frac{U_{cD}}{U_{cN}}=\frac{\sqrt{3}U_{sm}}{U_{dc}}=\frac{\sqrt{2}(1.00\sim1.05)\frac{U_{dc}}{2}}{U_{dc}}=0.71\sim0.74 \tag{5-6}$$

即不控充电阶段的充电率可以达到 71% ~ 74%。

5.2.3 直流侧带换流器的不控充电特性分析

如前文所述，通过直流侧线路进行预充电是指只通过一端换流站（为主导站）同时向本地和远方的 MMC 子模块电容充电，这种充电方式在向无源网络供电和黑启动时是必需的方式。图 5-6 给出了通过主导站向远方站预充电的示意图。

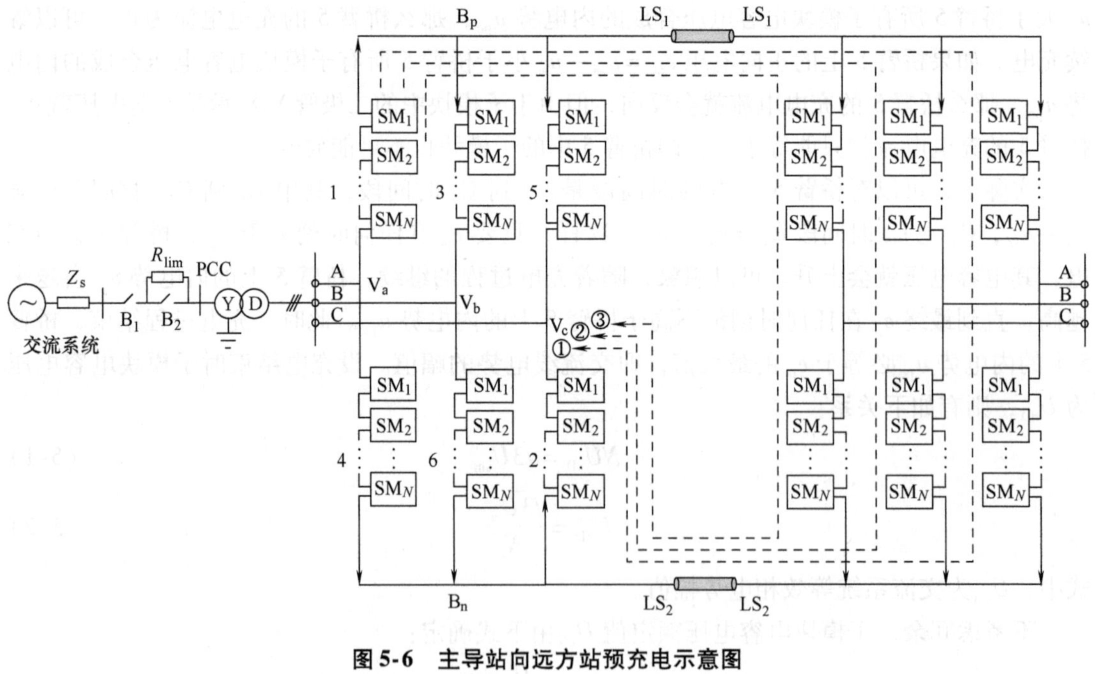

图 5-6 主导站向远方站预充电示意图

对于图 5-6 所示系统的不控充电过程，也可以仿照 5.2.2 节的分析方法进行分析。下面以 C_2 到 C_3 时间段为例，对图 5-6 所示的两个 MMC 的不控充电特性进行分析。在 C_2 到 C_3 时间段，u_{sa}电压最高，u_{sc}电压最低。这样，a 相上的电流方向必然是从 V_a流向 B_p和从 V_a流向 B_n的，即桥臂 1 电流为负，桥臂 4 电流为正；c 相上的电流方向必然是从 B_p流向 V_c和从 B_n流向 V_c的，即桥臂 5 电流为正，桥臂 2 电流为负。因此，在 C_2 到 C_3 时段，桥臂 1 和桥臂

2 处于短路模式，不计直流线路电阻时，远方 MMC 每个相单元上的充电电压为 a 相与 c 相之间的线电势。这种情况具有普遍性，即远方 MMC 每个相单元上的充电电压总为本地交流系统的线电势。因此远方 MMC 每个相单元在不控充电阶段可以达到的最高电压就是本地交流系统的线电势幅值。设充电结束时远方 MMC 子模块电容电压为 U'_{cD}，则有如下关系：

$$2NU'_{cD} = \sqrt{3}U_{sm} \tag{5-7}$$

$$U'_{cD} = \frac{\sqrt{3}U_{sm}}{2N} \tag{5-8}$$

对比本地预充电模式下的电容最大充电电压，可以看出远方预充电模式下 MMC 的电容最大充电电压是本地模式下的一半，即远方 MMC 的电容电压不控充电率可以达到 35%～37%。

5.2.4　限流电阻的参数设计

从图 5-2 处于闭锁状态的 MMC 简化等效电路可以看出，在充电的初始时刻，子模块电容电压为零或很低，交流系统合闸后 6 个 MMC 桥臂近似于短路，这样就会导致很大的充电电流，会危及交流系统和换流器的安全。解决的方法就是启动时必须在充电回路中串接限流电阻，如图 5-1 所示。限流电阻的参数设计可以这样进行，设 MMC 6 个桥臂为短路，这样联接变压器网侧的各相交流电流幅值为

$$I_{st} = \frac{U_{sm}}{R_{lim}} \tag{5-9}$$

式中，U_{sm}为交流等效相电势幅值，R_{lim}为接在联接变压器网侧的限流电阻，I_{st}为充电时联接变压器网侧相电流幅值。实际工程中，一般要求 I_{st}小于 50A。这样，对于接入额定电压为 220kV 交流系统的 MMC，联接变压器网侧接限流电阻时，限流电阻 R_{lim}表达式为

$$R_{lim} \geqslant \frac{U_{sm}}{I_{st}} = \frac{\sqrt{2} \times 220\text{kV}/\sqrt{3}}{50\text{A}} = 3.6\text{k}\Omega \tag{5-10}$$

实际工程中可以取 $R_{lim} = 4\text{k}\Omega$。

5.3　MMC 可控充电实现途径

上节已经阐明不控充电阶段子模块电容只能充电到 70% 额定电压，实际工程中子模块电容达到其 30% 额定电压时已能对子模块进行触发控制。在子模块进入可控阶段后，继续提升子模块电容电压到额定电压的有效方法是 MMC 内外环控制器投入运行，同时阀控层级的子模块电容电压平衡控制也投入运行。此时，外环控制器宜采用直流侧定电压控制、交流侧定无功功率控制的控制策略，直流电压指令值取额定值，无功功率指令值取零。

5.4　MMC 启动过程仿真验证

仍然采用第 4 章 4.3.5 节的单端 400kV、400MW 测试系统。设限流电阻设置在联接变压器网侧，如图 5-1a 所示，$R_{lim} = 4\text{k}\Omega$。仿真验证两种场景。第 1 种场景是 MMC1 直流侧开

路，仅仅验证 MMC1 的启动过程；第 2 种场景是假定 MMC2 向无源网络供电，MMC1 通过直流线路与 MMC2 同时启动。

5.4.1 直流侧开路时的单站启动过程

仿真的时间节点设置如下：初始时刻，断路器 B_1、B_2 处于断开状态；0.05s 时闭合断路器 B_1，系统进入不控充电阶段；3.0s 时闭合断路器 B_2，切除限流电阻；3.5s 时 MMC1 解锁，同时内外环控制器投入运行，继续提升子模块电容电压，并设 MMC1 控制器的控制周期 $T_{ctrl}=100\mu s$，子模块电容电压平衡控制采用基于按状态排序与增量投切的电容电压平衡策略，不平衡度阈值取 $\sigma_m=8\%$；4s 时仿真结束。

图 5-7 给出了 MMC1 主回路主要电气量的变化波形，其中图 a 是网侧 a 相交流电流的波形图，图 b 是 a 相上桥臂的电流波形图，图 c 是 a 相上桥臂第 1 个子模块电容电压的波形图，图 d 是直流侧电压的波形图。

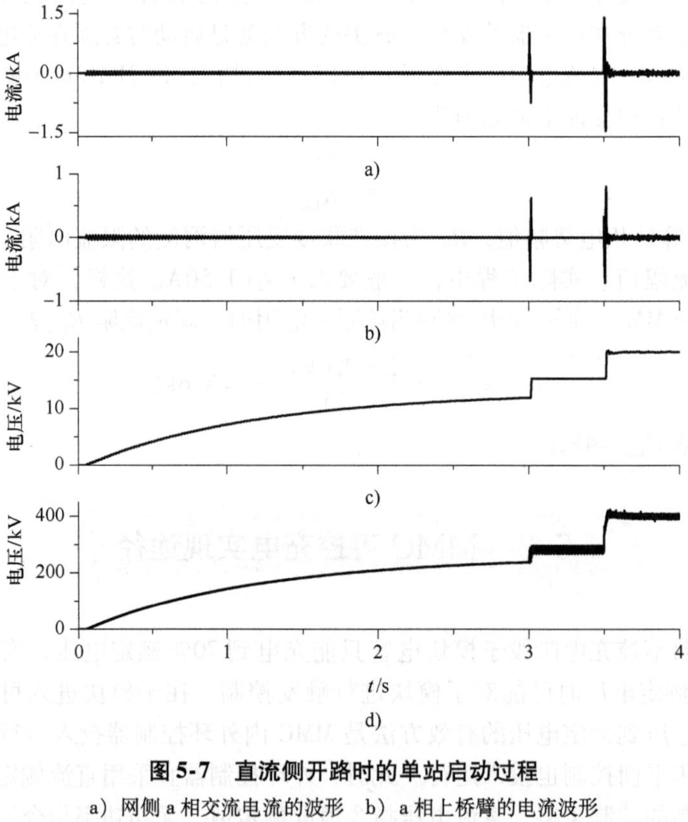

图 5-7 直流侧开路时的单站启动过程

a）网侧 a 相交流电流的波形 b）a 相上桥臂的电流波形
c）a 相上桥臂第 1 个子模块电容电压的波形 d）直流侧电压的波形

从图 5-7 可以看出，由于限流电阻的作用，不控充电阶段不管是交流侧电流还是桥臂电流都是很小的，限流电阻切除前，子模块电容电压平稳上升，到 3s 时电容电压已超过 10kV；限流电阻切除瞬间，交流侧电流和桥臂电流都有一个跳变，但都在额定电流范围内，子模块电容电压有一个跳变，瞬间达到不控充电阶段子模块电容电压可以达到的最大值 U_{cD}，大约为 70% 额定电压，这里是 14kV 左右；3.5s 时控制器投入后按定直流电压运行，交流侧电流和桥臂电流以及子模块电容电压都有一个跳变，直流电压瞬间达到控制的指令值。

5.4.2　直流侧带换流器的启动过程

仿真的时间节点设置如下：初始时刻，断路器 B_1、B_2 处于断开状态；0.05s 时闭合断路器 B_1，系统进入不控充电阶段；3.0s 时 MMC2 解锁，MMC2 内外环控制器按定交流侧额定电压幅值和频率设置；10.0s 时闭合断路器 B_2，切除限流电阻；11.0s 时 MMC1 解锁，MMC1 内外环控制器投入运行，并设 MMC1 和 MMC2 控制器的控制周期 $T_{ctrl}=100\mu s$，子模块电容电压平衡控制采用基于按状态排序与增量投切的电容电压平衡策略，不平衡度阈值取 $\sigma_m=8\%$；12.0s 时仿真结束。

图 5-8 给出了整个系统主回路主要电气量的变化波形，其中图 a 是 MMC1 网侧 a 相交流电流的波形图，图 b 是 MMC1 a 相上桥臂的电流波形图，图 c 是 MMC1 a 相上桥臂第 1 个子模块电容电压的波形图，图 d 是 MMC1 直流侧电压的波形图，图 e 是 MMC1 侧直流线路电流的波形图，图 f 是 MMC2 a 相上桥臂的电流波形图，图 g 是 MMC2 a 相上桥臂第 1 个子模块电容电压的波形图。

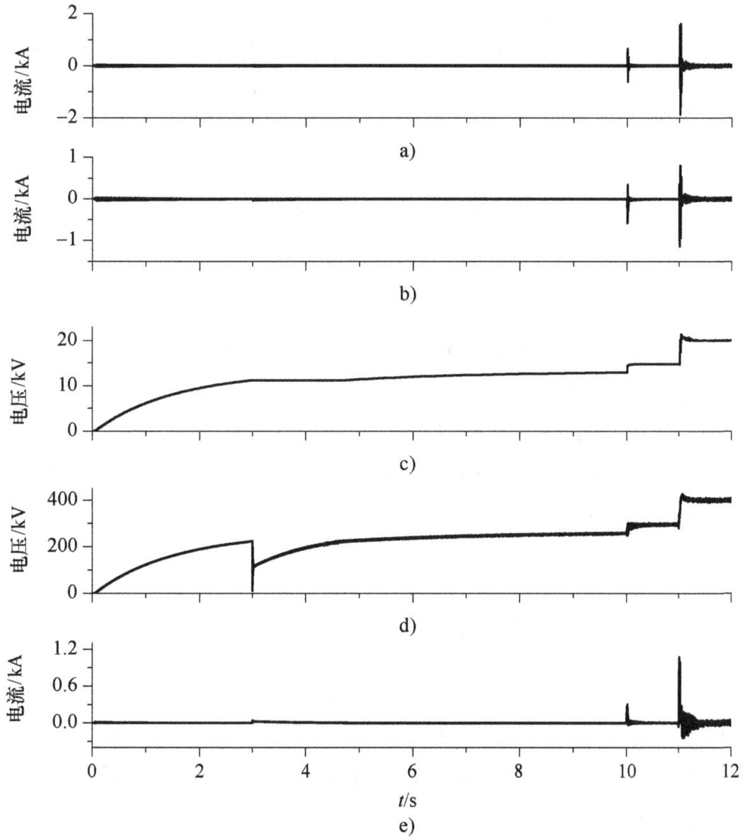

图 5-8　直流侧带换流器的启动过程

a）MMC1 网侧 a 相交流电流的波形图　b）MMC1 a 相上桥臂的电流波形图　c）MMC1 a 相上桥臂第 1 个子模块电容电压的波形图　d）MMC1 直流侧电压的波形图　e）MMC1 侧直流线路电流的波形图

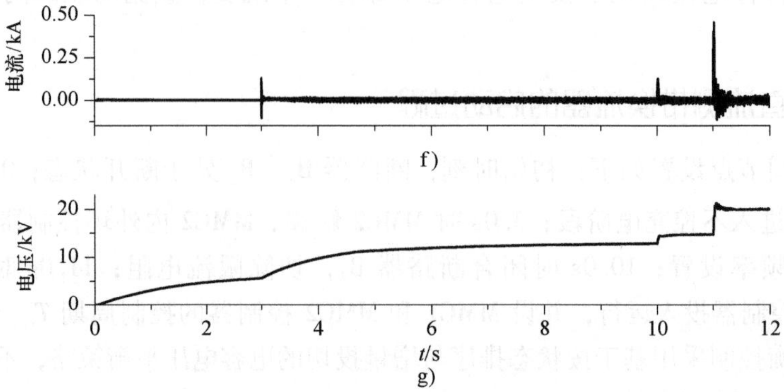

图 5-8 直流侧带换流器的启动过程（续）

f）MMC2 a 相上桥臂的电流波形图 g）MMC2 a 相上桥臂第 1 个子模块电容电压的波形图

从图 5-8 可以看出，MMC2 先解锁对提升 MMC2 的子模块电压十分有利，此时由于限流电阻还没有切除，MMC2 的解锁对整个系统冲击很小，仅仅是直流线路电压有一个瞬时的跳变；MMC2 解锁后，两侧 MMC 中的子模块电压能够平稳上升，直到限流电阻切除后，MMC1 子模块电压跳变到不控充电的最大值，但引起的电流冲击不大。MMC1 解锁并投入控制器后，系统快速稳定到控制的指令值，相应的电流冲击都在额定值范围内。

上述仿真结果表明，本章提出的 MMC 两阶段预充电策略是简单有效的。

5.5 MMC-HVDC 系统停运控制

MMC-HVDC 系统的停运有两种情况：正常停运和紧急停运。正常停运指的是为了定期对 MMC-HVDC 系统进行维护与检修而要求其退出运行状态。然而，正常运行的 MMC 子模块电容电压远远超过人身安全电压，因此必须考虑将电容电压放电至安全电压以下进行检修。紧急停运是指当系统发生短路故障等情况时需要 MMC-HVDC 系统快速退出运行，此时各子模块电容不需要进行放电，这可以通过闭锁换流器的触发信号来实现。对于正常停运而言，为了尽量减少对 MMC-HVDC 系统自身和对电网的冲击，需要设计合理的停运流程来完成大量桥臂子模块电容的放电过程。

5.5.1 MMC 正常停运控制策略

MMC 的正常停运一般分为 3 个阶段。第 1 个阶段是能量反馈阶段，通过改变 MMC 的调制比，使子模块电容电压尽量降低；第 2 个阶段是可控放电阶段，通过直流线路放电将子模块电容电压降低到接近其可被触发控制的最低阈值；第 3 个阶段是不控放电阶段，子模块电容通过子模块内电阻彻底放电。

1. 能量反馈阶段

MMC 在正常运行时，为了保证功率调节的裕度，电压调制比 m 一般运行在 0.8 ~ 0.95 范围。因此，在交流侧电压确定的情况下，通过提高电压调制比到 1，就意味着直流电压的下降，从而也意味着子模块电容电压的下降。根据电压调制比 m 的定义：

$$m=\frac{U_{\mathrm{diffm}}}{U_{\mathrm{dc}}/2} \tag{5-11}$$

MMC 正常停运时可以认为不再与交流系统交换功率，这样 U_{diffm}就等于变压器阀侧空载相电压幅值$\sqrt{2}U_{\mathrm{vTN}}$。因此，在能量反馈阶段，直流电压的最低值 $U_{\mathrm{dc,ef}}$可以用下式描述：

$$U_{\mathrm{dc,ef}}=2\sqrt{2}U_{\mathrm{vTN}}=2\frac{\sqrt{2}}{\sqrt{3}}\sqrt{3}U_{\mathrm{vTN}}=2\frac{\sqrt{2}}{\sqrt{3}}(1.00\sim1.05)\frac{U_{\mathrm{dcN}}}{2}=(0.82\sim0.86)U_{\mathrm{dcN}} \tag{5-12}$$

式中，U_{dcN}为直流电压额定值。能量反馈阶段结束后，MMC 与所连接的交流系统断开。

2. 可控放电阶段

可控放电阶段的主要目标是通过直流线路将子模块电容电压降低到一个事先指定的值，这个值通常接近子模块可控触发所要求的最低电压值，一般为子模块电容电压额定值的 30% 左右。可控放电阶段还可进一步分为两个小阶段。第 1 个小阶段是直流线路可控放电阶段，第 2 个小阶段是子模块电容可控放电阶段。

（1）直流线路可控放电阶段

能量反馈阶段后，尽管直流侧电流几乎等于零，但直流侧电压仍然很高。不管是直流电缆还是直流架空线，直流线路中还有相当大的电容储能，必须在子模块电容放电之前先放电。直流线路放电控制的基本步骤如下：

步骤 1：在 MMC 的 3 个相单元中选择 1 个相单元，比如 A 相，用于直流线路放电。闭锁其他两相中的所有子模块，投入相单元 A 中的部分子模块，旁路相单元 A 中的其余子模块。

步骤 2：逐步减少相单元 A 中投入的子模块数目直到零为止。这样，直流线路就通过 MMC 的一个相单元放电，线路上的电压逐渐下降到零，如图 5-9 所示；同时，线路电流也对子模块电容充电，考虑到直流线路电阻和子模块内电阻消耗的能量，实际上子模块电容电压不会升高很多。

步骤 3：如果在减少相单元 A 中投入的子模块数目直到零的过程中，子模块电容电压没有超过其额定电压的，那么直流线路放电过程结束；否则，需增加相单元 A 中投入的子模块数目，重新回到步骤 2。在直流线路放电阶段结束时，相单元 A 上的所有子模块都处于旁路状态，直流线路上已没有电压；而相单元 B 和相单元 C 上的子模块还处于闭锁状态。

（2）子模块电容可控放电阶段

此阶段从 MMC-HVDC 系统层面看，采用的控制策略是两侧 MMC 相继放电控制策略；从进入放电的 MMC 本身看，采用的控制策略是按相单元分别放电控制策略。

系统层面的控制策略如图 5-10 所示。设进入可控放电阶段的是 MMC1，则 MMC2 的 3 个相单元全部处于旁路状态，为 MMC1 的放电提供通路。

换流器层面的可控放电控制策略如图 5-11 所示。采用的控制策略是按相单元分别放电控制策略。对于进入放电的相单元，比如图 5-11 中的相单元 A，采用子模块分组放电的控制策略，以控制放电电流不超过功率器件的限值；不在放电分组中的其余子模块，采用旁路的控制方式。对于未进入放电的相单元，比如图 5-11 中的相单元 B 和相单元 C，采用闭锁所有子模块的控制策略。子模块电容可控放电阶段结束时，两侧 MMC 中所有子模块的电容电压已接近子模块可控触发所要求的最低电压值。

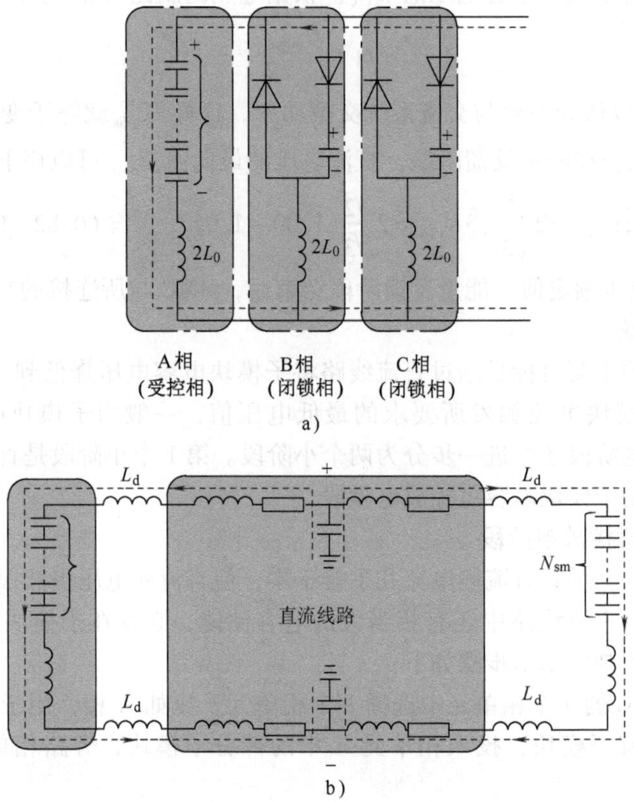

图 5-9 直流线路可控放电阶段示意图

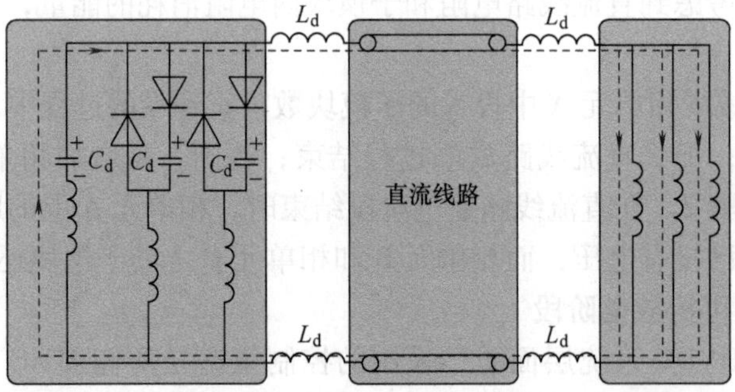

图 5-10 子模块可控放电阶段两侧 MMC 的运行状态

3. 不控放电阶段

可控放电阶段结束后，直流线路与所连接的 MMC 断开。后面的过程就是不控放电阶段，子模块电容只通过子模块内部电阻器放电，其等效电路如图 5-12 所示。由于二极管 VD_1 承受反向电压截止，子模块电容放电是一个简单的 *RC* 电路，并且各子模块的放电回路完全是独立的。尽管此 *RC* 电路的时间常数一般为数十秒，比前两个阶段要长得多，但数分钟后子模块电容电压可以可靠地下降到安全电压以下。

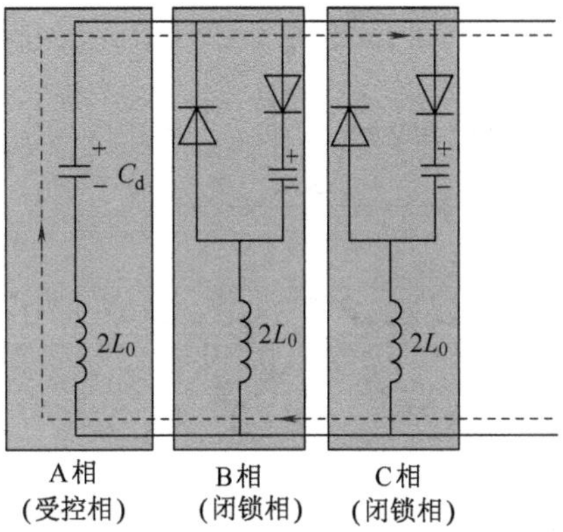

图5-11 MMC 的按相单元分别放电控制策略

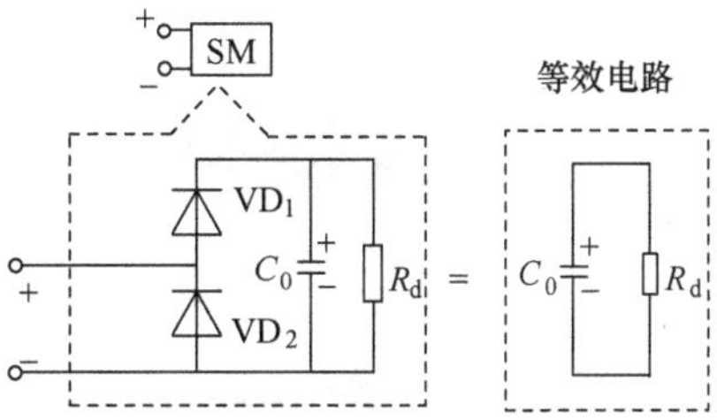

图 5-12 子模块不控放电等效电路

5.5.2 MMC 正常停运过程仿真验证

仍然采用第 4 章 4.3.5 节的单端 400kV、400MW 测试系统。稳态运行时整流站采用定有功功率和定无功功率控制，逆变站采用定直流电压控制和定无功功率控制。仿真的时间节点设置如下：2s 开始启动正常停运；2～4s，为能量反馈阶段，通过提升调制比降低子模块电容电压；4.05s 时，交流侧断路器跳开，MMC 与交流系统断开连接；4.1s 时，开始直流线路可控放电阶段；8.1s 时，开始子模块可控放电阶段，从 MMC1 的 3 个相单元分别放电到 MMC2 的 3 个相单元分别放电；9.5s 时，MMC 与直流线路断开，子模块不控放电开始；10.0s 时，仿真结束。

图 5-13 给出停运过程中主回路重要电气量的变化波形。其中图 a 是 MMC1 a 相上桥臂的电流波形图；图 b 是 MMC1 a 相上桥臂第 1 个子模块电容电压的波形图；图 c 是 MMC1 直流侧电压的波形图；图 d 是 MMC1 侧直流线路电流的波形图；图 e 是 MMC2 a 相上桥臂的电流波形图；图 f 是 MMC2 a 相上桥臂第 1 个子模块电容电压的波形图。

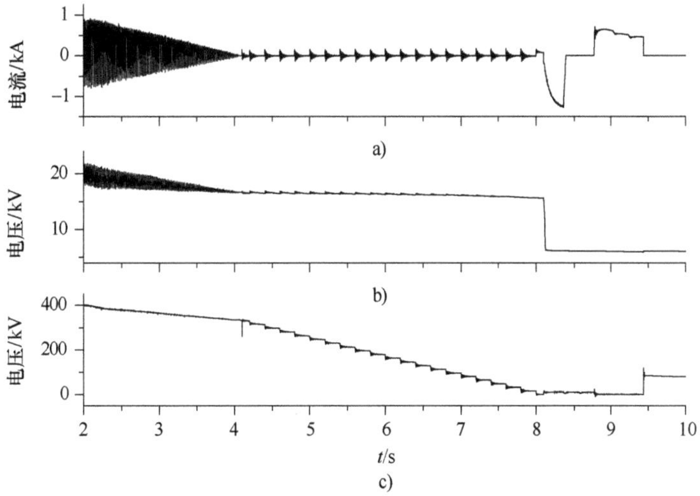

图 5-13 正常停运过程

a）MMC1 a 相上桥臂的电流波形图 b）MMC1 a 相上桥臂第 1 个子模块电容电压的波形图 c）MMC1 直流侧电压的波形图

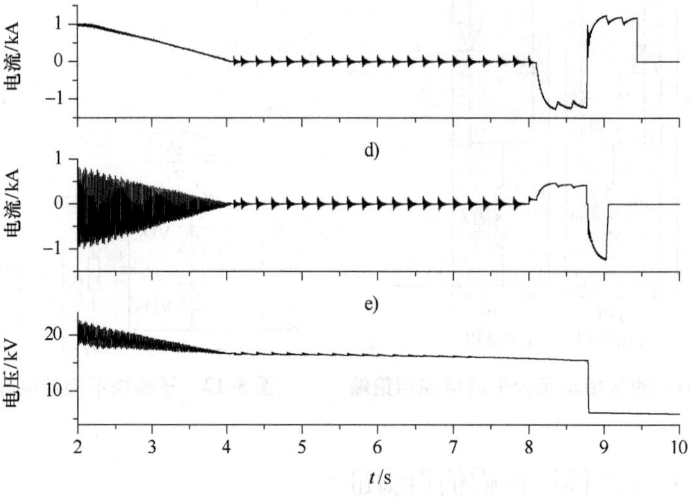

图 5-13 正常停运过程（续）

d）MMC1 侧直流线路电流的波形图 e）MMC2 a 相上桥臂的电流波形图

f）MMC2 a 相上桥臂第 1 个子模块电容电压的波形图

从图 5-13 可以看出，直流线路可控放电持续时间较长，直流线路电压持续下降过程中直流线路中流过的电流很小；子模块可控放电过程持续时间较短，流过直流线路的电流较大。

参考文献

[1] 浙江大学发电教研组直流输电科研组. 直流输电［M］. 北京：电力工业出版社，1982.

第 6 章 基于组合式换流器的柔性直流系统主接线及其运行特性

6.1 常规 MMC 容量提升手段的限制与组合式换流器的组合方式

目前已投运的柔性直流输电工程最大容量在 1000MW 左右，还没有达到传统直流输电系统的容量水平。其原因是目前柔性直流输电工程往往采用单个换流器单元作为一个换流站，而不是像传统直流输电技术那样采用多个换流器单元串联构成一个换流站。单个 MMC 单元的容量提升除受制于联接变压器容量的限制外，还受制于与 MMC 运行特性紧密相关的多个因素的制约。

单个 MMC 单元容量提升的基本方法是增加子模块的级联数，但显然子模块的级联数是存在上限的。其制约因素包括：①需要大量 I/O 数据的通信和交换，例如各子模块电容电压测量值传递到控制单元，控制单元将触发脉冲分配到各开关器件等，对硬件的实现提出很高的要求。②电容电压平衡控制需要对子模块电容电压测量值进行排序，当子模块数目太多后排序所需的时间会大大增加。③由于杂散参数的作用，级联子模块数目太多后会影响桥臂上子模块之间的电压均衡。

显然，通过提升单个 MMC 容量从而提升柔性直流输电系统容量的做法是不可行的。因此，技术上合理的做法是以单个 MMC 单元为基本换流器单元（BCU）进行串并联组合，从而构成在电压和容量两方面都满足要求的组合式换流器。

组合式换流器的单元扩展方式有 4 种基本形式：①由 n 个 BCU 串联构成，如图 6-1a 所示。②由 n 个 BCU 并联构成，如图 6-1b 所示。③由 n 个 BCU 串联组成支路，再由 k 条支路并联构成 $n \times k$ 个 BCU 的串并联结构，如图 6-1c 所示。④由 $n \times k$ 个 BCU 构成矩阵形式的网格结构，如图 6-1d 所示。

第 1 种方案可实现较高的电压等级，直流线路电流较小，但基本单元投切时会影响整个串联单元回路。第 2 种方案利用并联方式可方便实现单元扩展，某单元投切时对其他部分影响甚微，但不容易实现高电压等级且输送功率较大时线路电流也较大。第 3 种方案采取先串后并方式，但串联支路中某单元动作时仍会影响整个支路。第 4 种方案单元连接方式是网格形式，容易扩展到大容量高电压等级，且单元投退对整个系统影响很小。

采用 MMC 标准单元串并联构成直流换流站结构，以“搭积木”的形式实现柔性直流输电系统所需的直流电压和直流电流，使整个设计制造流程模块化、标准化，可以缩短工程设计、建造和运行周期，便于及早收回投资和提高运行效益。

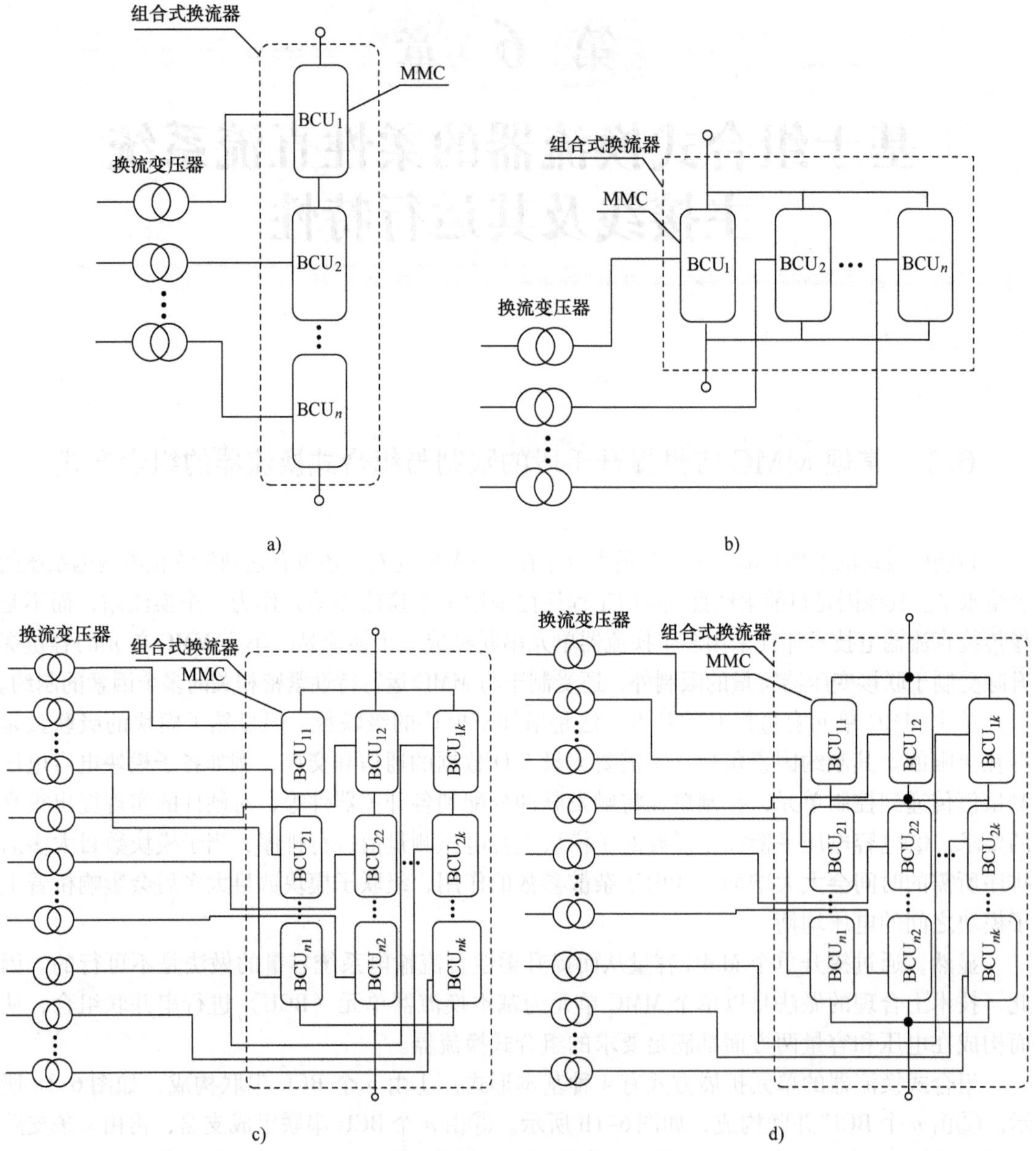

图 6-1　组合式换流器的单元扩展方式

a）串联结构　b）并联结构　c）串并联结构　d）网格结构

6.2　柔性直流输电系统的主接线方式

在讨论柔性直流输电系统的主接线方式前，先来回顾一下传统直流输电系统的主接线方式。对于两端直流输电系统，常用的主接线方式是 3 种[1]，分别是双极接线（见图 6-2）、单极大地回路接线（见图 6-3）和单极金属回路接线（见图 6-4）。

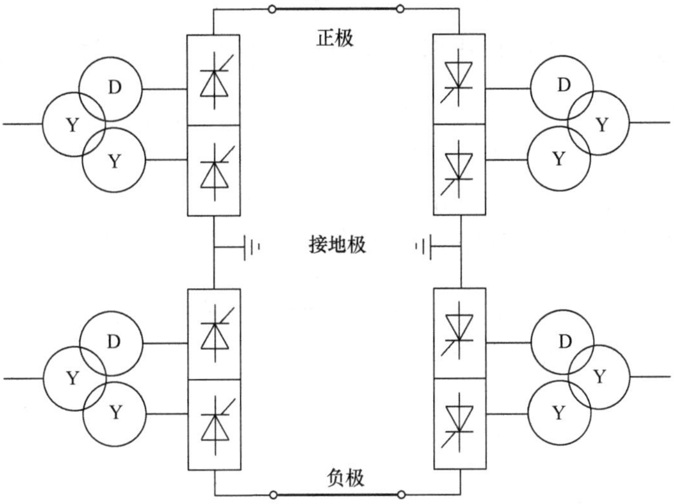

图 6-2　传统直流输电的双极接线

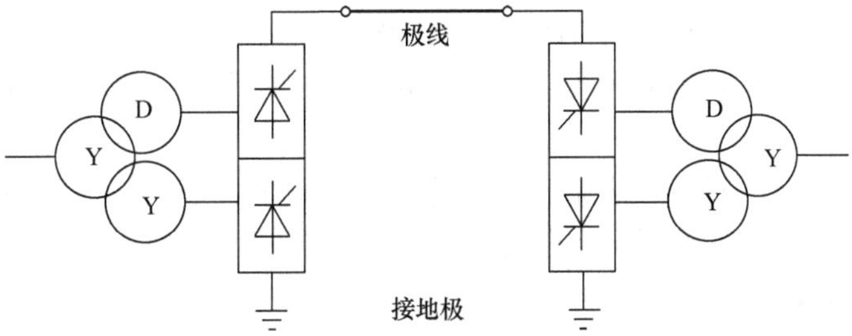

图 6-3　传统直流输电的单极大地回路接线

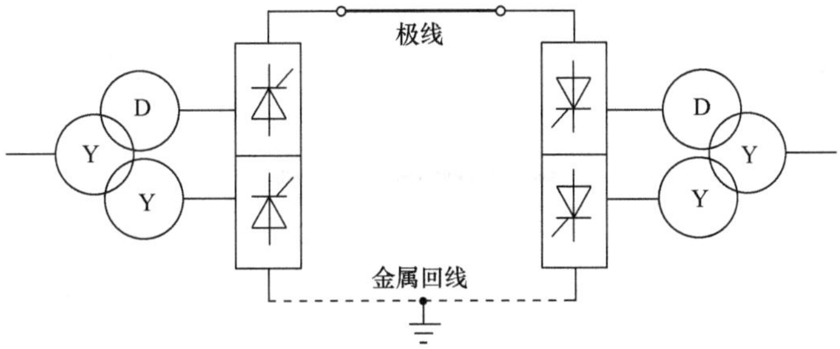

图 6-4　传统直流输电的单极金属回路接线

对于主接线方式的选择，主要考虑两方面的因素：第一个方面是接地点的选择，因为接地点的选择决定了直流线路的对地电压，从而决定了直流线路的绝缘水平，对工程造价具有重要影响；第二个方面是正常运行时接地点是否会流过工作电流，如果会流过工作电流，那么接地极必须专门设置，不能共用换流站本身的接地网。传统直流输电的单极大地回路接线和双极接线都必须满足正常运行时接地极流过工作电流的要求，因此都需要专门设置接地极；而传统直流输电的单极金属回路接线正常运行时接地极不会流过工作电流，因此不必专门设置接地极，接地点直接与某个换流站的接地网连接就可以了。

6.2.1 由VSC或MMC基本单元构成的双极系统主接线——伪双极系统接线

目前已投运的基于两电平或三电平 VSC 的柔性直流输电系统都是由 ABB 公司设计制造的，这些工程的主接线方式大多采用图 6-5 所示的方式，只有个别工程例外[2]。其中的 VSC1 和 VSC2 为 VSC 基本单元，其结构如图 1-1 或图 1-3 所示。为了降低直流线路的对地绝缘水平，将直流侧电容器的中点接地，这样就构成了正、负极性对称的直流输电线路。

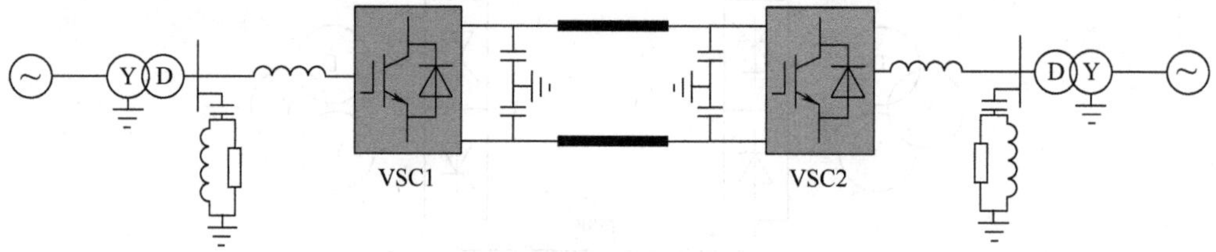

图 6-5 典型两端 VSC-HVDC 系统接线图

2010 年后新建的柔性直流输电工程已很少采用两电平或三电平 VSC 作为换流器，基本上用 MMC 作为换流器。由于 MMC-HVDC 直流侧没有集中布置的电容器，因此不能采用如图 6-5 所示的接地方式。但为了降低直流线路的对地绝缘水平，需要将直流线路构造成正、负极性对称的线路。

在直流侧找不到满足要求的接地点的情况下，Trans Bay Cable 工程[3]将接地点移到了交流侧，即在联接变压器阀侧采用星形电抗构造了一个人为的中性点，然后将此中性点经接地电阻接地，如图 6-6 所示。采用这种接地方式后，直流线路对地确实呈现出了对称的正、负极性。

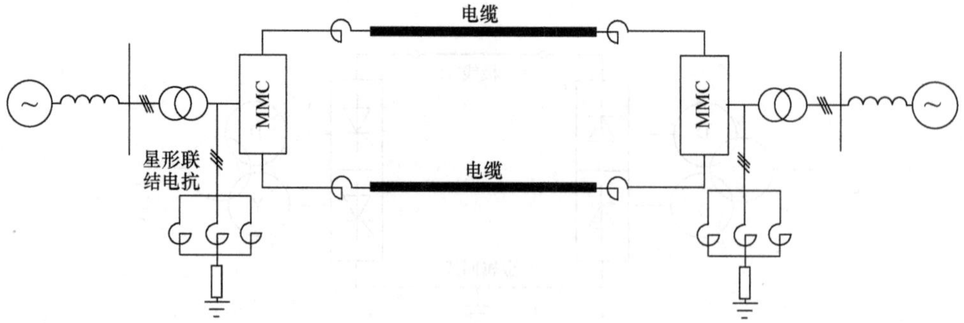

图 6-6 Trans Bay Cable 工程采用的主接线方式

南汇柔性直流输电示范工程采用了如图 6-7 所示的接地方式，即联接变压器的网侧绕组采用的是三角形联结，阀侧绕组采用的是星形联结，而将阀侧绕组的中性点经电阻接地。采用这种接地方式当然也能使直流线路对地呈现出对称的正、负极性，从而降低了直流线路的绝缘水平。

但这种接地方式不具有普遍意义，因为一般要求交流电网侧故障时的零序电流不能传递

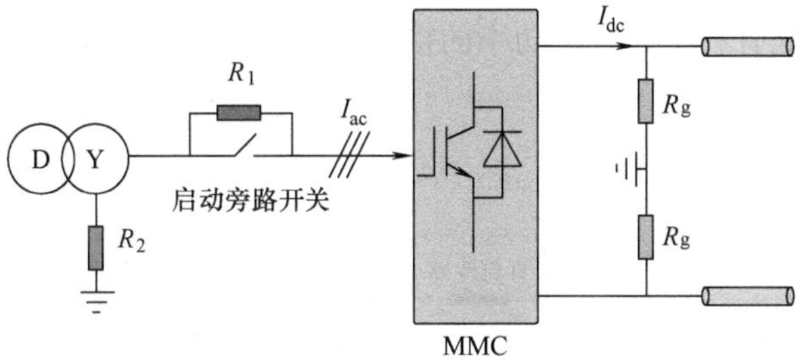

图 6-7　南汇柔性直流输电示范工程采用的接地方式

到换流器侧，因此联接变压器必须隔断电网侧与换流器侧之间的零序电流通路，采用Y/△联结的联接变压器是一种合理的选择[4]。对于南汇柔性直流输电示范工程，由于电网侧的电压等级是 35kV，按我国标准是中性点不接地电网，因此电网侧采用三角形联结合理，这样阀侧星形联结变压器的中性点经电阻接地就能满足直流系统的接地要求。而对于一般性的情况，柔性直流输电系统接入的交流电网电压等级较高，比如接入的交流电网电压等级在 110kV 及以上。按照我国标准，110kV 及以上电网为直接接地系统，因此对于Y/△联结的联接变压器，星形联结绕组必须放在电网侧，其中性点直接接地，这样，联接变压器的阀侧绕组就不存在中性点了。如联接变压器采用Y/Y联结，情况也是一样，阀侧绕组的中性点不能接地，否则零序电流通路就不能隔断。因此，南汇工程采用变压器中性点经电阻接地构造直流系统接地点的方法对其他工程的借鉴意义不大。

如前文所述，目前已运行的大多数柔性直流输电系统所采用的主接线方式（见图 6-5 ~ 图 6-7）是由两电平或三电平 VSC 或 MMC 基本单元构成的双极系统，对于这样的双极系统主接线，尽管接地点的选择可以不同，但接地点在正常运行时都不会流过工作电流。其优点是不需要设置专门的接地极，并且联接变压器阀侧绕组不存在直流偏置电压，联接变压器可以采用普通的交流变压器，从而降低联接变压器的成本；但其缺点是可靠性较低，不能与传统直流输电的双极系统类比。因为这种由 VSC 或 MMC 基本单元构成的双极系统主接线，只要换流器单元发生故障或一个单极的直流线路发生故障，整个双极系统就会全部失去，不会像传统直流输电那样还能保留一极运行。为此，我们将这种由 VSC 或 MMC 基本单元构成的双极系统主接线称之为“伪双极系统接线”，以明确表示此种接线方式不具备传统直流输电双极系统的性能。

之所以目前运行的柔性直流输电系统大多采用这种伪双极系统接线，原因可能有两个：第 1 个原因是到目前为止已运行的柔性直流输电系统容量较小，采用一个 VSC 或 MMC 基本单元已足够；第 2 个原因是已运行的柔性直流输电系统大多采用电缆作为直流线路，电缆故障率低，对整个系统可靠性的影响较小。

然而，对于大容量的柔性直流输电系统或者采用架空线路的柔性直流输电系统，采用伪双极系统接线显然是不合适的。改进的方向是采用与传统直流输电一样的双极接线以提高可靠性。

6.2.2　由组合式换流器构成的双极系统主接线

由组合式换流器构成的柔性直流输电双极系统主接线如图 6-8 所示，其中，图 a 是双极系统的基本接线，图 b ~ d 在交流侧接入系统方式方面有所变化。因为组合式换流器容量很大，分散接入交流系统有利于大容量功率的接受或消纳，可降低交直流系统之间的相互影响程度。

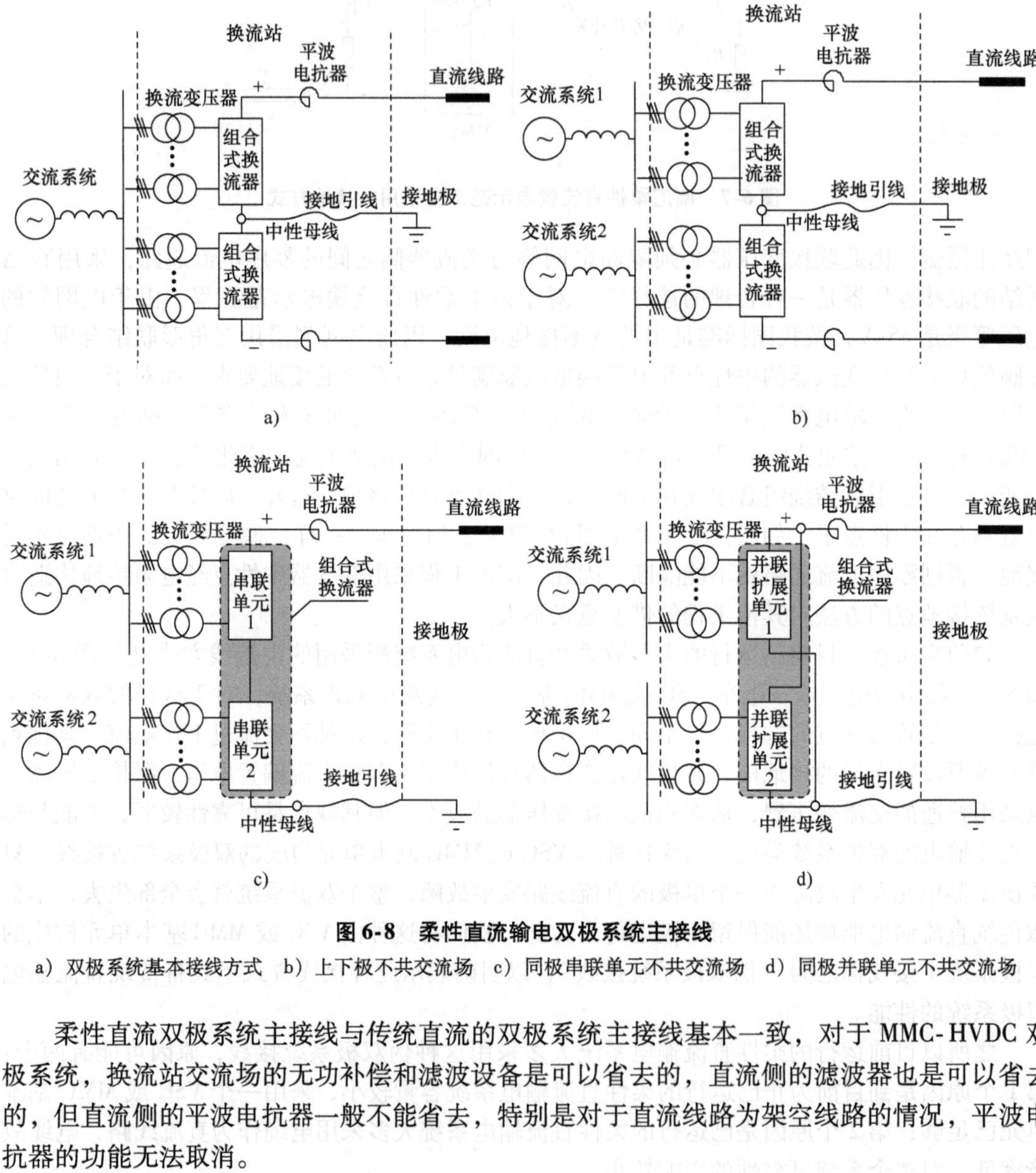

图 6-8 柔性直流输电双极系统主接线

a）双极系统基本接线方式 b）上下极不共交流场 c）同极串联单元不共交流场 d）同极并联单元不共交流场

柔性直流双极系统主接线与传统直流的双极系统主接线基本一致，对于 MMC-HVDC 双极系统，换流站交流场的无功补偿和滤波设备是可以省去的，直流侧的滤波器也是可以省去的，但直流侧的平波电抗器一般不能省去，特别是对于直流线路为架空线路的情况，平波电抗器的功能无法取消。

柔性直流双极系统主接线与伪双极主接线相比的主要优势表现在：①适合于大容量高电压柔性直流输电；②直流线路绝缘水平大大降低，在同样的额定直流电压下，比伪双极系统接线绝缘水平低得多；③直流侧故障时只影响故障极，而对健全极几乎没有影响，从而提高了系统可靠性；④易于系统分期建设和增容扩建，先投运单极再投运双极，有利于早日发挥投资效益；⑤能够适合不同电压等级、不同容量的柔性直流输电系统；⑥可在双极平衡、双极不平衡、单极大地回线、单极金属回线等运行方式下运行，运行方式灵活多样。

柔性直流双极系统主接线与伪双极主接线相比的主要缺点为：①增加了专门的接地极；②联接变压器需要采用与传统直流输电换流变压器类似的变压器，不能采用普通交流变压器，因为需要承受阀侧绕组的直流偏置电压。

6.3　基本单元串联构成一极时的运行特性

最基本的组合式换流器结构有两种：①由两个基本单元串联构成一极的柔性直流输电系统；②由两个基本单元并联构成一极的柔性直流输电系统。本节先研究由两个基本单元串联构成一极时的运行特性。

仍然以第 4 章 4.3.5 节的单端 400kV、400MW 测试系统为基础构建由两个基本单元串联构成一极的柔性直流输电系统，该系统结构如图 6-9 所示。图 6-9 中，4 个 MMC 及其联接变压器与 4.3.5 节单端 400kV、400MW 测试系统中 MMC 及其变压器完全一致；两侧交流系统也与 4.3.5 节单端 400kV、400MW 测试系统中的交流系统一致，为无穷大系统，额定电压 220kV；直流线路也与 4.3.5 节单端 400kV、400MW 测试系统中的直流线路一致，只是在本例中其对地额定电压上升为 800kV。

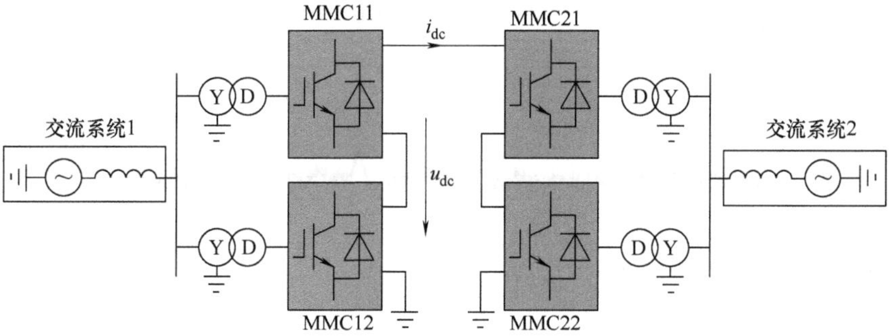

图 6-9　基本单元串联构成一极时的结构图

6.3.1　运行特性

左侧换流器（MMC11 和 MMC12）工作在整流状态，右侧换流器（MMC21 和 MMC22）工作在逆变状态。设基本单元均采用第 4 章介绍的内外环控制策略和第 2 章介绍的最近电平逼近调制策略。并设基本单元控制器的控制周期 $T_{ctrl}=100\mu s$，子模块电容电压平衡控制采用基于按状态排序与增量投切的电容电压平衡策略，不平衡度阈值取 $\sigma_m=8\%$。

整流侧为直流电压和无功功率控制，两个基本单元的直流电压指令值都设为 400kV、无功功率指令值都设为 0。逆变侧为有功功率和无功功率控制，两个基本单元的有功功率指令值都为 200MW、无功功率指令值都为 100Mvar。设 1.0s 逆变侧交流电网发生 a 相接地短路故障，持续 0.1s 后将故障清除。

图 6-10 给出了逆变侧电气量的变化波形。其中图 a 是两个基本单元阀侧交流电压 u_{va}、u_{vb}、u_{vc}各自的波形图；图 b 是两个基本单元阀侧交流电流 i_{va}、i_{vb}、i_{vc}各自的波形图；图 c

是两个基本单元的网侧功率 p_s^+、q_s^+ 各自的波形图；图 d 是两个基本单元各自的直流电压 u_{dc21} 和 u_{dc22} 以及总直流电压 u_{dc} 的波形图；图 e 是直流电流 i_{dc} 的波形图。

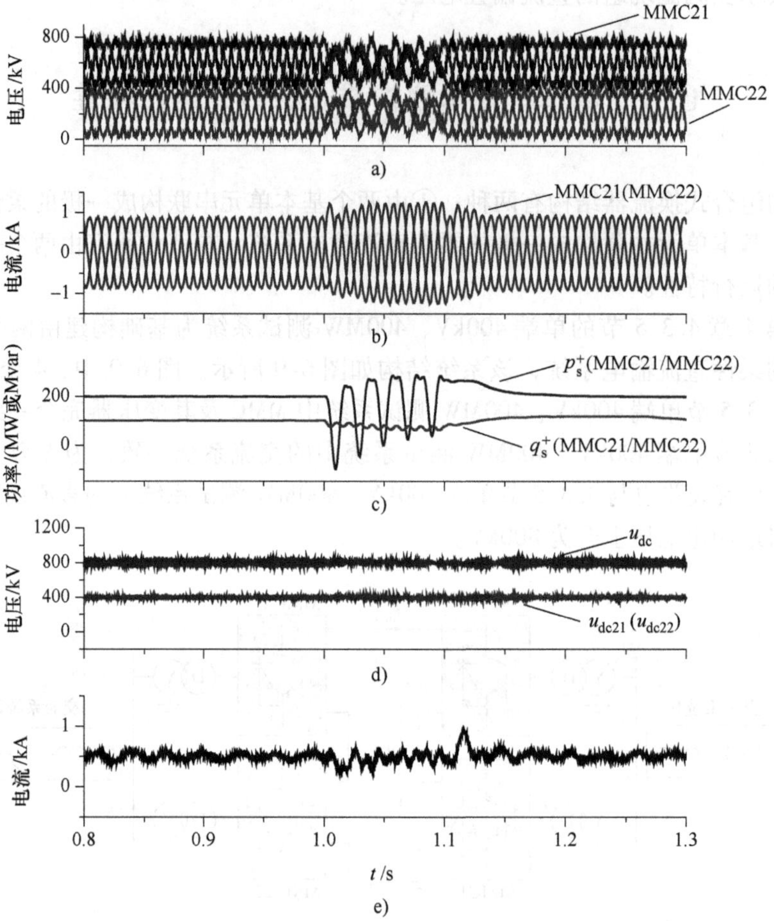

图 6-10　逆变侧电气量的变化波形

a）两个基本单元的阀侧交流电压　b）两个基本单元的阀侧交流电流　c）网侧功率
d）两个基本单元的直流电压和总直流电压　e）直流电流

从图 6-10 可以看出，两个基本单元各自的响应特性大体上是一致的，这是我们所期望的；证明通过基本单元串联构成组合式换流器以实现升压和扩容的技术路径是可行的。值得指出的是，对本例所示的由两个基本单元串联构成一极的柔性直流输电系统，MMC21 和 MMC22 的阀侧交流电压中分别含有 200kV 和 600kV 的直流偏置电压。因此，两个基本单元中的联接变压器不能使用常规的交流变压器，而必须使用类似于传统直流输电的换流变压器。

6.3.2 串联均压特性

考虑两个基本单元的子模块电容和桥臂电抗分别存在公差时，相互串联的基本单元之间的电压均衡特性，仍然采用 6.3.1 节的故障过程进行仿真研究。

结合图 6-9，基本单元 MMC11 和 MMC21 的子模块电容值取 1.01 ×666μF（+1% 公差），基本单元 MMC12 和 MMC22 的子模块电容值取 0.99 ×666μF（-1% 公差）。

图 6-11 给出了考虑子模块电容值存在公差时整流站和逆变站两个基本单元的直流侧电压波形。其中图 a 是整流站两个基本单元各自的直流电压 u_{dc11} 和 u_{dc12} 的波形图；图 b 是逆变站两个基本单元各自的直流电压 u_{dc21} 和 u_{dc22} 的波形图。

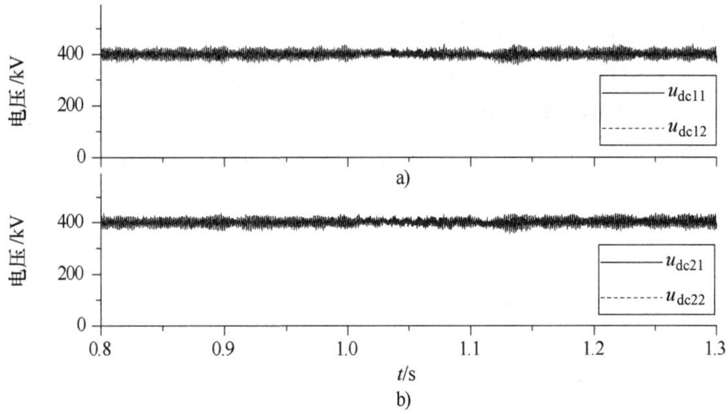

图 6-11　子模块电容值存在公差时的均压特性

a）整流站两个基本单元各自的直流电压　b）逆变站两个基本单元各自的直流电压

结合图 6-9，基本单元 MMC11 和 MMC21 的桥臂电抗取 1.01 ×76mH（+1% 公差），基本单元 MMC12 和 MMC22 的桥臂电抗取 0.99 ×76mH（-1% 公差）。

图 6-12 给出了考虑桥臂电抗值存在公差时整流站和逆变站两个基本单元的直流侧电压波形。其中图 a 是整流站两个基本单元各自的直流电压 u_{dc11} 和 u_{dc12} 的波形图；图 b 是逆变站两个基本单元各自的直流电压 u_{dc21} 和 u_{dc22} 的波形图。

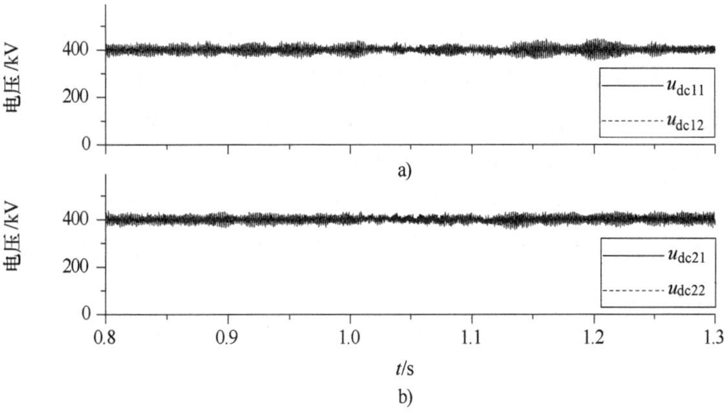

图 6-12　桥臂电抗值存在公差时的均压特性

a）整流站两个基本单元各自的直流电压　b）逆变站两个基本单元各自的直流电压

从图 6-11 和图 6-12 可以看出，考虑子模块电容值或桥臂电抗值的公差时，串联的基本单元的直流电压能够保持均衡，偏差极小。说明基本单元串联连接具有天然的均压特性，并不需要采用额外的控制来保持基本单元之间的电压均衡。

6.4 基本单元并联构成一极时的运行特性

仍然以第4章4.3.5节的单端400kV、400MW测试系统为基础构建由两个基本单元并联构成一极的柔性直流输电系统，该系统结构如图6-13所示。图6-13中，4个MMC及其联接变压器与4.3.5节单端400kV、400MW测试系统中MMC及其变压器完全一致；两侧交流系统也与4.3.5节单端400kV、400MW测试系统中的交流系统一致，为无穷大系统，额定电压为220kV；直流线路也与4.3.5节单端400kV、400MW测试系统中的直流线路一致，只是在本例中直流线路额定电流变为2kA。

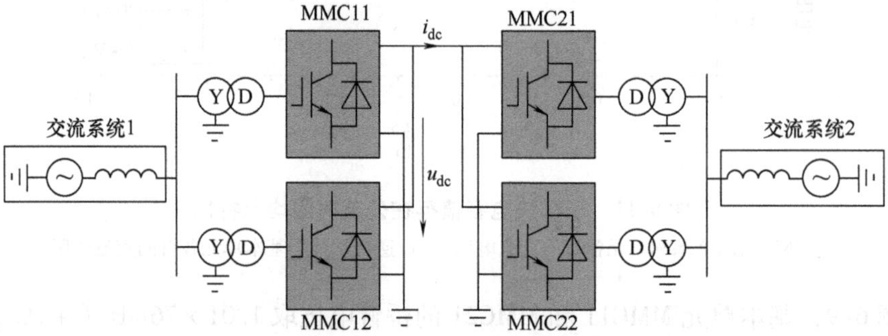

图6-13 基本单元并联构成一极时的结构图

6.4.1 运行特性

左侧换流器（MMC11和MMC12）工作在整流状态，右侧换流器（MMC21和MMC22）工作在逆变状态。设基本单元均采用第4章介绍的内外环控制策略和第2章介绍的最近电平逼近调制策略。并设基本单元控制器的控制周期 $T_{ctrl}=100\mu s$，子模块电容电压平衡控制采用基于按状态排序与增量投切的电容电压平衡策略，不平衡度阈值取 $\sigma_m=8\%$。

整流侧为直流电压和无功功率控制，两个基本单元的直流电压指令值都设为400kV、无功功率指令值都设为0。逆变侧为有功功率和无功功率控制，两个基本单元的有功功率指令值都为200MW、无功功率指令值都为100Mvar。设1.0s逆变侧交流电网发生a相接地短路故障，持续0.1s后将故障清除。

图6-14给出了逆变侧电气量的变化波形。其中图a是两个基本单元阀侧交流电压 u_{va}、u_{vb}、u_{vc} 各自的波形图；图b是两个基本单元阀侧交流电流 i_{va}、i_{vb}、i_{vc} 各自的波形图；图c是两个基本单元的网侧功率 p_s^+、q_s^+ 各自的波形图；图d是两个基本单元各自的直流电流 i_{dc21} 和 i_{dc22} 以及总直流电流 i_{dc} 的波形图；图e是直流电压 u_{dc} 的波形图。

从图6-14可以看出，两个基本单元各自的响应特性大体上是一致的，这是我们所期望的；证明通过基本单元并联构成组合式换流器以实现升流和扩容的技术路径是可行的。值得指出的是，对本例所示的由两个基本单元并联构成一极的柔性直流输电系统，MMC21和

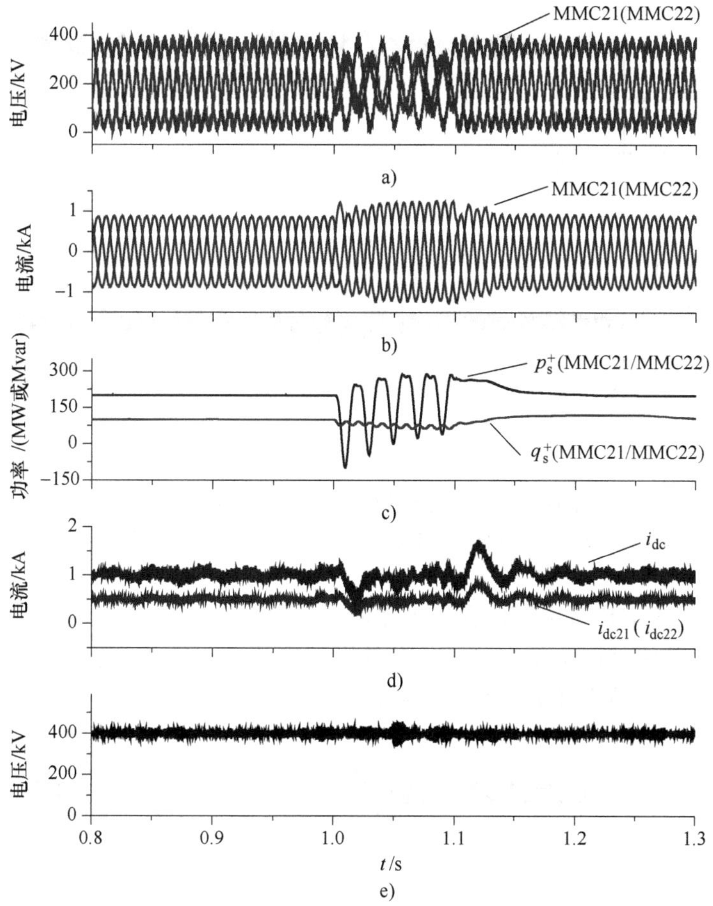

图 6-14　逆变侧电气量的变化波形

a）两个基本单元的阀侧交流电压　b）两个基本单元的阀侧交流电流　c）网侧功率
d）两个基本单元的直流电流和总直流电流　e）直流电压

MMC22 的阀侧交流电压中含有 200kV 的直流偏置电压。因此，两个基本单元中的联接变压器不能使用常规的交流变压器，而必须使用类似于传统直流输电的换流变压器。

6.4.2　并联均流特性

考虑两个基本单元的子模块电容和桥臂电抗分别存在公差时，相互并联的基本单元之间的电流均衡特性，仍然采用 6.3.1 节的故障过程进行仿真研究。

结合图 6-13，基本单元 MMC11 和 MMC21 的子模块电容值取 1.01 ×666μF（+1% 公差），基本单元 MMC12 和 MMC22 的子模块电容值取 0.99 ×666μF（−1% 公差）。

图 6-15 给出了考虑子模块电容值存在公差时整流站和逆变站两个基本单元的直流侧电流波形。其中图 a 是整流站两个基本单元各自的直流电流 i_{dc11} 和 i_{dc12} 的波形图；图 b 是逆变站两个基本单元各自的直流电流 i_{dc21} 和 i_{dc22} 的波形图。

结合图 6-13，基本单元 MMC11 和 MMC21 的桥臂电抗取 1.01 ×76mH（+1% 公差），基本单元 MMC12 和 MMC22 的桥臂电抗取 0.99 ×76mH（−1% 公差）。

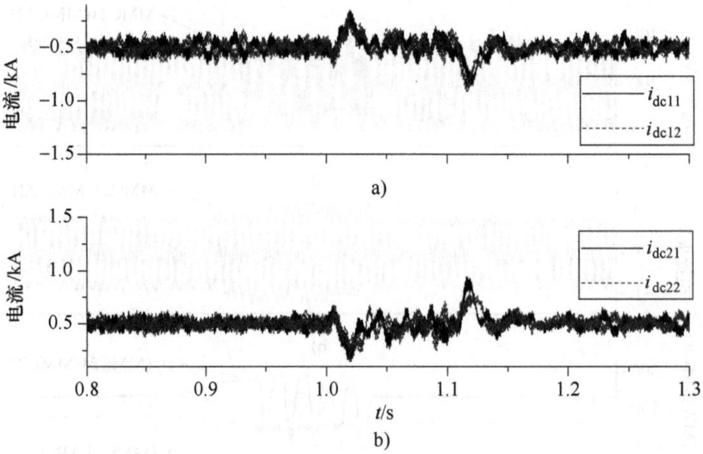

图 6-15 子模块电容值存在公差时的均流特性

a）整流站两个基本单元各自的直流电流 b）逆变站两个基本单元各自的直流电流

图 6-16 给出了考虑桥臂电抗值存在公差时整流站和逆变站两个基本单元的直流侧电流波形。其中图 a 是整流站两个基本单元各自的直流电流 i_{dc11} 和 i_{dc12} 的波形图；图 b 是逆变站两个基本单元各自的直流电流 i_{dc21} 和 i_{dc22} 的波形图。

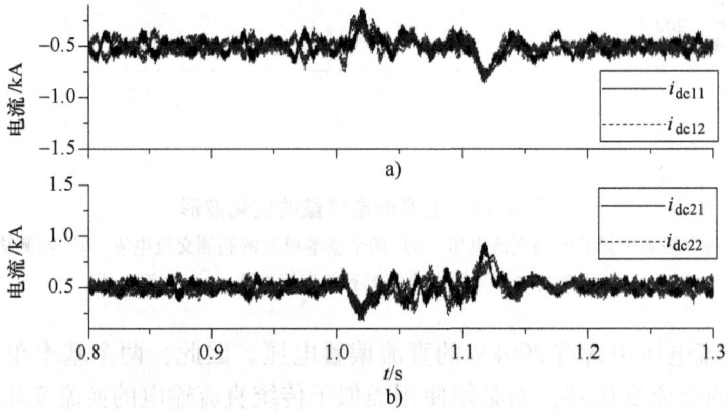

图 6-16 桥臂电抗值存在公差时的均压特性

a）整流站两个基本单元各自的直流电流 b）逆变站两个基本单元各自的直流电流

从图 6-15 和图 6-16 可以看出，考虑子模块电容值或桥臂电抗值的公差时，并联的基本单元的直流电流能够保持均衡，偏差极小。说明基本单元并联连接具有天然的均流特性，并不需要采用额外的控制来保持基本单元之间的电流均衡。

参考文献

[1] 浙江大学发电教研组直流输电科研组．直流输电［M］．北京：电力工业出版社，1982.

[2] Magg T G, Mutschler H D, Nyberg S, et al. Caprivi link HVDC interconnector: site selection, geophysical

investigations, interference impacts and design of the earth electrodes [C]. Proceedings of CIGRE, Paris, France, 2010: B4_302_2010.

[3] Westerweller T, Friedrich K, Armonies U, et al. Trans bay cable world's first HVDC system using multilevel voltage sourced converter [C]. Proceedings of CIGRE, Paris, France, 2010: B4_101_2010.

[4] Tang L, Ooi B T. Managing zero sequence in voltage source converter [C]. Proceedings of IEEE Industry Applications Conference, 2002: 795-802.

第 7 章 柔性直流输电网的控制与故障保护

7.1 引 言

高压直流电网（HVDC Grid）的初级形式是多端柔性直流系统，多端柔性直流系统在具有冗余的直流输电线路后就扩展成为直流电网。目前世界上还没有真正的直流电网形成，仍处于多端柔性直流系统的发展阶段。

多端柔性直流输电系统的概念在直流输电技术的早期发展阶段就已提出，但由于两大技术限制严重阻碍了多端柔性直流输电技术的发展和应用。第一大技术限制是输送功率无法反向：采用基于晶闸管的传统电网换相换流器（LCC），对于通常采用的并联型多端直流输电系统，输送功率不能反向；因为 LCC 的电流方向不能改变，而并联型多端直流系统的电压极性也不可能改变，因而在直流电压和直流电流极性都不变的条件下，功率无法反向。第二大技术限制是没有可用于隔离故障的直流断路器：因为直流故障电流没有自然过零点，开断直流电流非常困难。

在 VSC-HVDC 概念被提出并成功应用于实际工程以后，人们自然想到了将两端 VSC-HVDC 系统扩展到多端 VSC-HVDC 系统（即 VSC-MTDC 系统）。对于 VSC-MTDC 系统，由于 VSC 电流可以双向流动，因而传统多端直流输电系统所面临的第一大技术限制已被克服，但第二大技术限制即无可用的直流断路器问题仍然存在，这个问题至今仍然阻碍了 VSC-MTDC 技术的发展和应用。

目前看来，直流电网主要在两个方面很有应用前景。第一个方面就是欧洲提出的超级电网（Supergrid）概念，应用超级电网，可以在国与国之间甚至洲与洲之间自由调度电力潮流，这对于我国也具有非常大的吸引力。第二个方面就是海上风电场群的接入系统，这在欧洲尤其被看好。

但到目前为止，直流电网的工程可行性还是具有疑问的，根本性的原因是上述的第二大技术限制，即没有可用的直流断路器来隔离直流线路上的故障，导致一旦发生直流侧故障，必须整个直流系统全停才能清除故障。

ABB 公司于 2012 年 11 月宣布已开发出了高压大容量直流断路器[1-2]，其开断能力为 9kA，开断时间为 5ms，直流系统电压等级为 320kV，额定直流电流为 2kA，结构为机械电子混合型，其中固态开关采用全 IGBT 器件构成。其后，国内外已有多家公司宣布研制成功高压直流断路器样机。但到目前为止，还缺乏运行经验，且其目前的参数还达不到高电压大容量直流电网的要求。

关于高压直流电网的相关研究，国际大电网会议（CIGRE）高压直流输电与电力电子技术委员会（Study Committee B4）已经组织了大量这方面的工作。最早的一个工作组“高压直流电网可行性研究”（WG B4.52）成立于2009年，2013年出版了其研究报告，即CIGRE第533号研究报告[3]。2011年B4委员会又成立了5个工作组开展高压直流电网的研究，并于2013年结束工作。这5个工作组的研究报告分别为WG B4.56“高压直流电网并网规范起草导则”，WG B4.57“高压直流电网中换流器模型开发导则”[4]，WG B4.58“高压直流环网中潮流控制装置和直流电压控制策略”，WG B4/B5.59“高压直流电网的控制与保护”，WG B4.60“实现最优可靠性和可用率指标的高压直流电网设计”。2013年针对高压直流电网，B4委员会又成立了两个工作组，分别为JWG B4/C1.65“直流电网的推荐电压等级”和JWG A3/B4.34“最新直流开关设备的技术要求和规范”。

此外，在德国电工委员会（DKE）的倡议下，2010年9月成立了欧洲高压直流电网工作组[5]，该工作组成员分别来自电力公司、标准化组织、设备制造商和大学，总共有10多个单位参加。该工作组的任务是“为第一个高压直流电网制定技术导则”，其目标是3个：①描述高压直流电网的基本原理，特别是针对近期应用；②制定主要设备以及高压直流电网控制器的功能规范书；③为欧洲电工标准化委员会（CENELEC）启动标准化工作提出建议。该工作组的初步研究成果已在2014年2月发表[6]。

直流电网与交流系统有本质不同，与两端直流输电系统也有巨大差别。其本质特征可以概括为如下3点。

1）功率平衡的惯性时间常数极小。直流电网的电源和负载为各种类型的换流器，不存在机械惯性，如不考虑外加的储能装置，其储能元件只有电容和电感，不像交流系统那样有旋转电机的转子作为储能元件。因而直流电网对功率扰动的响应速度极快，比一般交流系统快3个数量级。具体地说，频率是反映交流系统功率平衡水平的指标，其响应时间常数一般为数秒；而电压是反映直流电网功率平衡水平的指标，其响应时间常数一般为数毫秒。也就是说，直流电网的功率平衡控制速度，应比一般交流系统的功率平衡控制速度快3个数量级。

2）故障形态不同，表现在3个方面。①故障过程不同，交流系统故障过程可以分为次暂态、暂态和稳态3个阶段；而直流电网故障过程一般可以分为两个阶段，第一阶段为换流器和直流线路中的电容放电过程，此阶段短路电流的主导分量为电容放电电流，此阶段持续时间通常在10ms以内；第二阶段为交流系统经过换流器向短路点馈入短路电流，短路电流的大小取决于从交流电源到短路点路径的综合阻抗。②稳态短路电流大，直流电网故障时限制其短路电流的因素包括换流器所连接的交流变压器和交流系统阻抗、换流器的联接电抗器或桥臂电抗器、直流线路电阻，其稳态短路电流可以超出额定电流10倍以上。③故障过程中短路电流没有极性变化，不存在过零点，断路器灭弧困难。

3）对快速切除故障的要求极高。交流系统的故障切除时间一般为50ms及以上，而直流电网的故障切除时间一般需要控制在5ms以内，否则会对设备安全构成严重威胁。即直流电网的故障检测和保护动作速度也应比一般交流系统快1个数量级以上。

因此，直流电网是相对于交流系统的一种新型电力系统，其规划、设计、运行、调度等都还没有经验。本章将主要阐述直流电网的潮流与电压控制原理以及故障特性分析与保护策略等。

7.2 柔性直流输电网的系统级控制原理

在柔性直流输电网中，直流电压的稳定就如同交流系统中的频率稳定一样，是系统功率平衡的基本标志。本节介绍 3 种基本的系统级控制策略，即主从控制策略（Master/Slave Control）、直流电压裕额控制策略（Voltage Margin Control）、直流电压下斜控制策略（Voltage Droop Control）。

7.2.1 主从控制策略

主从控制策略是并联型多端直流输电系统最基本的控制策略，早在多端直流输电系统概念被提出的时候，就提出了此控制策略[7]。主从控制策略的核心是由一个换流站来确定（控制）整个并联型多端直流输电系统的电压，其余的换流站按照各自的功率要求进行控制。其中，控制整个系统直流电压的那个换流站被称为主控站，其余的换流站被称为从控站。对于基于传统 LCC 的并联型多端直流输电系统，从控站不能直接控制直流功率，其功率控制是通过控制直流电流来达到的[7]。对于基于 VSC 的并联型多端柔性直流输电系统，从控站直接控制直流功率[8-9]。

下面以一个四端柔性直流输电系统为例，说明主从控制策略的控制原理。图 7-1 为主从控制策略的原理图，图中虚线方框为各个换流站直流电压与功率的运行范围，实心点为各个换流站的运行点。

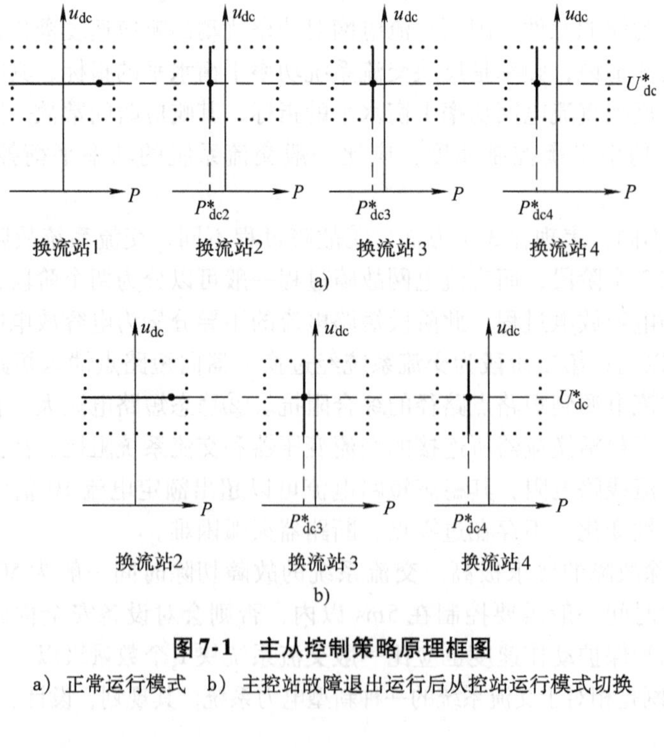

图 7-1 主从控制策略原理框图

a）正常运行模式 b）主控站故障退出运行后从控站运行模式切换

图 7-1a 描述正常运行模式下各换流站的控制策略。此时，换流站 1 为主控站，其有功类控制器负责控制整个系统的直流电压，即换流站 1 实际上是一个功率平衡换流站；换流站 2 到换流站 4 为从控站，其有功类控制器按定有功功率控制。图 7-1a 中，所有换流站的无功类控制器可以在两种控制方式中选择一种，分别为定无功功率控制和定交流电压控制。当从控站所连接的交流系统为无源系统时，从控站采用相应的无源系统控制器。

图 7-1b 描述主控站由于故障而退出运行时各站的模式切换过程。任何时刻柔性多端直流输电系统必须有一个站负责整个系统的直流电压稳定。当主控站故障退出时，从控站中必须有一个站转变为主控站运行，以负责将直流电压控制在指令值，并接替主控站完成功率平衡任务。图 7-1b 中，主控站退出后，换流站 2 立刻从从控站转变为主控站，而换流站 3 和换流站 4 仍然按从控站运行。

主从控制策略的优点是简单清晰，缺点是整个系统的直流电压控制落在主控站一个站上，如果主控站功率调节能力达到极限或者故障退出的话，需要有一个从控站立刻转变为主控站，以控制整个系统的电压并实现功率平衡；否则，整个系统的直流电压就会失控，导致严重的过电压或系统崩溃。如何实现主控站的平稳交接，是主从控制策略需要解决的关键问题，因而主从控制策略对通信系统有很强的依赖性。对于小型多端直流电网，主从控制策略由于其概念清晰、结构简单而得到广泛的接受。

我国南澳三端柔性直流工程采用的是主从控制策略[10]。受端塑城换流站为主控站，送端金牛、青澳换流站为从控站。塑城站采用定直流电压控制并平衡有功功率，金牛站和青澳站根据风电场的联网方式采用不同的控制方式。若风电场以交直流并列方式并网，则相应的送端换流站按定有功功率控制；若风电场以纯直流方式并网，则相应的送端换流站按定交流母线电压幅值和频率控制。

我国舟山五端柔性直流工程也采用主从控制策略[11]。主控站在定海站与岱山站之间选择，典型运行工况下主控站选择定海站，特殊运行工况下主控站选择岱山站。在典型运行工况下，定海站按定直流电压控制，岱山站、衢山站、洋山站和泗礁站按定有功功率控制。5 个换流站的无功类控制策略都是定交流电压控制。

7.2.2　主从控制策略仿真验证

采用图 7-2 所示的四端柔性直流输电系统作为测试系统，展示主从控制策略的响应特性。该测试系统是一个具有大地回线的 ±500kV 双极直流电网（图中只画出了其中的一个极），每个换流站由正极换流器和负极换流器构成，接地极引线从正极换流器与负极换流器在直流侧的连接点引出。

换流站 1 的容量为 1500MW，所连接的是一个新能源基地，且该新能源基地没有与交流同步电网相连接，其功率送出完全依靠换流站 1，即换流站 1 所连接的交流系统是一个没有同步电源的孤立电网。因此，换流站 1 采用定换流站交流母线电压幅值和频率控制策略，换流站 1 注入直流系统的功率等于新能源基地输出的功率（不计换流站损耗）。

换流站 2 的容量为 3000MW，所连接的也是一个新能源基地，但该新能源基地与交流同步电网相连接，其功率送出存在两条路径，其一是通过换流站 2 送入直流系统，其二是直接送入交流同步电网。因此，换流站 2 的控制方式比较灵活，可以采用直流侧定有功功率类（包括定有功功率和定直流电压两种情况）、交流侧定无功功率类（包括定无功功率和定交

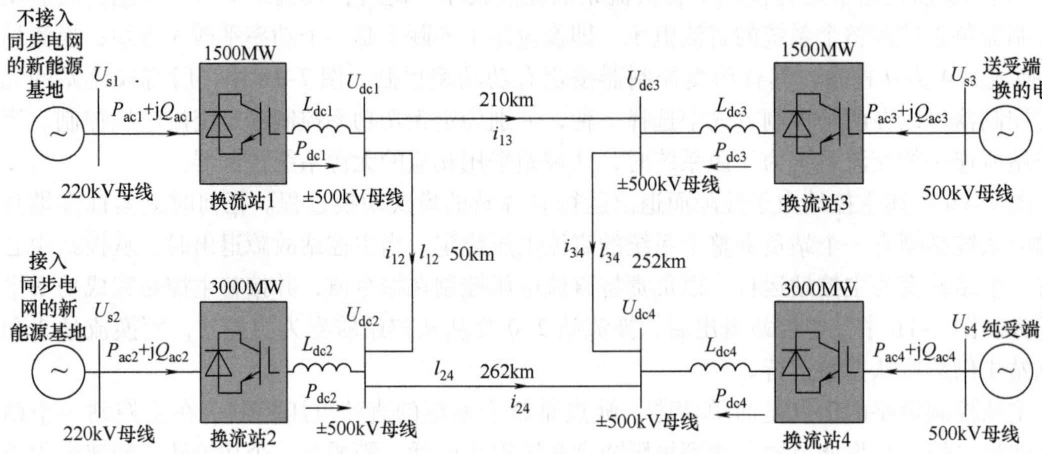

图 7-2 四端柔性直流测试系统结构图

流电压两种情况）的控制策略。

换流站 3 的容量为 1500MW，接入交流同步电网，其功率可以双向流动，即换流站 3 既可以作为整流站运行，也可以作为逆变站运行。正常运行方式下换流站 3 的功率流向是确定的，因此换流站 3 也可以采用直流侧定有功功率类（包括定有功功率和定直流电压两种情况）、交流侧定无功功率类（包括定无功功率和定交流电压两种情况）的控制策略。

换流站 4 的容量为 3000MW，接入交流受端电网。由于交流受端电网容量足够大，因此正常运行方式下换流站 4 作为功率平衡站。当本测试系统采用主从控制策略时，换流站 4 为主控站，控制直流电网电压。

测试系统中的所有直流线路采用 4 × LGJ-720 线路，仿真中直流线路的基本电气参数见表 7-1。测试系统各换流站的主回路参数见表 7-2。测试系统各换流站的控制策略及其指令值见表 7-3。

表 7-1 四端柔性直流测试系统直流线路单位长度参数

单位长度正序参数/km			单位长度零序参数/km		
R_1/Ω	L_1/mH	C_1/μF	R_0/Ω	L_0/mH	C_0/μF
0.009735	0.8489	0.01367	0.1054	2.498	0.01046

表 7-2 四端柔性直流测试系统各站单个换流器主回路参数

		换流站 1	换流站 2	换流站 3	换流站 4
换流器额定容量/MVA		750	1500	750	1500
网侧交流母线电压/kV		220	220	500	500
交流电网短路容量/MVA		不适用	8000	6000	15000
直流电压/kV		500	500	500	500
联接变压器	额定容量/MVA	900	1800	900	1800
	电压比	220/255	220/255	500/255	500/255
	短路阻抗 u_k（%）	15	15	15	15

（续）

	换流站 1	换流站 2	换流站 3	换流站 4
子模块额定电压/kV	1.6	2.2	1.6	2.2
单桥臂子模块个数	313	228	313	228
子模块电容值/mF	12	18	12	18
桥臂电抗/mH	66	32	66	32
换流站出口平波电抗器/mH	300	300	300	300

表 7-3　四端柔性直流测试系统控制策略和指令值

换流站编号	换流站控制策略	控制器的指令值
1	无源孤岛控制器	$U_{s1}^*=220\text{kV}$；$f_0^*=50\text{Hz}$； 风电场输出功率：$P_{ac1}=2\times500\text{MW}$；$Q_{ac1}=0\text{Mvar}$
2	直流侧定有功功率；交流侧定无功功率	$P_{dc2}^*=2\times1000\text{MW}$；$Q_{ac2}^*=0\text{Mvar}$
3	直流侧定有功功率；交流侧定无功功率	$P_{dc3}^*=-2\times250\text{MW}$；$Q_{ac3}^*=0\text{Mvar}$
4	直流侧定电压；交流侧定无功功率	$U_{dc4}^*=\pm500\text{kV}$；$Q_{ac4}^*=0\text{Mvar}$

1. 控制指令值改变时的响应特性仿真

设仿真开始时（$t=0\text{s}$）测试系统已进入稳态运行，$t=0.1\text{s}$ 时改变换流站 2 的有功功率指令值 P_{dc2}^*从 2000MW 变为 1500MW；其他控制指令值保持不变。图 7-3 给出测试系统的响应特性。其中图 a 是 4 个换流站的直流功率波形图（单极）；图 b 是 4 个换流站端口的直流电压波形图（单极）。从图 7-3 可以看出，换流站 2 功率改变后，作为主控制站的换流站 4 功率也跟着改变，其他换流站受到的扰动很小。$t=0.2\text{s}$ 时系统已再次进入稳态，功率指令值改变引起的暂态过程持续 0.1s 左右。

2. 主控制站因故障退出时的响应特性仿真

设测试系统的初始运行状态见表 7-3，仿真开始时（$t=0\text{s}$）测试系统已进入稳态运行，$t=0.1\text{s}$ 时主控制站换流站 4 因交流线路被切除而退出运行；控制保护系统在此后的 3ms 内确认故障并通知换流站 2 由从控站转为主控站，即 3ms 后换流站 2 从定直流功率控制转为定直流电压控制，控制指令值 $U_{dc2}^*=\pm500\text{kV}$。图 7-4 给出了这种情况下测试系统的响应特性。其中图 a 是 4 个换流站的直流功率波形图（单极）；图 b 是 4 个换流站端口的直流电压波形图（单极）。从图 7-4 可以看出，换流站 4 退出运行后，注入直流系统的功率有很大的盈余，因而造成直流电压快速升高；3ms 后换流站 2 转为定直流电压控制后，换流站 2 注入直流系统的功率开始减小，直到从直流系统吸收功率，过电压持续时间在 0.2s 左右，过电压水平在 1.2 倍以内。

7.2.3 直流电压裕额控制策略

如前所述，主从控制策略的关键问题是当主控站无法完成其定电压控制的功能时必须通过通信系统才能将定电压控制功能移交给某一个从控站，没有通信系统或通信系统故障时主从控制策略是不能运行的。直流电压裕额控制就是为了解决此问题而提出来的一种控制方法。直流电压裕额控制可以理解为是传统直流输电系统直流电流裕额控制[7]的一种对偶形

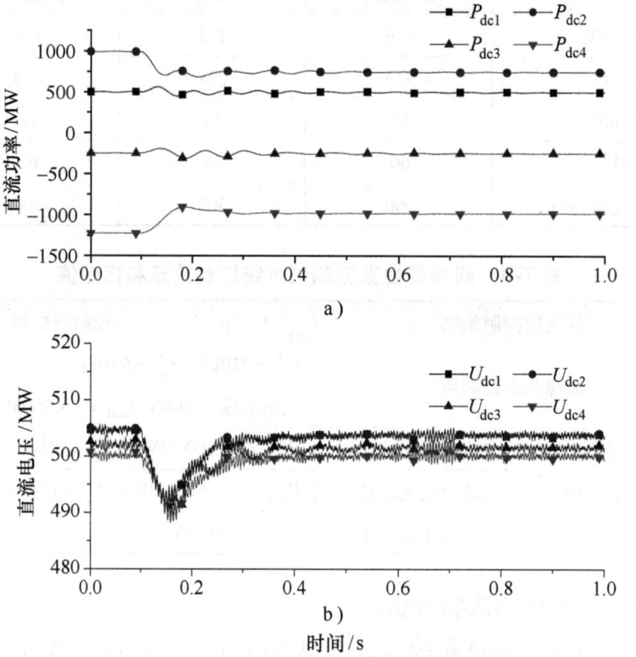

图7-3 控制指令值改变时的响应特性

a）4个换流站的直流功率（单极） b）4个换流站端口的直流电压（单极）

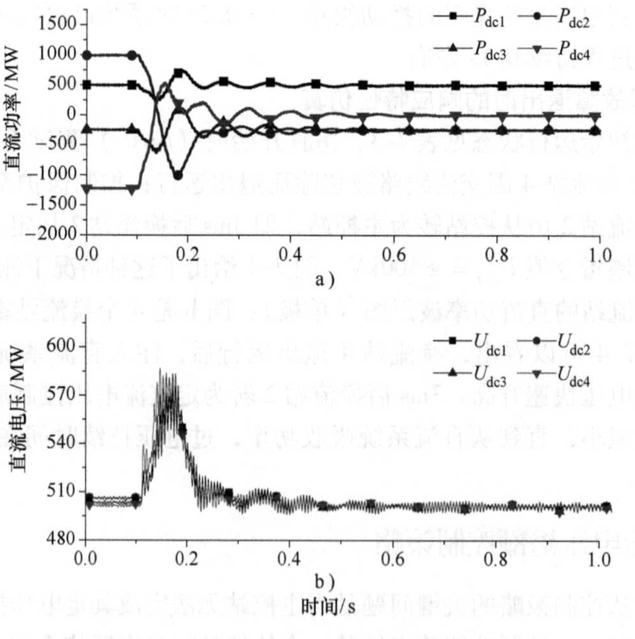

图7-4 主控制站故障退出时的响应特性

a）4个换流站的直流功率（单极） b）4个换流站端口的直流电压（单极）

式，日本学者在研发基于 GTO 的三端柔性直流系统时最早提出此控制方法[12,13]。直流电压裕额控制的基本思路是设定一个备用的定电压主控站，该备用主控站的定电压指令值与当前主控站的定电压指令值不同。根据当前主控站是整流站还是逆变站，备用主控站的定电压指令值与当前主控站的定电压指令值之间具有一个正的或负的裕额。这就是直流电压裕额控制的由来，可以理解为是主从控制策略的一种变形。

仍然以一个四端柔性直流输电系统为例来说明直流电压裕额控制的原理，如图 7-5 所示。

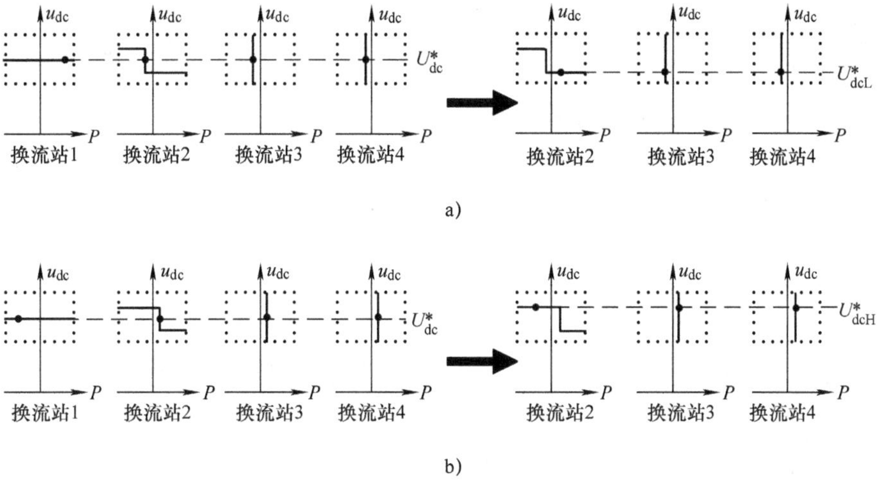

图 7-5　直流电压裕额控制基本原理

a）主控站为整流站时的模式切换过程　b）主控站为逆变站时的模式切换过程

图 7-5a 展示了主控站为整流站时的模式切换过程。系统正常运行情况下，换流站 1 向直流系统注入功率，工作在整流模式下，换流站 2、3、4 则从直流系统吸收功率，工作在逆变模式。换流站 1 作为主控站时，负责将直流电压控制在指令值 U_{dc}^* 上，换流站 2、3、4 都采用定有功功率控制。当换流站 1 出现故障退出运行后，直流电网功率失衡，换流站注入直流网络的功率小于换流站从直流电网吸收的功率，因此直流电压下降；此时，换流站 2 将能够自动切换为主控站，但换流站 2 的直流电压指令值为 U_{dcL}^*，其数值略低于 U_{dc}^*，两者之间存在一个裕额，这就是裕额控制的基本原理。

图 7-5b 展示了主控站为逆变站时的模式切换过程。系统正常运行情况下，换流站 1 从直流系统吸收功率，工作在逆变模式，换流站 2、3、4 向直流系统注入功率，工作在整流模式。换流站 1 作为主控站时，负责将直流电压控制在指令值 U_{dc}^* 上，换流站 2、3、4 都采用定有功功率控制。当换流站 1 出现故障退出运行后，直流电网功率失衡，换流站注入直流网络的功率大于换流站从直流电网吸收的功率，因此直流电压上升；此时，换流站 2 将能够自动切换为主控站，但换流站 2 的直流电压指令值为 U_{dcH}^*，其数值比 U_{dc}^* 高一个裕额。

直流电压裕额控制的优势是在系统发生大扰动时电压控制能够自动转换到新的主控站，且这个过程不需要换流站间的通信。相比于主从控制策略，其可靠性更强；但其控制器设计与主从控制器相比复杂很多，特别是端数多时，需要校核的运行方式成倍增加。另外，直流电压裕额控制与主从控制一样，任何时刻只有一个站承担电压控制的任务，同时平衡整个直流系统的功率；因而对电压控制站的容量有很高的要求，特别是当运行方式有大幅度变化时，一个单站的容量很难满足平衡整个系统功率的要求，同时对与电压控制站相连的交流系统的功率冲击也较大。因而直流电压裕额控制与主从控制一样，通常应用于端数较少且换流站容量差别悬殊的小型直流系统中。

7.2.4 直流电压裕额控制策略的双比较器实现方法

直流电压裕额控制策略不需要引入任何站间通信设备，只需要修改备用主控站（这里为换流站2）的外环功率控制器结构就能实现。采用双比较器实现方法即采用类似于参考文献［13］所谓的两阶段直流电压控制法时，控制框图如图7-6所示[14]，这里的双比较器指的是图7-6中的MIN和MAX比较器，图中i_{dL}^*、i_{dP}^*、i_{dH}^*分别为PI_L、PI_P、PI_H的输出。

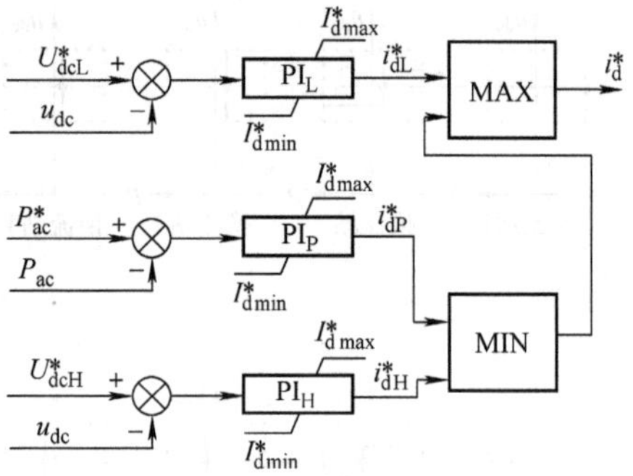

图7-6 基于直流电压裕额控制的外环控制器

其控制逻辑为

$$i_d^* = \mathrm{MAX}(i_{dL}^*, \mathrm{MIN}(i_{dP}^*, i_{dH}^*)) \tag{7-1}$$

为了保证备用主控站直流电压裕额控制器的正常运行，U_{dcL}^*、U_{dcH}^*的取值要满足：

$$\begin{cases} U_{dcL}^* < U_{dc2min} \\ U_{dcH}^* > U_{dc2max} \end{cases} \tag{7-2}$$

式中，U_{dc2min}和U_{dc2max}分别为主控站（换流站1）正常运行时，考虑所有运行方式后备用主控站（换流站2）的稳态直流电压最小值和最大值。由于PI控制器的作用，在主控站（换流站1）正常运行时，$U_{dcL}^* < U_{dc}$，PI_L控制器的输入为负信号，因此PI_L控制器的输出为其下限值I_{dmin}^*；同理，在主控站（换流站1）正常运行时，$U_{dcH}^* > U_{dc}$，PI_H控制器的输入为正信号，因此PI_H控制器的输出为其上限值I_{dmax}^*，即

$$\begin{cases} i_{dL}^* = I_{dmin}^* \leqslant i_{dP}^* \\ i_{dH}^* = I_{dmax}^* \geqslant i_{dP}^* \end{cases} \tag{7-3}$$

由式（7-3）可得，在主控站（换流站1）正常运行时，备用主控站的直流电压裕额控制器的输出i_d^*由i_{dP}^*决定。即备用主控站直流电压裕额控制器在正常运行时的输出由定有功功率控制器决定。

1. 主控站为整流站时的模式切换过程分析

当主控站（换流站1）故障退出运行时，如果备用主控站（换流站2）直流电压裕额控制器的输出仍由定有功功率控制器决定，则整个直流系统功率存在缺额，整个系统的直流电压会持续下降。当直流电压u_{dc2}开始小于U_{dcL}^*时，i_{dL}^*的数值将从I_{dmin}^*开始增大，并在某个时刻，i_{dL}^*大于i_{dP}^*，由式（7-1）可得，此时直流电压裕额控制器的输出i_d^*由i_{dL}^*决定，即备用主控站由定功率控制转换为定直流电压控制，直流电压的指令值为U_{dcL}^*。上述过程如图7-7所示。图中t_1为换流站1故障退出运行的时刻，t_2为u_{dc2}开始小于U_{dcL}^*的时刻，t_3为i_{dL}^*开始大于i_{dP}^*的时刻。

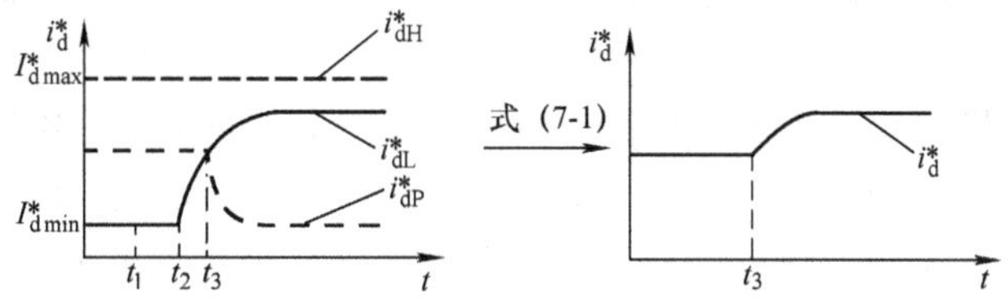

图 7-7　直流电压下降时 i_d^* 变化过程

2. 主控站为逆变站时的模式切换过程分析

当主控站（换流站 1）故障退出时，如果备用主控站（换流站 2）直流电压裕额控制器的输出仍由定有功功率控制器决定，则整个直流系统功率存在盈余，整个系统的直流电压会持续上升。当直流电压 u_{dc2} 开始大于 U_{dcH}^* 时，i_{dH}^* 的数值从 I_{dmax}^* 开始减小，并在某个时刻 i_{dH}^* 小于 i_{dP}^*，由式（7-1）可得，此时直流电压裕额控制器的输出 i_d^* 由 i_{dH}^* 决定，即备用主控站由定功率控制转换为定直流电压控制，直流电压的指令值为 U_{dcH}^*。上述过程如图 7-8 所示。图中 t_1 为换流站 1 故障退出运行的时刻，t_2 为 u_{dc2} 开始大于 U_{dcH}^* 的时刻，t_3 为 i_{dH}^* 开始小于 i_{dP}^* 的时刻。

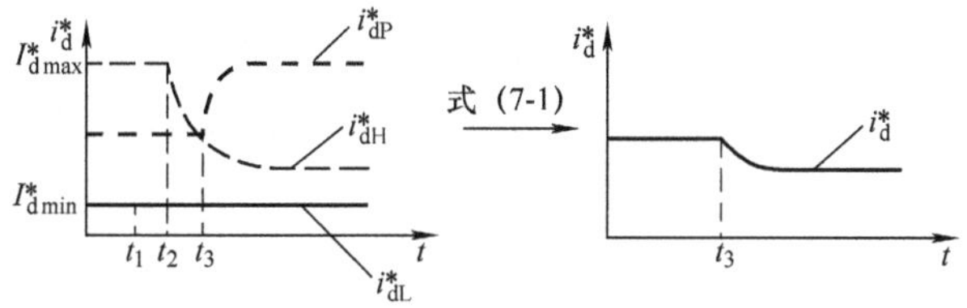

图 7-8　直流电压上升时 i_d^* 变化过程

7.2.5　直流电压裕额控制策略的仿真验证

仍然采用图 7-2 所示的四端柔性直流测试系统来展示采用双比较器实现的直流电压裕额控制策略的特性。

1. 直流电压裕额控制器设计

对于图 7-2 所示的四端系统，上节主从控制器算例说明中已经明确了正常运行时换流站 4 为主控站，如果换流站 4 故障退出运行，就需要选择一个从控站来承担主控站的电压控制与功率平衡任务。显然，在剩下的 3 个换流站中，换流站 2 作为备用主控站是最合适的，因为换流站 2 的容量最大，最有能力承担功率平衡任务。对于换流站 2，由于其连接的是一个新能源基地，正常运行时作整流器运行，功率变化范围为零到额定功率。这样，此四端柔性直流测试系统的直流电压裕额控制器归结为换流站 2 的电压裕额控制器设计。

根据上面的讨论，直流电压裕额控制器的设计实际上就是确定 PI_L、PI_P、PI_H 3 个 PI 控制器的输入指令值、PI 参数及其上下限值。PI 控制器的 PI 参数（比例系数和积分系数）比较容易确定，下面重点讨论 3 个控制器的输入指令值及其上下限值的确定方法，即 U_{dc2L}^*、U_{dc2H}^*、I_{d2min}^*、I_{d2max}^* 的确定方法。

下面讨论 U_{dc2L}^*、U_{dc2H}^* 的确定方法。根据式（7-2）的物理意义，需要确定主控站（换流站4）正常运行时，考虑所有运行方式后备用主控站（换流站2）的稳态直流电压最小值和最大值 U_{dc2min}、U_{dc2max}。实际工程中，所谓的“考虑所有运行方式”一般通过选择若干种极端运行方式来代表，即假定这若干种极端运行方式所对应的物理量已覆盖系统所有运行方式所对应的物理量的数值空间范围。对于图7-2所示的四端测试系统，根据其实际运行的可能性，认为表7-4所示的4种极端运行方式已能够覆盖该测试系统的所有需考虑的运行方式，即 U_{dc2min}、U_{dc2max} 可以由这4种运行方式来确定。

表7-4 测试系统的4种极端运行方式及换流站2的电压

运行方式	换流站1 P_{dc1}/MW	换流站2 P_{dc2}/MW	换流站3 P_{dc3}/MW	换流站4 P_{dc4}/MW	U_{dc2}/kV
1	1500	3000	-1500	-3000	506.423
2	0	3000	0	-3000	505.57
3	1500	0	1500	-3000	502.962
4	0	0	1500	-1500	501.05

根据表7-4的结果，可以得到 $U_{dc2max}=506.423\text{kV}$、$U_{dc2min}=501.05\text{kV}$。考虑到电压测量误差等因素，$U_{dc2L}^{*}$ 的取值为 U_{dc2min} 值的基础上减1%额定电压的值，即 $U_{dc2L}^{*}=496\text{kV}$；$U_{dc2H}^{*}$ 的取值为 U_{dc2max} 值的基础上加1%额定电压的值，即 $U_{dc2H}^{*}=511\text{kV}$。

对于3个控制器输出的上下限值 I_{d2min}^{*}、I_{d2max}^{*}，由于 d 轴电流是交流侧三相电流经过 dq 变换而来，当换流器全额输出或吸收纯有功功率时，d 轴电流达到最大值1pu。因此取 $I_{d2min}^{*}=-1.0\text{pu}$、$I_{d2max}^{*}=1.0\text{pu}$。

2. 控制指令值改变时的响应特性仿真

设测试系统的初始运行状态见表7-3，仿真开始时（$t=0$s）测试系统已进入稳态运行，$t=0.1$s 时改变换流站2的有功功率指令值 P_{dc2}^{*} 从2000MW变为1500MW；其他控制指令值保持不变。图7-9给出了测试系统的响应特性。其中图a是4个换流站的直流功率波形图（单极）；图b是4个换流站端口的直流电压波形图（单极）；图c是换流站2的3个控制器输出的电流指令值 I_{dL}^{*}、I_{dP}^{*}、I_{dH}^{*} 和实际选中的电流指令值 i_{d}^{*}。显然图7-9a、b与图7-3a、b是完全一致的，因为换流站2的功率改变引起的直流电压变化并不大，并没有引起换流站2控制模式的切换，换流站2整个过程中一直按照定功率控制器的输出指令值运行，即与图7-3所展示的过程是完全一致的。可以认为，直流电压裕额控制策略在直流电网遭受扰动时，只要扰动程度不至于使得主控站改变，则其响应特性与主从控制策略没有差别。

3. 主控制站因故障退出时的响应特性仿真

设测试系统的初始运行状态见表7-3，仿真开始时（$t=0$s）测试系统已进入稳态运行，$t=0.1$s 时主控制站换流站4因交流线路被切除而退出运行；按照直流电压裕额控制策略的运行原理，备用主控站换流站2将自动由从控站转为主控站。图7-10给出了这种情况下测试系统的响应特性。其中图a为4个换流站的交流功率（单极）；图b为4个换流站的直流功率（单极）；图c为4个换流站端口的直流电压（单极）；图d为4个换流站中某个子模块的电容电压；图e换流站2的3个控制器的指令值 I_{dL}^{*}、I_{dP}^{*}、I_{dH}^{*} 和实际选中的电流指令值 i_{d}^{*}。

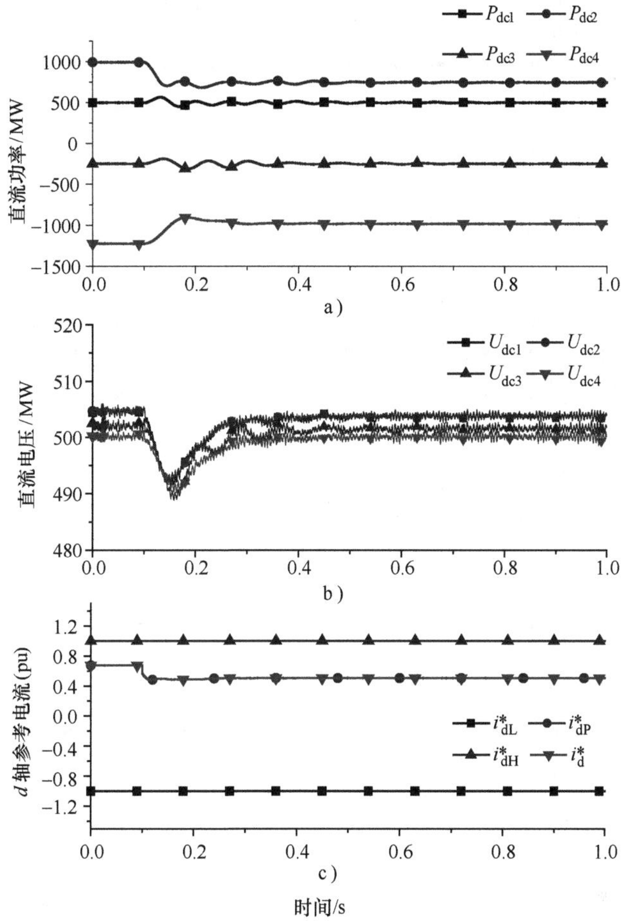

图 7-9　控制指令值改变时的响应特性

a）4 个换流站的直流功率（单极）　b）4 个换流站端口的直流电压（单极）

c）换流站 2 的 3 个控制器的指令值

从图 7-10 可以看出，换流站 4 退出运行后，注入直流系统的功率有很大的盈余，因而造成直流电压快速升高。对于换流站 1、换流站 2 和换流站 3，由于采用的是定有功功率控制，因此与交流系统交换的有功功率在故障发生（$t=0.1$s）后短时间内基本保持不变，如图 7-10a 所示。这样，由于直流电压的升高，意味着子模块电容电压也升高了，即子模块存储的能量增大了。但当与交流系统交换功率保持不变的情况下，子模块存储的能量增大只能通过减少向直流电网注入的功率（对应整流站）或者加大从直流电网吸收的功率（对应逆变站）来实现。这就是为什么图 7-10a 与图 7-10b 交流侧功率与直流侧功率不一致的原因。

对于备用主控站换流站 2，直流电压 u_{dc2} 在故障后 7ms 超出 $U^*_{dcH}=511$kV；由于 PI_H 控制器的输出 I^*_{dH} 原来处于上限值 I^*_{dmax}，因此在 u_{dc2} 超出 U^*_{dcH} 后 I^*_{dH} 并不是立刻就开始下降；实际上 I^*_{dH} 是在故障发生后 40ms 才开始下降的，在故障发生后 46ms 时 I^*_{dH} 等于 I^*_{dP}，此时 i^*_d 的数值由 I^*_{dH} 确定，标志着换流站 2 转为定直流电压控制，P_{ac2} 才开始下降，从而直流电压开始下降。

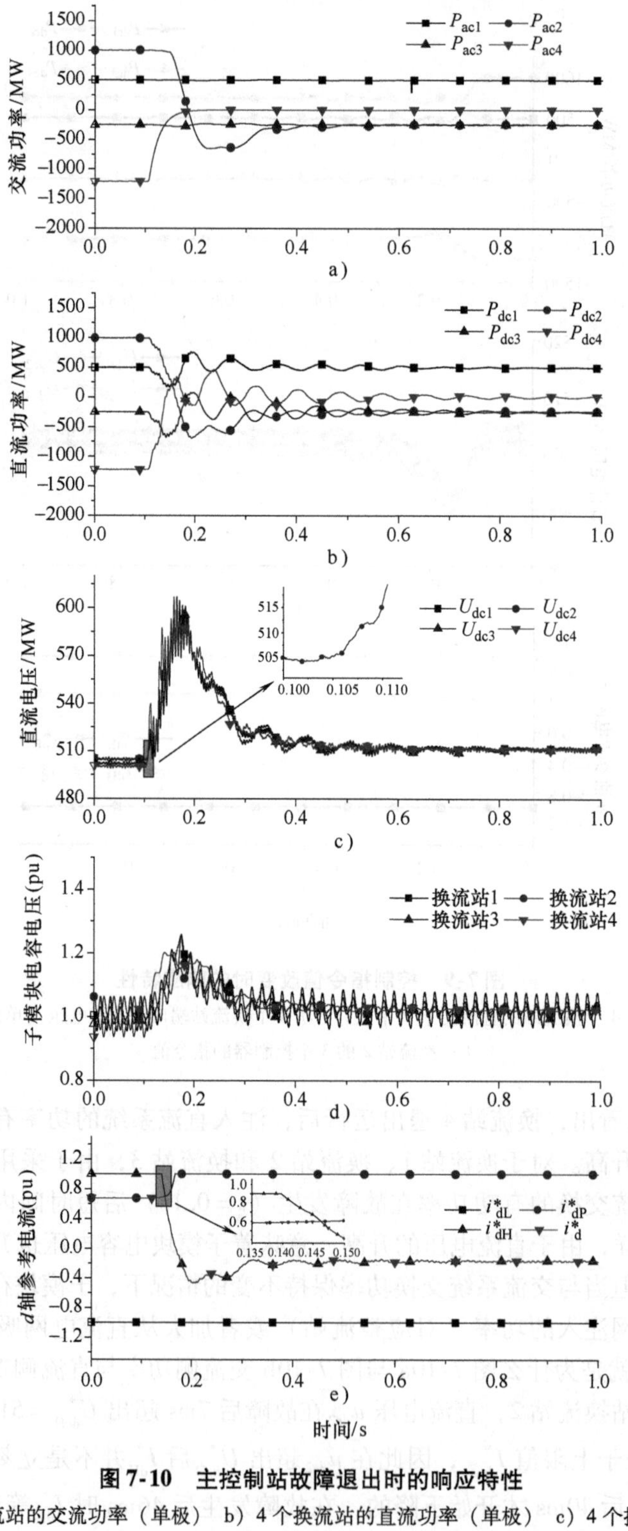

图 7-10 主控制站故障退出时的响应特性

a) 4 个换流站的交流功率（单极） b) 4 个换流站的直流功率（单极） c) 4 个换流站端口的直流电压（单极） d) 4 个换流站子模块电容电压 e) 换流站 2 的 3 个控制器的指令值

由于备用主控站换流站 2 在故障发生后 46ms 才从定功率控制转变为定电压控制，其控制模式转换的速度大大低于主从控制策略，造成的后果是直流电压裕额控制策略比主从控制策略所造成的过电压水平更高。这个结论具有普遍意义，理由如下：对于一般性的直流电网，若采用主从控制策略，那么通信延迟可以按 1ms/300km 计算，假定主控站与备用主控站之间的距离为 1000km，那么通信延迟在 4ms 内，再加上信号处理与发命令的时间，至多延迟 10ms 备用主控站一定能够接替主控站来控制电压；而采用直流电压裕额控制策略，备用主控站接替主控站控制直流电压的延迟在 40ms 以上，是主从控制策略的 4 倍。

根据上述讨论，我们可以得出结论：直流电压裕额控制策略除了可以在失去通信系统的情况下继续工作的优势之外，与主从控制策略相比并不存在响应速度上的优势。另外，直流电压信号的测量位置对裕额控制器的响应特性有很大影响。对于传统直流输电系统，直流电压信号通常取自平波电抗器的线路侧，因为平波电抗器线路侧的直流电压比阀侧直流电压纹波小很多。但对于 MMC 直流输电系统，阀侧直流电压几乎没有纹波，平波电抗器的作用不是为了平波，而是为了限制直流线路侧短路故障时的故障电流上升率。如果直流电压信号仍然取自平波电抗器的线路侧，电压控制器的控制效果明显变差，响应速度比直流电压信号取自阀侧要慢很多。因此对于 MMC 直流输电系统，建议直流电压信号取平波电抗器阀侧电压。

7.2.6　直流电压下斜控制策略

直流电网功率平衡的指标是直流电网的电压。当注入直流电网的功率大于流出直流电网的功率时，直流电网电压就会上升；当注入直流电网的功率小于流出直流电网的功率时，直流电网电压就会下降。因此，直流电网的电压与交流电网中的频率具有相似的特性，都是指示功率是否平衡的指标。但直流电网电压与交流电网频率在时间和空间特性上具有显著的差别。在时间响应特性上，直流电网电压比交流电网频率快 3 个数量级。直流电网内部能量存储在电容和电感元件中，直流电网电压主要与电容中存储的能量有关。由于电容中存储的能量与直流电网的输入或输出功率相比很小，因此直流电网电压的响应时间一般在 ms 级。而交流电网中的能量存储在发电机转子上，交流电网的频率直接与发电机转子的转速即动能相关，频率响应的时间与发电机的惯性时间常数相当，在 s 级。在空间响应特性上，交流电网频率稳态下是全网一致的；而直流电网中各个节点的电压是不一致的，随运行方式的改变而改变的。因此，为了定义直流电网的电压偏差，首先得设定一个直流电网电压的基准节点，直流电网的电压偏差就定义为基准节点上的电压偏差。一般将某个容量较大且对全网电压有决定性作用的换流站节点设为电压基准节点。

采用直流电压下斜控制策略时，需要对直流电网中的换流站节点进行分类。按照输出功率是否能够根据电网运行的需要进行调整，可以将直流电网中的换流站节点分为可调功率节点与不可调节功率节点。一般接入大电网的换流站节点为可调功率节点；而直接接负荷的换流站节点以及直接接风力发电和光伏发电的换流站节点为不可调功率节点。直流电网若采用电压下斜控制作为底层控制方式，那么功率可调的换流站节点除了电压基准节点外，应设置为电压下斜控制节点，而功率不可调的换流站节点应设置为定功率控制节点。

由于直流电网电压与交流电网频率在表征能量平衡方面的相似性，直流电网中负荷的分摊方法完全可以借鉴交流电网中的负荷分摊方法。交流电网采用一次调频和二次调频来实现负荷分摊和频率控制，直流电网也可以采用一次调压和二次调压来实现负荷分摊和电压控制。因此，直流电网的电压控制也可以分两层来实现，底层的是电压下斜控制，上层的是与交流电网二次调频（目前称为自动发电控制（AGC)，也称负荷频率控制）类似的二次调压系统（本书也称其为负荷电压控制)。

直流电网一次调压是直流电网遭受扰动后换流器所配置的电压下斜控制器的固有响应。通常，扰动结束后0.5s左右的时间段，属于一次调压起作用的时间段。扰动结束后0.5s之后的时间段，二次调压或称负荷电压控制系统会起作用。本章假定二次调压系统会根据直流电网电压控制的要求，每隔0.5s刷新一次各功率可调换流站的功率指令值，就如同交流电网中的二次调频每隔若干秒刷新一次AGC电厂的功率指令值一样。本节将主要讨论直流电网中用于一次调压的下垂控制策略和用于二次调压的PI控制策略，重点介绍一种带电压死区的电压下斜控制策略。

1. 带电压死区的电压下斜控制特性

带电压死区的电压下斜控制特性[3]如图7-11所示，其中，U_{dcmax}和U_{dcmin}分别为电压死区的上限值和下限值，是直流电网正常运行时，考虑所有运行方式后对应换流站稳态直流电压的最大值和最小值；P_{dc}^*、P_1^*、P_2^*和P_3^*为电压二次调节系统每隔0.5s下发的功率指令值；K为电压下斜曲线的斜率。在一次调压起作用的时间段内，认为功率指令值P_{dc}^*为不变量。而控制策略中的其他几个参数U_{dcmax}、U_{dcmin}和K，对于特定的换流站可以认为是固定不变的。这类似于交流电网中的AGC，其频率死区和调差率等参数在运行中是不变的，可变的仅仅是AGC机组的功率指令值。

2. 带电压死区的电压下斜控制器实现方法

带电压死区的电压下斜控制器的实现框图如图7-12所示。在一次调压起作用的过程中，该控制器根据实测的换流站输出功率P_{dc}及直流电压U_{dc}计算出换流站定功率控制器的新的功率指令值$P_{dc}^*+\Delta P_{dc}^*$。

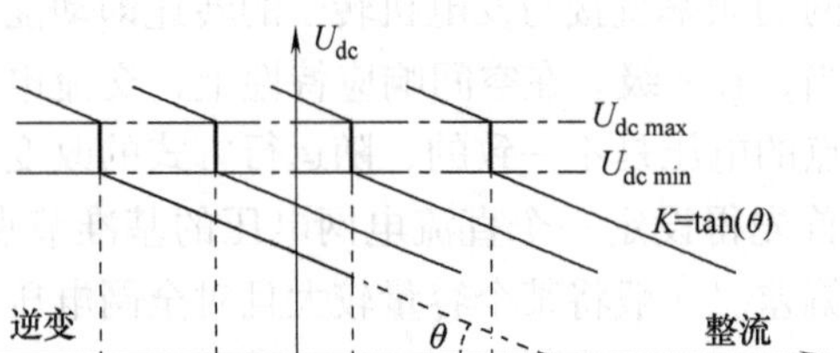

图7-11 带电压死区的电压下斜控制特性

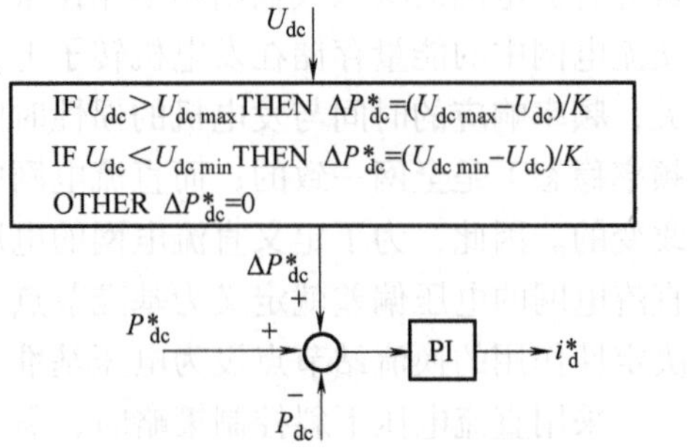

图7-12 带电压死区的电压下斜控制器实现框图

3. 二次调压原理

直流电网正常运行时，全网设置一个电压基准节点，该基准节点对应的换流器采用定电压控制。由于基准节点采用了定电压控制，因此，基准节点注入直流电网的功率就不是恒定的，会随负荷的变化而变化。为了使基准节点注入直流电网的功率基本保持恒定值，就需要采用二次调压，也称负荷电压控制。其控制原理与交流电网的负荷频率控制类似。

负荷电压控制器的输入由两部分组成，第一部分为功率偏差值，是电压基准节点的功率指令值 P_{dcmark}^* 与实测功率 P_{dcmark} 之间的偏差；第二部分为电压偏差值，是电压基准节点的电压指令值 U_{dcmark}^* 与实测电压 U_{dcmark} 之间的偏差。负荷电压控制器框图如图7-13所示[15]，其中 ΔP_{grid}^* 为整个直流电网需要增加的有功功率，将 ΔP_{grid}^* 按照一定的比例分配给直流电网中的功率可调节点，本章假定每隔0.5s向各功率可调节点发送一次新的功率增量指令值。

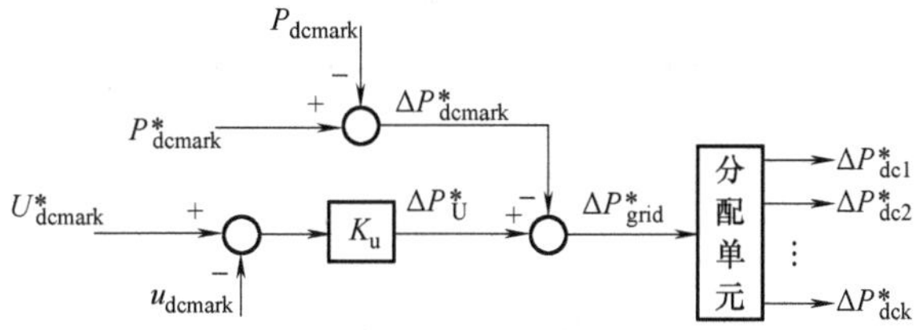

图7-13　负荷电压控制器的原理框图

7.2.7　直流电压下斜控制策略仿真验证

仍然采用图7-2所示的四端柔性直流测试系统来展示直流电压下斜控制的特性。

1. 带电压死区的电压下斜控制器的设计

首先需要对图7-2所示测试系统的直流节点进行分类。显然，换流站1连接新能源基地，且新能源基地不与交流电网相连，因此，换流站1为功率不可调节节点，且必须采用定交流母线电压幅值和频率控制策略。换流站2、换流站3和换流站4都与交流同步电网相连，其输出功率都是可调节的，因此可以采用直流电压下斜控制策略。由于换流站4是本测试系统的最大受端换流站，其电压大小对全网电压有决定性影响，因此本测试系统的电压基准节点选为换流站4，其基准电压就定为±500kV。下面讨论换流站2、换流站3两个换流站电压下斜控制器的具体参数确定方法。

显然，对于每个换流站，需要确定的参数有电压死区上下限值 U_{dcmax} 和 U_{dcmin}、输出直流功率上下限值 P_{dcmax} 和 P_{dcmin} 以及下斜曲线的斜率 K。而斜率 K 的意义是换流站输出功率从零变化到额定值时，换流站节点电压的变化范围。一般工程中下斜曲线的斜率 K 取4%~5%，本章设定所有换流站电压下斜控制曲线的斜率 K 为4%。电压死区上下限值 U_{dcmax} 和 U_{dcmin} 是考虑所有运行方式后对应换流站的直流电压最大值和最小值。实际工程中，所谓“考虑所有运行方式”一般是通过选择若干种极端运行方式来代表的。对于图7-2所示的四端测试系统，根据其实际运行的可能性，认为表7-6所示的4种极端运行方式已能够覆盖该测试系统的所有需考虑的运行方式。而换流站输出直流功率的上下限值 P_{dcmax} 和 P_{dcmin} 是由换流站的容量以及所连接的交流系统的特性决定的。对于本测试系统，换流站2是送端系统，其输出直流功率的上下限值为零到换流站额定容量；换流站3既可作为送端系统，也可作为受端系统，其输出直流功率的上下限值为负的换流站额定容量到正的换流站额定容量；换流站4是受端系统，其输出直流功率的上下限值为零到换流站额定容量。表7-5给出测试系统4个换流站的直流功率上下限值，表7-6给出了4种极端运行方式下各换流站的电压。根据表7-6，可以确定出 $U_{dc2max}=506.423kV$，$U_{dc2min}=501.05kV$，$U_{dc3max}=504.606kV$，$U_{dc3min}=501.225kV$。至此，测试系统中换流站2和换流站3的电压下斜控制器的具体参数确定完毕。

表7-5 测试系统中换流站的功率上下限值

换流站	换流站1	换流站2	换流站3	换流站4
功率上限值 P_{dcmax}/MW	1500	3000	-1500	0
功率下限值 P_{dcmin}/MW	0	0	1500	-3000

表7-6 4种极端运行方式下对应换流站的电压

运行方式	换流站1/ P_{dc1}/MW	换流站2 P_{dc2}/MW	换流站3 P_{dc3}/MW	换流站4 P_{dc4}/MW	换流站2 U_{dc2}/kV	换流站3 U_{dc3}/kV	基准站 U_{dc4}/kV
1	1500	3000	-1500	-3000	506.423	501.225	500
2	0	3000	0	-3000	505.57	502.089	500
3	1500	0	1500	-3000	502.962	504.606	500
4	0	0	1500	-1500	501.05	502.734	500

2. 控制指令值改变时的响应特性仿真

设测试系统的初始运行状态见表7-3，仿真开始时（$t=0s$）测试系统已进入稳态运行，$t=0.1s$ 时改变换流站1的有功功率指令值 P_{dc1}^* 从1000MW变为1400MW；并设二次调压系统每隔0.5s刷新一次功率指令值。仿真时，图7-13所示负荷电压控制器的参数设置见表7-7。

表7-7 负荷电压控制器的参数设置

换流站	换流站1	换流站2	换流站3	换流站4
初始状态的功率指令值 P_{dc}^*/MW	2×500	2×1000	-2×250	由初始状态潮流确定
目标状态的功率指令值 P_{dc}^*/MW	2×700	由负荷电压控制器决定	由负荷电压控制器决定	由负荷电压控制器决定
比例系数 K_U/(MW/kV)	—	—	—	10
功率分配系数（%）	—	0	50	50

图7-14给出了测试系统的响应特性。其中图a是4个换流站的直流功率波形图（单极）；图b是4个换流站端口的直流电压波形图（单极）；图c是换流站2、3、4的功率指令值波形图（单极）。从图7-14可以看出，由于换流站1的功率变化量较小，换流站4从直流电网吸收的功率并没有超出其容量限值，因此其定电压控制的模式并没有被改变，这样，整个系统的电压不会出现大的波动。在此功率扰动下整个系统的响应过程可以描述如下：功率扰动后，注入直流电网的功率增加了2×200MW，导致直流电压有上升的趋势，换流站4测

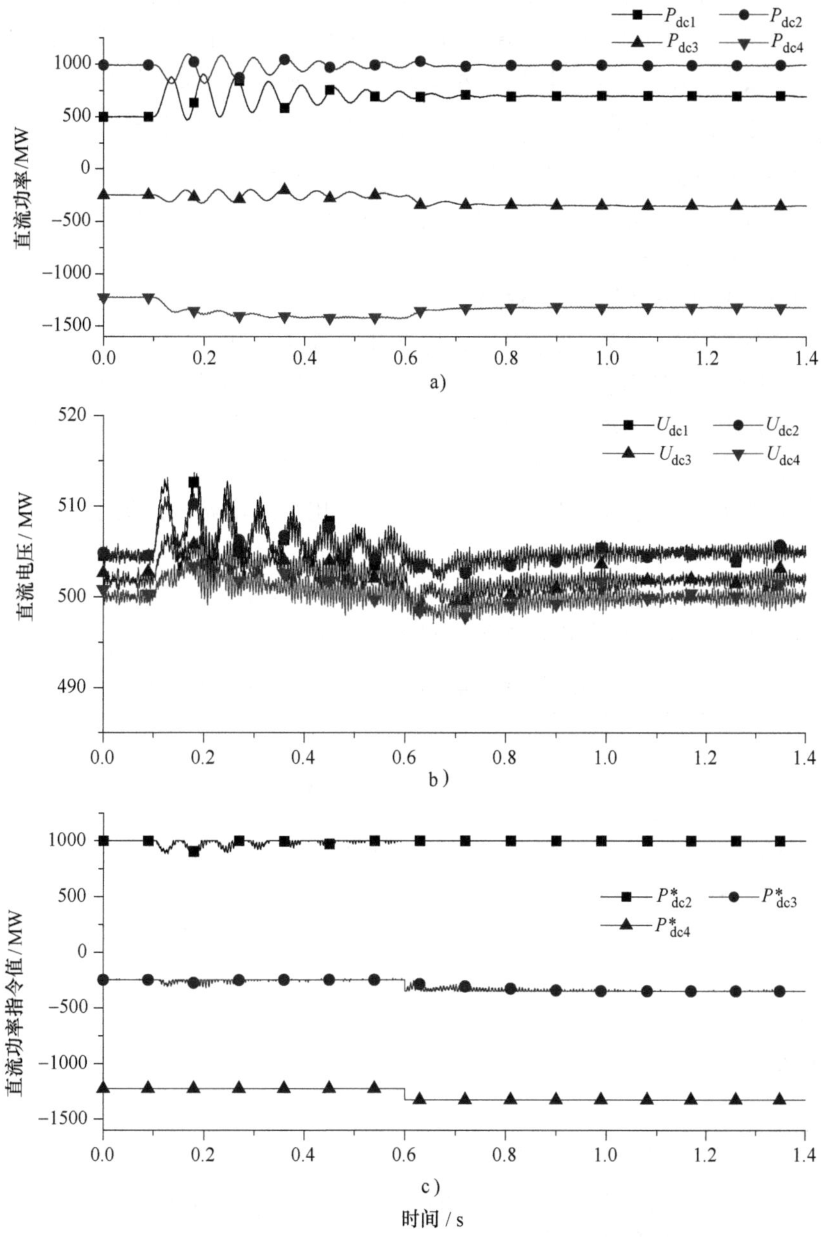

图7-14　换流站1功率改变时的响应特性

a）4个换流站的直流功率（单极）　b）4个换流站端口的直流电压（单极）

c）换流站2、3、4的功率指令值波形图（单极）

量到电压上升的趋势后，其定电压控制器就发生作用，从而换流站4加大从电网吸收的功率；由于二次调压的控制周期是0.5s；因此，当$t=0.6$s时，第1次计算换流站4上的实际功率P_{dcmark}与初始化时设定的功率指令值P^*_{dcmark}之间的偏差量ΔP^*_{dcmark}，由于此时换流站4保持在基准电压上，因此电压偏差为零，即$t=0.6$s时计算得到的$\Delta P^*_{grid}=\Delta P^*_{dcmark}$；然后，就

将 ΔP^*_{grid} 按表 7-7 的功率分配系数分配到换流站 2、3、4 上，并与换流站 2、3、4 上当前的功率指令值相加后构成新的功率指令值，即 $t=0.6s$ 后，换流站 2、3、4 按新的功率指令值定功率运行；再过 0.5s，即 $t=1.1s$ 时，第 2 次计算换流站 4 上的实际功率 P_{dcmark} 与当前功率指令值 P^*_{dcmark} 之间的偏差量 ΔP^*_{dcmark}；得到新的 ΔP^*_{grid}，继续在换流站 2、3、4 之间分配 ΔP^*_{grid}，对于本算例，此时系统已进入稳态，ΔP^*_{grid} 近似为零。

由图 7-14 可以看出，最终换流站 2、3、4 的功率指令值稳定在 2×1000MW、−2×350MW 和 −2×1350MW 上。

3. 换流站 4 故障退出时的响应特性仿真

设测试系统的初始运行状态见表 7-3，仿真开始时（$t=0s$）测试系统已进入稳态运行，$t=0.1s$ 时换流站 4 因故障而退出。设换流站 2 为备用电压基准站，其作用是在主电压基准站退出时承担电压基准站的功能。对于确定的直流电网，主电压基准站与备用电压基准站在系统设计时就已确定，主要的考虑因素是充当电压基准站的换流站必须要有较大的功率调节范围，能够起到作为整个电网电压基准的作用。当主电压基准站故障退出时，保护系统通过通信通道通知备用电压基准站转入电压基准站控制模式，此过程有一定的时间延迟，在本算例中，取这个时间延迟为 50ms，即换流站 2 在换流站 4 故障退出 50ms 后转为定电压控制模式。表 7-8 给出了本算例中负荷电压控制器的参数设置。

表 7-8 具有备用电压基准站的负荷电压控制器参数设置

换流站	换流站 1	换流站 2（备用电压基准站）	换流站 3	换流站 4（主电压基准站）
初始状态的功率指令值 P^*_{dc}/MW	1000	2000	−500	由初始状态潮流确定
故障后功率指令值 P^*_{dc}/MW	1000	由负荷电压控制器决定	−1200	—
定电压控制电压指令值/kV	—	±505	—	±500
比例系数 K_U/(MW/kV)	—	10	—	10
功率分配系数（%）	—	100	0	0

图 7-15 给出了这种情况下测试系统的响应特性。其中图 a 是 4 个换流站的直流功率波形图（单极）；图 b 是 4 个换流站端口的直流电压波形图（单极）；图 c 是换流站 2、3、4 的功率指令值波形图（单极）。结合图 7-15，对此大扰动下整个系统的响应过程描述如下：换流站 4 退出后，整个直流电网功率盈余，电压快速上升，换流站 2 和 3 进入电压下斜控制区域，一次调压起作用，换流站 2 减少注入直流电网的功率指令值，换流站 3 增大从直流电网吸收功率的指令值；50ms 后换流站 2 转入定电压控制模式，同时换流站 3 对应于电压死区的功率指令值也变为 −1200MW；系统在故障后 0.4s 后进入稳定状态。

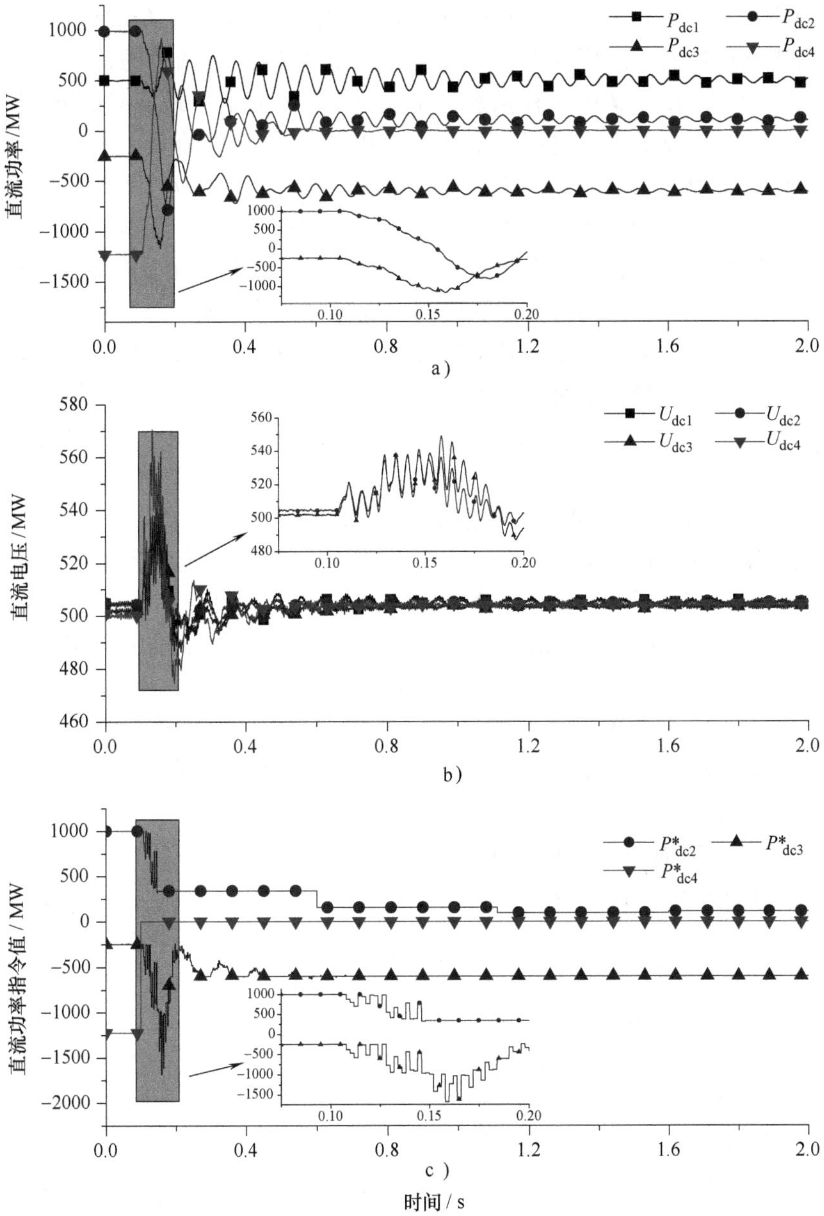

图 7-15　换流站 4 故障退出时的响应特性

a）4 个换流站的直流功率（单极）　b）4 个换流站端口的直流电压（单极）

c）换流站 2、3、4 的功率指令值波形图（单极）

7.3　柔性直流输电网的潮流分布特性及潮流控制器

对于两端直流输电系统，流过直流线路的潮流是完全可控的。这里所谓的完全可控，指的是流过线路的潮流与线路电阻无关。但对于多端直流输电系统和直流电网，情况就不是这样。由电路原理可知，具有n个节点的直流电网的节点电压方程为$\boldsymbol{J}=\boldsymbol{YU}$。考察最简单的情况，设该直流电网的所有节点皆为换流站节点，则电压$\boldsymbol{U}$是可调节的，因而注入各节点的电流$\boldsymbol{J}$也是可调节的。由于$\boldsymbol{J}$中所有元素之和必为零，因而$\boldsymbol{J}$中最多只有$n-1$个元素是独立的，即具有n个换流站的直流电网最多只能控制住$n-1$个电流量，这里的电流量可以是注入某个节点的总电流，也可以是单条线路的电流。因此，具有n个换流站的直流电网如果线路条数多于$n-1$，那么就必然存在潮流不可控的线路。对于潮流不可控的线路，就可能发生过负荷，影响系统正常运行。因此，对于直流电网，一般情况下需要引入额外的直流潮流控制装置，才能对直流电网内的各条线路潮流进行有效的控制。

以图7-2所示的四端柔性直流测试系统为例，说明潮流的可控性问题。该系统共有4个换流站和4条直流线路，根据上面的讨论，该系统中4条直流线路中的潮流不是完全可控的。但如果将换流站1到换流站2的线路l_{12}断开，则该系统变为只有3条线路，那么该系统中的所有线路潮流都是可控的。设该测试系统采用主从控制，主控站为换流站4，当换流站1注入直流电网功率$P_{dc1}=1500$MW、换流站3注入直流电网功率$P_{dc3}=-1500$MW时，改变换流站2注入直流电网的功率P_{dc2}从0MW到3000MW，测试系统中各条线路的电流变化如图7-16所示。从图7-16可以看出，各条线路中的电流大小是与所有线路的电阻大小有关的。但如果将换流站1到换流站2的线路l_{12}断开，那么流过各线路的潮流就与所有线路的电阻无关了。例如，当$P_{dc2}=0$MW时，流过线路l_{24}的潮流就是零，流过线路l_{13}的潮流就是1500MW；而当$P_{dc2}=3000$MW时，流过线路l_{24}的潮流就是3000MW，而流过线路l_{13}的潮流还是1500MW；即这种情况下流过线路的潮流是完全可控的，与线路本身的电阻大小无关。

如果测试系统中换流站1到换流站2的线路l_{12}不断开，但需要对测试系统中各条线路的潮流进行控制，这种情况下就必须加装潮流控制器。由于直流线路的电阻通常很小，因此，加装的潮流控制器只需要输出较小范围的电压，就能够达到控制直流线路潮流的目的。例如，如果在线路l_{12}上加装一个潮流控制器，在与图7-16同样的计算条件下，当P_{dc2}从0MW变化到3000MW时，潮流控制器的输出电压变化范围为−3.1～4.6kV，就能控制流过线路l_{12}的潮流一直为零。通常，直流潮流控制器的输出电压范围在10kV以内，下面介绍几种直流潮流控制器的原理。

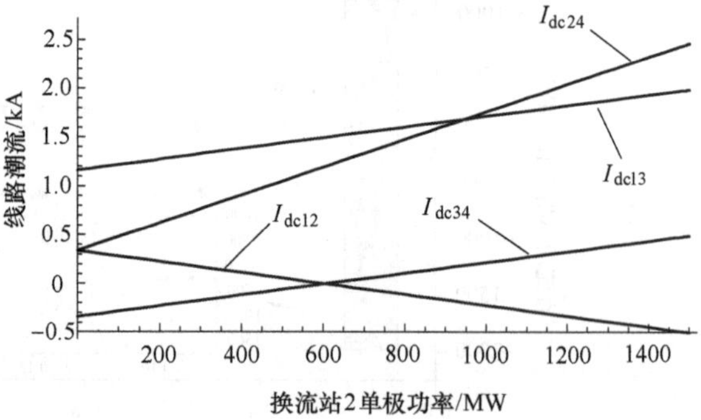

图7-16 换流站2单极功率变化时线路潮流分布图

7.3.1 直流潮流控制设备分类

现有直流潮流控制设备主要有3类[16]：可变电阻器，DC/DC变换器和辅助电压源。需要指出的是，直流电网中，直流电流对直流电压的变化非常敏感，直流电压的小幅变化可引起电流大幅度的改变。因此，直流潮流控制设备上的电压较小，其额定容量也较小[17]。

1. 可变电阻器

参考文献［18-19］给出了两种可变电阻器的实现结构，图7-17所示的是其中一种结构。一个电阻器由多个电阻及其并联开关串联而成，开关 $S_1 \sim S_n$ 可以是机械式开关也可以是电力电子开关，电阻 $R_1 \sim R_n$ 的阻值可以是不等值的。可变电阻器通过开关的投切，改变串入支路的等效电阻，进而达到调节支路电流的作用。电阻是有功消耗型器件，串入电阻消耗的额外功率一般较大，十分不经济，实际工程应用中一般不考虑。

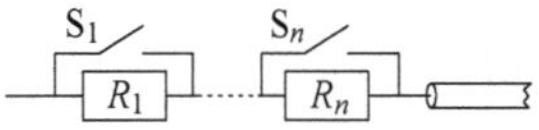

图 7-17　可变电阻器拓扑结构

2. DC/DC 变换器

参考文献［20-21］分别提出了一种 DC/DC 变换器，但两者的运行机理相似，图 7-18 给出了其中的一种结构。电路主要包含取能部分和换流部分，取能电路从直流系统中取能，利用调制控制输出交流电压波形，经变压器后，再经三相六脉动晶闸管桥输出直流电压用于调节支路潮流。由于晶闸管桥只有单向导通能力，需要通过 $S_1 \sim S_4$ 的投切控制来实现支路电流双向流通。当电流流向从左向右时，闭合 S_1 和 S_2，断开 S_3 和 S_4；当电流流向从右向左时，闭合 S_3 和 S_4，断开 S_1 和 S_2。从图 7-18 可以看出，取能电路一端连接于直流系统，另一端接地，VT_1、VT_2 需要承受整个直流系统的电压，要由多个 IGBT 器件串联而成，设备成本较高。另一方面，较多电力电子器件的引入导致系统运行损耗增加，这种方案也不经济。

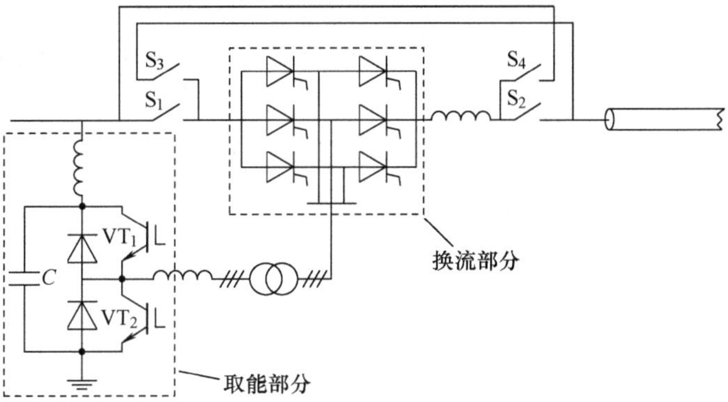

图 7-18　DC/DC 变换器拓扑结构

3. 辅助电压源

参考文献［18，22］提出了两种辅助电压源拓扑结构，图 7-19 给出了其中一种实现形式。其含有一个换流变压器，两个反并联的三相六脉动晶闸管桥和若干电抗器。两个反并联桥用于支路电流双向流通，而电抗器主要起平波和保护换流阀免受冲击波损害的作用。实际上，图 7-19 所示的辅助电压源就相当于一个换流器，与 DC/DC 变换器不同的是，它通过换流变压器从交流系统取能，而非直流系统。但是，这样的结构中，换流变压器阀侧需要承受直流系统级的高电压偏置，对变压器的绝缘设计带来了较大难度，同时也增加了设备成本。

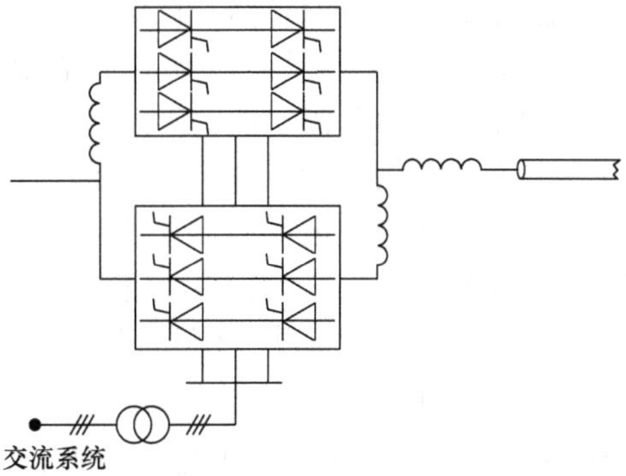

图 7-19　辅助电压源拓扑结构

上述3种类型为直流潮流控制器的基本类型，下面将重点介绍一种辅助电压源型直流潮流控制器。

7.3.2 模块化多电平潮流控制器[23]

模块化多电平潮流控制器（MMPFC）由基于全桥子模块（FBSM）的MMC构成，图7-20给出了图7-2所示的四端柔性直流测试系统在换流站1和换流站2之间的线路 l_{12} 上加装MMPFC后的示意图。MMPFC含有6个桥臂，每个桥臂由多个结构相同的子模块级联而成。另外，每个桥臂还包含一个桥臂电抗器。每个子模块内，VT_1 ~ VT_4 代表IGBT，VD_1 ~ VD_4 代表反并联二极管，C 代表子模块直流侧电容器，U_c 为电容器的额定电压。

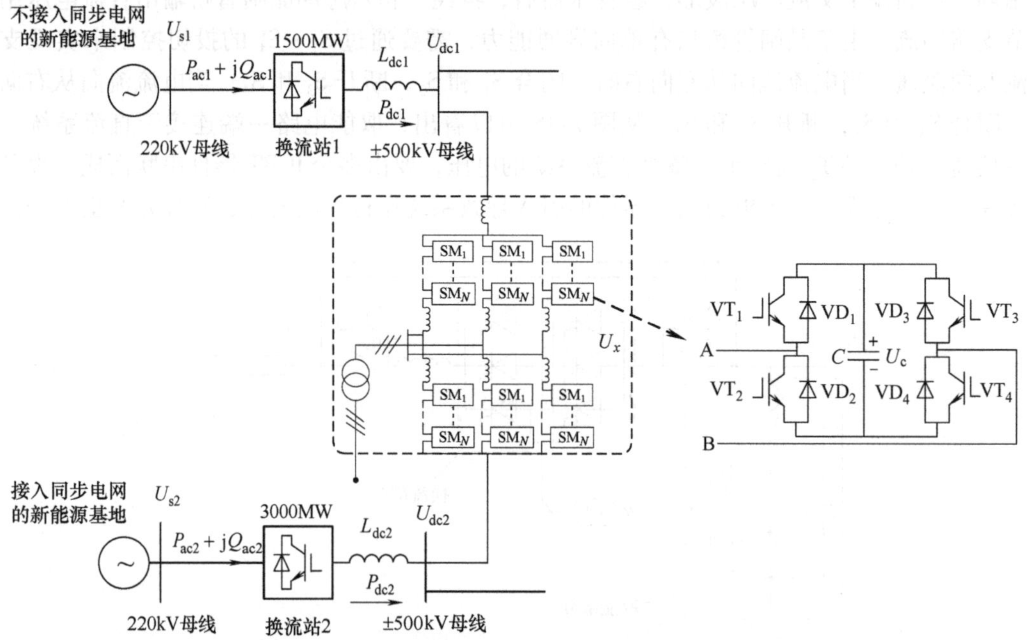

图7-20 四端柔性直流测试系统加装MMPFC后的示意图

MMPFC与通用的半桥型MMC除子模块结构不相同外，整体结构都类似，因而两者的外特性也基本相同。FBSM能够输出+1、0、-1三种电平，因而MMPFC的直流侧电压 U_x 可以取正值，也可以取负值，从而能够达到对所安装线路潮流进行充分控制的目的。

MMPFC的控制器设计与MMC的控制器设计类似，也采用内外环控制器结构。但MMC的直流侧电压一般是固定的，因此其指令值通常是事先已知的。而MMPFC的直流侧电压就是需要插入直流线路的电压 U_x，U_x 的大小通常是由整个直流电网根据潮流控制的要求计算得到的，一般由直流电网控制层给出。U_x 的一种简单计算步骤如下：①设定受控的直流线路潮流等于指令值；②进行直流电网的潮流计算，得到受控直流线路两个端点的电压；③根据受控直流线路的潮流指令值和其两个端点的电压值，计算出需要插入直流线路的电压 U_x。将上面计算出来的 U_x 设定为MMPFC的直流侧电压指令值 U_x^*，外环控制器的任务就是使MMPFC的直流侧输出电压跟踪指令值 U_x^*，这与MMC中的定直流电压控制是完全一致的。至于内环控制，与MMC的内环控制也是一样的，不再赘述。

当 MMPFC 的附近某点发生故障时，子模块两端承受的电压会发生相应的变化，流过子模块的电流方向也会出现反转。对于全桥子模块，其状态无非 4 种：正电压投入模式，负电压投入模式，切除模式，以及闭锁模式，分别如图 7-21a ~ d 所示，其中，切除模式以 VT_1、VT_2 开通为例。灰色标注部分为电流流向 A→B 的情况，黑色标注部分为电流流向 B→A 的情况。

从图 7-21 可以看出，无论子模块处于何种状态，都具有电流双向流通性，且电流方向的变化不需要额外控制，直接由施加在两侧的电压决定。因此，当发生故障，子模块 A、B 两端出现瞬时不确定的电压差时，子模块的电力电子器件（IGBT 和二极管）上不会出现过电压，电力电子器件两端的电压差几乎始终为 0。另外，子模块电容电压在故障瞬间不会发生突变。因此，由 FBSM 级联构成的桥臂具有故障穿越能力，IGBT 等器件上不会出现过电压。

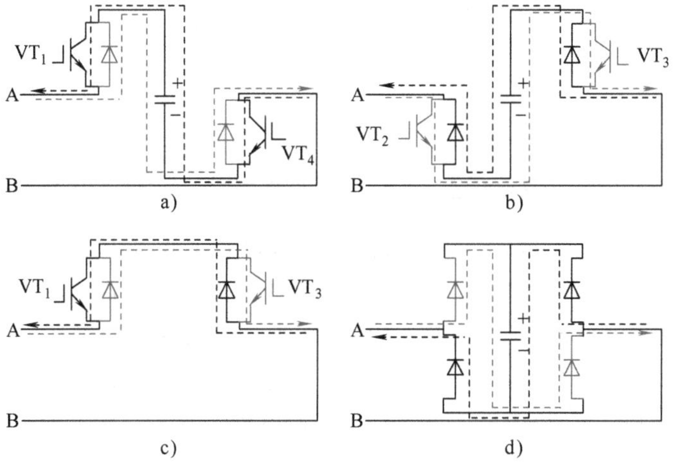

图 7-21 全桥子模块运行状态

7.4 柔性直流输电网的短路电流计算方法与直流断路器的性能要求

在发生直流线路故障时，基于半桥子模块 MMC 的柔性直流系统无法采用闭锁换流器的方法来限制短路电流。为了确保故障前后柔性直流输电网的稳定运行和电网中关键设备的安全，必须在很短时间内通过直流断路器切除故障线路来限制短路电流的大小。因此有必要研究柔性直流输电网对直流断路器的性能要求。本节基于短路电流的发展过程，介绍用于计算直流侧短路电流的数学模型，并研究影响短路电流大小的关键因素。

为了提高柔性直流输电网的电压等级和输电容量，通常采用类似传统直流输电系统的双极结构，也即换流站的一极必须至少由一个完整的换流器构成。图 7-22 给出了某个换流站的示意图。换流站的一极由一个 MMC 和一个平波电抗器 L_{dc} 串联而成；正负极之间通过接地极可靠接地。

对于双极系统，直流侧故障一般包括直流线路单极接地故障以及极间短路故障。考虑到实际情况下单极接地故障发生的概率要比极间短路故障高得多，且直流线路极间短路故障可以等效为正负极各自发生单极接地故障，所以本节只分析其中的单极接地故障。

7.4.1 单换流器直流侧故障基本特性分析

不失一般性，为了研究发生单极接地故障时流过换流器桥臂和直流线路的故障电流特性，可以采用如图 7-23 所示的单换流器直流侧故障分析模型。

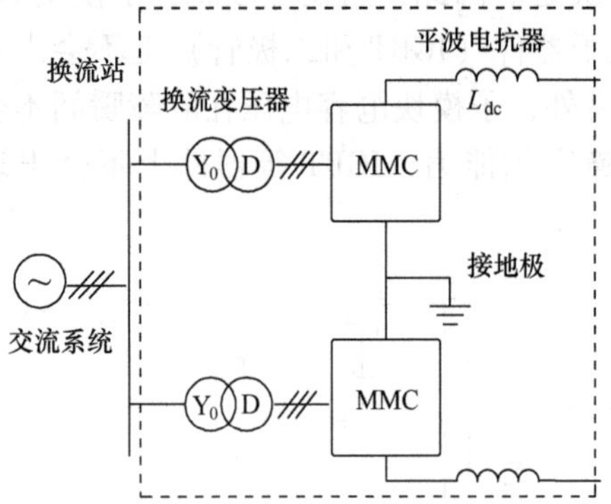

图 7-22 双极结构换流站示意图

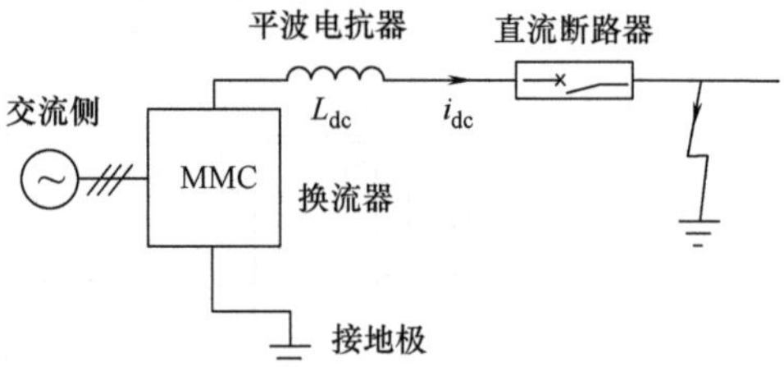

图 7-23 单换流器直流侧故障分析模型

MMC 发生直流侧接地故障后，故障电流主要分量有子模块电容放电电流和交流电源三相短路电流，电容放电电流上升极快，可以在故障 1ms 后达到 10kA 数量级。为了保护 IGBT 不受损坏，IGBT 的触发脉冲一般会在数毫秒内闭锁。触发脉冲闭锁后，子模块电容不再放电，来自于交流电源的故障电流将占主导地位。即触发脉冲闭锁前后，故障电流的变化规律是完全不一样的。因此，在以下的单换流器直流侧故障分析中，将分触发脉冲闭锁前和触发脉冲闭锁后两个时间段分别进行分析。

1. 触发脉冲闭锁前的故障电流特性

故障发生前，MMC 处于正常运行状态，一个相单元中有 N 个子模块处于投入状态，另有 N 个子模块处于旁路状态。当直流侧突然发生故障时，处于导通状态的 IGBT 器件并不能立刻关断，流过直流断路器的故障电流的流通路径为故障点→接地极→3 个并联的相单元→平波电抗器→直流断路器→直流线路→故障点；流过桥臂的故障电流除了上面提到的流过相单元的故障电流外，还包含交流电源→联接变压器→桥臂电抗器→各桥臂的故障电流分量。故障电流在子模块中的流通路径决定于故障前子模块的运行状态；当故障前子模块处于投入状态时，故障电流将流过电容器 C_0 和功率器件 VT_1；当故障前子模块处于旁路状态时，故障电流将经过二极管 VD_2 流通。触发脉冲闭锁前的故障电流分布如图 7-24 所示。

我们先在如下假设条件下对图 7-24 系统进行分析，然后再检查分析结论在假设条件之外是否仍然适用。对于 MMC，桥臂中投入的子模块个数是不断变化的，本质上 MMC 是一个时变电路。但是，如果我们将分析的时间段缩得足够短，以至于 MMC 6 个桥臂中投入的子模块和旁路的子模块都保持不变，那么在此时间段内，MMC 就是一个线性定常电路。对于线性定常电路，我们可以采用叠加原理进行分析。为此，设以下分析的时间段是故障发生后很短的一个时间段，该时间段内假定 MMC 6 个桥臂中投入的子模块和旁路的子模块都保持不变。

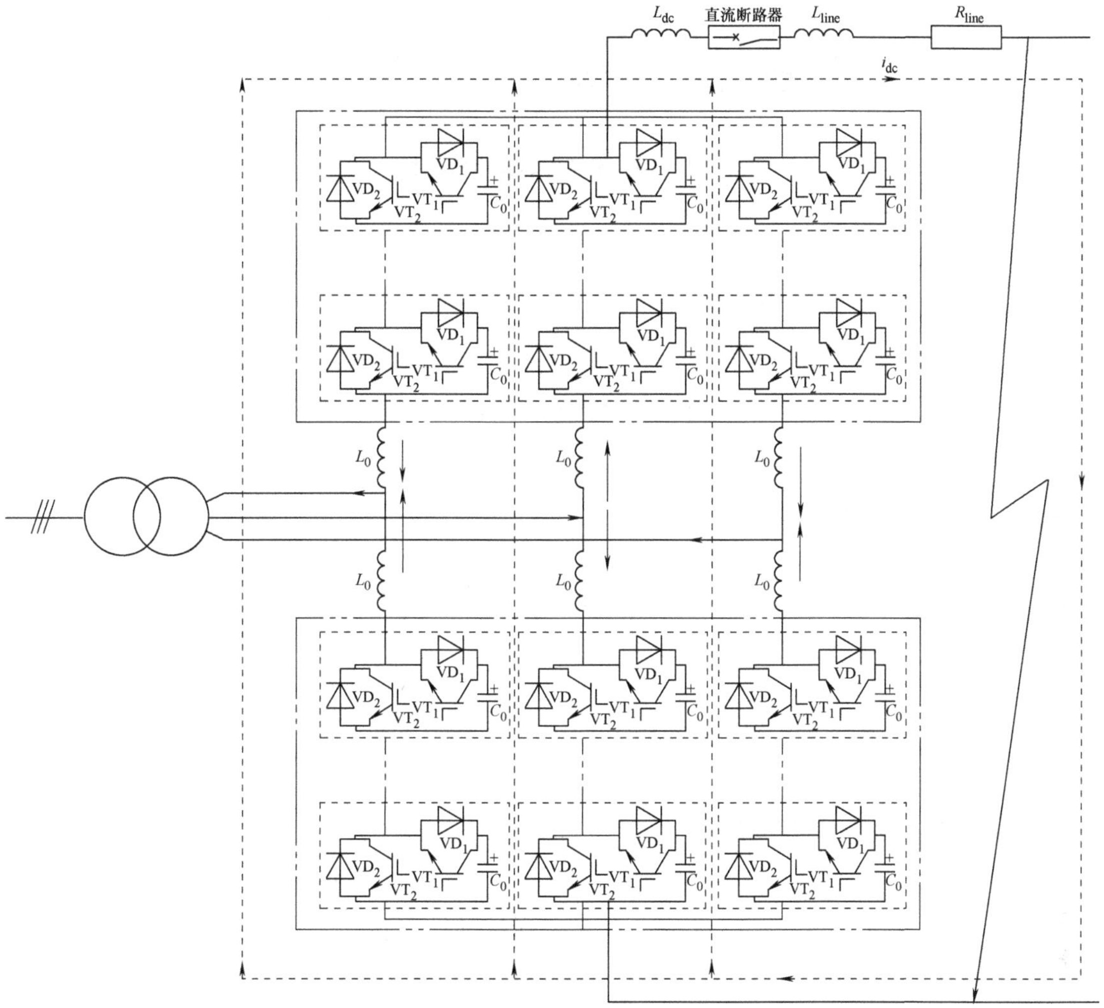

图 7-24　触发脉冲闭锁前的故障电流分布

对线性电路暂态过程进行解析分析的一种有效方法是采用运算电路分析法或称复频域分析法[24]，其本质是对电路元件的微分方程作拉普拉斯变换，将描述电路性状的微分方程变换成代数方程，从而将时域中的暂态电路求解问题变换成复频域（即 s 域）中的稳态电路求解问题。其具体做法是将交流稳态分析中的阻抗和导纳分别用运算阻抗和运算导纳进行替代，而其分析方法与交流稳态电路完全一致。

电路基本元件电感和电容的运算电路模型分别如图 7-25 和图 7-26 所示，其中，sL 和 $1/sC$ 是运算阻抗。

将图 7-24 所示的 MMC 直流侧短路时域模型变换成复频域中的运算电路模型，如图 7-27所示；其中直流线路的电感和电阻统一合并到平波电抗器的电感 L_{dc} 和电阻 R_{dc} 中。

显然，图 7-27 的运算电路模型中，包含有 3 种类型的激励源，分别为交流电网等效电势激励源、电感元件初始值激励源和电容元件初始值激励源，整个电路的响应就是这 3 种类型激励源共同作用的结果。根据线性电路的叠加原理，电路的总响应等于各种激励源分别产

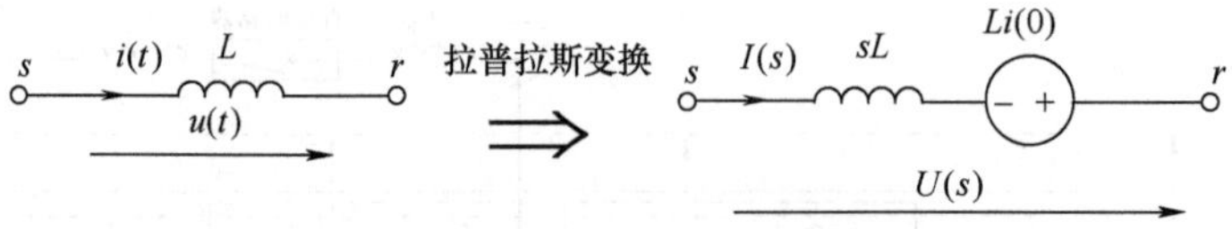

图 7-25 电感的运算电路模型

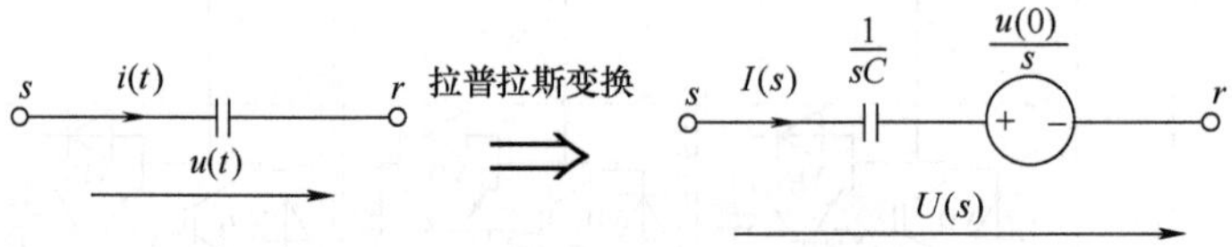

图 7-26 电容的运算电路模型

生的响应之和。因此，我们将图 7-27 的激励源进行分组，分别计算各组激励源单独作用下的响应，然后合成出总响应。

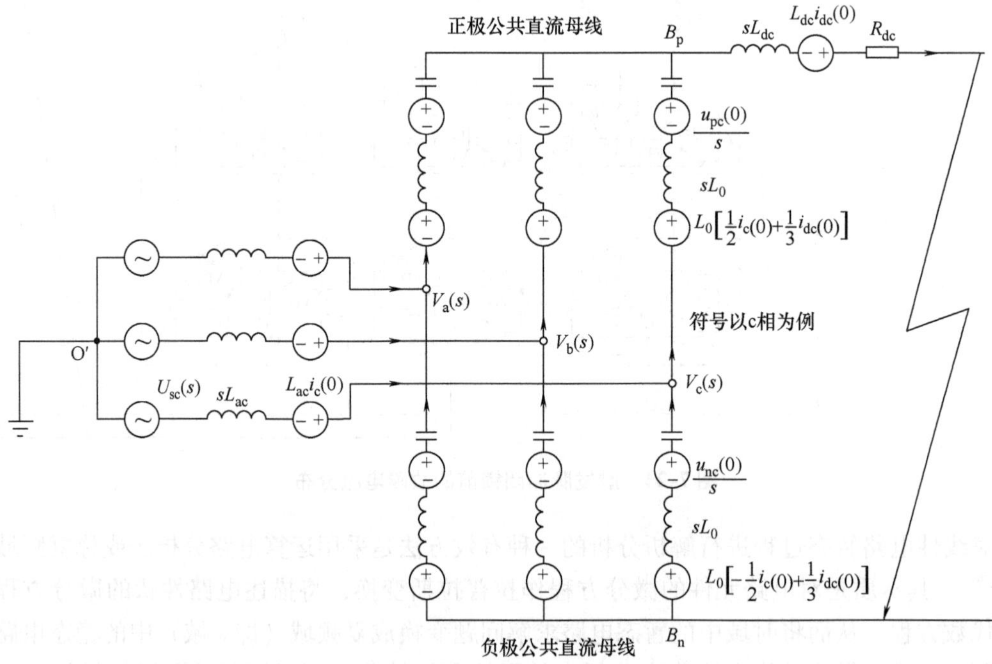

图 7-27 MMC 直流侧短路故障复频域运算电路模型

为了聚焦 MMC 直流侧短路故障时的本质特征，我们将图 7-27 的激励源分成如下 3 组，分别计算各组激励源单独作用下对桥臂电流和直流侧短路电流的作用。第 1 组激励源为直流侧短路电流流通回路上的激励源，如图 7-28 所示，考虑了所有子模块电容初始值激励源和桥臂电抗器中与直流电流初始值对应的激励源以及平波电抗器电流初始值激励源。第 2 组激励源如图 7-29 所示，只考虑交流电网等效电势激励源。第 3 组激励源如图 7-30 所示，考虑交流电网等效电感电流初始值激励源和桥臂电抗器中与交流电流初始值对应的激励源。下面分别对这 3 个电路进行分析。

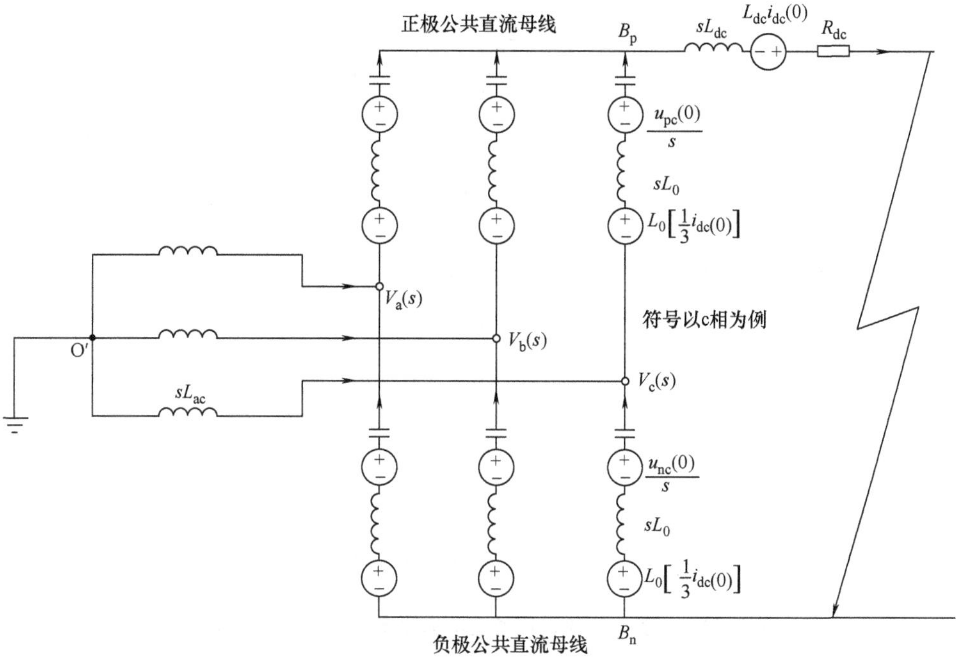

图 7-28　直流侧短路电流流通回路上的激励源作用下的短路电流

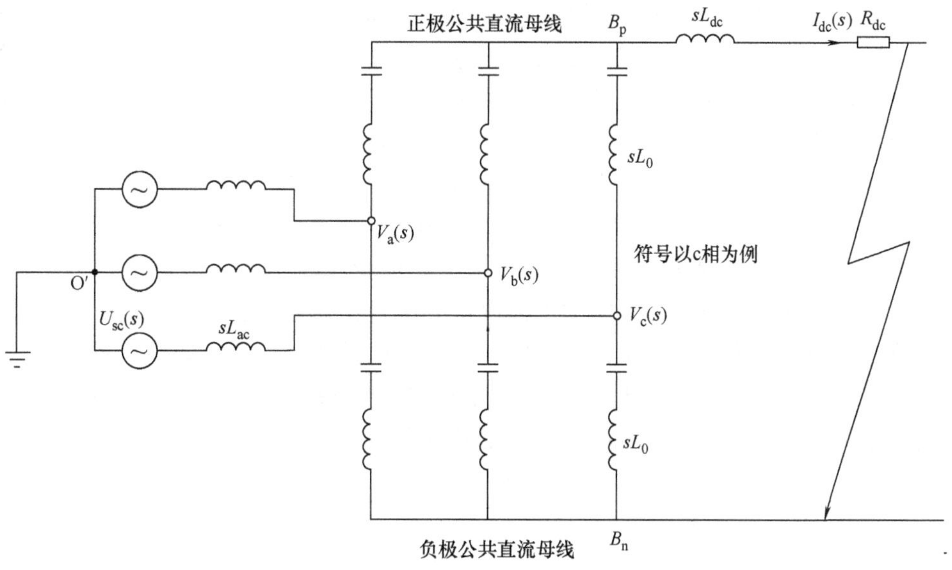

图 7-29　交流电网等效电势激励源作用下的短路电流

首先分析图 7-28 所示电路。这里我们主要关注流过直流线路的电流，对于图 7-28 所示电路，交流电网部分只有一个运算阻抗，不存在激励源，因此可以认为交流电网部分只起到分流的作用。但由于流入交流电网的三相电流之和必然为零，即从 a 相流入的电流必然会从 b 相和 c 相流出，也就是交流电网从相单元 a 分流的电流必然会补充给相单元 b 和 c。又由

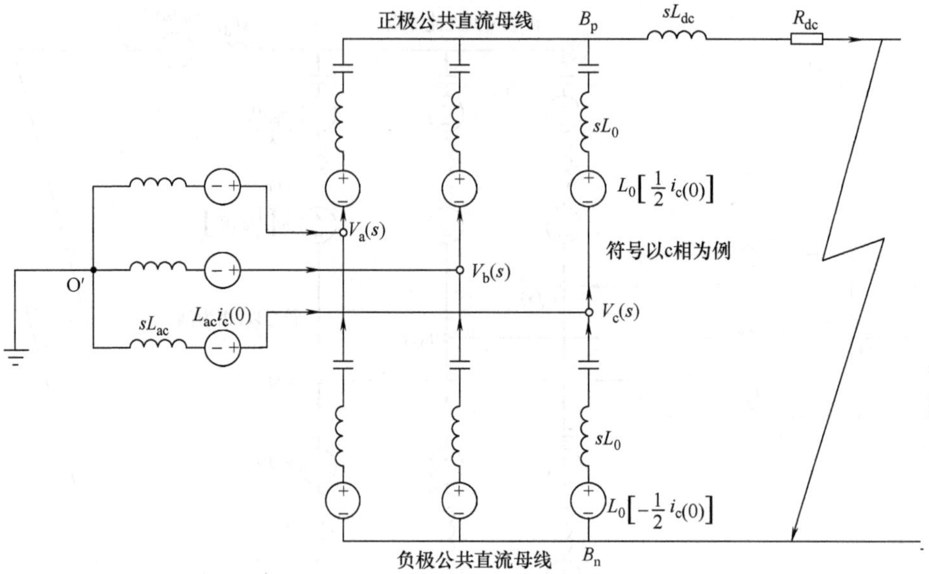

图 7-30 交流电流流通回路上的激励源作用下的短路电流

于直流线路电流等于 3 个相单元电流之和，从而可以推理出流入交流电网的电流大小对直流线路电流不起作用。因此在分析直流线路电流时，可以不考虑交流电网部分的作用，即将交流电网部分开路掉。这样，图 7-28 的电路可以进一步简化为图 7-31 所示的电路。简化过程中，有两点需要特别说明。第一，当略去交流电网部分后，图 7-28 的主体部分是 3 个相单元的并联；而对于每一个相单元，投入的子模块个数一直保持为 N，因此相单元中的电容电压之和就等于直流电压 U_{dc}，是保持不变的；另外，尽管投入的子模块数一直是 N，但由于子模块是按照电压均衡控制轮换投入的，因此相单元等效电容的计算应该按储能相等原则进行，即按照式（3-56）和式（3-57）进行计算。第二，相单元的上述等效原则在 MMC 闭锁前都是成立的；即图 7-31 不仅在短路发生后 MMC 中投入和旁路的子模块没有变化的极短时间段内成立，而且在具体投入和旁路的子模块发生变化的情况下也成立；因为对于相单元来说，具体哪个子模块投入与哪个子模块旁路对相单元的总体特性没有影响，即对图 7-31 的计算电路没有影响；这样，图 7-31 的分析结果在 MMC 闭锁前都是成立的。另外，图 7-31 中，桥臂电阻 R_0 用来近似表示开关器件和桥臂电抗器的损耗。

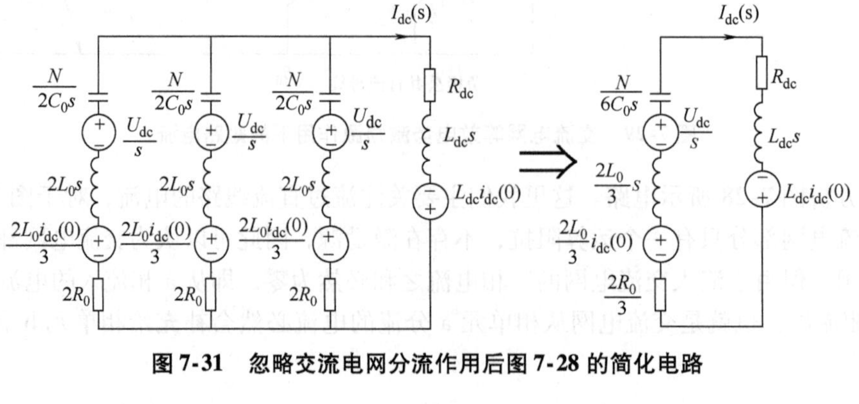

图 7-31 忽略交流电网分流作用后图 7-28 的简化电路

求解图 7-31 所示的简化电路，可得

$$I_{dc}(s)=\frac{s\left(L_{dc}+\frac{2L_0}{3}\right)i_{dc}(0)+U_{dc}}{s^2\left(\frac{2}{3}L_0+L_{dc}\right)+s\left(\frac{2}{3}R_0+R_{dc}\right)+\frac{N}{6C_0}} \tag{7-4}$$

对式（7-4）进行拉普拉斯反变换，得到

$$i_{dc}(t)=-\frac{1}{\sin\theta_{dc}}i_{dc}(0)e^{-\frac{t}{\tau_{dc}}}\sin(\omega_{dc}t-\theta_{dc})+\frac{U_{dc}}{R_{dis}}e^{-\frac{t}{\tau_{dc}}}\sin(\omega_{dc}t) \tag{7-5}$$

式中，

$$\tau_{dc}=\frac{4L_0+6L_{dc}}{2R_0+3R_{dc}} \tag{7-6}$$

$$\omega_{dc}=\sqrt{\frac{2N(2L_0+3L_{dc})-C_0(2R_0+3R_{dc})^2}{4C_0(2L_0+3L_{dc})^2}} \tag{7-7}$$

$$\theta_{dc}=\arctan(\tau_{dc}\omega_{dc}) \tag{7-8}$$

$$R_{dis}=\sqrt{\frac{2N(2L_0+3L_{dc})-C_0(2R_0+3R_{dc})^2}{36C_0}} \tag{7-9}$$

下面分析图 7-29 所示电路。图 7-29 所对应的运行状态与 MMC 空载合闸类似，在所分析的时间段内可以认为子模块电容电压为零或很低，这样 6 个 MMC 桥臂近似于短路，图 7-29可以进一步简化为图 7-32 所示的等效电路。

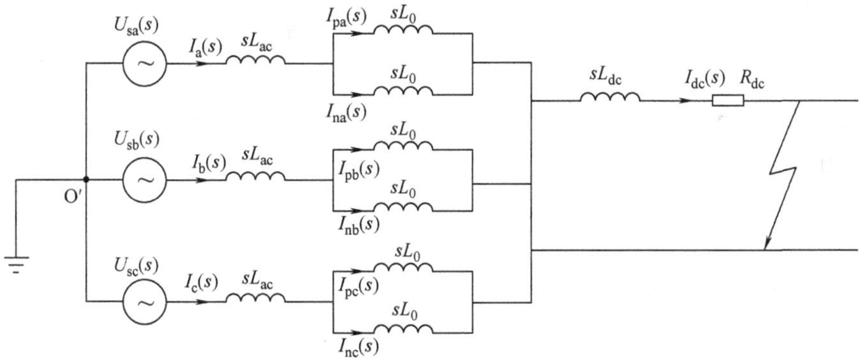

图 7-32　图 7-29 的简化等效电路

对图 7-32 所示的简化等效电路进行分析。由于交流等效电势是三相对称的，且整个电路结构也是三相对称的，因此系统不存在零序电流，即流入直流线路的电流为零。而桥臂中流过的电流是线电流的一半，以 a 相上桥臂为例进行分析。设 a 相等效电势的表达式为

$$u_{sa}(t)=U_{sm}\sin(\omega t+\eta_{sa}) \tag{7-10}$$

则 a 相上桥臂的电流表达式为

$$i_{pa1}(t)=\frac{1}{2}I_{s3m}\sin(\omega t+\eta_{sa}-90°)=-\frac{1}{2}I_{s3m}\cos(\omega t+\eta_{sa}) \tag{7-11}$$

式中，

$$I_{s3m}=\frac{U_{sm}}{\omega(L_{ac}+L_0/2)} \tag{7-12}$$

这里用 i_{pa1} 来表示此电流是由交流等效电势产生的，是不随时间而衰减的；而 I_{s3m} 是桥臂电抗器虚拟等电位点上发生三相短路时的阀侧线电流幅值。

下面分析图 7-30 所示电路。图 7-30 所示电路的激励源是交流电流流通路径上的初始电流值，其响应是电流从这些初始值开始直到衰减到零。这个电路的分析可以与图 7-29 的电路分析类比，即在所分析的时间段内可以认为子模块电容电压为零或很低，这样 6 个 MMC 桥臂近似于短路，从而可以得到此电路中电流衰减的时间常数为

$$\tau_{ac}=\frac{L_{ac}+L_0/2}{R_0/2} \tag{7-13}$$

显然，对于图 7-30 所示电路，相应的桥臂电流 i_{pa2} 的表达式为

$$i_{pa2}(t)=\frac{1}{2}i_a(0)e^{-\frac{t}{\tau_{ac}}} \tag{7-14}$$

至此，我们已得到 MMC 直流侧突然短路后触发脉冲闭锁前阶段的故障电流特性，其中直流侧短路电流 $i_{dc}(t)$ 的表达式见式（7-5）。下面我们来推导桥臂电流 $i_{pa}(t)$ 的表达式。

在对图 7-28 所示电路进行分析时，我们认为交流电网部分会对流过相单元的电流进行分流，但由于三相交流电流之和等于零，这种分流对 3 个相单元电流之和即对直流侧电流不起作用。但对于桥臂电流来说，显然要考虑这种分流的作用。这样我们可以写出桥臂电流的通式，以 a 相为例为

$$i_{pa}(t)=\frac{1}{3}i_{dc}(t)-\frac{1}{2}I_{s3m}\cos(\omega t+\eta_{sa})+\frac{1}{2}i_a(0)e^{-\frac{t}{\tau_{ac}}}+\lambda(t)i_{dc}(t) \tag{7-15}$$

上式中的前 3 项分别对应图 7-28、图 7-29 和图 7-30 确定的桥臂电流的分量，而第 4 项是考虑了交流电网分流作用后对图 7-28 结果的修正，这里的 λ（t）为分流系数，是随时间而变的。

由于用解析方法确定 λ（t）非常困难，因此实际桥臂电流的表达式略去交流电网的分流作用，这样，得到 a 相桥臂电流的近似表达式为

$$i_{pa}(t)=\frac{1}{3}i_{dc}(t)-\frac{1}{2}I_{s3m}\cos(\omega t+\eta_{sa})+\frac{1}{2}i_a(0)e^{-\frac{t}{\tau_{ac}}} \tag{7-16}$$

2. 触发脉冲闭锁后的故障电流特性

子模块闭锁后 MMC 的运行特性与 5.2 节已讨论过的 MMC 不控充电运行工况不同，5.2 节不控充电工况下 MMC 的直流侧是开路的，因此在子模块电容电压较低时，交流系统有可能对子模块进行充电，即电流流通的路径有可能通过二极管 VD_1 流通。但对于直流侧短路后的 MMC 闭锁，MMC 的所有子模块都只能通过二极管 VD_2 流通，这样，触发脉冲闭锁后的 MMC 等效电路如图 7-33 所示。

图 7-33 是标准的二极管整流电路，这里我们感兴趣的仍然是桥臂电流和直流侧的电流，因为桥臂电流决定了 VD_2 以及与 VD_2 并联的保护晶闸管的电流容量，而直流侧的电流则决定了对直流断路器开断容量的要求。下面对图 7-33 所示的二极管整流电路进行分析。

为简化分析，首先考虑短路发生在平波电抗器线路侧出口处，这样正极公共直流母线 B_p 与负极公共直流母线 B_n 就是等电位的。由于这个二极管整流电路的对称性，可以认为 O′ 与 B_p 和 B_n 也是等电位的。下面我们用待定系数法来确定桥臂电流和直流侧电流。

设 u_{sa} 的表达式如式（7-10）所示，并设 $i_{pa\infty}$ 的通式为

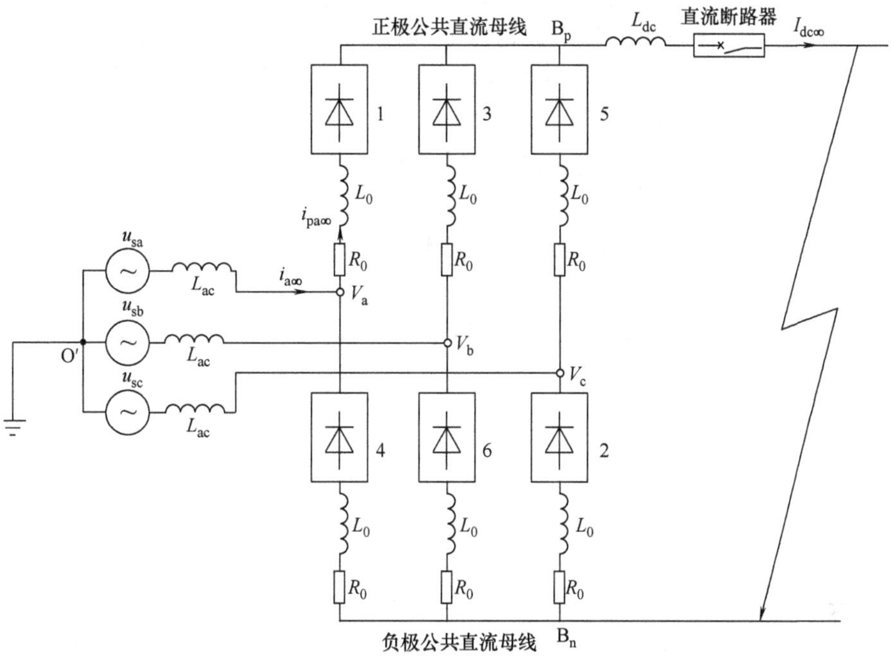

图 7-33 触发脉冲闭锁后的 MMC 等效电路

$$i_{pa\infty}(t)=A_0+A_1\sin(\omega t+\varphi_1)+A_2\sin(2\omega t+\varphi_2)+\cdots \tag{7-17}$$

则 $i_{a\infty}$ 的通式肯定可以写为

$$i_{a\infty}(t)=2A_1\sin(\omega t+\varphi_1)+2A_2\sin(2\omega t+\varphi_2)+\cdots \tag{7-18}$$

对图 7-33 所示二极管整流电路的 a 相立电压方程，有

$$u_{sa}(t)=L_{ac}\frac{\mathrm{d}i_{a\infty}}{\mathrm{d}t}+L_0\frac{\mathrm{d}i_{pa\infty}}{\mathrm{d}t} \tag{7-19}$$

为分析简单，上式中没有考虑桥臂电阻 R_0的作用。将式（7-16）~式（7-18）代入到式（7-19）中有

$$\begin{aligned}U_{sm}\sin(\omega t+\eta_{sa})=&L_{ac}[2A_1\omega\cos(\omega t+\varphi_1)+4A_2\omega\cos(2\omega t+\varphi_2)+\cdots]+\\&L_0[A_1\omega\cos(\omega t+\varphi_1)+2A_2\omega\cos(2\omega t+\varphi_2)+\cdots]\end{aligned} \tag{7-20}$$

即

$$U_{sm}\sin(\omega t+\eta_{sa})=A_1(2\omega L_{ac}+\omega L_0)\cos(\omega t+\varphi_1)+A_2(4\omega L_{ac}+2\omega L_0)\cos(2\omega t+\varphi_2)+\cdots \tag{7-21}$$

比较式（7-21）两边同次谐波项的系数和相位，可以得到

$$A_1=\frac{U_{sm}}{2\omega L_{ac}+\omega L_0}=\frac{1}{2}I_{s3m} \tag{7-22}$$

$$\varphi_1=-90^\circ+\eta_{sa} \tag{7-23}$$

$$A_2=0 \tag{7-24}$$

至此，我们可以得到

$$i_{pa\infty}(t)=A_0+A_1\sin(\omega t+\varphi_1) \tag{7-25}$$

下面我们来确定 A_0。这里要用到图 7-33 所示二极管整流电路本身的两个性质。第 1 个性质是二极管阀的单向导通性，即 $i_{pa\infty}(t) \geqslant 0$；第 2 个性质是二极管阀电流存在多个零点，事实上，对于图 7-33 所示的二极管整流电路，当考虑 R_0 的作用时，$i_{pa\infty}(t)$ 在每一个工频周期中必然存在某个整时间段为零。

根据图 7-33 所示二极管整流电路的第 1 个性质，可以推出

$$A_0 \geqslant A_1 \tag{7-26}$$

根据图 7-33 所示二极管整流电路的第 2 个性质，可以推出

$$A_0 \leqslant A_1 \tag{7-27}$$

根据式（7-26）和式（7-27），可以得到

$$A_0 = A_1 \tag{7-28}$$

这样，我们就得到桥臂电流的表达式为

$$i_{pa\infty}(t) = \frac{1}{2} I_{s3m} [1 - \cos(\omega t + \eta_{sa})] \tag{7-29}$$

从而得到图 7-33 所示二极管整流电路直流侧电流的表达式为

$$I_{dc\infty} = \frac{3}{2} I_{s3m} \tag{7-30}$$

需要注意的是，图 7-33 是 MMC 闭锁后的等效电路，基于图 7-33 求出的桥臂电流和直流侧电流表达式［式（7-29）和式（7-30）］是 MMC 闭锁后进入稳态后的表达式。从闭锁瞬间到进入稳态需要一定的时间，一般可以用一阶惯性过程来进行模拟，这里分别用 τ_{acB} 和 τ_{dcB} 来表示桥臂电流和直流侧电流从闭锁瞬间到进入稳态的一阶过程的时间常数。如果我们重新定义闭锁瞬间为时间起点 $t=0$，那么可以得到 MMC 闭锁后的桥臂电流和直流侧短路电流的完整表达式为

$$i_{pa}(t) = i_{pa\infty}(t) + (I_{paB} - i_{pa\infty}(0)) e^{-\frac{t}{\tau_{acB}}} \tag{7-31}$$

$$i_{dc}(t) = I_{dc\infty} + (I_{dcB} - I_{dc\infty}) e^{-\frac{t}{\tau_{dcB}}} \tag{7-32}$$

式中，I_{paB} 和 I_{dcB} 分别为 MMC 闭锁时刻的 a 相上桥臂电流和直流侧电流。

时间常数 τ_{acB} 和 τ_{dcB} 的解析表达式推导非常困难，对于实际工程，τ_{acB} 大约为 10ms，τ_{dcB} 与平波电抗器的电感值关系密切，一般在 10~200ms 之间。

3. 仿真验证

采用第 2 章 2.4.6 节的单端 400kV、400MW 测试系统进行仿真验证。设置的运行工况如下：交流等效系统线电势有效值为 210kV，即相电势幅值 $U_{sm} = 171.5$kV；直流电压 $U_{dc} =$ 400kV；MMC 运行于整流模式，有功功率 $P_v = 400$MW，无功功率 $Q_v = 0$Mvar。平波电抗器电感和电阻分别为 $L_{dc} = 200$mH 和 $R_{dc} = 0.1\Omega$。MMC 的相关参数重新列于表 7-9。

表 7-9 单端 400kV、400MW 测试系统具体参数

参 数	数 值
MMC 额定容量 S_{vN}/MVA	400
直流电压 U_{dc}/kV	400
交流系统额定频率 f_0/Hz	50
交流系统等效电抗 L_{ac}/mH	24

（续）

参　数	数　值
每个桥臂子模块数目 N	20
子模块电容 $C_0/\mu F$	666
桥臂电感 L_0/mH	76
桥臂电阻 R_0/Ω	0.2

设仿真开始时（$t=0ms$）测试系统已进入稳态运行，$t=10ms$ 时在平波电抗器出口处发生单极接地短路，故障后 10ms 换流器闭锁，仿真过程持续到 $t=80ms$。表 7-10 给出了单端 400kV、400MW 测试系统直流侧故障时闭锁前的几个特征参数，表 7-11 给出了单端 400kV、400MW 测试系统直流侧故障时闭锁后的几个特征参数，图 7-34 给出了直流侧短路电流仿真值与解析计算值的比较，图 7-35 给出了 η_{sa} 取 0°、90°、180°和 270°4 种情况下 a 相上桥臂电流仿真值与解析计算值的比较，图 7-36 给出了上述 4 种情况下 a 相上桥臂子模块电容电压集合平均值的仿真结果。

表 7-10　单端 400kV、400MW 测试系统直流侧故障时闭锁前的几个特征参数

参　数	数　值
直流侧短路电流放电时间常数 τ_{dc}/s	2.15
交流侧短路电流放电时间常数 τ_{ac}/s	0.62
直流侧短路电流振荡角频率 $\omega_{dc}/(rad/s)$	141.30
直流侧短路电流初相位 θ_{dc}（°）	89.81
电容电压等效放电电阻 R_{dis}/Ω	35.42

表 7-11　单端 400kV、400MW 测试系统直流侧故障时闭锁后的几个特征参数

参　数	数　值
桥臂等电位点三相短路时的阀侧线电流幅值 I_{s3m}/kA	8.80
闭锁后稳态下直流电流 $I_{dc\infty}/kA$	13.20
闭锁瞬间直流电流 I_{dcB}/kA	11.25
闭锁后桥臂电流时间常数 τ_{acB}/s	0.008
闭锁后直流电流的时间常数 τ_{dcB}/s	0.01

从图 7-34 可以看出，不管是在闭锁前还是在闭锁后，直流侧短路电流的仿真值与解析计算值吻合得很好，说明直流侧短路电流的解析计算公式［式（7-5）、式（7-30）和式（7-32）］是精确成立的。

从图 7-35 可以看出，对于桥臂电流，闭锁前解析计算值与仿真值相差很大，主要原因是解析计算式［式（7-16）］忽略了交流电网对直流短路电流的分流作用；而闭锁后，解析计算值与仿真值吻合得很好，说明桥臂电流的解析计算公式［式（7-29）和式（7-31）］是精确成立的。

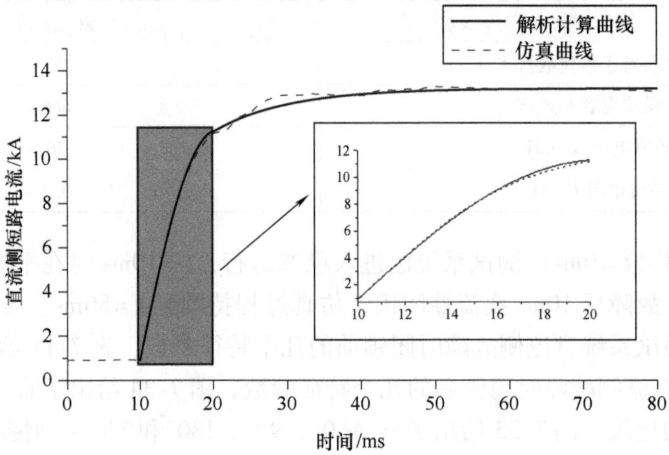

图 7-34 直流侧短路电流仿真值与解析计算值的比较

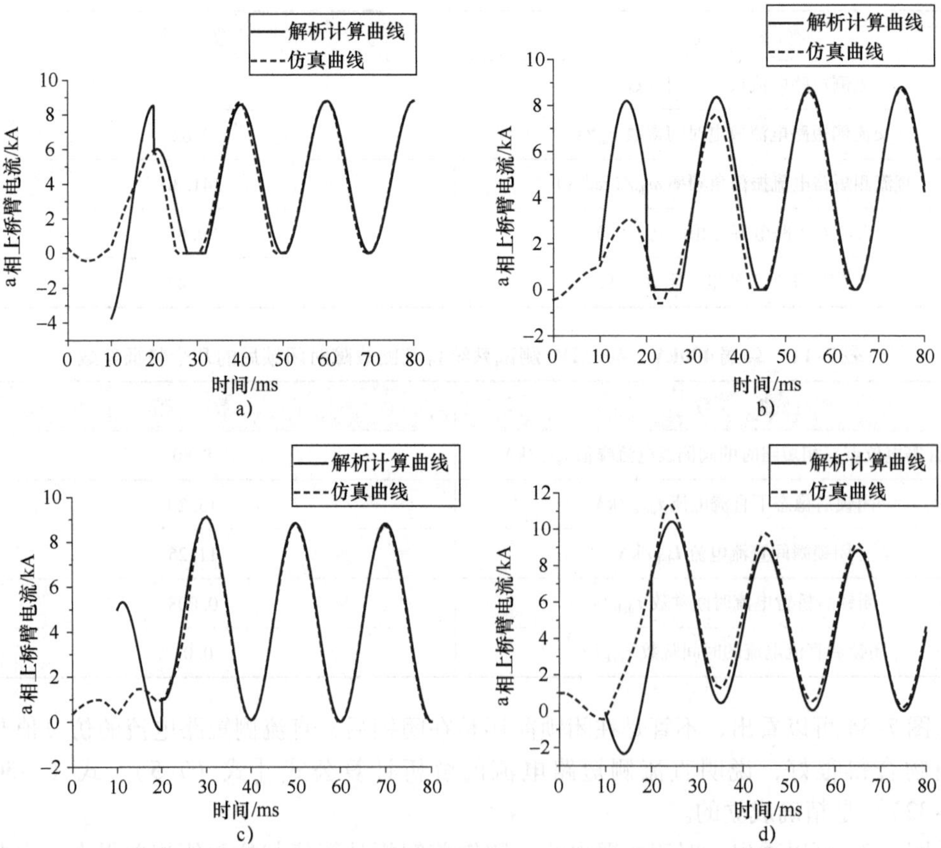

图 7-35 a 相上桥臂电流仿真值与解析计算值的比较

a) $\eta_{sa}=0°$ b) $\eta_{sa}=90°$ c) $\eta_{sa}=180°$ d) $\eta_{sa}=270°$

从图 7-36 可以看出，子模块电容电压下降的程度随短路发生的时刻有很大的变化，严重情况下电容电压可以在 10ms 内几乎下降到零。

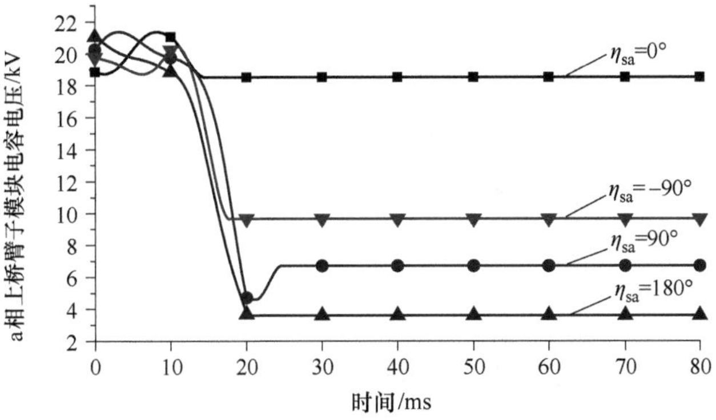

图 7-36　a 相上桥臂子模块电容电压集合平均值变化曲线

4. 直流侧短路后 MMC 的闭锁时刻估计

从图 7-34 可以看出，直流侧发生短路故障后，直流侧故障电流上升极快，并且闭锁后的故障电流大于闭锁前的故障电流。因此，如果通过直流断路器切除故障的话，应该在 MMC 闭锁前切除故障，这样对直流断路器切断电流的要求相对较低。但 MMC 的闭锁时刻取决于子模块中 IGBT 器件承受短路电流的能力。一般 IGBT 承受短路电流的能力按照 2 倍额定电流考虑，通常的做法是测量流过 IGBT 器件的电流，当该电流瞬时值达到器件额定电流的 2 倍时就立刻闭锁 IGBT 器件。因此，直流侧短路后 MMC 何时闭锁取决于流过桥臂的电流大小。根据式（7-16）桥臂电流的近似表达式，略去非主导性的因素后，桥臂电流的简化表达式如式（7-33）所示。

$$i_{pa}(t)=\frac{1}{3}i_{dc}(t)-\frac{1}{2}I_{s3m}\cos(\omega t+\eta_{sa}) \tag{7-33}$$

由于 MMC 的 6 个桥臂电流变化的初相位是不同的，又由于直流侧故障时刻是随机的，因此我们需要选择故障后最早达到 2 倍额定电流的那个桥臂。对于桥臂电流表达式[式（7-33）]，上述要求就转化为选择一个 η_{sa} 值，使得 $i_{pa}(t)$ 最早达到 2 倍额定电流。显然，当取 $\eta_{sa}=\pi/2$ 时，$i_{pa}(t)$ 的值是最大的，因此我们将按式（7-34）来估计 MMC 的闭锁时刻。

$$i_{pa}(t)=\frac{1}{3}i_{dc}(t)+\frac{1}{2}I_{s3m}\sin(\omega t) \tag{7-34}$$

对于单端 400kV、400MW 测试系统，我们可以算出式（7-34）随时间变化的曲线如图 7-37所示。设该测试系统 IGBT 器件的额定电流为 3kA，那么当 $i_{pa}(t)$ 达到 6kA 时 IGBT 闭锁。从图 7-37 可以看出，闭锁时刻是 3.52ms，即直流侧故障后 3.52ms MMC 闭锁。对照式（7-34）可知，闭锁时刻决定于 $i_{dc}(t)$ 的上升速度和 I_{s3m}的值。要延长故障到闭锁的时间，就需要降低 $i_{dc}(t)$ 的上升速度和 I_{s3m}的值，这在系统设计时是需要考虑的。

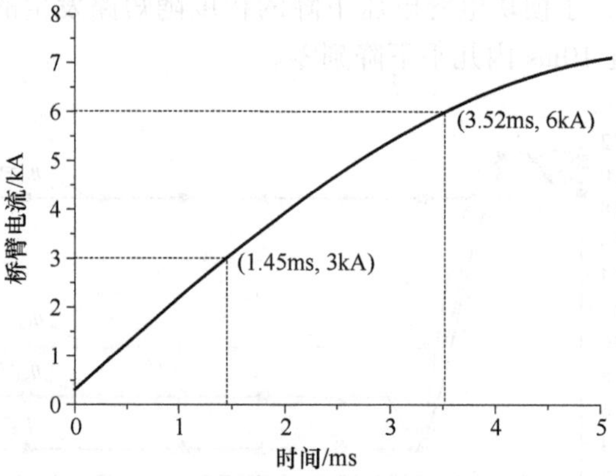

图7-37 桥臂电流随时间变化的曲线

5. 直流侧短路电流闭锁后大于闭锁前的条件分析

根据前面的分析，闭锁前直流短路电流的表达式为式（7-5），略去式（7-5）中的非主导因素，可以得到直流短路电流的最大值近似为 U_{dc}/R_{dis}，其值与平波电抗器 L_{dc} 的取值密切相关，如果 L_{dc} 取零的话，直流短路电流的最大值可以达到直流额定电流的50倍以上。

闭锁后直流短路电流的表达式为式（7-30），直流短路电流的最大值等于1.5倍的桥臂等电位点三相短路电流 I_{s3m}，此值通常小于50倍的直流额定电流。因此，直流侧短路电流在闭锁前后的大小关系主要取决于平波电抗器的大小，若平波电抗器太小的话，闭锁前的直流短路电流大于闭锁后的直流短路电流。

同样针对单端400kV、400MW测试系统，我们来计算一下闭锁前直流短路电流最大值 U_{dc}/R_{dis} 随平波电抗器 L_{dc} 的变化曲线，如图7-38所示。从图7-38可以看出，当 L_{dc} 小于13mH时，闭锁前的直流短路电流大于闭锁后的直流短路电流。

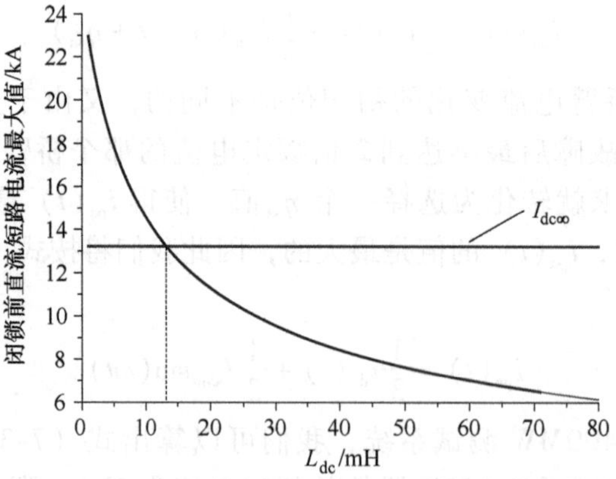

图7-38 闭锁前直流短路电流最大值随 L_{dc} 的变化曲线

我们将图7-38中 U_{dc}/R_{dis} 与 $I_{dc\infty}$ 相等所对应的平波电抗器电感值定义为平波电抗器临界电感值 L_{dcB}。其意义是当 $L_{dc} < L_{dcB}$ 时，闭锁前直流短路电流大于闭锁后的直流短路电流；而当 $L_{dc} > L_{dcB}$ 时，闭锁前直流短路电流小于闭锁后的直流短路电流。一般系统设计时要求 $L_{dc} > L_{dcB}$。

7.4.2 柔性直流输电网短路电流计算

由上一小节的分析可知，MMC 在线路侧故障后，其响应特性与 MMC 是否闭锁密切相关。

在 MMC 闭锁前，从直流侧向 MMC 看，MMC 3 个相单元的每个都可以用结构恒定和参数恒定的 *RLC* 电路来描述，如图 7-31 所示，因而 MMC 可以被看作一个线性电路。

而在 MMC 闭锁后，MMC 可等效为一个标准的 6 脉动整流器，直流侧短路电流的主体是直流电流，其值等于 1.5 倍的桥臂等电位点三相短路电流幅值 I_{s3m}，并与直流侧电路结构和参数关系不大，因而 MMC 可以看作一个直流电流源。这样，整个直流电网的短路电流计算可以简化为一个直流网络的求解问题。当然用这种方法求出的短路电流实际上是其稳态分量，MMC 闭锁瞬间电感上的电流是不会突变的，因而从 MMC 闭锁瞬间的电流值到稳态值之间还有一个暂态过程，通常用电磁暂态仿真的方法来进行计算更加方便。

以下关于直流电网短路电流的分析，将在 MMC 触发脉冲未闭锁的条件下进行。

不失一般性，考虑如图 7-39a 所示的单极接地故障。显然，直流侧故障可以描述为故障线路处连接了两个相互串联的大小相同、方向相反的电压源，如图 7-39b 所示。为了简化分析过程，电压源的大小可以取为故障前故障点处的直流电压（记为 U_{dcf0}）。根据前面的分析，MMC 在闭锁前，从直流侧看进去可以认为是线性电路，因此可以采用叠加原理进行分析。图 7-39b 所示的电路模型可以拆分成两个电路，如图 7-39c 和图 7-39d 所示。其中图 7-39c 表示的是图 7-39a 故障前的状态，图 7-39d 中的 MMC 处于零状态。在分析的时间段很短的条件下，认为 MMC 故障后的运行状态基本保持故障前的运行状态不变；这样，图 7-39a中的短路电流 i_{dc} 可以拆分为两个部分：正常分量 I_{dc0} 和故障分量 i_{dcf}。前者就是正常运行状态下的直流电流，后者可以通过图 7-39d 所示的电路进行求解。

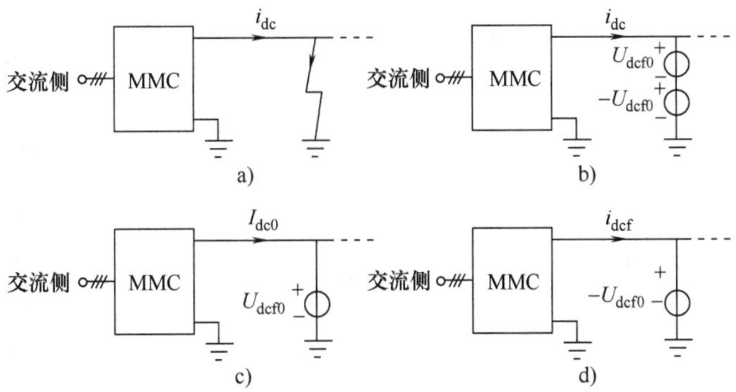

图 7-39　单极接地故障及其线性等效

短路电流的正常分量 I_{dc0} 可以通过直流电网的潮流计算得到，需要考虑 I_{dc0} 取到最大值的运行工况。直流电网的潮流计算可以采用牛顿- 拉夫逊法完成，一般设定一个功率平衡节点为定电压节点，其余节点为定功率节点，具体流程不再赘述。下面重点讨论故障分量 i_{dcf} 的计算方法。

对于图 7-39d 所示的电路，其关键问题是如何描述处于零状态的 MMC。从直流侧看进去，可以认为 MMC 仅仅由 3 个相单元并联构成。对于处于零状态的每个相单元，显然其等效电路

是一个 RLC 串联支路。其中的 R 和 L 容易确定，分别为 $R=2R_0$ 和 $L=2L_0$；而其中的 C 考虑到模拟的是 MMC 触发脉冲未闭锁时的零状态，所有子模块电容都是参与运行的，因此应采用第 3 章式（3-56）的等效原则，即 RLC 串联支路的等效电容 C 取 $C_{eq}=(2/N)C_0$。这样，图 7-39d 所示的电路就很容易计算了，只要将直流电网中的所有 MMC 都用图 7-40 的等效电路来模拟就可以了。

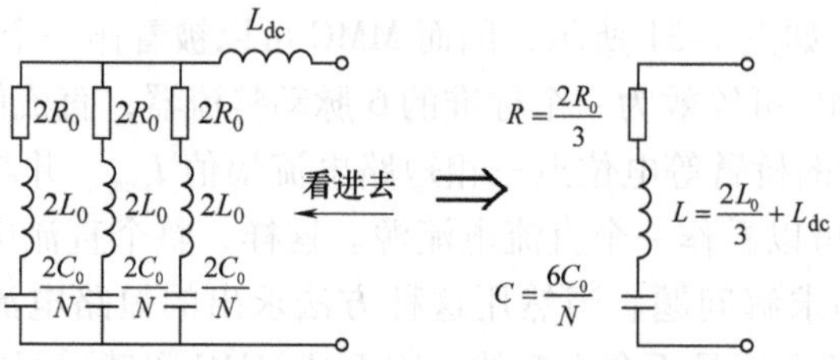

图 7-40 计算短路电流故障分量时的 MMC 模型

这样，短路电流故障分量 i_{dcf} 在柔性直流电网中的分布就可用图 7-41 来描述[25]。图中，L_k（$k=1$，…，M）表示包含了平波电抗器的换流站 k 的等效电感，R_k（$k=1$，…，M）表示换流站 k 的等效电阻，C_k（$k=1$，…，M）表示换流站 k 的等效电容；P_f 表示故障点（图中假设故障发生在换流站 2 的直流线路出口），U_{dc2} 表示故障前故障点的稳态直流电压。作为近似，可以认为直流网络中所有点的稳态运行电压均为其额定电压。

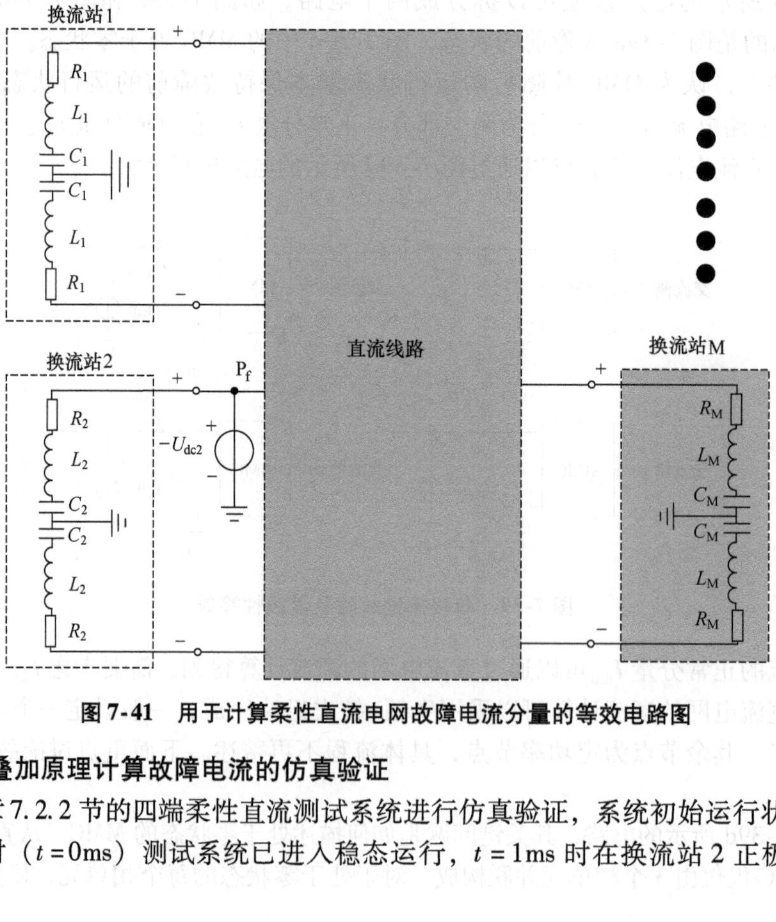

图 7-41 用于计算柔性直流电网故障电流分量的等效电路图

1. 采用叠加原理计算故障电流的仿真验证

采用本章 7.2.2 节的四端柔性直流测试系统进行仿真验证，系统初始运行状态见表 7-3。设仿真开始时（$t=0$ms）测试系统已进入稳态运行，$t=1$ms 时在换流站 2 正极直流母线上发生单极接地短路，仿真过程持续到 $t=11\text{ms}$。图 7-42 给出了采用电磁暂态仿真方法与采用叠加原理计算得到的流过各换流站平波电抗器的短路电流波形的比较。

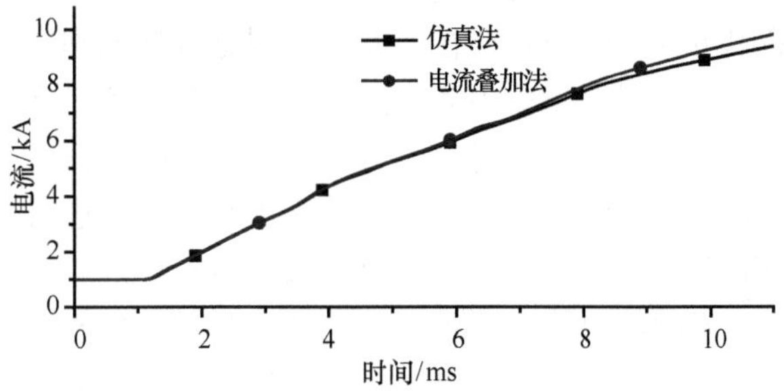

a）

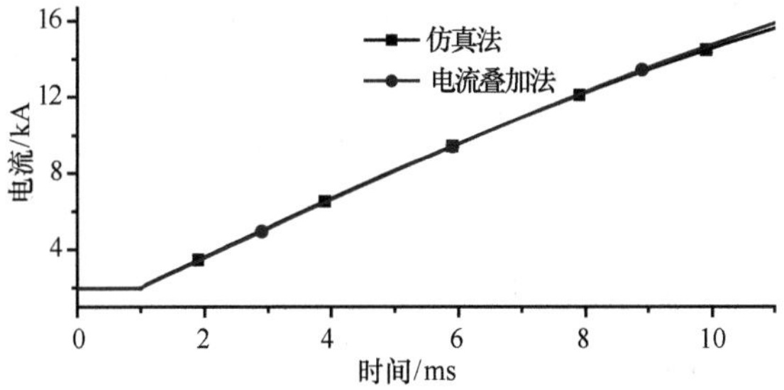

b）

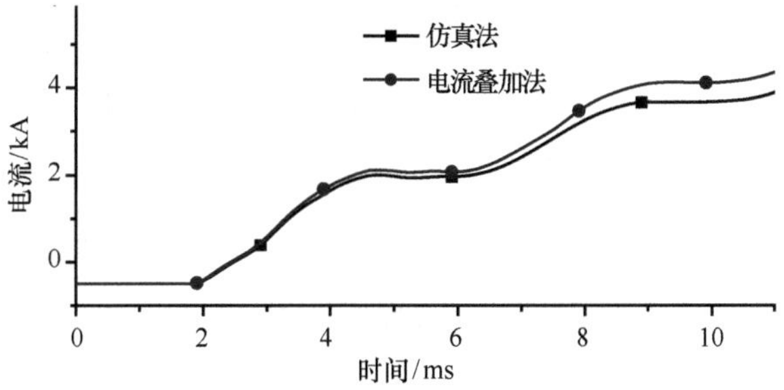

c）

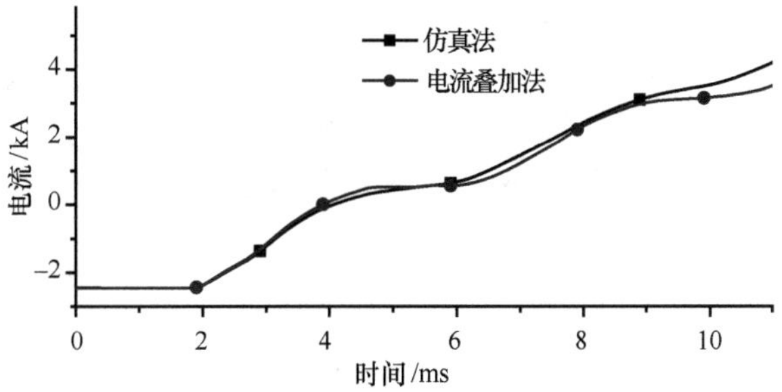

d）

图 7-42　仿真方法与叠加原理计算结果的比较

a）换流站 1 流过平波电抗器的短路电流波形　b）换流站 2 流过平波电抗器的短路电流波形

c）换流站 3 流过平波电抗器的短路电流波形　d）换流站 4 流过平波电抗器的短路电流波形

从图 7-42 可以看出，采用叠加原理计算的结果与采用仿真方法计算的结果在故障发生后的前 5ms 内几乎没有差别，随着时间推移，差别逐渐变大，但在整个仿真过程持续时间内，误差并不大，表明采用叠加原理进行直流侧的短路电流计算是可行的。

采用叠加原理与采用仿真方法两者存在误差的原因是叠加原理中的稳态分量计算条件在故障后是不严格成立的，只有当故障后 MMC 本身的运行状态继续维持故障前的状态不变的条件下，稳态分量的计算才是成立的。事实上，MMC 在故障后其运行状态是发生变化的，故障发生后时间越长，运行状态的变化越大，因而采用叠加原理进行计算，只在故障后很短的时间内适用。对于一般性的直流电网，这个时间段在 10ms 左右。

采用叠加原理进行直流侧的短路电流计算不需要 MMC 的电磁暂态仿真模型，因而这种方法非常简单，效率极高，是适用于直流电网短路电流计算的好方法。

2. 直流电网对断路器性能要求分析

对于 7.2.2 节的四端柔性直流测试系统，设直流断路器的安装方案如图 7-43 所示。下面考察对直流断路器开断能力的要求。设系统初始运行状态见表 7-3，仿真开始时（$t=0$ms）测试系统已进入稳态运行，$t=1$ms时在正极直流断路器 B_{24}线路侧发生单极接地短路，计算正极系统 8 个断路器流过的短路电流，仿真过程持续到$t=11$ms。仿真结果如图 7-44 所示。

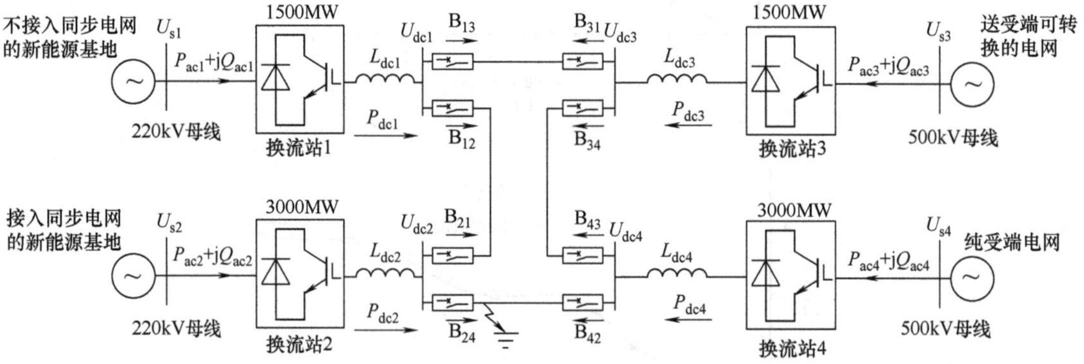

图 7-43 直流断路器安装方案

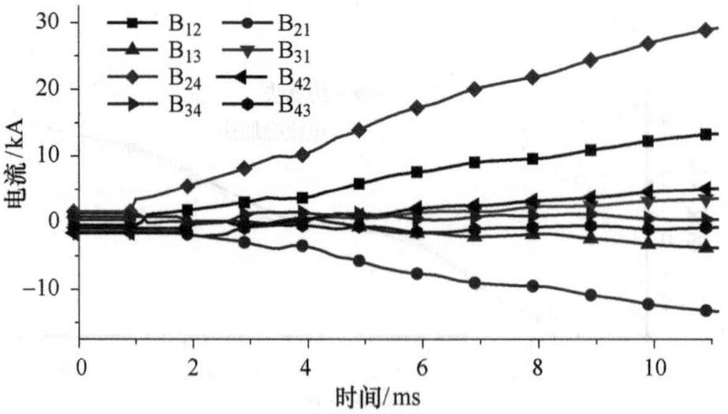

图 7-44 正极系统 8 个断路器流过的短路电流

从图 7-44 可以看出，对于所仿真的故障，流过断路器 B_{24}的短路电流最大。直流电网发生短路故障后，继电保护检测故障线路并通知直流断路器跳闸，再加直流断路器切断故障电流的时间，合起来一般不会小于 6ms。如果直流断路器能够在故障后 6ms 开断直流短路电流，则直流断路器的开断能力需要达到 20kA。如果直流断路器不能在故障后 6ms 开断直流短路电流，则对直流断路器开断能力的要求更高，比如故障后 8ms 开断的话，要求的开断能力为 25kA。

对于本故障方式，流过断路器 B_{24} 的短路电流实际上由两部分组成，一部分来自换流站 2，另一部分来自换流站 1。显然，本故障方式下流过断路器 B_{24} 的短路电流达到最大值，因此在本故障方式下计算得到的短路电流值就可以作为断路器 B_{24} 的开断能力要求。一般地，如果需要确定任意位置断路器的开断能力要求，只要计算该断路器线路侧故障时流过该断路器的短路电流即可，因为这种故障方式下流过断路器的短路电流是最大的。

3. 采用平波电抗器抑制短路电流的效果分析

为了使直流断路器能够可靠切断故障电流，通常要求限制故障电流的数值。最有效的方法是加大平波电抗器的值，图 7-45 给出了四端柔性直流测试系统中换流站 2 平波电抗器分别取 100mH、200mH、300mH 和 400mH 4 种情况下对应上述同样故障时流过断路器 B_{24} 的故障电流波形。

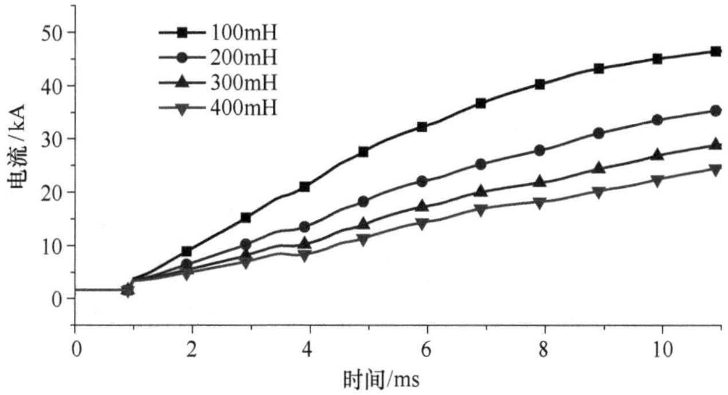

图 7-45　换流站 2 平波电抗器取不同电感值时的故障电流波形

从图 7-45 可以看出，平波电抗器电感值加大对抑制故障电流的作用是逐渐衰减的，从 100mH 变到 200mH 效果明显，而从 300mH 变到 400mH 效果就差很多。另外，平波电抗器电感值不能无限制加大，否则系统会进入不稳定运行状态，因为平波电抗器是一个惯性元件，会使系统的响应速度变慢，极限情况下就会使整个直流系统失稳。例如，对于本四端柔性直流测试系统，当换流站 2 平波电抗器电感值取 500mH 时，系统就无法进入稳定运行状态。

7.5　无直流断路器的柔性直流电网故障处理方法及对交流电网的影响

直流电网的基本构网方式有两种：第 1 种方式是半桥子模块 MMC 加直流断路器方式；第 2 种方式是无直流断路器但采用具有直流侧故障自清除能力的 MMC。由 7.4 节的分析结论可以推理出如下论断：如果采用第 1 种直流电网构网方式，那么要求直流断路器在 MMC 闭锁前就开断故障线路，否则这种直流电网构网方式就不存在优势。理由如下，如果直流断路器不能在 MMC 闭锁前开断故障线路，就会造成两个后果。第 1 个后果是直流电网中的所有 MMC 都会闭锁，这与第 2 种直流电网构网方式在处理直流侧故障时的效果一样，但第 1 种构网方式显然多了直流断路器的投资。第 2 个后果是对于一般配置的平波电抗器，MMC 闭锁后的直流侧短路电流大于 MMC 闭锁前的直流侧短路电流，如果直流断路器不能在 MMC 闭锁前开断故障线路，意味着对直流断路器提出了更高的要求，这在技术上和经济上都是很难承受的。

下面分析直流断路器在 MMC 闭锁前开断故障线路的可能性有多大。由 7.4 节的分析知，直流侧故障发生后到 MMC 闭锁的时间通常在 3 ~ 5ms，如果平波电抗器取值很大，MMC 闭锁时间可以拖到故障发生后 8ms。因此，在下面的分析中，我们以故障发生到 MMC 闭锁的最长时间为 8ms 作为前提条件，分析直流断路器在 MMC 闭锁前开断故障线路的可能性。

假定直流电网中存在一条直流线路长度为 1000km，当此线路一端发生故障时，信号从故障点送到另一端的时间延迟为 3.33ms（这里假定信号以光速传播），假定保护装置接收信号、检测故障、发送信号到断路器的时间为 2ms，直流断路器开断故障电流的时间为 3ms，那么从故障发生到故障电流实际被开断的时间为 8.33ms，超出我们设定的从故障发生到 MMC 闭锁最长时间 8ms 的限制条件。即当直流电网中的线路长度超过 1000km 时，要求直流断路器在 MMC 闭锁前开断故障线路是不现实的。而在 MMC 闭锁后再通过直流断路器开断故障线路，一方面会对交流系统造成巨大冲击；另一方面在这种情况下开断故障线路的难度更大，因为故障电流更大了。

因而对于包含长距离线路的直流电网，采用第 1 种构网方式不一定是明智的选择。对于这样的直流电网，既然故障发生后 MMC 必然会闭锁，还不如直接采用第 2 种直流电网构网方式。本节我们将讨论无直流断路器的直流电网，主要分析如何清除故障以及对交流电网的影响。

7.5.1 具有故障自清除能力的子模块结构

德国慕尼黑联邦国防军大学的 Rainer Marquardt 2001 年最早提出的模块化多电平换流器拓扑采用的子模块是半桥子模块[26]，即图 2-2 所示的子模块。本书第 2 章到本章的前面部分讨论的都是基于半桥子模块的 MMC。但根据本章前面部分的分析，基于半桥子模块的 MMC 在直流侧故障时并不能通过换流器本身的闭锁来切断故障电流，实际上 MMC 闭锁后通常流入直流侧的故障电流更大。在高压大容量直流断路器离大规模工程应用还有距离的情况下，研发具有故障自清除能力的子模块拓扑就显得非常有价值。

2010 年和 2011 年 Rainer Marquardt 分别在两次国际电力电子会议上提出了广义 MMC 的概念[27,28]，将 MMC 的子模块分为 3 种基本类型：半桥子模块（Half Bridge Sub-Module，HBSM）、全桥子模块（Full Bridge Sub-Module，FBSM）和钳位双子模块（Clamping Double Sub-Module，CDSM），其中 CDSM 是在这两次会议上最早提出的；图 7-46 给出了这 3 种子模块的拓扑结构。下面分别对基于 FBSM、CDSM 和交叉型子模块（Cross-Connected Sub-Module，CCSM）构成的 MMC 的故障自清除原理进行分析。

1. 基于全桥子模块的 MMC 的故障自清除原理

全桥子模块（FBSM）由 4 个带反并联二极管（VD_1、VD_2、VD_3 和 VD_4）的 IGBT

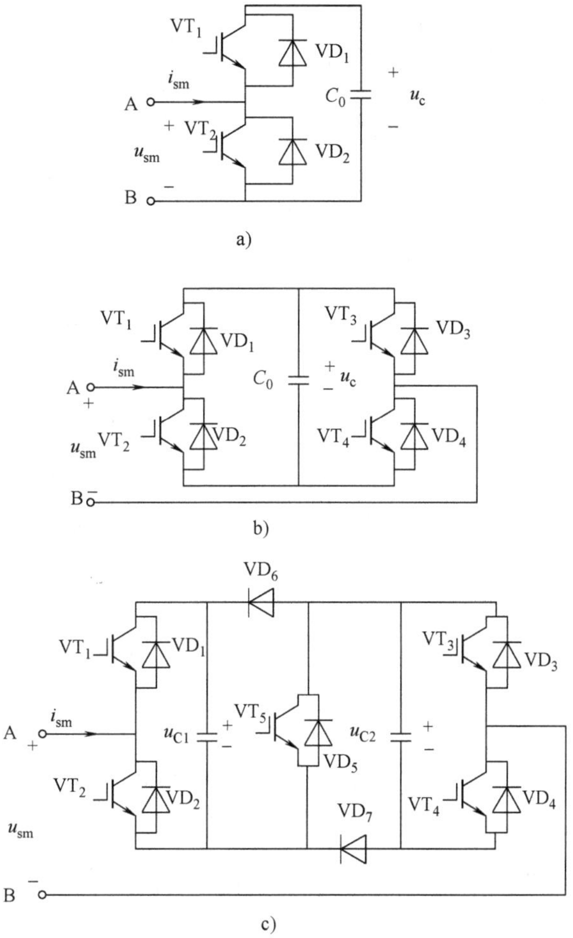

图 7-46　MMC 3 种子模块结构示意图

a）HBSM　b）FBSM　c）CDSM

（VT_1、VT_2、VT_3 和 VT_4）和储能电容 C_0 组成。正常运行时，VT_1 和 VT_2 以及 VT_3 和 VT_4 的开关状态互补，VT_1 和 VT_4 以及 VT_2 和 VT_3 的开关状态一致。全桥子模块运行状态分为 4 种，如图 7-47 所示。根据流入子模块的电流方向和流经器件的具体路径，每种运行状态又可分为两种具体运行方式，其中前 3 种为正常状态，并可根据子模块输出电压极性进行划分；而最后一种为非正常状态，一般用于清除故障或系统启动。

1）“正投入”状态，如图 7-47a 所示，此时对 VT_1 和 VT_4 施加导通信号，而对 VT_2 和 VT_3 施加关断信号，子模块输出电平为 $+U_c$（U_c为电容电压额定值，下同）。

2）“负投入”状态，如图 7-47b 所示，此时对 VT_1 和 VT_4 施加关断信号，而对 VT_2 和 VT_3 施加导通信号，子模块输出电平为 $-U_c$。

3）“旁路”状态，如图 7-47c 所示，此时对 VT_1 和 VT_3 或 VT_2 和 VT_4 同时施加导通信号，子模块输出电平为 0。

4）“闭锁”状态，如图 7-47d 所示，此时对 VT_1、VT_2、VT_3 和 VT_4 同时施加关断信号，可以看出无论子模块电流方向是正或负，都会对模块电容充电。

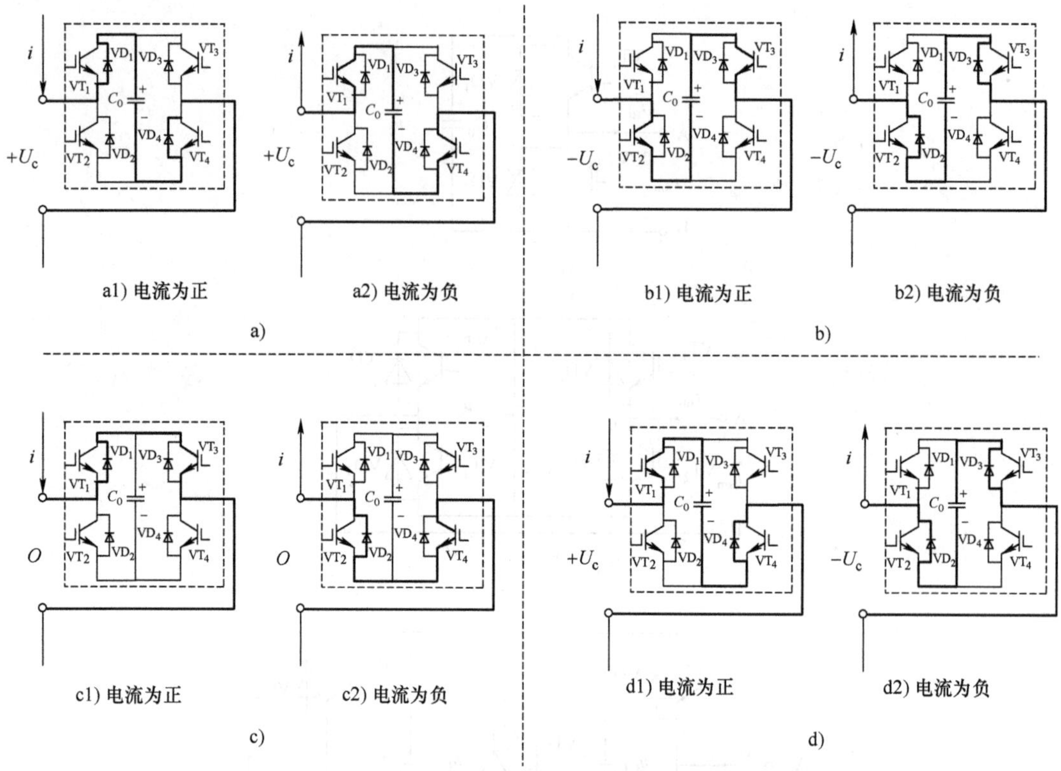

图 7-47 全桥子模块运行模式示意图

a）正投入 b）负投入 c）旁路 d）闭锁

研究图 7-23 所示的单换流器直流侧故障分析模型，设图中的 MMC，为基于全桥子模块的 MMC，则在子模块闭锁前，对于正投入的子模块，故障电流流通路径如图 7-47a2 所示；对于旁路的子模块，故障电流流通路径如图 7-47c2 所示。从直流侧向 MMC 看进去的等效电路与图 7-31 类似，是一个子模块电容向直流侧短路点放电的电路。

当全桥子模块全部闭锁后，子模块电流的流通路径如图 7-47d2 所示，直流侧短路电流通过 VD_3 到 C_0 到 VD_2 流通，从直流侧向 MMC 看进去的等效电路如图 7-48a 所示，此时故障电流流过相单元中的所有子模块。下面我们对故障电流 $i_{dc}(t)$ 的变化规律作一近似分析。

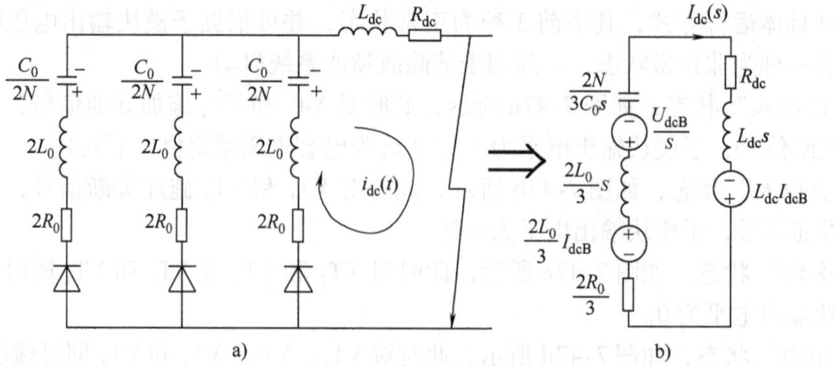

图 7-48 从直流侧向 MMC 看进去的等效电路

设闭锁时刻 MMC 的直流侧电压为 U_{dcB}、故障电流值为 I_{dcB}，并设闭锁时刻为时间起点 $t=0$,则图 7-48a 的等效运算电路如图 7-48b 所示。对图 7-48b 的运算电路进行求解，可得

$$I_{dc}(s)=\frac{s\left(L_{dc}+\dfrac{2L_0}{3}\right)I_{dcB}-U_{dcB}}{s^2\left(\dfrac{2}{3}L_0+L_{dc}\right)+s\left(\dfrac{2}{3}R_0+R_{dc}\right)+\dfrac{2N}{3C_0}} \tag{7-35}$$

对式（7-35）进行拉普拉斯反变换，得到

$$i_{dc}(t)=-\frac{1}{\sin\theta'_{dc}}I_{dcB}\mathrm{e}^{-\frac{t}{\tau'_{dc}}}\sin(\omega'_{dc}t-\theta'_{dc})-\frac{U_{dcB}}{R'_{dis}}\mathrm{e}^{-\frac{t}{\tau'_{dc}}}\sin(\omega'_{dc}t) \tag{7-36}$$

式中，

$$\tau'_{dc}=\frac{4L_0+6L_{dc}}{2R_0+3R_{dc}} \tag{7-37}$$

$$\omega'_{dc}=\sqrt{\frac{8N(2L_0+3L_{dc})-C_0(2R_0+3R_{dc})^2}{4C_0(2L_0+3L_{dc})^2}} \tag{7-38}$$

$$\theta'_{dc}=\arctan(\tau'_{dc}\omega'_{dc}) \tag{7-39}$$

$$R'_{dis}=\sqrt{\frac{8N(2L_0+3L_{dc})-C_0(2R_0+3R_{dc})^2}{36C_0}} \tag{7-40}$$

根据式（7-36），$i_{dc}(t)$包含两个分量，一个分量是电感元件电流不能突变而产生的续流，其方向是向子模块电容充电；另一个分量是子模块电容的放电电流，其方向与故障电流流动方向相反；两个分量叠加就使故障电流迅速下降到零；由于二极管的单向导通特性，故障电流下降到零后不会向负的方向发展；因而故障电流下降到零后就保持零值不变。

下面对闭锁后故障电流下降到零所需要的时间进行估计。根据式（7-36），$i_{dc}(t)$的第1项为正，第2项为负；因此忽略 $i_{dc}(t)$的第2项得到的过零时间显然是偏长的，但可以作为闭锁后故障电流下降到零所需时间的一个保守估计。设闭锁后故障电流下降到零所需的时间为 T_{tozero}，则 T_{tozero}满足式（7-41）。

$$T_{tozero}<\frac{\theta'_{dc}}{\omega'_{dc}} \tag{7-41}$$

一般情况下从闭锁到故障电流衰减到零的时间不超过 10ms。

下面仍然采用表 7-9 所示的单端 400kV、400MW 测试系统进行仿真验证，假定该测试系统中的子模块采用全桥子模块，所有参数与表 7-9 保持一致。设置的运行工况如下：交流等效系统线电势有效值为 210kV，即相电势幅值 $U_{sm}=171.5$kV；直流电压 $U_{dc}=400$kV；MMC 运行于整流模式，有功功率 $P_v=400$MW，无功功率 $Q_v=0$Mvar。平波电抗器电感和电阻分别为 $L_{dc}=200$mH 和 $R_{dc}=0.1\Omega$。

设仿真开始时（$t=0$ms）测试系统已进入稳态运行，$t=10$ms 时在平波电抗器出口处发生单极接地短路，故障后 10ms 换流器闭锁，仿真过程持续到 $t=40$ms。表 7-12 给出了此测试系统直流侧故障闭锁后的几个特征参数，图 7-49 给出了直流侧短路电流仿真值与解析计算值的比较。从图 7-49 可以看出，式（7-36）的解析计算结果与仿真结

果基本吻合，从闭锁到故障电流衰减到零的时间分别为5.3ms（解析计算值）和6.5ms（仿真值）。

表7-12 单端400kV、400MW全桥MMC测试系统直流侧故障闭锁后的几个特征参数

参　数	数　值
直流侧短路电流放电时间常数 τ'_{dc}/s	2.15
直流侧短路电流振荡角频率 ω'_{dc}/(rad/s)	282.60
直流侧短路电流初相位 θ'_{dc}(°)	89.91
闭锁后直流侧短路电流下降到零历时上限 T_{tozero}/ms	5.55
电容电压等效放电电阻 R'_{dis}/Ω	70.84

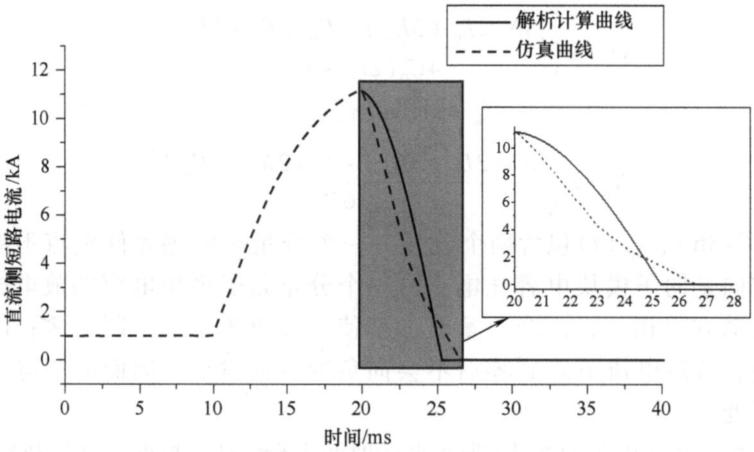

图7-49 全桥子模块MMC直流侧短路电流仿真值与解析计算值的比较

2. 基于钳位双子模块的MMC的故障自清除原理[29]

钳位双子模块（CDSM）由两个等效半桥单元通过两个钳位二极管和一个引导IGBT（VT_5）构成。正常运行时VT_5一直导通，钳位双子模块等效为两个级联的半桥子模块，如图7-50所示。因此对于每桥臂N个CDSM的MMC，控制策略与具有N个HBSM的MMC相同，只不过CDSM投入时插入的电容电压为$2U_c$，HBSM投入时插入的电容电压为U_c。钳位双子模块的触发信号与子模块输出电压之间的关系见表7-13，实际直流输电工程中由于电压很高，子模块数目很多，一般不使用输出仅为U_c的触发模式。下面研究基于钳位双子模块的MMC的故障自清除原理。

采用图7-23所示的单换流器直流侧故障分析模型，设图中的MMC为基于钳位双子模块的MMC，则在子模块闭锁前，对于双投入或者单投入的子模块，故障电流分别通过两个电容或一个电容放电；对于旁路的子模块，故障电流通过VD_3、VT_5和VD_2流通。从直流侧向MMC看进去的等效电路与图7-31类似，是一个子模块电容向直流侧短路点放电的电路。

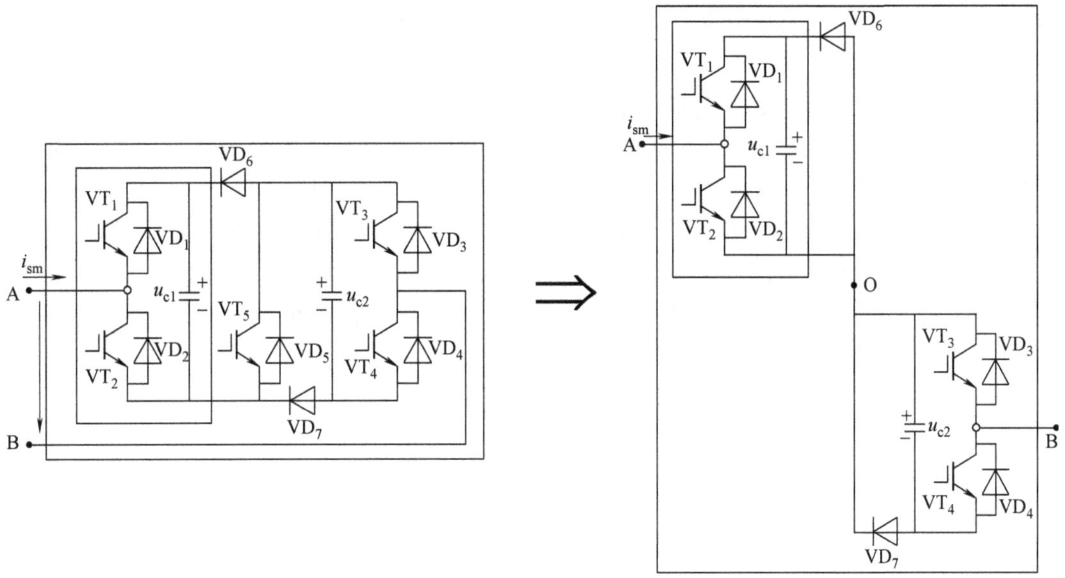

图 7-51　钳位双子模块正常运行简化模型

表 7-13　钳位双子模块触发信号与输出电压

	VT_1	VT_2	VT_3	VT_4	VT_5	U_{HBSM1}	U_{HBSM2}	u_{sm}	i_{sm}
	1	0	0	1	1	U_c	U_c	$2U_c$	—
正常	1	0	1	0	1	U_c	0	U_c	—
模式	0	1	0	1	1	0	U_c	U_c	—
	0	1	1	0	1	0	0	0	—
闭锁	0	0	0	0	0	—	—	$2U_c$	>0
模式	0	0	0	0	0	—	—	$-U_c$	<0

当钳位双子模块全部闭锁后，子模块电流的流通路径如图 7-51 所示，两个电容被并联充电。从直流侧向 MMC 看进去的等效电路与图 7-48 类似，即故障电流流动的方向是向子模

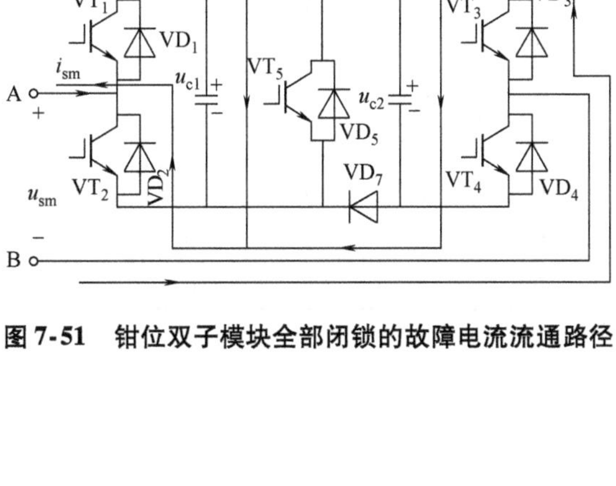

图 7-51　钳位双子模块全部闭锁的故障电流流通路径

块电容充电的方向，子模块电容电压是与故障电流流动方向相反的，从而驱使故障电流快速衰减到零。这样，若采用基于钳位双子模块的 MMC，直流侧故障时只要闭锁 IGBT，故障电流就会自动衰减到零。

3. 基于交叉型子模块的 MMC 的故障自清除原理

交叉型子模块（CCSM）是本书作者团队提出的一种具有故障自清除能力的子模块结构[30]，如图 7-52 所示。该子模块由 12 个 IGBT（VT_1 ~ VT_{12}）、12 个反并联二极管（VD_1 ~ VD_{12}）以及 4 个电容（C_1、C_2、C_3、C_4）组成。其中每个 IGBT 及对应的反并联二极管（如 VT_1、VD_1）组成相应的开关对，相邻的两个开关对组成一个开关组（S_1 ~ S_6）。子模块为左右对称结构，左右两部分各包含两个电容以及两个开关组。两部分通过位于中间部分的两个开关组（S_5、S_6）相连。

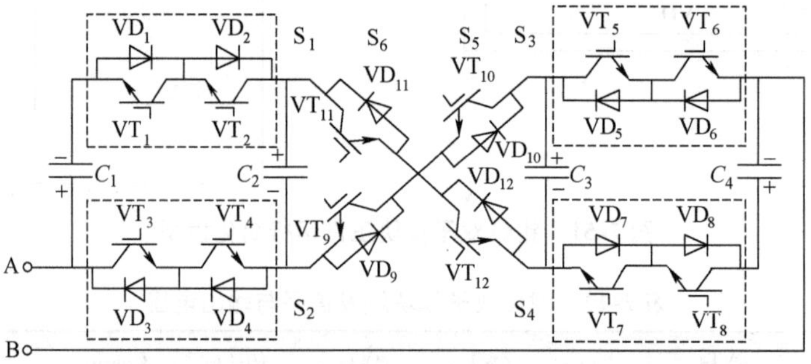

图 7-52 交叉型子模块拓扑

对于每桥臂 N 个 CCSM 的 MMC，控制策略与具有 N 个 HBSM 的 MMC 相同，只不过 CCSM 投入时插入的电容电压为 $4U_c$，HBSM 投入时插入的电容电压为 U_c。CCSM 的触发信号与子模块输出电压之间的关系见表 7-14，实际直流输电工程中由于电压很高，子模块数目很多，一般仅使用输出为 $4U_c$ 和 0 的触发模式。下面研究基于 CCSM 的 MMC 的故障自清除原理。

表 7-14 CCSM 开关状态表

工作状态		S_1	S_2	S_3	S_4	S_5	S_6	U_{sm}
4 电平		0	0	0	1	1	0	$4U_c$
2 电平	模式 1	1	0	1	0	1	0	$2U_c$
	模式 2	0	1	0	1	1	0	$2U_c$
	模式 3	1	0	0	1	0	1	$2U_c$
0 电平	模式 1	0	1	1	0	1	0	$0U_c$
	模式 2	1	0	1	0	0	1	$0U_c$
	模式 3	0	1	0	1	0	1	$0U_c$
-2 电平		0	1	1	0	0	1	$-2U_c$
闭锁	$i_{sm}>0$	0	0	0	0	0	0	$4U_c$
	$i_{sm}<0$	0	0	0	0	0	0	$-2U_c$

采用图 7-23 所示的单换流器直流侧故障分析模型，设图中的 MMC 为基于 CCSM 的 MMC，则在子模块闭锁前，对于 4 电平投入的子模块，故障电流流通路径如图 7-53 所示，4 个子模块电容同时放电。考虑正常运行时的其他触发模式后，从直流侧向 MMC 看进去的等效电路与图 7-31 类似，是一个子模块电容向直流侧短路点放电的电路。

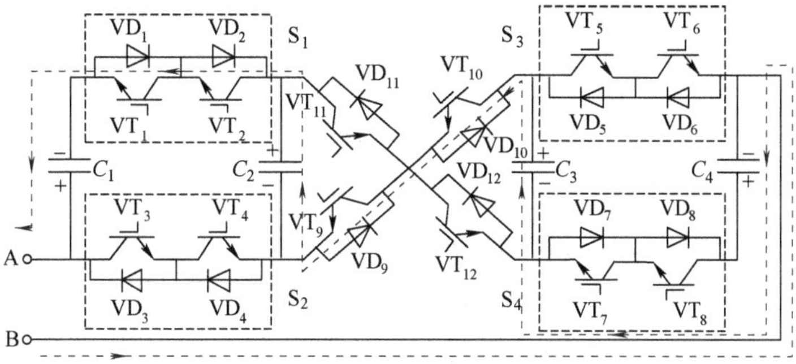

图 7-53　4 电平投入的交叉型子模块闭锁前故障电流流通路径

当 CCSM 全部闭锁后，子模块电流的流通路径如图 7-54 所示，两个电容被串联充电。从直流侧向 MMC 看进去的等效电路与图 7-48 类似，即故障电流流动的方向是向子模块电容充电的方向，子模块电容电压是与故障电流流动方向相反的，从而驱使故障电流快速衰减到零。这样，若采用基于交叉型子模块的 MMC，直流侧故障时只要闭锁 IGBT，故障电流就会自动衰减到零。

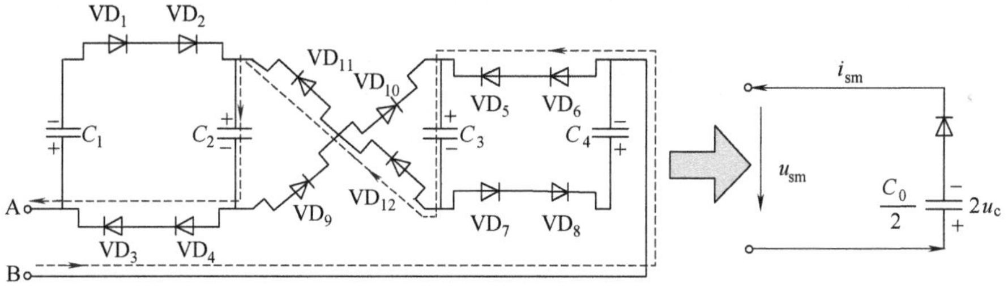

图 7-54　交叉型子模块全部闭锁的故障电流流通路径

4. 具有故障自清除能力的 3 种子模块的投资成本比较

这里将基本的半桥子模块（HBSM）作为比较的基准，HBSM 没有故障自清除能力，但成本是最低的。对于具有故障自清除能力的子模块，其产生单位电平 U_c 的成本通常是高于 HBSM 的。因此，我们以产生单位电平 U_c 所需的电力电子器件的数量为指标来衡量 3 种具有故障自清除能力的子模块的投资成本。具体的比较结果见表 7-15。

假定每个电力电子器件承压均为 U_c。对于 HBSM，每个子模块包含两个 IGBT、两个反并联二极管和一个电容，其输出电压为 U_c。因此，其单位电平所需的 IGBT 及二极管数量均为两个。同理可知，对 FBSM，单位电平所需的IGBT及二极管的数量均为 4 个。由于每个 CDSM 包含 5 个 IGBT、5 个反并联二极管以及两个钳位二极管，因此其单位电平所需的IGBT 及二极管数量分别为 2.5 个及 3.5 个。对于 CCSM，一个 CCSM 能够输出 4 个电平，若保证每个电力电子器件承压同样为 U_c，则每个子模块包含 12 个 IGBT 以及 12 个反并联二极管，因此其单位电平所需 IGBT 及二极管的数量均为 3 个。

表 7-15 3 种具有故障自清除能力的子模块的投资成本比较

子模块类型	单子模块含器件数		单子模块输出电压	单位电平所需器件数		直流故障自清除能力
	IGBT	二极管		IGBT	二极管	
HBSM	2	2	U_c	2	2	无
FBSM	4	4	U_c	4	4	有
CDSM	5	7	$2U_c$	2.5	3.5	有
CCSM	12	12	$4U_c$	3	3	有

由表 7-15 可知，HBSM 具有最佳的经济性，但其欠缺直流故障处理能力。在其余 3 种子模块中，FBSM 所需的电力电子器件数最多，经济性最差。与 CDSM 相比，CCSM 所需 IGBT的个数稍多，但所需二极管的数量较少。因此 CCSM 与 CDSM 的器件投资成本相对较低，是构成具有故障自清除能力的 MMC 的首选子模块类型。

5. 具有故障自清除能力的 3 种子模块的运行损耗比较

对于 MMC，相较于开关损耗，子模块的通态损耗在系统运行损耗中占有较高比例[31]。因此，子模块运行损耗可用单位电平所需流通的电力电子器件数量作为指标来衡量。具体比较结果见表 7-16。

通过对比可知，与 FBSM 相比，CCSM 与 CDSM 均具有较强的经济性。在导通状态下，这两种子模块单位电平所需流通的电力电子器件个数均为 1.5 个，而 FBSM 所需流通的电力电子器件个数为两个。因此，由 CCSM 与 CDSM 构成的 MMC 将具有同等水平的通态损耗。

表 7-16 3 种具有故障自清除能力的子模块的运行损耗比较

子模块类型	电流方向	输出电压	导通器件总数	单位电平流通的器件数
HBSM	A→B	U_c	1 个二极管	1 个二极管
	B→A		1 个 IGBT	1 个 IGBT
FBSM	A→B	U_c	2 个二极管	2 个二极管
	B→A		2 个 IGBT	2 个 IGBT
CDSM	A→B	$2U_c$	3 个二极管	1.5 个二极管
	B→A		3 个 IGBT	1.5 个 IGBT
CCSM	A→B	$4U_c$	6 个二极管	1.5 个二极管
	B→A		6 个 IGBT	1.5 个 IGBT

7.5.2 无直流断路器的直流电网可行性及对交流系统的影响

就目前的需求和技术发展水平来看，端数在 10 个之内的直流输电网是比较有现实意义的。其主要应用领域包括两个方面，第一方面是网对网之间的远距离大容量输电，第二方面是海上风电场群向大陆送电。

例如，对于我国的大容量西电东送，如果在西部和东部各构建一条直流母线，就能将西电东送的输电方式转变成直流母线对直流母线的直流电网输电方式，如图 7-55a 所示，从而可以大大缩减西电东送所需要的输电走廊。假设风能等可再生能源装机的年利用小时数为 2000，那么在点对网输电方式下如果纯粹输送可再生能源电力，则单回输电线路的年利用小时数也为 2000；而如果采用直流母线对直流母线的输电方式，送端直流母线通过连接西部和北部煤电基地、西南水电基地、西部风电与太阳能发电基地，可以充分实现多种能源形式、多时间尺度、大空间跨度之间的互补；假设单回输电线路的年利用小时数提高到 6000，那么西电东送的输电线路数就可以缩减到原来的 1/3，其经济和社会意义是十分巨大的。

另一个例子是海上风电场群向大陆送电，可以采用单直流母线的输电方式。海上风电场群通过多回直流线路接入到直流母线，陆上交流电网可以从直流母线的多个点汲取电力，如图 7-55b 所示。这种海上风电场群向大陆送电的结构，可以抵消单个风电场出力的随机性和间歇性，提高海上风电的品质；同时作为陆上交流系统的能量通道，可以减轻陆上交流系统的潮流拥塞，将发电量过剩区域的多余能量转移给发电量不足的区域。

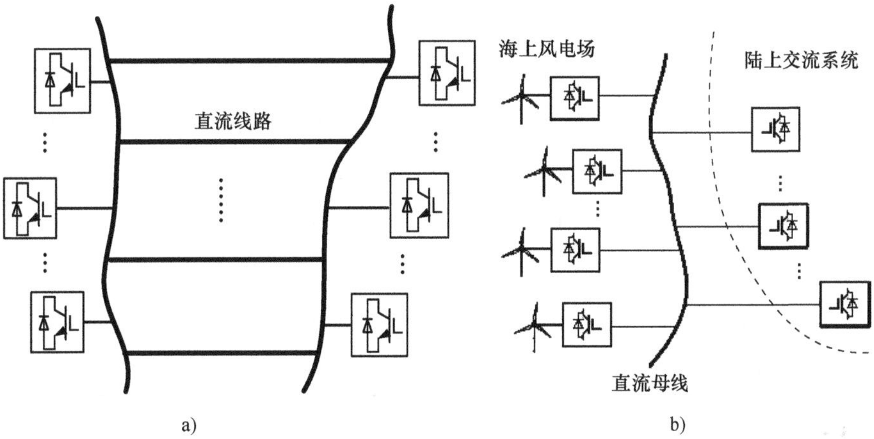

图 7-55　小型直流输电网示例

a）两条直流母线间的直流输电网　b）具有直流母线的海上风电送出系统

对于端数不多的直流输电网，直流侧故障时所有换流器全部闭锁是一种可接受的技术方案，只要闭锁的时间足够短，不至于对交流系统造成大的冲击就是可行的。本节我们将基于两个算例系统，分析无直流断路器的直流电网的可行性及适用性。

1. 用于远距离大容量输电的小型直流电网

考察的直流电网如图 7-56 所示。送端交流系统和受端交流系统都用两区域四机系统[32]来模拟，直流电网采用图 7-2 所示的四端柔性直流测试系统。我们的目的是考察当送端电网通过直流电网送出的功率和受端电网通过直流电网受入的功率比例都较高时，采用无直流断路器的直流电网输电时的安全稳定特性，同时与采用有直流断路器的直流电网进行比较。两区域四机系统的发电机及其控制系统参数以及网络结构和参数保持与原系统一致，只改变发电机出力和负荷大小以满足本测试系统的目的。

首先测试送出功率与受入功率占所在电网容量 20% 左右时的系统安全稳定特性，各发电机出力和各负荷参数见表 7-17。直流电网仍然采用图 7-2 所示的四端柔性直流测试系统，但只取其中的正极系统，即本测试系统中的四端直流电网是单极系统，4 个换流器采用基于 CCSM 的 MMC，其参数见表 7-18，初始运行状态见表 7-19。以下针对 4 种场景，考察本测试系统的安全稳定特性。

表 7-17 发电机出力和负荷大小

元　件	有功/MW	无功/Mvar	端口电压模值/pu	端口电压相位（°）
G_{A1}	762	166	1.03	0
G_{A2}	700	285	1.01	-17.0
G_{A3}	700	160	1.03	-12.9
G_{A4}	700	272	1.01	-25.9
G_{B1}	766	169	1.03	0
G_{B2}	700	292	1.01	-17.3
G_{B3}	700	154	1.03	1.8
G_{B4}	700	260	1.01	-11.5
L_{A7}	1100	100	0.96	-20.5
C_{A7}	0	0	0.96	-20.5
L_{A9}	1100	100	0.96	-29.6
C_{A9}	0	0	0.96	-29.6
L_{B7}	1700	100	0.96	-20.7
C_{B7}	0	0	0.96	-20.7
L_{B9}	1700	100	0.96	-15.7
C_{B9}	0	0	0.96	-15.7

表 7-18 换流器主回路参数

		换流站 1	换流站 2	换流站 3	换流站 4
换流器额定容量/MVA		750	1500	750	1500
网侧交流母线电压/kV		230	230	230	230
直流电压/kV		500	500	500	500
联接变压器	额定容量/MVA	900	1800	900	1800
	电压比	230/255	230/255	230/255	230/255
	短路阻抗 u_k(%)	15	15	15	15
子模块电容额定电压/kV		1.6	1.6	1.6	1.6
单桥臂子模块个数		78	78	78	78
子模块电容值/mF		12	12	12	12
桥臂电抗/mH		66	66	66	66
换流站出口平波电抗器/mH		300	300	300	300

表 7-19　四端直流电网初始运行状态

换　流　站	换流站控制策略	控制器的指令值
1	直流侧定有功功率； 交流侧定无功功率	$P_{dc1}^{*}=200\text{MW}$；　$Q_{ac1}^{*}=0\text{Mvar}$
2	直流侧定有功功率； 交流侧定无功功率	$P_{dc2}^{*}=400\text{MW}$；　$Q_{ac2}^{*}=0\text{Mvar}$
3	直流侧定有功功率； 交流侧定无功功率	$P_{dc3}^{*}=-200\text{MW}$；　$Q_{ac3}^{*}=0\text{Mvar}$
4	直流侧定电压； 交流侧定无功功率	$U_{dc4}^{*}=500\text{kV}$；　$Q_{ac4}^{*}=0\text{Mvar}$

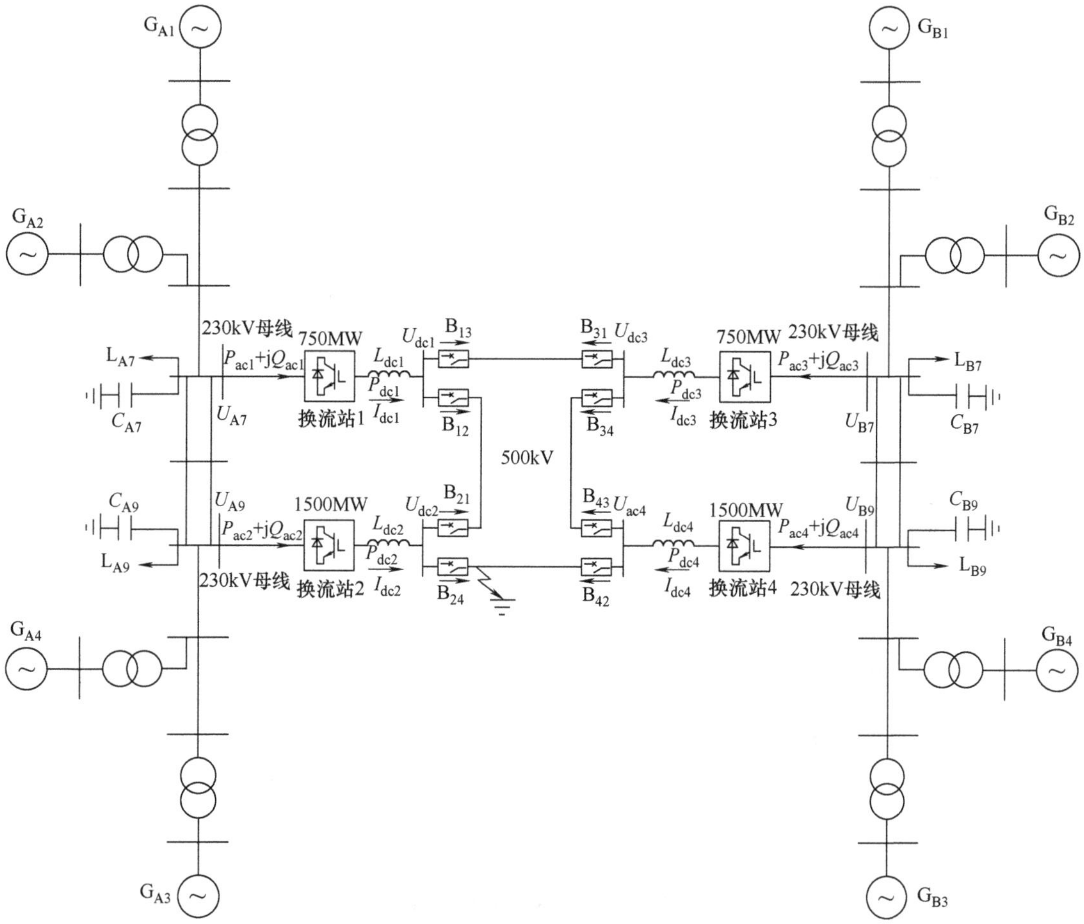

图 7-56　用于远距离大容量输电的小型直流电网测试系统

场景 1（暂时性故障无直流断路器）：设仿真开始时（$t=0$s）测试系统已进入稳态运行。$t=0.1$s 时在正极直流开关 B_{24} 线路侧发生单极接地短路。$t=0.105$s 时 4 个换流器同时闭锁，切断短路电流。$t=0.115$s 时 B_{24} 和 B_{42} 开关动作断开故障线路，故障点弧道进入去游离阶段。$t=0.410$s 时闪络故障经过充分去游离，绝缘得到恢复，B_{24} 和 B_{42} 重合，将切除的线路重新接入直流电网，直流电网重新起动，控制策略保持故障前的控制策略不变。图7-57给出了直流电网的响应特性，其中图a是4个换流站的直流功率波形图；图b是4个换流站端口的直流电压波形图；图c是流过直流开关B_{24}的电流波形图。图7-58给出了送受端交流电网的响应特性，其中图a是送端交流电网的发电机功角摇摆曲线；图b是受端交流电网的发电机功角摇摆曲线。从图7-57和图7-58可以看出，直流电网发生暂时性故障时，通过闭锁换流器清除故障可以保持直流电网和交流电网的稳定运行。

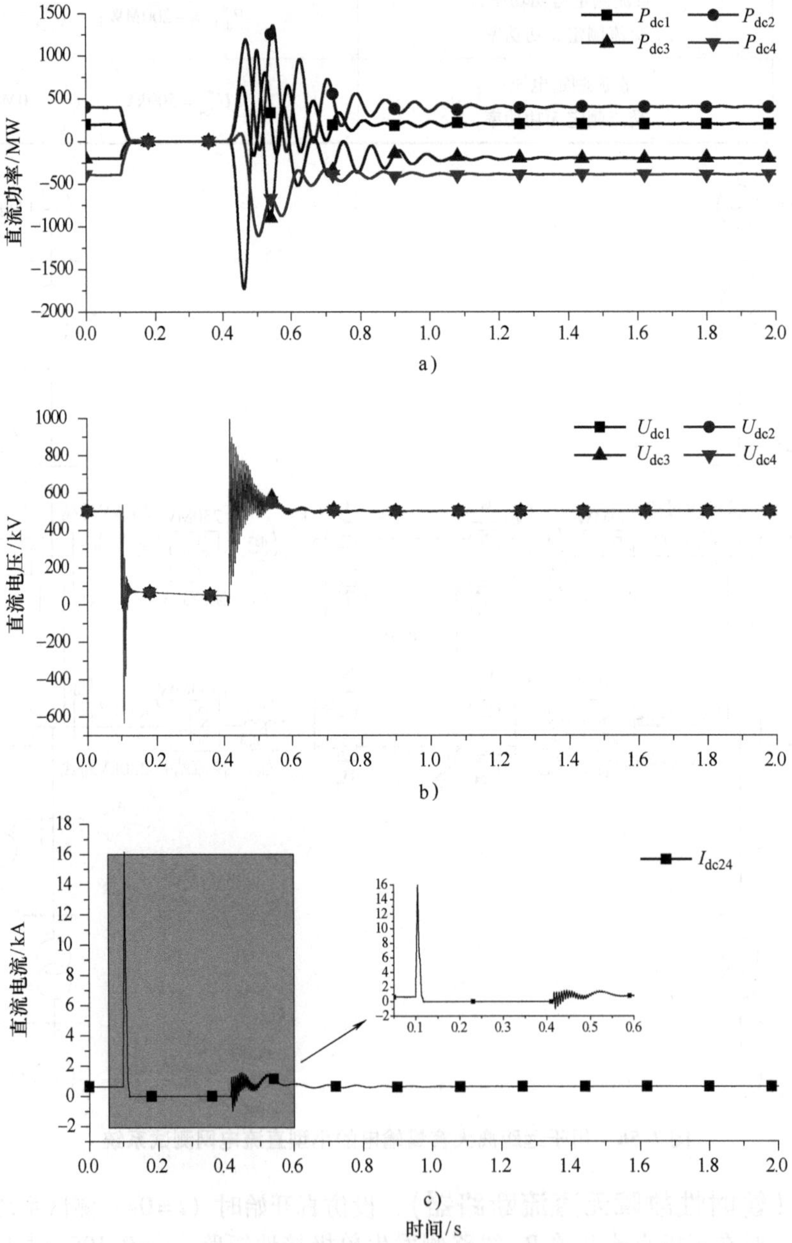

图7-57 暂时性故障无直流断路器时直流电网的响应特性

a）4个换流站的直流功率 b）4个换流站端口的直流电压 c）流过直流开关B_{24}的电流波形图

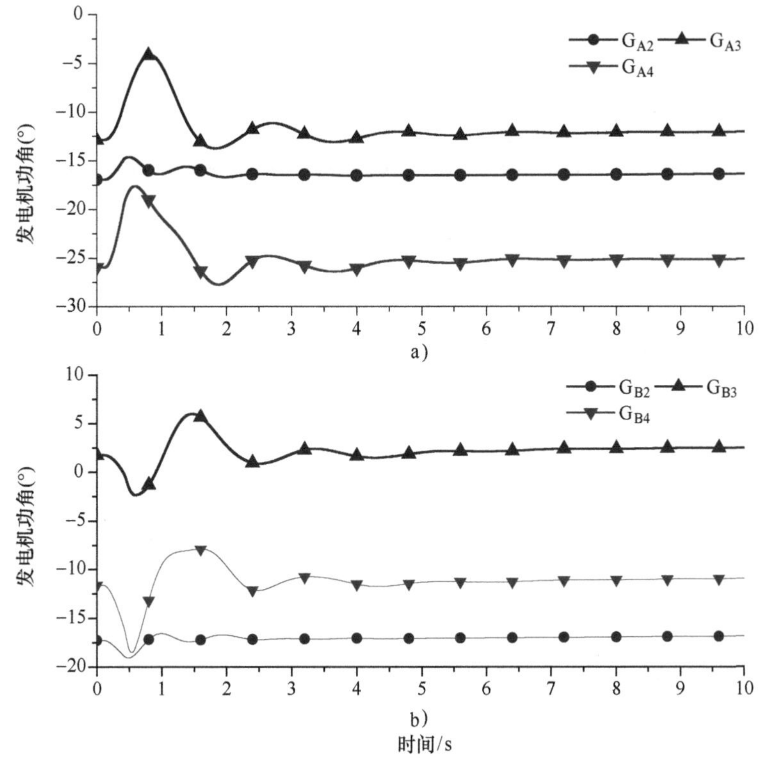

图7-58　暂时性故障无直流断路器时交流电网的响应特性

a）送端发电机功角曲线　b）受端发电机功角曲线

场景2（暂时性故障有直流断路器）：设仿真开始时（$t=0\text{s}$）测试系统已进入稳态运行。$t=0.1\text{s}$时在正极直流开关B_{24}线路侧发生单极接地短路。$t=0.105\text{s}$时直流断路器B_{24}和B_{42}动作断开故障线路，故障点弧道进入去游离阶段；但4个换流器是基于HBSM的，在此过程中不闭锁，按原来的控制策略继续运行。$t=0.410\text{s}$时闪络故障经过充分去游离，绝缘得到恢复，直流断路器B_{24}和B_{42}重合闸将切除线路接入直流电网。图7-59给出了直流电网的响应特性，其中图a是4个换流站的直流功率波形图；图b是4个换流站端口的直流电压波形图；图c是流过直流开关B_{24}的电流波形图。图7-60给出了送受端交流电网的响应特性，其中图a是送端交流电网的发电机功角摇摆曲线；图b是受端交流电网的发电机功角摇摆曲线。从图7-59和图7-60可以看出，直流电网发生暂时性故障时，通过直流断路器清除故障与通过闭锁换流器清除故障两者的响应特性差别不大。

场景3（永久性故障无直流断路器）：设仿真开始时（$t=0\text{s}$）测试系统已进入稳态运行。$t=0.1\text{s}$时在正极直流开关B_{24}线路侧发生单极接地短路。$t=0.105\text{s}$时4个换流器同时闭锁，切断短路电流。$t=0.115\text{s}$时B_{24}和B_{42}开关动作永久断开故障线路；同时直流电网重新起动，控制策略保持故障前的控制策略不变。图7-61给出了直流电网的响应特性，其中图a是4个换流站的直流功率波形图；图b是4个换流站端口的直流电压波形图；图c是流过直流开关B_{24}的电流波形图。图7-62给出了送受端交流电网的响应特性，其中图a是送

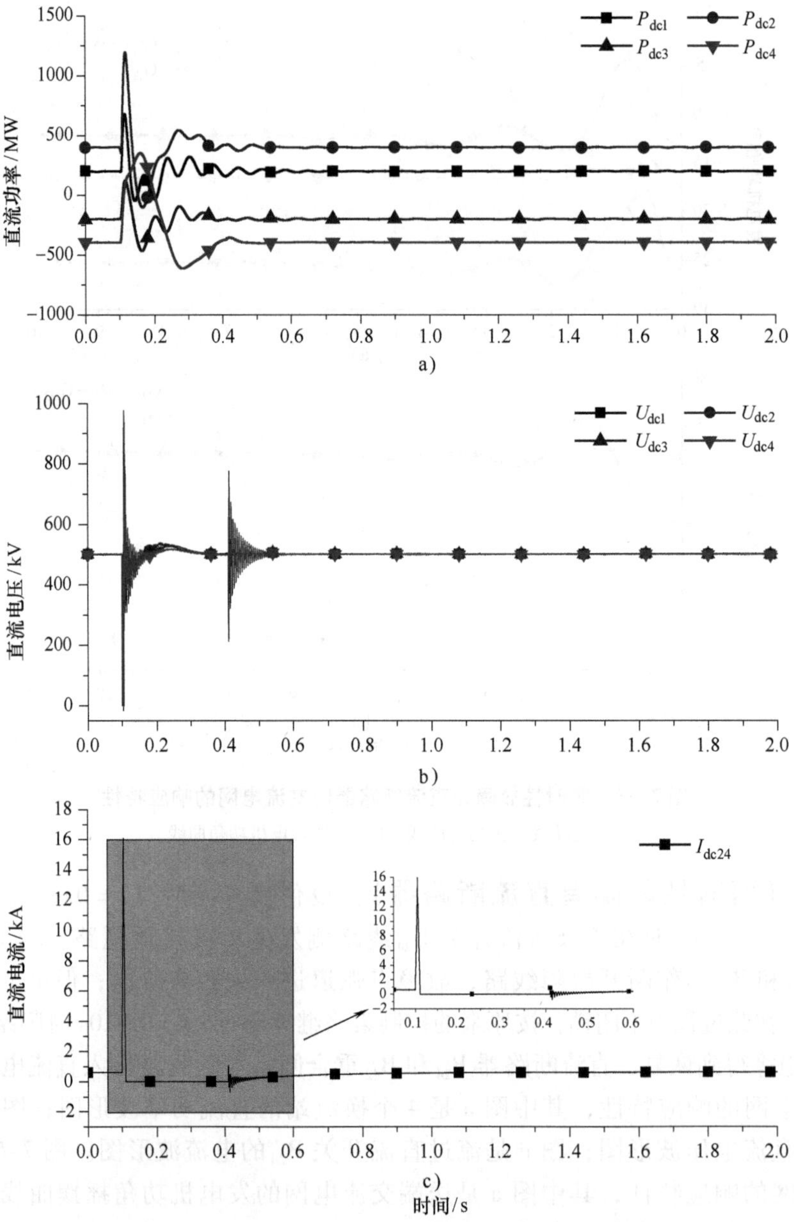

图 7-59 暂时性故障有直流断路器时直流电网的响应特性

a）4 个换流站的直流功率 b）4 个换流站端口的直流电压 c）流过直流开关 B_{24} 的电流波形图

端交流电网的发电机功角摇摆曲线；图 b 是受端交流电网的发电机功角摇摆曲线。从图 7-61 和图 7-62 可以看出，直流电网发生永久性故障时，通过闭锁换流器清除故障可以保持直流电网和交流电网的稳定运行。

场景 4（永久性故障有直流断路器）：设仿真开始时（$t=0$s）测试系统已进入稳态运行。$t=0.1$s 时在正极直流开关 B_{24} 线路侧发生单极接地短路。$t=0.105$s 时直流断路器 B_{24} 和 B_{42} 动作断开故障线路；但 4 个换流器是基于 HBSM 的，在此过程中不闭锁，按原来的控

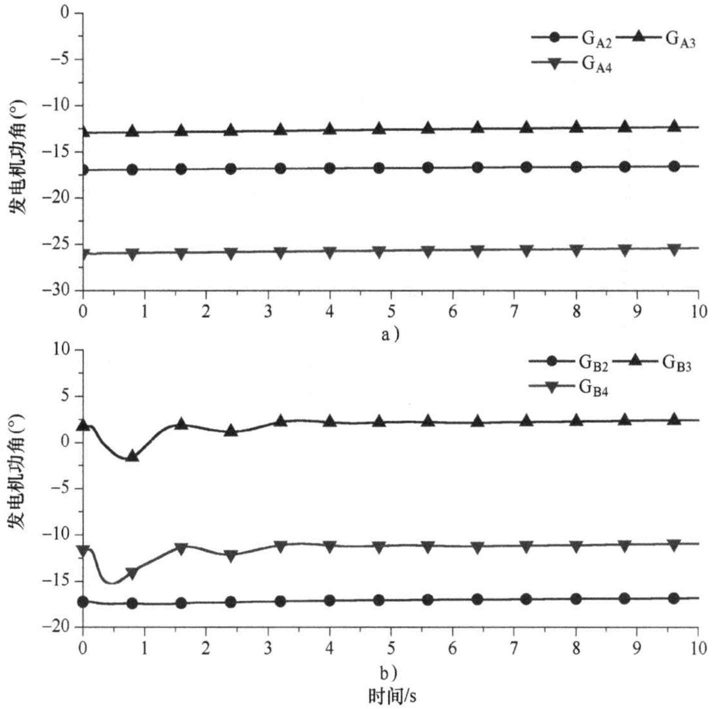

图 7-60　暂时性故障有直流断路器时交流电网的响应特性

a）送端发电机功角曲线　b）受端发电机功角曲线

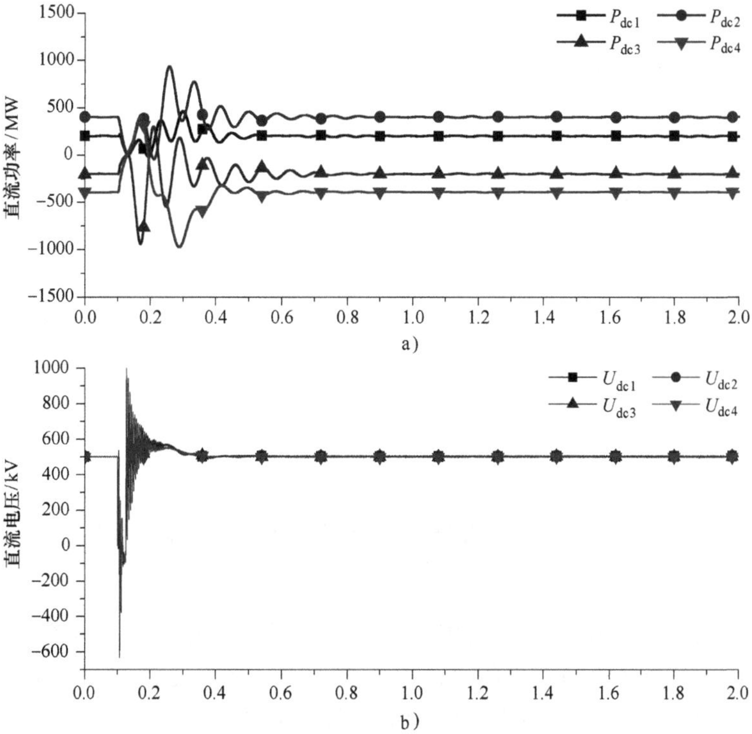

图 7-61　永久性故障无直流断路器时直流电网的响应特性

a）4 个换流站的直流功率　b）4 个换流站端口的直流电压

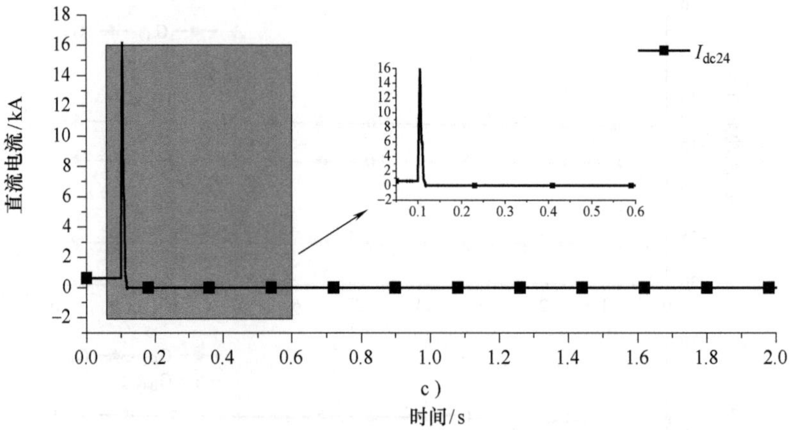

图 7-61 永久性故障无直流断路器时直流电网的响应特性（续）

c）流过直流开关 B_{24} 的电流波形图

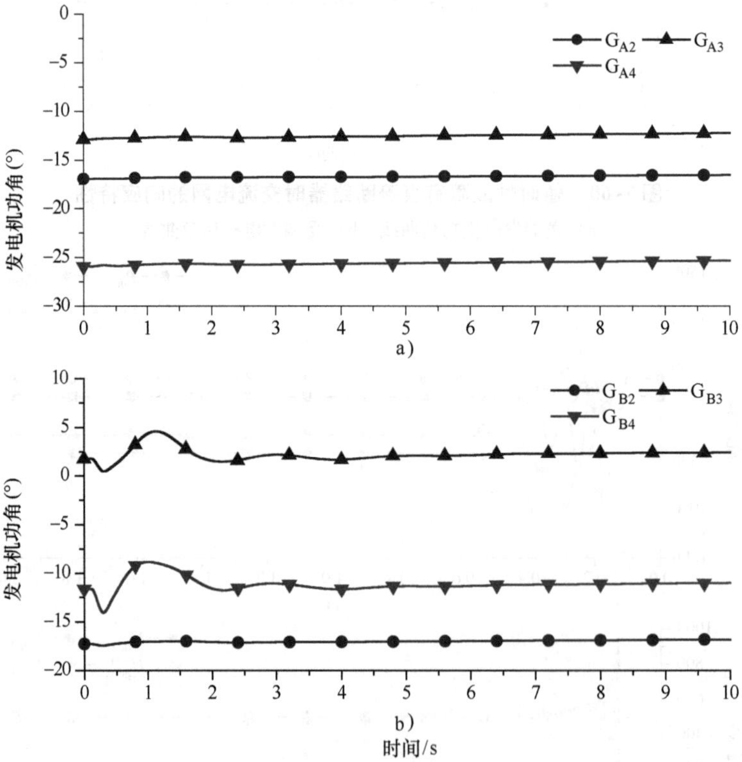

图 7-62 永久性故障无直流断路器时交流电网的响应特性

a）送端发电机功角曲线 b）受端发电机功角曲线

制策略继续运行。图 7-63 给出了直流电网的响应特性，其中图 a 是 4 个换流站的直流功率波形图；图 b 是 4 个换流站端口的直流电压波形图；图 c 是流过直流开关 B_{24} 的电流波形图。图 7-64 给出了送受端交流电网的响应特性，其中图 a 是送端交流电网的发电机功角摇摆曲线；图 b 是受端交流电网的发电机功角摇摆曲线。从图 7-63 和图 7-64 可以看出，直流电网发生暂时性故障时，通过直流断路器清除故障与通过闭锁换流器清除故障两者的响应特性差别不大。

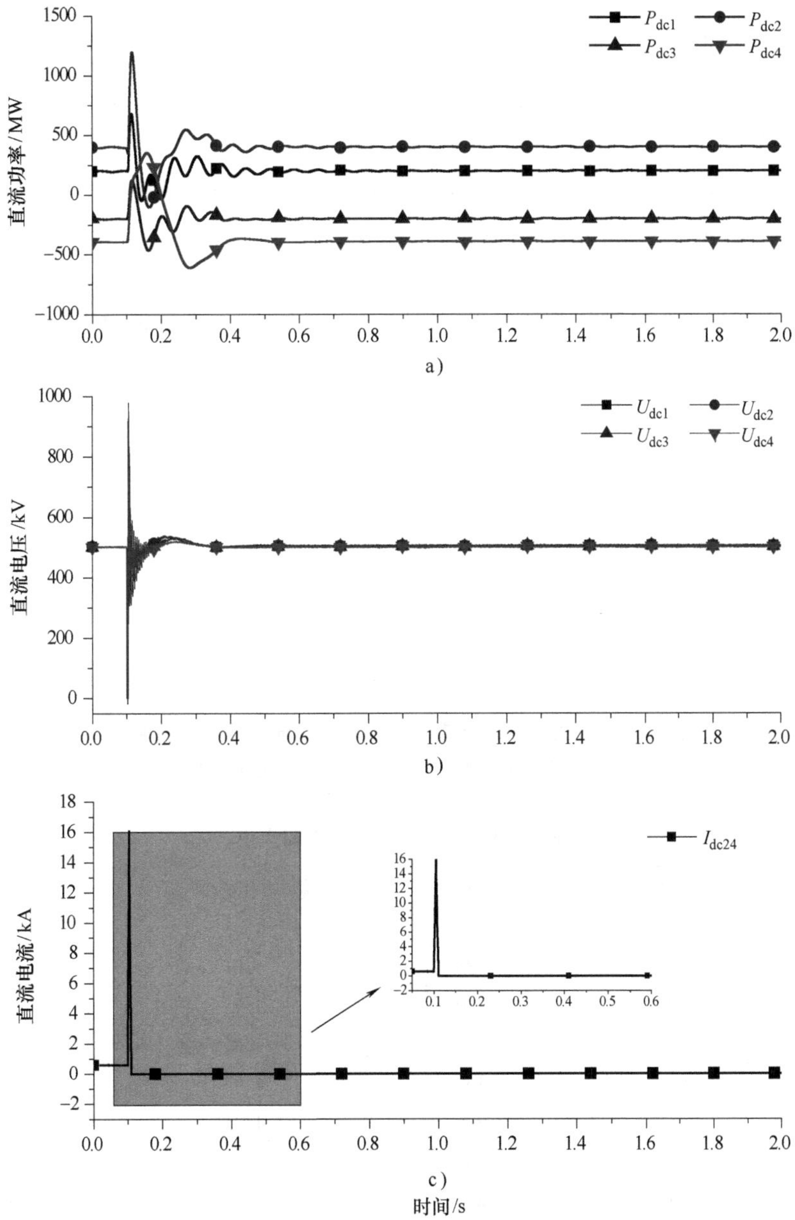

图 7-63　永久性故障有直流断路器时直流电网的响应特性

a）4 个换流站的直流功率　b）4 个换流站端口的直流电压　c）流过直流开关 B_{24} 的电流波形图

下面再测试送出功率与受入功率占所在电网容量 50% 左右时的系统安全稳定特性，各发电机出力和各负荷参数见表 7-20。直流电网的初始运行状态见表 7-21。以下针对两种场景，考察本测试系统的安全稳定特性。

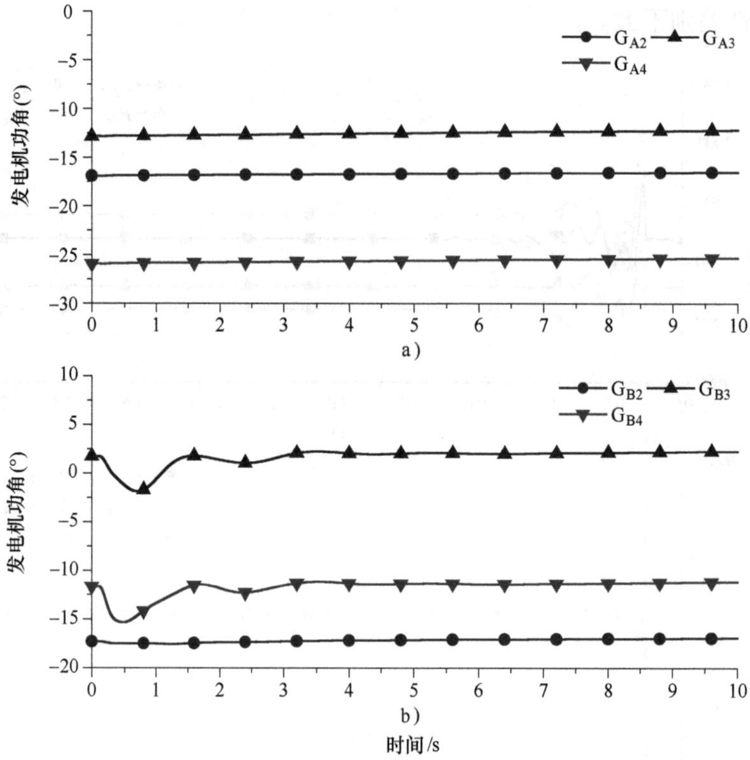

图 7-64 永久性故障有直流断路器时交流电网的响应特性

a）送端发电机功角曲线 b）受端发电机功角曲线

表 7-20 发电机出力和负荷大小

元　件	有功/MW	无功/Mvar	端口电压模值/pu	端口电压相位（°）
G_{A1}	762	166	1.03	0
G_{A2}	700	285	1.01	-17.0
G_{A3}	700	160	1.03	-12.9
G_{A4}	700	272	1.01	-25.9
G_{B1}	766	169	1.03	0
G_{B2}	700	292	1.01	-17.3
G_{B3}	700	154	1.03	1.8
G_{B4}	700	260	1.01	-11.5
L_{A7}	700	100	0.96	-20.5
C_{A7}	0	0	0.96	-20.5
L_{A9}	700	100	0.96	-29.6
C_{A9}	0	0	0.96	-29.6
L_{B7}	2100	100	0.96	-20.7
C_{B7}	0	0	0.96	-20.7
L_{B9}	2100	100	0.96	-15.7
C_{B9}	0	0	0.96	-15.7

表 7-21　四端直流电网初始运行状态

换流站	换流站控制策略	控制器的指令值
1	直流侧定有功功率； 交流侧定无功功率	$P_{dc1}^{*}=600MW$；　$Q_{ac1}^{*}=0Mvar$
2	直流侧定有功功率； 交流侧定无功功率	$P_{dc2}^{*}=800MW$；　$Q_{ac2}^{*}=0Mvar$
3	直流侧定有功功率； 交流侧定无功功率	$P_{dc3}^{*}=-600MW$；　$Q_{ac3}^{*}=0Mvar$
4	直流侧定电压； 交流侧定无功功率	$U_{dc4}^{*}=500kV$；　$Q_{ac4}^{*}=0Mvar$

场景 1（永久性故障无直流断路器）：设仿真开始时（$t=0s$）测试系统已进入稳态运行。$t=0.1s$ 时在正极直流开关 B_{24} 线路侧发生单极接地短路。$t=0.105s$ 时 4 个换流器同时闭锁，切断短路电流。$t=0.115s$ 时 B_{24} 和 B_{42} 开关动作永久断开故障线路；同时直流电网重新起动，控制策略保持故障前的控制策略不变。图 7-65 给出了直流电网的响应特性，其中图 a 是 4 个换流站的直流功率波形图；图 b 是 4 个换流站端口的直流电压波形图；图 c 是流过直流开关 B_{24} 的电流波形图。图 7-66 给出了送受端交流电网的响应特性，其中图 a 是送端交流电网的发电机功角摇摆曲线；图 b 是受端交流电网的发电机功角摇摆曲线。从图 7-65 和图 7-66 可以看出，直流电网发生永久性故障时，通过闭锁换流器清除故障可以保持直流电网和交流电网的稳定运行。

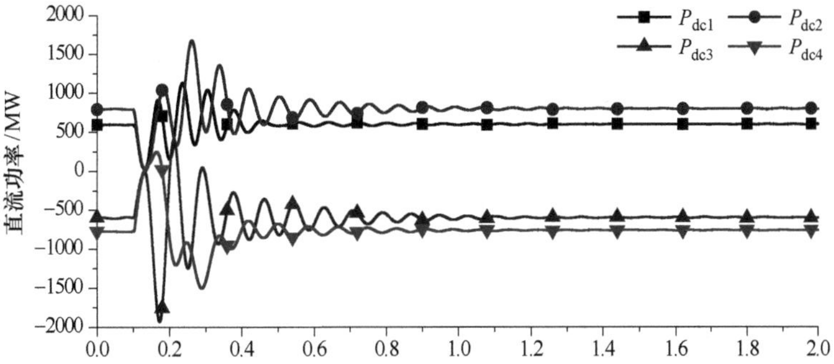

a)

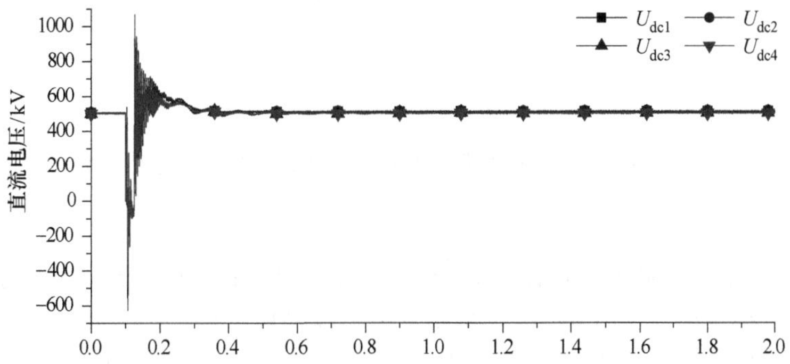

b)

图 7-65　永久性故障无直流断路器时直流电网的响应特性

a）4 个换流站的直流功率　b）4 个换流站端口的直流电压

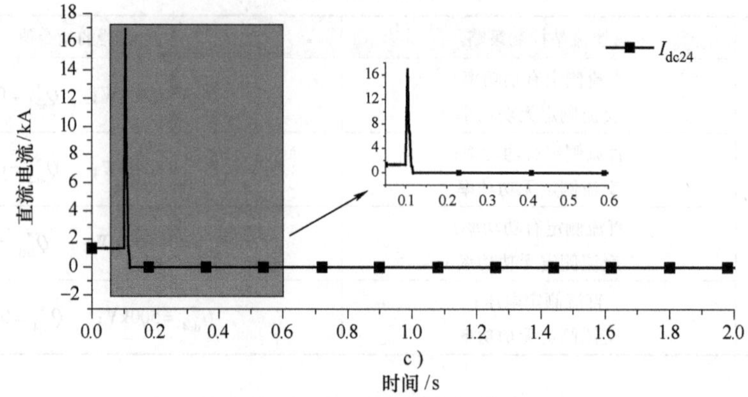

图 7-65 永久性故障无直流断路器时直流电网的响应特性（续）

c）流过直流开关 B_{24} 的电流波形图

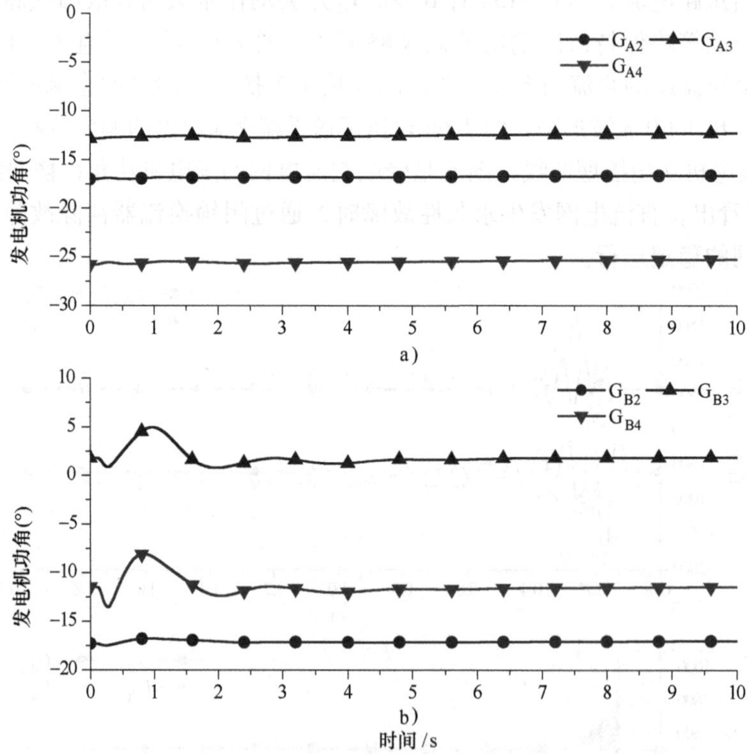

图 7-66 永久性故障无直流断路器时交流电网的响应特性

a）送端发电机功角曲线 b）受端发电机功角曲线

场景 2（永久性故障有直流断路器）：设仿真开始时（$t=0s$）测试系统已进入稳态运行。$t=0.1s$ 时在正极直流开关 B_{24} 线路侧发生单极接地短路。$t=0.108s$ 时直流断路器 B_{24} 和 B_{42} 动作断开故障线路（这里直流断路器切除故障时间为故障后 8ms，与前面同样算例的 5ms 不同，但与实际情况更接近；同时也用以比较不同故障切除时间对整个系统稳定性的影响）；但 4 个换流器是基于 HBSM 的，在此过程中不闭锁，按原来的控制策略继续运行。

图 7-67 给出了直流电网的响应特性，其中图 a 是 4 个换流站的直流功率波形图；图 b 是 4 个换流站端口的直流电压波形图；图 c 是流过直流开关 B_{24}的电流波形图。图 7-68 给出了送受端交流电网的响应特性，其中图 a 是送端交流电网的发电机功角摇摆曲线；图 b 是受端交流电网的发电机功角摇摆曲线。从图 7-67 和图 7-68 可以看出，直流电网发生永久性故障时，通过直流断路器清除故障与通过闭锁换流器清除故障两者的响应特性差别不大。

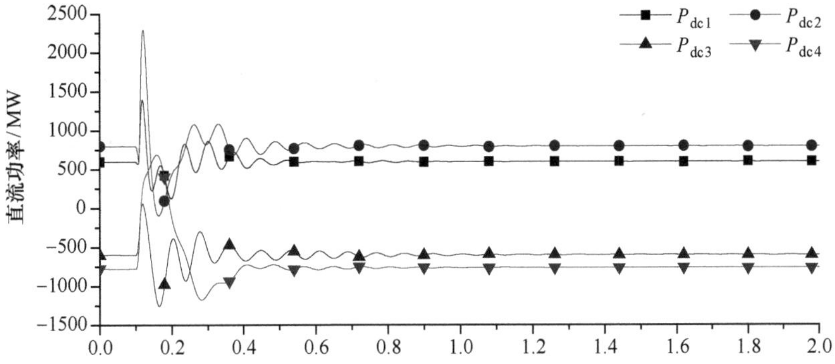

a）

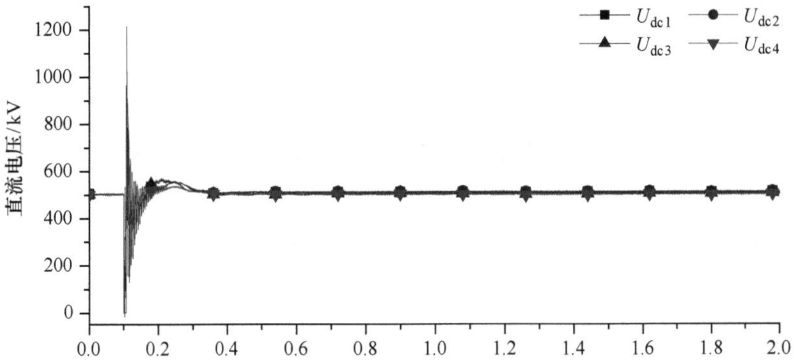

b）

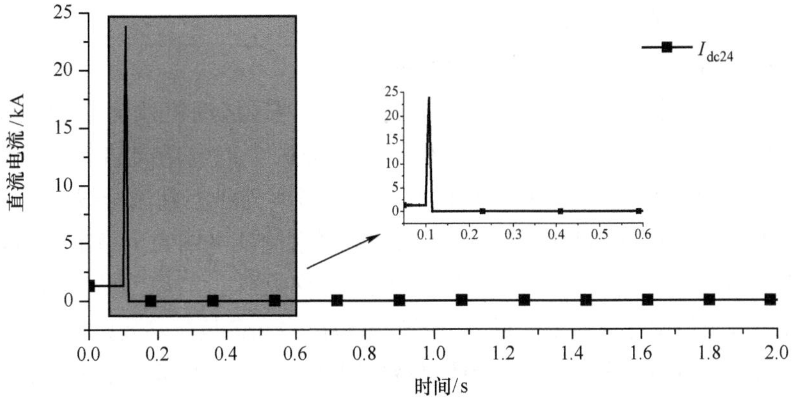

c）

图 7-67　永久性故障有直流断路器时直流电网的响应特性

a）4 个换流站的直流功率　b）4 个换流站端口的直流电压　c）流过直流开关 B_{24}的电流波形图

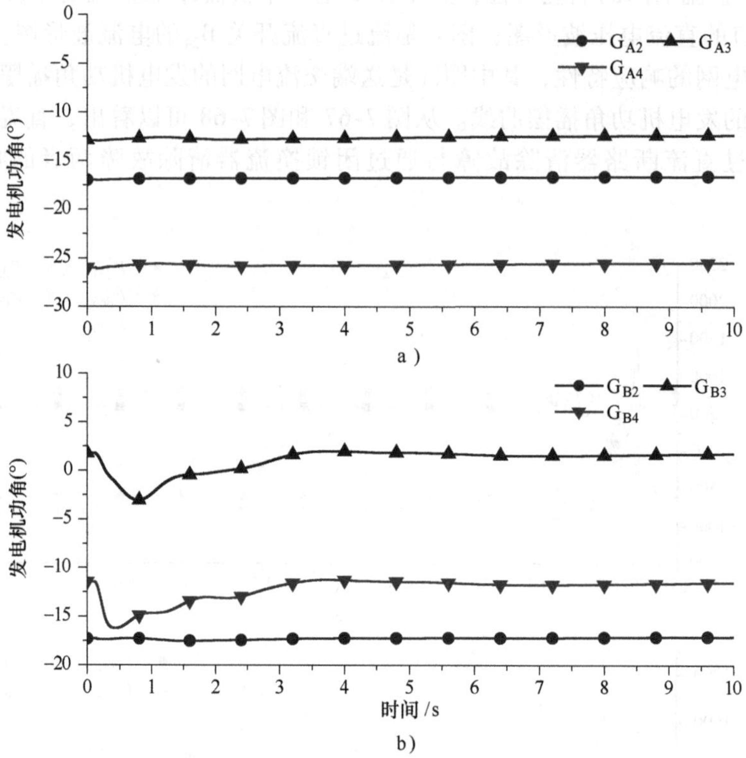

图 7-68 永久性故障有直流断路器时交流电网的响应特性

a）送端发电机功角曲线 b）受端发电机功角曲线

通过本测试系统的测试表明：①无直流断路器的小型直流输电网用于西电东送是可行的，当通过小型直流输电网输送的功率分别达到送受端装机容量的50%时，直流电网发生 $N-1$ 永久性故障或暂时性故障都不会对送受端交流系统的稳定性构成威胁。②与有直流断路器的直流电网相比，当直流电网发生 $N-1$ 永久性故障或暂时性故障时，两者对送受端交流系统稳定性影响的差别并不大。

2. 用于海上风电场群送出的小型直流电网

考察的直流电网如图 7-69 所示。受端交流系统用两区域四机系统[32]来模拟；为了简化分析，直流电网采用400kV 的单极系统来模拟；考虑两个风电场向陆上系统送电，风电机组类型为直驱型（全功率变流器型）。我们的目的是考察当陆上直流母线发生单极接地故障时，无直流断路器直流电网的故障恢复特性以及对受端交流电网安全稳定性的影响。两区域四机系统的发电机及其控制系统参数以及网络结构和参数保持与原系统一致，只改变发电机出力和负荷大小以满足本测试系统的目的。各发电机出力和各负荷参数见表 7-22。直流线路单位长度参数取表 7-1 中的零序参数。4 个换流器采用基于 CCSM 的 MMC，其参数见表 7-23，初始运行状态见表 7-24。

表 7-22　发电机出力和负荷大小

元　件	有功/MW	无功/Mvar	端口电压模值/pu	端口电压相位（°）
G_1	768	167	1.03	0
G_2	700	293	1.01	-17.7
G_3	700	151	1.03	0.39
G_4	700	258	1.01	-12.9
L_7	1700	100	0.95	-20.8
C_7	0	0	0.95	-20.8
L_9	1700	100	0.97	-16.2
C_9	0	0	0.97	-16.2

表 7-23　换流器主回路参数

		换流站 1	换流站 2	换流站 3	换流站 4
换流器额定容量/MVA		400	400	400	400
网侧交流母线电压/kV		230	230	230	230
直流电压/kV		400	400	400	400
联接变压器	额定容量/MVA	500	500	500	500
	电压比	230/205	230/205	230/205	230/205
	短路阻抗 u_k（%）	15	15	15	15
子模块电容额定电压/kV		1.6	1.6	1.6	1.6
单桥臂子模块个数		63	63	63	63
子模块电容值/mF		8.4	8.4	8.4	8.4
桥臂电抗/mH		76	76	76	76
换流站出口平波电抗器/mH		200	200	200	200

表 7-24　四端直流电网初始运行状态

换　流　站	换流站控制策略	控制器的指令值
1	定交流侧电压的幅值和频率	$U_{s1}^{*}=230\text{kV}$；$f_0^{*}=50\text{Hz}$； 风电机组机侧换流器按最大功率跟踪控制，风电机组网侧换流器按定直流电压 V_{dc1} 控制，风电场输出功率：$P_{ac1}=250\text{MW}$；$Q_{ac1}=0\text{Mvar}$
2	定交流侧电压的幅值和频率	$U_{s2}^{*}=230\text{kV}$；$f_0^{*}=50\text{Hz}$； 风电机组机侧换流器按最大功率跟踪控制，风电机组网侧换流器按定直流电压 V_{dc2} 控制，风电场输出功率：$P_{ac2}=350\text{MW}$；$Q_{ac2}=0\text{Mvar}$

（续）

换流站	换流站控制策略	控制器的指令值
3	直流侧定有功功率； 交流侧定无功功率	$P^*_{dc3}=200\text{MW}$；　$Q^*_{ac3}=0\text{Mvar}$
4	直流侧定电压； 交流侧定无功功率	$U^*_{dc4}=400\text{kV}$；　$Q^*_{ac4}=0\text{Mvar}$

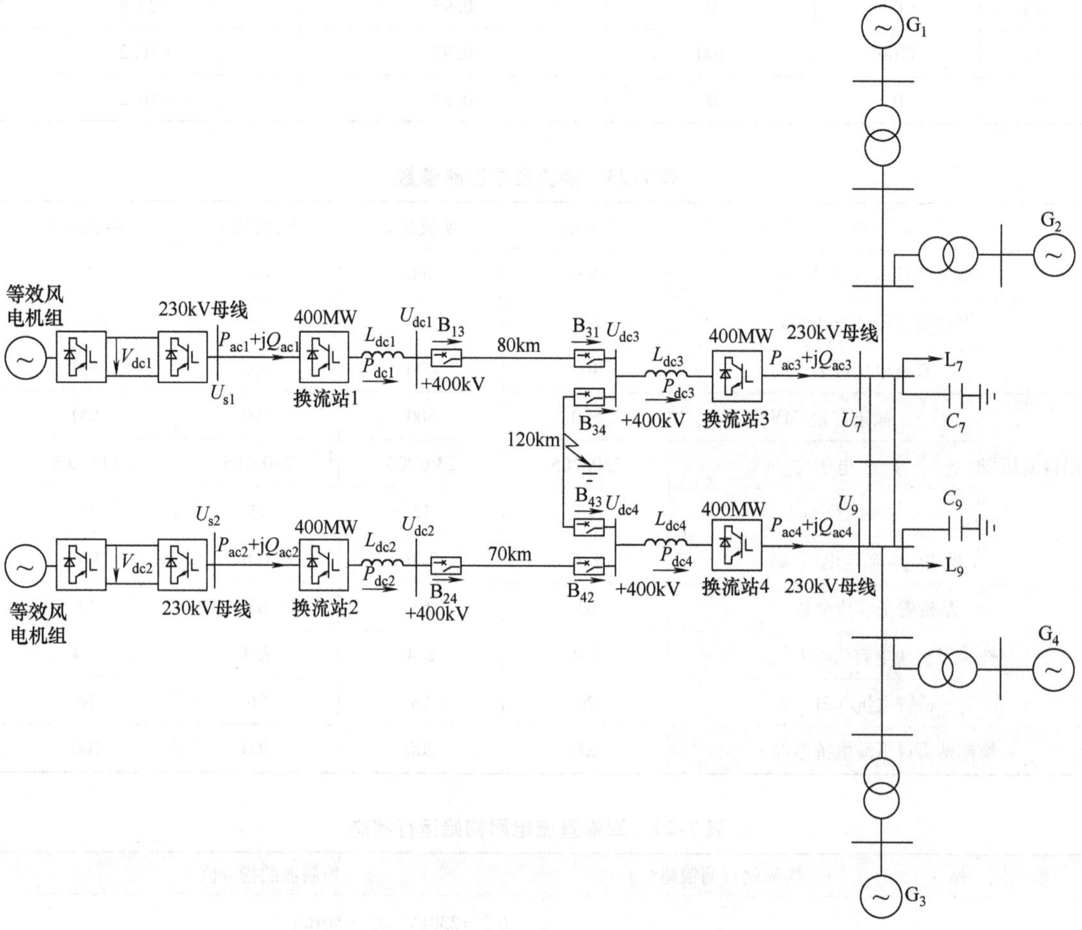

图 7-69　用于海上风电场群送出的小型直流电网测试系统

设仿真开始时（$t=0\text{s}$）测试系统已进入稳态运行。$t=0.1\text{s}$ 时在陆上直流母线中点处发生单极接地短路。$t=0.105\text{s}$ 时 4 个换流器及风电机组内部换流器同时闭锁，切断短路电流。$t=0.115\text{s}$ 时 B_{34} 和 B_{43} 开关动作断开故障线路，故障点弧道进入去游离阶段。$t=0.410\text{s}$ 时闪络故障经过充分去游离，绝缘得到恢复，B_{34} 和 B_{43} 重合，将切除的直流母线重新接入直流电网，直流电网重新起动，控制策略保持故障前的控制策略不变。$t=0.420\text{s}$ 时风电机组内部换流器解锁，风力发电机恢复运行。图 7-70 给出了直流电网的响应特性，其中图 a 是 4 个换流站的直流功率波形图；图 b 是 4 个换流站端口的直流电压波形图；图 c 是流过直流开关

B_{34}的电流波形图。图 7-71 是风电场的响应特性，其中图 a 是全功率换流器型风电机组内部直流电压的变化曲线；图 b 是全功率换流器型风电机组内部发电机转速的响应特性；图 c 是风电场网侧交流母线电压的响应特性。图 7-72 是受端交流电网的响应特性，其中图 a 是受端交流电网的发电机功角摇摆曲线；图 b 是受端交流电网母线 7 和母线 9 的电压变化曲线。

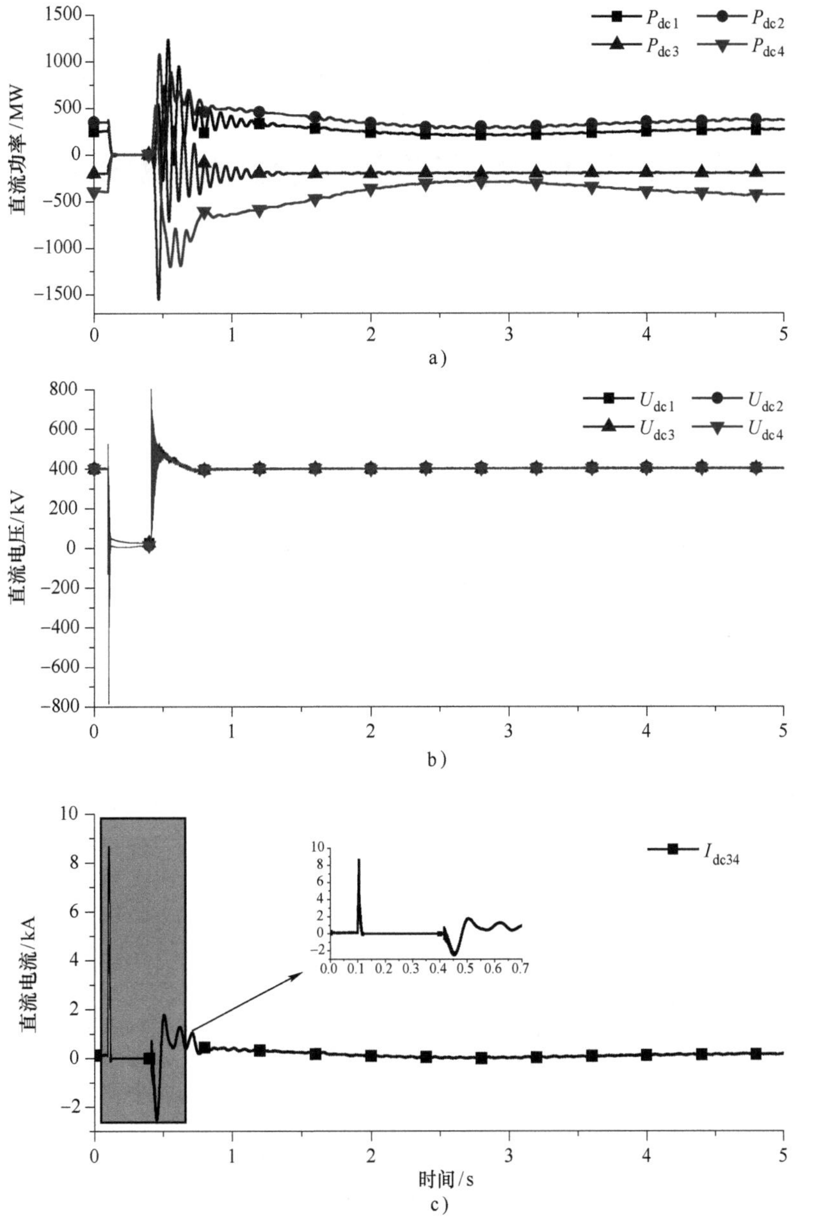

图 7-70　直流母线暂时性故障时直流电网的响应特性

a）4 个换流站的直流功率　b）4 个换流站端口的直流电压　c）流过直流开关 B_{34}的电流波形图

从图7-70~图7-72可以看出，直流电网发生暂时性故障时，通过闭锁换流器清除故障可以保持直流电网和交流电网的稳定运行，说明无直流断路器的小型直流电网应用于海上风电场群送出也是可行的。

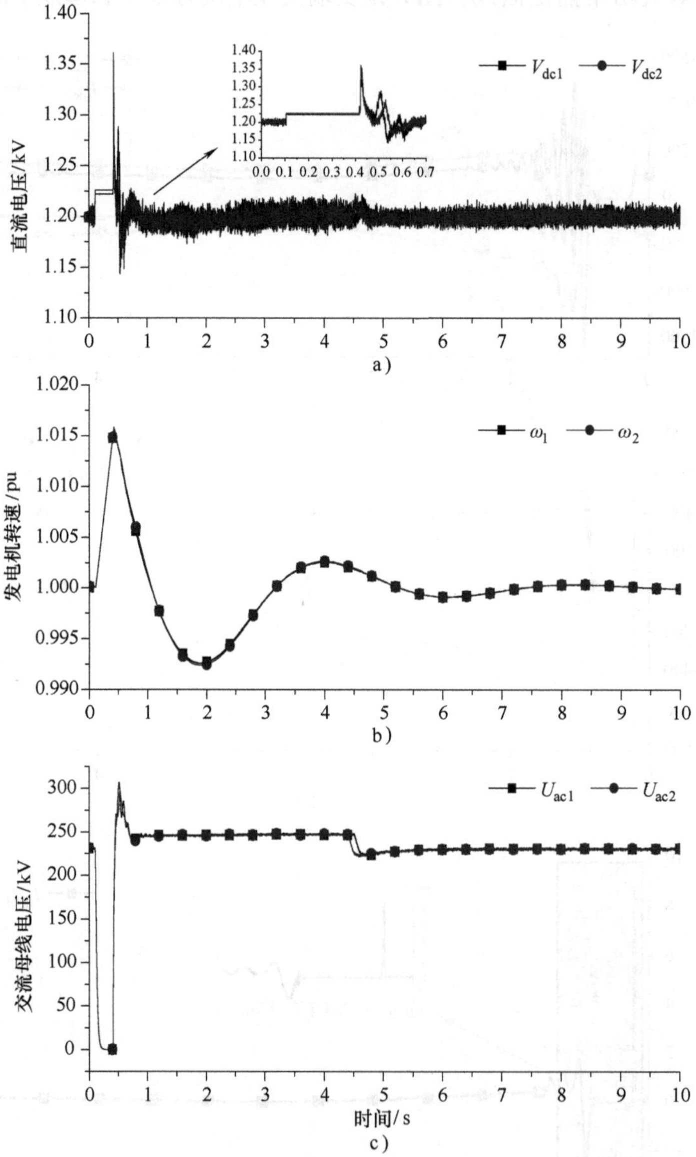

图7-71 风电场的响应特性

a）全功率换流器型风电机组内部直流电压的变化曲线

b）全功率换流器型风电机组内部发电机转速的变化曲线

c）风电场网侧交流母线电压的响应特性

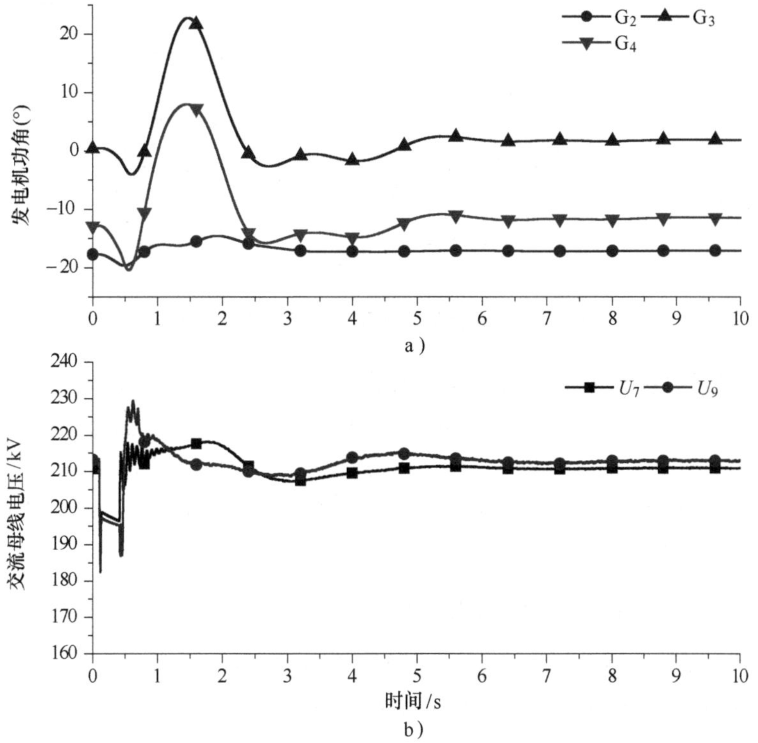

图 7-72　受端交流电网响应特性

a）受端交流电网发电机功角曲线　b）受端交流电网母线 7 和母线 9 的电压变化曲线

7.6　采用混合型直流断路器的柔性直流电网故障处理方法

7.6.1　混合型直流断路器基本结构

目前高压直流断路器研究方案主要集中于 3 种类型，分别是基于常规开关的传统机械型断路器、基于纯电力电子器件的固态断路器和基于两者结合的混合型断路器。其中，混合型断路器结合了前两种断路器的优点，既具备较低的通态损耗，又有很快的分断速度，具有良好的应用前景。2012 年 11 月，ABB 公司宣布开发出了世界首台混合型高压直流断路器，开断时间为 5ms，电流开断能力为 8.5kA[33]，该断路器的基本结构如图 7-73 所示。

如图 7-73 所示，该断路器由正常通流部件和故障断流部件并联构成。其中，正常通流部件由超高速隔离开关（Ultra-Fast Disconnector，UFD）和负载转移开关（Load Commutation Switch，LCS）串联构成；故障断流部件由多个主断路器（Main Breaker，MB）分段串联构成。各部分的基本结构如下。

1）主断路器：为断路器的核心部件，决定了断路器的承压及断流能力。主断路器由多个分段串联而成。每个分段由一系列串联的半导体器件加一个并联的避雷器构成。为提升断路器的开断能力，分段中的单个半导体器件可采用多个 IGBT 并联构成。主断路器需具备双向断流能力，并承受极对地电压。

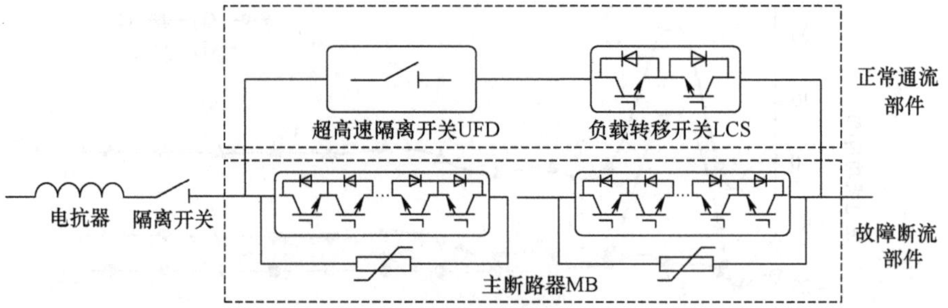

图 7-73 混合型高压直流断路器基本结构

2）负载转移开关：具体结构与主断路器分段类似，由多个开关单元串联而成，其中每个开关单元均包括若干正、反向串联的 IGBT 及其反并联二极管。由于其不需要承受较高的电压，因此其所需的电力电子器件较少。负载转移开关需具备双向断流能力。

3）超高速隔离开关：需具有零电流状态下快速断开电路的能力，在当前技术水平下，其开断时间为 2ms 左右。

7.6.2 混合型直流断路器的工作原理

基于混合型高压直流断路器隔离故障线路的原理是比较清晰的，主要包括以下步骤。

1）稳态运行时，超高速隔离开关以及负载转移开关处于闭合状态，主断路器处于关断状态。直流电流通过正常通流部件流通。

2）当直流线路发生故障，要求混合型直流断路器开断故障线路时，首先对负载转移开关施加关断信号，经过 250μs 左右的延时，电流被转移到故障断流部件中。

3）当负载转移开关完成开断动作后，对超高速隔离开关施加开断信号。经过约 2ms 的时间延时，超高速隔离开关完成开断动作。

4）当超高速隔离开关完成开断动作后，就对主断路器施加关断信号，主断路器断开瞬间相当于将其各分段的避雷器接入到故障线路中，使直流电网的通流路径产生突变，由于电感电流产生突变从而导致整个直流电网极高的过电压（可以超过额定电压的 2 倍），避雷器的接入使流过故障线路的电流振荡衰减到零（可以理解为有限值的电压加在无穷大的电阻上），通常故障线路电流衰减到零的过程需要 10 ~ 15ms。

7.6.3 采用混合型直流断路器的直流电网故障处理策略及仿真验证

对于半桥子模块 MMC 加直流断路器的直流电网构网方式，如何快速检测直流故障并隔离故障线路仍然是一个极富挑战性的问题。

常规策略是沿用交流电网的做法，先由继电保护系统判断出故障地点，然后由断路器隔离故障线路。但这种做法对继电保护系统的快速性和选择性提出了极高的要求，一般条件下要求故障定位速度比普通交流线路保护快一个数量级。如果直流电网的故障定位速度停留在点对点传统直流输电的故障定位速度上，即故障定位时间在 10ms 左右，那么要求直流断路器切断的故障电流水平就会上升到非常高的水平，使直流断路器的造价大幅度上升。其后果是严重限制了半桥子模块 MMC 加直流断路器这种构网方式的应用。

另一种策略是就地检测故障就地保护的思路，包含两层意思。第 1 层意思是指换流器，若半桥子模块桥臂电流大于子模块额定电流 2 倍，则换流站自动闭锁。第 2 层意思是指直流断路器，当流经直流断路器负载转移开关的电流大于正常最大电流的 2 倍时，该负载转移开关就立刻动作，并起动该直流断路器动作的整个过程。即线路两侧的断路器独立完成故障检测和跳闸动作，两者之间不需要协调。实践表明此种故障处理策略非常适合于直流电网，具有极高的快速性和选择性，可以大大降低要求直流断路器切断的故障电流水平，从而降低直流断路器的造价。

下面我们分别考察上述两种故障处理策略：策略 1 沿用交流电网做法，由继电保护系统主导故障处理过程；策略 2 基于就地检测就地保护的故障处理思路。仍然采用如图 7-56 所示的直流电网进行仿真验证。各发电机出力和各负荷参数见表 7-17，直流电网初始运行状态见表 7-19。

策略 1——由继电保护系统主导故障处理过程。考察的故障是换流站 2 与换流站 4 之间的直流线路发生单极接地短路。设仿真开始时（$t=0s$）测试系统已进入稳态运行。$t=10ms$ 时在正极直流开关 B_{24} 线路侧发生单极接地短路。$t=20ms$ 时继电保护系统完成故障定位，直流断路器 B_{24} 和 B_{42} 的负载转移开关动作，$t=20.25ms$ 时对超高速隔离开关施加断开信号；$t=22.25ms$ 时超高速隔离开关完成开断，主断路器动作。整个故障过程中若桥臂电流大于子模块额定电流 2 倍则换流站闭锁，其中换流站 1、3 的子模块额定电流为 1.5kA，换流站 2、4 的子模块额定电流为 3.0kA。已闭锁的换流站统一于 $t=40ms$ 时解锁，按故障前的控制策略运行。

图 7-74 给出了混合型直流断路器 B_{24} 的响应特性，其中图 a 是超高速隔离开关、主断路

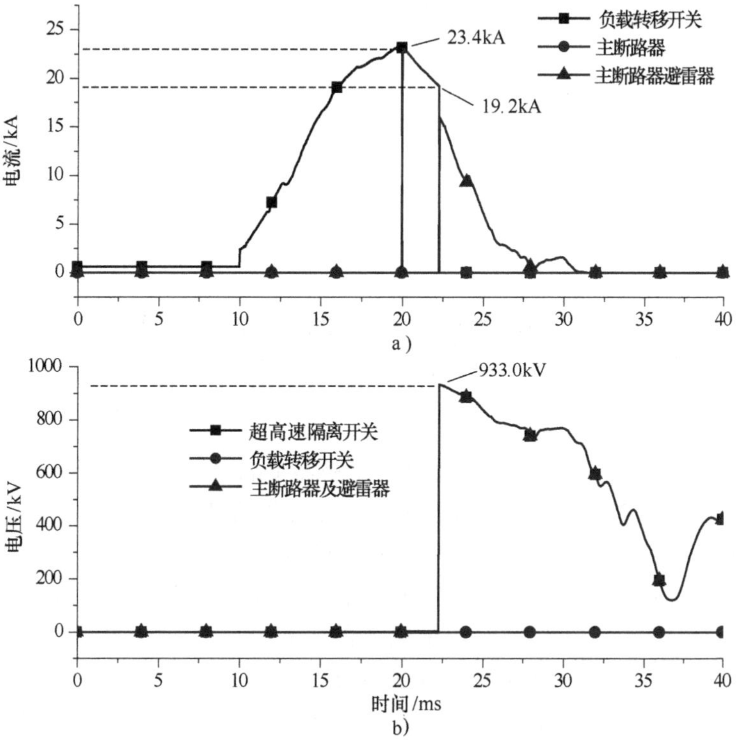

图 7-74　策略 1 下直流断路器 B_{24} 的响应特性

a）超高速隔离开关、主断路器功率器件以及主断路器避雷器中的电流波形

b）超高速隔离开关、主断路器功率器件以及主断路器避雷器中的电压波形

器功率器件以及主断路器避雷器中的电流波形；图 b 是超高速隔离开关、主断路器功率器件以及主断路器避雷器中的电压波形。图 7-75 给出了混合型直流断路器 B_{42} 的响应特性，其中图 a 是超高速隔离开关、主断路器功率器件以及主断路器避雷器中的电流波形；图 b 是超高速隔离开关、主断路器功率器件以及主断路器避雷器中的电压波形。图 7-76 给出了换流站的响应特性，其中图 a 是流过换流站平波电抗器的电流波形图；图 b 是换流站端口的直流电压波形图；图 c 是换流站内部桥臂电流最大值波形图。

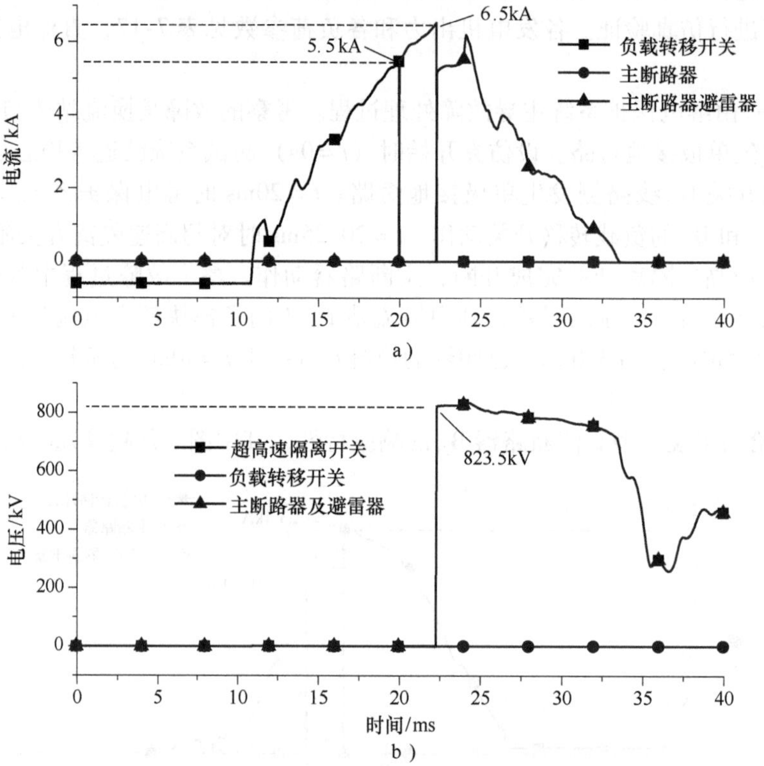

图 7-75 策略 1 下直流断路器 B_{42} 的响应特性

a）超高速隔离开关、主断路器功率器件以及主断路器避雷器中的电流波形

b）超高速隔离开关、主断路器功率器件以及主断路器避雷器中的电压波形

从图 7-74 可以看出，对于短路点近处的断路器 B_{24}，负载转移开关动作时的电流值为 23.4kA，主断路器动作时的电流为 19.2kA，主断路器断开后瞬间承受的电压为 933.0kV，是直流电网额定电压的 1.87 倍。从图 7-75 可以看出，对于短路点远处的断路器 B_{42}，负载转移开关动作时的电流值为 5.5kA，主断路器动作时的电流为 6.5kA，主断路器断开后瞬间承受的电压为 823.5kV，是直流电网额定电压的 1.65 倍。从图 7-74 和图 7-75 可以看出，流过故障线路的电流需要经过约 10ms 才衰减到零。

从图 7-76 可以看出，对于离短路点较近的换流站 2 和 1，流过平波电抗器的电流较大，可以分别达到 14.3kA 及 7.3kA，桥臂电流也较大，超过其额定电流的 2 倍，并导致换流站 2 和 1 闭锁；B_{24} 和 B_{42} 的主断路器断开后瞬间全网过电压达到峰值，其中换流站 3 出口电压达到 1162.5kV，超过其额定电压的 2 倍（峰值并不是出现在断路器断开瞬间）。

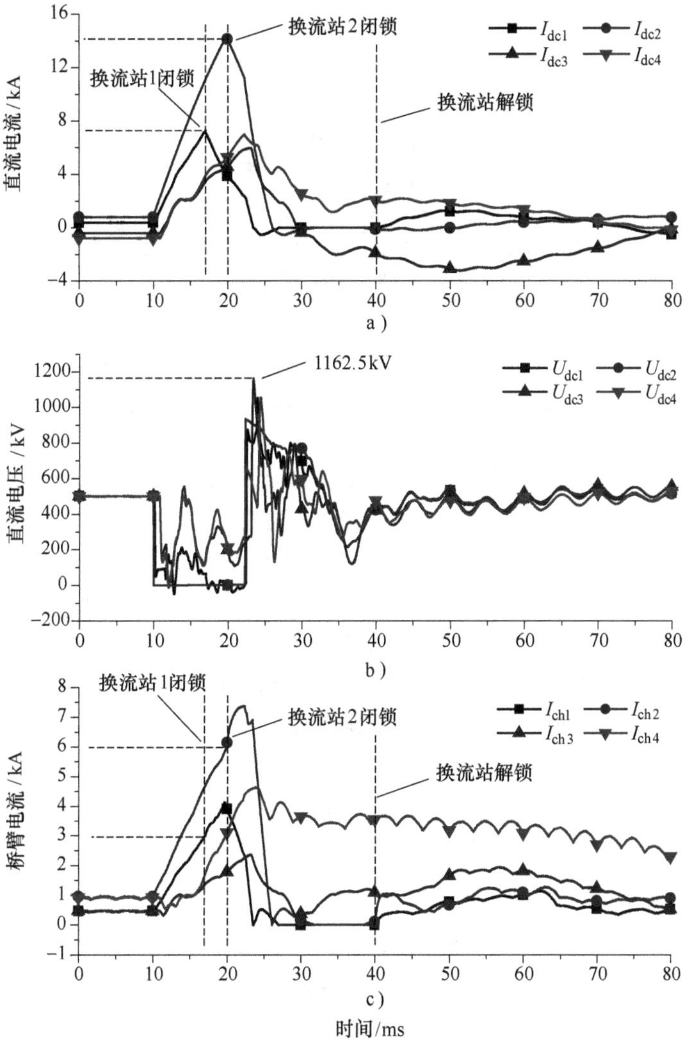

图 7-76 策略 1 下换流站的响应特性

a）流过换流站平波电抗器的电流 b）换流站端口的直流电压波形 c）换流站桥臂电流最大值波形

策略 2——基于就地检测就地保护的故障处理过程。对于本测试系统，换流站 1 和 3 的子模块额定电流为 1.5kA，换流站 2 和 4 的子模块额定电流为 3.0kA。因此，对于换流站 1 和 3，当子模块电流达到 3.0kA 时换流站闭锁；对于换流站 2 和 4，当子模块电流达到 6.0kA 时换流站闭锁。测试系统中所有直流线路正常运行条件下的最大电流都小于 3.0kA，因此当流经直流断路器负载转移开关的电流大于 6kA 时，该负载转移开关就动作，并起动该直流断路器动作的整个过程。

首先考察换流站 2 与换流站 4 之间的直流线路发生单极接地短路故障。设仿真开始时（$t=0$s）测试系统已进入稳态运行。$t=10$ms 时在正极直流开关 B_{24} 线路侧发生单极接地短路。图 7-77 给出了流过 8 个直流断路器的电流波形，可以看到，故障线路两侧的断路器 B_{24} 和 B_{42} 分别在故障后 1.6ms 和 8.8ms 达到其动作值并动作，在断路器 B_{24} 和 B_{42} 动作后，流过其他断路器的电流开始下降，因而其他断路器不会动作。

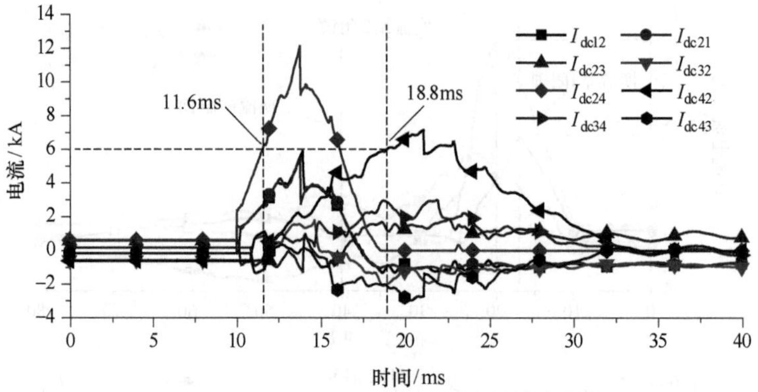

图7-77 流过8个直流断路器的电流波形

然后对测试系统中的4条直流线路进行逐条故障扫描，故障点分别设为直流断路器线路侧和线路中点，考察就地检测就地保护策略的快速性和选择性。仿真结果见表7-25。由表7-25可以看出，就地检测就地保护的故障处理策略具有极高的快速性和选择性。下面以正极直流开关B_{24}线路侧发生单极接地故障为例给出就地检测就地保护故障处理策略具有极高的快速性和选择性的理论解释。显然，B_{24}线路侧发生故障后，最靠近故障点的断路器是B_{24}和B_{21}，因此按就地检测就地保护的故障处理原则，B_{24}和B_{21}应该是最先动作的断路器。但B_{24}动作属于正确动作，而B_{21}动作则属于误动作。下面说明为什么B_{21}不会动作。实际上这等价于说明B_{24}会比B_{21}快2ms动作。这是容易解释的，因为流过B_{21}的故障电流是由换流站1提供的，由于换流站1平波电抗器和换流站1、2之间线路的作用，流过B_{21}的故障电流会比B_{24}迟2ms以上达到动作电流值。而B_{24}一旦动作，对B_{21}来说，故障点已消失，因此就不会动作了。

表7-25 不同故障时的断路器动作情况汇总

故 障 点	断路器及其动作时间（故障后开始计时）/ms	
B_{13}线路侧	B_{13}：1.6	B_{31}：7.6
线路13中点	B_{13}：3.8	B_{31}：5.1
B_{31}线路侧	B_{13}：6.3	B_{31}：3.3
B_{12}线路侧	B_{12}：2.5	B_{21}：3.9
线路12中点	B_{12}：3.6	B_{21}：3.5
B_{21}线路侧	B_{12}：3.9	B_{21}：2.5
B_{24}线路侧	B_{24}：1.6	B_{42}：8.8
线路24中点	B_{24}：4.1	B_{42}：6.0
B_{42}线路侧	B_{24}：6.9	B_{42}：3.3
B_{34}线路侧	B_{34}：2.3	B_{43}：6.7
线路34中点	B_{34}：4.9	B_{43}：5.0
B_{43}线路侧	B_{34}：6.8	B_{43}：2.5

为了展示策略2的完整特性并与策略1相比较，下面仍然以正极直流开关B_{24}线路侧发

生单极接地短路为例，给出相关物理量的波形图。图7-78给出了混合型直流断路器B_{24}的响应特性，其中图a是超高速隔离开关、主断路器功率器件以及主断路器避雷器中的电流波形；图b是超高速隔离开关、主断路器功率器件以及主断路器避雷器中的电压波形。图7-79给出了混合型直流断路器B_{42}的响应特性，其中图a是超高速隔离开关、主断路器功率器件以及主断路器避雷器中的电流波形；图b是超高速隔离开关、主断路器功率器件以及主断路器避雷器中的电压波形。图7-80给出了换流站的响应特性，其中图a是流过换流站平波电抗器的电流波形图；图b是换流站端口的直流电压波形图；图c是换流站内部桥臂电流最大值波形图。

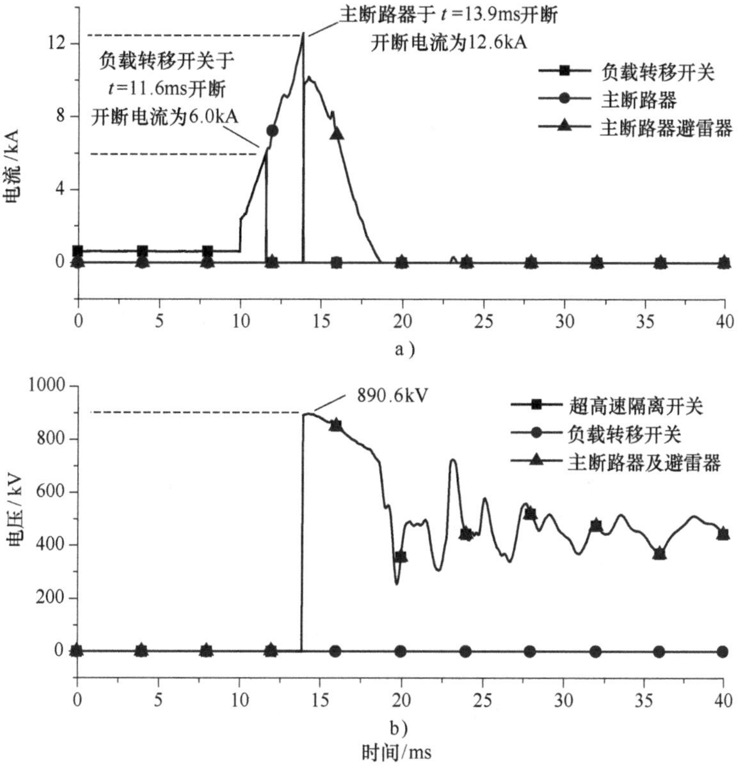

图7-78　策略2下直流断路器B_{24}的响应特性

a）超高速隔离开关、主断路器功率器件以及主断路器避雷器中的电流波形

b）超高速隔离开关、主断路器功率器件以及主断路器避雷器中的电压波形

从图7-78可以看出，对于短路点近处的断路器B_{24}，负载转移开关动作时的电流值为6.0kA，主断路器动作时的电流为12.6kA，主断路器断开后瞬间承受的电压为890.6kV，是直流电网额定电压的1.78倍。从图7-79可以看出，对于短路点远处的断路器B_{42}，负载转移开关动作时的电流值为6.0kA，主断路器动作时的电流为7.1kA，主断路器断开后瞬间承受的电压为831.9kV，是直流电网额定电压的1.66倍。从图7-78和图7-79可以看出，流过故障线路的电流需要经过约10ms才衰减到零。

从图7-80可以看出，对于离短路点较近的换流站2和1，流过平波电抗器的电流分别达到6.6kA和4.6kA，桥臂电流未超过其额定电流的2倍，换流站2和1无需闭锁；B_{24}和

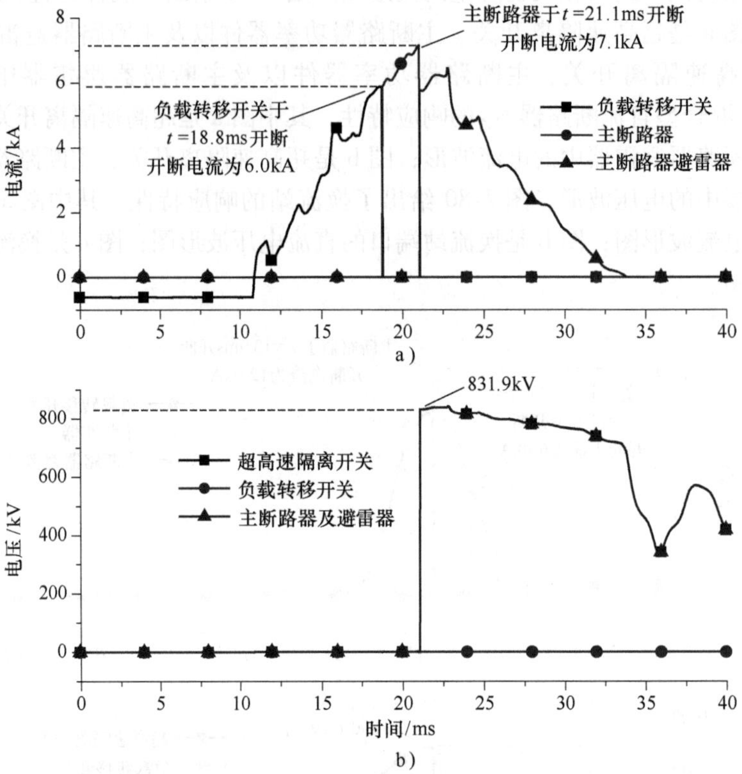

图 7-79 策略 2 下直流断路器 B_{42} 的响应特性

a）超高速隔离开关、主断路器功率器件以及主断路器避雷器中的电流波形

b）超高速隔离开关、主断路器功率器件以及主断路器避雷器中的电压波形

B_{42}的主断路器开断瞬间全网过电压达到峰值，其中换流站 3 出口电压达到 1054.0kV，超过其额定电压的 2 倍（峰值并不是出现在断路器断开瞬间）。

针对正极直流开关 B_{24}线路侧发生单极接地短路故障，表 7-26 给出了两种故障处理策略的性能比较。

表 7-26 两种故障处理策略的性能比较

类 别	策略 1	策略 2
B_{24}负载转移开关动作时间/ms	10ms	1.6ms
B_{24}负载转移开关动作电流/kA	23.4kA	6.0kA
B_{24}主断路器动作电流/kA	19.2kA	12.6kA
B_{24}主断路器断开后瞬间承受的过电压倍数	1.87 倍	1.78 倍
B_{42}负载转移开关动作时间/ms	10ms	8.8ms
B_{42}负载转移开关动作电流/kA	5.5kA	6.0kA
B_{42}主断路器动作电流/kA	6.5kA	7.1kA
B_{42}主断路器断开后瞬间承受的过电压倍数	1.65 倍	1.66 倍
流过换流站 1 平波电抗器的电流最大值/kA	7.3kA	4.6kA

（续）

类　别	策略 1	策略 2
流过换流站 2 平波电抗器的电流最大值/kA	14.3kA	6.6kA
流过换流站 3 平波电抗器的电流最大值/kA	6.0kA	2.1kA
流过换流站 4 平波电抗器的电流最大值/kA	7.0kA	4.4kA
流过换流站 1 桥臂的电流最大值/kA	4.1kA	1.9kA
流过换流站 2 桥臂的电流最大值/kA	7.4kA	3.0kA
流过换流站 3 桥臂的电流最大值/kA	2.4kA	1.0kA
流过换流站 4 桥臂的电流最大值/kA	4.6kA	2.9kA
B_{24}和 B_{42}动作引起的全网过电压倍数	2.33 倍	2.11 倍

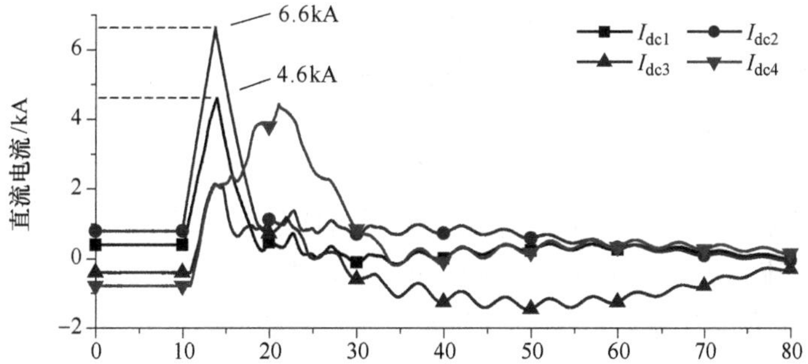

a）

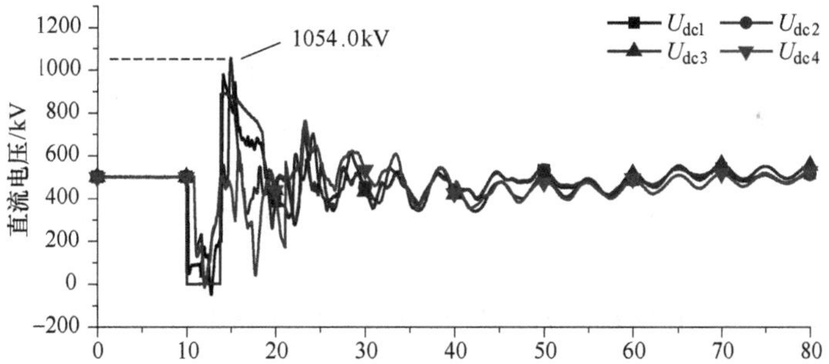

b）

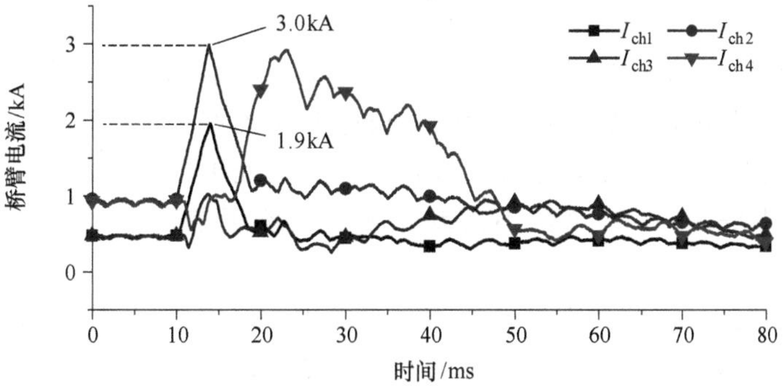

c）

图 7-80　策略 2 下换流站的响应特性

a）流过换流站平波电抗器的电流　b）换流站端口的直流电压波形　c）换流站桥臂电流最大值波形

7.7 采用组合式直流断路器的柔性直流电网故障处理方法

7.7.1 组合式直流断路器结构

本书作者团队提出了一种适用于直流电网的组合式高压直流断路器[34-35]。该断路器借鉴了混合型直流断路器的断流原理，但将故障断流部件从串联结构变为并联结构，同时将混合型直流断路器的所有部件集中布置方式改变成分散式布置方式，从而可以大幅度降低直流电网使用直流断路器的成本。

组合式直流断路器的基本结构如图7-83所示，它是由故障断流部件和正常通流部件组合而成的，所谓的“组合”指的是两种部件在空间上是独立分开布置的，其中故障断流部件每个换流站单极配置1个，正常通流部件换流站的每个单极出线配置1个。

故障断流部件包含主动短路式断流开关和隔离开关，具体结构如图7-81a所示。主动短路式断流开关的高压端与隔离开关的一端相连，另一端直接接地，隔离开关的另一端连接至直流母线。主动短路式断流开关是组合式直流断路器的核心设备，决定了断路器的开断能力。主动短路式断流开关需要承受极对地电压。它由多个分段串联而成，每个分段均包括若干单向串联的IGBT及其反并联二极管，并配备独立的避雷器；同时，IGBT可采用并联结构以提升其断流能力。与混合型直流断路器的主断路器不同的是，主动短路式断流开关仅需具备单向的断流能力。

正常通流部件包括超高速隔离开关、负载转移开关和辅助放电开关，其具体结构如图7-83b所示。正常通流部件介于直流母线和直流线路之间，每条出线配置1个。超高速隔离开关与直流母线出线相连，另一端连接至负载转移开关，辅助放电开关的高压端与负载转移开关的另一端相连，其低压端直接接地。正常通流部件各部分的结构和功能说明如下。

1）超高速隔离开关：其结构及特性与混合型直流断路器的超高速隔离开关相同，需具有零电流状态下快速断开电路的能力，在当前技术水平下，其开断时间为2ms左右。

2）负载转移开关：其结构及特性与混合型直流断路器的负载转移开关相同。该开关由若干个正反向串联的IGBT及其反并联二极管组成，具备双向断流能力。负载转移开关的主要功能是在主动短路式断流开关和辅助放电开关动作后开断流过线路的电流，并初步实现故障线路的隔离。正常运行时，负载转移开关处于导通状态。由于不需要承受较高的电压，因而串联IGBT的个数不需要太多，系统正常运行时断路器的损耗可忽略不计。

3）辅助放电开关：该开关需具备快速闭合能力，以使该支路能够快速投入到主回路中。由于辅助放电开关不需要具备大电流的开断能力，因此可选用具备良好经济性及可靠性的晶闸管与反并联二极管串联而成。该电路的用途在于负载转移开关断开后，为线路提供一个放电回路，加快故障线路能量的消散。辅助放电开关需要承受单极直流电压，并需要一定的通流能力。

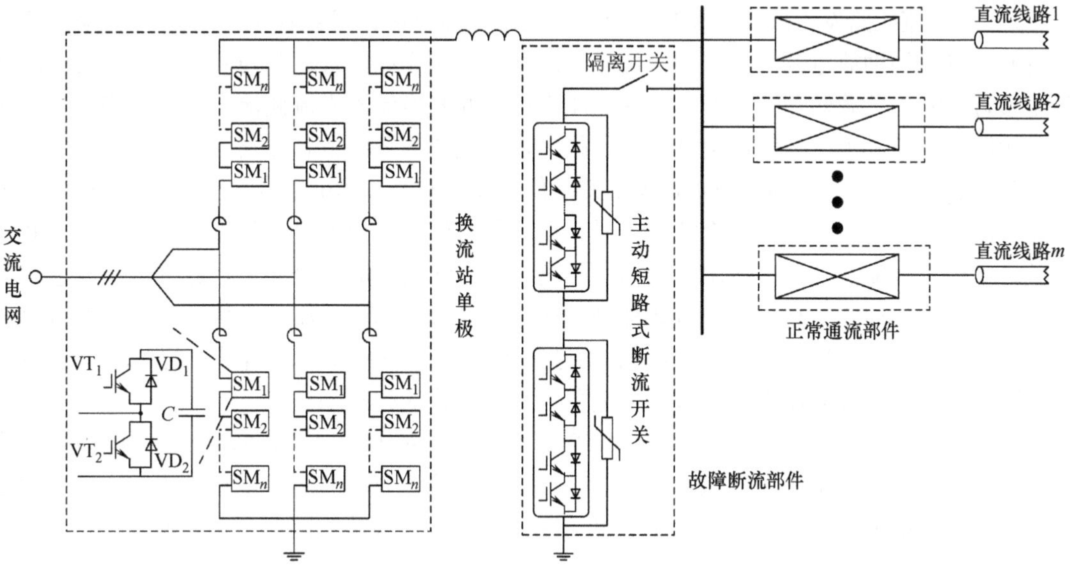

a)

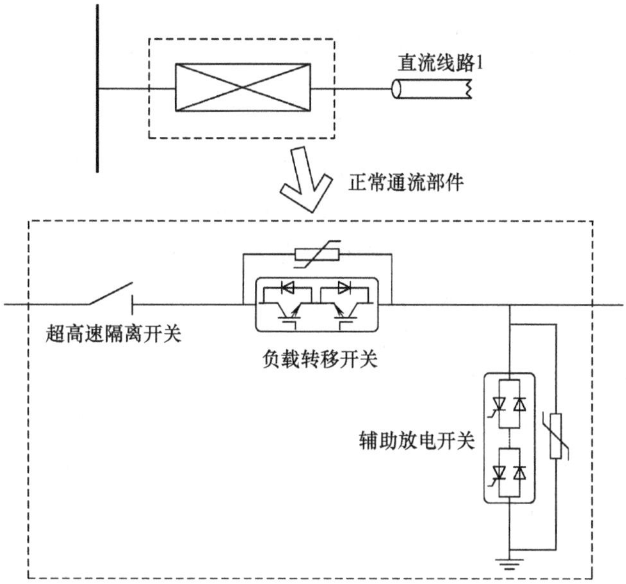

b)

图7-81　组合式高压直流断路器基本结构

a）总体结构　b）正常通流部件

7.7.2　组合式直流断路器工作原理

基于组合式直流断路器隔离故障线路的原理与混合型直流断路器相似，主要包括以下步骤。

1）稳态运行时，超高速隔离开关以及负载转移开关处于闭合状态，主动短路式断流开关和辅助放电开关处于关断状态。直流电流通过正常通流部件流通。

2）当直流线路发生故障，要求组合式直流断路器开断故障线路时，首先对主动短路式断流开关以及辅助放电开关施加闭合信号。两开关立刻完成闭合，其与系统连接处的电压下降至接近于零，负载转移开关两端承受电压很小。此时换流器直流侧流出的电流将分别流入主动短路式断流开关、辅助放电开关以及故障点，电流的分配依各支路的等效电阻而定。

3）对负载转移开关内的 IGBT 施加关断信号。经过约 250μs 短暂延时，负载转移开关完成开断动作，电流迅速下降至零。此时，换流器直流侧流出的电流仅流入主动短路式断流开关，实现了故障点和换流器之间的初步隔离。直流线路中的剩余能量将通过辅助放电开关和故障点之间的回路实现泄放，有效抑制了线路可能产生的过电压对负载转移开关的威胁。

4）负载转移开关完成电流开断后，对超高速隔离开关施加开断信号。约延时 2ms 后超高速隔离开关完成开断动作，实现了换流器与直流线路的物理隔离。

5）超高速隔离开关打开后，经过约 50μs 的延时，对主动短路式断流开关内的 IGBT 施加关断信号，系统剩余能量将通过主动短路式断流开关各分段内的避雷器泄放。流过主动短路式断流开关的电流一般经过约 2ms 降低至零，直流故障线路被隔离，系统恢复正常。

7.7.3 采用组合式直流断路器的直流电网故障处理策略及仿真验证

与采用混合型直流断路器的故障处理策略类似，下面我们分别考察策略 1 和策略 2 的故障处理性能。仍然采用如图 7-56 所示的直流电网进行仿真验证。各发电机出力和各负荷参数见表 7-17，直流电网初始运行状态见表 7-19。

策略 1——由继电保护系统主导故障处理过程。考察的故障是换流站 2 与换流站 4 之间的直流线路发生单极接地短路。设仿真开始时（$t=0\text{s}$）测试系统已进入稳态运行。$t=10\text{ms}$ 时在正极直流开关 B_{24} 线路侧发生单极接地短路。$t=20\text{ms}$ 时继电保护系统完成故障定位，直流断路器 B_{24} 和 B_{42} 的主动短路式断流开关和辅助放电开关动作，同时对负载转移开关施加断开信号；$t=20.25\text{ms}$ 时负载转移开关完全断开，对超高速隔离开关施加断开信号；$t=22.25\text{ms}$ 时超高速隔离开关完成开断，同时对主动短路式断流开关施加断开信号。整个故障过程中若桥臂电流大于子模块额定电流 2 倍，则换流站闭锁，其中换流站 1、3 的子模块额定电流为 1.5kA，换流站 2、4 的子模块额定电流为 3.0kA。已闭锁的换流站统一于 $t=40\text{ms}$ 时解锁，按故障前的控制策略运行。

图 7-82 给出了组合式直流断路器 B_{24} 的响应特性，其中图 a 是负载转移开关、辅助放电

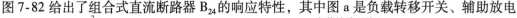

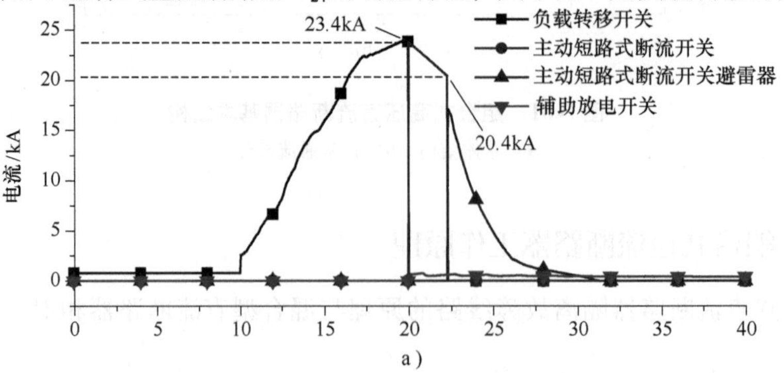

a）

图 7-82 策略 1 下直流断路器 B_{24} 的响应特性

a）负载转移开关、辅助放电开关、主动短路式断流开关及其避雷器中的电流波形

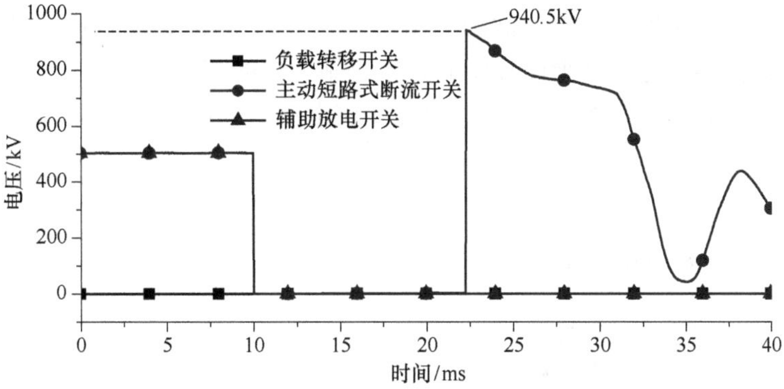

b）

图 7-82　策略 1 下直流断路器 B_{24} 的响应特性（续）

b）负载转移开关、超高速隔离开关、辅助放电开关、主动短路式断流开关及其避雷器中的电压波形

开关、主动短路式断流开关及其避雷器中的电流波形；图 b 是负载转移开关、超高速隔离开关、辅助放电开关、主动短路式断流开关及其避雷器中的电压波形。图 7-83 给出了组合式直流断路器 B_{42} 的响应特性，其中图 a 是负载转移开关、辅助放电开关、主动短路式断流开

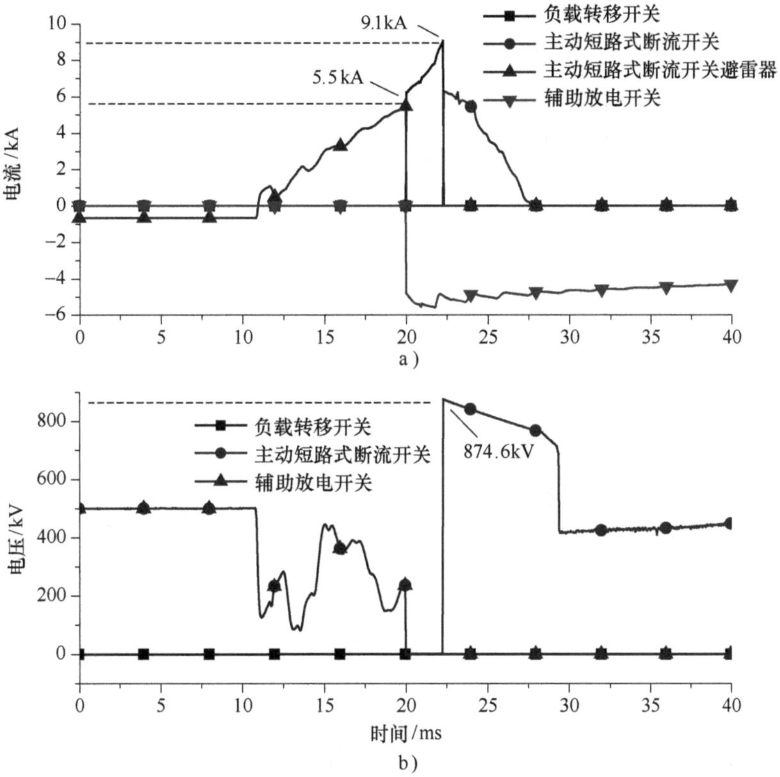

b）

图 7-83　策略 1 下直流断路器 B_{42} 的响应特性

a）负载转移开关、辅助放电开关、主动短路式断流开关及其避雷器中的电流波形

b）负载转移开关、超高速隔离开关、辅助放电开关、主动短路式断流开关及其避雷器中的电压波形

关及其避雷器中的电流波形；图b是负载转移开关、超高速隔离开关、辅助放电开关、主动短路式断流开关及其避雷器中的电压波形。图7-84给出了换流站的响应特性，其中图a是流过换流站平波电抗器的电流波形图；图b是换流站端口的直流电压波形图；图c是换流站内部桥臂电流最大值波形图。图7-85为故障点短路电流的波形图。

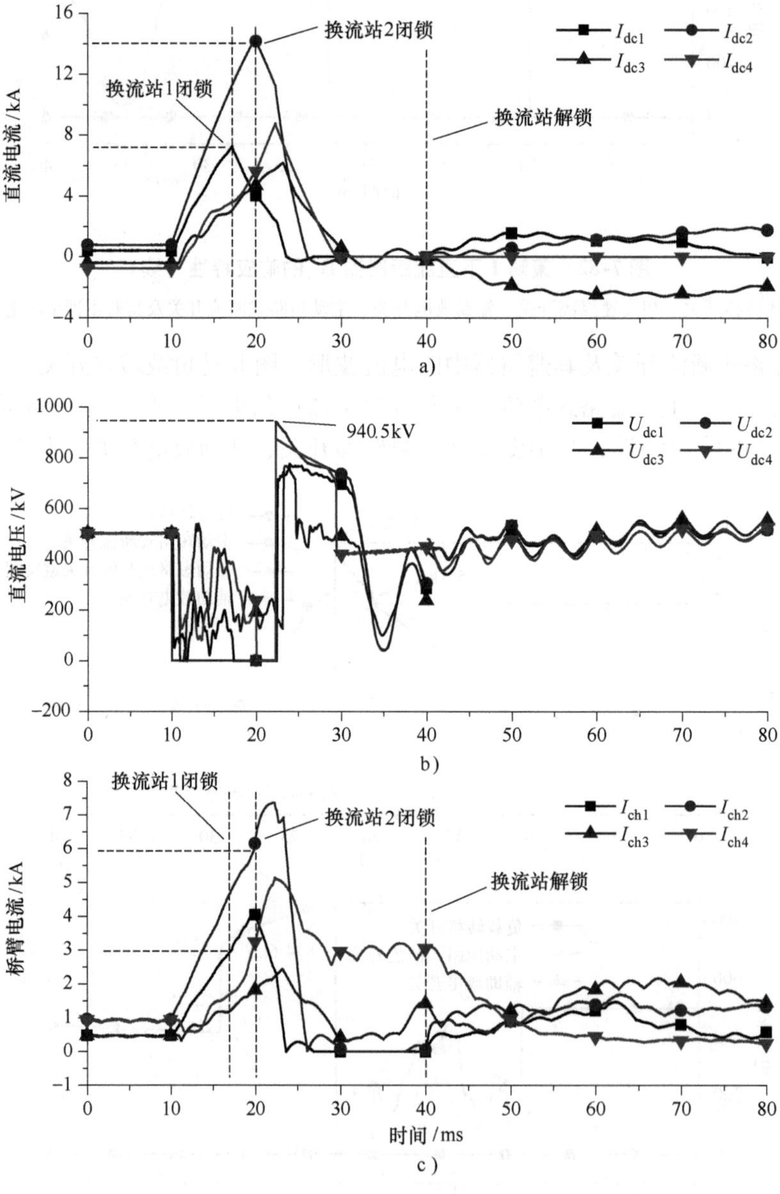

图7-84 策略1下换流站的响应特性

a）流过换流站平波电抗器的电流 b）换流站端口的直流电压波形 c）换流站桥臂电流最大值波形

从图7-82可以看出，对于断路器B_{24}，负载转移开关动作时的电流值为23.4kA，负载转移开关两端瞬间承受的电压为2.3kV；主动短路式断流开关动作时的电流为20.4kA，主动短路式断流开关断开后瞬间承受的电压为940.5kV，是直流电网额定电压的1.88倍。从

图 7-83 可以看出，对于断路器 B_{42}，负载转移开关动作时的电流值为 5.5kA，负载转移开关两端瞬间承受的电压为 1.5kV；主动短路式断流开关动作时的电流为 9.1kA，主动短路式断流开关断开后瞬间承受的电压为 874.6kV，是直流电网额定电压的 1.75 倍。

从图 7-84 可以看出，对于离短路点较近的换流站 2 和 1，流过平波电抗器的电流较大，可以分别达到 14.3kA 及 7.3kA，桥臂电流也较大，超过其额定电流的 2 倍，并导致换流站 2 和 1 闭锁；B_{24}和 B_{42}的主断路器断开后瞬间全网过电压达到峰值，其中换流站 2 出口过电压最为严重，但没有超过额定电压的 2 倍。

从图 7-85 可以看出，流过故障线路的电流需要经过约 0.8s 才衰减到零。

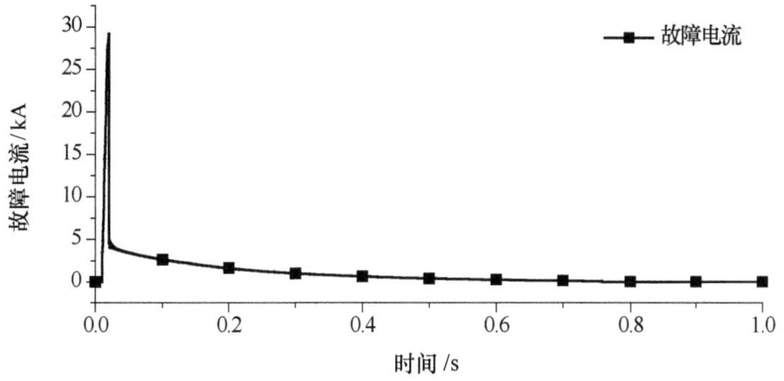

图 7-85　策略 1 下故障点短路电流的波形图

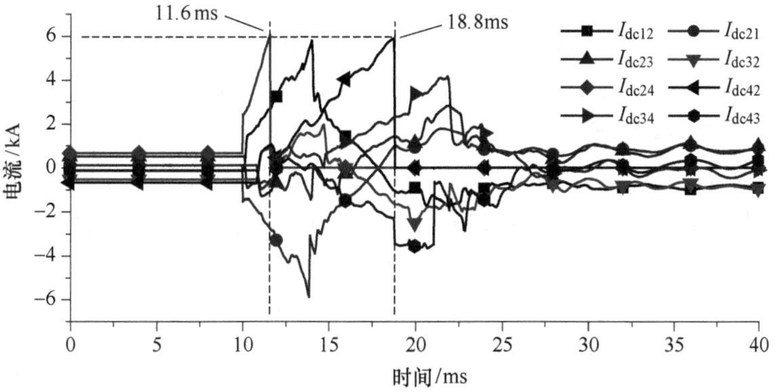

图 7-86　流过 8 个直流断路器的电流波形

策略 2——基于就地检测就地保护的故障处理过程。对于本测试系统，换流站 1 和 3 的子模块额定电流为 1.5kA，换流站 2 和 4 的子模块额定电流为 3.0kA。因此，对于换流站 1 和 3，当子模块电流达到 3.0kA 时换流站闭锁；对于换流站 2 和 4，当子模块电流达到 6.0kA 时换流站闭锁。测试系统中所有直流线路正常运行条件下的最大电流都小于 3.0kA，因此当流经直流断路器负载转移开关的电流大于 6kA 时，该负载转移开关就动作，并起动该直流断路器动作的整个过程。

首先考察换流站 2 与换流站 4 之间的直流线路发生单极接地短路故障。设仿真开始时（$t=0$s）测试系统已进入稳态运行。$t=10$ms 时在正极直流开关 B_{24}线路侧发生单极接地短路。图 7-86 给出了流过 8 个直流断路器负载转移开关上的电流波形，可以看到，故障线路两侧的断路器 B_{24}和 B_{42}的负载转移开关分别在故障后 1.6ms 和 8.8ms 达到其动作值并动作，在断路器 B_{24}和 B_{42}动作后，流过其他断路器的电流开始下降，因而其他断路器不会动作。

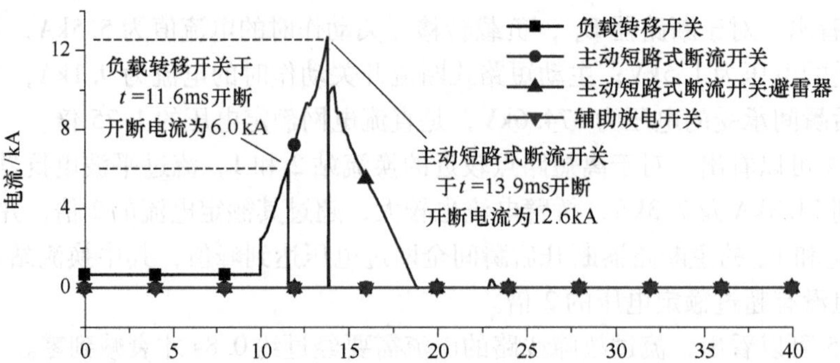

a）

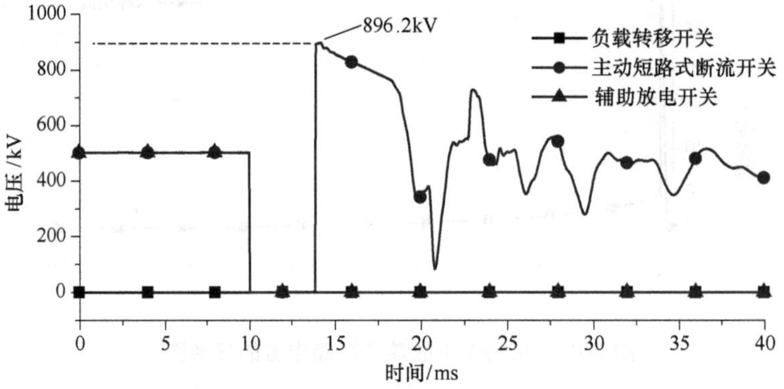

b）

图 7-87 策略 2 下直流断路器 B_{24} 的响应特性

a）负载转移开关、辅助放电开关、主动短路式断流开关及其避雷器中的电流波形

b）负载转移开关、超高速隔离开关、辅助放电开关、主动短路式断流开关及其避雷器中的电压波形

然后对测试系统中的 4 条直流线路进行逐条故障扫描，故障点分别设为直流断路器线路侧和线路中点，考察就地检测就地保护策略的快速性和选择性。仿真结果见表 7-27。由表 7-27 可以看出，就地检测就地保护的故障处理策略具有极高的快速性和选择性。

表 7-27 不同故障时的组合式断路器动作情况汇总

故 障 点	断路器及其动作时间（故障后开始计时）/ms	
B_{13}线路侧	B_{13}：1.6	B_{31}：7.6
线路 13 中点	B_{13}：3.8	B_{31}：5.1
B_{31}线路侧	B_{13}：6.3	B_{31}：3.3
B_{12}线路侧	B_{12}：2.5	B_{21}：3.9
线路 12 中点	B_{12}：3.6	B_{21}：3.5
B_{21}线路侧	B_{12}：3.9	B_{21}：2.5
B_{24}线路侧	B_{24}：1.6	B_{42}：8.8
线路 24 中点	B_{24}：4.1	B_{42}：6.0
B_{42}线路侧	B_{24}：6.9	B_{42}：3.3
B_{34}线路侧	B_{34}：2.3	B_{43}：6.7
线路 34 中点	B_{34}：4.9	B_{43}：5.0
B_{43}线路侧	B_{34}：6.8	B_{43}：2.5

为了展示策略 2 的完整特性并与策略 1 相比较，下面仍然以正极直流开关 B_{24}线路侧发生单极接地短路为例，给出相关物理量的波形图。图 7-87 给出了组合式直流断路器 B_{24}的响应特性，其中图 a 是负载转移开关、辅助放电开关、主动短路式断流开关及其避雷器中的电流波形；图 b 是负载转移开关、超高速隔离开关、辅助放电开关、主动短路式断流开关及其避雷器中的电压波形。图 7-88 给出了组合式直流断路器 B_{42}的响应特性，其中图 a 是负载转移开关、辅助放电开关、主动短路式断流开关及其避雷器中的电流波形；图 b 是负载转移开关、超高速隔离开关、辅助放电开关、主动短路式断流开关及其避雷器中的电压波形。图 7-89 给出了换流站的响应特性，其中图 a 是流过换流站平波电抗器的电流波形图；图 b 是换流站端口的直流电压波形图；图 c 是换流站内部桥臂电流最大值波形图。

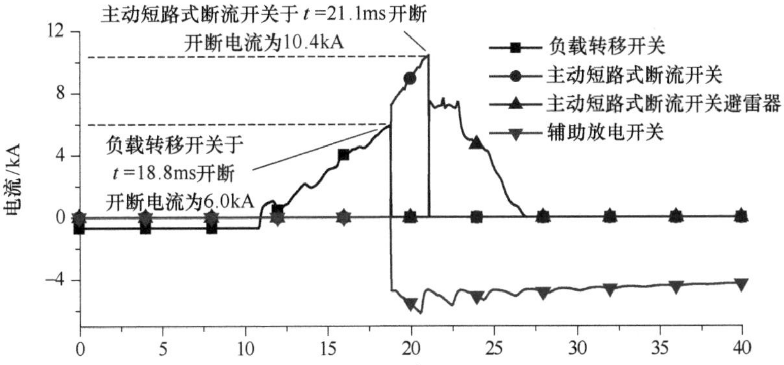

a)

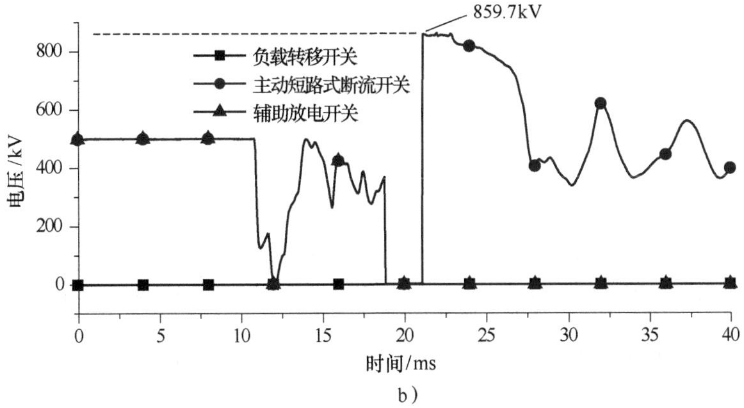

b)

图 7-88　策略 2 下直流断路器 B_{42}的响应特性

a）负载转移开关、辅助放电开关、主动短路式断流开关及其避雷器中的电流波形

b）负载转移开关、超高速隔离开关、辅助放电开关、主动短路式断流开关及其避雷器中的电压波形

从图 7-87 可以看出，对于短路点近处的断路器 B_{24}，负载转移开关动作时的电流值为 6.0kA，负载转移开关两端瞬间承受的电压为 1.4kV；主动短路式断流开关动作时的电流为 12.6kA，主动短路式断流开关断开后瞬间承受的电压为 896.2kV，是直流电网额定电压的 1.80 倍。从图 7-88 可以看出，对于短路点远处的断路器 B_{42}，负载转移开关动作时的电流值为 6.0kA，负载转移开关两端瞬间承受的电压为 1.6kV；主动短路式断流开关动作时的电

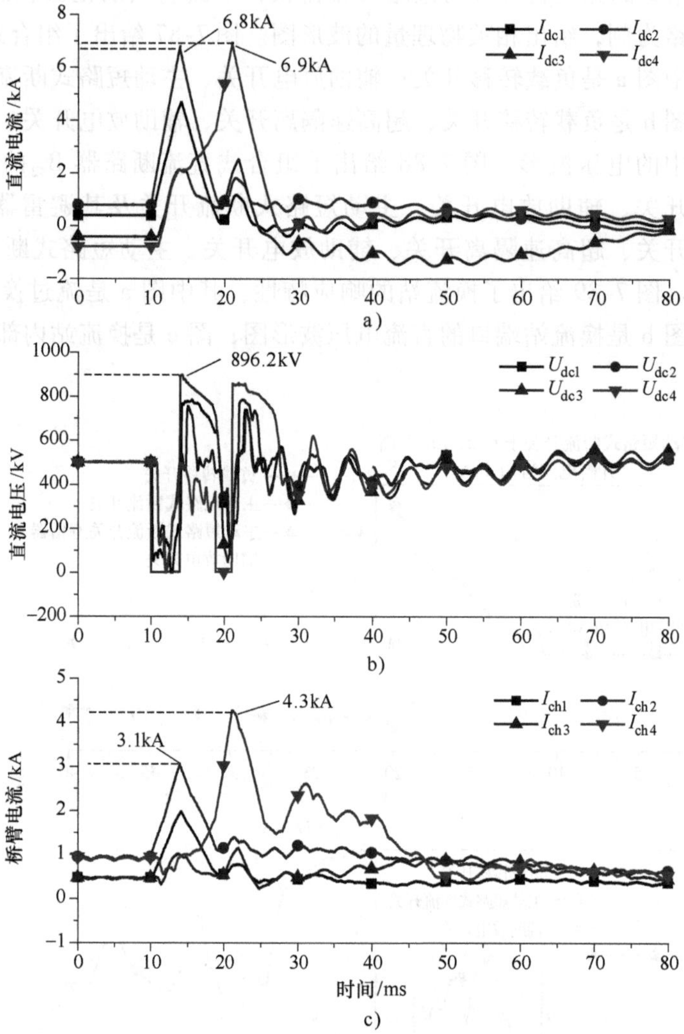

图 7-89 策略 2 下换流站的响应特性

a）流过换流站平波电抗器的电流 b）换流站端口的直流电压波形 c）换流站桥臂电流最大值波形

流为 10.4kA，主动短路式断流开关断开后瞬间承受的电压为 859.7kV，是直流电网额定电压的 1.72 倍。

从图 7-89 可以看出，对于故障线路两端的换流站 2 和 4，流过平波电抗器的电流分别达到 6.8kA 和 6.9kA，桥臂电流未超过其额定电流的 2 倍，换流站 2 和 4 无需闭锁；B_{24} 的主动短路式断流开关开断瞬间全网过电压达到峰值，其中换流站 2 出口过电压最为严重，但未超过其额定电压的 2 倍。

针对正极直流开关 B_{24} 线路侧发生单极接地短路故障，表 7-28 给出了两种故障处理策略的性能比较。

表 7-28　两种故障处理策略的性能比较

类　别	策略 1	策略 2
B_{24}负载转移开关动作时间/ms	10ms	1.6ms
B_{24}负载转移开关动作电流/kA	23.4kA	6.0kA
B_{24}主断路器动作电流/kA	20.4kA	12.6kA
B_{24}主断路器断开后瞬间承受的过电压倍数	1.88 倍	1.80 倍
B_{42}负载转移开关动作时间/ms	10ms	8.8ms
B_{42}负载转移开关动作电流/kA	5.5kA	6.0kA
B_{42}主断路器动作电流/kA	9.1kA	10.4kA
B_{42}主断路器断开后瞬间承受的过电压倍数	1.75 倍	1.72 倍
流过换流站 1 平波电抗器的电流最大值/kA	7.3kA	4.7kA
流过换流站 2 平波电抗器的电流最大值/kA	14.4kA	6.8kA
流过换流站 3 平波电抗器的电流最大值/kA	6.2kA	2.5kA
流过换流站 4 平波电抗器的电流最大值/kA	8.8kA	6.9kA
流过换流站 1 桥臂的电流最大值/kA	4.2kA	2.0kA
流过换流站 2 桥臂的电流最大值/kA	7.4kA	3.1kA
流过换流站 3 桥臂的电流最大值/kA	2.4kA	1.1kA
流过换流站 4 桥臂的电流最大值/kA	5.1kA	4.3kA
B_{24}主断路器断开后瞬间全网过电压倍数	1.88 倍	1.80 倍
B_{42}主断路器断开后瞬间全网过电压倍数	1.88 倍	1.80 倍

7.8　3 种柔性直流电网故障处理方法的投资与运行成本比较

仍然采用如图 7-43 所示的四端柔性直流测试系统进行比较。IGBT 模块采用 ABB 公司的 StakPak5SNA 3000K452300，其额定电压为 4.5kV，额定电流为 3.0kA，峰值电流为 6.0kA（对于 3000MW 的换流站，应采用 4500/3000 的压接式 IGBT）。考察换流站 4 一个单极配置断路器的投资情况。

对于混合型直流断路器，其主断路器为其核心部件。假设 IGBT 承受的电压为 2.3kV，由于其稳态情况下需要承受至少 500kV 的直流电压（主断路器断流后承受极对地电压），因此至少需串联 218 个 IGBT 模块。考虑到暂态下断路器还需承受较高的过电压，因此乘以 1.2 作为额外裕度，以防止断路器失效。由于单个 IGBT 的断流能力有限，为了具有较强的断流能力，可采用 IGBT 并联的方式。若断流能力为 18kA（目前技术资料的指标为 3ms/20kA，这里为方便计算，调整为 18kA），则至少需要 3 个并联支路，需要 IGBT 模块的数量为 786 个。由于其需具备双向断流能力，因此所需 IGBT 数量将翻倍，变为 1572 个。由于有两条直流线路与该换流站相连，因此需要配备两个直流断路器，工程总共需配置

IGBT的数量为3144个。

对于组合式高压直流断路器，正常通流部件与故障断流部件是分开布置的，故障断流部件数目由换流站个数决定，正常通流部件数目由出线条数决定。因此总共需要配置1个故障断流部件以及两个正常通流部件。故障断流部件中，主动短路式断流开关为其核心部件。与上面分析类似，为了保持与之前方案相同的断流及耐压能力，主动短路式断流开关共需配备的IGBT的个数为786个。另外，辅助放电开关也需承受较高的直流电压。假定所选晶闸管的型号为5STP 37Y8500，由于其额定电压为8kV，因此其稳态下承受电压可设定为4kV。由于晶闸管额定通流能力较强，因此无需采用并联结构。考虑1.2倍的额外裕度，单个辅助放电开关所需晶闸管的个数为150个。由于正常通流部件中的负载转移开关并不需要承受较高的电压，因此其所需的IGBT的个数较少。

组合式直流断路器与混合型直流断路器所需电力电子器件的数目对比见表7-29。可以看出，由于混合型高压直流断路器的故障断流部件需要串联在直流线路上，因此其器件数目会随直流线路条数的增加而增加；而组合式高压直流断路器的故障断流部件只需并联在直流母线处，因此其主要器件投资数目仅由换流站个数决定。在直流线路较多时，组合式直流断路器将体现出巨大的经济性优势。

表7-29 组合式直流断路器与混合型直流断路器所用器件数目对比

	混合型	组合式	
主要部件	主断路器	主动短路式断流开关	辅助放电开关
所需个数	2	1	2
串联个数	262	262	150
并联系数	3	3	1
断流方向系数	2	1	1
总共所需IGBT/晶闸管数	3144个IGBT	786个IGBT	300个晶闸管

若系统直流侧不加装直流断路器，则换流站需采用具有直流故障自清除能力的子模块，如CDSM及CCSM。传统方案与基于CDSM、CCSM的直流故障处理方案所需电力电子器件的数目对比见表7-30。在传统方案下，换流器由HBSM组成。假设IGBT承受的电压依然为2.3kV，在不考虑冗余的情况下，此时每桥臂所需HBSM的个数为218个。由于每个HBSM包含两个IGBT，因此每桥臂所需IGBT的个数为436个，全站总共需要IGBT 2616个。

对于基于CDSM的直流故障处理方案，由于每子模块可输出$2U_c$，因此每桥臂需配置109个CDSM。需要注意的是，由于CDSM中位于中间位置的开关对始终处于导通状态，因此将造成额外的运行损耗，较HBSM相比增加约35%[36]。此时，每桥臂需投资545个IGBT，较传统方案多109个。由于换流器由6个桥臂组成，因此每站需多投资654个IGBT。

对于基于CCSM的直流故障处理方案，由于每子模块可输出$4U_c$，因此同等条件下每桥臂需配置55个CCSM。CCSM与CDSM具有同等水平的运行损耗，但每单位电压所需的IGBT个数稍多。由于每个CDSM包含12个IGBT，因此每桥臂需投资660个IGBT，较传统方案多224个。由于换流器由6个桥臂组成，因此每站需多投资1344个IGBT。

表 7-30　传统方案与基于 CDSM、CCSM 方案所用器件数目对比

	H-MMC	C-MMC	
子模块类型	HBSM	CDSM	CCSM
每桥臂子模块数	218	109	55
每子模块所需 IGBT 数	2	5	12
每桥臂所需 IGBT 数	436	545	660
每站所需 IGBT 数	2616	3270	3960
每站多需 IGBT 数	0	654	1344

4 种直流故障处理方法的投资与运行成本比较见表 7-31。可以看出基于 CDSM 的直流故障处理方案的投资成本最低，基于 CCSM 的直流故障处理方案的投资成本稍高，但也远低于基于混合型直流断路器的方案。这种策略的技术难度较低，其缺点在于额外损耗较高，长期运行的经济性稍差。此外，这两种方案在处理直流故障时，网络内所有换流器均需闭锁，这会在一定范围内增大直流故障的影响范围。在基于直流断路器的两种方案中，组合式直流断路器有着明显的经济性优势，相较于混合型直流断路器，其更适用于多端直流系统以及直流电网。特别是在直流线路较为复杂、站间连接较为紧密时，这种优势会体现得更为明显。

表 7-31　4 种直流故障处理方法的投资与运行成本比较

	CDSM-MMC	CCSM-MMC	混合型高压 直流断路器	组合式高压 直流断路器
额外器件	IGBT：654	IGBT：1344	IGBT：3144	IGBT：786 晶闸管：300
额外损耗	约 35%	约 35%	忽略不计	忽略不计
换流器闭锁特性	全部换流站均需闭锁	全部换流站均需闭锁	换流器无需闭锁	换流器无需闭锁

参考文献

[1] Hafner J, Jacobson B. Proactive hybrid HVDC breaker-a key innovation for reliable HVDC grids [C]. Proceedings of CIGRE Bologna Symposium, 2011: 1-9.

[2] Callavik M, Blomberg A, Hafner J, Jacobson B. The Hybrid HVDC Breaker: An innovation breakthrough enabling reliable HVDC grids [EB/OL], http://www.abb.com.cn/abblibrary/DownloadCenter/, 2012: 1-10.

[3] CIGRE Working Group B4. 52. HVDC Grid Feasibility Study [M]. CIGRE Brochure No. 533, 2013.

[4] CIGRE Working Group B4. 57. Guide for the Development of Models for HVDC Converters in a HVDC Grid [M]. CIGRE Brochure No. 604, 2014.

[5] Schettler F, Balzer G, Hyttinen M, et al. Technical guidelines for first HVDC grids [C]. Proceedings of CIGRE, Paris, France, 2012: B4_307_2012.

[6] Akhmatov V, Callavik M, Franck CM, et al. Technical Guidelines and Prestandardization Work for First HVDC Grids [J]. IEEE Transactions on Power Delivery, 2014, 29 (1): 327-335.

[7] 浙江大学发电教研组直流输电科研组. 直流输电 [M]. 北京：电力工业出版社，1982.

[8] Lu W, Ooi BT. Optimal acquisition and aggregation of offshore wind power by multiterminal voltage-source HVDC [J]. IEEE Transactions on Power Delivery, 2003, 18 (1): 201-206.

[9] Lu W, Ooi B T. Premium quality power park based on multiterminal HVDC [J]. IEEE Transactions on Power Delivery, 2005, 20 (2): 978-983.
[10] 伍双喜，李力，张轩，等. 南澳多端柔性直流输电工程交直流相互影响分析 [J]. 广东电力，2015, 28 (4): 26-30.
[11] 吴浩，徐重力，张杰峰，等. 舟山多端柔性直流输电技术及应用 [J]. 智能电网，2013, 1 (2): 22-26.
[12] Sakamoto K, Yajima M. Development of acontrol system for a high-performance self-commutatedAC/DC converter [J] IEEE Transaction on power delivery, 1998, 13 (1): 225-232.
[13] Nakajima T, Irokawa S. A control system for HVDC transmission by voltage sourced converters [C]. Proceedings of IEEE Power Engineering Society Summer Meeting, 1999: 1113-1119.
[14] 唐庚，徐政，薛英林，顾益磊，裘鹏. 基于模块化多电平换流器的多端柔性直流输电控制系统设计 [J]. 高电压技术，2013, 39 (11): 2773-2782.
[15] 徐政，肖亮，刘高任. 一种基于电压基准节点的带死区直流电网电压下垂控制策略：中国，201610377375. 9 [P]. 2016.
[16] 许烽，徐政，刘高任. 新型直流潮流控制器及其在环网式直流电网中的应用 [J]. 电网技术，2014, 38 (10): 2644-2650.
[17] Veilleux E, Ooi B T. Power flow analysis in multi-terminal HVDC grid [C]. Proceedings of IEEEPES Power Systems Conference and Exposition (PSCE), Phoenix, USA, 2011: 1-7.
[18] Mu Q, Liang J, Li Y L, et al. Power flow control devices in DC grids [C]. Proceedings of IEEE Power and Energy Society General Meeting. San Diego, USA, 2012: 1-7.
[19] Jovcic D, Hajian M, Zhang H, et al. Power flow control in DC transmission grids using mechanical and semiconductor based DC/DCdevices [C]. 10th IET International Conference on AC and DC Power Transmission. Birmingham, UK, 2012: 1-6.
[20] Mukherjee S, Jonsson T U, Subramanian S, et al. Apparatus for controlling the electric power transmission in a HVDC transmission system: USA, US20130170255A1 [P]. 2013.
[21] Juhlin L E. Power flow control in a meshed HVDC power transmission network: USA, US 20120033462Al [P]. 2011.
[22] Veilleux E, Ooi B T. Multiterminal HVDC with thyristor power-flow controller [J]. IEEE Transactions on Power Delivery, 2012, 27 (3): 1205-1212.
[23] 许烽，徐政. 一种适用于多端直流系统的模块化多电平潮流控制器 [J]. 电力系统自动化，2015, 39 (3): 95-102.
[24] 邱关源，罗先觉. 电路 [M]. 5版. 北京：高等教育出版社，2006.
[25] Zhang Z, Xu Z, Xue Y. Short Circuit Current Calculation and Performance Requirement of HVDC Breakers for MMC-MTDC Systems [J]. IEEJ Transactions on Electrical and Electronic Engineering, 2015, DOI: 10.1002/tee. 22203.
[26] Marquardt R. StromrichterschaltungenmitverteiltenEnergiespeichern: German, 10103031A1 [P]. 2001.
[27] Marquardt R. Modular Multilevel Converter: An universal concept for HVDC-Networks and extended DC-Bus-applications [C]. Proceedings of International Power Electronics Conference (IPEC), 2010: 502-507.
[28] Marquardt R. Modular Multilevel Converter topologies with DC-Short circuit current limitation [C]. Proceedings of IEEE 8th International Conference on Power Electronics and ECCE Asia, 2011: 1425-1431.
[29] 薛英林，徐政. C-MMC 直流故障穿越机理及改进拓扑方案 [J]. 中国电机工程学报，2013, 33 (21): 63-70.
[30] 徐政，刘高任. 适用于远距离大容量架空线输电的交叉型子模块及其 MMC 控制方法：中国，

201610463228. 3 [P]. 2016.

[31] Zhang Z, Xu Z, Xue Y. Valve Losses Evaluation Based on Piecewise Analytical Method for MMC-HVDC Links [J], IEEE Transactions on Power Delivery, 2014 29 (3): 1354-1362.

[32] Kundur P. Power system stability and control [M]. New York: McGraw-Hill Inc., 1994: 813-815.

[33] Hafner J, Jacobson B. Proactive Hybrid HVDC Breakers-A key innovation for reliable HVDC grids [C]. CIGRE Session, Bologna, Italy, 2012: 264-272.

[34] 徐政，许烽，张哲任. 一种具有直流故障清除能力的换流站及其控制方法：中国，201510122582. 5 [P]. 2015.

[35] 刘高任，许烽，徐政，张哲任. 适用于直流电网的组合式高压直流断路器 [J]. 电网技术，2016，40 (1): 70-77.

[36] Modeer T, Nee H P, Norrga S. Loss comparison of different sub-module implementations for modular multilevel converters in HVDC applications [C]. Proceedings of the 14 th European Conference on Power Electronics and Applications (EPE 2011), 2011: 1-7.

第 8 章 单向点对点柔性直流输电系统

8.1 引　　言

远距离大容量输电是我国电网发展的一个重要趋势，直流输电在其中担负着重要角色。一般远距离大容量直流输电系统有两个重要特点：其一是潮流方向单一，不管是大容量水电基地送出还是大容量火电基地送出，都不需要考虑潮流反向问题；其二是受端系统直流落点密集，如广东电网和华东电网等，造成所谓的多直流馈入问题，其严重性表现在当受端系统某点发生短路故障时，可能引起多回直流线路同时发生换相失败，导致多回直流线路输送功率暂时中断，对送受端交流系统的安全稳定性构成严重威胁。

基于电网换相换流器的高压直流输电（LCC-HVDC）技术已经非常成熟。目前，LCC-HVDC 系统已经被广泛地应用于海底电缆输电、远距离大容量输电以及异步电网背靠背互联等场合。但是，LCC-HVDC 系统存在着逆变站换相失败、无法对弱交流系统供电、运行过程中需要消耗大量无功功率并产生大量谐波等缺陷[1,2]，在一定程度上制约了它的应用范围。

基于模块化多电平换流器的柔性直流输电（MMC-HVDC）系统，可以独立控制有功和无功，不存在换相失败，可为无源孤岛供电；且开关频率低，开关损耗小，扩展性强，无需交流滤波器，优势突出。但是，MMC-HVDC 系统无法有效地处理直流侧故障，制约了其在远距离大容量输电场合的应用。

根据直流侧发生故障后清除故障电流方法的不同，柔性直流输电网的基本构网方式有两种：第 1 种方式是半桥子模块 MMC 加直流断路器方式；第 2 种方式是无直流断路器但采用具有直流侧故障自清除能力的 MMC。对于点对点柔性直流输电系统，除了上述两种故障电流清除方法或构网方式外，对于特定的应用场合，还可以采用特殊的故障电流清除方法。

ABB 公司在 Caprivi Link[3] 工程中，就采用了跳交流侧开关来清除直流侧故障的方法。由于通过跳交流侧开关来清除直流侧故障，清除故障的耗时较长，从故障发生到重新恢复到故障前的送电水平需要耗时 5s 左右，因此仅适用于对送电中断不太敏感的应用场合。

对于点对点单向输电的应用场合，本书作者团队提出了 3 种无需直流断路器的柔性直流输电系统结构。第 1 种是 LCC-二极管-MMC 混合直流输电系统结构[4-10]，第 2 种是 LCC-CMMC 混合直流输电系统结构[11]，第 3 种是 LCC-MMC 串联混合型直流输电系统结构[12,13]。

本章将分别阐述上述几种特殊的直流侧故障清除方法的原理和特性。

8.2　跳交流侧开关清除直流侧故障的原理和特性

ABB 公司在 Caprivi Link[3] 工程中，采用了通过跳交流侧开关来清除直流侧故障的方法。我国的上海南汇柔性直流工程、南澳三端柔性直流工程和舟山五端柔性直流工程，也都是采用跳交流侧开关来清除直流侧故障的。这种故障清除方法的基本步骤如下：①直流侧线路发生故障；②换流器闭锁；③跳开交流侧开关；④使流过故障线路的电流衰减到很小的值；⑤隔离故障线路；⑥故障闪络点空气去游离；⑦交流开关重新闭合；⑧换流器解锁按 STATCOM 运行；⑨直流线路隔离开关重新闭合；⑩恢复到故障前的输送功率。下面以一个单极单端直流换流器为例说明跳交流侧开关清除直流侧故障的原理和特性。

8.2.1　交流侧开关跳开后故障电流的变化特性分析

不失一般性，为了研究发生单极接地故障时流过故障线路的故障电流特性，仍然采用如图 7-23 所示的单换流器直流侧故障分析模型。为阅读方便，图 8-1 重新给出了该分析模型的示意图。将交流侧开关跳开瞬间设为时间零点 $t=0$，并设交流开关跳开时直流线路的故障电流值为 I_{dcT}，且 L_{dc} 和 R_{dc} 为考虑了平波电抗器和故障线路参数的电感和电阻，忽略故障线路电容的作用。则图 8-1 所示分析模型的运算电路如图 8-2 所示。

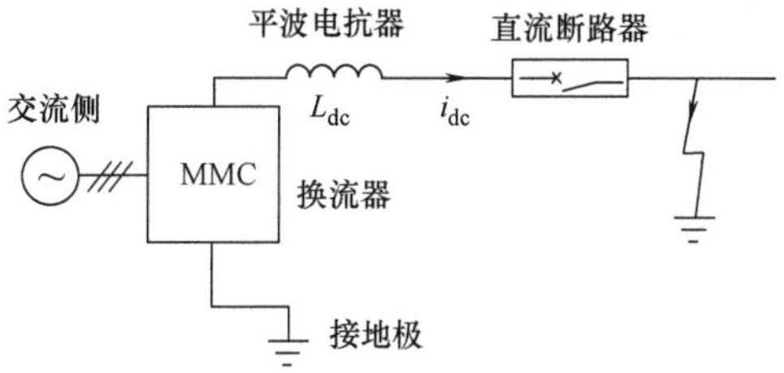

图 8-1　流过直流线路的故障电流分析模型

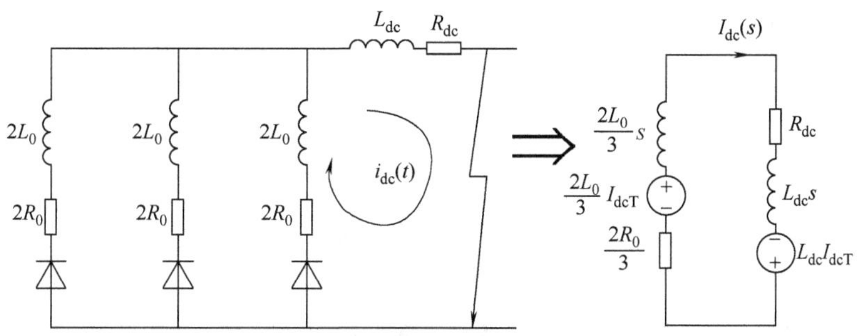

图 8-2　交流开关跳开后的等效运算电路

对图 8-2b 的运算电路进行求解，可得

$$I_{dc}(s)=\frac{\left(\frac{2L_0}{3}+L_{dc}\right)I_{dcT}}{s\left(\frac{2}{3}L_0+L_{dc}\right)+\left(\frac{2}{3}R_0+R_{dc}\right)} \tag{8-1}$$

对式（8-1）进行拉普拉斯反变换，得到

$$i_{dc}(t)=I_{dcT}e^{-\frac{t}{\tau''_{dc}}} \tag{8-2}$$

其中

$$\tau''_{dc}=\frac{2L_0+3L_{dc}}{2R_0+3R_{dc}} \tag{8-3}$$

8.2.2 仿真验证

下面仍然采用表7-9所示的单端400kV、400MW测试系统进行仿真验证。设置的运行工况如下：交流等效系统线电动势有效值为210kV，即相电动势幅值 $U_{sm}=171.5kV$；直流电压 $U_{dc}=400kV$；MMC运行于整流模式，有功功率 $P_v=400MW$，无功功率 $Q_v=0Mvar$。平波电抗器电感和电阻分别为 $L_{dc}=200mH$ 和 $R_{dc}=0.1\Omega$。

设仿真开始时（$t=0ms$）测试系统已进入稳态运行，$t=10ms$ 时在平波电抗器出口处发生单极接地短路，故障后5ms换流器闭锁，故障后40ms交流侧开关跳开，仿真过程持续到 $t=2000ms$。显然，在所仿真的故障方式下，$\tau''_{dc}=1074ms$。根据仿真结果，$I_{dcT}=11.65kA$。图8-3给出了直流侧短路电流仿真值与解析计算值的比较。从图8-3可以看出，式（8-3）的解析计算结果与仿真结果完全吻合。而根据式（8-3），可以推出从交流侧开关跳开到故障电流衰减到接近于零（例如200A）所需要的时间为4367ms。

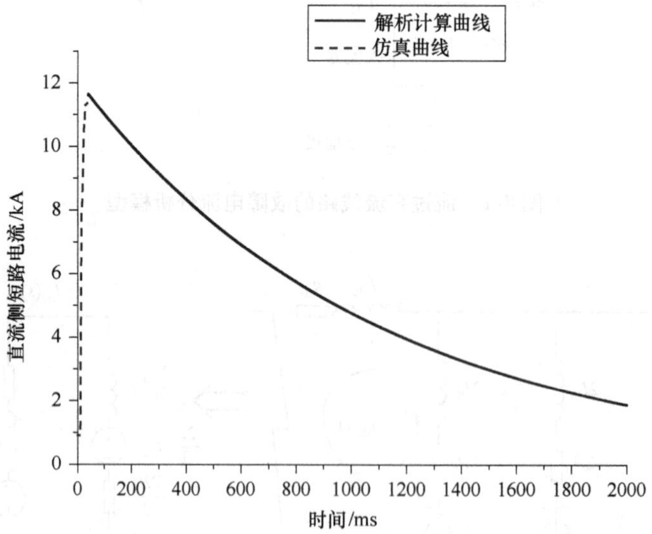

图8-3 交流侧开关跳开后直流侧短路电流仿真值与解析计算值的比较

因为直流侧隔离开关必须在故障电流接近于零（例如200A）时才可能隔离故障线路，因此对于本测试系统的故障场景，从直流侧发生故障到将故障线路隔离需要耗时约4.4s。从本测试系统的故障分析可以看出，通过跳交流开关来清除直流侧故障的耗时是比较长的，在数秒量级，这对于大规模远距离输电的应用场景，通常是不能接受的。为了加速直流侧故障电流的衰减速度，可以在故障回路中串入外加电阻来实现，此种方案已经在舟山五端柔性直流工程中进行了试验。

8.3　LCC-二极管-MMC 混合型直流输电系统运行原理

为了克服半桥子模块 MMC 无法有效处理直流侧故障的缺点，本章参考文献［6-8］提出了一种混合型直流输电系统结构，该结构送端采用 LCC，受端采用半桥子模块 MMC，利用串联在逆变器出口的二极管阀清除直流侧故障。采用该结构后，可以同时发挥 LCC 和 MMC 各自的优势，并彻底根除了逆变侧发生换相失败的可能性，是消解多直流馈入问题的一种有效途径。

8.3.1　拓扑结构与运行原理

LCC-二极管-MMC 混合型直流输电系统结构如图 8-4 所示[6-8]。整流侧由 12 脉动换流器构成，逆变侧由半桥子模块 MMC 构成，DCF 为直流侧滤波器。大功率二极管阀装设在逆变侧直流母线出口处，用于阻断发生直流故障时的故障电流通路。关于传统直流输电换流器 LCC 运行原理的详细阐述参见本章参考文献［1］，这里不再赘述。

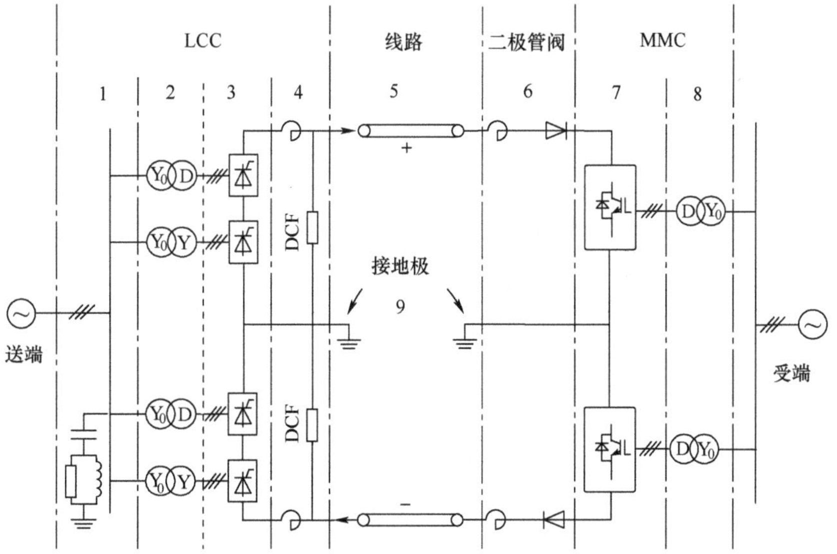

图 8-4　LCC-二极管-MMC 混合型直流输电系统接线图

对于图 8-4 所示的混合型直流输电系统，按照传统直流输电“整流侧定电流、逆变侧定电压”以及柔性直流输电系统“一侧定电压、另一侧定有功功率”的控制策略，很容易想到两种可能的控制策略，我们分别称其为控制策略 1 和控制策略 2。控制策略 1：LCC 侧定电流控制加最小触发角限制，MMC 侧定直流电压控制。控制策略 2：LCC 侧定直流电压控制加最小触发角限制，MMC 侧定有功功率控制。

图8-4所示的LCC-二极管-MMC混合型直流输电系统清除直流侧故障的原理叙述如下。设直流线路上某点发生接地故障，则显然流入故障点的故障电流是从LCC侧流出的；MMC侧对故障点电流没有贡献，因为二极管阀阻塞了MMC到故障点的电流流动路径。而消除从LCC侧流出的故障电流，对传统直流输电来说是一个非常成熟的技术，即所谓的“强制移相技术”[1,2]。强制移相的意思是LCC在检测到直流侧发生故障后，立刻将触发角从正常运行的15°±2.5°范围快速拉大到145°左右，使LCC从整流运行状态快速转变为逆变运行状态。当LCC转变为逆变运行状态后，LCC产生的电动势是阻止故障电流流动的，从而使故障电流快速下降到零。因为LCC的单向导通特性，故障电流不会变成负，而是保持在零值不变。

8.3.2 交流侧和直流侧故障特性分析

考察的测试系统如图8-5所示。送端交流系统和受端交流系统都用两区域四机系统[15]来模拟，混合型直流输电系统如图8-4所示，采用单极结构，额定电压为+800kV，额定功率为800MW。整流侧由2个相同的12脉动LCC串联构成，其直流侧额定电压都是400kV；逆变侧由2个相同的半桥子模块MMC串联构成，其直流侧额定电压都是400kV；直流线路长度2000km，单位长度参数为电阻0.02Ω/km、电感0.90mH/km、电容0.015μF/km。我们的目的

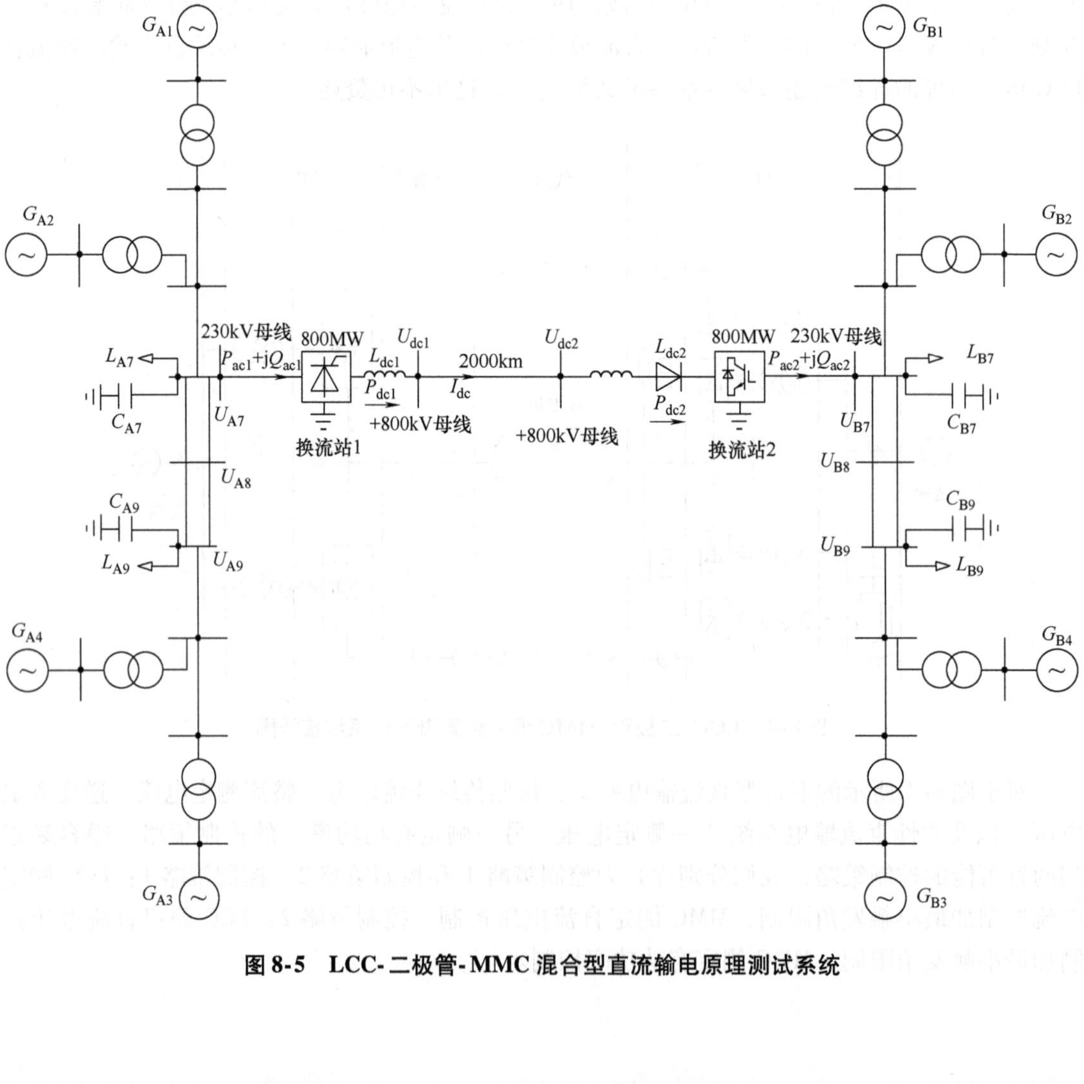

图8-5 LCC-二极管-MMC混合型直流输电原理测试系统

是考察送端交流电网、受端交流电网和直流线路发生故障时混合型直流输电系统的响应特性。

初始运行方式设置如下：两侧交流系统各发电机出力和各负荷参数如表 8-1 所示，直流系统参数如表 8-2 所示，初始运行状态如表 8-3 所示。以下针对 3 种场景，考察 LCC-二极管-MMC 混合型直流输电系统的响应特性。

表 8-1　两侧交流系统发电机出力和负荷大小

元　件	有功/MW	无功/Mvar	端口电压模值（pu）	端口电压相位（°）
G_{A1}	800	275	1.03	0
G_{A2}	700	390	1.01	-12.3
G_{A3}	700	235	1.03	9.1
G_{A4}	700	360	1.01	-0.6
G_{B1}	760	275	1.03	0
G_{B2}	700	405	1.01	-11.5
G_{B3}	700	250	1.03	-16.7
G_{B4}	700	400	1.01	-26.5
L_{A7}	800	100	0.97	1.3
C_{A7}	0	450（滤波器）	0.97	1.3
L_{A9}	1200	100	0.97	13.7
C_{A9}	0	0	0.97	13.7
L_{B7}	2000	100	0.96	2.1
C_{B7}	0	0	0.96	2.1
L_{B9}	1600	100	0.96	-12.4
C_{B9}	0	0	0.96	-12.4

表 8-2　换流站主回路参数

		换流站 1	换流站 2
换流器类型		LCC	MMC
换流器个数		4	2
换流器额定容量/MVA		200	400
网侧交流母线电压/kV		230	230
直流电压/kV		200	400
变压器	额定容量/MVA	250	500
	电压比	230/180	230/200
	短路阻抗 u_k(%)	15	15
子模块电容额定电压/kV		—	1.6
单桥臂子模块个数		—	250
子模块电容值/mF		—	8.3
桥臂电抗/mH		0	76.3
换流站出口平波电抗器/mH		300	300

表 8-3 直流系统初始运行状态

控制策略	换流站1	换流站1指令值	换流站2	换流站2指令值
1	定电流控制	$I_{dc}^{*}=1\text{kA}$ （按定功率800MW计算电流指令值）	定逆变侧直流电压控制， 定无功功率控制	$U_{dc1}^{*}=760\text{kV}$ $Q_{ac2}^{*}=0\text{Mvar}$
2	定电压控制	$U_{dc1}^{*}=800\text{kV}$	定有功功率控制， 定无功功率控制	$P_{dc2}^{*}=760\text{MW}$ $Q_{ac2}^{*}=0\text{Mvar}$

场景1（逆变侧交流系统故障）：设仿真开始时（$t=0$s）测试系统已进入稳态运行。$t=0.1$s 时逆变侧交流系统 B8 母线发生三相接地短路，$t=0.2$s 时接地短路被清除，仿真持续到 $t=5$s。图 8-6 给出了混合型直流系统的响应特性，图 8-6a 是整流侧直流母线电压波形，

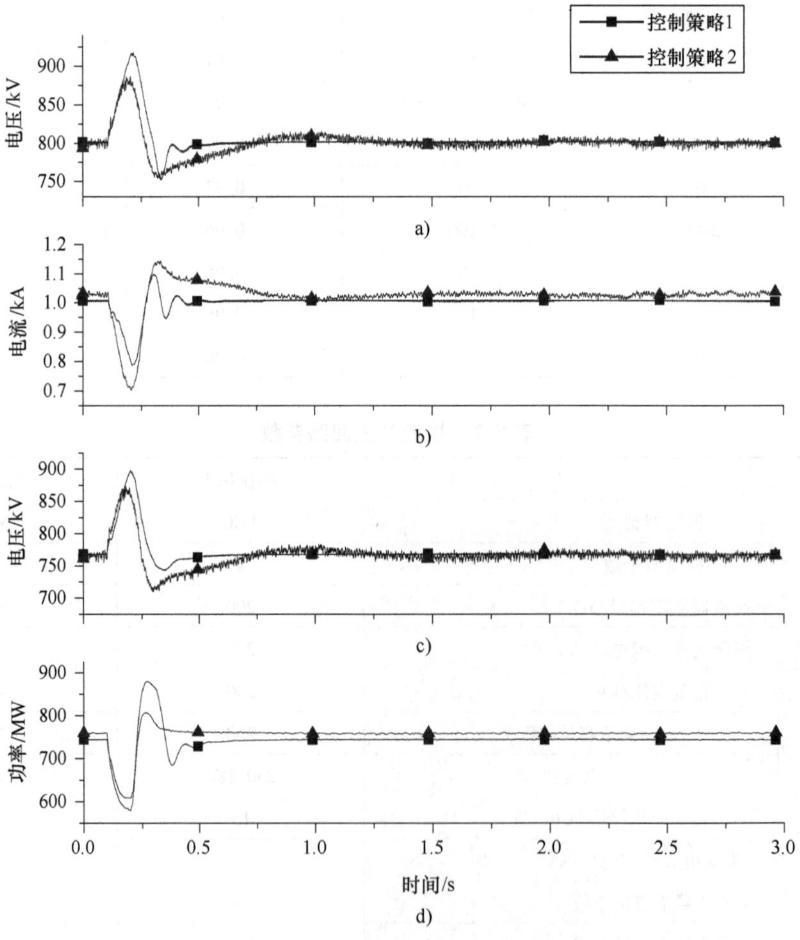

图 8-6 逆变侧交流系统故障响应特性

a）整流侧直流母线电压波形 b）整流侧直流电流波形

c）逆变侧直流母线电压波形 d）逆变侧输出有功功率波形

图 8-6b 是整流侧直流电流波形，图 8-6c 是逆变侧直流母线电压波形，图 8-6d 是逆变侧输出有功功率波形。图 8-7 给出了送端交流电网的响应特性，图 8-7a 是整流站交流母线 A7 的电压波形，图 8-7b 是送端交流电网发电机 3 对发电机 1 的功角摇摆曲线。图 8-8 给出了受端交流电网的响应特性，图 8-8a 是逆变站交流母线 B7 的电压波形，图 8-8b 是受端交流电网发电机 3 对发电机 1 的功角摇摆曲线。

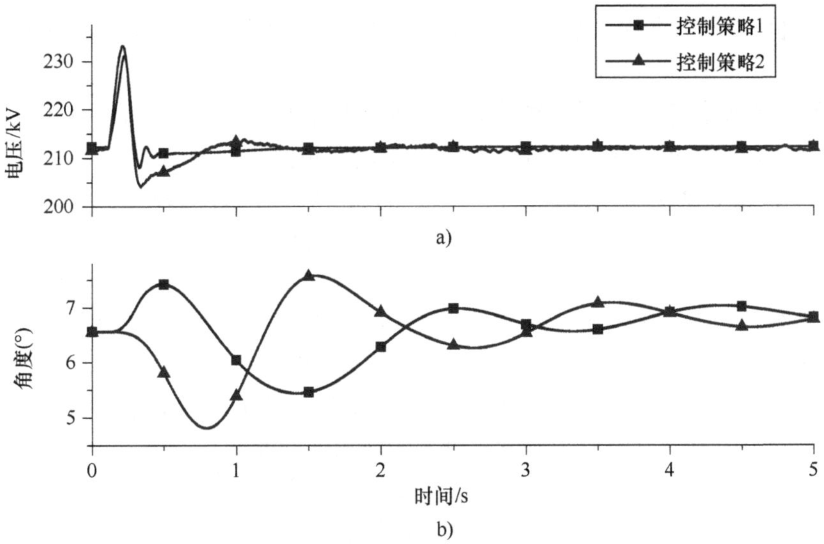

图 8-7　逆变侧交流系统故障响应特性

a）整流站交流母线 A7 电压波形　b）送端交流电网发电机 3 对发电机 1 的功角摇摆曲线

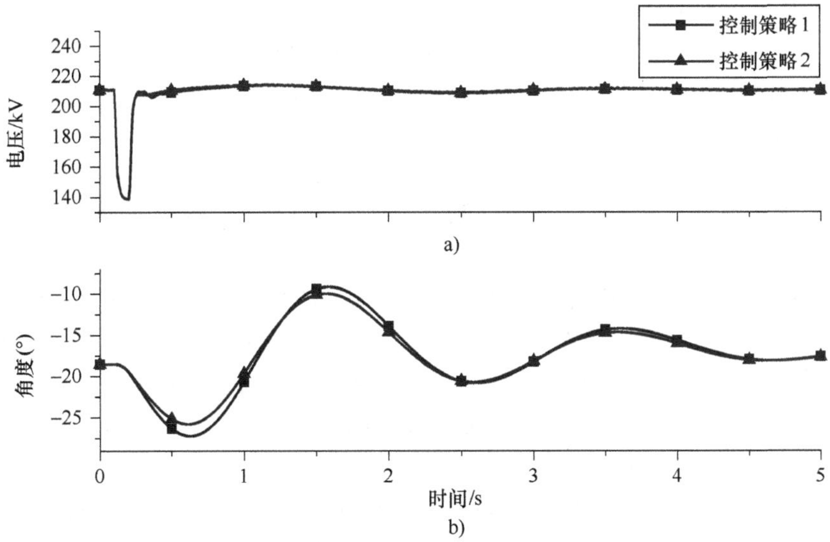

图 8-8　逆变侧交流系统故障响应特性

a）逆变站交流母线 B7 电压波形　b）受端交流电网发电机 3 对发电机 1 的功角摇摆曲线

分析图8-6~图8-8可知，逆变侧交流系统B8母线发生三相短路故障后，逆变站交流母线电压跌落至稳态值的65%，导致直流功率送出受阻。因此，故障期间逆变侧直流电压首先上升，从而导致整流侧直流电流下降，整流侧和逆变侧电压上升的幅度在20%之内，故障期间输送功率下降在25%之内。故障清除后系统能够很快地恢复至稳定运行状态。如与采用LCC的传统直流输电相比，上述故障下LCC将会发生换相失败，导致输送功率直接降低到零；而MMC对交流故障的耐受能力很强，不存在换相失败问题，在交流系统故障期间输送功率损失较小，交流故障清除后功率能够在20ms内恢复到故障前的值。

场景2（整流侧交流系统故障）：设仿真开始时（$t=0s$）测试系统已进入稳态运行。$t=0.1s$时整流侧交流系统A8母线发生三相接地短路，$t=0.2s$时接地短路被清除，仿真持续到$t=5s$。图8-9给出了混合型直流系统的响应特性，图8-9a是整流侧直流母线电压波形，图8-9b是整流侧直流电流波形，图8-9c是逆变侧直流母线电压波形，图8-9d是逆变侧输出有功功率波形，图8-9e是整流侧平波电抗器上的电压波形，图8-9f是整流侧高压端6脉动换流阀1上的电压波形。图8-10给出了送端交流电网的响应特性，图8-10a是整流站交流母线A7的电压波形，图8-10b是送端交流电网发电机3对发电机1的功角摇摆曲线。图8-11给出了受端交流电网的响应特性，图8-11a是逆变站交流母线B7的电压波形，图8-11b是受端交流电网发电机3对发电机1的功角摇摆曲线。

分析图8-9~图8-11可知，整流侧交流系统A8母线发生三相短路故障后，整流站交流母线电压跌落至稳态值的65%，导致直流电流瞬间跌落，输送功率也瞬间跌落。对于控制策略1，直流电流和输送功率都跌落到零；对于控制策略2，直流电流和输送功率没有跌落到零，还有一定的数值。即使直流电流跌落到零，平波电抗器和换流阀上的过电压也不明显。故障清除后直流功率能够在20ms内恢复到故障前的值。

场景3（直流线路中点接地故障）：设仿真开始时（$t=0s$）测试系统已进入稳态运行。$t=0.1s$时直流线路中点发生接地短路，当检测到整流侧直流电流大于1.8pu时将LCC触发角α强制移相到120°运行，当整流侧直流电流回落到0.8pu后将α设置成145°，故障电流过零后再过0.3s重新起动LCC，按原来的控制策略运行。仿真持续到$t=5s$。图8-12给出了混合型直流系统的响应特性，图8-12a是整流侧直流母线电压波形，图8-12b是整流侧直流电流波形，图8-12c是逆变侧直流母线电压波形，图8-12d是逆变侧直流电流波形，图8-12e是逆变侧输出有功功率波形，图8-12f是整流侧触发角α的波形，图8-12g是MMC直流侧出口串联的二极管阀承受的电压波形。图8-13给出了送端交流电网的响应特性，图8-13a是整流站交流母线A7的电压波形，图8-13b是送端交流电网发电机3对发电机1的功角摇摆曲线。图8-14给出了受端交流电网的响应特性，图8-14a是逆变站交流母线B7的电压波形，图8-14b是受端交流电网发电机3对发电机1的功角摇摆曲线。

分析图8-12~图8-14可知，直流线路中点发生接地短路后，由于二极管阀的单向导通特性，流入逆变站的直流电流瞬间跌落到零；整流站在检测到直流电流达到1.8pu时认为直流线路发生了接地短路，起动强制移相控制，直流电流迅速下降到零。故障电流被清除后，经过300ms的去游离时间，系统能够快速恢复到故障前的输送功率水平。尽管直流线路故障导致送电中断超过300ms，且输送功率达到送受端交流系统发电出力的30%左右，两侧交流系统仍然具有很好的暂态稳定特性。

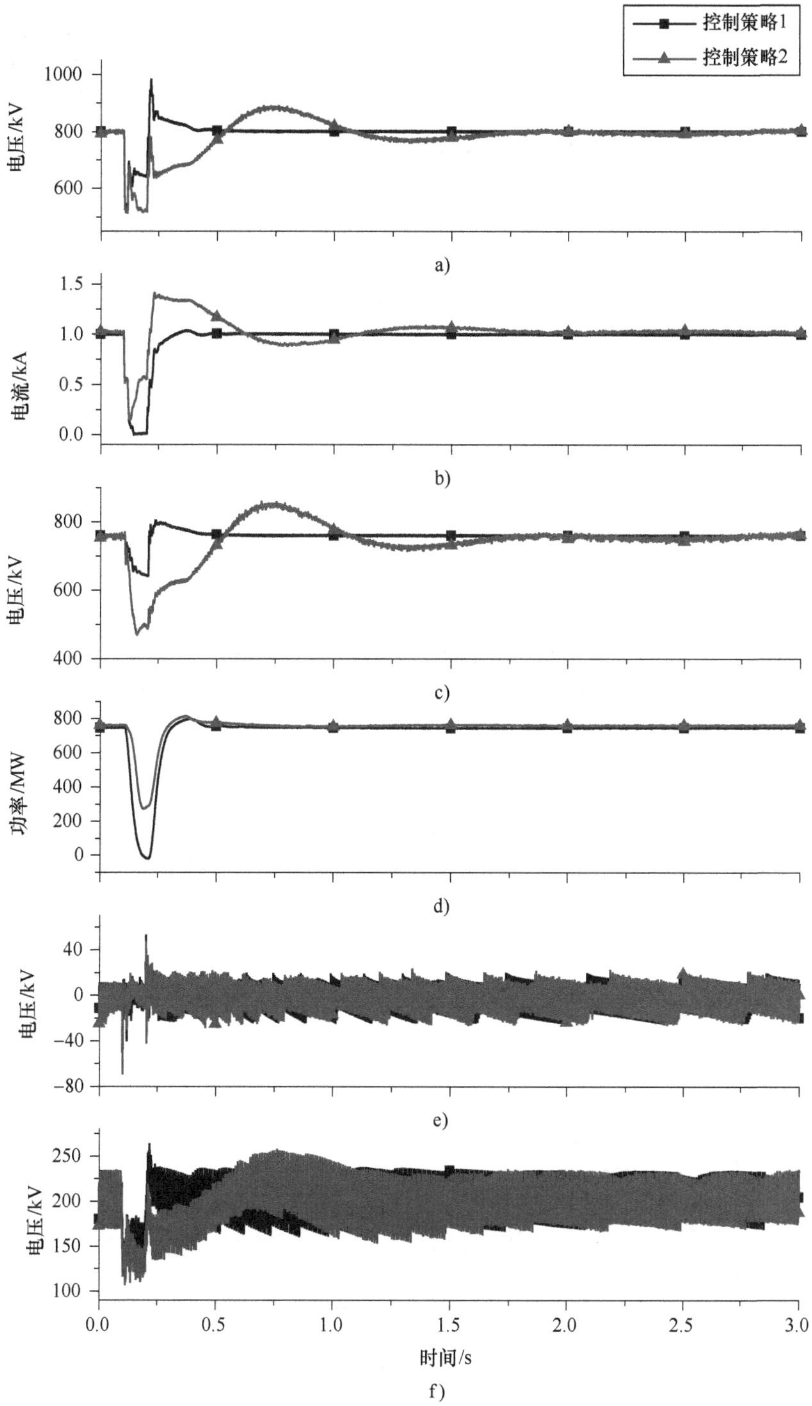

图 8-9　整流侧交流系统故障响应特性

a）整流侧直流母线电压波形　b）整流侧直流电流波形　c）逆变侧直流母线电压波形

d）逆变侧输出有功功率波形　e）整流侧平波电抗器上的电压波形

f）整流侧高压端 6 脉动换流阀 1 电压波形

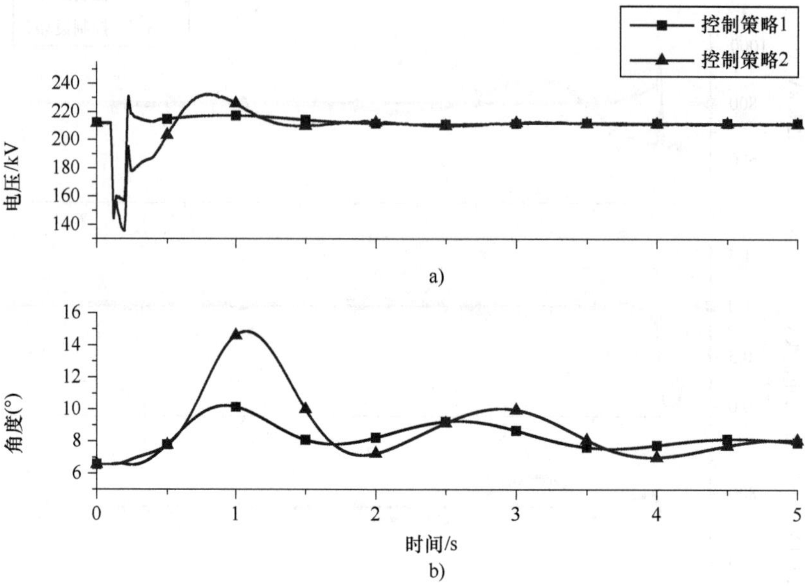

图 8-10 整流侧交流系统故障响应特性

a）整流站交流母线 A7 电压波形 b）送端交流电网发电机 3 对发电机 1 的功角摇摆曲线

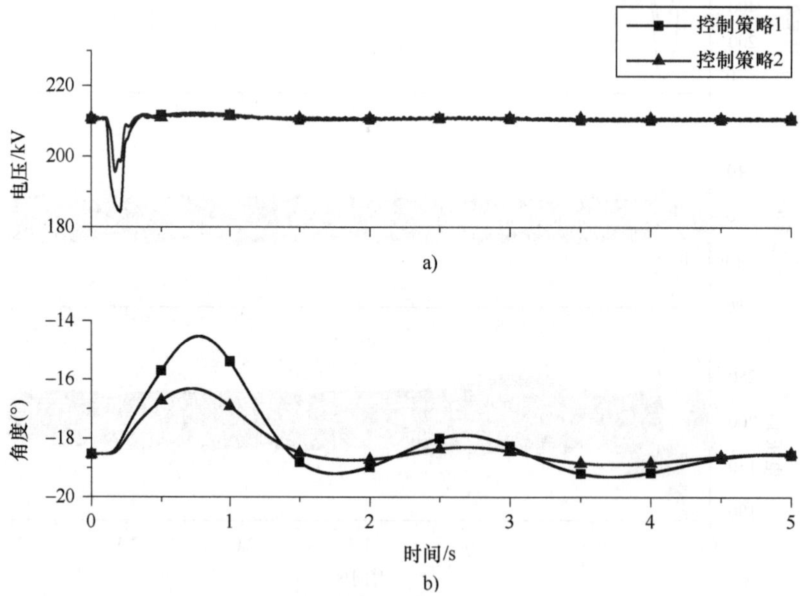

图 8-11 整流侧交流系统故障响应特性

a）逆变站交流母线 B7 电压波形 b）受端交流电网发电机 3 对发电机 1 的功角摇摆曲线

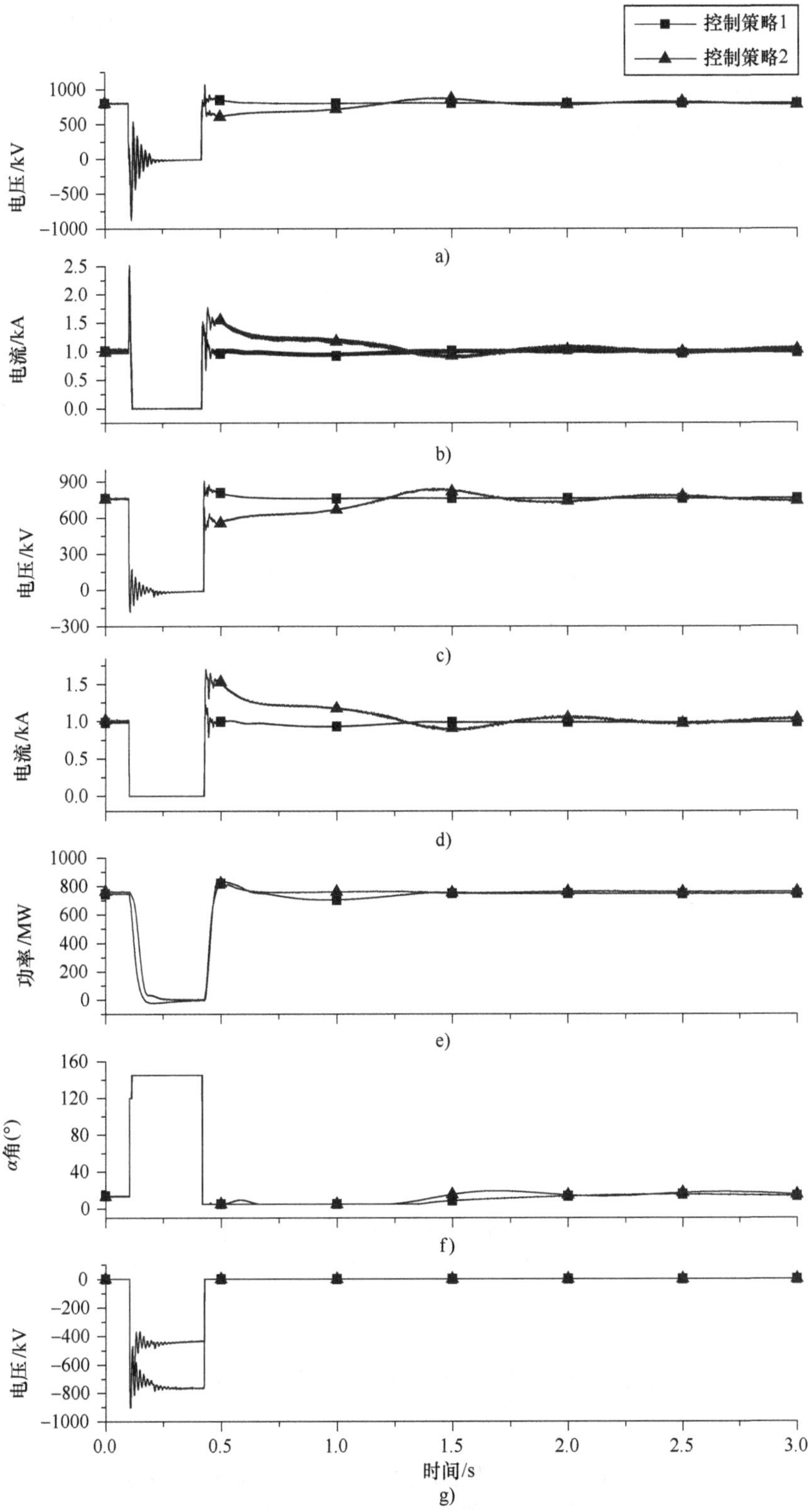

图 8-12　直流线路中点故障响应特性

a）整流侧直流母线电压波形　b）整流侧直流电流波形　c）逆变侧直流母线电压波形　d）逆变侧直流电流波形　e）逆变侧输出有功功率　f）整流侧触发角 α 波形　g）MMC 直流侧出口串联二极管阀电压波形

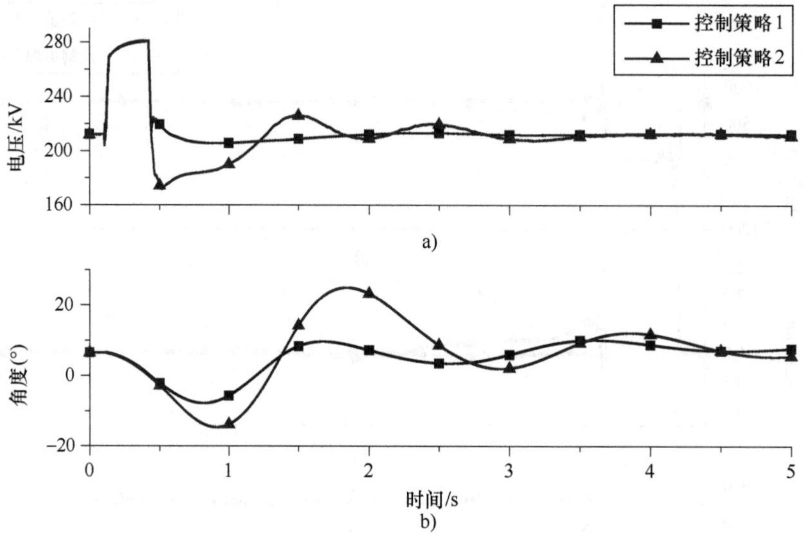

图 8-13 直流线路中点故障响应特性

a）整流站交流母线 A7 电压波形 b）送端交流电网发电机 3 对发电机 1 的功角摇摆曲线

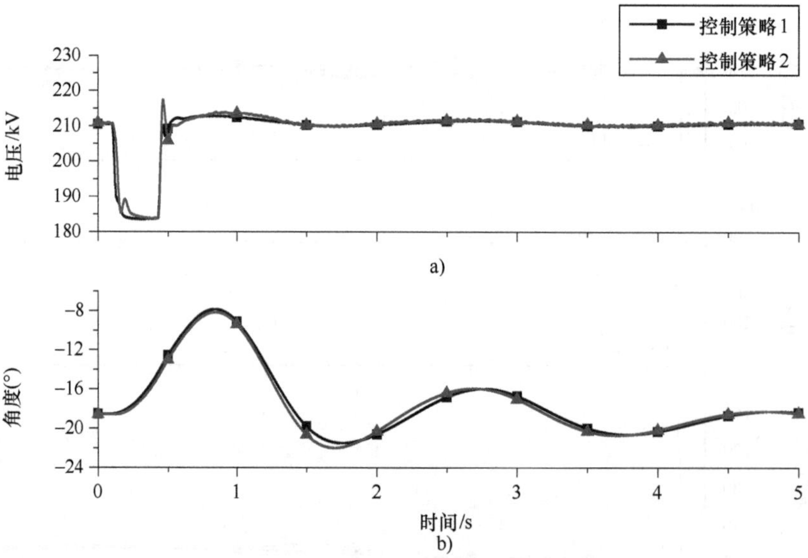

图 8-14 直流线路中点故障响应特性

a）逆变站交流母线 B7 电压波形 b）受端交流电网发电机 3 对发电机 1 的功角摇摆曲线

8.4 LCC-CMMC 混合型直流输电系统运行原理

为了克服半桥子模块 MMC 无法有效处理直流侧故障的缺点，除了采用如图 8-4 所示的 LCC-二极管-MMC 结构外，一种更一般性的混合直流输电系统结构是 LCC-CMMC 结构[16]，如图 8-15 所示。图中的 CMMC 表示具有直流侧故障自清除能力的 MMC 类，最典型的有基于全桥子模块（FBSM）、钳位双子模块（CDSM）和交叉型子模块（CCSM）构成的 MMC。

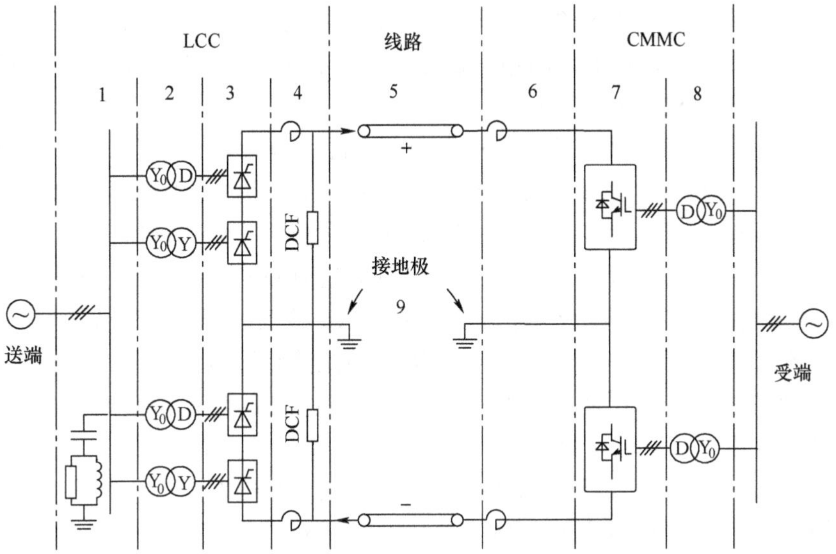

图 8-15　LCC-CMMC 混合型直流输电系统接线图

全桥子模块（FBSM）[16]、钳位双子模块（CDSM）[17,18] 和交叉型子模块（CCSM）[11] 的结构如图 8-16 所示，当 LCC-CMMC 混合型直流输电系统直流侧发生故障时，CMMC 只要闭锁其触发脉冲，就能自动使直流侧故障电流快速下降到零，其原理已在第 7 章中阐述过，这里不再赘述。

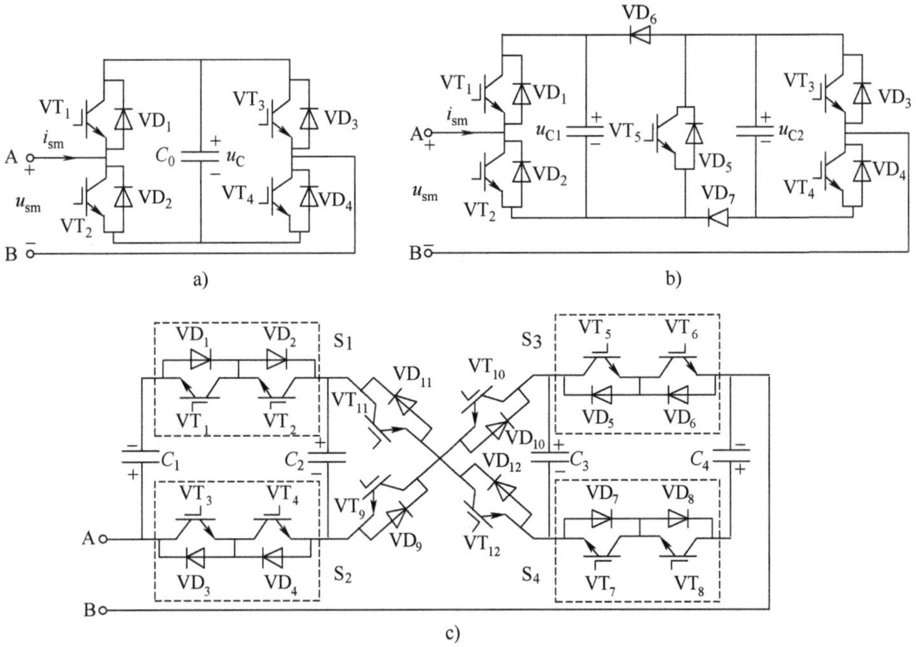

图 8-16　具有直流侧故障自清除能力的典型子模块结构

a）FBSM　b）CDSM　c）CCSM

LCC-CMMC 混合型直流输电系统的运行原理与 LCC-二极管-MMC 混合型直流输电系统几乎完全一致。下面我们仅仅展示 LCC-CMMC 混合型直流输电系统在直流侧故障时的响应特性。采用的测试系统与图 8-5 类似，仅仅将原系统中的二极管加半桥子模块 MMC 用基于 CCSM 的 CMMC 替代，CMMC 的主回路参数与原半桥子模块 MMC 的参数具有一致性。初始运行方式仍然如表 8-1 和表 8-3 所示。

设仿真开始时（$t=0s$）测试系统已进入稳态运行。$t=0.1s$ 时直流线路中点发生接地短路，当检测到 CMMC 桥臂电流大于桥臂额定电流的 2 倍时闭锁 CMMC，当检测到整流侧直流电流大于 1.8pu 时将 LCC 触发角 α 强制移相到 120°运行，当整流侧直流电流回落到 0.8pu 后将 α 设置成 145°，故障电流过零后再过 0.3s 重新起动 LCC，10ms 后再解锁 CMMC，系统按原来的控制策略运行。仿真持续到 $t=5s$。图 8-17 给出了混合型直流系统的响应特性，图 8-17a是整流侧直流母线电压波形，图 8-17b 是整流侧直流电流波形，图 8-17c 是逆变侧直流母线电压波形，图 8-17d 是逆变侧直流电流波形，图 8-17e 是逆变侧输出有功功率波形，图 8-17f 是整流侧触发角 α 的波形。图 8-18 给出了送端交流电网的响应特性，图 8-18a 是整流站交流母线 A7 的电压波形，图 8-18b 是送端交流电网发电机 3 对发电机 1 的功角摇摆曲线。图 8-19 给出了受端交流电网的响应特性，图 8-19a 是逆变站交流母线 B7 的电压波形，图 8-19b 是受端交流电网发电机 3 对发电机 1 的功角摇摆曲线。

分析图 8-17 ~ 图 8-19 可知，直流线路中点发生接地短路后，两侧换流器都会发生过电流。逆变侧 CMMC 检测到桥臂电流越限后立刻闭锁，从 CMMC 馈入到故障点的电流就很快下降到零。整流站在检测到直流电流达到 1.8pu 时认为直流线路发生了接地短路，起动强制移相控制，直流电流迅速下降到零。故障电流被清除后，经过 300ms 的去游离时间，系统能够快速恢复到故障前的输送功率水平。

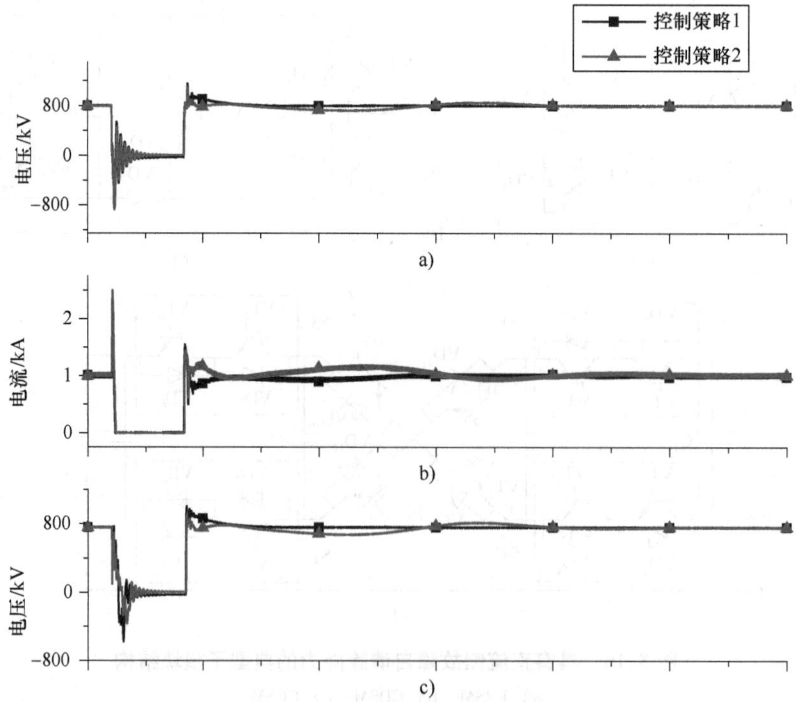

图 8-17 直流线路中点故障响应特性

a）整流侧直流母线电压波形 b）整流侧直流电流波形 c）逆变侧直流母线电压波形

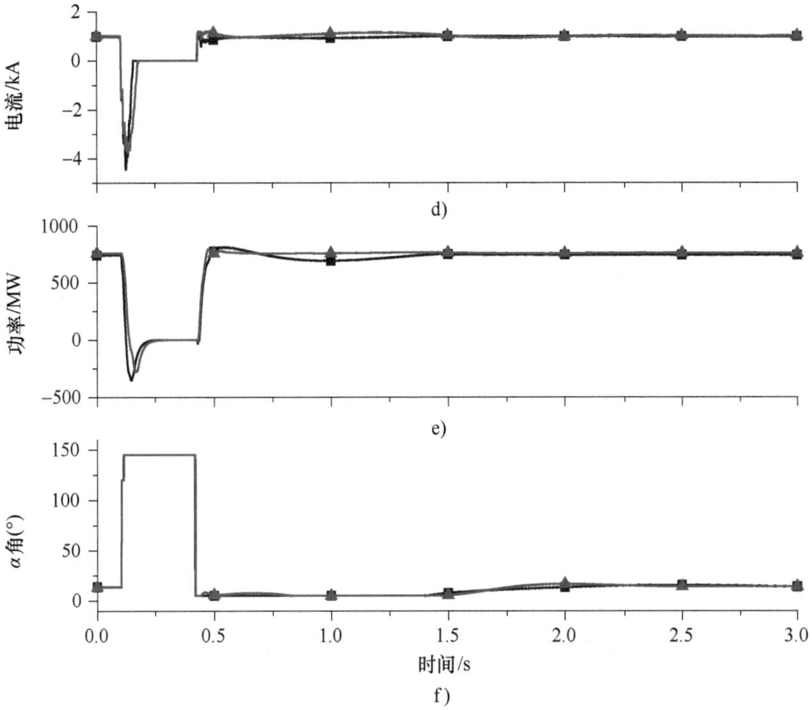

图 8-17　直流线路中点故障响应特性（续）

d）逆变侧直流电流波形　e）逆变侧输出有功功率波形　f）整流侧触发角 α 波形

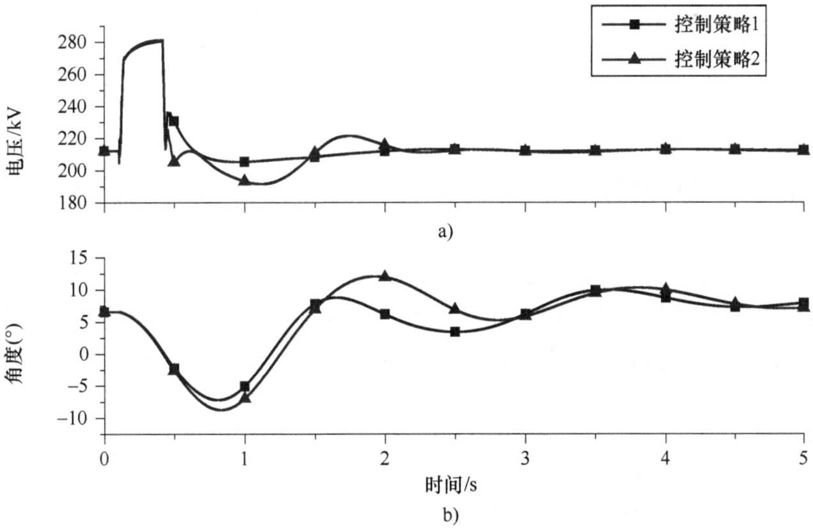

图 8-18　直流线路中点故障响应特性

a）整流站交流母线 A7 电压波形　b）送端交流电网发电机 3 对发电机 1 的功角摇摆曲线

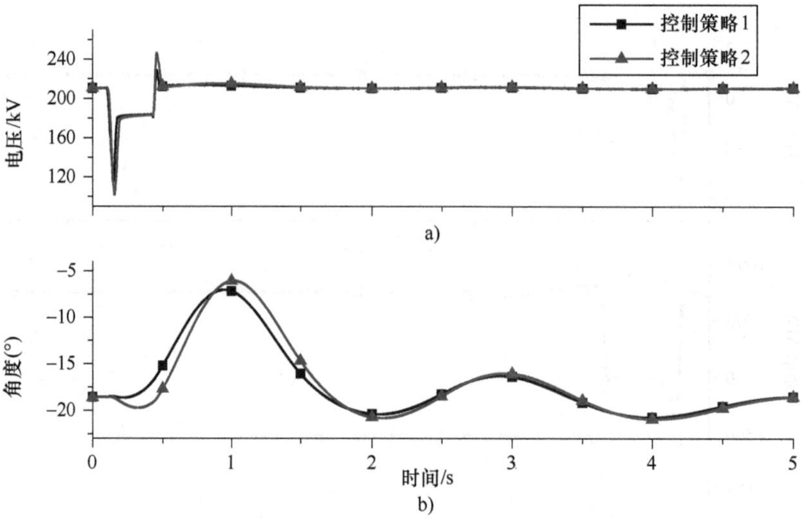

图 8-19 直流线路中点故障响应特性

a）逆变站交流母线 B7 的电压波形 b）受端交流电网发电机 3 对发电机 1 的功角摇摆曲线

8.5 LCC-MMC 串联混合型直流输电系统

8.5.1 拓扑结构

所设计的 LCC-MMC 串联混合型直流输电系统接线如图 8-20 所示[13]，这里仅画出一个单极。整流站和逆变站均由 12 脉动 LCC 和半桥子模块 MMC 串联构成，其中 MMCB 为电压低端换流器组，是由多个 MMC 并联组成的；LCC 为电压高端换流器。该系统具有如下 5 个主要优点：

1）能够独立控制有功功率和无功功率，运行具有灵活性；

2）能够依靠 LCC 的强制移相和 MMC 的闭锁清除直流故障，系统本身具有直流故障穿越能力；

3）由于 LCC 的存在，逆变侧直流电压响应迅速，整流侧交流故障下不会发生断流；

4）由于 MMC 的存在，逆变侧即使发生换相失败，系统仍能保持一定的功率输送能力；

5）MMC 的容量问题可以通过换流器并联加以解决，这与现有的制造能力相适应。

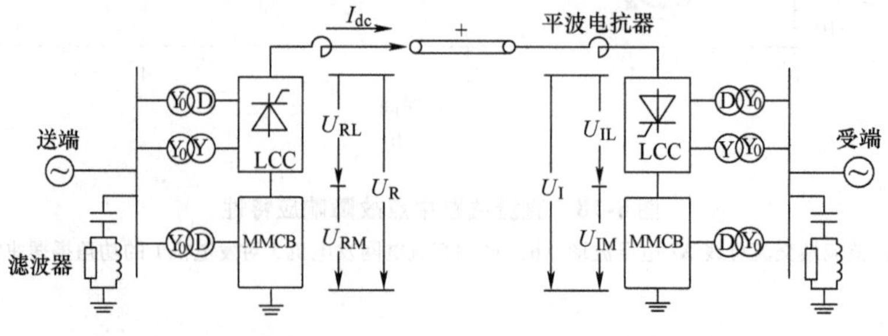

图 8-20 LCC-MMC 串联混合型直流输电系统单极接线图

8.5.2　基本控制策略

按照传统直流输电“整流侧定电流、逆变侧定电压”以及柔性直流输电系统“一侧定电压、另一侧定有功功率”的控制策略，制定 LCC-MMC 串联混合型直流输电系统的基本控制策略如表 8-4 所示，其中整流侧 LCC 控制直流电流，整流侧 MMC、逆变侧 LCC 和 MMC 控制各自的直流电压，两侧控制策略共同作用实现稳态下的定输送功率控制。因为 MMC 存在 2 个控制自由度，一个自由度作有功类控制，如控制直流电压或有功功率；另一个自由度作无功类控制，如控制无功功率或交流母线电压。一般而言，控制无功功率可以精确补偿 LCC 吸收的无功功率，从而使换流站整体从交流系统吸收的无功功率为零；控制交流母线电压则有利于系统从交流故障中恢复。

表 8-4　LCC-MMC 串联混合型直流输电系统基本控制策略

整流侧		逆变侧	
LCC	MMC	LCC	MMC
定直流电流控制配最小 α 角限制	定直流电压控制定无功功率或定交流电压控制	定直流电压控制配定关断角控制和后备定电流控制	定直流电压控制定无功功率或定交流电压控制

整流侧 LCC 定直流电流控制和逆变侧 LCC 定直流电压控制的控制框图分别如图 8-21 和图 8-22 所示[2]。相对于整流侧和逆变侧 LCC 的控制系统，MMC 的控制器较为复杂，相应的控制器设计方法详见第 4 章，这里不再赘述。

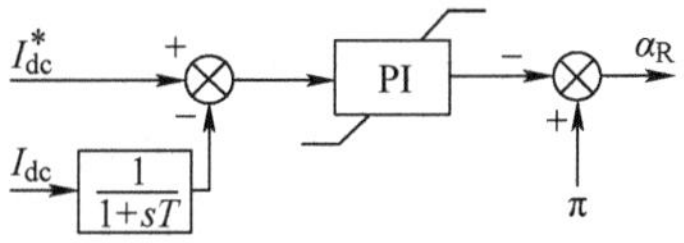

图 8-21　整流侧 LCC 定直流电流控制

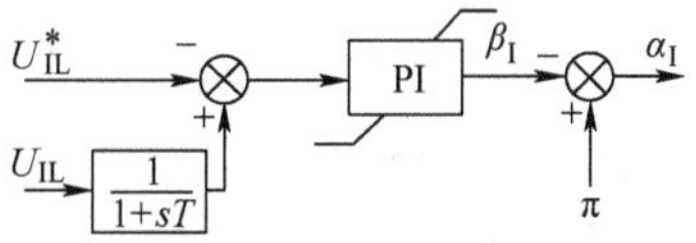

图 8-22　逆变侧 LCC 定直流电压控制

8.5.3　针对整流侧交流系统故障的控制策略

整流侧交流系统发生短路故障后，整流站换流母线电压降低，导致整流站 LCC 输出的直流电压降低和整流侧直流电压整体降低，从而导致直流电流和直流功率下降。如图 8-21 所示，整流侧 LCC 的定直流电流控制已具有一定的故障应对能力，其在整流侧交流系统发生短路故障后通过减小 α 角以在一定程度上减小直流电压和直流电流的跌落。由于稳态下 α 角通常为 15°，最小触发角限制通常为 5°，整流侧 LCC 的定直流电流控制在交流故障下的调节能力非常有限（$\cos5°/\cos15° \approx 1.03$）。这也是传统高压直流输电在整流侧交流故障下通常需要启用逆变侧后备定电流控制的原因。

对于 LCC-MMC 串联混合型直流输电系统，由于 MMC 在交流故障下的直流电压维持能力较强，因此在整流站 LCC 失去直流电流调节能力后，系统可以根据整流站交流母线电压跌落的严重程度分两步动作，以最大限度维持直流功率。第一步是提升整流侧 MMC 的直流电压以进一步维持整流侧整体的直流电压，从而使直流电流尽可能维持在接近指令值的水平，这一步是故障下直流功率的近似无差控制。第二步则是在直流电流进一步下降的情况下触发逆变侧 LCC 的后备定电流控制，以使直流电流在故障下的跌落尽可能小，防止直流系统在整流侧交流系统故障时发生断流。整流侧后备定电流控制和逆变侧后备定电流控制的框图分别如图 8-23 和图 8-24 所示。

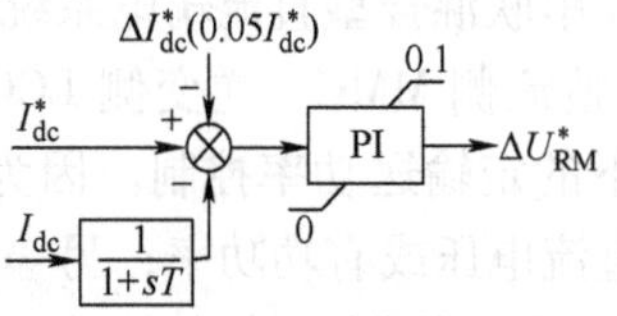

图 8-23 整流侧后备定电流控制

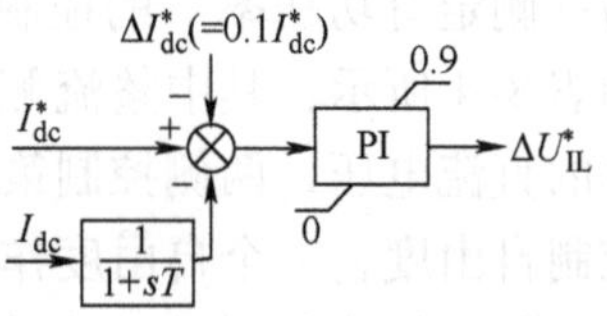

图 8-24 逆变侧后备定电流控制

整流侧后备定电流控制的作用途径是为整流侧 MMC 的定电压控制指令值提供一个辅助信号。正常运行时该辅助信号为零；当整流侧交流系统故障导致整流侧 LCC 无法维持直流电流在控制指令值 I_{dc}^* 的 95% 以上时，发挥整流侧 MMC 的有限调压作用，尽量将直流电流维持在其控制指令值 I_{dc}^* 的 95% 水平上。其运行原理如下，图 8-23 的 PI 限幅环节低限取 0，高限考虑到 MMC 的过电压能力并留有裕度，取其电压额定值的 0.1 倍。正常运行时，图 8-23 中 PI 控制器的输入为负值，因此 PI 控制器的输出为其低限值 0，即正常运行时图 8-23 控制器的输出为零。当整流侧交流系统发生故障，整流侧 LCC 经过调节仍然无法维持直流电流在 $0.95I_{dc}^*$ 以上时，PI 将生成一个大于零的输出 ΔU_{RM}^*，ΔU_{RM}^* 的限幅值为 0.1。ΔU_{RM}^* 加在整流侧 MMC 的直流电压额定值（1.0pu）上构成整流侧 MMC 定电压控制器的指令值 U_{RM}^*。

逆变侧后备定电流控制的作用途径是为逆变侧 LCC 的定电压控制指令值提供一个辅助信号。正常运行时该辅助信号为零；当整流侧交流系统故障导致整流侧 LCC 和 MMC 共同作用仍然无法维持直流电流在控制指令值 I_{dc}^* 的 90% 以上时，发挥逆变侧 LCC 的大范围调压作用，将直流电流维持在其控制指令值 I_{dc}^* 的 90% 水平上。其运行原理如下，图 8-24 的 PI 限幅环节低限取 0，高限取逆变侧 LCC 电压额定值的 0.9 倍。正常运行时，图 8-24 中 PI 控制器的输入为负值，因此 PI 控制器的输出为其低限值 0，即正常运行时图 8-24 控制器的输出为零。当整流侧交流系统发生故障，整流侧 LCC 和 MMC 共同作用仍然无法维持直流电流在 $0.90I_{dc}^*$ 以上时，PI 将生成一个大于零的输出 ΔU_{IL}^*。逆变侧 LCC 定电压控制器的指令值 U_{IL}^* 等于其直流电压额定值（1.0pu）减去 ΔU_{IL}^*。

综上所述，在整流侧发生交流系统故障的情况下，整流侧 LCC 定电流控制、整流侧 MMC 后备定电流控制和逆变侧 LCC 后备定电流控制三者联合作用能够依据交流系统故障的严重程度逐级备用，以减少故障下的直流电流跌落，防止出现直流电流断流和输送功率中断。

8.5.4 针对逆变侧交流系统故障的控制策略

逆变侧交流系统发生短路故障后，逆变站换流母线电压降低，导致逆变侧 LCC 输出的直流电压降低和逆变侧直流电压整体降低，直流电流上升，换相角增大，关断角减小，如果故障导致逆变站交流母线电压瞬间跌落超过 10%，通常会导致逆变侧 LCC 发生换相失败。

在逆变侧交流系统故障下，系统主要通过逆变侧 LCC 定关断角控制配合整流侧 LCC 定电流控制来限制直流电流上升，降低换相失败发生概率，同时使故障下系统的功率下降尽可能小。逆变侧 LCC 正常运行时按定直流电压控制，在交流系统故障时若逆变侧 LCC 关断角小于指令值，则会自动切换到定关断角控制。逆变侧 LCC 定直流电压控制加定关断角控制的框图如图 8-25 所示，任何时刻只有其中的一个控制器起作用。

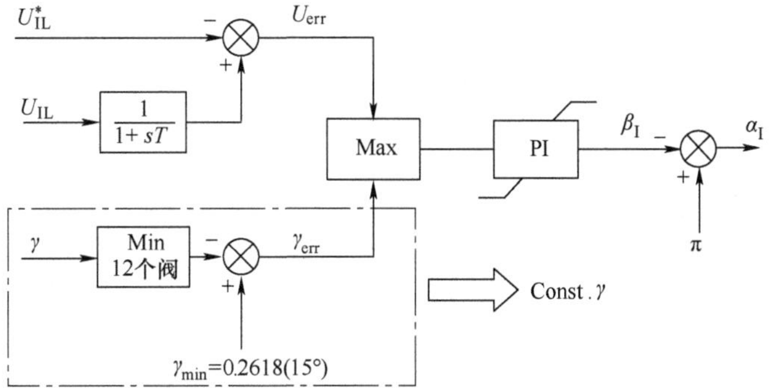

图 8-25　逆变侧 LCC 定直流电压控制加定关断角控制

在正常运行状态下，γ 角大于 15°，故 γ 角的偏差信号 γ_{err} 为负值，而电压偏差信号 U_{err} 为 0，因此正常运行状态下定关断角控制不起作用，此时图 8-25 与图 8-22 等价。逆变侧交流系统发生故障后，直流电压通常伴随交流母线电压下降，导致电压偏差信号 U_{err} 小于 0，同时由于换流母线电压下降导致换相角增大，γ 角减小；由于 γ 角减小很快，γ_{err} 将很快大于零（实际仅需大于 U_{err}），逆变侧 LCC 将自然切换到定关断角控制。

故障期间，整流侧和逆变侧 MMC 仍然维持定直流电压控制。故障清除后，如果逆变侧 MMC 的无功类控制自由度被用作定交流电压控制的话，对交流系统的电压恢复是十分有利的。为了充分利用逆变侧 MMC 在故障恢复期间的电压支撑作用，可以有意识地降低故障恢复期间输送的有功功率，从而使逆变侧 MMC 能够多发无功功率。这方面根据工程实际需要，还可以采用更精细的控制策略。

8.5.5　针对直流侧故障的控制策略

直流线路发生接地故障后，故障点直流电压瞬间跌落，整流侧直流电流将快速上升；逆变侧由于晶闸管的单向导通性，直流电流通常将自然减小到零。

对于传统高压直流输电，整流站可以通过强制移相（Force Retard）使输出直流电压为负，从而使故障电流衰减。对于采用半桥子模块的 MMC，当 IGBT 被闭锁后，MMC 子模块电容无法给故障点提供放电电流，但交流系统仍然可通过反并联的二极管为故障点提供故障电流，即闭锁后 MMC 输出端直流电压仍然为正。下面将对闭锁后 MMC 输出电压的特性进行具体分析。

处于故障闭锁状态的 MMC，其一个桥臂的电气特性与该桥臂中任意一个子模块的电气特性一致。因此，闭锁状态下 MMC 的简化等效电路可以用图 8-26 来表示，其中直流电流和桥臂电流的正方向与故障电流方向一致。

由图 8-26 可知，在故障闭锁状态下，桥臂正向电流仅流经二极管，桥臂负向电流同时流经二极管和桥臂等效电容。首先证明闭锁后桥臂负向电流不能稳定存在，即证明闭锁后桥臂等效电容的电压（NU_c）大于阀侧交流线电压。不妨假设此时 a 相上桥臂流过正向电流，c 相上桥臂流过负向电流。根据第 3 章的分析结论，MMC 的阀侧空载线电压 $\sqrt{3}U_v$ 大致为 $\frac{U_{dc}}{2}$ 的（1.00 ~ 1.05）倍，即

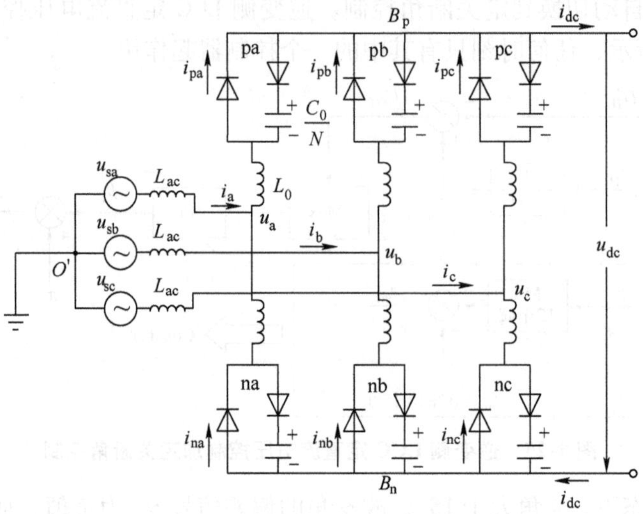

图8-26 闭锁状态下MMC等效电路图

$$\sqrt{3}U_v = (1.00 \sim 1.05)\frac{U_{dcN}}{2} \tag{8-4}$$

故有

$$u_{sa} - u_{sc} < \sqrt{2} \times \sqrt{3}U_v \leqslant \sqrt{2} \times 1.05\frac{U_{dcN}}{2} = 0.742U_{dcN} \approx 0.742NU_c \tag{8-5}$$

闭锁后桥臂等效电容的电压显著大于阀侧交流线电压，这将导致桥臂负向电流在很大反电动势的作用下很快衰减到零，即桥臂负向电流不能稳定存在。

上述证明说明故障闭锁状态下桥臂仅能流经正向电流，即具有单向导通性，此时MMC的特性类似于三相六脉动桥的不控整流特性。

参照三相六脉动桥的不控整流特性，对于上桥臂或者下桥臂，其在闭锁状态下任意时刻仅可能有一相导通（正常状态）或两相导通（换相状态），下面将推导闭锁状态下故障电流上升阶段输出直流电压的特性。假设某时刻上桥臂a相和下桥臂c相导通，则B_p点和B_n点电位如下：

$$u_p = u_{sa} - L_s\frac{di_a}{dt} - L_0\frac{di_{pa}}{dt} = u_{sa} - (L_s + L_0)\frac{di_{dc}}{dt} \tag{8-6}$$

$$u_n = u_{sc} - L_s\frac{di_c}{dt} + L_0\frac{di_{nc}}{dt} = u_{sc} + (L_s + L_0)\frac{di_{dc}}{dt} \tag{8-7}$$

则输出直流电压u_{dc}为

$$u_{dc} = u_p - u_n = u_{sa} - u_{sc} - 2(L_s + L_0)\frac{di_{dc}}{dt} < u_{sa} - u_{sc} < \sqrt{2} \times \sqrt{3}U_v \tag{8-8}$$

当上桥臂a、b相发生换相时，则B_p点电位为

$$u_p = u_{sa} - L_s\frac{di_a}{dt} - L_0\frac{di_{pa}}{dt} = u_{sb} - L_s\frac{di_b}{dt} - L_0\frac{di_{pb}}{dt}$$

$$= \frac{1}{2}(u_{sa} + u_{sb}) - \frac{L_s}{2}\frac{d(i_a + i_b)}{dt} - \frac{L_0}{2}\frac{d(i_{pa} + i_{pb})}{dt}$$

$$=\frac{1}{2}(u_{sa}+u_{sb})-\frac{L_s+L_0}{2}\frac{di_{dc}}{dt} \tag{8-9}$$

此时 B_n点电位的表达式与式（8-7）一致，则输出直流电压 u_{dc}为

$$\begin{aligned}u_{dc}&=u_p-u_n\\&=\frac{1}{2}(u_{sa}+u_{sb})-u_{sc}-\frac{3(L_s+L_0)}{2}\frac{di_{dc}}{dt}\\&<\frac{1}{2}(u_{ac}+u_{bc})<\sqrt{2}\times\sqrt{3}U_v\end{aligned} \tag{8-10}$$

同理可知，当下桥臂发生换相时，输出直流电压同样满足 $u_{dc}<\sqrt{2}\times\sqrt{3}U_v$。

综上所述，MMC 在故障闭锁后的直流电流上升阶段，输出直流电压将小于阀侧空载线电压的幅值。

通过对闭锁状态下 MMC 输出直流电压分析可知，若直流故障下整流侧 LCC 通过强制移相输出的负电压的绝对值大于$\sqrt{2}\times\sqrt{3}U_v$，则故障下整流侧的整体直流电压必然为负，从而使整流侧故障电流衰减到零。

整流侧 LCC 通过强制移相使输出负电压的绝对值大于$\sqrt{2}\times\sqrt{3}U_v$所需要的触发角大小取决于正常运行时 LCC 与 MMC 的直流电压之比，即取决于 U_{RL}与 U_{RM}之比。作为一种典型案例，我们分析一下当 U_{RL}与 U_{RM}相等时，LCC 的强制移相角 α_{FR}的取值范围。

正常运行时整流侧 LCC 的触发角一般为 15°，上述要求等价于

$$\left|\frac{U_{RL}}{\cos15^\circ}\cdot\cos\alpha_{FR}\right|>\sqrt{2}\times\sqrt{3}U_v \tag{8-11}$$

应用 $U_{RL}=U_{RM}$以及式（8-4）的关系，有

$$\left|\frac{U_{RM}}{\cos15^\circ}\cdot\cos\alpha_{FR}\right|=\left|\frac{U_{dcN}}{\cos15^\circ}\cdot\cos\alpha_{FR}\right|>\sqrt{2}\times\sqrt{3}U_v>\sqrt{2}\times\frac{U_{dcN}}{2} \tag{8-12}$$

因此，

$$|\cos\alpha_{FR}|>\frac{\sqrt{2}}{2}\cos15^\circ \tag{8-13}$$

$$\alpha_{FR}>136.92^\circ$$

上述分析表明，若 LCC 与 MMC 的额定直流电压相等，则在不考虑 MMC 闭锁后的换相过程的情况下，LCC 的触发角强制移相至 137°时，其输出的负电压绝对值必大于$\sqrt{2}\times\sqrt{3}U_v$；若考虑换相过程，LCC 输出负电压的绝对值将进一步大于$\sqrt{2}\times\sqrt{3}U_v$，从而更有利于整流侧负电压的建立。

对于 MMC 的过电流保护，目前比较通行的做法是当检测到桥臂电流瞬时值大于 IGBT 额定值 2 倍时闭锁。因此，对于 LCC-MMC 串联混合型直流输电系统（假定 LCC 与 MMC 的额定直流电压相等），一个可行的直流侧故障控制策略为：当检测到桥臂电流瞬时值大于 IGBT 额定值 2 倍时，闭锁整流侧的 MMC；整流侧 LCC 触发角强制移相；逆变侧 MMC 维持原有控制方式不变，逆变侧 LCC 强制移相至 120°。

需要说明的是，额定电流下整流侧 LCC 的换相角约为 25°，直流故障下整流侧电流可能超过额定电流的 2 倍，极端情况下换相角可能接近甚至超过 60°；因此直流故障的初始阶段，整流侧 LCC 强制移相后的触发角不宜过大，以避免转入逆变状态后发生换相

失败。

检测到直流故障后，整流侧 MMC 闭锁，整流侧 LCC 触发角先强制移相至 110°，当整流侧故障电流下降至低于额定电流后，提高触发角至 145°，以加快故障电流清除；故障电流清除后，保持上述控制动作 0.2～0.4s，以完成故障点去游离过程。去游离结束后，整流侧 MMC 解锁，LCC 触发角从 45°线性减小至 15°左右，逆变侧 LCC 触发角从 120°线性上升至 140°左右，重启动过程耗时 0.2s，之后系统转入正常运行状态。

8.5.6 交流侧和直流侧故障特性仿真分析

考察的测试系统如图 8-27 所示。送端交流系统和受端交流系统都用两区域四机系统[15]来模拟，混合型直流输电系统如图 8-20 所示，采用单极结构，额定电压 +800kV，额定功率 800MW。整流侧由 1 个 12 脉动 LCC 和 1 个半桥子模块 MMC 串联构成，其直流侧额定电压都是 400kV；逆变侧也由 1 个 12 脉动 LCC 和 1 个半桥子模块 MMC 串联构成，其直流侧额定电压也都是 400kV；直流线路长度 2000km，单位长度参数为电阻 0.02Ω/km、电感 0.90mH/km、电容 0.015μF/km。我们的目的是考察送端交流电网、受端交流电网和直流线路发生故障时混合型直流输电系统的响应特性。

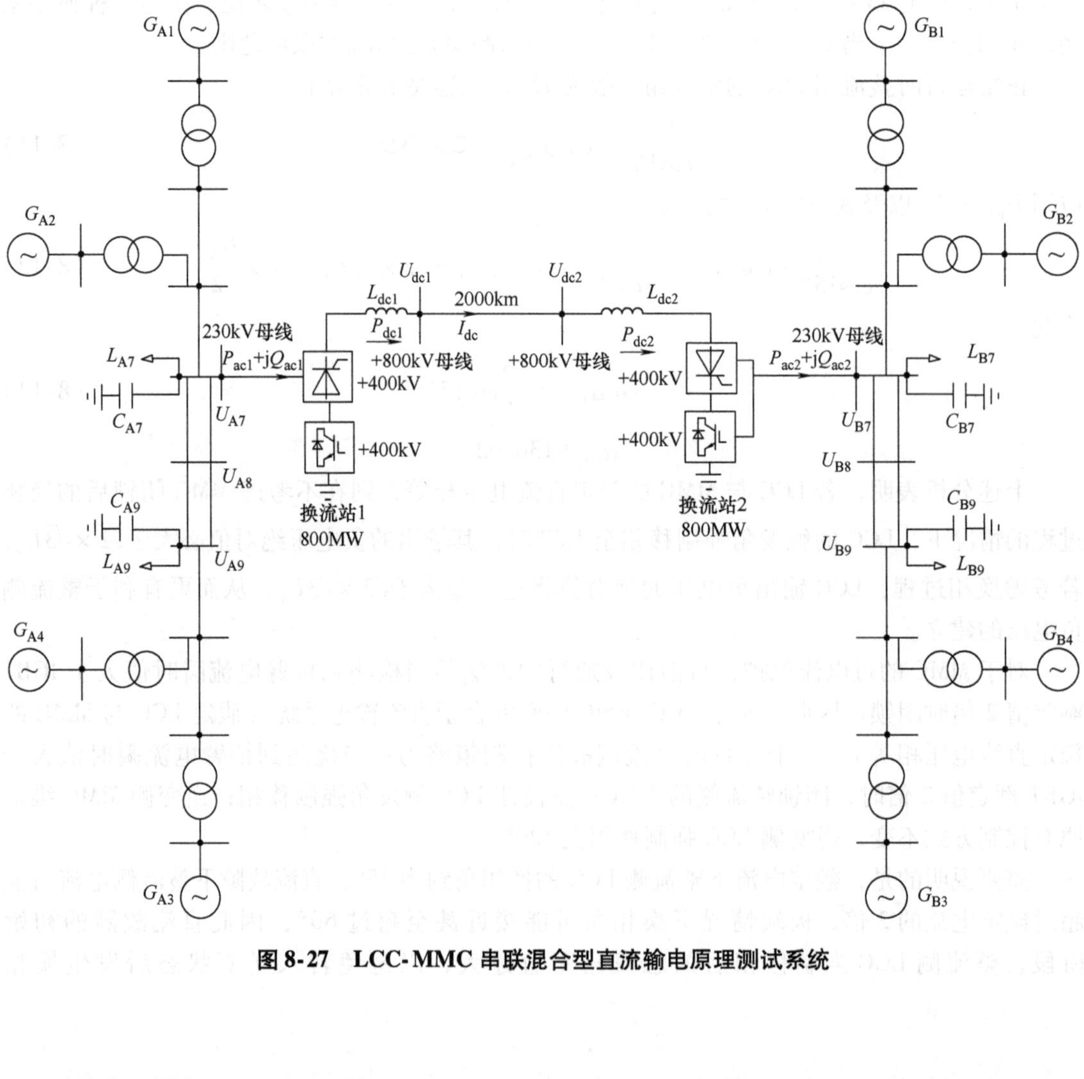

图 8-27 LCC-MMC 串联混合型直流输电原理测试系统

初始运行方式设置如下：两侧交流系统各发电机出力和各负荷参数如表 8-5 所示，直流系统参数如表 8-6 所示，初始运行状态如表 8-7 所示。以下针对 3 种场景，考察 LCC-MMC 串联混合型直流输电系统的响应特性。

表 8-5　两侧交流系统发电机出力和负荷大小

元件	有功/MW	无功/Mvar	端口电压模值（pu）	端口电压相位（°）
G_{A1}	800	300	1.03	0
G_{A2}	700	450	1.01	-12.3
G_{A3}	700	240	1.03	9.2
G_{A4}	700	370	1.01	-0.5
G_{B1}	760	270	1.03	0
G_{B2}	700	400	1.01	-11.5
G_{B3}	700	250	1.03	-16.6
G_{B4}	700	400	1.01	-26.4
L_{A7}	800	100	0.95	0.9
C_{A7}		250（滤波器）	0.95	0.9
L_{A9}	1200	100	0.96	13.8
C_{A9}	0	0	0.96	13.8
L_{B7}	2000	100	0.96	2.5
C_{B7}	0	250（滤波器）	0.96	2.5
L_{B9}	1600	100	0.95	-12.3
C_{B9}	0	0	0.95	-12.3

表 8-6　LCC 和 MMC 主回路参数

换流器类型		LCC	MMC
换流器个数		2	1
换流器额定容量/MVA		200	400
网侧交流母线电压/kV		230	230
直流电压/kV		200	400
变压器	额定容量/MVA	250	500
	电压比	230/165	230/200
	短路阻抗 u_k（%）	15	15

（续）

换流器类型	LCC	MMC
子模块电容额定电压/kV		1.6
单桥臂子模块个数		250
子模块电容值/mF		8.3
桥臂电抗/mH		76.3
换流站出口平波电抗器/mH	300	300

表 8-7 直流系统初始运行状态

换流器	MMC1	LCC1	MMC2	LCC2
控制策略	定直流电压控制 $U_{dc}^* = 400kV$ 定无功功率控制 $Q_{ac}^* = 0Mvar$	定电流控制 $I_{dc}^* = 1kA$ （按定功率 800MW 计算电流指令值）	定直流电压控制 $U_{dc}^* = 400kV$ 定无功功率控制 $Q_{ac}^* = 0Mvar$	定送端 LCC 直流电压控制 $U_{dc}^* = 400kV$

场景1（逆变侧交流系统故障）：设仿真开始时（$t=0s$）测试系统已进入稳态运行。$t=0.1s$ 时逆变侧交流系统 B8 母线发生三相接地短路，$t=0.2s$ 时接地短路故障被清除，仿真持续到 $t=5s$。图 8-28 给出了串联混合型直流系统的响应特性，图 8-28a 是整流侧 LCC 和 MMC 以及直流母线电压波形，图 8-28b 是整流侧直流电流波形，图 8-28c 是逆变侧 LCC 和 MMC 以及直流母线电压波形，图 8-28d 是逆变侧输出有功功率波形。图 8-29 给出了送端交流电网的响应特性，图 8-29a 是整流站交流母线 A7 的电压波形，图 8-29b 是送端交流电网发电机功角摇摆曲线。图 8-30 给出了受端交流电网的响应特性，图 8-30a 是逆变站交流母线 B7 的电压波形，图 8-30b 是受端交流电网发电机的功角摇摆曲线。需要说明的是，除功角摇摆曲线的仿真时长为 5.0s 外，其余波形的仿真时长均为 1.0s。

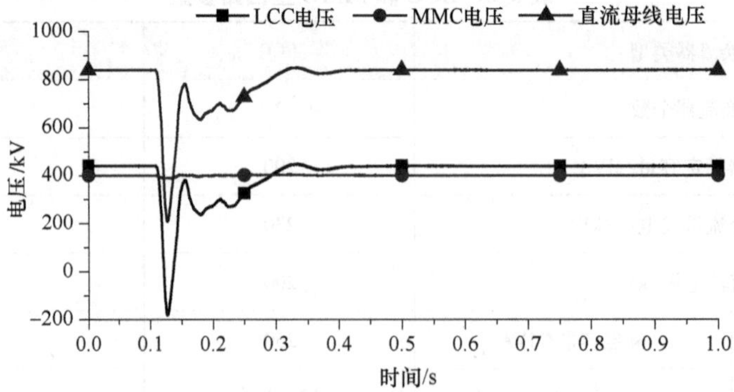

a)

图 8-28 串联混合型直流系统的响应特性

a）整流侧 LCC 和 MMC 以及直流母线电压波形

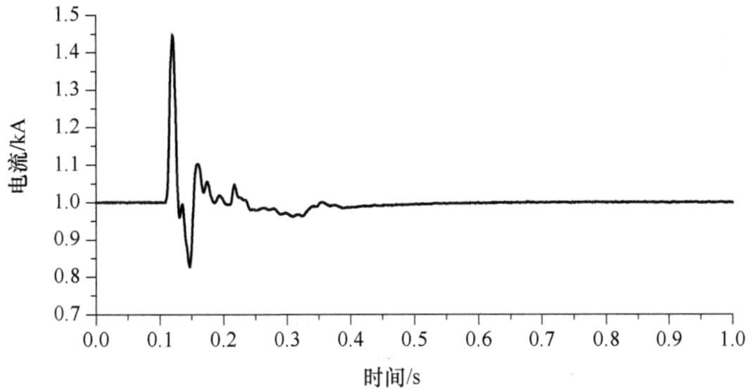

b)

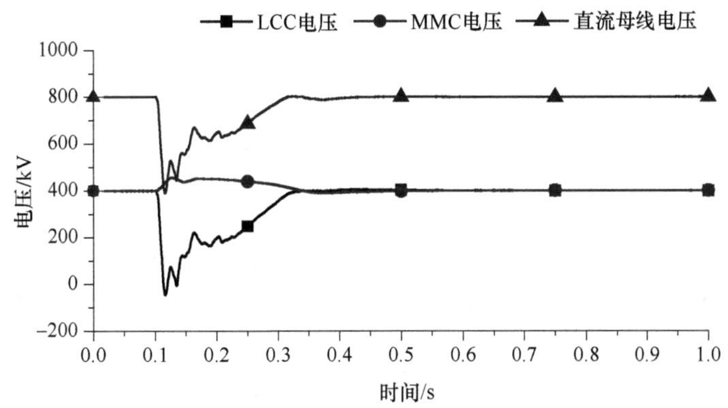

c)

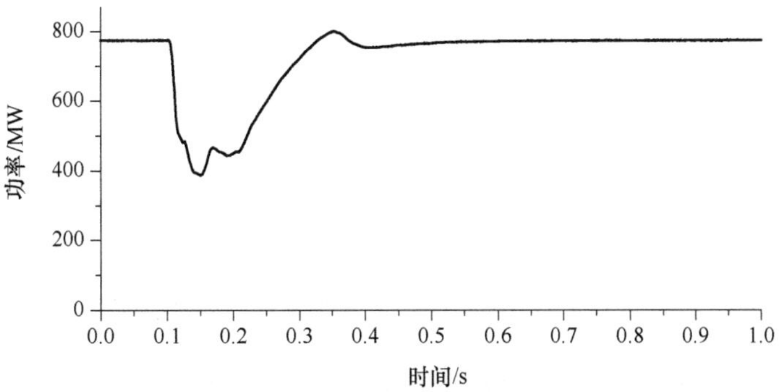

d)

图 8-28　串联混合型直流系统的响应特性（续）

b）整流侧直流电流波形　c）逆变侧 LCC 和 MMC 以及直流母线电压波形

d）是逆变侧输出有功功率波形

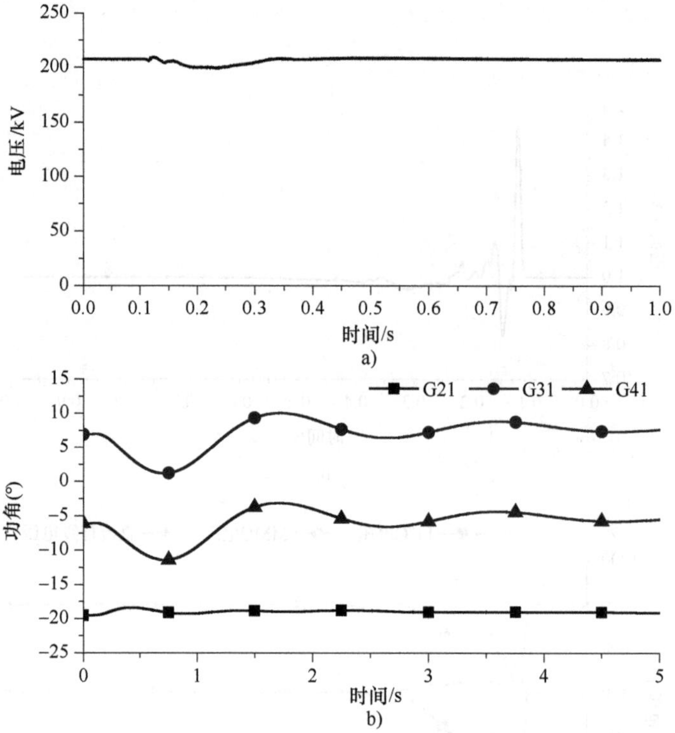

图 8-29 逆变侧交流系统故障响应特性

a）整流站交流母线 A7 电压波形 b）送端交流电网发电机功角摇摆曲线

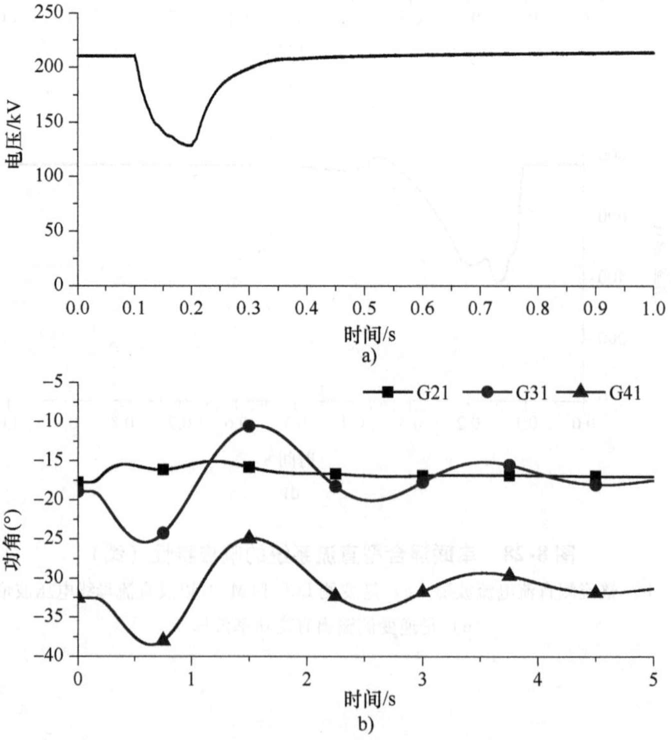

图 8-30 逆变侧交流系统故障响应特性

a）逆变站交流母线 B7 电压波形 b）受端交流电网发电机功角摇摆曲线

分析图 8-28～图 8-30 可知，逆变侧交流系统 B8 母线发生三相短路故障后，逆变站交流母线电压跌落至稳态值的 65%，逆变侧 LCC 发生换相失败，逆变侧 LCC 直流侧电压跌落到零；导致整个直流系统过电流到 1.45pu，整流侧 LCC 按定电流控制会拉大触发角 α，导致整流侧 LCC 输出电压也下降到零。然而由于 MMC 的作用，故障期间整个直流系统的电压仍然维持在 400kV 左右；对于 LCC-MMC 串联混合型直流输电系统，即使逆变侧交流系统发生故障导致 LCC 发生换相失败，系统仍然能够输送一半的功率，这是传统直流输电系统所无法做到的。故障清除后系统能够在 200ms 内恢复至故障前的稳定运行状态。

场景 2（整流侧交流系统故障）：设仿真开始时（$t=0$s）测试系统已进入稳态运行。$t=0.1$s 时整流侧交流系统 A8 母线发生三相接地短路，$t=0.2$s 时接地短路故障被清除，仿真持续到 $t=5$s。图 8-31 给出了串联混合型直流系统的响应特性，图 8-31a 是整流侧 LCC 和 MMC 以及直流母线电压波形，图 8-31b 是整流侧直流电流波形，图 8-31c 是逆变侧 LCC 和 MMC 以及直流母线电压波形，图 8-31d 是逆变侧输出有功功率波形，图 8-31e 是整流侧平波电抗器上的电压波形，图 8-31f 是整流侧高压端 6 脉动换流阀 1 上的电压波形。图 8-32 给出了送端交流电网的响应特性，图 8-32a 是整流站交流母线 A7 的电压波形，图 8-32b 是送端交流电网发电机的功角摇摆曲线。图 8-33 给出了受端交流电网的响应特性，图 8-33a 是逆变站交流母线 B7 的电压波形，图 8-33b 是受端交流电网发电机的功角摇摆曲线。

分析图 8-31～图 8-33 可知，整流侧交流系统 A8 母线发生三相短路故障后，整流站交流母线电压跌落至稳态值的 65%，导致整流侧 LCC 电压瞬间跌落，直流电流也瞬间跌落，但没有跌落到零，即没有发生过电流现象。故障期间，系统仍然输送了超过 400MW 的功率。故障清除后直流功率能够在 200ms 内恢复到故障前的值。

场景 3（直流线路中点接地故障）：设仿真开始时（$t=0$s）测试系统已进入稳态运行。$t=0.1$s 时直流线路中点发生接地短路，故障清除策略按整流侧直流电流达到 1.8pu 作为启动判据，即直流电流达到 1.8pu 时，整流侧 MMC 闭锁、LCC 强制移相，相关细节如 8.5.5 节所述，其中去游离时间设置为 0.3s。图 8-34 给出了混合型直流系统的响应特性，图 8-34a 是整流侧 LCC 和 MMC 以及直流母线电压波形，图 8-34b 是整流侧和逆变侧直流电流波形，图 8-34c 是逆变侧 LCC 和 MMC 以及直流母线电压波形，图 8-34d 是逆变侧输出有功功率波形，图 8-34e 是整流侧 LCC 触发角 α 的波形。图 8-35 给出了送端交流电网的响应特性，图 8-35a 是整流站交流母线 A7 的电压波形，图 8-35b 是送端交流电网发电机的功角摇摆曲线。图 8-36 给出了受端交流电网的响应特性，图 8-36a 是逆变站交流母线 B7 的电压波形，图 8-36b 是受端交流电网发电机的功角摇摆曲线。需要说明的是，除整流侧触发角和功角摇摆曲线的仿真时长分别为 2.0s 和 5.0s 外，其余波形的仿真时长均为 1.0s。

分析图 8-34～图 8-36 可知，直流线路中点发生接地短路后，整流侧会出现过电流，而逆变侧由于 LCC 的单向导通特性，流入逆变站的直流电流瞬间跌落到零。整流侧 MMC 检测到桥臂电流越限后立刻闭锁，而整流侧 LCC 在检测到直流电流达到 1.8pu 时认为直流线路发生了接地短路，启动强制移相控制。在故障回路中，由 LCC 强制移相产生的负电压足以抵消 MMC 在闭锁状态下输出的正电压，使得短路电流在 80ms 内被清除。系统从发生故障到重新启动并恢复至 90% 功率水平，历时约 0.6s。尽管直流线路故障导致送电中断超过 500ms，且输送功率达到送受端交流系统发电出力的 30% 左右，两侧交流系统仍然具有很好的暂态稳定特性。

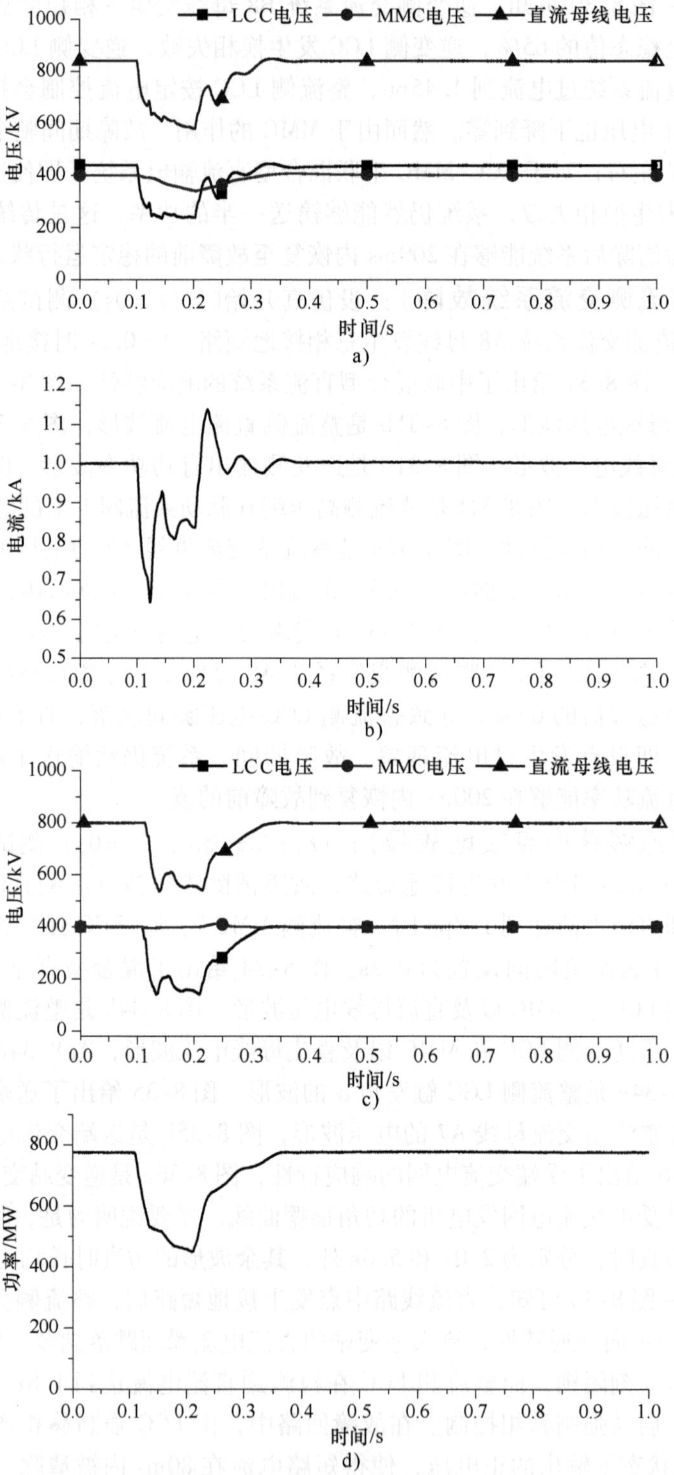

图 8-31 整流侧交流系统故障响应特性

a）整流侧 LCC 和 MMC 以及直流母线电压波形 b）整流侧直流电流波形
c）逆变侧 LCC 和 MMC 以及直流母线电压波形 d）逆变侧输出有功功率波形

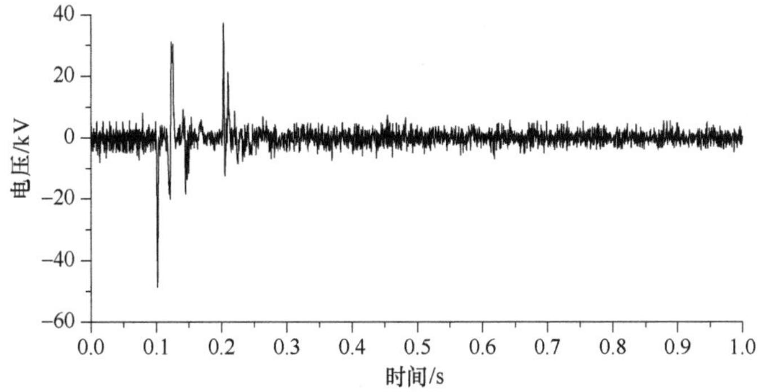

e)

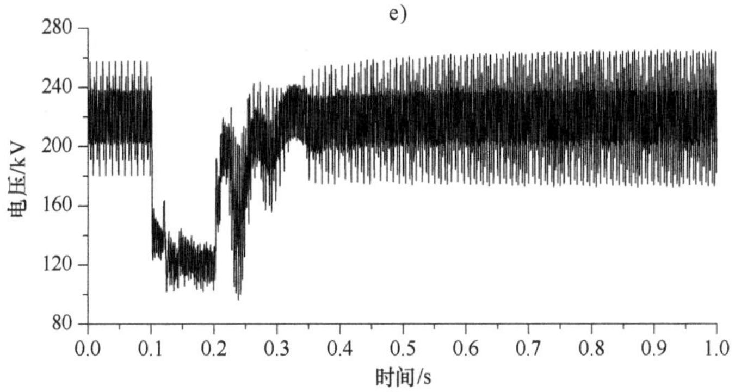

f)

图 8-31　整流侧交流系统故障响应特性（续）

e）整流侧平波电抗器上的电压波形　f）是整流侧高压端 6 脉动换流阀 1 上的电压波形

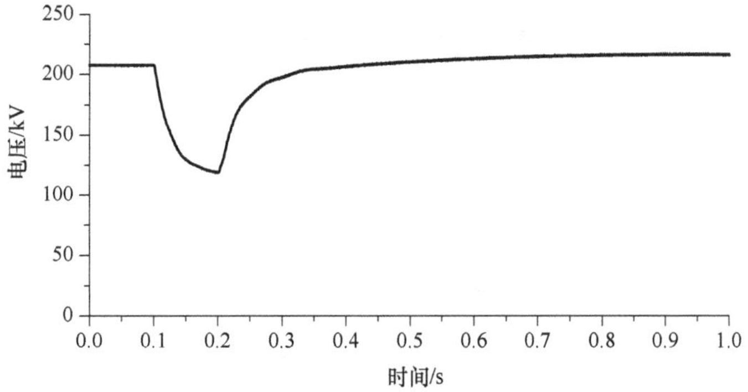

a)

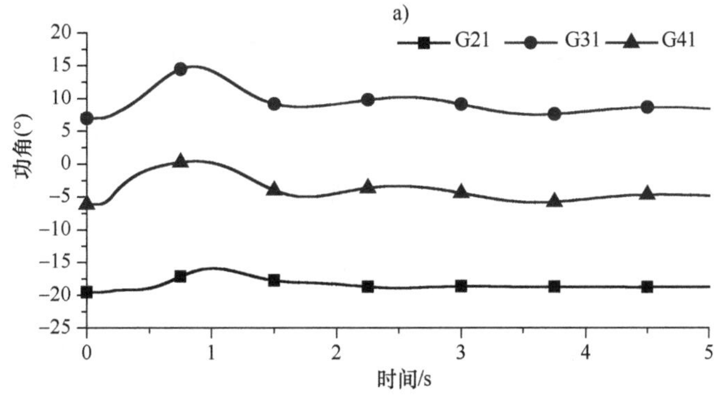

b)

图 8-32　整流侧交流系统故障响应特性

a）整流站交流母线 A7 电压波形　b）送端交流电网发电机的功角摇摆曲线

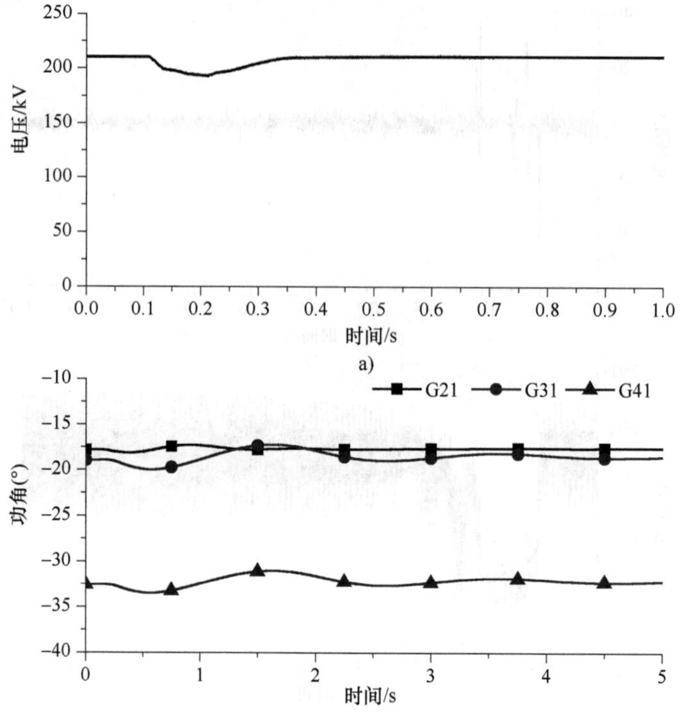

图 8-33 整流侧交流系统故障响应特性

a）逆变站交流母线 B7 电压波形 b）受端交流电网发电机的功角摇摆曲线

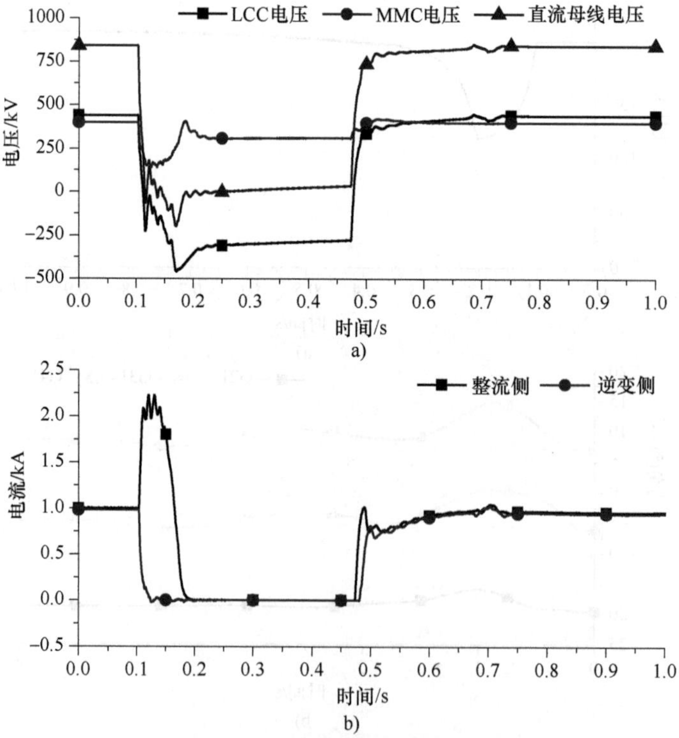

图 8-34 混合型直流系统的响应特性

a）整流侧 LCC 和 MMC 以及直流母线电压波形 b）整流侧和逆变侧直流电流波形

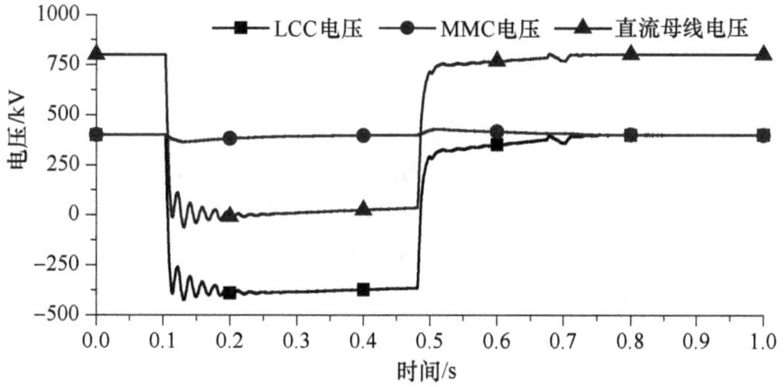

c)

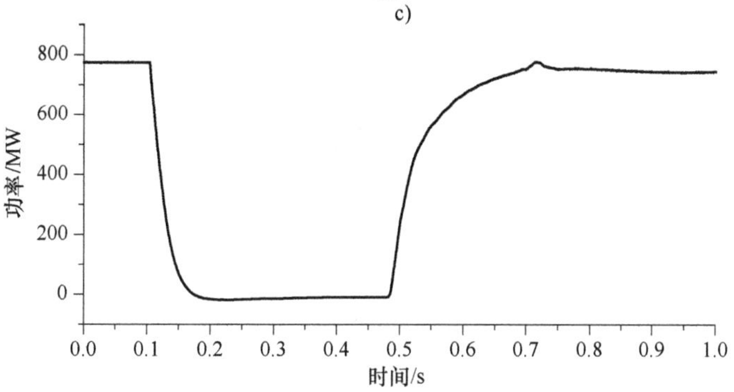

d)

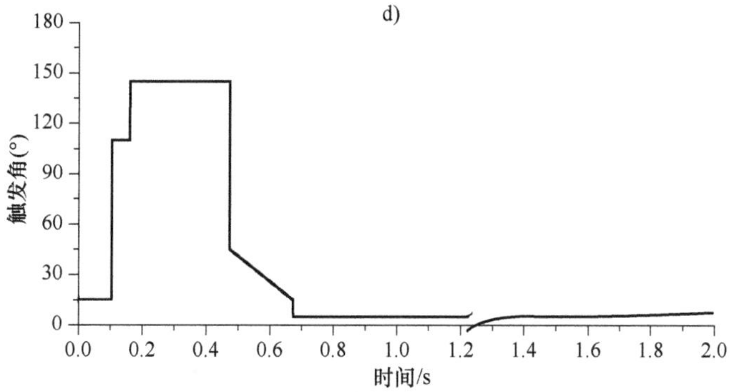

e)

图 8-34　混合型直流系统的响应特性（续）

c）逆变侧 LCC 和 MMC 以及直流母线电压波形　d）逆变侧输出有功功率波形　e）整流侧 LCC 触发角 α 的波形

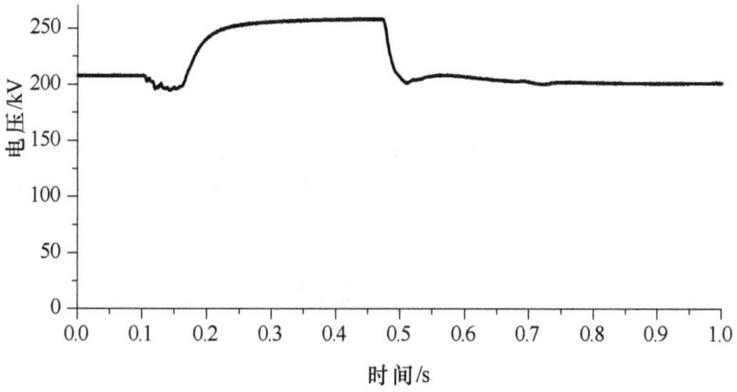

a)

图 8-35　直流线路中点故障响应特性

a）整流站交流母线 A7 电压波形

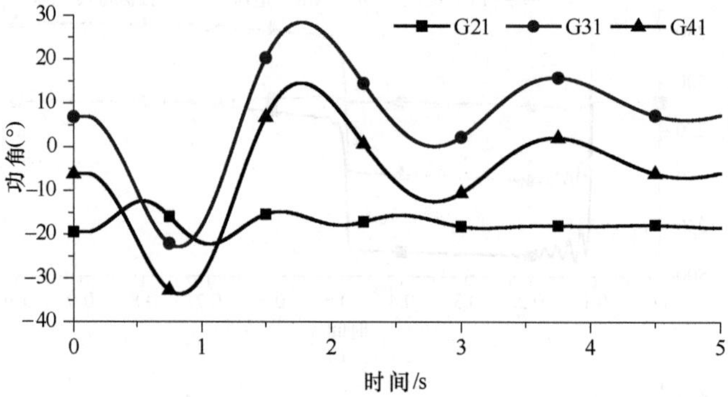

b)

图 8-35 直流线路中点故障响应特性（续）

b）送端交流电网发电机的功角摇摆曲线

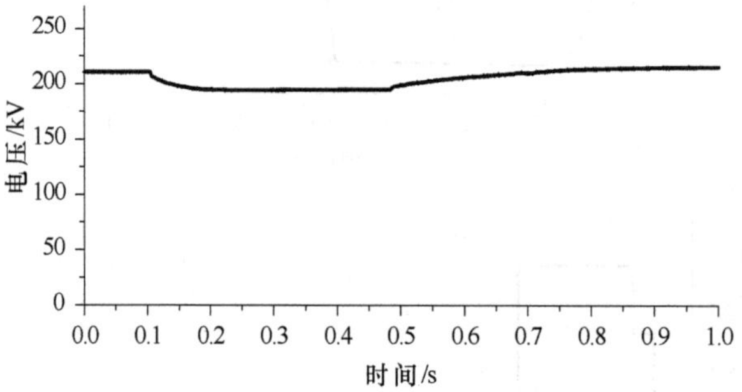

a)

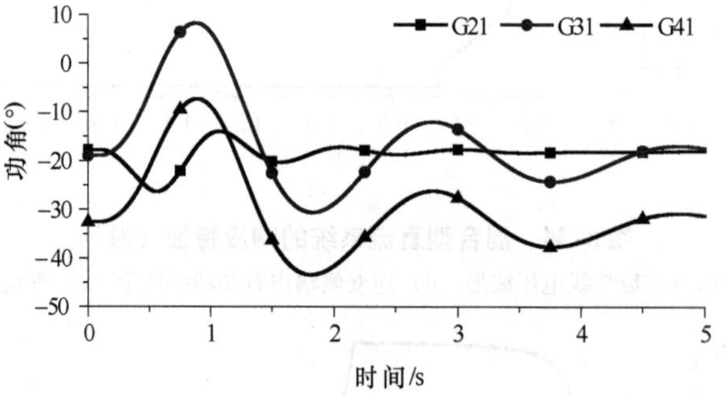

b)

图 8-36 直流线路中点故障响应特性

a）逆变站交流母线 B7 电压波形 b）受端交流电网发电机的功角摇摆曲线

参考文献

[1] 浙江大学发电教研组直流输电科研组. 直流输电 [M]. 北京：电力工业出版社，1982.

[2] 徐政. 交直流电力系统动态行为分析 [M]. 北京：机械工业出版社，2004.

[3] Magg T G, Mutschler H D, Nyberg S, et al. Caprivi Link HVDC Interconnector: Site selection, geophysical investigations, interference impacts and design of the earth electrodes [C]. Proceedings of CIGRE, Paris,

France, 2010: B4_302_2010.
[4] 潘武略. 新型直流输电系统损耗特性及降损措施研究 [D]. 杭州: 浙江大学, 2008.
[5] 薛英林, 徐政, 潘武略, 等. 电流源型混合直流输电系统建模与仿真 [J]. 电力系统自动化, 2012, 36 (9): 98-103.
[6] 徐政, 唐庚, 薛英林. 一种混合双极直流输电系统: 中国, 201210431652. 1 [P]. 2012.
[7] 徐政, 唐庚, 黄弘扬, 等. 消解多直流馈入问题的两种新技术 [J]. 南方电网技术, 2013, 7 (1): 6-14.
[8] Tang G, Xu Z. A LCC and MMC hybrid HVDC topology with dc line fault clearance capability [J]. International Journal of Electrical Power & Energy Systems, 2014, 62: 419 -428.
[9] Zhang Z, Xu Z, Xue Y, et al. DC Side Harmonic Currents Calculation and DC Loop Resonance Analysis for an LCC- MMC Hybrid HVDC Transmission System [J]. IEEE Transactions on Power Delivery, 2015, 30 (2): 642-651.
[10] Tang G, Xu Z, Zhou Y. Impacts of three MMC- HVDC configurations on ac system stability under dc line faults [J] . IEEE Transactions on Power Systems, 2014, 29 (6): 3030-3040.
[11] 徐政, 刘高任. 适用于远距离大容量架空线输电的交叉型子模块及其 MMC 控制方法: 中国, 201610463228. 3 [P]. 2016.
[12] 徐政, 王世佳, 肖晃庆. 一种具有直流故障穿越能力的串联混合型双极直流输电系统: 中国, 2015105301739 [P]. 2015.
[13] Xu Z, Wang S, Xiao H. Hybrid high- voltage direct current topology with line commutated converter and modular multilevel converter in series connection suitable for bulk power overhead line transmission [J]. IET Power Electronics, 10. 1049/iet- pel. 2015. 0738, 2016.
[14] Magg T, Manchen M, Krige E, et al. Connecting networks with VSC HVDC in Africa: Caprivi Link Interconnector [C]. Proceedings of IEEE PES Power Africa Conference and Exposition, Johannesburg, South Africa, 2012.
[15] Kundur P. Power system stability and control [M]. New York: McGraw- Hill Inc. , 1994.
[16] 许烽, 徐政. 基于 LCC 和 FHMMC 的混合型直流输电系统 [J]. 高电压技术, 2014, 40 (8): 2520-2530.
[17] Marquardt R. Modular Multilevel Converter: An universal concept for HVDC- Networks and extended DC- Bus- applications [C]. International Power Electronics Conference (IPEC), 2010: 502-507.
[18] Marquardt R. Modular Multilevel Converter topologies with DC- Short circuit current Limitation [C]. IEEE 8th International Conference on Power Electronics and ECCE Asia (ICPE & ECCE), 2011: 1425-1431.

第9章

三极直流输电系统与三线双极直流输电系统

9.1 问题的提出

限制交流线路输送容量的主要因素包括热稳定极限和功角稳定极限等。一般情况下，短距离输电线路的输电能力主要取决于线路的热稳定极限，而中长距离输电线路的输电能力则受制于功角稳定极限[1]。通常，线路的功角稳定极限大大小于线路的热稳定极限。为了使既有线路的输送能力达到其热稳定极限，一种有效的方法是将交流线路改造成直流线路。然而，标准的直流系统是双极系统，只要两根导线，交流线路有3根导线，如何充分利用好这3根导线，使每根导线都达到其热稳定极限，这是将交流线路改造成直流线路所遇到的一个根本性问题。分时段利用第3根导线的思路为解决上述问题提供了一条方便的路径。这个思路最早是由 Haeusler M. 等人于1997年在 ABB 评论上提出的[2]，并称之为基于三极结构的直流输电（Tripole Structure based HVDC，TPS-HVDC）系统。基于同样的思路，本书作者提出了基于三线双极结构的直流输电（Three-Wire Bipole Structure based HVDC，TWBS-HVDC）系统[3-4]。本章将分别讨论 TPS-HVDC 系统和 TWBS-HVDC 系统。

9.2 三极直流输电系统拓扑结构和性能分析

三极直流输电（TPS-HVDC）系统是由三相交流输电线路改造而来的，其思路是利用a相和b相导线作为正极和负极，利用c相导线作为调制极。调制极的电压极性和电流方向都不是固定的，而是分时段交变的。图9-1给出了典型的三极直流系统结构示意图，其直流回路由双极和调制极线路并联组成。与标准双极系统不同的是，正极和负极的中性点电流不流入大地，而是通过可以双向流通的调制极进行回流。三极直流系统一般不设大地回流方式，只在一侧的换流站设立接地极。

为充分利用线路的过载能力，增加直流功率的传输容量，三极直流系统采用不对称的电流调制策略[5-6]。图9-2展示了正常运行时3个极上的电压、电流调制特性。总体上看，各极的电流 I_{dcp}、I_{dcn} 和 I_{dcm} 是分时段恒定的，I_{dcp} 和 I_{dcn} 保持其固定方向不变，但其值在高值 I_{high} 和低值 I_{low} 之间跳变，如图9-2所示。根据基尔霍夫电流定律，当正极电流 I_{dcp} 大于负极电流

I_{dcn}时，调制极电流I_{dcm}与负极电流I_{dcn}同方向，其值等于I_{dcp}与I_{dcn}之差。同样的道理，当负极电流I_{dcn}大于正极电流I_{dcp}时，调制极电流I_{dcm}与正极电流I_{dcp}方向相同，其值等于I_{dcn}与I_{dcp}之差。因此，我们得到如下规律：调制极的电流方向是“谁小跟谁”，即调制极电流总是与电流小的那个极的电流方向保持一致。

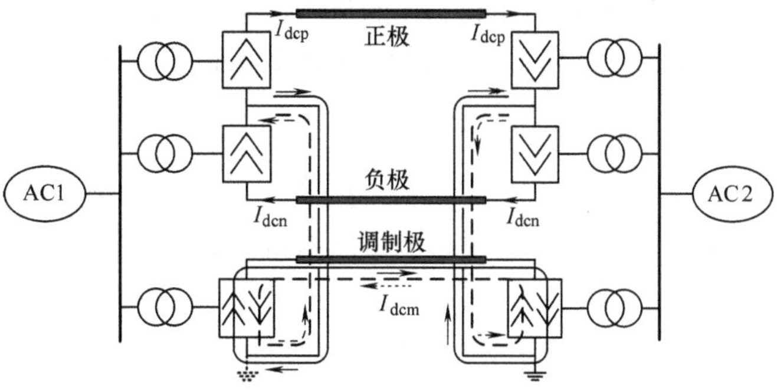

图 9-1　三极直流系统结构示意图

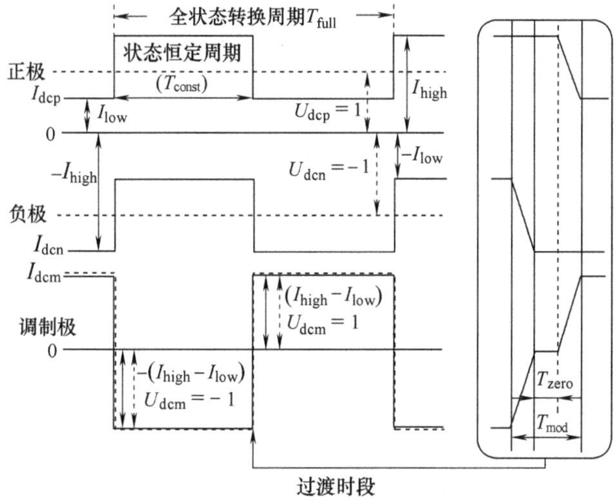

图 9-2　三极直流系统电压和电流调制特性（实线表示电流，虚线表示电压）

由于三极直流系统的功率输送方向保持不变，正极和负极不管其电流大小如何变化，其功率输送方向总是保持不变的；而调制极的电流方向是分时段变化的，为了使调制极的功率输送方向与整个三极直流系统的功率输送方向保持一致，调制极的电压极性也必须分时段变化。当正极电流I_{dcp}大于负极电流I_{dcn}时，调制极电流I_{dcm}与负极电流I_{dcn}同方向，此时调制极的电压极性必须与负极的电压极性保持一致；同样的道理，当负极电流I_{dcn}大于正极电流I_{dcp}时，调制极电流I_{dcm}与正极电流I_{dcp}方向相同，此时调制极的电压极性必须与正极的电压极性保持一致。因此，我们得到如下规律：调制极的电压极性也是“谁小跟谁”，即调制极的电压极性总是与电流小的那个极的电压极性保持一致。

I_{high}和I_{low}转换的过渡阶段如图 9-2 中的局部放大图所示，含有两个电流调制过程和一个电压反向过程。为维持转换期间传输功率的恒定，在一段极短的时间T_{zero}内，调制极导线上流过的电流为 0，调制极的电压也在此期间完成反转。与电流转换的周期相比，T_{zero}很小，因此几乎不会对系统的热负荷产生影响[7]。整个过渡阶段持续的时间T_{mod}最好在 4s 以上，以防止传输功率的突变和交流侧的暂态过电压。

下面以双极系统的电压、电流额定值作为基准值对三极直流系统的电流和功率特性进行分析。为了充分利用三相导线的热稳定极限输送能力，在图9-2所示的一个全状态转换周期 T_{full}内，应保证各相电流有效值达到1.0pu[7,8]。假定 I_{high}和 I_{low}在 T_{full}内的持续时间相等，则有

$$\frac{1}{2}(I_{high}^2+I_{low}^2)\leqslant 1, I_{high}, I_{low}>0 \tag{9-1}$$

同时应确保调制极流过的电流不超过基准值，即

$$|I_{dcm}|\leqslant 1 \tag{9-2}$$

那么，在上述标幺体系下，直流传输功率 P 为

$$P=I_{dcp}+I_{dcn}+|I_{dcm}| \tag{9-3}$$

稳态情况下，流过接地极的电流应限制在零值附近，因而依据基尔霍夫电流定律，3个极之间的电流存在如下对应关系：

$$I_{dcm}=I_{dcn}-I_{dcp} \tag{9-4}$$

联立式（9-1）、式（9-2）和式（9-4），TPS-HVDC系统的运行范围如图9-3的阴影区域所示。从图中的A、B点可以看出，当 I_{high}和 I_{low}满足式（9-5）时，直流功率达到最大值 P_{max}。

$$I_{high}=\frac{1+\sqrt{3}}{2}=1.37,\quad I_{low}=\frac{\sqrt{3}-1}{2}=0.37 \tag{9-5}$$

将 I_{high}和 I_{low}的比值定义为电流调制率 K_{mod}，

$$K_{mod}=\frac{I_{high}}{I_{low}} \tag{9-6}$$

那么在式（9-5）的条件下，电流调制率 $K_{mod}=1.37/0.37\approx 3.7$。
稳态运行时可根据功率传输的需要把 K_{mod}值调低。如令 $K_{mod}=1$，正极和负极都流过恒定的额定电流，而调制极中没有电流流过，此时TPS-HVDC系统传输的功率与双极HVDC系统相同。调节 K_{mod}值的大小，即可控制两端换流站的传输功率。

由于 I_{high}通常大于1，所以当 I_{high}流过正极或负极时，导线的温度会不断上升。在 I_{high}和 I_{low}的一个转换周期内，导线的温度必须处在可控的范围内。一般情况下，全状态转换周期 T_{full}为4~5min，此时对应的导线温度变化范围为2~3℃。

在图9-3所示的最大功率输送工况（$K_{mod}\approx 3.7$）下，假定直流电压 U_{dc}为额定值，则TPS-HVDC系统传输的总功率 P 为

$$P=U_{dc}(I_{high}+I_{low}+1)=2.74\text{pu} \tag{9-7}$$

而双极HVDC系统传输的功率为2pu。两种方案的传输功率之比约为1.37，即TPS-HVDC系统可比双极HVDC系统多传输37%的功率。

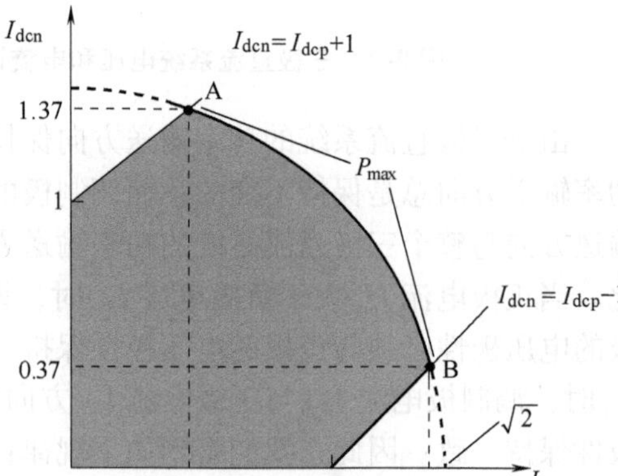

图9-3 TPS-HVDC系统的运行范围

对于TPS-HVDC系统来说，当一极出现故障时，剩余的两极就将作为无电流调制的双极HVDC系统运行。这使得TPS-HVDC系统拥有很大的冗余度。

假设交流每相导线的直流电阻为 R，满载运行时TPS-HVDC系统的线路损耗 P_{loss}为

$$P_{loss}=(I_{high}^2+I_{low}^2+1)R\approx 3R \tag{9-8}$$

双极 HVDC 系统的线路损耗为 $2R$，TPS-HVDC 系统的线路损耗是双极 HVDC 系统的 1.5 倍。

9.3　基于 MMC 的三极直流系统[9]

参照图 9-2，根据三极直流系统的运行原理，正极和负极是恒定电压运行，电流周期性地改变大小，但方向不变；调制极是变电压变电流运行，且电压极性和电流方向都要改变。那么，什么样的换流器适合于三极直流系统呢？显然，对于正极和负极，采用 LCC 或者 MMC 都是可行的；只要一侧采用定电压控制，另一侧采用定电流控制，就能实现电压极性不变、电流大小分时段改变的目标。而对于调制极而言，电流调制策略要求其具有直流电压和直流电流能够反向运行的能力。对于 LCC，电压极性可以改变，但电流方向不能反转。因此，LCC 不能满足调制极对换流器的要求。对于基于半桥子模块 HBSM 的 H-MMC，电流方向可以反转，但电压极性不能改变，因此也不能满足调制极对换流器的要求。在既有的 MMC 型换流器中，基于全桥子模块 FBSM 的 F-MMC 同时具有电压和电流反向的能力，能够满足调制极对换流器的要求。以下我们将讨论一种完全基于 MMC 的三极直流系统。

图 9-4 给出了基于 MMC 的三极直流系统结构图。每个换流站（整流侧或逆变侧）由 3 个换流器分别通过能够承受直流偏置电压，接线方式为 Y_0/D 的双绕组变压器连接于同一换流母线；每个换流器通过平波电抗器与输电线路相连。正极和负极采用基于半桥子模块的 H-MMC，调制极采用基于全桥子模块的F-MMC。由于换流站均采用 MMC 型换流器，因而 MMC 所具有的有功、无功解耦控制，向无源网络供电，无换相失败风险等优点均能较好地被继承。

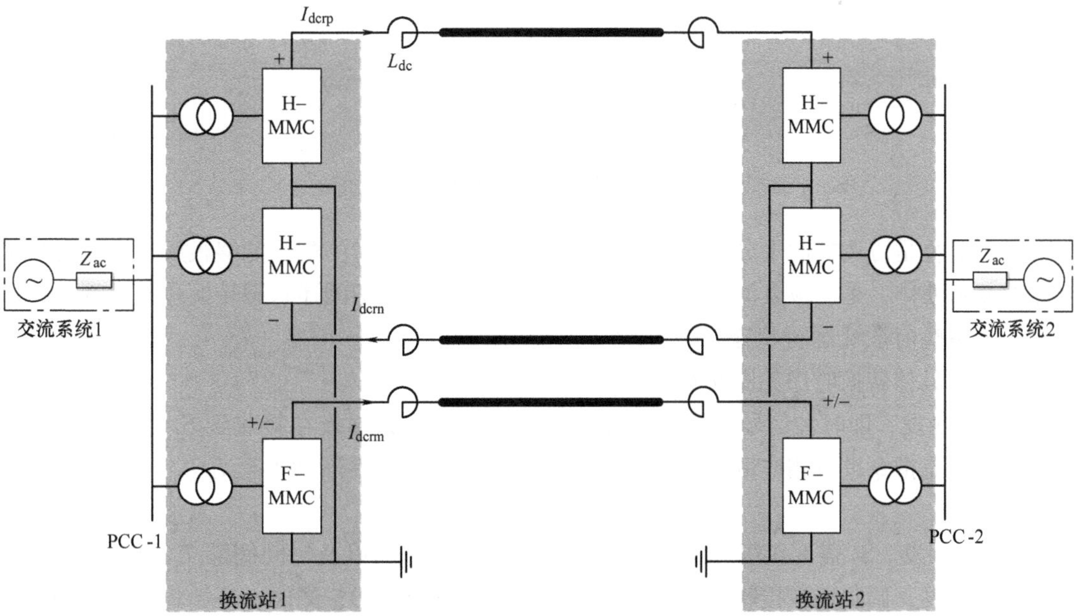

图 9-4　基于 MMC 的三极直流系统结构框图

9.3.1 三极直流输电系统控制策略

1. 极间协调控制时序

在一个全状态转换周期内，三极直流输电系统的正极和负极需要进行一次 $I_{high}(I_{low})$ 至 $I_{low}(I_{high})$ 的转换，对于调制极而言，需要进行一次直流电压和电流同时反向的转换动作。由于4~5min的全状态转换周期相对于长期运行来说时间较短，状态转换显得较为频繁，考虑到输电的稳定性，有必要对状态转换过渡过程设计有效的协调控制策略，使得状态转换过渡时段直流功率传输稳定，防止设备过电压、过电流。

传统高压直流输电控制系统通常被分为3个层次：主控制层、极控制层和阀组控制层。三极直流系统的控制系统结构与传统直流输电控制系统类似，也分为3个层次：主控制层、极控制层和阀组控制层。其中主控制层负责3极之间的协调控制，通过主控制层和极控制层之间的时序信号，通知相应极的极控制动作，具体框架如图9-5所示。“时钟信号”提供时序参考，主控制层接受时钟信号和来自极控制层的反馈信号，输出时序控制信号，“电流指令调节”统筹极控制层的直流电流指令，m 为电压调制比，δ 为电压相位。

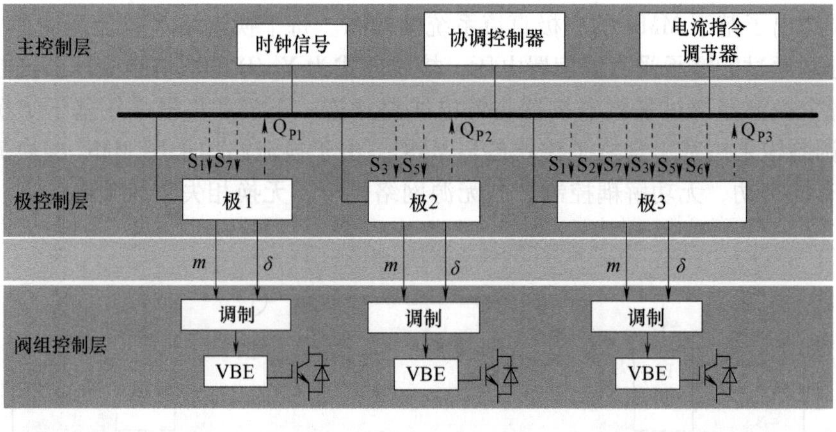

图9-5 协调控制框图

时序配合是协调控制十分重要的一个环节。一种有效的时序配合能够很好地协调各极换流器的准确动作，是三极直流系统稳定运行的基础。下面详细阐述状态转换过渡过程的控制策略。设转换前系统运行状态为：$I_{dcp}=I_{low}$，$I_{dcn}=I_{high}$，$I_{dcm}=(I_{high}-I_{low})$，$U_{dcp}=-U_{dcn}=U_{dcm}=U_{dc}$。具体转换时序如图9-6所示。

1）S_1 触发，即时钟信号指示开始转换动作。正极和调制极在接收到 S_1 信号后，根据接收到的电流指令进行相应的动作，I_{dcp} 从 I_{low} 以一定的斜率逐渐增大至 I_{high}，I_{dcm} 相应减小，直至为0。

2）S_2 触发。S_2 需要正极和调制极的反馈信号 Q_{P1} 和 Q_{P3} 以及时间间隔 T_{12} 同时满足的情况下才能触发，调制极在接收到 S_2 信号后，维持直流电流为0，同时，开始将调制极的直流电压 U_{dcm} 以一定的速率下降，直至为 $-U_{dc}$。

3）S_3 触发。接收到反馈信号 Q_{P3}，同时满足时间间隔 T_{23} 的情况下 S_3 触发。S_3 分别输入负极和调制极，随着 I_{dcn} 的下降，I_{dcm} 也等量变化，直至变为（$I_{low}-I_{high}$）。

4）S_4 触发，表明此时状态转换过渡过程结束，系统已进入稳定运行状态。

整个状态转换过渡过程通过调制极直流电压和电流的错时调节，能够使得三极直流系统总功率维持稳定，有利于交直流系统长期稳定运行。

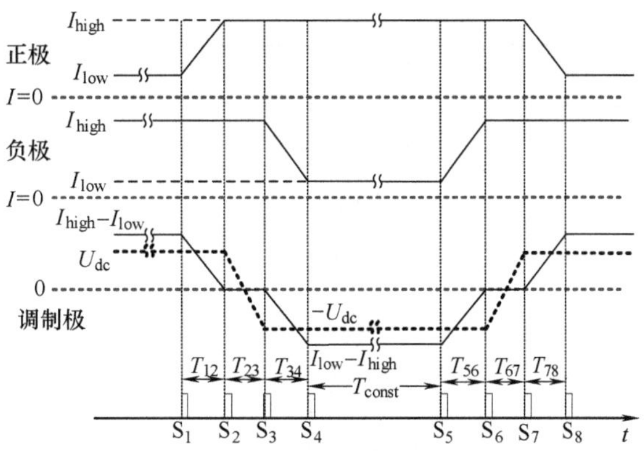

图 9-6　协调控制时序图

2. 极控制策略

对于正极和负极，采用的是 H-MMC，控制的目标是恒定电压和可变电流。因此控制策略相对简单，对于每一极，一侧控制直流电压，另一侧控制直流电流。因此对于正极和负极，控制策略采用常规的直接电流控制（矢量控制）就能实现，控制器采用内外环结构，外环控制器根据直流电压指令值和直流电流指令值确定内环控制器的 dq 轴电流指令值。相关算法在第 4 章已阐述过，不再重复。

对于调制极，控制目标是电流和电压分时间段反转，因此 F-MMC 在状态转换过渡阶段需要调节直流电流和直流电压，同时维持无功功率稳定。因此，在外环控制方面，一侧采用定直流电流和定无功功率控制，另一侧采用定直流电压和定无功功率控制。内环控制算法与 H-MMC 内环控制算法一致。唯一的差别是 F-MMC 的阀控制层比 H-MMC 要复杂一些，因为全桥子模块多了一种负电压投入状态，但最近电平逼近的调制原理没有变化。

9.3.2　仿真验证

为了验证所提出的基于 MMC 的三极直流拓扑的可行性以及控制策略的有效性，在 PSCAD/EMTDC 内搭建了一个如图 9-4 所示的详细模型，系统参数见表 9-1。除子模块结构不相同外，3 个极采用同样的系统参数，每极的无功功率均为 20Mvar，取功率基准为 40MW，直流电压基准为 40kV，直流电流基准为 1kA。功率从交流系统 1 送向交流系统 2，因此，可称交流系统 1 为送端，交流系统 2 为受端。

表 9-1　系统参数

项　目	参　数
直流电压额定值/kV	40
最大直流电流 I_{high}/kA	1.37
最小直流电流 I_{low}/kA	0.37
额定有功功率/MW	109.3
额定无功功率/Mvar	60
交流系统线电压/kV	35

（续）

项　　目	参　　数
交流系统频率/Hz	50
交流系统电感/mH	4.47
交流系统电阻/Ω	0.18
变压器电压比/kV	35/20
变压器漏抗/mH	1.59
桥臂子模块数	20
子模块电容/μF	8600
子模块电容电压/kV	2
桥臂电感/mH	4
桥臂等效电阻/Ω	0.1

1. 稳态运行特性

图9-7给出了三极直流系统稳态运行时的电压电流响应特性。一般要求过渡阶段的持续时间为4.0s以上，全状态转换周期为4～5min。为观察方便，仿真部分对上述时间要求做了必要的改动。在$t=1.0$s时，系统已达稳定状态，1.0～3.8s为第一过渡阶段，3.8～6.0s为状态恒定阶段，6.0～8.8s为第二过渡阶段。第二过渡阶段和第一过渡阶段相比，每极直流电流和调制极直流电压的变化方向均相反，但特性基本相同。从图中可以看出，转换过渡过程十分平稳，未出现过电压和过电流现象。

2. 暂态运行特性

在$t=1.0$s时刻（不考虑过渡阶段），送端总的有功功率参考值由2.74pu跳跃至2.2pu，送端每极无功功率由0跳跃至-0.2pu，受端每极无功功率保持不变。在$t=1.2$s时刻，对送端交流电网设置单相金属性接地故障，持续0.2s后故障清除。网侧交流电压和电流（瞬时值）的基准分别为28.6kV和0.93kA，阀侧交流电压和电流（瞬时值）的基准分别为16.3kV和1.64kA。图9-8a～c分别给出了送端网侧的交流电压、交流电流以及总的有功和无功功率的仿真波形。图9-9a～f分别是送端调制极上的阀侧交流电压、交流电流、调制极直流电压以及正极～调制极的直流电流。

从图9-8和图9-9可以看出，从1.0s开始，有功功率和无功功率根据阶跃指令在70ms后均分别达到2.2pu和-0.6pu。此过程中，直流电压仅存在微小波动。3个极的直流电流也分别快速调整至0.6pu、1.1pu和0.5pu。在1.2s时，送端电网发生单相金属性接地故障。从图9-8可以看出，故障相电压跌落至零，而且交流电流中含有幅度很大的故障分量，有功功率和无功功率存在两倍工频的波动分量，但功率仍能维持在指令值附近，能够有效支援两端所联的交流系统。由图9-9可见，故障期间，直流电压和直流电流均存在两倍功率波动分量，故障消除后，系统能够立即恢复。

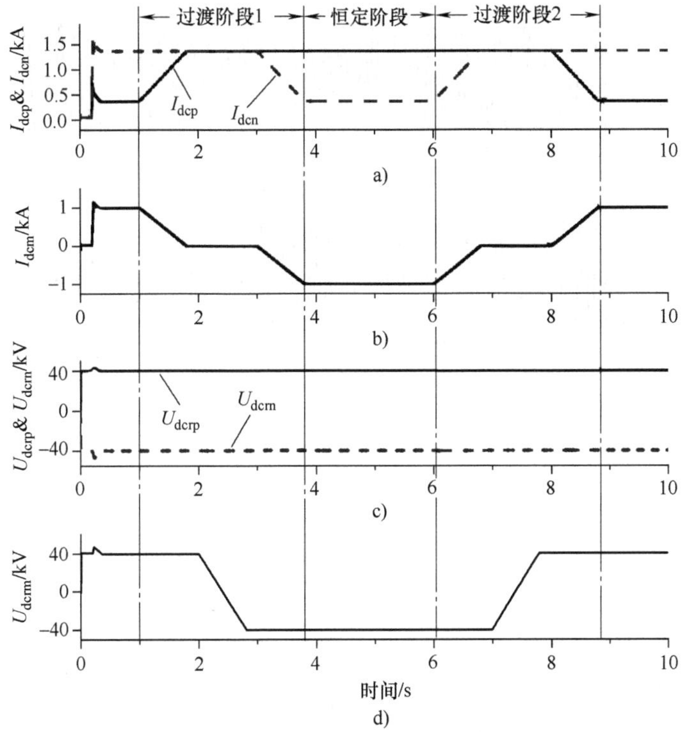

图 9-7　三极直流系统稳态运行特性

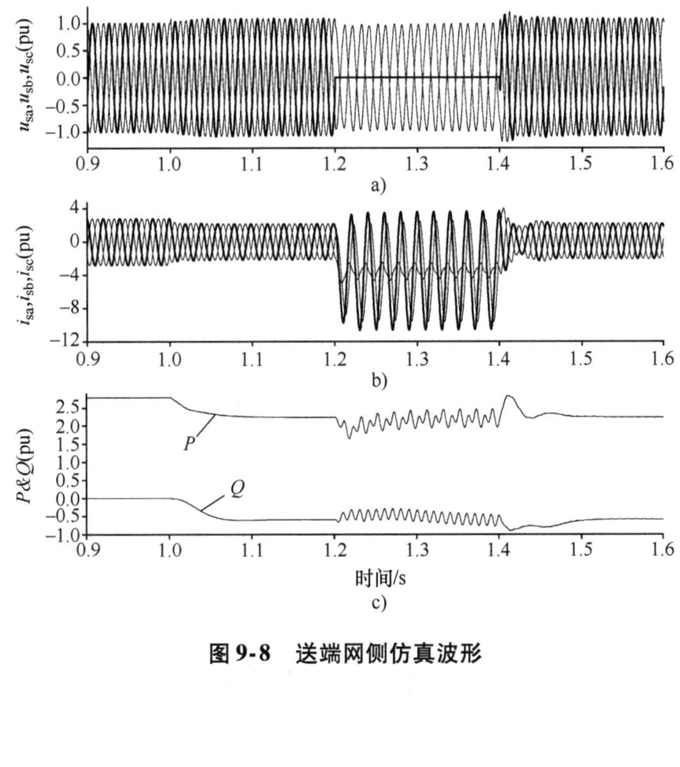

图 9-8　送端网侧仿真波形

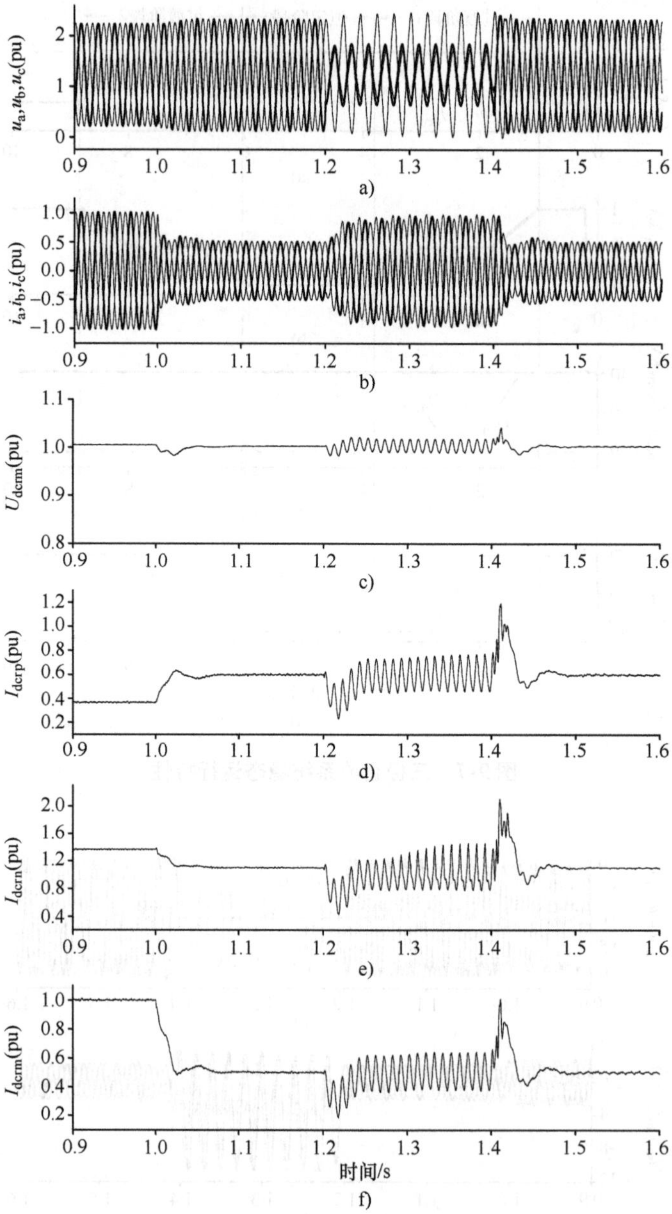

图 9-9 送端阀侧及直流侧仿真波形

9.4 三线双极直流输电系统拓扑结构和性能分析[3]

基于三线双极结构的直流输电系统（Three- Wire Bipole Structure based HVDC，TWBS-HVDC）是在双极 HVDC 的基础上开发出来的，能够充分利用现有的交流系统三相输电线来提升传输容量。与三极直流系统类似，三线双极直流系统传输功率的提升需要通过传输线上特殊的电流调制实现。如将 a 相导线和 b 相导线分别作为正极传输线和负极传输线，那么 c 相导线就交替地与正极和负极形成并联连接关系，并配合电流调制器，3 条传输线的电流会呈现出与三极直流系统相似的特性，从而实现传输功率的提升。

图 9-10 给出了三线双极直流系统的基本结构。如果不考虑调制极及其相关辅助设备，那么整个系统就是一个双极 HVDC。交流电压通过 Y/Y/D 三绕组变压器进行交流电压变换，然后利用 12 脉动晶闸管换流器转换成直流电压。平波电抗器可以分为两类：一类为靠近换流器侧的 L_{dc1}，主要用于抑制直流电流波动和直流电流在故障情况下的上升率；另一类为标示的 L_{dc2}，用于保护阀厅免遭操作过电压或雷击过电压等冲击波的损害。4 个独立的晶闸管 VTH_1 ~ VTH_4 可将调制极轮流与正极或负极相连，例如 VTH_1 和 VTH_2 导通时，调制极和正极形成并联关系。S_1 和 S_2 为快速开关，一般情况下都处于闭合状态，唯有在状态转换过渡阶段调制极需要进行电压反向动作时才进行开断和闭合动作。S_1 用于潮流正向传输，S_2 用于潮流反向传输。阻尼电阻 R_{lim}在电压反向形成放电回路时串入使用。电流调制器（Current Modulator，CM）用于调制调制极上的直流电流，尤其是在过渡阶段实现电流的平缓调节。从图 9-10 可以看出，三线双极直流系统与双极直流系统相比，关键就在于点划线框标出的 TWBS。对于直流系统换流器而言，TWBS 通过 4 个端点 1 ~ 4 与外部相连，对外呈现出双极特性，相当于在 1 和 2、3 和 4 之间架设直流输电线。因而，若不考虑 TWBS 内在特征，而仅考虑其外在特性，那么 TWBS-HVDC 系统便可作为双极 HVDC 系统对待。

实际上，图 9-10 所示的换流器不仅仅局限于晶闸管换流器，二电平和三电平 VSC、MMC 等换流器均适用，无特殊限制，本节采用 12 脉动晶闸管换流器作为示例。

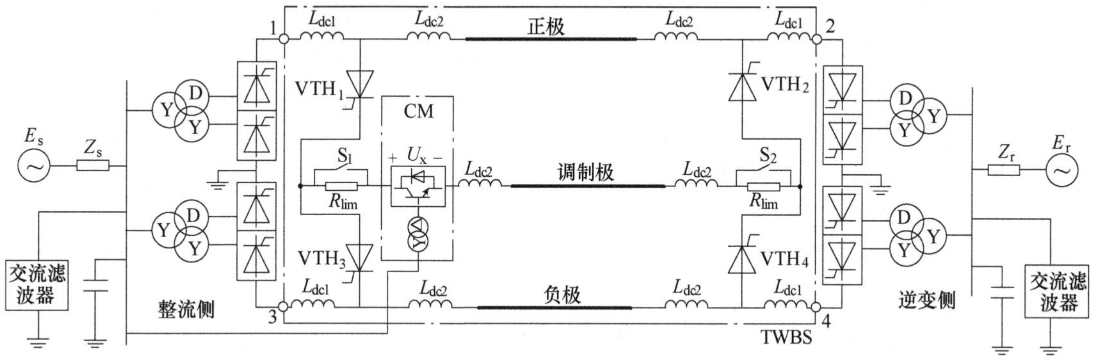

图 9-10　三线双极直流输电系统基本结构图

假设整流站采用定电流控制，逆变站采用定电压控制，可以得到如图 9-11 所示的稳态运行等效电路。其中，U_{dr0}为理想空载直流电压，R_r 为换相阻抗，U_{dc}为逆变站等效电压源电压，U_{dcrp}、U_{dcrn}分别为整流站正极直流电压和负极电压，U_{dcip}、U_{dcin}分别为逆变站正极电压和负极电压，U_{dcrm}、U_{dcim}分别为调制极上的整流侧直流电压和逆变侧直流电压，U_x 为 CM 输出的直流电压，α_p、α_n 为整流站正极换流器和负极换流器的触发角，I_{dcr}、I_{dcp}、I_{dcn}和 I_{dcm}分别为换流器输出的直流电流、正极电流、负极电流和调制极电流，R、L、C 为每极的线路参数。为了简化问题的描述，整流站采用其外特性来描述[1]，而逆变站由于采用定直流电压控制，所以在稳态运行下可直接等效为一个恒定电压为 U_{dc}的电压源。传输线采用集中参数为 R、L 和 C 的 T 形电路等效。

图9-12给出了3个极之间电压和电流的运行特性，其中，实线表示直流电流，虚线表示直流电压；T_{full}为全状态转换周期，T_{const}为状态恒定周期。为尽可能多地传输直流功率，与三极直流系统扩容原理类似，每极上的直流电流不是恒定不变的。如果忽略状态转换过渡阶段占用的时间，一个运行周期包含两个等时间长度的状态恒定周期（T_{const}）。

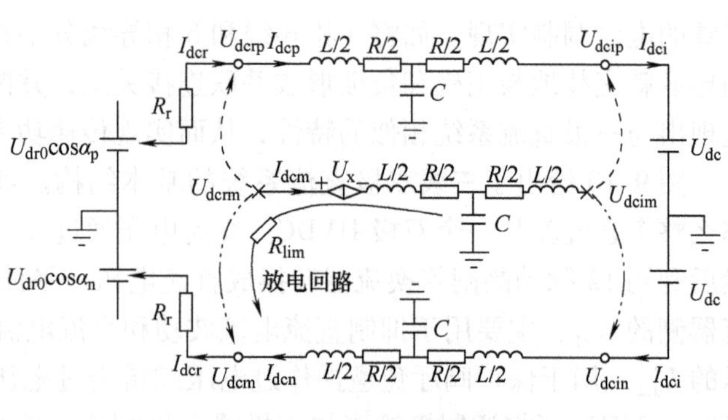

图9-11 系统等效电路

如图9-11中的虚线所示，当调制极与正极通过VTH_1和VTH_2相连时，$I_{dcn}=I_{dc}=I_{dcp}+I_{dcm}$，且调制极的直流电压为$U_{dc}$。在这个阶段，每极的电流值如图9-12所示的状态恒定阶段1所示，$I_{dcp}=I_{low}$，$I_{dcn}=I_{high}$以及$I_{dcm}=I_{high}-I_{low}$。同样地，当调制极与负极通过VTH_3和VTH_4相连时，如图9-11点划线所示，对应于图9-12所示的状态恒定阶段2，有$I_{dcp}=I_{high}$，$I_{dcn}=I_{low}$，$I_{dcm}=I_{low}-I_{high}$，调制极的直流电压为$-U_{dc}$。一般而言，为达到扩容的目的，I_{high}要大于传输线及相关设备的热极限电流I_{lim}。简言之，三线双极直流系统的运行原理为：通过增大电流的方式提升传输功率，并且利用调制极的分流作用，周期性地分别对正极和负极进行分流，以满足热稳定要求。从而在充分利用第三条传输线的情况下，既满足了系统长期稳定运行的条件，又能够比双极直流系统输送更多的能量。

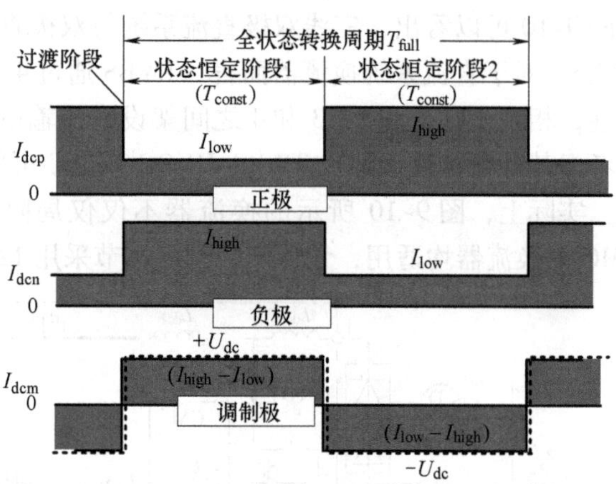

图9-12 三线双极直流输电系统运行特性

长期运行下，每条传输线的温度需要控制在热极限条件下，根据图9-12给出的运行特性，且忽略时间极短的过渡阶段，可以得到如下与三极直流系统相同的约束方程：

$$\frac{1}{2}(I_{high}^2+I_{low}^2)\leqslant I_{lim}^2 \tag{9-9}$$

$$0\leqslant I_{high}-I_{low}\leqslant I_{lim} \tag{9-10}$$

同时，I_{high}应大于I_{lim}，否则，传输功率与双极直流系统相同，无额外扩容效果。传输的直流功率P为

$$P=2U_{dc}I_{dc} \tag{9-11}$$

定义电流转移率K_{shift}为I_{dcm}的幅值和I_{high}之比

$$K_{shift}=\frac{|I_{dcm}|}{I_{high}}=\frac{I_{high}-I_{low}}{I_{high}}=1-\frac{I_{low}}{I_{high}}=1-\frac{1}{K_{mod}} \tag{9-12}$$

联合式（9-9）~式（9-11），可以得到电流运行范围如图9-13阴影区域所示。从图中

可以看出当 I_{high} 和 I_{low} 满足式（9-13）和式（9-14）时，获得最大传输功率 P_{max}，且与三极直流系统的最大传输功率相同，均为常规双极系统的 1.37 倍，此时 K_{shift} 为 0.732。

$$I_{high}=\frac{\sqrt{3}+1}{2}I_{lim}=1.37I_{lim} \tag{9-13}$$

$$I_{low}=\frac{\sqrt{3}-1}{2}I_{lim}=0.37I_{lim} \tag{9-14}$$

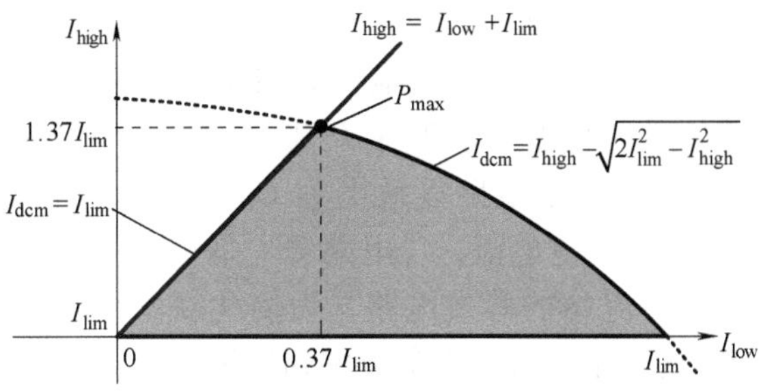

图 9-13　三线双极系统的电流运行范围

从图 9-13 还可以看出，当 $I_{high}<1.37I_{lim}$ 时，在相同传输功率下，存在多组 I_{low} 的解。I_{dcm} 的运行范围如下：

$$I_{high}-\sqrt{2I_{lim}^2-I_{high}^2}\leqslant I_{dcm}\leqslant I_{lim} \tag{9-15}$$

对应的 K_{shift} 的范围为

$$1-\sqrt{2\left(\frac{I_{lim}}{I_{high}}\right)^2-1}\leqslant K_{shift}\leqslant\frac{I_{lim}}{I_{high}} \tag{9-16}$$

9.5　三线双极直流输电系统控制策略[3]

实际上，为减少对系统的影响，直流电压和直流电流的变化存在一个过渡过程。图 9-14 较为详细地给出了状态转换过渡阶段电压电流的变化过程。从图中可以看出，全状态转换周期 T_{full} 包含两个过渡阶段：过渡阶段 1 和过渡阶段 2。过渡阶段 1 为调制极和正极相连时的电压电流变化过程，过渡阶段 2 为调制极和负极相连时的电压电流变化过程。每个过渡阶段还分为 3 个部分：电流调制过程 1、电压反向过程和电流调制过程 2。以过渡阶段 1 为例，当 I_{dcm} 降低至 0 时，I_{dcp} 将增大至 I_{high}，同时为 VTH_1 和 VTH_2 提供关断条件。在电压反向过程中，调制极从与正极相连的状态变为与负极相连，同时，调制极实现了直流电压反向。在电流调制过程 2 中，直流电流 I_{dc} 根据图 9-14 所示状态的恒定阶段的电流比例进行重新分配。需要指出的是，系统实际运行时，过渡阶段直流电流和电压的变化并非一定为图 9-14 所示的斜坡形式。

图 9-14 还给出了过渡阶段 1 相关辅助设备（如 VTH_1 ~ VTH_4）详细的动作时序，用于顺利实现平缓的过渡过程。

1）将 I_{dcm} 调节至 0，然后给 VTH_1 和 VTH_2 施加闭锁信号（电流调制过程 1）。此过程中 I_{dcn} 保持不变，当 I_{dcm} 降低至 0 时，I_{dcp} 将增大至 I_{high}。

当 VTH_1 和 VTH_2 闭锁后，此时调制极将处于“悬浮”状态，但由于传输线杂散电容的存在，调制极上的电压维持为 U_{dc}。在 VTH_3 和 VTH_4 导通瞬间，调制极和负极之间的电压差将导致很大的过电流，危及设备和系统的稳定运行。因此，在调制极和负极连接的过程中，还需要进行附加控制。本节采用图 9-10 所示的限流电阻 R_{lim} 抑制过电流，开关 S_1 和 S_2 用于投切 R_{lim}。

2）断开 S_1，并调节电流调制器的直流电压 U_x 至 0，然后触发导通 VTH_3（电压反向过程）。VTH_3 导通后，形成了如图 9-11 所示的放电回路。此放电回路的简化电路如图 9-15 所示，其中 L_{eq} 是 L_{dc2} 和 $L/2$ 之和，u_c 是线路等效电容 C 上的电压，i 是放电电流，“电路 Z”是负极及其整流站的等效电路。为简化获取 R_{lim} 的选定方法，本章考虑到负极逆变站采用定电压控制方法，故而将“电路 Z”简单地假设成一电压值为 $-U_{dc}$ 的直流电压源。同时，传输线采用含集总参数的 T 形电路等效来简化问题复杂度。

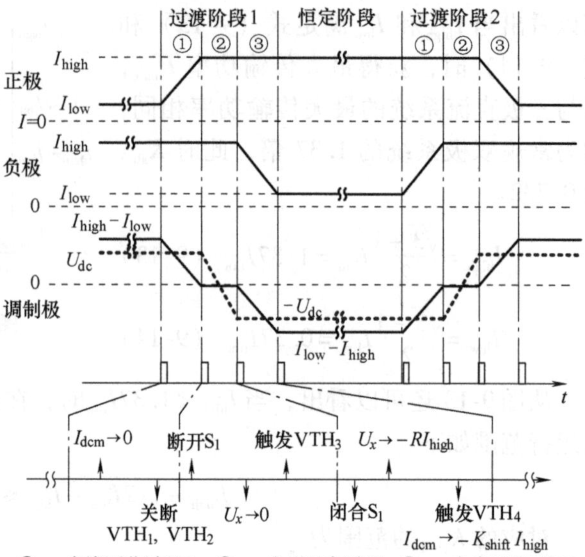

①— 电流调节过程1 ②— 电压反向过程 ③— 电流调节过程2

图 9-14 详细过渡过程

当晶闸管 VTH_3 导通后，放电电流很大，需要通过限流电阻 R_{lim} 进行抑制，因而 R_{lim} 一般较大，假设满足如下关系：

$$R_{lim} >> 2\sqrt{\frac{L_{eq}}{C}} \tag{9-17}$$

那么，图 9-15 所示的放电电路可以近似为一个一阶电路，其时间常数

$$\tau = R_{lim}C \tag{9-18}$$

u_c 的表达式近似为

$$u_c = -U_{dc} + 2U_{dc}e^{-t/R_{lim}C} \tag{9-19}$$

放电电流为

$$i = \frac{2U_{dc}}{R_{lim}}e^{-t/R_{lim}C} \tag{9-20}$$

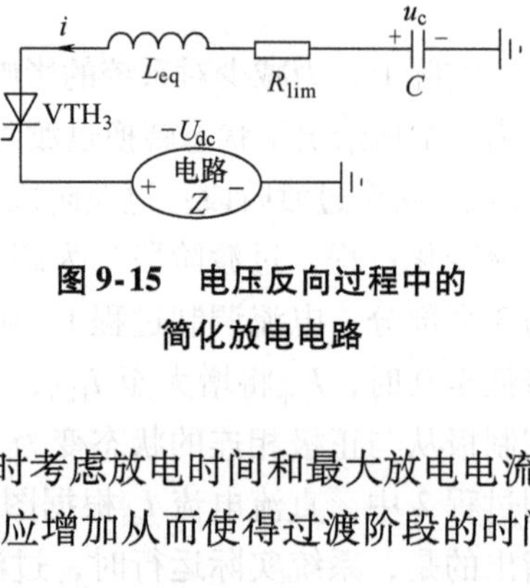

图 9-15 电压反向过程中的简化放电电路

可见，最大放电电流为 $2U_{dc}/R_{lim}$。因此，R_{lim} 的确定需要同时考虑放电时间和最大放电电流。例如，当通过增大 R_{lim} 来减少最大电流时，放电时间将会相应增加从而使得过渡阶段的时间延长。

3）当放电完成，调制极的直流电压与 $-U_{dc}$ 相近时，闭合 S_1 并且调节 U_x 至 $-RI_{high}$（用于控制 VTH_4 触发导通时，调制极上的电流为0）。调节完毕后，对 VTH_4 施加触发信号，并且通过控制 U_x 的变化，调节调制极的电流至 $-K_{shift}I_{high}$（电流调制过程 2）。

9.5.1 电流调制器的特性

由于状态恒定阶段需要在调制极和相连极（正极或负极）之间根据运行要求分配电流，而且在过渡阶段，要求直流电流的变化过程能够受控，这就需要添加一个附加设备，如电流调制器，对电流进行控制。

假设当前调制极和正极处于并联状态，可以得到如下的电压关系式：

$$U_{dcrp} = U_{dcip} + I_{dcp}R \tag{9-21}$$

$$U_{dcrp} = U_{dcip} + I_{dcm}R + U_x \tag{9-22}$$

$$I_{high} = I_{dcp} + I_{dcm} \tag{9-23}$$

联立上式，可以得到 U_x 和 I_{dcm}的关系式：

$$U_x = RI_{high} - 2RI_{dcm} \tag{9-24}$$

由于 VTH_1 和 VTH_2 具有单向导通性，因而调制极的电流存在如下限制条件：

$$0 \leqslant I_{dcm} \leqslant I_{high} \tag{9-25}$$

当调制极和负极相连时，与上述相似，可以得到如下表达式：

$$U_x = -RI_{high} - 2RI_{dcm} \tag{9-26}$$

$$-I_{high} \leqslant I_{dcm} \leqslant 0 \tag{9-27}$$

从式（9-24）和式（9-26）可以看出，U_x 的变化范围由线路电阻 R 和换流器输出的直流电流 I_{high}决定，与换流器的电压等级无关。图9-16根据上述分析给出了 U_x 和 I_{dcm}之间的关系曲线。

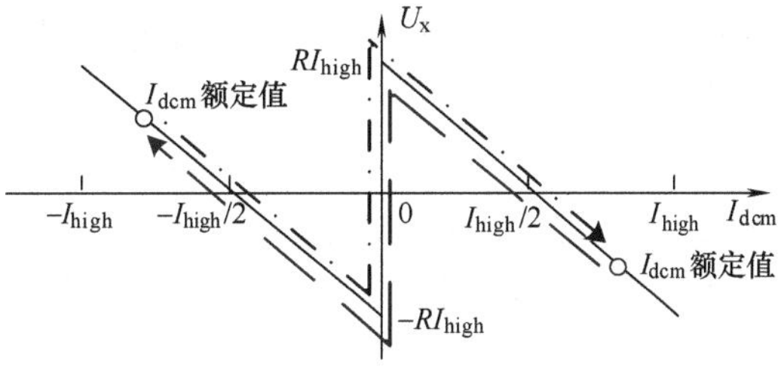

图9-16 I_{dcm}和 U_x 之间的关系曲线图

在 $I_{dcm}=0$ 点，曲线是不连续的，U_x 从 $-RI_{high}$ 直接变化至 RI_{high}。假设第二象限内的小圈是状态恒定阶段2下 I_{dcm} 的额定值，第四象限内的小圈是状态恒定阶段1下 I_{dcm}的额定值，那么，带箭头的点划线为过渡阶段2下 U_x 的变化轨迹，带箭头的虚线为过渡阶段1下 U_x 的变化轨迹。因此，为顺利实现过渡阶段各状态量的转变，电流调制器的输出直流电压需要满足式（9-28）：

$$-RI_{high} - \Delta U_m \leqslant U_x \leqslant RI_{high} + \Delta U_m \tag{9-28}$$

其中，ΔU_m 是电压裕值，一方面保证 I_{dc}具有足够的可行变化范围；另一方面有助于CM对将要闭锁的晶闸管提供反向电压，促进晶闸管的关断。

根据图9-11，可以获得过渡阶段CM从交流系统吸收的有功功率 P_{cm}表达式如下

$$P_{cm} = -U_x I_{dcm} = \begin{cases} (2I_{dcm}^2 - I_{high}I_{dcm})R, & I_{dcm} > 0 \\ (2I_{dcm}^2 + I_{high}I_{dcm})R, & I_{dcm} < 0 \end{cases} \tag{9-29}$$

图9-17给出了 I_{dcm}和 P_{cm}之间的关系曲线，其中，P_{cmN}是对应于调制极正额定电流 I_{dcmset}和负额定电流 $-I_{dcmset}$的有功功率。在暂态过程中，I_{dcm}从 I_{dcmset}减小至0，然后变化至 $-I_{dcmset}$的过程对应于图9-17双箭头方向。同样地，图9-17的单箭头对应着另一个过渡过程。从图9-17可以看出，每个过渡阶段引起的功率波动幅值均是相同的，且电流调制过程1和电流调制过程2的功率波动也相同，因此，取电流调制过程1为例进行分析。

从图9-17可以看出，当 $I_{dcm}=0.25I_{high}$时，P_{cm}达到最小值 $-0.125RI_{high}^2$。当所设置的 $I_{dcmset}>0.5I_{high}$时，P_{cmN}将为最大值，从而可以间接得出：I_{dcmset}越小，整个过渡阶段的功率波动也越小。I_{dcmset}受式（9-15）的限制，为尽量减小过渡阶段的功率波动，I_{dcmset}应取最小值。在取定 I_{dcmset}的情况下，对 I_{high}进行 $I_{lim} \sim 1.37I_{lim}$范围扫描，可以得到图9-18所示的功率波动范围图，其中，阴影区域为多条功率波动曲线的集合。图中给出了3条对应于 $I_{high}=1.1I_{lim}$，$I_{high}=1.25I_{lim}$和 $I_{high}=1.37I_{lim}$3条典型曲线。可以看出，当 I_{high}为 $1.37I_{lim}$，即在获得最大传输功率时，CM在过渡阶段的功率波动也达到最大，为 $0.86RI_{lim}^2$。与换流

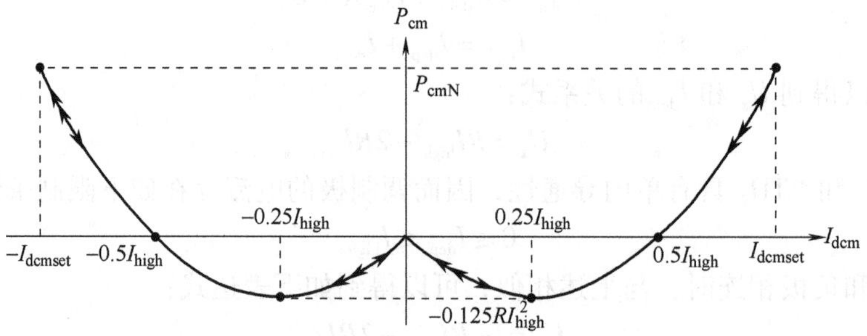

图 9-17 过渡阶段 CM 功率变化曲线图

站的运行容量相比，$0.86RI_{lim}^2$是一个很小的量，因而 CM 的功率波动对整个系统的运行影响很小。

正如图 9-10 所示，CM 交流侧通过 Y/D 换流变压器与交流系统相连，因此，需要确定是与整流侧的交流系统相连（CM 安装于整流侧）还是与逆变侧的交流系统相连（CM 安装于逆变侧）。为确定一个选择原则，引入功率传输比 η，其定义如下：

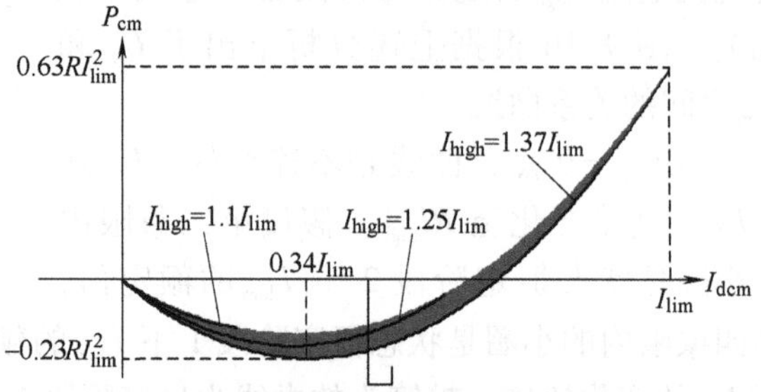

图 9-18 CM 功率波动范围示意图

$$\eta = \frac{P_i}{P_r} \tag{9-30}$$

式中，P_i 为逆变站从直流系统吸收的功率；P_r 为整流站输出的直流功率，且忽略换流器和 CM 的运行损耗。

在状态恒定阶段，与调制极不相连的极以单极直流方式运行，其传输功率与 CM 无关，因而它不需要被考虑在上述 P_i 和 P_r 的计算过程中。例如，当调制极与正极相连时，状态恒定阶段负极的电压和电流特性是确定的，与 CM 的安装位置无关，因此，在 P_i 和 P_r 的计算中，仅需要考虑正极和调制极传输的功率。当调制极与正极相连时，式（9-24）可以改写成

$$U_x = RI_{high}(1-2K_{shift}) \tag{9-31}$$

CM 吸收的功率为

$$P_{cm} = -U_x I_{dcm} = RI_{high}^2(2K_{shift}^2 - K_{shift}) \tag{9-32}$$

若 CM 安装于整流侧，那么 P_i 为 $U_{dc}I_{high}$，P_r 为 $U_{dc}I_{high} + RI_{high}^2[(1-K_{shift})^2 + K_{shift}^2]$，相应的功率传输比 η_1 为

$$\eta_1 = \frac{U_{dc}I_{high}}{U_{dc}I_{high} + RI_{high}^2(2K_{shift}^2 - 2K_{shift} + 1)} = \frac{1}{1 + k(2K_{shift}^2 - 2K_{shift} + 1)} \tag{9-33}$$

其中，$k = RI_{high}/U_{dc}$，η_1 的最大值为 $2/(2+k)$，在 $K_{shift} = 1/2$ 时。若 CM 安装于逆变侧，功率传输比 η_2 为

$$\eta_2 = \frac{U_{dc}I_{high} + RI_{shift}^2(K_{shift} - 2K_{shift}^2)}{U_{dc}I_{high} + RI_{high}^2(1-K_{shift})} = \frac{1 + k(K_{shift} - 2K_{shift}^2)}{1 + k(1-K_{shift})} \tag{9-34}$$

η_1 和 η_2 之差 $\Delta\eta$ 为

$$\begin{aligned}\Delta\eta=\eta_1-\eta_2&=\frac{1}{1+k(2K_{\text{shift}}^2-2K_{\text{shift}}+1)}-\frac{1+k(K_{\text{shift}}-2K_{\text{shift}}^2)}{1+k(1-K_{\text{shift}})}\\&=\frac{-k^2K_{\text{shift}}(1-2K_{\text{shift}})(2K_{\text{shift}}^2-2K_{\text{shift}}+1)}{[1+k(2K_{\text{shift}}^2-2K_{\text{shift}}+1)][1+k(1-K_{\text{shift}})]}\end{aligned} \tag{9-35}$$

由于 $k>0$，$0<K_{\text{shift}}<1$，可知式（9-35）的分母部分大于 0，从而获得如下关系式

$$\begin{cases}0.5\leqslant K_{\text{shift}}<1, & \Delta\eta\geqslant 0\\0<K_{\text{shift}}<0.5, & \Delta\eta<0\end{cases} \tag{9-36}$$

当 $\Delta\eta>0$ 时，意味着 $\eta_1>\eta_2$，CM 应安装于整流侧；反之，CM 安装于逆变侧以获得更高的功率传输比。根据式（9-16）给出的 I_{high} 和 K_{shift} 之间的关系式，可以得到图 9-19 所示的关系图。

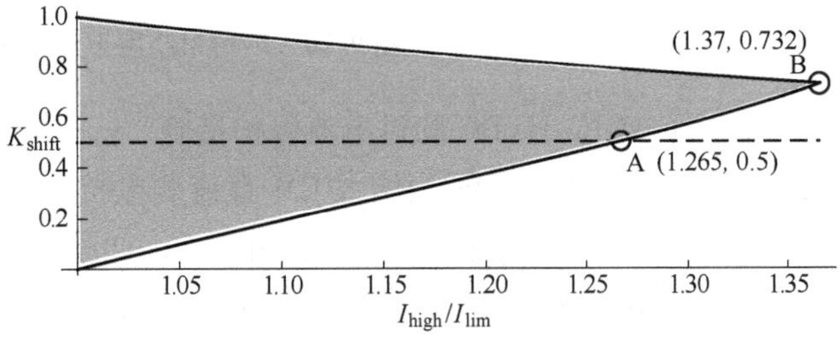

图 9-19　K_{shift} 的变化范围

从图 9-19 可以看出，随着 I_{high} 的增大，K_{shift} 的可调节范围逐渐减小。当 $0<K_{\text{shift}}<0.5$ 时，I_{high} 可以达到的最大值为 $1.265I_{\text{lim}}$，此时不能充分发挥此直流系统的最大功率输送能力。当 $0.5\leqslant K_{\text{shift}}<1$ 时，I_{high} 的最大值能够达到 $1.37I_{\text{lim}}$，对应于 K_{shift} 为 0.732。从图 9-19 可以看出，I_{high} 越大，系统能够输送的功率也越大，因此 K_{shift} 应大于 0.5。根据式（9-36），CM 应安装于整流侧。

9.5.2　电流调制器的拓扑结构

当调制极和其他两极中的任意一极相连时，调制极起分流作用，而分流的比例关系则由 CM 来决定。CM 通过对输出电压 U_x 的控制来改变调制极的等效电阻，使 I_{dc} 能以任意电流比流过调制极及与其相连的极。从图 9-16 可以看出，CM 直流侧的电压和电流具有四象限运行特性，此特性与三极直流系统的调制极换流器相似，即需要具有电压极性和电流方向都能反转的能力。因此，本节选择 F-MMC 作为 CM 的实现方式。

图 9-20 给出了 F-MMC 作为 CM 的 TWBS 示意图，交流侧通过换流变压器与交流系统相连。每个桥臂由多个 FBSM 级联构成，因而，桥臂的电压特性最终必然由子模块的电压特性决定。本节从 FBSM 的特性入手来分析 F-MMC 的过电压穿越能力。

当调制极线路发生接地故障时，子模块两端承受的电压会发生相应的变化，流过子模块的电流方向也会出现反转等现象。对于 FBSM 而言，其运行工况如图 7-49 所示。从图中可以看出，无论子模块处于何种运行状态，都具有电流双向流通的特性。另外，子模块电容电压在故障瞬间不会发生突变。因此，由 FBSM 级联构成的桥臂具有过电压穿越能力，IGBT 等电力电子器件上不会出现过电压现象。

调制极线路发生接地故障后，将有较大的过电流流过由 F-MMC 构成的 CM，当电流超出电力电子器件的过电流能力时，将导致这些器件损毁。因此，需要采取过电流保护措施。

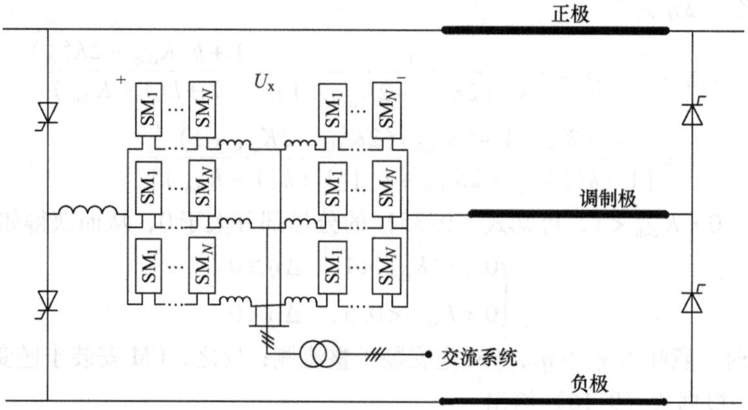

图9-20 F-MMC用于CM的TWBS简图

本节借鉴了MMC-HVDC的过电流保护措施[10]，并结合CM自身特点，提出了如下3点主要的过电流保护措施：①适当增大CM直流侧电抗器的电感值以更好地抑制故障电流的上升；②在桥臂上加入限流电阻R_d和旁路开关S，如图9-21a所示，正常工作情况下，S处于闭合状态，限流电阻被旁路；③每个FBSM中，添加4个与二极管同向并联的旁路晶闸管，如图9-21b所示。故障发生后，无论FBSM的IGBT是否关断，从图7-49可以看出，电流都将流过二极管，对其安全运行构成极大威胁。晶闸管具有更大的通流能力，能够使得大部分电流从其上流过，起到保护二极管的作用。

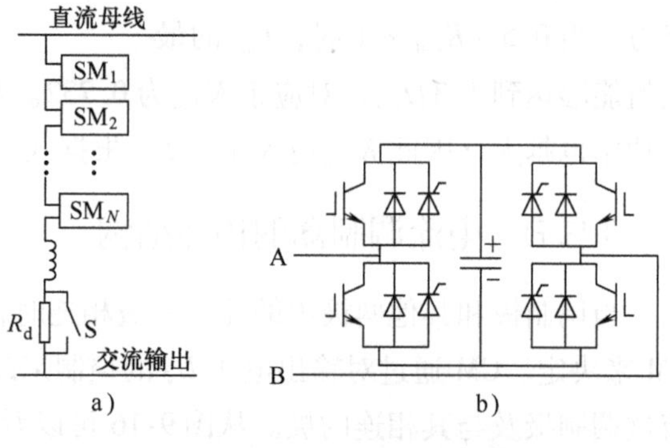

图9-21 过电流保护措施示意图

故障后，过电流保护控制时序及各措施的作用叙述如下：故障发生后，流过CM及其电力电子器件的电流迅速增加，此时直流侧的电抗器在抑制电流上升率方面能够起到一定作用；当电流持续升高，超过IGBT等过电流阈值时，闭锁所有子模块，同时触发旁路晶闸管并迅速断开开关S。限流电阻R_d的投入能够进一步抑制过电流的增大，缓解过电流对电力电子器件的威胁。子模块闭锁后，其等效电路如图7-49d所示，此时，IGBT上没有电流流过，而二极管上将继续留有故障电流，旁路晶闸管的投入能够有效分担二极管的过电流压力，保障其正常运行。从图7-49d还可以看出，闭锁后，任何电流通路都将对子模块电容形成充电效应，由电容电压级联形成的反电动势能够有效抑制交流系统对故障点能量的馈入。当电容电压增大至一定程度时，流过CM的电流也将衰减至零，因此，与H-MMC不同，基于F-MMC结构的CM在故障下不需要通过断开交流侧断路器退出运行，在顺利渡过过电流危机后，即可进入再起动阶段，实现系统快速恢复。

9.5.3 电流调制器的控制策略

以j相为例，设F-MMC的上桥臂电压为u_{pj}，下桥臂电压为u_{nj}，则输出的j相交流电压

为 u_{diffj}，直流电压为 U_x，其表达式

$$u_{diffj}=\frac{u_{nj}-u_{pj}}{2} \tag{9-37}$$

$$U_x=2u_{comj}=u_{pj}+u_{nj} \tag{9-38}$$

F-MMC 的控制目标是使 u_{diffj} 跟踪 F-MMC 的阀侧交流电压同时保持 F-MMC 中子模块电容电压恒定，u_{comj} 跟踪 $U_x/2$ 的同时控制相单元中的环流为零。

9.6　三线双极直流输电系统仿真验证[3]

为验证所提出的 TWBS-HVDC 系统及其控制策略的可行性和有效性，在 PSCAD/EMTDC 内搭建了一个如图 9-10 所示的仿真模型。主电路的参数见表 9-2。

表 9-2　主电路参数

类　型	项　目	参　数
交流系统	线电压有效值 E_s，E_r/kV	525
	整流侧系统阻抗 Z_s/Ω	15.8∠75°（SCR=5）
	逆变侧系统阻抗 Z_r/Ω	19.7∠85°（SCR=4）
	整流侧 Y/Y/D 变压器电压比/kV	525/225/225
	逆变侧 Y/Y/D 变压器电压比/kV	525/207/207
	频率/Hz	50
传输线	单位长度的电阻 $R/(\Omega/\mathrm{km})$	0.02976
	单位长度的电感 $L/(\mathrm{mH/km})$	0.8855
	单位长度的电容 $C/(\mu\mathrm{F/km})$	0.01318
	长度/km	400
	热限制电流 I_{lim}/kA	3
平波电抗器	L_{dc1}/H	0.2
	L_{dc2}/H	0.15
运行变量	额定直流功率 P/MW	3500
	额定直流电压 U_{dc}/kV	±500
	额定直流电流 I_{dc}/kA	3.5
	额定电流转移率 K_{shift}	0.4

根据上述仿真参数及式（9-28），设置 U_x 的运行范围为 −50 ~ 50kV，其中 ΔU_m 为 8.3kV。电流转移率 K_{shift} 的范围为 0.315 ~ 0.857。F-MMC 的参数如下：每个桥臂的子模块

个数 N 为26，额定电容电压 U_c 为1.92kV，电容值为8000μF，桥臂电感1.19mH。由于桥臂子模块数不是很多，考虑到其谐波特性，故而采取PSC-PWM调制方法。为尽量减少F-MMC的损耗，本文采用降开关频率电容电压平衡控制和环流抑制控制策略。另外，考虑到电压反向过程中调制极电压的放电时间和最大电流，取 R_{lim} 为20kΩ。

9.6.1 稳态仿真

设定电流转移率 K_{shift} 为0.8。以图9-14所示的过渡阶段1为例，即调制极从与正极并联转换到与负极并联。图9-22给出了稳态下的仿真波形，其中下标p和n表示正极和负极，下标r和i表示整流侧和逆变侧。

图9-22a～c给出了每极的直流电压仿真波形。从图中可以看出，逆变侧的正负极直流电压（U_{dcip} 和 U_{dcin}）在整个过渡阶段基本不变，而整流侧的正负极直流电压（U_{dcrp} 和 U_{dcrn}）会跟随 I_{dcm} 轮流变化，其原因在于 I_{dcm} 变化会引起传输线上的电压降发生改变。变化幅值占额定直流电压 U_{dc}(500kV）的6%。伴随着 VTH_3 的触发导通，形成了图9-15所示的放电回路，调制极两侧的电压（U_{dcrm} 和 U_{dcim}）变化至 $-U_{dc}$。此过程中，电路电压和放电电流的详细波形如图9-23所示。可见，当 $t=3.5s$ 时，调制极的电压基本已达 -500kV，且最大放电电流为 -0.05kA，仅占 I_{dc} 的1.43%，对系统影响微小。从图中还可以看出，根据式(9-19)和式(9-20)计算得到的电压和电流与仿真结果相一致，表明等效放电电路和简化的一阶 RC 方程是有效可行的。

图9-22d给出了每极的直流电流（I_{dcp}、I_{dcn} 和 I_{dcm}），变化较为平缓与图9-14相一致。逆变侧正极和负极吸收的有功功率和无功功率（P_{ip}、P_{in}、Q_{ip} 和 Q_{in}）的曲线如图9-22g和h所示。过渡阶段基本不发生明显变化，有利于逆变侧系统的稳定运行。而图9-22e和f所示的整流侧正极和负极吸收的有功功率和无功功率（P_{rp}、P_{rn}、Q_{rp} 和 Q_{rn}）会因线路电压降的变化而轮流变化，但变化幅度不大。逆变站正负极的关断角（γ_p 和 γ_n）保持不变，而整流站正负极的触发角（α_p 和 α_n）变化范围较大，为13°～23°，见图9-22i和j。从图9-22k可以看出，F-MMC输出的直流电压 U_x 能够较好地跟踪其指令值，变化规律与控制特性相符。图9-22l给出了子模块电容电压曲线，整个过渡阶段电容电压是存在波动的，最大波动率为±20%左右。但是，从整个趋势来看，电容电压又是稳定的。

图9-24给出了晶闸管 VTH_1～VTH_4 上的电压和电流应力，电压和电流测量的方向都是从晶闸管的阳极到阴极。从图9-24a和b可以看出，晶闸管上的电压均是在 VTH_3 触发导通时刻发生变化，VTH_1 和 VTH_3 上的电压变化迅速，而 VTH_2 和 VTH_4 上的电压变化相对缓慢，与调制极的放电回路相对应。图9-24c所示的电流曲线表明晶闸管上无过电流流过。

9.6.2 暂态仿真

1. 电流阶跃仿真

由于本仿真案例设置的传输线热稳定限制电流 I_{lim} 为3kA，因此，换流器输出电流 I_{dcr} 的最大值可以达到4.1kA，对应 $K_{shift}=0.732$。假设当前 $I_{dcr}=3.5kA$，$K_{shift}=0.4$，在 $t=1.0s$ 时，I_{dcr} 从3.5kA跳跃至4.1kA，响应曲线如图9-25所示。

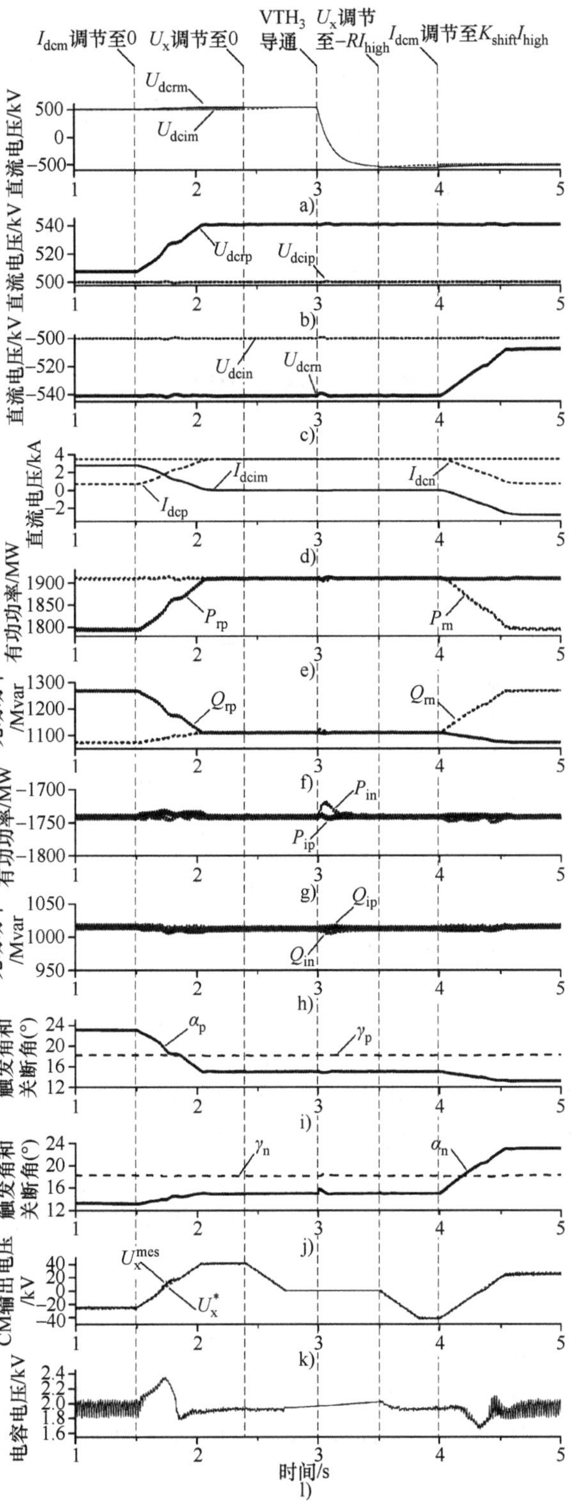

I_{dcm}调节至0
U_x调节至0
VTH_3导通
U_x调节至$-RI_{high}$
I_{dcm}调节至$K_{shift}I_{high}$
直流电压/kV
U_{dcrm}
U_{dcim}
a)
U_{dcrp}
U_{dcip}
b)
U_{dcin}
U_{dcrn}
c)
直流电压/kA
I_{dcim}
I_{dcp}
I_{dcn}
d)
有功功率/MW
P_{rp}
P_{rn}
e)
无功功率/Mvar
Q_{rp}
Q_{rn}
f)
P_{in}
P_{ip}
g)
Q_{ip}
Q_{in}
h)
触发角和关断角(°)
α_p
γ_p
i)
γ_n
α_n
j)
CM输出电压/kV
U_x^{mes}
U_x^*
k)
电容电压/kV
时间/s
l)

图 9-22　稳态仿真结果

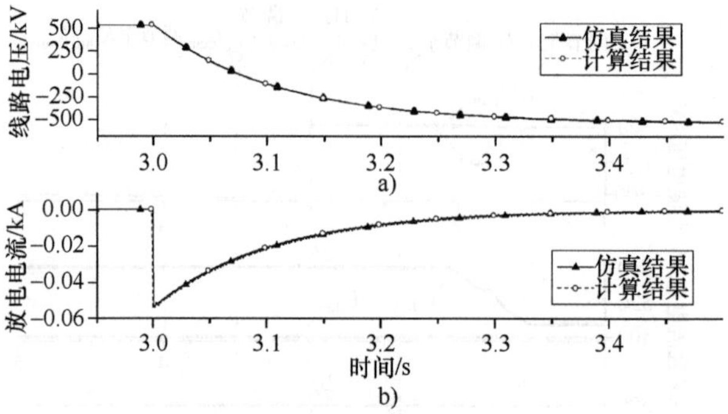

图 9-23 放电过程仿真波形

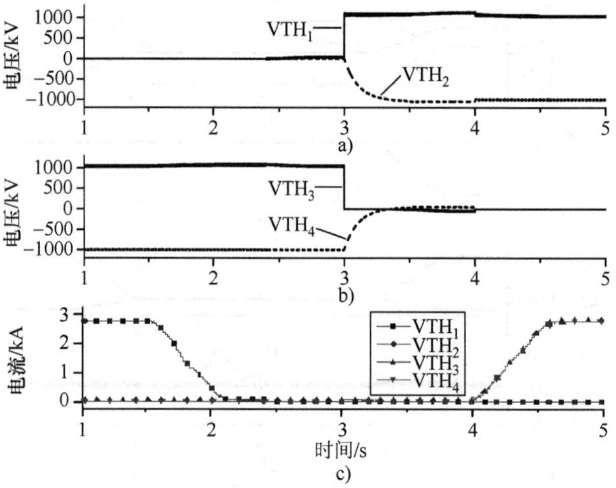

图 9-24 4 个晶闸管上的电压电流仿真波形

从图 9-25a 和 b 可以看出，有功功率的响应非常快，在 0.08s 内已基本完成，其中，整流侧正极功率 P_{rp} 从 1856MW 变化至 2110MW，整流侧负极功率 P_{rn} 从 1915MW 变化至 2260MW，逆变侧正负极功率 P_{ip} 和 P_{in} 都从 −1751MW 变化至 −2055MW。图 9-25c 中，I_{dcr} 和负极电流 I_{dcrn} 从 3.5kA 变化至 4.1kA，调制极电流 I_{dcrm} 从 1.4kA 变化至 3kA，正极电流 I_{dcrp} 从 2.1kA 变化为 1.1kA。F-MMC 输出的电压 U_x 能够较好地跟踪其参考值，从 8.3kV 变化至 −22.6kV，如图 9-25d 所示。从图 9-25e 可以看出，F-MMC 吸收的有功功率从 −11.6MW 变化为 67.8MW，调节过程相对缓慢。

2. 直流故障仿真

设定稳态运行时换流器输出电流 I_{dc} 为 3.5kA，$K_{shift}=0.4$。在 $t=0.5s$ 时，正极输电线路发生瞬时性接地故障，故障持续时间为 0.1s。从理论分析可知，正极线路发生故障后的换流器响应特性与双极 HVDC 单极直流接地故障下的情景相类似，因此，检测到过电流后，将整流侧换流器的触发角迅速拉升至 120°，经过 150ms 的去游离时间后，恢复系统运行，响应曲线如图 9-26 所示。从图 9-26a 可以看出，故障发生后，I_{dcrp} 迅速增大，而 I_{dcrm} 发生降幅振荡。CM 连接于靠近整流侧的调制极上，其直流侧流过的电流为 I_{dcrm}，由于 I_{dcrm} 未出现过电流现象，因此，故障发生后 CM 仅需闭锁子模块，过电流保护不动作。随着触发角的拉

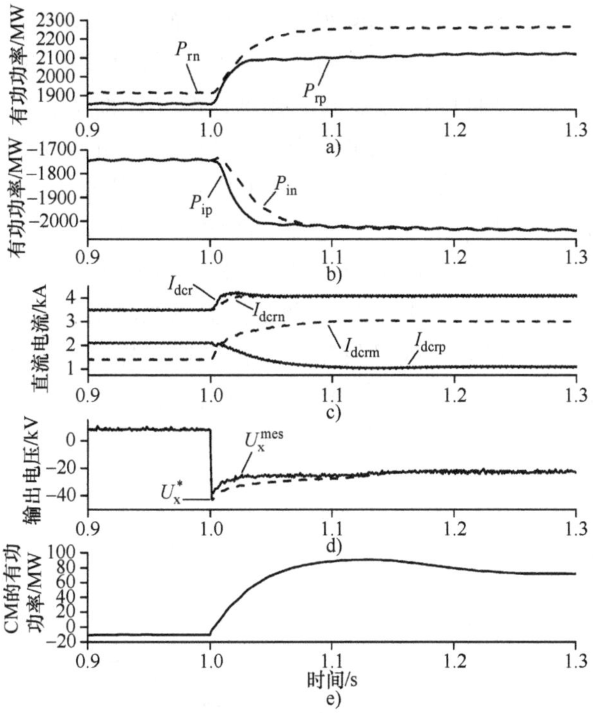

图 9-25　电流阶跃仿真波形

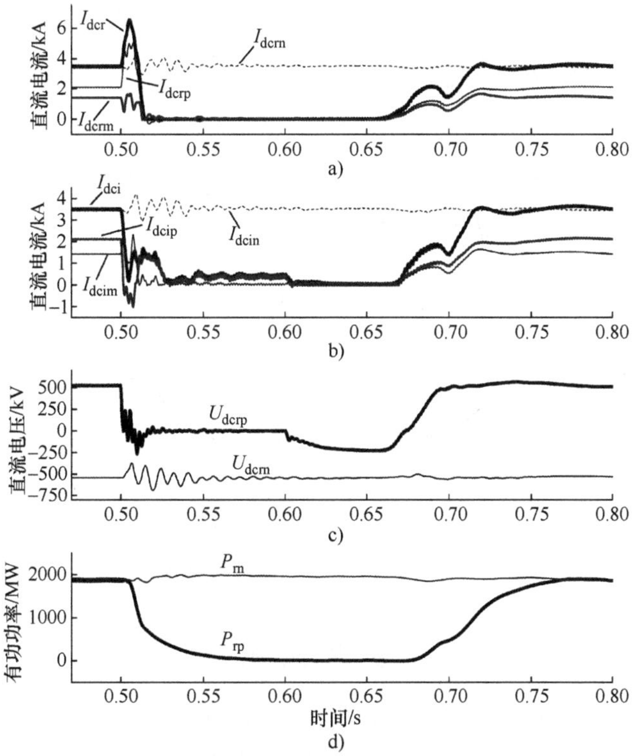

图 9-26　正极线路故障仿真波形

升，与正极输电线路关联的各直流电流迅速降低至0，而 I_{dcrn} 仅发生小幅波动，表明正极线路故障阶段，负极换流器仍然能够较为稳定地运行。从图9-26b可以看出，故障发生后，I_{dcip} 因受端换流器单向电流导通特性的影响，会迅速减小，而 I_{dcim} 因调制极输电线路通过 VTH_2 向故障点释放能量，因此，出现先增幅振荡，后衰减的响应特性。从图9-26c可以看出，故障发生后，整流侧的正极直流电压 U_{dcrp} 迅速跌落至零值附近，并伴随有一定幅度的振荡；整流侧的负极直流电压 U_{dcrn} 出现了一定幅度的波动，但基本稳定。从图9-26d可以看出，故障发生后，整流侧正极功率 P_{rp} 降低至0，而整流侧负极功率 P_{rn} 基本不变。

在相同的稳态运行条件下，$t=0.5s$ 时，调制极输电线路发生瞬时性接地故障，故障持续时间为0.1s。从理论分析可知，故障发生后，正极换流器将通过 VTH_1 向故障点注入电流，由于 VTH_1 不具有电流关断能力，因而还需要通过换流器的动作来处理直流故障，换流器的动作时序与正极输电线路故障情况相同。从图9-27a可以看出，故障发生后，I_{dcr} 迅速增大，表现出与图9-26a相似的响应特性，I_{dcrp} 迅速减小，I_{dcrm} 快速增大，CM需要立即闭锁子模块同时起动过电流保护。从图9-27b可以看出，故障发生后，I_{dci} 和 I_{dcim} 迅速减小。图9-27c和d的响应趋势和图9-26c和d基本相似。

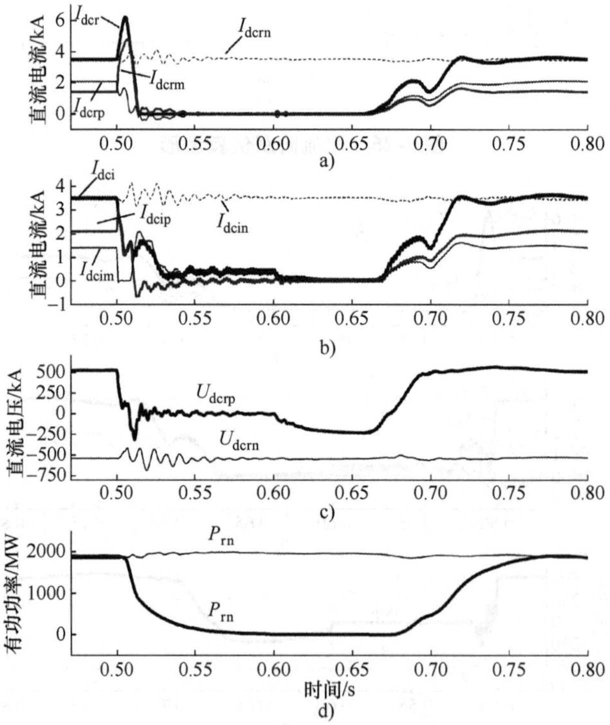

图9-27 调制极线路故障仿真波形

参考文献

[1] 徐政. 交直流电力系统动态行为分析 [M]. 北京：机械工业出版社，2004.

[2] Hausler M, Schlayer G, Fitterer G. Converting ac power lines to dc for higher transmission ratings [J]. ABB Review, 1993 (3): 4-11.

[3] 许烽，徐政. 一种适用于交流线路改造成直流的扩展式双极直流输电结构 [J]. 中国电机工程学报，

2014, 34 (33): 5827-5835.

[4] Xu F, Xu Z. Modeling and control of extended multiterminal high voltage direct current systems with three-wire bipole structure [J]. International Transactions on Electrical Energy Systems, 2015 (25): 2036-2057.

[5] Barthold L O. Current Modulation of Direct Current Transmission Lines: USA, US 6714427B1 [P]. 2004.

[6] Barthold L O, Hartmut H. Conversion of AC transmission lines to HVDC using current modulation [C]. Proceedings of the 1st IEEE Power Engineering Society Conference and Exposition in Africa, Durban, South Africa, 2005: 26-32.

[7] Barthold L O, Clark H K, Woodford D. Principles and Applications of Current-Modulated HVDC Transmission Systems [C]. Proceedings of IEEE PES Transmission and Distribution Conference and Exposition, Dallas, USA, 2006: 1429-1435.

[8] Barthold L O, Douglass D E, Woodford D A. Maximizing the Capability of Existing AC Transmission Lines [C]. Proceedings of CIGRE, Paris, France, 2008: B2-109.

[9] Xu F, Xu Z, Zheng H, et al. A Tripole HVDC System Based on Modular Multilevel Converters [J]. IEEE Transactions on Power Delivery, 2014, 29 (4): 1683-1691.

[10] 薛英林，徐政，张哲任，等. 子模块故障下 C-MMC 型高压直流系统的保护设计和容错控制 [J]. 电力自动化设备，2014，34 (8)：89-97.

第 10 章

柔性直流输电应用于海上风电场接入电网

10.1 引　言

海上风电具有资源丰富、发电利用小时高、不占用土地和适宜大规模开发的特点。我国是一个海洋大国，拥有 300 多万 km^2 的海域和 18000km 长的海岸线。经初步评价，我国 5～25m 水深线以内近海区域、海平面以上 50m 高度可装机容量约 200GW。随着深海风电技术的发展，将有更多的海上风能资源可以利用。根据国家“十二五”能源发展规划和可再生能源专项规划，海上风电发展的目标是 2015 年建成 5GW，2020 年建成 30GW。

在欧洲，海上风电接入电网通常采用高压交流输电或柔性直流输电。高压交流输电的优势在于技术成熟、价格低廉，但受充电功率限制，输送距离难以超过 80km，一般只适用于近海风电场接入电网。英国、丹麦、荷兰等国现有海上风电场离岸较近、规模较小，均采用基于高压交流输电的分散接入电网模式。柔性直流输电的优势在于占地小、结构紧凑、模块化结构、易于建设施工、环境影响小、控制灵活、不受输送距离制约等，在海上风电场接入方面优势明显[1]。德国、英国等已将该项技术作为离岸较远的海上风电场接入电网的主要技术。

世界上第 1 个采用直流输电技术，也是第 1 个采用柔性直流输电技术将海上风电场接入电网的工程是 BorWin1 柔性直流输电工程，如图 10-1 所示[2]。该工程用于将 Bard Offshore 1 风电场接入电网[2-5]。Bard Offshore 1 风电场位于欧洲北海，离岸距离约 130km，装有 80 台 Bard5.0 的 5MW 风机，该风电场采用 36kV 交流电缆连接风力发电机，然后通过 Bard Offshore 1 风电场海上升压站将电压升到 155kV，再通过 1km 的 155kV 海底电缆与海上换流站 BorWin alpha 相连接，2010 年 3 月开始建设，2012 年投运。BorWin1 柔性直流输电工程由 ABB 公司承建，2007 年开工，2009 年 9 月投运，

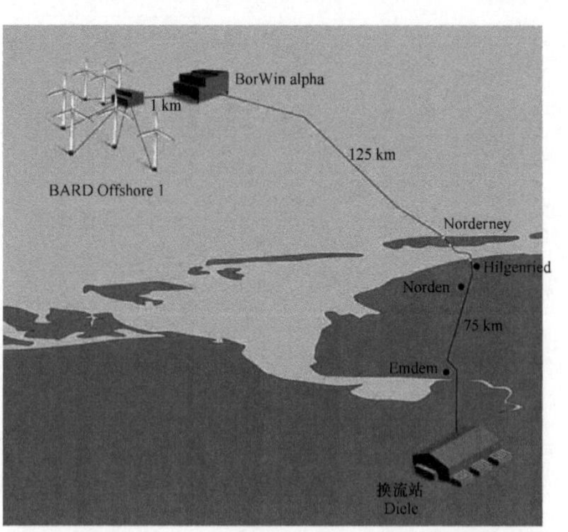

图 10-1　BorWin1 柔性直流输电工程地理接线图[2]

直流电压 ±150kV，直流功率 400MW，海底电缆长度 125km，陆上电缆长度 75km。

欧洲已建或规划中的采用柔性直流输电技术接入电网的主要海上风电场工程如表 10-1 所示[2-5]。

表 10-1　欧洲采用柔性直流输电技术接入电网的主要海上风电场工程

名　称	BorWin1	BorWin2	HelWin1	DolWin1	SylWin1	HelWin2	DolWin2
投运时间	2009 年	2013 年	2013 年	2013 年	2014 年	2015 年	2015 年
海上换流站地点	BorWin alpha	BorWin beta	HelWin alpha	DolWin alpha	SylWin alpha	HelWin beta	DolWin beta
海上换流站交流电压/kV	155	155	155	155	155	155	155
陆上换流站地点	Diele	Diele	Buettel	Doerpen	Buettel	Buettel	Doerpen
陆上换流站交流电压/kV	380	380	380	380	380	380	380
直流电压等级/kV	±150	±300	±250	±320	±320	±320	±320
海底电缆/km	125	125	85	75	160	85	45
陆地电缆/km	75	75	45	90	45	45	90
输送容量/MW	400	800	576	800	864	690	900
设备供应商	ABB	西门子	西门子	ABB	西门子	西门子	ABB

由于法规政策对海上风电场接入工程投资主体规定的变化，德国海上风电场接入方案由以前的各风电场分散接入转变为以风电场群为单位的集中接入模式；集中接入，既可以降低工程成本，又可提高电网对接入风电场的控制能力，经济、技术性优势明显[1]。显然，对于离岸距离超过 80km 的海上风电场集中接入，采用柔性直流输电技术几乎是唯一的选择。另外一种海上风电场群接入电网的方式是采用多端柔性直流输电（VSC-MTDC）技术，如规划中的美国大西洋风电接入工程[6]。

10.2　海上风电场群采用柔性直流输电接入电网的一般性结构

海上风电场群采用柔性直流输电接入电网时的一般性结构如图 10-2 所示，通常包括如下部分：①风电机组；②海底集电系统；③海上升压站；④连接海上升压站与海上换流站的高压交流电缆；⑤海上换流站；⑥连接海上换流站与陆上换流站的高压直流电缆；⑦陆上换流站；⑧连接陆上电网的输电线路。

海上平台所用的风力机一般比陆上的大，并且通常需要在风力机之间保持大于 500m 的间距。常用的方法是使用海底中压电缆（大多为交流 35kV）将风力机相互连接并收集电力，构成交流中压的海底集电系统。单个风电场的海底集电系统在与海上换流站连接前通常先需要升压，如表 10-1 所示，例如升压到交流 155kV，然后通过高压交流电缆与海上换流站连接。

传统的基于 LCC 的高压直流输电方式难以应用于海上风电送出场合，因为 LCC 无法提供海上风电场运行所需的稳定电压源。因而国际上所谓的海上风电场采用直流输电方式接入就是采用柔性直流输电接入。针对不同的海上风电场群容量，柔性直流输电系统可以采用不同的电压等级。一般性的做法是：容量为100~300MW时采用±80kV；容量为300~500MW时采用±150kV；容量为500~1100MW时采用±320kV。

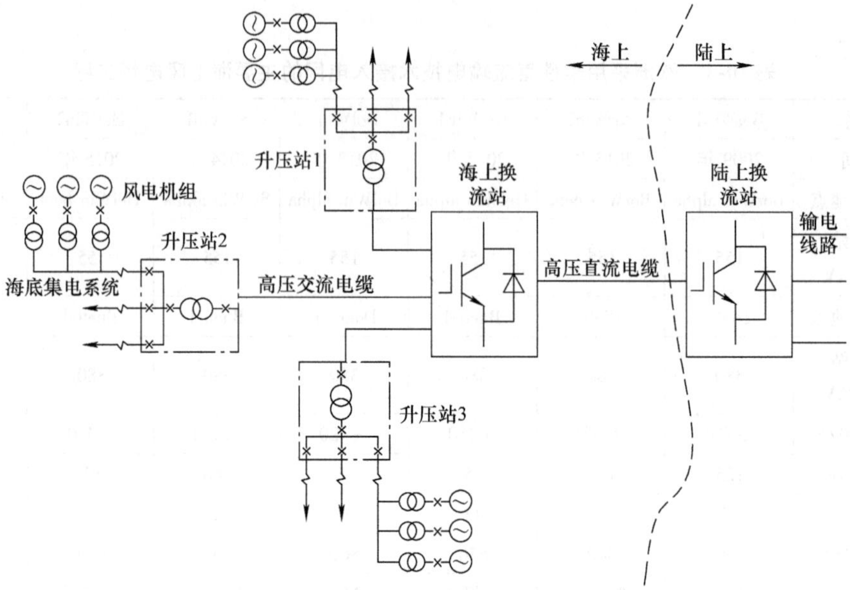

图10-2 海上风电场群通过柔性直流输电接入电网示意图

10.3 风电机组概述

风电机组的主要部件包括风力机（风轮）、传动轴系、发电机和换流器等。风力机由叶片和轮毂组成，是机组中最重要的部件，对风电机组的性能和成本有重要影响。目前风力机多数是上风式的，采用三叶片结构。叶片与轮毂的连接方式有两种，分别为固定式和可动式，叶片多由复合材料（玻璃钢）构成。传动轴系由风力发电机中的旋转部件组成，主要包括低速轴、齿轮箱和高速轴，以及支撑轴承、联轴器和机械制动器。齿轮箱有两种，分别为平行轴式和行星式，大型机组中多用行星式（重量和尺寸优势），有些机组无齿轮箱。

风电机组分为定速风电机组（FSIG）和变速风电机组。而变速风电机组主要有两种结构[7]：一种是基于双馈异步发电机（DFIG）的风电机组；另一种是基于同步或异步发电机的全功率换流器（FRC）风电机组。与FSIG相比，变速风电机组有许多自身的优点：能够实现转速的大范围控制，可以实现最优风功率捕获；能够独立控制风电机组发出的有功功率和无功功率，克服了FSIG消耗无功而有功控制能力弱的缺点。

10.4 风力机模型

本节根据相关文献，简单综述一下风力机的模型。风力机的空气动力学模型称为Betz（贝兹）定律，是德国物理学家Albert Betz于1919年建立的。实际上，英国科学家Lanchester早在1915年就导出了此定律，俄国科学家Zhukovsky也在同年导出了此定律。根据Betz定律，风力机从风中捕获的能量不可能超过风能的 59.3%。

10.4.1　风力机的空气动力学模型

根据力学理论，质量为 m、运动速度为 V 的气流的动能为

$$E=\frac{1}{2}mV^2 \tag{10-1}$$

设风轮正对气流的面积为 A，如图 10-3 所示，则单位时间内通过风轮的气体的动能为

$$E_{空气}=\frac{1}{2}(\rho AV)V^2 \tag{10-2}$$

而单位时间内通过风轮的气体的动能就是通过风轮的功率，即通过风轮的空气中的功率为

$$P_{空气}=\frac{1}{2}\rho AV^3 \tag{10-3}$$

式中，ρ 为空气密度，约 1.225kg/m^3；A 为风轮扫过的面积，单位为 m^2；V 上风向自由风速，单位为 m/s。

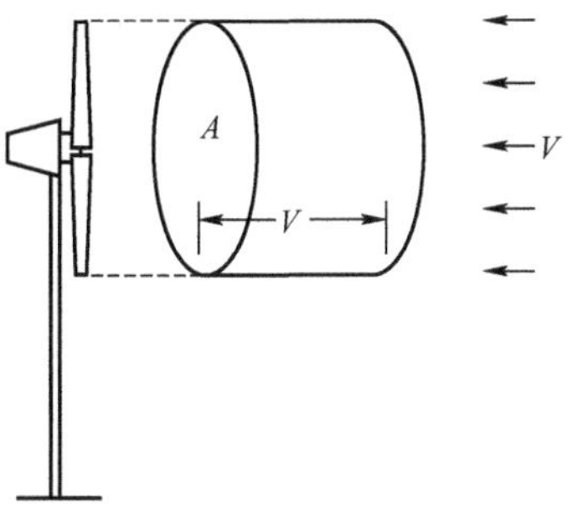

图 10-3　流过风力机的风功率

虽然上式给出了风中的功率，但传递到风力机上的功率有一定的下降，其下降倍数就是功率系数 C_p，C_p的表达式为

$$C_p=\frac{P_{风力机}}{P_{空气}} \tag{10-4}$$

因此

$$P_{风力机}=C_pP_{空气}=C_p\cdot\frac{1}{2}\rho AV^3 \tag{10-5}$$

C_p的最大值是由 Betz 极限定义的，描述为风力机绝不可能从气流中捕获超过 59.3% 的功率。实际上，风力机 C_p的最大值范围是 25～45%。C_p的大小与风轮叶片的设计紧密相关，对于已经安装完成的风力机，C_p的大小与桨距角 β 和叶尖速度比 λ 相关，即 C_p是 β 和 λ 的函数。叶尖速度比 λ 为叶片的叶尖圆周速度与风速之比，其表达式为

$$\lambda=\frac{2\pi Rn}{V} \tag{10-6}$$

式中，n 为风轮的转速，单位为 r/s；R 为风轮半径，单位为 m；V 为上游风速，单位为 m/s。

不同类型的风力机具有不同的 C_p曲线，尽管其形状基本类似。下面给出某典型风力机的 C_p（λ，β）数学表达式[8]：

$$C_p(\lambda,\beta)=c_1\left(\frac{c_2}{\lambda_i}-c_3\beta-c_4\right)e^{-\frac{c_5}{\lambda_i}}+c_6\lambda \tag{10-7}$$

$$\frac{1}{\lambda_i}=\frac{1}{\lambda+0.08\beta}-\frac{0.035}{\beta^3+1} \tag{10-8}$$

式中，$c_1=0.5176$，$c_2=116$，$c_3=0.4$，$c_4=5$，$c_5=21$，$c_6=0.0068$。

功率系数 C_p与 β 和 λ 的典型关系如图 10-4 所示。注意，不同的 β 角，最优叶尖速度比是不同的；对于确定的 β 角，最优叶尖速度比只有一个值。

当 β 角固定在 0°时，功率系数 C_p与 λ 的典型关系如图 10-5 所示。

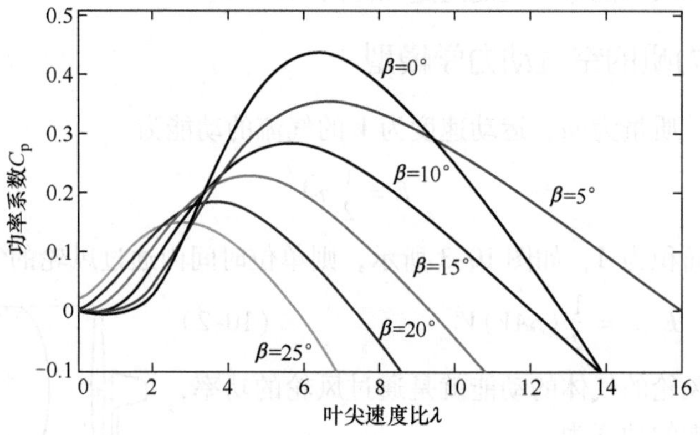

图 10-4 功率系数 C_p 与 β 和 λ 的典型关系

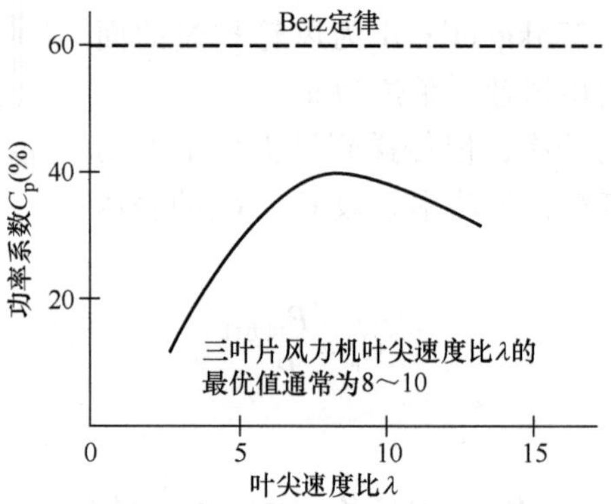

图 10-5 功率系数 C_p与 λ 的典型关系（$\beta=0°$）

当β角固定在0°时，风力机功率与风速和风轮转速之间的典型关系如图 10-6 所示。

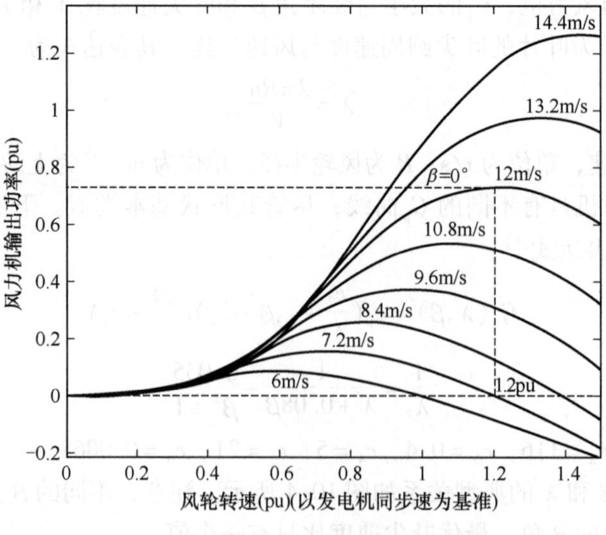

图10-6 风力机功率与风速和风轮转速之间的典型关系（$\beta=0°$）

对应某种特定的风轮叶片，叶片数目与功率系数 C_p 和最优 λ 的典型关系如图 10-7 所示。根据图 10-7，对于双叶片风轮，λ 的最优值为 10，C_p 的最大值为 0.45；对于 3 叶片风轮，λ 的最优值为 7，C_p 的最大值为 0.47；而当叶片再增加时，C_p 的最大值增加有限。从图 10-7 还可以看出，叶片数越少，λ 的最优值越大，意味着风力机出力最大时的转速越高。

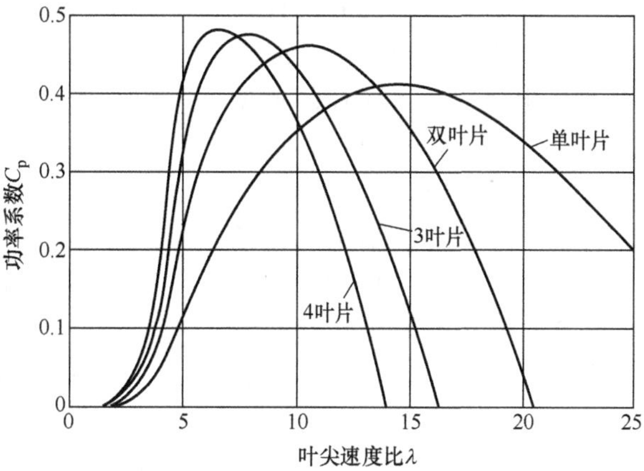

图 10-7　叶片数目与功率系数 C_p 和最优 λ 的典型关系

10.4.2　风力机的控制

风力机的控制手段主要有两种，分别为偏航控制和桨距角控制。偏航控制的目标是控制风轮的迎风面始终与风向垂直以实现最大限度捕获风能。偏航控制是一随动系统，当风向与风轮轴线偏离一个角度时，控制系统经过一段时间的确认后，会控制偏航电动机将风轮调整到与风向一致的方位。偏航控制过程中风电机组是作为一个整体转动的，具有很大的转动惯量，因此偏航控制的响应速度是比较慢的。

桨距角控制的作用可概括为两点：能够更加有效地利用风力机捕获风能，在给定风速的情况下尽可能多地发出电能；在强风的情况下，能阻止机械系统超过额定功率，保护机械系统不受损坏。

因此，当风速低于额定风速时，桨距角控制将不动作，一般来说设定桨距角 $\beta=0$，让其更好地利用风能。但当风速高于额定风速（对应于风机的额定功率）时，桨距角控制起作用，经过桨距角缓慢的上升过程后，控制输出的功率为额定功率，保证风机的安全。桨距角控制的具体框图如图 10-8 所示。

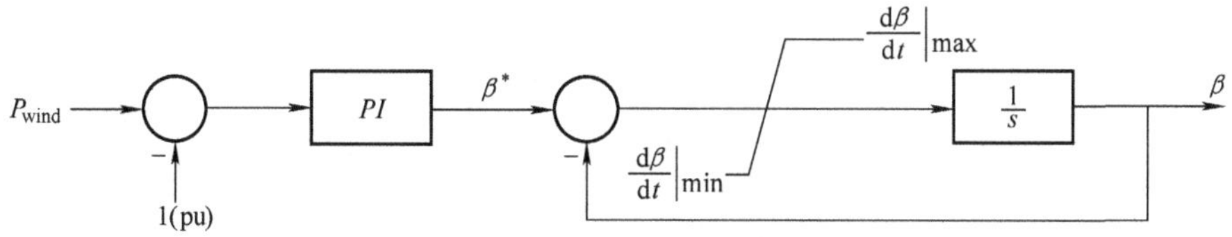

图 10-8　桨矩角控制框图

10.4.3　风力机的功率输出特性

变桨距风力机的功率 - 风速曲线如图 10-9 所示。功率曲线在速度轴上具有 3 个关键点：切入风速，定义为风力机开始输出有用功率的最小风速；额定风速，定义为风力机达到额定功率时的风速，额定功率通常也是发电机输出的最大功率；切出风速，定义为风力机可以工作的最大风速。

当风速小于切入风速时，风力机停止运行；当风速在切入风速与额定风速之间时，风力机以部分负荷运行；当风速在额定风速与切出风速之间时，风力机以全负荷运行；当风速大于切出风速时，风力机停止运行。功率系数 C_p 在部分负荷运行区 2 基本上保持最大值，而在全负荷区3则逐渐下降。

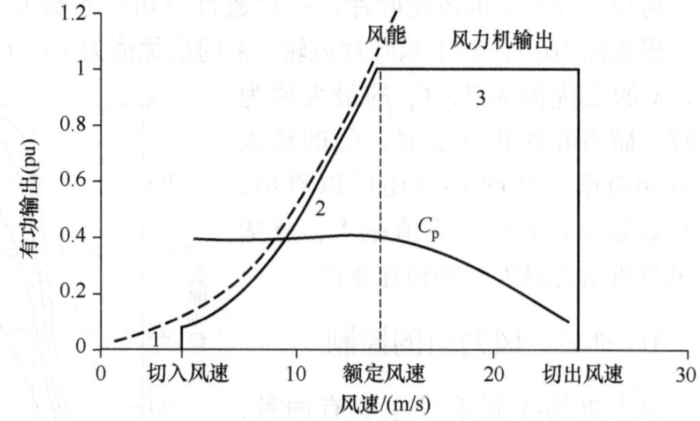

图10-9 变桨距风力机的功率-风速曲线

切入风速、额定风速和切出风速的选择是由风力机的设计人员做出的。对于年平均风速为8m/s的风电场，切入风速的典型值约5m/s，即60%的平均风速；额定风速为12～14m/s，即1.5～1.75倍的平均风速；切出风速约25m/s，即3倍左右的平均风速。既有风力机的功率输出特性通常可以从制造商那边获得，一般是实测曲线。

变桨距风电机组的典型功率－转速特性曲线如图10-10所示。当风速小于5m/s（切入风速）时，输出功率为0，如图中的曲线A。当风速在（7～12m/s）时可实现最大风能捕获（MPPT），如图中的曲线的BC段；注意B点的风轮转速在0.7倍同步速左右，C点的风轮转速在1.2倍的同步速左右，C点风力机的输出功率在75%的额定功率左右。此后当风速进一步加大时，风轮转速基本不变，风力机的输出功率沿CD段上升到额定功率。当风速超出额定风速后，桨距角控制起动，使风力机发出功率不超过额定值，如图中D点后曲线。当风速大于25m/s时，风力机停机，保护整个系统，图上未标出。

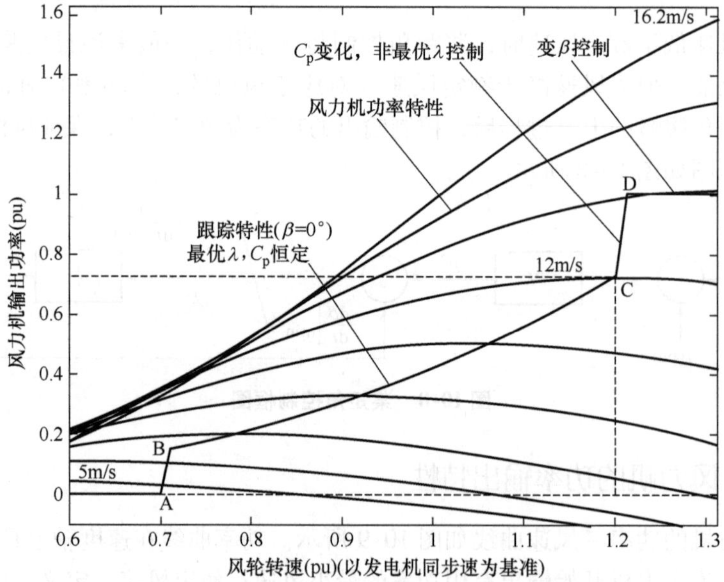

图10-10 变桨距风电机组的典型功率-转速特性曲线

10.4.4 风力机的传动轴系模型

随着风轮直径的增大，风轮结构的弹性增加，机械传动轴系对风电机组电气性能的影响也会增大。当风轮叶片长度增加时，转矩振荡的频率降低，这样，这些振荡频率可能会与电网中的低频振荡模式相互作用。对于大规模电力系统的仿真分析，采用高阶模型来表示结构动态是不合适的。一种替代的方法是采用降阶的多质块模型来表示风轮的结构动态以达到合适的精度。应当注意，从电力系统的观点来看，最低频率的模式（与叶片有关）是最有关系的，因此，包含了最低频率模式的等效双质块模型是合适的；而用单质块模拟时，传动轴系的扭振频率就看不到了。

采用单质块模拟时，集中惯性常数 H_{tot} 可以由下式计算：

$$H_{tot}=H_t+H_g \tag{10-9}$$

而机械运动方程由下式给出：

$$2H_{tot}\frac{d\omega_m}{dt}=T_t-T_e-D_{tot}\omega_m \tag{10-10}$$

式中，ω_m 是单质块系统的旋转速度；T_t 是作用在风力机上的机械转矩；T_e 是发电机电磁转矩；D_{tot} 是系统的阻尼系数。

在双质块模型中，两个质块分别代表低速的风力机和高速的发电机，相互之间用一个弹性系数为 K_{tg}、阻尼系数为 D_{tg} 的轴系连接，如图 10-11 所示。

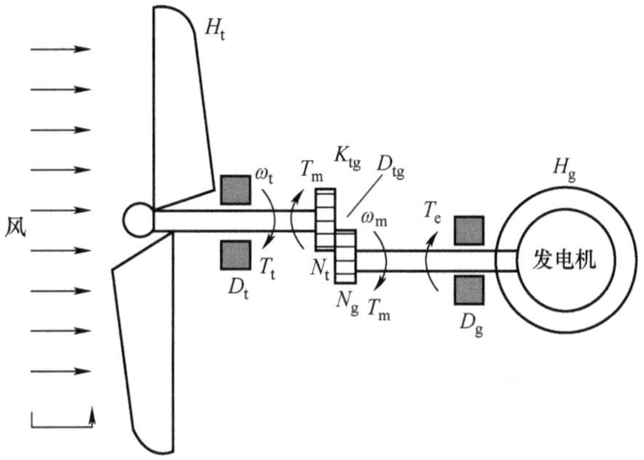

图 10-11　双质块轴系模型

这样，双质块模型的机械运动方程由下式给出：

$$\begin{aligned}
&2H_t\frac{d\omega_t}{dt}=T_t-T_m-D_t\omega_t-D_{tg}(\omega_t-\omega_m)\\
&2H_g\frac{d\omega_m}{dt}=T_m-T_e-D_{tg}(\omega_m-\omega_t)-D_g\omega_m\\
&\frac{dT_m}{dt}=K_{tg}(\omega_t-\omega_m)
\end{aligned} \tag{10-11}$$

式中，ω_t、ω_m 分别代表风力机和发电机的机械转速；T_t 和 T_e 分别代表作用在风力机上的机械转矩和作用在发电机上的电磁转矩；T_m 是轴系传递的机械转矩；H_t、H_g 分别是风力机和发电机的惯性常数；D_t、D_g 分别是风力机和发电机的阻尼系数；D_{tg}是轴系的阻尼系数，K_{tg}是轴系的弹性系数。N_t/N_g 为变速箱的变速比。

10.5　全功率换流器型风电机组模型

全功率换流器型风电机组结构如图 10-12 所示。典型结构是风力机带永磁同步发电机，传动轴系通常不需要变速箱，一般 MW 级风力机的额定转速在 8～30r/min 之间[9]。永磁同步发电机出口通过背靠背全功率换流器连接到电网，因此同步发电机的转速与电网频率无关，从而使风力机转速可以在很大范围内变化。全功率换流器型风电机组模型的重点是同步发电机模型和机侧换流器模型，网侧换流器模型比较简单。通常，网侧换流器的控制目标是定直流侧电压和定交流侧无功功率，其控制策略与本书第 4 章所描述的定直流电压换流站没有任何差别，因此这里不再赘述。下面将分别讨论全功率换流器型风电机组中的同步发电机模型和机侧换流器控制策略。

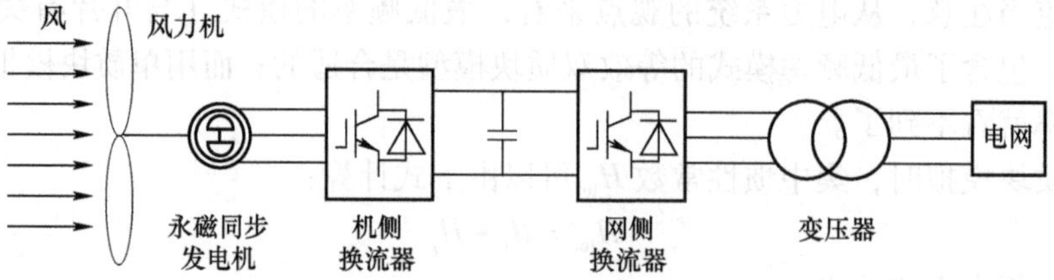

图 10-12 全功率换流器型风电机组结构

10.5.1 同步发电机模型[9]

在转子磁链定向的同步参考坐标系下，同步发电机的 dq 轴模型如图 10-13 所示，其中 i_{sd}、i_{sq}、u_{sd}、u_{sq}分别为定子电流的 dq 轴分量和定子电压的 dq 轴分量，λ_r为转子磁链，ω_r为转子电角速度，R_s为定子绕组电阻，L_d和 L_q分别为同步发电机 dq 轴自感。

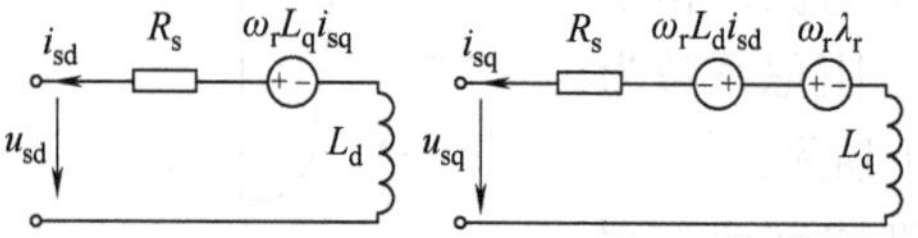

图 10-13 转子磁链定向同步参考坐标系下的同步发电机 *dq* 轴模型

图 10-13 的同步发电机模型既适用于绕线转子同步发电机，也适用于永磁同步发电机。在绕线转子同步发电机中，若给定励磁电流为 I_f，则转子磁链 $\lambda_r = L_{dm} I_f$，其中 L_{dm}为 d 轴励磁电感。由于永磁同步发电机的转子磁链是由永磁体产生的，因此可以通过发电机参数求得其额定值。

图 10-13 的同步发电机模型还分别适用于凸极式和隐极式同步发电机。对于隐极式同步发电机，d 轴和 q 轴电感相等，即 $L_d = L_q$；而对于凸极式永磁同步发电机，d 轴电感通常小于 q 轴电感，即 $L_d < L_q$。

根据图 10-13 的同步发电机模型，可以推出同步发电机的电磁转矩方程为[9]

$$T_e = \frac{3N_{pair}}{2}[\lambda_r i_{sq} - (L_d - L_q) i_{sd} i_{sq}] \tag{10-12}$$

式中，N_{pair}为同步发电机极对数。

所谓转子磁链定向的同步参考坐标系如图 10-14 所示，a、b、c 为三相定子绕组轴线，定义为 a、b、c 三相定子绕组的磁链方向；转子磁链空间矢量 $\boldsymbol{\lambda}_r$与 d 轴同方向，且与 d 轴同步旋转，转速为 ω_r；d 轴与定子 a 相绕组轴线之间的夹角为 θ_r，$\theta_r = 0$ 表示 d 轴与定子 a 相绕组轴线重合。

当采用图 10-14 所示的转子磁链定向同步参考坐标系时，相应的 PARK 变换方程与第 4 章所述相同。重写于式（10-13）和式（10-14）。

$$\boldsymbol{T}_{3s-dq}(\theta_r) = \frac{2}{3}\begin{bmatrix} \cos\theta_r & \cos\left(\theta_r - \frac{2\pi}{3}\right) & \cos\left(\theta_r + \frac{2\pi}{3}\right) \\ -\sin\theta_r & -\sin\left(\theta_r - \frac{2\pi}{3}\right) & -\sin\left(\theta_r + \frac{2\pi}{3}\right) \end{bmatrix} \tag{10-13}$$

$$
\boldsymbol{T}_{\mathrm{dq-3s}}(\theta_{\mathrm{r}})=\begin{bmatrix}\cos\theta_{\mathrm{r}} & -\sin\theta_{\mathrm{r}}\\ \cos\left(\theta_{\mathrm{r}}-\frac{2\pi}{3}\right) & -\sin\left(\theta_{\mathrm{r}}-\frac{2\pi}{3}\right)\\ \cos\left(\theta_{\mathrm{r}}+\frac{2\pi}{3}\right) & -\sin\left(\theta_{\mathrm{r}}+\frac{2\pi}{3}\right)\end{bmatrix} \tag{10-14}
$$

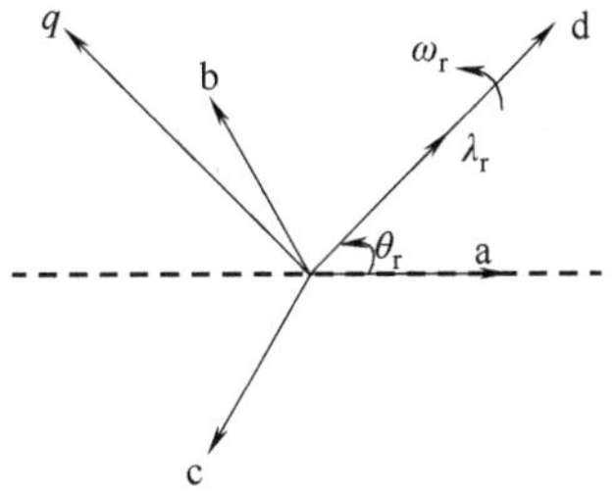

图 10-14 转子磁链定向的同步参考坐标系

10.5.2 机侧换流器控制策略[9]

针对全功率换流器型风电机组中同步发电机的不同类型，常见的机侧换流器控制策略有两种。一种针对隐极式同步发电机，机侧换流器采用零 d 轴电流控制策略；另一种针对凸极式同步发电机，机侧换流器采用单位电流最大转矩控制策略。隐极式同步发电机基于最大转矩控制的零 d 轴电流控制框图如图 10-15 所示。凸极式同步发电机基于最大转矩控制的单位电流最大转矩控制策略如图 10-16 所示。其中图 10-15 和图 10-16 中的内环电流控制器框图如图 10-17 所示，图 10-16 中的单位电流最大转矩控制关系式如式（10-15）所示。

$$
\begin{cases}i_{\mathrm{sq}}^{*}=\dfrac{2T_{\mathrm{e}}^{*}}{3N_{\mathrm{pair}}[\lambda_{\mathrm{r}}-(L_{\mathrm{d}}-L_{\mathrm{q}})]i_{\mathrm{sd}}}\\ i_{\mathrm{sd}}^{*}=\dfrac{\lambda_{\mathrm{r}}}{2(L_{\mathrm{d}}-L_{\mathrm{q}})}+\sqrt{\dfrac{\lambda_{\mathrm{r}}^{2}}{4(L_{\mathrm{d}}-L_{\mathrm{q}})^{2}}+(i_{\mathrm{sq}}^{*})^{2}}\end{cases} \tag{10-15}
$$

10.5.3 零 d 轴电流控制仿真实例

某全功率换流器型风力发电系统采用隐极式永磁同步发电机，发电机参数如表 10-2 所示[9]，全功率换流器参数如表 10-3 所示。发电机采用最大转矩跟踪和零 d 轴电流控制策略。在风速为 12.0m/s 时，发电机以 1.0pu 的转子角速度运行。设 $t=1.0\mathrm{s}$ 时网侧换流器交流母线发生三相短路故障，短路时交流电压跌落到 0.5pu，故障持续时间为 0.2s，仿真过程持续到 $t=3\mathrm{s}$ 结束。图 10-18 给出了永磁同步发电机的响应特性，图 10-18a 是机械功率、定子有功功率和定子无功功率波形，图 10-18b 是 dq 轴定子电流，图 10-18c 是 dq 轴定子电压。图 10-19给出了背靠背全功率换流器的响应特性，图 10-19a 是网侧换流器交流母线电压波形，图 10-19b 是输入到机侧换流器和从网侧换流器输出的有功功率，图 10-19c 是直流电容电压。

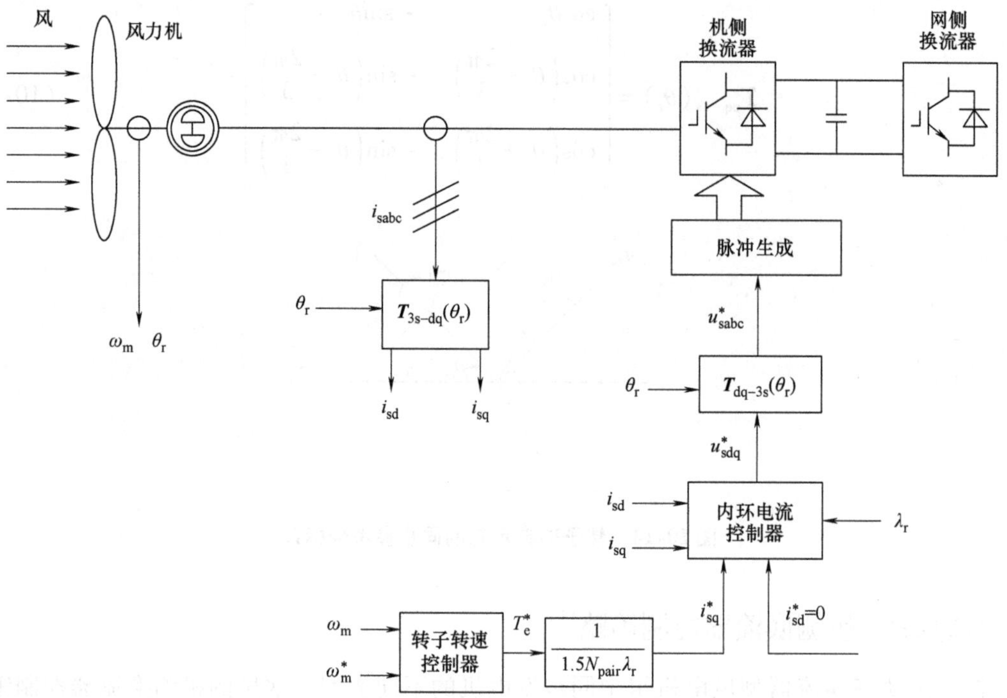

图 10-15 隐极式同步发电机的零 *d* 轴电流控制框图

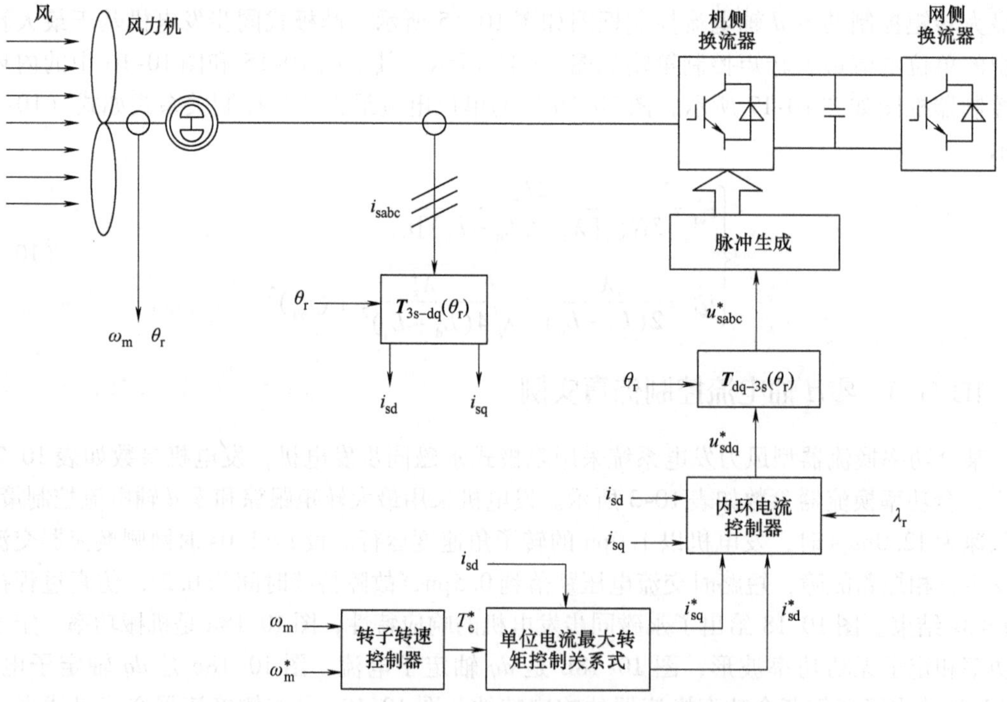

图 10-16 凸极式同步发电机的单位电流最大转矩控制策略

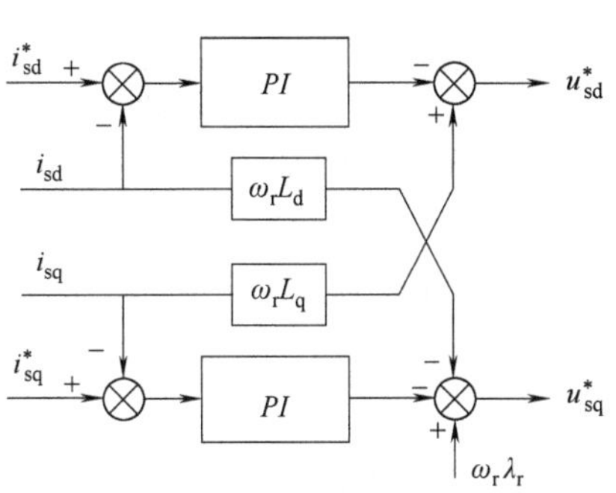

图 10-17　内环电流控制器框图

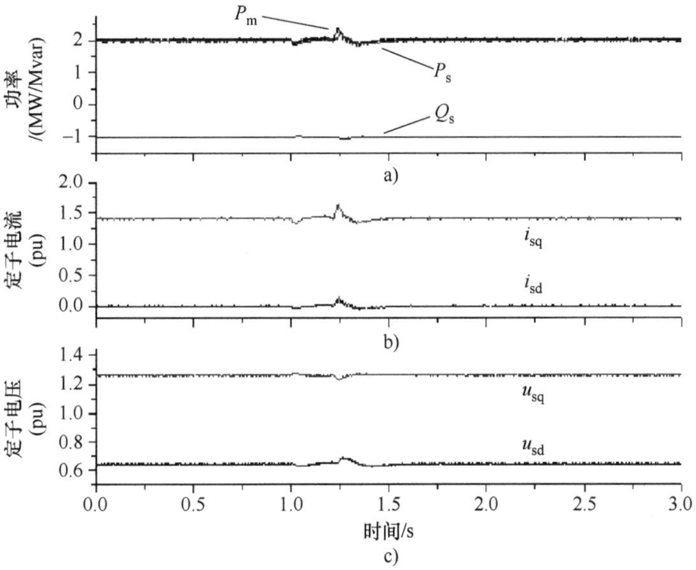

图 10-18　隐极式同步发电机的响应特性

a）机械功率、定子有功功率和定子无功功率　b）dq 轴定子电流　c）dq 轴定子电压

表 10-2　隐极式永磁同步发电机参数[9]

发电机类型	隐极式永磁同步发电机：2.0MW，690V，9.75Hz	
集中惯性常数 H_{tot}	5s（$H_{tot}=H_t+H_g$）	
额定机械功率	2.0MW	1.0pu
额定视在功率	2.2419MVA	1.0pu
额定线电压	690V（有效值）	
额定相电压	398.4V（有效值）	1.0pu
额定定子电流	1867.76A（有效值）	1.0pu
额定定子频率	9.75Hz	1.0pu
额定功率因数	0.8921	
额定转速	22.5r/min	1.0pu
极对数	26	

（续）

发电机类型	隐极式永磁同步发电机：2.0MW，690V，9.75Hz	
额定机械转矩	848.826kN·m	1.0pu
额定转子磁链	5.8264Wb（有效值）	0.896pu
定子绕组电阻	0.821mΩ	0.00387pu
d轴同步电感	1.5731mH	0.4538pu
q轴同步电感	1.5731mH	0.4538pu
磁链基准值 Λ_B	6.5029Wb	1.0pu
阻抗基准值 Z_B	0.2124Ω	1.0pu
电感基准值 L_B	3.4666mH	1.0pu
电容基准值 C_B	76865.87μF	1.0pu

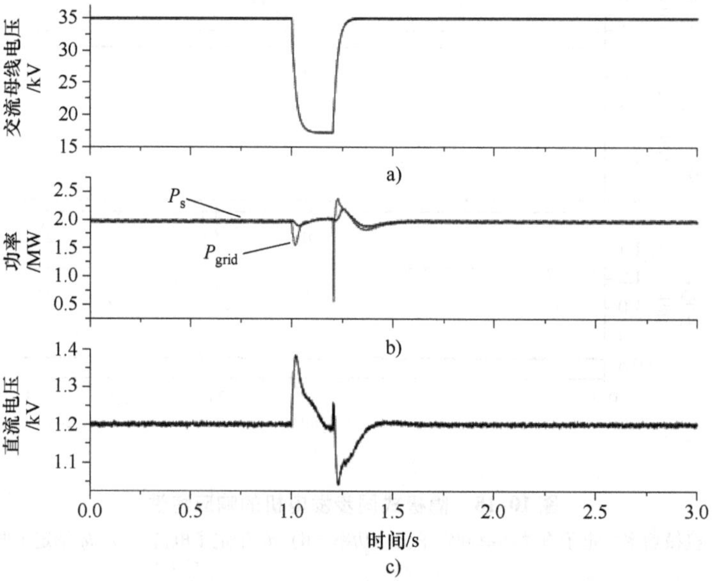

图 10-19 背靠背全功率换流器的响应特性

a）网侧换流器交流母线电压波形 b）输入到机侧换流器和从网侧换流器输出的有功功率 c）直流电容电压

表 10-3 全功率换流器参数

换 流 器	机 侧	网 侧
换流器类型	二电平 PWM	二电平 PWM
交流侧线电压有效值	690V	690V
联接变压器电压比	—	690V/35kV
联接变压器容量	—	2.4MVA
联接变压器短路阻抗	—	10%
直流侧额定电压	1200V	
直流侧电容器电容量	50mF	

10.5.4　单位电流最大转矩控制仿真实例

某全功率换流器型风力发电系统采用凸极式永磁同步发电机，发电机参数如表 10-4 所示[9]，全功率换流器参数如表 10-5 所示。发电机采用基于最大转矩跟踪控制的单位电流最大转矩控制策略。在风速为 12.0m/s 时，发电机以 1.0pu 的转子角速度运行。设 $t=1.0\mathrm{s}$ 时网侧换流器交流母线发生三相短路故障，短路时交流电压跌落到 0.5pu，故障持续时间为 0.2s，仿真过程持续到 $t=3\mathrm{s}$ 结束。图 10-20 给出了凸极式同步发电机的响应特性，图 10-20a 是机械功率、定子有功功率和定子无功功率波形，图 10-20b 是 dq 轴定子电流，图 10-20c 是 dq 轴定子电压。图 10-21 给出了背靠背全功率换流器的响应特性，图 10-21a 是网侧换流器交流母线电压波形，图 10-21b 是输入到机侧换流器和从网侧换流器输出的有功功率，图 10-21c 是直流电容电压。

表 10-4　凸极式永磁同步发电机参数[9]

发电机类型	凸极式永磁同步发电机：2.0MW，690V，11.25Hz	
集中惯性常数 H_{tot}	5s（$H_{tot}=H_t+H_g$）	
额定机械功率	2.0MW	1.0pu
额定视在功率	2.2408MVA	1.0pu
额定线电压	690V（有效值）	
额定相电压	398.4V（有效值）	1.0pu
额定定子电流	1867.76A（有效值）	1.0pu
额定定子频率	11.25Hz	1.0pu
额定功率因数	0.8967	
额定转速	22.5r/min	1.0pu
极对数	30	
额定机械转矩	852.77kN·m	1.0pu
额定转子磁链	4.696Wb（有效值）	0.8332pu
定子绕组电阻	0.73051mΩ	0.00344pu
d 轴同步电感	1.21mH	0.4026pu
q 轴同步电感	2.31mH	0.7685pu
磁链基准值 Λ_B	5.6358Wb	1.0pu
阻抗基准值 Z_B	0.2125Ω	1.0pu
电感基准值 L_B	3.006mH	1.0pu
电容基准值 C_B	66584.41μF	1.0pu

表 10-5　全功率换流器参数

换流器	机侧	网侧
换流器类型	二电平 PWM	二电平 PWM
交流侧线电压有效值	690V	690V
联接变压器电压比	—	690V/35kV

（续）

联接变压器容量	—	2.4MVA
联接变压器短路阻抗	—	10%
直流侧额定电压	1200V	
直流侧电容器电容量	50mF	

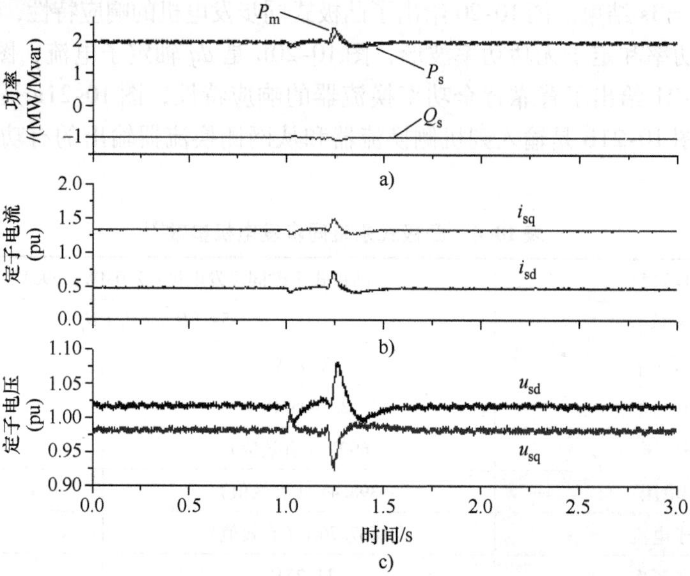

图 10-20 凸极式同步发电机的响应特性

a）机械功率、定子有功功率和定子无功功率 b）*dq* 轴定子电流 c）*dq* 轴定子电压

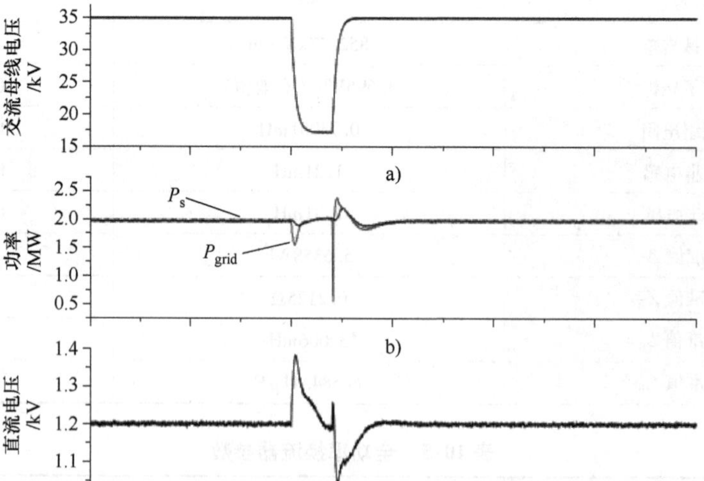

图 10-21 背靠背全功率换流器的响应特性

a）网侧换流器交流母线电压波形 b）输入到机侧换流器和从网侧换流器输出的有功功率 c）直流电容电压

10.6　双馈风电机组模型

双馈风电机组（DFIG）结构如图 10-22 所示。采用绕线转子感应电机，换流器与转子绕组之间的电流通过集电环进行传送，通过向转子注入频率等于转差频率的可控电压来达到变速运行。转子绕组通过一个变频器供电，一般该变频器由两个基于 IGBT 的 AC/DC 电压源换流器组成，两个换流器之间通过一个直流电容连接。由于转子侧换流器为转子提供了频率可变的电源，使得转子的机械转速与电网的同步转速相互解耦，由此实现了风电机组的变速运行。发电机和换流器通过多种电压限制和一个过电流跨接器进行保护。

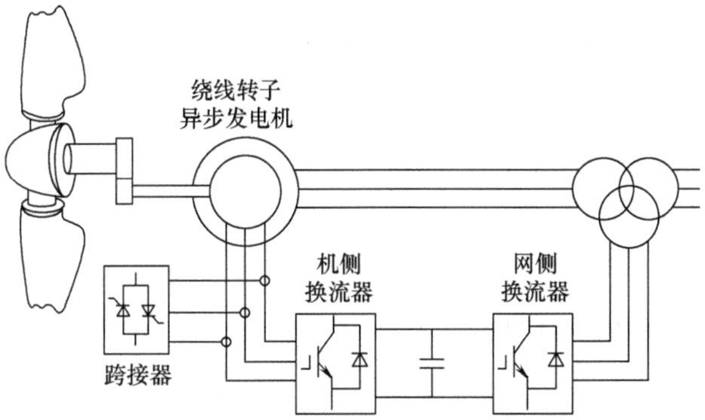

图 10-22　双馈风电机组结构

双馈风电机组稳态下的功率传递关系如图 10-23 所示。传递到发电机转子的机械功率为

$$P_m = T_m\omega_m \tag{10-16}$$

由定子输出的电磁功率为

$$P_s = T_e\frac{\omega_s}{N_{pair}} \tag{10-17}$$

忽略损耗时发电机的机械运动方程为

$$2H_g\frac{d\omega_m}{dt} = T_m - T_e \tag{10-18}$$

稳态时，转速 ω_m 恒定，因此有 $T_m = T_e$。

另外，忽略损耗时有 $P_m = P_s + P_r$。

因此有

$$P_r = P_m - P_s = T_m\omega_m - T_e\frac{\omega_s}{N_{pair}} = T_e\left(\frac{\omega_r}{N_{pair}} - \frac{\omega_s}{N_{pair}}\right) = -T_e\frac{\omega_s - \omega_r}{\omega_s}\cdot\frac{\omega_s}{N_{pair}} = -sP_s \tag{10-19}$$

式中，s 定义为转差率。

$$s = \frac{\omega_s - \omega_r}{\omega_s} \tag{10-20}$$

一般双馈风电机组变速运行时转差率 s 的变化范围在 ±30% 之内，因此通过转子流动的功率小于定子功率的 30%。这样，双馈风电机组中单个换流器的容量只要取额定功率的 30% 就可以了，大大小于全功率换流器型风电机组中的换流器容量。

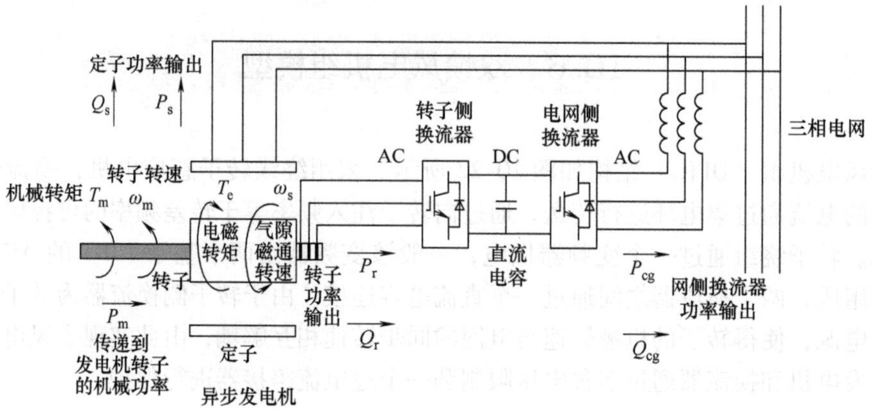

图 10-23 双馈风电机组稳态下的功率传递关系

双馈风电机组模型的重点是双馈异步发电机模型和转子侧换流器模型，网侧换流器模型比较简单。通常，网侧换流器的控制目标是定直流侧电容电压和定交流侧无功功率，其控制策略与本书第4章所描述的定直流电压换流站没有任何差别，因此这里不再赘述。下面将分别讨论双馈风电机组中的双馈异步发电机模型和转子侧换流器控制策略。

10.6.1 双馈异步发电机模型[9]

在定子电压定向的同步旋转参考坐标系下，双馈异步发电机的 dq 轴模型如图 10-24 所示，其中 i_{sd}、i_{sq}、u_{sd}、u_{sq}分别为定子电流的 dq 轴分量和定子电压的 dq 轴分量，λ_{sd}、λ_{sq}分别为转子磁链的 dq 轴分量，i_{md}、i_{mq}分别为转子励磁电流的 dq 轴分量，ω_s、ω_r分别为定子和转子的电角速度，R_s为定子绕组电阻，L_{ls}和 L_{lr}分别为定子和转子的漏感，L_m为励磁电感。

根据图 10-24 所示的双馈异步发电机模型，可以推出双馈异步发电机的电磁转矩方程为[9]

$$T_e = \frac{3N_{pair}}{2}[\lambda_{sd}i_{sq} - \lambda_{sq}i_{sd}] \tag{10-21}$$

式中，N_{pair}为双馈异步发电机的极对数。

所谓的定子电压定向同步旋转参考坐标系如图 10-25 所示。sa、sb、sc 为三相定子绕组轴线，定义为 sa、sb、sc 三相定子绕组的电压方向；ra、rb、rc 为三相转子绕组轴线，定义为 ra、rb、rc 三相转子绕组的电压方向；同步参考坐标系的 dq 轴以发电机定子电角速度 ω_s 旋转；转子的转速为 ω_r；d 轴相对于定子 a 相轴线 sa 之间的夹角为 θ_s；转子 a 相轴线 ra 相对于定子 a 相轴线 sa 之间的夹角为 θ_r；d 轴相对于转子 a 相轴线 ra 之间的夹角为 θ_{sl}。

当采用图 10-25 所示的定子电压定向同步参考坐标系时，对于定子绕组的电压、电流、磁链，相应 PARK 变换方程中的角度取 θ_s，如式（10-22）和式（10-23）所示，θ_s是基于单同步旋转坐标变换的锁相环 SRF-PLL 的输出（见第4章）；而对于转子绕组的电压、电流、磁链，相应 PARK 变换方程中的角度取 θ_{sl}，如式（10-24）和式（10-25）所示，$\theta_{sl} = \theta_s - \theta_r$。

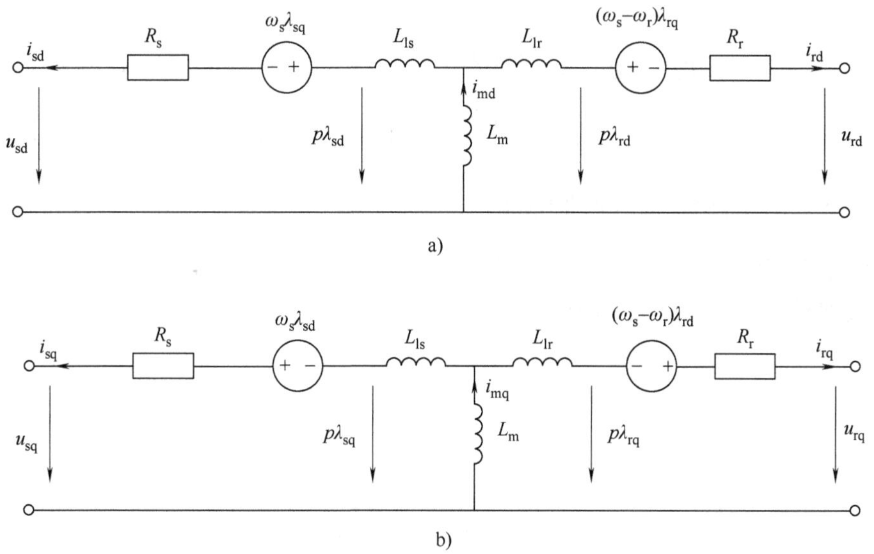

图 10-24　定子电压定向同步旋转参考坐标系下的双馈异步发电机 *dq* 轴模型

a）*d* 轴电路　b）*q* 轴电路

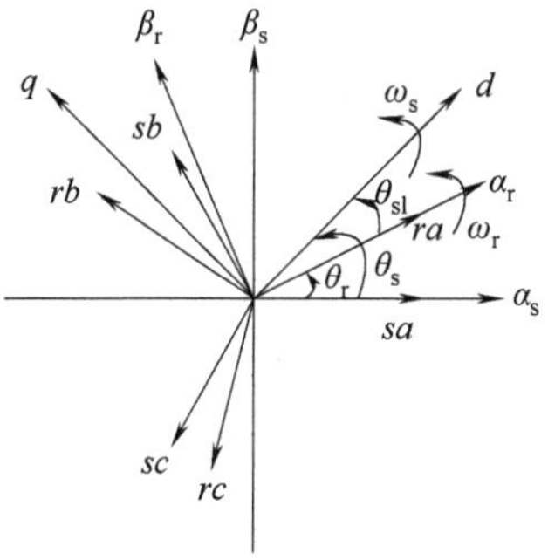

图 10-25　定子电压定向同步旋转参考坐标系

$$\boldsymbol{T}_{3s-dq}(\theta_s)=\frac{2}{3}\begin{bmatrix}\cos\theta_s & \cos\left(\theta_s-\frac{2\pi}{3}\right) & \cos\left(\theta_s+\frac{2\pi}{3}\right)\\ -\sin\theta_s & -\sin\left(\theta_s-\frac{2\pi}{3}\right) & -\sin\left(\theta_s+\frac{2\pi}{3}\right)\end{bmatrix} \tag{10-22}$$

$$\boldsymbol{T}_{dq-3s}(\theta_s)=\begin{bmatrix}\cos\theta_s & -\sin\theta_s\\ \cos\left(\theta_s-\frac{2\pi}{3}\right) & -\sin\left(\theta_s-\frac{2\pi}{3}\right)\\ \cos\left(\theta_s+\frac{2\pi}{3}\right) & -\sin\left(\theta_s+\frac{2\pi}{3}\right)\end{bmatrix} \tag{10-23}$$

$$\boldsymbol{T}_{3r-dq}(\theta_{sl})=\frac{2}{3}\begin{bmatrix}\cos\theta_{sl} & \cos\left(\theta_{sl}-\frac{2\pi}{3}\right) & \cos\left(\theta_{sl}+\frac{2\pi}{3}\right)\\ -\sin\theta_{sl} & -\sin\left(\theta_{sl}-\frac{2\pi}{3}\right) & -\sin\left(\theta_{sl}+\frac{2\pi}{3}\right)\end{bmatrix} \tag{10-24}$$

$$\boldsymbol{T}_{\mathrm{dq-3r}}(\theta_{\mathrm{sl}})=\begin{bmatrix}\cos\theta_{\mathrm{sl}} & -\sin\theta_{\mathrm{sl}}\\ \cos\left(\theta_{\mathrm{sl}}-\frac{2\pi}{3}\right) & -\sin\left(\theta_{\mathrm{sl}}-\frac{2\pi}{3}\right)\\ \cos\left(\theta_{\mathrm{sl}}+\frac{2\pi}{3}\right) & -\sin\left(\theta_{\mathrm{sl}}+\frac{2\pi}{3}\right)\end{bmatrix} \tag{10-25}$$

10.6.2 转子侧换流器控制策略[9]

基于定子电压定向的双馈异步发电机转子侧换流器的控制策略如图 10-26 所示。控制策略采用了双馈异步发电机的稳态特性[9]：

$$T_{\mathrm{e}}=\frac{3N_{\mathrm{pair}}L_{\mathrm{m}}}{2\omega_{\mathrm{s}}L_{\mathrm{s}}}i_{\mathrm{rd}}u_{\mathrm{sd}} \tag{10-26}$$

$$P_{\mathrm{s}}=T_{\mathrm{e}}\frac{\omega_{\mathrm{s}}}{N_{\mathrm{pair}}}=\frac{3L_{\mathrm{m}}}{2L_{\mathrm{s}}}i_{\mathrm{rd}}u_{\mathrm{sd}} \tag{10-27}$$

$$Q_{\mathrm{s}}=\frac{3L_{\mathrm{m}}}{2L_{\mathrm{s}}}\left(i_{\mathrm{rq}}+\frac{u_{\mathrm{sd}}}{\omega_{\mathrm{s}}L_{\mathrm{m}}}\right)u_{\mathrm{sd}} \tag{10-28}$$

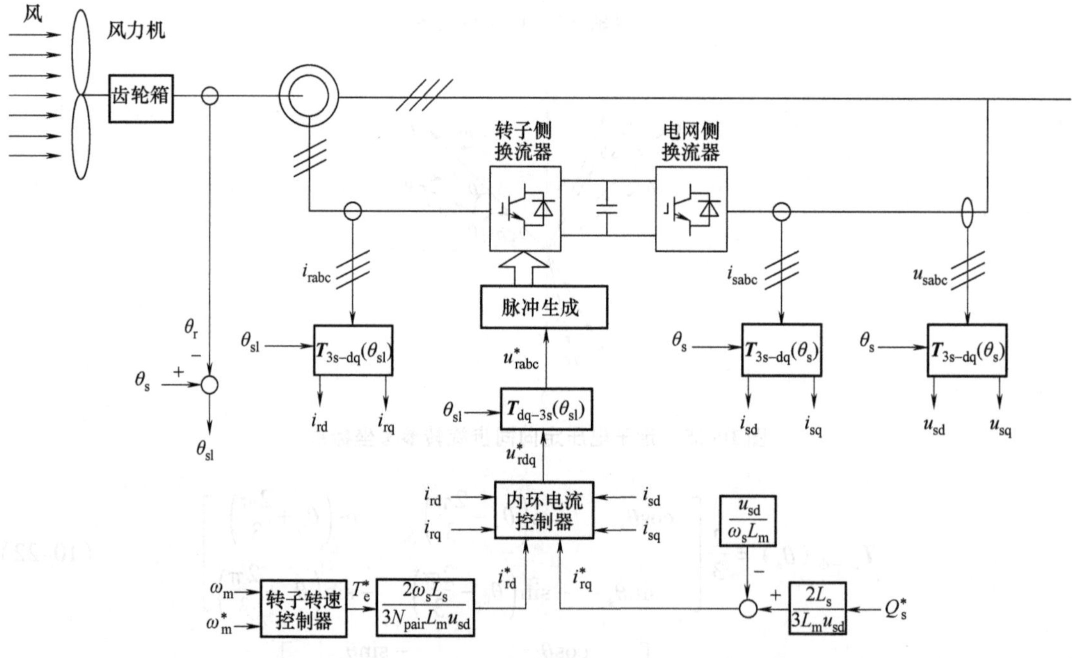

图 10-26 基于定子电压定向的双馈异步发电机转子侧换流器控制框图

10.6.3 基于定子电压定向的双馈风电机组仿真实例

某双馈风电机组，双馈异步发电机参数如表 10-6 所示[9]，背靠背换流器参数如表 10-7 所示，双馈异步发电机采用定子电压定向控制策略。在风速为 12.0m/s 时，发电机以 1.0pu 的转子角速度运行。设 $t=1.0$s 时网侧交流母线发生三相短路故障，短路时交流电压跌落到 0.5pu，故障持续时间为 0.2s，仿真过程持续到 $t=3$s 结束。图 10-27 给出了双馈异步发电机的响应特性，图 10-27a 是机械转矩和电磁转矩，图 10-27b 是定子有功功率和转子有功功率，图 10-27c 是 dq 轴转子电流，图 10-27d 是 dq 轴转子电压，图 10-27e 是 dq 轴定子电流，图 10-27f 是 dq 轴定子电压。图 10-28 给出了背靠背换流器的响应特性，图 10-28a 是网侧换流器交流母线电压波形，图 10-28b 是输入到转子侧换流器和从网侧换流器输出的有功功率，图 10-28c 是直流电容电压。

表 10-6 双馈异步发电机参数[9]

发电机类型	双馈异步发电机：1.5MW，690V，50Hz	
集中惯性常数 H_{tot}	$5s(H_{tot}=H_t+H_g)$	
额定机械功率	1.5MW	1.0pu
额定定子线电压	690V（有效值）	
额定定子相电压	398.4V（有效值）	1.0pu
额定转子相电压	67.97V（有效值）	0.1706pu
额定定子电流	1068.2A（有效值）	0.8511pu
额定转子电流	1125.6A（有效值）	0.8968pu
额定定子频率	50Hz	1.0pu
额定转速	1750r/min	1.0pu
额定转速范围	1200~1750r/min	0.686~1.0pu
额定转差率	-0.1667	
极对数	2	
额定机械转矩	8.185kN·m	1.0pu
定子绕组电阻 R_s	2.65mΩ	0.0084pu
转子绕组电阻 R_r	2.63mΩ	0.0083pu
定子漏感 L_{ls}	0.1687mH	0.167pu
定子漏感 L_{lr}	0.1337mH	0.1323pu
励磁电感 L_m	5.4749mH	5.419pu
电流基准值 $I_B=1.5\text{MW}/(\sqrt{3}\times690\text{V})$	1255.1A（有效值）	1.0pu
磁链基准值 Λ_B	1.2681Wb（有效值）	1.0pu
阻抗基准值 Z_B	0.3174Ω	1.0pu
电感基准值 L_B	1.0103mH	1.0pu
电容基准值 C_B	10028.7μF	1.0pu

表 10-7 背靠背换流器参数

换流器	转子侧	网侧
换流器类型	二电平 PWM	二电平 PWM
交流侧线电压有效值	118V	690V
直流侧额定电压	1200V	
直流侧电容器电容量	15mF	

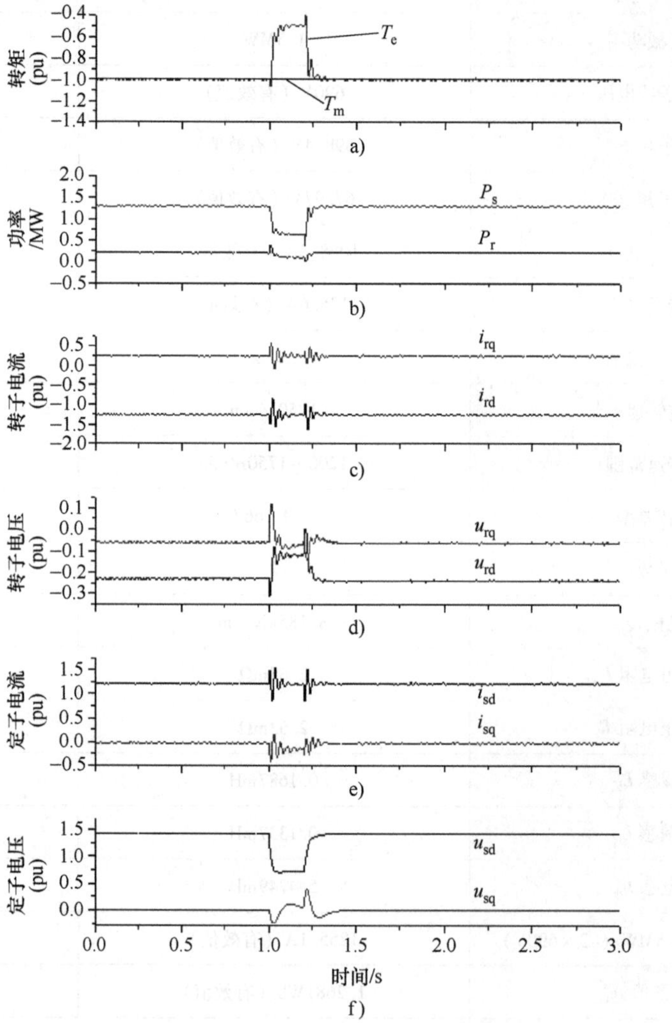

图 10-27 双馈异步发电机的响应特性

a）机械转矩和电磁转矩 b）定子有功功率和转子有功功率 c）*dq* 轴转子电流

d）*dq* 轴转子电压 e）*dq* 轴定子电流 f）*dq* 轴定子电压

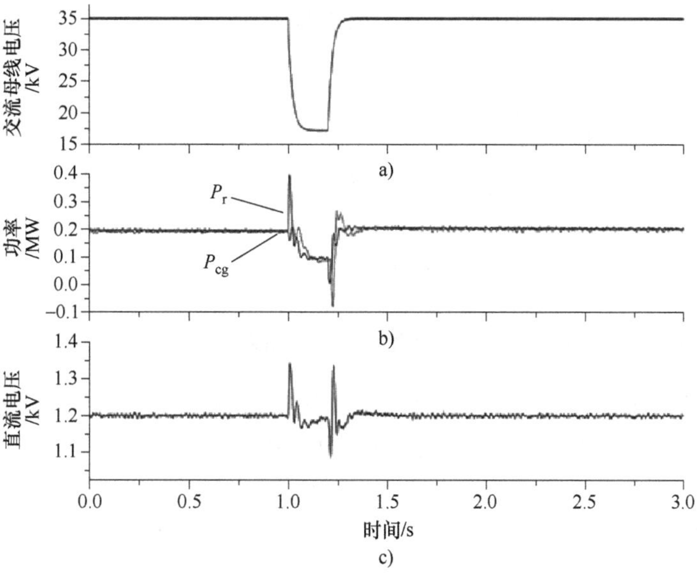

图 10-28　背靠背换流器响应特性

a）网侧换流器交流母线电压波形　b）输入到转子侧换流器和从网侧换流器输出的有功功率　c）直流电容电压

10.7　海上风电采用 MMC 柔性直流送出控制策略

10.5 节和 10.6 节建立风电机组模型时，假定了风电机组是接入到一个交流电网上的。那么，如果风电机组接入的是一个无源网络，风电机组还能否运行呢？根据 10.5 节和 10.6 节的控制策略分析，这种情况下风电机组无法运行。实际上，对于并网型风电机组，不管是全功率换流器型风电机组还是双馈型风电机组，都必须接入到具有同步交流电源的电网中才能运行。因此，这里就存在一个问题，对于一定容量的风电场，需要多大强度的交流同步电源？通常我们用短路比来描述风电场所接入的交流系统强度，短路比定义为风电场接入点（简称 PCC 点）的交流系统三相短路容量与风电场容量之比。短路比越大，表示交流系统越强，对风电场的运行越有利；而短路比小于某个值后，风电场就不能运行了。

根据上面的分析，海上风电场不可能通过基于 LCC 的直流输电系统来接入陆上电网，因为 LCC 也必须有同步交流电源才能运行。因此，海上风电场采用直流输电方式送出时，必须采用基于 VSC 的直流输电方式才有可能。海上 VSC 的基本作用就是为海上风电场提供一个稳定的同步交流电源。当然，这里仍然存在一个容量比的问题，即海上 VSC 与海上风电场的容量比达到多大时，海上风电场通过 VSC 直流输电送出能够稳定运行。在下面的讨论中，我们假定海上 VSC 与海上风电场的容量完全匹配，即海上 VSC 的容量等于海上风电场的容量。

海上风电场通过直流输电方式接入陆上电网的基本结构如图 10-29 所示。显然海上 VSC 的基本控制策略是定 PCC1 点的电压幅值和频率，因而海上 VSC 的控制自由度已用尽；因此定直流侧电压控制只能由网侧 VSC 来承担，即网侧 VSC 的控制策略是定直流侧电压和定交流侧无功功率（或交流侧电压）。根据上述海上风电场通过 VSC 直流送出的控制策略，显然直流输电系统并不能对海上风电场的输出功率进行控制，即海上风电场输出多少功率，直流输电系统就送出多少功率，我们将上述海上风电场通过 VSC 直流送出的控制策略称为海上风电“直进直出”控制模式。

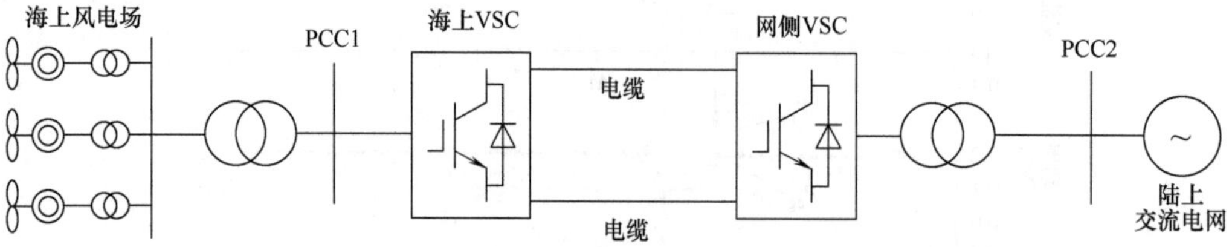

图 10-29 海上风电场通过直流输电方式接入陆上电网的基本结构

海上 VSC 的基本控制策略是定 PCC1 点的电压幅值和频率，其控制器框图与第 4 章已论述过的 VSC 向无源网络供电完全一致，这里不再赘述；而网侧 VSC 的控制策略是定直流侧电压和定交流侧无功功率（或交流侧电压），这在第 4 章中也已做过详细描述，不再赘述。

下面给出一个海上风电场通过 MMC 柔性直流接入陆上电网的测试算例。考察的海上风电场送出系统如图 10-30 所示。海上风电场由 200 台 2MW 全功率换流器型风电机组构成，单台风电机组的参数如表 10-2 所示，风电机组运行于额定状态，控制策略为零 d 轴电流。单台风电机组首先通过 690V/35kV 变压器接到风电场母线，风电场母线再通过 35kV/230kV 变压器接到海上换流站交流母线，略去风电场集电系统线路阻抗和交流输电线路阻抗。受端

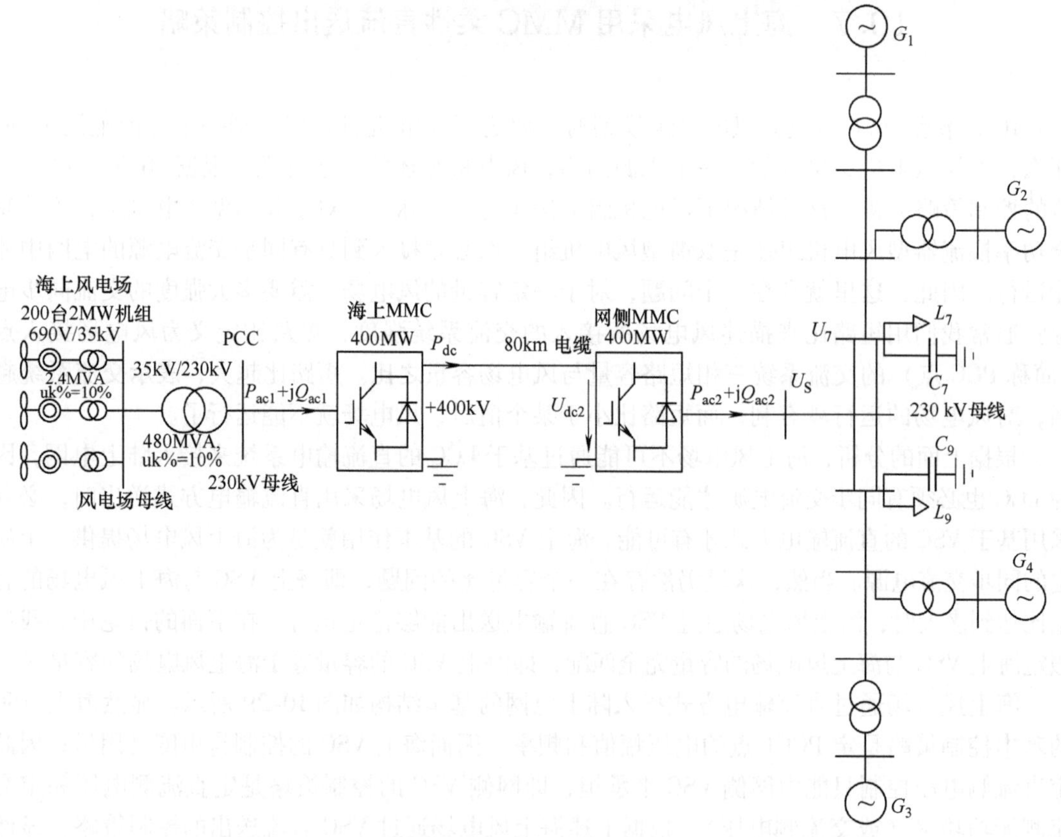

图 10-30 海上风电场通过 MMC 柔性直流接入陆上电网测试系统

交流系统用两区域四机系统[10]来模拟，MMC 柔性直流系统是一个 400kV 的单极系统。我们的目的是考察当陆上交流系统母线 7 发生三相短路故障时，整个海上风电场送出系统的响应特性。两区域四机系统的发电机及其控制系统参数以及网络结构和参数保持与原系统一致，只改变发电机出力和负荷大小以满足本测试系统的目的。各发电机出力和各负荷参数如表 10-8 所示。直流线路单位长度参数取表 7-1 中的正序参数。2 个换流器采用基于半桥子模块的 MMC，其参数如表 10-9 所示，初始运行状态如表 10-10 所示。

表 10-8 发电机出力和负荷大小

元 件	有功/MW	无功/Mvar	端口电压模值（pu）	母线电压相位（°）
G_1	815	300	1.03	0
G_2	700	450	1.01	-13
G_3	700	450	1.03	-6.6
G_4	700	400	1.01	-16.9
L_7	1700	100	0.94	-0.1
C_7	0	0	0.94	-0.1
L_9	1700	100	0.95	-3.2
C_9	0	0	0.95	-3.2

表 10-9 MMC 换流器主回路参数

		海上换流站	网侧换流站
换流器额定容量/MVA		400	400
网侧交流母线电压/kV		230	230
直流电压/kV		400	400
联接变压器	额定容量/MVA	500	500
	电压比	230/205	230/205
	短路阻抗 u_k（%）	15	15
子模块电容额定电压/kV		1.6	1.6
单桥臂子模块个数		250	250
子模块电容值/mF		8.4	8.4
桥臂电抗/mH		76	76
换流站出口平波电抗器/mH		200	200

表 10-10 海上风电 MMC 送出系统初始运行状态

换 流 站	换流站控制策略	控制器的指令值
海上	定交流侧电压的幅值和频率	$U_{pcc}^{*}=230\text{kV}$；$f_{WF}^{*}=50\text{Hz}$； 风电机组机侧换流器按最大功率跟踪控制，风电机组网侧换流器按定直流电压控制，风电场输出功率：$P_{ac1}=400\text{MW}$；$Q_{ac1}=0\text{Mvar}$
网侧	直流侧定电压； 交流侧定无功功率	$U_{dc2}^{*}=400\text{kV}$；$Q_{ac2}^{*}=0\text{Mvar}$

设仿真开始时（$t=0\text{s}$）测试系统已进入稳态运行。$t=0.1\text{s}$ 时在陆上交流系统母线 7 处发生三相接地故障，$t=0.2\text{s}$ 时故障被清除，仿真过程持续到 $t=1.0\text{s}$。图 10-31 给出了永磁同步

发电机的响应特性，图 10-31a 是机械功率、定子有功功率和定子无功功率波形，图 10-31b 是 dq 轴定子电流；图 10-31c 是 dq 轴定子电压。图 10-32 给出了风电机组背靠背全功率换流器的响应特性，图 10-32a 是风电机组网侧换流器交流母线电压波形，图 10-32b 是风电机组输入到机侧换流器和从网侧换流器输出的有功功率，图 10-32c 是风电机组背靠背全功率换流器的直流电容电压。图 10-33 给出了 MMC 直流输电系统的响应特性，图 10-33a 是注入到海上 MMC 的有功功率和无功功率 $P_{ac1}+jQ_{ac1}$，图 10-33b 是从网侧 MMC 注入到交流系统的有功功率和无功功率 $P_{ac2}+jQ_{ac2}$，图 10-33c 是直流功率 P_{dc}，图 10-33d 是直流电压 U_{dc2}。图 10-34 是受端交流系统的响应特性，图 10-34a 是受端交流电网的发电机功角摇摆曲线，图 10-34b 是受端交流电网母线 7、母线 8 和母线 9 的电压变化曲线。

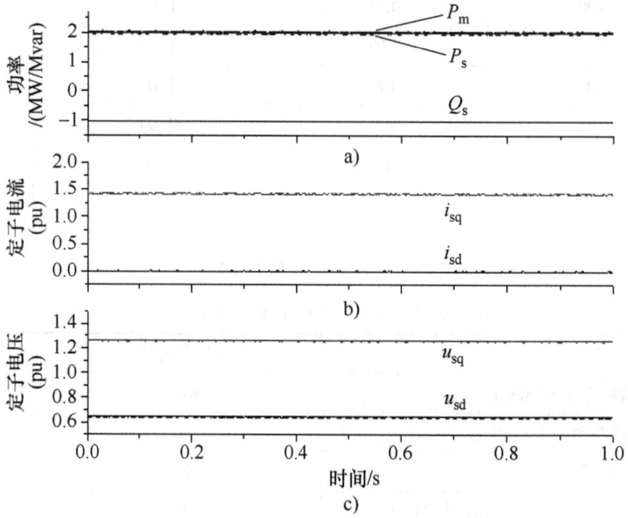

图 10-31 单台风电机组响应特性

a）机械功率、定子有功功率和定子无功功率 b）dq 轴定子电流 c）dq 轴定子电压

从图 10-31 和图 10-32 可以看出，受端交流电网发生故障后，对风电场中风电机组的响应特性几乎没有影响，风电场交流母线电压有轻微上升，风电机组背靠背全功率换流器中的直流电容电压保持恒定，说明通过 MMC 柔性直流输电系统，风电场与受端交流电网之间实现了有效隔离，受端交流电网的故障基本上不会传递到风电场侧。

从图 10-33 可以看出，受端交流电网发生故障后，电网侧 MMC 有功功率送出受阻，而风电场侧 MMC 继续接受风电场输入的有功功率，因而导致 MMC 柔性直流输电系统的直流侧电压上升。本例中，对于交流故障持续时间 0.1s 的场景，直流电压上升幅度达到 1.35 倍；交流故障清除以后，在电网侧 MMC 定直流电压控制器作用下，直流侧电压开始下降，250ms 后直流电压恢复到稳态值，此过程中电网侧 MMC 输出的功率大于风电场侧 MMC 从风电场接受的功率。

从图 10-34 可以看出，受端交流电网母线 7 发生三相短路故障，导致电网侧 MMC 交流母线电压跌落到正常水平的 50% 以下，因而会导致电网侧 MMC 输出功率大幅下降。故障切除后，受端交流电网电压在 100ms 内能够恢复到稳态值；而受端交流电网功角摆动，则由于振荡周期较长，会持续较长时间。

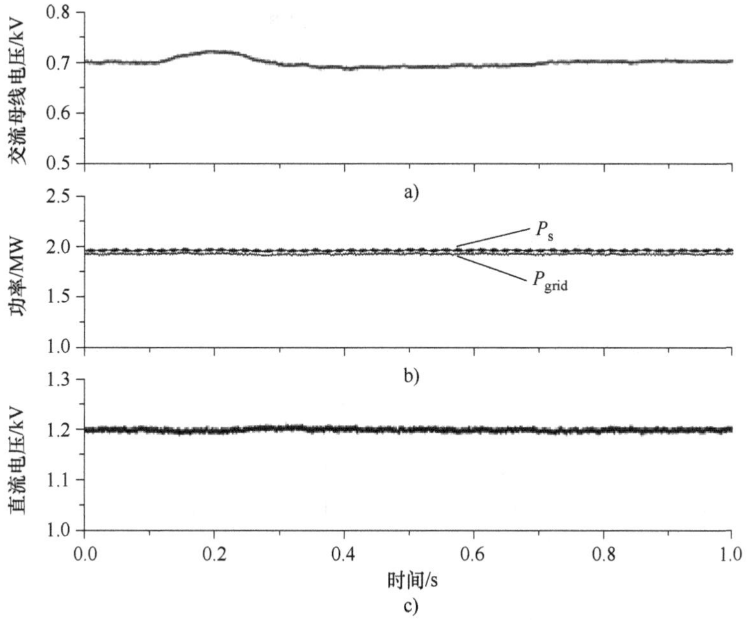

图 10-32 单台风电机组背靠背全功率换流器的响应特性

a）网侧换流器交流母线电压波形 b）输入到机侧换流器和从网侧换流器输出的有功功率 c）直流电容电压

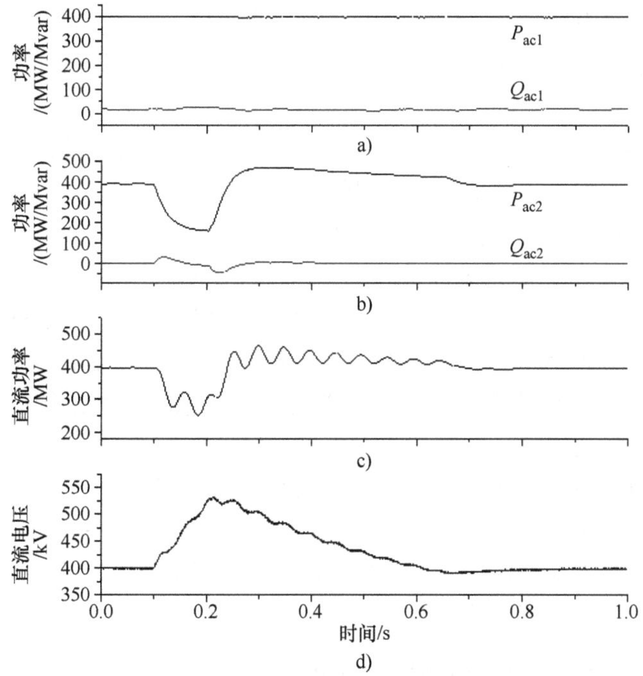

图 10-33 MMC 直流输电系统的响应特性

a）注入到海上 MMC 的有功功率和无功功率 b）从网侧 MMC 注入到交流系统的有功功率和无功功率

c）直流功率 P_{dc} d）直流电压 U_{dc2}

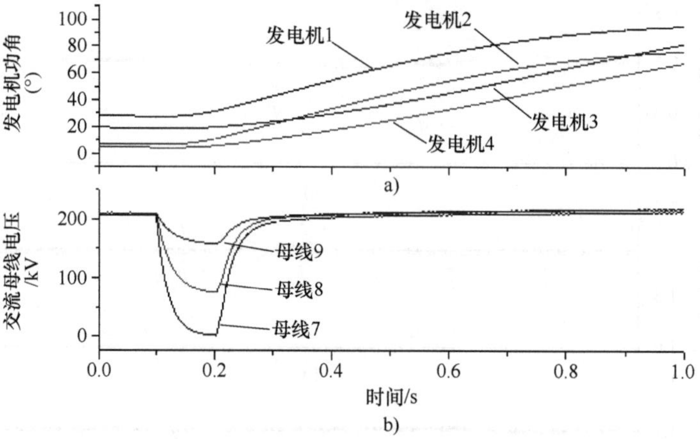

图 10-34 受端交流电网的响应特性

a）受端交流电网的发电机功角摇摆曲线 b）受端交流电网母线 7、母线 8 和母线 9 的电压变化曲线

10.8 海上风电采用混合型直流输电系统送出的控制策略[11]

如上一节所述，对于并网型风电机组，不管是全功率换流器型风电机组还是双馈型风电机组，都必须接入到具有同步交流电源的电网中才能运行。因此，如果海上风电场通过直流输电系统送出，海上风电场侧换流器必须是 VSC 型的，负责为海上风电场提供固定频率和固定幅值的交流同步电源；但陆上电网侧换流器并非必须采用 VSC 型，因为陆上电网是有源系统，采用电网换相换流器 LCC 也是可行的。因而很自然地会想到采用混合型直流输电系统结构实现海上风电场接入陆上交流电网的方案。

采用混合型直流输电系统结构实现海上风电场接入陆上交流电网方案的主要优势是整流侧采用 VSC 可以为风电场无源系统提供电压支撑，逆变侧采用 LCC 可以降低投资成本和运行损耗。但这种方案的根本性问题是一旦陆上交流电网发生故障，极有可能引起陆上 LCC 的换相失败；而陆上 LCC 换相失败后，海上风电场侧 VSC 的直流电压就有可能崩溃；而一旦海上风电场侧 VSC 直流电压崩溃，就不可能为海上风电场无源系统提供电压支撑，从而有可能造成海上风电场的崩溃。

本节提出一种海上风电场采用 MMC-LCC 混合型直流输电系统接入陆上电网的控制策略。该策略的根本特点是在常规 MMC 双闭环控制策略的基础上，引入相单元中投入的子模块个数为控制变量，从而能够使 MMC 的直流侧电压从额定值到零全范围变化，将 MMC 的控制维度从交流侧拓展到了直流侧，实现了对直流电流的快速控制。

10.8.1 混合型直流输电系统控制策略

海上风电场通过混合型直流输电系统接入陆上电网的示意图如图 10-35 所示。本节我们讨论混合型直流输电系统本身的控制策略，即讨论 MMC 整流站和 LCC 逆变站的控制策略。

正常运行时，LCC 采用定直流电压控制，这与传统直流输电系统逆变站的定直流电压控

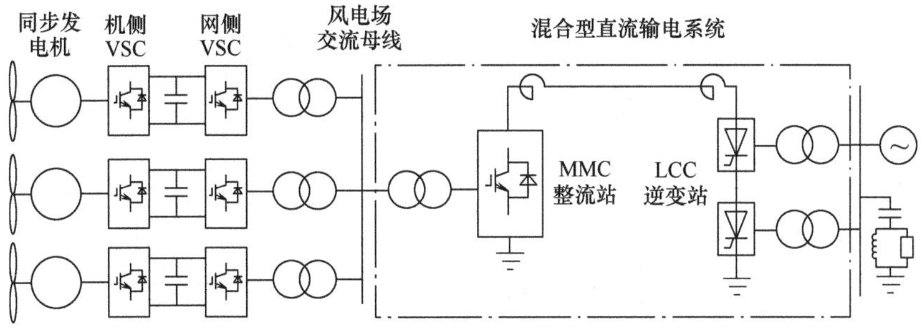

图 10-35　海上风电场通过混合型直流输电系统接入陆上电网示意图

制没有差别，这里所谓的定直流电压指的是定 MMC 直流侧出口的直流电压；而 MMC 的职责是为风电场交流母线提供固定频率和固定幅值的交流电压。

MMC 直流侧采用双闭环控制，内环为定直流电流控制，外环为定子模块电容电压控制。内环控制器通过调节各相单元投入的子模块个数 N_{op} 使直流电流跟踪其指令值。内环控制器方程为

$$U_{dc}^{*} = N_{ph}^{*} = \frac{N_{op}}{N} = U_{dc,rec} + k_{p1}(I_{dc}^{*} - I_{dc}) + k_{i1}\int(I_{dc}^{*} - I_{dc})\,dt$$

式中，U_{dc}^{*}为直流参考电压值；N 和 N_{ph}^{*}分别为各相单元投入子模块个数额定值和标幺值。这里引入 MMC 直流电抗器线路侧母线电压 $U_{dc,rec}$作为前馈项，可以加快 MMC 对逆变侧直流电压变化的跟踪速率。

外环控制器计算直流电流指令值。由于 MMC 交流侧采用无源控制模式，无法控制输入直流系统的有功功率，需要控制直流电流来平衡交直流功率。由于总直流电压可变，需要利用子模块电容的平均电压 U_c 作为表征交直流功率平衡的量，并对其进行 PI 控制，得出直流电流指令值。

当交流电网远区故障导致逆变侧交流母线电压小幅跌落，MMC 直流侧控制器的作用效果为：在逆变侧直流电压下降后，MMC 降低各相单元投入的子模块个数 N_{op}，从而降低 MMC 直流侧子模块输出的总电压。通过这种方式抑制子模块电容放电和其所引起的直流电流增长，进而降低换相失败发生的可能性。

当换流站近区发生短路故障，系统换相失败是无法避免的。随着直流电流增长，MMC 降低 N_{op}，但仍然无法阻止直流电流超过安全值。当直流电流超过安全值时，MMC 闭锁。随后，风机网侧 VSC 也闭锁，这样可保证风电场交流系统不会通过 MMC 子模块反并联二极管向直流系统馈入能量。当逆变侧交流电压恢复，MMC 与 LCC 相互配合可以逐步建立直流电压和直流功率。

混合型直流输电系统控制策略如图 10-36 所示，其为风电场交流母线提供固定频率和固定幅值交流电压的控制功能与第 4 章向无源网络供电的 MMC 控制功能完全一致（见图 4-32）。所不同的是，这里的 MMC 引入了第 3 个控制自由度，即通过控制 3 个相单元中投入的子模块个数来控制 MMC 直流侧的电压。当混合型直流输电系统正常运行时，各个相单元投入的子模块个数为 N；当混合型直流输电系统非正常运行时，LCC 的直流侧电压较低，各个相单元投入的子模块个数将会小于 N。

10.8.2　风电机组的控制策略

如图 10-35 所示，这里我们以全功率换流器型风电机组为例进行说明。所谓风电机组的控制策略，就是指机侧 VSC 和网侧 VSC 的控制策略。不管是机侧 VSC 还是网侧 VSC，都采

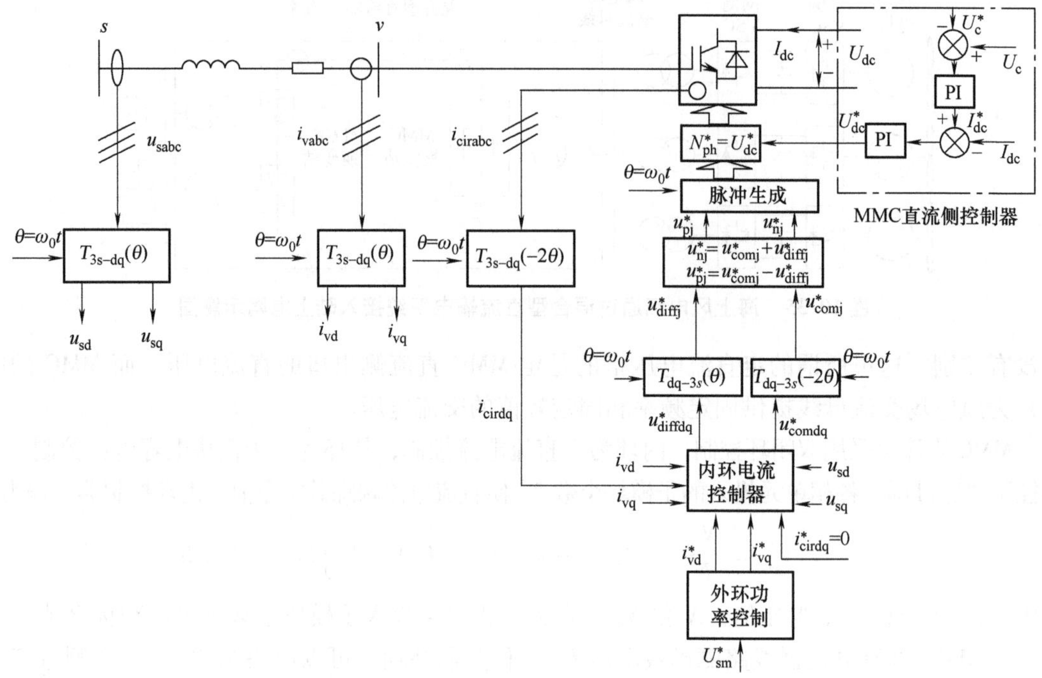

图 10-36 混合型直流输电系统控制策略框图

用矢量控制技术。

对于网侧 VSC，采用交流电压定向控制，即 d 轴与交流母线电压重合。网侧 VSC 的职责是进行风电机组的最大功率点跟踪（MPPT）控制。MPPT 根据风机转速获取有功功率指令值，网侧 VSC 通过控制 d 轴电流使输出有功功率跟踪该指令值的变化。同时，网侧 VSC 通过控制 q 轴电流实现定无功功率控制。网侧 VSC 可以有效控制 dq 轴电流，因此在网侧交流电压下降时，不会产生过电流现象。

对于机侧 VSC，采用转子磁场定向控制，d 轴与转子磁场方向重合。机侧 VSC 的控制策略是零 d 轴电流控制。当控制 d 轴电流为零后，同步发电机转矩与 q 轴电流间呈线性关系。机侧 VSC 控制 q 轴电流以调节同步发电机的电磁功率，实现定直流电容电压控制。当网侧 VSC 因交流电压降低而无法有效送出有功功率时，机侧 VSC 无需额外控制，可以自动减小同步发电机输出的电磁功率，维持直流电容电压恒定。

风电机组的控制策略框图如图 10-37 所示。图中，VDPOL 为低压限功率控制，是与混合型直流输电系统低压限流（VDCOL）控制相配合的。当直流电压低于设定值时，MMC 通过通信系统将信息传递到各台风机，使风机短时降低出力，从而限制直流功率和直流电流。令 P_e^* 为由风机 MPPT 控制获得的有功功率指令值，则风机网侧 VSC 实际有功功率指令值为 $P_{grid}^* = K_{VDPOL}P_e^*$。这里，$K_{VDPOL}$ 为风机功率限制系数，当直流电压在正常范围内时，K_{VDPOL} 等于 1；当直流电压低于正常范围时，K_{VDPOL} 线性地减小。这样，当直流电压在正常范围内运行时，风机网侧 VSC 有功功率指令值 P_{grid}^* 等于稳态时的指令值 P_e^*。当直流电压低于正常范围时，K_{VDPOL} 取（U_{dc}/U_{dcN}）K_{VDCOL}，这里 U_{dc} 和 U_{dcN} 分别为混合型直流输电系统的实际直流电压和额定直流电压，K_{VDCOL} 为混合型直流输电系统期望的低压限流系数。考虑到直流功率约等于风机发出的总有功功率，直流功率由此降低为稳态值的 $(U_{dc}/U_{dcN})K_{VDCOL}$。进而，直流电流降低为稳态值的 K_{VDCOL}，直流系统等效地实现了所期望的低压限流控制。

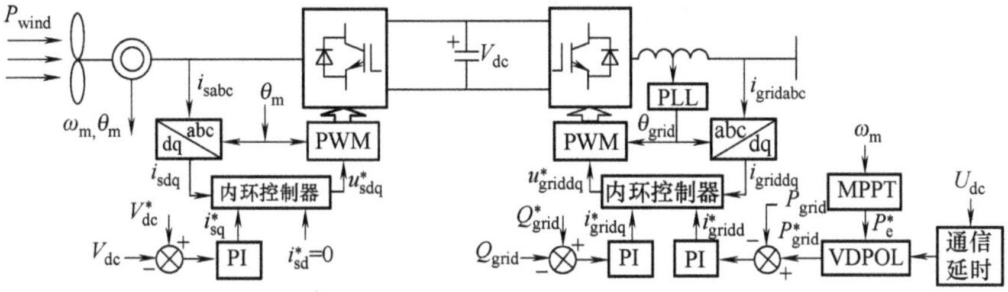

图 10-37 风电机组的控制策略框图

10.8.3 控制策略的仿真测试

在 PSCAD/EMTDC 仿真软件中搭建如图 10-35 所示的海上风电场通过混合型直流输电系统并网的仿真平台。混合型直流系统额定直流电压为 400kV，额定直流电流为 1kA。逆变侧交流系统电压为 230kV，短路比为 5。逆变侧平波电抗器电感为 0.3H。MMC 每个桥臂有 106 个子模块（包含冗余子模块）参与投切，子模块额定电压为 4kV，子模块电容为 5000μF，桥臂电感为 $L_0=55$mH，直流侧平波电抗器电感为 0.1H。MMC 联接变压器的风电场侧交流电压为 230kV。风电场装机容量为 400MW，假设稳态时风电场满发。直流电缆长度为 100km，单位长度线路电容为 0.25μF/km，电感为 0.2mH/km，电阻为 20mΩ/km。

1. 远区短路故障

设仿真开始时（$t=0$s）测试系统已进入稳态运行。$t=0.1$s 时在逆变侧出口处发生三相故障，交流母线电压跌落至 0.9pu，$t=0.2$s 时故障被清除，仿真过程持续到 $t=0.5$s。图 10-38 给出了远区故障时混合型直流输电系统的响应特性，图 10-38a 是逆变侧交流母线电压，图 10-38b 是逆变侧直流电压，图 10-38c 是 LCC 触发超前角和关断角，图 10-38d 是 MMC 直流侧电压指令值，图 10-38e 是 MMC 直流侧电流，图 10-38f 是 MMC 子模块电容平均电压。图 10-39 给出了远区故障时风电机组的响应特性，图 10-39a 是网侧换流器交流母线电压波形，图 10-39b 是输入到机侧换流器和从网侧换流器输出的有功功率，图 10-39c 是直流电容电压，图 10-39d 是 MPPT 输出的有功功率指令值和 VDPOL 输出的有功功率指令值以及从网侧换流器输出的有功功率。

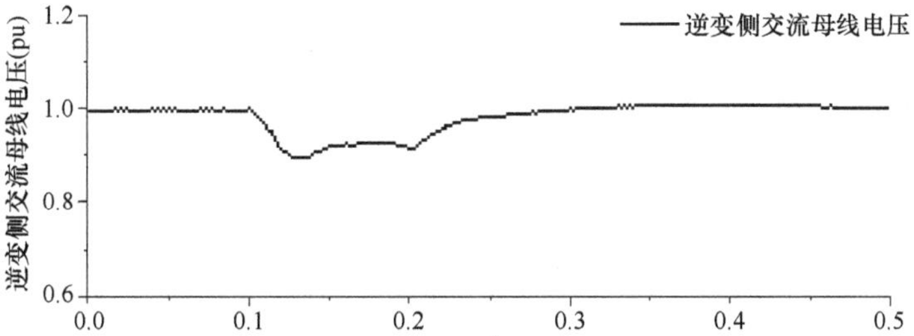

a)

图 10-38 远区故障时混合型直流输电系统响应特性

a）逆变侧交流母线电压

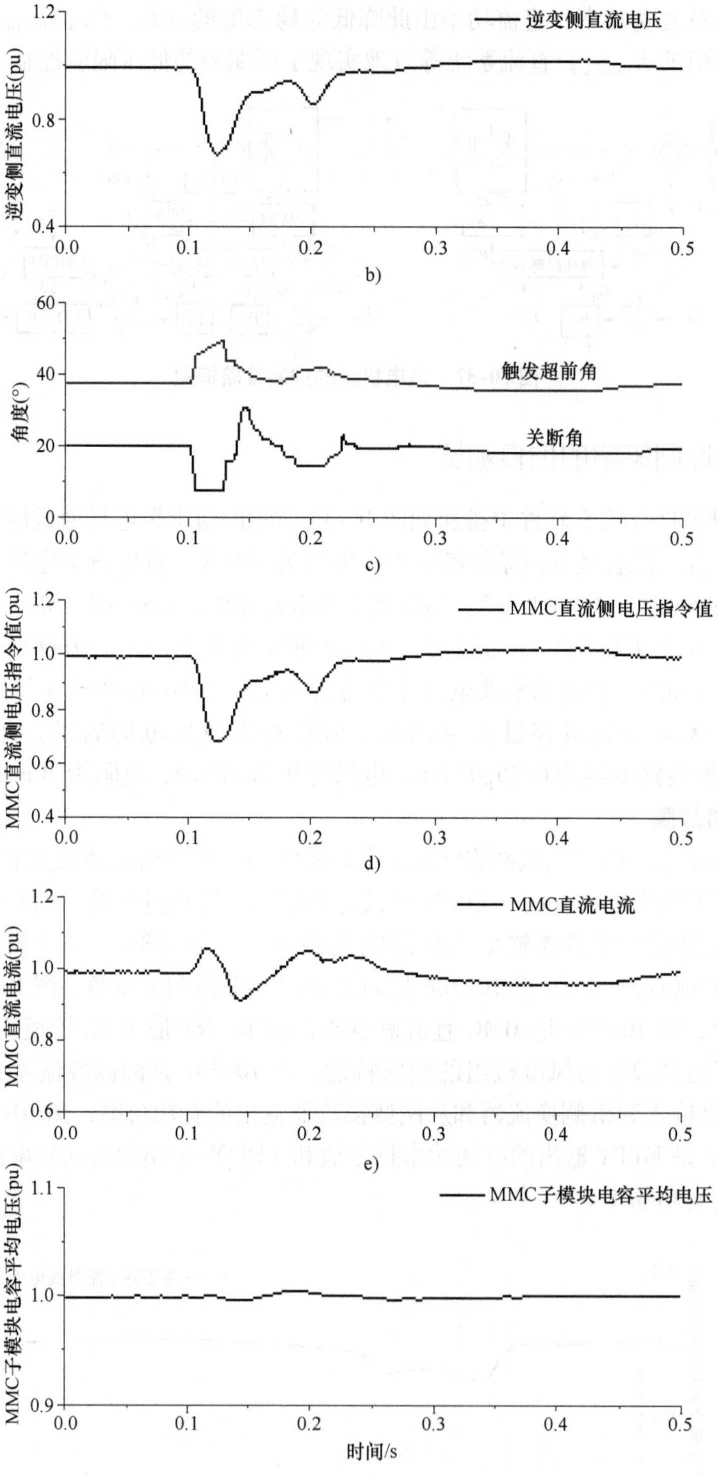

图 10-38 远区故障时混合型直流输电系统响应特性（续）

b）逆变侧直流电压 c）LCC 触发超前角和关断角 d）MMC 直流侧电压指令值

e）MMC 直流侧电流 f）MMC 子模块电容平均电压

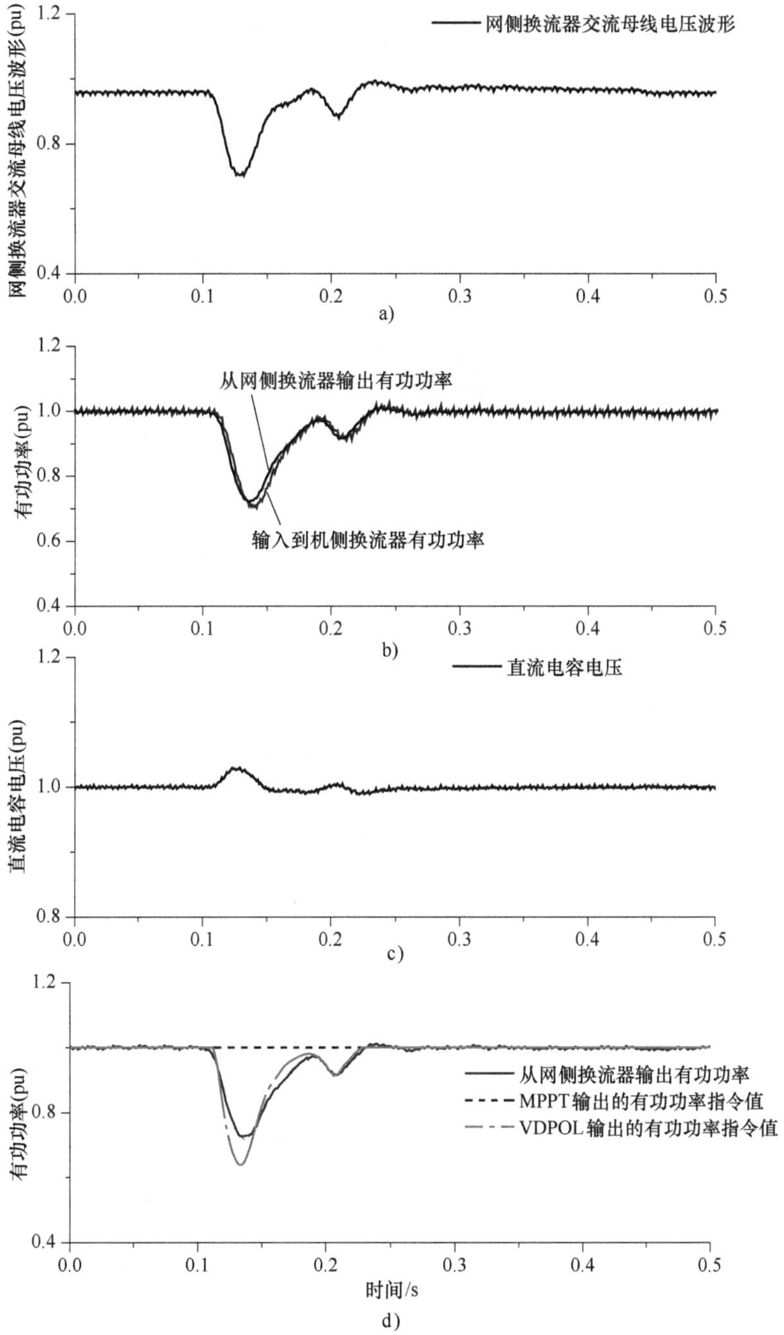

图10-39　近区故障时风电机组响应特性

a）网侧换流器交流母线电压波形　b）输入到机侧换流器和从网侧换流器输出的有功功率　c）直流电容电压
d）MPPT输出的有功功率指令值和VDPOL输出的有功功率指令值以及从网侧换流器输出的有功功率

2. 近区短路故障

设仿真开始时（$t=0$s）测试系统已进入稳态运行。$t=0.1$s 时在逆变侧出口处发生三相故障，交流母线电压跌落至0.5pu，$t=0.2$s 时故障被清除，仿真过程持续到 $t=0.5$s。图10-40给出了近区故障时混合型直流输电系统的响应特性，图10-40a是逆变侧交流母线

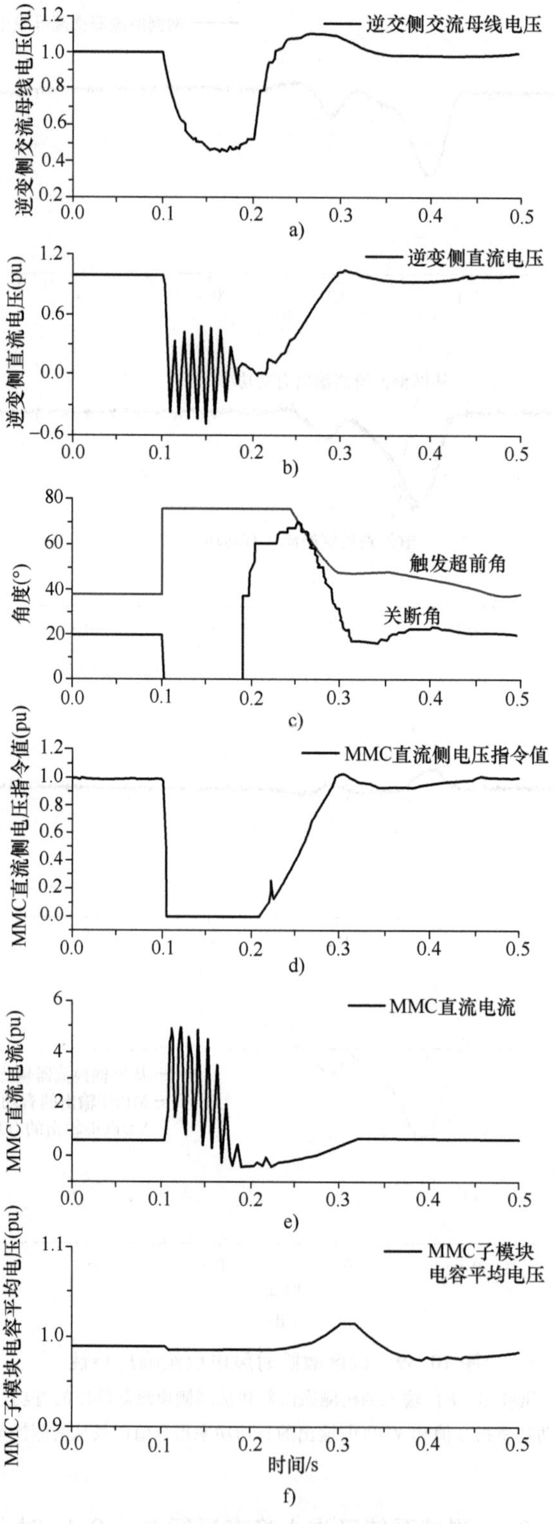

图 10-40 近区故障时混合型直流输电系统响应特性

a）逆变侧交流母线电压 b）逆变侧直流电压 c）LCC 触发超前角和关断角 d）MMC 直流侧电压指令值 e）MMC 直流侧电流 f）MMC 子模块电容平均电压

电压，图 10-40b 是逆变侧直流电压，图 10-40c 是 LCC 触发超前角和关断角，图 10-40d 是 MMC 直流侧电压指令值，图 10-40e 是 MMC 直流侧电流，图 10-40f 是 MMC 子模块电容平均电压。图 10-41 给出了近区故障时风电机组的响应特性，图 10-41a 是网侧换流器交流母

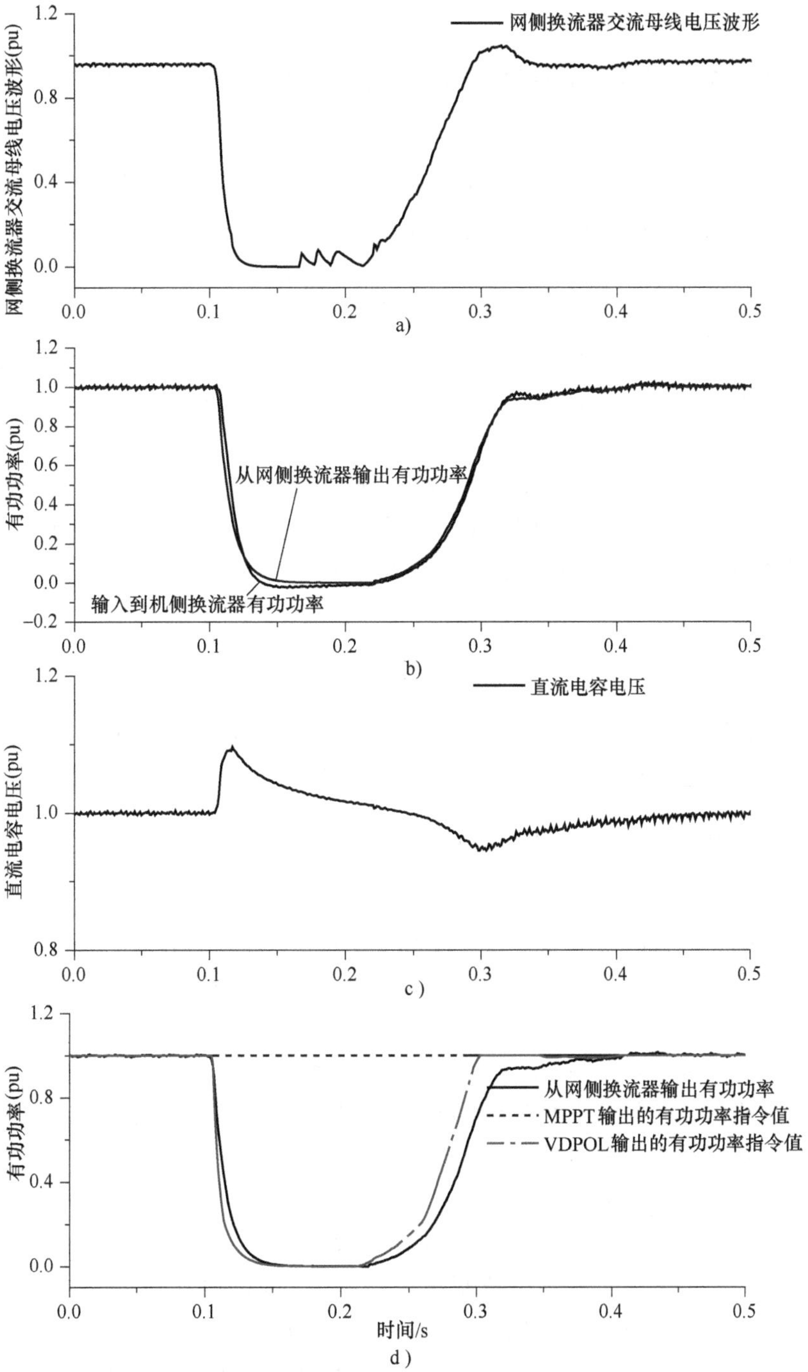

图 10-41　近区故障时风电机组响应特性

a）网侧换流器交流母线电压波形　b）输入到机侧换流器和从网侧换流器输出的有功功率　c）直流电容电压
d）MPPT 输出的有功功率指令值和 VDPOL 输出的有功功率指令值以及从网侧换流器输出的有功功率

线电压波形，图 10-41b 是输入到机侧换流器和从网侧换流器输出的有功功率，图 10-41c 是直流电容电压，图 10-41d 是 MPPT 输出的有功功率指令值和 VDPOL 输出的有功功率指令值以及从网侧换流器输出的有功功率。

10.9 提高电力系统惯性水平的协调控制策略[12]

如上一节所述，当海上风电场通过柔性直流输电系统向陆上电网送电时，海上 VSC 负责为海上风电场提供固定频率和固定幅值的交流同步电源，陆上 VSC 负责控制柔性直流输电系统的直流侧电压。因而通过柔性直流输电系统送到陆上电网的功率实际上是不可控的，即海上风电场输出多少功率，陆上电网就接受多少功率。在这种海上风电“直进直出”的控制模式下，海上风电场的输出功率与陆上交流电网的运行状态完全解耦，从而给陆上交流电网的运行造成多方面的不利影响。本节我们将重点讨论如何提高海上风电接入对陆上交流系统的惯性支持问题。

所谓交流系统的“惯性”，指的是交流系统中发电出力与负荷不平衡时，交流系统频率变化的速度快慢。惯性越大，对于同样水平的功率不平衡，频率变化就越慢，其机理描述如下。当研究慢速频率变化时，可以将整个交流系统等效为一台发电机带一个负荷，交流系统的频率变化可以用式（10-27）来描述：

$$2H\frac{\mathrm{d}\omega}{\mathrm{d}t}=\Delta P \tag{10-29}$$

式中，H 为交流系统等效发电机的惯性时间常数；ω 是等效发电机的转子转速，与等效交流系统的频率完全等价；ΔP 是等效发电机的机械功率与电磁功率之偏差，代表了发电出力与所带负荷的不平衡量。显然，在 ΔP 固定的情况下，H 越大，$\frac{\mathrm{d}\omega}{\mathrm{d}t}$就越小，交流系统频率的变化就越慢。

如果海上风电场的输出功率与陆上交流电网的运行状态完全解耦，那么随着海上风电场容量的增加，整个电网的等效惯性时间常数 H 就会下降，在负荷变化和系统故障下，就会导致较大的频率偏差，严重影响电力系统安全稳定运行。为此，本节介绍一种提高电网惯性水平的风电场接入系统控制策略，这种控制策略的优势是不依赖于通信系统，具有极强的鲁棒性。此控制策略由电网侧换流器直流电压偏差控制、海上风电场侧换流器变频控制和海上风电机组的有功功率控制 3 部分组成。

电网侧换流器直流电压偏差控制策略为

$$U_{\mathrm{dc}}^{*}=U_{\mathrm{dcN}}+K_{\mathrm{U}}\Delta f_{\mathrm{grid}} \tag{10-30}$$

式中，U_{dc}^{*}为网侧换流器的直流电压控制指令值；U_{dcN}为网侧换流器直流侧电压额定值；Δf_{grid}为陆上交流电网实际频率相对于额定频率的偏差；K_{U}为比例系数。

上述控制策略的意义是：当陆上交流电网频率低于额定频率时，Δf_{grid}为负值，经 K_{U}变换后使得直流电压控制指令值 U_{dc}^{*}小于直流电压额定值；当陆上交流电网频率高于额定频率时，Δf_{grid}为正值，经 K_{U}变换后使得直流电压指令值 U_{dc}^{*}大于直流电压额定值。

海上风电场侧换流器变频控制策略为

$$f_{\mathrm{WF}}^{*}=f_{\mathrm{WFN}}+K_{\mathrm{f}}\Delta U_{\mathrm{dc}} \tag{10-31}$$

式中，f_{WF}^{*}为海上风电场侧换流器的定频率控制指令值（该换流器负责为海上风电场提供固定频率和固定幅值的交流同步电源）；f_{WFN}为海上风电场侧换流器所控制频率的额定值；ΔU_{dc}为海上风电场侧换流器直流侧电压相对于其额定值的偏差；K_{f}为比例系数。

上述控制策略的意义是：当柔性直流输电系统直流侧电压低于额定电压时，ΔU_{dc}为负值，经K_{f}变换后使得海上风电场侧换流器的定频率控制指令值f_{WF}^{*}小于其额定值f_{WFN}；当柔性直流输电系统直流侧电压高于额定电压时，ΔU_{dc}为正值，经K_{f}变换后使得海上风电场侧换流器的定频率控制指令值f_{WF}^{*}大于其额定值f_{WFN}。

海上风电机组的有功功率控制策略为

$$P_{\mathrm{W}}^{*}=P_{\mathrm{t}}^{*}-K_{\mathrm{P}}\Delta f_{\mathrm{WF}} \tag{10-32}$$

式中，P_{W}^{*}为海上风电机组的有功功率指令值；P_{t}^{*}为海上风电机组按照最大风功率跟踪控制确定的有功功率指令值；Δf_{WF}为海上风电场交流电网频率相对于其额定值的偏差；K_{P}为比例系数。

上述控制策略的意义是：当海上风电场交流电网频率低于其额定值时，Δf_{WF}为负值，经K_{P}变换后使得海上风电机组的有功功率指令值P_{W}^{*}大于按最大风功率跟踪控制确定的有功功率指令值P_{t}^{*}，即动用风电机组转子中的旋转动能输出电磁功率；当海上风电场交流电网频率高于其额定值时，Δf_{WF}为正值，经K_{P}变换后使得海上风电机组的有功功率指令值P_{W}^{*}小于按最大风功率跟踪控制确定的有功功率指令值P_{t}^{*}，即弃掉一部分风功率。

上述提高交流电网惯性水平的海上风电场接入系统控制策略示意图如图 10-42 所示。采用上述控制策略后，交流电网的负荷增减会影响海上风电场输出功率的大小，即海上风电场会对陆上交流电网提供惯性支持。当一个额定容量为 300MW 的海上风电场通过柔性直流输电系统接入到一个小型陆上电网时，陆上电网发生负荷突增或突减时不同控制方式下的典型响应特性如图 10-43 和图 10-44 所示[12]。其中，初始状态下海上风电场发出有功功率 258MW，并与陆上同步发电机共同承担陆上负荷；负荷突增的条件是从 400MW + j100Mvar 突增到 440MW + j110Mvar，负荷突减的条件是从 440MW + j110Mvar 突减到 400MW + j100Mvar。

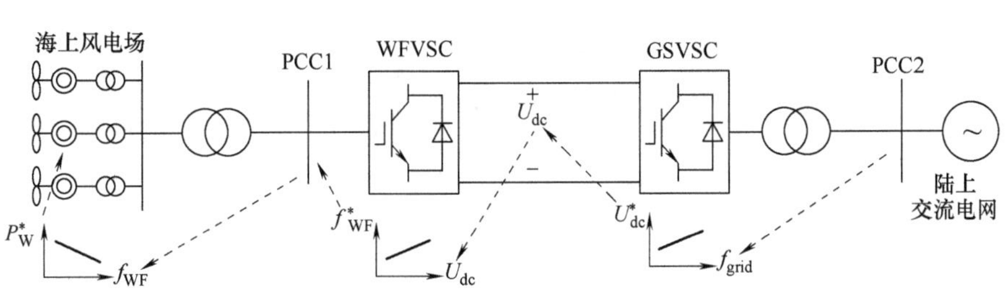

图 10-42 提高交流电网惯性水平的海上风电场接入系统控制策略示意图

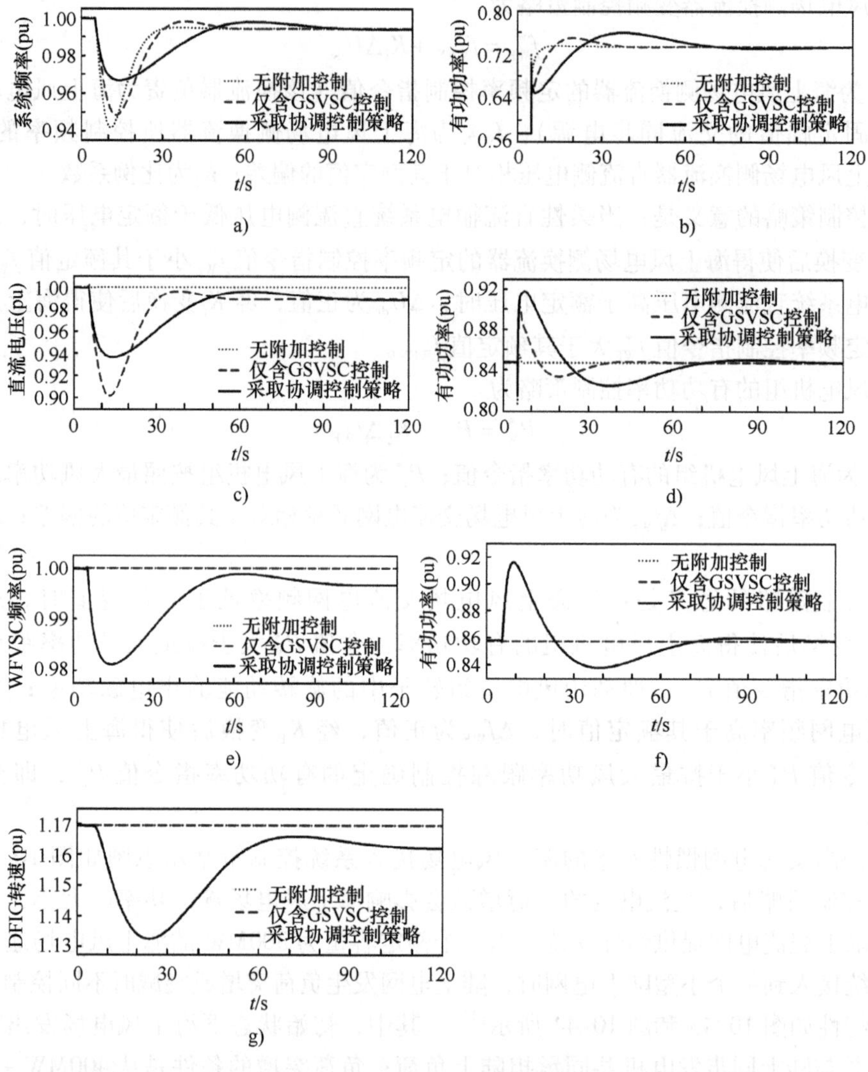

图 10-43　负荷从 400MW 突增到 440MW 时不同控制方式的响应特性比较

a）陆上交流电网频率　b）陆上同步发电机有功功率　c）柔性直流系统直流电压　d）网侧 VSC 输出有功功率
e）WFVSC 提供的风电场频率　f）海上风电场输出有功功率　g）海上风电机组转速

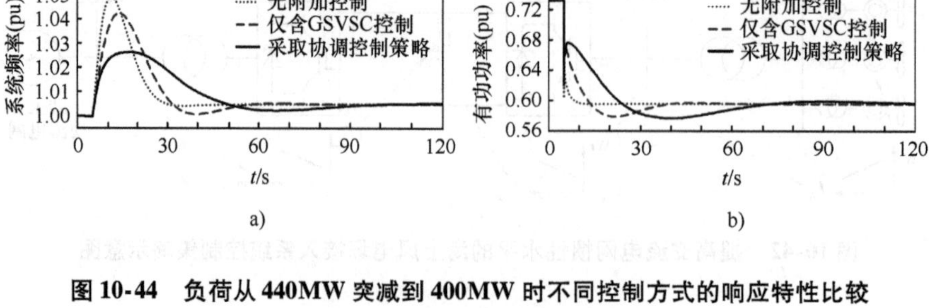

图 10-44　负荷从 440MW 突减到 400MW 时不同控制方式的响应特性比较

a）陆上交流电网频率　b）陆上同步发电机有功功率

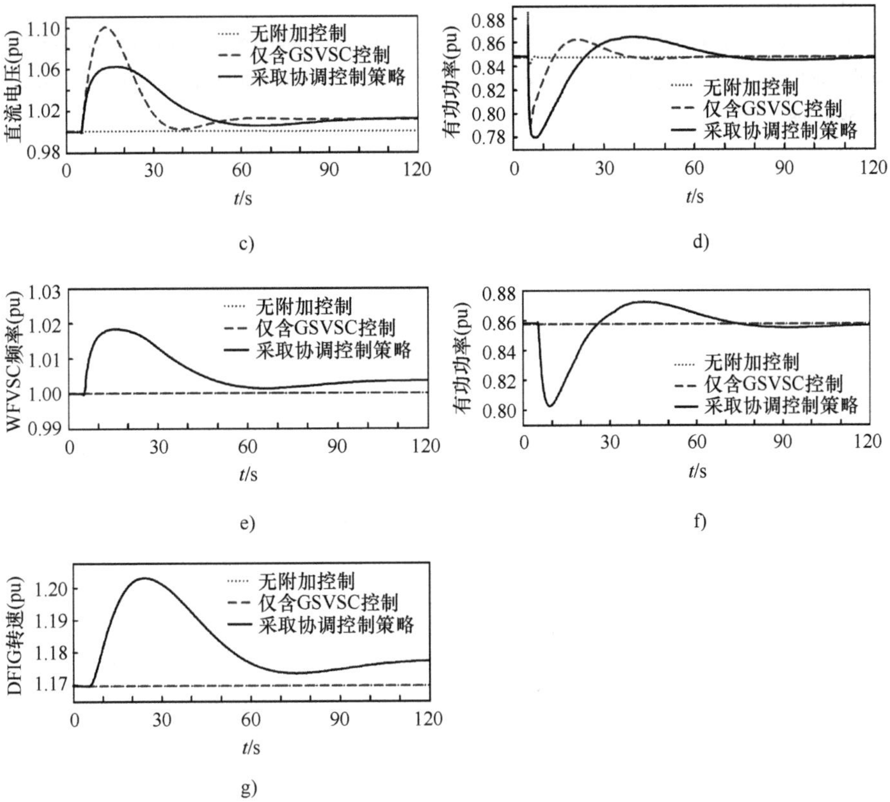

图 10-44　负荷从 440MW 突减到 400MW 时不同控制方式的响应特性比较（续）

c）柔性直流系统直流电压　d）网侧 VSC 输出有功功率　e）WFVSC 提供的风电场频率

f）海上风电场输出有功功率　g）海上风电机组转速

参 考 文 献

[1] 杨方，尹明，刘林. 欧洲海上风电并网技术分析与政策解读 [J]. 能源技术经济，2011，23（10）：51-55.

[2] http://www.tennettso.de/site/en/Tasks/offshore/our-projects/overview.

[3] http://en.wikipedia.org/wiki/List_of_HVDC_projects.

[4] http://en.wikipedia.org/wiki/List_of_Offshore_Wind_Farms.

[5] http://www.energy.siemens.com/us/en/power-transmission/grid-access-solutions/references.htm.

[6] Atlantic Wind Connection [Online]. Available：http://atlanticwindconnection.com/.

[7] Olimpo Anaya-lara，et al. 风力发电的模拟与控制 [M]. 徐政，译. 北京：机械工业出版社，2011.

[8] Qiao W. Dynamic Modeling and Control of Doubly Fed Induction Generators Driven by Wind Turbines [C]. Proceedings of IEEE PES Power Systems Conference & Exposition，2009.

[9] Bin Wu，et al. 风力发电系统的功率变换与控制 [M]. 卫三民，等译. 北京：机械工业出版社，2012.

[10] Kundur P. Power system stability and control [M]. New York：McGraw-Hill Inc.，1994：813-815.

[11] 于洋，徐政，徐谦，等. 永磁直驱式风机采用混合直流并网的控制策略 [J]. 中国电机工程学报，2016，36 (11)：2863-2870.

[12] Li Y，Zhang Z，Yang Y，et al. Coordinated control of wind farm and VSC-HVDC system using capacitor energy and kinetic energy to improve inertia level of power systems. International Journal of Electrical Power and Energy Systems，2014，(59)：79-92.

第 11 章 柔性直流输电系统的电磁暂态快速仿真方法

11.1 问题的提出

在电磁暂态仿真时，IGBT 和二极管等电力电子开关器件的模拟是最耗仿真时间的，因为开关器件的伏安特性是非线性的。为了避免直接求解非线性网络所遇到的困难，在交直流电力系统的电磁暂态仿真中，对开关器件的伏安特性都做了一定的简化[1]。最常用的简化方法是把开关器件在断态和通态下的伏安特性曲线分别用一条直线来等效。通常有两种模拟开关器件的方法。第一种方法是变拓扑的方法，开关器件关断状态用开路来表示，开关器件导通状态用短路来表示；第二种方法是变参数的方法，常见的做法是用适当的高电阻等效开关器件的断态，适当的低电阻等效开关器件的通态。采用上述方法以后，开关器件在某个确定的状态下就具有线性元件的特性，但只要网络中有一个开关器件状态改变，描述网络的方程就必须跟着改变。在交直流电力系统电磁暂态仿真中，无论采用哪种方法，原则上开关器件状态每变化一次，就需要重新建立一次网络方程。这对于开关器件数量巨大的 MMC 型柔性直流输电系统，几乎是难以实现的。

目前构成 MMC 最常用的子模块类型为半桥子模块，即使采用最简化的半桥子模块电路模型，如图 2-2 所示，一个子模块就包含 2 个 IGBT、2 个二极管和一个电容器。我们以舟山五端柔性直流输电系统为例来计算该工程包含的子模块数量和开关器件数量。舟山工程每端 MMC 包含 6 个桥臂，每个桥臂包含 250 个子模块，因此，整个系统包含的子模块数量为 $5\times6\times250=7500$ 个，整个系统包含的开关器件数为 $7500\times4=30000$ 个。假设采用了较优化的调制策略，使得每个开关器件的开关频率降到 250Hz，这样，每个开关器件一个工频周期内需要开关 5 次，即其状态需要改变 5 次。因此，一个工频周期内，整个系统的开关状态改变数为 $30000\times5=15$ 万次。这意味着对舟山五端柔性直流输电系统进行一个工频周期（20ms）的仿真，就要建立整个系统的网络方程 15 万次，这在实际仿真中是难以接受的。

因此，如何缩短建立网络方程的时间，就成为 MMC 型柔性直流输电系统电磁暂态仿真的一个十分关键的问题，特别是需要进行实时数字仿真时。采用分块交接变量方程法[1-3]，可以将开关器件集中在专门的几个分块中，开关器件状态改变时只要改变对应分块的网络方程，而不需要改变整个系统的网络方程，因而能够大大减少仿真过程中建立整个系统网络方程的次数，从而可以大幅度提高仿真速度。另外，采用分块交接变量方程法，可以运用并行计算方法同时对各分块进行计算，从而达到实时或超实时仿真的要求。分块交接变量方程法需要在所研究电网的离散化伴随模型上才能实施，本质上是一种针对大规模线性方程组的降阶求解方法。下面先讨论电网的离散化伴随模型及其建立过程。

11.2 电磁暂态仿真的实现途径和离散化伴随模型[1]

目前，电力系统电磁暂态仿真程序几乎无一例外地都采用离散化伴随模型法进行求解，离散化伴随模型法的求解过程如下：①先挑选适当的数值积分公式，把描述单个元件特性的微分方程做离散化处理，形成单个元件的离散化伴随模型；②根据单个元件的离散化伴随模型建立整个电网的离散化伴随网络；③通过对整个电网的离散化伴随网络的求解，得到某个时间离散点上的解；④利用当前时刻已求得的解递推下一个离散时刻的离散化伴随模型；重复②~④即可得到系统在一系列时间离散点上的解。离散化伴随模型法的特点是将网络中的所有分布参数元件和集中参数储能元件等效为一个电导和一个与之并联的电流源的组合，从而把用微分方程描述的网络方程转化为用代数方程描述的网络方程，将复杂的电力网络的暂态分析问题转化为了相对简单的离散化伴随网络的直流分析问题。而对离散化伴随网络的直流分析通常采用节点电压分析法，可以充分利用节点导纳矩阵的稀疏性，从而大大提高网络的求解效率。

选择合适的数值积分公式对保证电磁暂态仿真的精度具有十分重要的意义。对数值积分公式的选择，一般从如下3个方面加以考虑[1]：第一，选择的数值积分公式必须具有良好的数值稳定性；第二，数值积分公式的局部截断误差必须比较小；第三，数值积分公式必须具有较好的自起动特性。根据上述3点，目前电力系统电磁暂态仿真常用的数值积分公式有两种，一种是梯形公式，另一种是后退 Euler 公式。下面推导最基本的电感元件和电容元件的离散化伴随模型。

首先推导电阻-电感串联支路的离散化伴随模型。电阻-电感串联支路如图 11-1a 所示。描述 R-L 串联支路的微分方程为

$$u = Ri + L\frac{\mathrm{d}i}{\mathrm{d}t} \tag{11-1}$$

因此

$$\frac{\mathrm{d}i}{\mathrm{d}t} = \frac{1}{L}(u - Ri) \tag{11-2}$$

如采用梯形公式进行离散化，设步长为 h，则

$$i_{n+1} = i_n + \frac{h}{2}(i'_n + i'_{n+1}) = i_n + \frac{h}{2L}(u_n - Ri_n + u_{n+1} - Ri_{n+1}) \tag{11-3}$$

因此

$$i_{n+1} = \frac{h}{2L+hR}u_{n+1} + \left(\frac{h}{2L+hR}u_n + \frac{2L-hR}{2L+hR}i_n\right) = G_{\mathrm{TLR}}u_{n+1} + J_{\mathrm{TLR}n} \tag{11-4}$$

$$u_{n+1} = \frac{2L+hR}{h}i_{n+1} - \left(u_n + \frac{2L-hR}{h}i_n\right) = R_{\mathrm{TLR}}i_{n+1} - E_{\mathrm{TLR}n} \tag{11-5}$$

其离散化伴随模型分别如图 11-1b 和 c 所示。

如采用后退 Euler 公式进行离散化，则离散化方程为

$$i_{n+1}=\frac{h}{L+hR}u_{n+1}+\frac{L}{L+hR}i_n=G_{\mathrm{ELR}}u_{n+1}+J_{\mathrm{ELR}n} \tag{11-6}$$

$$u_{n+1}=\frac{L+hR}{h}i_{n+1}-\frac{L}{h}i_n=R_{\mathrm{ELR}}i_{n+1}-E_{\mathrm{ELR}n} \tag{11-7}$$

其离散化伴随模型结构仍然如图 11-1b 和 c 所示，只是 G_{LR}、$J_{\mathrm{LR}n}$和 R_{LR}、$E_{\mathrm{LR}n}$的表达式不同。

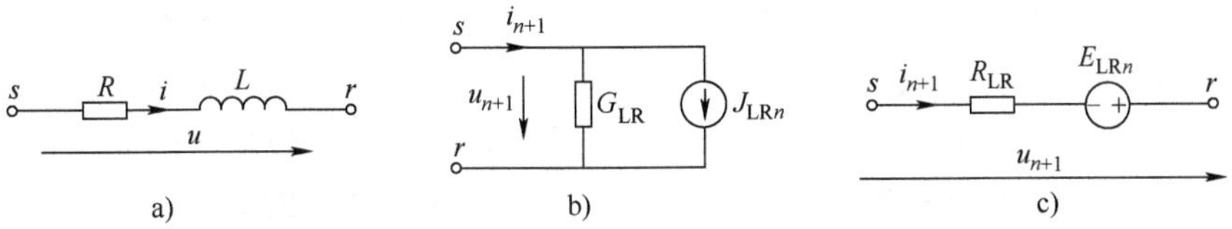

图 11-1　电感-电阻串联支路的离散化伴随模型

a）原始电路　b）Norton 离散化伴随模型　c）Thevenin 离散化伴随模型

下面推导电容支路的离散化伴随模型。电容支路如图 11-2a 所示。描述电容支路的微分方程为

$$i=C\frac{\mathrm{d}u}{\mathrm{d}t} \tag{11-8}$$

如采用梯形公式进行离散化，设步长为 h，

$$\begin{aligned}u_{n+1}&=u_n+\frac{h}{2}(u_n'+u_{n+1}')=u_n+\frac{h}{2C}(i_n+i_{n+1})=\frac{h}{2C}i_{n+1}+\left(u_n+\frac{h}{2C}i_n\right)\\&=R_{\mathrm{TC}}i_{n+1}+E_{\mathrm{TC}n}\end{aligned} \tag{11-9}$$

而

$$i_{n+1}=\frac{2C}{h}u_{n+1}-\left(i_n+\frac{2C}{h}u_n\right)=G_{\mathrm{TC}}u_{n+1}-J_{\mathrm{TC}n} \tag{11-10}$$

其离散化伴随模型分别如图 11-2b 和 c 所示。

如采用后退 Euler 公式进行离散化，则离散化方程为

$$u_{n+1}=u_n+hu_{n+1}'=u_n+\frac{h}{C}i_{n+1}=\frac{h}{C}i_{n+1}+u_n=R_{\mathrm{EC}}i_{n+1}+E_{\mathrm{EC}n} \tag{11-11}$$

$$i_{n+1}=\frac{C}{h}u_{n+1}-\frac{C}{h}u_n=G_{\mathrm{EC}}u_{n+1}-J_{\mathrm{EC}n} \tag{11-12}$$

其离散化伴随模型结构仍然如图 11-2b 和 c 所示，只是 G_{C}、$J_{\mathrm{C}n}$和 R_{C}、$E_{\mathrm{C}n}$的表达式不同。

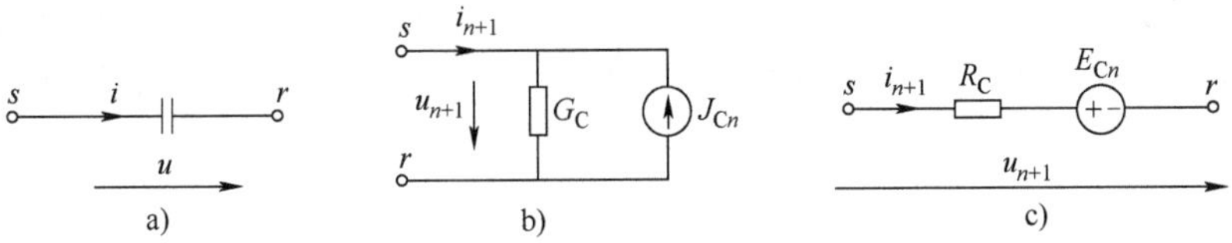

图 11-2　电容支路的离散化伴随模型

a）原始电路　b）Norton 离散化伴随模型　c）Thevenin 离散化伴随模型

如果把电力系统中所有非线性元件都用分段线性化的方法化为分段线性元件，则交直流电力系统的电磁暂态仿真是通过求解各时间分段上的线性网络来实现的。因此如何精确确定各时间分段的边界点即断点以及断点上的初始值就成为交直流电力系统电磁暂态仿真的一个

重要问题。根据常微分方程初值问题的 Cauchy 定理，要使常微分方程 $x'(t)=f(x,\ t)$ 在求解的时间段内有解且唯一，一个必不可少的条件是 $f(x,\ t)$ 在该时间段内连续。但当计算时步内有断点时，上述条件通常不能满足。例如对于电感元件，描述其特性的微分方程为 $i'(t)=u(t)/L$，在断点上，只有状态量 $i(t)$ 是连续的，而 $u(t)$ 可能会发生突变。因此，当计算时步内出现断点时，从微分方程解的存在性和唯一性考虑，必须将求解过程以断点时刻作为边界。因此，如果按照严格的数学理论，在交直流电力系统电磁暂态仿真中，必须以断点时刻作为边界一个时间段接着一个时间段地进行网络求解。但这种做法在工程实践上相当不方便，特别是当一个时步内出现多个断点时，处理起来效率极低。因此，目前商业化的电力系统电磁暂态仿真程序在断点的处理上都有自己一些独到的做法。

基于梯形公式所得出的储能元件的离散化模型中，等效电流源取决于当前步的电流和电压两个量的大小。例如对于电感元件，用梯形公式可导出其离散化伴随模型为

$$i_{n+1}=i_n+\frac{1}{2}[i'_n+i'_{n+1}]h=\frac{h}{2L}u_{n+1}+\left(i_n+\frac{h}{2L}u_n\right)=Gu_{n+1}+J_n \tag{11-13}$$

式中，h 为步长。显然等效电流源 J_n取决于当前步的电流 i_n和电压 u_n。

现假定 t_n时刻为网络断点，则 $t_{n+1}=t_n+h$ 点网络的解与 t_{n+}（断点后瞬间）时刻网络中储能元件上的电流 i_{n+}和电压 u_{n+}有关。但对于任何一种储能元件，在断点时刻，电流和电压两个量中只能保证一个是连续的，即其中只有一个量（该元件的状态量）可以直接取自断点前一瞬间（t_{n-}）的值，而另一个量（状态量的导数）必须采用其他方法来求出，否则梯形离散化模型无法起动。如果仍然使用断点前一瞬间（t_{n-}）状态量的导数值来计算断点后的网络状态，极有可能引起数值振荡。

在基于后退 Euler 公式所得出的储能元件的离散化模型中，等效电流源只取决于储能元件当前步状态量的大小。例如对于电感元件，用后退 Euler 公式可导出其离散化伴随模型为

$$i_{n+1}=i_n+hi'_{n+1}=\frac{h}{L}u_{n+1}+i_n=Gu_{n+1}+J_n \tag{11-14}$$

可见其等效电流源 J_n只取决于当前步的电流 i_n，并且其等效电导 G 是梯形离散化模型的 2 倍，或者说当步长减半时后退 Euler 离散化模型的等效电导与梯形离散化模型的等效电导相等。由于基于后退 Euler 公式所导出的储能元件的离散化伴随模型的等效电流源只与当前步储能元件状态量的大小有关，而断点时刻储能元件的状态量是连续的，因此后退 Euler 离散化模型能够直接在断点处起动。

目前，电力系统电磁暂态仿真的一种成功做法是采用后退 Euler 公式来进行断点后第一步的计算，并且步长减半，从断点后第二步开始再使用梯形公式，这样就避免了梯形公式在断点处理上的困难。

11.3 基于分块交接变量方程法的 MMC 快速仿真

在传统直流输电系统电磁暂态仿真时，为了减少每次开关器件状态改变而需要重新建立整个系统网络方程的计算量，提出了基于网络分块的分块交接变量方程法[2-3]。网络分块的原则是按拓扑常变与拓扑不变进行子网络的划分，各子网络独立列方程并独立求解，各子网

络间的相互作用通过交接变量来体现。特别需要指出的是，分块交接变量方程法的基础是离散化伴随网络模型，即分块交接变量方程法是针对离散化伴随网络而实施的，其对象是线性代数方程而非微分方程。

对于 MMC 的电磁暂态仿真，为了减少子模块开关器件状态频繁改变而需要重新建立整个 MMC 网络方程的计算量，本章参考文献［4］提出了基于分块交接变量方程法的 MMC 快速仿真方法。该方法将 MMC 的离散化伴随网络分解为桥臂子网络与非桥臂子网络，如图 11-3a 所示，其中点画线框内的为桥臂子网络，点画线框外的为非桥臂子网络。基于分块交接变量方程法的 MMC 快速仿真方法基本步骤如下：首先，求出点画线框内的桥臂离散化伴随子网络的交接变量方程，该交接变量方程的等效电路就是该子网络的时变 Thevenin 等效电路，如图 11-3b 所示。其次，将桥臂离散化伴随子网络的时变 Thevenin 等效电路替代 MMC 离散化伴随网络中的桥臂离散化伴随子网络，得到包含所有交接变量的 MMC 的等效网络，如图 11-3c 所示。然后，求解这个包含所有交接变量的 MMC 的等效网络，得到 MMC 各个离散化伴随子网络的所有交接变量。最后，将这些交接变量代回到各自的离散化伴随子网络中，求出各离散化伴随子网络中的所有物理量。注意图 11-3 中的相关元件都应该采用其对应的离散化伴随模型，图中为了简化没有专门标出。

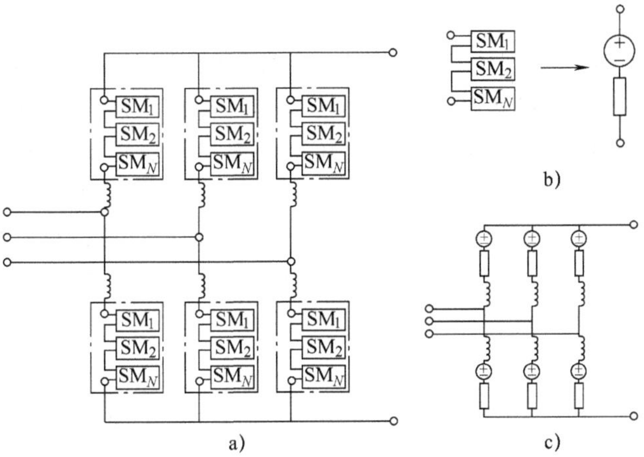

图 11-3　MMC 的分块方法及其交接变量等效电路

a）MMC 的分块方法　b）桥臂分块及其时变 Thevenin 等效电路　c）MMC 的交接变量等效网络

11.3.1　受控子模块构成的桥臂的 Thevenin 等效模型

如前面所述，求出桥臂离散化伴随子网络的时变 Thevenin 等效电路是 MMC 电磁暂态快速仿真方法的第一步。MMC 的桥臂由多个子模块串联而成，子模块的结构根据使用场合的需要分为不同的类型，这里主要推导 3 种最常见子模块结构的时变 Thevenin 等效电路，其他结构子模块的时变 Thevenin 等效电路可以按照相同的方法导出。所讨论的 3 种子模块结构分别为半桥子模块（HBSM）、全桥子模块（FBSM）和钳位双子模块（CDSM），如图 11-4 所示。

1. 半桥子模块的时变 Thevenin 等效电路

在子模块正常受控条件下，IGBT 及其反并联二极管 VD 作为一个整体可以被看作为一

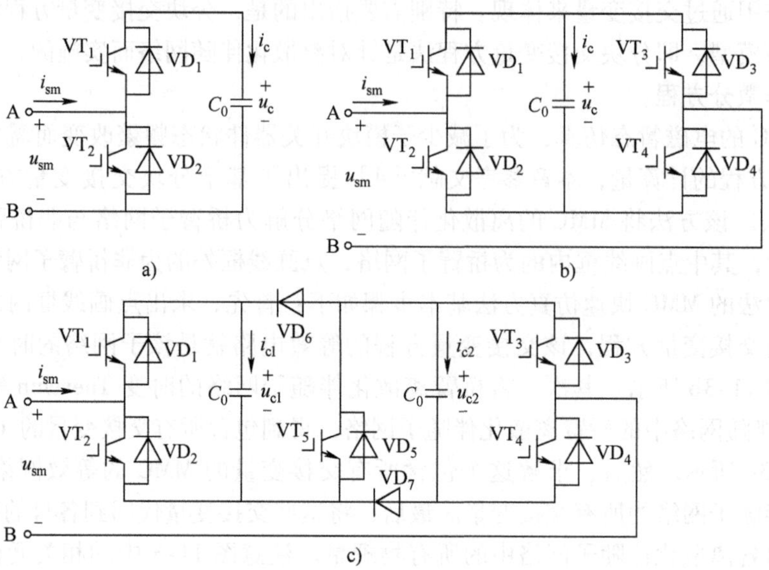

图 11-4 常见的 3 种子模块结构

a）半桥子模块 b）全桥子模块 c）钳位双子模块

个开关 IGBT&VD，因而可被视为一个由开关指令控制的可变电阻。当 IGBT&VD 导通时，其可变电阻取较小的值；当 IGBT&VD 关断时，其可变电阻值取较大的值。对于一般的电磁暂态仿真软件，如果仿真目的不是为了计算 MMC 的损耗的话，IGBT&VD 导通状态下的可变电阻值取 0.01Ω，IGBT&VD 关断状态下的可变电阻值取 1MΩ，可以得到较好的效果。

根据图 11-2c 所示电容支路的 Thevenin 离散化伴随模型，可以得到半桥子模块的等效电路如图 11-5 所示。其中 R_1、R_2 为上下 IGBT&VD 开关的等效可变电阻。

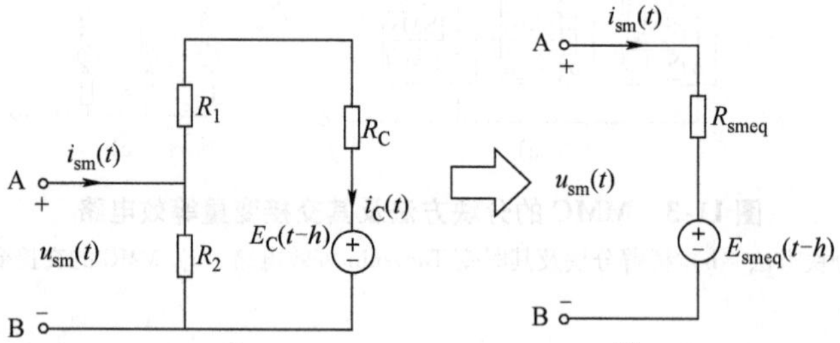

图 11-5 离散化处理后的半桥子模块等效电路及其 Thevenin 等效电路

求从图 11-5（a）AB 端口看进去的 Thevenin 等效电路，可以得到

$$u_{sm}(t) = R_{smeq} i_{sm}(t) + E_{smeq}(t-h) \tag{11-15}$$

其中，

$$R_{smeq} = \frac{R_2(R_1 + R_C)}{R_1 + R_2 + R_C} \tag{11-16}$$

$$E_{smeq}(t-h) = \frac{R_2}{R_1 + R_2 + R_C} E_C(t-h) \tag{11-17}$$

另有，

$$i_C(t)=\frac{R_2 i_{sm}(t)-E_C(t-h)}{R_1+R_2+R_C} \tag{11-18}$$

在得到单个子模块的 Thevenin 等效电路后，就可以求出整个桥臂的 Thevenin 等效电路。设整个桥臂的 Thevenin 等效电路如图 11-6 所示，下面推导整个桥臂的 Thevenin 等效电路。

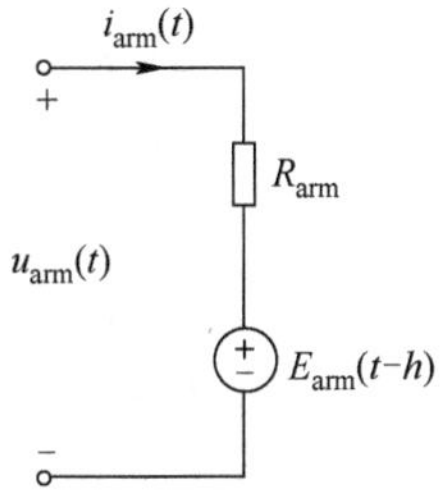

图 11-6　整个桥臂的 Thevenin 等效电路

一个桥臂是由 N 个半桥子模块串联而成的。因此，一个桥臂的瞬时输出电压 $u_{arm}(t)$ 等于此桥臂中全部 N 个子模块的输出端口电压 $u_{sm}(t)$ 之和，且 $i_{arm}(t)=i_{sm}(t)$，即

$$u_{arm}(t)=\sum_{i=1}^{N}u_{sm}^{i}(t)=\left(\sum_{i=1}^{N}R_{smeq}^{i}\right)i_{arm}(t)+\sum_{i=1}^{N}E_{smeq}^{i}(t-h)=R_{arm}i_{arm}(t)+E_{arm}(t-h) \tag{11-19}$$

从而可以得到

$$R_{arm}=\sum_{i=1}^{N}R_{smeq}^{i}=\sum_{i=1}^{N}\frac{R_2^i(R_1^i+R_C^i)}{R_1^i+R_2^i+R_C^i} \tag{11-20}$$

$$E_{arm}(t-h)=\sum_{i=1}^{N}E_{smeq}^{i}(t-h)=\sum_{i=1}^{N}\frac{R_2^i}{R_1^i+R_2^i+R_C^i}E_C^i(t-h) \tag{11-21}$$

2. 全桥子模块的时变 Thevenin 等效电路

求解全桥子模块所构成桥臂的时变 Thevenin 等效电路与求解半桥子模块所构成桥臂的时变 Thevenin 等效电路类似。先将全桥子模块中的 4 个 IGBT&VD 开关等效为 4 个可变电阻，再将全桥子模块中的电容用其 Thevenin 离散化伴随模型代替，就得到如图 11-7 所示的全桥子模块等效电路图。

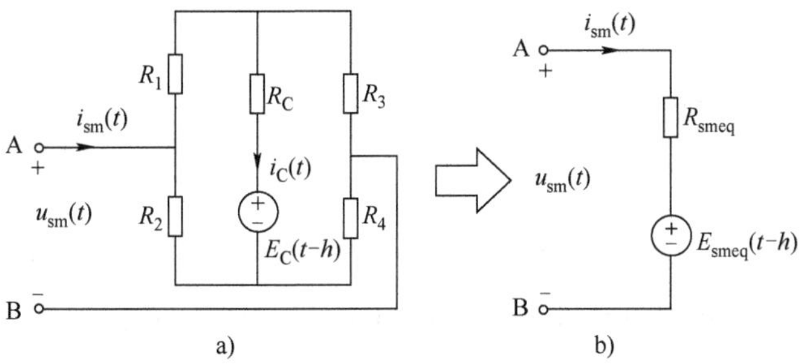

图 11-7　离散化处理后的全桥子模块等效电路及其 Thevenin 等效电路

求从图 11-7a 中 AB 端口看进去的 Thevenin 等效电路，可以得到

$$R_{smeq}=\frac{R_1R_A-R_3R_E}{R_M} \tag{11-22}$$

$$E_{smeq}(t-h)=\frac{(R_1R_B-R_3R_D)}{R_M}E_C(t-h) \tag{11-23}$$

另有，

$$i_c(t)=\frac{(R_A+R_E)i_{sm}(t)+(R_B+R_D)E_C(t-h)}{R_M} \tag{11-24}$$

其中，

$$R_A=R_2(R_c+R_3+R_4)+R_cR_4 \tag{11-25}$$

$$R_B=-(R_3+R_4) \tag{11-26}$$

$$R_E=-[R_4\cdot(R_1+R_2+R_c)+R_c\cdot R_2] \tag{11-27}$$

$$R_D=-(R_1+R_2) \tag{11-28}$$

$$R_M=(R_1+R_2)\times(R_3+R_4)+R_c\times(R_1+R_2+R_3+R_4) \tag{11-29}$$

求整个桥臂 Thevenin 等效电路的方法与半桥子模块完全相同，不再赘述。

3. 钳位双子模块的时变 Thevenin 等效电路

钳位双子模块在受控状态下的运行模式有 4 种，如表 11-1 所示。根据表 11-1，$IGBT_5$&VD_5 可用短路表示，VD_6 和 VD_7 可用开路表示，其他 4 个 IGBT&VD 开关用 4 个可变电阻表示，再将钳位双子模块中的 2 个电容用其 Thevenin 离散化伴随模型代替，就得到如图 11-8 所示的钳位双子模块等效电路图。

表 11-1 钳位双子模块受控状态下的运行模式

	VT_1	VT_2	VT_3	VT_4	VT_5	VD_6	VD_7	U_{HBSM1}	U_{HBSM2}	u_{sm}	i_{sm}
受控状态	1	0	0	1	1	0	0	U_c	U_c	$2U_c$	—
	1	0	1	0	1	0	0	U_c	0	U_c	—
	0	1	0	1	1	0	0	0	U_c	U_c	—
	0	1	1	0	1	0	0	0	0	0	—

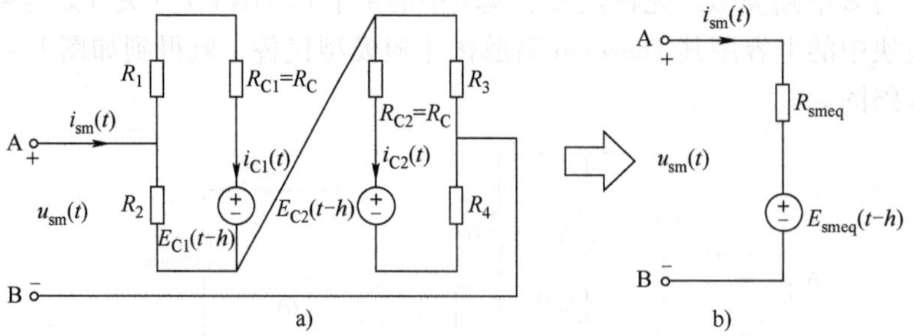

图 11-8 离散化处理后的钳位双子模块等效电路及其 Thevenin 等效电路

求从图 11-8a 中的 AB 端口看进去的 Thevenin 等效电路，可以得到

$$R_{smeq}=\frac{R_2(R_1+R_C)}{R_1+R_2+R_C}+\frac{R_3(R_4+R_C)}{R_3+R_4+R_C} \tag{11-30}$$

$$E_{smeq}(t-h)=\frac{R_2}{R_1+R_2+R_C}E_{C1}(t-h)+\frac{R_3}{R_3+R_4+R_C}E_{C2}(t-h) \tag{11-31}$$

$$i_{C1}(t)=\frac{R_2 i_{sm}(t)-E_{C1}(t-h)}{R_1+R_2+R_C} \tag{11-32}$$

$$i_{C2}(t)=\frac{R_3 i_{sm}(t)-E_{C2}(t-h)}{R_3+R_4+R_C} \tag{11-33}$$

求整个桥臂 Thevenin 等效电路的方法与半桥子模块完全相同，不再赘述。

11.3.2 IGBT 闭锁时桥臂的 Thevenin 等效模型

一旦子模块中的 IGBT 闭锁，子模块就变为二极管电路，其运行状态取决于流过子模块的电流方向。又由于同一个桥臂中的子模块流过的是同一个电流，因此同一个桥臂中的子模块的运行状态是完全一致的。这是与前述子模块在受控条件下的运行状态有很大不同的，因为子模块在受控条件下，同一个桥臂中的不同子模块可能处于不同的运行状态。下面分别推导 3 种最常见的子模块结构在 IGBT 闭锁条件下的时变 Thevenin 等效电路，其他结构子模块在 IGBT 闭锁条件下的时变 Thevenin 等效电路可以按照相同的方法导出。

1. 半桥子模块在 IGBT 闭锁条件下的时变 Thevenin 等效电路[5]

在 IGBT 闭锁条件下，半桥子模块的等效电路如图 11-9 所示。由于 VD_1 和 VD_2 为静态元件，其离散化伴随模型与原始模型一致，因此在半桥子模块离散化处理时仍然保留 VD_1 和 VD_2 的原始形式，而不像上一节那样用 R_1 和 R_2 来替代。保留 VD_1 和 VD_2 的好处是可以利用电磁暂态仿真软件本身来处理 VD_1 和 VD_2 开通和关断时的断点问题，而不需要用户直接介入对 VD_1 和 VD_2 的模拟。$i_C(t)$ 随子模块电流的方向而定，如下式所示。

$$i_C(t)=\begin{cases} i_{sm}(t) & 当\ i_{sm}(t)>0\ 时 \\ 0 & 当\ i_{sm}(t)<0\ 时 \end{cases} \tag{11-34}$$

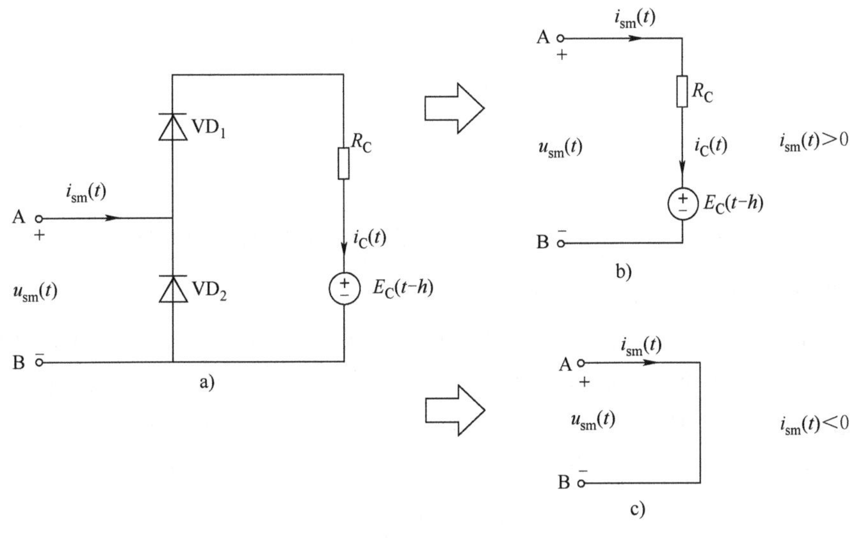

图 11-9　IGBT 闭锁条件下半桥子模块的离散化等效电路

在 IGBT 闭锁条件下，同一桥臂中的所有子模块满足如下两个条件：第一，图 11-9 中 VD_1 和 VD_2 的导通状态是互斥的，即任何时刻 VD_1 和 VD_2 中只有一个导通；第二，由于流过桥臂的是同一个电流，故所有子模块的运行状态是完全一致的，即所有子模块中 VD_1 和

VD_2 的导通状态是完全一致的。根据这两个条件，容易得到单桥臂的时变 Thevenin 等效电路如图 11-10 所示。在图 11-10 中，

$$R_{arm} = \sum_{i=1}^{N} R_C^i \tag{11-35}$$

$$E_{arm}(t-h) = \sum_{i=1}^{N} E_C^i(t-h) \tag{11-36}$$

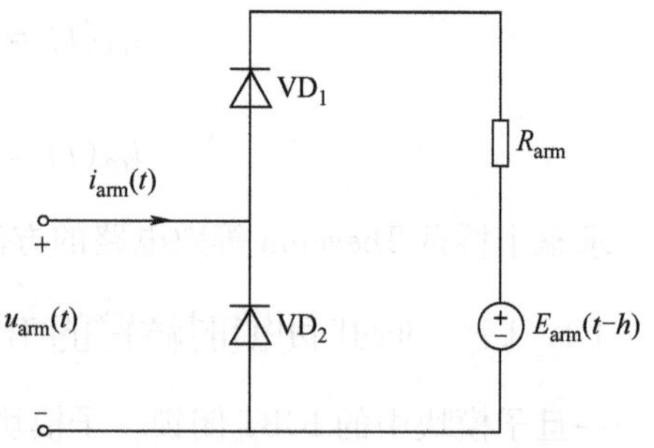

图 11-10 IGBT 闭锁条件下半桥子模块构成的单桥臂的时变 Thevenin 等效电路

2. 全桥子模块在 IGBT 闭锁条件下的时变 Thevenin 等效电路

在 IGBT 闭锁条件下，全桥子模块的等效电路如图 11-11 所示。由于 VD_1、VD_2、VD_3、VD_4 为静态元件，其离散化伴随模型与原始模型一致，因此在全桥子模块离散化处理时仍然保留 VD_1、VD_2、VD_3、VD_4 的原始形式，而不像上一节那样用 R_1、R_2、R_3、R_4 来替代。保留 VD_1、VD_2、VD_3、VD_4 的好处是可以利用电磁暂态仿真软件本身来处理 VD_1、VD_2、VD_3、VD_4 开通和关断时的断点问题，而不需要用户直接介入对 VD_1、VD_2、VD_3、VD_4 的模拟。$i_C(t)$ 随子模块电流的方向而定，如式（11-37）所示。

$$i_C(t) = \begin{cases} i_{sm}(t) & 当\ i_{sm}(t) > 0\ 时 \\ -i_{sm}(t) & 当\ i_{sm}(t) < 0\ 时 \end{cases} \tag{11-37}$$

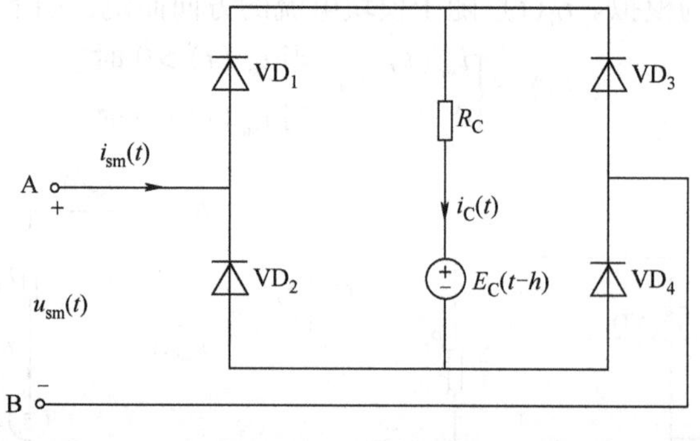

图 11-11 IGBT 闭锁条件下全桥子模块的离散化等效电路

在 IGBT 闭锁条件下，同一桥臂中的所有子模块满足如下两个条件：第一，图 11-11 中 VD_1、VD_4 和 VD_2、VD_3 的导通状态是互斥的，即任何时刻 VD_1、VD_4 和 VD_2、VD_3 中只有一对导通；第二，由于流过桥臂的是同一个电流，故所有子模块的运行状态是完全一致的，即所有子模块中 VD_1、VD_4 和 VD_2、VD_3 的导通状态是完全一致的。根据这两个条件，容易得到单桥臂的时变 Thevenin 等效电路如图 11-12 所示。在图 11-12 中，

$$R_{arm} = \sum_{i=1}^{N} R_C^i \tag{11-38}$$

$$E_{arm}(t-h) = \sum_{i=1}^{N} E_C^i(t-h) \tag{11-39}$$

3. 钳位双子模块在 IGBT 闭锁条件下的时变 Thevenin 等效电路

在 IGBT 闭锁条件下，钳位双子模块等效电路如图 11-13 所示。由于 VD_1、VD_2、VD_3、

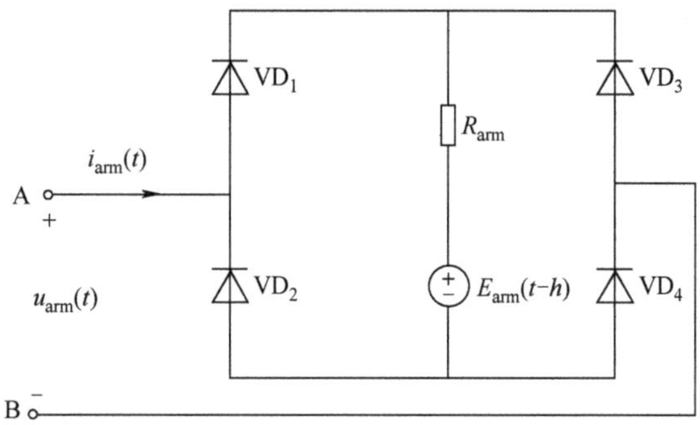

图 11-12　IGBT 闭锁条件下全桥子模块构成的单桥臂的时变 Thevenin 等效电路

VD_4、VD_5、VD_6、VD_7 为静态元件，其离散化伴随模型与原始模型一致，因此在钳位双子模块离散化处理时仍然保留 VD_1、VD_2、VD_3、VD_4、VD_5、VD_6、VD_7 的原始形式。保留 VD_1、VD_2、VD_3、VD_4、VD_5、VD_6、VD_7 的好处是可以利用电磁暂态仿真软件本身来处理 VD_1、VD_2、VD_3、VD_4、VD_5、VD_6、VD_7 开通和关断时的断点问题，而不需要用户直接介入对 VD_1、VD_2、VD_3、VD_4、VD_5、VD_6、VD_7 的模拟。$i_{C1}(t)$ 和 $i_{C2}(t)$ 随子模块电流的方向而定，如式（11-40）所示。

$$i_{C1}(t)=i_{C2}(t)=\begin{cases} i_{sm}(t) & 当\ i_{sm}(t)>0\ 时 \\ -i_{sm}(t)/2 & 当\ i_{sm}(t)<0\ 时 \end{cases} \tag{11-40}$$

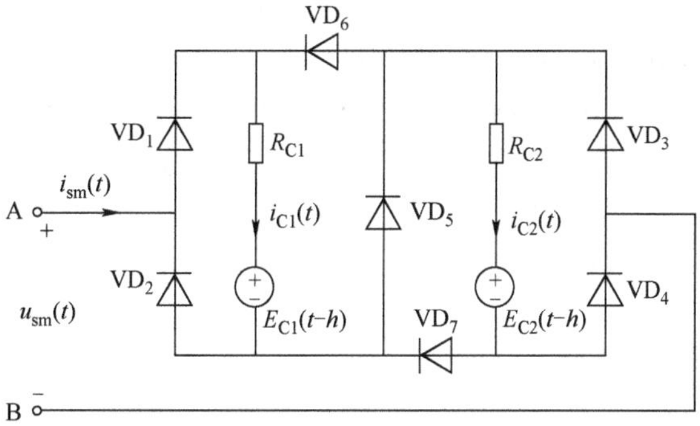

图 11-13　IGBT 闭锁条件下钳位双子模块的离散化等效电路

在 IGBT 闭锁条件下，同一桥臂中的所有子模块满足如下两个条件：第一，图 11-13 中 VD_1、VD_4、VD_5 和 VD_2、VD_3、VD_6、VD_7 的导通状态是互斥的，即任何时刻 VD_1、VD_4、VD_5 和 VD_2、VD_3、VD_6、VD_7 中只有一组导通；第二，由于流过桥臂的是同一个电流，故所有子模块的运行状态是完全一致的，即所有子模块中 VD_1、VD_4、VD_5 和 VD_2、VD_3、VD_6、VD_7 的导通状态是完全一致的。根据这两个条件，容易得到单桥臂的时变 Thevenin 等效电路如图 11-14 所示。在图 11-14 中，

$$R_{arm1}=\sum_{i=1}^{N}R_{C1}^{i} \tag{11-41}$$

$$R_{arm2}=\sum_{i=1}^{N}R_{C2}^{i} \tag{11-42}$$

$$E_{arm1}(t-h)=\sum_{i=1}^{N}E_{C1}^{i}(t-h) \tag{11-43}$$

$$E_{arm2}(t-h) = \sum_{i=1}^{N} E_{C2}^{i}(t-h) \tag{11-44}$$

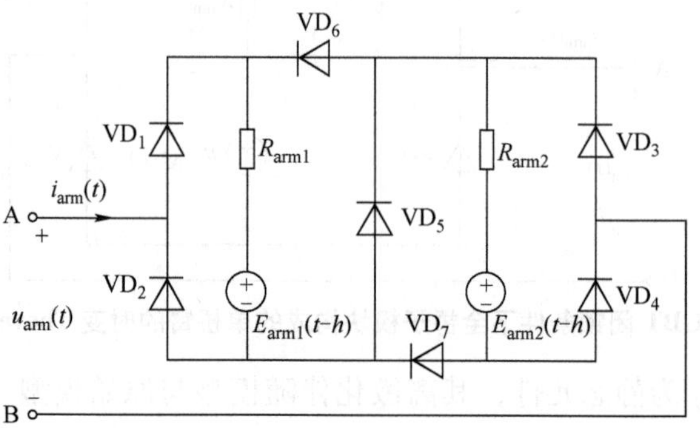

图 11-14 IGBT 闭锁条件下钳位双子模块构成的单桥臂的时变 Thevenin 等效电路

11.3.3 全状态桥臂等效模型

全状态桥臂等效模型能够在任何时刻模拟桥臂的行为，包括子模块中的 IGBT 处于受控状态和子模块中的 IGBT 处于闭锁状态两种情况。全状态桥臂等效模型通过将 IGBT 受控状态下的桥臂 Thevenin 等效模型与 IGBT 闭锁状态下的桥臂 Thevenin 等效模型相串联而构成。任何时刻只有其中的一个等效电路起作用，另一个等效电路处于短路状态。具体做法是用受控电阻模拟 Thevenin 等效电阻，用受控电压源模拟 Thevenin 等效电动势。当所模拟的桥臂 Thevenin 等效电路起作用时，其 Thevenin 等效电阻和 Thevenin 等效电动势按照前面已经导出的公式进行计算；当所模拟的桥臂 Thevenin 等效电路不起作用即处于短路状态时，则将其 Thevenin 等效电阻和 Thevenin 等效电动势分别置零。比如，对于由钳位双子模块构成的桥臂，其全状态等效模型如图 11-15 所示。

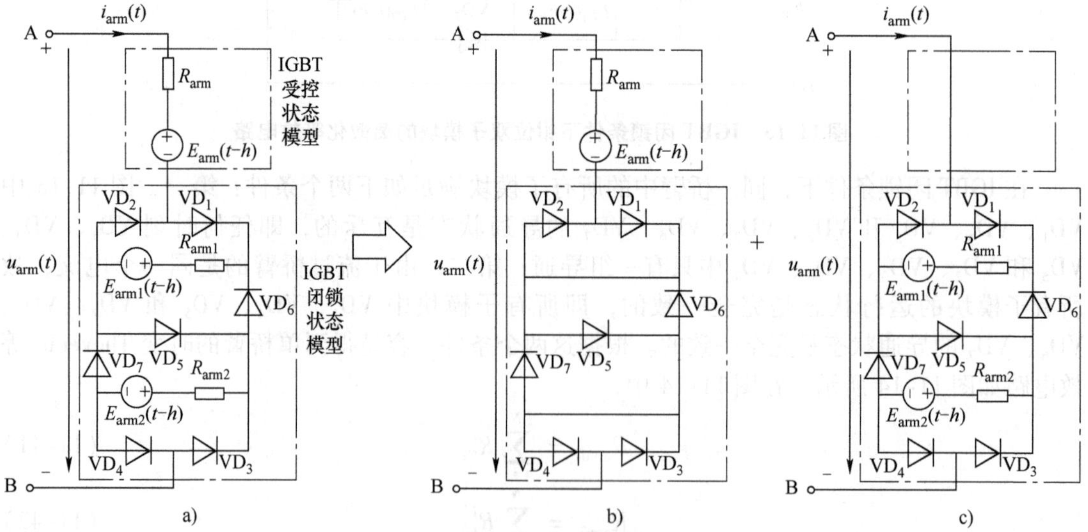

图 11-15 钳位双子模块桥臂全状态等效模型

a）全状态等效模型 b）IGBT 受控状态计算电路 c）IGBT 闭锁状态计算电路

11.4　MMC 电磁暂态快速仿真相关测试

采用 2.4.6 节的单端 400kV、400MW 测试系统进行 MMC 电磁暂态快速仿真的相关测试。测试的目的是比较基于梯形公式对子模块电容进行离散化与基于后退 Euler 公式对子模块电容进行离散化所得仿真结果的差别。设置的运行工况如下：交流等效系统线电动势有效值为 210kV，即相电动势幅值 $U_{sm}=171.5\text{kV}$；直流电压 $U_{dc}=400\text{kV}$；MMC 运行于整流模式，有功功率 $P_v=400\text{MW}$，无功功率 $Q_v=0\text{Mvar}$。平波电抗器电感和电阻分别为 $L_{dc}=200\text{mH}$ 和 $R_{dc}=0.1\Omega$。MMC 的相关参数重新列于表 11-2。仿真软件采用 PSCAD/EMTDC，控制器控制频率 $f_{ctrl}=50\text{kHz}$，仿真步长 $h=20\mu\text{s}$。仿真中子模块电容电压的平衡采用基于完全排序与整体投入的电容电压平衡策略[6]。

表 11-2　单端 400kV、400MW 测试系统具体参数

参　数	数　值
MMC 额定容量 S_{vN}/MVA	400
直流电压 U_{dc}/kV	400
交流系统额定频率 f_0/Hz	50
交流系统等效电抗 L_{ac}/mH	24
每个桥臂子模块数目 N	20
子模块电容 C_0/μF	666
桥臂电感 L_0/mH	76
桥臂电阻 R_0/Ω	0.2

设仿真开始时（$t=0\text{ms}$），测试系统已进入稳态运行，$t=40\text{ms}$ 时在平波电抗器出口处发生直流端口短路，故障后 40ms 换流器闭锁，仿真过程持续到 $t=160\text{ms}$。图 11-16 给出了 3 种模型下的直流侧短路电流仿真结果，包括所有子模块采用实际结构（简称真实模型）、桥臂时变 Thevenin 等效电路采用梯形公式求得（简称梯形法）和桥臂时变 Thevenin 等效电路采用后退 Euler 法求得（简称后退 Euler 法）。图 11-17 给出了 3 种模型下的 a 相上桥

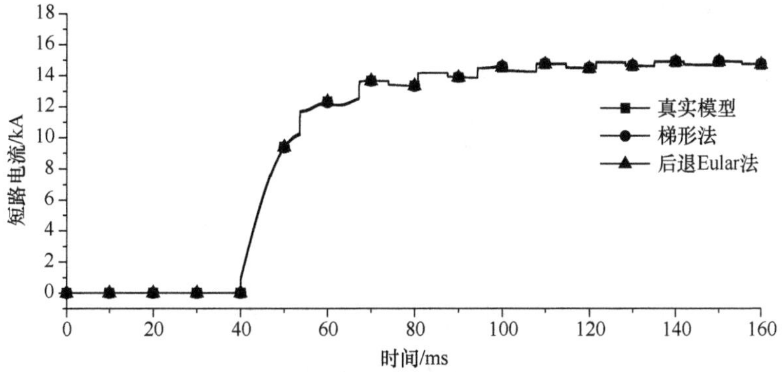

图 11-16　3 种模型下的直流侧短路电流

臂电流波形，图 11-18 给出了 3 种模型下的 a 相上桥臂第 1 个子模块的电容电压波形，图 11-19 给出了 3 种模型下的 a 相上桥臂第 1 个子模块的电容电流波形，图 11-20 给出了 3 种模型下 a 相上桥臂子模块电容电压集合平均值，图 11-21 给出了 3 种模型下 a 相上桥臂子模块电容电流集合平均值。

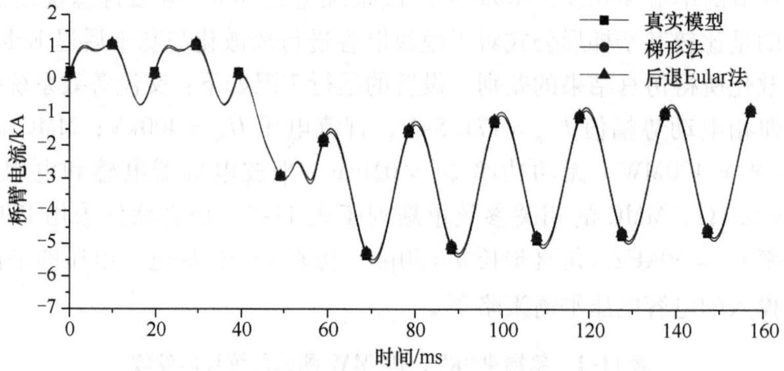

图 11-17 3 种模型下的 a 相上桥臂电流波形

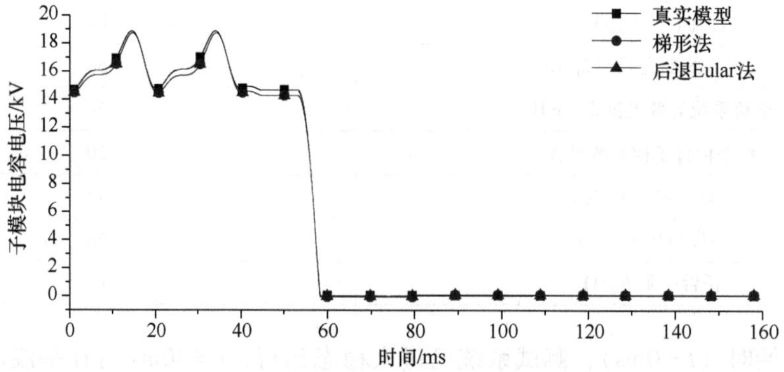

图 11-18 3 种模型下的 a 相上桥臂第 1 个子模块的电容电压波形

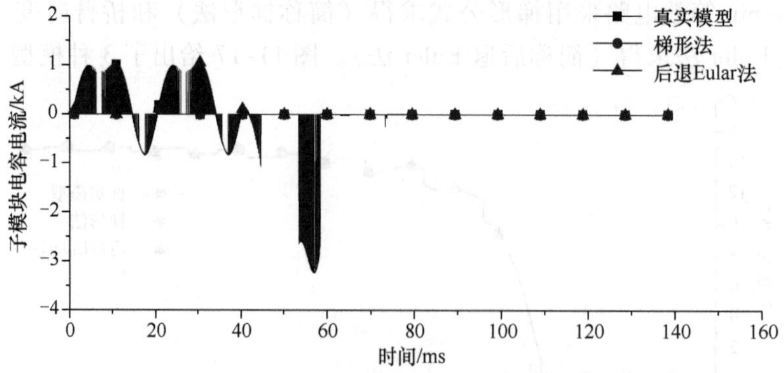

图 11-19 3 种模型下的 a 相上桥臂第 1 个子模块的电容电流波形

从图 11-16～图 11-21 可以看出，3 种模型下的仿真结果吻合得很好，说明采用梯形法与采用后退 Eular 法对子模块电容进行离散化并不会对仿真结果产生大的影响；另一方面，

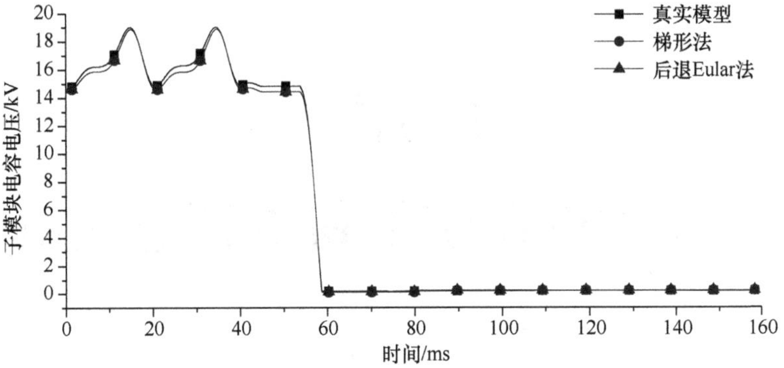

图 11-20　3 种模型下 a 相上桥臂子模块电容电压集合平均值

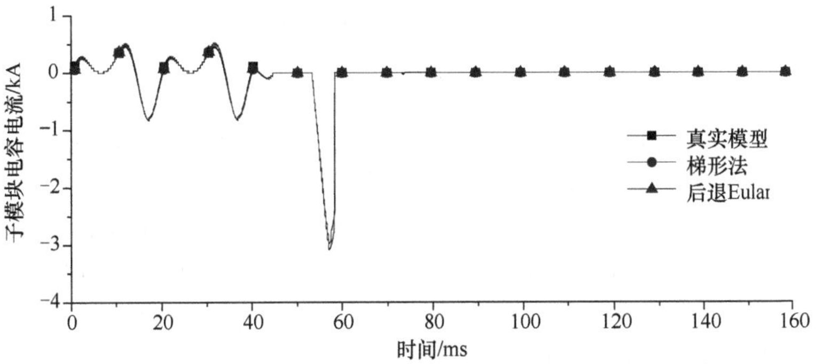

图 11-21　3 种模型下 a 相上桥臂子模块电容电流集合平均值

MMC 直流侧短路后，如果持续很长时间不闭锁的话，子模块电容电压必然放电到零。

参 考 文 献

[1] 徐政. 交直流电力系统动态行为分析 [M]. 北京：机械工业出版社，2004：91-95.

[2] Xu Z, Dai X, Zhao L. The digital simulation of HVDC system by diakoptic interface variable equation approach [C]. Proceedings of International Conference on Power System Technology, Beijing, China, 1991: 440-443.

[3] 徐政. 直流输电系统离散模型拓扑分块法数字仿真 [J]. 电网技术，1994，18 (2)：1-5.

[4] Gnanarathna U N, Gole A M, Jayasinghe R P. Efficient Modeling of Modular Multilevel HVDC Converters (MMC) on Electromagnetic Transient Simulation Programs [J]. IEEE Transactions On Power Delivery, 2011, 26 (1): 316-324.

[5] 唐庚，徐政，刘昇. 改进式模块化多电平换流器快速仿真方法 [J]. 电力系统自动化，2014，38 (24)：56-61，85.

[6] Gemmell B, Dorn J, Retzmann D, et al. Prospects of Multilevel VSC Technologies for Power Transmission [C]. Proceedings of IEEE T&D Conference and Exposition, Chicago, USA, 2008.

第12章 柔性直流输电系统的机电暂态仿真方法

12.1 问题的提出

从现代大电网的角度来看，柔性直流输电系统或柔性直流输电网仅仅是大电网的一个元件或者是一个子系统。大电网的规划、设计和运行无不与大电网的机电暂态过程分析密切相关。比如，电力系统日常运行时，每天都要对大电网的潮流分布和暂态稳定性进行计算。因此，建立柔性直流输电系统机电暂态仿真的数学模型和计算方法就显得非常必要。从实用的角度来看，电力系统机电暂态仿真已有非常成熟和广泛接受的工业级应用软件，比如国内应用较多的 BPA 和 PSASP 软件，国际上应用较多的 PSS/E 软件等。因此，根据不同的目的，对柔性直流输电系统机电暂态仿真模型的开发要求也是完全不同的。对于电力系统分析软件的使用者来说，开发柔性直流输电系统或柔性直流输电网机电暂态仿真模型的原因是因为已有电力系统机电暂态仿真软件中缺乏该模型或者该模型还不能满足使用要求。本章从电力系统分析软件使用者的角度，介绍如何将柔性直流输电系统或柔性直流输电网的机电暂态模型嵌入到已有的电力系统机电暂态仿真软件中，本章基于的电力系统机电暂态仿真软件是 PSS/E 软件，对于其他电力系统机电暂态仿真软件，其实现流程是类似的。

电力系统机电暂态仿真有两个基本特征[1]：①是从电力大系统整体考虑的稳定性分析，核心问题是研究发电机转子相互之间的摇摆过程，因此主要关注的是能量的传递，与能量传递关系不密切的因素都可以忽略不计。②在数学模型上，忽略发电机定子侧暂态过程，即不计 PARK 方程中的变压器电动势；网络用正序基波阻抗表示，采用代数方程描述，物理量为基波相量。

根据电力系统机电暂态仿真的上述两个基本特征，柔性直流系统在整个电力大系统中属于电网部分。由于电网部分在电力系统机电暂态仿真中是用正序基波阻抗表示的，采用代数方程描述；因此，作为电网部分的一个元件或一个子电网，柔性直流系统对交流电网的作用也只能用其正序基波特性来表示，且同样采用代数方程描述。实际上，对于柔性直流输电的换流器，不管是二电平或三电平的 VSC，还是模块化多电平的 MMC，我们一般都是在交流系统对称平衡无谐波的条件下才能得到其基波解析模型；在不对称和有谐波条件下，推导柔性直流输电换流器的解析模型并不容易。

研究柔性直流系统机电暂态建模主要是要解决两个问题：一是如何计算含柔性直流系统的交直流系统的潮流；二是如何用数学方程描述柔性直流系统的外部响应特性。

12.2　机电暂态仿真中柔性直流系统的一般性表示

如上节所述，在机电暂态仿真中，柔性直流系统对交流电网的作用只能用其正序基波特性来表示。因此，对于柔性直流电网的核心元件换流器，其交流侧特性可以用其正序基波等效电路来表示，第 2 章已推导出了 MMC 的正序基波等效电路，如图 12-1 所示；对于两电平或三电平 VSC，其正序基波等效电路的结构与图 12-1 类似。

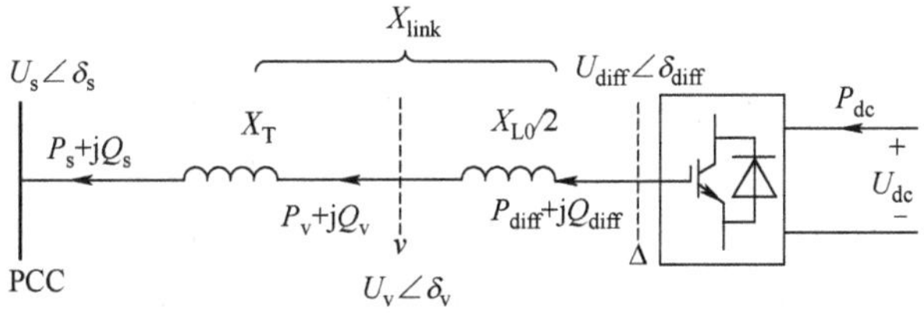

图 12-1　MMC 交流侧的正序基波等效电路

MMC 内部有大量储能电容器，在忽略损耗的条件下，稳态时 P_{dc} 与 P_s 是平衡的，MMC 内部储能电容器的储能保持不变。但在机电暂态过程中，MMC 内部储能电容器的电压会发生变化，因此 P_{dc} 与 P_s 不一定是平衡的。

为了从总体上刻画 MMC 内部电容电压的变化，我们将 MMC 内部的所有储能电容集总等效为一个电容 C_{mmc}，且 C_{mmc} 所承受的电压就是 MMC 所承受的直流侧电压 U_{dc}。即 C_{mmc} 的储能与整个 MMC 的储能保持一致，这样就有如下关系式：

$$6N\left(\frac{1}{2}C_0U_C^2\right)=\frac{1}{2}C_{\text{mmc}}U_{dc}^2 \tag{12-1}$$

而

$$U_C=\frac{U_{dc}}{N} \tag{12-2}$$

式（12-1）左边为 MMC 三相 6 个桥臂所有电容存储的能量之和，其中 C_0 为 MMC 每个子模块的电容，U_C 为 MMC 每个子模块的电容电压，U_{dc} 为直流侧正负极之间的直流电压。由式（12-1）和式（12-2）可得

$$C_{\text{mmc}}=\frac{6}{N}C_0 \tag{12-3}$$

这样我们就得到描述 MMC 电容电压变化与交直流侧功率不平衡之间的关系式为

$$P_{dc}-P_s=\frac{d}{dt}\left[\frac{1}{2}C_{\text{mmc}}U_{dc}^2\right]=C_{\text{mmc}}U_{dc}\frac{d}{dt}U_{dc} \tag{12-4}$$

即

$$C_{\text{mmc}}\frac{d}{dt}U_{dc}=\frac{P_{dc}}{U_{dc}}-\frac{P_s}{U_{dc}}=I_{dc}-I_{dcs} \tag{12-5}$$

从而可以得到机电暂态仿真中描述 MMC 直流侧特性的等效电路如图 12-2 所示。

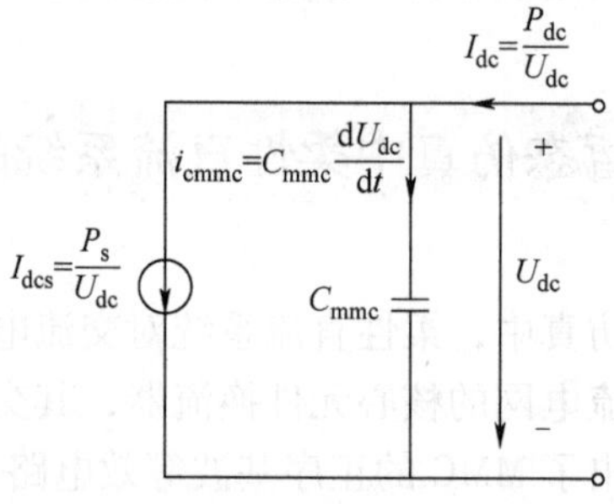

图 12-2 MMC 直流侧等效电路

包含柔性直流电网的交直流大电网的一般性结构如图 12-3 所示。在机电暂态仿真计算中，交流电网与直流电网是分别独立求解的。求解交流电网时，直流电网对交流电网的作用被看作为一个变化的功率源，直流输电的快速调节特性通过改变这个功率源的功率来实现；PSS/E 软件将换流器模拟成注入交流电网的电流源。求解直流电网时，交流电网对直流电网的作用仅仅表现在将各换流站交流母线的电压固定住；一旦各换流站交流母线电压确定，并且各换流站的控制策略确定，则各换流站的直流侧电压就是确定的，从而直流电网就是可求解的。

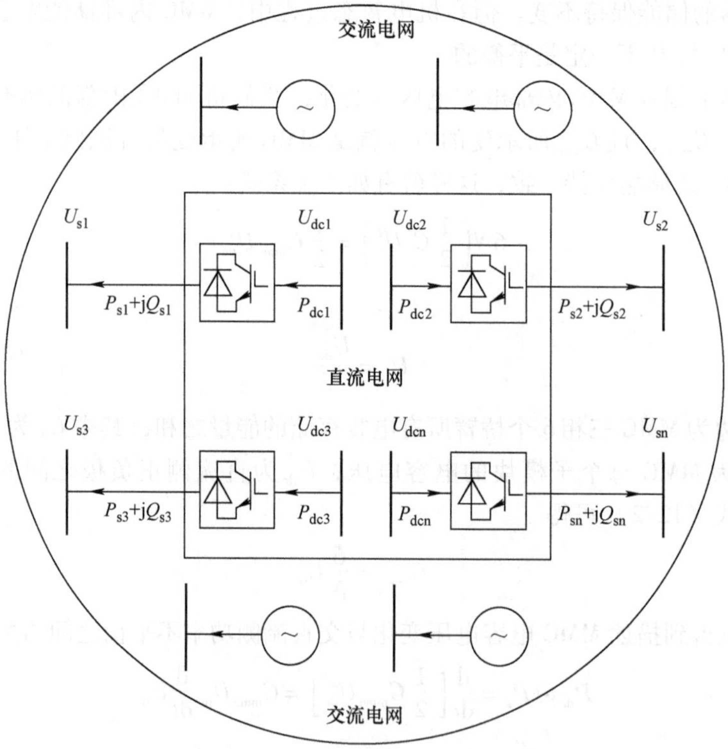

图 12-3 包含柔性直流电网的交直流大电网一般性结构

12.3　包含柔性直流电网的交直流系统潮流计算方法

上一节已论述过，在交直流大电网机电暂态仿真计算中，交流电网与直流电网是分别独立求解的。因此，交直流大电网的潮流计算分为两个部分，第 1 部分是直流电网的潮流计算，第 2 部分是交流电网的潮流计算，即先对直流电网进行潮流计算，然后对交流电网进行潮流计算。

在交直流大电网中，电压源换流站通常控制两个量，一个为有功类量，一个为无功类量。有功类量在大多数情况下就是注入交流系统的有功功率，但对于控制直流电压的换流站，有功类量就是直流电压。无功类量为从换流站注入交流系统的无功功率或换流站交流母线电压。因此，一个换流站控制的两个量有如下 4 种组合：①定交流侧有功功率和定交流侧无功功率；②定交流侧有功功率和定换流站交流母线电压；③定直流侧电压和定交流侧无功功率；④定直流侧电压和定换流站交流母线电压。在潮流计算时，认为受控的两个量是已知量。

在进行直流电网潮流计算时，需要根据直流电网的基本控制策略确定各个换流站的边界条件。直流电网基本控制策略可以归结为 3 种基本类型，即主从控制、电压裕额控制和电压下斜控制。为简单起见，我们以主从控制为例进行说明。当直流电网基本控制策略为主从控制时，直流电网中只有一个换流站控制直流电压，其他换流站都是定交流有功功率控制。因此，对于定直流电压控制站，其直流电压是已知的；而对于定交流有功功率控制换流站，扣除换流器损耗后可以认为其直流功率也是已知的。这样，直流电网潮流计算的边界条件是一个换流站直流电压已知，其余换流站直流功率已知。显然，在上述边界条件下，直流电网的潮流是可解的。

在进行交流电网潮流计算时，任何换流站注入交流电网的有功功率都是已知的；对控制模式为定交流侧无功功率的换流站，其注入交流电网的无功功率是已知的；对控制模式为定换流站交流母线电压的换流站，其交流母线的电压模值是已知的。因此，在交流电网潮流计算时，总可以将换流站交流母线当作 PQ 节点或者 PV 节点看待。

这样，可以总结出交直流大电网潮流计算的基本步骤如下：

1）确定已知量。包括定直流电压换流站的直流电压，其他定有功功率换流站注入交流系统的有功功率，换流站的交流侧无功功率或者换流站交流母线的电压模值。

2）估计每个换流站的损耗。在确定的运行状态下认为换流站的损耗是已知的，换流站损耗占比较小，可以近似估算。

3）计算每个定交流有功功率换流站的直流侧功率。已知交流侧有功功率和换流站损耗，就能计算出换流站的直流侧功率。

4）直流电网潮流计算。直流电网中，由于定直流电压换流站的直流电压、其他定交流有功功率换流站的直流侧功率均已知，因此可进行直流潮流求解并得到定直流电压换流站的直流侧功率和定有功功率换流站的直流侧电压。

5）计算定直流电压换流站注入交流系统的有功功率。已知直流侧有功功率和换流站损耗，就能计算出换流站的交流侧有功功率。

6）交流电网潮流计算。由于总可以把换流站交流母线当作 PQ 节点或者 PV 节点，因此可利用 PSS/E 对整个交流电网进行潮流计算，得到每个换流站交流母线的电压。

12.4 包含柔性直流电网的交直流系统机电暂态仿真总体思路

在交直流大电网机电暂态过程的仿真中，每一时步上的计算与交直流大电网的潮流计算都是基本类似的。每一时步的计算都分为 3 个部分，第 1 部分是各换流器状态量的计算，第 2 部分是交流电网状态量的计算，第 3 部分是直流电网状态量的计算。

假定机电暂态过程仿真已完成第 n 步的计算，此时，t_n 时刻图 12-3 中的交直流电网状态量 $\dot{U}_{\mathrm{s}}^{(n)}$、$P_{\mathrm{s}}^{(n)}+\mathrm{j}Q_{\mathrm{s}}^{(n)}$ 和 $U_{\mathrm{dc}}^{(n)}$、$I_{\mathrm{dc}}^{(n)}$、$P_{\mathrm{dc}}^{(n)}$ 都是已知的，这里上标“(n)”表示 t_n 时刻的量。下面开始第 $n+1$ 步的计算，即计算 t_{n+1} 时刻交直流电网的状态量。如前所述，我们将第 $n+1$ 步的计算分为 3 个部分。

1. 换流器状态量的计算

通常 MMC 采用直接电流控制策略，也称矢量控制策略。MMC 状态量的计算与 MMC 的控制策略密切相关，因此先将第 4 章 MMC 的双环控制器框图重新画出，如图 12-4 所示。外

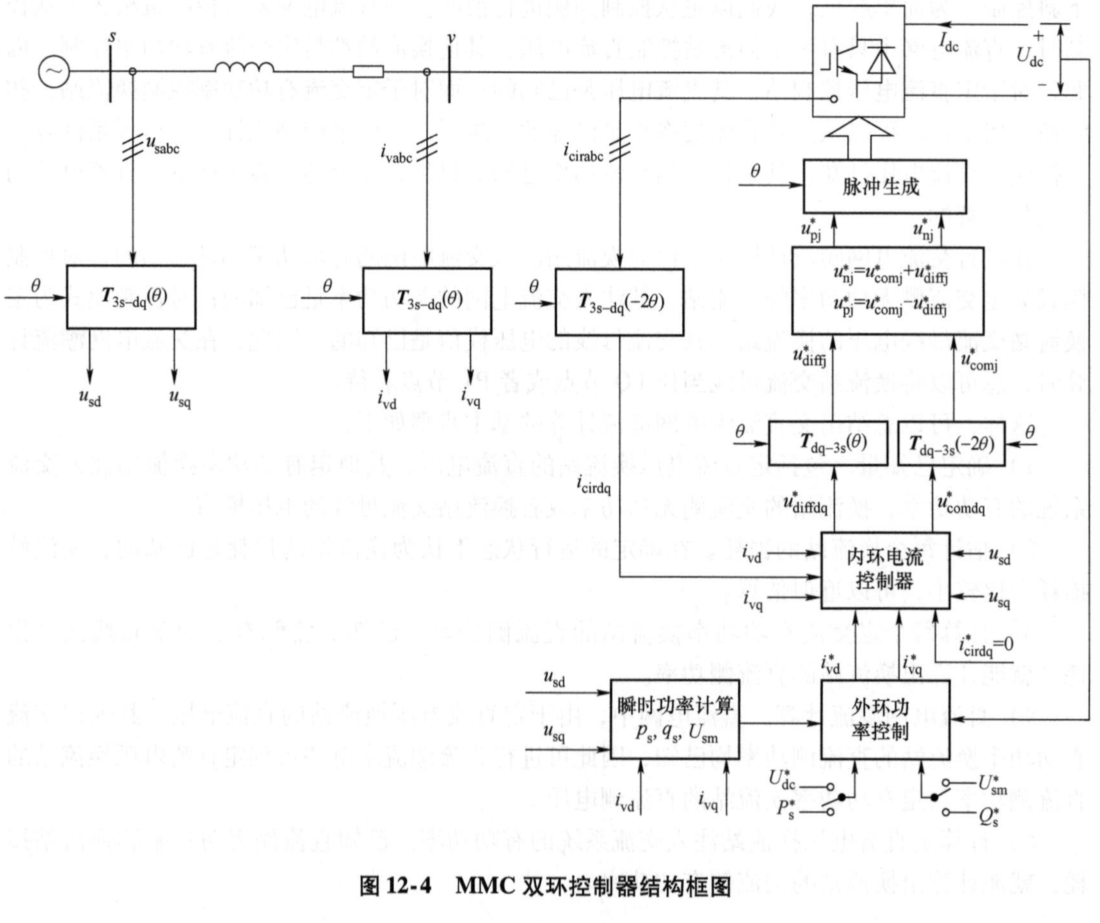

图 12-4 MMC 双环控制器结构框图

环控制器的功能是根据前述的 4 种可能控制目标（参照前述两种有功类控制目标和两种无功类控制目标），确定内环控制器的指令值 i_{vd}^* 和 i_{vq}^*；而内环控制器的功能则是根据 i_{vd}^* 和 i_{vq}^* 指令值确定 MMC 各个桥臂的输出电压指令值 u_{pj}^* 和 u_{nj}^*；而 MMC 触发控制执行 u_{pj}^* 和 u_{nj}^* 指令值后输出的实际电压 u_{pj} 和 u_{nj} 与换流站交流母线电压 u_{sj} 共同作用后产生的电流 i_{vd} 和 i_{vq} 将跟踪指令值 i_{vd}^* 和 i_{vq}^*。因此，从外环控制器的控制目标到实际输出电流经历了 3 个环节，即外环控制器、内环控制器和 MMC 内部动态过程。下面对内环控制器和 MMC 内部动态过程这两个环节的响应时间进行估算。

考察内环控制器和 MMC 的内部动态过程。根据第 4 章的分析，内环控制器和 MMC 的内部动态过程的传递函数框图如图 12-5 所示。其中 $G_{c1}(s)$ 和 $G_{c2}(s)$ 为 PI 控制器的传递函数，其一般表达式为 $G_c(s)=k_p+k_i/s$，$G(s)=1/(R+sL)$ 为描述 MMC 内部动态过程的传递函数。由于 d 轴电流环和 q 轴电流环结构对称，因此下面以 d 轴电流控制环为例进行分析。

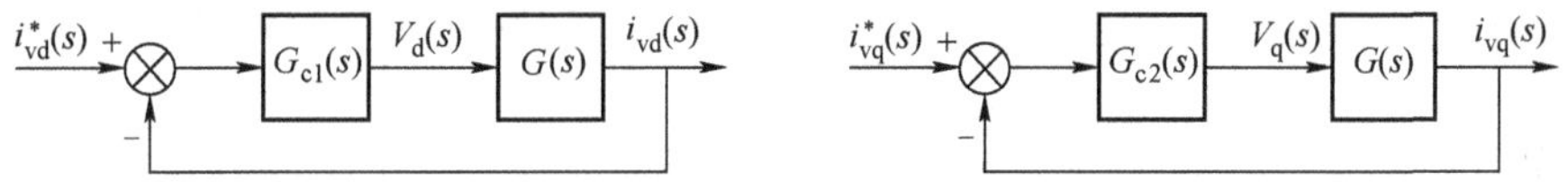

图 12-5　输出电流的 d 轴和 q 轴闭环控制系统

由图 12-5 可得 d 轴电流环的闭环传递函数为

$$H(s)=\frac{i_{vd}(s)}{i_{vd}^*(s)}=\frac{k_p s+k_i}{Ls^2+(R+k_p)s+k_i} \tag{12-6}$$

现在考察 L、R、k_p 的取值范围。这里的 L、R 与图 12-1 中的 X_{link} 相对应，通常 MMC 的 X_{link} 标幺值在 0.3pu 内（见第 3 章的参数设计部分），因此可以估算出 L 的标幺值：

$$L=\frac{X_{link}}{2\pi f}<\frac{0.3}{314.159}\approx 9.55\times 10^{-4} \tag{12-7}$$

等效电阻 R 用来等效换流站损耗，一般换流站损耗低于额定功率的 3%，等效电阻标幺值 R 为

$$R\leqslant\frac{\dfrac{0.03S_N}{I_N^2}}{Z_{ac,base}}=0.03 \tag{12-8}$$

内环 PI 控制器的比例环节的增益系数 k_p 一般会取得较大以获得较快的响应速度，从而有以下关系：

$$k_p\gg L \tag{12-9}$$

$$k_p\gg R \tag{12-10}$$

观察式（12-6）可知，传递函数 $H(s)$ 在时域中的表达式的时间常数为 $2L/k_p$，对于机电暂态的仿真步长（10ms 级）而言可以认为是瞬间完成的。因此，内环电流控制器和换流器的动态过程可以被完全忽略，认为 i_{vd} 和 i_{vq} 将瞬时跟踪指令值 i_{vd}^* 和 i_{vq}^*。

既然内环电流控制器和换流器的动态过程可以被完全忽略，那么 i_{vd} 和 i_{vq} 就可以直接由外环控制器计算得到。外环控制器有 4 种类型（参照前述两种有功类控制目标和两种无功类控制目标），第 4 章已进行了描述，这里重新罗列如下，如图 12-6 ~ 图 12-9 所示：

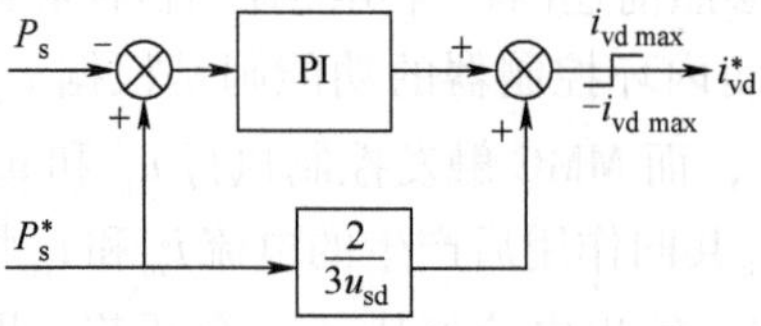

图 12-6 外环功率控制器 P_s^* 给定时的有功类控制回路

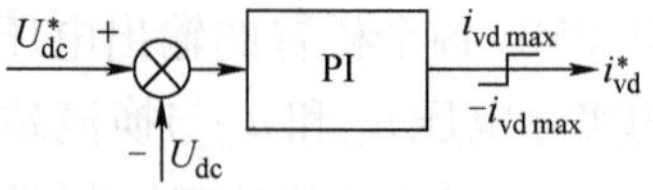

图 12-7 外环功率控制器 U_{dc}^* 给定时的有功类控制回路

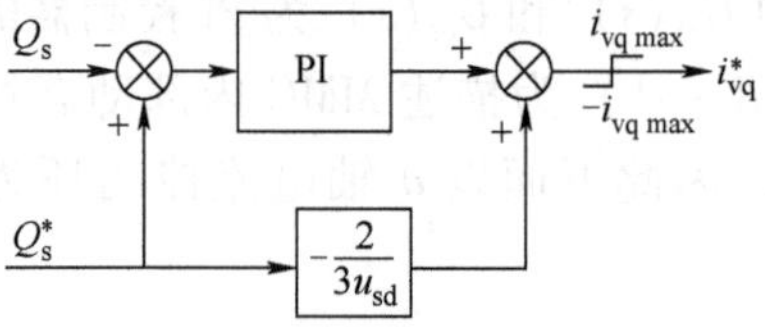

图 12-8 外环功率控制器 Q_s^* 给定时的无功类控制回路

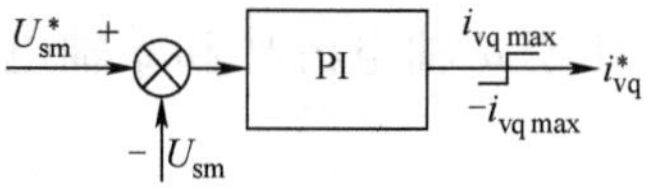

图 12-9 外环功率控制器 U_{sm}^* 给定时的无功类控制回路

在计算 $n+1$ 步的内环控制器的指令值 $i_{vd}^{*(n+1)}$ 和 $i_{vq}^{*(n+1)}$ 时，外环控制器的输入取 t_n 时刻已经得到的状态量 $\dot{U}_s^{(n)}$、$P_s^{(n)}+\mathrm{j}Q_s^{(n)}$ 和 $U_{dc}^{(n)}$、$P_{dc}^{(n)}$。求出内环控制器的指令值 $i_{vd}^{*(n+1)}$ 和 $i_{vq}^{*(n+1)}$ 后，就直接认为 $i_{vd}^{(n+1)}=i_{vd}^{*(n+1)}$ 和 $i_{vq}^{(n+1)}=i_{vq}^{*(n+1)}$。

2. 交流电网状态量的计算

在已经求出 $i_{vd}^{(n+1)}$ 和 $i_{vq}^{(n+1)}$ 的情况下，计算第 $n+1$ 步交流电网的状态量就归结为如何计算注入交流电网的电流相量 $\dot{I}_v^{(n+1)}$，一旦 $\dot{I}_v^{(n+1)}$ 被求出，则将 $\dot{I}_v^{(n+1)}$ 作为电流源注入到交流电网中，就能实现第 $n+1$ 步的交流电网求解。下面说明如何来求 $\dot{I}_v^{(n+1)}$。

显然，$i_{vd}^{(n+1)}$ 和 $i_{vq}^{(n+1)}$ 是同步旋转坐标系即 dq 坐标系中的量，而 $\dot{I}_v^{(n+1)}$ 是机电暂态仿真时复数平面上的量，两者如何建立联系是解决此问题的关键。由于 MMC 的矢量控制是基于电网电压定向的，即 dq 坐标系中的 d 轴与电网电压的空间矢量 $\boldsymbol{u}_s$ 重合且同步旋转，因此，$\boldsymbol{u}_s$ 的方向就是 d 轴的方向。在复数平面上，相量 $\dot{U}_s$ 的位置是已知的，而相量 $\dot{U}_s$ 可以理解为是 dq 坐标系中的空间矢量 $\boldsymbol{u}_s$ 在复数平面上的映射，因而相量 $\dot{I}_v$ 也可以理解为是 dq 坐标系中的空间矢量 $\boldsymbol{i}_v$ 在复数平面上的映射。在 dq 坐标系中，空间矢量 $\boldsymbol{i}_v$ 与空间矢量 $\boldsymbol{u}_s$ 之间的相对位置是已知的；由于从 dq 坐标系到复数平面的映射仅仅是去除了旋转因子，因此，在复数平面中，相量 I_v 与相量 $\dot{U}_s$ 之间的相对位置应保持空间矢量 $\boldsymbol{i}_v$ 与空间矢量 $\boldsymbol{u}_s$ 之间的相对位置不变。这样，我们根据 $\dot{U}_s$ 在复平面上的位置，考虑空间矢量 $\boldsymbol{i}_v$ 与空间矢量 $\boldsymbol{u}_s$ 之间的相对位置后，就容易得到相量 $\dot{I}_v$ 在复平面上的位置。具体实现方法如下。

设

$$\dot{U}_s^{(n)}=U_s^{(n)}\angle\varphi_{Us}^{(n)} \tag{12-11}$$

则

$$\dot{I}_{\mathrm{vd}}^{(n+1)}=i_{\mathrm{vd}}^{(n+1)}\angle\varphi_{\mathrm{Us}}^{(n)} \tag{12-12}$$

$$\dot{I}_{\mathrm{vq}}^{(n+1)}=i_{\mathrm{vq}}^{(n+1)}\angle\left(\varphi_{\mathrm{Us}}^{(n)}+\frac{\pi}{2}\right) \tag{12-13}$$

$$\dot{I}_{\mathrm{v}}^{(n+1)}=\dot{I}_{\mathrm{vd}}^{(n+1)}+\dot{I}_{\mathrm{vq}}^{(n+1)}=i_{\mathrm{vd}}^{(n+1)}\angle\varphi_{\mathrm{Us}}^{(n)}+i_{\mathrm{vq}}^{(n+1)}\angle\left(\varphi_{\mathrm{Us}}^{(n)}+\frac{\pi}{2}\right) \tag{12-14}$$

求出 $\dot{I}_{\mathrm{v}}^{(n+1)}$后，可以进行第 $n+1$ 步的交流电网计算，从而求出交流电网状态量 $\dot{U}_{\mathrm{s}}^{(n+1)}$、$P_{\mathrm{s}}^{(n+1)}+\mathrm{j}Q_{\mathrm{s}}^{(n+1)}$。

3. 直流电网状态量的计算

在忽略 MMC 损耗的假设下进行推导（考虑 MMC 损耗时的推导类似）。根据已经求得的 $P_{\mathrm{s}}^{(n+1)}$和 $U_{\mathrm{dc}}^{(n)}$、$I_{\mathrm{dc}}^{(n)}$，参照图 12-2，首先求出 $U_{\mathrm{dc}}^{(n+1)}$。具体计算方法如下。

$$I_{\mathrm{dcs}}^{(n+1)}=\frac{P_{\mathrm{s}}^{(n+1)}}{U_{\mathrm{dc}}^{(n)}} \tag{12-15}$$

$$i_{\mathrm{cmmc}}^{(n+1)}=I_{\mathrm{dc}}^{(n)}-I_{\mathrm{dcs}}^{(n+1)} \tag{12-16}$$

$$\left(\frac{\mathrm{d}U_{\mathrm{dc}}}{\mathrm{d}t}\right)^{(n+1)}=\frac{1}{C_{\mathrm{mmc}}}i_{\mathrm{cmmc}}^{(n+1)} \tag{12-17}$$

$$U_{\mathrm{dc}}^{(n+1)}=U_{\mathrm{dc}}^{(n)}+h\cdot\left(\frac{\mathrm{d}U_{\mathrm{dc}}}{\mathrm{d}t}\right)^{(n+1)} \tag{12-18}$$

求出 $U_{\mathrm{dc}}^{(n+1)}$后，就可以进行第 $n+1$ 步的直流电网计算了，从而求出直流电网状态量 $I_{\mathrm{dc}}^{(n+1)}$和 $P_{\mathrm{dc}}^{(n+1)}$。

12.5 包含柔性直流电网的交直流系统机电暂态仿真测试

采用 7.2.2 节的主从控制仿真算例进行包含柔性直流电网的交直流系统机电暂态仿真测试。测试系统为四端柔性直流输电系统，如图 7-2 所示。测试系统中的所有直流线路采用 4×LGJ-720 线路，仿真中直流线路的基本电气参数如表 7-1 所示。测试系统各换流站的主回路参数如表 7-2 所示。测试系统各换流站的控制策略及其指令值如表 7-3 所示。

1. 控制指令值改变时的响应特性仿真

设仿真开始时（$t=0$s）测试系统已进入稳态运行，$t=0.1$s 时改变换流站 2 的有功功率指令值 P_{dc2}^{*}从 2000MW 变为 1500MW；其他控制指令值保持不变。图 12-10 给出了测试系统的响应特性，其中图 12-10a 是 4 个换流站的直流功率波形图（单极），图 12-10b 是 4 个换流站端口的直流电压波形图（单极）。从图 12-10 可以看出，机电暂态仿真结果与电磁暂态仿真结果吻合得很好。

2. 主控制站故障退出时的响应特性仿真

设仿真开始时（$t=0$s）测试系统已进入稳态运行，$t=0.1$s 时主控制站换流站 4 因故障而退出（跳开交流断路器）；控制保护系统在此后的 3ms 内确认故障并通知换流站 2 由从控站转为主

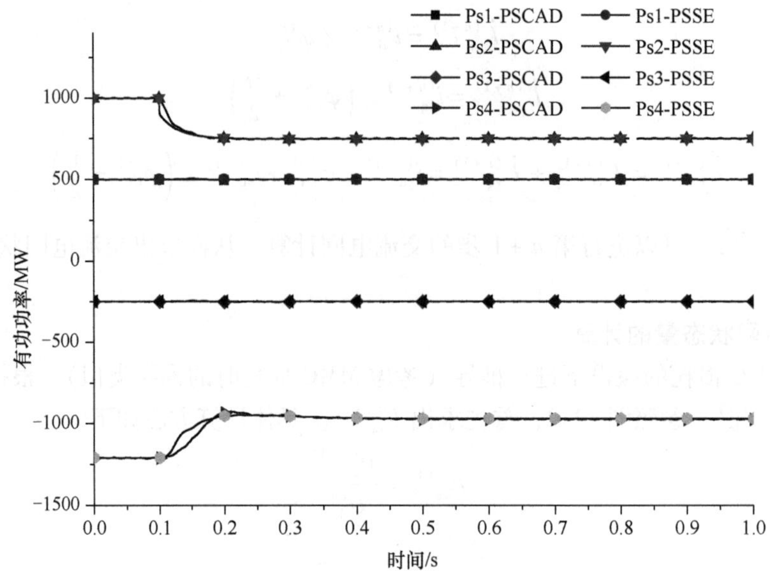

a)

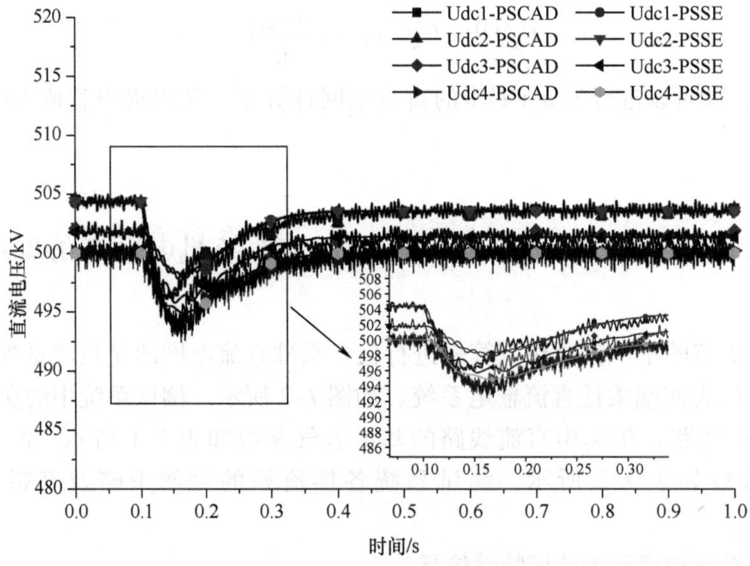

b)

图 12-10 主控制站故障退出时的响应特性

a）4个换流站的直流功率波形图（单极） b）4个换流站端口的直流电压波形图（单极）

控站，即3ms后换流站2从定直流功率控制转为定直流电压控制，控制指令值 $U_{dc2}^{*}=\pm500\mathrm{kV}$。图12-11给出了这种情况下测试系统的响应特性，其中图12-11a是4个换流站的直流功率波形图（单极），图12-11b是4个换流站端口的直流电压波形图（单极）。从图12-11可以看出，机电暂态仿真结果与电磁暂态仿真结果吻合得很好。

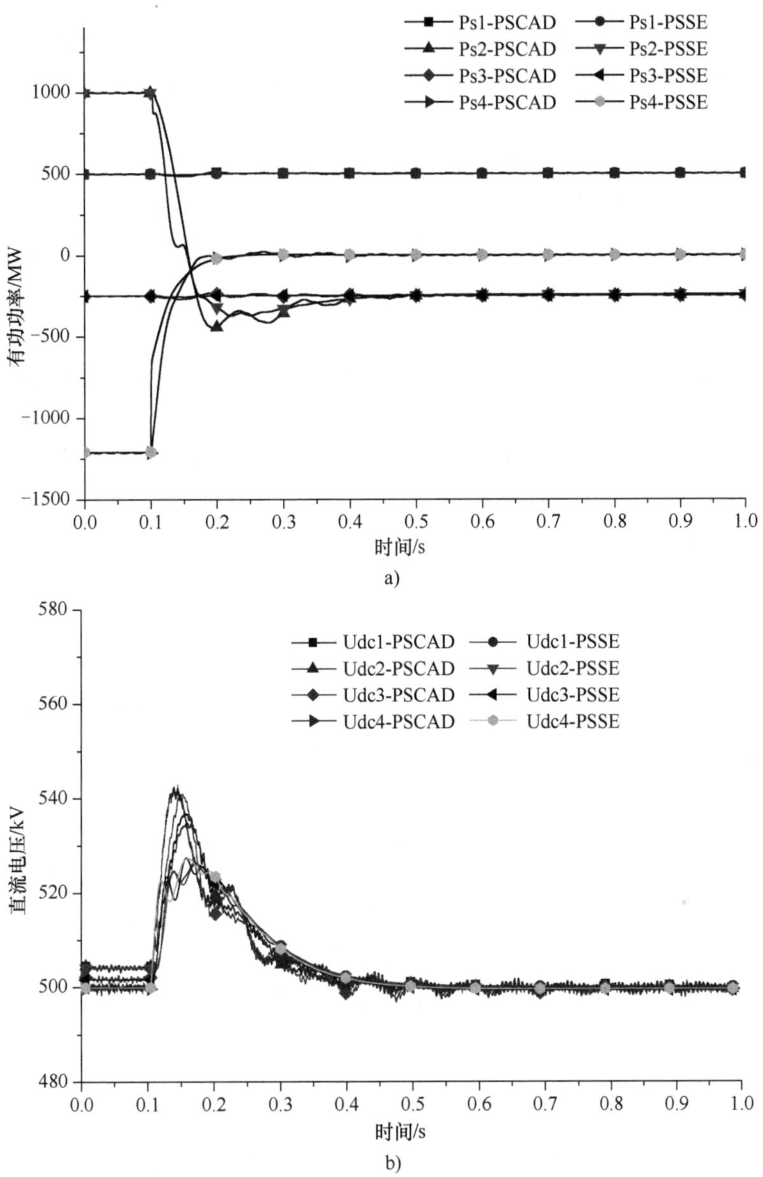

图 12-11　主控制站故障退出时的响应特性

a）4 个换流站的直流功率波形图（单极）　b）4 个换流站端口的直流电压波形图（单极）

12.6　南方电网规划网架实际算例

本节将基于柔性直流输电系统的机电暂态仿真模型，对中国南方电网 2030 年的某个规划网架进行稳定性计算，以验证柔性直流输电技术解决多直流馈入问题的效果。

广东电网是中国南方电网中最大的受端电网，也是全国最大的受端电网之一。至 2015

年，广东电网直流落点数已达到8回（溪洛渡直流为同塔双回，计为2回），而到远景的2030年，广东电网中200km×200km的面积内可能需要落点13回直流线路（新增6回直流，天广直流考虑停送功率），如果这13回直流线路全部采用传统直流线路，多直流馈入问题将相当突出。

多回传统直流线路同时换相失败是多直流馈入系统所面临的主要风险。而柔性直流输电系统不存在换相失败且能够对交流系统提供一定的无功支持，理论上，受端电网中传统直流落点改为柔性直流落点后，受端电网对交流系统故障的抵御能力将得到加强。

12.6.1 研究思路

1）对南方电网2030年远景规划网架中的四省异步网方案进行严重故障扫描，确定对系统安全稳定性影响较大的故障。

2）针对上述研究的四省异步网方案，将2015年以后投运的6回传统直流输电线路改为柔性直流输电线路，再进行严重故障扫描，重点考察采用传统直流输电线路时的失稳故障是否在采用柔性直流输电线路后有所改善。

12.6.2 研究条件和计算原则

根据上述研究思路，设计两种网架方案进行比较。

1）传统直流异步网方案：其中云南电网、贵州电网、广东电网和广西电网相互之间均为异步运行，各电网之间均用传统直流输电线路连接，全网最高电压等级为500kV，广东电网内共有13回传统直流落点。

2）柔性直流异步网方案：其中云南电网、贵州电网、广东电网和广西电网相互之间均为异步运行，2015年以后投运的6回传统直流输电线路改为柔性直流输电线路，全网最高电压等级为500kV。2015年以后投运的6回传统直流输电线路分别为：缅甸直流，规模5000MW；乌东德直流，规模5000MW；伊江直流1，规模5000MW；伊江直流2，规模5000MW；伊江直流3，规模5000MW；藏电直流1，规模5000MW。

12.6.3 计算工具

相关计算由PSS/E程序完成。计算中采用的传统直流输电系统模型为PSS/E模型库中已有的响应特性模型；柔性直流输电系统模型是前一节建立的柔性直流输电机电暂态模型，此模型通过PSS/E用户自定义功能实现。

12.6.4 传统直流异步网方案下东莞-惠州严重故障特性分析

严重故障指的是单回500kV交流线路三相短路0.1s切除平行的双回线路。当东莞—惠州500kV双回线路发生严重故障时，系统失稳，系统暂态响应特性如图12-12所示。从图中可以看出：

1）故障期间，由于交流电压瞬间跌落，13回直流输电线路中有11回发生换相失败，直流功率缺额巨大，剩余的2回直流线路中贵广2在故障期间输送的有功功率约为2500MW，伊江直流1故障期间输送的有功功率约为4000MW。

2）在故障切除后瞬间，广东电网上寨以西、罗洞以东、东莞以北区域500kV站点电压

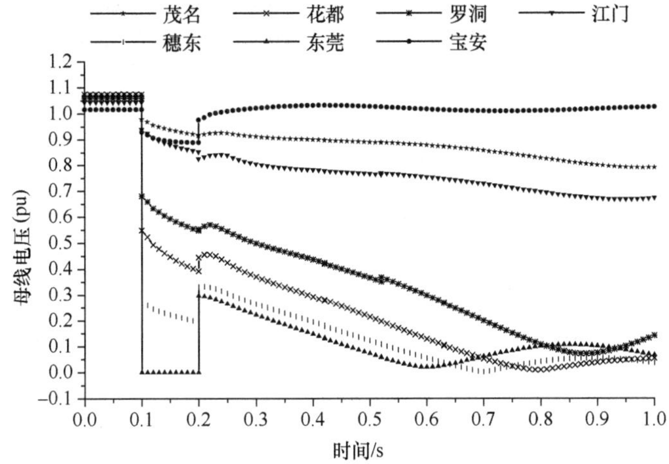

a)

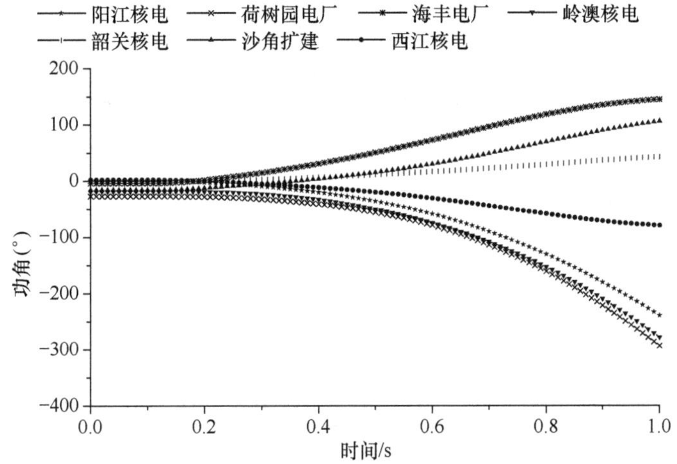

b)

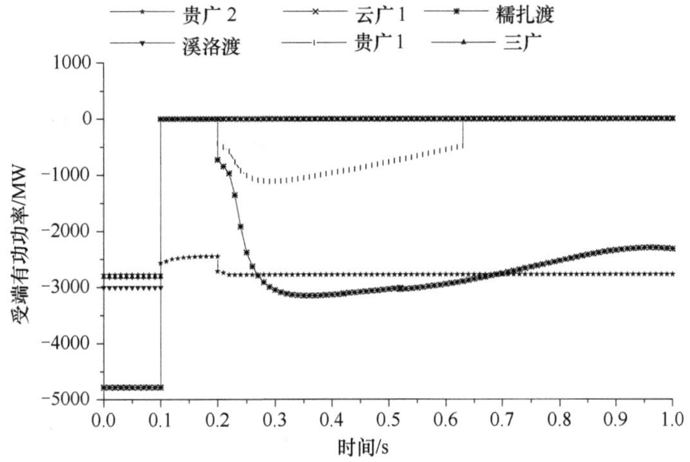

c)

图 12-12　传统直流异步网方案下东莞—惠州双回线路故障暂态响应曲线

a）广东电网主要 500kV 站点电压曲线　b）广东电网主要机组功角曲线（鲤鱼江电厂作为参考机）　c）2015 年前投运的 7 回传统直流广东逆变站有功功率（注入换流站为功率正向，溪洛渡为 2 回）

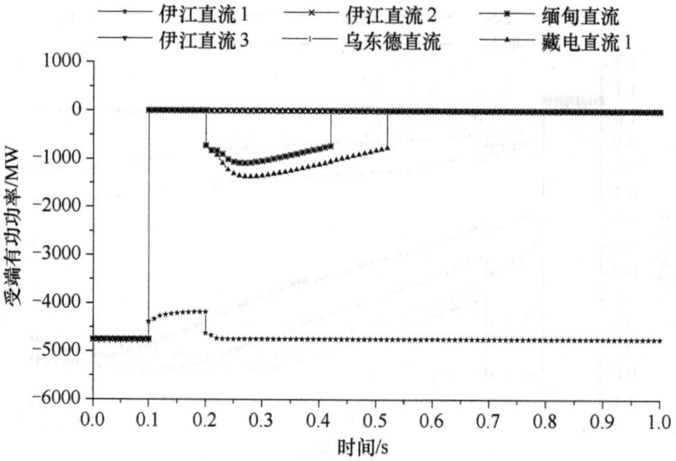

d)

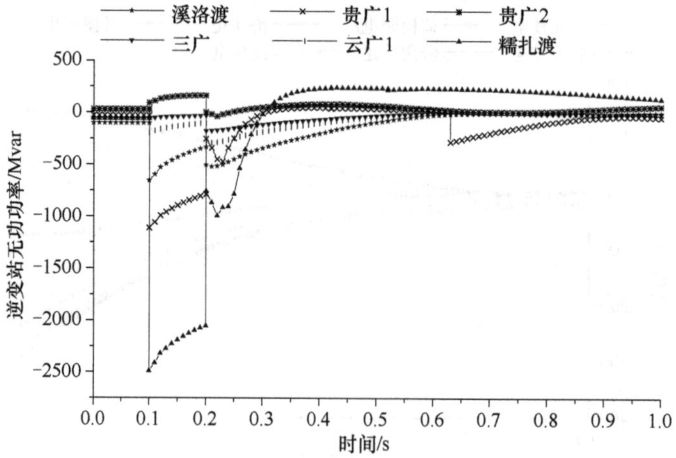

e)

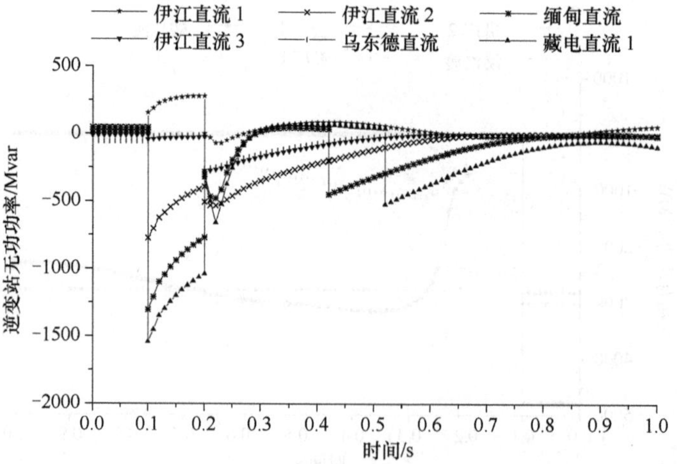

f)

图12-12 传统直流异步网方案下东莞—惠州双回线路故障暂态响应曲线（续）

d）2015年后投运的6回传统直流广东逆变站有功功率（注入换流站为功率正向） e）2015年前投运的7回传统直流广东逆变站无功功率（注入换流站为功率正向） f）2015年后投运的6回传统直流广东逆变站无功功率（注入换流站为功率正向）

恢复困难，节点电压仅能跃升到 0.3 ~ 0.5pu。由于交流系统电压较低，落点于该区域的乌东德直流、溪洛渡直流、伊江直流 2、伊江直流 3、云广直流 1、三广直流等 7 回直流无法正常换相，直流功率的传输也无法恢复。

3）在故障切除后的恢复过程中，上述部分区域 500kV 站点电压略有回升，但很快便开始逐渐下降。在故障切除 0.2s 后，上述区域 500kV 站点电压下降到 0.4pu 以下，广东电网电压崩溃。由于系统电压水平低，广东电网部分机组功角快速增大，广东电网较多电厂机组相继发生功角失稳。从因果关系来看，系统的失稳形式属于电压失稳引起的功角失稳。

4）将逆变站及其内部无功补偿设备作为一个整体来看，系统暂态振荡过程中，所有传统直流逆变站向交流系统提供无功功率。

12.6.5　柔性直流异步网方案下东莞—惠州严重故障特性分析

将 2015 年后投运的 6 回传统直流改为柔性直流，当东莞—惠州 500kV 双回线路发生严重故障时，系统能够保持稳定，系统暂态响应特性如图 12-13 所示。

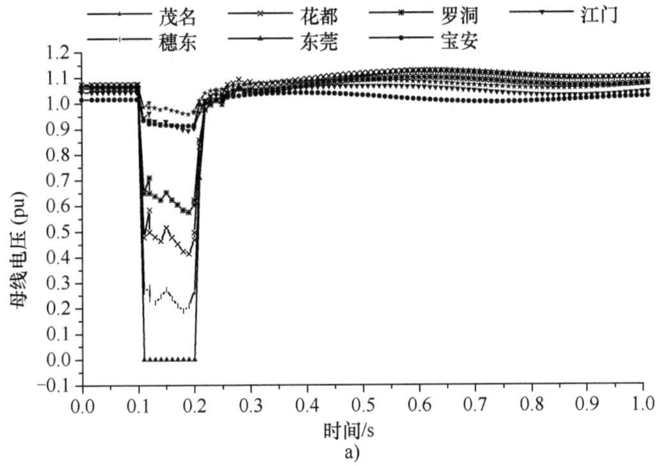

a)

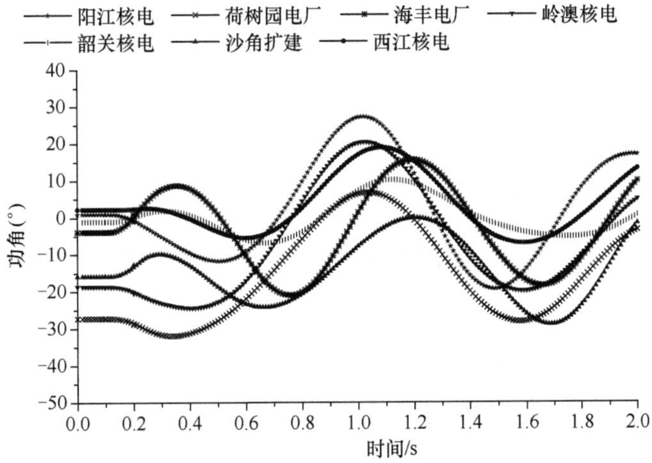

b)

图 12-13　柔性直流异步网方案下东莞—惠州双回线路故障暂态响应曲线

a）广东电网主要 500kV 站电压曲线　b）广东电网主要机组功角曲线（鲤鱼江电厂作为参考机）

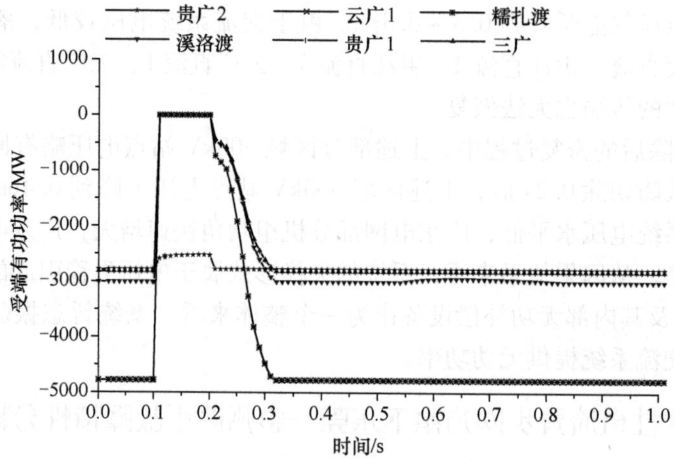

c)

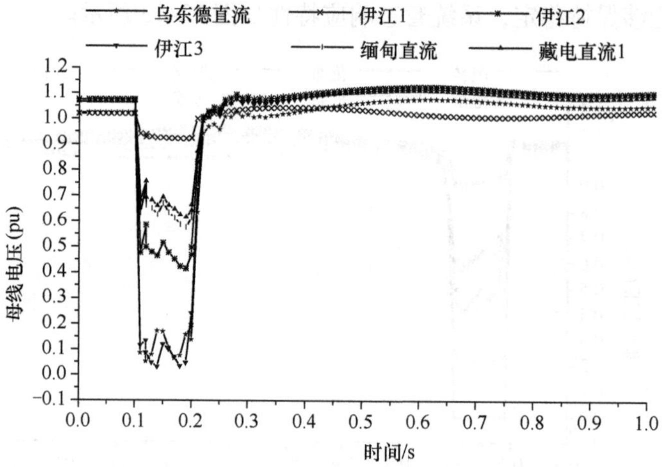

d)

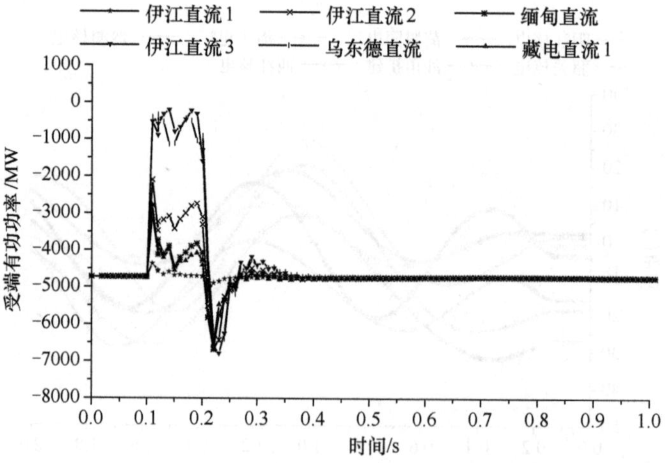

e)

图 12-13 柔性直流异步网方案下东莞—

c）7 回传统直流逆变站有功功率（注入换流站为功率正向，溪洛渡为 2 回） d）6 回柔性直流广东受端交流母线电压 e）6 回柔性直流广东受端有功功率（注入换流站为功率正向）

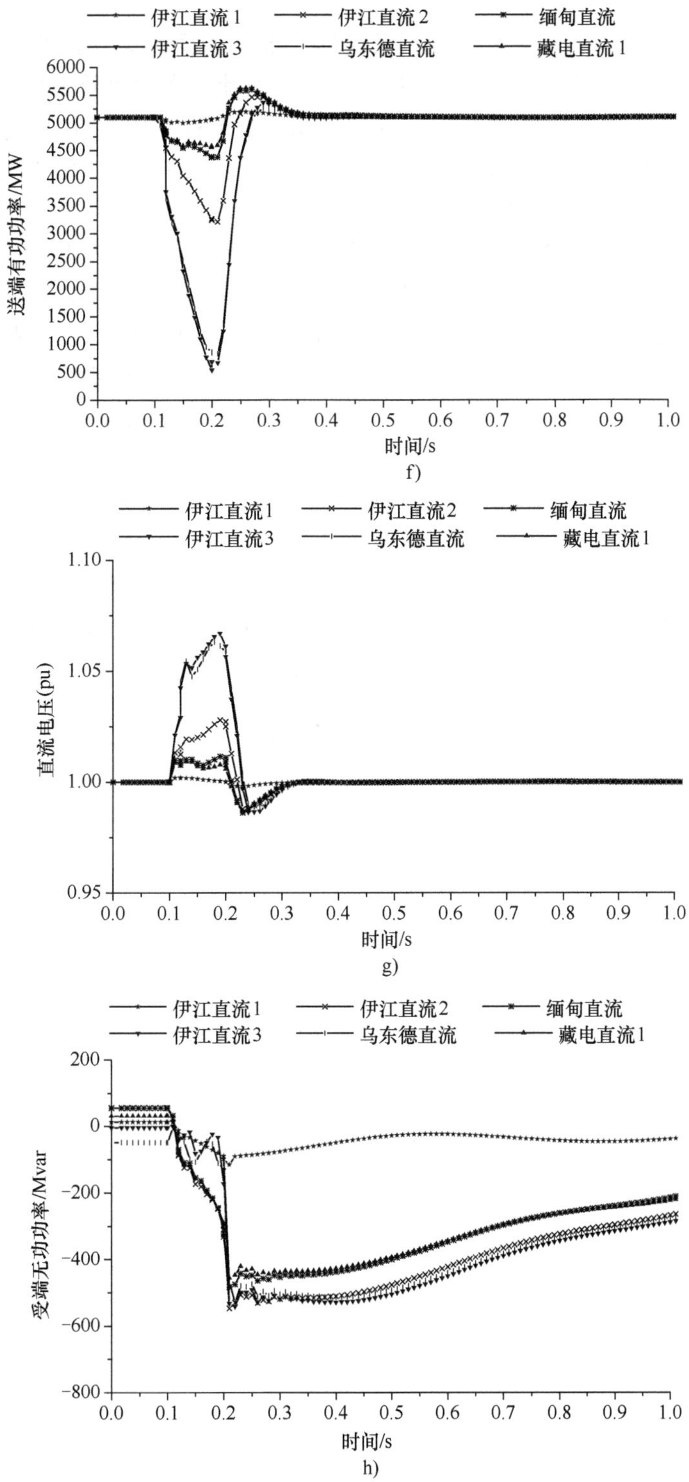

惠州双回线路故障暂态响应曲线（续）

f）6 回柔性直流送端有功功率（注入换流站为功率正向）　g）6 回柔性直流广东受端直流电压

h）6 回柔性直流广东受端无功功率（注入换流站为功率正向）

从图中可以看出：

1）故障期间，由于贵广2落点离东莞较远，未发生换相失败，其直流输送功率降至2500MW左右，其他6回传统直流均发生换相失败，直流输送功率降为0。

2）故障期间，受端电网中乌东德直流、伊江直流3这2回柔性直流落点离东莞较近，其换流站交流母线电压接近于零，因此这2回柔性直流受端有功功率均降至接近于零。另外4回柔性直流（缅甸直流、伊江直流1、伊江直流2、藏电直流1）由于落点离短路点较远，故障期间其受端交流电压水平虽然下降但相对较高（0.4pu以上），该4回柔性直流受端功率出现故障时瞬间下降，故障期间又试图回升。这4回柔性直流受端合计有功功率在故障开始瞬间约降为12500MW，故障期间峰值约为18000MW，因此故障期间柔性直流异步网方案中的直流功率缺额远小于传统直流异步网方案，受端系统的暂态稳定性得到改善。同时，故障期间所有柔性直流受端换流站为了控制交流母线电压，向系统发出无功功率。

3）在故障切除后，广东电网整体电压水平很快恢复，所有传统直流线路和柔性直流线路的输送功率很快恢复至额定值，系统保持稳定。

上述两个网架方案对应同一个严重故障下的稳定特性表明，柔性直流输电从根本上解决了传统直流输电的换相失败问题。将受端电网中的传统直流落点改为柔性直流落点后，可以完全解决传统直流输电技术所引起的多直流馈入问题。

参考文献

[1] 徐政. 交直流电力系统动态行为分析 [M]. 北京：机械工业出版社，2004.

第13章 柔性直流换流站的绝缘配合设计

13.1 引　言

绝缘配合的主要目的是使所选设备的绝缘水平既经济又合理，所关注的主要问题是怎样保护设备，使之能经受住各种可能出现的过电压。目前普遍使用避雷器来保护设备。一般而言，设计者对避雷器会有以下几点要求：在系统正常运行时，避雷器能承受住其两端的持续运行电压；在出现过电压的情况下，避雷器能有效地将过电压水平限制到一个合理的范围；避雷器能吸收保护动作期间所产生的能量。

对于柔性直流输电系统，研究换流站的过电压与绝缘配合时，不能仅仅局限于换流站本身，还必须考虑与换流站紧密相联的交流系统以及换流站之间的直流线路。

在柔性直流换流站过电压与绝缘配合的研究中，换流站的控制系统也是一个重要因素。首先，直流系统中的电气量一般包含直流分量、工频分量和高频分量等，控制系统能直接或间接地影响到这些量的大小和持续时间；其次，控制系统的响应时间很短，能对暂态过程中的过电压波形起到关键性的影响。所以，在一般情况下，需要考虑控制系统的作用。

为了使避雷器和设备本身的总投资最小，一般而言，避雷器种类的选择以及参数的确定是一个反复的过程：根据避雷器安装位置的持续运行电压，可以近似确定避雷器的参数；根据避雷器的伏—安特性，可以给出在考虑的各种过电压情况下避雷器吸收能量的大致范围；根据能量要求，可以得到所需的并联避雷器数量，而后可以得出避雷器的残压，进而得到设备的绝缘水平。考虑到设备的绝缘水平与设备的造价又存在一定的比例关系，这就需要反复地计算，使得选择的设备绝缘水平既经济又合理[1]。

13.2 金属氧化物避雷器的特性

配置避雷器是电力设备过电压保护的主要手段，图13-1较为直观地解释了这一手段的作用。图中，纵轴表示过电压水平，单位是标幺值（基准值为电力设备持续运行电压的幅值），横轴表示过电压持续的时间。

根据过电压幅值大小和持续时间的不同，可以把过电压粗略地划分为4类[2]，分别是雷

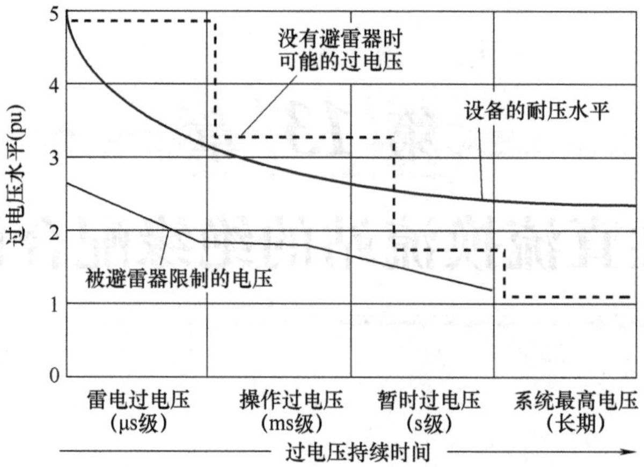

图 13-1 高压电力系统中的过电压水平—持续时间图

电过电压（μs 级）、操作过电压（ms 级）、暂时过电压（s 级）以及系统最高电压（长期）。如果不考虑装设避雷器，电力设备上所能达到的最大过电压水平如图 13-1 中的虚线所示。显而易见，从操作过电压开始，随着持续时间的递减，特别是在雷电过电压情况下，设备的绝缘水平已经不能承受住过电压的侵害。如果装设了合适的避雷器，能把过电压水平（如图 13-1 中的细实线所示）限制在设备的绝缘水平之下，设备就不会被损坏。

相对于传统的碳化硅（SiC）避雷器，出现在 20 世纪 70 年代的金属氧化物避雷器（MOA）是一种全新的避雷器。它的阀片主要由氧化锌并掺以微量的氧化铋、氧化钴、氧化锰等添加剂构成，具有极其优异的非线性特性。在正常工作电压作用下，其阻值很大，通过的漏电流很小，而在过电压作用下，阻值会急剧变小，因而被广泛应用于电力系统中[3]。

图 13-2 给出了一个额定电压为 336kV 的交流金属氧化物避雷器的伏—安特性曲线[2]，其中，纵轴（电压峰值）采用线性坐标，横轴（电流峰值）采用对数坐标。下面对曲线上的几个关键点进行说明。

正常运行电压：在正常运行状态下，施加在避雷器上的工频电压是相—地电压的峰值，且同时会有漏电流流过避雷器。如前文所述，这个漏电流的数值一般很小，为 mA 级，且其中容性分量占主导，一般认为该分量是由避雷器本身的杂散电容引起的。为了突出重点，图 13-2 中只画出了漏电流的阻性分量$\hat{I}_{res}\approx 100\mu A$。另外需要指出，在正常运行电压附近的一个很小范围内，避雷器的伏—安特性与阀片温度有关。

最高持续运行电压：所谓的最高持续运行电压（MCOV）或持续运行电压峰值（PCOV），表征的是电力系统正常运行时，避雷器可能承受的最大工频电压有效值或持续运行电压的最高峰值。其数值比正常运行电压大，该参数可以通过仿真取得，也可以根据相关规程考虑相应裕度系数取得。出于热稳定性的考虑，避雷器必须要保证在最高持续运行电压（MCOV）或持续运行电压峰值（PCOV）的作用下不会出现明显的热效应。

参考电压：随着电压的继续升高，流过避雷器的漏电流的阻性分量开始逐渐增大，在避雷器上产生的热效应已相当显著。一般会定义此时避雷器的漏电流为参考电流（I_{ref}），其典

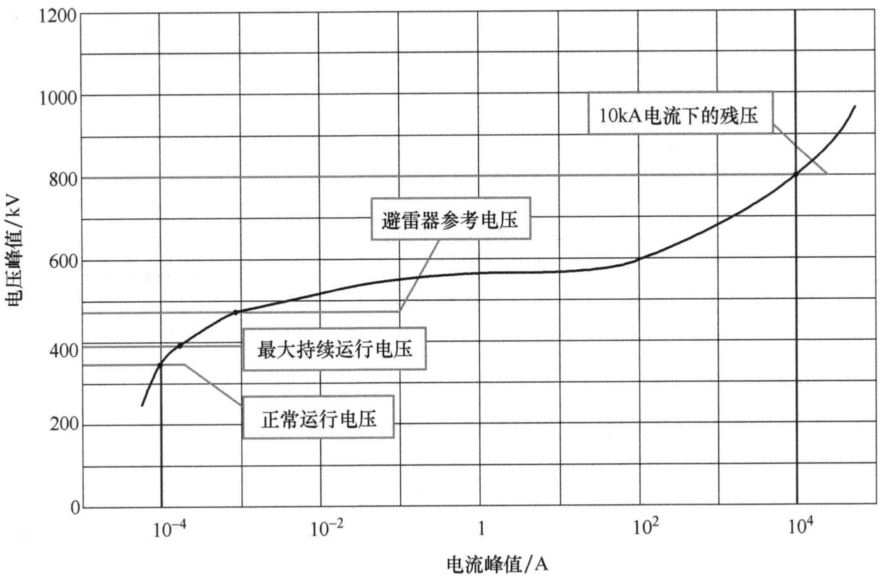

图 13-2　某一额定电压为 336kV 的金属氧化物避雷器的伏—安特性曲线

型数值为 1～20mA（一般根据阀片直径大小和并联柱数来确定），参考电流 I_{ref}所对应的避雷器电压称为避雷器的参考电压（U_{ref}）。在参考电压附近，避雷器电压的微小升高都会引起避雷器电流的显著增大，所以也可以认为参考电压是避雷器动作的起点。从参考电压开始，避雷器吸收的能量就不能被忽略。为了保证避雷器的热稳定性，避雷器生产厂商一般会给出避雷器的过电压水平—过电压持续时间曲线。从参考电流开始，避雷器的伏—安特性变得与阀片温度几乎无关。这时的避雷器伏—安特性可以近似用式（13-1）来描述：

$$I_A = k \cdot U_A^{\alpha} \tag{13-1}$$

式中，$10 < \alpha < 50$。

保护水平：图 13-2 中，I 在 100A 之后 U 的变化就比较剧烈，可以用来描述避雷器的保护特性。其中，雷电波保护水平是一个极为重要的参数，假设在雷电波作用下，流过避雷器的电流等于避雷器的标称放电电流，为 10kA，那么避雷器上的残压大概为 800kV，这个电压数值就是雷电波的保护水平。同样，操作波的保护水平也有类似的定义。

13.3　MMC 换流站避雷器的布置

从绝缘配合的角度来看，可以将直流系统划分成 4 个不同的部分[4]。这 4 个部分分别是：交流电网、交流场、阀厅及直流场和直流线路。对于伪双极主接线方式，分区划分如图 13-3 所示。交流电网一般都会配备线路避雷器，因此源于交流电网的过电压可以靠这部分避雷器加以限制，侵入换流站的过电压波无论是幅值还是波前时间，都会被显著削弱。所以本节重点考虑的是交流场、阀厅及直流场、直流线路 3 个部分的避雷器配置。

伪双极主接线方式已在西门子公司承建的 Trans Bay Cable 工程中使用[5]，我国的南汇柔

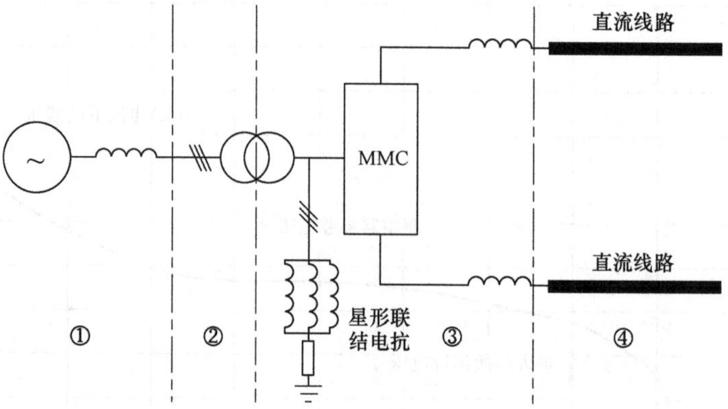

图 13-3 采用伪双极主接线方式的 MMC 换流站分区示意图

性直流输电系统、南澳三端柔性直流输电系统和舟山五端柔性直流输电系统都采用伪双极主接线方式。本章讨论的另一种主接线方式完全与传统直流输电的标准双极系统结构一致，称为（真）双极主接线方式，如图 13-4 所示。双极系统主接线方式必须设置专门的接地极，换流站的中性母线通过接地极引线连接到接地极。

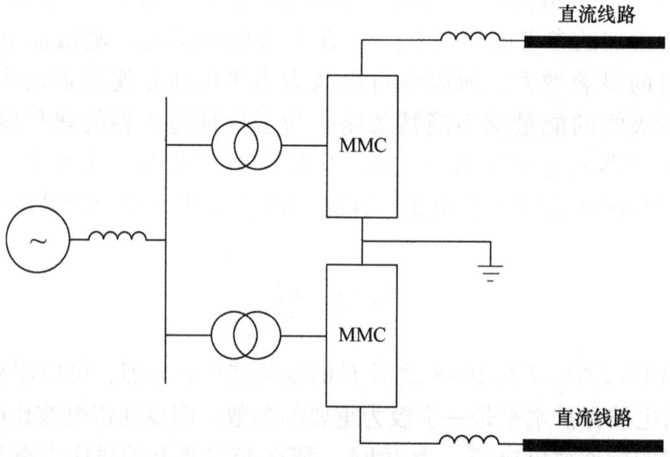

图 13-4 采用双极主接线方式的 MMC 换流站示意图

在 MMC 换流站过电压与绝缘配合设计中，需要重点关注以下关键点的稳态电压和故障电压，这些关键点是安装避雷器的候选点。包括：①联接变压器网侧电压；②联接变压器阀侧电压；③阀底对地电压；④阀顶对地电压；⑤直流线路出口对地电压，分别如图 13-5 中①~⑤所示。另外还需要关注支路上的过电压，包括：⑥桥臂电抗两端电压（即图 13-5 中②、③之间的电压）；⑦阀两端电压（即图 13-5 中③、④之间的电压）；⑧平波电抗器两端电压（即图 13-5 中④、⑤之间的电压）。

柔性直流输电的换流站避雷器布置类似于传统直流输电的换流站避雷器布置，也遵循以下原则[6]：

1）源于交流侧的过电压应尽可能由交流侧的避雷器限制；

2）源于直流侧的过电压应尽可能由直流侧的避雷器限制；

3）关键部件应该由紧靠它的避雷器直接保护。

根据以上原则，可以初步配置如下几种避雷器（鉴于结构的相似性，仅画出伪双极主接线方式下换流站的避雷器配置，如图 13-5 所示，双极主接线方式下换流站的避雷器配置几乎相同）。

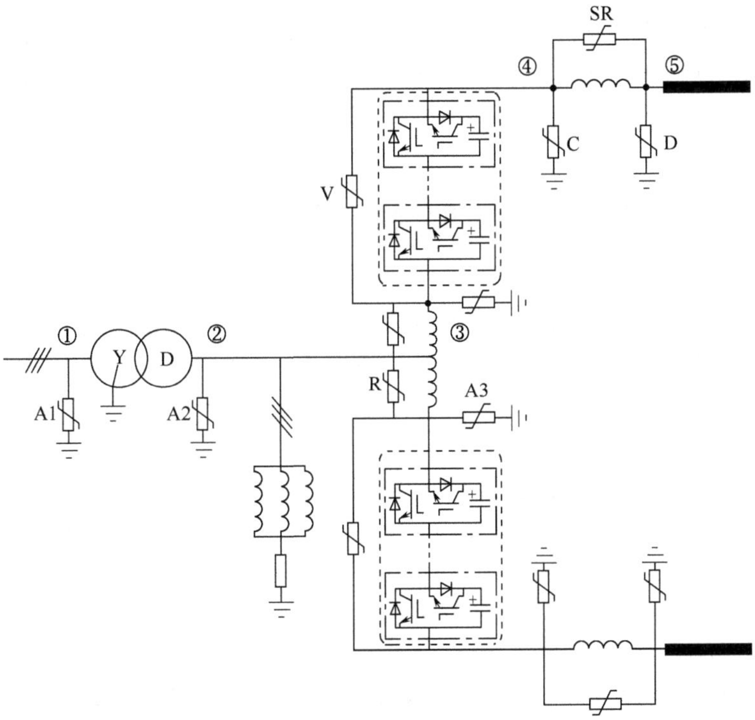

图 13-5　柔性直流换流站避雷器配置图（以伪双极主接线为例）

1）位于换流站交流场的交流母线避雷器 A1：用于保护换流站交流母线设备，需要尽量靠近联接变压器线路侧套管安装，用来限制联接变压器一次侧过电压和二次侧过电压。在选择交流避雷器 A 时，还应该考虑系统中已存在的交流避雷器，一般其保护水平要低于常规避雷器，以防止由于配合不当而使交流系统原有避雷器过载。

2）联接变压器阀侧避雷器 A2：一方面直接限制了联接变压器阀侧绕组相—地之间的过电压，另一方面也能同时作为星形电抗接地支路（伪双极接线）的保护。

3）子模块级联阀底端避雷器 A3：装于桥臂电抗与阀之间，与 A2、C 型避雷器配合，分别用于保护桥臂电抗和子模块级联阀。

4）桥臂电抗避雷器 R：直接跨接在桥臂电抗器上，用于桥臂电抗器的操作过电压保护，可以降低桥臂电抗器的绝缘水平，为可选避雷器。

5）阀避雷器 V：防止子模块级联阀承受过电压。由于阀的昂贵和重要，虽然可以通过 A3 和 C 型避雷器的配合来间接保护阀，但是可能会造成阀本身绝缘水平以及造价的上升。除了作为阀的直接保护之外，还可以通过与其他避雷器的配合，决定其他关键点的过电压水平。

6）阀顶避雷器 C：用来保护换流站的一极免受来自于直流侧侵入波的危害。也可以和

D 型避雷器配合，限制平波电抗器过电压。

7）直流线路侧避雷器 D：具体可分为直流线路避雷器 DL 和直流母线避雷器 DB，分别于紧邻平波电抗器处和直流站进口处装设，用于限制直流场的雷电和操作过电压。直流母线避雷器与直流线路避雷器耐受运行电压相同。在正常运行时，这两台避雷器几乎并联运行，本章将不区分两者，均当成 D 型避雷器来研究。

8）平波电抗器避雷器 SR：跨接在平波电抗器的两端，用以抑制平波电抗器的两端出现反极性暂态电压所产生的过电压，但会削弱平波电抗器抑制源于架空线的雷电过电压能力，为可选避雷器。

13.4 金属氧化物避雷器的参数选择

如上文所示，施加在避雷器上的电压从参考电压开始，漏电流产生的热效应就不能被忽视。所以一定要合理配置避雷器的参数，使它既能长期承受住可能出现在它两端的最大持续运行电压（MCOV）或持续运行电压峰值（PCOV），又要保证它在过电压情况下能准确动作，起到保护设备的作用。

柔性直流输电系统中避雷器的持续运行电压与交流系统相比很不相同：不仅包含着工频分量，还具有相当大的直流偏置分量和相对较小的谐波分量。当需要研究持续运行电压对避雷器产生的应力时，这些电压的特性必须仔细研究。特别对于一些高频分量，如果在研究中没有考虑到，可能会造成避雷器吸收不必要的能量，加速其老化过程。下面逐个分析各种避雷器的稳态运行电压。

鉴于目前 MMC-HVDC 的专用避雷器参数尚无标准，本章避雷器参数的确定采用依据荷电率计算的通用设计方法[7]。荷电率表征的是单位电阻片上的电压负荷。对于直流避雷器，定义为持续运行电压峰值 PCOV 与参考电压 U_{ref} 的比值；对于交流避雷器，我国国标 GB11032—2000《交流无间隙金属氧化物避雷器》未定义荷电率。本章中，荷电率定义为最大持续运行电压（MCOV）的峰值与参考电压 U_{ref} 的比值。U_{ref} 一般表示直流电流为 1～5mA 下的电压，即避雷器的起始动作电压。对于直径小的单柱阀片避雷器，1mA 参考电压基本为起始动作电压；对于直径大的阀片，5mA 参考电压基本为起始动作电压；对于多柱并联阀片组成的避雷器，其参考电压对应的直流电流与单柱阀片避雷器存在倍数关系。具体选择的参考电压与阀片单位面积电流密度有关。

合理的荷电率必须考虑稳定性、泄漏电流的大小和设备绝缘水平等因素。降低荷电率，可以减小持续运行状态下避雷器漏电流的阻性分量，减小损耗，提高稳定性；提高荷电率，能降低保护水平和设备的绝缘水平。对于交流避雷器，荷电率一般可以取 0.7～0.8。对于直流避雷器，根据避雷器承受电压波形和安装位置的不同，可以取 0.8～1.0。下面分别讨论各型避雷器参考电压的选取原则[6]。

1）对于避雷器 A1，考虑到它布置于室外，可能会受到污秽、高温等不良条件的影响，荷电率选择不宜过高，一般为 0.8 左右。

2）对于避雷器 A2 和 A3，要注意两者之间以及与联接变压器一次侧的避雷器 A1 之间的合理配合，以避免出现某些避雷器因吸收能量过大而损坏（因其他避雷器残压过大）或者某些避雷器不动作的现象（因其他避雷器残压过小）。荷电率选取比 A1 型略高，一般在 0.85 左右为宜。

3）对于避雷器 V，考虑到其安装在阀厅中，受到外界环境影响较小，且桥臂使用串联电容器提供支撑电压，故桥臂两端的最高过电压不会超过桥臂两端最高电压太多。因此可以将 V 型避雷器的荷电率设置在 0.9 以上。

4）对于避雷器 C 和避雷器 D，考虑到它们在稳态运行时的电压相差不会太大，且稳态运行时施加在其两端的电压几乎是纯直流电压，故荷电率可选择略低些，以 0.85 左右为宜。再考虑到对于伪双极接线的柔性直流系统，在发生直流线路接地故障时，健全极的暂态过电压会达到正常运行电压的 2 倍，因此避雷器的参考电压还需要做相应调整。

5）对于避雷器 R 和 SR，其参考电压的确定与荷电率没有关系，一般通过故障扫描来确定。

13.5　两端 MMC-HVDC 换流站保护水平与绝缘水平的确定

根据 IEC 60071-5，可以通过将代表性过电压 U_{rp} 乘以一个配合系数 K_c，从而得到配合耐受电压 U_{cw}，可以用算式表示为：$U_{cw}=K_cU_{rp}$。考虑到绝缘的老化、避雷器特性的变化、设备实际参数的偏差以及海拔等因素，还需要考虑安全系数 K_s 和大气校正系数 K_a，才能得到一个合理的“要求耐受电压” U_{rw}[8]。

参照以往的传统直流工程[9]，可以考虑采用 $U_{rw}=KU_{rp}$ 去计算要求耐受电压，裕度系数综合考虑了上文的确定性配合系数、安全系数以及大气校正系数。对于海拔 1000m 以下的工程，推荐采用 $K=15\%/20\%/25\%$（操作/雷电/陡波前）。

设备的耐受电压必须大于或等于设备的要求耐受电压。一般可以将设备的要求耐受电压向大的方向靠，取最近的标准耐受电压。

13.5.1　仿真算例系统参数

下面结合一个算例给出换流站主设备绝缘水平的确定过程。首先基于电磁暂态仿真软件 PSCAD/EMTDC，搭建如图 13-6 和图 13-7 所示的两种不同主接线的 MMC-HVDC 系统，参

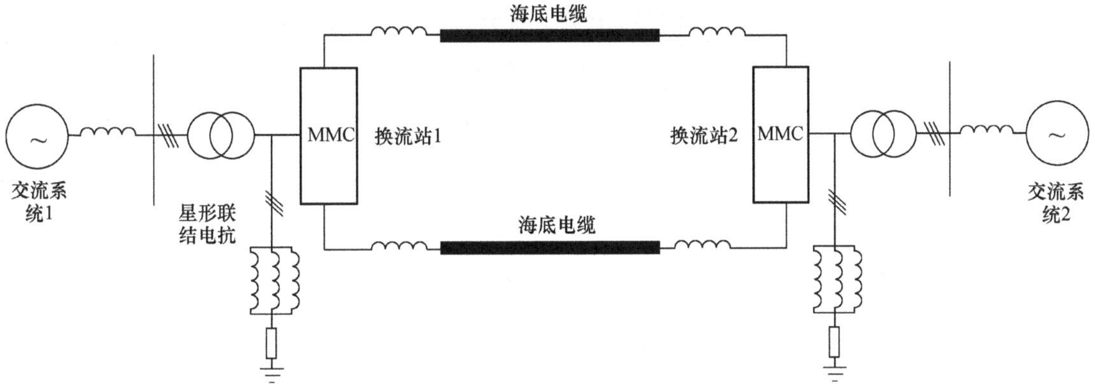

图 13-6　采用伪双极接线的柔性直流输电系统示意图

考西门子 Trans Bay Cable 工程，确定主要的系统参数如表 13-1 ~ 表 13-6 所示。稳态运行时换流站 1 采用定有功功率和定无功功率控制，换流站 2 采用定直流电压控制和定无功功率控制。考虑到 MMC 无法实现直流故障自清除[10]，因此直流侧发生故障需要通过封锁 IGBT 触发脉冲，并跳开交流侧断路器（配置在联接变压器网侧）来完成故障清除。假设故障 5ms 后 IGBT 触发脉冲能够封锁，100ms（5 个周波）后交流断路器跳闸。该策略应用于发生在换流站阀厅、换流站直流场或直流线路上故障的清除过程。对于联接变压器电网侧故障，假设持续时间为 0.1s 后被清除，系统的 IGBT 触发脉冲不封锁。

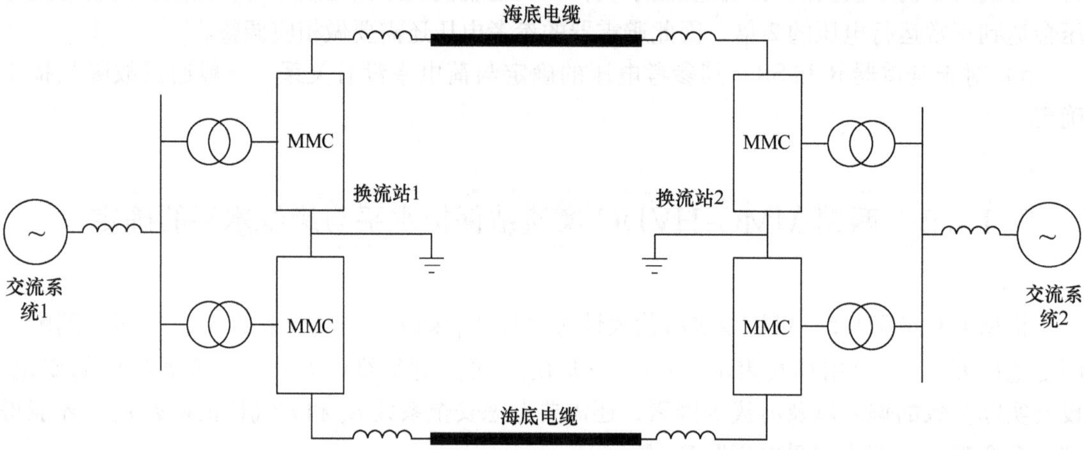

图 13-7 采用双极接线的柔性直流输电系统示意图

表 13-1 交流系统的电压等级和短路容量

	整流侧换流站	逆变侧换流站
额定运行电压/kV	220	220
短路容量/MVA	4000	4000
SCR	10	10
X/R	8	8

表 13-2 伪双极接线联接变压器与阀侧接地装置基本参数

	整流侧联接变压器	逆变侧联接变压器
额定电压比	220kV/208kV	220kV/208kV
容量/MVA	475	475
短路阻抗（%）	12	12
联结型式	Y0/D	Y0/D
每相电感/H	3	3
接地电阻/Ω	1000	1000

表 13-3　双极接线联接变压器基本参数

	整流侧联接变压器	逆变侧联接变压器
额定电压比	220kV/104kV	220kV/104kV
容量/MVA	250	250
短路阻抗（%）	12	12
联结型式	Y0/D	Y0/D

表 13-4　伪双极接线换流器基本参数

	整流侧变压器	逆变侧换流器
每桥臂子模块数	20	20
子模块电容/μF	1300	1300
子模块电容额定电压/kV	20	20
桥臂电抗/mH	40	40
调制策略	最近电平逼近调制	最近电平逼近调制

表 13-5　双极接线换流器基本参数

	整流侧变压器	逆变侧换流器
每桥臂子模块数	20	20
子模块电容/μF	1300	1300
子模块电容额定电压/kV	10	10
桥臂电抗/mH	40	40
调制策略	最近电平逼近调制	最近电平逼近调制

表 13-6　平波电抗器和线路基本参数

	整流侧变压器	逆变侧换流器
每极平波电抗器/mH	50	50
电缆参数	EMTDC 通用模型	EMTDC 通用模型
电缆长度/km	80	80

13.5.2　避雷器参数的选择

首先分析稳态运行时作用在各避雷器上的电压特性。

1）交流母线避雷器 A1 所承受的长期运行电压是一个纯粹的交流电压，这个电压应该按照交流系统的最高稳态电压来考虑。

2）对于联接变压器阀侧避雷器 A2，它承受的持续运行电压波形随换流站的主接线不同而不同。伪双极接线中，施加在 A2 避雷器上的长期运行电压，几乎是一个纯粹的工频正弦波；双极接线中，联接变压器阀侧电压（相—地间）是具有直流偏置的正弦波形，偏置电压的大小近似等于直流线路电压的一半。如果考虑到 MMC 的子模块数有限，两种接线中的波形均为阶梯波。

3）与避雷器 A2 持续运行电压分析类似，若不考虑桥臂电抗的压降，可以近似认为作用在避雷器 A3 上的电压波形和作用在 A2 避雷器上的电压波形相同。如果考虑到 MMC 的子模块数有限，实际上阀底电压波形是一个具有直流偏置分量的阶梯波。

4）桥臂电压也和主接线有关。对于伪双极接线，不难看出，当直流电压为 ±200kV 时，桥臂电压波形近似为一个从 0～400kV 的阶梯波。同理对于双极接线，桥臂电压波形近似为一个从 0～200kV 的阶梯波。

5）考虑到实际工程中使用的 MMC 子模块数会相当多，可以达到数百个，所以阀顶处的电压几乎为大小恒定的纯直流，大小为直流电压额定值。故 C 避雷器上施加的持续运行电压峰值 PCOV＝200kV。除了上面分析的原因之外，再考虑到平波电抗器的存在，也可以认为直流母线处的电压为大小稳定的直流电压。故 D 避雷器上施加的持续运行电压峰值 PCOV＝200kV。

6）桥臂电抗器和平波电抗器主要有两个作用：限制故障状态下的过电压和过电流；在稳态运行时改善关键点电压波形。对于实际使用的 MMC 而言，子模块数一般会有很多，所以谐波就会很小。因而稳态运行时，这两种电抗器上的压降相对较小（相对于故障状态下）。一般而言，避雷器 R（SR）参考电压的选取与稳态持续运行电压关系不大。

利用 PSCAD/EMTDC 所搭建的仿真平台，计算各避雷器的持续运行电压峰值，分别如表 13-7 和表 13-8 所示。图 13-8 和图 13-9 分别给出了伪双极接线和双极接线两种情况下联接变压器阀侧电压、换流阀底部电压和阀（桥臂）电压的波形。可以看出，伪双极接线下，联接变压器阀侧电压和换流阀底部电压没有直流偏置；而双极接线下，联接变压器阀侧电压和换流阀底部电压都有直流偏置，偏置电压在 100kV 左右；而阀电压波形在两种主接线下是类似的，都存在一个居中的直流偏置电压。

表 13-7 伪双极接线稳态运行时各关键点的 PCOV

避雷器型号	PCOV/kV
A1	191
A2	195
A3	198
V	405
C	206
D	206
R	/
SR	/

表 13-8 双极接线稳态运行时各关键点的 PCOV

避雷器型号	PCOV/kV
A1	188
A2	195
A3	199
V	200
C	207
D	207
R	/
SR	/

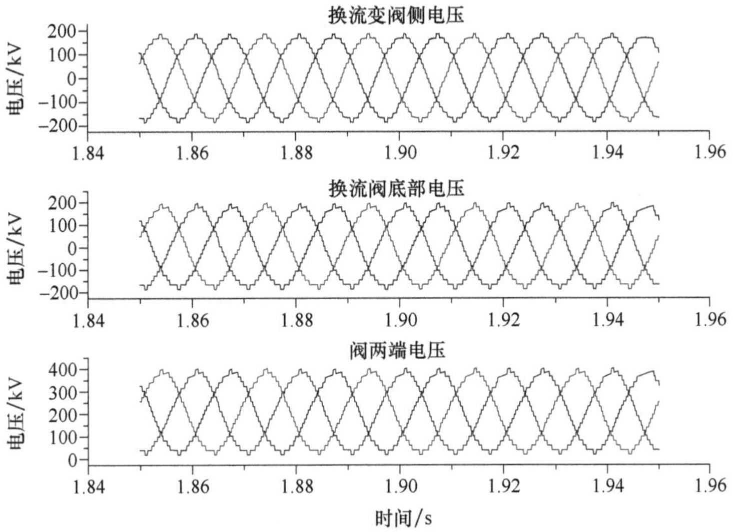

图 13-8　伪双极接线换流站中 3 个关键位置的电压波形

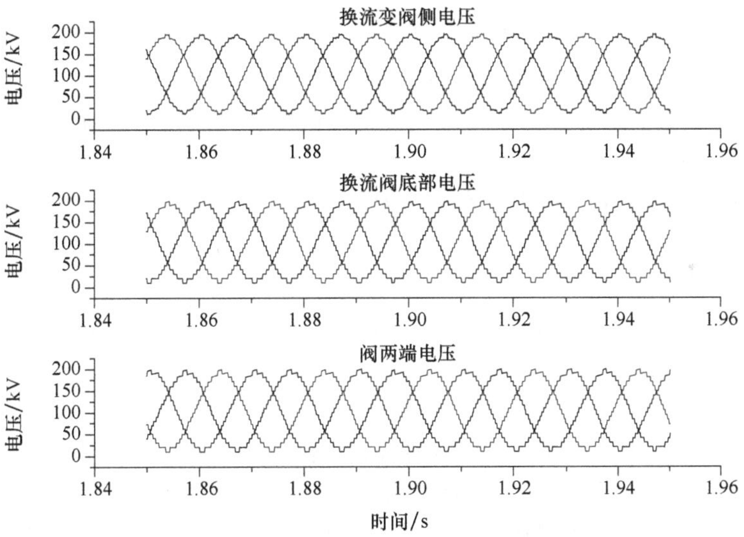

图 13-9　双极接线换流站中 3 个关键位置的电压波形

13.5.3　需要考虑的各种故障

本节主要讨论暂态过电压（Transient Overvoltage），重点针对操作波过电压。对于两种不同的主接线，所需要考虑的故障种类基本相同。根据上文对换流站区域的划分，可以将考虑的换流站故障按照发生位置大致分为如下几种[11]，如图 13-10 所示。

1）换流站交流场故障：主要考虑交流母线金属性接地故障，分别是三相接地故障 A、两相接地故障 B、单相接地故障 C 和两相相间短路故障 D。

2）阀厅及换流站直流场故障：主要考虑联接变压器阀侧母线金属性接地故障和阀故障。联接变压器阀侧母线金属性接地故障可以细分为三相接地故障 E、两相接地故障 F、单

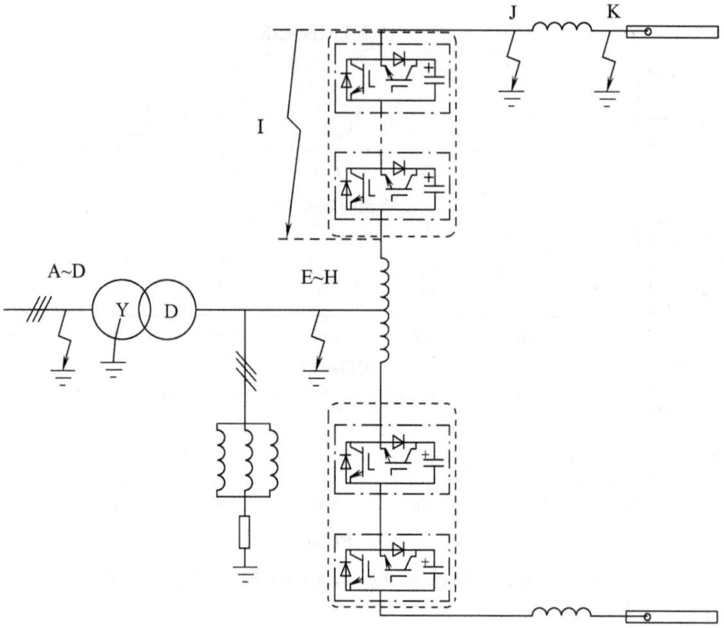

图 13-10 换流站内部故障种类示意图（以伪双极接线为例）

相接地故障 G 和两相相间短路故障 H，阀故障主要考虑阀短路故障 I 和阀顶对地故障 J。

3）直流线路故障：主要考虑直流母线接地故障 K，直流线路接地故障 L，直流极线断线故障 M 以及直流极线间短路故障 N。

对于交流侧的 4 种故障，过电压水平为无保护措施时的系统自然响应特性。站内和直流侧故障由于通常故障造成后果严重且一旦发生一般为永久性故障，因此采用了换流器闭锁和交流断路器跳闸的保护措施。

换流站内需要进行电压监测的关键位置如图 13-5 所示。对上述所有故障进行扫描计算，结果表明：对于伪双极接线，故障 G、I、J、K 和 L 产生的过电压水平较为严重；对于双极接线，故障 B、C、I 产生的过电压水平较为严重，其他故障下各关键位置虽有过电压，但过电压水平极低。事实上，由于阀厅内环境优良，因此阀短路故障 I 发生的概率极低，一般可以不作为外绝缘设计的校核工况。各种较为严重的故障下关键位置过电压水平如表 13-9 和表 13-10 所示，故障 I 下伪双极接线时部分关键位置的电压波形如图 13-11 和图 13-12 所示。

表 13-9 伪双极接线时几种严重故障下换流站各观测点过电压水平（单位：kV）

观测点 故障标号	①	②	③	④	⑤	②-③	③-④	④-⑤
G	205	319	368	348	354	149	542	156
I	210	335	565	210	206	241	710	66
J	194	413	458	552	562	180	426	208
K	198	470	513	548	566	163	418	124
L	199	467	518	548	556	161	418	126

注：各观测点位置如图 13-5 所示。

表 13-10　双极接线中几种严重故障下换流站各观测点过电压水平（单位：kV）

观测点 故障标号	①	②	③	④	⑤	②-③	③-④	④-⑤
B	296	199	205	217	217	63	212	3
C	285	199	205	212	213	61	214	3
I	198	260	308	195	206	96	308	72

注：各观测点位置如图 13-5 所示。

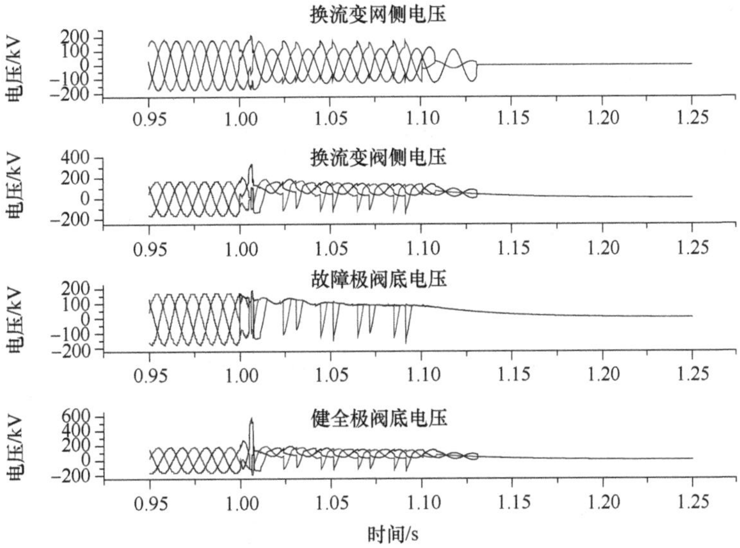

图 13-11　伪双极接线阀短路故障时部分关键点电压波形（1）

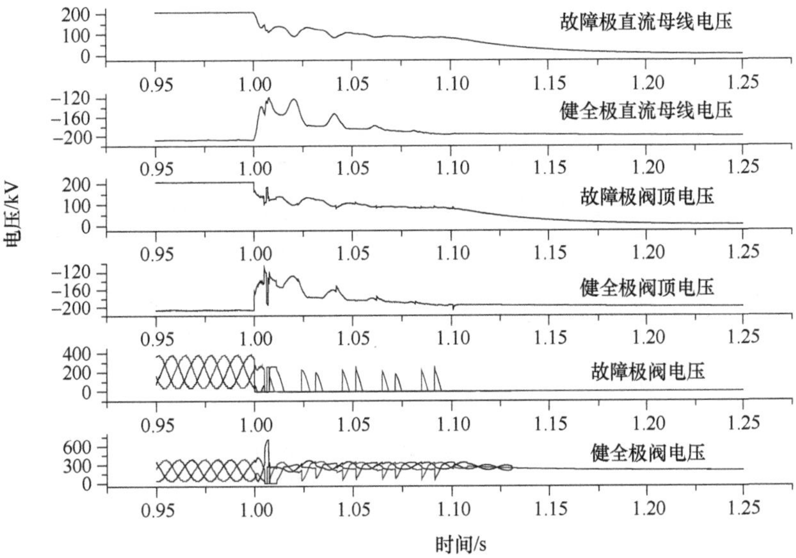

图 13-12　伪双极接线阀短路故障时部分关键点电压波形（2）

13.5.4 避雷器参数选择

根据13.4节所述原则，并且经过大量仿真分析和不断调整，选择避雷器参数如表13-11～表13-21所示。

表13-11 避雷器A1的伏—安特性

I/A	0.0002	0.001	0.02	2	20	250	500	1000
U/kV	212	235	243	255	269	299	308	318
I/kA	2	3	6	10	20	40	80	200
U/kV	337	349	367	385	412	453	509	637

表13-12 避雷器A2的伏—安特性

I/A	0.0002	0.001	0.02	2	20	250	500	1000
U/kV	199	220	227	238	252	280	288	298
I/kA	2	3	6	10	20	40	80	200
U/kV	315	326	343	360	386	424	477	596

表13-13 避雷器A3的伏—安特性

I/A	0.0002	0.001	0.02	2	20	250	500	1000
U/kV	199	220	227	238	252	280	288	298
I/kA	2	3	6	10	20	40	80	200
U/kV	315	326	343	360	386	424	477	596

表13-14 伪双极接线中避雷器V的伏—安特性

I/A	0.0002	0.001	0.02	2	20	250	500	1000
U/kV	380	420	434	456	480	534	550	570
I/kA	2	3	6	10	20	40	80	200
U/kV	602	624	656	688	736	810	910	1138

表13-15 双极接线中避雷器V的伏—安特性

I/A	0.0002	0.001	0.02	2	20	250	500	1000
U/kV	190	210	217	228	240	267	275	285
I/kA	2	3	6	10	20	40	80	200
U/kV	301	312	328	344	368	405	455	569

表13-16 伪双极接线中避雷器C的伏—安特性

I/A	9e-5	4.5e-4	0.009	0.9	9	112.5	225	450
U/kV	212	235	243	255	269	299	308	318
I/kA	0.9	1.35	2.7	4.5	9	18	36	90
U/kV	337	349	367	385	412	453	509	637

表 13-17　双极接线中避雷器 C 的伏—安特性

I/A	0.0002	0.001	0.02	2	20	250	500	1000
U/kV	212	235	243	255	269	299	308	318
I/kA	2	3	6	10	20	40	80	200
U/kV	337	349	367	385	412	453	509	637

表 13-18　伪双极接线中避雷器 D 的伏—安特性

I/A	9e-5	4.5e-4	0.009	0.9	9	112.5	225	450
U/kV	212	235	243	255	269	299	308	318
I/kA	0.9	1.35	2.7	4.5	9	18	36	90
U/kV	337	349	367	385	412	453	509	637

表 13-19　双极接线中避雷器 D 的伏—安特性

I/A	0.0002	0.001	0.02	2	20	250	500	1000
U/kV	212	235	243	255	269	299	308	318
I/kA	2	3	6	10	20	40	80	200
U/kV	337	349	367	385	412	453	509	637

表 13-20　避雷器 R 的伏—安特性

I/A	0.0002	0.001	0.02	2	20	250	500	1000
U/kV	108	120	124	130	138	152	157	163
I/kA	2	3	6	10	20	40	80	200
U/kV	172	178	187	197	211	232	260	325

表 13-21　避雷器 SR 的伏—安特性

I/A	0.0002	0.001	0.02	2	20	250	500	1000
U/kV	90	100	103	108	115	127	131	136
I/kA	2	3	6	10	20	40	80	200
U/kV	143	148	156	164	176	193	217	271

13.5.5　避雷器的保护水平、配合电流、能量以及设备绝缘水平的确定

对于所装设避雷器的要求是，必须能有效抑制上节所述的各类操作波过电压。对于设备的绝缘水平，本章基于 IEC60071-5“绝缘配合”的第 5 部分“高压直流换流站程序”，规定绝缘裕度如表 13-22 所示。

表 13-22　绝缘裕度要求

设　备	（操作/雷电/陡前波）
阀	15%/15%/20%
联接变压器	15%/20%/25%

（续）

设　备	（操作/雷电/陡前波）
平波电抗器	15%/20%/25%
交流滤波器设备	15%/20%/25%
直流阀厅设备	15%/15%/25%
直流场	15%/20%/25%

对应所有避雷器，下面分别给出对应的泄放能量要求、保护水平以及设备的绝缘水平。

1）交流母线避雷器 A1：对于伪双极接线，避雷器 A1 的最大过电压为 209kV，最大电流为 1.0mA，最大能耗为 0.11kJ。对于双极接线，避雷器 A1 的最大电压为 233kV，最大电流为 1.0mA，最大能耗为 0.11kJ。这表明对于两种主接线，避雷器 A1 在上述各故障下均未明显动作。

可以将避雷器 A1 的保护水平选为

SIPL = 279kV，配合电流为 0.1kA（伪双极接线）

SIPL = 279kV，配合电流为 0.1kA（双极接线）

受避雷器 A1 保护设备的耐受电压

RSIWV = 1.15 × 279 = 320kV（伪双极接线）

RSIWV = 1.15 × 279 = 320kV（双极接线）

则

SSIWV = 325kV（伪双极接线）

SSIWV = 325kV（双极接线）

2）联接变压器阀侧避雷器 A2：对于伪双极接线，避雷器 A2 的最大过电压为 318kV，最大电流为 2.2kA，最大能耗为 1.8MJ。对于双极接线，避雷器 A2 的最大过电压为 236kV，配合电流为 0.42A，最大能耗为 0.12kJ，表明双极接线中的避雷器 A2 在上述故障下并未明显动作。

可以将避雷器 A2 的保护水平选为

SIPL = 326kV，配合电流为 3.0kA（伪双极接线）

SIPL = 262kV，配合电流为 0.1kA（双极接线）

受避雷器 A2 保护设备的耐受电压：

RSIWV = 1.15 × 326 = 375kV（伪双极接线）

RSIWV = 1.15 × 262 = 301kV（双极接线）

则

SSIWV = 380kV（伪双极接线）

SSIWV = 325kV（双极接线）

单次泄放能量要求：1.2 × 1.8 = 2.2MJ（伪双极接线）

3）换流阀底避雷器 A3：对于伪双极接线，避雷器 A3 的最大过电压为 355kV，最大电流为 7.4kA，最大能耗为 3.3MJ。对于双极接线，避雷器 A3 的最大过电压为 290kV，配合电流为 0.58kA，最大能耗为 0.24MJ。

可以将避雷器 A3 的保护水平选为

SIPL = 360kV，配合电流为 10kA（伪双极接线）

SIPL = 298kV，配合电流为 1.0kA（双极接线）

受避雷器 A3 保护设备的耐受电压：

RSIWV = 1.15 × 360 = 414kV（伪双极接线）

RSIWV = 1.15 × 298 = 342kV（双极接线）

则

SSIWV = 450kV（伪双极接线）

SSIWV = 380kV（双极接线）

单次泄放能量要求：

1.2 × 3.3 = 4MJ（伪双极接线）

1.2 × 0.24 = 0.29MJ（双极接线）

4）阀避雷器 V：对于伪双极接线，避雷器 V 的最大过电压为 604kV，最大电流为 2.2kA，最大能耗为 0.15MJ。对于双极接线，避雷器 V 的最大过电压为 287kV，最大电流为 1.2kA，最大能耗为 0.57MJ。

可以将避雷器 V 的保护水平选为

SIPL = 624kV，配合电流 3.0kA（伪双极接线）

SIPL = 301kV，配合电流 2.0kA（双极接线）

受避雷器 V 保护设备的耐受电压：

RSIWV = 1.15 × 624 = 718kV（伪双极接线）

RSIWV = 1.15 × 301 = 346kV（双极接线）

则

SSIWV = 750kV（伪双极接线）

SSIWV = 380kV（双极接线）

单次泄放能量要求：

1.2 × 1.1 = 1.3MJ（伪双极接线）

1.2 × 0.57 = 0.68MJ（双极接线）

5）阀顶避雷器 C：对于伪双极接线，避雷器 C 的最大过电压为 352kV，最大电流为 1.6kA，最大能耗为 3.0MJ。对于双极接线，避雷器 C 的最大过电压为 239kV，配合电流为 11.3mA，最大能耗为 0.34kJ，表明双极接线中的避雷器 C 在上述故障下并未明显动作。

可以将避雷器 C 的保护水平选为

SIPL = 355kV，配合电流为 2.0kA（伪双极接线）

SIPL = 279kV，配合电流为 0.1kA（双极接线）

受避雷器 C 保护设备的耐受电压：

RSIWV = 1.15 × 355 = 408kV（伪双极接线）

RSIWV = 1.15 × 279 = 320kV（双极接线）

则

SSIWV = 450kV（伪双极接线）

SSIWV = 325kV（双极接线）

单次泄放能量要求：

1.2 × 3.0 = 3.6MJ（伪双极接线）

6）直流线路侧避雷器D：对于伪双极接线，避雷器D的最大过电压为382kV，最大电流为4.2kA，最大能耗为6.5MJ。对于双极接线，避雷器D的最大过电压为227kV，最大电流为1.0mA，最大能耗为0.75kJ，表明双极接线中的避雷器D在上述故障下并未明显动作。

可以将避雷器D的保护水平选为

SIPL＝388kV，配合电流为5.0kA（伪双极接线）

SIPL＝279kV，配合电流为0.1kA（双极接线）

受避雷器D保护设备的耐受电压：

$$RSIWV = 1.15 \times 388 = 446\text{kV}\ (\text{伪双极接线})$$

$$RSIWV = 1.15 \times 279 = 320\text{kV}\ (\text{双极接线})$$

则

$$SSIWV = 450\text{kV}\ (\text{伪双极接线})$$

$$SSIWV = 325\text{kV}\ (\text{双极接线})$$

单次泄放能量要求：

$$1.2 \times 6.5 = 7.8\text{MJ}\ (\text{伪双极接线})$$

7）桥臂电抗避雷器R：对于伪双极接线，避雷器R的最大过电压为173kV，最大电流为2.0kA，最大能耗为0.15MJ。对于双极接线，避雷器R的最大过电压为183kV，配合电流为5.6kA，最大能耗为0.13MJ。

可以将避雷器R的保护水平选为

SIPL＝178kV，配合电流为3.0kA（伪双极接线）

SIPL＝187kV，配合电流为6.0kA（双极接线）

受避雷器R保护设备的耐受电压：

$$RSIWV = 1.15 \times 178 = 205\text{kV}\ (\text{伪双极接线})$$

$$RSIWV = 1.15 \times 187 = 215\text{kV}\ (\text{双极接线})$$

则

$$SSIWV = 250\text{kV}\ (\text{伪双极接线})$$

$$SSIWV = 250\text{kV}\ (\text{双极接线})$$

单次泄放能量要求：

$$1.2 \times 0.15 = 0.18\text{MJ}\ (\text{伪双极接线})$$

$$1.2 \times 0.13 = 0.16\text{MJ}\ (\text{双极接线})$$

8）平波电抗器避雷器SR：对于伪双极接线，避雷器SR的最大过电压为149kV，最大电流为4.2kA，最大能耗为0.55MJ。对于双极接线，避雷器SR的最大过电压为149kV，最大电流为4.2kA，最大能耗为0.28MJ。

可以将避雷器SR的保护水平选为

SIPL＝153kV，配合电流为5.0kA（伪双极接线）

SIPL＝153kV，配合电流为5.0kA（双极接线）

受避雷器SR保护设备的耐受电压：

$$RSIWV = 1.15 \times 153 = 175\text{kV}\ (\text{伪双极接线})$$

$$RSIWV = 1.15 \times 153 = 175\text{kV}\ (\text{双极接线})$$

则

$$SSIWV = 200kV \text{（伪双极接线）}$$

$$SSIWV = 200kV \text{（双极接线）}$$

单次泄放能量要求：

$$1.2 \times 0.55 = 0.66MJ \text{（伪双极接线）}$$

$$1.2 \times 0.28 = 0.34MJ \text{（双极接线）}$$

上述计算结果汇总在表 13-23 和表 13-24 中。

表 13-23 换流站保护水平和耐受电压（伪双极接线）

位 置	直接保护的设备	保护避雷器	SIPL/kV	配合电流/kA	SSIWV/kV	裕度（%）
①	联接变压器网侧	A1	279	0.1	325	16
②	联接变压器阀侧	A2	326	3	380	17
③	换流阀阀底	A3	360	10	450	25
④	换流阀阀顶	C	355	2	450	27
⑤	直流线路	D	388	5	450	16
②-③	桥臂电抗器	R	178	3	250	40
③-④	桥臂两端	V	624	3	750	20
④-⑤	平波电抗器	SR	153	5	200	31

注：各关键点位置如图 13-5 所示。

表 13-24 换流站保护水平和耐受电压（双极接线）

位 置	直接保护的设备	保护避雷器	SIPL/kV	配合电流/kA	SSIWV/kV	裕度（%）
①	联接变压器网侧	A1	279	0.1	325	16
②	联接变压器阀侧	A2	262	0.1	325	24
③	换流阀阀底	A3	298	1.0	380	28
④	换流阀阀顶	C	279	0.1	325	16
⑤	直流线路	D	279	0.1	325	16
②-③	桥臂电抗器	R	187	6	250	34
③-④	桥臂两端	V	301	2	380	26
④-⑤	平波电抗器	SR	153	5	200	31

注：各关键点位置如图 13-5 所示。

13.5.6 相关结论

1）通过对所考虑的 14 种故障进行扫描计算，发现换流站过电压最严重情况出现于联接变压器阀侧单相接地故障、换流阀短路故障、阀顶对地短路故障、直流母线接地故障和直流线路接地故障。

2）对于绝缘水平，双极接线换流站内设备的绝缘水平低于伪双极接线。

3）伪双极接线中的联接变压器不存在直流偏置，可以使用普通的交流变压器；而双极接线中的联接变压器由于存在直流偏置，必须使用换流变压器。

4）伪双极接线柔性直流输电系统受制于联接变压器的容量，不可能很大。对于采用基本单元串并联结构的大容量柔性直流输电系统，采用伪双极接线对过电压水平和可靠性影响较大，宜采用双极接线。

13.6 多端柔性直流输电系统共用接地点技术

注意到现有的采用伪双极接线的两端柔性直流输电系统中，每个换流站站内都必须通过专用的接地装置接地，若多端 MMC-HVDC 也采用相同的处理方法，势必会增加整个直流系统建设成本。如果多端 MMC-HVDC 在交流侧通过星形电抗接地，那么换流器的无功功率运行范围会受到明显影响，甚至需要考虑安装附加无功补偿设备确保系统的正常运行。因此，有必要研究多端 MMC-HVDC 共用接地点方案。

充分借鉴上述章节的研究成果，本节以一个如图 13-13 所示的 5 端 MMC-HVDC 系统为例，考虑了 4 种可能发生在换流站内的严重故障（联接变压器阀侧单相接地故障、换流阀短路故障、阀顶对地短路故障和直流母线接地故障），基于 PSCAD/EMTDC 对该系统所有典型的接地极共用方案进行仿真计算，通过考察换流站内关键位置的过电压水平，对该五端系统共用接地点的特性进行研究。

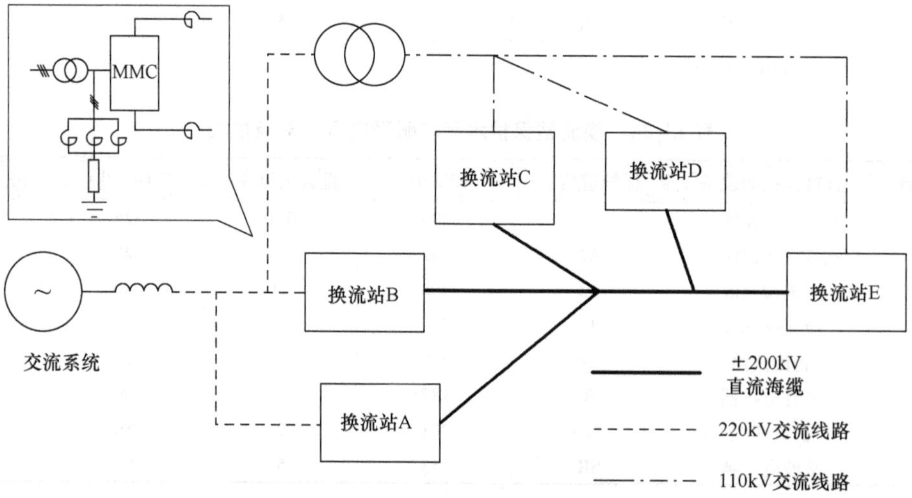

图 13-13 5 端 MMC-HVDC 系统示意图

13.6.1 仿真算例系统参数

系统主参数如表 13-25 所示。

表 13-25 5 端 MMC-HVDC 系统主参数

项　目	换流站 A	换流站 B	换流站 C ~ E
换流站额定容量/MVA	400	300	100
网侧交流母线电压/kV	220	220	110
额定直流电压/kV	±200	±200	±200
联接变压器额定容量/MVA	400	350	120
联接变压器压器电压比/kV	220/200	220/200	110/200
联接变压器压器漏抗（pu）	0.1	0.1	0.1

（续）

项　　目	换流站 A	换流站 B	换流站 C ~ E
桥臂电抗/mH	40	40	40
单桥臂子模块个数	10	10	10
子模块电容/μF	3393	2544	848

13.6.2　共用接地点需考虑的因素

下面的讨论中，需要重点关注以下关键位置在稳态和故障时的电压，这些区域最有可能配置避雷器，包括：联接变压器网侧电压；联接变压器阀侧电压；阀底对地电压；阀顶对地电压；直流出口对地电压，分别如图 13-5 中的①~⑤所示；阀两端电压（图 13-5 中③、④之间）。

如果要分析一般情况，那么对于发生故障的站点，需要遍历所有换流站，且同时必须对所有换流站各个关键位置的电压进行监测。但是鉴于仿真系统中换流站 C ~ E 容量相同，控制策略相同，且这 3 个换流站在该五端直流系统中的地位几乎一样，所以可以简化问题的分析。在本次仿真中，只需要考虑在换流站 A ~ C 发生上面提及的 4 种最严重故障，且仅监测换流站 A ~ C 中各个关键位置的过电压情况。

对于一个 N 端系统而言，其可能的共用接地点方案共有（2^N-2）种。但是，注意到各个换流站的容量以及控制策略，可以仅考虑部分典型的共用接地点方案，从而避免类似方案的重复计算。

按照接地点数目、换流站的容量和控制方式，可以按照接地点数量，把测试系统的共用接地点方案的分为四大类：

情况Ⅰ：5 端系统只有 1 个换流站接地。需要考虑 3 种方案：（a1）换流站 A 接地；（b1）换流站 B 接地；（c1）换流站 C 接地。

情况Ⅱ：5 端系统有 2 个换流站接地。需要考虑 3 种方案：（a2）换流站 A + 换流站 B 接地；（b2）换流站 A + 换流站 C 接地；（c2）换流站 B + 换流站 C 接地。

情况Ⅲ：5 端系统有 2 个换流站不接地。需要考虑 4 种方案：（a3）换流站 A + 换流站 B 不接地；（b3）换流站 A + 换流站 C 不接地；（c3）换流站 B + 换流站 C 不接地；（d3）换流站 D + 换流站 E 不接地。

情况Ⅳ：5 端系统有 1 个换流站不接地。需要考虑 3 种方案：（a4）换流站 A 不接地；（b4）换流站 B 不接地；（c4）换流站 C 不接地。

13.6.3　仿真结果及分析

为了研究接地点存在与否对系统关键位置过电压水平的影响，下面对上节提到的四大类接地点共用方案，分别计算测试系统在 4 种最严重故障下的过电压水平。其中，过电压水平用标幺值表示，关键位置的编号见图 13-5，各关键位置的基准值如表 13-26 所示，需要注意对于 A 站和 B 站，关键点①的基准电压为 179.63kV，而对于 C 站，关键点①的基准电压为 89.81kV。下文中各关键点电压取为同一故障站 4 种最严重故障下过电压水平的最大值。具体计算结果见表 13-27 ~ 表 13-41。

表 13-26 各关键点电压基准值

位置	①	②	③
基准值/kV	179.63/89.81	163.30	163.30
位置	④	⑤	③-④
基准值/kV	200.00	200.00	200.00

表 13-27 五端都接地时各换流站过电压水平

故障站	关键点过电压	①	②	③	④	⑤	③-④
A 站	A 站	1.11	2.89	3.10	2.64	3.05	2.87
	B 站	1.09	3.38	3.68	2.69	2.84	2.86
	C 站	1.18	3.09	3.71	2.79	3.17	2.87
B 站	A 站	1.08	3.38	3.45	2.82	3.52	2.87
	B 站	1.11	2.91	3.07	2.60	2.75	2.85
	C 站	1.17	3.07	3.64	2.81	3.12	2.84
C 站	A 站	1.06	3.32	3.33	2.84	3.47	2.81
	B 站	1.06	3.29	3.61	2.64	2.75	2.81
	C 站	1.08	2.68	3.07	3.30	3.03	2.84

表 13-28 A 站不接地时各换流站过电压水平

故障站	关键点过电压	①	②	③	④	⑤	③-④
A 站	A 站	1.11	2.90	3.10	2.66	3.06	2.88
	B 站	1.09	3.38	3.68	2.69	2.84	2.86
	C 站	1.18	3.25	3.39	2.79	3.10	2.88
B 站	A 站	1.08	3.18	3.69	2.99	3.52	2.87
	B 站	1.11	2.91	3.07	2.65	2.74	2.85
	C 站	1.12	3.06	3.63	2.82	3.12	2.84
C 站	A 站	1.06	3.13	3.62	2.99	3.47	2.81
	B 站	1.06	3.29	3.61	2.65	2.75	2.81
	C 站	1.08	2.68	2.97	3.31	3.04	2.84

表 13-29 B 站不接地时各换流站过电压水平

故障站	关键点过电压	①	②	③	④	⑤	③-④
A 站	A 站	1.11	2.88	3.10	2.64	3.00	2.88
	B 站	1.09	3.38	3.70	3.00	2.83	2.86
	C 站	1.18	3.10	3.71	2.81	3.10	2.88
B 站	A 站	1.08	3.38	3.38	3.35	3.52	2.86
	B 站	1.11	2.91	3.07	2.68	2.73	2.85
	C 站	1.15	3.22	3.35	2.82	3.12	2.84
C 站	A 站	1.06	3.33	3.33	2.84	3.46	2.82
	B 站	1.06	3.30	3.62	2.96	2.77	2.80
	C 站	1.08	2.68	3.13	3.34	3.03	2.84

表 13-30　C 站不接地时各换流站过电压水平

故　障　站	关键点过电压	①	②	③	④	⑤	③-④
A 站	A 站	1.11	2.89	3.11	2.64	3.02	2.86
	B 站	1.09	3.37	3.69	2.69	2.84	2.85
	C 站	1.19	3.14	3.71	2.98	3.12	2.87
B 站	A 站	1.08	3.40	3.40	2.81	3.53	2.86
	B 站	1.11	2.92	3.07	2.65	2.75	2.86
	C 站	1.17	3.14	3.70	3.04	3.12	2.85
C 站	A 站	1.06	3.33	3.33	2.83	3.47	2.82
	B 站	1.06	3.30	3.62	2.65	2.77	2.80
	C 站	1.09	2.79	3.08	3.32	3.04	2.84

表 13-31　A、B 站不接地时各换流站过电压水平

故　障　站	关键点过电压	①	②	③	④	⑤	③-④
A 站	A 站	1.11	2.89	3.09	2.66	3.01	2.87
	B 站	1.09	3.38	3.68	2.99	2.83	2.86
	C 站	1.19	3.24	3.42	2.79	3.14	2.87
B 站	A 站	1.08	3.18	3.69	2.97	3.53	2.87
	B 站	1.11	2.89	3.07	2.68	2.73	2.85
	C 站	1.17	3.04	3.64	2.80	3.12	2.84
C 站	A 站	1.06	3.13	3.63	3.01	3.47	2.82
	B 站	1.06	3.30	3.62	2.96	2.76	2.80
	C 站	1.08	2.85	3.13	3.34	3.03	2.84

表 13-32　A、C 站不接地时各换流站过电压水平

故　障　站	关键点过电压	①	②	③	④	⑤	③-④
A 站	A 站	1.11	2.90	3.12	2.66	3.02	2.87
	B 站	1.09	3.38	3.68	2.70	2.84	2.86
	C 站	1.20	3.17	3.71	2.98	3.14	2.88
B 站	A 站	1.08	3.19	3.69	2.95	3.53	2.87
	B 站	1.11	2.89	3.07	2.67	2.75	2.85
	C 站	1.19	3.14	3.70	3.03	3.12	2.86
C 站	A 站	1.06	3.13	3.63	2.83	3.47	2.82
	B 站	1.06	3.29	3.62	2.65	2.77	2.80
	C 站	1.09	2.84	3.09	3.32	3.04	2.84

表 13-33　B、C 站不接地时各换流站过电压水平

故　障　站	关键点过电压	①	②	③	④	⑤	③-④
A 站	A 站	1.11	2.89	3.07	2.64	3.01	2.87
	B 站	1.09	3.38	3.70	2.99	2.83	2.86
	C 站	1.20	3.17	3.70	2.98	3.13	2.87

（续）

故障站	关键点过电压	①	②	③	④	⑤	③-④
B站	A站	1.08	3.38	3.45	2.81	3.52	2.86
	B站	1.11	2.89	3.07	2.68	2.74	2.85
	C站	1.32	3.11	3.68	3.03	3.12	2.84
C站	A站	1.06	3.33	3.33	2.83	3.48	2.82
	B站	1.06	3.30	3.62	2.95	2.77	2.80
	C站	1.09	2.67	3.11	3.33	2.98	2.83

表13-34 D、E站不接地时各换流站过电压水平

故障站	关键点过电压	①	②	③	④	⑤	③-④
A站	A站	1.11	2.89	3.10	2.64	3.01	2.87
	B站	1.09	3.38	3.69	2.69	2.83	2.86
	C站	1.19	3.09	3.71	2.75	3.11	2.87
B站	A站	1.08	3.38	3.45	2.76	3.53	2.87
	B站	1.11	2.91	3.07	2.65	2.74	2.85
	C站	1.15	3.08	3.65	2.72	3.12	2.85
C站	A站	1.06	3.33	3.39	2.78	3.47	2.82
	B站	1.06	3.30	3.62	2.67	2.76	2.80
	C站	1.09	2.76	2.96	3.30	3.03	2.84

表13-35 A、B站接地时各换流站过电压水平

故障站	关键点过电压	①	②	③	④	⑤	③-④
A站	A站	1.11	2.89	3.10	2.64	3.04	2.88
	B站	1.09	3.38	3.68	2.68	2.84	2.86
	C站	1.21	3.22	3.71	2.97	3.11	2.88
B站	A站	1.08	3.38	3.45	2.74	3.52	2.88
	B站	1.11	2.92	3.07	2.65	2.75	2.85
	C站	1.19	3.25	3.69	2.97	3.12	2.86
C站	A站	1.06	3.33	3.33	2.79	3.47	2.82
	B站	1.06	3.29	3.61	2.64	2.76	2.80
	C站	1.13	2.68	2.95	3.30	3.03	2.83

表13-36 A、C站接地时各换流站过电压水平

故障站	关键点过电压	①	②	③	④	⑤	③-④
A站	A站	1.11	2.89	3.09	2.64	3.05	2.87
	B站	1.09	3.35	3.65	2.87	2.83	2.85
	C站	1.19	3.05	3.62	2.78	3.10	2.87
B站	A站	1.08	3.37	3.44	2.76	3.52	2.87
	B站	1.11	2.91	3.07	2.68	2.73	2.85
	C站	1.19	3.06	3.64	2.73	3.11	2.84
C站	A站	1.06	3.33	3.39	2.79	3.47	2.82
	B站	1.06	3.30	3.62	2.96	2.76	2.80
	C站	1.09	2.77	3.08	3.32	3.03	2.84

表 13-37 B、C 站接地时各换流站过电压水平

故 障 站	关键点过电压	①	②	③	④	⑤	③-④
A 站	A 站	1.11	2.89	3.09	2.66	3.05	2.86
	B 站	1.09	3.37	3.69	2.68	2.83	2.85
	C 站	1.19	3.21	3.59	2.80	3.14	2.87
B 站	A 站	1.08	3.19	3.69	2.94	3.53	2.87
	B 站	1.11	2.91	3.11	2.67	2.74	2.85
	C 站	1.19	3.06	3.65	2.74	3.12	2.85
C 站	A 站	1.06	3.13	3.62	2.79	3.47	2.82
	B 站	1.06	3.29	3.61	2.67	2.77	2.80
	C 站	1.08	2.68	3.08	3.32	3.03	2.83

表 13-38 D、E 站接地时各换流站过电压水平

故 障 站	关键点过电压	①	②	③	④	⑤	③-④
A 站	A 站	1.11	2.89	3.08	2.67	3.05	2.86
	B 站	1.09	3.37	3.68	2.99	2.84	2.85
	C 站	1.19	3.14	3.71	2.97	3.11	2.86
B 站	A 站	1.08	3.18	3.69	3.01	3.53	2.87
	B 站	1.11	2.91	3.06	2.68	2.73	2.85
	C 站	1.19	4.20	4.20	2.83	3.12	2.85
C 站	A 站	1.06	3.14	3.63	3.01	3.47	2.82
	B 站	1.06	3.30	3.62	2.96	2.77	2.80
	C 站	1.09	2.78	3.13	3.35	3.04	2.84

表 13-39 A 站接地时各换流站过电压水平

故 障 站	关键点过电压	①	②	③	④	⑤	③-④
A 站	A 站	1.11	2.89	3.10	2.64	3.01	2.87
	B 站	1.09	3.37	3.68	2.99	2.83	2.86
	C 站	1.20	3.21	3.70	2.86	3.10	2.87
B 站	A 站	1.09	3.36	3.36	2.81	3.50	2.85
	B 站	1.11	2.91	3.06	2.68	2.73	2.83
	C 站	1.19	3.40	3.66	3.07	3.11	2.83
C 站	A 站	1.06	3.31	3.31	2.76	3.45	2.80
	B 站	1.06	3.28	3.60	2.94	2.74	2.79
	C 站	1.13	2.66	3.03	3.30	3.02	2.82

表 13-40 B 站接地时各换流站过电压水平

故 障 站	关键点过电压	①	②	③	④	⑤	③-④
A 站	A 站	1.11	2.89	3.13	2.66	3.06	2.85
	B 站	1.09	3.36	3.67	2.70	2.83	2.84
	C 站	1.20	3.25	3.70	2.95	3.11	2.86
B 站	A 站	1.08	3.18	3.68	2.94	3.52	2.87
	B 站	1.11	2.90	3.05	2.65	2.74	2.83
	C 站	1.19	3.20	3.68	2.97	3.11	2.85

（续）

故障站	关键点过电压	①	②	③	④	⑤	③-④
C站	A站	1.06	3.13	3.62	2.79	3.46	2.81
	B站	1.06	3.28	3.61	2.65	2.76	2.78
	C站	1.13	2.66	3.05	3.31	3.02	2.82

表13-41 C站接地时各换流站过电压水平

故障站	关键点过电压	①	②	③	④	⑤	③-④
A站	A站	1.11	2.89	3.13	2.66	3.05	2.87
	B站	1.09	3.37	3.68	3.00	2.83	2.86
	C站	1.20	3.14	3.52	2.74	3.13	2.87
B站	A站	1.09	3.17	3.68	2.93	3.51	2.86
	B站	1.11	2.90	3.05	2.68	2.74	2.83
	C站	1.20	3.06	3.63	2.71	3.11	2.84
C站	A站	1.06	3.13	3.62	2.79	3.46	2.81
	B站	1.06	3.28	3.61	2.65	2.76	2.78
	C站	1.09	2.66	2.94	3.31	3.02	2.82

若以各换流站发生所有4种最严重故障下各关键点的最大过电压水平为评判标准，那么五端系统的接地点数目为1~4时，过电压水平最低的方案分别为：换流站B接地；换流站A、B接地；换流站A、C不接地；换流站C不接地。上述4种接地点共用方案外加5个换流站都接地时，各换流站发生所有4种最严重故障下各关键点的最大过电压水平如表13-42~表13-46所示。

表13-42 5个换流站都接地时各关键点最大过电压

最大过电压	①	②	③	④	⑤	③-④
A站	1.11	3.38	3.45	2.84	3.52	2.87
B站	1.11	3.37	3.68	2.69	2.84	2.86
C站	1.18	3.09	3.71	3.30	3.17	2.87

表13-43 换流站C不接地时各关键点最大过电压

最大过电压	①	②	③	④	⑤	③-④
A站	1.11	3.40	3.40	2.83	3.53	2.86
B站	1.11	3.37	3.69	2.69	2.84	2.86
C站	1.19	3.14	3.71	3.32	3.12	2.87

表13-44 换流站A、C不接地时各关键点最大过电压

最大过电压	①	②	③	④	⑤	③-④
A站	1.11	3.19	3.69	2.95	3.53	2.87
B站	1.11	3.38	3.68	2.70	2.84	2.86
C站	1.20	3.17	3.71	3.32	3.14	2.88

表 13-45　换流站 A、B 接地时各关键点最大过电压

最大过电压	①	②	③	④	⑤	③-④
A 站	1.11	3.38	3.45	2.79	3.52	2.88
B 站	1.11	3.38	3.68	2.68	2.84	2.86
C 站	1.21	3.25	3.71	3.30	3.12	2.88

表 13-46　换流站 B 接地时各关键点最大过电压

最大过电压	①	②	③	④	⑤	③-④
A 站	1.11	3.18	3.68	2.94	3.52	2.87
B 站	1.11	3.36	3.67	2.70	2.83	2.84
C 站	1.20	3.25	3.70	3.31	3.11	2.86

图 13-14 表示的是对应于接地点数目为 1 ~ 5 时，各最佳方案中换流站 A ~ C 各关键点最大过电压水平，鉴于所有情况下关键位置 1 的最大过电压水平相差不大，图 13-14 中略去了该位置。

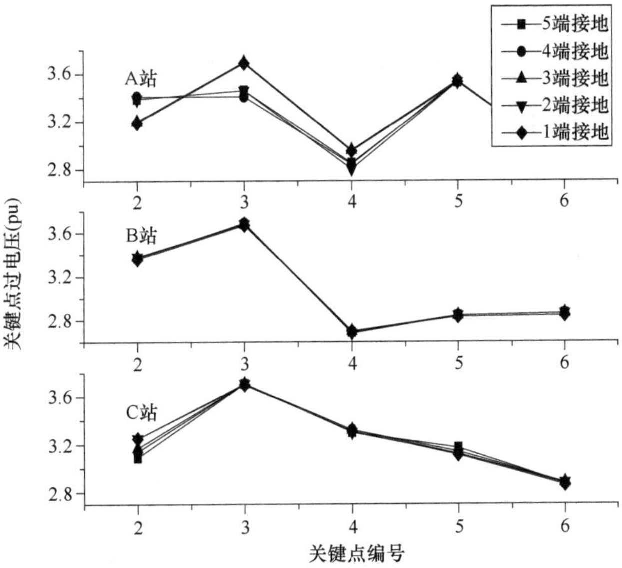

图 13-14　换流站内各关键点最大电压示意图（6 对应③-④电压）

分析上述数据，可以发现以下几个现象：

1）对于一个换流站而言，关键点出现的最大过电压水平，有一部分出现在本站发生故障时，另一部分出现在其他换流站发生故障的情况下。

2）接地点存在与否，会直接影响换流站的过电压水平。对于一个换流站而言，若该换流站没有接地点，那么在所考虑的 4 种故障下，部分关键点过电压水平会有明显提高。

3）对于一个换流站而言，接地点存在与否，对该换流站的影响程度，还与该换流站的控制策略密切相关。若换流站采用定电压或者后备定电压控制策略，那么接地点的存在与否对该站的过电压水平影响较大。若换流站采用定功率控制，那么接地点的存在与否对该站的过电压水平影响最小。

4）与五端都接地的方案相比，采用仅在换流站 A（定电压控制）和换流站 B（后备

定电压控制）安装接地极的方案，各关键点过电压水平较小，而且接地点个数也明显变少。

5）从备用的角度而言，在采用定电压和后备定电压的换流站安装接地极是一个较为保险的方案，两个接地极之间互为备用，相对于只采用一个接地极的方案而言，系统的安全性能得到明显的提升。

6）若从整个系统的可靠性方面考虑，对于多端直流系统而言，必须至少有一个送端或受端。本系统中两个接地站均为送端，若都退出运行，那么剩下的3个受端将无法运行，因此本系统采用的共用接地点方案较为合理。若多端系统中换流站较多，那么需要适当增加接地点的数目，从而能最大程度地保证系统的稳定运行。

13.7 多端 MMC-HVDC 系统过电压的研究

多端 MMC-HVDC 系统由于交—直流系统的相互作用、复杂的直流网络结构以及换流站之间的协调控制，其故障后过电压的特性与两端 MMC-HVDC 系统并不完全相同。因此，本节依然以一个五端系统为例，通过仿真结果分析多端 MMC-HVDC 系统过电压特性。

13.7.1 仿真算例系统参数

5 端系统结构如图 13-15 所示，系统主参数如表 13-47 所示。

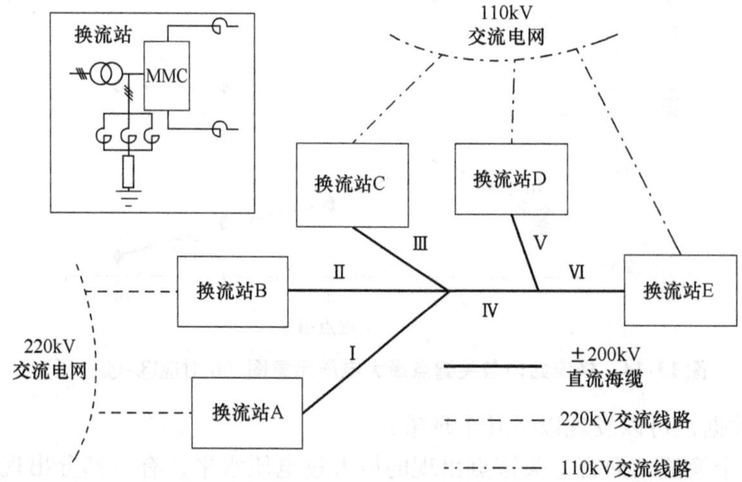

图 13-15 5 端 MMC-HVDC 系统示意图

表 13-47 5 端 MMC-HVDC 系统主参数

项 目	换流站 A	换流站 B	换流站 C ~ E
换流站额定容量/MVA	400	300	100
网侧交流母线电压/kV	220	220	110
额定直流电压/kV	±200	±200	±200
联接变压器额定容量/MVA	400	350	120
联接变压器电压比/kV	220/200	220/200	110/200

（续）

项目	换流站 A	换流站 B	换流站 C～E
联接变压器漏抗（pu）	0.1	0.1	0.1
桥臂电抗/mH	19.1	37.6	119
单桥臂子模块个数	20	20	20
子模块电容/μF	6786	5088	1696

13.7.2 过电压计算考虑的因素

故障类型、故障发生时间和后续处理措施、电压观测点的设置如下所述。

1）交流系统故障：主要考虑交流线路金属性接地故障，分别是三相接地故障、两相接地故障、单相接地故障和两相相间短路故障。监测联接变压器网侧电压、联接变压器阀侧电压、阀顶对地电压以及阀两端电压。假设交流系统故障发生在 6.0s，故障持续 0.1s。

2）换流站内部故障：对于联接变压器阀侧三相接地故障、两相接地故障、相间短路故障和单相接地故障，假设交流系统故障发生在 6.0s，故障持续 0.1s。为了研究故障特征，不采取后续的闭锁换流器以及跳开交流开关的措施，对于联接变压器阀侧故障，研究分析 5.8～6.3s 的波形；对于换流器阀短路故障和阀顶对地短路故障，研究分析 5.998～6.006s 的波形；对于上述所有故障，考虑过渡电阻为 0.01Ω（金属性接地/短路故障）。

3）直流线路故障：主要考虑直流线路上发生的直流线路单极接地故障、直流极线断线故障以及直流极线间短路故障。监测所有换流站直流出口对地电压、阀顶对地电压和阀两端电压。假设直流线路在 10s 发生单极接地故障、极间短路故障和断线故障。为了研究故障特征，不采取后续的闭锁换流器以及跳开交流开关的措施，研究分析 9.998～10.006s 的故障波形。

13.7.3 仿真结果及分析

避免赘述，只考虑220kV 交流电网故障、换流站 A 内部故障以及直流线路 I 故障下的仿真结果。限于篇幅，下文按照故障类型，只给出其中部分较为严重的故障下的换流站 A～换流站 C 的故障电压波形。

220kV 交流电网发生单相接地故障下的故障波形如图 13-16～图 13-18 所示。

联接变压器阀侧单相接地故障下的故障波形如图 13-19～图 13-21 所示。

直流线路 I 单极接地故障下故障波形如图 13-22～图 13-24 所示。

分析故障后换流站电气量，可以发现以下现象：

1）对于换流站交流侧故障而言，由于 MMC 可以等效为一个同步电机，因此交流系统故障后换流站交流侧电压电流的变化规律与交流系统中其他位置发生相同故障后的变化规律类似，可以直接采用对称分量法进行分析。需要指出，故障后换流站交流侧电压电流的变化程度与换流站距故障点的电气距离密切相关，故障离换流站的电气距离越远，换流站过电压现象越轻微。通过仿真还可以发现，联接变压器一次侧的零序分量会被联接变压器阻隔，因此联接变压器二次侧几乎没有零序分量。换流站的直流电压能够几乎维持不变，几乎没有出现严重的过电压现象。

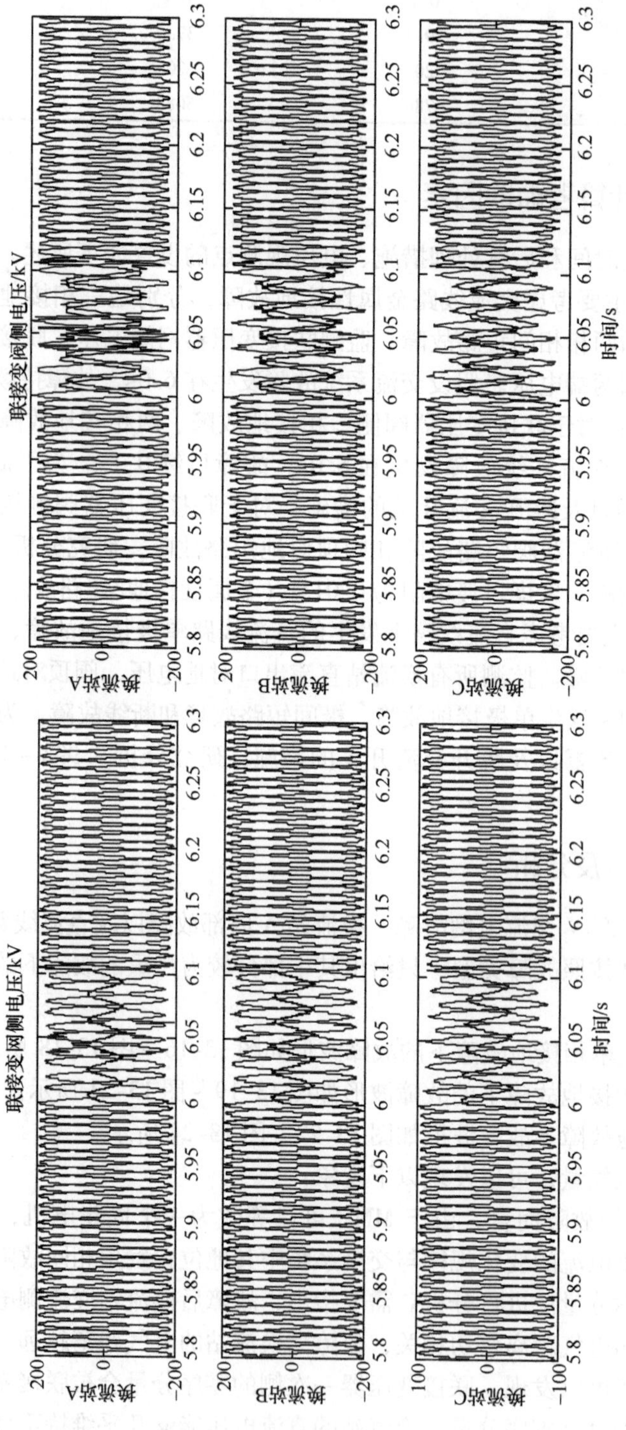

图 13-16 220kV 交流系统单相接地故障前后联接变压器网侧电压和阀侧电压

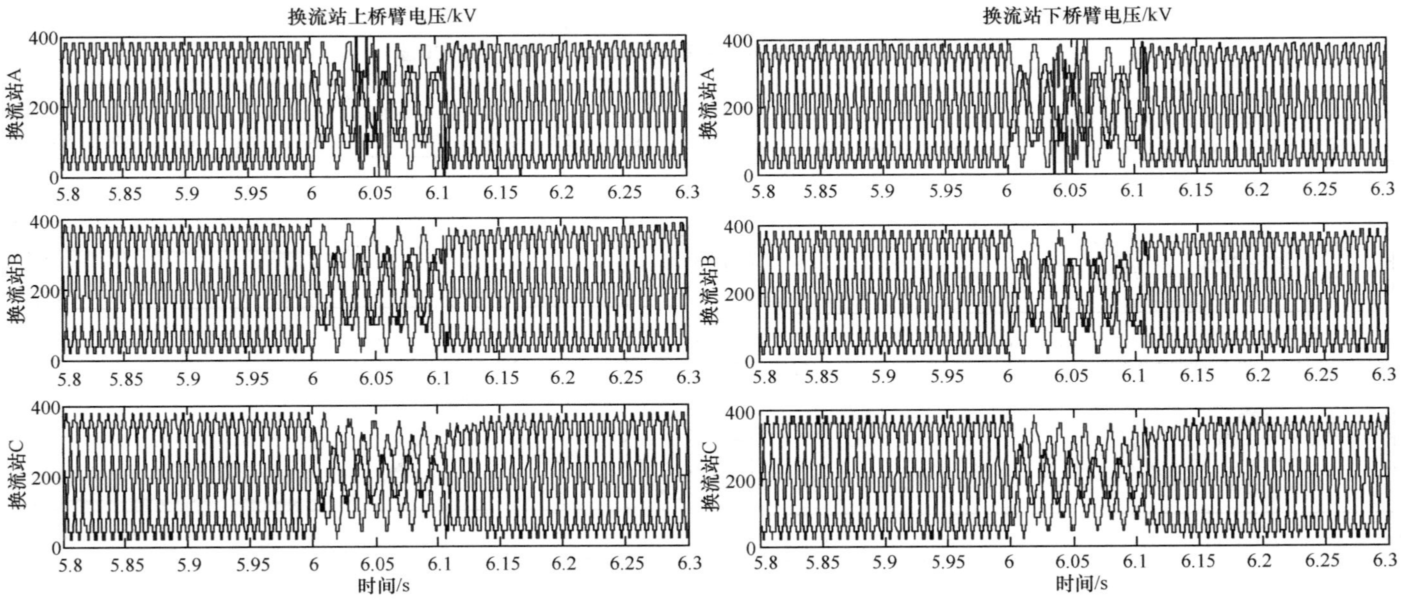

图 13-17　220kV 交流系统单相接地故障前后桥臂电压

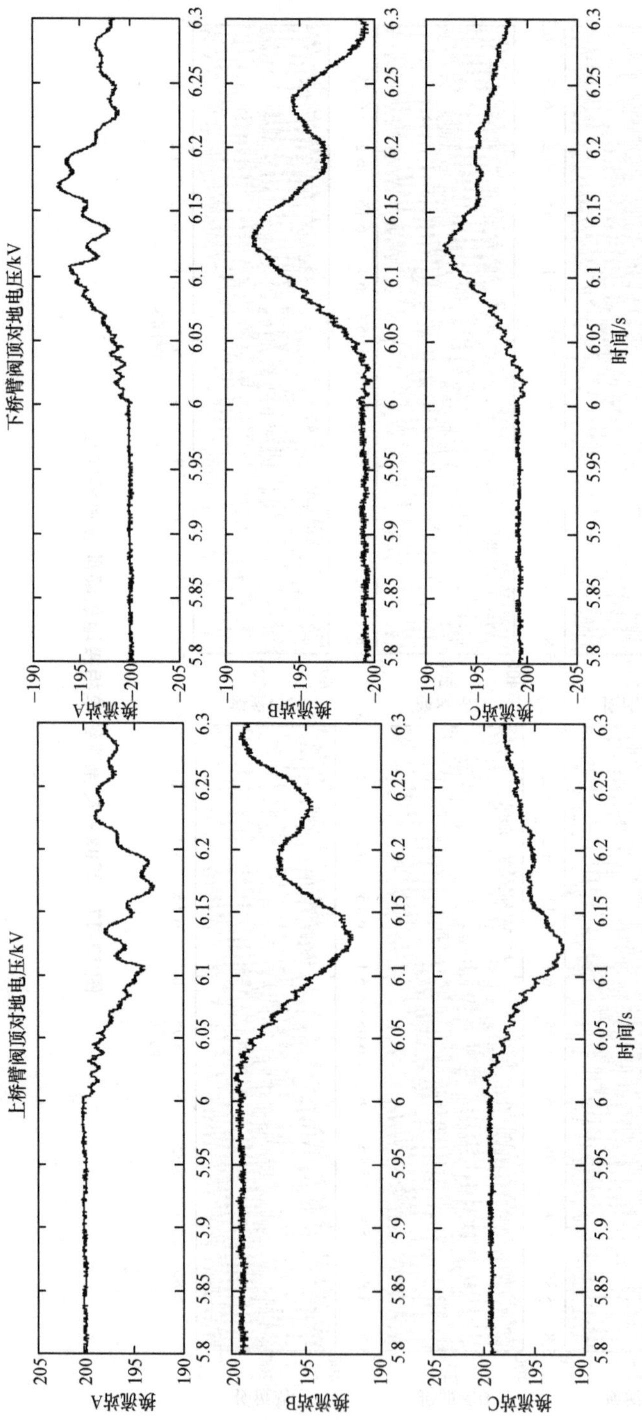

图 13-18 220kV 交流系统单相接地故障前后阀顶对地电压

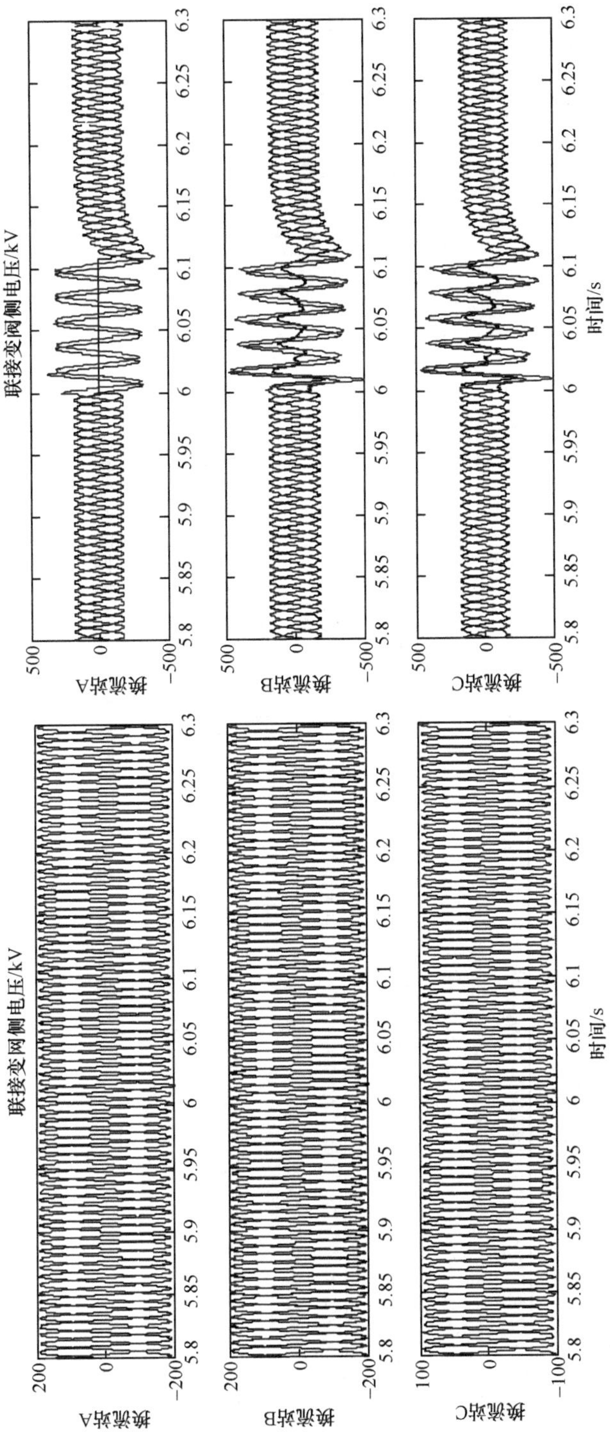

图 13-19　联接变压器阀侧单相接地故障前后联接变压器网侧电压和阀侧电压

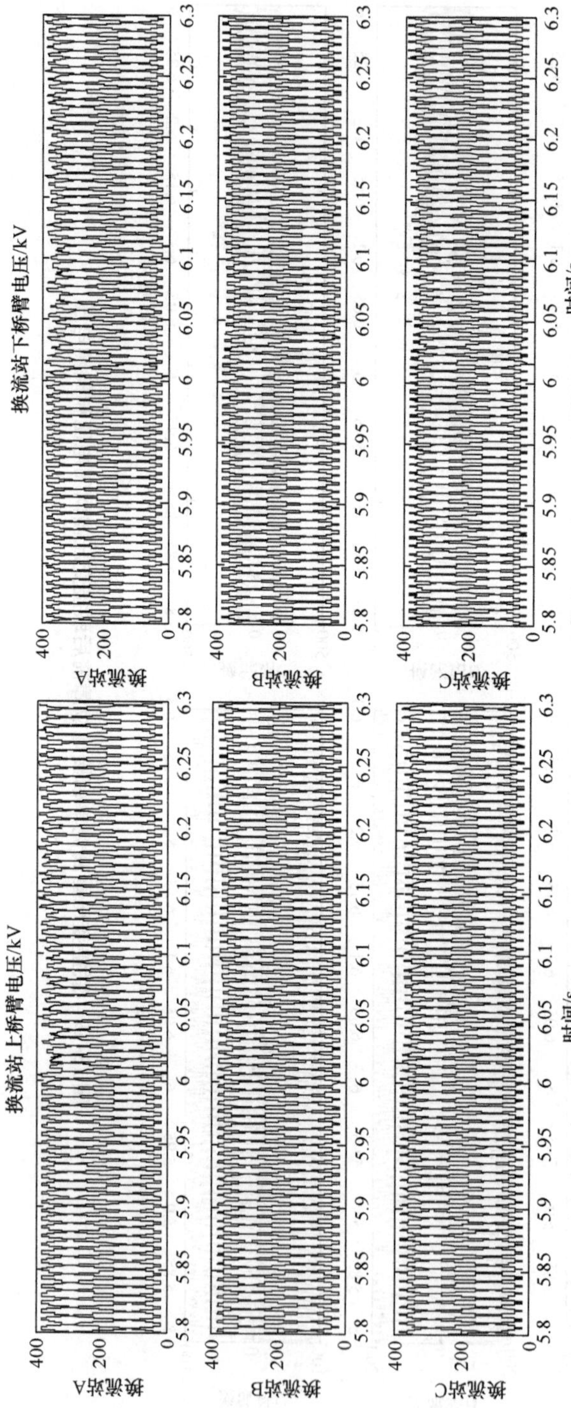

图 13-20 联接变压器阀侧单相接地故障前后桥臂电压

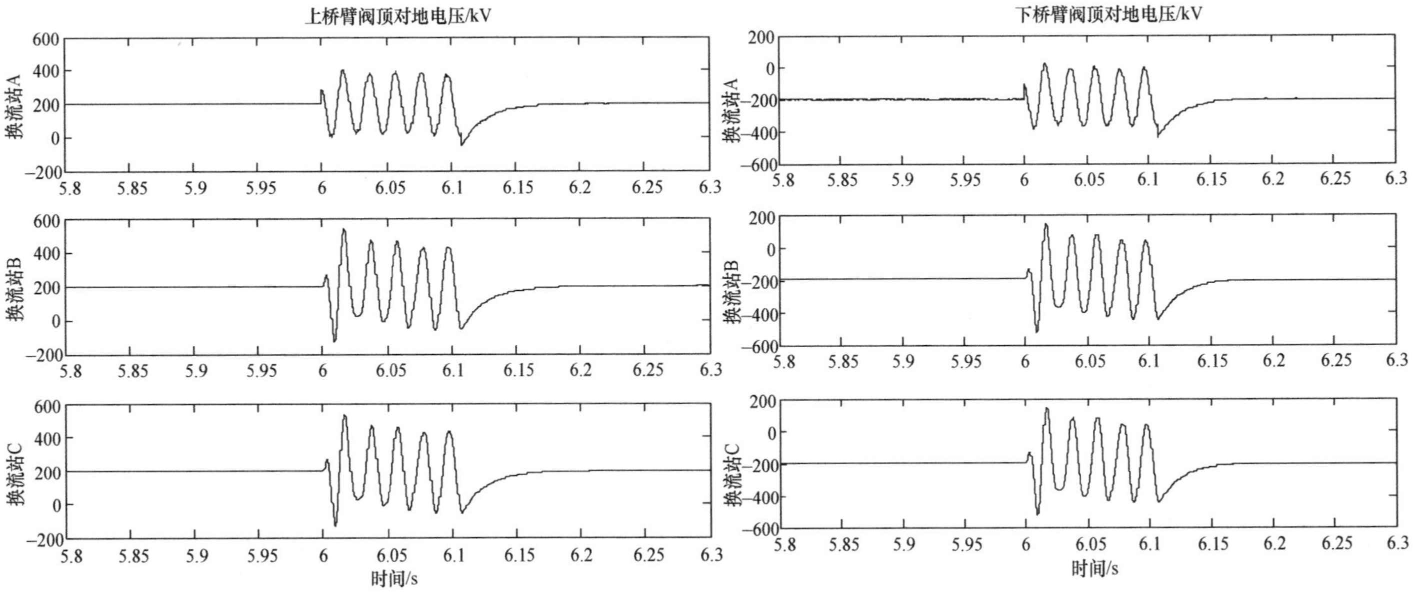

图 13-21　联接变压器阀侧单相接地故障前后阀顶对地电压

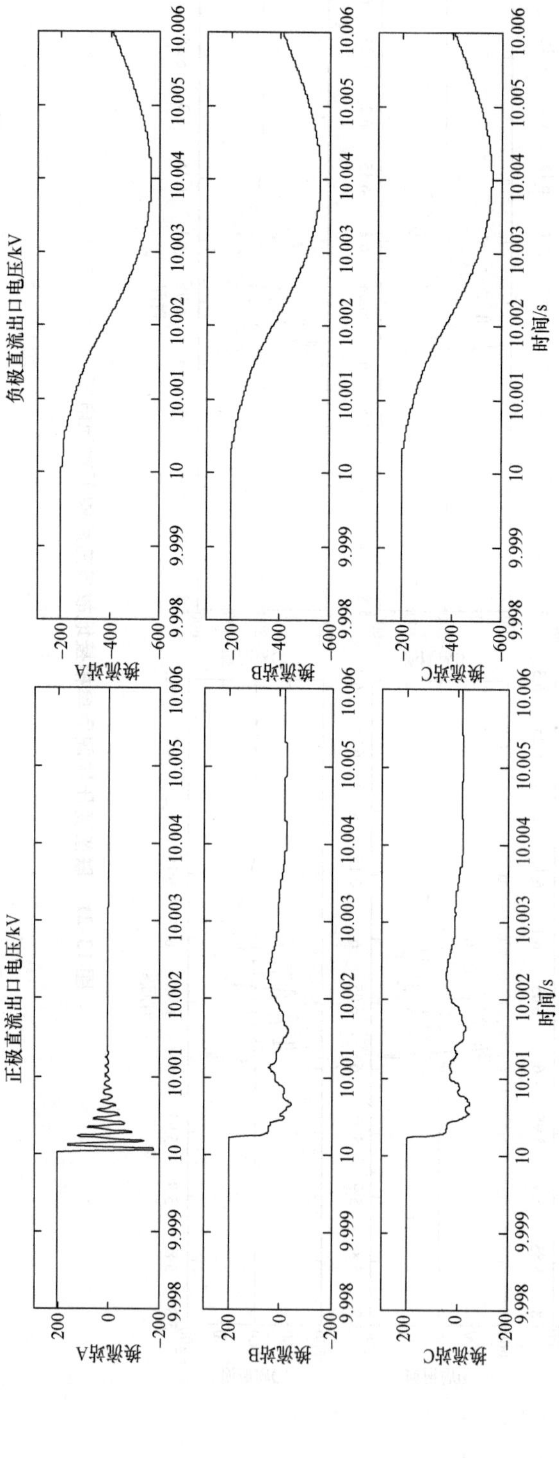

图 13-22 直流线路Ⅰ单极接地故障前后直流出口对地电压

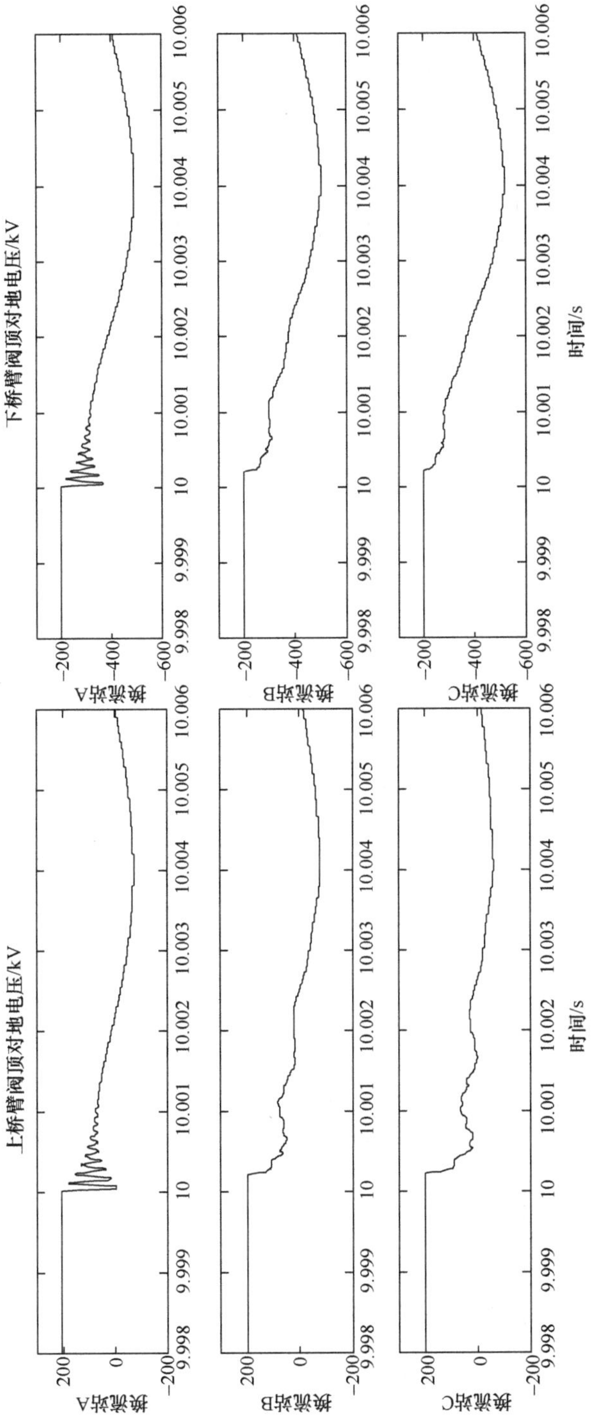

图 13-23　直流线路 I 单极接地故障前后阀顶对地电压

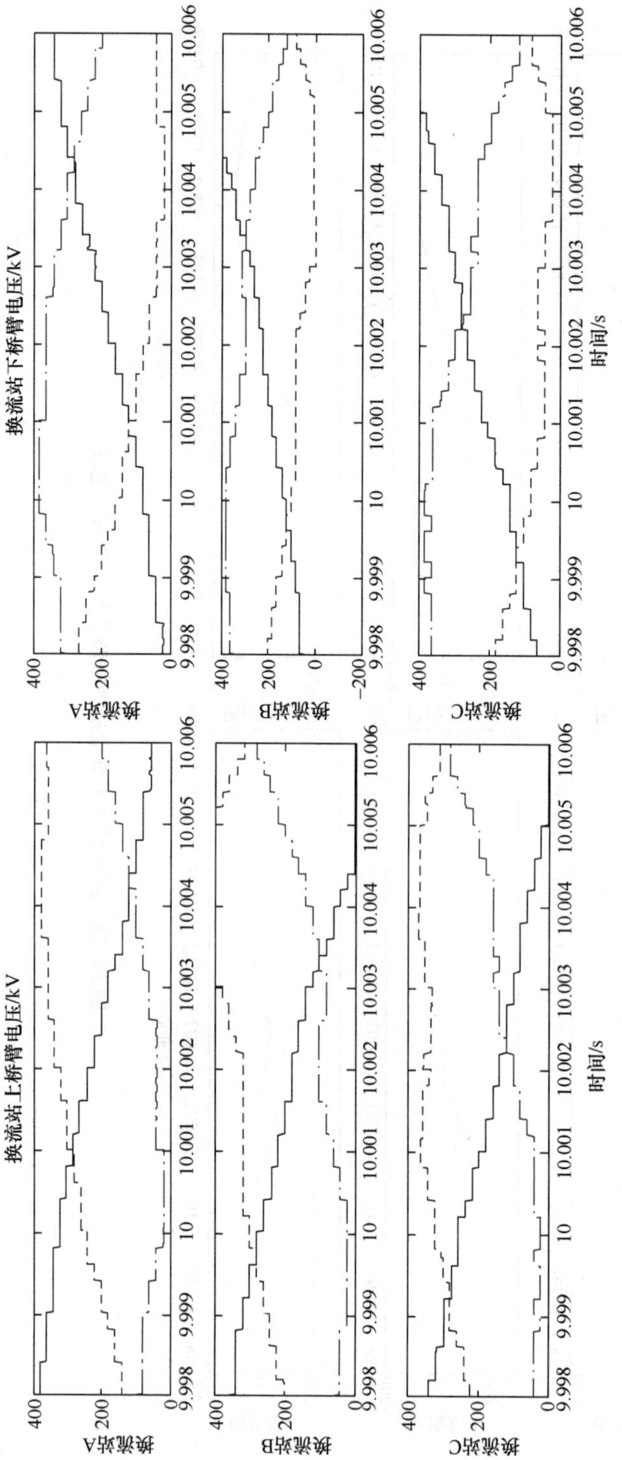

图 13-24 直流线路 I 单极接地故障前后桥臂电压

2）对于联接变压器阀侧故障而言，由于联接变压器二次侧采用三角形联结，联接变压器网侧不会出现零序分量；由于存在着接地极—换流器桥臂—直流线路—换流器桥臂—接地极的零序通路，直流线路上会出现较大的过电压，且其他非故障换流站中也能检测到较大的零序分量。负序分量则会通过联接变压器传递到交流系统，然后传递到与之相连的其他换流站，由于联接变压器漏抗和交流线路的作用，非故障站的负序分量不会太大。

3）单极接地故障发生后，直流线路中会发生一系列的波过程（参见图 13-22 中 10 ~ 10.001s 换流站 A 正极直流出口电压）。根据本章参考文献［13］可以知道，波过程的波形与过渡电阻关系密切：当过渡电阻很小时，故障极直流出口电压会出现短暂的振荡衰减过程，其最大的振荡幅值为正常运行电压，振荡中心为零；随着过渡电阻的增大，换流站故障极直流出口电压波振荡幅值减小，电压波会按照类似阶梯波的规律变化。反观换流站健全极直流出口电压，可以发现其为变化较平缓的振荡衰减，最大振幅为稳态运行电压。

参考文献

[1] Siemens AG. HVDC Systems and Their Planning [EB/OL]. http://www.4shared.com/get/vhzmlgrF/_ebook_HVDC_Systems_and_their.html.

[2] Hinrichsen Volker. Metal-Oxide Surge Arrester Fundamentals [EB/OL]. http://www.energy.siemens.com/hq/pool/hq/power-transmission/high-voltage-products/surge-arresters-and-limiters/aboutus/arrester-book-1400107.pdf.

[3] 赵智大. 高电压技术 [M]. 北京：中国电力出版社，2006.

[4] 浙江大学发电教研组直流输电科研组. 直流输电 [M]. 北京：中国电力出版社，1982.

[5] Westerweller T, Friedrich K, Armonies U, et al. Trans bay cable world's first HVDC system using multilevel voltage sourced converter [C]. Proceedings of CIGRE, Paris, France, 2010: B4_101_2010.

[6] 国家电网公司企业标准. Q/GDW 144-2006，±800kV 特高压直流换流站过电压保护和绝缘配合导则 [S].

[7] 中国南方电网公司. ±800kV 直流输电技术研究 [M]. 北京：中国电力出版社，2006.

[8] IEC TS60071-5, Insulation co-ordination-Part 5: Procedures for high-voltage direct current (HVDC) converter stations [S].

[9] 聂定珍，袁智勇. ±800kV 向家坝—上海直流工程换流站绝缘配合 [J]. 电网技术，2007，31（14）：1-5.

[10] 徐政，屠卿瑞，裘鹏. 从 2010 国际大电网会议看直流输电技术的发展方向 [J]. 高电压技术，2010，36（12）：3070-3077.

[11] 聂定珍，马为民，郑劲. ±800kV 特高压直流换流站绝缘配合 [J]. 高电压技术，2006，32（9）：75-79.

[12] IEC TS60071-1, Insulation co-ordination-Part 1: Definitions, principles and rules [S].

[13] 李爱民. 高压直流输电线路故障解析与保护研究 [D]. 广州：华南理工大学，2010.

第 14 章 模块化多电平换流阀的设计

14.1 引言

换流阀是直流输电系统的核心部件之一。在柔性直流输电系统中，对于其中的一个桥臂而言，它由许多个 IGBT 子模块串联而成。在所有可能的运行状态下，换流阀不仅仅需要承受持续运行电压，还需要承受交直流系统传递过来的操作过电压、陡波前过电压和雷电过电压。

一般而言，换流站的成本在一定程度上与其绝缘水平成正比，合理地选择换流阀的绝缘水平，能有效降低整个换流站的成本[1]。因此，必须研究换流阀在各种类型电压作用下的电压分布规律。较为均匀的电压分布能在较低的绝缘水平下保证换流阀的可靠性；若电压分布很不均匀，势必要增加相关换流阀子模块的绝缘水平来保证换流阀的正常运行，会增加换流站的成本。

一般而言，换流阀过电压可以不考虑雷电过电压，理由如下：①换流阀的两侧分别布置着平波电抗器、桥臂电抗器以及换流变压器，考虑到它们在高频下的高阻特性，雷电波传播到换流阀时，其作用效果将会和操作波差不多。②换流阀放置在阀厅内，考虑到阀厅对换流阀的屏蔽作用，雷电直接击中换流阀的情况也不会出现。因此，对于换流阀而言，只需要考虑陡波前过电压。陡波前过电压的波前时间很短，只有几 μs，其包含的谐波频率会高达几 MHz 或更高。在这个频率范围内，换流阀的杂散参数开始起到不可忽视的作用。建立换流阀的宽频模型，提取换流阀的杂散参数，十分必要[2,3]。

14.2 换流阀的宽频等效模型

换流阀的宽频等效模型包括两部分内容：元件本身的高频模型和元件之间的杂散参数[4,5]。前者指的是用电气参数（电阻、电感和电容等）来描述换流阀内具体元器件（IGBT、二极管和电容等）在一个较宽泛的频域下的电气特性，它一般需要根据厂商给定的实测数据来计算。后者主要指用电气参数（电感和电容）来描述换流阀内各部件由于其空间相对位置而存在的基于场的耦合关系。对于用来计算陡波前过电压的换流阀的宽频模型而言，其杂散参数一般考虑杂散电容就已足够。本章只介绍换流阀杂散电容的计算，杂散电感的计算可以参考相关文献。

14.2.1　杂散电容参数的物理意义

根据物理定义[6]，若空间中存在一个由（$n+1$）导体组成的静电独立系统，各导体按照 $1 \rightarrow n+1$ 顺序编号，且编号 $n+1$ 的导体为电位参考点（电位 $\varphi_{n+1}=0$，一般选取大地为 $n+1$号导体）。再假设空间中介质是线性的，根据叠加定理，容易得到如下公式：

$$\boldsymbol{Q}=\boldsymbol{C}_{\mathrm{g}} \cdot \boldsymbol{\Phi} \tag{14-1}$$

式中，$\boldsymbol{Q}=[q_1, q_2, \cdots, q_n]^{\mathrm{T}}$，表示各导体表面上的电荷；$\boldsymbol{\Phi}=[\varphi_1, \varphi_2, \cdots, \varphi_n]^{\mathrm{T}}$表示各导体的电位；$\boldsymbol{C}_{\mathrm{g}}$是一个 $n \times n$ 阶的对称方阵，表示各导体对地电容。

将上式稍做变形，得到下面的形式

$$\begin{cases} q_1 = C_{11} \cdot (\varphi_1 - 0) + C_{12} \cdot (\varphi_1 - \varphi_2) + \cdots + C_{1k} \cdot (\varphi_1 - \varphi_k) + \cdots + C_{1n} \cdot (\varphi_1 - \varphi_n) \\ \cdots\cdots \\ q_k = C_{k1} \cdot (\varphi_k - \varphi_1) + C_{k2} \cdot (\varphi_k - \varphi_2) + \cdots + C_{kk} \cdot (\varphi_k - 0) + \cdots + C_{kn} \cdot (\varphi_k - \varphi_n) \\ \cdots\cdots \\ q_n = C_{n1} \cdot (\varphi_n - \varphi_1) + C_{n2} \cdot (\varphi_n - \varphi_2) + \cdots + C_{nk} \cdot (\varphi_n - \varphi_k) + \cdots + C_{kn} \cdot (\varphi_n - 0) \end{cases} \tag{14-2}$$

式中的 C 有两类，一类表示各导体与电位参考点之间的集总电容；另一部分为各导体（不包含电位参考导体）之间的集总电容，对于这些电容，恒有 $C_{ij}=C_{ji}$。

图 14-1 对应一个（2+1）导体系统，清晰地表示出了所有部分电容。对于换流阀而言，我们所要求解的杂散电容正是上述的集总电容参数。

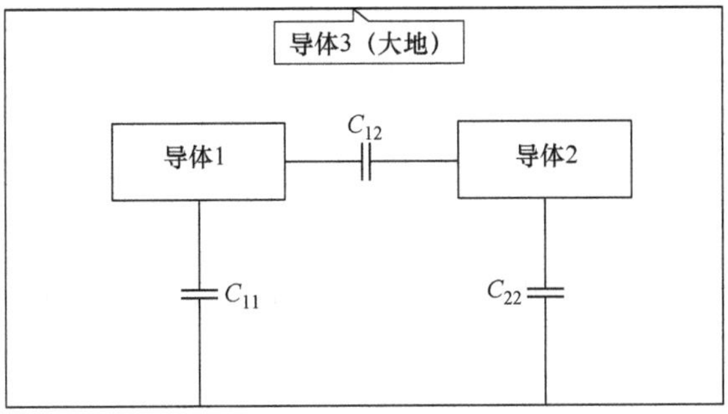

图 14-1　（2+1）导体静电独立系统示意图

14.2.2　换流阀高频模型的简化原理

若只根据上节所述的理论，假设换流阀系统包含 n 个导体，那么其部分电容会达到 $n \times (n-1)/2$ 个。注意到实际柔性直流输电系统换流阀中，包含的导体会达到数百个，如果考虑了所有的杂散电容，势必会造成求解出的结果不具备实用性。所以必须仔细分析换流阀的结构，继而找出其中最主要的杂散电容，从而得到简化换流阀杂散电容参数的有效方法。

屏蔽效应[7]是简化计算的理论依据。最直观的静电屏蔽现象就是法拉第笼中的导体和笼外的导体。由于法拉第笼的存在，笼内的导体与笼外的导体实现了电场的解耦，内部电场根本不受外部电场的影响。

但是换流阀中不存在理想的静电屏蔽模型，所以就需要对实际情况做进一步的讨论，以期得到能在工程中使用的结论。下面以一个自由空间中的3导体系统为例说明。

假设空间中存在3个自由导体：1、2、3，相对位置如图14-2所示。

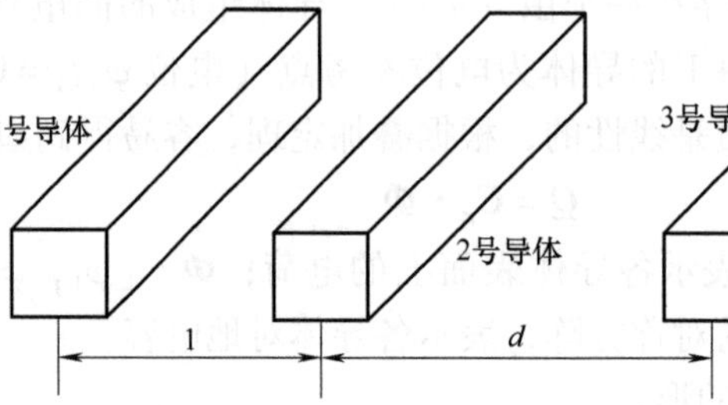

图14-2 空间中3个导体示意图

再假设电荷在它们表面分布均匀，那么根据叠加定理，存在

$$\begin{bmatrix} p_{11} & p_{12} & p_{13} \\ p_{21} & p_{22} & p_{23} \\ p_{31} & p_{32} & p_{33} \end{bmatrix} \cdot \begin{bmatrix} q_1 \\ q_2 \\ q_3 \end{bmatrix} = \begin{bmatrix} \varphi_1 \\ \varphi_2 \\ \varphi_3 \end{bmatrix} \tag{14-3}$$

其中

$$p_{ij} = \frac{1}{A_i}\int_{A_i}\frac{1}{A_j}\int_{A_j}\frac{1}{4\pi\varepsilon\|x_i - x_j\|}\mathrm{d}a_j\mathrm{d}a_i \tag{14-4}$$

式中，A_i 表示导体 i 的表面积；$\|x_i - x_j\|$表示 x_i和 x_j两点之间的距离。

对于图14-2中的导体1、3之间的耦合电容，由于导体2的屏蔽作用，可以忽略不计，下面简要进行说明。

假设导体1、2、3的电位分别为1、0、0，那么根据已有结果，导体2上的电荷与导体3上的电荷存在着如下关系[8]：

$$q_3 = q_2 \cdot \frac{p_{22}p_{13} - p_{23}p_{12}}{p_{33}p_{12} - p_{32}p_{13}}$$

再假设导体2与导体3的形状、大小都相同，则有 $p_{22} = p_{33}$，由 p 的定义可知，若不考虑常系数，p_{22} 和 p_{33} 远大于1，而 $p_{13} = p_{31} \approx 1/d$，$p_{23} = p_{32} \approx 1/(d+1)$。$q_3 \approx q_2 \cdot \dfrac{p_{22}/(1+d) - 1/d}{p_{33} - 1/[d(1+d)]} = q_2 \cdot O(1/d)$，因此，3号导体对于1号导体电位的贡献为 $u_{13} = p_{13}q_3 \approx q_2 \cdot O(1/d^2)$，随着 d 的增加，这部分分量衰减很快，因此对于存在屏蔽（导体2）的情况下导体3和导体1之间的耦合电容可以忽略。

下面的讨论几乎完全基于该原理进行：当两个导体之间存在（屏蔽）导体时，就可以不考虑这两个导体之间的杂散电容。在后文的论述中可以发现，这一条规则的应用，对于得到换流阀的简化宽频模型起着极其重要的作用。

14.2.3 考虑杂散电容的换流阀简化宽频模型

由于换流阀结构的不确定性，本节将换流阀分为几个部分，分别讨论其宽频模型，最后将所有部件结合起来，得到完整的换流阀简化宽频模型[9]。

首先考虑屏蔽罩之间的杂散电容，如图 14-3 所示。一般换流阀塔为分层结构，每一层的结构都相同，所以对每一层屏蔽而言，考虑到屏蔽效应，只需要考虑相邻层屏蔽板之间的杂散电容即可。再注意到对于某一层屏蔽罩，其内部有大量导体存在，因此也要考虑屏蔽罩内部导体对该层屏蔽罩之间的屏蔽作用。下文以阀塔中某一层屏蔽罩为例具体说明。

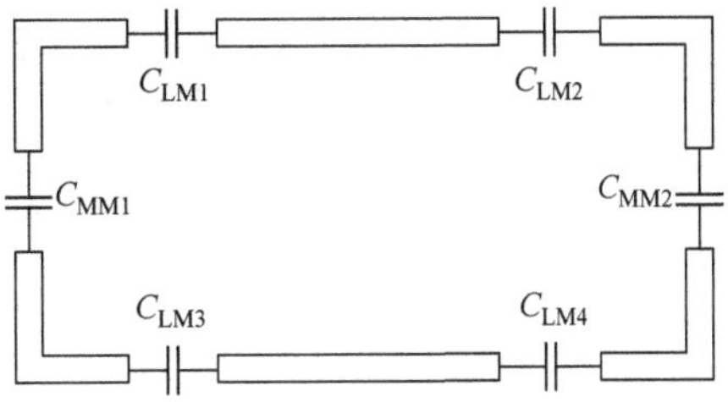

图 14-3　所关注的位于中间层的屏蔽罩俯视图及其杂散电容

图 14-4 是某一阀塔内部某一层屏蔽罩与其上下紧密相连两层屏蔽罩之间的侧视图，考虑到目前使用分体屏蔽罩较多，在侧视图中用两块屏蔽板代替该层屏蔽罩。

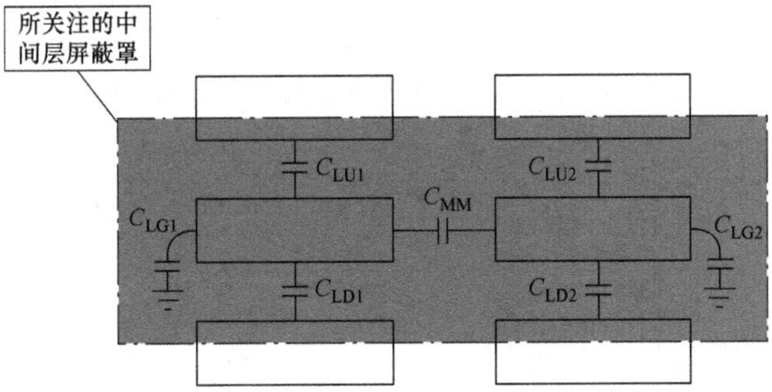

图 14-4　所关注的位于中间层的屏蔽罩侧视图及其杂散电容

如果考虑到结构的对称性，可以近似认为屏蔽罩之间的某些杂散电容的大小相等，此时，$C_{LU1}=C_{LU2}=C_{LD1}=C_{LD2}$，$C_{LM1}=C_{LM2}=C_{LM3}=C_{LM4}$，$C_{MM1}=C_{MM2}$，则上述模型又可以得到一定的简化（图中未标注出前后两块屏蔽板的对地电容）。

接下来再分析与 IGBT 子模块相关的杂散电容。和屏蔽罩的分析类似，也需要分别从侧视图与俯视图的角度分别分析。

子模块之间的杂散电容主要与换流阀的水冷系统密切相关。图 14-5 是两种常用的换流阀水冷系统示意图。

图中，A 表示 IGBT 子模块，B 代表散热片，C 代表管道，D 代表进水（出水）总管。这两种散热方式分别叫作串联式水冷和并联式水冷。单从散热性能考虑，后一种较好，因为它能保证流过子模块的冷却液温度相同，从而能最大程度地利用它的散热性能。

无论是哪种散热结构，得到的等效杂散电容都具备如图 14-6 和图 14-7 所示的形式。图 14-6 和图 14-7 中，A 代表 IGBT 子模块，B 代表散热片。考虑到形状和大小相同，图中的每一类杂散电容大小应该都相同，故仅用一个符号进行统一描述。

到此为止，本章对于换流阀内部杂散电容的类型、分布以及相应简化已做了较详细的论述。为了得到相应的等效宽频计算模型，只需要将各个部件组合在一起即可。

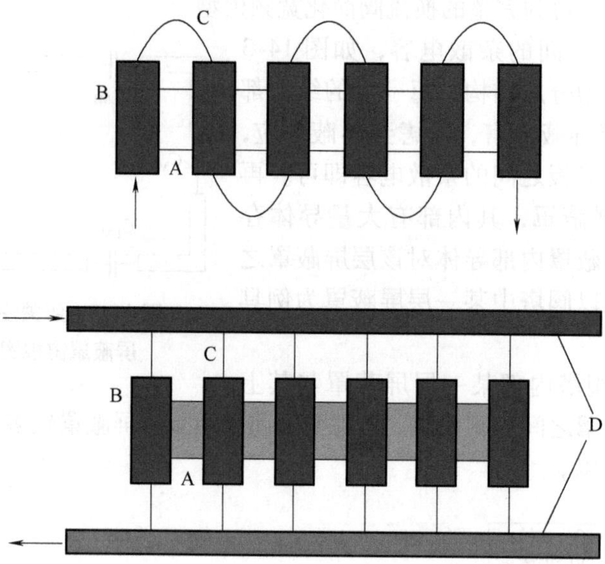

图 14-5 换流阀中的两种典型的水冷系统示意图

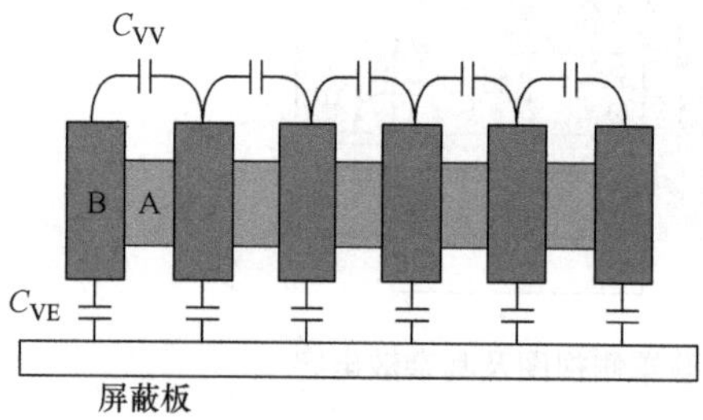

图 14-6 所关注的位于中间层的子模块俯视图及其杂散电容

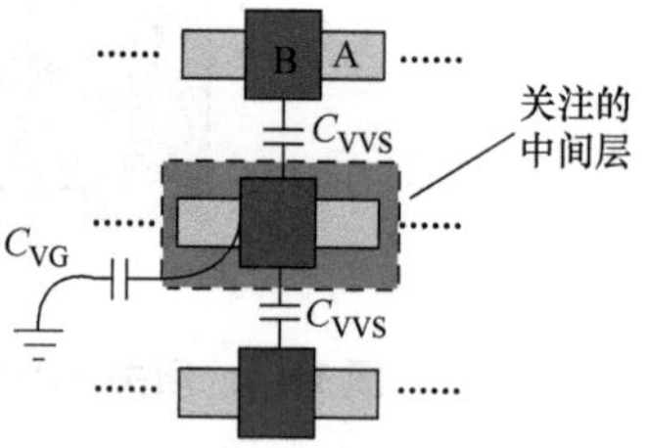

图 14-7 所关注的位于中间层的子模块侧视图及其杂散电容

14.3 换流阀的杂散参数提取方法概述

换流阀杂散参数的计算，本质上就是一个静态电磁场计算的问题。从过程上来说，杂散电容的计算都分为两个步骤：先计算系统的对地电容矩阵 $\boldsymbol{C}_g$，然后对 $\boldsymbol{C}_g$ 做相应变换得到需要求解的集总电容矩阵 $\boldsymbol{C}$。从理论上说，有两条途径可以作为求解电容矩阵 $\boldsymbol{C}_g$ 的依据：电荷法和能量法。从方法上说，有两种手段可以用来计算 $\boldsymbol{C}_g$：有限元法和边界元法。上述各种关系的示意图如图 14-8 所示。本节将分别对其中的每个部分做简要说明。

14.3.1 求解对地电容矩阵 C_g 的两种基本理论

1. 电荷法

电荷法能直接从对地电容矩阵的定义中得出。为了给出电荷法的具体实施步骤，下面重写一遍电容矩阵的定义：

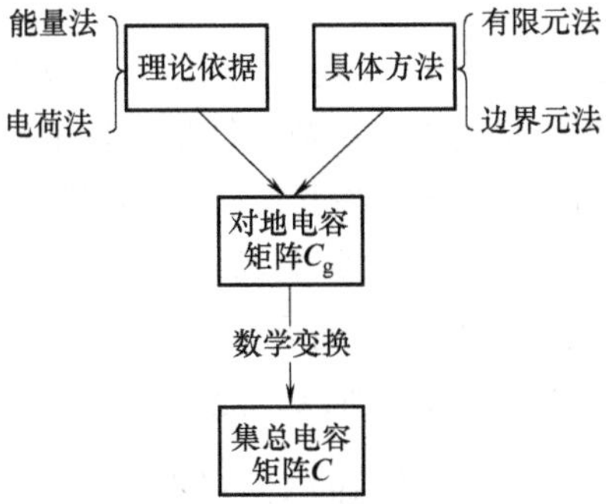

图 14-8　各种概念之间的关系

$$\begin{bmatrix} q_1 \\ \vdots \\ q_k \\ \vdots \\ q_n \end{bmatrix} = \begin{bmatrix} c_{g11} & \cdots & c_{g1k} & \cdots & c_{g1n} \\ \vdots & & \vdots & & \vdots \\ c_{gk1} & \cdots & c_{gkk} & \cdots & c_{gkn} \\ \vdots & & \vdots & & \vdots \\ c_{gn1} & \cdots & c_{gnk} & \cdots & c_{gnn} \end{bmatrix} \cdot \begin{bmatrix} \varphi_1 \\ \vdots \\ \varphi_k \\ \vdots \\ \varphi_n \end{bmatrix} \tag{14-5}$$

电荷法求解的实施步骤如下（以求解其中第 k 列的元素为例）：

1）将 k（$k=1\rightarrow n$）号导体的电位设为 U_0，其他导体的电位设为 0，对这个系统的静电场进行求解。

2）静电场求解完毕之后，分别计算 1 ~ n 号导体表面上的电荷，设结果分别为 $q_{1k}\sim q_{nk}$，令 $\boldsymbol{Q}_k=[q_{1k}, q_{2k}, \cdots, q_{nk}]^{\mathrm{T}}$。

3）计算 $\boldsymbol{C}_g(:,k)=\boldsymbol{Q}_k/U_0$，其中 $\boldsymbol{C}_g(:,k)$ 表示对地电容矩阵 $\boldsymbol{C}_g$的第 k 列。

重复以上步骤，就能完全求解出对地电容矩阵 $\boldsymbol{C}_g$的所有元素。

2. 能量法

能量法基于如下定理：对于一个（$n+1$）导体组成的静电独立系统（编号分别为 1 ~ ($n+1$)，且编号 $n+1$ 的导体为电位参考点（$\varphi_{n+1}=0$）），那么这个系统的静电能量可以表示为[10]

$$E=\frac{1}{2}[\varphi_1 \quad \cdots \quad \varphi_k \quad \cdots \quad \varphi_n] \cdot \begin{bmatrix} c_{g11} & \cdots & c_{g1k} & \cdots & c_{g1n} \\ \vdots & & \vdots & & \vdots \\ c_{gk1} & \cdots & c_{gkk} & \cdots & c_{gkn} \\ \vdots & & \vdots & & \vdots \\ c_{gn1} & \cdots & c_{gnk} & \cdots & c_{gnn} \end{bmatrix} \cdot \begin{bmatrix} \varphi_1 \\ \vdots \\ \varphi_k \\ \vdots \\ \varphi_n \end{bmatrix} \tag{14-6}$$

因此，可以相应得到基于能量法求解对地电容矩阵 $\boldsymbol{C}_g$的方法。与电荷法不同，利用能量法求解对地电容矩阵有先后顺序，具体过程如下：

首先求解对角线元素 c_{gkk}（$k=1\rightarrow n$）：

1）将 k 号导体的电位设为 U_0，其他导体的电位设为 0，对这个系统的静电场进行求解。

2）计算整个系统的总能量，记为 E_{kk}，则 $c_{gkk}=2E_{kk}/U_0^2$。

其次再求解对非角线元素 c_{gij}（$i=1\rightarrow n$，$j=(i+1)\rightarrow n$）：

3）将 i 号导体和 j 号导体的电位设为 U_0，其他导体的电位设为 0，对这个系统的静电场进行求解。

4）计算整个系统的总能量，记为 E_{ij}，则 $c_{gij}=E_{ij}/U_0^2-0.5\ (c_{gii}+c_{gjj})$。

显然，在理想情况下，对静电场的求解次数，能量法比电荷法多得多。对于一个 $(n+1)$ 静电独立系统（$(n+1)$ 号导体为电位参考点），利用电荷法求解时，只需要求解 n 次静电场即可；能量法则需要求解 $n(n+1)/2$ 次静电场。但是考虑到上一节所提到的屏蔽现象，实际计算中不需要对所有电容进行计算，只需要求解其中的一小部分即可，这可以使得能量法的求解次数大大缩小（只需要 $O(n)$）。所以，能量法也是一个可考虑采用的原理。

14.3.2 求解对地电容矩阵 C_g 两种方法的评价

1. 有限元法

有限元法基于变分原理，将微分方程的边值问题转化为相应的变分问题，利用分片插值函数离散变分问题，将偏微分方程转化为一组代数方程进行求解。自从20世纪60年代有限元法被应用于电磁场数值计算之后，经过几十年的发展，已得到了长足的进步，且经过了大量的检验。现在市面上有大量成熟可靠通用的有限元计算软件。有限元法具有以下特点[11]：离散过程中保持了明显的物理意义；对于复杂的集合形状和边界条件具有明显的先天优势；通用性较强，易于编写模块化的程序代码。然而有限元法也具有明显的劣势：对于无穷远边界问题的处理能力不是很强，因需要计算整个场域。

2. 边界元法

边界元法基于积分方程，求解边界面上的场源分布。因此它具有以下优点：可以降低方程的维数；由于求解的是边界面上的场源分布，因此该方法具有比较高的精度；对于具有无穷远边界问题的处理优于有限元法。但是它也有明显的劣势：其离散方程的系数矩阵是一个慢阵，对计算机的硬件和求解器的要求比较高；不同媒质分界面的边界条件不易处理。

从上文对两种方法的分析比较可以发现，对于换流阀杂散参数的计算两种方法各有优劣。对于有限元方法而言，由于换流阀安置在阀厅中，而阀厅是一个优良的接地体。考虑到屏蔽效应，可以考虑使用有限元法作为计算换流阀杂散参数的方法。鉴于有限元法需要计算整个场域，所以对于基于能量法的杂散参数计算具有明显优势。当然，也可以利用有限元计算软件基于电荷法计算杂散参数。对于边界元法而言，由于其求解的是边界上的场源分布，所以对于基于电荷法的杂散参数计算具有显著优势，因此边界元法也是一个合理的选择。

14.3.3 根据对地电容矩阵 C_g 计算集总电容矩阵 C

如14.1节所述，集总电容参数矩阵与 $\boldsymbol{C}$ 与对地电容矩阵 $\boldsymbol{C}_g$ 之间存在一定的数学关系：

$\boldsymbol{C}$ 中的对角线元素和 $\boldsymbol{C}_g$ 中的元素存在如下关系：

$$c_{ii}=c_{gii}+\sum_{j=1,j\neq i}^{n}c_{gij} \tag{14-7}$$

$\boldsymbol{C}$ 中的非对角线元素和 $\boldsymbol{C}_g$ 中的元素存在如下关系：

$$c_{ij}=-c_{gij} \tag{14-8}$$

需要注意的是，在最终得到的换流阀宽频等效模型中，有许多杂散电容由于屏蔽作用而未被考虑，具体反映在式（14-7）和式（14-8）中就是将忽略不计的杂散电容大小记为零。

参 考 文 献

[1] Siemens AG. HVDC Systems and Their Planning [EB/OL]. http://www.4shared.com/get/vhzmlgrF/_ebook_HVDC_Systems_and_their.html.

[2] Karady A, Gilsig T G. The calculation of transient voltage distribution in a high voltage DC thyristor valve [J]. IEEE Transactions on Power Apparatus and Systems, 1973, 92 (3): 893-899.

[3] 孙海峰，崔翔，齐磊，等. 高压直流换流阀过电压分布及其影响因素分析 [J]. 中国电机工程学报，2010, 30 (22): 120-126.

[4] 李晓榕，赵智大. 直流输电用可控硅阀内速变型电压分布及其影响因素的研究 [J]. 中国电机工程学报，1986, 6 (3): 114-28.

[5] 孙海峰，崔翔，齐磊，等. 高压直流换流阀器件高频建模 [J]. 电工技术学报，2009, 24 (11): 142-148.

[6] 倪光正. 工程电磁场原理 [M]. 北京：高等教育出版社，2009.

[7] Shi W, Yu F. A divide-and-conquer algorithm for 3-D capacitance extraction [J]. IEEE Transactions on Computer-Aided Design of Integrated Circuits and Systems, 2004, 23 (8): 1157-1163.

[8] 郭焕，汤广福，查鲲鹏，等. 直流输电换流阀杂散电容和冲击电压分布的计算 [J]. 中国电机工程学报，2011, 31 (10): 116-122.

[9] 张文亮，汤广福. ±800kV/4750A 特高压直流换流阀宽频建模及电压分布特性研究 [J]. 中国电机工程学报，2010, 30 (31): 1-6.

[10] Ansys Inc. Theory Reference for the Mechanical APDL and Mechanical Applications [EB/OL]. www.ansys.com/customer/content/documentation/121/ans_thry.pdf.

[11] 倪光正，杨仕友，邱捷. 工程电磁场数值计算 [M]. 北京：机械工业出版社，2004.

附　　录

附录A　研究柔性直流输电系统的几种工具

柔性直流输电系统是一种非常复杂的系统，基于解析方法对其进行分析、计算几乎是不可能的。为了弄清柔性直流输电系统的行为特性，必须借助于数字仿真的方法和工具。浙江大学交直流输配电研究团队根据柔性直流输电工程规划、设计、制造和运行的实际需求，开发了一整套与柔性直流输电系统相关的研究工具，下面简短介绍一下各主要工具的功能。

A.1　柔性直流输电基本设计软件 ZJU-MMCDP

ZJU-MMCDP 包括 4 个功能模块，分别是：①主电路参数确定模块；②MMC 所有电气量稳态特性展示模块；③MMC 阀损耗评估模块；④MMC 有功—无功运行范围展示模块。本书第 2 章和第 3 章的相关原理已固化在 ZJU-MMCDP 中；同时，第 2 章和第 3 章所展示的相关结果大多是由 ZJU-MMCDP 给出的。

A.2　柔性直流输电电磁暂态仿真平台 ZJU-MMCEMTP

ZJU-MMCEMTP 基于国际上普遍接受的电力系统电磁暂态仿真软件 PSCAD/EMTDC 开发，本书第 11 章对 ZJU-MMCEMTP 所采用的快速算法进行了描述。事实上，ZJU-MMCEMTP 是应用较为广泛的工具，从柔性直流输电系统的运行原理到控制策略到故障特性到绝缘配合，无不需要采用 ZJU-MMCEMTP 进行仿真。ZJU-MMCEMTP 固化了本书所描述的多种主电路结构和多种控制策略，本书自第 2 章开始的所有电磁暂态仿真波形都是由 PSCAD/EMTDC 和 ZJU-MMCEMTP 给出的。

A.3　柔性直流输电机电暂态仿真模型 ZJU-MMCTM

在大规模交直流电力系统中，柔性直流输电系统仅仅是其中的一个元件。对大规模交直流电力系统进行潮流计算、短路电流计算和稳定性分析时，必须考虑柔性直流输电系统的作用。由于柔性直流输电系统是一种相对新的元件，很多商业化的电力系统机电暂态仿真软件并不包含柔性直流输电系统模型。ZJU-MMCTM 是基于国际上广泛接受的电力系统机电暂态仿真软件 PSS/E 而开发的，本书第 12 章对其实现原理进行了介绍。ZJU-MMCTM 包括两端柔性直流输电系统和多端直流电网模型，第 12 章中的算例结果是由 PSS/E 和 ZJU-MMCTM 给出的。

A.4 典型风电机组电磁暂态仿真模型 ZJU-WTGM

ZJU-WTGM 考虑了两种风电机组模型，一种是全功率换流器型风电机组（FRC），另一种是双馈型风电机组（DFIG）。本书第 10 章对这两种风电机组的数学模型和控制策略进行了描述。ZJU-WTGM 基于国际上普遍接受的电力系统电磁暂态仿真软件 PSCAD/EMTDC 而开发，固化了第 10 章所描述的两种风电机组的数学模型和控制策略。第 10 章中的算例结果都是由 PSCAD/EMTDC 和 ZJU-MMCTM 给出的。

附录 B 几个典型柔性直流输电工程

B.1 美国 Trans Bay Cable 工程[1]

Trans Bay Cable 工程位于美国加州旧金山市，额定电压为 ±200kV，额定功率为 400MW，MMC 的每个桥臂均采用 200 个子模块级联构成，MMC 直流侧输出电压为 400kV，于 2010 年 11 月投运。该工程由西门子公司承建，是世界上第 1 个采用 MMC 的柔性直流输电系统，对后续 MMC-HVDC 工程的建设具有很强的示范作用。Trans Bay Cable 工程是海底电缆直流输电工程；送端是 Pittsburg 换流站，接入 230kV 交流电网；受端是 Potrero 换流站，接入 110kV 交流电网；直流电缆长度为 86km。Trans Bay Cable 工程采用伪双极系统接线，联接变压器的网侧绕组采用星形联结，其中性点直接接地；联接变压器的阀侧绕组采用三角形联结，无中性点；直流系统的整流侧和逆变侧接地点都选择在联接变压器的阀侧；采用星形联结电抗器构成辅助接地中性点再经电阻接地，其布置方式如图 B-1 所示。注意此种星形联结电抗器构成辅助接地中性点再经电阻接地的方式，为后续伪双极接线的柔性直流输电系统所广泛采用。

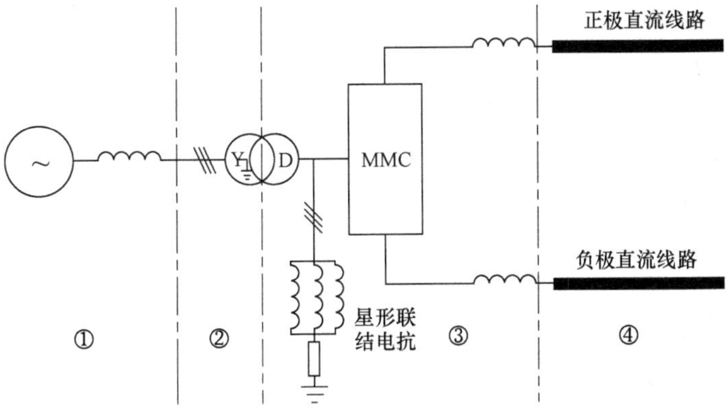

图 B-1　采用伪双极主接线方式的 MMC 换流站分区示意图

B.2 南汇柔性直流输电工程[2-4]

B.2.1 基本结构

上海南汇柔性直流输电工程是亚洲第1个MMC-HVDC系统，于2011年7月投运。该工程的一次系统接线如图B-2所示，其中直流电缆长度为8km。南风换流站主接线如图B-3所示。南汇柔性直流输电工程是伪双极系统，直流系统通过联接变压器阀侧的Y绕组中性点经电阻接地。

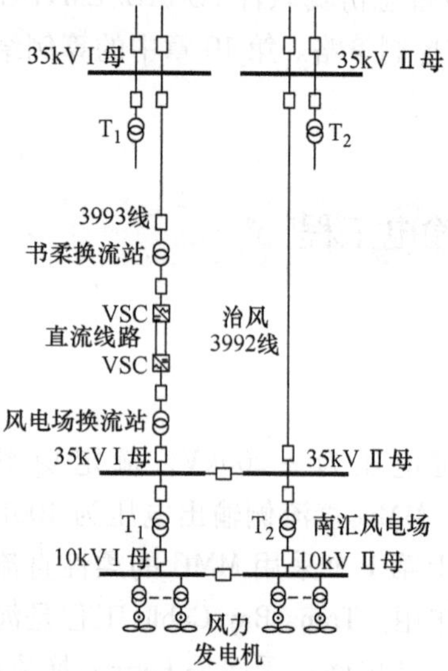

图 B-2 上海南汇风电场柔性直流输电工程一次系统单线图

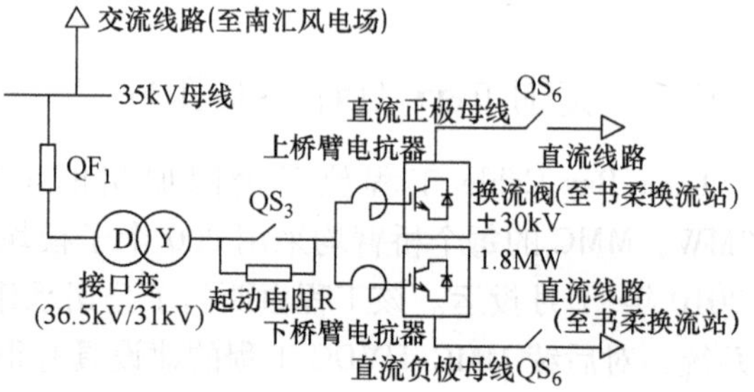

图 B-3 南风站一次接线图

B.2.2 换流站主要技术参数

上海南汇柔性直流输电工程换流站主要技术参数如表B-1所示。

表 B-1 上海南汇柔性直流输电工程换流站基本参数

	大治	书柔
MMC 额定容量/MVA	18	18
联接变压器型式	三相双绕组	三相双绕组
联接变压器容量/MVA	20	20
联接变压器额定电压/kV	36.5/31	36.5/31
绕组联结组标号	D/Yn	D/Yn
联接变压器短路阻抗	—	—
变压器中性点接地电阻/kΩ	2	2
起动电阻/kΩ	2	2
直流侧额定电压/kV	±30	±30
直流侧额定电流/A	300	300
平波电抗器/mH	0	0

（续）

	大冶	书柔
桥臂子模块数	48＋8（冗余）	48＋8（冗余）
桥臂电抗值/mH	53	53
子模块电容值/mF	6	6
子模块 IGBT 参数	3.3kV/1200A	3.3kV/1200A
子模块投切控制周期/μs	100	100

B.3　南澳柔性直流输电工程[5-7]

B.3.1　基本结构

南澳三端柔性直流输电系统是世界上第 1 个多端柔性直流输电工程，于 2013 年 12 月投运。该工程的一次系统接线如图 B-4 所示，直流系统电压等级为 ±160kV，输送容量为 200MW。三端系统的送端换流站是位于南澳岛上的青澳换流站和金牛换流站，受端换流站是位于大陆的塑城换流站。青澳和南亚风电场接入青澳换流站，通过青澳—金牛直流线路汇集到金牛换流站；牛头岭和云澳风电场接入金牛换流站，汇集至金牛换流站的电力通过直流架空线和电缆混合线路送至大陆塑城换流站。与三端柔性直流系统并列送电的交流电网是 110kV 交流电网。南澳三端柔性直流输电系统是伪双极系统，3 个换流站都通过联接变压器阀侧的 Y 绕组中性点经电阻接地。

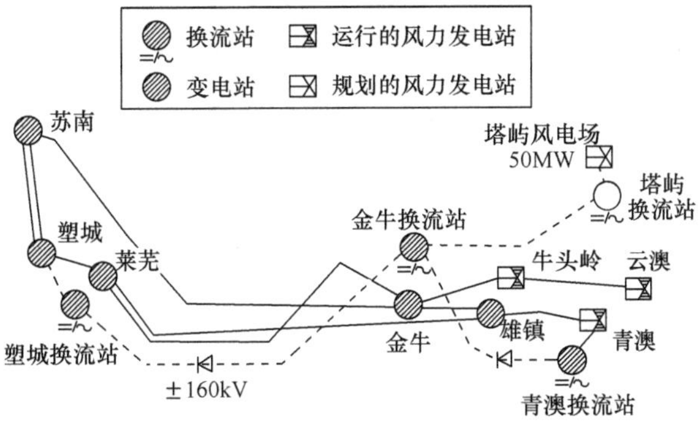

图 B-4　南澳三端柔性直流输电工程一次系统单线图

B.3.2　换流站主要技术参数

南澳三端柔性直流输电工程换流站主要技术参数如表 B-2 所示。

表 B-2　南澳三端柔性直流输电工程换流站基本参数

	塑城	金牛	青澳
MMC 额定容量/MVA	200	100	50
联接变压器型式	三相双绕组	三相双绕组	三相双绕组
联接变压器容量/MVA	240	120	60
联接变压器额定电压/kV	110/166	110/166	110/166
绕组联结组标号	D/Yn	D/Yn	D/Yn
联接变压器短路阻抗（%）	12	12	10

（续）

	塑城	金牛	青澳
变压器中性点接地电阻/kΩ	5	5	5
起动电阻/kΩ	5	8	10
直流侧额定电压/kV	±160	±160	±160
直流侧额定电流/A	625	313	157
平波电抗器/mH	10	10	10
桥臂子模块数	134+13（冗余）	200+20（冗余）	200+20（冗余）
桥臂电抗值/mH	100	180	360
子模块电容值/mF	5	2.5	1.4
子模块 IGBT 参数	IEGT 4500V/1500A	IGBT 3300V/1000A	IGBT 3300V/400A
子模块投切控制周期/μs	100	100	100

B.4 舟山五端柔性直流输电工程[8,9]

B.4.1 基本结构

舟山五端柔性直流输电系统于2014年7月投运，是目前世界上电压等级最高、端数最多、单端容量最大的多端柔性直流输电工程。该工程的一次系统接线如图B-5所示，直流系统电压等级为±200kV，包括定海、岱山、衢山、泗礁、洋山5个换流站，总容量为1000MW。定海和岱山换流站通过220kV单线分别接入220kV云顶变和蓬莱变，衢山、泗礁

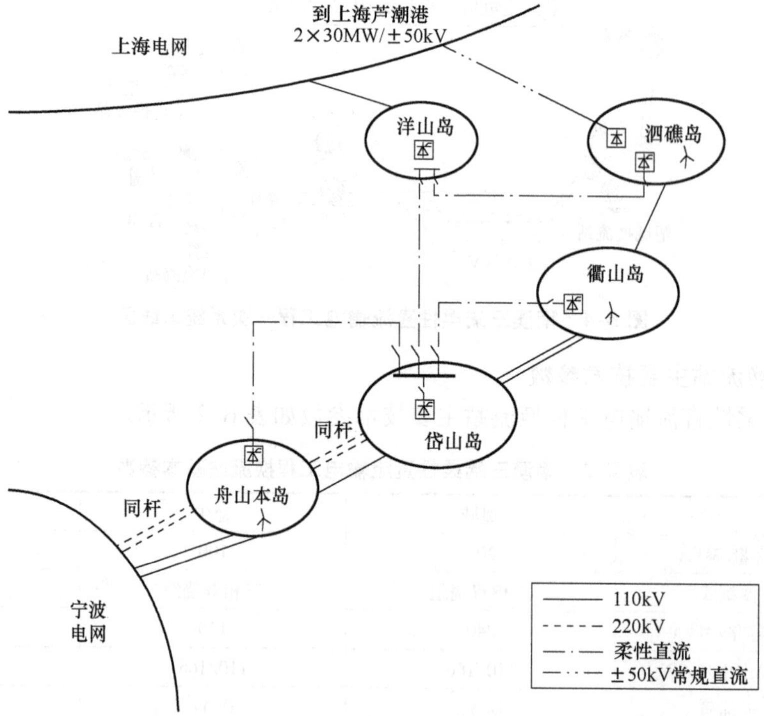

图B-5 舟山五端柔性直流输电系统接线图

和洋山换流站通过 110kV 单线分别接入 110kV 大衢变、沈家湾变和嵊泗变。舟山五端柔性直流输电系统是伪双极系统，各换流站的接地方式并不相同。定海和岱山换流站采用星形联结电抗器构成辅助接地中性点，其布置方式如图 B-1 所示。洋山换流站采用联接变压器阀侧 Y 绕组中性点经电阻接地。衢山和泗礁换流站采用联接变压器阀侧 Y 绕组中性点经开关和电阻接地，正常运行时开关打开，即衢山和泗礁换流站正常运行时不接地。

B.4.2　换流站主要技术参数

舟山五端柔性直流输电工程换流站主要技术参数如表 B-3 所示。

表 B-3　舟山五端柔性直流输电工程换流站基本参数

	定海	岱山	衢山	泗礁	洋山岛
MMC 额定容量/MVA	400	300	100	100	100
联接变压器型式	三相三绕组 油浸式	三相三绕组 油浸式	三相三绕组 油浸式	三相三绕组 油浸式	三相三绕组 油浸式
联接变压器容量/MVA	450/450/150	350/350/120	120/120/40	120/120/40	120/120/40
联接变压器额定电压/kV	230(+8/−6)×1.25%/205/10.5	230(+8/−6)×1.25%/204/10.5	115(+8/−6)×1.25%/208/10.5	115(+8/−6)×1.25%/208/10.5	115(+8/−6)×1.25%/208/10.5
绕组联结组标号	Yn/D/D	Yn/D/D	Yn/Y/D	Yn/Y/D	Y/Yn/D
联接变压器短路阻抗	15/50/35	15/50/35	14/24/8	14/24/8	14/24/8
变压器中性点接地电阻/kΩ	—	—	2	2	2
阀侧接地电抗器/H	3	3	—	—	—
阀侧接地电阻/kΩ	1	1	—	—	—
起动电阻/kΩ	6	9	26	26	26
直流侧额定电压/kV	±200	±200	±200	±200	±200
直流侧额定电流/A	1000	750	250	250	250
平波电抗器/mH	20	20	20	20	20
桥臂子模块数	250	250	250	250	250
桥臂电抗值/mH	90	120	350	350	350
子模块电容值/mF	12	9	3	3	3
子模块 IGBT 参数	3300V/1500A	3300V/1500A	3300V/1000A	3300V/1000A	3300V/1000A
子模块投切控制周期/μs	100	100	100	100	100

B.5　法国—西班牙 INELFE 柔性直流联网工程[10,11]

B.5.1　基本结构

法国—西班牙之间的柔性直流联网工程是由 INELFE 公司作为业主主持完成的，INELFE 是由法国电网公司（RTE）与西班牙电网公司（REE）专门针对直流联网工程而成立的一个公司，因此法国—西班牙之间的柔性直流联网工程也称为 INELFE 工程。INELFE 工程的两端换流站由西门子公司承建，地下电缆由 Prysmian 公司制造，2015 年 10 月整个工程投入商业运行。

INELFE 工程由两个相同的直流系统并联构成，单个直流系统的额定电压为 ±320kV，额定功率为1000MW，系统总容量为2000MW。INELFE工程的基本结构如图B-6所示。法国侧的换流站在Baixas，西班牙侧的换流站在Santa Llogaia；地下电缆总长64.5km，其中法国境内26km，西班牙境内30km，还有8.5km电缆处于Pyrenees山的隧道之中。在这8.5km的隧道中，7.5km在法国境内，1.0km在西班牙境内。法国与西班牙之间早先已有4回交流联络线，最大交换容量1400MW，INELFE工程投运后，可以使法国与西班牙之间的交换容量提升1倍。采用柔性直流技术而不是交流技术或传统直流技术，以加强法国与西班牙之间的电网联系，其主要原因是3个：①柔性直流系统具有良好的动态性能；②需要对潮流进行控制；③法国侧和西班牙侧的短路比都比较小。

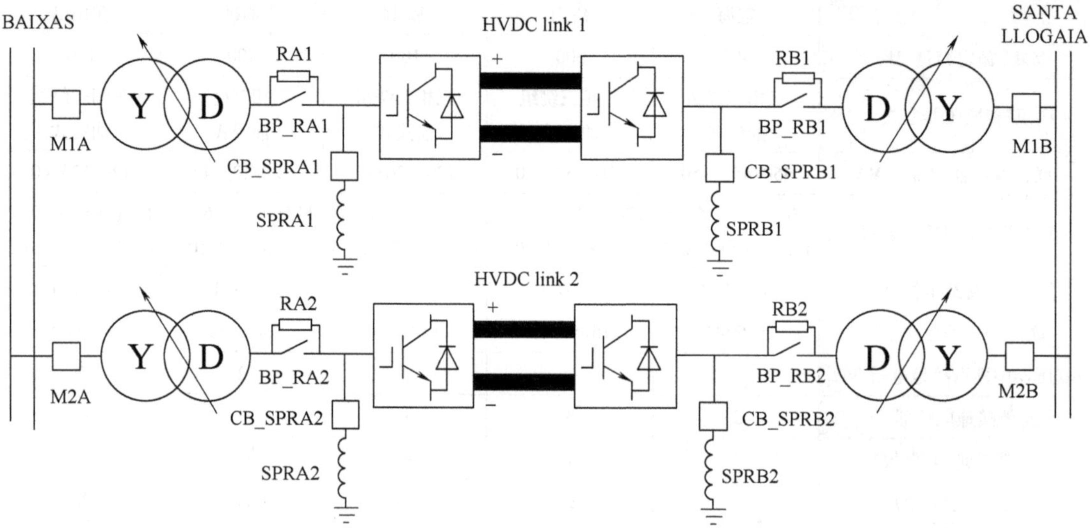

图B-6 INELFE工程的基本结构图

INELFE工程的两个直流系统都采用伪双极系统接线，与西门子公司承建的第1个MMC-HVDC工程Trans Bay Cable工程是类似的。联接变压器的网侧绕组采用星形联结，其中性点直接接地；联接变压器的阀侧绕组采用三角形联结，无中性点；直流系统的整流侧和逆变侧接地点都选择在联接变压器的阀侧；采用星形联结电抗器构成辅助接地中性点再经电阻接地，其布置方式如图B-1所示。

B.5.2 工程主要技术参数

INELFE工程换流站主要技术参数如表B-4所示。

表B-4 INELFE工程换流站主要技术参数

MMC额定容量/MVA	1000
联接变压器型式	单相三绕组
联接变压器容量/MVA	1050
联接变压器额定电压/kV	400/333
绕组联结组标号	Yn/D
联接变压器短路阻抗（%）	18
阀侧接地电抗器/mH	5000

（续）

阀侧接地电阻/kΩ	5
起动电阻/kΩ	5
直流侧额定电压/kV	±320
直流侧额定电流/A	1562.5
平波电抗器/mH	—
桥臂子模块数	400
桥臂电抗值/mH	50
子模块电容值/mF	10

INELFE 工程为全地下电缆工程，电缆总长度为 4×64.5km，采用 XLPE 电缆，铜芯截面积为 $2500mm^2$。电缆结构如图 B-7 所示，电缆参数如表 B-5 所示，电缆在电缆沟和隧道中的布置如图 B-8 所示。

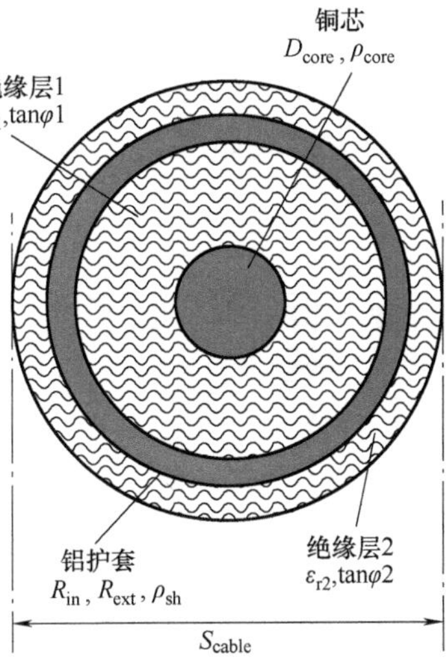

图 B-7　INELFE 工程电缆结构

表 B-5　INELFE 工程电缆主要参数

D_{core}/mm	64	R_{ext}/mm	55.1
ρ_{core}/Ω·m	1.84×10^{-8}	ρ_{sh}/(Ω·m)	2.8×10^{-8}
ε_{r1}	2.3	ε_{r2}	2.3
tanφ1	0.0004	tanφ2	0.001
R_{in}/mm	52	S_{cable}/mm	139.2

B.6　厦门柔性直流输电工程[12]

B.6.1　基本结构

厦门柔性直流输电工程于 2015 年 12 月投运，是世界首个采用真双极带金属回线接线方式的柔性直流输电工程，额定电压为 ±320kV，额定容量为 1000MW。厦门柔性直流输电工

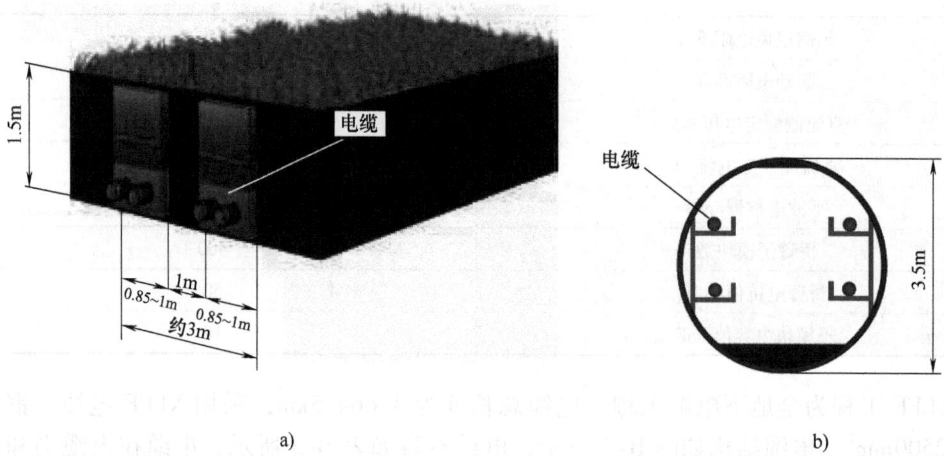

图 B-8 INELFE 工程电缆布置

a) 电缆沟 b) 隧道

程连接厦门市翔安南部地区彭厝换流站至厦门岛内湖里地区湖边换流站，彭厝换流站到湖边换流站距离 10.7km。彭厝换流站的主接线如图 B-9 所示，湖边换流站的主接线与图 B-9 类似。

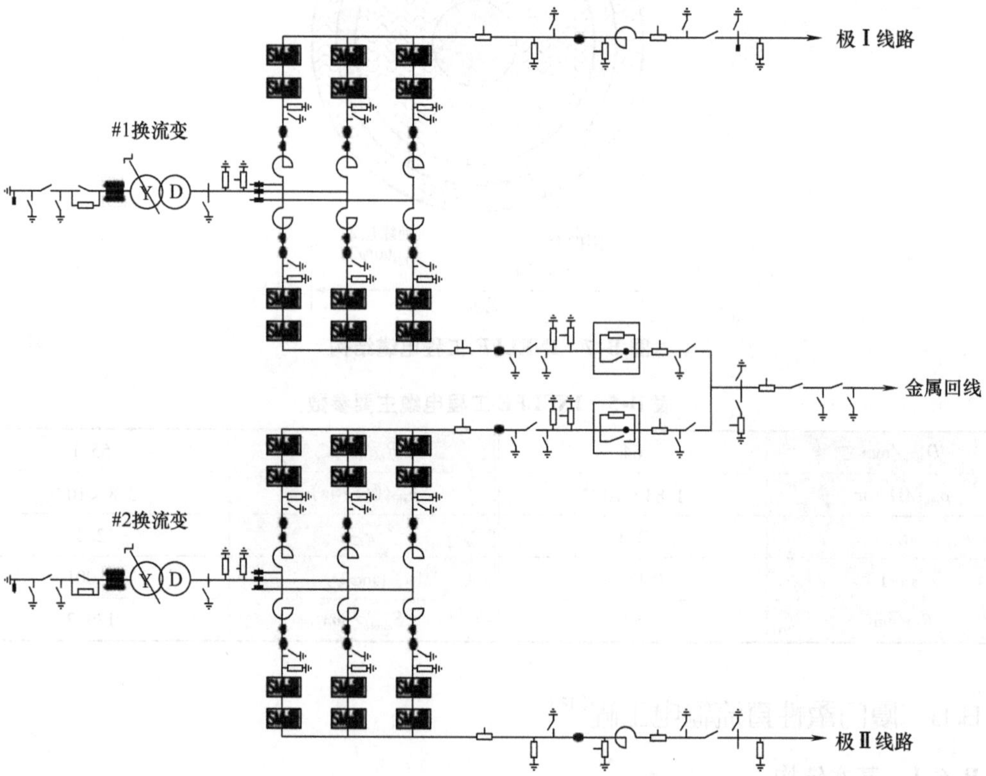

图 B-9 彭厝换流站的主接线图

B.6.2　换流站主要技术参数

厦门柔性直流输电工程换流站主要技术参数如表 B-6 所示。

表 B-6　厦门柔性直流输电工程换流站基本参数

	彭厝	湖边
MMC 额定容量/MVA	500	500
联接变压器型式	三相双绕组	三相双绕组
联接变压器容量/MVA	530	530
联接变压器额定电压/kV	230/166.57	110/166.57
绕组联结组标号	Yn/D	Yn/D
联接变压器短路阻抗（%）	15	15
起动电阻/kΩ	9	9
直流侧额定电压/kV	±320	±320
直流侧额定电流/A	1563	1563
平波电抗器/mH	50	50
桥臂子模块数	200+16（冗余）	200+16（冗余）
桥臂电抗值/mH	60	60
子模块电容值/mF	10	10
子模块 IGBT 参数	3300V/1500A	3300V/1500A
子模块投切控制周期/μs	100	100

B.7　鲁西背靠背柔性直流输电工程[13]

B.7.1　基本结构

鲁西背靠背柔性直流输电工程于 2016 年 8 月投运，额定电压为 ±350kV，额定容量为 1000MW。鲁西背靠背柔性直流输电工程单端换流站主接线如图 B-10 所示。该系统也是伪双极系统，两端系统联接变压器采用单相双绕组 Yn/Yn 联结，网侧绕组中性点直接接地，阀侧绕组中性点经电阻接地。

B.7.2　换流站主要技术参数

鲁西背靠背柔性直流输电工程换流站主要技术参数如表 B-7 所示。

表 B-7　鲁西背靠背柔性直流输电工程换流站基本参数

	换流站 1	换流站 2
MMC 额定容量/MVA	1000	1000
联接变压器型式	单相双绕组	单相双绕组
联接变压器容量/MVA	—	—
联接变压器额定电压/kV	525/375	525/375
绕组联结组标号	Yn/Yn	Yn/Yn
联接变压器短路阻抗（%）	14	14

（续）

变压器中性点接地电阻/Ω	—	—
起动电阻/kΩ	—	—
直流侧额定电压/kV	±350	±350
直流侧额定电流/A	1429	1429
平波电抗器/mH	—	—
桥臂子模块数	310	438
桥臂电抗值/mH	105	105
子模块电容值/mF	8	12
子模块 IGBT 参数	IEGT	IGBT
子模块投切控制周期/μs	100	100

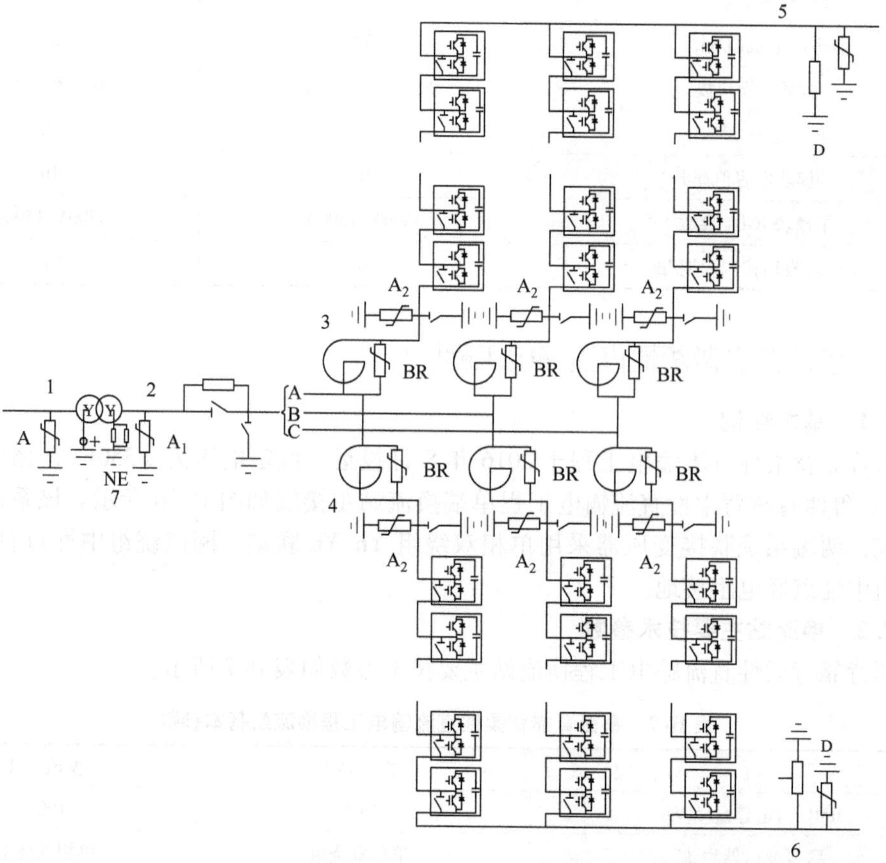

图 B-10 采用伪双极主接线方式的鲁西背靠背柔性直流工程单端示意图

B.8 德国海上风电送出柔性直流输电工程[14]

德国主要海上风电柔性直流输电接入工程如表 B-8 所示。

表 B-8　德国主要海上风电柔性直流输电接入工程

工程名	投运时间	直流电压	输送容量	线路长度	拓扑结构	承包商
BorWin1	2012	±150kV	400MW	200km	两电平	ABB
BorWin2	2015	±300kV	800MW	200km	MMC	Siemens
HelWin1	2015	±250kV	576MW	130km	MMC	Siemens
HelWin2	2015	±320kV	690MW	130km	MMC	Siemens
SylWin1	2015	±320kV	864MW	205km	MMC	Siemens
DolWin1	2015	±320kV	800MW	165km	MMC	ABB
DolWin2	2016	±320kV	900MW	135km	MMC	ABB
DolWin3	2017	±320kV	900MW	160km	MMC	Alstom
BorWin3	2019	±320kV	900MW	200km	MMC	Siemens

B.9　美国 TresAmigas 超级变电站工程规划[15]

美国 TresAmigas 超级变电站工程目前仍然停留在工程规划阶段，该工程的目标是通过一个小范围（$57km^2$）的三端直流电网将北美两个主要电网和 1 个小型电网异步连接起来。该工程位于美国新墨西哥州的 Clovis 市，其地理位置如图 B-11 所示。从图 B-11 可以清楚地看到，通过 TresAmigas 超级变电站实现异步互联的 3 个电网分别是美国西部电网（Western Interconnection）、美国东部电网（Eastern Interconnection）和得州电网（Texas Interconnection）。

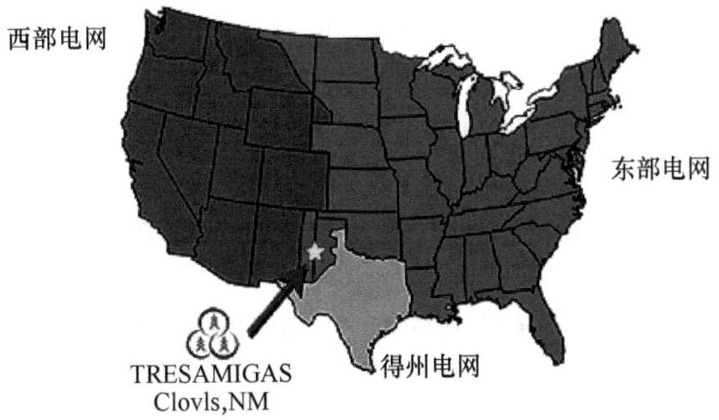

图 B-11　TresAmigas 超级变电站地理位置

TresAmigas 三端直流电网结构如图 B-12 所示。其主要特征是：①为了使直流潮流能够在任意方向流动，各换流站中的换流器打算采用 VSC 型换流器。②该三端直流电网的连接线路全部采用安装在地下的高温超导电缆管路，超导电缆管路的直径小于 0.92m，单回超导电缆管路的输电能力达到 5000MW。③每个换流站中都安装了大容量的电池储能装置，一方面用于平滑输入的可再生能源电力，另一方面可以为所接入的交流电网提供辅助服务。

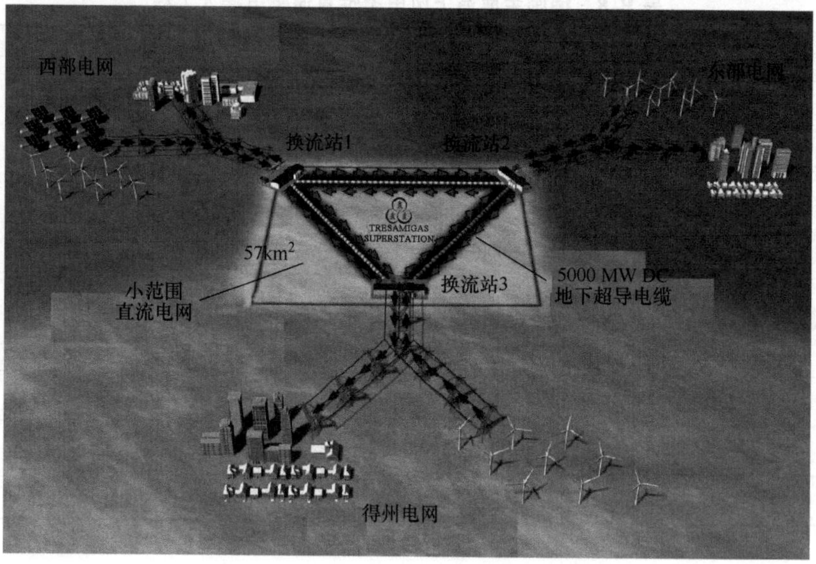

图 B-12 TresAmigas 三端直流电网结构

参 考 文 献

[1] Westerweller T, Friedrich K, Armonies U, et al. Trans bay cable world's first HVDC system using multilevel voltage sourced converter [C]. Proceedings of CIGRE. Paris, France: CIGRE, 2010.

[2] 乔卫东，毛颖科. 上海柔性直流输电示范工程综述 [J]. 华东电力，2011，39 (7)：1137-1140.

[3] 李尊青，季舒平，赵岩，等. 柔性直流系统启动及试验分析 [J]. 华东电力，2011，39 (7)：1144-1147.

[4] 许强，罗俊华，张丽，等. 柔性直流输电示范工程电缆进线相关技术探讨 [J]. 华东电力，2011，39 (7)：1151-1154.

[5] 伍双喜，李力，张轩，等. 南澳多端柔性直流输电工程交直流相互影响分析 [J]. 广东电力，2015，28 (4)：26-30.

[6] 杨柳，黎小林，许树楷，等. 南澳多端柔性直流输电示范工程系统集成设计方案 [J]. 南方电网技术，2015，9 (1)：63-67.

[7] 李岩，罗雨，许树楷，等. 柔性直流输电技术：应用、进步与期望 [J]. 南方电网技术，2015，9 (1)：7-13.

[8] 李亚男，蒋维勇，余世峰，等. 舟山多端柔性直流输电工程系统设计 [J]. 高电压技术，2014，40 (8)：2490-2496.

[9] 高强，林烨，黄立超，等. 舟山多端柔性直流输电工程综述 [J]. 电网与清洁能源，2015，31 (2)：33-38.

[10] Dennetiere S, Nguefeu S, Saad H, Mahseredjian J. Modeling of Modular Multilevel Converters for the France-Spain link [C]. Proceedingsof the International Conference on Power Systems Transients (IPST13), Vancouver, Canada, 2013.

[11] Dennetiere S, Saad H, Clerc B, et al. Validation of a MMC Model in a Real-Time Simulation Platform for Industrial HIL Tests [C]. Proceedings of 2015 IEEE Power & Energy Society General Meeting, Denver, USA, 2015.

[12] 阳岳希，贺之渊，周杨，等. 厦门 ± 320kV 柔性直流输电工程的控制方式和运行性能 [J]. 智能电网，2016，4 (3)：229-234.
[13] 刘大鹏，程晓绚，荀锐锋，等. 异步联网工程柔性直流换流站过电压与绝缘配合 [J]. 高压电器，2015，51 (4)：104-108.
[14] http://en.wikipedia.org/wiki/List_of_HVDC_projects.
[15] http://www.tresamigasllc.com/index.php.